FRIEDRICH KLAGES

Lehrbuch der organischen Chemie I, 1

LEHRBUCH DER ORGANISCHEN CHEMIE

IN DREI BÄNDEN

VON

DR. FRIEDRICH KLAGES
Professor der organischen Chemie
an der Universität München

1959

WALTER DE GRUYTER & CO.

vormals G. J. Göschen'sche Verlagshandlung · J. Guttentag, Verlagsbuchhandlung
Georg Reimer · Karl J. Trübner · Veit & Comp.

BERLIN W 35

LEHRBUCH
DER ORGANISCHEN CHEMIE

I. BAND
SYSTEMATISCHE ORGANISCHE CHEMIE

1. HÄLFTE
KOHLENWASSERSTOFFE · HALOGENVERBINDUNGEN
SAUERSTOFFVERBINDUNGEN

VON

DR. FRIEDRICH KLAGES
Professor der organischen Chemie
an der Universität München

2., durchgesehene und verbesserte Auflage

Mit 12 Abbildungen und 25 Tabellen

1959
WALTER DE GRUYTER & CO.
vormals G. J. Göschen'sche Verlagshandlung · J. Guttentag, Verlagsbuchhandlung
Georg Reimer · Karl J. Trübner · Veit & Comp.
BERLIN W 35

Dem Andenken meines hochverehrten Lehrers
Herrn Geh. Regierungsrat, Prof. Dr. phil.,
Dr. ing. e. h., Dr. med. h. c., Dr. phil. h. c.

HEINRICH WIELAND

Vorwort zur 1. Auflage

Die Entwicklung der organischen Chemie innerhalb der ersten Hälfte dieses Jahrhunderts hat gegenüber der mehr praktisch eingestellten Forschungsrichtung der Vorperiode — bedingt durch den Zwang zum Ausbau des von KEKULÉ aufgestellten Systems der organischen Chemie — insofern einen grundsätzlichen Wandel erfahren, als nunmehr wieder rein theoretische Fragen in den Vordergrund des Interesses gerückt sind, so insbesondere die Zusammenfassung des reichhaltigen in dieser Vorperiode aufgefundenen Tatsachenmaterials mit Hilfe moderner physikalischer Methoden zu einem geschlossenen theoretischen Gebäude der „Chemie des Kohlenstoffs". Dieser Entwicklung hat die Mehrzahl der organisch chemischen Lehrbücher, die immer noch, der Forschungsrichtung der Vorperiode entsprechend, im wesentlichen auf eine beschreibende Darstellung der einzelnen Verbindungsklassen und Verbindungen eingestellt ist, bisher nur unvollkommen zu folgen vermocht, so daß ein steigendes Bedürfnis entstanden ist, diese allgemeinen Lehrbücher durch Werke rein theoretischen Inhalts zu ergänzen.

Um diese Lücke in der chemischen Lehrbuchliteratur zu schließen, wurde in dem vorliegenden neuen „Lehrbuch der organischen Chemie" der Versuch unternommen, die moderne Forschungsrichtung auch im Rahmen eines allgemeinen Lehrbuchs schon ausführlich zu behandeln und dadurch dem Chemie-Studierenden in einem einzigen Werk ein neuzeitliches Gesamtbild seiner Wissenschaft zu geben. Insbesondere wurde Wert gelegt auf ein tieferes Verständnis für die zahlreichen Beziehungen und Zusammenhänge zwischen den verschiedenen Verbindungen und Verbindungsklassen, die für den noch lernenden Chemiker häufig wichtiger sind als die Einzeltatsachen selbst.

Dieser erweiterte Aufgabenbereich machte allerdings eine wesentliche Vergrößerung des bisher üblichen Lehrbuchumfanges und damit die Abfassung eines mehrbändigen Werkes, wie sie auch in den Nachbargebieten (anorganische Chemie, Physik, Mathematik) bereits vorliegen, erforderlich. Doch wurden Umfang und Stoffaufteilung der einzelnen Bände so abgewogen, daß eine über einen längeren Zeitraum gehende ratenweise Anschaffung des Gesamtwerkes ohne wesentliche Beeinträchtigung des Verständnisses möglich ist; denn das Lehrbuch soll ja nicht erst kurz vor dem Examen angeschafft werden, sondern den Studierenden während eines möglichst großen Teiles seines Studiums begleiten.

Auch hinsichtlich der Stoffeinteilung hat sich die Notwendigkeit einer grundlegenden Änderung gegenüber den bisherigen Gepflogenheiten ergeben. So ist es z. B.

heute nicht mehr möglich, theoretische Fragen, wie etwa die Mesomerielehre oder die Stereochemie, im Rahmen der üblichen Lehrbucheinteilung in eine aliphatische, eine aromatische und eine heterocyclische Reihe erschöpfend zu behandeln, da ihre Darstellung jeweils die Kenntnis sämtlicher Verbindungsklassen der organischen Chemie voraussetzt. Ebenso treten bei den organischen Farbstoffen, den verschiedenen Gruppen von Naturstoffen, der Biochemie usw. häufig Stoffe nebeneinander auf, die verschiedenen Verbindungsklassen angehören, also bei keiner dieser Verbindungsklassen gemeinsam behandelt werden können. Zur Umgehung dieser und ähnlicher Schwierigkeiten wurde daher das Prinzip der geschlossenen Darstellung des gesamten Materials aufgegeben und eine Unterteilung des Stoffes in die folgenden drei, voneinander mehr oder weniger unabhängigen Teile vorgenommen:

1. Die systematische organische Chemie (zwei Halbbände), in der die verschiedenen organisch-chemischen Verbindungsklassen vom Standpunkt der Chemie des Kohlenstoffs aus nebeneinander behandelt werden. Hier wurden im Gegensatz zu sämtlichen bisherigen Lehrbüchern erstmals die aliphatischen und aromatischen Verbindungen nicht mehr getrennt einander gegenübergestellt, sondern sowohl die Unterschiede als auch die zahlreichen Übergänge zwischen den gesättigten, ungesättigten und aromatischen Reihen für jede Verbindungsklasse besonders hervorgehoben. Ferner wurden die bisher stets bei den einzelnen Verbindungsklassen untergebrachten und daher über das ganze Gebiet verstreuten Reaktionen des Kohlenstoffgerüstes (Oxydation, Reduktion, Synthese und Abbau) am Schluß dieses Teils nochmals in einem eigenen Kapitel zusammengefaßt.
2. Die theoretische und allgemeine organische Chemie, in der, nach Beschreibung der wichtigsten Einzeltatsachen im ersten Teil und unter Voraussetzung dieser Einzeltatsachen, die theoretischen Grundlagen des gesamten Gebietes von einer höheren Warte aus behandelt werden, und schließlich
3. Die Sondergebiete, die die mineralisch vorkommenden organischen Verbindungen, die organischen Farbstoffe, die Grundlagen der Chemie der hochmolekularen Stoffe, die verschiedenen Gruppen von Naturstoffen und die Grundlagen der Biochemie enthalten.

Das Buch ist seiner ganzen Anlage nach in erster Linie für den fortgeschrittenen Chemie-Studierenden (nach dem Diplom-Vorexamen) bestimmt und enthält für ihn sowie auch für den fertigen Chemiker, über den rein erlernbaren Stoff hinaus genügend (vielfach in Tabellen und Formelbildern übersichtlich geordnetes) Tatsachenmaterial, um sich über sämtliche wichtigeren Gebiete der organischen Chemie einen orientierenden Überblick zu verschaffen. Doch ist die ganze Darstellung, namentlich des ersten systematischen Teiles, so gehalten, daß das Buch auch von einem Anfänger mit den üblichen anorganisch-chemischen Vorkenntnissen gelesen werden kann.

Ein derartig umfangreiches Werk, das die Grenzen dessen erreicht, was ein einzelner Autor heute noch zu überblicken vermag, kann natürlich nicht ohne Hilfe von außen fertiggestellt werden. Insbesondere habe ich von einer sehr großen Anzahl von Kollegen in und außerhalb von München, die ich unmöglich alle namentlich anführen kann, durch Anregungen, Ratschläge, Überlassung von Sonderdrucken und vor allem auch Begutachtung einzelner Kapitel wertvolle Unterstützung erfahren, für die ich an dieser Stelle nochmals meinen herzlichen Dank aussprechen möchte. Ferner danke ich meinen Mitarbeitern, Herrn Dr. K. Mönkemeyer, sowie den Herren Dipl. chem. R. Heinle, W. Grill, H. Meuresch und W. Mesch, für ihre unermüdliche Hilfe beim Lesen der Korrekturen, sowie meiner lieben Frau für ihre Mitarbeit bei der Abfassung des Manuskripts und des Registers.

Die Hinweise auf einschlägige Stellen in den anderen Teilen des Buches erfolgen stets durch Angabe der Kapitel und Kapitelabschnitte (z. B. **III**, Kap. 4, IV, 2b), so daß sich gegebenenfalls auch bei voneinander unabhängigen Neuauflagen der einzelnen Bände keine Schwierigkeiten ergeben würden. Hierbei bedeuten die vorstehenden fetten römischen Zahlen **I**, **II** und **III** jeweils die oben angeführten drei Bände. Innerhalb der einzelnen Bände, sowie von der zweiten Hälfte der systematischen organischen Chemie zur ersten zurück, werden dagegen stets die Seiten zitiert.

München, im Mai 1952 Friedrich Klages

Vorwort zur 2. Auflage

In der vorliegenden zweiten Auflage wurde als hauptsächliche Neuerung das inzwischen in den Bänden II und III bewährte Prinzip der Zitierung der wichtigsten zusammenfassenden Literatur und der wichtigsten Originalarbeiten übernommen, sowie im Zusammenhang hiermit das Sachregister durch ein Autorenregister ergänzt. Um das Buch nicht zu umfangreich werden zu lassen, beschränkt sich die Anführung von Literaturzitaten allerdings auf den Zeitraum nach dem letzten Krieg, während sämtliche früheren, im Zentralblatt leicht aufzufindenden Arbeiten wie bisher nur durch Autorennamen und Jahreszahl belegt sind. Die Notwendigkeit einer weiteren, in diesem Buch nunmehr allgemein durchgeführten Änderung ergab sich durch die in den letzten Jahren in Deutschland (in Anlehnung an die angelsächsische Nomenklatur) erfolgte offizielle Umbenennung der hydroxylgruppenhaltigen Stoffe in *Hydoxyverbindungen* (statt früher *Oxyverbindungen*). Im übrigen wurde der gesamte Text unter Berücksichtigung der neueren Forschungsergebnisse des In- und Auslandes nochmals sorgfältig durchgesehen und überarbeitet.

Meinem Mitarbeiter, Herrn G. Lukasczyk, bin ich für seine Mithilfe beim Lesen der Korrekturen zu großem Dank verpflichtet.

München, im Oktober 1958 Friedrich Klages

Stoffeinteilung

I. Band, erste Hälfte:

Einführung in das Gesamtwerk

1. Kapitel: Die Grundlagen der organischen Chemie

Systematische organische Chemie

2. Kapitel: Die Kohlenwasserstoffe
3. Kapitel: Die organischen Halogenverbindungen
4. Kapitel: Die organischen Sauerstoffverbindungen (Oxyverbindungen, Oxoverbindungen, Carbonsäuren, Kohlensäurederivate)
5. Kapitel: Verbindungen mit mehreren Sauerstoff-Funktionen im Molekül

I. Band, zweite Hälfte:

6. Kapitel: Die organischen Stickstoffverbindungen
7. Kapitel: Die organischen Schwefelverbindungen
8. Kapitel: Die organischen Verbindungen der übrigen Nichtmetalle
9. Kapitel: Die metallorganischen Verbindungen
10. Kapitel: Verbindungen mit anomalen Funktionen (Kohlenoxydderivate, freie Radikale, organische Verbindungen mit künstlichen Isotopengemischen)
11. Kapitel: Die cyclischen Verbindungen
12. Kapitel: Die Reaktionen am Kohlenstoffgerüst (Oxydation, Reduktion, Synthese, Abbau)

II. Band:

Theoretische und allgemeine organische Chemie

1. Kapitel: Die Geschichte der organischen Chemie
2. Kapitel: Die physikalischen Hilfsmittel der organischen Chemie
3. Kapitel: Die Bindungen und Bindungssysteme der organischen Chemie
4. Kapitel: Die Reaktionen und Reaktionsmechanismen der organischen Chemie
5. Kapitel: Tautomerieprobleme
6. Kapitel: Die zwischenmolekularen Kräfte und Assoziationserscheinungen
7. Kapitel: Die Stereo- oder Raumchemie

III. Band:

Sondergebiete

1. Kapitel: Die mineralisch vorkommenden organischen Verbindungen
2. Kapitel: Die organischen Farbstoffe
3. Kapitel: Die Grundlagen der Chemie der makromolekularen Verbindungen
4. Kapitel: Die Zucker oder Kohlenhydrate
5. Kapitel: Die natürlichen Isoprenabkömmlinge
6. Kapitel: Sonstige stickstofffreie Naturstoffe (Fette und verwandte Verbindungen, natürliche Phenolderivate)
7. Kapitel: Die stickstoffhaltigen Naturstoffe (Eiweißstoffe, Purinderivate, Alkaloide)
8. Kapitel: Die Grundlagen der Biochemie

Inhalt

I. Band, erste Hälfte

Seite

Einführung in das Gesamtwerk

Systematische organische Chemie

Einführung in das Gesamtwerk

1. Kapitel

Die Grundlagen der organischen Chemie

I. Die organische Chemie als Teil der Gesamtchemie

1. Gebietsabgrenzung

Der Begriff *organische Chemie* hat im Laufe der Zeit eine grundlegende Wandlung erfahren. Ursprünglich verstand man darunter die Chemie der im lebenden Organismus vorkommenden Stoffe, also etwa das gleiche, was man heute als physiologische Chemie oder Biochemie bezeichnet. Man glaubte damals, daß die von den anorganischen Stoffen vielfach abweichenden Eigenschaften der organischen Verbindungen durch eine besondere Lebenskraft, die *vis vitalis*, hervorgerufen werden, und teilte dementsprechend die Chemie in zwei einander unabhängig gegenüber stehende Gebiete ein, die Chemie der toten Materie oder *anorganische Chemie* und die Chemie der lebenden Materie oder *organische Chemie.*

Die erste Bresche in diese Vorstellung schlug F. Wöhler im Jahre 1828 mit seiner bekannten Harnstoffsynthese, durch die es erstmals gelang, ein typisch „organisches" Stoffwechselprodukt, den Harnstoff, aus dem „anorganischen" Stoff Ammoniumcyanat aufzubauen. Derartige Synthesen erfolgten in der Folgezeit in großer Zahl, und erkannte im Laufe der Zeit, daß es nicht die sagenhafte *vis vitalis,* sondern die besondere Natur des Kohlenstoffs ist, die die Ausnahmestellung der „organischen" Verbindungen bedingt. Die organische Chemie steht also nicht selbständig neben der anorganischen Chemie, sondern stellt als **Chemie des Kohlenstoffs** nur einen Teil der umfassenderen Gesamtchemie dar, der etwa der Chemie des Bors, des Stickstoffs, des Siliciums oder der intermetallischen Verbindungen an die Seite gestellt werden kann.

Trotzdem erweist sich eine gesonderte Behandlung der Kohlenstoffchemie als durchaus zweckmäßig, da einerseits infolge der nahezu unbegrenzten Verkettungsfähigkeit des Kohlenstoffs die Zahl seiner Verbindungen — z. Z. sind bereits über 400000 bekannt — mehr als das Zehnfache der Verbindungen aller anderen Elemente zusammen beträgt, andererseits sich aber auch die Eigenschaften der Kohlenstoffverbindungen sowie die Arbeitsmethoden und Forschungsziele der organischen Chemie, weitgehend von denen der anorganischen Chemie unterscheiden. Man hat daher aus rein praktischen Gründen unter Beibehaltung der alten, nicht mehr ganz sinngemäßen Bezeichnungen weiterhin an der ursprünglichen Zweiteilung der Chemie in eine anorganische und eine organische Chemie festgehalten und versteht heute unter *organischer Chemie* im wesentlichen die Chemie der Kohlenstoffverbindungen, wobei jedoch deren einfachste Vertreter, wie Kohlenoxyd, Kohlendioxyd, Blausäure, die Carbide usw. allgemein noch zur anorganischen Chemie gerechnet werden.

Diese Trennung ist, wie jede derartige Abgrenzung, nicht frei von einer gewissen Willkür. So verhalten sich die erwähnten anorganischen Kohlenstoffverbindungen (CO, CO_2, HCN usw.) in vielen Fällen, z. B. bei den später behandelten Anlagerungsreaktionen, durchaus „organisch“, während andrerseits typisch organische Verbindungen, wie die Essigsäure, die Oxalsäure oder die organischen Amine, hinsichtlich ihrer Salzbildungsfähigkeit (z. B. im Rahmen der Theorie der schwachen Säuren und Basen) und ihrer Fällungsreaktionen (z. B. bei der Calciumoxalatfällung) bei der anorganischen Chemie behandelt werden. Auch umfaßt die organische Chemie neben den eigentlichen Kohlenstoffverbindungen einen wesentlichen Teil der Stickstoffchemie, denn zahlreiche Verbindungen mit aneinander geketteten N-Atomen, wie die Tetrazene (I, Kap. 6, III, 4), das Tetrazol (I, Kap. 11, III, 1, d, ε) usw., sind nur in Form ihrer Kohlenstoffderivate bekannt, zählen also zur organischen Chemie, obgleich der wesentliche Teil ihrer Moleküle eine komplizierte Stickstoffverbindung ist. Umgekehrt könnten wiederum zahlreiche kohlenstofffreie, also rein anorganische Stoffe, wie z. B. Hydroxylamin, Hydrazin, Stickstoffwasserstoffsäure usw. ihrem ganzen Verhalten nach ebensogut zur organischen Chemie gerechnet werden, sie enthalten lediglich keinen Kohlenstoff. Eine scharfe Grenze zwischen beiden Gebieten läßt sich also nicht ziehen, sondern es findet ein allmählicher Übergang von der anorganischen zur organischen Chemie statt, wie es bei der heute üblichen Auffassung der organischen Chemie als Teil der umfassenderen Gesamtchemie auch nicht anders zu erwarten ist.

2. Die organische Chemie im Periodensystem der Elemente

Die Kohlenstoffverbindungen zeigen eine Reihe von besonderen Eigenschaften, von denen hier vor allem die Verknüpfungsfähigkeit des Kohlenstoffs zu komplizierten und relativ stabilen Molekülen, die Unbeständigkeit der meisten seiner Verbindungen bei höherer Temperatur, ihre relativ große Flüchtigkeit und häufig mangelnde Kristallisationsneigung, das Überwiegen von Zeitreaktionen gegenüber den unmeßbar schnell verlaufenden Ionenreaktionen der anorganischen Chemie sowie die im allgemeinen viel geringere Reaktionswärme erwähnt werden sollen. Diese speziellen Eigenschaften lassen sich genau wie die aller anderen Elemente aus der Stellung des Kohlenstoffs im Periodensystem der Elemente ableiten. Betrachten wir einmal die erste Achterperiode, so sehen wir, daß es außer den Edelgasen drei bevorzugte Stellen gibt, bei denen jedesmal ein bestimmter Bindungstyp besonders stark ausgeprägt ist. Einmal sind

Die ersten drei Reihen des Periodensystems der Elemente

	0	I							II	
1	0 Nn				1 H				2 He	1
	0	I	II	III	IV	V	VI	VII	VIII	
2	2 He	3 Li	4 Be	5 B	6 C	7 N	8 O	9 F	10 Ne	2
3	10 Ne	11 Na	12 Mg	13 Al	14 Si	15 P	16 S	17 Cl	18 Ar	3

Lithium und Fluor, also die Stellen nach und vor einem Edelgas dadurch ausgezeichnet, daß die Atome sehr leicht ein Elektron abgeben bzw. aufnehmen, um in die Ionen mit abgeschlossener Edelgasschale überzugehen (vgl. anorg. Lehrbücher). Infolge dieser Tendenz sind die meisten nichtionogenen Lithium- und Fluorverbindungen unbeständig und sehr reaktionsfähig. Neben diesen beiden ist das dritte ausgezeichnete Element der Kohlenstoff, der von beiden Edelgasen gleich weit entfernt steht, so daß die Neigung zur Ionenbildung fast völlig verschwunden ist. Dafür besteht aber hier ein besonders starkes Bestreben zur gegenseitigen Ergänzung der Elektronenschalen durch Ausbildung von Atombindungen, die sich, wie noch eingehend erläutert wird, besonders dann sehr reaktionsträge verhalten, wenn sie zwei gleichartige und nicht zur Ionenbildung neigende Atome miteinander verbinden („*unpolare*“ Bindung, vgl. S. 27). Geht man infolgedessen von den wegen der Tendenz zur Ionenbildung noch relativ reaktionsfähigen Hal—Hal-Bindungen über die O—O- und N—N- zur C—C-Bindung über, so erreicht man bei letzterer den am stärksten ausgeprägten Typus der reaktionsträgen „unpolaren“ Atombindung, der es in erster Linie ist, der den Zusammenhalt der komplizierten organischen Moleküle ermöglicht.

Daneben ist aber noch ein zweiter Punkt für die **Ausnahmestellung des Kohlenstoffs** von Bedeutung, der häufig nicht beachtet wird. Wenn schon die Elemente in der Mitte der Perioden die Tendenz zur Ausbildung stabiler Atombindungen und damit von Molekülketten haben, dann sollte man auch beim Bor und Silicium, den dem Kohlenstoff ähnlichsten Elementen des Periodensystems, die Fähigkeit zur Bildung von stabilen Polysilicium- und Polyborwasserstoffen erwarten, wie es in beschränktem Umfang ja auch beim Stickstoff und selbst noch beim Sauerstoff und Schwefel der Fall ist. Die Borane und Silane sind aber außerordentlich reaktionsfähig und unbeständig. Hier liegt die Ursache der Instabilität darin, daß Bor und Silicium in ihren Wasserstoffverbindungen koordinativ ungesättigt sind, so daß sie sich über intermediär entstehende Komplexverbindungen umsetzen können (vgl. z. B. **II**, Kap. 4, 11, 2aα). Beim Kohlenstoff ist dagegen die Wertigkeit gleich der höchst möglichen Koordinationszahl, so daß die Ausbildung einer „Nebenvalenz“ unmöglich wird und eine Reaktion nur durch Angriff auf die Bindungselektronen selbst erfolgen kann. Gerade dies ist aber bei der unpolaren Atombindung sehr erschwert.

Die Verknüpfungsfähigkeit des Kohlenstoffs zu stabilen Molekülen und seine Ausnahmestellung gegenüber den Nachbarelementen ist damit befriedigend erklärt. Aber aus Kohlenstoff allein kann man noch keine organischen Verbindungen aufbauen, sondern nur die Riesenmoleküle des Diamanten und Graphits, da seine vier Valenzen in alle Richtungen des Raumes auseinander streben und sich infolgedessen zwei Kohlenstoffatome ohne weitgehende Valenzabbiegung nicht vollständig gegeneinander absättigen können. Zur Darstellung abgeschlossener kleiner Moleküle müssen vielmehr noch andere, vorwiegend einwertige Elemente hinzugezogen werden, die die bei der Verkettung der C-Atome übrig bleibenden Valenzen absättigen. Von diesen Nebenelementen muß vor allem der **Wasserstoff** einer näheren Betrachtung unterzogen werden. Als einziges Nichtedelgas der ersten Periode nimmt er gleichzeitig alle drei bevorzugten Stellen zwischen den Edelgasen ein und kann infolgedessen sowohl einwertig positive und negative Ionen bilden als auch stabile und reaktionsträge Atombindungen eingehen. Wie ein kurzer Vergleich der Wasserstoff- und Kohlenstoffverbindungen zeigt, überwiegt von diesen Möglichkeiten die letztere, d. h. die Verwandtschaft zum Kohlenstoff bei weitem.

So ist z. B. seine Neigung zum Übergang in das positive Ion, das freie Proton, nur sehr gering, und dieses lagert sich stets sofort wieder an basische Ionen oder Neutralmoleküle unter Ausbildung einer neuen Atombindung an (Säure-Base-Beziehung, vgl. anorg. Lehrbücher). Ebenso ist das H^--Ion in den salzartigen Metallhydriden sehr reaktionsfähig und direkt vergleichbar dem negativ geladenen Kohlenstoff in einigen metallorganischen Verbindungen. Ferner läßt sich in den Wasserstoffverbindungen aller Elemente der Wasserstoff ohne wesentliche Änderung des Verbindungscharakters durch Kohlenstoff (in Form organischer „Radikale“) ersetzen. Hierbei werden selbst relativ empfindliche

Moleküleigenschaften kaum merklich beeinflußt, wie z. B. ein Vergleich der Acidität von Wasser und Alkoholen oder der Basizität von Ammoniak und organischen Aminen zeigt. Der einzige wesentliche Unterschied gegenüber den organischen Radikalen, der infolge seiner Kleinheit im allgemeinen augenblicklich erfolgende Übergang des Protons zwischen verschiedenen Molekülen und Ionen, ist ebenfalls nur gradueller und nicht prinzipieller Natur; denn jedem Protonenübergang zwischen einer Säure und einer Base entspricht auch ein Übergang von organischen Resten zwischen den Derivaten dieser Säure und der gleichen Base, den wir später als Alkylierungs- und Acylierungsreaktion kennenlernen werden.

Der Wasserstoff entspricht also in seinem ganzen Verhalten weitgehend dem Kohlenstoff, und demzufolge ist die H—H-Bindung ähnlich reaktionsträge wie die C—C-Bindung (z. B. setzt die Knallgasreaktion trotz ihrer großen Wärmetönung erst oberhalb 500° ein). Vor allem ist aber auch die C—H-Bindung infolge dieser gleichartigen Natur beider Elemente nahezu unpolar und reaktionsträge, so daß man sie der C—C-Bindung an die Seite stellen und den Wasserstoff mit vollem Recht als das zweite organische Element bezeichnen kann.

Aus Kohlenstoff und Wasserstoff lassen sich bereits organische Verbindungen aufbauen, indem man die C-Atome durch Ausbildung von C—C-Bindungen beliebig miteinander verknüpft und die verbleibenden freien Valenzen mit Wasserstoff absättigt. Die auf diese Weise entstehenden Paraffine (S. 62 f.) enthalten nur derartige C—C- und C—H-Bindungen und sind dementsprechend tatsächlich weitgehend reaktionsträge und beständig.

Aber auch die Kohlenwasserstoffe machen noch nicht die eigentliche organische Chemie aus, sonst wäre diese ja wegen ihrer Reaktionslosigkeit langweilig und für den Chemiker uninteressant. Sie stellen lediglich das Rückgrat der organischen Chemie dar.

Für die Mehrzahl der organischen Verbindungen ist vielmehr noch ein dritter Punkt von entscheidender Bedeutung, das Auftreten von **aktiven Gruppen**, die vornehmlich bei der Einführung weiterer Elemente in das Molekül entstehen. Diese Fremdelemente, die man zusammenfassend häufig auch als *Hetero-elemente* bezeichnet, bilden mit dem Kohlenstoff meistens keine unpolaren Bindungen mehr aus, sondern, wie wir im einzelnen noch sehen werden, in Abhängigkeit von ihrer Stellung im Periodensystem mehr oder weniger *„polare“ Atombindungen* (S. 27), die wesentlich reaktionsfähiger sind. Ersetzt man daher in den Kohlenwasserstoffen ein oder mehrere H-Atome durch ein derartiges reaktionsfähiges Hetero-atom (bzw. eine Gruppe von Heteroatomen), so erhält man Verbindungen, die neben einem reaktionsträgen, also in erster Näherung edelgasähnlichen Kohlenwasserstoffgerüst einzelne reaktionsfähige Stellen im Molekül enthalten, die **Funktionen** genannt werden. Enthalten diese Funktionen ihrerseits weitere reaktionsfähige Stellen, die ohne Berührung des Kohlenstoffgerüstes weiter reagieren können (wie z. B. der Wasserstoff der Hydroxylgruppe), so nennt man sie auch **funktionelle Gruppen.**

Dieser Aufbau aus einem reaktionsträgen Kohlenwasserstoffgerüst mit einzelnen reaktionsfähigen Funktionen oder funktionellen Gruppen ist erst das wesentliche und charakteristische Merkmal aller organischen Verbindungen. Nur auf diese Weise ist es möglich, daß in der organischen Chemie nicht, wie vielfach bei den Silicium- und Borwasserstoffen, jeweils sämtliche Bindungen des Moleküls auf einmal reagieren, sondern immer nur die wenigen aktiven Gruppen, während das gesamte Restmolekül unverändert bleibt. Hierdurch wird man in die Lage versetzt, vorsichtig und systematisch die einzelnen Molekülteile abzutasten, abzubauen und u. U. auch aufzubauen, also kurz, das große Gebiet der Kohlenstoffverbindungen systematisch zu erforschen, was bei vielleicht ähnlicher Reichhaltigkeit der Verbindungstypen in der Bor- und Siliciumchemie wegen der gleichartigen Reaktionsfähigkeit aller Bindungen nicht entfernt in dem Ausmaß möglich ist.

Auch die übrigen erwähnten **„typisch organischen“ Eigenschaften** lassen sich ohne Schwierigkeit aus diesem Aufbauprinzip ableiten, denn sie sind letzten Endes alle nur eine Folge des Aufbaus der organischen Verbindungen aus Einzelmolekülen, also gar nicht von der Anwesenheit des Kohlenstoffs im Molekül abhängig. So wird z. B. die erwähnte Unbeständigkeit der meisten organischen Stoffe bei höherer Temperatur auch bei anorganischen, aus mehratomigen Molekülen aufgebauten Substanzen (z. B. Hydrazin, Hydroxylamin, Perchlorsäure usw.) beobachtet und findet eine einfache Erklärung darin, daß hier die Massenkräfte bereits derart groß sind, daß die die Atome zusammenhaltenden Atombindungen infolge der stärkeren Wärmebewegung bei höherer Temperatur zerreißen. Ähnlich sind wegen des Fehlens elektrischer Aufladungen die zwischenmolekularen Kräfte gering, und als Folge davon ist die Flüchtigkeit ziemlich groß. Die geringere Kristallisationsneigung organischer Verbindungen wiederum wird einerseits ebenfalls durch die geringeren zwischenmolekularen Kräfte bedingt, andererseits aber auch durch mangelnde Neigung der großen, meist unregelmäßig geformten Moleküle, sich in ein Kristallgitter einzuordnen. Schließlich sind die Zeitreaktionen ein allgemeines Charakteristikum aller Vorgänge, an denen Atombindungen beteiligt sind (S. 37 f.), und die gegenüber zahlreichen anorganischen Reaktionen relativ niedere Reaktionswärme der organisch-chemischen Umsetzungen ist deshalb so klein, weil immer nur ein relativ kleiner Teil des Moleküls reagiert.

Zusammenfassend ergibt sich also, daß man die eigenartige Sonderstellung des Kohlenstoffs und die ungeheure Mannigfaltigkeit der organischen Chemie nicht nur zwanglos aus der Stellung des Kohlenstoffs im Periodensystem ableiten kann, sondern daß sich beide sogar direkt voraussagen lassen. Zumindest aber kann man eindeutig ableiten, daß von allen Elementen der Kohlenstoff als einziges zur Ausbildung des komplizierten Systems der organischen Verbindungen überhaupt befähigt ist. Denn die Kombination einerseits der Neigung des Kohlenstoffs zur Ausbildung mehr oder weniger reaktionsträger Atombindungen (und zwar sowohl mit positiven als auch mit negativen Substituenten), andererseits seiner koordinativen Absättigung und schließlich drittens der durch seine Vierwertigkeit bedingten Verknüpfungsfähigkeit zu längeren Kettenmolekülen (im Gegensatz zu dem nur einwertigen Wasserstoff, der bei im übrigen sehr ähnlichen Eigenschaften nur die Bildung von H_2-Molekülen zuläßt) ist in der ganzen Chemie einmalig.

II. Der Molekülbegriff in der organischen Chemie

1. Grundlegende Definitionen

Der beschriebene Aufbau der organischen Verbindungen aus durch Atombindungen miteinander verknüpften Atomen macht eine schärfere Fassung des Molekülbegriffes erforderlich, als sie vielfach in der anorganischen Chemie gebräuchlich und auch notwendig ist.

So ist z. B. bei den Salzen infolge ihres Aufbaus aus Ionengittern die Angabe einer eindeutigen Molekülgröße nicht möglich, weil die Ionen zwar die kleinsten Gitterteilchen darstellen, aber einzeln nicht dieselbe Zusammensetzung aufweisen wie der Gesamtkristall. Weiterhin besteht in den aus Atomgittern aufgebauten Substanzen der ganze Kristall nur aus einem einzigen Molekül. Quarz z. B. müßte streng genommen die Formel $(SiO_2)_\infty$ erhalten. Da dieser Ausdruck aber den wirklichen Molekülaufbau doch nicht erkennen läßt, begnügt man sich meistens mit der einfachen Formel SiO_2. Aus dem gleichen Grund wird das vier Phosphor- und zehn Sauerstoffatome im Molekül enthaltende Phosphorpentoxyd allgemein nur als P_2O_5 bezeichnet. In allen diesen Fällen gibt der Anorganiker in seinen Formeln nicht die wirkliche Molekularformel an, sondern das als erstes Analysenergebnis anfallende und für seine Zwecke vollkommen ausreichende einfachste mit ganzen Zahlen ausdrückbare **Atomverhältnis**, für das auch der Ausdruck **Verhältnisformel** gebräuchlich ist.

Eine derartige Fassung des Molekülbegriffes ist aber für den Organiker völlig unzureichend. Während z. B. der bei Temperaturänderungen reversibel verlaufende Übergang zwischen S_2 und S_8 oder zwischen P_2O_5 und P_4O_{10} mit einigem Recht noch als Übergang zwischen verschieden hoch polymerisierten Formen des gleichen Stoffes bezeichnet werden kann, führen die völlig gleichartigen Umwandlungen organischer Verbindungen, wie z. B. die unter gewissen Bedingungen ebenfalls reversibel verlaufende Vereinigung von drei Molekülen Formaldehyd zum Trioxymethylen (S. 252 f.) oder die irreversible Vereinigung zu Glycerinaldehyd (S. 459):

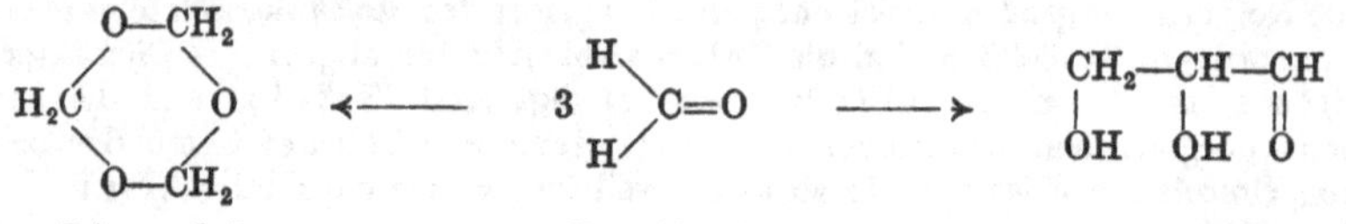

Trioxymethylen — Formaldehyd — Glycerinaldehyd

zu polymeren Formen, die selbständig neben dem Formaldehyd existieren können und in jeder Beziehung als neue, vom Formaldehyd verschiedene Verbindungen aufgefaßt werden müssen. Hier reicht also die in allen drei Fällen gleiche Verhältnisformel zur Charakterisierung der Stoffe nicht mehr aus. Ebenso interessieren den Organiker in salzartigen Verbindungen wie Natriumacetat oder Ammoniumchlorid die Beziehungen zwischen den Ionen weniger. Für ihn wesentlich sind nur die Reaktionen, die sich an den Atombindungen des Acetat- und Ammonium-Ions abspielen.

Infolge dieser Verhältnisse hat sich in der organischen Chemie ein ganz bestimmter *Molekülbegriff* herausgebildet, und zwar bezeichnet man als **Moleküle** oder **Molekeln** nur solche Atomgruppen, deren Atome durch Atombindungen, also durch gemeinsame Elektronen miteinander verbunden sind. Diese Moleküle können sowohl neutral (*Neutralmoleküle*, z. B. der erwähnte Formaldehyd) als auch elektrisch geladen sein (*Ionenmoleküle*, z. B. das Acetat- oder Ammonium-Ion). Dagegen sind die Salze nicht aus Molekülen aufgebaut, da ihre Ionen in Lösung und in beschränktem Umfang auch im kristallisierten Zustand frei beweglich, also nicht aneinander gebunden sind. Hier spricht man daher nur von einer *Ionenbeziehung*. Ebenso betrachtet der Organiker als chemische Reaktionen nur solche Umsetzungen, die sich an dem Atombindungssystem vollziehen, nicht aber Ionenreaktionen. Die gegenseitige Fällung von Sulfat- und Barium-Ionen ist also in seinen Augen keine chemische Reaktion, sondern nur eine gemeinsame Kristallisation voneinander unabhängiger Ionen.

Die für die Charakterisierung der anorganischen Verbindungen häufig ausreichenden Verhältnisformeln (beim Glycerinaldehyd z. B. CH_2O) müssen wir also ergänzen durch die *Molekularformel*, die alle Atome des Moleküls aufzählt und daher meistens als **Summen-** oder **Bruttoformel** bezeichnet wird. Diese Summenformel muß, wie aus der Definition des Begriffes der Verhältnisformel hervorgeht, stets gleich einem ganzen Vielfachen der Verhältnisformel sein (beim Glycerinaldehyd z. B. gleich dem Dreifachen: $C_3H_6O_3$) und läßt sich in einfacher Weise aus dieser und dem analytisch meist leicht zu bestimmenden *Molekulargewicht*, das definitionsgemäß gleich der Summe der Atomgewichte aller im Molekül enthaltenen Atome ist, berechnen.

Das Atomverhältnis hat damit in der organischen Chemie lediglich den Wert einer analytischen Größe, die in keiner Weise Aussagen über den wirklichen Molekülaufbau gestattet. Ja nicht einmal das Äquivalentgewicht einer Verbindung geht aus ihr hervor, wie ebenfalls am Beispiel des Glycerinaldehyds gezeigt werden kann. Dieser enthält nämlich nur eine —CH=O-Gruppe und zwei Hydroxylgruppen. Sein Äquivalentgewicht ist also in bezug auf die —CH=O-Gruppe gleich dem ganzen und in bezug auf die Hydroxylgruppen gleich dem halben Molekulargewicht, während die Verhältnisformel nur einem Drittel des wirklichen Molekulargewichtes entspricht.

2. Die Isomerie

Aber auch die Summenformel allein genügt noch nicht zur Charakterisierung einer organischen Verbindung, wie ebenfalls das Beispiel der Polymerisation des Formaldehyds zeigt. Trioxymethylen und Glycerinaldehyd haben trotz gleicher Bruttoformel überhaupt keine gemeinsamen Eigenschaften, ja sie lassen sich nicht einmal direkt ineinander überführen. Der Unterschied zwischen beiden Verbindungen beruht, wie sich aus den Formeln ohne weiteres ergibt, auf einer verschiedenartigen Anordnung der Atome in den Molekülen. Diese Atomanordnung ist nämlich, da die Atome durch gemeinsame Elektronen miteinander verbunden sind, im allgemeinen beständig und läßt sich nur unter Zerstörung des ganzen Moleküls verändern. Im Gegensatz zu den Ionengittern, innerhalb deren ein gegenseitiger Platzaustausch von Ionen öfters vorkommt, ist also in den organischen Verbindungen die Beständigkeit der Atomanordnung direkt mit der Existenz der Moleküle verknüpft, so daß Moleküle mit verschiedener Atomanordnung verschiedene Substanzen aufbauen.

Das Auftreten von Verbindungen mit gleicher Bruttoformel aber verschiedenem Molekülaufbau nennt man **Isomerie**[1]), die Verbindungen gleicher Bruttoformel selbst **Isomere**, den für die einzelnen Isomeren charakteristischen Molekülaufbau **Konstitution** oder **Struktur** und die diese Konstitution aufzeigenden Formeln **Konstitutions-** oder **Strukturformeln.** Diese geben ein zwar etwas verzerrtes, aber doch anschauliches Bild des wirklichen Moleküls wieder, und zwar entspricht, wie später noch ausführlich gezeigt wird, jeder Valenzstrich einer Atombindung.

Die **Zahl der möglichen Isomeren** wächst naturgemäß sehr rasch mit der Zahl der Atome an. Daher sind in der anorganischen Chemie mit ihren kleinen Molekülen nur wenige Isomeriefälle bekannt (z. B. Nitramid $H_2N—NO_2$ und untersalpetrige Säure HO—N=N—OH, vgl. anorg. Lehrbücher). Einen Einblick in die Isomerenzahlen der organischen Chemie gibt die nachfolgende Übersicht, in der die theoretisch errechneten Isomerenzahlen für gesättigte Kohlenwasserstoffe und einwertige Alkohole in Abhängigkeit von der Zahl der Kohlenstoffatome(n) einmal ohne (Normaldruck) und einmal mit Berücksichtigung der durch die unten beschriebene Stereoisomerie bedingten zusätzlichen Isomeriemöglichkeiten (Kursivdruck) zusammengestellt sind:

[1]) von griech. ἴσος = gleich und griech. μέρος = Teil.

		n =	2	3	4	5	6	7	10	20
Zahl der isomeren	Paraffine =		1	1	2	3	5	9	75	366319
			1	*1*	*2*	*3*	*5*	*11*	*136*	*3395964*
	Alkohole =		1	2	4	8	17	39	507	5622109
			1	*2*	*5*	*11*	*28*	*74*	*1553*	*82299275*

Abgesehen von den einfachsten Verbindungen bis etwa C_8 sind diese Isomeren natürlich nicht alle bekannt, da es interessantere und wichtigere Forschungsaufgaben als deren Darstellung gibt. Doch bestehen keine grundsätzlichen Bedenken, die gegen die Möglichkeit ihrer Darstellung sprechen, und es konnte bisher auch, soweit die Verhältnisse systematisch untersucht wurden, mit Ausnahme der unten beschriebenen Tautomeriefälle für jede Konstitutionsformel die zugehörige Verbindung aufgefunden werden, was als wichtiger Beweis für die Richtigkeit der abgeleiteten Vorstellungen angesehen werden kann. Aber auch dort, wo keine systematischen Untersuchungen vorliegen, ist die Zahl der bekannten Isomeriefälle häufig sehr groß, und es gehören in vielen Fällen bereits mehrere hundert bekannte Verbindungen zu einer Bruttoformel! Die ungeheure Ausdehnung und Bedeutung der organischen Chemie wäre also ohne die Erscheinung der Isomerie überhaupt nicht denkbar.

3. Tautomerie und Mesomerie

Die vorstehend als Ursache der Isomerie-erscheinung angenommene Stabilität der Atomverknüpfung in den Molekülen ist jedoch nicht immer gegeben, und es fällt infolgedessen zuweilen eine Isomeriemöglichkeit fort, wie z. B. die auf S. 225f. beschriebene Nichtdarstellbarkeit der einfachen Enole zeigt, an deren Stelle man stets die isomeren Oxoverbindungen erhält:

$$\underset{\text{existenzfähig}}{\text{R—CH=CH—O—Ac}} \xrightarrow{\text{Hydrolyse}} \underset{\text{nicht existenzfähig}}{\text{(R—CH=CH—OH)}} \xrightarrow{\text{Umlagerung}} \underset{\text{stabiler Aldehyd}}{\text{R—CH}_2\text{—CH=O}}$$

Besonders interessante Verhältnisse beobachtet man stets dann, wenn beide isomeren Verbindungen energiegleich sind und sich im Rahmen einer Gleichgewichtsreaktion dauernd ineinander umlagern, so daß ihr Gemisch sich wie eine einzige Verbindung verhält, die nach zwei verschiedenen Konstitutionsformeln reagiert. Diese Erscheinung nennt man **Tautomerie**[1]) oder **Desmotropie**[2]) und die beiden im Gleichgewicht befindlichen Molekülarten entsprechend die *tautomeren* oder *desmotropen Formen* einer Verbindung. Hierbei soll durch den Ausdruck „*Form*" angedeutet werden, daß es sich um keine selbständigen Verbindungen handelt. Die formelmäßige Wiedergabe erfolgt wie bei jedem echten Gleichgewichtsgemisch durch Anführung der durch zwei Pfeile miteinander verbundenen Formeln beider tautomeren Formen, wie im folgenden am Beispiel der Blausäure gezeigt sei:

$$\text{H—}\overset{\oplus}{\text{N}}\equiv\overset{\ominus}{\text{C}} \rightleftharpoons \text{N}\equiv\text{C—H}$$

Die Tautomerie ist also in gewissem Sinn ein Gegenstück zur Isomerie. Bei dieser treten mehrere Verbindungen auf, obgleich auf Grund der Zusammensetzung nur eine zu erwarten ist, bei jener werden auf Grund der Isomeriemöglichkeit zwei Verbindungen erwartet, aber nur eine gefunden.

Für einen Spezialfall der Tautomerie hat man lange Zeit die ursprünglich als *Valenztautomerie* oder *Elektromerie* (= *Elektro*nentauto*merie*) bezeichnete Er-

---

[1]) von griech. τὸ αὐτό = dasselbe.

[2]) von griech. δεσμός = Bindemittel, τρέπειν = wenden.

scheinung gehalten, daß eine Verbindung nach zwei Konstitutionsformeln reagiert, die sich bei gleicher Reihenfolge der Atome nur in der Anordnung der Valenzen, d. h. also in der Elektronenverteilung unterscheiden. Eines der einfachsten Beispiele dieser Art sind die beiden nach A. KEKULÉ möglichen Formen der o-disubstituierten Benzolderivate, z. B. des o-Dichlorbenzols, die durch eine einfache Elektronenverschiebung ineinander übergehen können:

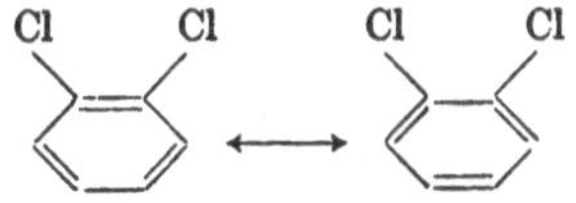

o-Dichlorbenzol

Die neuere Forschung hat aber ergeben, daß es sich hierbei um keine echte Tautomerie handelt, da niemals zwei voneinander verschiedene Molekülarten miteinander im Gleichgewicht stehen. Vielmehr bildet sich in jedem Molekül ein gegenüber den angegebenen Formeln mittlerer und besonders energiearmer Bildungszustand (bzw. Zwischenzustand) aus, der durch die üblichen Valenzstriche nicht wiedergegeben werden kann und nach einem Vorschlag von C. K. INGOLD heute allgemein als **Mesomerie**[1]) bezeichnet wird. Eine mesomere Verbindung hat also im Gegensatz zu einem Tautomeriegemisch einheitliche Moleküle, und man bezeichnet daher die oben angeführten, keiner reellen Verbindung zugehörigen Formeln als die *Grenzstrukturen* der Elektronenverteilung, zwischen denen sich, in im einzelnen nicht näher bekannter Weise, der *mesomere Zwischenzustand* ausbildet. Die formelmäßige Wiedergabe erfolgt ähnlich wie bei der Tautomerie durch Anführung beider (bzw. aller möglichen) mesomeren Grenzstrukturen, die jedoch zur Hervorhebung der gegenüber der Tautomerie engeren Verknüpfung in der angegebenen Weise durch das eigens zu diesem Zweck eingeführte Mesomeriezeichen $\longleftrightarrow$ verbunden werden.

Infolge der mit der Ausbildung der Mesomerie verbundenen Energieabgabe zeichnen sich sämtliche mesomeren Substanzen durch besondere chemische und z. T. auch physikalische Eigenschaften aus, worauf in **II**, Kap. 3, III näher eingegangen wird.

4. Die Stereo- oder Raumisomerie

Der größte Nachteil der oben beschriebenen Konstitutionsformeln besteht darin, daß sie eben sind und infolgedessen nicht die wirkliche räumliche Gestalt des Moleküls wiedergeben. Dadurch übersieht man leicht einige weitere Isomeriemöglichkeiten, die auf eine verschiedenartige räumliche Anordnung der Atome im Molekül zurückzuführen sind und daher zusammenfassend *Stereo-* oder *Raumisomerie* genannt werden.

Für das Zustandekommen dieser Isomerieerscheinungen ist es wesentlich, daß im allgemeinen nicht nur die Reihenfolge der Atome in einem Molekül nicht geändert werden kann, sondern daß auch der gegenseitige Platzaustausch zweier Substituenten an einem C-Atom nicht ohne Zerstörung des Moleküls möglich ist (Näheres vgl. **II**, Kap. 7, III, 1). Erst hierdurch wird die gegenseitige räumliche Lage der Atome in einem Molekül derart stabilisiert, daß zwei Molekülarten, die sich nur in dieser räumlichen Atomanordnung unterscheiden, nicht mehr ineinander übergehen können und damit zum Aufbau beständiger stereoisomerer Verbindungen befähigt sind.

[1]) von griech. μέσος = mitten. Die eingehende Ableitung des Mesomeriebegriffes erfolgt in **II**, Kap. 3, III, 1.

Man unterscheidet *zwei Arten der Stereoisomerie*: a) Die *Spiegelbild-isomerie*, die auf eine *räumliche Asymmetrie* zweier *geometrisch gleichwertiger*, sich wie Bild und Spiegelbild verhaltender Molekülarten zurückzuführen ist, und b) die *geometrische Isomerie*, bei der die Unterschiede zwischen den Molekülarten bereits *größer* sind und auch in der *geometrischen Molekülgestalt* zum Ausdruck kommen.

a) Die Spiegelbild-isomerie

Wie mit Hilfe der modernen physikalischen Methoden inzwischen einwandfrei bewiesen werden konnte, ordnen sich die vier Substituenten eines C-Atoms *nicht in einer Ebene* (wie etwa in den Strukturformeln), sondern *tetraedrisch* an, d.h. der Kohlenstoff sitzt im *Zentrum* und die vier Substituenten in den *Ecken* eines mehr oder weniger regelmäßigen *Tetraeders* (Abb. 1).

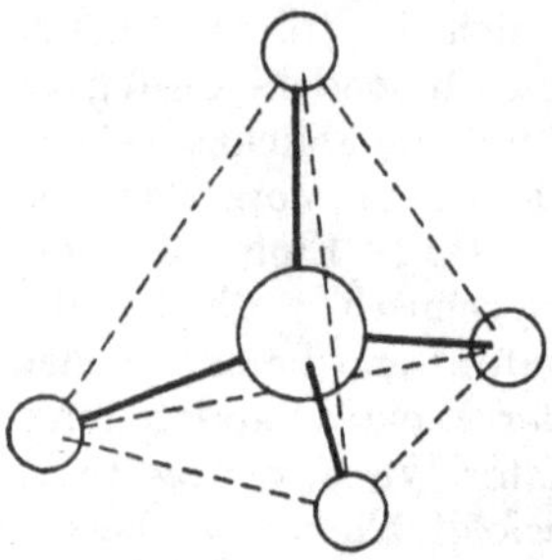

Abb. 1

Die Tetraederstruktur des C-Atoms. Die vier Substituenten befinden sich in den Ecken des dem Zentralatom umschriebenen, gestrichelt wiedergegebenen Tetraeders

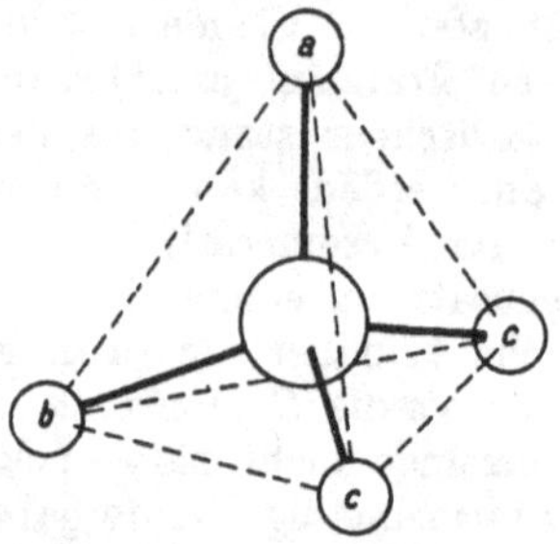

Abb. 2

Tetraedermolekül mit mindestens zwei gleichartigen Substituenten am Zentralatom. Die Papierebene ist Symmetrie-ebene

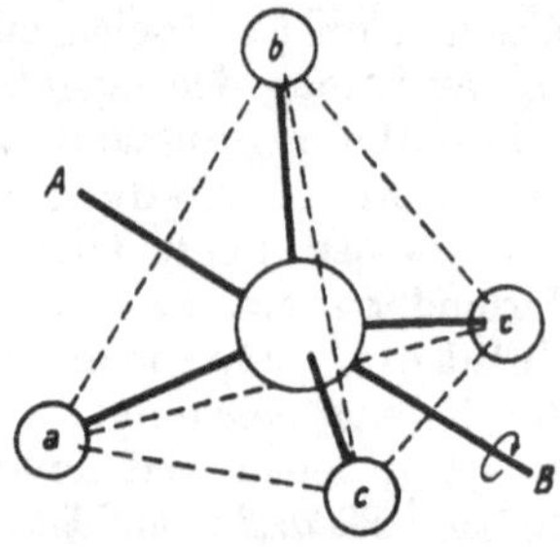

Abb. 3

Das gleiche Molekül bei Vertauschung der Substituenten a und b. Es kann durch Drehung um die Achse AB mit dem in Abb. 2 gezeigten Modell zur Deckung gebracht werden

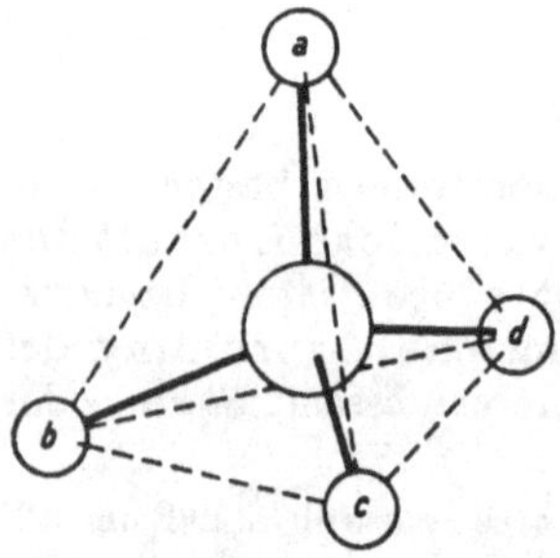

Abb. 4

Tetraedermolekül mit vier verschiedenen Substituenten um das Zentralatom. Es ist keine Symmetrie-ebene vorhanden

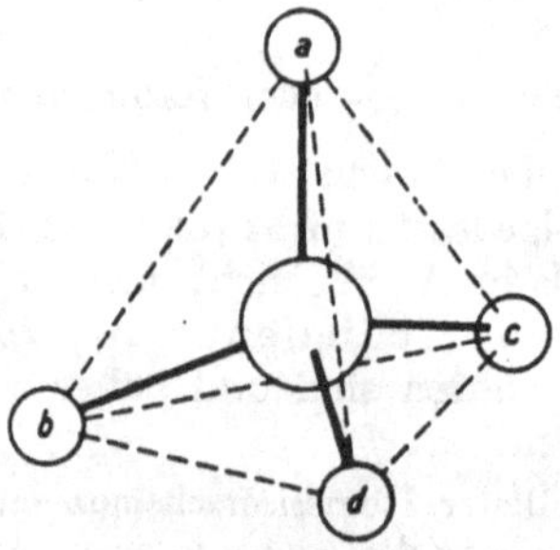

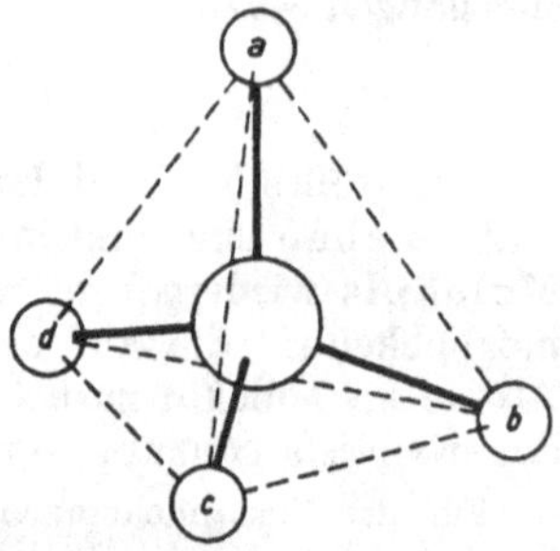

a Abb. 5 b

Das gleiche Molekül nach Vertauschung der Substituenten c und d. In Abb. 5a ohne Molekülverdrehung, in Abb. 5b nach Verdrehung des Moleküls um die C—a-Valenz als Achse in Spiegelstellung zu Abb. 4

Sind nun mehrere Substituenten gleich, so läßt sich durch das Molekül ohne Schwierigkeit eine *Symmetrieebene* legen, z. B. in Abb. 2 die Papierebene. In diesem Fall führt der Austausch zweier Substituenten, etwa von a und b, zu einem mit Abb. 2 identischen Molekül (Abb. 3), das lediglich durch Drehung um die eingezeichnete Achse mit Abb. 2 zur Deckung gebracht werden kann.

Wir kommen jedoch zu ganz anderen Verhältnissen, wenn die vier Valenzen des C-Atoms mit vier verschiedenen Substituenten besetzt werden, da in diesem Fall keine Symmetrie-ebene mehr durch das Molekül gelegt werden kann. Hier entsteht beim Austausch zweier Substituenten, z. B. beim Übergang von Abb. 4 zu Abb. 5a, ein neues Molekül, das sich durch Drehung nicht mehr mit dem ursprünglichen zur Deckung bringen läßt. Dagegen erweist es sich bei geeigneter Drehung (Abb. 5b) als zu der in Abb. 4 gezeigten Molekülform spiegelbildähnlich.

Wie unterscheiden sich nun Substanzen mit derartigen spiegelbildähnlichen Molekülen? Da sie gleiche Konstitution haben und auch alle Atomabstände innerhalb des Moleküls die gleichen sind, müssen sie allen skalaren Einflüssen gegenüber gleichartig reagieren, d. h. die gleichen Schmelzpunkte, Siedepunkte und im allgemeinen auch die gleichen chemischen Eigenschaften zeigen. Sie verhalten sich auf den ersten Blick also wie identische Verbindungen. Dagegen müssen sie allen asymmetrischen bzw. vektoriellen (vgl. **II**, Kap. 7, II, 1) Einflüssen gegenüber, wie z. B. bei der Einwirkung von anderen asymmetrischen Molekülen, verschiedenartig reagieren[1]), was auch in jeder Beziehung der Fall ist.

Das bekannteste Beispiel einer derartigen vektoriellen Einwirkung liegt in dem Verhalten asymmetrischer Moleküle gegenüber linear polarisiertem Licht vor, das als **optische Aktivität** bezeichnet wird. Diese besteht in einer bei beiden Isomeren entgegengesetzt gleich großen Drehung der Polarisationsebene des Lichtes beim Durchstrahlen der optisch aktiven Substanz und ist auf eine verschiedenartige Wechselwirkung der Isomeren mit links- und rechtszirkular polarisiertem Licht zurückzuführen (Näheres vgl. **II**, Kap. 2, II, 3).

Die auf eine derartige räumliche Asymmetrie der Moleküle zurückzuführenden Stereoisomerieerscheinungen nennt man **Spiegelbildisomerie**, die spiegelbildisomeren Formen selbst **optische Antipoden** oder einfach *Antipoden* (auch der wenig schöne Ausdruck *enantiomorphe Formen* ist gebräuchlich) und schließlich die den Unterschied zwischen beiden Antipoden hervorrufende verschiedenartige räumliche Anordnung der Atome **Konfiguration.** Die Mischung der beiden Antipoden in molekularem Verhältnis reagiert wie eine symmetrische Verbindung und wird **racemisches Gemisch** genannt. Sie kristallisiert häufig als eine **Racemat** genannte Molekülverbindung beider Antipoden in einer besonderen Kristallform mit eigenem Schmelzpunkt und eigenen Löslichkeitsverhältnissen, ist aber keine chemische Verbindung im üblichen Sinne, sondern nur ein Mischkristallisat im stöchiometrischen Verhältnis (vgl. **II**, Kap. 6, III, 2b). Das die optische Aktivität verursachende, mit vier verschiedenen Substituenten besetzte C-Atom nennt man **asymmetrisches Kohlenstoffatom.** Es stellt selbst wiederum ein **Asymmetriezentrum** dar.

Außer dem asymmetrischen C-Atom gibt es noch andere Asymmetriezentren. So lassen sich z. B. auch geeignete Derivate anderer Elemente mit tetraedrischer oder ok-

---

[1]) Die Verhältnisse liegen hier ähnlich wie bei den Unterschieden zwischen rechter und linker Hand. Beim Anfassen symmetrischer Gegenstände merkt man keinen Unterschied zwischen rechter und linker Hand (abgesehen von der Gewohnheit), wohl aber bei unsymmetrischen Gegenständen. So ist z. B. ein Händedruck zwischen rechter und rechter oder auch zwischen linker und linker Hand durchaus „normal", zwischen rechter und linker Hand jedoch vollkommen andersartig.

taedrischer Substituentenanordnung (darunter rein anorganische Komplexverbindungen, vgl. anorg. Lehrbücher) in optische Antipoden aufspalten (vgl. **II**, Kap. 7, V). Ferner kennt man neben der asymmetrischen Substituentenanordnung an einem Atom noch einige weitere Möglichkeiten der Ausbildung asymmetrischer Moleküle, die als **Molekularasymmetrie** bezeichnet werden (Näheres vgl. **II**, Kap. 7, I, 1d).

Eine gewisse Schwierigkeit bereitet lediglich noch die formelmäßige Wiedergabe der Konfigurationsverhältnisse. Die in Abb. 1—5 gezeigten perspektivischen Raumformeln sind natürlich für größere Moleküle viel zu umständlich und kompliziert, als daß sie allgemeine Anwendung finden könnten. Einen großen Fortschritt bedeuteten daher die von E. Fischer eingeführten **Projektionsformeln.**

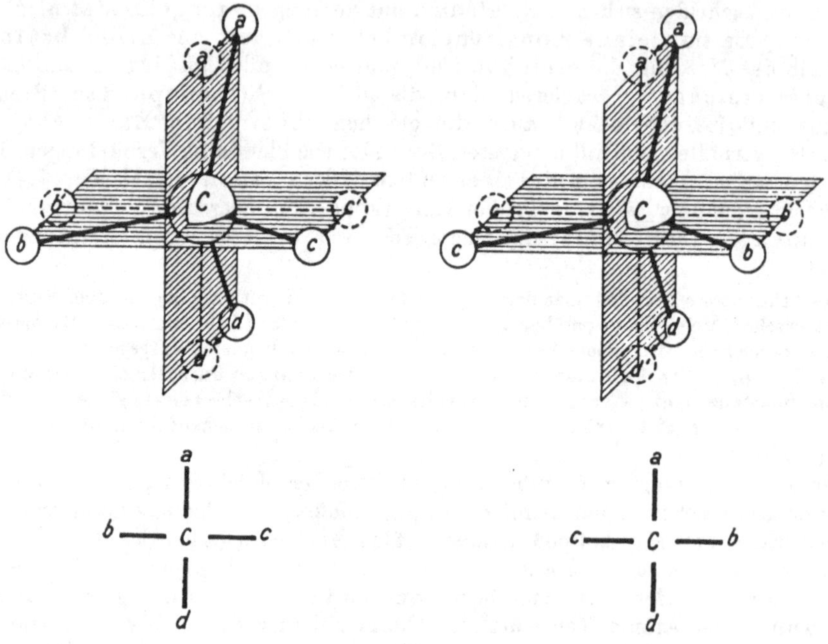

a Abb. 6 b

Ableitung der Projektionsformeln optischer Antipoden nach E. Fischer. Die tetraedrisch angeordneten vier Substituenten des C-Atoms (a, b, c und d) werden in Richtung der Pfeile auf die Punkte a′, b′, c′ und d′ der Papierebene projiziert und ordnen sich dann kreuzförmig um das C-Atom an, so daß die unten abgebildeten ebenen Formeln entstehen, die sich ebenfalls wie Bild und Spiegelbild verhalten und ohne Herausklappen aus der Ebene nicht zur Deckung gebracht werden können

Ordnet man z. B., wie es in Abb. 6a und b geschehen ist, die Raummodelle zweier Antipoden so an, daß sich der asymmetrische Kohlenstoff selbst in der Papierebene, zwei Substituenten vor und zwei hinter der Papierebene befinden, und projiziert dann die Substituenten auf die Papierebene, so erhält man die darunter stehenden ebenen Formeln, die sich ebenfalls wie Bild und Spiegelbild verhalten und nicht mehr ohne Herausklappen aus der Papierebene ineinander überführbar sind.

Diese Projektionsformeln haben sich bestens bewährt und werden in einfacheren Fällen allgemein angewandt. Trotzdem stellen sie gegenüber den räumlichen Formeln einen gewissen Rückschritt dar, da sie sich weiter von der wirklichen Molekülgestalt entfernen. Sie sind daher für die Beschreibung vieler Stereoisomeriefälle, namentlich komplizierter Ringmoleküle, nicht ganz ausreichend. Hier greift man wieder auf die je nach den Bedürfnissen vereinfachten Raumformeln (vgl. z. B. die unten angegebenen Formeln der Weinsäure-monomethylester) oder gar auf wirkliche Molekülmodelle zurück, deren verschiedene Ausführungsformen wir später noch kennenlernen werden (**II**, Kap. 7, VI, 5).

Neben den Verbindungen mit einem gibt es auch solche mit **mehreren Asymmetriezentren.** In diesem Fall wächst die Zahl der möglichen Stereoisomeren mit der Zahl der Asymmetriezentren sehr rasch an, und es können auch Verbindungen entstehen, deren Moleküle sich nicht wie Bild und Spiegelbild verhalten, die also keine optische Antipoden sind. Welche Unterschiede bestehen nun zwischen derartigen stereoisomeren Substanzen?

Sind z. B. die beiden Asymmetriezentren A und B vorhanden, die unabhängig voneinander die Konfigurationen +A und −A bzw. +B und −B annehmen können, dann kann beim Übergang der kurz +A+B genannten Substanz in die Verbindung +A−B keine zu +A+B spiegelbildisomere Form gebildet werden, weil ja nur das eine Asymmetriezentrum Konfigurationsumkehr erleidet. Da weiterhin B in beiden Verbindungen mit einem asymmetrischen Molekülteil gekoppelt ist, der im Sinne der obigen Ausführungen vektorielle Einwirkungen auf B ausübt, müssen bei der Kombination von +A mit +B andere Effekte (z. B. andere innermolekulare Atomabstände) auftreten als bei der Kombination von +A mit −B. Die verschiedenen innermolekularen Atomabstände äußern sich aber in einer geometrisch verschiedenen Molekülgestalt und damit in verschiedenen Schmelz- und Siedepunkten, verschiedenen Löslichkeitsverhältnissen usw. Kurz, beide Verbindungen müssen sich wie normale Isomere voneinander unterscheiden. Man bezeichnet sie daher zum Unterschied von den optischen Antipoden als **diastereomere Verbindungen** und entsprechend die ganze Erscheinung als **Diastereomerie.**

Als Beispiel für einen derartigen Fall von Diastereomerie seien im folgenden die (vereinfachten) Raumformeln zweier Weinsäure-monomethylester (bezüglich Weinsäure vgl. S. 508f.) angeführt:

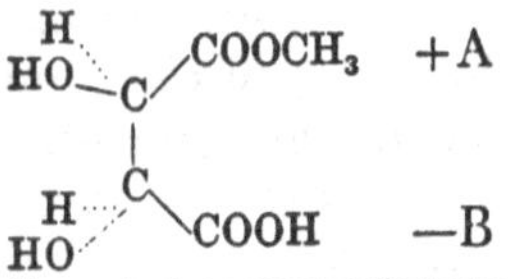

Mesoweinsäure-monomethylester

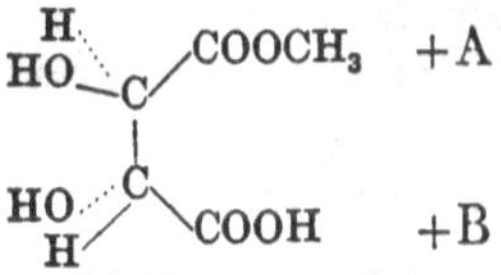

D-Weinsäure-monomethylester

Sie lassen deutlich erkennen, daß bei Anordnung der —COOH- und —COOR-Gruppe übereinander beim Mesoweinsäurederivat auch die Hydroxylgruppen und die H-Atome übereinander stehen, während bei dem D-Weinsäureester jeweils eine OH-Gruppe und ein H-Atom zusammengehören. Die von der Theorie geforderten verschiedenen innermolekularen Atomabstände liegen also tatsächlich vor, und damit werden die verschiedenen Schmelzpunkte, Kristallformen und Löslichkeitsverhältnisse beider Verbindungen ohne weiteres verständlich.

Erst −A−B ist die zu +A+B spiegelbildisomere Form und hat wieder die gleichen innermolekularen Abstände, wie die Gegenüberstellung der (vereinfachten) Raumformeln der beiden optisch aktiven Weinsäuremonomethylester zeigt:

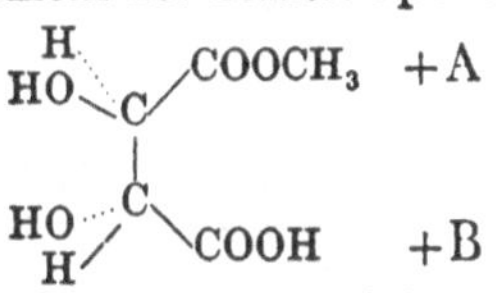

D-Weinsäure-monomethylester

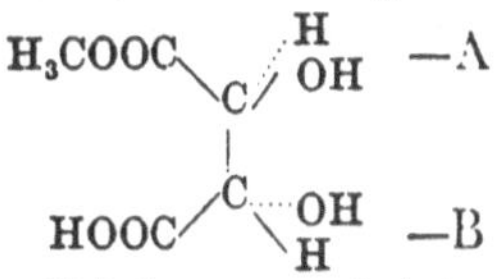

L-Weinsäure-monomethylester

+A+B und −A−B sowie in gleicher Weise auch +A−B und −A+B sind daher optische Antipodenpaare, so daß man bei Anwesenheit von zwei Asymmetriezentren zwei Paar optischer Antipoden mit jeweils gleichen innermolekularen Atomabständen erhält, die untereinander diastereomer sind.

b) Die geometrische Isomerie

Eine andere Art von Raumisomerie beobachtet man bei zahlreichen Äthylenderivaten, die stets dann, wenn auf beiden Seiten der Doppelbindung je zwei verschiedene Substituenten stehen, in zwei raumisomeren Formen auftreten, obgleich eindeutig die gleiche Konstitution vorliegt. Eine einfache Erklärung dieses Isomeriefalles ergibt sich auf Grund der von J. H. van't Hoff und J. Wislicenus schon 1875 postulierten und neuerdings auch physikalisch begründeten Hypothese, daß die beiden an der Doppelbindung befindlichen C-Atome sich nicht gegeneinander verdrehen können, so daß sie mit den vier an ihnen befindlichen Substituenten starr in einer Ebene festgehalten werden (Näheres vgl. II, Kap. 3, II, 1). Unter diesen Umständen können in Übereinstimmung mit dem beobachteten Verhalten derartiger Verbindungen:

1. Moleküle der Konfiguration I trotz gleicher Konstitution (d. h. gleicher Reihenfolge der Atome) nicht in Moleküle der Konfiguration II übergehen, so daß I und II als selbständige Verbindungen existenzfähig sind:

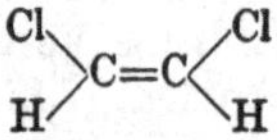
I

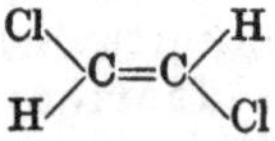
II

2. die innermolekularen Atomabstände verschieden große Werte annehmen (z. B. der Cl—Cl-Abstand in I und II), so daß sich I und II durch verschiedene geometrische Molekülformen und damit verschiedene skalare Eigenschaften (z. B. Schmelzpunkt, Siedepunkt, Löslichkeit usw.) auszeichnen, und schließlich

3. niemals räumlich asymmetrische Moleküle (bzw. keine optische Antipoden) auftreten, da die Substituentenebene gleichzeitig Symmetrieebene ist.

Diese neuartige Isomerieerscheinung nennt man **geometrische Isomerie** sowie ihren wichtigsten Spezialfall, die Isomerie von Äthylenderivaten, auch *Äthylenisomerie*. Doch beobachtet man eine der Äthylenisomerie ähnliche geometrische Isomerie auch bei anderen, eine Doppelbindung enthaltenden Molekülen, insbesondere bei Verbindungen mit doppelt gebundenem Stickstoff.

Die **formelmäßige Wiedergabe** der geometrisch isomeren Verbindungen bereitet erheblich geringere Schwierigkeiten als die der optischen Antipoden, da die vier Substituenten an der C=C-Doppelbindung ohnehin in einer Ebene liegen, so daß man ihre verschiedenartige gegenseitige Anordnung ohne weiteres in einer ebenen Formel zum Ausdruck bringen kann (vgl. z. B. die angeführten Beispiele I und II).

In Analogie zur Äthylenisomerie treten auch bei Verbindungen mit ringförmigen Molekülen geometrisch isomere Molekülformen auf, da sich die Ringatome ebenfalls nicht gegeneinander verdrehen können. Als Beispiel seien die Raumformeln der beiden möglichen p-Dichlor-cyclohexane angeführt:

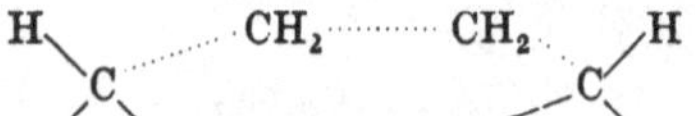
„cis"-p-Dichlor-cyclohexan

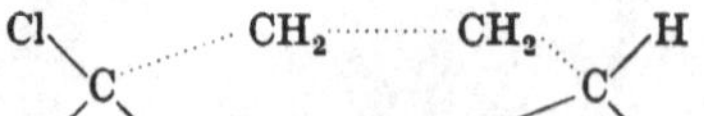
„trans"-p-Dichlor-cyclohexan

Die Verhältnisse liegen hier jedoch bereits wesentlich komplizierter als bei den einfachen Äthylenderivaten, so daß ihre systematische Behandlung erst später (II, Kap. 7, I, 2) erfolgen kann.

Das Auftreten der Äthylenisomerie legt natürlich die Frage nahe, ob nicht auch bei den Äthanderivaten eine geometrische Isomerie möglich ist, also etwa zwei Dichloräthane der folgenden Konfiguration darstellbar sind:

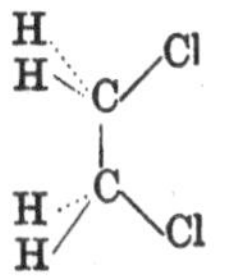

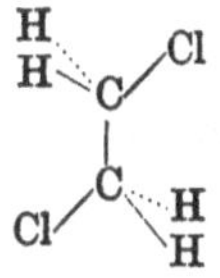

Da jedoch niemals derartige Isomeriefälle beobachtet wurden, muß man annehmen, daß sich in Verbindungen mit einfachen C—C-Bindungen beide C-Atome um ihre gemeinsame Achse gegeneinander verdrehen können, wobei die beiden angegebenen raumisomeren Formen des Dichloräthans sofort ineinander übergehen würden. Diese Hypothese wurde erstmals von J. H. van't Hoff im Zusammenhang mit seiner Tetraedertheorie aufgestellt und als **Theorie der freien Drehbarkeit** bezeichnet. Das tatsächliche Auftreten einer derartigen freien Drehbarkeit hat die moderne physikalische Chemie vollkommen bestätigt, worauf wir in anderem Zusammenhang (II, Kap. 7, VI, 4) noch näher eingehen werden.

Zusammenfassend ergibt sich also, daß man zur Charakterisierung einer organischen Verbindung benötigt: 1. Das Atomverhältnis, 2. das Molekulargewicht, 3. die sich aus beiden errechnende Summenformel, 4. die Konstitution und gegebenenfalls 5. die Konfiguration. Erst wenn diese fünf Daten bekannt sind, kann man ihren Aufbau wirklich eindeutig beschreiben.

5. Nomenklaturfragen

Die Einführung willkürlicher Namen (Trivialnamen[1])) für die organischen Verbindungen hat man bei deren großer Zahl bald aufgegeben und nur auf die einfachsten oder zumindest bekannteren Fälle beschränkt. Die große Mehrzahl der organischen Verbindungen benennt man dagegen nach einem systematischen Nomenklaturprinzip, das auf einer internationalen Chemikertagung in Genf im Jahre 1892 beschlossen wurde (*Genfer Nomenklatur*) und sich seither bestens bewährt hat. Danach erhält man für jede der 400000 organischen Verbindungen eindeutige, „rationelle" Namen, die ein anschauliches Bild ihres Aufbaus vermitteln. Im ganzen gibt es drei Möglichkeiten der Benennung, die sich z. T. überschneiden und verschiedene Namen für dieselbe Verbindung zulassen, was zuweilen für die besondere Hervorhebung der einen oder anderen charakteristischen Eigenschaft von Vorteil ist.

1. Die zu benennende Verbindung wird als Substitutionsprodukt eines Kohlenwasserstoffs aufgefaßt. In diesem Fall dient als Grundlage der Benennung der Name dieses Kohlenwasserstoffs, dem die Bezeichnung des fraglichen Substituenten vorangestellt wird. So erhält man z. B. für die Verbindungen I, II und III die Namen *Chlor-äthan*, *Hydroxy-äthan* oder *Amino-äthan*:

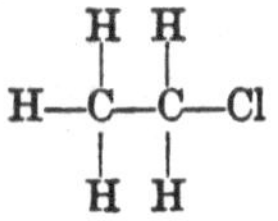

I

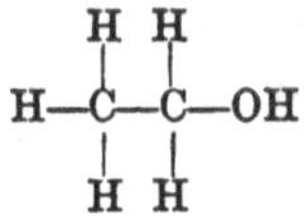

II

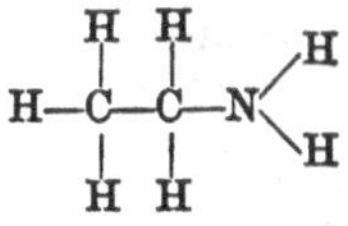

III

[1]) Bzgl. der Geschichte der Entstehung einiger Trivialnamen vgl. Ch. Wiegand: Angew. Chem. 60, 109 (1948).

Die in diesen Namen durchgeführte Trennung der Bezeichnungen für die einzelnen Molekülteile durch einen Bindestrich ist nicht unbedingt erforderlich, jedoch namentlich bei komplizierten Molekülen sehr zweckmäßig, da sie die Übersichtlichkeit erhöht. Innerhalb des Namens wird nach dem Bindestrich stets klein weitergeschrieben.

Eine gewisse Komplizierung tritt ein, wenn verschiedene C-Atome für den Eintritt des Substituenten in Betracht kommen, oder auch, wenn mehrere H-Atome durch gleichartige Reste ersetzt sind. In diesem Falle werden sämtliche substituierbaren C-Atome durchnumeriert und die Stellung des Substituenten durch Vorsetzen der Kennziffer des substituierten C-Atoms sowie die Substituentenzahl durch ein zwischen diese Kennziffer und den eigentlichen Namen eingeschobenes griechisches Zahlwort charakterisiert, so daß für die Verbindungen IV—VII die Namen *1-Chlor-propan*, *2-Chlor-propan*, *1,2-Dichlor-äthan* und *1,1,1-Trichlor-äthan* entstehen:

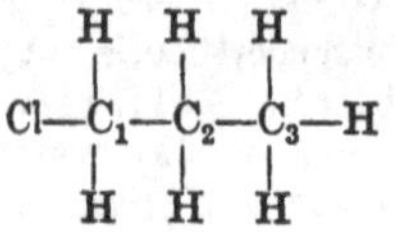
IV

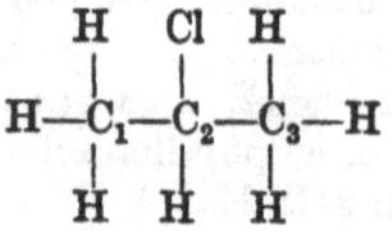
V

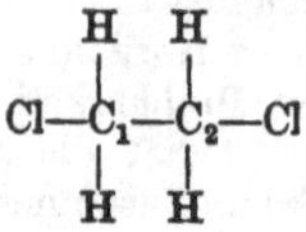
VI

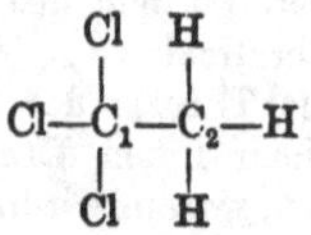
VII

Die Verwendung des griechischen Zahlwortes μόνος für eins, d. h. die Bezeichnung von I, IV und V als *Monochlor*-Verbindungen, wird im allgemeinen zur Vereinfachung der Namen fortgelassen, ist jedoch grundsätzlich statthaft und zur Hervorhebung des Unterschiedes gegenüber den mehrfach substituierten Verbindungen auch gebräuchlich. Letztere bezeichnet man zusammenfassend häufig als *poly*-substituierte Verbindungen (von griech. πολύς = viel). In unserm speziellen Fall gehören VI und VII also zu den Polyhalogen-äthanen. Eine Verbindung, die aus einem Kohlenwasserstoff durch Substitution sämtlicher H-Atome hervorgegangen ist, nennt man schließlich eine *per*substituierte Verbindung. Das Hexachlor-äthan heißt daher zuweilen auch kurz Perchlor-äthan.

2. Man kann die organische Verbindung auch umgekehrt als Kohlenstoffderivat der Wasserstoffverbindung des Substituenten, d. h. in den meisten Fällen als organisches Derivat einer anorganischen Wasserstoffverbindung auffassen. In diesem Fall wird die Nomenklatur direkt an die der anorganischen Wasserstoffverbindungen, insbesondere an die der von ihnen abgeleiteten Metallsalze angeglichen, so daß für die Substanzen I—VI in leicht ersichtlicher Weise die Namen *Äthyl-chlorid*, *Äthyl-hydroxyd*, *Äthyl-amin*, *n-Propyl-chlorid*, *Isopropyl-chlorid* und *Äthylen-chlorid* entstehen, die neben den oben abgeleiteten Namen gleichberechtigt sind.

Atomgruppen wie die erwähnte Äthyl-, Propyl-, Äthylen-Gruppe usw. nannte man früher allgemein **Radikale** (von lat. *radix* = die Wurzel), während man sich heute, um eine Verwechslung mit dem unten definierten Begriff der freien Radikale zu vermeiden, meistens der neutralen Ausdrücke Reste oder Gruppen bedient. Sie sind normalerweise keine selbständigen Moleküle und kommen dementsprechend auch nicht frei vor, sondern stellen lediglich Molekülteile dar, die zum Zweck der Namengebung zusammengefaßt werden und die immer durch eine Bindung (bei mehrwertigen Resten, wie etwa der Äthylengruppe in VI, entsprechend durch mehrere Bindungen) an andere Atome oder Atomgruppen gebunden sind. Bei Reaktionen, die sich nicht an diesem Molekülteil abspielen (z. B. bei der hydrolytischen Abspaltung des Chlors in I zur Oxyverbindung II), gehen sie unverändert in andere Moleküle über, weshalb man früher, als man die Zusammenhänge noch nicht so klar überblickte, ihre Bedeutung für den Ablauf chemischer Reaktionen überschätzte und namentlich glaubte, daß sie auch als selbständige Moleküle beständig seien (Radikaltheorie, vgl. II, Kap. 1, II). Das ist jedoch nur in wenigen charakteristischen Ausnahmefällen der Fall, in denen man dann von *freien Radikalen* spricht (I, Kap. 10, II). Die normalen „Radikale" der chemischen Nomenklatur unterscheiden sich danach von den freien Radikalen genau so, wie sich ein in Bindung befindliches oder bei Reaktionen in ein anderes Molekül übergehendes Chlor-atom von den nur in seltenen Fällen frei auftretenden Chloratomen unterscheidet.

3. Eine dritte Möglichkeit der Benennung organischer Verbindungen, die namentlich für die Sauerstoffverbindungen und die ungesättigten Kohlenwasserstoffe von Bedeutung ist, beruht auf der Einführung bestimmter Endsilben, die zur Bezeichnung der verschiedenen Funktionen an den Namen des der betreffenden Verbindung zugrunde liegenden Kohlenwasserstoffs gehängt werden. So führen z. B. die gesättigten Alkohole die Endung *-ol*, die gesättigten Aldehyde die Endung *-al* usw. II heißt also auch *Äthanol* und entsprechend der Acetaldehyd (CH_3—CH=O) *Äthanal*.

Mit Hilfe dieser drei Grundprinzipien, deren Ausbau wir im weiteren Verlauf dieses Buches noch näher kennenlernen werden, ist es möglich, in relativ einfacher Weise für alle organischen Verbindungen „rationelle" Namen zu finden, die einerseits den charakteristischen Aufbau dieser Verbindungen aus einem mehr oder weniger reaktionsträgen Kohlenwasserstoffgerüst mit einzelnen reaktionsfähigen Atomgruppen deutlich erkennen lassen, andererseits durch eine, wenn erforderlich sehr weitgehende Zergliederung des Moleküls die Unterscheidung auch komplizierterer Isomeriefälle ermöglichen.

Eine gewisse Schwierigkeit bereitet schließlich noch die **Benennung stereoisomerer Verbindungen**, die mit Hilfe der genannten Nomenklaturprinzipien nicht mehr voneinander unterschieden werden können. Hier hilft man sich in der Weise, daß alle die gleiche Konstitution aufweisenden stereoisomeren Verbindungen den gleichen Namen erhalten, dem man zur Kennzeichnung der Konfiguration eine (klein geschriebene) Silbe oder ein anderes Symbol voranstellt. So erhalten z. B. alle optisch aktiven Verbindungen, deren Asymmetriezentrum die gleiche räumliche Substituentenanordnung wie die als Bezugssubstanz gewählte rechts drehenden Weinsäure aufweist, den Buchstaben D- (von lat. *dextrum* = rechts), und alle Verbindungen, die konfigurativ der links drehenden Weinsäure entsprechen, den Buchstaben L- (von lat. *laevum* = links) als Symbol zuerteilt, so daß Namen wie D-Weinsäure oder L-Glycerinaldehyd entstehen. Das racemische Gemisch bzw. Racemat bezeichnet man entsprechend als D, L-*Form*.

Nachdem sich weiterhin herausgestellt hat, daß zwei Verbindungen bei gleicher Konfiguration durchaus einen verschiedenen Drehsinn zeigen können, verwendet man neben diesen Buchstabensymbolen auch noch die Zeichen + und — für die Rechts- bzw. Linksdrehung einer Substanz. Die Bezeichnung D(+)-Milchsäure sagt also aus, daß wir eine Milchsäure mit der gleichen Konfiguration wie die D-Weinsäure vor uns haben und daß diese die Ebene des polarisierten Lichts nach rechts dreht. Die D(—)-Mandelsäure dreht dagegen bei ebenfalls gleicher Konfiguration die Polarisationsebene nach links.

Bei geometrisch isomeren Verbindungen verwendet man allgemein die Vorsilbe *cis-*, wenn die charakteristischen Substituenten auf der gleichen Seite, und die Vorsilbe *trans-*, wenn sie auf entgegengesetzten Seiten der Doppelbindungs- oder einer anderen charakteristischen Molekülebene stehen, wie es bei der Benennung der beiden p-Dichlor-cyclohexane auf S. 16 bereits durchgeführt wurde. Daneben sind zur Charakterisierung der analogen geometrischen Isomerie der Verbindungen mit doppelt gebundenem Stickstoff auch die Vorsilben *syn-* (für *cis-*) und *anti-* (für *trans-*) gebräuchlich.

III. Die Grundlagen der Elektronentheorie der Valenz

Die modernen Erkenntnisse des Wesens der chemischen Bindung, die unter der Bezeichnung *Elektronentheorie der Valenz* zusammengefaßt werden, haben eine große Umwälzung unserer Vorstellungen vom Bau und der Reaktionsfähigkeit der organischen Verbindungen mit sich gebracht. Wir müssen daher schon an dieser Stelle kurz auf die wichtigsten dieser neuen Begriffe und Definitionen eingehen.

1. Der Atombau

Jedes Atom besteht aus einem positiv geladenen Atomkern und einer aus Elektronen bestehenden Hülle, die für das chemische Verhalten des betreffenden Atoms verantwortlich ist und daher den Chemiker in erster Linie interessiert. Die Zahl der Elektronen der Hülle ist gleich der der positiven Elementarladungen des Kerns, wenn das Atom nach außen neutral erscheint. Doch kann sie auch größer oder kleiner sein. Im ersteren Falle erhält man negativ geladene Anionen, in letzterem positiv geladene Kationen.

Die Elektronenhülle besitzt eine ziemlich komplizierte **Struktur**, die sich mit Hilfe der Quantentheorie auf Grund spektroskopischer und chemischer Daten ableiten läßt. Sie wurde erstmals von E. RUTHERFORD, N. BOHR und später A. SOMMERFELD im Sinne des sog. Planetensystem-Modells gedeutet, d. h. man nahm zunächst an, daß sich die Elektronen wie die Planeten um die Sonne in bestimmten Bahnen um den Atomkern bewegen. Doch konnten E. SCHRÖDINGER und W. HEISENBERG Ende der zwanziger Jahre zeigen, daß man die einzelnen Elektronen der Hülle infolge ihrer Wellennatur nicht mehr genau lokalisieren kann, sondern das gesamte Elektronensystem der Hülle als einheitliches kompliziertes Schwingungssystem negativer Elektrizität betrachten muß, und daß die hierbei auftretenden Resonanzvorgänge zwischen den verschiedenen Schwingungsmöglichkeiten, die stets mit einer Energieabgabe verbunden sind, von ausschlaggebender Bedeutung für die Stabilität der Hülle und damit auch für die Verbindungsbildung sind. Insbesondere das Zustandekommen der Atombindung und die unter der Bezeichnung Mesomerie (vgl. S. 11 u. II, Kap. 3, III) zusammengefaßten Resonanzvorgänge zwischen verschiedenen möglichen Elektronenstrukturen einer Verbindung lassen sich nur mit Hilfe dieser wellenmechanischen Betrachtung der Elektronenhülle richtig deuten.

Trotz dieser Überlegenheit des wellenmechanischen Atommodells behält man jedoch im allgemeinen Sprachgebrauch die anschaulichere Nomenklatur des Planetensystemmodells (z. B. die Ausdrücke Elektronenschale, Elektronenbahn, Spin usw.) bei. Doch muß man sich stets vor Augen halten, daß diese Anschaulichkeit nur scheinbar ist und die verschiedenen Begriffe wellenmechanisch etwas ganz anderes bedeuten als der Name zum Ausdruck bringt. So kommt z. B. dem Begriff der verschiedenen Elektronenschalen in dem wellenmechanischen Modell die Bedeutung einer Grund- und der zugehörigen Oberschwingungen zu.

Im einzelnen werden beim Aufbau der Elektronenhülle die folgenden Gesetzmäßigkeiten beobachtet:

1. Die Elektronen der Hülle ordnen sich in übereinander liegenden „Schalen“ um den Atomkern an. Jede Schale enthält wiederum eine Anzahl von *Elektronenbahnen*, die jeweils mit maximal zwei Elektronen besetzt werden können.

2. Die **Zahl der Elektronenbahnen** der verschiedenen Schalen nimmt nach außen mit dem Quadrat der Schalenzahl zu, und zwar enthält die innerste

Schale eine, die zweite Schale bereits vier und die n-te Schale n^2 verschiedene Elektronenbahnen. Sie kann also mit maximal $2n^2$ Elektronen besetzt werden.

3. Die **Elektronenbahnen** der einzelnen Schalen sind untereinander nicht gleichwertig, sondern lassen sich in Gruppen unterschiedlicher Energieniveaus unterteilen. Alle Schalen besitzen zunächst einmal je eine *s-Bahn*, die als *1s, 2s . . . ns-Bahn* bezeichnet wird und jeweils das tiefste Energieniveau der betreffenden Schale aufweist, d. h. am leichtesten mit Elektronen aufgefüllt wird. Mit der 1s-Bahn ist die innerste (Helium-)Schale bereits abgeschlossen. Alle höheren Schalen besitzen daneben noch drei *p-Bahnen* (beginnend in der zweiten Schale mit den drei 2p-Bahnen), die auf einem etwas höheren Niveau liegen, und mit denen die zweite (Neon-)Schale ebenfalls abgeschlossen ist. Von der dritten Schale ab treten dann noch jeweils fünf *d-Bahnen* hinzu, die sich wiederum auf einem höheren Energieniveau befinden, das bereits über dem der *s-Bahn* der nächst höheren Schale liegt. Von der vierten Schale ab beobachtet man schließlich über die fünf d-Bahnen hinaus noch weitere sieben *f-Bahnen*, deren Energieniveau bereits so hoch liegt, daß es die der s- und p-Bahnen der nächsten und der s-Bahn der übernächsten Schale übertrifft. Höhere als die f-Bahnen werden bei den bisher zugänglichen 98 Elementen noch nicht mit Elektronen besetzt, sind aber in den höheren Schalen grundsätzlich vorhanden.

Diese Energieabstufung zwischen den verschiedenen Schalen ist in Abb. 7 nochmals anschaulich zusammengestellt.

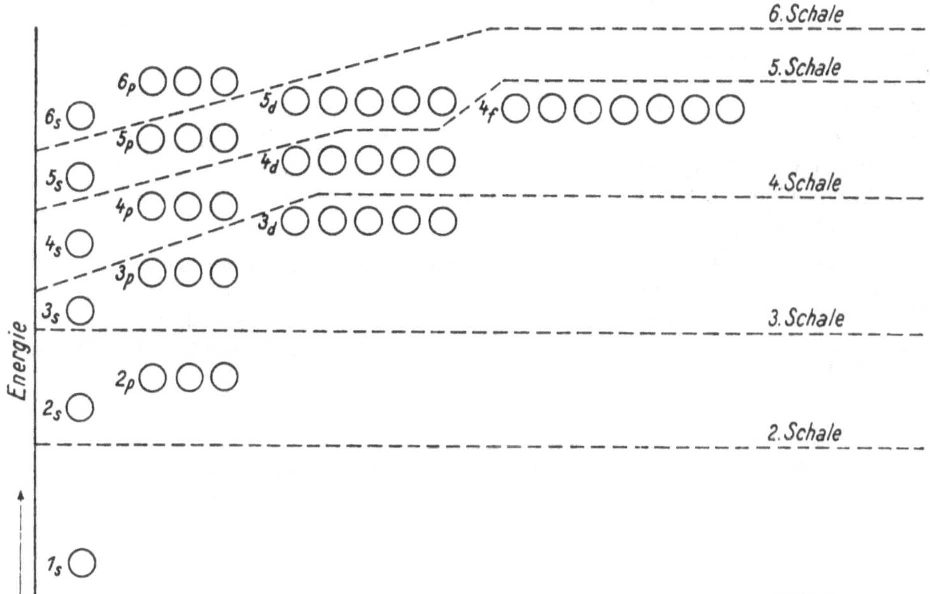

Abb. 7

Energieschema der Elektronenbahnen (nach L. Pauling)

4. Die **Verteilung der Elektronen** eines bestimmten Atoms auf die verschiedenen Schalen der Hülle erfolgt stets in der Weise, daß unabhängig davon, in welcher Schale sich die verschiedenen Elektronenbahnen befinden, nacheinander alle Elektronenbahnen in der Reihenfolge ihrer Energieniveaus mit Elektronen besetzt werden. Es nimmt also zunächst die 1s-Bahn zwei Elektronen auf, ehe die 2s-Bahn ein Elektron erhält, und erst nach deren Besetzung durch zwei Elektronen werden die drei 2p-Bahnen abgesättigt. Ihnen folgen die 3s- und die drei 3p-Bahnen. Dann treten bereits die ersten Anomalien auf, indem die 4s-Bahn bereits vor den 3d-Bahnen, die 5s-Bahn vor den 4d-Bahnen und schließlich die 6s-Bahn und die 5p-Bahnen vor den sieben 4f-Bahnen besetzt werden.

Weiterhin werden nach dem **Prinzip der größten Multiplizität** von F. Hund innerhalb einer Gruppe von energiegleichen Elektronenbahnen zunächst einmal alle Bahnen mit je einem Elektron besetzt, ehe eine der Bahnen ein zweites Elektron aufnehmen kann, weil die Besetzung einer neuen Bahn mit dem ersten Elektron mit einer etwas größeren Energieabgabe verbunden ist als die Einführung des zweiten Elektrons auf die gleiche Bahn. Im Sauerstoffatom verteilen sich die acht Elektronen der Hülle daher folgendermaßen: Je zwei Elektronen befinden sich auf den energiearmen 1s- und 2s-Bahnen sowie auf einer der drei 2p-Bahnen, während die beiden restlichen 2p-Bahnen nur je ein Elektron enthalten[1]).

Als wichtigste Folge dieses Aufbauprinzips der Elektronenhülle kann die äußerste Elektronenschale eines Atoms im allgemeinen nicht mehr als acht Elektronen enthalten, die sich auf der s- und den drei p-Bahnen befinden, weil auch bei den Elementen der höheren Perioden, deren äußere Schale grundsätzlich zur Aufnahme weiterer Elektronen befähigt ist, ev. weitere hinzukommende Elektronen zunächst zum Ausbau einer neuen Schale, die nunmehr als Außenschale fungiert, verwandt werden, ehe die Besetzung der d- oder gar f-Bahnen der ursprünglichen Außenschale erfolgt. Die „*Achterschale*" oder das „*Oktett*" stellt daher mit wenigen Ausnahmen die stabile Elektronenanordnung der äußersten Schale aller Elemente dar, die z. B. in allen Edelgasen (außer Helium) verwirklicht ist und daher auch *Edelgasschale* genannt wird. Wegen dieser universellen Bedeutung der Achterschale bezeichnet man die Elektronentheorie der Valenz häufig auch als *Oktett-Theorie*.

5. Die beiden auf einer Bahn befindlichen Elektronen stehen in einer besonders engen Beziehung zueinander. Man faßt sie daher meistens zu einer engeren Einheit, dem **Elektronenpaar** oder *Dublett* zusammen, das sich in mehrfacher Beziehung grundsätzlich anders verhält als zwei auf verschiedenen Bahnen befindliche „*Einzelelektronen*".

---

[1]) Danach muß das O-Atom in der unten erläuterten modernen Schreibweise folgendermaßen formuliert werden: $\cdot\overline{\text{O}}\cdot$, und die daneben auch gebräuchliche Schreibweise mit drei Elektronenpaaren und einer unbesetzten Elektronenbahn in der äußeren Schale $\left(\underline{\overline{\text{O}}}\right)$ stellt eine zweifellos energiereichere Form des Sauerstoffatoms dar, die bestenfalls als eine „aktive" Grenzstruktur im Sinne der Ausführungen auf S. 11 angesehen werden kann. Diese aktive Grenzstruktur wird aber mit einer gewissen Wahrscheinlichkeit bei der Anlagerung von Sauerstoff an ungebundene Elektronenpaare, z. B. bei der Oxydation von tertiären Aminen zu Aminoxyden, als Zwischenstufe durchlaufen, da nur sie eine freie Elektronenbahn aufweist, die zur Aufnahme des ungebundenen Elektronenpaares des Reaktionspartners befähigt ist. Die Anwendung dieser zweiten Formel für das O-Atom zur vereinfachten Wiedergabe von Oxydationsreaktionen (vgl. z. B. II, Kap. 4, II, 5a) ist also statthaft.

Insbesondere unterscheiden sich die Elektronenpaare und Einzelelektronen in ihrem **magnetischen Verhalten.** Jedes Einzelelektron besitzt nämlich einen gewissen Drall (englisch *spin*) und stellt daher einen kleinen elektrischen Kreisstrom dar, der sich wie ein Elementarmagnet verhält. Substanzen, deren Atome und Moleküle voneinander unabhängige Einzelelektronen besitzen, zeigen infolgedessen einen gewissen Paramagnetismus, dessen Größe von der Zahl der Einzelelektronen abhängt und sich ohne Schwierigkeit quantitativ berechnen läßt. Bei Atomen und Molekülen dagegen, deren Elektronen restlos zu Elektronenpaaren zusammengetreten sind, sättigen sich die kleinen Elementarmagnete gegenseitig vollständig ab, denn die Bildung eines Dubletts ist nur möglich, wenn die beiden Elektronen sich so gegeneinander ausrichten, daß sie einen *antiparallelen* spin, d. h. bei paralleler Achse eine entgegengesetzte Drehrichtung ihres Dralls aufweisen. Hier tritt daher nach außen kein Magnetismus mehr in Erscheinung, und die entsprechenden Substanzen verhalten sich diamagnetisch, so daß man mit Hilfe der in II, Kap. 2, I, 5 beschriebenen magnetischen Susceptibilität nicht nur zwischen freien Atomen bzw. Radikalen einerseits und valenzmäßig gesättigten Verbindungen andererseits streng unterscheiden, sondern auch die Erfüllung des Multiplizitätsprinzips von Hund nachweisen kann.

Weiterhin ist von allgemeiner Bedeutung, daß nähere Beziehungen nur zwischen den Elektronen eines Elektronenpaares, nicht dagegen zwischen Elektronen, die sich auf verschiedenen Elektronenbahnen des gleichen Atoms befinden, bestehen. So werden wir z. B. später sehen, daß zwischen den beiden „π-Elektronenpaaren" des Acetylens (**II**, Kap. 3, II, 1) oder Allens (**II**, Kap. 3, III, 3bβ) keine Mesomerie möglich ist.

6. Bei der Verbindungsbildung treten im allgemeinen nur die Elektronen der äußersten Schale in Reaktion. Der Chemiker unterteilt das Atom daher für seine Zwecke besser nicht in den Atomkern und die Elektronenhülle schlechthin, sondern in den *Atomrumpf*, der den Atomkern und sämtliche Innenelektronen zusammenfaßt und bei allen Reaktionen unverändert bleibt, und die Elektronen der äußersten Schale, die vielfach auch als *Valenzelektronen* bezeichnet werden. Der Atomrumpf ist naturgemäß stets positiv geladen, und zwar muß die **Rumpfladung** (auch *Rumpfladungszahl* genannt) definitionsgemäß stets gleich der Differenz von Kernladungszahl (= Ordnungszahl) und der Zahl der Innenelektronen sein.

2. Die Natur der chemischen Valenz

Das Bestreben der Atome zum Aufbau chemischer Verbindungen ist auf ihre Tendenz zurückzuführen, ihre äußerste Elektronenschale zu einer Edelgasschale von acht (bzw. beim Wasserstoff zwei) Außenelektronen zu vervollständigen (*Oktettregel*).

Dieses angestrebte Ziel wird jedoch nicht immer erreicht, und für diesen Fall gelten auf Grund des unter 1 Gesagten für die Über- oder Unterschreitung der Oktettzahl die folgenden Gesetzmäßigkeiten:

Die Zahl von acht (bzw. beim Wasserstoff zwei) Außenelektronen ist bei den Elementen der ersten Achterperiode (bis zum Neon) eine Maximalzahl und wird daher hier niemals, auch nicht in instabilen Zwischenprodukten chemischer Reaktionen, überschritten. Als Folge davon sind u. a. die quartären Atome der ersten Achterperiode wesentlich schwerer substituierbar als die der höheren Perioden (vgl. z. B. **II**, Kap. 4, II, 2aα) sowie nicht mehr zur Fortleitung der Mesomerie von π-Elektronensystemen (Näheres vgl. **II**, Kap. 3, III, 1) befähigt. Bei den Elementen der höheren Perioden ist die Oktettzahl zwar ebenfalls eine besonders begünstigte Optimalzahl, doch ist hier eine Überschreitung unter Auffüllung der d-Bahnen grundsätzlich statthaft und findet auch des öfteren (vgl. z. B. S. 176f.) statt.

Eine Unterschreitung der Oktettzahl unter Ausbildung einer sog. Oktettlücke ist dagegen immer möglich. Sie führt aber stets zu instabilen Verbindungen, die sich durch eine große Tendenz auszeichnen, ihr Oktett irgendwie zu vervollständigen.

Für die Ausbildung edelgasähnlicher Außenschalen bieten sich zwei grundsätzlich verschiedene Möglichkeiten: 1. Die Abgabe oder Aufnahme von Elektronen, und 2. die gemeinsame Zugehörigkeit von Elektronen zu zwei Atomen, die durch diese „*Bindungselektronen*" fest miteinander verbunden werden.

Zu 1. Durch eine **Aufnahme oder Abgabe von Elektronen**, die z.B. schon ohne Beteiligung eines anderen direkten Reaktionspartners im Rahmen einer Elektrolyse stattfinden kann, werden die Atome in Ionen übergeführt, die auf Grund der von ihnen ausgehenden elektrostatischen Anziehungskräfte ihrerseits zwar zur Verbindungsbildung, insbesondere zum Aufbau von metallischen Phasen oder Salzen befähigt sind, aber nicht zu Molekülen verknüpft werden und in Lösung bis zu einem gewissen Grade auch ohne Verbindungsbildung isoliert auftreten können. Es kann deshalb hier noch nicht von einer Bindungsbildung im engeren Sinne gesprochen werden, obgleich zweifellos eine Valenzbetätigung (= Änderung der Wertigkeitsstufe) des betreffenden Atoms stattgefunden hat. Man ersetzt daher zweckmäßig die früher gebräuchlichen Bezeichnungen *Ionenbindung* oder *ionogene Bindung* für diese Art der Valenzbetätigung durch den neutralen Ausdruck **Elektrovalenz.** Diese kann nämlich jedem Atom, das eine positive oder negative Ladung angenommen hat, unabhängig davon zuerteilt werden, ob das betreffende Ion im Sinne einer Salzbildung mit einem andern Ion verbunden ist oder sich mehr oder weniger isoliert in Lösung befindet, oder schließlich überhaupt nicht selbständig auftritt, sondern sich, mit dem Gegenion vereinigt, als „Zwitterion" in einem Molekül befindet. Für den Spezialfall der gegenseitigen Beziehungen zwischen den Ionen eines Salzes ist außerdem noch die Bezeichnung *Ionenbeziehung* gebräuchlich.

Eine Tendenz zur Elektronenabgabe zeigen nur die Alkali- und Erdalkalimetalle (in seltenen Fällen auch die Erdmetalle). Sie enthalten in der äußeren Schale nur ein oder zwei Elektronen, die sich infolge der nur geringfügigen Aufladung des Atomrumpfes noch relativ leicht abspalten lassen. Hier fungiert nach der Elektronenabgabe die nächst tiefere Elektronenschale als abgeschlossene äußere Elektronenschale. Die Elektronenabgabe der Metallatome im Rahmen einer Reaktion mit anderen Atomen (also unter Ausschluß der Elektrolyse) kann auf zweierlei Weise geschehen, wobei zwei grundsätzlich verschiedene Verbindungsarten gebildet werden:

a) Die abgespaltenen Elektronen werden von den Atomen eines Elementes aufgenommen, das nur eine oder zwei Stellen vor einem Edelgas steht, so daß es durch Aufnahme der Elektronen seine äußerste Elektronenschale zum Oktett vervollständigen kann. In diesem Fall beobachten wir die Bildung zweier entgegengesetzt geladener Ionen, z. B. aus einem Fluoratom und einem Natriumatom die des F^-- und des Na^+-Ions:

$$:\underset{\cdot\cdot}{\overset{\cdot\cdot}{\mathrm{Na}}}:\cdot + \cdot\underset{\cdot\cdot}{\overset{\cdot\cdot}{\mathrm{F}}}: \longrightarrow :\underset{\cdot\cdot}{\overset{\cdot\cdot}{\mathrm{Na}}}:^{\oplus} + :\underset{\cdot\cdot}{\overset{\cdot\cdot}{\mathrm{F}}}:^{\ominus},$$

Sie können sich zwar zu dem **Ionengitter eines Salzes** zusammenlagern, stehen aber im übrigen nur in einer Ionenbeziehung zueinander. Da eine Molekülbildung auf diese Weise nicht stattfinden kann, ist diese Art der Verbindungsbildung für den Organiker nur von sekundärer Bedeutung.

b) Treffen die Metallatome nicht mit zur Elektronenaufnahme befähigten Atomen zusammen, so können sie, wenn sie in größerer Anzahl vorhanden sind, ebenfalls ihre Außenelektronen aus dem eigentlichen Atomverband entlassen und in die Metallkationen übergehen, da diese mit den abgespaltenen Elektronen zusammen eine **metallische Phase** aufbauen. Diese ist dadurch charakterisiert, daß sich die positiv geladenen Metallkationen gittermäßig anordnen und daß die Elektronen zwischen ihnen, ohne daß man sie einem bestimmten Atom zuordnen kann, mehr oder weniger frei beweglich sind (man spricht deshalb vielfach direkt von einem *Elektronengas*). Der Zusammenhalt des Ganzen wird durch die elektrostatische Anziehung zwischen den entgegengesetzten Ladungen des Elektronengases und der Gitterbausteine bewirkt, wie es in Abb. 8 schematisch angedeutet ist:

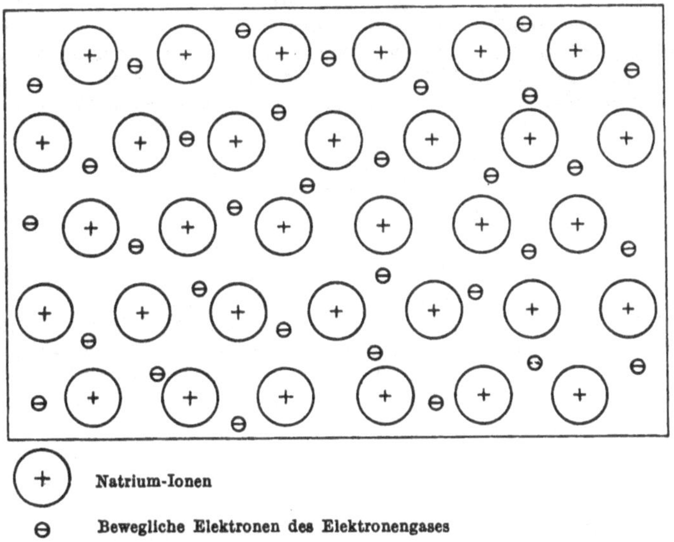

Abb. 8. Schema des Aufbaus von metallischem Natrium

Auch hier findet keine eigentliche Molekülbildung statt, doch ist dieser Verbindungstypus für den Organiker insofern von Bedeutung, als sich die Doppelbindungselektronen, wie wir in **II**, Kap. 3, II, 1 näher ausführen werden, diesem metallischen Elektronengas sehr ähnlich verhalten, so daß man bei ihnen in mancher Beziehung direkt von einer isolierten metallischen Bindung sprechen kann.

Zu 2. Besitzen die miteinander reagierenden Atome dagegen zu viele Außenelektronen, um durch deren Abspaltung noch stabile Kationen bilden zu können, so erhöhen die Atome die Elektronenzahlen ihrer Außenschalen gegenseitig, indem ein Elektronenpaar (oder bei Mehrfachbindungen auch mehrere Elektronenpaare) in derart nahe Beziehungen zu beiden Atomkernen tritt (bzw. treten), daß es beiden Atomen gemeinsam zugeordnet werden muß. So entsteht z. B. aus zwei Fluoratomen mit je sieben Außenelektronen das Fluormolekül, in dem jedes der beiden F-Atome nur sechs ihm allein zugehörige Elektronen (bzw. drei Elektronenpaare) aufweist, und die beiden Einzelelektronen der ursprünglichen freien Atome ein siebentes, beiden Atomen gemeinsames Elektronenpaar bilden. Jedes Atom ist nunmehr also von einem vollständigen Oktett umgeben:

$$:\underset{..}{\ddot{F}}\cdot + \cdot\underset{..}{\ddot{F}}: \longrightarrow :\underset{..}{\ddot{F}}:\underset{..}{\ddot{F}}:$$

Alle Valenzbetätigungen dieser Art werden **Kovalenzen** genannt und zeichnen sich im Gegensatz zu den Elektrovalenzen dadurch aus, daß in ihnen die Atome durch eine feste Substanzbrücke miteinander verbunden sind. Hier ist der Name Bindung also berechtigt, und es hat sich daher für diesen Valenztypus in neuerer Zeit der in diesem Buch allgemein angewandte Name **Atombindung** (früher auch *homöopolare Bindung*) immer mehr durchgesetzt.

Wenn auch eine derartige Beschreibung der Bindung zwischen zwei Atomen durch ein gemeinsames Elektronenpaar schon sehr frühzeitig (durch G. N. Lewis 1916) erfolgte, so hat doch ihre **physikalische Deutung,** insbesondere die quantitative Berechnung der bei der Bildung einer derartigen Atombindung frei werdenden Bindungsenergie, ursprünglich große Schwierigkeiten gemacht. Heute deutet man die Bindungsbildung als wellenmechanischen Resonanzeffekt, der dadurch zustande kommt, daß sich die beiden an der Bindung beteiligten Elektronen, etwa im H_2-Molekül, das eine Mal nur bei dem linken H-Atom (I), ein anderes Mal nur bei dem rechten H-Atom (II) und zuweilen auch bei allen beiden H-Atomen aufhalten (III):

I	II	III
H: H	H :H	H· ·H

M. a. W. zwischen diesen verschiedenen Elektronenzuständen (bzw. Schwingungsmöglichkeiten der Elektronen) tritt eine Resonanz unter Ausbildung eines mittleren Elektronenzustandes auf. Sie ist mit einer erheblichen Energieabgabe und gegenseitigen Annäherung der Atomkerne verbunden. Sowohl die Wärmetönung als auch der gegenseitige Abstand der H-Atome konnten von H. M. James und A. S. Coolidge (1933) für das Wasserstoffmolekül auf theoretischem Wege bereits mit einer sehr hohen Genauigkeit berechnet werden (105 kcal und 0,74 Å gegenüber den experimentell bestimmten Werten von 103,8 kcal und 0,74 Å), so daß diese wellenmechanische Deutung der Atombindung heute als gesichert gelten kann.

Die gegenseitige Annäherung der Atomkerne bei der Ausbildung einer Atombindung ist so groß, daß sich die miteinander verbundenen Atome mit ihren Elektronenhüllen gegenseitig z. T. durchdringen. Wir werden auf diese wichtige Beziehung in anderem Zusammenhang noch näher zu sprechen kommen (vgl. **II**, Kap. 7, VI, 1 u. 4).

Bei der Bildung einer einfachen Bindung können bei beiden miteinander verbundenen Atomen stets nur die Elektronen einer Elektronenbahn in Wechselwirkung treten. Jede einfache Bindung wird daher im allgemeinen[1]) durch ein und jede Doppelbindung durch zwei Elektronenpaare gebildet, die als **Bindungselektronenpaare** von den einem Atom allein angehörenden **ungebundenen** oder **einsamen Elektronenpaaren** unterschieden werden. Letztere liegen etwa in der äußeren Schale der Edelgase oder auch im Ammoniakmolekül vor:

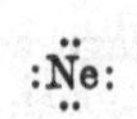

Neonatom mit vier ungebundenen Elektronenpaaren

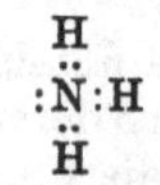

Ammoniakmolekül mit drei Bindungselektronenpaaren und einem ungebundenen Elektronenpaar am Stickstoff

Durch das Vorhandensein einer Atombindung werden an sich noch keine Aussagen darüber gemacht, woher die die Bindung aufbauenden Elektronen stammen. Es ist zwar durchaus möglich, daß sie, wie z. B. die des Fluormoleküls bei der

[1]) Grundsätzlich sind neben der Zwei-elektronenbindung aber auch Ein- und Dreielektronenbindungen möglich, bei denen die Elektronen ebenfalls bei beiden Atomen nur je eine Elektronenbahn besetzen. Diese Möglichkeiten sind jedoch für den Organiker ohne Bedeutung geblieben, so daß sie an dieser Stelle übergangen werden können.

beschriebenen Bildung aus den F-Atomen, ursprünglich zwei Einzelelektronen waren, so daß die Bildung der Bindung mit der Bildung des Elektronenpaares zusammenfällt. Doch ist dies durchaus nicht erforderlich, denn die Bildung eines Elektronenpaares aus den Einzelelektronen zweier F-Atome kann auch im Sinne einer Ionisierung in ein positiv und ein negativ geladenes F-Ion erfolgen:

$$:\ddot{\underset{\cdot\cdot}{F}}\cdot + \cdot\ddot{\underset{\cdot\cdot}{F}}: \xrightarrow{\text{Ionisation}} :\ddot{\underset{\cdot\cdot}{F}}^{+} + :\ddot{\underset{\cdot\cdot}{F}}:^{-} \xrightarrow[\text{Atombindung}]{\text{Ausbildung der}} :\ddot{\underset{\cdot\cdot}{F}}:\ddot{\underset{\cdot\cdot}{F}}:,$$

und erst, wenn sich das Elektronenpaar im Sinne der zweiten Reaktionsstufe zwischen den beiden F-Atomen verteilt, wird die eigentliche Bindung gebildet. Man kann eine Atombindung daher auch durch Auffüllung einer Oktettlücke (hier die des F^+-Ions) durch das ungebundene Elektronenpaar des Reaktionspartners (hier des F^--Ions) herstellen, und wir werden später sehen, daß die Bildung neuer Atombindungen sogar in der Mehrzahl der Fälle auf diesem Wege geschieht.

Die Atombindung ist im Idealfall, wenn zwei Atome gleicher Rumpfladung (A) und gleicher Elektronenzahl, wie z. B. zwei C- oder zwei H-Atome, miteinander verbunden sind, elektrostatisch „**unpolar**", denn jedes der beiden Atome hat ein Elektron zum Bindungselektronenpaar beigesteuert, und dieses verteilt sich infolge der genau gleichen Anziehungs- und Abstoßungskräfte symmetrisch zwischen den beiden Atomkernen. Sind aber zwei Atomkerne mit verschiedener Rumpfladung miteinander verbunden, wie z. B. Kohlenstoff (A = 4) und Sauerstoff (A = 6), so zieht der Sauerstoff dank seiner größeren Rumpfladung das Bindungselektronenpaar stärker zu sich hinüber und lädt sich infolgedessen gegenüber dem Kohlenstoff negativ auf, d. h. die Bindung wird „*polar*", und man spricht von einer **polaren Atombindung.** Sie ist für den Organiker insofern von Bedeutung, als polare Atombindungen im allgemeinen wesentlich reaktionsfähiger sind als die unpolaren C—C- oder C—H-Bindungen und dadurch eine Reihe neuartiger Reaktionen ermöglichen. Diese verlaufen immer im Sinne echter Ionenreaktionen, so daß man die polare Atombindung als eine erste Annäherung an die ionogene Aufspaltung des Moleküls in zwei voneinander unabhängige, entgegengesetzt geladene Ionen ansehen kann. Die polare Bindung stellt danach einen Übergangstypus zwischen unpolarer Bindung und Ionenbeziehung dar (Näheres vgl. II, Kap. 3, I, 3) und kann in mancher Beziehung, z. B. bei der Bestimmung der oxydativen Wertigkeit, direkt wie eine „Ionenbindung" behandelt werden.

Die Atombindung besitzt infolge der festen Verknüpfung der Atome durch gemeinsame Elektronen die oben geschilderten, für die organische Chemie so wichtigen Eigenschaften, denn diese materielle Verkettung der Atome ermöglicht im Gegensatz zur Ionenbeziehung überhaupt erst die Bildung von Molekülen sowie das Auftreten von Isomerie- und Stereoisomerie-Erscheinungen. Mit ihr und ihren Reaktionen haben wir es daher in der organischen Chemie in erster Linie zu tun.

Aber auch durch Ausbildung von Atombindungen ist es noch nicht in allen Fällen möglich, vollständige Edelgasschalen aufzubauen. Infolgedessen findet in den fertigen Molekülen häufig noch eine nachträgliche Elektronenumgruppierung statt, oder es treten Reaktionen mit anderen Molekülen ein. Von den hierbei gebildeten weiteren Bindungstypen sind die folgenden beiden auch für die organische Chemie von Bedeutung.

a) Die **Komplexbindung.** Besitzt ein Atom eine unvollständige äußere Schale, in der eine der Elektronenbahnen unbesetzt ist, wie z. B. das Bor im

Borfluorid, dem nur die drei Elektronenpaare der drei Atombindungen angehören, oder das Proton, das überhaupt keine Elektronen besitzt, und dessen eine Elektronenbahn daher ebenfalls unbesetzt ist, so ist es, wie wir soeben gesehen haben, befähigt, durch Reaktion mit dem **ungebundenen Elektronenpaar** eines anderen **Atoms** unter Ausbildung einer **neuen Atombindung** sein Oktett zu vervollständigen. Diese Reaktion führt zu einem **neuartigen Verbindungstypus**, wenn an ihr mindestens ein **Neutralmolekül** beteiligt ist, wie am Beispiel der Bildung des **Ammonium-Ions**, des **Fluoborat-Ions** und der **Borfluorid-Ammoniak-Additionsverbindung** gezeigt sei:

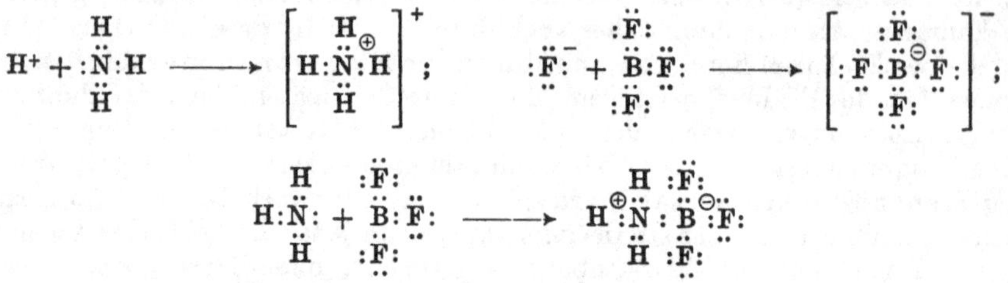

Denn in diesem Fall ist die Bildung der Atombindung stets mit der **negativen** oder **positiven Aufladung** wenigstens **eines der Reaktionspartner** verbunden, so daß **Ionen** oder im Falle der Borfluorid-Ammoniak-Verbindung „**Zwitterionen**" entstehen. Alle auf diese Weise entstandenen Verbindungen heißen *Komplexe* und der neue Bindungstypus *Komplexbindung*[1]).

Die Komplexbildung ist danach gewissermaßen ein der **Dissoziation in Ionen entgegengesetzt** verlaufender Vorgang. Während hier unter **Abdissoziation eines Ions** die Zahl der von einem Atom ausgehenden Atombindungen **vermindert** wird, führt die Komplexbildung unter **Anlagerung eines Ions** (oder auch eines Neutralmoleküls) zu einer **Vermehrung** der Atombindungen über die Zahl der ursprünglich vorliegenden Hauptvalenzbindungen hinaus, wobei naturgemäß eine **entgegengesetzte Aufladung** erfolgt wie bei der Dissoziation. Als charakteristisches Beispiel sei die Bildung des OH_3^+- und des OH^--Ions aus **Wasser** durch Anlagerung bzw. Abdissoziation je eines Protons angeführt:

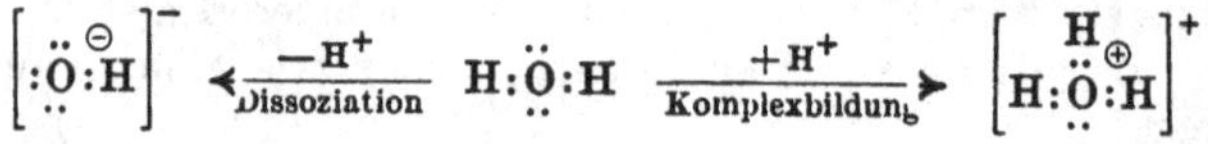

Für die organische Chemie ist es von großer Wichtigkeit, daß im Gegensatz zum Bor und Stickstoff beim **Kohlenstoff** nach Betätigung seiner vier Valenzen die Neonschale gerade **abgeschlossen** ist, so daß er zur Bildung von Komplexverbindungen, sei es als Lieferant eines **einsamen Elektronenpaares**, sei es infolge einer **Oktettlücke**, überhaupt **nicht befähigt** und damit vielen Reaktionen unzugänglich ist. Auf die Bedeutung dieser Tatsache für die Stabilität der organischen Verbindungen wurde bereits früher hingewiesen.

---

[1]) Früher wurde die Komplexbindung, weil bei ihrer Bildung **kein neues Elektronenpaar entsteht**, also **keine „Wertigkeit"** beansprucht wird, häufig auch *Nebenvalenzbindung* genannt. Dieser Name ist jedoch **irreführend**, denn die Komplexbindung unterscheidet sich, abgesehen von dem Mechanismus ihrer Entstehung in **keiner Weise** von einer normalen „**Hauptvalenzbindung**", und die **vier H-Atome im Ammoniumion** bzw. die **vier F-Atome im Tetrafluorbor-Ion** sind untereinander völlig **gleichwertig** (vgl. auch II, Kap. 3, I, 4).

b) Die semipolare Bindung. In der oben als Zwitterion formulierten Borfluorid-Ammoniak-Verbindung begegnen wir erstmals einem neuartigen Bindungstypus, der dadurch charakterisiert ist, daß die beiden miteinander verbundenen Atome wie die Ionen eines Salzes eine entgegengesetzte Elementarladung tragen, so daß sie nicht nur durch die normale Atombindung, sondern auch durch die zwischen ihnen bestehende elektrostatische Anziehung (bzw. „Ionenbindung" im alten Sinne) zusammengehalten werden. Diesen Bindungstypus nennt man daher *semipolare* (= halbpolare) *Bindung.* Sie unterscheidet sich in ihrer Reaktionsfähigkeit im allgemeinen nicht wesentlich von anderen einfachen Atombindungen, worauf wir in **II**, Kap. 3, I, 5 noch näher eingehen werden.

Außer durch Komplexbildung kann man semipolare Bindungen auch durch Absättigung ungebundener Elektronenpaare mit Sauerstoffatomen, z. B. bei der Überführung von tertiären Aminen in Aminoxyde (I) gewinnen (bzgl. der Deutung des Reaktionsmechanismus vgl. **II**, Kap. 4, II, 5):

I

Bei dieser Reaktion entstehen also nicht, wie man früher angenommen hatte, echte N=O-Doppelbindungen, sondern lediglich komplexartige Verbindungen mit semipolar gebundenem Sauerstoff, die, wie wir später im einzelnen noch sehen werden, sich in jeder Beziehung anders verhalten als die Verbindungen mit doppelt gebundenem Sauerstoff, und die daher stets streng von diesen unterschieden werden müssen.

3. Die Neufassung des Wertigkeitsbegriffes[1])

Infolge der Möglichkeit der Dissoziation in Ionen, der Komplexbildung und der Bildung semipolarer Bindungen ist häufig die Zahl der wirklich von einem Atom ausgehenden Atombindungen von der Wertigkeit im ursprünglichen Sinne verschieden, und es hat sich als praktisch unmöglich und auch gar nicht mehr erforderlich herausgestellt, eine *allgemeine Wertigkeit,* die allen Ansprüchen gerecht wird und eine moderne Fassung des bis etwa 1930 gültigen Wertigkeitsbegriffes darstellt, zu definieren. Der früher gebräuchliche Begriff der Wertigkeit schlechthin hat vielmehr eine Aufsplitterung in die drei Unterbegriffe der *Gesamtwertigkeit,* der *Bindigkeit* und der *oxydativen Wertigkeit* erfahren, die im folgenden einander gegenübergestellt werden sollen.

a) Die Gesamtwertigkeit

Unter **Gesamtwertigkeit** versteht man die Gesamtheit der von einem Atom betätigten Ko- und Elektrovalenzen. Sie muß auf Grund dieser Definition stets gleich der Summe der von dem betreffenden Atom ausgehenden Atombindungen und seiner Ladungszahl sein.

So zeigt beispielsweise der Sauerstoff im Oxyd-Ion (Atombindungszahl 0, Ladungszahl 2), Hydroxyl-Ion (1 bzw. 1) und Wasser (2 bzw. 0) jeweils die Gesamtwertigkeit 2, in den Oxoniumderivaten, wie z. B. dem Hydroniumion oder Kohlenoxyd (jeweils 3 bzw. 1) dagegen die Gesamtwertigkeitsstufe 4:

---

[1]) Vgl. auch die Zusammenfassung von F. Seel: Angew. Chem. **66**, 581 (1954).

$$:\ddot{\underset{..}{O}}:^{\ominus\ominus} \qquad H:\ddot{\underset{..}{O}}:^{\ominus} \qquad H:\ddot{\underset{..}{O}}:H \qquad \overset{H}{\underset{\oplus}{H:\ddot{O}:H}} \qquad :\overset{\ominus}{C}:::\overset{\oplus}{O}:$$

Auch der Kohlenstoff des Kohlenoxyds erscheint auf Grund dieser Definition normal vierwertig, und zwar, wie wir in **I**, Kap. 10, I, 1 sehen werden, in Übereinstimmung mit seinem chemischen Verhalten. Ferner muß man der semipolaren Sauerstoffbindung (etwa in den auf S. 29 formulierten Aminoxyden) zwei Wertigkeitsstufen zusprechen, da die durch sie verknüpften Atome einerseits durch eine einfache Atombindung verbunden sind, andererseits je eine Ladungseinheit tragen.

Der Begriff der Gesamtwertigkeit entspricht danach in vielen Fällen dem früher gebräuchlichen allgemeinen Wertigkeitsbegriff und soll im folgenden immer dann Anwendung finden, wenn von der Wertigkeit eines Elementes schlechthin die Rede ist, wie etwa vom fünfwertigen Stickstoff in den Nitroverbindungen oder dem sechswertigen Schwefel in den Sulfonen oder Sulfonsäuren. Er unterscheidet sich von der ursprünglichen allgemeinen Wertigkeit jedoch grundsätzlich darin, daß die Komplexbildung nunmehr mit einer Änderung der Gesamtwertigkeitsstufe verbunden ist, der Ammoniakstickstoff also z. B. beim Übergang zum Ammoniumstickstoff fünfwertig wird. Doch wird diese Fassung insofern besser den Tatsachen gerecht, als der Ammoniumstickstoff auch tatsächlich fünf verschiedene Liganden, wenn auch in verschiedenen Sphären, miteinander verknüpft (vgl. auch anorg. Lehrbücher).

b) Die Bindigkeit

Von erheblich größerer Bedeutung als die Gesamtwertigkeit ist für die organische Chemie die Zahl der von einem Atom ausgehenden Atombindungen, da diese allein den Molekülzusammenhalt bedingen. Diese Zahl wird als **Bindigkeit** oder ***koordinative Wertigkeit*** bezeichnet. Sind Wertigkeit und Bindigkeit voneinander verschieden, so tritt, wie oben abgeleitet, sowohl bei der Komplexbildung als auch bei der Dissoziation in Ionen eine elektrische Aufladung des Zentralatoms ein, so daß, abgesehen von dem Vorzeichen dieser Ladung, zwischen beiden Größen die folgende einfache, bereits in der Definition der Gesamtwertigkeit zum Ausdruck kommende Beziehung gilt: Die Differenz zwischen Wertigkeit und Bindigkeit eines Elements ist stets gleich der Zahl der pro Atom aufgenommenen elektrischen Ladungseinheiten. So ist z. B. die Zahl der Ladungseinheiten sowohl des zweiwertigen Sauerstoffs im Hydroxyl-Ion mit der Bindigkeit 1 als auch des vierwertigen Sauerstoffs im OH_3^+-Ion mit der Bindigkeit 3 gleich 1. Ähnlich zeigt der Schwefel im Sulfat-Ion die Bindigkeit 4 und die Gesamtwertigkeit 6, muß also doppelt geladen sein.

Infolge der strengen Gültigkeit des Oktettprinzips bei den Elementen der ersten Achterperiode kann hier die Bindigkeit vier niemals überschritten werden. Erst bei den Elementen der höheren Perioden trifft man Bindigkeitszahlen > 4 an, deren Auftreten anfangs von der Elektronentheorie ebenfalls bestritten wurde. Die höchstmögliche Bindungszahl beträgt bei den Elementen der zweiten Achterperiode sechs und steigt bei einigen höheren Elementen (z. B. beim Osmium im OsF_8) auf acht an. Gegenüber Kohlenstoff als Bindungspartner, bei dem die Möglichkeit der Vortäuschung höherer Bindigkeiten durch das Auftreten von Elektrovalenzen am geringsten ist, wurden jedoch noch niemals Bindigkeiten > 6 beobachtet.

c) Die oxydative Wertigkeit

Unter der Oxydationsstufe oder *oxydativen Wertigkeit* verstand man ursprünglich die Zahl von Elektronen, die entweder ein Metallatom beim Übergang in ein Kation abgibt oder die umgekehrt ein Nichtmetallatom beim Übergang in ein Anion aufnimmt. Sie drückte also jeweils die Zahl der Elementarladungen von Ionen aus, und man unterschied daher seit jeher im Gegensatz zur allgemeinen Wertigkeit zwischen positiver und negativer Oxydationsstufe. Später wurde der Begriff auch auf die polaren Atombindungen ausgedehnt, da man diese, wie wir oben gesehen haben, als eine erste Annäherung an die „Ionenbindungen" ansehen kann. Man legt diesem erweiterten Begriff der Oxydationsstufe daher am besten die ionisierte Grenzstruktur der polaren Atombindung zugrunde und definiert allgemein die oxydative Wertigkeit als diejenige Anzahl von Elementarladungen, die ein Atom tragen würde, wenn man sämtliche von ihm ausgehenden polaren Atombindungen bis zur vollständigen Ionisation weiter polarisiert, d. h. die negativen Elemente als Anionen (z. B. Sauerstoff als $:\ddot{\underset{..}{O}}:^{\ominus\ominus}$-Ion) und die positiven Elemente als Kationen (z. B. Wasserstoff als Proton) abdissoziiert.

Obgleich die oxydative Wertigkeit in dieser Form in der Mehrzahl der Fälle mit der oben definierten Gesamtwertigkeit identisch wird (abgesehen vom Vorzeichen), kann sie letztere doch nicht allgemein ersetzen, da einerseits die Komplexbildung (die ja bei der Zerlegung des Moleküls in Ionen wieder rückgängig gemacht wird) ohne Änderung der Oxydationsstufe erfolgt — hier hat die oxydative Wertigkeit also das „Erbe" des ursprünglichen allgemeinen Wertigkeitsbegriffes angetreten —, andererseits wir eine Reihe von Verbindungen kennen, von deren Atomen neben polaren auch oxydativ 0-wertige unpolare Bindungen oder gar entgegengesetzt polare Bindungen ausgehen. So ist z. B. im Hydrazin und Hydroxylamin der Stickstoff ohne Zweifel dreiwertig, doch kann man ihm in keinem von beiden Fällen die Oxydationsstufe −3 zuordnen. Vielmehr ergibt sich hier die oxydative Wertigkeit erst auf einem kleinen Umweg, indem man die positiven und negativen Wertigkeiten voneinander abzieht und für die unpolar gebundenen Substituenten den Oxydationswert 0 annimmt. Danach hat jedes N-Atom im Hydrazin bei der Gesamtwertigkeit 3 nur die Oxydationsstufe −2 (= −2 und ±0) und im Hydroxylamin sogar nur −1 (−2 und + 1). Ähnlich steigert sich beim Kohlenstoff die Oxydationsstufe, wenn man die C—H-Bindung in Anbetracht ihrer Ähnlichkeit mit der C—C-Bindung als in erster Näherung unpolar bzw. oxydativ 0-wertig annimmt, von Null im Methan (CH_4) über + 1 im Methylalkohol (H_3C—OH), + 2 im Formaldehyd ($H_2C{=}O$) und + 3 in der Ameisensäure $\left(H{-}C{\genfrac{}{}{0pt}{}{\diagup\!\!\!\diagup O}{\diagdown OH}}\right)$ auf + 4 im Kohlendioxyd (O=C=O), obgleich ihm in allen diesen Verbindungen die Gesamtwertigkeit 4 zugesprochen werden muß.

Der Begriff der Oxydationsstufe in dieser Form ist wichtig für die Ermittlung der zur Oxydation bzw. Reduktion des betreffenden Atoms erforderlichen Redoxäquivalente.

4. Die Elektronenformeln

Die Einführung der Elektronentheorie der Valenz hat zu einer weitgehenden Klärung der verwickelten Bindungsverhältnisse geführt. Doch fehlte zunächst noch eine brauchbare Schreibweise, denn die bisher benutzten Punktformeln sind für die allgemeine Anwendung zu umständlich. Hier erwies es sich als die beste Lösung, den altgewohnten Valenzstrich auch auf die Elektronenformeln zu übertragen und jedes Elektronenpaar der äußeren Schale durch einen Strich wiederzugeben, der nur bei Atombindungen beide Atome in der üblichen Weise miteinander verbindet und bei ungebundenen Elektronenpaaren (auch in Ionen) zur Erreichung eines gefälligeren Aussehens der Formeln quergestellt wird. Daneben findet der bisher für die Wiedergabe der Elektronen gebräuchliche Punkt nur noch zur Kennzeichnung der nicht zu Dubletts vereinigten Einzelelektronen der freien Atome und Radikale Anwendung, um diese sofort auffällig von den normalen Molekülen mit paarer Elektronenzahl zu unterscheiden. Die auf diese Weise erhaltenen neuen Elektronenformeln (b) sind im folgenden für einige charakteristische Verbindungen den bisherigen Punktformeln (a) und den alten Hauptvalenz- oder Wertigkeitsformeln (c) gegenübergestellt:

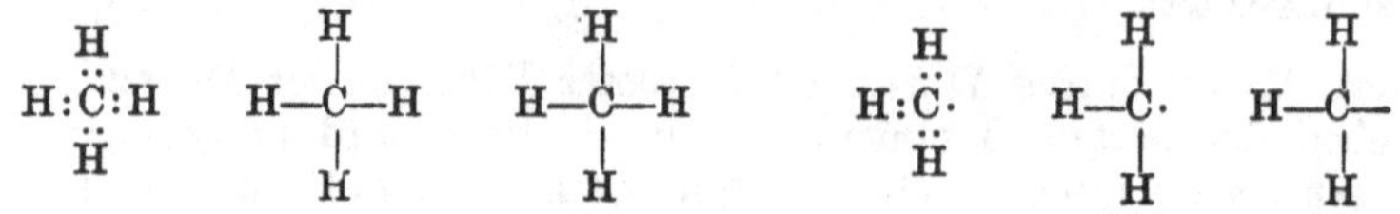

a b c — Methan; a b c — freies Methylradikal

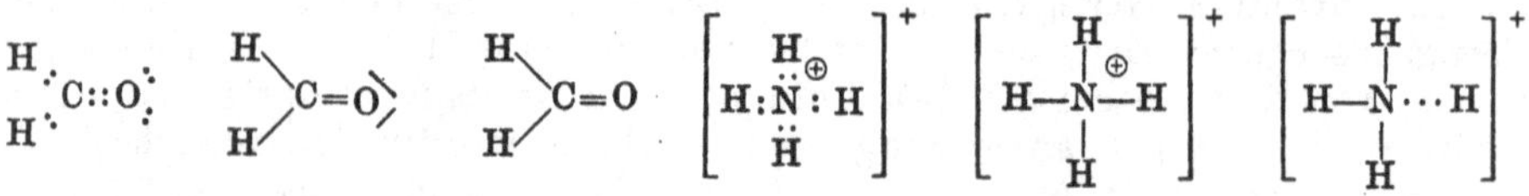

a b c — Formaldehyd; a b c — Ammoniumion

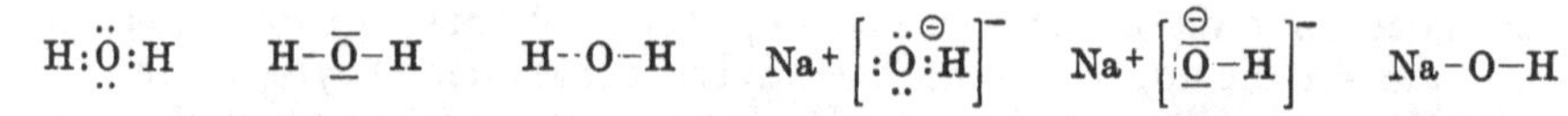

a b c — Wasser; a b c — Natriumhydroxyd

Wie man sieht, besteht bei den einfachen organischen Verbindungen infolge der Gleichheit von Wertigkeit und Bindigkeit beim Kohlenstoff eine weitgehende Angleichung der neuen Formeln an die alten Wertigkeitsformeln, so daß man nicht umzulernen braucht und diese, die ja in der älteren Literatur bis etwa 1935 absolut vorherrschen, bis auf die fehlenden ungebundenen Elektronenpaare der Heteroatome direkt zu elektronischen Betrachtungen heranziehen kann. Man übernimmt sie daher ohne weiteres als vereinfachte Elektronenformeln.

Nicht ganz so einfach liegen die Verhältnisse dagegen bei der Formulierung komplizierterer anorganischer Substituenten, die zur Komplexbildung oder zur Ausbildung semipolarer Bindungen neigen. Hier ist die Wertigkeit und Bindigkeit des Zentralatoms verschieden, und wir erhalten demnach bei den alten Hauptvalenz- (a) und den modernen Elektronenformeln (b) verschiedene Ausdrücke:

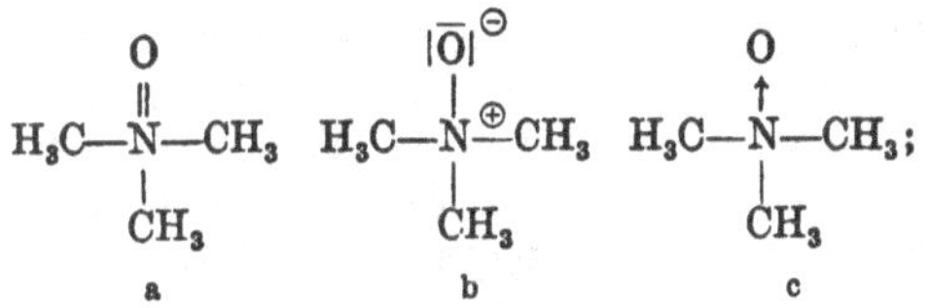

Trimethylamin-oxyd

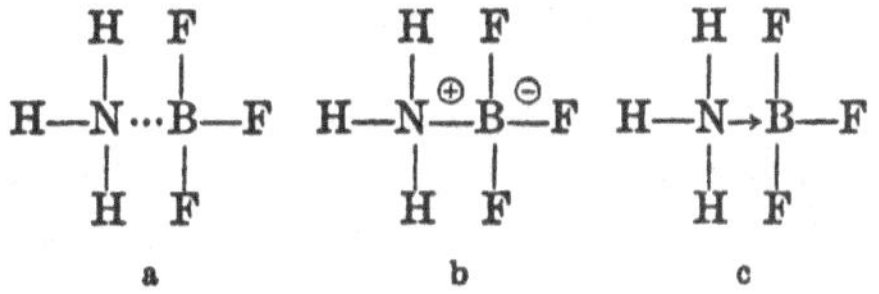

Borfluorid-Ammoniak

Die Hauptvalenzformeln besitzen den Vorteil der übersichtlichen Darstellung der oxydativen Wertigkeiten und lassen infolgedessen sofort die für die verschiedenen Reaktionen erforderlichen Redoxäquivalente erkennen. Aber sie geben die Bindungsverhältnisse falsch wieder und schreiben eine Doppelbindung, wo keine vorliegt, was zuweilen zu schweren Irrtümern geführt hat. Bei den Elektronenformeln dagegen erhält man wiederum nur bei Mitanführung der ungebundenen Elektronenpaare und der elektrischen Aufladung der einzelnen Atome ein richtiges Bild der Wertigkeitsverhältnisse, so daß sie reichlich umständlich wirken.

Hier hat man zur Vereinfachung der Verhältnisse ein neues Symbol eingeführt und gibt die **semipolare Bindung** heute allgemein durch einen Pfeil in Richtung der bei der Aufrichtung der Doppelbindung oder bei der Komplexbildung stattfindenden Elektronenverschiebung wieder, so daß die mit c bezeichneten Formeln entstehen. Damit ist der Unterschied gegenüber der normalen Atombindung genügend gekennzeichnet, und es läßt sich auch die oxydative Wertigkeit befriedigend ablesen, wenn man der Komplexbindung keine und der semipolaren Sauerstoffbindung zwei Oxydationsstufen zuordnet.

Im Gegensatz zur anorganischen Chemie liegt der Wert der Elektronentheorie der Valenz für den Organiker weniger in der Aufstellung neuer Formeln, als hauptsächlich in der konkreten Vorstellung, die sich nunmehr mit dem Bindestrich verknüpft. Er stellt also nicht mehr einen undefinierten Bindungszustand zwischen den Atomen dar, sondern er enthält jetzt wesentliche Teile der Atomsubstanz, denn die Elementsymbole H, C, N, O usw. bedeuten jetzt nicht mehr wie früher die vollständigen Atome, sondern nur noch die in allen Verbindungen gleichartigen, von den Außenelektronen entblößten Atomrümpfe, während die von Verbindung zu Verbindung wechselnde Verteilung der Valenzelektronen durch die Valenzstriche wiedergegeben wird. Dies bedeutet die Möglichkeit einer wesentlich eingehenderen Beschreibung der Vorgänge im Verlaufe chemischer Reaktionen (z. B. des Verbleibs des Bindungselektronenpaares), auf die wir später noch ausführlich zu sprechen kommen werden. Allerdings muß man sich bei der viel größeren Ausdrucksmöglichkeit der neuen Formeln davor hüten, mehr aus ihnen herauslesen zu wollen, als in ihnen enthalten ist, was namentlich in der Anfangszeit der Elektronentheorie häufig geschah und ihrer allgemeinen Einführung sehr geschadet hat.

Um diese erweiterte Deutungsmöglichkeit voll auswerten zu können, muß man auch die anderen Symbole und Zeichen der chemischen Formelsprache exakter definieren, als es bisher geschehen ist, und an die Elektronentheorie angleichen. Dies ist im vorliegenden Buch erstmals im Rahmen eines Lehrbuches geschehen und zwar sollen sie, nach Möglichkeit in Anlehnung an die allgemeine Gepflogenheit, stets im Sinne der folgenden Regeln angewandt werden.

1. Der früher für die Kennzeichnung eines freien Radikals gebräuchliche, von nur einem Atom ausgehende **Valenzstrich** (z. B. $-CH_3$) soll in Zukunft ein normales Radikal, d. h. einen in Bindung befindlichen Molekülteil (vgl. S. 18) darstellen.

Er bedeutet in diesem Falle also ebenfalls ein Bindungselektronenpaar, und zwar dasjenige, das die Bindung des Radikals an den restlichen, hier nur nicht mitgeschriebenen Molekülteil bewirkt. Wir können auf diese Weise vier verschiedene Möglichkeiten des Auftretens einer „radikalartigen" Gruppe unterscheiden, wie es im folgenden am Beispiel der Methylgruppe gezeigt sei:

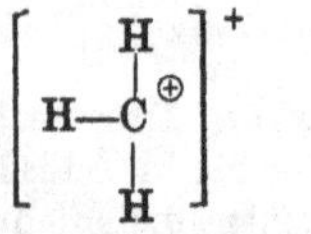

positiv geladenes Methylkation mit Elektronensextett (in Derivaten existenzfähig)

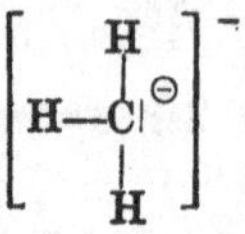

negativ geladenes Methylanion mit ungebundenem Elektronenpaar (ebenfalls in Derivaten existenzfähig)

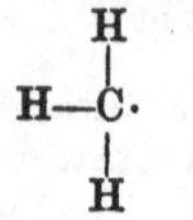

freies Methylradikal, kurzlebig (in Form von Derivaten auch langlebig) existenzfähig

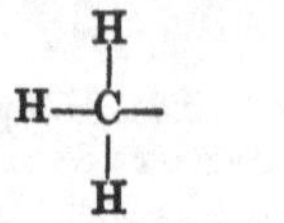

in Bindung befindliches Methylradikal, z. B. in Methylchlorid (CH_3—Cl)

Wir begegnen hier erstmals **ionogenen Derivaten des Kohlenstoffs.** Sie treten zwar infolge der mangelnden Ionisationstendenz des Kohlenstoffs nur selten in Form von freien Ionen in salzartigen Verbindungen auf (vgl. z. B. S. 160 und I, Kap. 9, II, 1), spielen jedoch eine große Rolle als intermediäre Molekülbruchstücke bei zahlreichen organischen Reaktionen, die wir in II, Kap. 4, II, 1b zusammenfassend als Krypto-Ionenreaktionen kennenlernen werden. Sie haben infolgedessen eigene, der Nomenklatur der ionogenen Derivate der Nachbarelemente entsprechende Namen erhalten.

Für das im Methylkation enthaltene, nur von sechs Bindungselektronen umgebene, positiv geladene C-Atom sind zwei Namen gebräuchlich. In der angelsächsischen Literatur und in Anlehnung an diese neuerdings vielfach auch im deutschen Schrifttum spricht man in Analogie zum positiv geladenen Ammoniumstickstoff von *Carbonium-C-Atomen* und den sich von ihnen ableitenden *Carbonium-Ionen.*

In einem gewissen Gegensatz hierzu steht der von W. Dilthey vorgeschlagene Name *Carbenium-Kohlenstoff* (bzw. *Carbenium-Ionen*). In ihm soll durch die Endung *-enium* (im ausdrücklichen Gegensatz zu der sonst für Molekülkationen gebräuchlichen Endung *-onium* vor allem die „ungesättigte" Natur des Kohlenstoffs zum Ausdruck gebracht werden, denn die positive Aufladung erfolgt hier nicht wie bei den Onium-Ionen durch Anlagerung eines positiv geladenen Substituenten an das ungebundene Elektronenpaar des Zentralatoms, sondern umgekehrt durch Herausspaltung eines negativ geladenen Substituenten mit seinem Bindungselektronenpaar unter Hinterlassung einer Elektronenlücke:

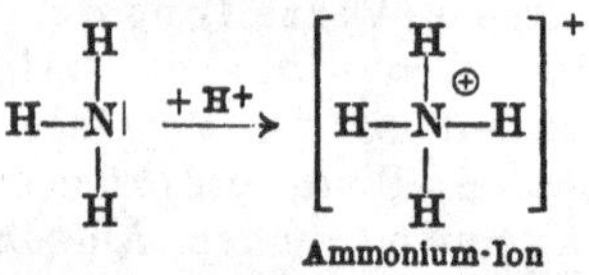

Ammonium-Ion

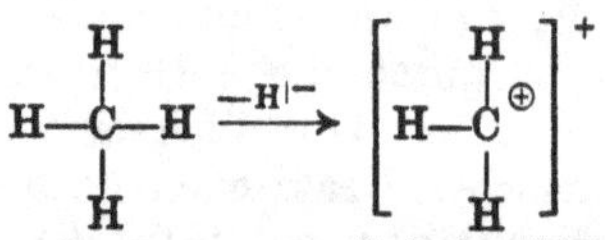

Carbenium-Ion

Durch diese Einführung des Namens Carbenium, der auch im folgenden beibehalten werden soll, bietet sich also die Möglichkeit, daß man zwei Reihen von positiv geladenen Ionen unterscheiden kann: nämlich 1. die Onium-Ionen, die stets unter Angliederung eines neuen Substituenten an das neutrale Zentralatom entstehen und daher gegenüber diesem eine erhöhte Bindigkeit aufweisen, und 2. die Enium-Ionen, bei denen die Bindigkeit des Zentralatoms umgekehrt gegenüber dem Normalzustand um eins vermindert ist, und bei denen das Zentralatom infolgedessen eine Elektronenlücke enthält.

Die Bildungsmöglichkeit derartiger Enium-Ionen beschränkt sich durchaus nicht nur auf den Kohlenstoff, sondern man beobachtet sie auch beim Stickstoff (hier spricht man von *Azenium-Ionen*) und Sauerstoff. Von letzterem leiten sich also sowohl positiv geladene *Oxonium*-Ionen (z. B. das H_3O^+-Ion) als auch positiv geladene *Oxenium*-Ionen (z. B. das H-$\overline{\underline{O}}^+$-Ion) ab, zwischen denen ohne die Einführung des Begriffs der Enium-Ionen nicht so einfach unterschieden werden könnte.

Das im Methylanion enthaltene negativ geladene C-Atom mit einem ungebundenen Elektronenpaar hat demgegenüber die für ein Säureanion charakteristische Endung *-eniat* erhalten und wird allgemein **Carbenlatkohlenstoff** bzw. die von ihm abgeleiteten Ionen und Salze *Carbeniat-Ionen* und *Carbeniatsalze* genannt. Auch hier soll durch den Buchstaben *e* die gegenüber den Carbonaten und Carboxylaten koordinativ ungesättigte Natur des ionogenen Kohlenstoffs zum Ausdruck gebracht werden. Neben dem Namen Carbeniat-Ion trifft man häufig auch die vereinfachte Bezeichnung *Carbanion* an.

2. Die Wiedergabe der **elektrischen Aufladung** der Atome und Ionen geschieht in der üblichen Weise durch die Zeichen + und —, und zwar werden diese Symbole stets dann ohne Kreis verwandt, wenn es sich um die nach außen in Erscheinung tretende Aufladung eines Ions schlechthin handelt, ohne daß ein bestimmtes Atom als Sitz dieser Aufladung gekennzeichnet werden soll (z. B. in OH^-, NH_2^-, NH_4^+ usw.). Zur Kennzeichnung der Aufladung bestimmter Atome in einem größeren Molekülverband (etwa in einem Zwitterion wie $R_3\overset{\oplus}{N}—CH_2—C\langle{}^{O}_{O^\ominus}$ oder auch in einem komplizierteren Ion wie $\left[\overset{\ominus}{N}=\overset{\oplus}{N}=\overset{\ominus}{N}\right]^-$ werden die Symbole dagegen immer in einen Kreis gesetzt, um einer Verwechslung mit den materiellen Bestandteilen des Moleküls — des Minuszeichens insbesondere mit den ungebundenen und Bindungselektronenpaaren — vorzubeugen.

3. Der bisher für die Bezeichnung von Nebenvalenzen und insbesondere auch für die Komplexbindung gebräuchliche **punktierte Bindestrich** ··· soll in Zukunft nur die Wiedergabe wirklich zwischenmolekularer Bindungen, d. h. von Bindungskräften, die nicht durch gemeinsame Elektronenpaare bewirkt werden, in Anwendung kommen. Derartigen zwischenmolekularen Kräften werden wir vor allem in der „Wasserstoffbrücke" (**II**, Kap. 6, I, 4), z. B. in den Doppelmolekülen der Carbonsäuren (**II**, Kap. 6, III, 1 bβ):

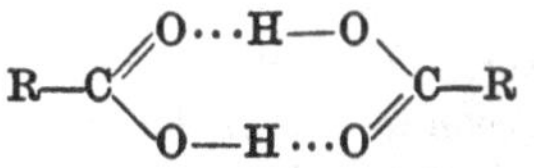

begegnen.

4. Um die Vorgänge bei einer Reaktion besser veranschaulichen zu können, sind allgemein **dünn punktierte Hilfslinien** in Gebrauch, die in die Formeln der Ausgangsverbindung bzw. -verbindungen eingetragen werden und die während der Reaktion eintretenden Molekülspaltungen (also nicht etwa bereits in dem ruhenden Molekül vorhandenen Bruchstellen) wiedergeben. Nachdem nunmehr der Bindestrich einen wesentlichen Molekülteil darstellt, sind die Hilfslinien stets so gelegt, daß sie über den wahrscheinlichen Verbleib des Bindungselektronenpaares Auskunft geben, wie am Beispiel der Hydrolyse einer metallorganischen Verbindung gezeigt sei:

$$Me\,\vdots\!—R + H\!\vdots\!—\overline{\underline{O}}—H \longrightarrow R—H + \overset{+}{Me}\,|\overline{\underline{O}}H^-$$

Die Reaktionsgleichung besagt also, daß der Alkylrest in diesem Fall als Carbeniat-Ion, d. h. mit seinem Elektronenpaar in Reaktion tritt und an diesem Elektronenpaar den als Proton vom Wassermolekül abdissoziierenden Wasserstoff anlagert. Die früher allgemein übliche Teilung des Bindestriches würde demnach nunmehr nur noch speziell bedeuten, daß eine *„Entkoppelung"* des Elektronenpaares unter Bildung freier Radikale bzw. Atome erfolgt, wie es z. B. bei der thermischen Zersetzung vom Bleitetramethyl der Fall ist (vgl. **I**, Kap. 10, II, 3):

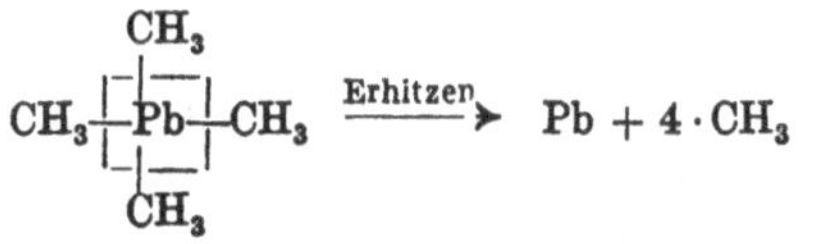

5. **Die bisher üblichen eckigen Klammern** zur Hervorhebung von komplexen Verbindungen und Ionen werden beibehalten. Sie haben sich insbesondere zur Wiedergabe von Ionen bewährt, die zwischen mehreren Formen tautomer oder mesomer sind, um anzuzeigen, daß der Übergang zwischen diesen Formen ohne Änderung ihres Ionencharakters und ohne Mitbeteiligung des entgegengesetzt geladenen Ions erfolgt:

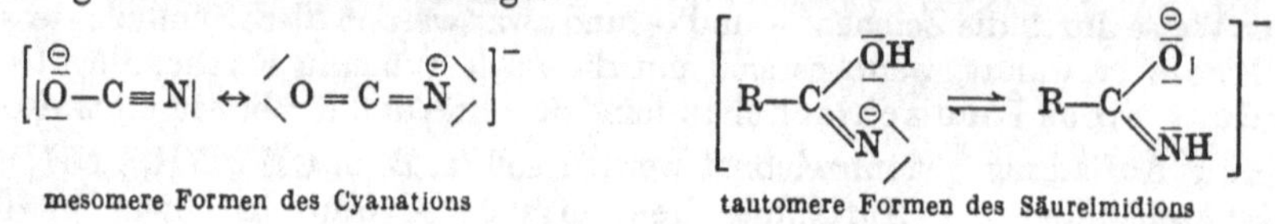

mesomere Formen des Cyanations — tautomere Formen des Säureimidions

Dagegen sollen, um Verwechslungen vorzubeugen, die eckigen Klammern bei der ebenfalls üblichen Einklammerung der im Verlauf von Mehrstufenreaktionen auftretenden instabilen Zwischenprodukte in diesem Buch stets durch runde Klammern ersetzt werden. Sie kommen nur dann in Anwendung, wenn das angenommene Zwischenprodukt unter den Reaktionsbedingungen bisher weder isoliert noch durch seine Reaktionen einwandfrei nachgewiesen werden konnte, so daß sich ein besonderer Hinweis auf seine mehr oder weniger hypothetische Natur erübrigt. Als Beispiel eines derartigen nicht isolierbaren hypothetischen Zwischenproduktes sei das bei der Acylierungsreaktion intermediär auftretende „Orthocarbonsäurederivat" (S. 206, 337) angeführt:

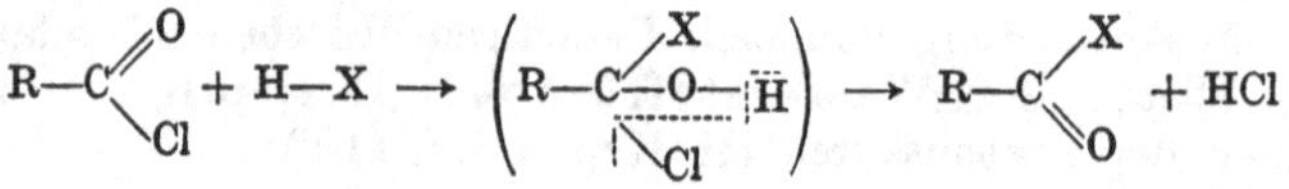

6. **Zur Vereinfachung der Formeln** werden häufig die Bindestriche fortgelassen. Von dieser Möglichkeit wird besonders dann Gebrauch gemacht, wenn über die betreffende Bindungsart keine näheren Angaben möglich sind, oder der Bindungstypus offensichtlich ist, wie etwa bei der ionogenen Salzbindung oder der atomaren Bindung des Wasserstoffs. In letzterem Falle bedeutet die dünn punktierte Hilfslinie (z. B. in X¦H) stets, daß der Wasserstoff im Verlauf der Reaktion ohne Elektronenpaar, also als Proton zum Reaktionspartner übergeht.

7. **Ferner bedeuten bzw. werden angewandt:**

R ein **einwertiges Alkylradikal** im weitesten Sinne (also einschließlich Allyl-, Benzyl-, —CH_2—COOH-Radikal usw.). Dagegen wird die Verwendung von R zur Beschreibung eines organischen Radikals schlechthin (also einschließlich der Arylradikale) nur auf die wenigen Fälle einer Zusammenfassung aller organischen Derivate einer Verbindungsklasse (z. B. aller magnesiumorganischen Verbindungen R—Mg—X) beschränkt.

R′, R″ usw. von R verschiedene Alkylradikale, im Gegensatz zu R_2, R_3 usw., worunter zwei bzw. mehrere gleichartige Radikale R verstanden werden sollen.

Ar, Ar′, Ar″ usw. **aromatische Radikale** mit einer vom Benzolkern ausgehenden Valenz.

Ac, Ac′ usw. **Säureradikale**, speziell Carbonsäureradikale R—C(=O)— und Ar—C(=O)—

Hal ein **Halogenatom.**

X ein **einwertiger „negativer"** (d. h. elektro-affiner) **Rest**, insbesondere —Hal, —OH, —OR, —OAc, —NH_2 usw.

Y ein zweiwertiger „negativer“ Rest, z. B. =O, =NR, =S.

Z ein dreiwertiger „negativer“ Rest, z. B. ≡N, ≡O$^{\oplus}$.

Me ein einwertiges Metallradikal, z. B. –Li, –Na, –K, –MgX, ½ =Mg, ½ =Zn, ½ =Hg, 1/3 ≡Al usw.

hg, al, fe usw. das einem H-Atom entsprechende Äquivalent des betreffenden mehrwertigen Elements.

*, z. B. in 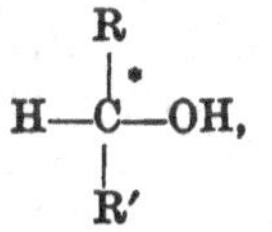 zur Kennzeichnung eines asymmetrischen C-Atoms.

⇄ zur Kennzeichnung eines stark nach der rechten Seite verschobenen Reaktionsgleichgewichtes.

←---→ zur Kennzeichnung einer Mesomerie, an der die rechtsstehende Struktur überwiegend beteiligt ist.

Bzgl. weiterer Symbole vgl. auch II, Kap. 4, II, 1.

IV. Zeitreaktion und Katalyse

Neben den stabilen Molekülen einerseits und den Bindungskräften, die die Atome in diesen Molekülen zusammenhalten, andererseits steht als dritte grundlegende Erscheinung die chemische Reaktion, durch die die Atome und Bindungselektronen zu neuen Molekülen umgruppiert werden. Hier müssen wir uns vor den eigentlichen Ausführungen in erster Linie mit der für organische Umsetzungen charakteristischen Erscheinung der Zeitreaktion und den Möglichkeiten, deren Geschwindigkeit zu verändern, vertraut machen.

1. Die Aktivierungsenergie

Das Vorliegen einer Zeitreaktion setzt bereits gewisse Reaktionshemmungen voraus, denn, wenn jeder Zusammenstoß zwischen zwei Molekülen zur Reaktion führen würde, müßte ja jede Umsetzung unmeßbar rasch verlaufen, wie uns das Beispiel der Ionenreaktionen zeigt. Es ist nunmehr an der Zeit, auf die Ursache dieser Reaktionsträgheit der Atombindung etwas näher einzugehen.

Im Gegensatz zu den praktisch reaktionslosen Edelgasen sind die unpolaren Atombindungen zwar sehr reaktionsträge, aber durchaus nicht etwa reaktionsunfähig, wie u. a. aus dem Beispiel der Verbrennung der Paraffine des Erdöls hervorgeht, die bekanntlich einen der wichtigsten Energielieferanten unserer Wirtschaft darstellt. Trotz der großen Wärmetönung dieser Verbrennungsreaktion sind aber die Kohlenwasserstoffe gegenüber Sauerstoff bei normaler Temperatur vollkommen stabil (bzw. metastabil), weil in ihnen — im Gegensatz zu den voneinander unabhängigen Ionen und Einzelatomen, die sich im allgemeinen bei jedem Zusammenstoß mit dem Reaktionspartner umsetzen — die Bindungen erst weitgehend aufgelockert, ja im Extremfall sogar vollständig gelöst werden müssen, ehe sich die Atome zu neuen Molekülen umgruppieren können. Hierzu ist Energie erforderlich, die immer erst in das System hineingesteckt werden muß, ehe die Reaktion auch bei noch so großer Wärmetönung in Gang kommen kann. Die Verhältnisse liegen also ähnlich wie bei einem Bergsee, der trotz großer Höhendifferenz wegen eines dazwischen liegenden Bergrückens nicht in das benachbarte Tal abfließen kann.

Diese Energie, die aufgebracht werden muß, um die reaktionsträgen Moleküle in einen aktiven Zustand zu versetzen, nennt man Aktivierungsenergie oder

Aktivierungswärme. Sie erreicht u. U. den mehrfachen Betrag der bei der eigentlichen Reaktion beobachteten Wärmetönung und macht dadurch die Stabilität und Reaktionsträgheit der organischen Verbindungen durchaus verständlich. Normalerweise wird sie aufgebracht aus der Wärmebewegung der Moleküle durch Umwandlung der beim Zusammenstoß der Reaktionspartner frei werdenden kinetischen Energie. Da sich diese Wärmebewegung der Moleküle auf Grund des MAXWELLschen Verteilungsgesetzes (vgl. phys.-chem. Lehrbücher) über alle Geschwindigkeitsstufen verteilt, erfolgt der Eintritt der Reaktion nicht plötzlich bei einer bestimmten Temperatur, sondern die Reaktionsgeschwindigkeit steigt mit der Temperatur allmählich in dem Maße an, wie der Anteil der Moleküle, die eine der Aktivierungswärme entsprechende kinetische Energie besitzen, zunimmt. Die quantitative Durchrechnung dieses Gedankenganges ergibt für die Temperaturabhängigkeit der Geschwindigkeitskonstanten (k) in guter Übereinstimmung mit der Wirklichkeit die bekannte Gleichung von S. ARRHENIUS:

$$k = \alpha \cdot e^{\frac{-A}{RT}},$$

in der A die Aktivierungsenergie bedeutet und α einen als *Aktionskonstante* bezeichneten Proportionalitätsfaktor darstellt, der von allen Molekülzusammenstößen, die mit einer zur Aufbringung der Aktivierungsenergie ausreichenden Geschwindigkeit erfolgen, die Zahl derjenigen erfaßt, die auch tatsächlich zur Reaktion führen (Näheres vgl. II, Kap. 4, I, 2).

Rechnet man auf Grund dieser Beziehung einmal aus, wie groß die Aktivierungswärme sein muß, damit eine Reaktion nicht augenblicklich, sondern mit meßbarer Geschwindigkeit erfolgt, d. h. damit der Bruchteil der Molekülzusammenstöße, der zur Reaktion führt, so klein ist, daß innerhalb meßbarer Zeiten ein meßbarer Bruchteil der Moleküle zur Umsetzung gelangt, so erhält man bei mittleren α-Werten von 10^{10}—10^{14} für Zimmertemperatur eine Aktivierungswärme von etwa 15—25 kcal/Mol, die für 300° bereits auf 30—50 und für 1000° auf 60—100 kcal/Mol ansteigt. Ist die Aktivierungsenergie kleiner, so verläuft die Reaktion unmeßbar schnell, und ist sie größer, so wird die Reaktionsgeschwindigkeit unmeßbar klein, d. h. die Reaktion „friert ein" und die Substanzen werden stabil bzw. metastabil wie etwa die Paraffine gegen Luftsauerstoff.

Damit findet das Auftreten von Zeitreaktionen in der organischen Chemie eine befriedigende Erklärung, und wir können nunmehr unter Zuhilfenahme des Begriffes der Aktivierungsenergie die oben gegebenen Definitionen der Isomerie- und Tautomerieerscheinungen noch folgendermaßen ergänzen: Eine Isomerie oder Stereoisomerie zwischen zwei möglichen Molekülformen tritt nur dann auf, wenn die zur gegenseitigen Umwandlung der Isomeren erforderliche Aktivierungswärme mindestens 15—20 kcal beträgt, und auch die gegenseitige Umwandlung der Isomeren ineinander wird unmöglich, wenn die Aktivierungswärme der Umwandlungsreaktion die der Zersetzungsreaktion erreicht oder gar übersteigt, also höher liegt als etwa 30—50 kcal. Ähnlich tritt stets dann Tautomerie ein, bzw. es fällt wie bei den Enolen (S. 226) eine Isomeriemöglichkeit fort, wenn die Aktivierungswärme der Umwandlungsreaktion kleiner als 15—20 kcal wird.

2. Die Katalyse

Für den Chemiker ist es meistens von großer Wichtigkeit, die Geschwindigkeit seiner Reaktionen beeinflussen zu können, insbesondere sehr langsam verlaufende oder normalerweise überhaupt nicht stattfindende Umsetzungen durch Herabsetzen der Aktivierungsenergie praktisch durchführbar zu machen.

Dies gelingt in erster Linie durch die **Katalyse,** worunter man die Beschleunigung einer Reaktion durch zugesetzte Stoffe versteht, die während der Reaktion keine dauernden Veränderungen erleiden, also scheinbar nur durch ihre Gegenwart wirken. Diese „*Katalysatoren*" treten infolgedessen nicht in der summarischen Reaktionsgleichung auf und sind auch nicht in stöchiometrischen Mengen erforderlich. Ebensowenig verändern sie, da aus Gründen des ersten Hauptsatzes die Wärmetönung einer Reaktion unabhängig von dem Weg ist, auf dem sie durchgeführt wird (Hess'scher Satz, vgl. phys.-chem. Lehrbücher), die Reaktionswärme und damit die Lage des Reaktionsgleichgewichtes. Letzteres bedeutet wiederum, daß Hin- und Rückreaktion durch denselben Katalysator in gleicher Weise beschleunigt werden müssen.

Das **Wesen der katalytischen Wirkung** beruht immer auf einem direkten Eingreifen des Katalysators in die chemische Reaktion durch Bildung einer Zwischenverbindung mit einem oder auch mehreren der Reaktionspartner, wodurch die einfache Umsetzung in mehrere Teilreaktionen zerlegt wird. Betrachtet man z. B. die Reaktion $A + B \longrightarrow C$ und bezeichnet den Katalysator mit K, so läßt sich im einfachsten Fall die katalytische Einwirkung auf das folgende Schema zurückführen:

$$\begin{array}{rl} & A + K \longrightarrow AK \\ & AK + B \longrightarrow C + K \\ \hline \text{in summa} & A + B \longrightarrow C \end{array},$$

aus dem sich in summa sowohl K als auch AK herausheben. Wesentlich für den **Wirkungsgrad des Katalysators** ist in erster Linie das Verhältnis der Aktivierungswärmen von katalysierter zu nicht katalysierter Reaktion. Daneben spielt aber auch die Menge des zugesetzten Katalysators und bei Kontaktsubstanzen (s. unten) auch dessen Oberflächenbeschaffenheit eine wichtige Rolle, denn je mehr Katalysatormoleküle vorhanden sind, bzw. je größer die Oberfläche der Kontaktsubstanz ist, um so mehr Zusammenstöße zwischen Substanz- und Katalysatormolekülen können stattfinden, und um so größer ist daher die Reaktionsgeschwindigkeit. Im übrigen braucht das intermediäre Zwischenprodukt AK durchaus keine stabile und bekannte Verbindung zu sein. Vielmehr dürfte es im Gegenteil in den meisten Fällen sogar nur ein sehr unbeständiges, dafür aber um so reaktionsfähigeres Zwischengebilde darstellen, das häufig nur im Verlaufe der Reaktion und für Bruchteile einer Sekunde existenzfähig ist.

Als einfaches Beispiel eines derartigen katalytischen Vorganges sei die **alkalische Umesterungsreaktion** (S. 344) angeführt. Essigsäuremethylester ist in Äthylalkohol als Lösungsmittel beständig, weil zur Umwandlung in Essigsäure-äthylester und Methylalkohol nach folgender summarischen Gleichung:

$$CH_3{-}CO{-}O{-}CH_3 + HO{-}C_2H_5 \rightleftharpoons CH_3{-}CO{-}O{-}C_2H_5 + HO{-}CH_3$$

die erforderliche Aktivierungsenergie mehr als 30 kcal/Mol beträgt. Enthält die Lösung dagegen etwas Natriumäthylat bzw. das eigentlich katalytisch wirkende basische Äthylation ($O{-}C_2H_5^-$) als Katalysator, so verläuft die Reaktion sehr rasch, weil dieses sich an die C=O-Doppelbindung des Esters unter Bildung des instabilen ortho-esterartigen Zwischenproduktes I anzulagern vermag, das dann beim anschließenden Zerfall nicht nur das Äthylat-Ion wieder rückwärts, sondern auch das Methylat-Ion abspalten kann. In letzterem Fall hat aber bereits die eigentliche Umesterung stattgefunden, und es braucht nur noch in einer letzten Reaktionsphase das Methylat-Ion durch den überschüssigen Äthylalkohol in den Methylalkohol als das zweite Reaktionsendprodukt übergeführt zu werden, ein Vorgang, der als einfacher Protonenübergang zwischen korrespondierender Säure und Base (vgl. anorg. Lehrbücher) unmeßbar rasch verläuft. Es findet also eine Aufsplitterung der Gesamtreaktion in die folgenden drei Teilvorgänge statt:

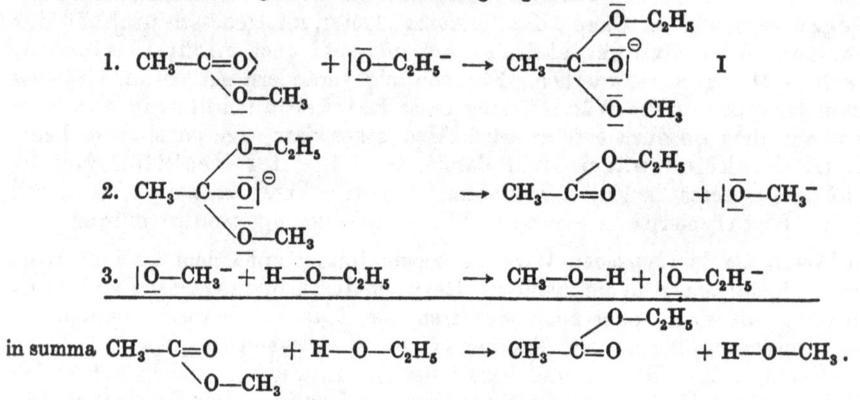

In ihnen übernehmen das $OC_2H_5^-$-Ion die Rolle des Katalysators K und das intermediär entstehende Additionsprodukt sowie das Methylat-Ion die Rolle der Zwischenverbindung AK in dem oben angeführten Schema. Alle drei Ionen heben sich, wie gefordert, in der summarischen Gesamtgleichung wieder heraus.

Die Einteilung der Katalysatoren erfolgt in erster Linie auf Grund ihrer physikalischen Erscheinungsform und erst innerhalb der so gebildeten Hauptgruppen nach der katalysierten Reaktion oder der chemischen Zusammensetzung des Katalysators. Man unterscheidet drei Hauptgruppen von Katalysatoren bzw. katalytischen Vorgängen.

1. die homogene Katalyse. Sie spielt sich meistens in Lösung, seltener in der Gasphase ab, und der Katalysator besteht, ebenso wie die umzusetzenden Substanzen, aus homogen verteilten Einzelmolekülen. Hier ist der Reaktionsmechanismus stets leicht aufzuklären, da die reagierenden Moleküle und auch die möglichen Zwischenprodukte weitgehend bekannt sind. Die wichtigsten hierher gehörenden Reaktionen sind die Säuren- und Basenkatalyse (letztere z. B. bei der oben angeführten alkalischen Umesterung), sowie die Katalyse durch Komplexbildner (z. B. die durch Aluminiumchlorid katalysierte FRIEDEL-CRAFTSsche Reaktion, S. 129/282).

2. die heterogene Katalyse. Sie erfolgt immer an der Grenzfläche fester Substanzen (sog. „*Kontakte*") und wird daher auch *Kontakt-* oder *Berührungskatalyse* genannt. Die wirklichen Vorgänge sind hier sehr verwickelt und in den seltensten Fällen geklärt. Sehr wesentlich für die Erhöhung des Umsatzes ist naturgemäß die Ausbildung einer möglichst großen Katalysatoroberfläche, d. h. eine möglichst feine Verteilung des Katalysators.

Zur Erreichung dieses Zieles werden mitunter recht raffinierte Verfahren angewandt. Z. B. erfolgt die Herstellung eines fein verteilten Nickels für die Hydrierungskatalyse heute bereits bei Zimmertemperatur durch Herauslösen des Aluminiums aus einer Aluminium-Nickel-Legierung mittels konzentrierter Natronlauge nach RANEY, da bei dieser weit unterhalb des Schmelzpunktes liegenden Temperatur jede nachträgliche Glättung der Nickeloberfläche durch Sinterung praktisch unmöglich ist. Auch durch vorsichtige Reduktion von Nickelformiat mit Wasserstoff bei Temperaturen unter 200° erhält man noch sehr brauchbare, gegenüber dem RANEY-Nickel wesentlich reinere Katalysatoren. Eine weitere Möglichkeit zur Gewinnung möglichst fein verteilter Katalysatoren beruht auf ihrer Niederschlagung auf Trägersubstanzen, für die sich vor allem die oberflächenreichen Aktivkohlen und Kieselsäuren (z. B. Silicagel) gut eignen. Auch in rauchartigem Zustand als Aerogel werden zuweilen derartige Kontaktsubstanzen angewandt.

Neben der Erzielung einer möglichst großen Katalysatoroberfläche sind diese verschiedenen Möglichkeiten der feinen Verteilung auch sehr wesentlich für die als Spezifität bezeichnete qualitative Wirkungsweise des Katalysators. So werden durch die auf Trägersubstanzen niedergeschlagenen Katalysatoren häufig ganz andere Reaktionen beschleunigt als durch die reinen Kontaktsubstanzen selbst. Ferner kann man zuweilen durch Mischung zweier Katalysatoren außer ihrer gegenseitigen Wirkungssteigerung auch völlig neuartige Katalysatorwirkungen hervorrufen, die bei den reinen Einzelstoffen nicht beobachtet werden. Die z. T. außerordentlich weitgehende Spezifität derartiger Kontakte für eine ganz bestimmte Reaktion kommt häufig dadurch zustande, daß zufällig die Atomabstände der Katalysatoroberfläche mit denen der reagierenden Atome in den umzusetzenden Molekülen übereinstimmen.

Die Kontaktkatalyse ist infolge der zahlreichen sich bietenden Möglichkeiten in der Praxis der bei weitem wichtigste Typus, aber auch der am schwersten zu erforschende, da jede Theorie für eine systematische Auswahl der Katalysatoren fehlt. Man ist daher bei der Suche nach geeigneten Kontaktsubstanzen im wesentlichen aufs Probieren angewiesen. Lediglich einige wenige Substanzgruppen zeigen zuweilen ein gleichartiges Verhalten gegenüber bestimmten Reaktionstypen, ohne daß man jedoch Voraussagen über den Ablauf bestimmter Reaktionen machen kann. Am bekanntesten ist hier die wasserstoffaktivierende (d. h. hydrierende und dehydrierende) Wirkung der Metalle der 8. Gruppe sowie die wasserabspaltende (dehydratisierende) Wirkung der Erdmetalloxyde.

3. die Enzyme oder Fermente. Bei der großen Bedeutung der Katalyse für den Ablauf organischer Reaktionen wäre es sehr zu verwundern, wenn sich nicht auch das Leben dieses Mittels zur Durchführung seiner Stoffwechselvorgänge bediente. Die Katalysatoren der Lebensprozesse sind komplizierte Eiweißkörper, die *Enzyme* oder *Fermente* genannt und in III, Kap. 8, II zusammenfassend behandelt werden.

Neben diesen eigentlichen katalytischen Vorgängen gibt es noch eine Reihe verwandter Erscheinungen, die mehr oder weniger eng mit der Katalyse zusammenhängen. So besteht z. B. die Möglichkeit, daß ein Stoff zwar eine Reaktion beschleunigt, sich aber selbst an ihr beteiligt und dadurch die geschilderten Verhältnisse von Grund auf ändert. Ein derartiger Fall liegt bei der alkalischen Esterspaltung vor, bei der die stark basischen OH-Ionen zunächst zwar in normaler Weise die Reaktion „katalytisch" beschleunigen (in voller Analogie zur oben beschriebenen alkalischen Umesterung durch das Alkoholat-Ion), aber nachträglich durch die hierbei entstehende Carbonsäure neutralisiert werden:

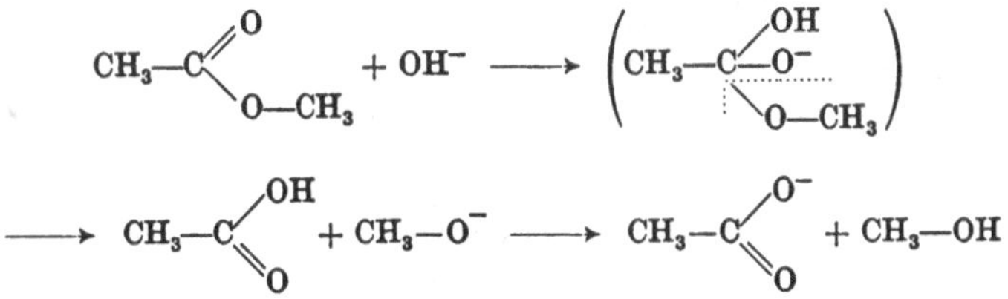

Der Unterschied gegenüber einer echten Katalyse macht sich hier vor allem darin bemerkbar, daß einmal der „Katalysator" wegen seiner Beteiligung an der Reaktion verbraucht wird und infolgedessen mindestens in molarem Verhältnis zugesetzt werden muß, und daß zweitens infolge des Herausfangens des einen Reaktionsproduktes aus dem Gleichgewichtsgemisch die Lage des Reaktionsgleichgewichtes verschoben und die Wärmetönung geändert wird. Infolge dieser andersartigen Verhältnisse grenzt man zweckmäßig alle derartigen Reaktionen, bei denen das reaktionsbeschleunigende Agens auch in der summarischen Reaktionsgleichung auftritt, als *aktivierte Reaktionen* von den eigentlichen katalytischen Vorgängen ab.

Auch die umgekehrte Möglichkeit, daß bei der Reaktion Stoffe entstehen, die ihrerseits katalytisch wirken, wird zuweilen beobachtet. Sie wird **Autokatalyse** genannt, spielt jedoch in der organischen Chemie nur eine geringe Rolle. Ein Beispiel werden wir auf S. 261 kennenlernen.

Schließlich gibt es auch Stoffe, die verzögernd auf eine Reaktion einwirken. Hier spricht man von **negativer Katalyse.** Sie kommt meistens dadurch zustande, daß eine nicht erkennbare positive Katalyse oder anderweitige Reaktionsbeschleunigung gestört wird, und ist damit nahe verwandt der häufig beobachteten **Katalysator- oder Kontaktvergiftung.** Diese beruht darauf, daß geringfügige Verunreinigungen der Reaktionspartner eine größere Affinität zum Katalysator zeigen als die umzusetzenden Stoffe selbst und irreversibel mit ihm reagieren, so daß er für die eigentliche Umsetzung blockiert wird. Besonders die oberflächenreichen Kontaktstoffe und die vielleicht noch oberflächenreicheren Enzyme werden sehr leicht „vergiftet". Auch die toxische Wirkung der bekannten Giftstoffe dürfte auf einer derartigen Vergiftung der für die Lebensfunktionen notwendigen Enzyme beruhen, so daß der scheinbar zufälligen Übereinstimmung der Bezeichnung „Vergiftung" für beide Vorgänge eine tiefere Bedeutung zukommt.

3. Andere Möglichkeiten der Reaktionsbeschleunigung

Neben der Katalyse gibt es noch einige andere Möglichkeiten, eine zu träge verlaufende Reaktion wirksam zu beschleunigen. Allerdings muß hierbei die Aktivierungsenergie dem System stets von außen zugeführt werden.

Das bekannteste Mittel ist die **Erhöhung der Reaktionstemperatur,** wodurch die Zahl der die notwendige kinetische Energie besitzenden Moleküle sehr rasch vermehrt wird. Wie sich im einzelnen auf Grund der Gleichung von Arrhenius (S. 38) berechnen läßt, steigt bei den üblichen Aktivierungswärmen von 15 bis 25 kcal/Mol die Reaktionsgeschwindigkeit pro 10^0 Temperaturerhöhung auf etwa das 2–4fache an, so daß man durch Temperatursteigerungen von mehreren 100^0 bereits recht beachtliche Effekte erzielen kann (Näheres vgl. **II**, Kap. 4, I, 2).

Eine zweite Möglichkeit der Zuführung der Aktivierungswärme besteht in der **Bestrahlung** mit energiereichem, also möglichst **ultraviolettem Licht.** Hierbei wird die Aktivierungsenergie von jedem Molekül einzeln in Form eines Lichtquantes ($h \cdot \nu$) aufgenommen, so daß sie sich aus der Wellenlänge des absorbierten Lichtes ohne weiteres berechnen läßt. Bei diesen durch Bestrahlung aktivierten Reaktionen bemerkt man häufig, daß pro absorbiertem Lichtquant mehrere (bei organischen Reaktionen bis zu etwa 50000) Moleküle umgesetzt werden, so daß man direkt von einer „katalytischen Wirkung" des eingestrahlten Lichtes sprechen kann. Dieser Effekt ist auf das Auftreten von „Kettenreaktionen" zurückzuführen, bei denen die eingestrahlte Aktivierungsenergie nicht, wie sonst üblich, in die Reaktionswärme eingeht und damit für die Aktivierung weiterer Moleküle verloren geht, sondern unter Erhaltung der chemischen Aktivität innerhalb der Reaktionskette von Molekül zu Molekül weitergegeben wird (bzgl. Einzelheiten vgl. **II**, Kap. 4, I, 1).

Eine ähnliche beschleunigende Wirkung erreicht man bei Gasreaktionen zuweilen durch **dunkle elektrische Entladungen,** z. B. im Ozonisator. Auch andere elektrische Effekte, wie z. B. das Anlegen eines normalen Wechselstroms an das Reaktionsgefäß, führt in manchen Fällen zu einer Erhöhung der Reaktionsgeschwindigkeit. Die in der anorganischen Chemie vielfach gebräuchliche Vakuumentladung ist dagegen für organische Reaktionen meistens zu energiereich und führt, zumindest bei höher molekularen Verbindungen, zu einer mehr oder weniger vollständigen Molekülzerstörung.

Eine letzte Möglichkeit der Zuführung der notwendigen Aktivierungsenergie besteht in der Heranziehung **chemischer Energie** durch Verwendung besonders energiereicher, d. h. instabiler und reaktionsfähiger Reagentien. So geht z. B. die Chlorierung primärer Alkohole mit Chlorwasserstoffsäure ohne Katalysator nur sehr langsam vor sich. Verwendet man aber Phosphorpentachlorid als Chlorierungsmittel, so wird die Chlorierungsreaktion mit der stark exothermen Umwandlung des instabilen Pentachlorids in das stabile Phosphoroxychlorid energetisch gekoppelt, so daß nunmehr die notwendige Aktivierungsenergie sofort zur Verfügung steht und die Reaktion sehr stürmisch verläuft. Auch die Zelle führt viele ihrer Reaktionen mit derartigen energiereichen Verbindungen durch (Näheres vgl. III, Kap. 8, III, 1).

Das Beispiel des Phosphorpentachlorids hebt gleichzeitig die große praktische Bedeutung der Katalyse für die organische Chemie hervor, denn energiereiche und reaktionsfreudige Reagenzien sind immer teuer im Gegensatz zu stabilen und reaktionsträgen Verbindungen. Die Katalyse führt also mit wenigen Ausnahmen stets zu einer Verbilligung eines chemischen Verfahrens.

V. Die Aufgaben und Ziele der organischen Chemie

Die organische Chemie befaßt sich materiell zwar ausschließlich mit den Verbindungen des Kohlenstoffs, doch ist mit deren Erforschung ihr Aufgabenkreis durchaus noch nicht erschöpft, sondern sie greift als Hilfswissenschaft auch in zahlreiche andere Wissenszweige ein. Es soll daher im folgenden im Rahmen eines kurzen Überblicks über ihre Aufgaben und Forschungsziele und, soweit später nicht mehr zusammenhängend darauf zurückgekommen wird, auch über die zur Erreichung dieser Ziele gebräuchliche Arbeitsmethodik die vielseitige Stellung der organischen Chemie innerhalb des Gesamtgebietes der Naturwissenschaften umrissen werden.

1. Analyse und Konstitutionsermittlung

Dieser in seiner Zielsetzung scheinbar bescheidenste Aufgabenkreis ist trotzdem von großer praktischer Bedeutung, denn wenn es nicht gelungen wäre, einwandfreie und sichere Methoden zu finden, das große Heer der synthetischen und vor allem der uns von der Natur gelieferten organischen Verbindungen zu sichten und in seiner Konstitution sicherzustellen, dann hätte auch niemals das stolze Gebäude errichtet werden können, das die organische Chemie heute darstellt. Auch ist die Strukturbestimmung unbekannter Verbindungen, namentlich die komplizierter Naturstoffe, z. T. sehr schwierig und seit jeher eine der lohnendsten und interessantesten Aufgaben selbst der größten Chemiker gewesen, zu deren Lösung es oft jahrzehntelanger Bemühungen und raffinierter Methoden bedurft hat.

Der für die Konstitutionsermittlung einzuschlagende Weg gliedert sich in fünf Stufen, die sich aus dem unter II (S. 7f.) Gesagten von selbst ergeben.

a) Die Elementaranalyse

Der erste Schritt besteht in der Ermittlung der prozentualen Zusammensetzung der zu untersuchenden Verbindung aus den einzelnen Atomarten, der Elementaranalyse. Hierzu wird, da sich die Bestimmung zusammenhängender Bruchstücke des organischen Moleküls, abgesehen von wenigen Ausnahmen (s. unten), mit einer für die quantitative Analyse ausreichenden Genauigkeit und vor allem auch nach einer allgemein brauchbaren Methode nicht durchführen läßt, stets das organische Molekül vollständig zerstört und alle Elemente in ihren einfachsten Verbindungen in getrennten Analysengängen bestimmt.

Die hierfür gebräuchlichen Analysenmethoden wurden in ihren Grundzügen schon vor mehr als 100 Jahren von J. v. LIEBIG entwickelt und haben sich seither bestens bewährt. Die einzig hinzugekommene wesentliche Neuerung besteht in ihrer Übertragung auf die Analyse kleinster Substanzmengen, die *Mikroelementaranalyse*, die in den Jahren vor dem ersten Weltkrieg von F. PREGL ausgebaut wurde. Sie gestattet es, mit nur 3—5 mg Substanz eine Bestimmung mit der gleichen Sicherheit (± 0,3% Fehlergrenze) auszuführen, wie früher mit der 100fachen Substanzmenge. Nur auf diese Weise ist es möglich gewesen, die Konstitutionsermittlung der Vitamine und Hormone, von denen man aus mehreren Hundert Kilogramm Material oft nur wenige Milligramm an reiner Substanz erhalten hat, in dem bisherigen Umfang durchzuführen.

Die Analysengänge selbst, deren Einzelheiten in jedem Praktikumsbuch[1]) nachzulesen sind, beruhen auf den folgenden Umsetzungen:

1. **Kohlenstoff** und **Wasserstoff** werden stets gemeinsam nach J. v. LIEBIG bestimmt, indem man die Substanz im Sauerstoffstrom am Platinkontakt oder auch ohne Kontakt unter der zusätzlichen Wirkung von Kupferoxyd bzw. Kupferoxyd-Bleichromat vollständig verbrennt. Hierbei geht der Kohlenstoff quantitativ in Kohlendioxyd und der Wasserstoff quantitativ in Wasser über, die dann anschließend, nach Entfernung der aus ev. vorhandenen Hetero-elementen stammenden störenden Gase (HCl, SO_2, NO_2 usw.), in hintereinander geschalteten Chlorcalcium- und Natronkalkröhren getrennt absorbiert und zur Wägung gebracht werden.

2. Der **Sauerstoff** wurde bis zum Jahre 1935 nicht gesondert bestimmt, sondern stets aus der Differenz der Gehalte aller übrigen Elemente gegen 100% errechnet. Aber abgesehen von der hierbei häufig erfolgenden Summierung aller Fehlerquellen kann man bei diesem Verfahren leicht auch ein bisher übersehenes Element fälschlich als „Sauerstoff" bestimmen. Ebenso kann man sehr geringe Differenzen in hochmolekularen Stoffen nicht mehr eindeutig als Sauerstoff ansprechen. Es wurden daher in neuerer Zeit mehrere Sauerstoffbestimmungsmethoden ausgearbeitet. Am einfachsten ist das Verfahren von LINDNER und UNTERZAUCHER, das im wesentlichen auf einer hydrierenden Herausspaltung des Sauerstoffs aus dem organischen Molekül als Wasser beruht, das sich seinerseits dann leicht wie oben zur Wägung bringen läßt (UNTERZAUCHER) oder nach LINDNER durch die quantitativ erfolgende Hydrolyse von Chlornaphthyl-oxychlorphosphin in zwei Moleküle HCl umgewandelt:

$$Cl{-}C_{10}H_6{-}POCl_2 + H_2O \longrightarrow Cl{-}C_{10}H_6{-}PO_2 + 2\,HCl$$

und dann acidimetrisch titriert wird. Daneben hat in der Technik noch ein zweites, von J. UNTERZAUCHER[2]) ausgearbeitetes Verfahren Anwendung gefunden, nach dem die organische Substanz bei hoher Temperatur „vercrackt" wird und die sauerstoffhaltigen

---

[1]) z. B. Gattermann-Wieland, Die Praxis des organischen Chemikers, 38. Aufl. Berlin 1958, vgl. auch HANS MEYER, Analyse und Konstitutionsermittlung, 6. Aufl. Wien 1938.

[2]) Bull. Soc. Chim. France 1953, C 71.

Crackgase durch Leiten über auf 1120° erhitzten Kohlenstoff quantitativ in Kohlenoxyd übergeführt werden. Dieses Kohlenoxyd läßt sich dann mittels J_2O_5 wiederum quantitativ in Kohlendioxyd umwandeln, das schließlich wie bei der CH-Bestimmung zur Wägung gebracht wird. In der Praxis zieht man meistens die maßanalytische Bestimmung des nicht verbrauchten Jodpentoxyds (nach Umsetzung mit Jod-Ionen zu freiem Jod) vor. Obwohl die Genauigkeit beider Methoden durchaus der anderer analytischer Verfahren entspricht, haben sie sich noch nicht allgemein durchsetzen können und finden nur in Spezialfällen Anwendung.

3. Der **Stickstoff** wird im allgemeinen nach der Methode von J. B. DUMAS bestimmt. Danach verbrennt man den organischen Molekülteil vollständig mit Kupferoxyd, wobei der Stickstoff in seine „beständigste Verbindung", den elementaren Stickstoff übergeht. Dieser wird anschließend durch Kohlendioxyd als Trägergas in ein „Azotometer" getrieben und dort über konzentrierter Kalilauge aufgefangen und volumetrisch gemessen. Auch die relativ rohe KJELDALmethode ist noch gebräuchlich und wird neuerdings sogar in einem Halbmikroverfahren[1]) angewandt.

4. Die übrigen **Nichtmetalle** (Halogen, Schwefel, Phosphor, Arsen usw.) werden meistens nach L. CARIUS aufgeschlossen, indem man den organischen Molekülteil bei erhöhter Temperatur im geschlossenen Rohr mit konzentrierter Salpetersäure vollständig verbrennt. Hierbei gehen die genannten Elemente in ihre stabilsten Oxydationsstufen über, in der sie nach den üblichen analytischen Methoden bestimmt werden können, z. B. Chlor und Brom als Silberhalogenide, Schwefel als Bariumsulfat usw.

5. Die **Metalle** in den Salzen der Carbonsäuren, metallorganischen Verbindungen usw. werden durch Verglühen an der Luft oder Abrauchen mit konzentrierter Schwefelsäure in die Oxyde, Carbonate oder Sulfate übergeführt und dann direkt zur Wägung gebracht oder nach einer der üblichen analytischen Methoden bestimmt.

An Stelle des CARIUSverfahrens schließt man heute bei Halogenbestimmungen die Substanzen meistens mit Natriumperoxyd in der „WURZSCHMITTbombe"[2]) auf. Man erspart sich auf diese Weise das Arbeiten im zugeschmolzenen Rohr. Ähnlich gelingt bei Schwefelbestimmungen der Aufschluß mit alkalischem Hydroperoxyd schon auf dem Wasserbad[3]).

Auf Grund dieser Elementaranalysen erhält man zunächst die prozentuale Zusammensetzung der zu untersuchenden Verbindung, aus der sich durch Division der Gewichtsanteile der einzelnen Elemente durch das jeweilige Atomgewicht die **Atomanteile** (natürlich nicht mehr in Prozenten, sondern in willkürlichen Einheiten) berechnen lassen, die wiederum, auf die kleinstmöglichen ganzen Zahlen gebracht, als erste charakteristische Angabe die **Verhältnisformel** und damit ein *Mindestmolekulargewicht* ergeben.

Erhält man z. B. bei der Analyse einen Gehalt von 38,68% Kohlenstoff, 9,74% Wasserstoff und 51,56% Sauerstoff, so entspricht das nach Teilung durch die Atomgewichte 3,22 Atomteilen Kohlenstoff, 9,67 Atomteilen Wasserstoff und 3,22 Atomteilen Sauerstoff, aus denen sich nach weiterer Division durch den kleinsten Faktor 3,22 die Verhältnisformel $C_1H_3O_1$ und damit das Mindestmolekulargewicht 31 errechnet.

Einen ersten Anhaltspunkt für die wahre Molekülgröße kann man aus der Vierwertigkeit des Kohlenstoffs ableiten. Da pro C—C-Bindung jeweils zwei Kohlenstoffvalenzen abgesättigt werden, müssen infolge dieser Vierwertigkeit in jeder organischen Verbindung eine gerade Anzahl von Kohlenstoffvalenzen an andere Elemente gebunden sein. Kohlenwasserstoffe z. B. können also nur eine gerade Anzahl von H-Atomen enthalten. Die logische Weiterentwicklung dieses Gedankenganges führt zu dem folgenden, für alle organischen Verbindungen

---

[1]) G. FREY: Helv. **31**, 709 (1948).
[2]) B. WURZSCHMITT: Chem.-Z. **74**, 356 (1950).
[3]) F. FEHÉR u. E. HEUER: Angew. Chem. **62**, 162 (1950).

gültigen und als **Gesetz der paaren Atomzahlen** bezeichneten Satz: In einer Kohlenstoffverbindung muß die Gesamtzahl der Atome mit ungerader Wertigkeit eine gerade Zahl sein.

Auf unser obiges Beispiel bezogen würde dieser Satz besagen, daß die angegebene Verhältnisformel zumindest verdoppelt werden muß, um zu der richtigen Bruttoformel zu gelangen. Das ist auch der Fall, denn die Analysenzahlen wurden aus der Zusammensetzung des Glykols ($C_2H_6O_2$) berechnet, und es ist in der Tat unmöglich, auf Grund der einfachen Verhältnisformel $C_1H_3O_1$ ein Molekül mit vierwertigem Kohlenstoff aufzubauen, wovon sich jeder leicht selbst überzeugen kann.

Das Gesetz der paaren Atomzahlen ist weiterhin auch bei komplizierteren Verbindungen bekannten Molekulargewichts ein wichtiges Hilfsmittel zur eindeutigen Festlegung des Wasserstoffgehaltes, denn es besagt, daß in einer bestimmten Verbindung je nach der Anzahl und Wertigkeit der Heteroelemente entweder nur gerade oder nur ungerade Wasserstoffzahlen möglich sind. Die Wasserstoffzahlen zweier ernstlich in Betracht kommender Bruttoformeln unterscheiden sich also jeweils um mindestens zwei Einheiten, was in der Praxis eine Verdoppelung der zulässigen Fehlergrenze der Methode bedeutet.

b) Die Bestimmung funktioneller Gruppen

Die Elementaranalyse ergibt nur das Atomverhältnis, jedoch noch keinerlei Anhaltspunkt für die Konstitution oder auch nur das Molekulargewicht der untersuchten Verbindung. Hier kommt man einen wesentlichen Schritt weiter durch die **Gruppenanalysen**, die es gestatten, ohne vollständige Zerstörung des Moleküls den prozentualen Anteil bestimmter Atomgruppen oder sonstiger Funktionen im Molekül zu bestimmen. So würde z. B. im p-Chloranilin-hydrochlorid (Cl— 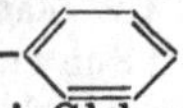 —$NH_2 \cdot HCl$) die allgemeine Chlorbestimmung einen Gehalt von zwei Chloratomen in der Verhältnisformel ($C_6H_7NCl_2$) ergeben. Bei der Auflösung in Wasser dissoziiert aber das eine Chloratom sofort ab und kann als ionogenes Chlor einzeln bestimmt werden. Durch eine derartige Zusatzanalyse ist es also möglich, ohne weitere Konstitutionsbestimmung eine verschiedenartige Funktion beider Chloratome nachzuweisen.

Derartige Analysen bestimmter Atomgruppen sind in neuerer Zeit in großer Zahl entwickelt worden und ebenfalls in den angegebenen Praktikumsbüchern in allen Einzelheiten beschrieben. Wir wollen uns daher an dieser Stelle mit einer kurzen Zusammenstellung der verschiedenen Möglichkeiten begnügen, zumal wir die einzelnen Reaktionen selbst später noch näher kennen lernen werden.

Die wichtigsten der mit analytischer Genauigkeit quantitativ durchführbaren Nachweisreaktionen sind:

a) die Bestimmung anorganischer Gruppen:

1. die acidimetrische Titration organischer Säuren und Basen.
2. die Bestimmung der anorganischen Ionen in den Salzen der organischen Säuren und Basen (Hal′, SO_4'', Ba˙˙, Ag˙ usw.).
3. die Bestimmung der O_2N—O-Gruppe als NO nach Berl-Lunge.
4. die Bestimmungen von Aminostickstoff nach van Slyke usw.

b) die Bestimmung organischer Gruppen:

5. die Alkoxylbestimmung nach Zeisel und verwandte Methoden [Bestimmung von O—CH_3, (S. 219) N—CH_3 (I, Kap. 6, I, 1a), S—CH_3 (I, Kap. 7, I, 1) usw.].

6. die Acylbestimmung (O—CO—R, N—CO—R usw.).
7. die Bestimmung von „aktivem", d. h. an Sauerstoff, Stickstoff und andere negative Elemente gebundenem Wasserstoff nach ZEREWITINOFF (I, Kap. 9, I).
8. die Jodzahlbestimmung und andere Bestimmungsmethoden für die olefinische Doppelbindung (S. 92 u. III, Kap. 6, I, 1).
9. die Jodzahlbestimmung und andere Bestimmungsmethoden der Aldehydgruppe, speziell in der Kohlenhydratchemie (III, Kap. 4, I, 5 c).

Mit Hilfe dieser Gruppenanalysen ist es möglich, nicht nur das Äquivalentgewicht einer Verbindung und damit ein erstes wirklich brauchbares Mindestmolekulargewicht, sondern auch erste wertvolle Hinweise für die spätere Konstitutionsermittlung zu erhalten.

Als ein praktisches Beispiel für den Wert derartiger Gruppenanalysen können wir wieder das Glykol heranziehen. Dieses zeigt bei der ZEREWITINOFF-Bestimmung einen Gehalt von zwei aktiven H-Atomen (auf das wirkliche Molekulargewicht bezogen). Diese können bei der angegebenen Zusammensetzung nur an Sauerstoff gebunden sein. Die Verbindung muß also zwei Hydroxylgruppen enthalten, wodurch die Funktion der beiden O-Atome bereits festgelegt ist. Als Äquivalentgewicht (bezogen auf die Hydroxylgruppen) erhält man auf Grund dieser Analyse den der einfachen Verhältnisformel entsprechenden Wert 31.

c) Die Molekulargewichtsbestimmung

Die genaue Kenntnis des Molekulargewichtes ist für die Festlegung einer einwandfreien Summenformel unerläßlich. Seine Ermittlung geschieht ausschließlich mit Hilfe physikalischer Methoden, von denen, abgesehen von der nur für die wenigen flüchtigen Verbindungen geeigneten Dampfdichtebestimmung nach J. B. DUMAS, vor allem die verschiedenen **osmotischen Methoden** (vgl. phys.-chem. Lehrbücher) in Gebrauch sind. Von diesen ist wieder bei weitem am wichtigsten die Gefrierpunktserniedrigungsmethode (*Kryoskopie*) und in geringerem Umfang auch die Siedepunktserhöhungsmethode (*Ebullioskopie*), während die direkte Bestimmung des osmotischen Druckes nur in seltenen Fällen (z. B. bei den hochmolekularen Verbindungen, III, Kap. 3, III, 4) Anwendung findet. Eine gewisse Einschränkung in ihrer Anwendbarkeit erfahren diese Methoden lediglich durch die nicht immer leichte Auswahl geeigneter, in der Nähe der Zimmertemperatur schmelzender oder siedender Lösungsmittel.

Als eine wichtige Abart der kryoskopischen Methode hat sich die Molekulargewichtsbestimmung nach RAST durch Messung der Gefrierpunktserniedrigung in Campher als Lösungsmittel erwiesen. Dieser besitzt nämlich infolge seines Molekülbaues (I, Kap. 11, I, 3 d) eine extrem hohe Gefrierpunktskonstante von 40° für eine einnormale Lösung, die die Durchführung von Mikrobestimmungen in einer gegenüber der umständlichen BECKMANN-Apparatur wesentlich vereinfachten Versuchsanordnung gestattet.

Die **Fehlergrenze** ist bei allen osmotischen Methoden relativ groß und beträgt etwa ± 5% (in einigen Fällen sogar ± 10%) des theoretischen Wertes. Molekulargewichtsbestimmungen liefern daher immer nur einen ersten Näherungswert, der lediglich gestattet, den ganzzahligen Faktor abzuschätzen, mit dem man die Verhältnisformel multiplizieren muß, um zur richtigen Summenformel zu gelangen. Die Berechnung des genauen Molekulargewichts erfolgt stets erst sekundär aus der Summenformel durch Addition der Atomgewichte.

So sind z. B. bei der ebullioskopischen Molekulargewichtsbestimmung von Glykol in Aceton als Lösungsmittel Werte zwischen 60 und 65 zu erwarten, die innerhalb der angegebenen Fehlergrenze dem doppelten Gewicht der oben abgeleiteten Verhältnisformel entsprechen. Danach muß dem Glykol die Summenformel $C_2H_6O_2$ zukommen, aus der sich schließlich durch Addition der Atomgewichte das genaue, osmotisch niemals mit der gleichen Genauigkeit bestimmbare Molekulargewicht von 62,07 errechnet.

Grundsätzliche Fehler werden bei den osmotischen Molekulargewichtsbestimmungen im allgemeinen nicht beobachtet. Die einzige wesentliche Fehlerquelle stellt die Tendenz verschiedener Verbindungen dar, durch Zusammenlagerung mehrerer Moleküle zu „assoziieren", wodurch ein höheres, u. U. sogar mehrfaches Molekulargewicht vorgetäuscht werden kann. Da die Assoziationsneigung hauptsächlich auf die Wasserstoffverbindungen des Sauerstoffs und Stickstoffs beschränkt ist, führt häufig bereits die Analyse organischer Derivate dieser Wasserstoffverbindungen, z. B. bei den Carbonsäuren die der Ester, zu richtigen Molekulargewichten.

Das Auftreten zu kleiner Werte wird demgegenüber (abgesehen von den leicht erkennbaren Dissoziationseffekten) nur bei sehr wenigen Substanzen mit ganz charakteristischem Molekülaufbau (vgl. III, Kap. 6, II, 2) beobachtet. Die osmotischen Verfahren liefern deshalb (bei gleichzeitiger Berücksichtigung der Möglichkeit des Auftretens von Assoziationseffekten) im allgemeinen einen Maximalwert für das wirkliche Molekulargewicht, der praktisch niemals überschritten wird. Sie stehen damit in einem gewissen Gegensatz zur Elementar- und Gruppenanalyse, die einen minimalen Wert ergeben. Durch Kombination beider Werte kann man meistens das tatsächliche Molekulargewicht richtig abschätzen, doch ist es auch vorgekommen, daß mangels geeigneter Methoden das richtige Molekulargewicht einer Verbindung jahrelang unbekannt geblieben ist, wodurch naturgemäß die Konstitutionsermittlung sehr erschwert wurde.

Neben den osmotischen wurden in neuerer Zeit auch einige andere physikalische Effekte zu Mol-gewichtsbestimmungen herangezogen. So kann man z. B. die **Diffusionsgeschwindigkeit** der Moleküle in Lösung, die bekanntlich wie die der Gasmoleküle umgekehrt proportional der Wurzel des Molekulargewichtes ist, zur Bestimmung der Molekülgröße verwenden, etwa indem man nach H. Brintzinger (1930) die Dialysengeschwindigkeit durch feinporige Membranen mißt. Doch hat es diese Methode zu keiner allgemeinen Anwendung gebracht, und sie wird nur herangezogen, wenn die osmotischen Verfahren versagen. Für hochmolekulare Verbindungen sind außerdem noch die **Viskositätsmethode** nach H. Staudinger (III, Kap. 3, II, 1 b) und die Bestimmung der **Sedimentationsgeschwindigkeit** mit der Ultrazentrifuge nach Th. Svedberg gebräuchlich (vgl. III, Kap. 3, III, 4).

d) Die Konstitutionsermittlung

Die Analyse und Molekulargewichtsbestimmung liefern die Bruttozusammensetzung bzw. die Summenformel der untersuchten Verbindung, und es folgt nun die weitere Aufgabe, ihre **Konstitution**, d. h. die Reihenfolge und Verknüpfungsart der Atome im Molekül zu bestimmen. Diese Aufgabe ist die bei weitem schwierigste, und wir werden die verschiedenen Methoden zu ihrer Lösung erst im weiteren Verlauf dieses Buches bei den einzelnen Verbindungen kennen lernen, so daß wir uns an dieser Stelle auf das Grundsätzliche beschränken können.

Einen ersten Anhaltspunkt für die Struktur einer Verbindung kann man häufig bereits mit Hilfe ähnlicher allgemeiner Überlegungen gewinnen, wie wir sie oben zur Ableitung des Gesetzes der paaren Atomzahlen angestellt haben. Wie sich leicht zeigen läßt, beträgt nämlich die Mindestzahl von Bindungen, die die Atome eines n-atomigen Moleküls zusammenhalten, n—1. Man beobachtet diese Zahl von n—1-Bindungen stets dann, wenn ein einfaches Kettenmolekül vorliegt, während cyclische Verbindungen pro Ringschluß je eine weitere Bindung enthalten müssen. Ähnlich beobachtet man bei Mehrfachbindungen pro Doppelbindung eine und pro Dreifachbindung zwei zusätzliche Bindungen über die Zahl n—1 hinaus, wenn man sie als mehrere einfache Bindungen in Ansatz bringt. Da weiterhin jede einfache Bindung zwei und jede n-fache Bindung 2n Valenzen der miteinander verbundenen Atome absättigen, folgt aus der Gesamtzahl von mindestens n—1 Bindungen, daß die Summe der Wertigkeiten aller Atome in einem Kettenmolekül mindestens 2n—2 sein muß, um auch tatsächlich alle Bindungen aufbauen zu können, und daß bei Überschreitung dieser Zahl 2n—2 das Molekül pro zwei Valenzen eine Doppel- oder Ringbindung enthalten muß. Man hat in diesem **Gesetz der minimalen Bindungszahl** also ein einfaches Mittel, aus der Summenformel einer Verbindung bereits auf das Vorliegen von Mehrfachbindungen oder Ringsystemen schließen zu können. Hiervon wird bei der leichten anderweitigen Nachweisbarkeit von Mehrfachbindungen insbesondere zum Nachweis von Ringsystemen und gegebenenfalls auch der Zahl der Ringschlüsse häufig Gebrauch gemacht (vgl. z. B. I, Kap. 11, I, 3a).

So besitzen z. B. die zehn Atome des Glykols zusammen die geforderte Mindestzahl von 2n—2 = 18 Valenzen. Glykol muß also ein Kettenmolekül besitzen, das weder eine Doppelbindung noch ein Ringsystem enthält. Auf der andern Seite besitzen die zwölf Atome des Benzols (C_6H_6) zusammen 30 Valenzen, die zur Bildung von 15 Bindungen ausreichen, während bloß elf Bindungen zum Zusammenhalt des Moleküls benötigt werden. Hier müssen also noch vier zusätzliche Bindungen im Molekül untergebracht werden, von denen drei ohne Schwierigkeiten als Doppelbindungen erkenntlich sind. Danach muß Benzol eine cyclische Verbindung mit einem Ring im Molekül sein.

Die gleiche Regel kann bei kettenförmigen Verbindungen auch zur Ableitung eines maximalen Molekulargewichts dienen, denn bei einer an sich denkbaren Verdoppelung der Atomzahl reicht häufig die Zahl der zur Verfügung stehenden Valenzen nicht mehr zum Zusammenhalt der Atome in einem einzigen Molekül aus. So besitzen z. B. die 20 Atome von zwei Glykolmolekülen ($C_4H_{12}O_4$) zusammen nur 36 Valenzen, mit denen man 18 Bindungen aufbauen kann, während zum Zusammenschluß aller Atome in einem Molekül n—1 = 19 Bindungen erforderlich sind. Im Falle des Glykols (und ähnlich auch bei zahlreichen anderen gesättigten Kettenverbindungen) kann man also auf Grund allgemeiner Gesetze ohne eigentliche Molekulargewichtsbestimmung rein rechnerisch ableiten, daß 1. das Molekül mindestens das doppelte des aus der Verhältnisformel berechneten Gewichts haben muß (Gesetz der paaren Atomzahlen), und daß 2. diese doppelte Größe gleichzeitig eine Maximalgröße ist, da sonst die Zahl der möglichen Bindungen zum Molekülzusammenhalt nicht ausreicht (Gesetz der minimalen Bindungszahl). Die Bruttoformel kann also nur $C_2H_6O_2$ sein.

Die chemischen Methoden zur Konstitutionsermittlung beruhen sämtlich auf dem Prinzip der geringst möglichen Molekülveränderungen bei chemischen Reaktionen, d. h. man nimmt an, daß z. B. bei Substitutionsreaktionen der neue Substituent immer genau an die Stelle des alten tritt, oder daß die Addenden bei der Anlagerung an eine Doppelbindung immer an die beiden Atome treten, zwischen denen sich die Doppelbindung befunden hat, kurz, daß während der Reaktion keine weiteren Umgruppierungen von Atomen innerhalb des Moleküls stattfinden, als aus der Reaktionsgleichung zu erkennen sind. Unter dieser Voraussetzung versucht man nun durch möglichst zahlreiche Reaktionen, vor allem durch schrittweisen Molekülabbau, die Funktion der einzelnen Molekülbausteine zu erkennen, bis man schließlich nur eine einzige Konstitutionsformel als mögliche übrig behält.

So ergibt sich z. B. für das von uns gewählte Beispiel des Glykols (Summenformel $C_2H_6O_2$) die Struktur auf Grund der folgenden Reaktionen:

1. Die energische Reduktion führt zu dem gesättigten Kohlenwasserstoff Äthan (C_2H_6). Daraus folgt, daß die beiden C-Atome zusammenhängen.

2. Auf Grund der ZEREWITINOFF-Bestimmung muß das Molekül zwei OH-Gruppen enthalten (s. oben), die ihrerseits nur über die C-Atome mit dem restlichen Molekül verbunden sein können. Diese zwei OH-Gruppen müssen also zusammen mit den restlichen vier H-Atomen die sechs nach außen gerichteten Valenzen der Äthan-C-Atome absättigen, was nur bei den folgenden beiden Strukturformeln der Fall ist:

I II

3. Zwischen diesen beiden Möglichkeiten kann man schließlich mit Hilfe einer milden Oxydationsreaktion entscheiden, durch die einfache C—C- und C—H-Bindungen, wie z. B. die CH_3-Gruppe in II, noch nicht angegriffen werden, sondern nur der einer Hydroxylgruppe benachbarte Wasserstoff (vgl. I, Kap. 12, I, 3). Bei einer derartigen Reaktion würde also I auf beiden Seiten oxydiert werden, so daß als Endprodukt Oxalsäure mit zwei „Carboxyl"gruppen im Molekül (HOOC—COOH) zu erwarten wäre, während II unter Erhaltung der CH_3-Gruppe in Essigsäure mit nur einer Carboxylgruppe (CH_3—COOH) übergehen sollte. Die praktische Durchführung zeigt, daß Glykol sich leicht zur Oxalsäure oxydieren läßt, wodurch Formel I als die endgültige Konstitutionsformel sichergestellt ist.

Leider ist jedoch das Prinzip der geringstmöglichen Molekül-Veränderungen kein festes Gesetz, sondern nur eine Regel mit vielen Ausnahmen. Ganz abgesehen von den Tautomeriefällen, die grundsätzlich keine absoluten Konstitutionsbestimmungen zulassen, kommen auch bei normalen stabilen Molekülen während der Reaktion zuweilen Isomerisierungen vor, wie z. B. Wanderungen von Substituenten (vgl. z. B. I, Kap. 6, I, 3a) oder Doppelbindungen (S. 97 u.a.), Umlagerungen (S. 331, 464 u. a.), Ringweitenänderungen (I, Kap. 11, I, 1) usw. Infolgedessen führt keine Konstitutionsbestimmung mit absoluter Sicherheit zum Ziel, sondern stets nur zu einer gewissen, meistens allerdings sehr großen Wahrscheinlichkeit für die Richtigkeit einer bestimmten Strukturformel, und es ist öfters vorgekommen, daß eine für richtig gehaltene Formel auch nach Jahren noch geändert werden mußte. Daß wir trotzdem hinsichtlich der Konstitution der Mehrzahl der organischen Verbindungen durchaus auf festem Boden stehen, ist hauptsächlich auf das sehr große Tatsachenmaterial zurückzuführen, das während der mehr als 100 Jahre organisch-chemischer Forschung durch Zehntausende von Chemikern zusammengetragen wurde und wesentliche Fehlschlüsse bei den einfacheren Verbindungen als äußerst unwahrscheinlich erscheinen läßt.

Ist es nun dem Chemiker gelungen, in der angegebenen Weise die Konstitution einer Verbindung sicherzustellen oder wenigstens wahrscheinlich zu machen, so ist es eine der verlockendsten Aufgaben, diese Konstitution durch Synthese zu erhärten, d. h. nach genau bekannten und einwandfrei verlaufenden Reaktionen eine Verbindung der ermittelten Konstitution aufzubauen und dann nachzuprüfen, ob diese auch tatsächlich mit dem untersuchten Stoff identisch ist. Geht diese Synthese von den einfachsten anorganischen Kohlenstoffverbindungen mit nur einem C-Atom aus, oder wenigstens von Verbindungen, die sich aus ihnen herstellen lassen, so spricht man von einer **Totalsynthese.** Sind dagegen die Ausgangsmaterialien selbst noch nicht synthetisiert oder gar in ihrer Konstitution noch unbekannt, so liegt eine **partielle Synthese** vor. Die Beweiskraft einer Totalsynthese hängt ausschließlich von dem einwandfreien und übersichtlichen Verlauf der einzelnen Reaktionen ab, ist aber ebenfalls nicht absolut. Immerhin sind hier die Fehlermöglichkeiten etwas geringer als bei der Abbaumethode, da man sich die einzelnen Reaktionsstufen besser aussuchen kann, so daß die geglückte Synthese im allgemeinen als der Abschluß einer Konstitutionsermittlung angesehen wird.

Wählen wir wieder das Glykol als Beispiel, so läßt sich eine derartige übersichtlich verlaufende und die Struktur beweisende Totalsynthese etwa auf dem folgenden Wege durchführen:

Durch Anlagerung von Lithiummethyl an die C=O-Doppelbindung des Formaldehyds — also von zwei Verbindungen mit je einem C-Atom ausgehend — kann man im Sinne der folgenden Formeln in einfacher Weise das bereits zwei aneinander gekettete C-Atome im Molekül enthaltende Lithiumäthylat und daraus mit Säuren den Äthylalkohol erhalten. Dieser geht bei der Wasserabspaltung (z. B. mit konzentrierter Schwefelsäure) in Äthylen über, an das sich mit Hilfe von Kaliumpermanganat zwei Hydroxylgruppen zum Glykol anlagern lassen:

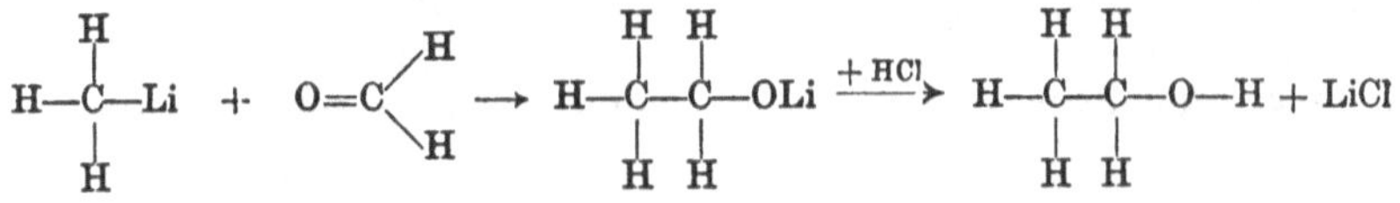

Lithiummethyl Formaldehyd Lithiumäthylat Äthylalkohol

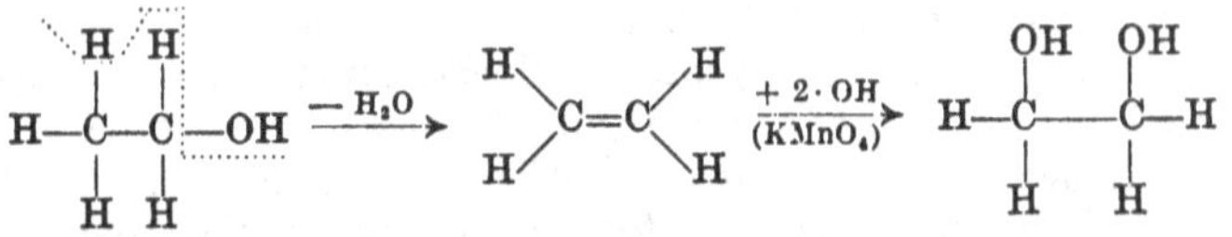

Äthylalkohol Äthylen Glykol

Ein Gegenbeispiel für eine unübersichtlich verlaufende Synthese, aus der sich keinerlei Rückschlüsse auf die Konstitution der entstehenden Verbindung ziehen lassen, ist die Bildung von Kohlenoxydkalium aus Kohlenoxyd und metallischem Kalium (vgl. anorg. Lehrbücher), die ohne das Auftreten irgendwelcher Zwischenprodukte verläuft und nicht den geringsten Anhaltspunkt dafür bietet, daß hierbei ein kompliziertes Benzolderivat entsteht:

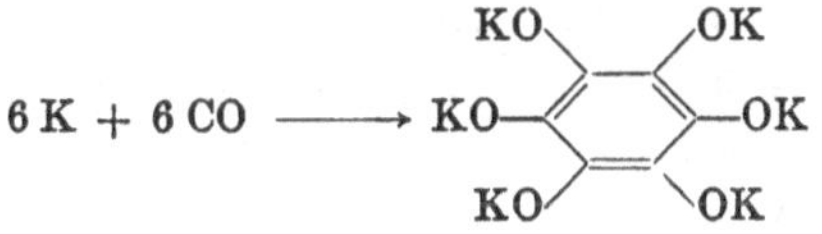

Kohlenoxydkalium

Alle diese chemischen Methoden der Konstitutionsaufklärung haben den Nachteil, daß das Molekül mit Hilfe von Reaktionen untersucht wird, so daß Isomerisierungen nicht streng ausgeschlossen werden können. Man hat daher versucht, auch **physikalische Effekte** zur Konstitutionsaufklärung mit heranzuziehen, die von den stabilen, nicht in Reaktion befindlichen Molekülen gegeben werden. Derartige Methoden sind insbesondere in neuerer Zeit in steigender Zahl entwickelt worden, nachdem es gelungen ist, an Hand eines größeren, an bekannten Verbindungen gesammelten Beobachtungsmaterials die „Sprache" der Moleküle bei den verschiedenen physikalischen Beeinflussungen zu verstehen. Sie sind in einem besonderen Kapitel im zweiten Teil dieses Buches (II, Kap. 2) zusammengestellt worden.

e) Die Konfigurationsermittlung

Außer der Konstitutionsbestimmung ist stets dann, wenn Stereoisomerie vorliegt, noch die Bestimmung der Konfiguration erforderlich, um die endgültige Konstitutionsformel aufstellen zu können. Die hierzu gebräuchlichen, z. T. sehr komplizierten Methoden können ebenfalls erst im zweiten Teil dieses Buches (II, Kap. 7, II, 2 u. 3) behandelt werden.

2. Die reine organische Chemie

Während die Analyse und Konstitutionsermittlung trotz ihrer großen allgemeinen Bedeutung letzten Endes doch nur eine Voraussetzung zur Erforschung der organischen Verbindungen darstellt, liegt in der **reinen organischen Chemie** der uns am meisten interessierende Zweig unserer Wissenschaft vor, der sich ausschließlich mit der Gewinnung, Beschreibung und Deutung der Verbindungen und Verbindungsmöglichkeiten des Kohlenstoffs befaßt. Hier stellt also die organische Chemie eine selbständige Wissenschaft mit eigener Problemstellung dar. Von ihren Aufgaben sind an dieser Stelle vor allem drei hervorzuheben.

a) Die systematische organische Chemie

Sie hat die Aufgabe, systematisch alle Verbindungsmöglichkeiten des Kohlenstoffs zu erforschen und die beobachteten Verbindungsklassen hinsichtlich ihrer Bildungsmöglichkeiten und Reaktionsfähigkeit zu beschreiben. Dieser Forschungszweig kann heute bereits als im wesentlichen abgeschlossen gelten. Jedenfalls ist, wenn auch im einzelnen ein stetiger weiterer Ausbau der verschiedenen Substanzklassen stattfindet, mit der Auffindung prinzipiell neuartiger Verbindungsgruppen kaum mehr zu rechnen.

Die Behandlung der systematischen organischen Chemie erfolgt hauptsächlich im ersten Teil dieses Buches, so daß sich ein näheres Eingehen an dieser Stelle erübrigt.

b) Die theoretische und allgemeine organische Chemie

Während die systematische organische Chemie sich im allgemeinen mit einer beschreibenden Darstellung der Chemie des Kohlenstoffs begnügt, versucht die theoretische organische Chemie die Reaktionsfähigkeit der verschiedenen Verbindungsgruppen aus ihrem Aufbau heraus zu erklären, um so zu einem möglichst tiefen Einblick in die Natur der organischen Verbindungen zu gelangen. Sie hat naturgemäß erst sehr viel später (in größerem Umfang erst nach 1900) als die systematische Erforschung der Kohlenstoffchemie eingesetzt, nachdem eine genügend große Anzahl von Verbindungen zur Ableitung und Nachprüfung der verschiedenen Gesetzmäßigkeiten bekannt war. Sie erlangte aber in neuerer Zeit durch Hinzuziehen der modernen physikalischen Untersuchungsmethoden, die einen tieferen Einblick in den inneren Aufbau der Moleküle ermöglichten, eine stetig wachsende Bedeutung, so daß sie z. Z. als der wichtigste Forschungszweig der reinen organischen Chemie angesehen werden muß. Ihre eingehende Behandlung erfolgt insbesondere im zweiten Teil des vorliegenden Buches.

c) Die Arbeitsmethoden der organischen Chemie

Eine mehr praktische, aber in neuerer Zeit ebenfalls stets wachsende Bedeutung haben die Arbeitsmethoden der organischen Chemie erlangt, ohne die auch bei noch so genauer Kenntnis der theoretischen Zusammenhänge die modernen Synthesen und Strukturbestimmungen komplizierter Natur- und Kunststoffe nicht möglich gewesen wären. Neben der präparativen ist es insbesondere auch die technische organische Chemie, die bei ihren modernen Rohstoffsynthesen in steigendem Ausmaß aus dieser Fortentwicklung der Arbeitsmethodik Nutzen zieht, denn gerade bei diesen technischen Verfahren handelt es sich vielfach weniger darum, neue Verbindungen darzustellen, als darum, für Verbindungen, die mit Hilfe der bisher gebräuchlichen Methoden bereits zugänglich sind, wirtschaftlich tragbare Gewinnungsmöglichkeiten aufzufinden.

Infolge der verschiedenen Aufgabenstellung in der Technik und in der präparativen organischen Chemie hat in neuerer Zeit eine weitgehende Auseinanderentwicklung der technischen und der im Laboratorium gebräuchlichen Arbeitsmethoden stattgefunden. Während in der Frühzeit der organischen Chemie die Technik im wesentlichen die Verfahren des Forschers übernommen, d. h. lediglich versucht hat, die üblichen präparativen Methoden ins Große zu übertragen, ist heute die technische Aufgabenstellung häufig eine ganz andere als die des präparativen Chemikers. Bei der billigen Massenherstellung der verschiedenen Rohstoffe, z. B. des künstlichen Benzins, der verschiedenen synthetischen Werkstoffe usw., wären die alten Laboratoriumsverfahren viel zu teuer. Hier muß versucht werden, im Sinne der Ausführungen von S. 43 durch Heranziehung katalytischer Methoden billiger zu arbeiten, insbesondere aber die reaktionsträgen, jedoch in beliebigen Mengen zur Verfügung stehenden Rohstoffe, wie etwa die natürliche Kohle, die Kohlenwasserstoffe des Erdöls und des Steinkohlenteers usw., auszuwerten. Dies ist z. T. bereits in erstaunlich hohem Ausmaß geschehen, doch beobachten wir als Folge dieser Entwicklung, daß die Technik heute im wesentlichen auf katalytische Verfahren eingestellt ist, die zwar große und teure Apparaturen, aber nur billige Ausgangsmaterialien erfordern, während der Laboratoriumschemiker demgegenüber für seine oft nur einmalig und mit geringen Substanzmengen durchzuführenden Reaktionen mit Recht den Aufbau oder gar die Ausarbeitung kostspieliger Apparaturen scheut und daher meistens die ohne Katalyse verlaufenden normalen präparativen Methoden vorzieht, selbst wenn sie teurere Ausgangsmaterialien erfordern.

Eine zusammenhängende Beschreibung der Arbeitsmethoden der organischen Chemie würde den Rahmen dieses Buches bei weitem überschreiten, so daß hier auf Spezialwerke[1]) hingewiesen werden muß. Wir werden uns daher im folgenden nur auf die Anführung der wichtigsten, insbesondere der grundsätzlichen Methoden beschränken, die im allgemeinen bei den verschiedenen Verbindungsklassen im 1. Teile des Buches beschrieben sind. Lediglich die über das ganze Gebiet der organischen Chemie verstreuten Reaktionen zum Auf- und Abbau von C—C-Bindungen, sowie die Oxydations- und Reduktionsreaktionen sind wegen ihrer allgemeinen Bedeutung im 12. Kapitel gesondert zusammengefaßt.

---

[1]) vgl. z. B. HOUBEN-WEYL, Die Methoden der organischen Chemie, 4. Aufl. Leipzig ab 1952; C. WEYGAND, Organisch-chemische Experimentierkunst, Leipzig 1935; G. M. SCHWAB, Handbuch der Katalyse, Bd. 2, Organische Katalyse, Wien 1943 u. a.

3. Die organische Chemie als Hilfswissenschaft für andere Forschungszweige

Wie kaum eine andere Wissenschaft dient die organische Chemie neben ihrer eigentlichen Aufgabe, der Erforschung der Chemie des Kohlenstoffs, auch als Hilfswissenschaft für andere Wissenszweige, die sich zwar ebenfalls mit organischen Verbindungen befassen, in denen aber die Problemstellungen bereits von außen diktiert werden. So bietet z. B. die Chemie der Eiweißverbindungen nach Klärung ihres grundsätzlichen Aufbaus vom Standpunkt der reinen Kohlenstoffchemie aus nicht mehr viel Neues, wohl aber ist sie von außerordentlichem Interesse für die Biochemie. Ähnlich stellt die Gewinnung der verschiedenen Varianten eines Farbstoffes zwar vom Standpunkt der reinen organischen Chemie kein interessantes Problem mehr dar, wohl aber vom Standpunkt des Färbers, z. B. um eine bessere Faserhaftung zu erzielen.

Wenn trotz dieser verschiedenen Problemstellungen diese Grenzgebiete mit zur organischen Chemie gerechnet und daher auch in diesem Buch behandelt werden, so hauptsächlich deshalb, weil sie in starkem Ausmaß mit zur Entwicklung der reinen organischen Chemie beigetragen haben. Viele interessante Verbindungsklassen, wie z. B. die Kohlenhydrate oder die Eiweißkörper sind uns synthetisch nicht oder nur in sehr unvollkommenem Maße zugänglich. Ohne Mithilfe der belebten Natur und damit der Biochemie wären daher diese Verbindungsklassen kaum erforscht worden. Weiterhin ist erst durch die optische Aktivität der natürlichen Weinsäuren das an sich rein organische Gebiet der Stereoisomerie, von den Kohlenhydraten aus das der Diastereomerie, von den Terpenen und Camphern aus das der Stereoisomerie cyclischer Verbindungen erschlossen worden, und schließlich hat die Erforschung der natürlichen und technischen Farbstoffe wesentlich mit zur Entwicklung unserer modernen Vorstellungen über die Beziehungen zwischen Konstitution und Farbe beigetragen.

Das bei weitem wichtigste Grenzgebiet der organischen Chemie ist die **Biochemie**, deren Aufgabenkreis im wesentlichen die Aufklärung aller chemischen Vorgänge beim Stoffwechsel der Lebewesen darstellt, die also speziell alle diejenigen Probleme umfaßt, die ursprünglich als die eigentlichen Aufgaben der organischen Chemie angesehen wurden (S. 1). Weitere wichtige Grenzgebiete sind die **pharmazeutische Chemie**, die sich mit den zwar körperfremden, aber immer noch physiologisch aktiven organischen (und auch anorganischen) Giften und Heilmitteln beschäftigt, und die **Lebensmittelchemie**, deren Aufgabenbereich mehr praktischer Natur ist und neben der Möglichkeit der künstlichen Lebensmittelerzeugung (z. B. Herstellung synthetischer Fette, der Züchtung fett- und eiweißliefernder Einzeller usw.) vor allem die Konservierung und Kontrolle der natürlichen Lebensmittel umfaßt. Schließlich kennen wir auch einige wichtige technische Grenzgebiete der organischen Chemie, von denen wir uns im Rahmen dieses Buches vor allem mit den **organischen Farbstoffen**, den **mineralisch vorkommenden** organischen Verbindungen und den **hochmolekularen Stoffen** zu beschäftigen haben.

Die Behandlung all dieser Grenzgebiete erfolgt in gesonderten Kapiteln, die im dritten Teil dieses Buches zusammengefaßt sind.

VI. Das organisch-chemische Schrifttum

Unsere heutigen Kenntnisse der organischen Chemie stellen ein Gebäude dar, an dem seit über 100 Jahren Zehntausende von Chemikern mit mehreren 100000 Einzelveröffentlichungen gearbeitet haben. Eine Kenntnis all dieser Arbeiten, ja auch nur das Heraussuchen all dessen aus ihnen, was über eine einzige Verbindung bekannt ist, stößt bei der Fülle des Materials schon seit längerer Zeit auf unüberwindliche Schwierigkeiten. Um den in diesen Originalarbeiten niedergelegten wertvollen Erfahrungsschatz allen Chemikern leicht zugänglich zu machen, ist daher eine sehr umfangreiche Organisation notwendig, die, obwohl sie nicht auf einmal geschaffen wurde, sondern nur allmählich in ihren Aufgabenkreis hineingewachsen ist, als vorbildlich bezeichnet werden muß und jedem selbständig arbeitenden Chemiker geläufig sein sollte.

Der Aufbau des chemischen Schrifttums gleicht einer Pyramide. Die Basis derselben stellen die zahlreichen **Originalarbeiten** dar, die in verschiedenen Sprachen in hunderten von über den ganzen Erdball verteilten Zeitschriften erscheinen und nur wenigen Bibliotheken in ihrer Gesamtheit zugänglich sind[1]). Die wichtigsten dieser Zeitschriften, soweit sie sich vorwiegend mit der Wiedergabe organisch-chemischer Originalarbeiten befassen, sind in folgender Übersicht zusammengestellt:

Titel der Zeitschrift	Gründungsjahr	Sprache
LIEBIGS Annalen der Chemie	1832	Deutsch
Berichte der Deutschen Chemischen Gesellschaft, ab 1947 Chemische Berichte	1868	,,
Journal für praktische Chemie, ab 1947 Die Makromolekulare Chemie	1834	,,
Monatshefte für Chemie	1880	,,
HOPPE-SEYLER's Zeitschrift für Physiolog. Chem.	1877	,,
Biochemische Zeitschrift	1906	,,
Helvetica chimica acta	1918	Deutsch-Französisch
Recueil des travaux chimiques des Pays-Bas	1882	Deutsch-Französisch-Englisch
Journal of the Chemical Society of London	1849	Englisch
Journal of the American Chemical Society	1879	,,
Journal of Organic Chemistry	1936	,,
Journal of Biological Chemistry	1905	,,
Biochemical Journal	1907	,,
Annales de Chimie	1789	Französisch
Bulletin de la Société Chimique de France	1864	,,
Comptes rendus	1835	,,

Über diesen Originalarbeiten steht in der nächst höheren Ebene der Pyramide als Sammelorgan das **Chemische Zentralblatt**[2]), das von der Gesellschaft Deutscher Chemiker als der führenden Organisation der deutschen wissenschaft-

[1]) In Deutschland ist z. Z. die einzige derartige Stelle die KEKULÉ-Bibliothek der Farbenfabriken Bayer in Leverkusen.

[2]) Dem chemischen Zentralblatt entsprechen in den angelsächsischen Ländern die noch umfangreichere amerikanische Zeitschrift *Chemical Abstracts* und die (neben dieser an Bedeutung allerdings zurücktretende) englische Zeitschrift *British Abstracts*.

lichen Chemie, sowie der Göttinger und der Berliner Akademie der Wissenschaften betreut wird und von sämtlichen chemischen Veröffentlichungen, die in irgendeiner Zeitschrift der Welt erscheinen, je einen kurzen Bericht veröffentlicht, so daß man sich nunmehr an Hand einer einzigen Zeitschrift kurz orientieren kann, was an neuen Forschungsergebnissen herausgekommen ist.

Das Zentralblatt, das jährlich bis zu etwa 50000 Referate umfaßt, ist seinerseits verbunden mit einem besonderen Registerwerk, das zunächst jährlich erscheint und dann von fünf zu fünf Jahren nochmals zu einem Generalregister zusammengefaßt wird. In ihm ist der Stoff 1. nach den Autoren, 2. nach dem behandelten Gegenstand und, soweit es sich um organische Verbindungen handelt, schließlich 3. in einem sog. *Formelregister* geordnet (seit 1922). Dieses schließt sich lückenlos an das von der Deutschen Chemischen Gesellschaft herausgegebene und ebenfalls in Form eines Formelregisters erschienene Lexikon von J. Stelzner an, das die Literatur der Jahre 1910—1921 erschöpfend umfaßt und sich seinerseits wiederum lückenlos an das erste derartige Werk, das Formel-Lexikon der organisch-chemischen Verbindungen von M. M. Richter anschließt[1]). Letzteres berücksichtigt sämtliche vor dem 1. Januar 1910 erschienenen Arbeiten und enthält auch die Anweisung zum Lesen des Formelregisters. An Hand dieser drei Werke kann man sich also verhältnismäßig leicht darüber orientieren, was über eine bestimmte Verbindung bereits bekannt ist.

Aber auch das Zentralblatt ist häufig noch zu umständlich in der Handhabung, da die verschiedenen Beobachtungen über eine bestimmte Verbindung häufig über eine große Zahl von Referaten verstreut sind. Es ist daher, wieder in einer höheren Ebene der Pyramide, ein Sammelwerk geschaffen worden, das als Beilsteins **Handbuch der organischen Chemie** zunächst privat begonnen, dann aber von der 4. Auflage ab von der Deutschen Chemischen Gesellschaft (bzw. ab 1946 von der Gesellschaft Deutscher Chemiker) übernommen wurde und nach einem bestimmten, im ersten Band näher beschriebenen Ordnungsprinzip von sämtlichen bekannten organischen Verbindungen sämtliche Beobachtungen zusammenstellt, so daß man sich nunmehr an einer Stelle über alle bekannten Daten einer Verbindung orientieren kann. Das Hauptwerk umfaßt die gesamte Literatur bis zum 1. 1. 1910 und ist in 31 Bänden erschienen. Ein erstes und ein zweites Ergänzungswerk mit der Literatur der Jahre 1910—1919 bzw. 1920 bis 1929 sind ebenfalls bereits vollendet, während das dritte Ergänzungswerk, das die Literatur bis zum 1. 1. 1950 umfassen wird, gerade zu erscheinen beginnt.

Damit ist die Zahl der vollständig referierenden Werke erschöpft. Doch gibt es darüber hinaus, wiederum in einer höheren Ebene der Pyramide, noch eine Reihe weiterer Sammelorgane, die Teilgebiete der organischen Chemie behandeln. Hier sind zunächst zwei Zeitschriften zu erwähnen, die „*Angewandte Chemie*", die mehr vom praktischen, und die „*Naturwissenschaften*", die mehr vom erkenntnistheoretischen Standpunkt aus von Zeit zu Zeit zusammenfassende Fortschrittsberichte über die verschiedenen Arbeitsgebiete der Chemie (und auch anderer naturwissenschaftlicher Disziplinen) herausbringen. Ihnen stehen in der angelsächsischen Literatur die ausschließlich für derartige zusammenfassende Fortschrittsberichte bestimmten Zeitschriften „*Chemical Reviews*" und „*Quarterly Reviews*" zur Seite. Neben diesen Zeitschriften gibt es dann vor allem eine große

[1]) Ein weiteres Formelregister, das nahezu die gesamte ältere Literatur (bis auf die Jahrgänge 1920 und 1921) in einem einzigen Werk zusammenfaßt und daher in der Praxis meistens bevorzugt wird, ist das Generalformelregister des „Beilstein".

Zahl von **Einzelhandbüchern,** die, wenn auch nicht vollständig und durch den jeweiligen Autor mehr oder weniger subjektiv beeinflußt, über Teilgebiete der organischen Chemie ausführlich berichten. Namentlich dort, wo der nur auf die Beschreibung einzelner Verbindungen eingestellte „BEILSTEIN" versagt, sind derartige Zusammenfassungen sehr wertvoll, so z. B. auf dem wichtigen Gebiet der organisch-chemischen Arbeitsmethodik, wo es nicht nur über die präparativen, sondern auch über die biochemischen und katalytischen Methoden schon mehrbändige Sammelwerke gibt. Auch über die verschiedenen Sondergebiete, wie z. B. die Stereochemie, die Kohlenhydrate, die Eiweißverbindungen, die Vitamine und Hormone, die Farbstoffe usw. sind sehr brauchbare Handbücher erschienen, auf die an den entsprechenden Stellen dieses Buches hingewiesen werden wird.

Als oberste Spitze der Pyramide erscheint schließlich das **Lehrbuch,** das, ohne auf Einzelheiten einzugehen, einen ersten Überblick über das gesamte Gebiet der organischen Chemie vermittelt.

Will nun ein Chemiker sich erstmals mit einem organisch-chemischen Problem beschäftigen, so wird er den hier geschilderten Weg in umgekehrter Richtung verfolgen, d. h. er wird sich zunächst an Hand eines Lehrbuches mit dem betreffenden Gebiet vertraut machen, dann mit Hilfe einiger Handbücher seine Kenntnisse vertiefen oder die geeigneten Methoden heraussuchen, und erst zum Schluß, wenn es an die Darstellung einer bestimmten Verbindung geht, wird er über den Beilstein und das Zentralblatt bis zu den Originalarbeiten vorstoßen. Eines darf aber der forschende Chemiker über der geschilderten Pyramide niemals vergessen: Das gesamte referierende Schrifttum ist kein Ersatz, sondern immer nur ein Wegweiser zu den Originalarbeiten, die erst die eigentliche Grundlage der chemischen Literatur darstellen. Nur die Original-Literatur vermag die letzten Feinheiten einer Synthese oder einer neuen Arbeitsmethode zu vermitteln, nur die Original-Literatur führt zu einem wirklichen inneren Kontakt mit den gerade bearbeiteten Problemen, und nur ein gründliches Studium der Original-Literatur gibt wertvolle Anregungen für die eigene Forschungsarbeit.

I. Band

Systematische organische Chemie

Erste Hälfte

2. Kapitel

Die Kohlenwasserstoffe

Die einfachsten organischen Verbindungen sind die Kohlenwasserstoffe, die, wie schon der Name[1]) sagt, nur aus den Elementen Kohlenstoff und Wasserstoff bestehen und im Sinne der Ausführungen auf S. 6 die natürliche Grundlage der organischen Chemie bilden. Sie enthalten ausschließlich die in nahezu allen organischen Verbindungen vorkommenden und für die Stabilität des Kohlenstoffgerüstes wichtigen Kohlenstoff-Kohlenstoff- und Kohlenstoff-Wasserstoff-Bindungen. Mit ihrer Besprechung müssen wir daher beginnen.

Eine zwanglose **Unterteilung** der Kohlenwasserstoffe ergibt sich auf Grund der verschiedenen Arten der in ihnen vorkommenden Kohlenstoff-Kohlenstoff-Bindungen. Den einfachsten Bau zeigen die *Paraffine*, deren Kohlenstoffgerüst ausschließlich die reaktionsträgen einfachen C—C-Bindungen enthält, die also im eigentlichen Sinne das oben beschriebene Rückgrat der organischen Chemie darstellen. Daneben kennt man aber auch reaktionsfähigere Kohlenwasserstoffe, die mehrfache Kohlenstoff-Kohlenstoff-Bindungen enthalten und als *ungesättigte Kohlenwasserstoffe* bezeichnet werden. In ihnen stellen die „ungesättigten" C=C- oder C≡C-Bindungen reaktionsfähige Funktionen im oben definierten Sinne dar, an denen unter Erhaltung des paraffinartigen Restmoleküls die eigentlichen Umsetzungen stattfinden. Unter der Bezeichnung *aromatische Kohlenwasserstoffe* faßt man schließlich noch eine dritte Gruppe von Kohlenwasserstoffen zusammen, die sich vom **Benzol**, dem auf S. 49 bereits kurz gestreiften ringförmigen Kohlenwasserstoff mit drei „konjugierten" Doppelbindungen ableiten. Sie sind streng genommen nur eine Untergruppe der ungesättigten Kohlenwasserstoffe, werden aber wegen ihres besonderen, von den Eigenschaften anderer ungesättigter Verbindungen abweichenden Verhaltens als selbständige Verbindungsklasse angesehen, der man wegen ihrer großen allgemeinen Bedeutung häufig sogar die Gesamtheit der übrigen gesättigten und ungesättigten Kohlenwasserstoffe zusammenfassend als *aliphatische Kohlenwasserstoffe* gegenüberstellt.

Da sich von den Kohlenwasserstoffen alle andern organischen Verbindungen ableiten, wurde diese Gegenüberstellung aliphatischer und aromatischer Substanzen auch auf die übrigen organischen Verbindungsklassen ausgedehnt, so daß sich eine scharfe Zweiteilung der organischen Chemie in **aliphatische**[2]) oder **Fettverbindungen** (auch *Fettreihe* genannt) einerseits und **aromatische**[3]) oder **Benzolverbindungen** *(Benzolreihe)* anderer-

[1]) Der Ausdruck *Kohlen-* ist eine häufig gebrauchte Abkürzung für das Element Kohlenstoff (z. B. in *Kohlen*dioxyd, *Kohlen*oxyd, *Kohlen*hydrate usw.) und darf nicht verwechselt werden mit der Bezeichnung *Kohle* für die hochmolekulare Substanz der natürlichen Kohlearten (z. B. in *Kohle*hydrierung, *Kohle*veredlung usw.).

[2]) Von griech. ἄλειφα = das Öl, da dieser Verbindungsklasse die wichtigsten Fettstoffe angehören.

[3]) Der Name aromatische Verbindungen ist bereits in der ersten Hälfte des vorigen Jahrhunderts entstanden und wurde den damals bekannten wenigen Benzolderivaten auf Grund ihres angenehmen aromatischen Duftes verliehen.

seits ergibt. Beide Reihen unterscheiden sich in den meisten physikalischen und auch chemischen Eigenschaften weitgehend voneinander, so daß man lange Zeit glaubte, einen grundsätzlichen Unterschied zwischen ihnen machen zu müssen. Eine derartige grundsätzliche Trennung beider Verbindungsklassen ist jedoch nicht berechtigt, denn es gibt zahlreiche Übergänge zwischen ihnen, und es lassen sich auch die Eigenschaften der aromatischen Substanzen in den meisten Fällen befriedigend aus denen entsprechend gewählter aliphatischer Modellsubstanzen ableiten. Es sollen daher im folgenden von der üblichen Zweiteilung der organischen Chemie in eine aliphatische und eine aromatische Reihe, trotz ihrer für praktische Zwecke zweifellos vorhandenen Berechtigung, abgesehen, und die nahen gegenseitigen Beziehungen zwischen beiden Reihen für jede Verbindungsklasse gesondert einander gegenübergestellt werden.

I. Die gesättigten Kohlenwasserstoffe oder Paraffine[1])[2])

1. Grundlegende Definitionen

Unter *Paraffinen* versteht man die Gesamtheit aller Kohlenwasserstoffe, deren Kohlenstoffgerüst ausschließlich durch einfache C—C-Bindungen zu einer beliebig verzweigten, jedoch nicht zum Ring geschlossenen Molekülkette verknüpft sind. Sie enthalten infolgedessen für eine gegebene Kohlenstoffzahl (n) die geringstmögliche Anzahl der für den Molekülzusammenhalt erforderlichen C—C-Bindungen (n—1), so daß, da diese 2n—2 der 4n Valenzen aller C-Atome absättigen, eine maximale Anzahl von 2n + 2 Valenzen zur Bindung von H-Atomen zur Verfügung steht, die auf Grund des Gesetzes der minimalen Bindungszahl (S. 49) in keinem Kohlenwasserstoff überschritten werden kann. Man erhält somit als **Summenformel** für alle Paraffine unabhängig vom Verzweigungsgrad der Kohlenstoffkette den Wert C_nH_{2n+2} und nennt sie wegen dieses maximalen Wasserstoffgehaltes auch *gesättigte* oder *Grenzkohlenwasserstoffe*.

Eine andere Ableitung dieser Summenformel ergibt sich auf Grund des folgenden Gedankenexperiments: Wir können uns sämtliche Paraffinmoleküle aus dem H_2-Molekül herstellen, indem wir zunächst eine CH_2-Gruppe zwischen die H-Atome des Wasserstoffmoleküls und dann Schritt für Schritt je eine weitere CH_2-Gruppe zwischen die C- und H-Atome beliebiger C—H-Bindungen des hierbei entstehenden Methans bzw. der daraus wieder entstehenden höheren Paraffine einschieben, wie es im folgenden für sämtliche möglichen Paraffine mit ein bis vier C-Atomen geschehen ist:

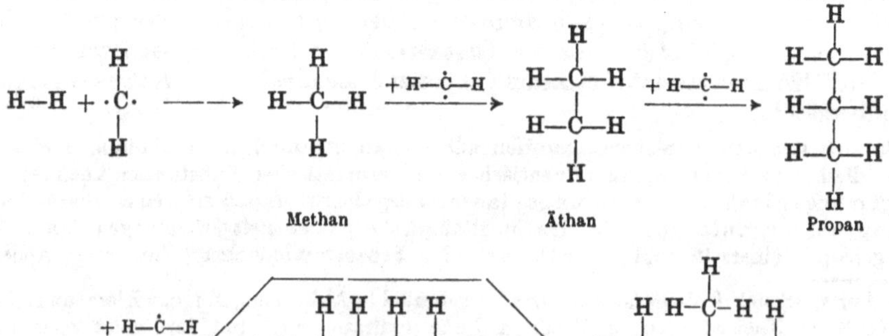

[1]) Von lat. *parum affinis* = wenig verwandt. Der Name weist auf die Reaktionsträgheit dieser Verbindungsklasse hin.

[2]) F. Asinger: Chemie und Technologie der Paraffinkohlenwasserstoffe. Berlin 1956.

Jeder Kohlenwasserstoff ist danach aus n CH_2-Gruppen und zwei H-Atomen aufgebaut, woraus sich die Summenformel C_nH_{2n+2} ebenfalls ohne weiteres ergibt.

Diese Ableitung läßt weiterhin erkennen, daß sich zwei Paraffine und damit auch sämtliche von ihnen abgeleiteten gesättigten Kohlenwasserstoffradikale in ihrer Zusammensetzung immer um die Gruppe CH_2 oder ein Vielfaches von ihr unterscheiden. Verbindungen, bei denen dies der Fall ist, zeigen stets eine besonders enge Verwandtschaft bzw. eine gleichmäßige Abstufung ihrer physikalischen und chemischen Eigenschaften mit wachsender Zahl der C-Atome, so daß man sie zweckmäßig unter der Bezeichnung **homologe Verbindungen** oder auch **homologe Reihe** zusammenfaßt. Die Paraffine stellen danach das einfachste Beispiel für eine derartige homologe Reihe dar.

Wie die oben angeführten Formeln des n- und des Isobutans zeigen, kann von vier C-Atomen ab die Verknüpfung zum Kohlenstoffgerüst verschiedenartig erfolgen, und man unterscheidet dementsprechend jeweils zwischen einer *geraden* oder *normalen* und den verschiedenen Möglichkeiten einer *verzweigten Kette.* Die Zahl der durch diese Kettenverzweigung bedingten Isomeriefälle läßt sich mit Hilfe einfacher Gleichungen nicht berechnen und wächst, wie aus der auf S. 10 angeführten Zusammenstellung hervorgeht, mit der Zahl der C-Atome sehr rasch an.

Über die durch diese Verzweigungsisomerie gegebene Möglichkeit hinaus kommen wir schließlich noch zu einer weiteren Gruppe paraffinartiger Stoffe, wenn wir die C-Atome nicht nur zu offenen Ketten, sondern auch zu Ringmolekülen verknüpfen. Die hierbei entstehenden **Cycloparaffine** enthalten wegen der erhöhten Zahl von C—C-Bindungen natürlich nicht mehr die oben abgeleitete Höchstzahl von H-Atomen und gehören damit nicht mehr zu den eigentlichen Grenzkohlenwasserstoffen. Ihre Behandlung geschieht in einem besonderen Abschnitt in I, Kap. 11, I.

Nomenklatur. Die ersten vier Glieder der Paraffinreihe führen die oben angegebenen Trivialnamen. Die höheren Paraffine werden nach der Zahl der C-Atome benannt, indem man an das entsprechende griechische Zahlwort die Endung *-an* anhängt. Man kommt so zu den Bezeichnungen *Pentan, Hexan, Heptan* usw. für die Paraffine mit fünf, sechs, sieben und mehr C-Atomen (vgl. Tabelle 1, S. 74). Diese Namen kennzeichnen wegen der genannten Isomeriemöglichkeiten jedoch durchaus noch keine einheitlichen Verbindungen, sondern müssen zunächst nur als Sammelbezeichnung für alle möglichen isomeren Paraffine gleicher Kohlenstoffzahl aufgefaßt werden. Lediglich die wichtigsten Verbindungen mit unverzweigter Kette kann man auf diese Weise eindeutig als *normale Paraffine* (abgekürzt: *n-Pentan, n-Hexan* usw.) gegen alle anderen Kohlenwasserstoffe mit verzweigter Kette, die *Isoparaffine* (*i-Butan* usw.) abgrenzen.

Für eine eindeutige **Benennung der Isoparaffine** kommt man nur bei den Butanen mit der Bezeichnung Isobutan aus. Bei allen höheren Gliedern der Reihe existieren jedoch mehrere Isoparaffine, und es hat sich hier als zweckmäßig erwiesen, den Kohlenwasserstoff für die Benennung im Sinne der Ausführungen auf S. 17 als einen durch Paraffinreste substituierten unverzweigten Grundkohlenwasserstoff aufzufassen. Als solchen wählt man im allgemeinen dasjenige n-Paraffin, das aus der längsten im Molekül vorhandenen unverzweigten Kette gebildet werden kann, und dessen C-Atome in der auf S. 18 angegebenen Weise zur Festlegung der Stellung der Substituenten durchnumeriert werden. Die den Grundkohlenwasserstoff substituierenden Paraffinreste heißen *Seitenketten.* Ihre Benennung erfolgt nach den gleichen Prinzipien wie die der Paraffine, von denen sie sich ableiten, nur daß man die Endung *-an* der

Kohlenwasserstoffe durch die für alle einwertigen Radikale charakteristische Endung *-yl* ersetzt (z. B. CH_3— = *Methyl*, CH_3—CH_2— = *Äthyl* usw.[1])). Auf diese Weise erhält man für die zwei möglichen Isopentane die folgenden rationellen Bezeichnungen, die ihre Konstitution erkennen lassen und damit eindeutig nur die angeführten Kohlenwasserstoffe benennen:

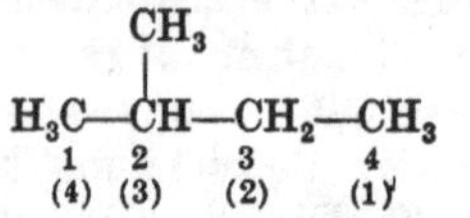

2-Methyl-butan[2])

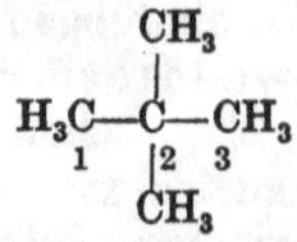

2,2-Dimethyl-propan

In diesen Formeln wurde bereits eine etwas vereinfachte Schreibweise angewandt bei der die umständlichen Bindestriche zwischen Kohlenstoff und Wasserstoff fortgelassen werden. Zur weiteren Vereinfachung, vor allem auch, um kompliziertere Formeln im laufenden Druck bringen zu können, verwendet man weiterhin lineare Formeln, in denen die Seitenketten eingeklammert in der Hauptkette mitgeschrieben werden, wie es im folgenden am Beispiel der vier möglichen Isohexane geschehen ist:

CH_3—$CH(CH_3)$—CH_2—CH_2—CH_3
2-Methylpentan

CH_3—CH_2—$CH(CH_3)$—CH_2—CH_3
3-Methylpentan

CH_3—$C(CH_3)_2$—CH_2—CH_3
2,2-Dimethylbutan

CH_3—$CH(CH_3)$—$CH(CH_3)$—CH_3
2,3-Dimethylbutan

Will man nur die Isomerieverhältnisse an sich bekannter Verbindungen darstellen, so ist es zur weiteren Vereinfachung der Formeln schließlich auch noch möglich, die C- und H-Atome überhaupt fortzulassen und lediglich durch eine Zickzacklinie das Kohlenstoffgerüst schematisch anzudeuten, wie es im folgenden in anschaulicher Weise für die acht isomeren Iso-Heptane geschehen ist:

2-Methylhexan

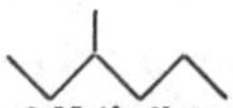
3-Methylhexan

2,2-Dimethylpentan

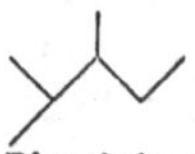
2 3-Dimethylpentan

2,4-Dimethylpentan

3,3-Dimethylpentan

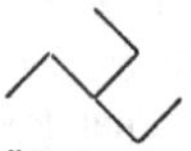
3-Äthylpentan

2,2,3-Trimethylbutan

Außer der Numerierung der C-Atome des Grundkohlenwasserstoffs zur Festlegung des Ortes der Seitenkette oder eines andern Substituenten ist häufig auch ihre Kennzeichnung durch kleine griechische Buchstaben in Gebrauch, namentlich in der älteren Literatur. So bedeutet z. B. der Ausdruck α-, β- oder γ-Methyl eine am ersten, zweiten oder dritten C-Atom einer Kette befindliche Methylgruppe. Die angeführten Isopentane können also auch als β-Methylbutan und β,β-Dimethylpropan bezeichnet werden. Ähnlich wird der Endbuchstabe des griechischen Alphabets (ω) häufig zur Charakterisierung eines endständigen C-Atoms einer Kohlenstoffkette unabhängig von ihrer Länge

[1]) Eine Ausnahme machen nur die sich vom Pentan ableitenden Reste, die nicht Pentyle genannt werden, sondern wegen ihrer nahen Beziehungen zum Amylalkohol (S. 195) den Trivialnamen *Amyl-* erhalten haben.

[2]) Da man die Durchnumerierung der C-Atome der Hauptkette von beiden Enden her beginnen kann, bezeichnen die Namen 2-Methylbutan und 3-Methylbutan (sowie unten entsprechend 2-Methylpentan und 4-Methylpentan, usw.) jeweils den gleichen Kohlenwasserstoff. Hier und in allen ähnlichen Fällen wird stets diejenige Numerierungsmöglichkeit vorgezogen, bei der die substituierten C-Atome möglichst niedrige Nummern erhalten.

angewandt, und schließlich dienen die griechischen Buchstaben auch zur Charakterisierung des gegenseitigen Abstandes zweier Substituenten, unabhängig von der Nummer des C-Atoms bzw. der C-Atome, an denen sie sich befinden. Hier bedeutet der Ausdruck α-, β- oder *γ-Stellung* (oder auch ein zu einem anderen α-, β- oder *γ-ständiger* Substituent), daß zwei charakteristische Atomgruppen am gleichen, an benachbarten oder an zwei in „1,3-Stellung" befindlichen Atomen einer Kette stehen[1]).

Wie die angeführten rationellen Namen der verschiedenen Isoparaffine zeigen, führt die Wahl der längsten unverzweigten Kette des Moleküls zur Hauptkette zwangsläufig dazu, daß sich am 1- bzw. α-C-Atom einer Kette niemals ein Paraffinrest befinden kann, da dieser jede Kette ohne Verzweigung verlängern würde, also mit zur Hauptkette zählt. Die logische Fortführung dieses Gedankenganges führt zu der Regel, daß eine Methylgruppe frühestens am zweiten C-Atom (allgemein C_2 genannt), eine Äthylgruppe frühestens an C_3 und eine Propylgruppe sogar erst am vierten C-Atom einer Hauptkette stehen kann. Nur bei sehr symmetrisch gebauten Verbindungen weicht man zuweilen von diesem Nomenklaturprinzip ab und legt den Paraffinen zur Erzielung eines möglichst einfachen Namens auch andere Grundkohlenwasserstoffe zugrunde. So wird z. B. das oben angeführte 2,2-Dimethylpropan besser kurzerhand *Tetramethyl-methan* genannt. Ebenso ist das 3-Äthyl-pentan gleichzeitig ein *Triäthyl-methan* und das 2,3-Dimethylbutan ein *sym-Tetramethyl-äthan*[2]).

Eine letzte Komplikation, die allerdings nur für größere Moleküle von Bedeutung ist, tritt schließlich dann auf, wenn auch die Seitenketten verzweigt sind. Findet diese Verzweigung bereits an dem der Hauptkette benachbarten C-Atom statt, so besteht die Seitenkette in gewissem Sinne trotzdem noch aus einem unverzweigten Paraffinrest, der allerdings nicht mehr wie bisher mit einem endständigen, sondern mit einem der mittleren C-Atome an die Hauptkette gebunden ist. Zur Benennung derartiger „sekundärer" Paraffinradikale genügt lediglich beim sekundären Propylrest (CH_3—$\overset{|}{C}H$—CH_3) wegen des Fehlens weiterer Isomeriemöglichkeiten der (allgemein gebräuchliche) Name *Isopropyl*. Bei allen höheren Radikalen hilft man sich durch Numerierung der C-Atome auch der Seitenketten und spricht z. B. von einem *Butyl-2-* (CH_3—$\overset{|}{C}H$—CH_2—CH_3), einem *Hexyl-3*-Rest (CH_3—CH_2—$\overset{|}{C}H$—CH_2—CH_2—CH_3) usw. Liegt schließlich die Verzweigungsstelle weiter von der Hauptkette entfernt, so wird die Seitenkette in ähnlicher Weise zergliedert, wie vorher das gesamte Molekül, nur daß die die Seitenketten substituierenden Radikale „zweiter Ordnung" zweckmäßig (es wird jedoch nicht immer streng durchgeführt) die Endung *—o* erhalten.

Als Beispiel für einen derartigen stark verzweigten Kohlenwasserstoff, in dem alle die genannten Möglichkeiten verwirklicht sind, sei im folgenden die Konstitutionsformel und der rationelle Name eines Iso-heneikosans (21 C-Atome) angeführt. In letzterem

[1]) Sind in einem Molekül zwei oder mehr gleichwertige α-, β- oder γ-Stellungen vorhanden, so unterscheidet man in leicht verständlicher Weise zwischen α- und α'- oder β-, β'- und *β''-Stellung* usw. Diese Möglichkeit ist bei den Paraffinen selbst noch kaum verwirklicht. Doch werden wir ihr später mehrfach begegnen. Beispielsweise enthält das nebenstehend formulierte *p*-Dichlormethyl-benzol die beiden Chloratome in zwei gleichwertigen ω-Stellungen des p-Xylols und wird deshalb auch ω, ω'-Dichlor-p-yxlol genannt.

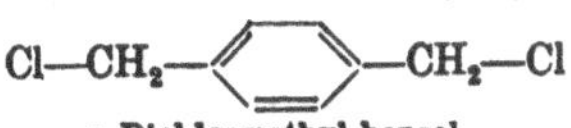

p-Dichlormethyl-benzol (= ω, ω'-Dichlor-p-xylol)

[2]) *sym*- und *as*- sind die in rationellen Namen gebräuchlichen Präfixe für symmetrisch und asymmetrisch.

wurden zur weiteren Erhöhung der Übersichtlichkeit die Namen der komplizierteren Seitenketten eingeklammert. Doch wird auch dieses Prinzip nicht allgemein durchgeführt:

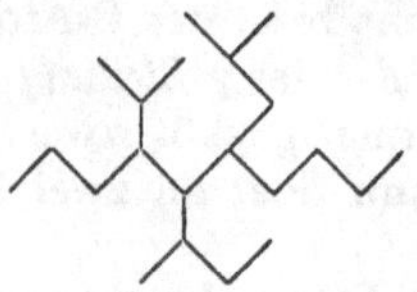

4-Isopropyl-5-(butyl-2)-6-(2-metho-propyl)-decan

Als allgemeiner Name für einen beliebigen Paraffinrest dient die Bezeichnung **Alkyl** (in den Formeln symbolisiert durch den Buchstaben R = Radikal), dem als Gruppenname für die Paraffine der Ausdruck *Alkane* entspricht. Letzterer wurde auch von der Genfer Nomenklaturkommission für diesen Zweck vorgeschlagen, hat jedoch nur wenig Anklang gefunden.

Neben den einwertigen Alkylresten gibt es auch **mehrwertige Radikale**, auf die wir jedoch erst später (S. 85, 163) näher eingehen werden. An dieser Stelle seien lediglich die Namen der wichtigsten sich vom Methan ableitenden mehrwertigen Reste angeführt. Es sind dies die zweiwertige *Methylen-* ($-CH_2-$) und die dreiwertige *Methin*gruppe (>CH), während für den vierfach substituierten Kohlenstoff, etwa im Tetrachlorkohlenstoff oder im Tetramethylmethan, kein besonderer Radikalnamen existiert.

Die C-Atome der Paraffine sind durchaus nicht alle gleichwertig, da sie mit einer unterschiedlichen Anzahl von andern C-Atomen und damit auch von H-Atomen verbunden sind. So ist z. B. der Kohlenstoff einer endständigen Methylgruppe jeweils nur mit einem weiteren C-Atom verknüpft, während von dem einer mittelständigen Methylengruppe einer unverzweigten Kette bereits zwei, von jedem an einer einfachen Kettenverzweigung stehenden Methin-C-Atom drei, und von jedem zentralen C-Atom in den Tetra-alkyl-methanen schließlich sogar vier C—C-Bindungen ausgehen. Die der Oxydationsstufe analoge „*Carburierungsstufe*" (= Zahl der mit Kohlenstoff abgesättigten Valenzen) eines C-Atoms ist aber für eine Reihe von Eigenschaften der sich von ihm ableitenden organischen Verbindungen (z. B. für die Berechnung der höchstmöglichen, ohne Zerstörung des Kohlenstoffgerüstes erreichbaren Oxydationsstufe) von großer Wichtigkeit. Man bezeichnet daher die C-Atome allgemein nach dieser Carburierungsstufe als **primäre, sekundäre, tertiäre** oder **quartäre** C-Atome. Ihnen schließt sich als fünfte Möglichkeit der fälschlicherweise meistens ebenfalls als primär angesehene **Methankohlenstoff** an, der überhaupt keinen organischen Rest mehr enthält, so daß er im Gegensatz zu allen anderen Arten von C-Atomen als einziger ohne Zerstörung von C—C-Bindungen zum Kohlendioxyd oxydiert werden kann. Er wird daher zuweilen durch den nicht ganz exakten Ausdruck „*nullär*"[1]) von den eigentlichen primären C-Atomen unterschieden:

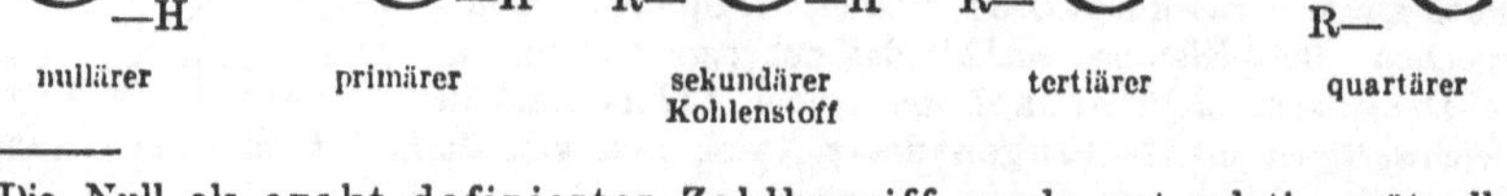

nullärer primärer sekundärer tertiärer quartärer
Kohlenstoff

[1]) Die Null als exakt definierter Zahlbegriff wurde erst relativ spät allgemein anerkannt. Eine den Ausdrücken *primär* bis *quartär* gleichwertige, dem Lateinischen entnommene Bezeichnung für die Carburierungsstufe 0 ist daher nicht möglich.

2. Vorkommen und Darstellung der Paraffine

Vorkommen. Die Paraffine sind so *reaktionsträge* und *beständig*, daß sie als einzige Gruppe *definierter organischer Verbindungen* in größerer Menge *mineralisch* in der Natur auftreten. Das bekannteste Vorkommen dieser Art ist das *Erdöl*, das im wesentlichen aus einem Gemisch zahlreicher *paraffinartiger Kohlenwasserstoffe mittlerer Molekülgröße* besteht. *Höhere Paraffine* treten als *festes Erdwachs* oder *Ozokerit* zuweilen als Begleiter des Erdöls auf, während die *niedrigsten Glieder der Reihe*, vor allem das *Methan*, sich in den *brennbaren Erdgasen* anreichern. Alle diese Vorkommen sind von großer *technischer Bedeutung*, worauf wir in **III**, Kap. 1 noch näher eingehen werden.

Ebenfalls infolge ihrer Reaktionsträgheit werden die Paraffine dagegen in der *belebten Natur* nur sehr *selten* angetroffen, da der Organismus mit ihnen trotz ihres großen Energieinhaltes nichts anfangen kann. Sie treten nur als Nebenprodukte der Zersetzung organischer Substanzen auf, so z. B. *Methan* bei der „*Methangärung*" der *Cellulose* in den *Sumpf-* und *Darmgasen*, ferner *n-Heptakosan* ($C_{27}H_{56}$) und *n-Hentriakontan* ($C_{31}H_{64}$) im *Bienenwachs* als Reduktionsprodukte der *Wachsalkohole*. Auch das Erdöl ist durch *nachträgliche Zersetzung* organischer Substanz entstanden (vgl. **III**, Kap. 1, II, 1).

Für die **Darstellung einheitlicher Paraffine** stehen eine große Anzahl von Methoden zur Verfügung, die sich in *drei* größere Gruppen einteilen lassen: 1. Die *Einführung von Wasserstoff* in andere organische Verbindungen unter Erhaltung des Kohlenstoffgerüstes, 2. der Zusammenschluß von Paraffinresten unter *Synthese einer C—C-Bindung*, und 3. der Abbau höherer organischer Verbindungen durch *Spaltung einer C—C-Bindung*. Die meisten dieser Verfahren sind auch über die Paraffinherstellung hinaus von Bedeutung, wenn es gilt, bestimmte Molekülteile anderer organischer Verbindungen in paraffinartige Gruppen umzuwandeln.

Zu 1. Je nach der Ausgangsverbindung können wir *drei verschiedene* Möglichkeiten der **Einführung von Wasserstoff** unterscheiden:

a) Am wichtigsten ist der **reduktive Ersatz negativer Substituenten** (vor allem von *Halogen* und *Sauerstoff*, daneben in geringerem Umfang auch von *Stickstoff* und *Schwefel*) **durch Wasserstoff.** Eins der stärksten Reduktionsmittel für diese Reaktion ist *konzentrierte Jodwasserstoffsäure*, die insbesondere die Reduktion der *Alkyljodide* (S. 153f.) auf folgendem Wege bewirkt:

$$R—J + J—H \longrightarrow R—H + J—J$$

Auch die Reduktion der andern genannten Substituenten erfolgt über die Jodverbindung, die bei der Einwirkung von konzentrierter Jodwasserstoffsäure auf die *Alkohole*, *Äther*, *Amine* und selbst andere *Halogenverbindungen* als primäres Reaktionsprodukt gebildet wird:

$$R—X + H—J \xrightarrow{-HX} R—J \xrightarrow{+\,J—H} R—H + J—J$$

Zur *Regeneration* des teuren Jodwasserstoffs setzt man der Reaktion häufig *roten Phosphor* zu, der mit dem abgeschiedenen Jod in PJ_3 übergeht, das seinerseits durch *Hydrolyse* den Jodwasserstoff zurückbildet. In diesem Fall kommt man natürlich mit weniger als der stöchiometrischen Jodwasserstoffmenge aus, so daß man direkt von einer durch *Jodwasserstoff katalysierten Reduktion* mit rotem Phosphor sprechen kann.

Neben Jodwasserstoff wird in geringerem Ausmaße auch *nascierender Wasserstoff* (z. B. Natrium-Alkohol, Natriumamalgam, Zinkstaub-Eisessig, Zinn-Salzsäure usw.) als Reduktionsmittel verwandt und in einigen Spezialfällen[1]) auch katalytisch erregter Wasserstoff. Ein umfassender Überblick über die verschiedenen Wirkungsweisen dieser Reduktionsmittel wird später (I, Kap. 12, II) gegeben.

b) Auch **positive Substituenten**, d. h. an Kohlenstoff gebundene Metalle, kann man durch Wasserstoff ersetzen. Doch handelt es sich hier um keine Reduktion mehr, sondern, da der Wasserstoff ebenfalls zu den positiven Substituenten zählt, lediglich um einen hydrolytischen (oder anderen solvolytischen) Vorgang, bei dem zwei gleichnamige Liganden gegeneinander ausgetauscht werden. So kann man z. B. die meisten metallorganischen Verbindungen bereits durch Wasser zu den entsprechenden Kohlenwasserstoffen hydrolysieren:

$$R{-}Me + HO{-}H \longrightarrow R{-}H + MeOH$$

Doch hat diese Möglichkeit bei der relativ umständlichen und teuren Darstellung der metallorganischen Verbindungen nur beschränkte Anwendung gefunden.

Auch die **Hydrolyse von Metallcarbiden** ist ein Spezialfall dieser Reaktion. Sie ist jedoch nicht allgemein zur Paraffingewinnung anwendbar, sondern je nach der Zusammensetzung des betreffenden Carbides nur für die Darstellung einiger weniger Kohlenwasserstoffe geeignet. Die bekanntesten Carbide, die bei der Hydrolyse einheitliche Kohlenwasserstoffe liefern, sind Aluminiumcarbid, das pro C-Atom vier Äquivalente Aluminium bindet und infolgedessen zum wasserstoffreichsten Kohlenwasserstoff dem Methan hydrolysiert:

$$C_3Al_4 + 12\,H_2O \longrightarrow 3\,CH_4 + 4\,Al(OH)_3\,,$$

und Calciumcarbid, das pro C-Atom nur ein Metalläquivalent bindet und infolgedessen einen wasserstoffarmen Kohlenwasserstoff, das bereits nicht mehr zu den Paraffinen zählende Acetylen (S. 118), liefert.

c) Wiederum einem gänzlich andern Reaktionstypus gehört schließlich die als **katalytische Hydrierung** bezeichnete Anlagerung von elementarem Wasserstoff an die Doppel- und Dreifachbindungen ungesättigter Kohlenwasserstoffe an:

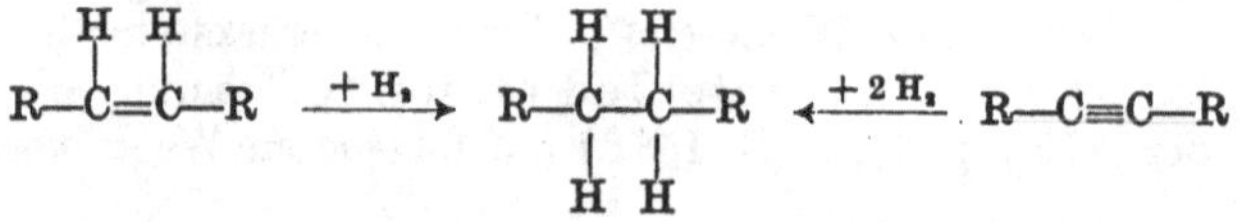

Die im einzelnen erst später (S. 98) behandelte Reaktion findet bei Anwendung geeigneter Katalysatoren (insbesondere fein verteilter Metalle der 8. Gruppe) bereits bei Zimmertemperatur statt und hat auch über die eigentliche Paraffinsynthese hinaus eine außerordentlich große präparative und technische Bedeutung zur Hydrierung der Doppel- und Dreifachbindungen anderer organischer Verbindungen erlangt.

Zu 2. Auch für den **Zusammenschluß zweier Paraffinradikale** gibt es mehrere Verfahren. Am längsten bekannt und vielleicht das älteste synthetische Verfahren der organischen Chemie überhaupt ist

a) die **Wurtzsche Synthese**[2]). Sie beruht auf der Herausspaltung von zwei Halogenatomen aus zwei Alkylhalogenidmolekülen mittels eines freien

---

[1]) Vgl. z. B. V. Prelog u. Mitarbb. Helv. **29**, 360 (1946).

[2]) Wurtz war ein französischer Chemiker, sein Name wird daher „Würtz" ausgesprochen.

Metalls, woraufhin sich die hierbei entstehenden freien Alkylreste zum Paraffin zusammenlagern:

$$R\text{—}Hal + 2\,Na + Hal\text{—}R \longrightarrow R\text{—}R + 2\,NaHal$$

Als Metall verwandte WURTZ ursprünglich Natrium, das später häufig durch fein verteiltes Zink, Silber oder Kupfer ersetzt wurde. Die Alkylhalogenide zeigen in der Reihenfolge Chloride → Bromide → Jodide eine gesteigerte Reaktionsfähigkeit.

Die Reaktion verläuft nicht so einfach, wie es auf Grund der Reaktionsgleichung erscheint. Sie wird nach H. H. SCHLUBACH (1922) durch die primäre Bildung einer metallorganischen Verbindung aus dem Metall und der einen Reaktionskomponente eingeleitet, und die eigentliche Synthese findet erst in einer zweiten Reaktionsphase durch Umsetzung dieser metallorganischen Verbindung mit dem zweiten Alkylhalogenidmolekül statt (vgl. auch I, Kap. 9, I):

$$R\text{—}Hal + 2\,Na \xrightarrow{-\,NaHal} R\text{—}Na \xrightarrow[-\,NaHal]{+\,Hal\text{—}R} R\text{—}R$$

Man bezeichnet daher häufig eine Synthese, bei der von vornherein eine metallorganische Verbindung mit einem Alkylhalogenid umgesetzt wird, ebenfalls als WURTZsche Synthese.

Leider ist die WURTZsche Synthese vielfach von unerwünschten Nebenreaktionen[1]) begleitet, die ihre Anwendbarkeit zuweilen stark beeinträchtigen. Insbesondere treten beim Zusammenschluß verschiedener Radikale (R und R′) im allgemeinen alle drei Kombinationsmöglichkeiten (R—R, R—R′ und R′—R′) nebeneinander auf. Ferner können Halogen und Metall ihre Plätze vertauschen, was zu weiteren Komplikationen führt. Ebenfalls sehr unangenehm ist schließlich die vielfach beobachtete Disproportionierung der beiden Paraffinradikale, wobei unter Wanderung eines H-Atoms ein Paraffin und ein ungesättigter Kohlenwasserstoff entsteht:

$$R\text{—}CH_2\text{—}CH_2\text{—}Hal + Zn + Hal\text{—}CH_2\text{—}\underset{\displaystyle H}{\underset{|}{CH}}\text{—}R \longrightarrow ZnHal_2 + R\text{—}CH_2\text{—}CH_3 + R\text{—}CH{=}CH_2$$

Diese Disproportionierung ist allerdings nur dann möglich, wenn wenigstens einer der beiden Paraffinreste in α-Stellung zum Bindungsatom Wasserstoff enthält, da sonst die Ausbildung einer Doppelbindung unmöglich ist. Bei der Verknüpfung zweier Methylreste (sowie auch zweier Phenyl- oder Benzylreste) verläuft die WURTZsche Synthese daher immer besonders glatt.

Trotz dieser Schwierigkeiten ist die WURTZsche Synthese auch heute noch von großer praktischer Bedeutung, und es sind z. B. die auf S. 80 beschriebenen höchsten bisher bekannten einheitlichen Paraffine nach ihr hergestellt worden.

b) die **KOLBEsche Paraffin-Synthese** durch elektrolytische Zersetzung von fettsauren Salzen. Sie erfolgt äußerlich nach einer ähnlichen Reaktionsgleichung, denn man muß annehmen, daß die bei der Entladung der Anionen entstehenden ungeladenen Reste sofort CO_2 unter Bildung der Paraffinreste abspalten und daß sich letztere dann wie bei der WURTZschen Synthese zum Paraffin zusammenlagern:

[1]) Vgl. z. B. die Zusammenfassung von R. L. LETSINGER: Angew. Chem. 70, 151 (1958).

Der Reaktionsmechanismus ist jedoch ein ganz anderer, da hier tatsächlich intermediär die freien Radikale auftreten. Im übrigen ist die Reaktion in noch stärkerem Maße von Nebenreaktionen[1]), insbesondere wieder von einer Disproportionierung der Radikale in je ein Molekül eines Paraffins und eines ungesättigten Kohlenwasserstoffs, begleitet als die WURTZsche Synthese, so daß sie an Bedeutung hinter dieser zurücktritt[2]).

c) Eine weitere Möglichkeit der Synthese einfacher C—C-Bindungen liegt in der **Polymerisation von Olefinen** (vgl. S. 99f.) vor. Sie wird allerdings nur selten zur Darstellung einheitlicher Paraffine verwandt, da die Reaktion im allgemeinen nicht nach dem Zusammenschluß einer bestimmten Zahl von Olefinmolekülen abgebrochen werden kann. Es entsteht vielmehr meistens ein Gemisch mehrerer Kohlenwasserstoffe verschiedener Molekülgröße nebeneinander, wie es z. B. bei der Herstellung der technisch wichtigen Polymerisationsbenzine aus den Crackgasen (III, Kap. 1, II, 2) der Fall ist. Als Beispiel einer einheitlich verlaufenden Polymerisationsreaktion sei die ebenfalls technisch wichtige Synthese des Iso-octans (s. unten) aus zwei Molekülen Isobutylen unter Einwirkung von Schwefelsäure angeführt:

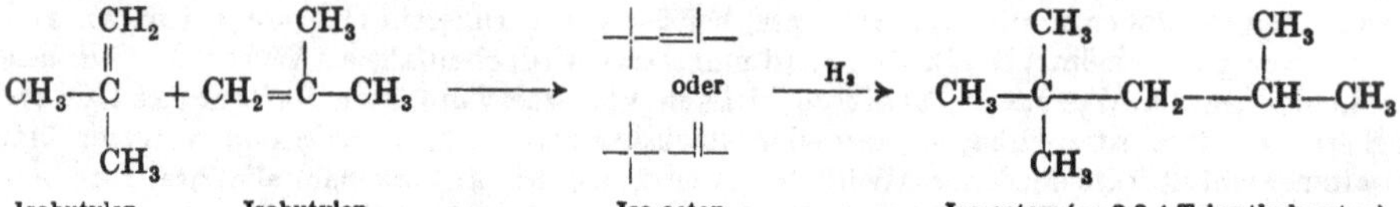

Isobutylen Isobutylen Iso-octen Iso-octan (= 2,2,4-Trimethylpentan)

Da bei derartigen Dimerisierungsreaktionen stets eine Doppelbindung übrigbleibt, muß man diese zur Darstellung des eigentlichen Paraffins in einer zweiten Reaktionsstufe nach dem Verfahren 1c katalytisch hydrieren.

In dem speziellen Fall der Iso-octansynthese kann man diese Zweistufenreaktion auch durch direkte Anlagerung von Isobutan an Isobutylen umgehen, die zweckmäßig ebenfalls mit Schwefelsäure als Katalysator durchgeführt wird (IPATIEFF-Reaktion, bzgl. des Mechanismus vgl. II, Kap. 4, II, 3aα):

Isobutylen Isobutan Iso-octan

Zu einer derartigen Anlagerung an eine C=C-Doppelbindung sind allerdings im allgemeinen nur die von einem tertiären C-Atom ausgehenden C—H-Bindungen befähigt. Die Reaktion dient unter der Bezeichnung „*Alkylierung*“ vielfach in der Technik zur Paraffinsynthese[3]).

Beim Zusammenschluß sehr vieler Moleküle eines ungesättigten Kohlenwasserstoffs entstehen hochmolekulare Verbindungen, z. B. aus Äthylen selbst ein hochmolekulares Paraffin mit unverzweigter Kette (vgl. S. 82):

$$\cdots + H_2C{=}CH_2 + H_2C{=}CH_2 + H_2C{=}CH_2 + H_2C{=}CH_2 + H_2C{=}CH_2 + H_2C{=}CH_2 + \cdots$$
$$\longrightarrow \cdot\ {-}H_2C{-}CH_2{-}CH_2{-}CH_2{-}CH_2{-}CH_2{-}CH_2{-}CH_2{-}CH_2{-}CH_2{-}CH_2{-}CH_2{-}\cdots$$

---

[1]) Zusammenfassung: B. C. L. WEEDON: Quart. Rev. **6**, 380 (1952).

[2]) Bzgl. moderner Anwendungsmöglichkeiten vgl.: R. P. LINSTEAD: Soc. **1955**, 2218.

[3]) Zusammenfassung über derartige Alkylierungen: G. EGLOFF u. G. HULLA: Chem. Rev. **37**, 323 (1945); vgl. auch L. SCHMERLING: Am. Soc. **67**, 1778; **68**, 275 (1945/46); Ind. Eng. Chem. **45**, 1449 (1953).

d) Eine letzte Möglichkeit der Paraffinsynthese, die allerdings ebenfalls nur zu einem Gemisch der verschiedenen Glieder der homologen Reihe führt, liegt schließlich in der **Benzinsynthese** aus Kohlenoxyd und Wasserstoff nach F. FISCHER und H. TROPSCH (vgl. III, Kap. 1, I, 5b) vor. Es ist anzunehmen, daß bei dieser Reaktion intermediär die radikalartige Gruppe $\cdot CH_2 \cdot$ entsteht, deren sehr instabile Moleküle sich rasch zu einer Kohlenstoffkette zusammenlagern, die schließlich an den Enden durch Wasserstoff abgesättigt wird, wie es im folgenden schematisiert angedeutet ist:

$$n\,CO + 2n\,H_2 \xrightarrow{-n\,H_2O} n\,\dot{C}H_2 \longrightarrow \left(\cdot(CH_2)_n^{\cdot}\right) \xrightarrow{+H_2} H{-}(CH_2)_n{-}H$$

Diese Synthese bedeutet also in gewissem Sinne die praktische Durchführung des auf S. 62 zur Ableitung der Summenformel der Paraffine angestellten Gedankenexperimentes.

Zu 3. Auch beim **Abbau organischer Verbindungen** entstehen zuweilen Paraffine, doch ist dieser Weg wegen der Zerstörung eines Teiles der immer wertvollen organischen Substanz im allgemeinen von geringerer Bedeutung als die vorbesprochenen Verfahren.

a) Am einfachsten ist die allgemein als **Decarboxylierung** bezeichnete Abspaltung von Kohlendioxyd aus Carbonsäuren durchzuführen:

Die Reaktion kann bei den Paraffinen selbst allerdings nur durch ziemlich scharfe Reaktionsbedingungen, und zwar durch Erhitzen der fettsauren Salze mit überschüssigem Alkali (S. 329) erzwungen werden, verläuft aber bei einigen komplizierteren organischen Verbindungen, insbesondere den β-Ketocarbonsäuren (S. 520f), außerordentlich leicht und wird z. T. schon durch gelindes Erwärmen der freien Säuren auf Temperaturen unter 100° ausgelöst.

b) Die **Hydrierung einfacher C—C-Bindungen.** Außer an doppelte und dreifache Bindungen läßt sich katalytisch erregter Wasserstoff unter geeigneten Bedingungen auch an einfache C—C-Bindungen anlagern. Hierbei wird naturgemäß das Molekül in zwei Teile zerlegt, so daß man auch auf diesem Wege durch Abbau höherer organischer Verbindungen Paraffine gewinnen kann:

$$R{-}R' + H{-}H \longrightarrow R{-}H + H{-}R'$$

Allerdings ist diese Reaktion wegen der größeren Reaktionsträgheit der einfachen C—C-Bindungen nur bei Temperaturen um 400° und unter sehr hohen Wasserstoffdrucken durchführbar. Da außerdem infolge der Gleichartigkeit aller C—C-Bindungen stets ein Gemisch aller möglichen Reaktionsprodukte entsteht, hat das Verfahren keine präparative Bedeutung zur Darstellung einzelner Paraffine erlangt, doch spielt es in der Technik eine wichtige Rolle als Grundlage der Kohlehydrierung (III, Kap. 1, I, 5a).

Auch die C—C-Bindungen im elementaren Kohlenstoff des Rußes lassen sich mit Wasserstoff bis zum Methan abbauen. Die Reaktion verläuft mit Nickel oder Palladium als Katalysator bereits von 250° ab, kann aber auch ohne Katalysator bei Temperaturen um 1200° durchgeführt werden.

3. Die physikalischen und chemischen Eigenschaften der Paraffine

Der Aggregatzustand der Paraffine wird durch zwischenmolekulare Kräfte bedingt und ist daher in starkem Maße von der Molekülgröße abhängig. Die niederen Glieder der Reihe bis etwa zu den Butanen sind bei Zimmertemperatur gasförmig, die mittleren flüssig und die höheren Paraffine, etwa vom Heptadecan ($C_{17}H_{36}$) ab, in der normalen Reihe fest. Im einzelnen steigen, wie aus Tabelle 1 hervorgeht, die Siedetemperaturen der n-Paraffine anfangs schnell, später langsamer mit der Zahl der C-Atome an[1]) und erreichen etwa beim Nonadecan ($C_{19}H_{40}$) die mit zunehmender Molekülgröße langsam abnehmende Zersetzungstemperatur. Doch kann man im Vakuum, Hochvakuum und neuerdings im Höchstvakuum bei der Molekulardestillation (vgl. S. 74 Anm. 3) auch höhergliedrige Paraffine bis herauf zum Heptakontan ($C_{70}H_{142}$) noch unzersetzt destillieren. Ähnlich steigen auch die Schmelzpunkte der normalen Paraffine ununterbrochen bis zu den höchsten Gliedern der Reihe an. Doch verläuft die Kurve hier wesentlich flacher und unregelmäßiger als die Siedepunktskurve und nähert sich im Gegensatz zu dieser asymptotisch einem oberen Grenzwert von etwa 140—150°, der auch in hochmolekularen Paraffinen nicht überschritten wird.

Neben der Molekülgröße übt vor allem auch die Molekülform einen gewissen Einfluß auf den Aggregatzustand der Paraffine aus.

So bewirkt z. B. jede Molekülverzweigung eine deutliche Siedepunktssenkung gegenüber den normalen Paraffinen gleicher Kohlenstoffzahl, die allerdings bis zu den Dekanen auch beim stärksten Verzweigungsgrad niemals ausreicht, um den Siedepunkt des nächst niederen n-Paraffins zu erreichen. Immerhin ist es infolge dieser Siedepunktsunterschiede der isomeren Paraffine mit einfachen Mitteln nicht mehr möglich, oberhalb etwa C_5 ein Paraffingemisch durch fraktionierte Destillation in seine Bestandteile zu zerlegen.

Wesentlich stärker als der Siedepunkt wird naturgemäß der Schmelzpunkt durch Molekülverzweigungen beeinflußt, da jede Seitenkette die Einordnung der Moleküle in ein Kristallgitter sehr erschwert, wenn nicht gar unmöglich macht. Wir beobachten daher bei den meisten Isoparaffinen sehr niedrige oder überhaupt keine Kristallisationspunkte. Erst wenn bei hohem Verzweigungsgrad regelmäßig gebaute Moleküle entstehen, steigt der Schmelzpunkt wieder an und kann bei sehr hohen Symmetriegraden, wie z. B. beim Tetramethylmethan und Hexamethyl-äthan, sogar den des isomeren n-Paraffins um mehr als 100° überschreiten.

In geringem Grade ist dieser Einfluß der Molekülform auf den Schmelzpunkt sogar schon bei den normalen Paraffinen zu erkennen, wie aus dem Vergleich der Werte für die geradzahligen und die ungeradzahligen Paraffine in Tabelle 1 hervorgeht. Erstere zeigen gegenüber letzteren einen etwas erhöhten Schmelzpunkt, so daß die geradzahligen Paraffine vielfach bei nahezu der gleichen Temperatur schmelzen wie die um ein C-Atom höheren ungeradzahligen Kohlenwasserstoffe. Ein derartiges Oscillieren der Eigenschaften zwischen den geradzahligen und ungeradzahligen Gliedern einer homologen Reihe beobachtet man auch bei anderen Verbindungsklassen (vgl. z. B. S. 325, 475), jedoch stets nur bei Vorgängen, an denen die kristallisierte Phase beteiligt ist. Als Ursache ist die verschiedenartige gegenseitige Lage der Molekülenden im Kristall anzusehen.

Ebenfalls ausschließlich auf zwischenmolekulare Kräfte sind die Lösungseigenschaften der Paraffine zurückzuführen. Doch ist hier infolge des annähernd

---

[1]) Bzgl. Siedepunktsberechnung vgl. F. Klages: B. **76**, 788 (1943); H. Wiener: Am. Soc. **69**, 17 (1947).

gleichartigen Anwachsens der Assoziations- und Solvatationskräfte mit der Moleküloberfläche der Einfluß der Molekülgröße und auch der Form nur gering. Sämtliche Paraffine zeigen daher sehr ähnliche Lösungseigenschaften, die ausschließlich auf ihre Zusammensetzung aus den von Wasser nicht benetzbaren CH_3- und CH_2-Gruppen zurückzuführen sind. Sie gehören infolge dieser Zusammensetzung, wie im einzelnen in **II**, Kap. 6, II, 1 erörtert wird, einerseits zu den ausgesprochen *hydrophoben*[1]) Stoffen, d. h. sie sind in Wasser unlöslich und vermögen Wasser und wasserähnliche Verbindungen (z. B. Glycerin, Säureamide usw.) ihrerseits ebenfalls nicht zulösen, andererseits zu den typisch *lipophilen*[2]), d. h. in organischen Lösungsmitteln löslichen und fettartige Stoffe auflösenden Verbindungen. Insbesondere ihre wasserabweisende Natur ist sehr stark ausgeprägt und stärker als die aller anderen organischen Verbindungen, so daß sich beispielsweise Petroläther nur mit reinem, nicht aber mehr mit 96 proz. Methylalkohol vermischt. Im Vergleich zu anderen organischen Lösungsmitteln (z. B. Äther, Aceton, Chloroform und selbst Benzol) zeigen die Paraffine ein auffallend geringes Lösungsvermögen und rechnen daher zu den ausgesprochen „selektiven" Lösungsmitteln.

Eine letzte Reihe von physikalischen Konstanten, wie etwa die **Dichte**, der **Brechungsexponent**, die **Dielektrizitätskonstante** usw., sind gegenüber den vorbesprochenen Eigenschaften unabhängig von den zwischenmolekularen Kräften und werden von den Atomen und Bindungselektronen selbst hervorgerufen. Sie sind infolgedessen, wenn man sie auf die Volumeneinheit bezieht, unabhängig von der Molekülgröße und Form und nähern sich mit wachsendem Molekulargewicht rasch einem konstanten Endwert. Unter Mitberücksichtigung des Molekulargewichtes lassen sich diese Werte vielfach additiv aus den Einzelbeiträgen der verschiedenen Atome und Bindungselektronen errechnen, weshalb man sie auch als **additive Molekularkonstanten** bezeichnet (Näheres vgl. **II**, Kap. 2, I).

Hinsichtlich ihrer **chemischen Eigenschaften** sind die Paraffine als Glieder einer homologen Reihe untereinander sehr ähnlich, galten jedoch lange Zeit als wenig interessante Verbindungsklasse, weil sie infolge der ausschließlichen Anwesenheit der nahezu ideal unpolaren C—C- und C—H-Bindungen bei niederen Temperaturen praktisch reaktionslos sind. Dazu kommt als weiterer erschwerender Umstand, daß die durch diese Reaktionsträgheit der C—C- und C—H-Bindungen ermöglichte Lokalisierung der Reaktionen aller anderen organischen Verbindungen auf bestimmte Stellen des Moleküls (vgl. S. 6) für Paraffine selbst nicht möglich ist, da in ihnen infolge des Fehlens aktiver Gruppen alle Bindungen mehr oder weniger gleichwertig sind. Zwingt man die Paraffine daher durch verschärfte Reaktionsbedingungen dennoch zu einer Umsetzung, so werden im allgemeinen nur schwer trennbare Isomerengemische als Reaktionsprodukte erhalten.

Erst in neuerer Zeit ist es gelungen, diese Schwierigkeiten wenigstens zum Teil zu überwinden, und es hat sich in einigen Fällen sogar eine überraschend große Reaktionsfähigkeit der Paraffine auch bei relativ niederen Temperaturen herausgestellt.

Diese Paraffinreaktionen weichen in ihrem Mechanismus allerdings weitgehend von den „klassischen" Reaktionen der organischen Chemie ab. Der Angriff auf das sehr beständige Paraffinmolekül ist nämlich nur mit Hilfe sehr energiereicher freier Atome oder Radikale möglich, und es müssen infolgedessen Bedingungen gefunden werden, unter denen sich die

---

[1]) Von griech. ὕδωρ = das Wasser und φόβος = die Flucht.
[2]) Von griech. λίπος = das Fett und φίλος = der Freund.

Tabelle 1

Die physikalischen Daten einiger Paraffine

1. normale Paraffine

Formel	Name	Siedepunkt	Schmelzpunkt	Differenz	Dichte/Temp. (flüssig)
CH_4	Methan	—164°	—184°		0,415/—164°
C_2H_6	Äthan	— 89	—172	12	0,546/—89
C_3H_8	Propan	— 45	—190	—18	0,584/—45
C_4H_{10}	Butan	+ 1	—135	55	0,600/0
C_5H_{12}	Pentan	36	—131	4	0,634/15
C_6H_{14}	Hexan	69	— 94	37	0,660/20
C_7H_{16}	Heptan	98	— 90	4	0,684/20
C_8H_{18}	Octan[1])	126	— 57	33	0,704/18
C_9H_{20}	Nonan	151	— 54	3	0,718/20
$C_{10}H_{22}$	Decan[1])	173	— 30	24	0,730/20
$C_{11}H_{24}$	Undecan[2])	195	— 27	3	0,741/20
$C_{12}H_{26}$	Dodecan	215	— 12	15	0,751/20
$C_{13}H_{28}$	Tridecan	234	— 6	6	0,757/20
$C_{14}H_{30}$	Tetradecan	252	+ 6	12	0,765/20
$C_{15}H_{32}$	Pentadecan	271	10	4	0,769/20
$C_{16}H_{34}$	Hexadecan	287	18	8	0,771/18
$C_{17}H_{36}$	Heptadecan	303	23	5	0,777/23
$C_{18}H_{38}$	Octadecan	317	28	5	0,775/30
$C_{19}H_{40}$	Nonadecan	330	32	4	0,772/40
$C_{20}H_{42}$	Eikosan	205/15 mm	38	6	0,778/38
$C_{21}H_{44}$	Heneikosan	219/15 mm	40	2	0,740/100
$C_{22}H_{46}$	Dokosan	230/15 mm	44	4	0,745/100
$C_{23}H_{48}$	Trikosan	240/15 mm	48	4	0,746/100
$C_{24}H_{50}$	Tetrakosan	250/15 mm	51	3	0,750/100
$C_{25}H_{52}$	Pentakosan	259/15 mm	54	3	0,752/100
$C_{30}H_{62}$	Triakontan	304/15 mm	66		—
$C_{31}H_{64}$	Hentriakontan	312/15 mm	68	2	0,768/100
$C_{32}H_{66}$	Dotriakontan	320/15 mm	70	2	0,765/100
$C_{40}H_{82}$	Tetrakontan	150/M. D.[3])	81		—
$C_{50}H_{102}$	Pentakontan	200/M. D.[3])	92		—
$C_{60}H_{122}$	Hexakontan	250/M. D.[3])	100		—
$C_{70}H_{142}$	Heptakontan	300/M. D.[3])	105		—

[1]) Häufig auch mit k geschrieben, also Oktan und Dekan.

[2]) Streng genommen Hendecan, doch hat sich hier inkonsequenterweise die aus dem lateinischen abgeleitete Bezeichnung Undecan eingebürgert.

[3]) M. D. = Molekulardestillation. Hierunter versteht man eine Destillation in einem sehr hohen Vakuum, in dem die mittlere freie Weglänge der Dampfmoleküle größer ist als der Weg von der Oberfläche der verdampfenden Flüssigkeit zu der des Kondensates. In diesem Fall bildet sich kein eigentlicher Dampfdruck mehr aus, sondern jedes Molekül geht einzeln und direkt von einer Flüssigkeitsoberfläche zur andern über, und die Destillationsgeschwindigkeit steigt, ohne daß es zur Ausbildung eines eigentlichen Siedepunktes kommt, stetig mit zunehmender Temperatur in dem Maße an, wie die Zahl der Moleküle mit einer zum Verlassen der flüssigen Phase ausreichenden kinetischen Energie zunimmt. Die in der Tabelle angegebenen Zahlen bedeuten also lediglich die tatsächlich verwandten Arbeitstemperaturen, doch wäre jeweils 20° tiefer oder höher ohne Zweifel ebenfalls eine Destillation erfolgt.

2. Vergleich von normalen und Isoparaffinen

Summenformel	rationeller Name	Konstitution	Siedepunkt	Schmelzpunkt
C_4H_{10}	n-Butan		+ 1°	—135°
	i-Butan		—10	—145
C_5H_{12}	n-Pentan		+36	—131
	2-Methylbutan		26	—160
	2,2-Dimethylpropan (Tetramethyl-methan)		10	—20
C_6H_{14}	n-Hexan		69	—94
	2-Methylpentan		60	—
	3-Methylpentan	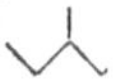	63	—
	2,2-Dimethylbutan		50	—98
	2,3-Dimethylbutan	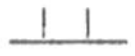	58	—135
C_7H_{16}	n-Heptan		98	—90
	2-Methyl-hexan		90	—119
	2,4-Dimethylpentan		81	—123
	3,3-Dimethylpentan	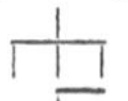	86	—135
	3-Äthylpentan	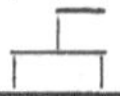	93	—
C_8H_{18}	n-Octan		126	—57
	2-Methylheptan		116	—
	2,2-Dimethylhexan		106	—
	2,2,4-Trimethylpentan (Isooctan)		99	—
	2,2,3,3-Tetramethylbutan (Di-tert.butyl, Hexamethyläthan)		107	+104

Reagenzien in solche überführen lassen. Dies würde normalerweise sehr hohe Energiebeträge (meistens in Form der relativ teuren UV-Betrahlung) erfordern, wodurch derartige Reaktionen unrentabel würden. Hier kommt dem Chemiker jedoch ein günstiger Umstand zu Hilfe: Jede Reaktion eines Paraffins, das nur abgeschlossene Bindungselektronenpaare enthält, mit einem ein unpaares Einzelelektron besitzenden freien Atom oder Radikal führt zwangsläufig zu mindestens einem Reaktionsprodukt, das ebenfalls ein Radikalelektron besitzt und damit energiereich ist. Die einmal bei der Bildung des ersten freien Radikals aufgenommene Aktivierungsenergie wird also ohne weitere Energiezufuhr von außen in Form neuer freier Atome oder Radikale, die in günstigen Fällen die geplante Reaktion fortzuführen vermögen, weitergegeben. Jede Reaktion, bei der dies möglich ist, nennt man **Kettenreaktion**, weil man mit einem einzigen freien Radikal eine ganze Kette von einzelnen Reaktionsakten auslösen kann, so daß man (auf eine größere Substanzmenge umgerechnet) mit einer minimalen Aktivierungswärme pro Molekül auskommt (Näheres über den Mechanismus derartiger Kettenreaktionen vgl. II, Kap. 4, I, 1).

Sämtliche technisch wichtigen Paraffinreaktionen verlaufen nach einem derartigen Kettenmechanismus über freie Atome oder Radikale. Sie können, sieht man einmal von der unübersichtlich verlaufenden Verbrennung ab, in zwei große Gruppen unterteilt werden, je nachdem, ob der Angriff der Reagenzien an einer C—H- oder an einer C—C-Bindung erfolgt.

Zu 1. Die wichtigste Reaktion des Paraffinwasserstoffs ist seine **Substitution**, d. h. sein Austausch gegen andere Atome oder Atomgruppen.

Hier ist ohne Zweifel eine gewisse Lenkung des eintretenden Substituenten möglich, da die Reaktionsfähigkeit des Paraffinwasserstoffs vom Methyl- über den Methylen- zum Methinwasserstoff zunimmt, so daß tertiäre C—H-Gruppen zuerst und primäre Methylgruppen zuletzt substituiert werden. Doch reichen die Geschwindigkeitsunterschiede im allgemeinen nicht aus, um die gleichzeitige Substitution der verschiedenen Wasserstoffarten auszuschließen. Ferner reagieren innerhalb der drei Gruppen sämtliche vorhandenen H-Atome mit nahezu gleicher Geschwindigkeit (z. B. bei einem n-Paraffin sämtliche H-Atome der mittelständigen CH_2-Gruppen), so daß das Auftreten von Isomeren-Gemischen nicht vermieden werden kann. Lediglich bei Aktivierung durch benachbarte Substituenten, z. B. durch β-ständigen Carbonylsauerstoff (vgl. z. B. S. 256, 328f u. a.), kann man die Reaktionsfähigkeit des Wasserstoffs einer bestimmten Methyl- oder Methylengruppe derart steigern, daß er bevorzugt vor allen andern H-Atomen des Moleküls reagiert. Doch spielt diese Möglichkeit naturgemäß bei den Paraffinen selbst infolge des Fehlens einer aktivierenden Gruppe noch keine Rolle.

Im einzelnen sind folgende Substitutionsreaktionen bekannt:

a) **Die Halogenierung.** Bei der Einwirkung von freiem Halogen, vornehmlich von Chlor und Brom sowie auch von verdünntem Fluor (neuerdings nimmt man besser das milder wirkende CoF_3) — nicht aber von Jod, bei dem, wie wir auf S. 67 gesehen haben, die Rückreaktion, die Reduktion des Jodids durch Jodwasserstoffsäure zum Paraffin (formulieren!), überwiegt — tritt Ersatz eines oder mehrerer H-Atome durch Halogen ein:

$$R-H + Hal-Hal \longrightarrow R-Hal + H-Hal$$

Die Reaktion wird durch Licht beschleunigt und im einzelnen zusammen mit andern Halogenierungsreaktionen auf S. 151f. besprochen.

b) **Die Nitrierung.** Mit Salpetersäure oder mit N_2O_4 in der Gasphase findet bei erhöhter Temperatur ein Ersatz des Wasserstoffs durch die Nitrogruppe statt:

$$R-H + HO-NO_2 \longrightarrow R-NO_2 + H_2O$$

$$R-H + O_2N-NO_2 \longrightarrow R-NO_2 + HNO_2$$

Auch diese Reaktion wird erst später im einzelnen behandelt (I, Kap. 6, IV, 1). Sie ist häufig mit einer weitgehenden Oxydation bzw. Verbrennung des Paraffinmoleküls verbunden und daher ohne präparative Bedeutung geblieben. Dagegen hat sie in neuerer Zeit insbesondere in Amerika Eingang in die Technik gefunden, um die bei der Verarbeitung der Erdgase anfallenden gasförmigen Paraffine über die Nitroverbindungen in andere organische Verbindungen überzuführen.

c) **Die Sulfonierung.** Eine weitere Reaktion, die insbesondere in neuerer Zeit sehr an Bedeutung gewonnen hat, ist die Einführung der Sulfonsäuregruppe, die prinzipiell bereits bei der Einwirkung konzentrierter Schwefelsäure auf Paraffine bei erhöhter Temperatur erfolgt:

$$R-H + HO-SO_3H \longrightarrow R-SO_3H + H_2O$$

Die Ausbeuten sind bei diesem Verfahren jedoch sehr schlecht, so daß es keine praktische Anwendung findet. Dagegen hat die Einführung einer Sulfogruppe mit Hilfe einer Kettenreaktion, z. B. auf dem in I, Kap. 7, II, 1 näher beschriebenen Wege der Sulfochlorierung (gleichzeitige Einwirkung von Schwefeldioxyd und Chlor auf Paraffine bei U. V.-Bestrahlung) oder der Sulfoxydation (gleichzeitige Einwirkung von Schwefeldioxyd und Sauerstoff) sehr rasch Eingang in die Technik gefunden:

$$R{-}H + SO_2 + Cl{-}Cl \rightarrow R{-}SO_2{-}Cl + HCl$$
$$R{-}H + SO_2 + O \rightarrow R{-}SO_2{-}OH$$

d) In Analogie zur Sulfochlorierung kann man durch Einwirkenlassen von Phosphortrichlorid und Luftsauerstoff auf Paraffine **Phosphonsäurechloride** gewinnen[1]):

$$R{-}H + 2\,PCl_3 + O_2 \longrightarrow R{-}POCl_2 + HCl + POCl_3$$

Ähnlich findet in Gegenwart von Chlor und Stickoyd eine **Chlornitrosierung** statt[2]):

$$R{-}CH_3 + NO + 3/2\,Cl_2 \longrightarrow R{-}C{\lt}^{Cl}_{NO}{-}H + 2\,HCl$$

e) Als letzte Substitutionsreaktion sei schließlich der in Gegenwart von Aluminiumchlorid erfolgende **Einbau von Kohlenoxyd** in das Paraffinmolekül angeführt, der zur Bildung von Aldehyden, Ketonen und Carbonsäuren führt[3]). In ersterem Falle schiebt sich das CO-Molekül zwischen ein C- und ein H-Atom des Paraffinmoleküls unter Bildung des um ein C-Atom reicheren Aldehyds ein, während die Ketone und Carbonsäuren nach einem komplizierteren Mechanismus gbildet werden.

f) Neben der Substitution ist u. U. auch eine **Abspaltung von Paraffinwasserstoff** möglich, bei der immer zwei an benachbarten C-Atomen befindliche H-Atome unter Ausbildung einer Doppelbindung austreten:

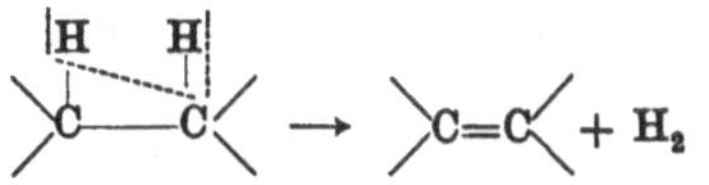

Die Reaktion verläuft als Gegenreaktion der oben erwähnten katalytischen Hydrierung nicht mehr nach dem Radikalmechanismus. Sie wird durch die gleichen Katalysatoren beschleunigt und als *Dehydrierung* bezeichnet. Sie ist stark endotherm und findet daher nur bei höheren Temperaturen statt (Näheres vgl. S. 89 u. II, Kap. 4, I, 3).

Zu 2. Die Reaktion einer C—C-Bindung kann nur unter Aufspaltung des Kohlenstoffgerüstes erfolgen. Sämtliche hierher gehörenden Umsetzungen stellen infolgedessen gleichzeitig einen Paraffinabbau dar. Von den verschiedenen Möglichkeiten haben vor allem die folgenden drei technische Bedeutung erlangt:

a) Die bereits bei der Darstellung der Paraffine beschriebene **hydrierende Spaltung** einer C—C-Bindung (S. 71).

b) Die **thermische Zersetzung** eines Paraffins, die nach ihrer wichtigsten technischen Anwendung im Crackprozeß (III, Kap. 1, II, 2) allgemein als *Vercrackung* bezeichnet wird. Hierbei entstehen durch Zerreißen der Kohlenstoffkette zwei freie Paraffinradikale (I, Kap. 10, II, 4), die, da sie sich bei der hohen Temperatur

---

1) R. Graf: B. **85**, 9 (1952).
2) E. Müller u. H. Metzger: B **87**, 1282 (1954).
3) H. Pines u. V. N. Ipatieff: Am. Soc. **69**, 1337 (1947).

nicht wieder zusammenlagern können, im Sinne der Nebenreaktion der WURTZschen Synthese (S. 69) zu einem Olefin und einem Paraffin disproportionieren:

$$R{-}CH_2{-}CH_2{-}R' \longrightarrow R{-}\overset{H}{\overset{\vdots}{C}}H{-}CH_2 + \cdot R' \longrightarrow R{-}CH{=}CH_2 + H{-}R'$$

Die Reaktion führt, ebenso wie die Substitution, wegen der Möglichkeit der Spaltung mehrerer Bindungen nur zu einem Gemisch der verschiedenen denkbaren Spaltprodukte eines Paraffins und hat daher nur technische Bedeutung, z. B. bei dem erwähnten Crackprozeß, erlangt. Ferner muß man mit ihrem Auftreten bei zahlreichen Zersetzungsreaktionen auch anderer organischer Verbindungen rechnen.

c) Wohl die wichtigste Reaktion dieser Gruppe ist die **katalytische Paraffinoxydation** zu Fettsäuren, die vielleicht später einmal berufen sein wird, unsere Seifenfabrikation von der bisherigen Rohstoffbasis Fett unabhängig zu machen und auf die Paraffinbasis zu verlagern. Der Angriff des Oxydationsmittels erfolgt zunächst am Wasserstoff, wobei im Sinne der obigen Ausführungen leider nicht der endständige Methyl-, sondern nur der mittelständige Methylen-Wasserstoff aboxydiert wird. In den hierbei entstehenden Ketonen sind die der C=O-Gruppe benachbarten C—C-Bindungen bereits etwas labilisiert und können leicht oxydativ unter Bildung zweier Fettsäuremoleküle gespalten werden (Näheres vgl. S. 278):

$$R{-}CH_2{-}CH_2{-}R' \xrightarrow{\text{Oxydation}} R{-}\overset{O}{\overset{\|}{C}}{-}CH_2{-}R' \xrightarrow{\text{Oxydation}} R{-}COOH + HOOC{-}R'$$

Nach den bisherigen Untersuchungen läßt sich die Reaktion ohne Schwierigkeiten so lenken, daß jede Paraffinkette nur einmal gespalten wird, daß also keine Dicarbonsäuren entstehen. Im übrigen verteilen sich bei normalen Paraffinen die Bruchstellen gleichmäßig über die ganze Kette, so daß bei der üblichen Verwendung von Hartparaffin (s. unten) als Ausgangsmaterial zum größten Teil Fettsäuren mittlerer Kettenlänge (C_{10}—C_{20}) gebildet werden, die sich zur Seifenherstellung gut eignen.

Als Oxydationsmittel dient meistens Luftsauerstoff, der bei Temperaturen um 100° in das flüssige Paraffin eingeblasen wird. Auch mit N_2O_4 und HNO_3 kann man die Reaktion durchführen. Als Katalysatoren verwendet man die fettsauren Salze der Metalle der 5. bis 8. Nebengruppe, z. B. Vanadinstereat, Molybdänpalmitat usw.

d) Molekülumlagerungen. Schließlich weist die sonst so reaktionsträge C—C-Bindung eine auffallende Labilität gegenüber wasser- bzw. chlorwasserstoffhaltigem Aluminiumchlorid auf, das, wahrscheinlich infolge der Oktettlücke des Aluminiums, in im einzelnen noch ungeklärter Weise die Bindungselektronen des Kohlenstoffs lockert. Diese Labilität der C—C-Bindungen in Gegenwart von $AlCl_3$ äußert sich insbesondere darin, daß eine dauernde Umgruppierung der C-Atome unter Bildung eines Isomerengemisches stattfindet. So bildet sich z. B. bereits bei längerem Kochen von n-Hexan über feuchtem Aluminiumchlorid ein von verschiedenen Seiten erreichbares Gleichgewicht des n-Hexans mit allen möglichen Isohexanen aus. Etwas übersichtlicher sind die Verhältnisse beim Cyclohexan, das unter den gleichen Bedingungen nur in Methylcyclopentan übergehen kann, wobei sich ebenfalls ein von beiden Seiten erreichbares und auch reproduzierbares Gleichgewicht einstellt[1]):

[1]) C. D. NENITZESKU (1933). An neueren Untersuchungen über dieses interessante Arbeitsgebiet seien angeführt: V. N. IPATIEFF u. Mitarbb.: Am. Soc. **67**, 631 (1945); **70**, 1742 (1948); H. PINES u. R. C. WACKHER: Am. Soc. **68**, 1642 (1946).

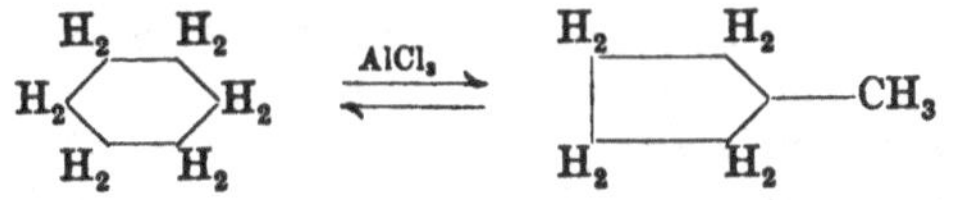

Verwendung. Die Paraffine werden bei der schwierigen Trennbarkeit der einzelnen Glieder der Reihe hauptsächlich in Form von Gemischen verwandt, und zwar infolge ihres großen Energieinhaltes (gegenüber den Verbrennungsprodukten) und ihrer leichten Handhabung in erster Linie als flüssige und gasförmige Brennstoffe. Für den Chemiker von besonderem Interesse ist daneben die Verwendung der bis etwa 180° siedenden Erdölfraktionen (s. unten) als Lösungsmittel. Ferner dienen in neuerer Zeit eine Reihe von Paraffingemischen als Ausgangsmaterial für die Herstellung anderer aliphatischer Verbindungen, z. B. bei der Sulfochlorierung und Paraffinoxydation.

4. Einzelverbindungen

Methan CH_4, auch *Sumpf-* oder *Grubengas* genannt, steht als Anfangsglied der Reihe der anorganischen Chemie noch sehr nahe. So entsprechen die oben angeführten speziellen Darstellungsverfahren, wie die Zersetzung von Aluminiumcarbid (S. 68) und die Hydrierung von Ruß (S. 71), durchaus den Darstellungsverfahren der flüchtigen Hydride anderer Nichtmetalle. Auch die historisch wichtige erste Methansynthese von M. Berthelot aus Schwefelkohlenstoff, Schwefelwasserstoff und Kupfer:

$$CS_2 + 2\,H_2S + 8\,Cu \longrightarrow CH_4 + 4\,Cu_2S$$

und die totale Hydrierung von CO oder CO_2 sind ihrem ganzen Wesen nach durchaus anorganische Reaktionen.

Praktisch von größerer Bedeutung ist seine Bildung als niedermolekulares Abbauprodukt komplizierterer organischer Verbindungen bei zahlreichen Zersetzungsreaktionen, auf die sein Auftreten in den Erd- und Grubengasen sowie in zahlreichen technischen Produkten, wie etwa im Leucht- und Holzgas und auch in den beim Crackprozeß und der Kohlehydrierung entstehenden Gasen zurückzuführen ist. Alle diese Gase dienen daher als billiges Ausgangsmaterial für die großtechnische Methangewinnung, die zweckmäßig durch fraktionierte Kondensation nach dem Linde-Verfahren erfolgt.

Methan ist ein farb- und geruchloses Gas, das infolge seines hohen Wasserstoffgehaltes mit nur schwach leuchtender Flamme brennt. Es entsteht aus den Elementen (gasförmiger Wasserstoff und fester Kohlenstoff) mit einer positiven Wärmetönung von 18 kcal/Mol und stellt daher, da die übrigen Kohlenwasserstoffe als partielle Hydrierungsprodukte des festen Kohlenstoffs eine geringere Bildungswärme pro C-Atom aufweisen, das einzige bei normaler Temperatur stabile Hydrierungsprodukt des Kohlenstoffs und aller anderen Kohlenwasserstoffe dar. Im übrigen ist es infolge seines einfachen Baues eine bis oberhalb 1000° beständige Verbindung, die auch stark exothermen Reaktionen, wie etwa der Verbrennung, einen großen Widerstand entgegensetzt.

So findet z. B. im Gegensatz zum Wasserstoff selbst am schwach glühenden Platinkontakt noch keine Entzündung von Methan-Sauerstoffgemischen statt, worauf die Möglichkeit der getrennten Verbrennung beider Gase in der Gasanalyse beruht. Technisch ist die hohe Entzündungstemperatur des Methans sehr erwünscht, weil es aus diesem Grunde zu den ausgesprochen „klopffesten“ Kraftstoffen (III, Kap. 1, II, 3) gehört.

Äthan $CH_3—CH_3$ tritt als nächstes Glied der Paraffinreihe bei zahlreichen natürlichen Vorkommen als Begleiter des Methans auf, insbesondere in den Erd- und Erdölgasen, im Leuchtgas sowie in den beim Crackprozeß und der Kohlehydrierung entstehenden Gasen. Es findet im Gemisch mit anderen Paraffinen ebenfalls Verwendung als Brennstoff. Reines *Äthan* wird am besten durch Hydrieren von Äthylen hergestellt, das seinerseits aus Äthylalkohol leicht zugänglich ist (S. 102).

Äthan ist in allen seinen Eigenschaften dem Methan noch sehr ähnlich, doch ist die erste Annäherung an die flüssigen Paraffine bereits daran zu erkennen, daß die Löslichkeit in organischen Lösungsmitteln gegenüber Methan stark zunimmt. In Wasser ist es wie alle *Paraffine* kaum löslich, bildet aber mit ihm eine kristallisierte Additionsverbindung, ein Hydrat, das die Struktur einer Käfigverbindung (vgl. **II**, Kap. 6, III, 2d) aufweist.

Propan $CH_3—CH_2—CH_3$, **Butan** $CH_3—CH_2—CH_2—CH_3$ und **Isobutan** $CH_3—CH(CH_3)—CH_3$ sind leicht zu verflüssigende Gase. Sie treten ebenfalls in den Erd- und Erdölgasen sowie in größeren Mengen bei der Kohlehydrierung auf und finden als Hauptbestandteile des „Flüssiggases" steigende Verwendung als Kraftstoff. Isobutan wird ferner technisch zu Isobutylen (S. 89) dehydriert.

Von allen drei Kohlenwasserstoffen leiten sich bereits zwei verschiedene Alkylradikale ab, die zu stellungsisomeren Substitutionsprodukten führen. Für ihre Benennung sind allgemein die angeführten Trivialnamen statt der eingeklammerten rationellen Bezeichnungen in Gebrauch:

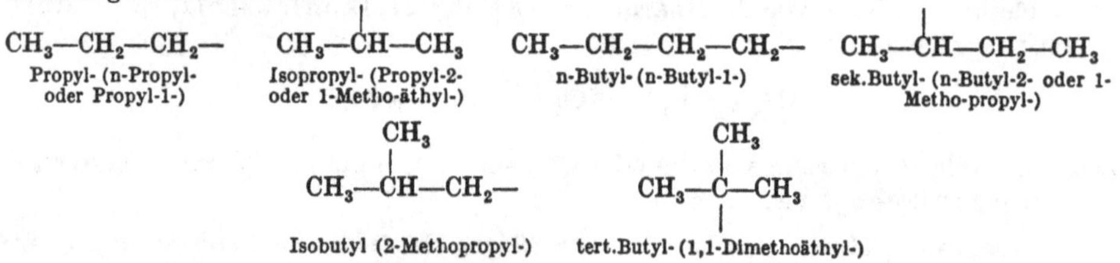

Iso-octan. Von den mittleren Paraffinen hat als Einzelverbindung vor allem das 2,2,4-*Trimethylpentan* größere Bedeutung erlangt, das unter der Bezeichnung „*Iso-octan*" als besonders klopffester Motorentreibstoff bekannt geworden ist und heute bereits im großen nach den beiden auf S. 70 angeführten Verfahren synthetisch hergestellt wird.

Höhere Paraffine. Die höheren n-Paraffine haben als Einzelverbindungen wenig Interesse gefunden, sind jedoch in großer Zahl synthetisch hergestellt und z. T. auch durch sorgfältige fraktionierte Destillation aus dem Handelsparaffin erhalten worden. Das höchste durch einfache Wurtzsche Synthese gewonnene Paraffin ist das **Dohexakontan** ($C_{62}H_{126}$[1]), das nach C. Hell und C. Hägele (1889) aus Hentriakontyljodid (Myricyljodid) beim Verschmelzen mit Natrium entsteht:

$$C_{31}H_{63}\text{—J} + 2\,\text{Na} + \text{J—}C_{31}H_{63} \longrightarrow C_{62}H_{126} + 2\,\text{NaJ}$$

Zu einem Gemisch noch höhermolekularer unverzweigter Paraffine gelangt man nach W. H. Carothers (1930) beim Verschmelzen von 1,10-Dibrom-decan (ω, ω'-Dibromdecan) mit Natrium. Hier tritt an beiden Molekülenden gleichzeitig Wurtz-

[1]) Infolge der auf S. 196 beschriebenen Uneinheitlichkeit des als Ausgangsverbindung für die Darstellung des Myricyljodids verwandten Myricylalkohols wahrscheinlich ein Gemisch von $C_{60}H_{122}$ und $C_{64}H_{130}$.

sche Synthese ein, und man erhält nach dem folgenden Schema ein Gemisch verschieden langer Kettenmoleküle, deren Enden zunächst noch durch Brom abgesättigt sind, jedoch leicht zur *Methylgruppe* reduziert werden können:

$$Br(CH_2)_{10}\boxed{Br + 2\,Na + Br}(CH_2)_{10}\boxed{Br + 2\,Na + Br}(CH_2)_{10}\boxed{Br + 2\,Na + Br}(CH_2)_{10}Br$$

$$\xrightarrow{-6\,NaBr} Br\text{—}(CH_2)_{10}\text{—}(CH_2)_{10}\text{—}(CH_2)_{10}\text{—}(CH_2)_{10}\text{—}Br \xrightarrow{HJ} H\text{—}(CH_2)_{40}\text{—}H$$

Da sich die einzelnen Glieder dieser Reihe in ihrer Kettenlänge jeweils um 10 C-Atome unterscheiden, lassen sie sich relativ leicht durch fraktionierte Destillation oder Kristallisation trennen. Auf diese Weise wurden das *n-Tetrakontan*, *n-Pentakontan*, *n-Hexakontan* und als höchstes bisher bekanntes einheitliches Paraffin das *n-Heptakontan* erstmals rein dargestellt.

Paraffingemische. Neben den verhältnismäßig unwichtigen einheitlichen Paraffinen sind in Laboratorium und Technik zahlreiche Paraffingemische in Gebrauch, die bei der Erdölaufarbeitung (**III**, Kap. 1, II, 2) und neuerdings auch bei den verschiedenen Benzinsynthesen (**III**, Kap. 1, I, 5) erhalten werden. Ihre Trennung in Einzelverbindungen ist nur unter großen Schwierigkeiten möglich und bei der großen Ähnlichkeit der Bestandteile auch ohne jede praktische Bedeutung. Sieht man einmal von den nur als Brennstoffe dienenden höheren Erdölfraktionen ab, so sind für den Chemiker vor allem die folgenden fünf Produkte von Interesse:

1. die zwischen etwa 30 und 80° (nach andern Angaben zwischen 40 und 70°) siedende Fraktion, die im wesentlichen die isomeren Pentane und Hexane enthält und als **Gasolin** oder auch in Analogie zu dem etwa gleich hoch siedenden Äther als **Petroläther** bezeichnet wird. Sie ist für den Chemiker wichtig als das am stärksten hydrophobe und auch selektive Lösungsmittel. Man unterteilt sie zuweilen noch weiter in den niedrig siedenden (Sdp. 30—50°) und den hochsiedenden Petroläther (Sdp. 50—80°).

2. die zwischen 60 bis etwa 180° siedende, hauptsächlich aus den Heptanen bis Decanen bestehende Fraktion, die in Analogie zu der etwa gleich hochsiedenden Benzolfraktion des Steinkohlenteers als **Benzin** (bzgl. der Entstehung des Namens vgl. S. 139) bezeichnet wird. Man unterteilt sie für die Zwecke des Chemikers in die drei Untergruppen: Leichtbenzin (Sdp. 60—110°), Schwerbenzin (Sdp. 100—150°) und Ligroin oder Lackbenzin (Sdp. 150—180°). Alle diese Fraktionen dienen im wesentlichen ebenfalls als lipophile und hydrophobe Lösungsmittel, zeigen aber, hauptsächlich infolge der Möglichkeit des Arbeitens bei höherer Temperatur, gegenüber dem Petroläther bereits ein etwas gesteigertes Lösungsvermögen bzw. eine geringere Selektivität.

3. die Gemische der höheren normalen Paraffine. Sie sind fest und weisen wegen der Möglichkeit der Mischkristallbildung zwischen Paraffinen verschiedener Kettenlänge (Näheres vgl. **II**, Kap. 6, II, 4) gegenüber den reinen Paraffinen keine wesentliche Schmelzpunktssenkung auf. Das wichtigste technische Produkt ist das überwiegend aus n-Paraffinen mit 24—40 C-Atomen bestehende, zwischen 50 und 60° schmelzende **Hartparaffin**, das hauptsächlich in der Kerzenfabrikation und als Rohstoff für die Paraffinoxydation Verwendung findet. Im **Weichparaffin** (Smp. 40—50°) liegt ebenfalls ein Paraffingemisch vor, das aber bereits geringe Anteile von verzweigten Kohlenwasserstoffen enthält.

4. Ist die Kettenverzweigung stärker, so können auch die höheren Paraffine nicht mehr kristallisiert erhalten werden, und wir kommen zu dem infolge seiner

Molekülgröße bereits ziemlich dickflüssigen **Paraffinöl.** In weniger reinem Zustand bilden die höher molekularen Isoparaffine den Hauptbestandteil aller mineralischen Schmieröle (**III, Kap. 1, II, 4**).

5. Als ein Gemisch hochmolekularer Paraffine mit unverzweigter Kette muß schließlich das auf S. 70 und 100 erwähnte polymerisierte Äthylen (**Polyäthylen**) angesehen werden. Es findet in einer weniger hochmolekularen und infolge Nebenreaktionen auch verzweigte Moleküle enthaltenden Form in der Schmierölindustrie und in einer hochmolekularen Form in der Kunststoffindustrie praktische Anwendung.

II. Die ungesättigten Kohlenwasserstoffe

1. Grundlegende Definitionen

Neben den Paraffinen beobachtete man schon frühzeitig auch andere Kohlenwasserstoffe, die einen verminderten Wasserstoffgehalt zeigen. Diese Verbindungen sind im Gegensatz zu den *Paraffinen* sehr reaktionsfähig und lagern leicht andere Verbindungen in der dem fehlenden Wasserstoff äquivalenten Menge an. Auf Grund dieses „ungesättigten" Verhaltens werden sie als *ungesättigte Kohlenwasserstoffe* den *gesättigten Kohlenwasserstoffen* der Paraffinreihe gegenübergestellt.

Die Erklärung des Mindergehaltes an Wasserstoff bereitete anfangs einige Schwierigkeiten. Man glaubte zunächst, Verbindungen mit dreiwertigem Kohlenstoff vor sich zu haben, worauf u. a. insbesondere das auffallende Anlagerungsvermögen hindeutete. Gegen eine derartige Formulierung sprechen aber die folgenden Befunde:

1. Es fehlt gegenüber der Bruttozusammensetzung eines Paraffins immer eine gerade Anzahl von H-Atomen.

2. Die Konstitutionsbestimmung aller Anlagerungsverbindungen ergibt, daß die Addition stets an zwei benachbarten C-Atomen erfolgt (bei einfach ungesättigten Verbindungen).

3. Verbindungen mit wirklich dreiwertigem Kohlenstoff, die in **I, Kap. 10, II** beschriebenen freien Radikale, sind noch wesentlich reaktionsfähiger als die normalen ungesättigten Kohlenwasserstoffe.

Daraus kann gefolgert werden, daß die Formulierung der ungesättigten Kohlenwasserstoffe mit dreiwertigem Kohlenstoff (etwa der Formel I für das Äthylen entsprechend) den Tatsachen nicht gerecht wird, sondern daß die beiden benachbarten C-Atome imstande sind, ihre freien Valenzen gegenseitig unter Bildung einer zweiten Kohlenstoff-Kohlenstoff-Bindung abzusättigen, so daß eine Doppelbindung entsteht, wie sie für das Äthylen in II formuliert ist:

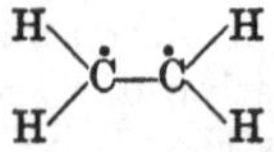

I

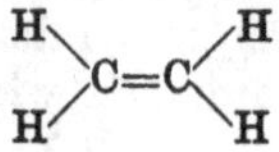

II

$H-C\equiv C-H$

III

Diese bereits in den sechziger Jahren des vorigen Jahrhunderts entwickelte Vorstellung einer reellen doppelten Bindung zwischen den beiden C-Atomen hat im wesentlichen auch den modernen Theorien vom Wesen der chemischen Bindung standgehalten. Nur nimmt man heute an, daß die beiden Bindungen nicht gleichwertig sind, sondern daß, was in der Formel allerdings nicht zum

Ausdruck kommt, nur die erste Bindung einer paraffinartigen C—C-Bindung entspricht, während die zweite Bindung eine energiereichere und wesentlich reaktionsfähigere Elektronenstruktur aufweist (Näheres vgl. **II**, Kap. 3, II, 1).

Neben dem Ausdruck *Doppelbindung* findet man in der älteren Literatur häufig auch den Namen *Lückenbindung* für die doppelte (oder dreifache) Verknüpfung zweier C-Atome. Er entspricht der früher üblichen Vorstellung, daß eine festere Verknüpfung der C-Atome in einer echten Doppelbindung auch eine geringere Reaktionsfähigkeit zur Folge haben müßte, daß also in den ungesättigten Verbindungen keine eigentlichen Doppelbindungen vorliegen können, sondern daß hier der Kohlenstoff eine „*Bindungslücke*" aufweise. Diese Vorstellung hat sich jedoch als irrig erwiesen, denn die Reaktionsfähigkeit einer Bindung hängt bekanntlich nicht von ihrer absoluten Bildungswärme, sondern lediglich von der zu ihrer Aktivierung erforderlichen Aktivierungsenergie (S. 37) ab, und diese ist eben bei der Doppelbindung trotz oder gerade wegen des Vorhandenseins von zwei Bindungselektronenpaaren zwischen zwei C-Atomen wesentlich kleiner als bei der einfachen C—C-Bindung.

Ein weiterer ungesättigter Bindungstypus ist die **dreifache C≡C-Bindung**, die eine normale und zwei reaktionsfähige Kohlenstoff-Kohlenstoff-Bindungen enthält. Sie wird formelmäßig durch einen dreifachen Bindestrich wiedergegeben (III), also wiederum, ohne zwischen den einzelnen Bindungsarten zu unterscheiden (Näheres vgl. **II**, Kap. 3, II, 1).

Eine **vierfache Bindung** zwischen zwei C-Atomen ist dagegen nicht bekannt, denn sonst müßte der elementare Kohlenstoff wie der Stickstoff in Form von C_2-Molekülen als Gas auftreten können. Zwar wird ein derartiges **Dicarbon**gas bei sehr hohen Temperaturen (z. B. in Sternatmosphären und kurzlebig auch im elektrischen Lichtbogen) tatsächlich beobachtet, es erwies sich jedoch als äußerst reaktionsfähig und instabil, so daß man es nicht mehr mit den valenzmäßig abgesättigten normalen organischen Verbindungen vergleichen darf, sondern eher mit den freien Atomen bzw. Radikalen auf eine Stufe stellen muß. Dies geht insbesondere auch aus der Bildungswärme des C_2-Moleküls aus freien C-Atomen hervor, die mit 107 kcal/Mol etwa in der Mitte zwischen der einer einfachen und einer doppelten C—C-Bindung liegt. Demnach enthält das Dicarbonmolekül bestimmt keine vierfache C≣C-Bindung, sondern man muß einen mesomerieartigen Zwischenzustand zwischen der Hexaradikalform IV mit einer einfachen und der Tetraradikalform V mit einer Doppelbindung sowie ev. auch zu einem geringen Anteil der Diradikalform VI mit einer dreifachen Bindung annehmen:

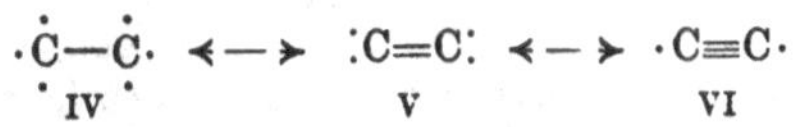

IV V VI

Diese Nichtexistenz einer vierfachen Kohlenstoff-Kohlenstoff-Bindung ist in erster Linie auf die Tetraederstruktur des C-Atoms zurückzuführen, dessen vier Valenzen in alle Richtungen des Raumes auseinanderstreben, so daß maximal drei von ihnen in eine Richtung abgebogen werden können.

2. Kohlenwasserstoffe mit einer Doppelbindung (Olefine)

Die einfach ungesättigten Kohlenwasserstoffe mit nur einer Doppelbindung werden *Olefine*[1]) genannt. Sie unterscheiden sich von den Paraffinen gleicher Kohlenstoffzahl in ihrer Zusammensetzung durch den Mindergehalt von zwei Atomen Wasserstoff, so daß ihnen die allgemeine **Summenformel** C_nH_{2n} zukommt.

[1]) Der Name Olefine stammt aus dem Französischen (*gaz oléfiant* = ölbildendes Gas) und wurde früher für die gasförmigen ungesättigten Kohlenwasserstoffe verwandt, weil sie mit Chlor oder Brom ölartige Reaktionsprodukte geben.

Sämtliche Olefine besitzen danach die gleiche prozentuale Zusammensetzung, so daß man auf Grund der Elementaranalyse allein noch nicht den geringsten Anhaltspunkt für die Molekülgröße besitzt. Trotzdem bereitet die Ermittlung der richtigen Summenformel keine Schwierigkeiten, da man, ganz abgesehen von der Möglichkeit der direkten Molekulargewichtsbestimmung, bei der großen Reaktionsfähigkeit der Olefine lediglich ein einfaches Anlagerungsprodukt, z. B. die unten beschriebenen Dibromide der Summenformel $C_nH_{2n}Br_2$, zu analysieren braucht, um aus dem Atomverhältnis von Brom zu Kohlenstoff sofort das richtige Molekulargewicht zu berechnen.

Die Isomerieverhältnisse sind infolge der Einführung der Doppelbindung etwas komplizierter als bei den Paraffinen, da bei nahezu gleicher Verzweigungsmöglichkeit noch zwei weitere Isomerieerscheinungen beobachtet werden, die einerseits durch die Lage der Doppelbindung innerhalb der Kette, andererseits durch die sterische Anordnung der Substituenten an der Doppelbindung (*Äthylenisomerie*, vgl. S. 16) bedingt sind. So kennt man z. B. bereits drei sich vom n-Butan ableitende einfach ungesättigte Kohlenwasserstoffe:

$CH_2{=}CH{-}CH_2{-}CH_3$

Buten-1 oder α-Butylen

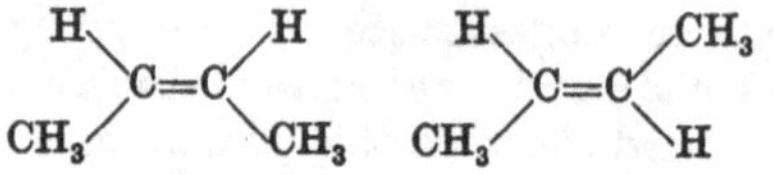

cis- trans-
Buten-2 oder β-Butylen

Nomenklatur. Die Olefine werden auf Grund der Genfer Nomenklatur durch die Endung *-en* gekennzeichnet, die analog der Endsilbe *-an* der Paraffine in Anwendung kommt. Ihr entspricht der der Bezeichnung Alkane nachgebildete offizielle Gruppenname *Alkene* für die ganze Olefinreihe, der aber ebenfalls nur selten angewandt wird. Die zusätzliche Kennzeichnung der Lage der Doppelbindung geschieht in der angegebenen Weise entweder durch griechische Buchstaben oder durch Nachsetzen der Nummer desjenigen C-Atoms der Hauptkette, von dem die Doppelbindung zum nächst höheren C-Atom ausgeht, und die der räumlichen Substituentenanordnung im Falle der Äthylenisomerie in der auf S. 19 beschriebenen Weise durch die Präfixe *cis-* und *trans-*. Da man außerdem bei verzweigten Olefinen den Grundkohlenwasserstoff zweckmäßig so wählt, daß die Doppelbindung in der Hauptkette liegt, kann man auf diese Weise bereits alle einfach ungesättigten Kohlenwasserstoffe eindeutig benennen.

Bei den niederen Gliedern der Olefinreihe ist statt der offiziellen Endung *-en* vielfach noch die früher übliche Endung *-ylen* in Gebrauch, z. B. in Äthylen, Propylen, Butylen und Amylen. Erst vom Hexen ab hat sich die neue Bezeichnung restlos durchgesetzt. Der Trivialname *Amylene* für die verschiedenen Pentene (oder Pentylene) leitet sich, wie auch der Radikalname Amyl (S. 64 Anm. 1), von den Amylalkoholen ab, aus denen die verschiedenen Amylene besonders leicht zugänglich sind (S. 195).

Ungesättigte Kohlenwasserstoffreste, die eine Doppelbindung enthalten, sind für die Benennung der Olefine selbst zwar nicht unbedingt erforderlich, werden aber zur Kennzeichnung anderer organischer Verbindungen vielfach gebraucht und allgemein durch die Endung *-enyl* bezeichnet. Die Kennzeichnung der Lage der Doppelbindung in diesen Resten sowie die desjenigen C-Atoms, von dem die Bindung ausgeht, geschieht in leicht ersichtlicher Weise wieder durch Numerierung der C-Atome, wie aus den folgenden Beispielen hervorgeht, die gleichzeitig in Klammern die üblichen Trivialnamen der einfachsten dieser Reste enthalten:

$-CH{=}CH_2$	$-CH{=}CH{-}CH_3$	$-CH_2{-}CH{=}CH_2$	$CH_2{=}\overset{\mid}{C}{-}CH_2{-}CH_3$	$-CH_2{-}CH{=}CH{-}CH_3$
Äthenyl- (Vinyl-)	Propenyl-1- (Propenyl-)	Propenyl-2- (Allyl-)	Buten-1-yl-2-	Buten-2-yl-1-

Ist die Seitenkette durch eine Doppelbindung an die Hauptkette gebunden, so begegnen wir wiederum zweiwertigen Kohlenwasserstoffresten, deren beide Valenzen in diesem speziellen Fall von einem C-Atom ausgehen und durch eine Doppelbindung an das restliche Molekül gebunden sind. Sie werden daher offiziell (wie die Olefine selbst) durch die Endung *-en* gekennzeichnet, führen aber in der Praxis meistens die Endung *-yliden*, die wir auf S. 164 als charakteristische Bezeichnung für die analog gebauten Reste mit zwei einfachen, vom gleichen C-Atom ausgehenden Bindungen kennenlernen werden. Auch hierfür einige Beispiele:

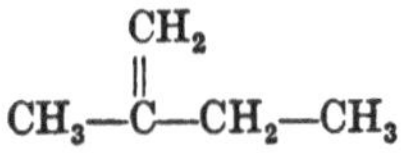

2-Methen-butan

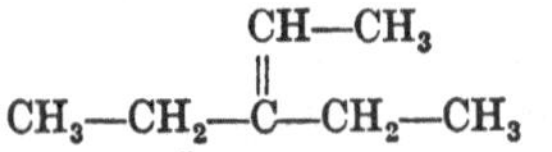

3-Äthen-pentan
(3-Äthyliden-pentan)

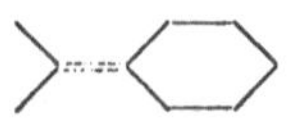

Propen-2-cyclohexan
(Isopropyliden-cyclohexan)

Vorkommen. Die Olefine kommen infolge ihrer großen Reaktionsfähigkeit und Unbeständigkeit in viel geringerem Umfang mineralisch vor als die Paraffine. Immerhin sind eine Reihe von ihnen in zahlreichen Erdölarten als Begleiter der gleich hoch siedenden gesättigten Kohlenwasserstoffe nachgewiesen worden. In größerer Menge treten sie als thermische Abbauprodukte anderer organischer Verbindungen bei allen technischen Prozessen auf, die mit einer pyrogenen Zersetzung kohlenstoffhaltiger Stoffe verbunden sind, so z. B. im Leuchtgas, im Steinkohlenteer und vor allem in den Crackbenzinen.

Ferner spielen die Olefine biochemisch bereits eine etwas größere Rolle als die Paraffine. Wenn auch die einfachen Glieder der Reihe noch nicht natürlich auftreten, so werden wir doch später in den Terpenen und verwandten Verbindungen (s. III, Kap. 5) zahlreichen komplizierteren ungesättigten Kohlenwasserstoffen begegnen.

Zur **Darstellung** der Olefine stehen uns zwei grundsätzlich verschiedene Wege offen. Einmal können wir andere Verbindungen, die bereits eine Doppelbindung im Molekül enthalten, nach den bereits bei den Paraffinen beschriebenen Methoden in die Kohlenwasserstoffe überführen, z. B. negative Substituenten unter Erhaltung der Doppelbindung durch H-Atome ersetzen (was allerdings bei der großen Reaktionsfähigkeit der Doppelbindung nur unter besonderen Vorsichtsmaßnahmen möglich ist), ungesättigte metallorganische Verbindungen hydrolysieren, aus ungesättigten Carbonsäuren CO_2 abspalten oder auch ungesättigte Kohlenwasserstoffe nach A. Wurtz oder H. Kolbe synthetisieren (vgl. z.B. S. 111). Daneben ist es aber auch möglich, die Doppelbindung selbst neu herzustellen. Diese Möglichkeit interessiert uns hier in erster Linie, zumal sie nicht nur für die Olefindarstellung, sondern auch für die Gewinnung sämtlicher anderen ungesättigten Verbindungen von Bedeutung ist.

Die Bildung einer Doppelbindung erfolgt ausschließlich durch **Abspaltungsreaktionen**, d. h. durch Austritt zweier an benachbarten C-Atomen befindlicher Substituenten (A und B) unter Bildung der zweiten Kohlenstoff-Kohlenstoff-Bindung und der Verbindung A—B:

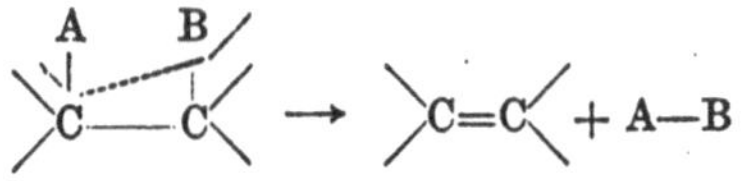

Bei weitem am wichtigsten ist die Abspaltung von Wasserstoffverbindungen des Typus H—X, bei der also ein schwerer Substituent mit einem in 1,2-Stellung zu ihm befindlichen Paraffinwasserstoff herausgespalten wird. Da hierbei alle 2-ständigen H-Atome gleichberechtigt sind, kann die Ausbildung der

Doppelbindung u. U. nach zwei Richtungen erfolgen, so daß man ein Gemisch zweier isomerer Olefine erhält:

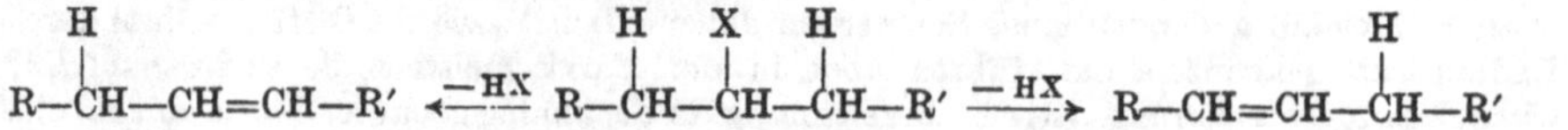

Die Reaktion erfolgt um so leichter, je stärker polar der Substituent X gebunden ist, d. h. bei der oben beschriebenen Parallelität der Eigenschaften von Wasserstoff- und Kohlenstoffverbindungen (S. 5), je stärker sauer die herauszuspaltende Verbindung H—X ist. Wir können daher starke Säuren und vielfach auch noch Carbonsäuren ohne jede Schwierigkeit herausspalten, während Wasser zur Herausspaltung bereits der Katalyse bedarf und Ammoniak bei Temperaturen unter 300^0 nur in wenigen Ausnahmefällen herausgespalten werden kann. Grundsätzlich ist aber jede Verbindung H—X abspaltbar, wie die bei sehr hohen Temperaturen allgemein durchführbare Dehydrierungsreaktion (d. h. die Abspaltung des völlig unpolaren H_2-Moleküls) zeigt. Auch die auf S. 78 beschriebene Vercrackung eines Paraffins unter Disproportionierung der entstehenden freien Radikale beruht im Endeffekt auf der Herausspaltung einer nahezu unpolaren Verbindung H—X unter Ausbildung einer Doppelbindung:

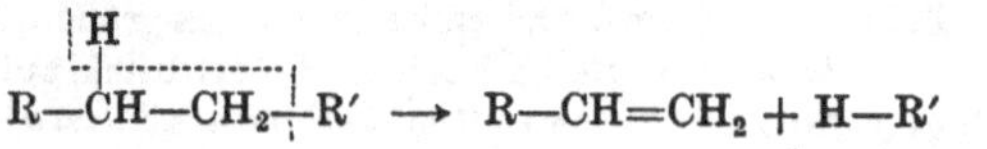

Abgesehen von diesem Einfluß der Natur des Substituenten X hängt die Möglichkeit der Durchführung derartiger Abspaltungsreaktionen in hohem Maße auch von der Struktur des organischen Molekülteiles ab. Z. B. lassen sich sekundäre Alkohole leichter dehydratisieren als primäre, und tertiäre Alkohole, oder auch Alkohole, in denen der Wasserstoff von einem tertiären C-Atom abgespalten wird (z. B. CH_3—$CH(CH_3)$—CH_2—OH), wiederum leichter als sekundäre. Insbesondere, wenn X oder H an dem Verzweigungsatom eines Ringmoleküls stehen, geht die Abspaltung mitunter sehr leicht vor sich, wie u. a. aus dem später angeführten Beispiel der verschiedenen Darstellungen des Camphens (III, Kap. 5, II, 2 d) hervorgeht. Schließlich wirkt auch die Möglichkeit der Ausbildung eines Systems konjugierter Doppelbindungen (S. 105f.) aktivierend auf die Abspaltungsreaktion ein. Hier sind es vor allem die Carbonylverbindungen mit β-ständiger Halogen- (S. 285, 400), Hydroxy- (S. 500) und auch Aminogruppe (I, Kap. 6, I, 4), die leicht in die entsprechenden α,β-ungesättigten Verbindungen übergehen. Doch entstehen in diesem Falle keine Kohlenwasserstoffe mehr.

Alle diese Bildungsweisen sind die Gegenreaktionen der unten beschriebenen, mehr oder weniger stark exothermen Anlagerungsreaktionen der Olefine, mit denen sie stets im Gleichgewicht stehen. Sie sind infolgedessen fast durchweg endotherm und können nur durch Koppelung mit einer anderen energieliefernden Reaktion oder bei höherer Temperatur unter Entfernung eines der Reaktionsprodukte aus dem Gleichgewichtsgemisch in der gewünschten Richtung durchgeführt werden. Man richtet es daher zweckmäßig immer so ein, daß entweder bei tiefsiedenden Olefinen die Verbindung H—X schwer flüchtig ist (z. B. H_2SO_4), also das im Rahmen des Reaktionsgleichgewichts nur in geringer Menge gebildete *Olefin* laufend abdestilliert, oder aber umgekehrt bei einem hochsiedenden Olefin eine leicht flüchtige Verbindung H—X (z. B. ein Halogenwasserstoff) herausgespalten wird.

Im einzelnen sind die folgenden Abspaltungsreaktionen für die Darstellung von Olefinen gebräuchlich:

1. Die als **Dehydratisierung**[1]) bezeichnete Abspaltung von Wasser aus Alkoholen:

$$R{-}\overset{H}{C}H{-}CH_2{-}OH \xrightarrow{-H_2O} R{-}CH{=}CH_2$$

Sie ist bei der Billigkeit des Ausgangsmaterials die praktisch wichtigste Reaktion der ganzen Gruppe, verläuft aber nur bei den tertiären Alkoholen ziemlich glatt, denn die Reaktionsgeschwindigkeit nimmt beim Übergang zu den sekundären und primären Alkoholen derart ab, daß letztere selbst bei 400° ohne Katalysatoren nicht mehr spaltbar sind. Als Katalysatoren verwendet man entweder die typischen Dehydratisierungskatalysatoren, wie etwa Al_2O_3, ThO_2 oder Borsäure[2]), die bei Temperaturen um 300° wirksam sind und wahrscheinlich über intermediär gebildete Oberflächen-Alkoholate (bzw. -Ester) die Wasserabspaltung bewirken:

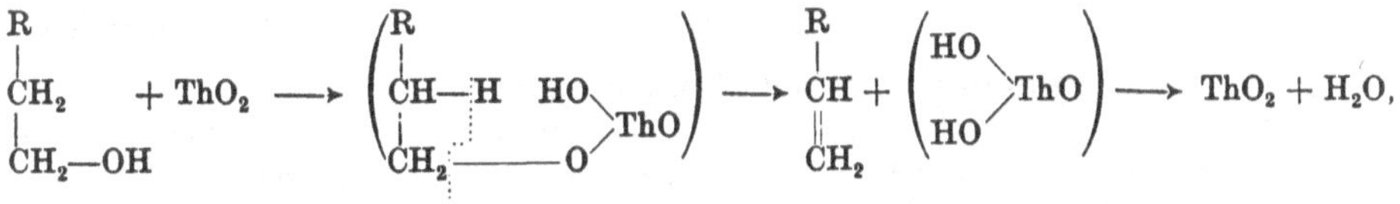

oder aber hochsiedende Mineralsäuren, wie konzentrierte Schwefel- oder Phosphorsäure (u. U. auch Natriumbisulfat), die zunächst mit dem Alkohol einen Ester bilden, der dann bereits bei etwa 200° unter Regeneration der Säure das Olefin abspaltet:

$$R{-}CH_2{-}CH_2{-}OH + HO{-}SO_3H \xrightarrow{-H_2O} R{-}\overset{H}{C}H{-}CH_2{-}O{-}SO_3H \xrightarrow{-H_2SO_4} R{-}CH{=}CH_2$$

Auch bei der Alkoholdehydratisierung mittels Phthalsäure-anhydrids in Gegenwart von Benzolsulfonsäure[3]) dürfte intermediär eine Esterbildung eintreten.

In allen diesen Fällen findet also die Wasserbildung nicht bei der eigentlichen Abspaltungsreaktion statt, sondern entweder vorher bei der Veresterung oder anschließend beim Zerfall des Metallhydroxyds. Tatsächlich abgespalten werden vielmehr nur die gegenüber Wasser stärker sauren Oberflächenhydroxyde der Erdmetalloxyde oder Schwefel- bzw. Phosphorsäure, und man kann in der beobachteten Temperatursenkung beim Übergang von der bei 400° noch nicht erfolgenden direkten Wasserabspaltung über die bei 300° stattfindende Aluminiumoxyd- und die bei 200° vor sich gehende Schwefel- und Phosphorsäurekatalyse sehr schön die beschriebene Abhängigkeit der Reaktionsgeschwindigkeit von der Acidität der Verbindung H—X erkennen.

---

[1]) Die *Dehydratisierung* und ihre Gegenreaktion, die Wasseranlagerung oder *Hydratisierung*, sind scharf von der Anlagerung und Abspaltung von Wasserstoff, der *Hydrierung* bzw. *Dehydrierung* zu trennen. Ebenso unterscheiden wir zwischen den die Wasseranlagerung und -abspaltung beschleunigenden Dehydratisierungskatalysatoren (vor allem die Erdmetalloxyde sowie Zirkon- und Thoroxyd) und den lediglich den Wasserstoff aktivierenden Hydrierungs- und Dehydrierungskatalysatoren (vornehmlich die Metalle der 8. Gruppe des Periodensystems).

[2]) W. BRANDENBERG u. A. GALAT: Am. Soc. **72**, 3275 (1950).

[3]) H. WALDMANN u. Mitarbb.: B. **83**, 287; **84**, 139 (1950/51).

Die katalytische Wasserabspaltung ist *nicht* immer ein *einheitlich verlaufender Vorgang*, da unter *ähnlichen* Reaktionsbedingungen auch *Äther* (S. 216) und bei der Einwirkung von Alkoholen auf konzentrierte Schwefelsäure auch deren *neutrale Dialkylester* (S. 209) entstehen können. Man muß infolgedessen immer sehr auf die Einhaltung der Reaktionsbedingungen achten.

2. Die Abspaltung von Säuren aus Estern. Infolge dieser Komplizierung durch die angeführten Nebenreaktionen ist es häufig vorteilhafter, statt von den Alkoholen direkt von den *Estern* auszugehen, die beim Erwärmen dann *ohne Katalysator* die Säure abspalten. Als Ester *schwer flüchtiger Säuren* eignen sich hierzu, außer den als Zwischenprodukten bei Wasserabspaltung in Gegenwart von Säuren bereits erwähnten *sauren Schwefelsäure-* und *Phosphorsäure-estern*, vor allem die viel leichter rein darstellbaren Ester *aromatischer Sulfonsäuren*, insbesondere die gut kristallisierenden *p-Toluolsulfonsäure-ester* (I, Kap. 7, II, 1), sowie die Ester *hochsiedender Carbonsäuren*, wie etwa die *Palmitin-* oder *Stearinsäureester*:

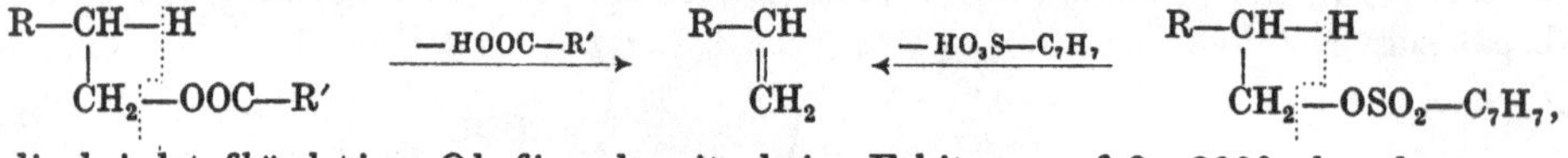

die *leicht flüchtige Olefine* bereits beim Erhitzen auf 2—300° abspalten.

Als leicht spaltbare Ester *flüchtiger Säuren* verwendet man hauptsächlich die *Alkylhalogenide* (S. 153), deren Befähigung zur Halogenwasserstoffabspaltung von den *Chlor-* über die *Brom-* zu den *Jodverbindungen* sowie ebenfalls von den *primären* über die *sekundären* zu den *tertiären Halogeniden* ansteigt. Die Durchführung der Umsetzung ist wegen der Flüchtigkeit der Halogenwasserstoffe nur bei *hochsiedenden Olefinen* auf dem Wege der *thermischen Zersetzung* möglich und geschieht daher meistens in Gegenwart *basischer Reagenzien* (z. B. von Ätznatron, Natriumalkoholat, tertiären Aminen usw.) als *Aktivatoren*, die die abzuspaltenden Halogenwasserstoffsäuren als *Salze* binden und dadurch das Gleichgewicht soweit *zugunsten der Abspaltungsreaktion* verschieben, daß diese nunmehr auch unter *milden Bedingungen* in *homogener Phase* quantitativ verläuft. Doch beobachtet man hier als unerwünschte Nebenreaktion häufig eine *Substitution des Halogens*, im Falle der Verwendung von Natriumalkoholat z. B. die Bildung von *Äthern* (Näheres vgl. S. 157, 217):

$$\underset{\text{Olefin}}{R{-}CH{=}CH} \xleftarrow[-Hal^- - R'{-}OH]{+O{-}R'^-} \underset{\text{Alkylhalogenid}}{R{-}CH_2{-}CH_2{-}Hal} \xrightarrow[-Hal^-]{+O{-}R'^-} \underset{\text{Äther}}{R{-}CH_2{-}CH_2{-}O{-}R'}$$

Eine *echte Katalyse* erfährt die Halogenwasserstoffabspaltung durch *Aluminiumchlorid* und verwandte *koordinativ ungesättigte Metallhalogenide*, doch kommt dieser Möglichkeit keine praktische Anwendung zur Olefindarstellung zu, da die Reaktion als endothermer Vorgang ohnehin durch *schärfere Reaktionsbedingungen* erzwungen werden muß. Dagegen werden wir dieser Katalyse des öfteren als Ursache von *Umlagerungen* und anderen *Nebenreaktionen* begegnen.

Ein Spezialfall der Esterspaltung ist die von L. Tschugaeff (1899) eingeführte thermische Zersetzung von *Methylxanthogenaten*:

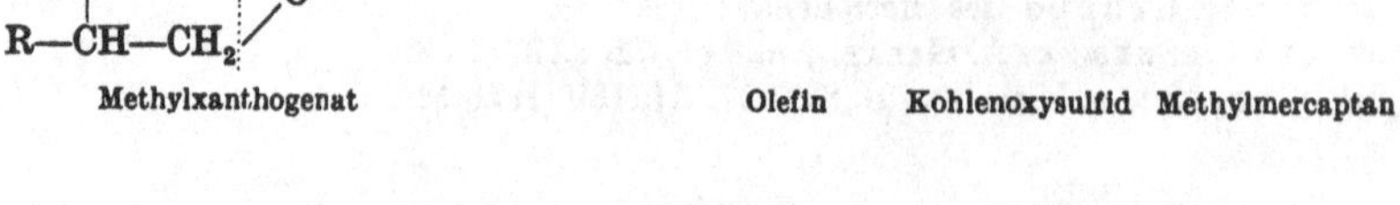

Methylxanthogenat — Olefin — Kohlenoxysulfid — Methylmercaptan

die als Ester der in freiem Zustand sofort in Kohlenoxysulfid und Mercaptan zerfallenden Methyl-xanthogensäure (S. 433) den Vorteil bieten, daß bei dieser Reaktion trotz leichter Abspaltung des Säurerestes keine freie Säure auftritt. Sie eignet sich daher besonders für die Darstellung säureempfindlicher Olefine. Ferner zeichnet sie sich gegenüber anderen Abspaltungsreaktionen durch einen andersartigen sterischen Verlauf aus, worauf wir in **II**, Kap. 7, III, 4 noch näher eingehen werden.

3. Die **Abspaltung von Ammoniak** (oder Aminen) aus primären, sekundären und auch tertiären Aminen ist nicht allgemein durchführbar. Erst, wenn man die Acidität der Aminogruppe durch Ammoniumsalzbildung erhöht, wird die Abspaltungstendenz genügend groß, um wenigstens in einigen Spezialfällen auf diesem Wege zu Olefinen zu gelangen. Das praktisch wichtigste Beispiel stellt die in **I**, Kap. 6, I, 1 a u. b γ näher behandelte thermische Zersetzung quartärer Ammoniumbasen nach A. W. Hofmann dar, die im Prinzip auf einer derartigen Abspaltung von Ammoniumstickstoff unter der Einwirkung des stark basischen Hydroxyl-Ions beruht:

$$\left[(CH_3)_3\overset{\oplus}{N}-CH_2-\overset{H}{\overset{|}{C}}H-R\right]^+ OH^- \xrightarrow{\text{Erhitzen}} (CH_3)_3N| + CH_2{=}CH{-}R + H_2O$$

und bei den von R. Willstätter durchgeführten Synthesen von Benzol (S. 123) und Cyclooctatetraen (**I**, Kap. 11, I, 2f) auch eine gewisse praktische Bedeutung zur Olefindarstellung erlangt hat. Auch die nicht substituierte NH_2-Gruppe kann man zuweilen aus ihren Ammoniumsalzen unter Olefinbildung herausspalten, wie die Überführung von Vestryl-amin-hydrochlorid in Carvestren bei der thermischen Zersetzung zeigt:

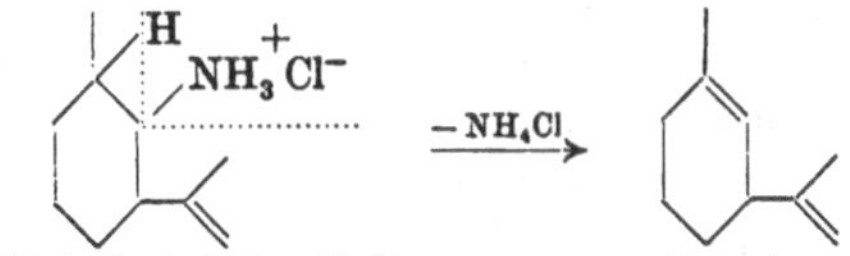

Vestrylamin-hydrochlorid Carvestren

Schließlich führt auch die später beschriebene indirekte Abspaltung der primären Aminogruppe mittels salpetriger Säure (S. 183) oder der Nitrosylhalogenide (S. 156) häufig zur Bildung von Olefinen als Nebenprodukt:

$$R{-}\overset{H}{\overset{|}{C}}H{-}CH_2{-}NH_2 + O{=}N{-}OH\ (-Hal) \longrightarrow R{-}CH{=}CH_2 + N_2 + H{-}OH\ (-Hal)$$

4. Die **Dehydrierung von Paraffinen** (vgl. auch S. 77) kann als Gegenreaktion zu der ziemlich stark exothermen Olefinhydrierung im allgemeinen erst oberhalb 600° mit erträglichen Ausbeuten durchgeführt werden, so daß sie nur zur Darstellung der einfachsten, gegen diese Temperaturen beständigen Olefine Anwendung findet. Technische Verfahren sind insbesondere für die bei 700—800° vor sich gehende Äthylen- und die bereits bei 575° durchführbare Isobutylengewinnung ausgearbeitet worden, die beide den weiteren Vorteil bieten, daß keine Isomerengemische entstehen können:

$$\overset{H}{\overset{|}{C}}H_2{-}\overset{H}{\overset{|}{C}}H_2 \xrightarrow{-H_2} CH_2{=}CH_2 \qquad (CH_3)_2\overset{H}{\overset{|}{C}}{-}\overset{H}{\overset{|}{C}}H_2 \xrightarrow{-H_2} (CH_3)_2C{=}CH_2$$

Als Katalysatoren verwendet man in diesem speziellen Fall Aluminium oder Aluminiumoxyd.

Erst in Gegenwart von Luftsauerstoff, der den abzuspaltenden Wasserstoff sofort verbrennt und dadurch das Gleichgewicht zugunsten der Dehydrierungsreaktion verschiebt, kann auch die Äthandehydrierung unterhalb 600° durchgeführt werden.

5. Neben der Herausspaltung von Wasserstoffverbindungen ist die Abspaltung von zwei schweren Substituenten unter Bildung einer Doppelbindung praktisch nur von untergeordneter Bedeutung geblieben. Als wichtigstes Beispiel sei **der Entzug von Halogen aus 1,2-Dihalogen-paraffinen** (S. 164) mittels Zink oder anderer freier Metalle angeführt:

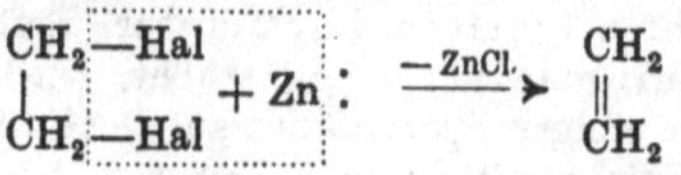

Die Reaktion stellt eine Art innermolekulare Wurtzsche Synthese dar und bietet gegenüber der Abspaltung von H—X-Molekülen den Vorteil der genauen Festlegung des Ortes der entstehenden Doppelbindung.

Physikalische Eigenschaften. Wie aus Tabelle 2 hervorgeht, zeigen die Olefine hinsichtlich ihres Aggregatzustandes gegenüber den Paraffinen gleicher Kohlenstoffzahl keine größeren Unterschiede. Z. B. liegen die Siede- und Schmelztemperaturen der Olefine mit endständiger Doppelbindung nur um wenige Grade tiefer als die der entsprechenden Paraffine (vgl. Tabelle 1, S. 74). Lediglich die cis-Formen der Olefine mit mittelständiger Doppelbindung schmelzen wegen der für die Einordnung in ein Kristallgitter ungünstigen Molekülgestalt wesentlich tiefer als die mit den Paraffinen gleicher Kohlenstoffzahl besser übereinstimmenden trans-Verbindungen.

Diese Schmelzpunktsregel ist insbesondere bei den höheren Gliedern der Reihe und auch anderen ungesättigten Verbindungen, wie z. B. cis- (Smp. $<-20^0$) und trans-Stilben (Smp. 124°) gegenüber dem gesättigten Dibenzyl (Smp. 52°), oder Öl- (Smp. 14°) und Elaidinsäure (Smp. 45°) gegenüber der gesättigten Stearinsäure (Smp. 69°), ziemlich gut erfüllt.

Größere Unterschiede in den physikalischen Eigenschaften treten dagegen bei den auf das Verhalten der Bindungselektronen zurückzuführenden additiven Molekularkonstanten auf, da diese auf das labile Doppelbindungselektronenpaar sofort ansprechen. Näheres vgl. II, Kap. 2, I.

Die **chemischen Reaktionen der Olefine** lassen sich in zwei größere Gruppen unterteilen: 1. die Reaktionen der Doppelbindungen und 2. die des paraffinartigen Restmoleküls. Von ihnen überwiegen erstere bei weitem und bedingen im wesentlichen den chemischen Charakter der Olefine. Die Reaktionen der Doppelbindung beruhen stets auf der Tendenz, das labilere der beiden Bindungselektronenpaare der Doppelbindung anderweitig in Bindung zu bringen, was auf dreierlei Weise möglich ist: 1. in Umkehrung der oben beschriebenen Abspaltungsreaktionen durch Anlagerung von Verbindungen des Typus A—B, 2. durch Substitution von Wasserstoff, bei der allerdings in der Sekundärreaktion das Doppelbindungselektronenpaar wieder hergestellt wird, und 3. durch die Bildung von Metallkomplexen. Von den Reaktionen des paraffinartigen Molekülteiles ist lediglich 4. die Aktivierung der zur Doppelbindung in „Allylstellung" befindlichen Substituenten durch die Doppelbindung hervorzuheben.

Zu 1. Bei den meisten **Anlagerungsreaktionen** reagiert die olefinische Doppelbindung ammoniakanalog, d. h. sie stellt in der in II, Kap. 4, II, 3aα näher erörterten Weise primär wie Ammoniak ein ungebundenes Elektronenpaar zur Verfügung, ein Reaktionstyp, den man als *elektrophile Addition* bezeichnet. Zur

Tabelle 2

Die physikalischen Konstanten einiger Olefine und Poly-olefine

Summen-formel	Name	Konstitution	Sdp.	Smp.	Dichte/Temp. (flüssig)
C_2H_4	Äthylen	$CH_2{=}CH_2$	—104°	—170°	0,576/—109°
C_3H_6	Propylen	$CH_2{=}CH{-}CH_3$	— 47	—185	0,647/—79
C_4H_8	Buten-1	$CH_2{=}CH{-}CH_2{-}CH_3$	— 6	<—190	0,630/10
	cis-Buten-2		+ 4	—139	Gemisch
	trans-Buten-2	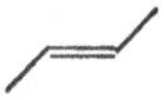	+ 1	—106	0,632/0
C_5H_{10}	n-Penten-1	$CH_2{=}CH{-}(CH_2)_2{-}CH_3$	+ 31	—	0,640/20
	trans-n-Penten-2		+ 36	—	0,648/20
	Trimethyl-äthylen		+ 36	—123	0,657/25
C_6H_{12}	n-Hexen-1	$CH_2{=}CH{-}(CH_2)_3{-}CH_3$	65	—139	0,679/15
	n-Hexen-2		68	—145-9	0,686/15
	2-Methyl-penten-2		67	—135	0,685/20
C_7H_{14}	n-Hepten-1	$CH_2{=}CH{-}(CH_2)_4{-}CH_3$	95—99	—	0,705/20
C_8H_{16}	n-Octen-1	$CH_2{=}CH{-}(CH_2)_5{-}CH_3$	122	—	0,716/19
C_9H_{18}	n-Nonen-1	$CH_2{=}CH{-}(CH_2)_6{-}CH_3$	146	—	0,730/21
$C_{10}H_{20}$	n-Decen-1	$CH_2{=}CH{-}(CH_2)_7{-}CH_3$	171	—	0,753/20
C_3H_4	Allen	$CH_2{=}C{=}CH_2$	— 32	—146	—
C_4H_6	Butadien-1,2	$CH_2{=}C{=}CH{-}CH_3$	+ 18—19	—	—
	Butadien-1,3	$CH_2{=}CH{-}CH{=}CH_2$	—5	—	0,650/—6
C_5H_8	Isopren		+ 34	—120	0,685/16
C_6H_{10}	Dimethylbutadien		69—70	—	0,744/0
	Diallyl		60	—141	0,687/16

Anlagerung nach diesem Mechanismus sind naturgemäß nur Säuren und säureanalog reagierende Stoffe befähigt.

Diese Analogie zwischen Ammoniak und den Olefinen bezieht sich allerdings nur auf die Primärreaktion, die (z. B. bei der Umsetzung mit den freien Halogenen) in beiden Fällen zu echten Salzen führt. Letztere sind aber nur beim Ammoniak existenzfähig und erleiden im Falle der Addition der Halogene an die Olefine eine Stabilisierung durch Anlagerung des Anions an den primär entstehenden Carbeniumkohlenstoff, so daß im Endeffekt verschiedenartige Produkte entstehen:

$$Cl{-}Cl + |NH_3 \xrightarrow{\text{Primärreaktion}} \left[Cl{-}\overset{\oplus}{N}H_3\right]^+ Cl^- \quad \text{keine Sekundärreaktion}$$

$$Cl{-}Cl + CH_2{=}CH_2 \xrightarrow{\text{Primärreaktion}} \left[\overset{Cl}{\overset{|}{C}}H_2{-}\overset{\oplus}{C}H_2\right]^+ Cl^- \xrightarrow{\text{Sekundärreaktion}} \overset{Cl}{\overset{|}{C}}H_2{-}\overset{Cl}{\overset{|}{C}}H_2$$

Grundsätzlich kann die olefinische Doppelbindung aber auch säureanalog reagieren (*nucleophile Addition*, Näheres vgl. II, Kap. 4, II, 3aβ). Hier setzt sie sich entsprechend mit basischen oder basenanalogen Stoffen um. Von ganz wenigen Ausnahmen abgesehen begegnet man diesem Reaktionstypus noch nicht bei den reinen Olefinen, sondern nur bei

Verbindungen, deren C=C-Doppelbindungen durch Konjugation mit anderen C=C-Doppelbindungen (S. 107) oder C=O-Doppelbindungen aktiviert sind. Schließlich findet zuweilen auch eine Addition von freien Radikalen nach einem ähnlichen Kettenmechanismus statt, wie wir ihn bei der Paraffinsubstitution kennengelernt haben (Näheres vgl. II, Kap. 4, II, 3aγ). Sowohl bei der nucleophilen Addition als auch bei der Anlagerung nach dem Radikalmechanismus beobachtet man naturgemäß andere Gesetzmäßigkeiten als bei der normalen elektrophilen Addition.

Im einzelnen bestehen die folgenden fünf Anlagerungsmöglichkeiten: a) die Anlagerung von Oxydations- oder Halogenierungsmitteln, b) die Anlagerung von Verbindungen des Typus H—X, c) die Hydrierung, d) die Anlagerung von Metallverbindungen, e) die Polymerisation und f) sonstige Additionsreaktionen.

Zu a) Die Reaktion der Olefine mit **Oxydations- und Halogenierungsmitteln** führt, wie das Beispiel der Chloraddition zeigt, stets zur Anlagerung von zwei negativen Substituenten. Sie verläuft bei der überwiegend positiven Natur des Kohlenstoffs stets mit großer Wärmetönung und ist praktisch irreversibel. Diesem Reaktionstypus gehören die wichtigsten, in folgendem Formelbild zusammengestellten Olefinreaktionen an:

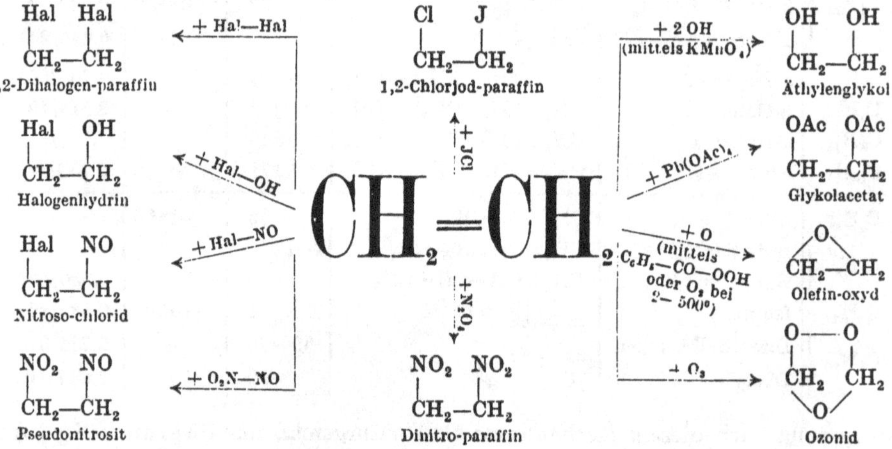

Zu den einzelnen Reaktionen ist nachzutragen:

Von den **elementaren Halogenen** werden am leichtesten Chlor und Brom angelagert, die meistens derart rasch reagieren, daß man Olefine mit Brom direkt titrieren kann. Jod selbst wird nicht mehr addiert, doch liegt im Jodchlorid (JCl) ein sehr reaktionsfähiges Mischhalogen vor, das sich leicht an olefinische Doppelbindungen anlagert und den Vorteil der Möglichkeit einer jodometrischen Bestimmung der Olefine (durch Rücktitration des nicht verbrauchten Jodchlorids) bietet, die unter der Bezeichnung „*Jodzahlbestimmung*" in der Fettchemie eine vielseitige Anwendung gefunden hat.

Elementares Fluor schließlich ist so reaktionsfähig, daß es nur unter besonderen Vorsichtsmaßregeln (tiefe Temperatur oder starke Verdünnung mit inerten Gasen) zu einer normalen Anlagerung gebracht werden kann. Andernfalls geht die Reaktion sofort weiter und führt zu einer mehr oder weniger vollständigen Molekülzerstörung. Man führt die Reaktion daher besser mit einigen wesentlich milder wirkenden fluorabgebenden Stoffen, wie z. B. PbF_4[1]) oder auch Phenyljodidfluorid (S. 176) durch.

---

[1]) Vgl. z. B. A. L. Henne u. T. P. Waalkes: Am. Soc. **67**, 1639 (1945).

Die Addition der Elemente der **unterhalogenigen Säuren** zu den Halogenhydrinen (S. 198) erfolgt im allgemeinen bereits bei der Einwirkung der wässerigen Lösungen der elementaren Halogene. Die unterhalogenigen Säuren selbst brauchen also nicht in reinem Zustand hergestellt zu werden und treten nach der neuesten Formulierung des Reaktionsmechanismus (vgl. **II**, Kap. 4, II, 3aα) auch gar nicht in der Reaktionsgleichung auf.

Die Anlagerung von **Sauerstoff** führt je nach den angewandten Oxydationsmitteln zu ganz verschiedenen Reaktionsprodukten. Während elementarer Sauerstoff entgegen der Erwartung bei normaler Temperatur überhaupt nicht mit der Doppelbindung reagiert, sondern nur in Gegenwart von Katalysatoren zwischen 200 und 500° zu den Olefinoxyden (S. 444f.) angelagert werden kann, gelingt mit **Kaliumpermanganat** oder Osmiumtetroxyd (in Gegenwart von Wasser) die Einführung von zwei Hydroxylgruppen zum Glykol (bzgl. des Reaktionsmechanismus vgl. **I**, Kap. 12, I, 1c u. **II**, Kap. 4, II, 5), das allerdings ohne besondere Vorsichtsmaßnahmen nicht faßbar ist und leicht weiter oxydiert wird. Die durch diese Reaktionen bedingte rasche Entfärbung von Kaliumpermanganatlösung durch Olefine dient unter der Bezeichnung „*Baeyersche Probe*“ als wichtiger qualitativer Olefinnachweis. Günstigere Oxydationsmittel für die präparative Darstellung der Glykole sind Per-ameisensäure[1]) und Peroxy-trifluoressigsäure[2]).

Bei Verwendung von **Bleitetra-acetat** als Oxydationsmittel erfolgt eine prinzipiell gleichartige Anlagerung von zwei „*Acetoxygruppen*“. Hierdurch wird das Reaktionsprodukt vor jeder Weiteroxydation geschützt.

Eine dritte Reaktionsmöglichkeit wird bei der Einwirkung von Hydroperoxyd beobachtet, das man meistens in Form seiner Derivate, insbesondere als **Benzopersäure** (S. 396) oder neuerdings auch Peressigsäure zur Anwendung bringt. Hier verläuft die Reaktion primär wieder analog der Oxydation der tertiären Amine zu den Aminoxyden, und das zwitterionenartige Primäraddukt geht erst in einer Sekundärreaktion in das eigentliche Olefinoxyd (vgl. auch S. 440) über:

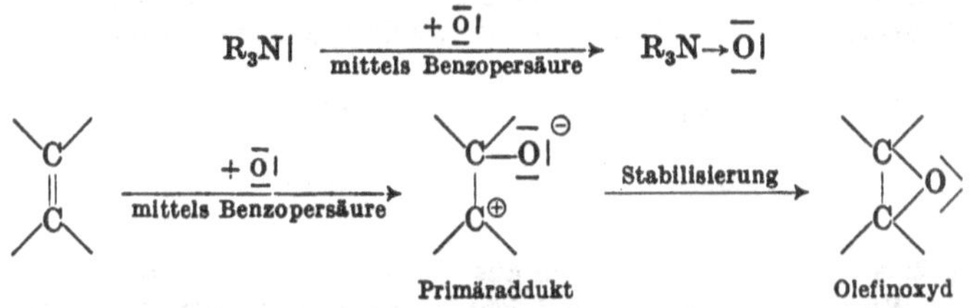

Nach einem grundsätzlich anderen Mechanismus als die bisher beschriebenen Anlagerungsreaktionen verläuft schließlich die Einwirkung von **Ozon**, bei der, ohne daß die Bildung eines primären Additionsproduktes mit noch intakter Kohlenstoffkette bisher nachgewiesen werden konnte, sofort eine vollständige Aufspaltung der Doppelbindung stattfindet und ein nicht ganz exakt als *Ozonid* (vgl. auch S. 294) bezeichnetes cyclisches Peroxy-anhydrid zweier Oxoverbindungen entsteht[3]):

---

[1]) J. English jr. u. J. D. Gregory: Am. Soc. **69**, 2120 (1947).

[2]) W. D. Emmons u. Mitarbb.: Am. Soc. **76**, 3472 (1954).

[3]) Bzgl. des Mechanismus der Ozonspaltung vgl. R. Criegee: A. **583**, 1 (1953) und frühere Arbeiten.

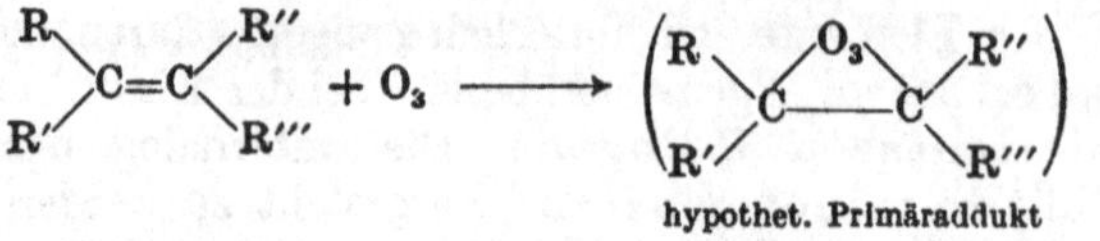

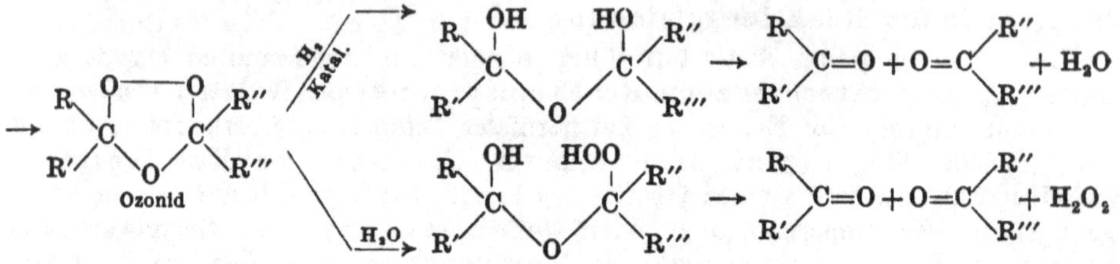

Diese Ozonide können in der angedeuteten Weise durch vorsichtige Hydrolyse oder noch besser durch katalytische Hydrierung leicht zu den Aldehyden oder Ketonen, von denen sie sich ableiten, aufgespalten werden, so daß man in der „*Ozonisierung*" ein bequemes Mittel zur Ermittlung der Lage der Doppelbindung in dem ursprünglichen Olefin besitzt. Hierzu sind die Ozonide insbesondere auch aus dem Grunde gut geeignet, weil bei ihrer Bildung nur sehr selten die unten beschriebene Neigung der Doppelbindung zur Wanderung innerhalb der Kette während der Anlagerungsreaktion beobachtet wird.

Ähnlich wie Sauerstoff und die Halogene lassen sich schließlich auch Schwefel und zahlreiche Schwefelverbindungen an Olefine anlagern[1]). Die Reaktion ist vor allem für die Vulkanisation des Kautschuks (Näheres vgl. III, Kap. 5, I, 3a) von Bedeutung.

Der eigenartige Name **Pseudonitrosit** für das Additionsprodukt von N_2O_3 an die olefinische Doppelbindung ist historisch bedingt und beleuchtet charakteristisch die eigenartige Geschichte der Konstitutionsaufklärung dieser Verbindungsklasse. J. Schmidt, der Entdecker dieser Stoffklasse, glaubte aus der sehr leichten Abspaltbarkeit des einen N-Atoms bei der Reduktion schließen zu können, daß die NO_2-Gruppe über den Sauerstoff, also als Ester der salpetrigen Säure (I) an den organischen Rest gebunden sei:

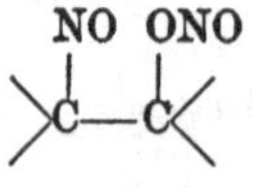
I

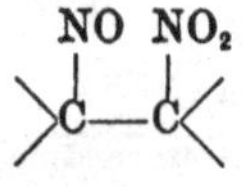
II

Die Verbindungsklasse erhielt daraufhin den aus *Nitroso-nitrite* abgeleiteten Namen *Nitrosite.* Später stellte H. Wieland jedoch fest, daß mindestens in den N_2O_3-Addukten einiger ungesättigter aromatischer Verbindungen echte, d. h. über den Stickstoff an den organischen Rest gebundene Nitrogruppen vorliegen (II) und schlug für diesen „Ausnahmefall" den Namen *Pseudonitrosite,* d. h. falsche Nitrosite vor. Wieder einige Jahre später stellte es sich schließlich heraus, daß echte Nitrosite bei derartigen Anlagerungsreaktionen überhaupt nicht entstehen, sondern nur Nitroso-nitro-Verbindungen der Struktur II, für die sich aber die Bezeichnung Pseudonitrosite als Gruppennamen erhalten hat.

Zu b) Bei der Anlagerung von Säuren kommt das ähnliche Verhalten von Olefinen und Ammoniak am deutlichsten zum Ausdruck, wie aus der folgenden Gegenüberstellung der Reaktionsgleichungen hervorgeht:

---

[1]) Zusammenfassung: H. E. Westlake jr.: Chem. Rev. **39**, 219 (1946).

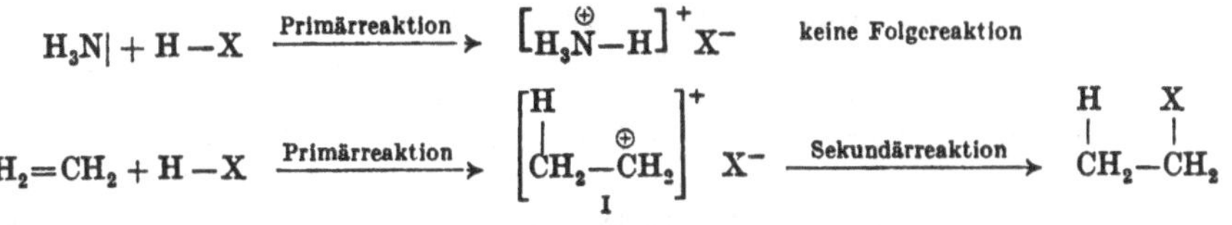

Die Anlagerung erfolgt daher in Analogie zur Neutralisation der Amine um so leichter, je stärker sauer die anzulagernde Verbindung ist, und läßt sich bei Verwendung starker Säuren auch reversibel durchführen, wie die auf S. 85f. beschriebene Darstellung von Olefinen aus Estern starker Säuren zeigt.

Erst bei der Anlagerung schwacher und schwächster „Säuren", wie z.B. von Wasser oder Aminen, verschwindet die Analogie mit dem Ammoniak, da hier bei den Olefinen zwar ebenfalls keine starke Anlagerungsneigung, aber auch keinerlei Tendenz zur Wiederabspaltung der einmal angelagerten schwachen Säuren beobachtet wird. Dies ist darauf zurückzuführen, daß nur die Primärreaktion, nicht aber die sekundäre Anlagerung des Säureanions X^- an das labile salzartige Zwischenprodukt I ammoniakanalog verläuft. Gerade diese Sekundärreaktion geht aber mit um so größerer Wärmetönung vor sich, je stärker basisch das Anion X^- und damit je schwächer sauer die Verbindung H—X ist. Der verminderten Wärmetönung der Primärreaktion entspricht also stets eine erhöhte Wärmetönung der Sekundärreaktion, so daß die Gesamtwärmetönung der vollständigen Anlagerungsreaktion nahezu unabhängig von der Acidität der Verbindung H—X ist. Von dieser hängt lediglich die Leichtigkeit der Bildung der Zwischenverbindung I und damit die Aktivierungsenergie der Hin- und Rückreaktion ab. Man beobachtet daher bei abnehmender Acidität der Verbindung H—X lediglich eine Herabsetzung der Anlagerungs- und auch der Wiederabspaltungsgeschwindigkeit.

Die wichtigsten Anlagerungsreaktionen dieses Typus sind in dem folgenden Formelbild zusammengestellt:

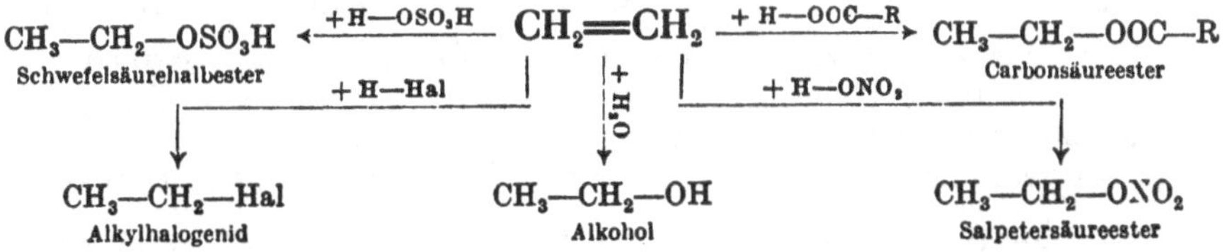

Im einzelnen beobachtet man etwa die folgende Abstufung der Reaktionsgeschwindigkeit beim Übergang von starken zu schwachen Säuren: Schwefelsäure als stärkste der gebräuchlichen Mineralsäuren vermag in konzentrierter Form (zuweilen sogar bereits als 67%ige Säure) gasförmige Olefine ähnlich leicht wie Ammoniak direkt aus der Gasphase zu absorbieren, wovon in der Technik zum Abfangen der Olefine aus Industriegasen des öfteren Gebrauch gemacht wird (vgl. S. 184). Auch die Anlagerung von Halogenwasserstoffen erfolgt noch ziemlich glatt, und zwar wiederum abnehmend in der Reihenfolge HJ→HBr→HCl→HF, während Carbonsäuren ohne Katalysatoren nur noch in wenigen Ausnahmefällen reagieren (vgl. z. B. die technische Camphersynthese, III, Kap. 5, II, 2d) und Wasser überhaupt nicht mehr angelagert werden kann. Auch in Gegenwart von neutralen Katalysatoren wie Natriumborat, Natriummetasilikat u. a. erfordert die Wasseranlagerung noch Temperaturen von 150—300° und Drucke von 20—50 Atmosphären. Erst in Gegenwart von Schwefelsäure geht die Reaktion wesentlich leichter vor sich, und man kann nunmehr Carbonsäuren ziemlich glatt und auch Wasser ohne besondere Schwierigkeiten an einige besonders aktive Olefine mit mindestens einem tertiären C-Atom zur Anlagerung bringen, weil hier die sauren Oniumionen ($R—COOH_2^+$ und OH_3^+) zur Einwirkung kommen. Die Anlagerung von Ammoniak an unverzweigte Olefine ist schließlich erst bei 450° und 20 Atmosphären Druck über Molybdänkontakten möglich und erfordert auch bei Verwendung der bereits schwach sauren Ammonium-Ionen noch Reaktionstemperaturen von etwa 300°.

Ähnlich der Säurekatalyse derartiger Anlagerungsreaktionen ist die Katalyse durch säureanalog reagierende Komplexbildner (sog. LEWIS-Säuren). Beispielsweise geht die Anlagerung des nur noch schwach sauren Fluorwasserstoffs nur in Gegenwart von Borfluorid vor sich[1]). Bei Verwendung von Aluminiumchlorid ist es sogar möglich, den Wasserstoff des Addenden H—X durch einen wesentlich reaktionsträgeren Alkylrest zu ersetzen, d. h. tert.-Butylchlorid an Olefine anzulagern[2]). Die letztere Reaktion ist vor allem als aliphatisches Modellbeispiel zu den FRIEDEL-CRAFTS-Synthesen der aromatischen Reihe (S. 129) von Interesse.

Außer von der Säurestärke hängt die Geschwindigkeit der Anlagerungsreaktion in ähnlicher Weise von der Struktur der Olefine ab, wie die der auf S. 85f. beschriebenen Abspaltungsreaktionen. Insbesondere Olefine, deren Doppelbindung von einem wasserstofffreien C-Atom (vor allem dem Verzweigungs-C-Atom eines Ringmoleküls) ausgeht, treten sehr leicht in Reaktion, so daß man z. B. den tertiären Amylalkohol direkt als „*Amylenhydrat*" (S. 195) oder das Bornylchlorid als „*Pinenhydrochlorid*" (III, Kap. 5, II, c) bezeichnet. Auch die nicht mehr zu den eigentlichen Kohlenwasserstoffen zählenden α,β-ungesättigten Carbonylverbindungen lagern sehr leicht Wasser und andere Verbindungen vom Typus H—X unter Bildung der β-Substitutionsprodukte der gesättigten Verbindungen an:

$$R—CH{=}CH—\overset{\overset{O}{\|}}{C}—R' \xrightarrow{+H—X} R—\overset{\overset{X}{|}}{C}H—CH_2—\overset{\overset{O}{\|}}{C}—R',$$

worauf in anderem Zusammenhang (S. 281 u. a.) noch näher eingegangen wird.

Im Gegensatz zu der unter a) beschriebenen Reaktionsgruppe werden bei der Anlagerung von H—X-Molekülen nur monosubstituierte Paraffine gebildet, so daß bei unsymmetrischen Olefinen zwei isomere Reaktionsprodukte nebeneinander auftreten können, je nachdem, an welches C-Atom der Wasserstoff tritt:

$$R—CHX—CH_2—R' \xleftarrow{+X—H} R—CH{=}CH—R' \xrightarrow{+H—X} R—CH_2—CHX—R'$$

Die Bildung der beiden stellungsisomeren Additionsprodukte nebeneinander wird jedoch nur bei gleichem Verzweigungsgrad der beiden olefinischen C-Atome beobachtet. Andernfalls sind die Unterschiede der Reaktionsgeschwindigkeit stets so groß, daß nach einer **Regel von MARKOWNIKOW** der negative Substituent X immer ausschließlich an das wasserstoffärmste C-Atom tritt. Es wird also die Bildung tertiärer vor der sekundärer oder primärer und die Bildung sekundärer vor der primärer Derivate begünstigt.

Erst in neuerer Zeit ist es zuweilen gelungen, durch Verwendung von Peroxyden und andern Oxydationsmitteln als Katalysatoren (sowie bei der auf S. 70 beschriebenen Iso-octan-synthese) diese Regel zu umgehen und auch die zumeist erwünschten primären Substitutionsprodukte durch Addition von Wasserstoffverbindungen an Olefine zu gewinnen:

$$BrCH_2—CH_2—CH_2Br \xleftarrow[(H_2O_2)]{+HBr} CH_2{=}CH—CH_2Br \xrightarrow[\text{(nach Markownikow)}]{+HBr} CH_3—CHBr—CH_2Br$$

[1]) A. L. HENNE und R. C. ARNOLD: Am. Soc. 70, 758 (1948).
[2]) V. A. MILLER: Am. Soc. 69, 1764 (1947).

Dieser andersartige Reaktionsverlauf ist darauf zurückzuführen, daß hier einer der auf S. 92 angedeuteten Fälle vorliegt, in denen die Umsetzung wie bei den Paraffinen nach dem Radikalmechanismus im Sinne einer Kettenreaktion erfolgt. Da unter diesen Umständen die Säurestärke der Verbindung H—X ohne wesentlichen Einfluß auf das Reaktionsgeschehen ist, können in Gegenwart von Peroxyden auch sehr schwach saure Substanzen, wie z. B. Phosphorwasserstoff[1]) oder SH-Verbindungen[2]), zur Anlagerung gebracht werden. Ferner dürfte die in I, Kap. 8, IV, 1 beschriebene Addition von SiH-Verbindungen an die C=C-Doppelbindung nach einem ähnlichen Mechanismus verlaufen.

Da nicht nur die Anlagerung sondern, wie wir auf S. 86 gesehen haben, auch die Abspaltung des H—X-Moleküls nach zwei verschiedenen Richtungen erfolgen kann, führt die Einwirkung von Schwefelsäure und ähnlichen Reagenzien auf Olefine u. U. über eine abwechselnde Anlagerung und Wiederabspaltung zu einer **Verschiebung der Doppelbindung** innerhalb des Moleküls:

$$R{-}CH{=}CH{-}CH_2{-}R' \underset{-HX}{\overset{+HX}{\rightleftharpoons}} R{-}CH_2{-}CHX{-}CH_2{-}R' \underset{+HX}{\overset{-HX}{\rightleftharpoons}} R{-}CH_2{-}CH{=}CH{-}R'$$

So kann man z. B. Dodecen-1 durch längeres Behandeln mit 50%iger Schwefelsäure in ein Gleichgewichtsgemisch sämtlicher möglichen stellungsisomeren n-Dodecene überführen. Derartige Wanderungen von Doppelbindungen, die man zusammenfassend auch als *Dreikohlenstofftautomerie* (Näheres vgl. **II**, Kap. 5, II, 4) bezeichnet, treten in mehr oder weniger starkem Ausmaß bei fast allen Doppelbindungsreaktionen auf und können u. U. die Konstitutionsermittlung ungesättigter Verbindungen empfindlich stören.

Neben der Anlagerung als H—X-Verbindungen können Schwefel- und Salpetersäure in ihrer höchst konzentrierten Form als rauchende Schwefelsäure und als „Nitriersäure" (Salpeter-schwefelsäure, vgl. I, Kap. 6, IV, 1) nach H. Wieland auch in Form der Bruchstücke —OH und —SO_3H bzw. —OH und —NO_2 an die Doppelbindung angelagert werden, wobei die primär entstehende alkoholische Hydroxylgruppe in dem stark wasserentziehenden Medium sofort weiter reagiert und verestert wird:

$$\begin{matrix} CH_2{-}ONO_2 \\ | \\ CH_2{-}NO_2 \end{matrix} \xleftarrow[-H_2O]{HNO_3} \left(\begin{matrix} CH_2{-}OH \\ | \\ CH_2{-}NO_2 \end{matrix}\right) \xleftarrow{HO-NO_2} \begin{matrix} CH_2 \\ \| \\ CH_2 \end{matrix} \xrightarrow{HO-SO_3H} \left(\begin{matrix} CH_2{-}OH \\ | \\ CH_2{-}SO_3H \end{matrix}\right) \xrightarrow[-H_2O]{H_2SO_4} \begin{matrix} CH_2{-}OSO_3H \\ | \\ CH_2{-}SO_3H \end{matrix}$$

Hier treten jedoch nicht mehr die normalen Säuremoleküle H_2SO_4 und HNO_3 in Reaktion, sondern ihre dehydratisierten Acidium-Ionen (SO_3H^+ und NO_2^+), die wir in **II**, Kap. 4, II, 3bα als die aktiven Agenzien bei der Sulfonierung und Nitrierung kennenlernen werden. Die Reaktionen sind deshalb von einem gewissen Interesse als aliphatische Modellreaktionen für die aromatische Substitution.

Eine andere einer aromatischen Substitutionsreaktion nahe verwandte Anlagerungsmöglichkeit beobachtete H. Wieland bei der Einwirkung von Carbonsäurehalogeniden auf Olefine in Gegenwart von Aluminiumchlorid. Hier findet eine der Friedel-Craftsschen Reaktion (S. 282) analoge Addition der Bruchstücke —Hal und —CO—R zum β-Halogenketon statt (S. 285):

$$CH_2{=}CH_2 + R{-}CO{-}Cl \xrightarrow{AlCl_3} R{-}CO{-}CH_2{-}CH_2{-}Cl$$

Die Methode hat neuerdings auch praktische Anwendung zur Synthese von β-Halogenketonen erlangt.

---

[1]) A. R. Stiles u. Mitarbb.: Am. Soc. **74**, 3282 (1952).

[2]) J. I. Cunneen: Soc. **1947**, 36, 134.

Ebenfalls einen von der normalen Addition abweichenden Verlauf der Anlagerungsreaktion beobachtet man nach W. REPPE, wenn man die Verbindung H—X in Gegenwart von Nickelcarbonyl oder ähnlichen Kohlenoxyd abgebenden Stoffen auf die olefinische Doppelbindung einwirken läßt. In diesem Fall wird gleichzeitig je ein Mol CO und der Verbindung H—X unter Synthese eines Carbonsäurederivates an die Doppelbindung angelagert. So entstehen im Falle der Verwendung von Äthylen z. B. Derivate der Propionsäure (S. 385), die durch diese Reaktion zu einer großtechnisch leicht herstellbaren Säure geworden ist. Wie die folgende Zusammenstellung der wichtigsten bisher durchgeführten Reaktionen zeigt:

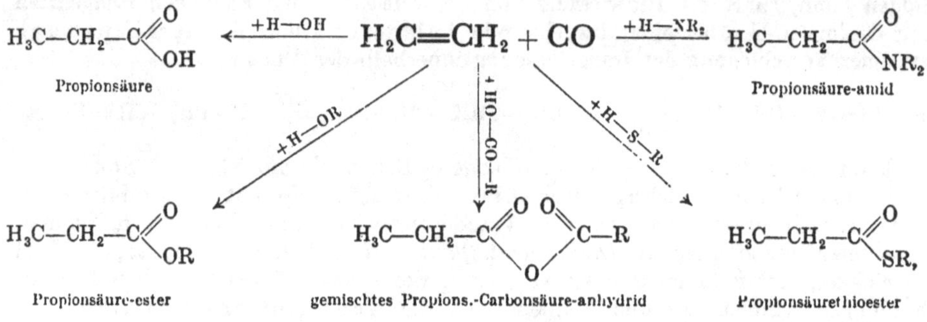

kann die H—X-Komponente innerhalb weiter Grenzen variiert werden. Doch läßt sich auch die olefinische Reaktionskomponente durch eine Reihe anderer organischer Verbindungen, wie z. B. durch Acetylen (S. 115) sowie auch durch Alkohole oder Alkylhalogenide, ersetzen, so daß wir diesem in der Technik als *Carbonylierungsreaktion* bezeichneten Verfahren im weiteren Verlauf dieses Buches noch des öfteren begegnen werden (vgl. die Zusammenstellung in **I**, Kap. 10, I, 2).

Zu c) Die präparativ und technisch außerordentlich wichtige Methode der **Hydrierung der C=C-Doppelbindung** mit elementarem Wasserstoff haben wir auf S. 68 bereits kennengelernt. Sie steht in keinem leicht erkennbaren Zusammenhang mit der Chemie des Ammoniaks mehr und muß infolge der Reaktionsträgheit des H_2-Moleküls stets katalytisch beschleunigt werden. Als Katalysatoren kommen in erster Linie die Metalle der 8. Nebengruppe in Betracht, doch sind daneben, insbesondere in der Technik auch eine Reihe anderer Kontaktstoffe entwickelt worden, worauf in anderm Zusammenhang (**I**, Kap. 12, II, 1 a) noch näher eingegangen wird.

Trotz ihrer nicht unbeträchtlichen Wärmetönung von 27—32 kcal/Mol kann die Hydrierung einer isolierten olefinischen Doppelbindung außer mit katalytisch erregtem Wasserstoff mit nur sehr wenigen Reduktionsmitteln durchgeführt werden, von denen insbesondere die konzentrierte Jodwasserstoffsäure hervorgehoben werden muß, die, ähnlich wie bei der Reduktion der Sauerstoffverbindungen auf S. 67, zunächst zum Alkylhalogenid angelagert wird und erst dann reduzierend wirkt:

$$R{-}CH{=}CH_2 \xrightarrow{+H-J} R{-}CHJ{-}CH_3 \xrightarrow{+H-J} R{-}CH_2{-}CH_3 + J{-}J$$

Die meisten anderen Reduktionsmittel, vor allem nascierender Wasserstoff, bleiben dagegen ohne jede Wirkung auf die isolierte C=C-Doppelbindung und vermögen erst mit den reaktionsfähigeren konjugierten Systemen in Reaktion zu treten.

Der Hydrierungsreaktion formal sehr ähnlich verläuft die **Addition eines Paraffinmoleküls** an die Doppelbindung unter Aufspaltung der ebenfalls sehr reaktionsträgen C—H-Bindung. Ein Beispiel für diesen Reaktionstypus haben wir auf S. 70 in der Iso-octansynthese aus Isobutylen und Isobutan bereits kennengelernt. Die Verwendung von Schwefelsäure als Katalysator deutet auf einen von der Hydrierung verschiedenen Reaktionsmechanismus hin.

Zu d) Die Umsetzung der Olefine mit Metallen und basischen Metallverbindungen gehört zu den wenigen auf S. 91 erwähnten Beispielen, bei denen die C=C-Doppelbindung säureanalog (nucleophil) reagiert. Die Reaktion führt zu verschiedenartigen Produkten. Normale Anlagerungsverbindungen beobachtet man z. B. bei einigen Quecksilbersalzen[1]. Sie sind im Zusammenhang mit der Verwendung von Quecksilbersalzen als Katalysatoren für Anlagerungsreaktionen des Acetylens (S. 115) und vielleicht auch mit der Mercurierung aromatischer Verbindungen (vgl. z. B. S. 233) von Interesse. Weiterhin werden Metallhydride und metallorganische Verbindungen (z. B. Lithium-butyl[2]) verschiedentlich normal addiert. Nur sind hier die Additionsverbindungen ebenfalls metallorganische Verbindungen, die wieder angelagert werden zu neuen anlagerungsfähigen Verbindungen. Im Endeffekt kommt die Reaktion hier also auf die im nächsten Abschnitt beschriebene Polymerisation hinaus.

Zu e) Bei den **Polymerisationsreaktionen**, die ebenfalls keine in die Augen fallende Analogie zur Chemie des Ammoniaks erkennen lassen, müssen wir zwei grundsätzlich verschiedene Möglichkeiten unterscheiden:

Einmal lagern sich zwei Olefinmoleküle in der Weise zusammen, daß sich die beiden ungesättigten Systeme unter Bildung eines Vierringes gegenseitig aufheben:

Diese Reaktion, die zuweilen schon im Sonnenlicht vor sich geht[3], ist für die Olefine selbst noch von untergeordneter Bedeutung, wird aber bei anderen ungesättigten Verbindungen, z. B. beim Stilben (S. 146) und der Zimtsäure (S. 397), ziemlich häufig beobachtet.

Bei der zweiten, wichtigeren Möglichkeit bildet sich zwischen den beiden Olefinmolekülen nur eine neue C—C-Bindung aus, so daß unter Erhaltung einer Doppelbindung und Wanderung eines H-Atoms eine Kette von vier C-Atomen entsteht:

wie es z. B. bei der ersten der oben erwähnten Isooctansynthesen der Fall ist. Die Hauptbedeutung dieser Reaktion liegt jedoch darin, daß sich an die restliche Doppelbindung des Dimerisationsproduktes ein drittes Olefinmolekül anlagern kann, an das dabei entstehende trimere Produkt ein viertes Molekül usw., bis man schließlich zu einer hochmolekularen gesättigten Verbindung kommt:

[1] Zusammenfassung: J. Chatt: Chem. Rev. **48**, 7 (1951).
[2] Vgl. z. B. K. Ziegler u. H.-G. Gellert: A. **567**, 195 (1950).
[3] Zusammenfassung: A. Mustafa: Chem. Rev. **51**, 1 (1952).

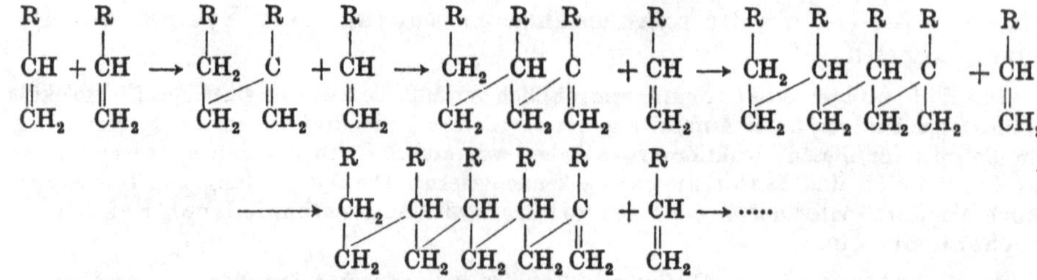

Diese Polymerisationsreaktion im eigentlichen Sinn wird durch zahlreiche Katalysatoren, vor allem durch Peroxyverbindungen und komplexbildende Metallhalogenide, ausgelöst, ist aber für die Olefine selbst noch von untergeordneter Bedeutung, weil im allgemeinen nur endständige und durch polare Substituenten oder Konjugation mit anderen Doppelbindungen (s. unten) aktivierte Doppelbindungen zu ihr befähigt sind. Wir werden daher diese für die Kunststoffgewinnung so wichtige Reaktion erst später ausführlich behandeln (**II**, Kap. 4, II, 3a u. **III**, Kap. 3, III, 1a). Lediglich das Äthylen und das Isobutylen machen eineAusnahme. Z. B. läßt sich ersteres als eines der wenigen rein aliphatischen Mono-olefine in Gegenwart von Spuren von Sauerstoff bei 1000—1500 Atmosphären Druck relativ leicht zu den aufS. 82 beschriebenen hochmolekularen Paraffinen polymerisieren. Von K. Ziegler[1]) wurde weiterhin ein Niederdruckverfahren entwickelt, bei dem die eigentliche Polymerisation an aluminiumorganischen Verbindungen (bzw. Aluminium-Wasserstoff-Verbindungen) als Katalysator verläuft. Hier liegt also ein Beispiel für die oben erwähnte Beziehung zwischen Addition von Metallverbindungen und Polymerisation vor.

f) Als eine letzte Gruppe von Anlagerungsreaktionen muß schließlich noch die erst später im einzelnen beschriebene Addition von aliphatischen Diazoverbindungen an die C=C-Doppelbindung unter Bildung stickstoffhaltiger Heterocyclen (**I**, Kap. 6, III, 1a) oder von Cyclopropanderivaten (vgl. z. B. S. 134) angeführt werden.

Zu 2. Der Additionsreaktion sehr nahe verwandt ist die **Substitution** des am doppelt gebundenen C-Atom befindlichen Wasserstoffs. Sie entspricht in jeder Beziehung der später beschriebenen aromatischen Substitution, als deren aliphatische Modellreaktion sie aufgefaßt werden muß, und ist von großem theoretischen Interesse für die Deutung der aromatischen Reaktionen. Ihr Mechanismus weicht von dem der Paraffinsubstitution völlig ab, wie u. a. aus der Verwendung ganz anderer Katalysatoren, insbesondere auch der Indifferenz gegenüber Ultraviolettbestrahlung, hervorgeht, und wurde früher allgemein durch eine rasch hintereinander erfolgende Anlagerung und Wiederabspaltung gedeutet, weil es zuweilen möglich ist, die als Zwischenprodukt vermutete Anlagerungsverbindung zu isolieren. Als Beispiel für eine derartige, in zwei Stufen durchführbare Substitutionsreaktion sei die auf S. 97 bereits kurz gestreifte Umsetzung von Olefinen mit Benzoylchlorid in Gegenwart von Aluminiumchlorid angeführt, die über die reine Anlagerung hinaus leicht weiter unter HCl-Abspaltung im Sinne einer normalen „Friedel-Craftsschen-Reaktion" (vgl. S. 129) zum α,β-ungesättigten Keton geführt werden kann:

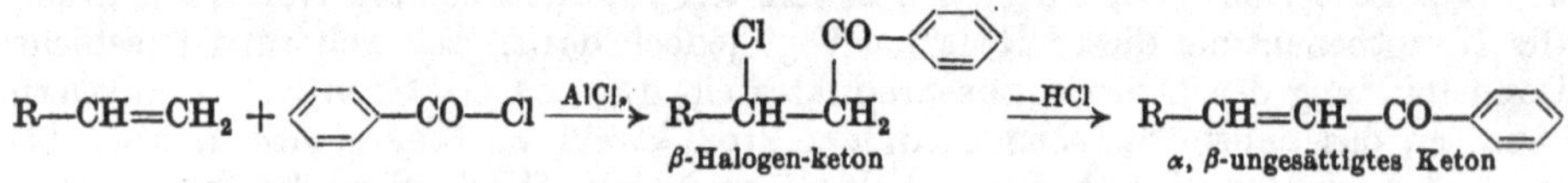

Wie wir jedoch später sehen werden (**II**, Kap. 4, II, 3b), ist es sehr unwahrscheinlich, daß sich tatsächlich immer das Anlagerungsprodukt primär ausbildet,

[1]) Zusammenfassungen: K. Ziegler u. Mitarbb.: Angew. Chem. **67**, 541 (1955); E. Grams u. E. Gaube: ebenda **67**, 548 (1955).

sondern man muß annehmen, daß die Substitutionsreaktion bereits von einer Vorstufe der Anlagerungsreaktion aus abzweigt. Beide Reaktionsmöglichkeiten der Doppelbindung beruhen danach auf verschiedenen Folgereaktionen der gleichen Primärreaktion.

Auch die Substitution spielt bei den eigentlichen Olefinen noch keine große Rolle, und es sind außer der erwähnten Benzoylierung nach „FRIEDEL-CRAFTS" für einfache Olefine kaum irgendwelche Beispiele bekannt, weil bei der isolierten olefinischen Doppelbindung die Tendenz zur Aufhebung des ungesättigten Systems zu groß ist. Infolgedessen werden bei normaler Temperatur alle zur Substitution geeigneten Reagentien angelagert, und erst oberhalb 300° läßt sich die Anlagerungsreaktion soweit zurückdrängen, daß z. B. eine Chlorierung von Äthylen unter Erhaltung der Doppelbindung möglich ist.

Die Verhältnisse werden jedoch sofort für die Substitution günstiger, wenn infolge des Vorhandenseins oder der Neubildung „konjugierter Systeme" (s. unten) die Doppelbindungen energetisch beständiger werden, so daß die Anlagerungstendenz vermindert wird. Dies ist z. B. bei der angeführten Benzoylierung des Äthylens der Fall, und hier sind infolgedessen die intermediär entstehenden β-Halogenketone so unbeständig, daß sie sehr leicht Chlorwasserstoff unter Rückbildung der Doppelbindung abspalten. Das wichtigste Beispiel für diese gesteigerte Rückbildungstendenz der Doppelbindung stellen die aromatischen Ringsysteme dar, und wir werden daher später in der aromatischen Reihe umgekehrt eine Bevorzugung der Substitutions- vor den Anlagerungsreaktionen beobachten.

Zu 3. Schließlich zeigt sich der ungesättigte Charakter der olefinischen Doppelbindung auch in ihrer Fähigkeit, mit **koordinativ ungesättigten Metallhalogeniden Komplexe zu bilden.** Das Olefin nimmt in diesen Additionsverbindungen jeweils die Stelle eines NH_3- oder H_2O-Moleküls ein, verhält sich also wieder ammoniakanalog. Ob es allerdings bei diesen Komplexverbindungen tatsächlich zur Ausbildung einer echten Atombindung zwischen dem Metallatom und dem Äthylenkohlenstoff im Sinne der Zwitterionenformel I kommt, erscheint noch zweifelhaft. Es sollen daher im folgenden lediglich einige Beispiele ohne nähere Diskussion der Bindungsverhältnisse angeführt werden:

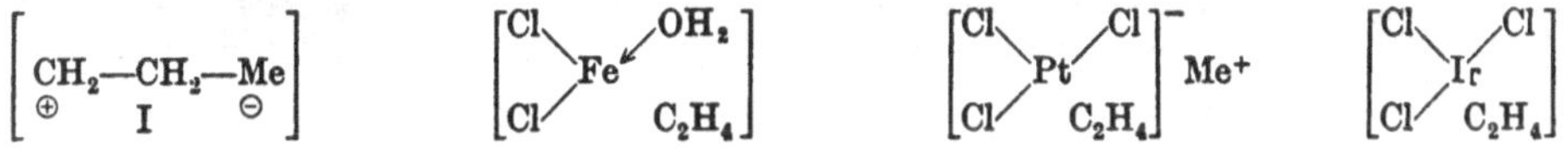

Zu 4. Die Reaktionsfähigkeit des **paraffinartigen Molekülteils** tritt bei den Olefinen zwar gegenüber der der Doppelbindung stark zurück, darf aber doch nicht ganz vernachlässigt werden, zumal die Doppelbindung auf das Restmolekül eine gewisse aktivierende Wirkung ausübt. Während z. B. der Wasserstoff am doppelt gebundenen Kohlenstoff selbst noch ähnlich reaktionsträge ist wie normaler Paraffinwasserstoff, zeigt er am benachbarten C-Atom („*Allylstellung*") eine deutliche Aktivierung und kann relativ leicht substituiert werden. Die wichtigste hierher gehörende Reaktion ist die langsam bereits bei Zimmertemperatur eintretende und bei 100—150° ziemlich rasch erfolgende spontane Aufnahme von molekularem Sauerstoff unter Bildung von Peroxyverbindungen[1])[2]):

---

[1]) Alle derartigen Reaktionen, bei denen sich auch der Luftsauerstoff spontan bei tiefer Temperatur mit der betreffenden Substanz umsetzt, werden *Autoxydationen* genannt, weil hier die Oxydation an der Luft gewissermaßen „von selbst" vor sich geht.

[2]) Zusammenfassungen über diese in neuerer Zeit vielfach untersuchte Reaktion: C. E. FRANK: Chem. Rev. **46**, 155 (1950); G. O. SCHENCK: Angew. Chem. **64**, 12 (1952); W. KERN u. H. WILLERSINN: ebenda **67**, 573 (1955); H. HOCK u. H. KROPF: ebenda **69**, 313 (1957).

$$R{-}CH_2{-}CH{=}CH_2 \xrightarrow{+O_2} R{-}\underset{|}{CH}(O{-}OH){-}CH{=}CH_2$$

Da diese Peroxyverbindungen ihrerseits wieder die Polymerisation der Olefine zu hochmolekularen Substanzen katalysieren, ist in ihrer Entstehung in erster Linie die Ursache der Neigung vieler ungesättigter Verbindungen zu suchen, an der Luft zu verharzen.

Eine ähnliche Oxydationswirkung wie mit Luftsauerstoff kann man auch mit Bleitetraacetat erzielen. Dieses ist also nicht nur zur Addition von zwei Acetoxylgruppen an die Doppelbindung (S. 93), sondern auch zur Substitution eines Allyl-H-Atoms durch einen Acetoxylrest befähigt (vgl. auch I, Kap. 12, I, 1c):

$$R{-}CH{=}CH{-}CH_3 \xrightarrow[-\,Pb(OAc)_2]{+\,Pb(OAc)_4} R{-}CH{=}CH{-}CH_2{-}O{-}Ac + HO{-}Ac$$

Häufig findet jedoch die Anlagerung und die Substitution gleichzeitig statt, so daß die Reaktion ohne Bedeutung geblieben ist. Erst die Verwendung von Quecksilberacetat als Oxydationsmittel[1]) gestattet die ausschließliche Oxydation der Allylstellung unter Schonung der Doppelbindung.

Auch eine Halogenierung der Olefine in Allylstellung ist möglich. Z. B. tritt Chlorierung ein, wenn man mit der Temperatur auf 500—600° hinaufgeht. Auf diese Weise werden sämtliche Doppelbindungsreaktionen weitgehend zurückgedrängt, so daß die Substitution des Allylwasserstoffs unter Schonung der Doppelbindung durchgeführt werden kann:

$$CH_2{=}CH{-}CH_3 + Cl_2 \xrightarrow{5-600^\circ} CH_2{=}CH{-}CH_2{-}Cl + HCl$$

Wichtiger ist die Verwendung von **Bromsuccinimid** als Bromierungsmittel, das schon bei tiefer Temperatur unter Schonung der olefinischen Doppelbindung ausschließlich den allylständigen Wasserstoff substituiert[2]).

Ähnlich wie die vom Allyl-C-Atom ausgehenden C—H- sind auch die von ihm ausgehenden C—C-Bindungen etwas aktiviert bzw. labilisiert, so daß alle ungesättigten Verbindungen zwischen dem zur Doppelbindung β- und γ-ständigen C-Atom relativ leicht zum Zerfall neigen. Als Beispiel sei die hauptsächlich zum Propylen und Methan führende Spaltung des α-Butylens angeführt, die bei der thermischen Zersetzung unter gleichzeitiger Dehydrierung eines zweiten α-Butylenmoleküls zum Butadien erfolgt:

$$2\,CH_2{=}CH{-}CH_2{-}CH_3 \begin{cases} \xrightarrow{+H_2} CH_2{=}CH{-}CH_3 + CH_4 \\ \xrightarrow{-H_2} CH_2{=}CH{-}CH{=}CH_2 \end{cases}$$

Wir werden dieser von O. Schmidt entdeckten und als „Doppelbindungsregel" bezeichneten Gesetzmäßigkeit später noch öfter begegnen (vgl. z. B. S. 262).

Einzelverbindungen. Trotz der großen allgemeinen Bedeutung der olefinischen Doppelbindung sind die einzelnen Olefine selbst nur von relativ geringem Interesse, da die wichtigsten ungesättigten Verbindungen auch noch andere Funktionen im Molekül enthalten.

Äthylen *(Äthen)* als Grundkörper der Reihe wird präparativ am besten durch Wasserabspaltung aus Äthylalkohol rein dargestellt. In der Technik dient zu seiner Gewinnung daneben auch die partielle Hydrierung von Acetylen

---

[1]) W. Treibs u. H. Bast: A. **561**, 165 (1949).

[2]) K. Ziegler u. Mitarbb.: A. **551**, 80 (1942); Zusammenfassung: C. Djerassi: Chem. Rev. **43**, 271 (1948).

(S. 114) sowie die **Dehydrierung** des bei der Kohlehydrierung als Nebenprodukt anfallenden **Äthans** bei 7—800°:

$$H{-}C{\equiv}C{-}H \xrightarrow{+H_2} H_2C{=}CH_2 \xleftarrow{-H_2} H_3C{-}CH_3$$

Ferner kommt Äthylen in einigen **Erdgasen** und vor allem in zahlreichen **Industriegasen** vor (z. B. zu etwa 4% im **Leucht-** und **Kokereigas** und zu über 20% in den beim **Crackprozeß** auftretenden Gasen), aus denen es nach dem LINDE-Verfahren oder durch Absorption mit **konzentrierter Schwefelsäure** abgetrennt wird. Doch lohnt in letzterem Fall seine Regeneration aus der entstehenden Äthylschwefelsäure nicht, sondern diese wird meistens direkt weiter verarbeitet, z. B. auf **Diäthyläther**.

Reines Äthylen ist ein farbloses, angenehm riechendes Gas, das infolge des gegenüber dem Äthan verminderten Wasserstoffgehaltes bereits mit **schwach rußender Flamme** brennt. Es ist in neuerer Zeit eine wichtige **technische Ausgangsverbindung** für die Herstellung aliphatischer und aliphatisch-aromatischer Substanzen geworden. Erwähnenswert sind vor allem die **Addition von Benzol** (nach FRIEDEL-CRAFTS, vgl. S. 129) zum **Äthylbenzol**, von dem aus man weiter zum **Styrol** und **Polystyrol** gelangt, die Oxydation zum **Äthylenoxyd** (S. 445), die Wasseranlagerung zum **Äthylalkohol**, die verschiedentlich bereits mit der **alkoholischen Gärung** in Konkurrenz treten kann, und schließlich die Polymerisation zu **Polyäthylenen** unterschiedlicher Molekülgröße, die in der **Schmierstoff-** und **Kunststoffindustrie** Anwendung finden.

Propen oder **Propylen,** $CH_2{=}CH{-}CH_3$, *Buten*-1 oder **α-Butylen** $CH_2{=}CH{-}CH_2{-}CH_3$ sowie das Gemisch von *cis*- und *trans-Buten*-2 (**cis- und trans-β-Butylen**) $CH_3{-}CH{=}CH{-}CH_3$ sind bei normaler Temperatur noch **gasförmig** und neben den entsprechenden **Paraffinen** in den als Brennstoff dienenden **Flüssiggasen** enthalten. Sie werden ebenfalls durch **Schwefelsäure** leicht absorbiert und in der Technik auf diesem Wege über die **Alkylschwefelsäuren** zu den entsprechenden **sekundären Alkoholen** (Regel von MARKOWNIKOW, Gleichungen formulieren!) verarbeitet.

Isobutylen $CH_2{=}C(CH_3){-}CH_3$ wird als einziges *Olefin* dieser Molekülgröße in der Technik als **einheitliche Verbindung** benötigt, und zwar einerseits als Ausgangsmaterial für die **Isooctansynthese** (S. 70), andererseits in polymerisierter Form als Kunststoff (**Polyisobutylen**). Seine Darstellung erfolgt durch **Dehydrierung** des bei der Kohlehydrierung anfallenden **Isobutans** (S. 80) sowie durch **Dehydratisierung** des auf dem Wege der **Kohlenoxydhydrierung** leicht zugänglichen **Isobutylalkohols** (S. 195). Diese Dehydratisierung ist **nicht reversibel**, denn bei der Wasseranlagerung an Isobutylen entsteht auf Grund der Regel von MARKOWNIKOW ausschließlich **tert.-Butylalkohol**. Man kann infolgedessen über das Isobutylen als Zwischenprodukt **Isobutylalkohol** in **tert.-Butylalkohol** umwandeln (Gleichung formulieren!).

3. Kohlenwasserstoffe mit mehreren Doppelbindungen (Poly-olefine)

Enthält ein Kohlenwasserstoff **mehrere Doppelbindungen** im Molekül, so findet u. U. eine **gegenseitige Beeinflussung** der Doppelbindungen unter Bildung wesentlich **reaktionsfähigerer Bindungssysteme** statt. Man unterteilt die Poly-olefine daher zweckmäßig nach dem **gegenseitigen Abstand** der Doppelbindungen, in a) Kohlenwasserstoffe mit **kumulierten Doppelbindungen**, bei denen diese **unmittelbar** aufeinander folgen, b) Kohlenwasserstoffe mit **konjugierten Doppelbindungen**, bei denen sich zwischen zwei Doppelbindungen jeweils eine **einfache Bindung** befindet, und schließlich c) Kohlenwasserstoffe mit **isolierten Doppelbindungen**, bei denen der Abstand zwischen den Doppelbindungen **größer** ist.

Die **Benennung** der Polyolefine erfolgt auf Grund der **Genfer Nomenklatur** in der Weise, daß man die **Zahl der Doppelbindungen** durch nochmaliges Einschieben eines **griechischen Zahlwortes** zwischen das Stammwort des Kohlenwasserstoffs und die für ungesättigte Verbindungen charakteristische Endsilbe *-en* sowie ihre Lage wie üblich durch **Numerierung der C-Atome**, von denen die Doppelbindungen ausgehen, kennzeichnet. Man kommt so zu Ausdrücken wie *Buta-di-en-1,3* ($CH_2{=}CH{-}CH{=}CH_2$) oder *Hexa-tri-en-1,3,5* ($CH_2{=}CH{-}CH{=}CH{-}CH{=}CH_2$) für die sich vom **Butan** bzw. **Hexan** ableitenden Polyolefine mit zwei bzw. drei „**konjugierten**" **Doppelbindungen**.

a) Kohlenwasserstoffe mit kumulierten Doppelbindungen (1,2-Di-ene)

Folgen mehrere C=C-Doppelbindungen **unmittelbar** aufeinander, wie z. B. im einfachsten Fall beim **Allen** $CH_2{=}C{=}CH_2$, so spricht man von *kumulierten* Doppelbindungen (von lat. *cumulus* = der Haufen) und nennt die entsprechenden Kohlenwasserstoffe meistens kurz *Kumulene* oder auch nach dem Anfangsglied der Reihe *Allene*. Ihre **Darstellung** erfolgt nach den bei den Olefinen beschriebenen Methoden, wobei man allerdings darauf achten muß, daß nicht **andere ungesättigte Systeme** entstehen können. So erhält man z. B. bei der leicht durchführbaren Abspaltung von zwei Molekülen Halogenwasserstoffsäure aus **1,2-Dihalogenparaffinen** nur in seltenen Fällen die Allene, da meistens leichter **konjugierte Doppelbindungen** oder eine **dreifache Bindung** gebildet werden (s. unten). Ein einfaches Beispiel, bei dem letzteres infolge einer **Molekülverzweigung** unmöglich ist, so daß tatsächlich ein Allenderivat entsteht, liegt in der Bildung des **as-Dimethyl-allens** aus **2-Methyl-2,3-dibrom-butan** vor:

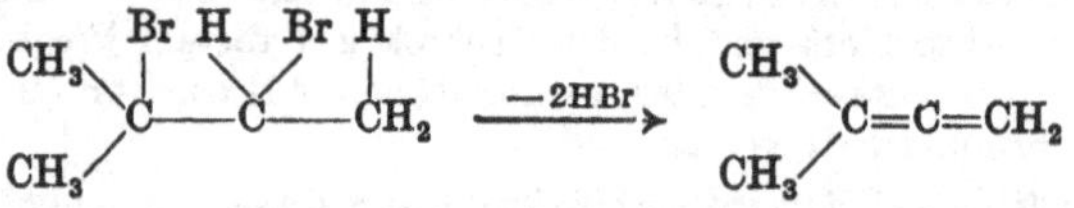

Für **Allen** selbst besitzen wir im Bromentzug aus **2,3-Dibrompropylen** mittels **Zink** ein einfaches Darstellungsverfahren, das nur zur Bildung des Allensystems führen kann, da die Lage der neu entstehenden Doppelbindung bei dieser Methode von vornherein **festgelegt** ist (vgl. S. 90):

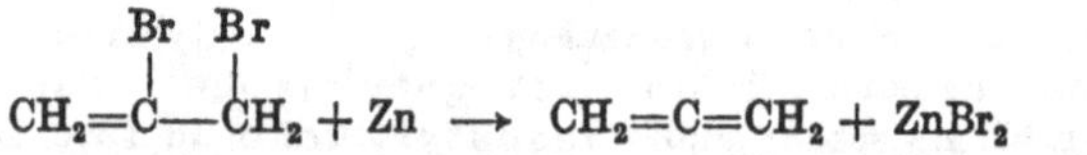

Die kumulierten Doppelbindungen sind infolge der besonders stark ungesättigten Natur des **mittleren C-Atoms** wesentlich **energiereicher** und **reaktionsfähiger** als normale Doppelbindungen, doch werden prinzipiell die **gleichen Anlagerungsreaktionen** gegeben. Bei der Addition von zwei Molekülen einer Wasserstoffverbindung gehen nach der Regel von Markownikow beide negative Reste an das mittlere C-Atom unter Bildung von **Ketonderivaten**. Z. B. entsteht aus **Allen** selbst und Wasser **Aceton**:

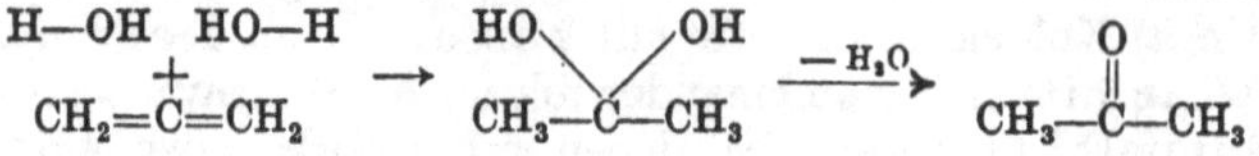

Acetonhydrat Aceton

Die **labile Natur** der kumulierten Doppelbindungen äußert sich u. a. in einer gewissen Tendenz des Systems, sich in eine **Acetylenbindung** umzulagern. So kann man z. B.

Allen bereits durch Erhitzen seiner ätherischen Lösung mit Natrium auf 100° in das Natriumderivat des isomeren Allylens überführen:

$$CH_2{=}C{=}CH_2 \xrightarrow{Na} \underset{\text{Allylen-natrium}}{NaC{\equiv}C{-}CH_3}$$

Tetrasubstituierte Allene sind sterisch von Interesse, da sich von ihnen eine Molekularasymmetrie ableitet (vgl. II, Kap. 7, I, 1d).

Die einfachste Verbindung mit drei kumulierten Doppelbindungen liegt im Butatrien vor, das erstmals von W. M. Schubert[1]) dargestellt wurde. In ihm stehen die erste und dritte Doppelbindung in echter Konjugation zueinander, d. h. es liegt gleichzeitig ein kumuliertes und ein konjugiertes Doppelbindungssystem vor. Letzteres macht sich u. U. bei Additionsreaktionen bemerkbar, die wie bei anderen Verbindungen mit konjugierten Doppelbindungen in 1,4-Stellung erfolgen können[2]) (Näheres über 1,4-Addition vgl. S. 107):

$$\underset{\text{Buta-trien}}{CH_2{=}C{=}C{=}CH_2} \xrightarrow[\text{(1,4-Addition)}]{+\,J_2} J{-}CH_2{-}C{\equiv}C{-}CH_2{-}J$$

Wie schon diese Reaktion erkennen läßt, stehen höhere Kumulene in nahen Beziehungen zu den Acetylenen und Polyacetylenen. Sie sind nur in der aromatischen Reihe bekannt und werden deshalb erst auf S. 147 beschrieben.

b) Kohlenwasserstoffe mit konjugierten Doppelbindungen (1,3-Diene)

Sind die Doppelbindungen durch eine einfache Bindung getrennt, wie etwa in den oben als Nomenklaturbeispiel angeführten Kohlenwasserstoffen Butadien-1,3 und Hexatrien-1,3,5, so liegt ein System von *konjugierten Doppelbindungen* vor. In diesem Fall ist die gegenseitige Beeinflussung der Doppelbindungen am größten, und die Verbindungen zeigen vielfach völlig neuartige Reaktionen.

Außer der im Butadien-1,3 und Hexatrien-1,3,5 verwirklichten *fortlaufenden Konjugation* mehrerer Doppelbindungen in einer normalen Kohlenstoffkette besteht auch die Möglichkeit, daß eine an einer Molekülverzweigung stehende Doppelbindung mit je einer Doppelbindung in jeder der Seitenketten konjugiert ist, wie es z. B. bei den in I, Kap. 11, I, 2c beschriebenen Fulvenen der Fall ist.

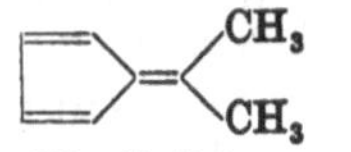

Dimethylfulven

Hier spricht man von *verzweigt konjugierten* Doppelbindungen. Einen dritten Typus von konjugierten Doppelbindungen beobachtet man schließlich bei cyclischen Verbindungen, z. B. dem auf S. 122f. beschriebenen Benzol und seinen Derivaten. Hier liegt ein *geschlossen konjugiertes* Bindungssystem vor, da keine der miteinander in Konjugation stehenden Doppelbindungen „endständig" ist, sondern jede Doppelbindung nach beiden Seiten mit einer anderen in Konjugation steht:

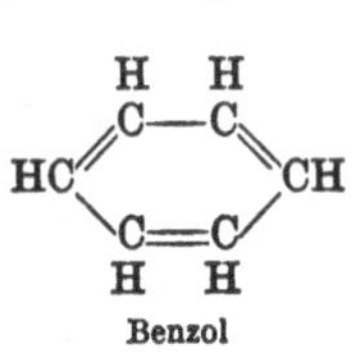

Benzol

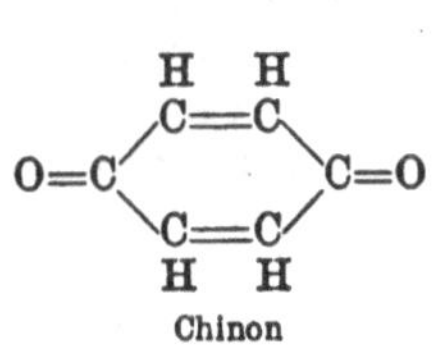

Chinon

---

1) W. M. Schubert u. Mitarbb.: Am. Soc. 74, 569 (1952).
2) F. Wille u. Mitarbb.: A. 591, 177 (1955).

Auch bei den auf S. 308f. beschriebenen Chinonen spricht man meistens von einem geschlossen konjugierten Bindungssystem, da eine zwischen zwei C=O-Doppelbindungen stehende C=C-Doppelbindung nicht den Charakter einer endständigen Doppelbindung aufweist.

Vorkommen. Die Kohlenwasserstoffe mit konjugierten Doppelbindungen sind bereits zu unbeständig, um noch mineralisch (etwa im Erdöl) auftreten zu können. Dagegen spielen sie biochemisch eine große Rolle, und wir werden ihnen daher bei den Naturstoffen (z. B. in den Carotinoidfarbstoffen, III, Kap. 2, II, 1) des öfteren begegnen.

Die **Darstellung** erfolgt im wesentlichen nach den bei den Olefinen beschriebenen Verfahren, jedoch für jede Verbindung nach speziellen Methoden, so daß sich kaum allgemeine Angaben machen lassen. Wichtig ist, daß bei der Möglichkeit der Bildung verschiedenartiger doppelt ungesättigter Bindungssysteme die des relativ energiearmen konjugierten Systems mit wenigen Ausnahmen stets bevorzugt wird. Von den drei Möglichkeiten der Abspaltung von zwei Molekülen HBr aus 2,3-Dibromparaffinen: der Bildung einer Acetylenbindung (s. unten), eines Systems kumulierter Doppelbindungen und eines Systems konjugierter Doppel-Bindungen:

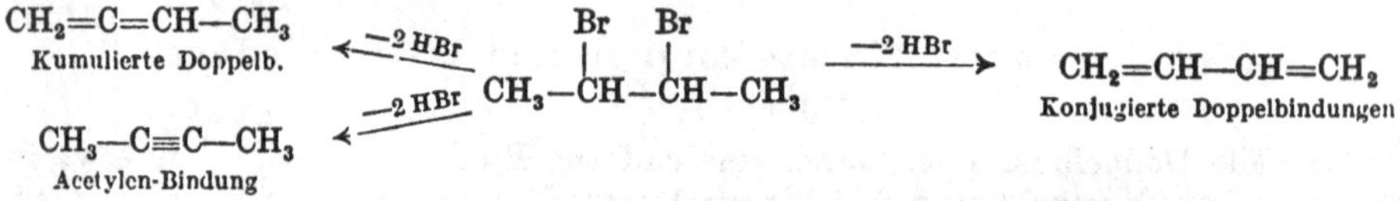

wird also, wenn es die Konstitution zuläßt, in den meisten Fällen die letztere verwirklicht werden, so daß dieses schöne Verfahren zur Darstellung der beiden anderen Bindungssysteme nur mit den dort angegebenen Einschränkungen verwendbar ist.

Bei der großen Tendenz zur Wanderung der Doppelbindungen erhält man über die normalen Bildungsweisen hinaus zuweilen auch dann ein System konjugierter Doppelbindungen, wenn infolge des großen Abstandes der abzuspaltenden Gruppen eigentlich nur isolierte Doppelbindungen auftreten sollten. Ebenso ist es häufig möglich, Verbindungen mit isolierten Doppelbindungen durch relativ geringfügige Einwirkungen in solche mit konjugierten Doppelbindungen umzulagern (vgl. z. B. S. 390).

Die starke gegenseitige Beeinflussung der in Konjugation stehenden Doppelbindungen läßt sich bereits an Hand einer Reihe von **physikalischen Eigenschaften** erkennen. So ist z. B. im Butadien-1,3 (CH_2=CH—CH=CH_2) der Abstand der mittleren beiden C-Atome um etwa 5% geringer als bei einer normalen einfachen C—C-Bindung (Näheres vgl. II, Kap. 3, III, 1). Ferner zeigt die Molekularrefraktion (II, Kap. 2, I, 4) eine gewisse Abweichung (Exaltation) von dem für zwei isolierte Doppelbindungen berechneten Wert, und in nahem Zusammenhang damit wird auch die Wellenlänge des absorbierten Lichtes gegenüber der der einfachen olefinischen Doppelbindung nach den langen Wellen hin verschoben. Schließlich geht die gegenseitige Beeinflussung der Doppelbindungen auch aus der Verbrennungswärme hervor, die auf einen gegenüber zwei isolierten Doppelbindungen um durchschnittlich 3,5 kcal/Mol verminderten Energieinhalt hinweist. Der Übergang zweier normaler Doppelbindungen in ein konjugiertes System ist also ein unter weitgehender Umgestaltung des Bindungscharakters verlaufender, mit einer Wärmeabgabe von 3,5 kcal verbundener exothermer Vorgang, den wir später (II, Kap. 3, III, 1 u. 3) auf eine Mesomerie zwischen den beiden Doppelbindungen zurückführen werden.

Chemisches Verhalten. Die Reaktionen der 1,3-Diene lassen sich in zwei größere Gruppen unterteilen: 1. Umsetzungen, die bereits von den einfachen Olefinen gegeben werden und 2. völlig neuartige Reaktionen.

Zu 1. Die 1,3-Diene sind prinzipiell zu den gleichen Additionsreaktionen befähigt wie die einfachen Olefine. Doch macht sich hier der Zusammenschluß der beiden Doppelbindungen zu einem gemeinsamen Bindungssystem bereits in dem Sinne bemerkbar, daß die Anlagerung nicht mehr nur an die einzelnen Doppelbindungen erfolgt, sondern daß die stärker abgesättigten mittleren C-Atome des Systems sich häufig nicht mehr an der Anlagerung beteiligen. In diesem Fall reagiert das konjugierte System als Ganzes, und es findet nur an seinen Enden die Aufnahme der Addenden statt, wobei die übrigbleibende Doppelbindung (bzw. bei längeren Systemen sämtliche übrigbleibenden Doppelbindungen) jeweils an die Stelle(n) des Systems rückt (rücken), die vorher die einfache(n) Bindung(en) eingenommen hat (haben). Wir kommen so zu dem wichtigen Typus der 1,4-*Addition* bei zwei, der 1,6-*Addition* bei drei konjugierten Doppelbindungen usw.:

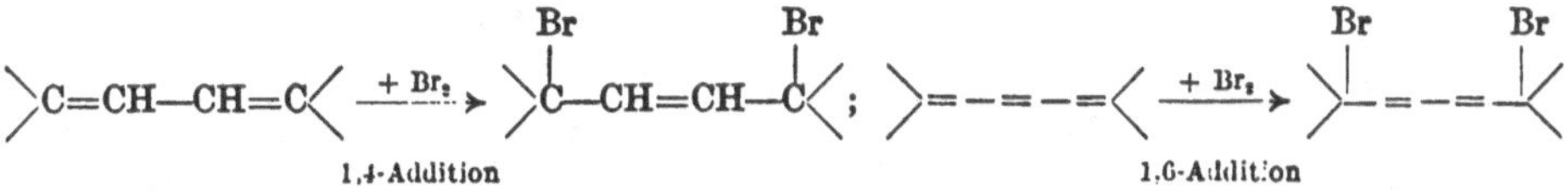

Wann mit 1,4- und wann mit normaler 1,2-Addition gerechnet werden muß, hängt von den jeweiligen Reaktionsbedingungen ab und kann im Einzelfall nicht vorausgesagt werden.

Die Anlagerung erfolgt im allgemeinen trotz der um 3,5 kcal/Mol geringeren Wärmetönung wesentlich leichter als bei den einfachen Olefinen, weil, wie später gezeigt wird, die Elektronenbeweglichkeit im konjugierten System größer und damit die zum Einleiten der Reaktion erforderliche Aktivierungsenergie kleiner ist als bei einer einzelnen Doppelbindung.

Zu 2. Die gesteigerte Reaktionsfähigkeit der C=C-Doppelbindungen macht sich besonders in einer stärker hervortretenden Tendenz zur nucleophilen Addition basischer Stoffe bemerkbar. Hier sind vor allem die folgenden drei Reaktionen hervorzuheben:

a) Ammoniak und organische Amine lagern sich in Gegenwart von metallischem Natrium als Katalysator schon bei tiefer Temperatur an Butadien an, wobei im allgemeinen sämtliche N—H-Bindungen in Reaktion treten:

$$NH_3 + 3\,CH_2{=}CH{-}CH{=}CH_2 \longrightarrow N({-}CH_2{-}CH_2{-}CH{=}CH_2)_3$$

$$R{-}NH_2 + 2\,CH_2{=}CH{-}CH{=}CH_2 \longrightarrow R{-}N({-}CH_2{-}CH_2{-}CH{=}CH_2)_2$$

b) Als weiterer neuartiger Reaktionstypus muß die Fähigkeit der 1,3-Diene hervorgehoben werden, **Alkalimetalle** in 1,4-Stellung zu **addieren.** Die entstehenden metallorganischen Verbindungen sind allerdings sehr zersetzlich und reagieren rasch weiter. So wird z. B. in Gegenwart von solvolysierenden Lösungsmitteln das Metall sofort unter Bildung der partiell hydrierten Mono-olefine durch Wasserstoff ersetzt (S. 68):

$$CH_2{=}CH{-}CH{=}CH_2 + 2\,Na \longrightarrow \underset{|}{\overset{Na}{}}CH_2{-}CH{=}CH{-}CH_2(Na) \xrightarrow[-2\,NaOH]{+2\,H{-}OH} CH_3{-}CH{=}CH{-}CH_3$$

Auf dieser Reaktion beruht die Reduzierbarkeit der Polyene durch nascierenden Wasserstoff bis zur Mono-olefinstufe (vgl. I, Kap. 12, II, 1 b). Eine andere Sekundärreaktion beruht darauf, daß man

c) ähnlich wie die Alkalimetalle auch **alkalimetallorganische Verbindungen** an 1,3-Diene anlagern kann:

$$CH_2{=}CH{-}CH{=}CH_2 + R{-}Li \longrightarrow R{-}CH_2{-}CH{=}CH{-}CH_2{-}Li$$

Diese Reaktion führt insofern leicht zu Komplikationen, als die oben beschriebenen Alkalimetalladdukte als metallorganische Verbindungen sich ihrerseits ebenfalls an ein zweites Dienmolekül unter Bildung einer neuen metallorganischen Verbindung addieren können, die wiederum additionsfähig ist, usw. Im Endeffekt kommt man infolgedessen, ähnlich wie bei der Polymerisation der einfachen Olefine, zu hochmolekularen, in diesem Fall allerdings polyungesättigten Kohlenwasserstoffen:

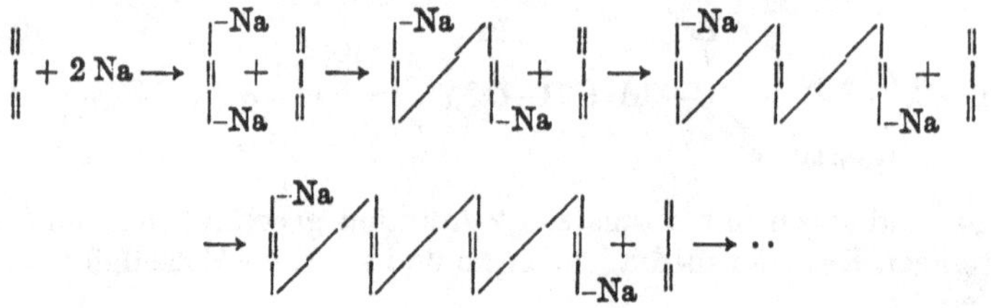

In dieser **Alkalimetallpolymerisation** besitzen wir für die 1,3-Diene neben der auch hier möglichen Peroxyd- und Metallhalogenidpolymerisation noch eine dritte Polymerisationsmöglichkeit, die für die Kautschuk- und Bunasynthese eine gewisse praktische Bedeutung erlangt hat.

d) Bereits wieder zu den elektrophilen Additionsreaktionen der 1,3-Diene kann man die Diensynthese von Diels und Alder rechnen. Sie besteht in der gegenseitigen Absättigung der ungesättigten Systeme eines 1,3-Diens und einer Verbindung mit einer, in bestimmter Weise aktivierten einfachen Doppelbindung (*philodiene Komponente*), wobei in Analogie zur Dimerisierung der einfachen Olefine zu Cyclobutanderivaten (S. 99) unter Verschwinden von zwei Doppelbindungen ein noch eine Doppelbindung enthaltender Sechsring entsteht:

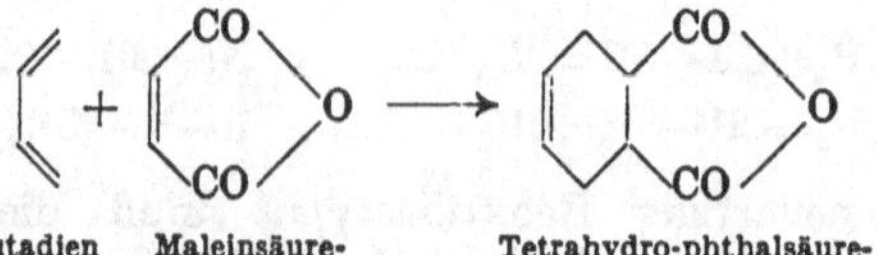

Butadien Maleinsäure-anhydrid Tetrahydro-phthalsäure-anhydrid

Die Reaktion geht bei Auswahl geeigneter philodiener Komponenten bereits unter sehr milden Reaktionsbedingungen, meistens sogar schon beim bloßen Zusammengeben der Reaktionsteilnehmer vor sich. Sie hat sich deshalb in neuerer Zeit zu einer der wichtigsten synthetischen Reaktionen für den Aufbau hydroaromatischer Verbindungen entwickelt. Ihre eingehende Behandlung erfolgt in I, Kap. 12, III, 3.

Als einen Spezialfall der Diensynthese kann man die von G. O. SCHENCK[1]) entdeckte und später von H. HOCK[2]) näher untersuchte Anlagerung von 1,3-Dienen an die Doppelbindung des elementaren Sauerstoffs ansehen, die allerdings nur selten auf der Stufe des monomolekularen „*Endoperoxyds*" stehen bleibt, da die Peroxydgruppe eine Polymerisation der im Molekül verbleibenden olefinischen Doppelbindung auslöst. Als Beispiel eines beständigen Endoperoxyds sei das bei 83° schmelzende, gut kristallisierte bicyclische Addukt I von Sauerstoff an Cyclohexadien-1,3 angeführt:

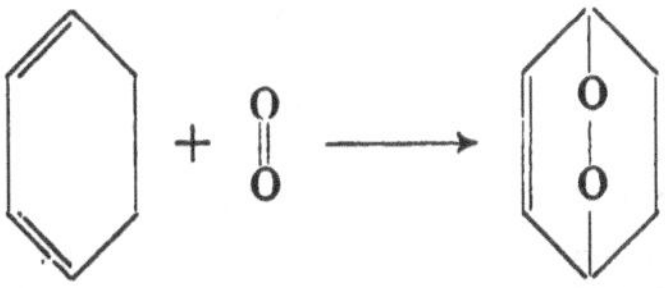

I

e) Eine weitere der Diensynthese formal sehr ähnliche Additionsreaktion, die allerdings bisher kaum praktische Anwendung gefunden hat, liegt in der Anlagerung von **Schwefeldioxyd** an 1,3-Diene zu cyclischen oder bei zwischenmolekularer Addition auch hochmolekularen Sulfonen (I, Kap. 7, II, 2) vor:

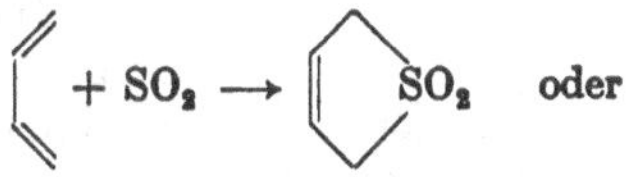

$$\cdots + {=}{-}{=} + SO_2 + {=}{-}{=} + SO_2 + {=}{-}{=} + \cdots$$

$$\longrightarrow \cdots CH_2{-}CH{=}CH{-}CH_2{-}SO_2{-}CH_2{-}CH{=}CH{-}CH_2{-}SO_2{-}CH_2{-}CH{=}CH{-}CH_2 \cdots$$

Selbst der sonst so reaktionsträge **elementare Schwefel** wird in gleichem Sinne angelagert, doch führt hier die Reaktion infolge der „Aromatisierungstendenz" des entstehenden Dihydrothiophens unter anschließender Dehydrierung zum 1,3-Diensystem zurück, und man erhält das aromatische Ringsystem des Thiophens (Näheres vgl. I, Kap. 11, III, 3):

Dihydro-thiophen Thiophen

Einzelverbindungen: ***Butadien-1,3*** (meistens **Butadien** schlechthin genannt) oder ***Erythren*** hat in neuerer Zeit als wichtigster Rohstoff für die Bunagewinnung sehr an technischer Bedeutung gewonnen. Seine Herstellung im großen geschieht heute vom Acetylen (in Agrarländern auch vom Äthylalkohol) ausgehend nach drei Verfahren, von denen hier nur die Formeln angeführt seien, da sie sich mit Reaktionen befassen, die im einzelnen erst später behandelt werden[3]):

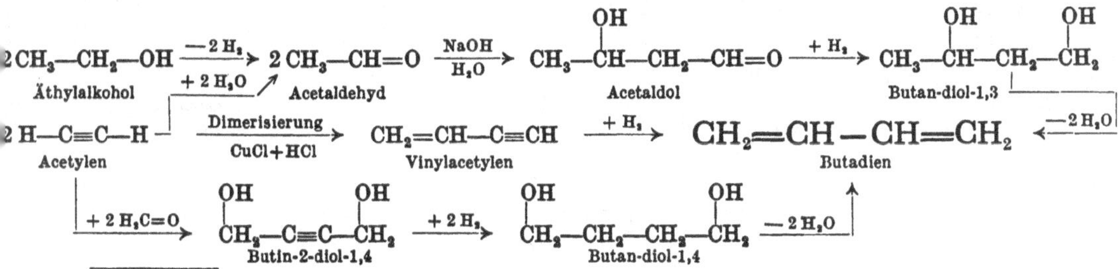

[1]) Angew. Chem.: **57**, 101 (1944).

[2]) H. HOCK u. F. DEPKE: B. **84**, 349 (1951).

[3]) Zusammenfassung über die Gewinnung von Butadien aus Sauerstoffverbindungen: G. EGLOFF u. G. HULLA: Chem. Rev. **36**, 63 (1945).

Das erste Verfahren wird trotz des ziemlich umständlichen Weges z. Z. noch in der Praxis bevorzugt, zumal es als einziges die Möglichkeit bietet, sich auch vom Äthylalkohol ausgehend in die Reaktion einzuschalten. Doch hat es gerade hier in neuerer Zeit eine scharfe Konkurrenz durch ein russisches, von S. W. LEBEDEW (1935) entwickeltes Verfahren erfahren, nach dem man die gesamte Reaktionsfolge vom Äthylalkohol bis zum Butadien über $MnO—Al_2O_3$- oder $ZnO—Al_2O_3$-Katalysatoren bei 400° in einem Reaktionsgang in 50%iger Ausbeute durchführen kann:

$$2\,C_2H_5OH \longrightarrow CH_2{=}CH{-}CH{=}CH_2 + 2\,H_2O + H_2$$

Das Verfahren findet in dieser Form in Rußland bereits großtechnische Anwendung. Das formal ebenfalls recht einfache zweite Verfahren bietet noch einige technische Schwierigkeiten, dürfte aber wegen seiner Einfachheit größere Zukunftsaussichten haben. Letzteres gilt auch für den dritten Weg, der den Vorteil des Ersatzes der Hälfte des relativ teuren *Acetylens* durch den aus Kohlenoxyd und Wasserstoff über das Methanol leicht zugänglichen Formaldehyd für sich hat.

Isopren (*2-Methylbutadien*) $CH_2{=}C(CH_3){-}CH{=}CH_2$ ist der monomere Grundkörper zahlreicher Naturstoffe, die in III, Kap. 5 zusammenfassend beschrieben sind. Die wichtigsten von ihnen, die Terpene und Campher, leiten sich von einem cyclischen Dimeren des Isoprens, dem Limonen oder Dipenten (vgl. III, Kap. 5, II, 1 a) ab, das aus Isopren bei etwa 300° im Sinne einer Diensynthese erhalten wird und sich bei 500° an einer schwach glühenden Platinspirale wieder in Isopren zurückverwandeln läßt:

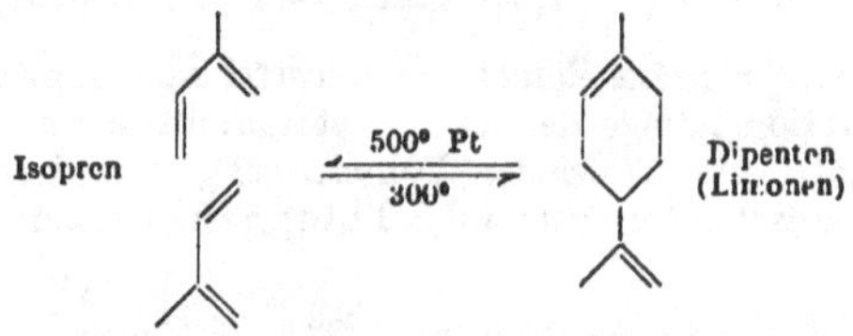

Von technisch wichtigen Isoprenderivaten ist vor allem der Kautschuk (III, Kap. 5, I, 3) zu erwähnen, der ein dem *Buna* analoges natürliches hochmolekulares Polymerisationsprodukt des *Isoprens* darstellt, aber auch synthetisch gewonnen werden kann, z. B. durch Natriumpolymerisation von Isopren. Doch kommt dem künstlichen Isoprenkautschuk neben dem viel billigeren Naturprodukt keine praktische Bedeutung zu, zumal seine Eigenschaften durch den Buna in mancher Hinsicht bereits technisch überholt sind.

Technisch wird Isopren aus Aceton und Acetylen auf dem folgenden Wege gewonnen, dessen einzelne Reaktionsstufen wir ebenfalls erst später kennen lernen werden:

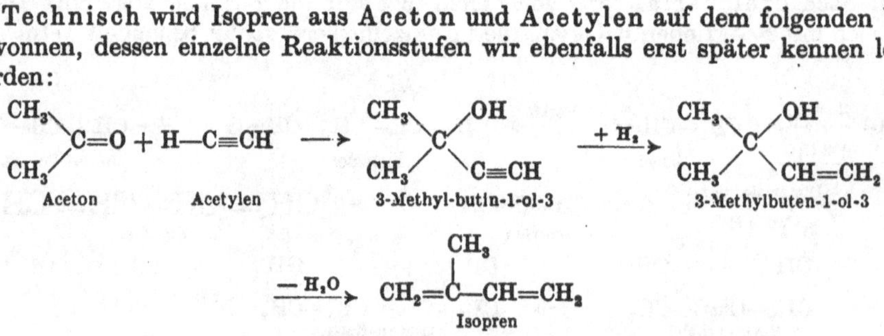

2,3-Dimethylbutadien $CH_2{=}C(CH_3){-}C(CH_3){=}CH_2$, kurz *Dimethylbutadien* genannt, ist von einem gewissen historischen Interesse, weil es aus Aceton durch Pinakonreduktion (S. 277) und anschließende Wasserabspaltung als erstes Dien technisch in größerem Maßstab hergestellt wurde:

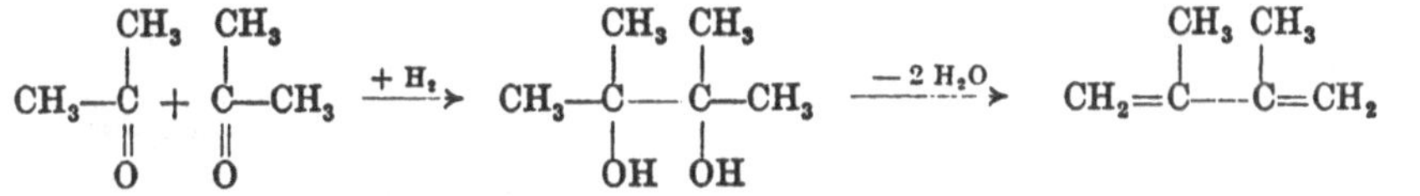

Aceton Pinakon Dimethylbutadien

Es diente im ersten Weltkrieg auf deutscher Seite zur erstmaligen technischen Synthese kautschukartiger Produkte, doch war dieser „*Methylkautschuk*“ infolge der noch ungenügenden Beherrschung des Polymerisationsprozesses zu weich, um sich gegenüber dem Naturkautschuk durchsetzen zu können. Heute ist er vom Buna restlos verdrängt.

c) Kohlenwasserstoffe mit isolierten Doppelbindungen

Am wenigsten Interesse beanspruchen schließlich Verbindungen mit mehreren, mindestens durch zwei Paraffin-C-Atome getrennten Doppelbindungen, da hier keine gegenseitige Beeinflussung der Doppelbindungen mehr erkennbar ist. Derartige Kohlenwasserstoffe verhalten sich infolgedessen lediglich wie ein doppeltes Mono-olefin, und man spricht von *isolierten Doppelbindungen.*

Als Beispiel einer einfachen Verbindung dieses Typus sei das *Hexadien*-1,5 oder **Diallyl** angeführt, das durch Wurtzsche Synthese aus Allyljodid und Natrium leicht zugänglich ist:

$$CH_2{=}CH{-}CH_2{-}J + 2\,\ddot{Na} + J{-}CH_2{-}CH{=}CH_2 \longrightarrow CH_2{=}CH{-}CH_2{-}CH_2{-}CH{=}CH_2$$

Diese Reaktion ist gleichzeitig ein schönes Beispiel für die auf S. 85 erwähnte Möglichkeit der Synthese eines Olefins unter Umgehung jeglicher Doppelbindungsreaktion. Komplizierteren Kohlenwasserstoffen mit isolierten Doppelbindungen werden wir ebenfalls bei den Terpenen und Camphern begegnen. Auch die oben kurz gestreiften natürlichen und künstlichen Kautschukarten sind Polyene mit isolierten Doppelbindungen.

4. Die Acetylene oder Alkine

Definition. Fehlen an zwei benachbarten C-Atomen vier Atome Wasserstoff, so muß man in Analogie zu den Olefinen annehmen, daß hier eine dreifache Bindung vorliegt. Kohlenwasserstoffe, die als einzige Funktion eine derartige dreifache Bindung enthalten, werden nach ihrem einfachsten Vertreter *Acetylene* genannt und besitzen, wie sich aus der Definition ohne weiteres ergibt, die Summenformel C_nH_{2n-2}.

Die **Isomerieverhältnisse** dieser Verbindungsgruppe sind etwas einfacher als die der Olefine, da die Möglichkeit der Verzweigung am dreifach gebundenen C-Atom und auch die der Äthylenisomerie fortfällt. Die **Benennung** erfolgt entweder auf Grund der Genfer Nomenklatur durch die Endung *-in*, die wiederum in gleicher Weise angewandt wird wie die Endung *-an* der Paraffine bzw. die Endung *-en* der Olefine, und der der vielfach übliche Gruppenname *Alkine* für die ganze Reihe entspricht. Daneben ist aber auch die Benennung nach dem Grundkörper der Reihe gebräuchlich, indem man die höheren Glieder der Reihe einfach als Alkylderivate des Acetylens auffaßt, was bei seiner beiderseitigen Besetzung mit je maximal einem Alkylrest besonders naheliegt. Praktische Beispiele für beide Benennungsarten sind in Tabelle 3 angeführt (S. 103).

Die **Radikale der Acetylenreihe** werden, wieder in Analogie zu den entsprechenden Olefinresten, durch die Endung *-inyl* gekennzeichnet, doch sind auch hier in den einfachsten

Fällen Trivialnamen gebräuchlich, die in den folgenden Beispielen eingeklammert beigefügt sind:

—C≡C—H	—C≡C—CH_3	—CH_2—C≡C—H	—CH_2—C≡C—CH_3
Äthinyl- (Acetylenyl-)	Propinyl-1- (Propinyl-)	Propinyl-3- (Propargyl-)	Butin-2-yl-1-

Im übrigen wird, wie auch bei den Olefinen, für die Benennung von verzweigten Alkinen die Verwendung der Alkinylreste nach Möglichkeit vermieden, indem man die Hauptkette so auswählt, daß sich die dreifache Bindung in ihr befindet.

Einfache Kohlenwasserstoffe der Alkinreihe kommen nicht natürlich vor. Dagegen trifft man kompliziertere Acetylenderivate verschiedentlich, wenn auch stets nur in geringen Mengen, in der Natur an[1]). Für die Darstellung der Alkine stehen wie bei den Olefinen zwei Gruppen von Reaktionen zur Verfügung: 1. Die Neuherstellung der dreifachen Bindung und 2. die Einführung des fertigen Alkinylrestes in ein anderes organisches Molekül.

Zu 1. Die Herstellung der dreifachen Bindung kann im Prinzip nach den gleichen Methoden erfolgen wie die der Olefine, wenn man zwischen zwei C-Atomen jeweils zwei Moleküle der Verbindung H—X abspaltet. Doch ist von den zahlreichen Möglichkeiten praktisch nur die Halogenwasserstoffabspaltung aus Dihalogenparaffinen in Gebrauch. Die am leichtesten durch Halogenaddition an Olefine zugänglichen α,β-Dihalogenide liefern hierbei allerdings nur dann mit Sicherheit Alkine, wenn die Bildung konjugierter Doppelbindungen unmöglich ist (vgl. S. 106), sich die beiden Halogenatome also am Ende der Kette in 1, 2-Stellung befinden:

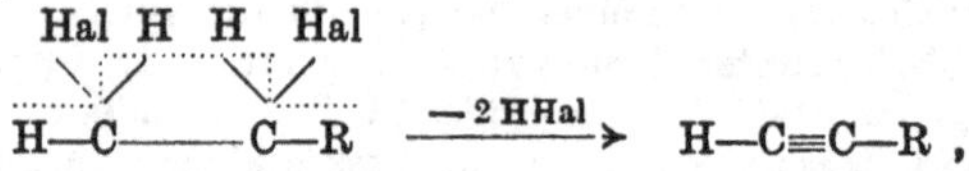

während die an sich ebenfalls mögliche Bildung von Allenderivaten wiederum hinter der Bildung der dreifachen Bindung zurücktritt. Mit Sicherheit kann man die Bildung konjugierter Systeme weiterhin vermeiden, wenn man von den aus den Aldehyden und Ketonen leicht zugänglichen gem-Dihalogenparaffinen (S. 165) ausgeht, die ohne die Wanderung einer Doppelbindung nur in Acetylene (oder die auch hier weniger leicht sich bildenden Kumulene) übergehen können:

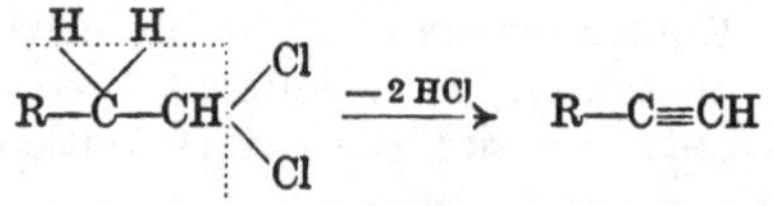

Allerdings liegt bei dieser Reaktion die Stellung der entstehenden dreifachen Bindung nicht fest, da die Halogenwasserstoffabspaltung bei den aus den Ketonen gewonnenen Dihalogeniden, ähnlich wie bei der entsprechenden Olefinbildungsreaktion (S. 86), nach beiden Seiten erfolgen kann (Gleichungen formulieren!).

Für die Darstellung der Alkine mit endständiger Acetylenbindung sind besondere Vorsichtsmaßregeln erforderlich, da sie ziemlich unbeständig sind und sich leicht unter Wanderung der dreifachen Bindung in das Innere der Kette umlagern. Sie entstehen daher aus den 1,2- oder 1,1-Dihalogenparaffinen nur bei Verwendung von Natriumamid als Abspaltungsmittel, da das sonst für diesen Zweck gebräuchliche alkoholische Kali bereits die Wanderung der Acetylenbindung katalytisch beschleunigt.

Zu 2. Die Einführung eines Alkinylrestes in ein organisches Molekül geschieht am einfachsten über die leicht zugänglichen Metallderivate des Acetylens

---

[1]) Zusammenfassung: F. Bohlmann: Angew. Chem. 67, 389 (1955).

(s. unten) oder anderer Alkine nach den bei den metallorganischen Verbindungen beschriebenen Methoden (vgl. I, Kap. 9, I). An dieser Stelle seien daher nur kurz die Formeln der wichtigsten hierher gehörenden Reaktionen angeführt:

a) Die Alkylierung des Acetylens bzw. seiner Metallderivate:

$$H{-}C{\equiv}CNa + J{-}CH_3 \longrightarrow H{-}C{\equiv}C{-}CH_3 + NaJ$$

$$CH_3{-}J + Na\,C{\equiv}C\,Na + J{-}CH_3 \longrightarrow CH_3{-}C{\equiv}C{-}CH_3 + 2\,NaJ$$

b) Die auf S. 118 ausführlich beschriebene Anlagerung von Acetylen (oder auch seinen Metallderivaten) an Oxoverbindungen:

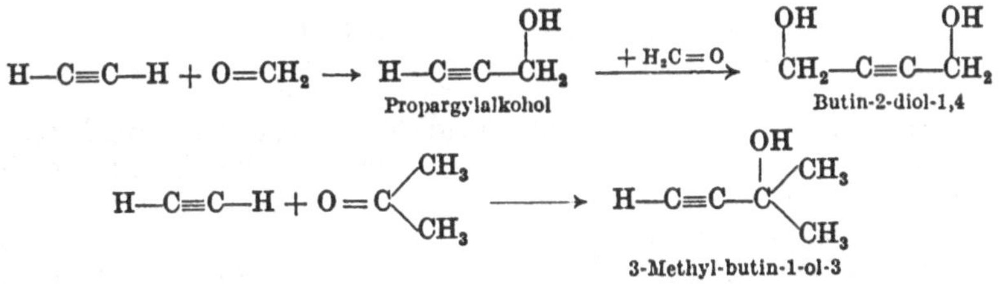

Die **physikalischen Eigenschaften** der Alkine sind denen der Olefine sehr ähnlich. Auch hier unterscheiden sich die Siedepunkte, Schmelzpunkte und Löslichkeitseigenschaften kaum von denen der entsprechenden Paraffine gleicher Kohlenstoffzahl (vgl. Tabelle 3), während die durch die Bindungselektronen beeinflußten additiven Molekularkonstanten wieder deutlich erkennbare, durch die dreifache Bindung bedingte Abweichungen zeigen.

Tabelle 3

Die physikalischen Eigenschaften einiger Alkine und Polyalkine

Summenformel	Bezeichnung		Sdp.	Smp.	Dichte/Temp. (flüssig)
	Genf. Nomenkl.	als Acetylenderiv.			
C_2H_2	Äthin	Acetylen	—84° (subl.)	— 82°	0,613/—80°
C_3H_4	Propin	Methylacetylen (Allylen)	—27	—105	0,713/—55
C_4H_6	Butin-1	Äthylacetylen	+18	—130	0,668
	Butin-2	Dimethylacetylen	28	—	—
C_5H_8	n-Pentin-1	Propylacetylen	40	—	0,694/17
C_6H_{10}	n-Hexin-1	n-Butylacetylen	71	—124	0,720/17
C_4H_4	Butin-1-en-3	Vinylacetylen	6	—	—
C_4H_2	Buta-diin	Diacetylen	10	— 35	0,736/0
C_6H_6	Hexin-3-dien-1,5	Divinylacetylen	85	—	0,786/20

Hinsichtlich des **chemischen Verhaltens** der Alkine[1]) sind zwei verschiedene Reaktionstypen zu unterscheiden: 1. die durch die dreifache Bindung be-

[1]) Zusammenfassung über Struktur und Reaktivität der C≡C-Dreifachbindung: F. Bohlmann: Angew. Chem. **69**, 82 (1957).

dingten **Anlagerungs- und Polymerisationsreaktionen**, und 2. die Reaktionen des am dreifach gebundenen Kohlenstoff befindlichen **Wasserstoffs**. Eine Aktivierung oder sonstige besondere Reaktionsfähigkeit des Paraffinteiles der Alkinmoleküle wurde dagegen bisher **nicht beobachtet**.

Zu 1. Wie bei der **ähnlichen Struktur** zu erwarten, besteht eine weitgehende Analogie zwischen **doppelter und dreifacher Bindung**. Die wichtigsten **elektrophilen Anlagerungsreaktionen** der Olefine können infolgedessen auch bei den **Acetylenen** durchgeführt werden. Hier besteht nur insofern ein grundsätzlicher Unterschied zwischen beiden Reihen, als nunmehr jeweils **vier Äquivalente** des Addenden an die beiden C-Atome treten können:

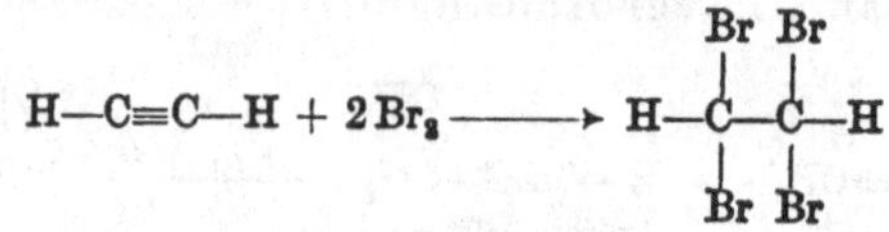

Doch ist es in den meisten Fällen auch möglich, die Reaktion nach Erreichen der **Äthylenstufe** zu unterbrechen, wofür wir in der technisch in großem Maßstab durchgeführten **partiellen Hydrierung** des Acetylens zum **Äthylen** (S. 102) bereits ein Beispiel kennengelernt haben.

Über die Befähigung zu elektrophilen Additionsreaktionen hinaus zeigt die **Acetylenbindung** eine gegenüber der C=C-Doppelbindung stark gesteigerte **Tendenz zur nucleophilen Anlagerung**. Viele der unten beschriebenen Additionsreaktionen können infolgedessen nicht nur **sauer**, sondern auch **basisch** katalysiert werden.

Im einzelnen sind die folgenden Reaktionen bemerkenswert:

a) Anlagerungsreaktionen: Infolge der unterschiedlichen Reaktivität von Acetylen- und Olefinbindung kann die **katalytische Hydrierung** so gelenkt werden (z. B. bei Verwendung von **Palladium-Blei-Katalysatoren**[1])), daß unter Intaktlassung sämtlicher Doppelbindungen ausschließlich die **C≡C-Dreifachbindung** angegriffen wird.

Ein von den Olefinen **abweichendes** Verhalten boebachtet man weiterhin bei dem Versuch, mit Hilfe von Percarbonsäuren **cyclische Oxyde der Acetylene** herzustellen. Nach H. H. Schlubach und V. Franzen[2]) scheint hier zwar intermediär die Bildung eines **Acetylenoxyds** stattzufinden. Dieses ist jedoch als **ungesättigte Dreiringverbindung** instabil (vgl. I, Kap. 11, I, 2a) und lagert sich sofort in das entsprechende **Dialkylketen** um, das unter den Reaktionsbedingungen **Wasser** aufnimmt und in die zugehörige **Dialkyl-essigsäure** als stabiles Endprodukt übergeht:

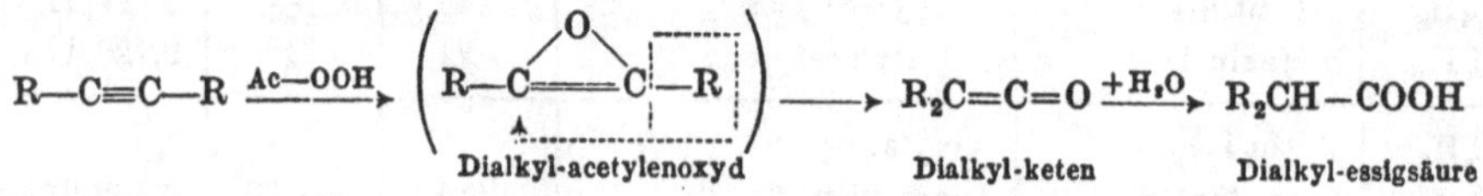

Bei der Anlagerung von zwei Molekülen einer **Wasserstoffverbindung** (H—X) treten **beide negative Substituenten** stets an das **gleiche**, und zwar entsprechend der Regel von Markownikow immer an das **wasserstoffärmste** C-Atom, so daß mit Ausnahme der Anlagerung an **Acetylen** selbst, das in **Acetaldehyd** und seine Derivate übergeht, immer **Ketone** oder **Ketonderivate** entstehen:

$$R—C\equiv CH + 2H—X \longrightarrow R—CX_2—CH_3$$

---

1) H. Lindlar: Helv. **35**, 446 (1952).

2) A. **577**, 60 (1952); B. **87**, 1219 (1954).

Besonders wichtig ist die **Anlagerung von Wasser**, die stets zu den freien Oxoverbindungen (Acetaldehyd oder Ketone) führt. Doch kann man hier nicht entscheiden, ob jeweils nur ein Molekül Wasser zum Enol angelagert wird, das sich dann sekundär in die Oxoverbindung umlagert und tertiär schließlich in deren Hydrat übergeht (Reaktion a), oder ob sofort zwei Moleküle Wasser zum Hydrat der Oxoverbindung angelagert werden (Reaktion b):

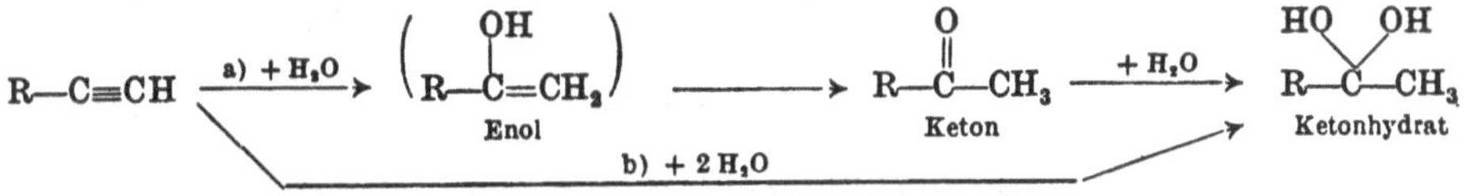

In allen nicht zu derartigen tautomeren Umlagerungen befähigten Systemen ist es jedenfalls möglich, die Addition der Verbindungen H—X auf der Olefinstufe abzubrechen. Aus Acetylen können mit Hilfe dieser insbesondere von W. Reppe entwickelten „*Vinylierungsreaktion*“[1]) u. a. die im folgenden Formelbild zusammengestellten Vinylverbindungen gewonnen werden, die von großer praktischer Bedeutung für die Kunststoffindustrie geworden sind (vgl. S. 162, 443 u. a.):

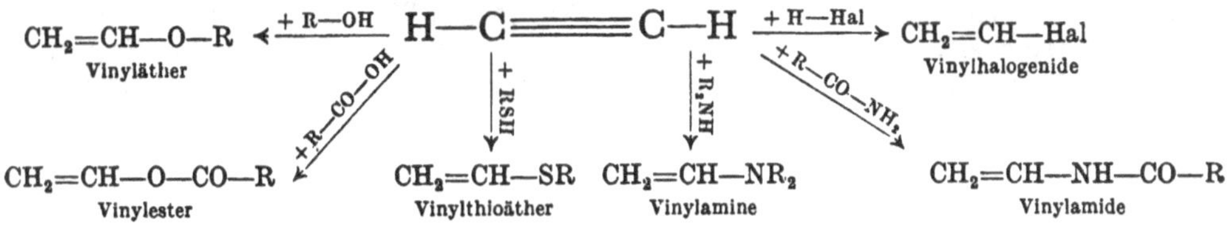

Als **Katalysator** für die Anlagerung von Wasser, Alkoholen und Carbonsäuren verwandte man früher ausschließlich Schwefelsäure in Gegenwart von Quecksilber(II)-salzen. Der Mechanismus dieser Katalyse ist noch nicht völlig aufgeklärt, doch kann man annehmen, daß sich intermediär eine Acetylen-quecksilbersulfatverbindung ausbildet, an die die eigentliche Anlagerung erfolgt, und die anschließend das Quecksilbersulfat wieder abspaltet:

$$H{-}C{\equiv}C{-}H + HgSO_4 \longrightarrow (H{-}C{\equiv}C{-}HgSO_4H) \xrightarrow{+H_2O} \left(H_2C{=}C\begin{matrix}OH \\ HgSO_4H\end{matrix}\right)$$

$$\xrightarrow{-HgSO_4} (H_2C{=}CH{-}OH) \longrightarrow CH_3{-}CH{=}O$$

In neuerer Zeit verwendet man statt Schwefelsäure häufig auch Borfluoridhydrate als Katalysatoren. Ferner haben sich für die Darstellung der Vinyläther insbesondere die entsprechenden Natriumalkoholate, für die der Vinylthioäther die Alkalihydrosulfide, für die der Ester die Zink- und Cadmiumsalze der anzulagernden Säuren und schließlich für die der Amide und Amine die N-Metallderivate dieser Stickstoffverbindungen als geeignete Katalysatoren erwiesen. In allen diesen Fällen einer basischen Katalyse haben wir es naturgemäß mit einer nucleophilen Additionsreaktion an die dreifache Bindung zu tun.

Wie bei den Olefinen (S. 98) beobachtet man auch hier bei Anlagerung der Verbindungen H—X in Gegenwart von Nickelcarbonyl und verwandten Stoffen eine „Carbonylierung“, die bei Verwendung von Acetylen selbst in analoger Weise zu Acrylsäurederivaten führt[2]):

---

[1]) Zusammenfassung: W. Reppe: A. **601**, 81 (1956).

[2]) Zusammenfassung: W. Reppe: A. **582**, 1 (1953).

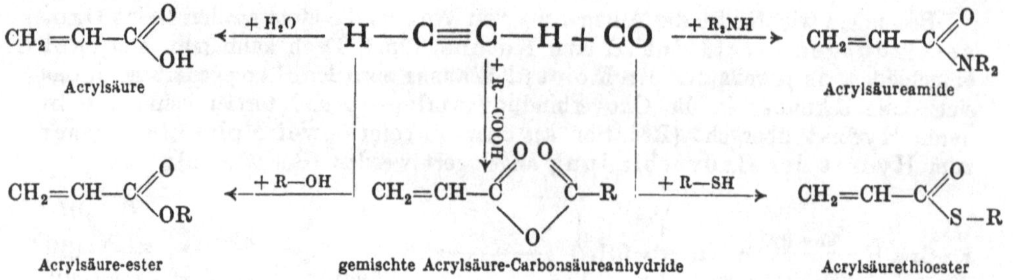

b) Die **Polymerisationsreaktionen** verlaufen in der Acetylenreihe etwas anders als bei den Olefinen, und man unterscheidet drei Möglichkeiten:

α) Drei Moleküle Acetylen lagern sich beim Leiten der Dämpfe durch ein glühendes Rohr zu einem Benzolmolekül zusammen. Diese **cyclische Polymerisation** ist besonders für die Trimerisierung substituierter Acetylene von Bedeutung, die zu symmetrisch substituierten Benzolderivaten führt, wie etwa die Bildung des Mesitylens aus Allylen zeigt. Ferner können sich an dieser Reaktion auch andere additionsfähige Stoffe beteiligen, wie etwa Blausäure oder Schwefel (letzterer z. B., indem man Acetylen über erhitzten Pyrit leitet), wobei die dem Benzol entsprechenden heterocyclischen Verbindungen entstehen:

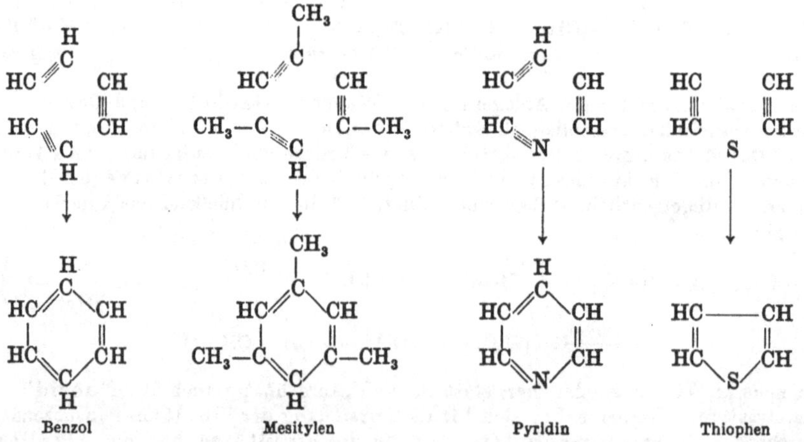

In entsprechender Weise lassen sich nach neueren Versuchen von W. Reppe vier Moleküle Acetylen zum Cyclo-octa-tetraen (Näheres vgl. I, Kap. 11, I, 2f) sowie auch zum Styrol zusammenlagern. Auch eine Pentamerisierung des Acetylens ist Reppe gelungen, doch steht noch nicht mit Sicherheit fest, ob sie zu dem lange gesuchten Cyclo-decapentaen führt:

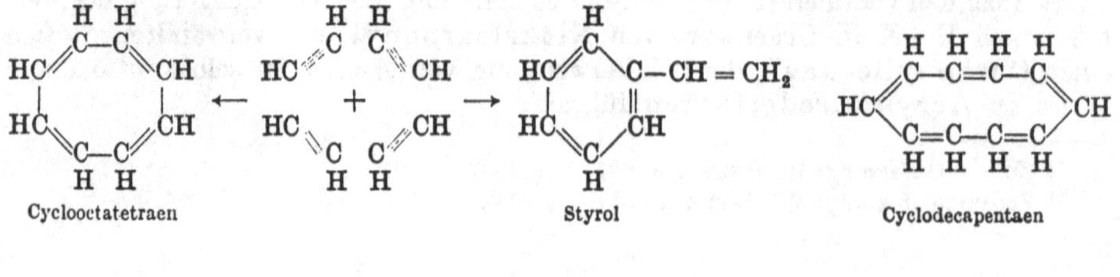

β) Unter sehr milden Bedingungen, beim Einleiten von Acetylen in stark saure Lösungen von Kupfer(I)-chlorid und Salmiak, findet nach I. A. Nieuwland eine **lineare Polymerisation** von zwei bzw. drei Molekülen Acetylen zu Vinyl- und Divinylacetylen statt, eine Reaktion, die u. a. für die oben beschriebene Butadiensynthese (S. 109) von Bedeutung ist:

$$\underset{}{HC{\equiv}CH + HC{\equiv}CH} \longrightarrow \underset{\text{Vinylacetylen}}{CH_2{=}CH{-}C{\equiv}CH} \xrightarrow{+\,HC\equiv CH} \underset{\text{Divinylacetylen}}{CH_2{=}CH{-}C{\equiv}C{-}CH{=}CH_2}$$

Auch bei dieser Reaktion kann man ein Mol Acetylen durch Blausäure ersetzen. So erhält man z. B. bei Anwendung des gleichen Katalysators in analoger Reaktion aus je einem Molekül Blausäure und Acetylen direkt Acrylsäurenitril (P. Kurtz, 1939)[1]):

$$HC{\equiv}CH + HC{\equiv}N \longrightarrow CH_2{=}CH{-}C{\equiv}N$$

γ) Bei der Einwirkung von Nickel, pyrophorem Eisen und insbesondere Kupferschwamm auf Acetylen bei 250—300° entstehen nach P. Sabatier und J. B. Senderens **kork- und teerartige Polymerisationsprodukte**, die in Anlehnung an den verwandten Katalysator als *Cupren* bzw. *Cuprenteer* bezeichnet werden. Sie bestehen im wesentlichen aus einem Gemisch höherer aromatischer Kohlenwasserstoffe unbekannter Struktur und haben in neuerer Zeit auch technische Anwendung gefunden.

c) Schließlich sind die Alkine wie die Olefine befähigt, sich an komplexbildende Metallhalogenide unter Einnahme einer Koordinationsstelle anzulagern. Die hierbei entstehenden Komplexsalze und neutralen Komplexe entsprechen in jeder Beziehung den bei den Olefinen beschriebenen Verbindungen (vgl. S. 101).

Zu 2. Die Reaktionen des Acetylenwasserstoffs sind in erster Linie durch seine ausgesprochen saure Natur bedingt. Zwar reicht seine Acidität noch nicht aus, um das Acetylen gegenüber Wasser als Säure auftreten zu lassen, doch kann man ihn ohne Schwierigkeit, z. B. beim Leiten von Acetylen über geschmolzenes Natrium bei 180°, durch Metalle ersetzen:

$$HC{\equiv}CH \xrightarrow[180°]{Na} NaC{\equiv}CH \xrightarrow[250°]{Na} NaC{\equiv}CNa$$

Er entspricht also hinsichtlich seiner „Säurestärke" etwa dem Ammoniakwasserstoff, und die Acetylene besitzen infolgedessen von allen reinen Kohlenwasserstoffen die stärkste Acidität. Auch eine zweite, bequemere Darstellung derartiger *Metallacetylenide* beruht auf der sauren Natur des Acetylenwasserstoffs: Die Zersetzung anderer metallorganischer Verbindungen durch Alkine unter Wanderung des Metalls zum Acetylen-Kohlenstoff, eine Reaktion, die durchaus der Ammonolyse der metallorganischen Verbindungen an die Seite gestellt werden kann:

$$H_2N{-}H + R{-}MgX \longrightarrow H_2N{-}MgX + H{-}R$$
$$H{-}C{\equiv}C{-}H + R{-}MgX \longrightarrow H{-}C{\equiv}C{-}MgX + H{-}R$$
$$H{-}C{\equiv}C{-}H + 2\,R{-}MgX \longrightarrow XMg{-}C{\equiv}C{-}MgX + 2\,H{-}R$$

Die auf diese Weise erhaltenen Alkali- und Magnesiumderivate des Acetylens können als echte Salze aufgefaßt und etwa mit dem Natriumamid verglichen werden, mit dem sie z. B. die leichte Hydrolysierbarkeit gemein haben.

---

[1]) Zusammenfassung (u. a.): O. Bayer: Angew. Chem. **61**, 230 (1949).

Im übrigen zeigen sie sämtliche Reaktionen der metallorganischen Verbindungen (I, Kap. 9, I).

Neben diesen salzartigen Metallacetyleniden gibt es auch **Schwermetallderivate** wie z. B. das weiße Silber-, das rote Kupfer(I)- und das ebenfalls weiße Quecksilber-(II)-acetylenid, die bereits beim Einleiten von Acetylen in ammoniakalische Kupfer(I)- oder Silberlösung bzw. in eine alkalische Kaliumquecksilberjodidlösung ausfallen und hochexplosible Körper darstellen. Die auffallende Schwerlöslichkeit und Hydrolysenbeständigkeit dieser „Salze" deuten darauf hin, daß es sich bei ihnen nicht mehr um Salze im üblichen Sinne handelt, sondern daß hier das Metall durch eine Atombindung an den Kohlenstoff gebunden ist, wie wir ja überhaupt eine starke Neigung vieler Schwermetalle zur Ausbildung von Atombindungen zum Kohlenstoff beobachten (vgl. z. B. die Metallcarbonyle, die Eisencyankomplexe, die unpolare Natur des $Hg(CN)_2$ usw.).

Bei seiner außerordentlichen Schwerlöslichkeit dient die Bildung des leicht erkennbaren roten Kupfer(I)-acetylenids als empfindlicher Acetylennachweis. In gleicher Weise kann man die Bildung der entsprechenden Kupfer-I-derivate der höheren Alkine als Kriterium für die endständige Lage der dreifachen Bindung verwenden, da Alkine mit mittelständiger Acetylenbindung keinen Acetylenwasserstoff mehr enthalten.

Von weiteren Reaktionen des Acetylenwasserstoffs ist insbesondere die auf S. 113 bereits kurz gestreifte Befähigung der C≡C—H-Gruppierung zur **Anlagerung an Carbonyldoppelbindungen** hervorzuheben, die in der Technik unter der Bezeichnung „*Äthinylierung*" eine verbreitete Anwendung zur Synthese aliphatischer Verbindungen gefunden hat. Auch hier kann die Reaktion direkt mit der analogen Anlagerung des Ammoniakmoleküls an Oxoverbindungen verglichen werden:

$$>C{=}O + H{-}NH_2 \longrightarrow >C<^{OH}_{NH_2} \qquad >C{=}O + H{-}C{\equiv}C{-}H \longrightarrow >C<^{OH}_{C\equiv CH}$$

Diese ebenfalls von W. Reppe[1]) aufgefundene Reaktion findet in Gegenwart von Schwermetallacetyleniden als Katalysatoren bei erhöhtem Druck schon bei verhältnismäßig niederen Temperaturen statt und hat die früher übliche Verwendung der relativ teuren Alkalimetallacetylenide, die sich wie andere metallorganische Verbindungen ohne jeden Katalysator an Carbonylgruppen anlagern (Gleichung formulieren!), fast völlig verdrängt.

Einzelverbindungen. Acetylen (*Äthin*), das Anfangsglied der Reihe, ist die einzige Verbindung, die eine größere Bedeutung erlangt hat. Es ist infolge seiner energiereichen Mehrfachbindung gegenüber den Elementen sehr stark endotherm (Bildungswärme = + 56 kcal/Mol), so daß seine Bildung aus anderen Verbindungen besonders bei sehr hohen Temperaturen begünstigt wird (vgl. auch S. 139). Acetylen gehört infolgedessen zu den wenigen, in Sternatmosphären nachgewiesenen organischen Verbindungen und entsteht nach M. Berthelot beim Brennen eines Kohlelichtbogens in einer Wasserstoffatmosphäre in Ausbeuten bis zu 8%.

Wesentlich günstiger werden die Ausbeuteverhältnisse bei der ebenfalls im Lichtbogen erfolgenden thermischen Zersetzung anderer Kohlenwasserstoffe, wenn man durch schnelles Hindurchleiten die Gleichgewichtseinstellung verhindert. Auf diesem Wege wird Acetylen heute bereits im großen hergestellt, indem die bei der Kohlehydrierung und anderen technischen Prozessen abfallenden gasförmigen Kohlenwasserstoffe, sowie neuerdings auch das in Erdgasen enthaltene Methan, mit großer Geschwindigkeit durch einen starken Lichtbogen von bis zu 10000 kWatt (2000 Volt und 5000 Ampere) hindurchgeblasen werden, wobei unter ohrenbetäubendem Geräusch die Umsetzung erfolgt.

---

[1]) W. Reppe u. Mitarbb.: A. **596**, 6 (1955).

Die wichtigste technische Darstellungsweise ist aber immer noch die hydrolytische Zersetzung von Calciumcarbid (vgl. anorg. Lehrbücher), das im Sinne der obigen Ausführungen als das neutrale Calciumsalz des Acetylens aufgefaßt werden muß.

Acetylen ist ein farb- und nahezu geruchloses[1]) Gas, das als einziger Kohlenwasserstoff ziemlich stark wasserlöslich ist. Es verbrennt infolge des geringen Wasserstoffgehaltes mit stark rußender Flamme, die bei entsprechender Vermischung mit Luft sehr heiß wird und dann infolge der abgeschiedenen Rußteilchen bereits ohne Verwendung eines eigentlichen Leuchtkörpers außerordentlich stark leuchtet.

Hierauf beruht die früher wichtigste **Verwendung des Acetylens** als Leuchtgas. Bei der Verbrennung mit zusätzlichem Sauerstoff im Gebläse wird die Flamme entleuchtet, und man erhält infolge der hohen Verbrennungswärme des Acetylens[2]) sehr hohe Temperaturen, die das Acetylengebläse insbesondere zur autogenen Schweißung geeignet machen. Nur wirkte es hier anfangs sehr störend, daß Acetylen als stark endotherme Verbindung leicht in die Elemente zerfällt und zuweilen bereits in schwach komprimiertem, insbesondere aber in verflüssigtem Zustand zu schweren Explosionen[3]) neigt, die seine Verwendung in Stahlflaschen lange Zeit unmöglich machten. Diese Schwierigkeit wurde erst durch die Beobachtung überwunden, daß Acetylen in Aceton eine ganz außergewöhnliche Löslichkeit besitzt, die etwa mit der von Ammoniak oder Salzsäure in Wasser verglichen werden kann und wahrscheinlich auf die Bildung einer zwischenmolekularen Verbindung zurückzuführen ist. Infolgedessen kann man unter nur wenigen Atmosphären Druck bereits Lösungen mit bis zu 50% Acetylengehalt herstellen, die das Gas leicht wieder abgeben und sich völlig gefahrlos handhaben lassen. Sie haben unter der Bezeichnung Dissous-Gas Eingang in die Praxis gefunden.

Technisch bedeutend wichtiger und auch interessanter als die direkte Verbrennung des Acetylens sind seine oben bereits beschriebenen **Umsetzungen zu anderen organischen Verbindungen.** Insbesondere die Wasseranlagerung zum Acetaldehyd, die Bildung der verschiedenen Vinylderivate, die Formaldehydanlagerung und schließlich die Dimerisierung zum Vinylacetylen, die sich alle großtechnisch durchführen lassen, haben infolge der zahlreichen weiteren Umwandlungsmöglichkeiten dieser Primärprodukte das Acetylen zu einem der Haupteinfallstore in die aliphatische Chemie gemacht, so daß es in seiner Bedeutung etwa dem Steinkohlenteer in der aromatischen Reihe (s. S. 128) an die Seite gestellt werden kann. Ein kurzer schematischer Überblick der wichtigsten dieser vom Acetylen aus durchführbaren technischen Synthesen, auf deren Einzelheiten wir z. T. erst später näher eingehen können, ist in Tafel I (Ausklapptafel zwischen den Seiten 128 und 129) zusammengestellt.

---

[1]) Der unangenehme Geruch des aus Calciumcarbid gewonnenen Rohgases stammt von Spuren beigemengten Phosphorwasserstoffs, der sich bei der Hydrolyse des unter den Bedingungen der Carbidschmelze aus Calciumphosphat entstehenden Calciumphosphids bildet.

[2]) Die Verbrennungswärme des Acetylens (312,4 kcal) ist infolge seiner negativen Bildungswärme um 56 kcal/Mol größer als die Summe der Verbrennungswärmen der freien Elemente (188,2 kcal für 2 „Mol" Graphit-C-Atome; 68,3 kcal pro Mol H_2).

[3]) Die Acetylenexplosion übertrifft bereits im Gaszustand die Knallgasexplosion an Wucht, da bei annähernd gleicher molarer Reaktionswärme (die Verbrennung von einem Mol H_2-Gas zu gasförmigem Wasser liefert „nur" 58 kcal gegenüber der bereits mehrfach erwähnten Bildungs- bzw. Zersetzungswärme des Acetylens von 56 kcal) der Wasserstoff mit dem zur Verbrennung erforderlichen Sauerstoff „verdünnt" werden muß, so daß in der Volumeneinheit des Knallgases nur $^2/_3$ soviel H_2-Moleküle enthalten sind wie Acetylenmoleküle in der des gleich stark komprimierten Acetylengases.

Eine weitere technische Anwendung hat Acetylen in der Rußindustrie gefunden, da der beim nicht explosiven Zerfall entstehende Acetylenruß besonders „aktiv“ ist und sich infolgedessen als Füllstoff für Kunststoffe, insbesondere für Autoreifen gut eignet (vgl. auch **III**, Kap. 5, I, 3a).

Da beide H-Atome des Acetylens sauer sind, enthalten die neutralen Salze keinen Wasserstoff mehr, sind also streng genommen bereits Metallcarbide. Im allgemeinen spricht man jedoch, wenn die „Salzbildung“ wie oben in übersichtlicher Reaktion erfolgt, noch von Acetyleniden, und erst in den Fällen, in denen in unübersichtlichen, ihrem ganzen äußeren Habitus nach zur anorganischen Chemie zählenden Reaktionen die Metallverbindungen durch Zusammenschmelzen von Metalloxyden und Koks bei sehr hohen Temperaturen gewonnen werden, bevorzugt man die der anorganischen Chemie entlehnte Bezeichnung Metallcarbide. Doch ist auch bei diesen „typisch anorganischen“ Carbiden, soweit sie bei der Hydrolyse Acetylen entwickeln (wie z. B. bei den Erdalkalimetallcarbiden), anzunehmen, daß sie bereits Acetylenstruktur besitzen. Bei ihrer Bildung findet also schon die eigentliche Synthese des Acetylensystems statt, die im Falle des Calciumcarbids technisch zur Acetylengewinnung ausgewertet wird.

Zum Schluß sei noch kurz auf die große Ähnlichkeit der Reaktionen des **Acetylens** und der **Blausäure** (S. 379 f.) hingewiesen, die durch ihre enge strukturelle Verwandtschaft bedingt ist, denn beide Verbindungen enthalten als gemeinsames Charakteristikum ein an einem dreifach gebundenen Kohlenstoff befindliches H-Atom. Sie sind infolgedessen beide schwach sauer, geben beide schwer lösliche Salze der einwertigen Schwermetalle und lagern sich beide, wenn auch mit sehr verschiedener Geschwindigkeit, in analoger Weise an Oxoverbindungen an:

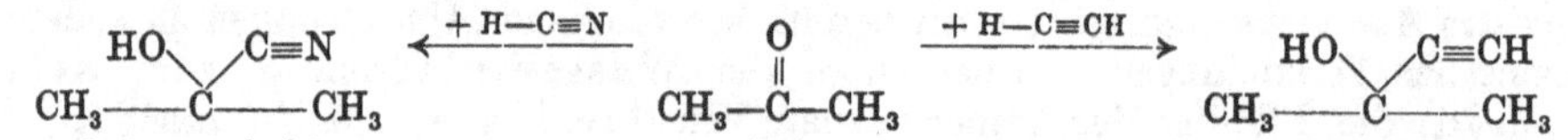

Aceton-cyanhydrin — Aceton — Methylbutinol

Als gemeinsame Reaktionen der dreifachen Bindung müssen weiterhin angesehen werden: 1. die der Polymerisation des Acetylens zum Benzol und Vinylacetylen analogen Polymerisationsreaktionen in Gegenwart von Blausäure, die direkt zum Pyridin und Acrylsäurenitril führen (S. 117), 2. die ebenfalls in gleichem Sinne verlaufende Trimerisierung zahlreicher Cyanverbindungen (vgl. z.B. S. 413f.) und 3. die in **I**, Kap. 6, III, 1a und in **I**, Kap. 6, III, 3c beschriebenen völlig gleichartigen Additionsreaktionen von Acetylen und Blausäure an Diazo- und Azidoverbindungen zu heterocyclischen Ringsystemen.

Einem derartig weitgehend analogen Verhalten zweier organischer Verbindungen, die sich in ihrer Struktur nur darin unterscheiden, daß eine charakteristische CH-Gruppe der einen Substanz in der zweiten Verbindung durch ein N-Atom ersetzt ist, werden wir in der heterocyclischen Reihe noch des öfteren begegnen (vgl. z. B. **I**, Kap. 11, II u. III). Man bezeichnet in diesen Fällen die Stickstoffverbindung häufig als ein *Aza-derivat* der Kohlenstoffverbindung. Die Blausäure kann man also auch als ein *Aza-acetylen* ansehen, doch wird von dieser Bezeichnungsmöglichkeit in diesem speziellen Fall kein praktischer Gebrauch gemacht.

Mehrfach ungesättigte Verbindungen der Acetylenreihe. Vinylacetylen $CH_2{=}CH{-}C{\equiv}CH$ und **Divinylacetylen** $CH_2{=}CH{-}C{\equiv}C{-}CH{=}CH_2$ entstehen, wie schon auf S. 117 erwähnt, bei der vorsichtigen Polymerisation des Acetylens in saurer Kupfer(I)-chloridlösung. Sie sind äußerst unbeständige und explosible Verbindungen, deren präparative Handhabung sehr gefährlich ist. Trotzdem haben sie bereits eine gewisse technische Bedeutung erlangt. Insbesondere das etwas stabilere Vinylacetylen[1]) ist an der dreifachen Bindung zu einer Reihe von Anlagerungsreaktionen unter Bildung von Vinylverbindungen befähigt. Z. B. erhält man bei der Wasseranlagerung in Gegenwart von Schwefelsäure und Quecksilber(II)-verbindungen entsprechend der Regel von MARKOWNIKOW das einfachste ungesättigte Keton, das wegen seiner Polymerisationsneigung in der Kunststoffindustrie verwandte Vinylmethylketon:

$$CH_2{=}CH{-}C{\equiv}CH + H_2O \longrightarrow \underset{\text{Vinyl-methylketon}}{CH_2{=}CH{-}\overset{\overset{\displaystyle O}{\|}}{C}{-}CH_3}$$

Weitere partielle Anlagerungsreaktionen des Vinylacetylens an der dreifachen Bindung sind die Addition von Chlorwasserstoff zum Chloropren, der Muttersubstanz des kautschukartigen Neoprens, sowie die bereits angeführte partielle Hydrierung zum Butadien:

$$CH_2{=}CH{-}CH{=}CH_2 \xleftarrow{+H_2} CH_2{=}CH{-}C{\equiv}CH \xrightarrow{+HCl} \underset{\text{Chloropren}}{CH_2{=}CH{-}\overset{\overset{\displaystyle Cl}{|}}{C}{=}CH_2}$$

Eine ausschließliche Absättigung der olefinischen Doppelbindung ist dagegen nicht ohne weiteres möglich.

Auch vom Divinylacetylen sind eine Reihe von Anlagerungsreaktionen bekannt.

Diacetylen $HC{\equiv}C{-}C{\equiv}CH$ entsteht bei einigen Bildungsreaktionen des Acetylens als Nebenprodukt, z. B. bei der Zersetzung von Methan durch elektrische Entladungen. Präparativ gewinnt man es entweder aus Perchlor-butadien durch Reduktion mit Zinkstaub und Alkohol[2]) oder aus der relativ leicht herstellbaren Diacetylen-dicarbonsäure (S. 491) durch Decarboxylieren in ammoniakalischer Lösung mittels Kupfer(I)-chlorid und anschließende Zersetzung des hierbei entstehenden Kupfer(I)-diacetylenids mit Kaliumcyanid:

$$CuCl + NH_4OOC{-}C{\equiv}C{-}C{\equiv}C{-}COONH_4 + ClCu \xrightarrow[-2\,CO_2]{-2\,NH_4Cl} Cu{-}C{\equiv}C{-}C{\equiv}C{-}Cu$$

$$\xrightarrow{+2\,KCN + 2\,H^+} HC{\equiv}C{-}C{\equiv}CH + 2\,CuCN + 2\,K^+$$

Diacetylen ist noch wesentlich unbeständiger als Acetylen, gibt aber bei vorsichtigem Arbeiten analoge Anlagerungsreaktionen. Es besitzt ein gewisses Interesse als einfachste Verbindung mit einem System konjugierter Acetylenbindungen. Doch konnte bei ihm im Gegensatz zum Butadien keine besondere Steigerung der chemischen Reaktionsfähigkeit beobachtet werden. Sterisch ist die starr lineare Stabform des Moleküls bemerkenswert.

Das von W. HUNSMANN[3]) näher untersuchte **Triacetylen** $HC{\equiv}C{-}C{\equiv}C{-}C{\equiv}CH$ polymerisiert sich bereits dicht oberhalb —20° innerhalb weniger Stunden.

Eine wesentlich größere Stabilität weisen die Poly-acetylene auf, wenn sie an den Molekülenden mit volumbeanspruchenden Atomgruppen besetzt werden, da diese eine gegenseitige Annäherung der zwischen diesen Gruppen liegenden starr linearen Polyacetylenketten erschweren. Besonders tert.-Butylgruppen wirken stark stabilitätserhöhend, so daß es z. B. F. BOHLMANN[4]) gelungen ist, sämtliche Verbindungen der Reihe bis zum nachstehend formulierten Hepta-acetylen-Derivat als bis etwa 150° beständige Verbindungen darzustellen:

---

[1]) Zusammenfassung: A. TREIBS: Angew. Chem. **60**, 289 (1948).
[2]) A. ROEDIG u. A. KLING: A. **580**, 20 (1953).
[3]) B. **83**, 213 (1950).
[4]) Zusammenfassung: F. BOHLMANN: Angew. Chem. **65**, 385 (1953).

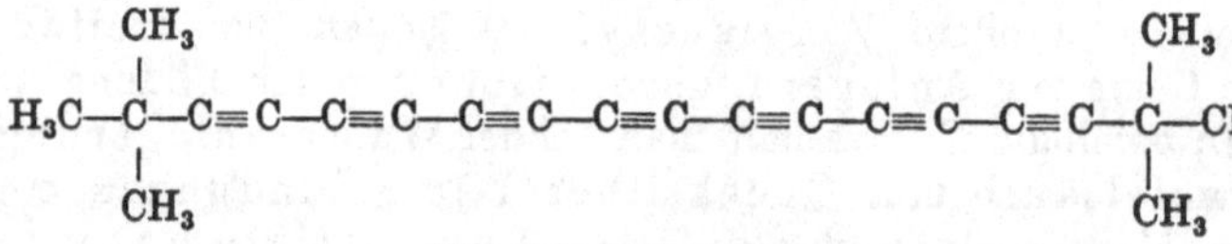

Di-tert.-butyl-heptaacetylen

III. Die aromatischen Kohlenwasserstoffe

1. Die Grundlagen der Benzolchemie

Die aromatischen Kohlenwasserstoffe enthalten auf Grund der auf S. 61 gegebenen Definition den dreifach ungesättigten Benzolring (oder im erweiterten Sinne auch eines der in I, Kap. 11, II, 1 beschriebenen polycyclischen aromatischen Ringsysteme) als integrierenden Bestandteil. Um in das Wesen dieser Verbindungen einzudringen, müssen wir uns daher zunächst kurz mit dem wichtigen Problem der Konstitution und der Isomerieverhältnisse des Benzolringes beschäftigen.

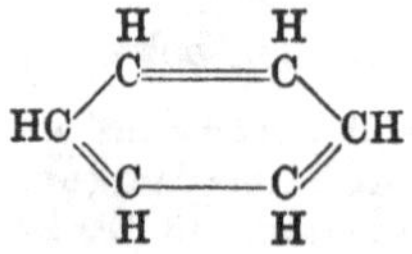

Obgleich die bereits im Jahre 1865 von A. KEKULÉ aufgestellte Benzolformel auch heute noch die Grundlage aller Benzoltheorien darstellt, ist die Bestimmung der Konstitution des Benzolringes in den seither vergangenen nahezu hundert Jahren eines der umstrittensten Probleme der organischen Chemie gewesen und auch heute noch nicht in allen Einzelheiten abgeschlossen. Wir können daher diesen wichtigen Fragenkomplex erst im zweiten Teil dieses Buches (II, Kap. 3, III, 1 u. 3) eingehend behandeln und wollen uns an dieser Stelle nur insoweit mit ihm beschäftigen, wie es zum Verständnis der Chemie des Benzols unbedingt erforderlich ist.

Die KEKULÉsche Benzolformel stützt sich insbesondere auf die folgenden vier Beobachtungen:

1. Auf Grund des Gesetzes der minimalen Bindungszahl (S. 49) muß das Benzolmolekül über die zum Zusammenhalt der Atome erforderlichen elf Bindungen hinaus noch weitere vier Bindungen enthalten, von denen nur drei auf Grund der unten beschriebenen Anlagerungsreaktionen als Doppelbindungen erkenntlich sind. Die vierte Bindung muß also eine Ringbindung sein, so daß für das Benzol (wenn man einmal von der unter 2 ausgeschlossenen Möglichkeit der Kettenverzweigung absieht) nur die Konstitution eines Cyclohexatriens übrigbleibt.

2. Die unten abgeleiteten Isomerenzahlen polysubstituierter Benzolderivate beruhen sämtlich auf dem Postulat der **Gleichwertigkeit der sechs Benzol-C-Atome**, wie sie nur in einem unverzweigten Ringmolekül verwirklicht sein kann. Aus der Gleichheit der sechs C-Atome folgt weiterhin, daß die Doppelbindungen sich gleichmäßig über den Ring verteilen, d. h. ein geschlossen konjugiertes System bilden, da andernfalls Allen- und Methylen-C-Atome nebeneinander auftreten sollten.

3. Abgesehen von der Bestätigung der theoretisch abgeleiteten Isomerenzahlen konnte A. LADENBURG die Gleichwertigkeit der sechs Benzol-C-Atome auf dem folgenden Wege auch direkt beweisen: In der Salicylsäure (I) befindet sich am Benzolkern eine Carboxylgruppe in a und eine Hydroxylgruppe in b. Die Salicylsäure läßt sich nun auf zwei verschiedenen Wegen in übersichtlich verlaufenden Reaktionen in je eine Benzolcarbonsäure überführen, wobei die Carboxylgruppe das eine Mal mit Sicherheit in a (II) und das andere Mal mit Sicherheit in b (III) steht:

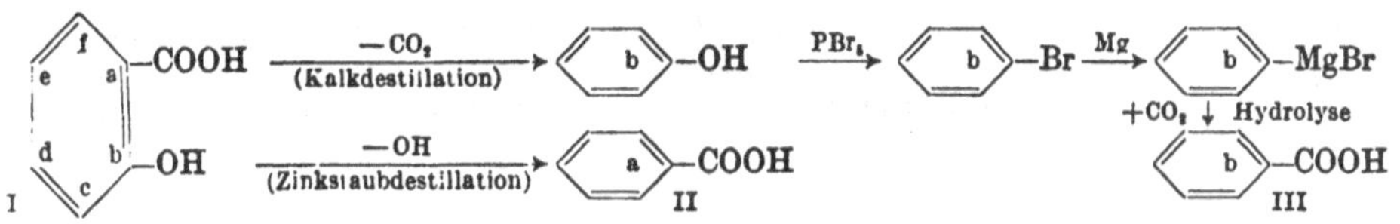

Die beiden auf diese Weise erhaltenen „Benzolcarbonsäuren" erwiesen sich aber als mit der Benzoesäure identisch. Die gleichen Reaktionen wurden anschließend mit der der Salicylsäure isomeren „m-" und „p"-Oxybenzoesäure durchgeführt, in denen sich die Hydroxylgruppe in Stellung c bzw. d befindet (formulieren!). Doch entstand auch hier immer die gleiche Benzoesäure. Die Stellungen a, b, c, und d müssen also untereinander gleichwertig sein. Durch ähnliche Reaktionen, deren Wiedergabe hier jedoch zu weit führen würde, läßt sich dies auch für die Stellungen e und f nachweisen, so daß die Gleichwertigkeit der sechs Benzol-C-Atome heute als absolut gesichert gelten kann.

4. R. Willstätter konnte im Jahre 1912 erstmals eine einwandfreie, die Konstitution eines Cyclohexa-triens-1,3,5 beweisende Synthese des Benzols durchführen, indem er auf dem folgenden, hier etwas gekürzt wiedergegebenen Wege zunächst den Cyclohexanring synthetisierte und dann anschließend, also getrennt von der eigentlichen Ringsynthese, die drei Doppelbindungen in das Molekül einführte:

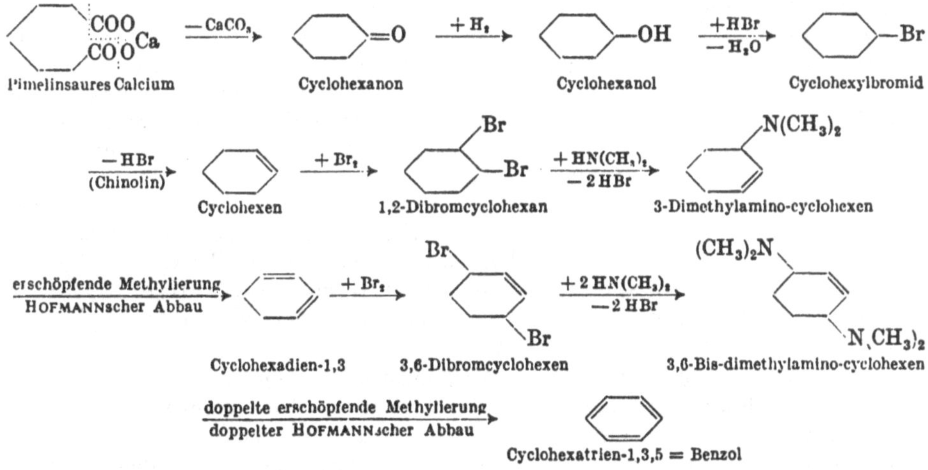

Diesen positiven Argumenten gegenüber sprachen gegen die Kekulésche Benzolformel insbesondere die folgenden Beobachtungen:

1. der schon zu Kekulés Zeiten erhobene Einwand, daß niemals das Auftreten von zwei stellungsisomeren o-Disubstitutionsprodukten des Benzols, also etwa von zwei verschiedenen o-Dichlorbenzolen der folgenden Konstitution beobachtet wurde:

Mit anderen Worten, der Benzolring zeigt auf Grund der Isomerenzahlen eindeutig die sechszählige Symmetrie eines regelmäßigen Sechsecks, während man nach Kekulé nur eine dreizählige Symmetrie erwarten sollte.

Schon Kekulé konnte diesem Einwand durch die zusätzliche Annahme begegnen, daß sich die beiden isomeren Formen der o-disubstituierten Benzolderivate dauernd ineinander umlagern, d. h. daß sich zwischen den beiden Formen infolge des „Oscillierens" der Doppelbindungen eine Art „Valenztautomerie" ausbildet. Danach läge im Benzol ein echtes chemisches Gleichgewicht zweier KEKULÉ-Strukturen vor, die man allgemein als KEKULÉ-Struktur I und KEKULÉ-Struktur II bezeichnet:

KEKULÉ-Struktur I KEKULÉ-Struktur II

2. Die KEKULÉsche Benzolformel vermag zwar stöchiometrisch die Reaktionen des Benzolkerns richtig wiederzugeben, gibt aber keine Erklärung für das vollkommen andersartige Verhalten der Doppelbindungen im Benzol und in den aliphatischen Polyolefinen mit konjugierter Doppelbindung. Dieser wichtigste Einwand gegen die KEKULÉ-Formel hat immer wieder zur Aufstellung neuer Benzolformeln geführt und konnte erst in den dreißiger Jahren dieses Jahrhunderts durch Einführung des Mesomeriebegriffes befriedigend widerlegt werden.

Auf Grund all dieser Beobachtungen muß man sich die Struktur des Benzols heute etwa folgendermaßen vorstellen: Die beiden möglichen KEKULÉ-Strukturen des Benzolkerns können durch eine einfache Verschiebung von Doppelbindungselektronen innerhalb des Ringes ineinander übergehen. Infolgedessen bildet sich zwischen ihnen eine sehr intensive Mesomerie aus, die mit einer Wärmeabgabe von 36 kcal pro Mol, der sog. *Aromatisierungsenergie*, verbunden ist. Infolge dieser Mesomerie verschmelzen beide KEKULÉ-Strukturen zu einem einheitlichen Molekül mit sechszähliger Symmetrie, in dem keine Unterschiede zwischen einfachen und Doppelbindungen mehr erkennbar sind. Man kann diesen Unterschied zwischen der alten KEKULÉschen Benzolformel und der heutigen Vorstellung sehr instruktiv auch durch den folgenden Satz ausdrücken: Das der KEKULÉ-Formel entsprechende Cyclohexatrien-1, 3, 5-molekül mit dreizähliger Symmetrie ist nicht beständig, weil es unter Abgabe einer Mesomerieenergie von 36 kcal sofort in Benzol übergeht.

Für die formelmäßige Wiedergabe des Benzolringes wäre natürlich die exakte Formulierung dieser Mesomerie durch Wiedergabe beider, nunmehr durch das Mesomeriezeichen (↔) verbundenen KEKULÉ-Strukturen zu umständlich, und man begnügt sich daher meistens mit der Anführung einer der beiden KEKULÉ-Formeln, wobei man stillschweigend voraussetzt, daß die Lage der Doppelbindungen durch diese Formulierung nicht festgelegt ist. Zur Abkürzung läßt man weiterhin in der bei den Paraffinen bereits gezeigten Weise die C- und H-Atome, ja vielfach sogar die Doppelbindungen weg und deutet den Benzolkern lediglich durch ein Sechseck an, das mit allen an ihm befindlichen Substituenten durch einen normalen Bindestrich verbunden wird:

Benzol Chlorbenzol

Allerdings kommen bei dieser vereinfachten Schreibweise leicht Verwechslungen mit dem gesättigten Cyclohexanring vor. Bei dessen stark zunehmender Bedeutung, namentlich auf dem Gebiet der Naturstoffchemie, schreibt man daher in der neueren Literatur (und im folgenden auch in diesem Buche) die Doppelbindungen des Benzolkerns stets mit.

Die **Isomerieverhältnisse** der Benzolderivate werden durch die hohe Symmetrie des Benzolringes gegenüber denen der entsprechenden n-Hexanderivate wesentlicht vereinfacht. Wie man ohne weiteres an Hand der Formeln ableiten kann, gibt es sowohl für gleiche als auch für verschiedene Substituenten nur je drei stellungsisomere Disubstitutionsprodukte des Benzols (gegenüber zwölf stellungsisomeren disubstituierten n-Hexanen bei gleichen und 18 bei verschiedenartigen Substituenten, formulieren!), für die die Bezeichnungen *ortho-*, *meta-*, und *para-*Verbindungen (abgekürzt *o-*, *m-*, und *p-*Derivate) gebräuchlich sind:

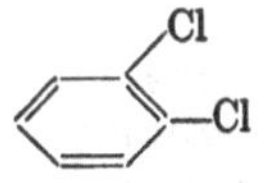

Ortho-Stellung
o-Dichlorbenzol
1,2-Dichlorbenzol

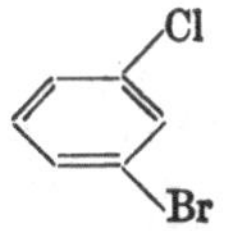

Meta-Stellung
m-Chlorbrombenzol
1,3-Chlorbrombenzol

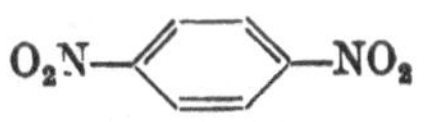

Para-Stellung
p-Dinitrobenzol
1,4-Dinitrobenzol

Sind mehr als zwei Substituenten im Benzolring enthalten, so macht es bereits einen wesentlichen Unterschied, ob sie gleich- oder verschiedenartig sind. Für drei gleichartige Substituenten gibt es ebenfalls nur drei verschiedene Stellungsmöglichkeiten, die als *vicinale* (abgekürzt *vic-*), *symmetrische* (*sym-*) und asymmetrische (*as-*) Stellung bezeichnet werden:

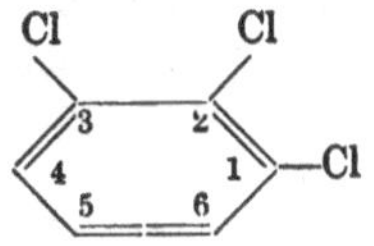

vic-Trichlorbenzol
1,2,3-Trichlorbenzol

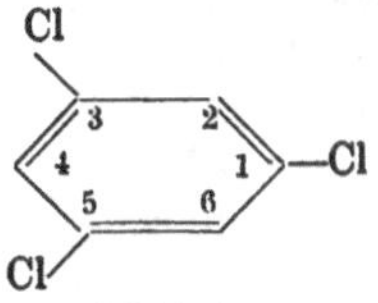

sym-Trichlorbenzol
1,3,5-Trichlorbenzol

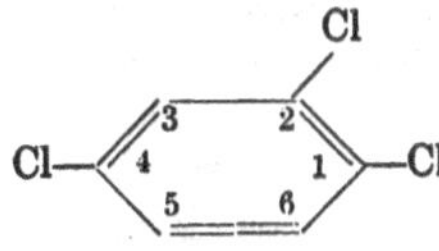

as-Trichlorbenzol
1,2,4-Trichlorbenzol

Auch die Zahl der Tetrasubstitutionsprodukte muß bei gleichartigen Substituenten gleich drei werden, da hier die beiden verbleibenden H-Atome nur die o-, m-, oder p-Stellung zueinander einnehmen können, und aus ähnlichen Gründen kann es bei gleichartigen Substituenten nur ein Penta- und ein Hexasubstitutionsprodukt des Benzols geben. Bei verschiedenartigen Substituenten dagegen nimmt von den Trisubstitutionsprodukten an die Zahl der möglichen Isomeren stark zu, und man kommt mit den einfachen Bezeichnungen nicht mehr aus. In diesem Fall greift man zweckmäßig wieder auf das bewährte System der Numerierung der C-Atome zurück, wie es in den angeführten Beispielen bereits geschehen ist. Hierbei ist es an sich wieder prinzipiell gleichgültig, in welcher Richtung man zählt, d. h. es sind jeweils die 2- und die 6- sowie die 3- und die 5-Stellung untereinander gleichwertig, doch bevorzugt man in der Praxis auch hier stets diejenige Richtung, bei der die substituierten C-Atome möglichst niedrige Nummern erhalten.

Wesentlich schwieriger als die Ableitung der Zahl der isomeren Verbindungen ist ihre **Strukturbestimmung.** Sie erfolgt bei komplizierteren Verbindungen stets nach speziellen Verfahren, auf die hier nicht eingegangen werden kann. Daneben haben aber auch einige allgemein gültige Methoden, die mehr oder weniger unabhängig von der Natur des jeweiligen Substituenten zur Anwendung kommen können, eine gewisse praktische Bedeutung erlangt. Von ihnen muß insbesondere auf die folgenden vier Möglichkeiten hingewiesen werden:

1. **o-Disubstituierte Benzolderivate** sind oft daran zu erkennen, daß die beiden Substituenten zu einem an den Benzolring angegliederten **fünf- oder sechsgliedrigen Ring** verbunden werden können:

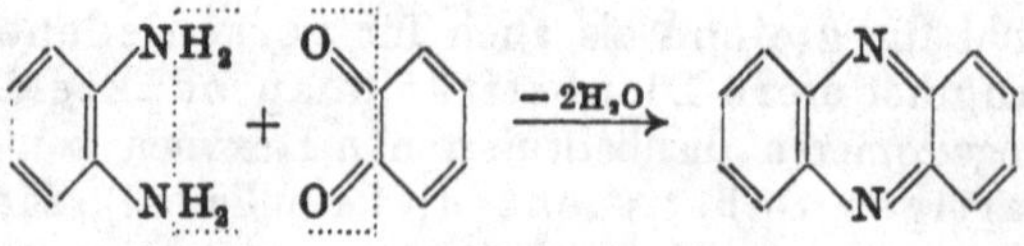

2. Wie wir in II, Kap. 2, III, 3 erörtern werden, ist das **elektrische Dipolmoment** der disubstituierten Benzolderivate aus den Teilmomenten der zu den Substituenten führenden Bindungen durch **vektorielle Addition** entstanden. Diese vektorielle Addition führt aber bei den o-, m- und **p-Verbindungen** zu grundsätzlich **verschiedenen Werten**.

3. Wie wir ebenfalls erst später sehen werden, liegen die **Schmelzpunkte** der **p-Verbindungen**, die sich infolge ihrer **gestreckten Gestalt** leichter in ein Kristallgitter einordnen lassen, nahezu ohne Ausnahme wesentlich **höher** als die der isomeren o- und **m-Verbindungen**.

4. Am interessantesten ist schließlich ein von W. KÖRNER (1866—70) aufgefundenes Verfahren, mit dessen Hilfe man in sehr eleganter Weise bei **beliebigen Disubstitutionsprodukten** des Benzols mit zwei **gleichartigen Liganden** lediglich auf Grund **allgemeiner Symmetrieüberlegungen** die gegenseitige Stellung der Substituenten festlegen kann: Führt man nämlich in jedes der drei möglichen Disubstitutionsprodukte einen **dritten Substituenten** ein, so kann je nach der gegenseitigen Stellung der ursprünglichen Substituenten eine **verschiedene Anzahl von Trisubstitutionsprodukten** entstehen. Z. B. erhält man aus dem **p-Dichlorbenzol** unabhängig davon, welches der vier H-Atome durch ein drittes Cl-Atom ersetzt wird, immer nur das **as-Trichlorbenzol**, während die **o-Verbindung zwei Reaktionsprodukte** nebeneinander (das vic- und ebenfalls das **as-Trichlorbenzol**) liefern kann, und das **m-Dichlorbenzol** schließlich in **alle drei Trichlorbenzole** überzugehen vermag:

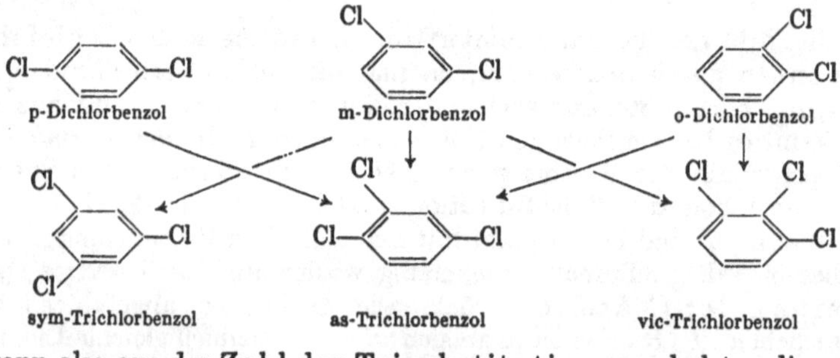

Man kann also aus der **Zahl der Trisubstitutionsprodukte**, die aus einem disubstituierten Benzol bei der Einführung eines (**beliebigen**) dritten Substituenten entstehen, eindeutig rückwärts auf die **gegenseitige Stellung der Substituenten** in der Ausgangsverbindung schließen.

2. Das Benzol und seine Alkylderivate

Die einfachen aromatischen Kohlenwasserstoffe umfassen das Benzol und seine aliphatischen Substitutionsprodukte. Ihre Benennung erfolgt in den meisten Fällen durch **Trivialnamen**, die in der aromatischen Reihe eine viel größere Rolle spielen als bei den aliphatischen Verbindungen, weil hier die reinen Stoffe vielfach schon längst bekannt waren, ehe der Konstitutionsbegriff überhaupt eingeführt wurde, ehe man ihnen also rationelle Namen geben konnte, und ehe es auch üblich war, Verbindungen nach ihrer Konstitution zu benennen. Die Bildung der rationellen Namen geschieht in der gewohnten Weise durch Zerlegung des Kohlenwasserstoffs in eine Grundverbindung, als welche man meistens das Benzol selbst wählt, und die sie substituierenden Alkylreste, so daß Namen wie Methylbenzol (Trivialname *Toluol*), o-, m- und p-Dimethylbenzol (*o-*, *m-*, *p-Xylol*) usw. entstehen. Der Benzolring wird meistens kurz als *Kern*, die ihn substituierenden Alkylreste auch hier als *Seitenketten* bezeichnet.

Ist die Seitenkette ebenfalls substituiert, so zählt man ihre C-Atome mit 1′, 2′ usw. oder bezeichnet sie durch kleine griechische Buchstaben. 2-Chlortoluol bedeutet also ein in o-Stellung zur Methylgruppe, 1′- oder α-Chlortoluol ein in der Seitenkette chloriertes Toluol. Zur Kennzeichnung des endständigen C-Atoms der Seitenkette ist schließlich auch hier der griechische Buchstabe ω in Gebrauch, so daß wir für die angeführten drei Verbindungen die folgenden Benennungsmöglichkeiten haben:

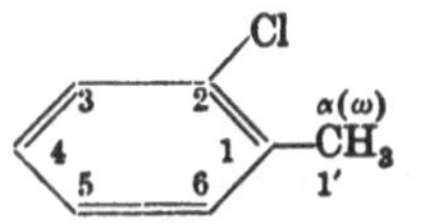

o-Chlortoluol
bzw. 2-Chlortoluol

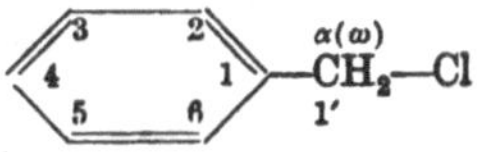

1′-Chlortoluol
α- oder ω-Chlortoluol

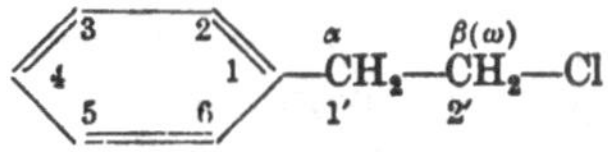

2′-Chlor-äthylbenzol
β- oder ω-Chloräthylbenzol

Die Namen der **aromatischen Kohlenwasserstoffreste** führen ebenfalls die Endung *-yl*, leiten sich aber im übrigen nicht von den rationellen Namen, sondern von den Trivialnamen der Kohlenwasserstoffe ab, sofern man für sie nicht überhaupt besondere Trivialnamen bevorzugt. So heißt z. B. der Rest des Benzols *Phenyl-* (bzgl. der Ableitung des Wortstammes vgl. S. 139), während der an sich viel näher liegende Name *Benzyl-* für den am Seitenkettenkohlenstoff gebundenen Toluolrest verwandt wird. Ähnlich führt das in ω-Stellung mit dem Molekülrest verknüpfte Radikal des α-Phenylpropylens wegen seiner nahen Beziehungen zur Zimtsäure den Trivialnamen *Cinnamyl-* (vgl. auch S. 396, Anm.). Erst diejenigen Derivate des Toluols, deren Bindung von einem Kern-C-Atom ausgeht, werden in normaler Weise *o-*, *m-* und *p-Tolyl-* genannt, und auch die sich von den verschiedenen Xylolen ableitenden Radikale führen den gemeinsamen Gruppennamen *Xylyle*, wie die folgende Zusammenstellung der Trivialnamen der wichtigsten einwertigen aromatischen Reste zeigt.

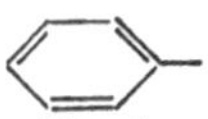

Phenyl-

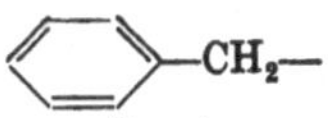

Benzyl-

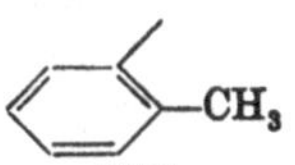

o-Tolyl-

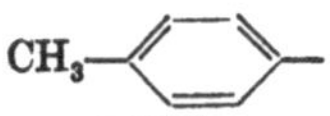

p-Tolyl-

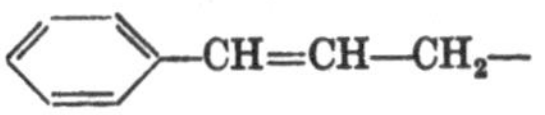

Cinnamyl-

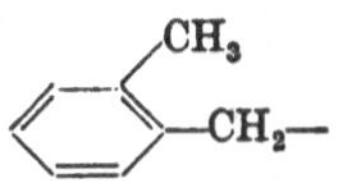

1′-o-Xylyl-

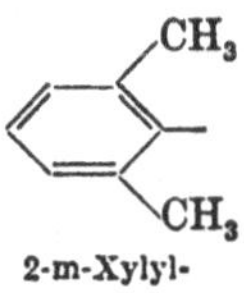

2-m-Xylyl-

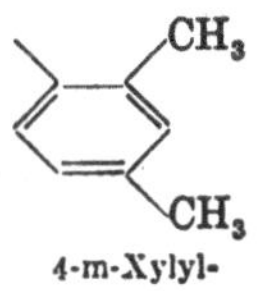

4-m-Xylyl-

Als Gruppennamen für einen aromatischen Rest schlechthin, dessen Bindung von einem Kernatom ausgeht, dient schließlich der dem Ausdruck Alkyl der aliphatischen Reihe nachgebildete Namen *Aryl*.

Vorkommen. Die aromatischen Kohlenwasserstoffe kommen mit wenigen Ausnahmen (vgl. z. B. S. 141) nicht in der belebten Natur vor, treten aber in geringen Mengen mineralisch auf, z. B. in den Ausschwitzungen von Kohlelagern. Ferner entstehen sie als pyrogene Zersetzungsprodukte anderer organischer Verbindungen bei allen technischen Prozessen, die bei Temperaturen zwischen 1000 und 1400⁰ verlaufen. Sie reichern sich daher in erster Linie im Steinkohlenteer an (vgl. **III**, Kap. 1, I, 2), der auch heute noch das wichtigste Ausgangsmaterial für die technische Gewinnung nahezu aller einfachen aromatischen Kohlenwasserstoffe darstellt und diese dadurch zu den am leichtesten zugänglichen organischen Verbindungen überhaupt macht.

Die **Darstellungsverfahren** für die aromatischen Kohlenwasserstoffe lassen sich in drei größere Gruppen unterteilen: 1. Methoden, bei denen der Benzolkern selbst synthetisiert wird, 2. die Einführung von Seitenketten in den Benzolkern und 3. der Ersatz anderer Substituenten des Benzolkerns durch Wasserstoff.

Zu 1. Infolge der leichten Isolierbarkeit der meisten aromatischen Kohlenwasserstoffe aus dem Steinkohlenteer hat die **Synthese des Benzolringes** selbst nur eine geringe präparative Bedeutung für den Aufbau von aromatischen Kohlenwasserstoffen erlangt. Lediglich die Gewinnung sehr symmetrischer polysubstituierter Benzolderivate führt man praktisch am besten auf dem Wege einer Benzolringsynthese durch. Als Beispiel sei die auf S. 116 bereits kurz gestreifte Trimerisierung von Methylacetylen zu Mesitylen erwähnt, die neben der sehr übersichtlich verlaufenden Kondensation von drei Molekülen Aceton mittels konzentrierter Schwefelsäure:

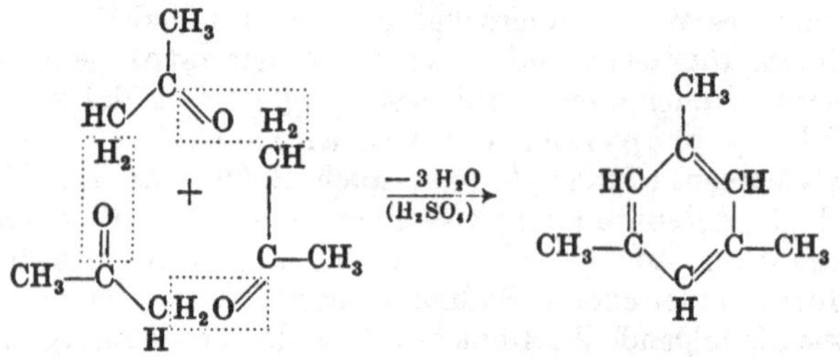

das praktisch wichtigste Verfahren zur Mesitylengewinnung[1]) darstellt. Ebenso ist für die Gewinnung von Hexamethylbenzol die Trimerisierung von Dimethyl-acetylen ein sehr brauchbares Darstellungsverfahren (Gleichung formulieren!).

Schließlich sei an dieser Stelle auch auf die in **I**, Kap. 12, I, 3 beschriebene Selendehydrierung hydroaromatischer Substanzen nach O. Diels hingewiesen, bei der der Sechsring zwar bereits besteht, jedoch erst im Verlaufe der Reaktion aromatisiert wird.

Zu 2. Für die **Einführung aliphatischer Seitenketten** in den Benzolkern stehen ebenfalls mehrere Verfahren zur Verfügung[2]):

---

[1]) Bei der Verwendung von Acetaldehyd sollte man in analoger Weise Benzol synthetisieren können (Gleichung formulieren!). Doch verläuft die Kondensation hier in anderer Richtung.

[2]) Zusammenfassung: A. W. Francis: Chem. Rev. **43**, 257 (1948).

Die wichtigsten vom Acetylen ausg

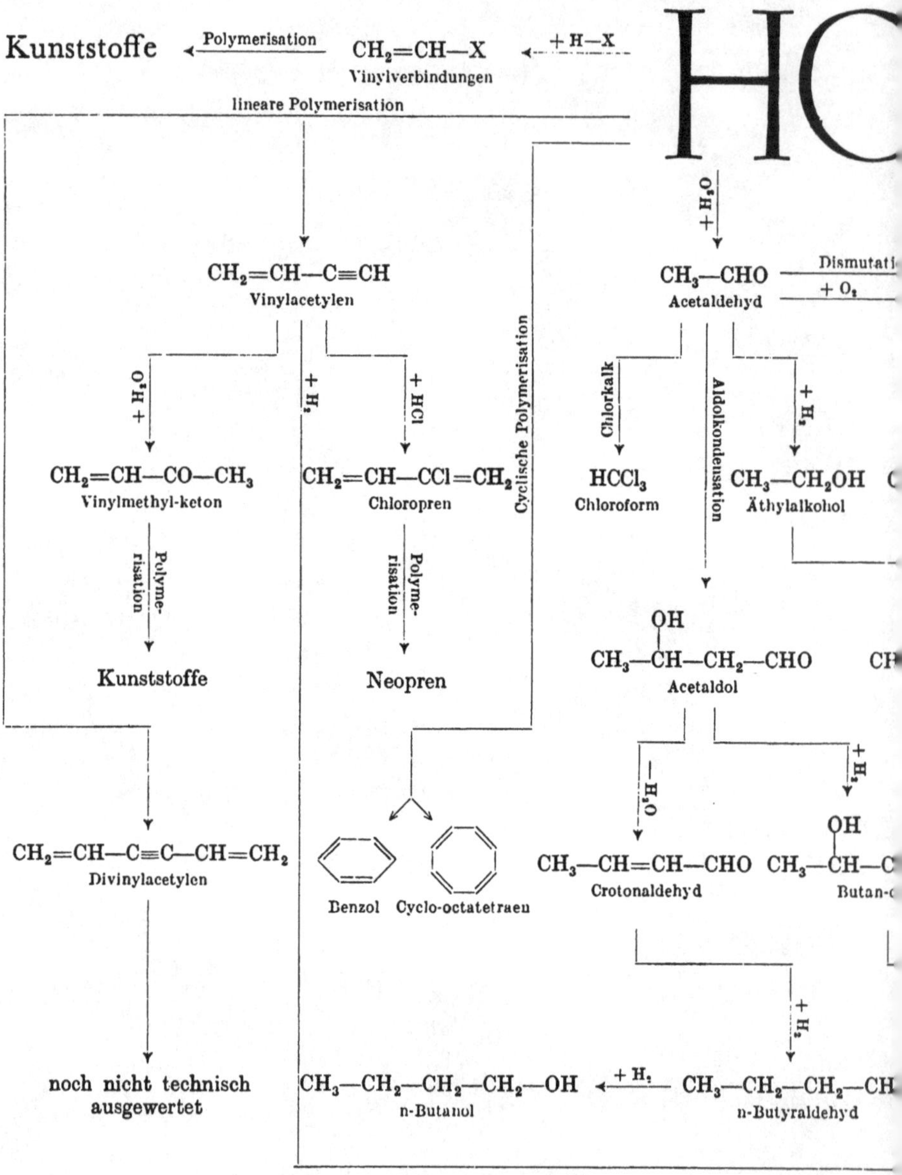

…etischen Reaktionen (zu Seite 119)

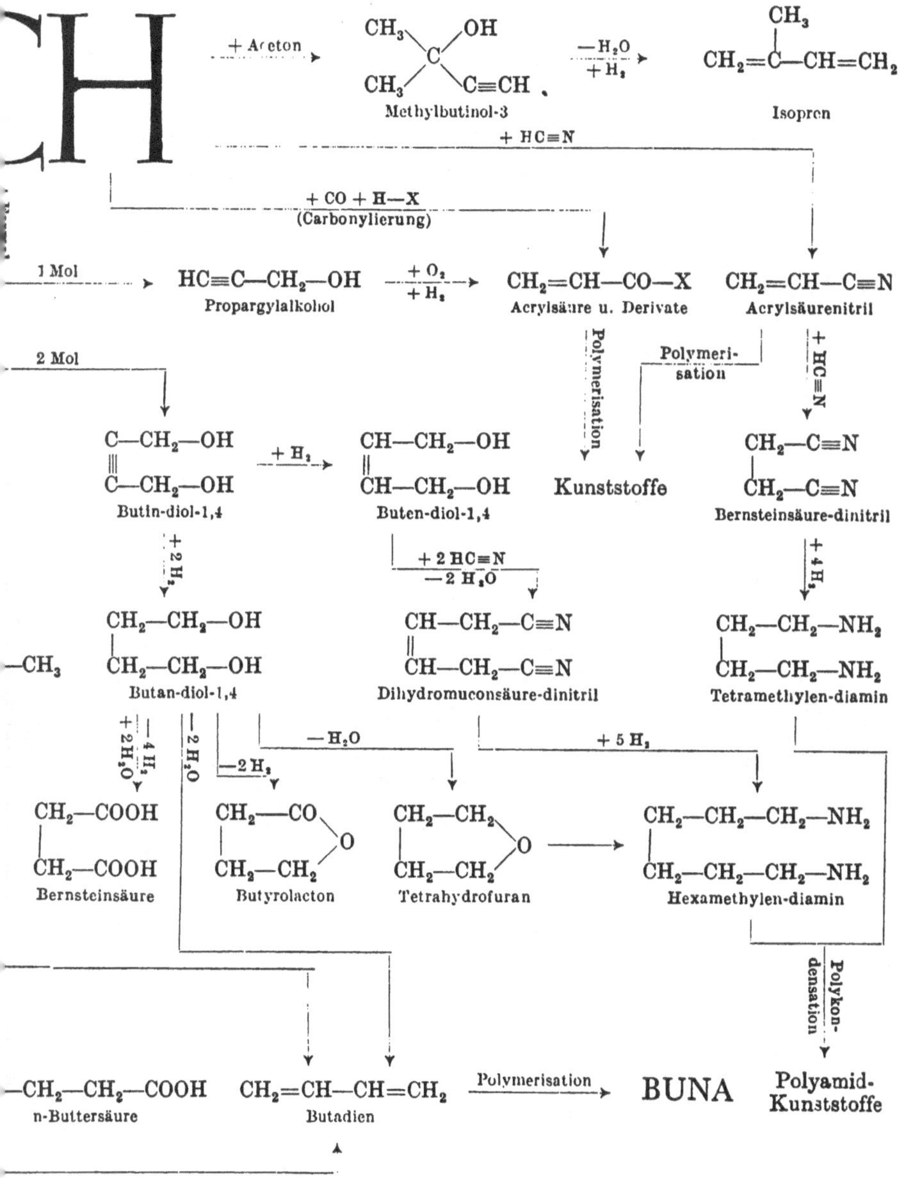

Walter de Gruyter & Co., Berlin

a) Die Fittigsche Synthese. Die bei den Paraffinen beschriebene Wurtzsche Synthese wurde von R. Fittig auf die Darstellung aromatischer Kohlenwasserstoffe übertragen. Sie verläuft hier, d. h. bei der Verknüpfung eines Aryl- mit einem Alkylrest sogar besonders glatt, weil sich einerseits die Metallverbindung der aromatischen Komponente leichter bildet als die des aliphatischen Reaktionspartners, und weil andererseits diese aromatische Metallverbindung wiederum bevorzugt mit der aliphatischen Halogenverbindung reagiert:

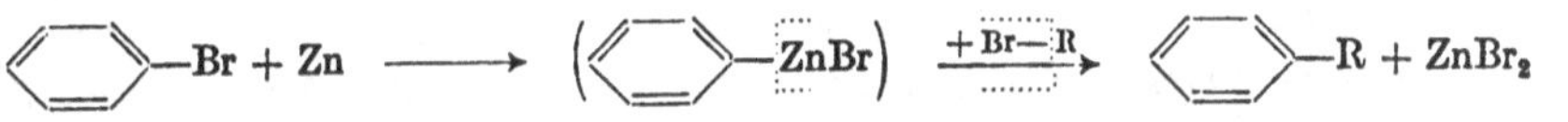

Infolgedessen tritt die Bildung der nicht gewünschten Kombinationsmöglichkeiten Alkyl-Alkyl und Aryl-Aryl hinter der beabsichtigten Alkylierung des Benzolkerns fast völlig zurück.

b) Die Synthese von Friedel-Crafts. Eine zweite wichtige Methode zur Einführung von Alkylgruppen in den Benzolkern wurde 1877 von C. Friedel und J. M. Crafts in Paris entdeckt. Sie beruht auf einer normalen Alkylierung des aromatischen Benzolkerns durch Alkylhalogenide, deren Aktivität durch Verwendung von Aluminiumchlorid als Katalysator derart gesteigert wird, daß der sonst ziemlich reaktionsträge Benzolkern angegriffen werden kann (Näheres über den Reaktionsmechanismus vgl. II, Kap. 4, II, 3b):

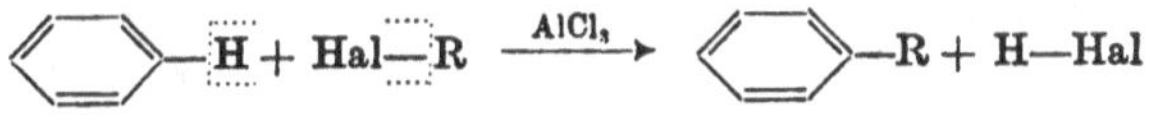

Die Reaktion ist von großer allgemeiner Bedeutung und dient bei Verwendung entsprechender Halogenverbindungen auch zur Synthese anderer aromatischer Verbindungen, vor allem von Aldehyden und Ketonen (vgl. S. 282). Ihre eingehende Beschreibung erfolgt in I, Kap. 12, III, 2a.

In dem speziellen Fall der Darstellung von Kohlenwasserstoffen weist diese schöne Methode häufig den Nachteil auf, daß einerseits mehrere Alkylreste in den Benzolkern eintreten können, andererseits das *Aluminiumchlorid* gleichzeitig die Rückreaktion katalysiert. Infolgedessen treten zuweilen mehrere, verschieden hoch alkylierte Reaktionsprodukte nebeneinander auf, oder es tritt eine Abspaltung bzw. Wanderung bereits im Kern befindlicher Substituenten ein. Zuweilen können sogar monosubstituierte Benzolderivate wie etwa Toluol, zu einem Gemisch von Benzol mit den verschiedenen möglichen Di- und selbst Trisubstitutionsprodukten disproportionieren. Eine letzte unerwünschte Nebenreaktion beobachtet man schließlich bei der Alkylhalogenid-Komponente, die sich unter der Einwirkung des Aluminiumchlorids während der Reaktion in die Derivate der entsprechenden sekundären oder tertiären Alkylhalogenide umlagern kann. So tritt z. B. bei Verwendung von Isobutylbromid häufig der tert. Butylrest in den Benzolkern ein, und bei Verwendung von n-Propylhalogeniden werden die Isopropylderivate erhalten (bzgl. des Mechanismus vgl. II, Kap. 5, III, 1):

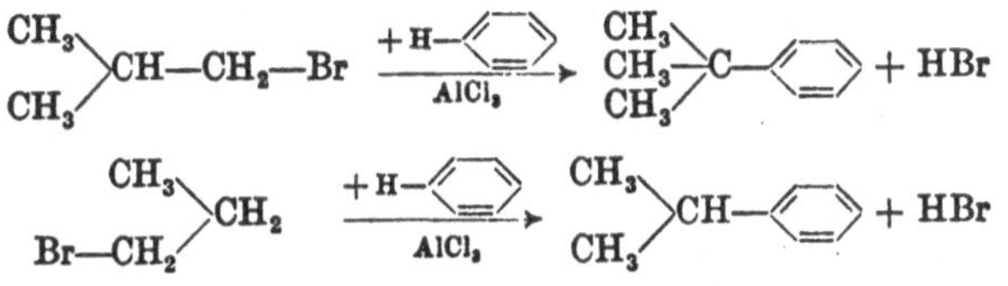

Für die technische Anwendbarkeit der Reaktion ist es schließlich wichtig, daß man vielfach auf die Darstellung der Alkylhalogenide überhaupt verzichten und statt dessen die Olefine (für die Einführung des Äthylrestes also beispielsweise

Äthylen) unter der Einwirkung von Aluminiumchlorid direkt in den aromatischen Kohlenwasserstoff einführen kann:

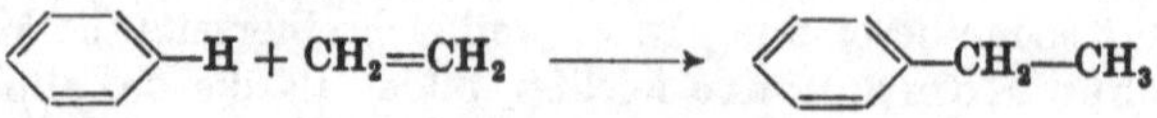

Die Reaktion erfolgt im Sinne einer normalen **Addition** des Benzolkerns an das **Olefin** (vgl. I, Kap. 12, III, 3), und es werden auch hier nach der Regel von MARKOWNIKOW (S. 96) nur die **sekundären und tertiären Alkylderivate** erhalten. Das Verfahren findet u. a. Anwendung zur Herstellung von **Äthylbenzol** (s. u.). Bezüglich des Reaktionsmechanismus vgl. II, Kap. 4, II, 3bα.

Neuerdings kann man die gleiche Reaktion auch an SiO_2/Al_2O_3-**Kontakten** bei Temperaturen zwischen 400 und 500° durchführen[1]).

c) Eine der FRIEDEL-CRAFTSschen Synthese ähnliche Kondensationsreaktion zwischen **Alkoholen und aromatischen Kohlenwasserstoffen** findet bei der Einwirkung mäßig konzentrierter **Schwefelsäure** bei Temperaturen um 50° statt[2]):

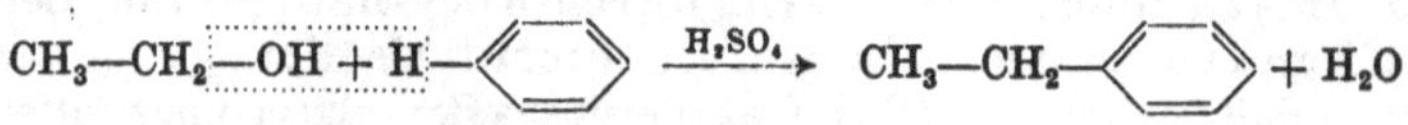

Die Umsetzung ist im allgemeinen auf Alkohole beschränkt, die **Wasser** zu **Olefinen abspalten** können, und läßt sich ebenfalls mit den **Olefinen** selbst durchführen, wobei auch hier die Regel von MARKOWNIKOW eingehalten wird. Doch können aus dieser Tatsache noch keine Schlüsse auf den Reaktionsmechanismus gezogen werden (vgl. z. B. die Diskussion über die FRIEDEL-CRAFTS-Reaktion in II, Kap. 4, II, 3b), da unter gewissen Bedingungen auch **nicht dehydratisierbare** Alkohole, wie **Methyl- und Benzylalkohol** zur Kondensation befähigt sind.

Zu 3. Für den Ersatz von anderen Substituenten durch Wasserstoff stehen außer den bereits bei den **Paraffinen** beschriebenen Methoden (**Hydrolyse metallorganischer Verbindungen, Reduktion** von im Kern oder in der Seitenkette oxydierten und halogenierten Stoffen, **Alkalidestillation von Carbonsäuren** usw.) noch drei, speziell in der **aromatischen Reihe gebräuchliche Verfahren** zur Verfügung:

a) die **saure Hydrolyse** von **Arylsulfonsäuren** (Näheres vgl. I, Kap. 7, II, 1):

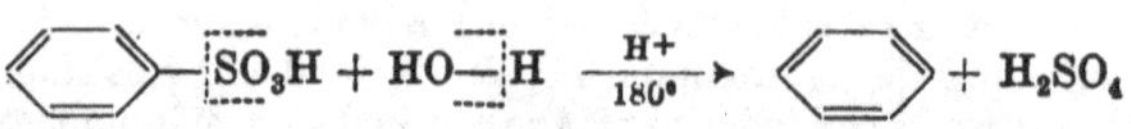

b) die Reduktion von **phenolischen Hydroxylgruppen** mit Hilfe der „**Zinkstaubdestillation**" (vgl. S. 234):

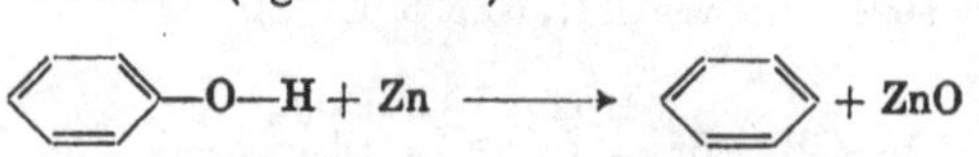

c) die Reduktion von **Diazoverbindungen** mit alkalischer **Zinn-II-chloridlösung** (vgl. I, Kap. 6, III, 1b):

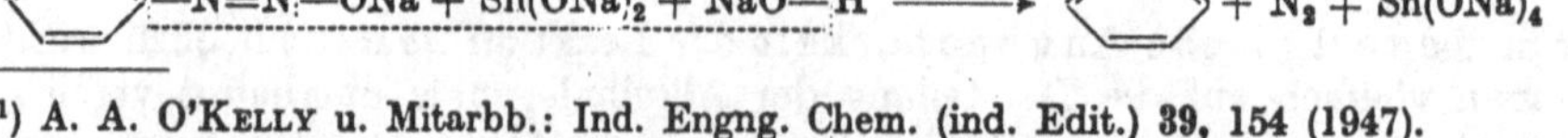

[1]) A. A. O'KELLY u. Mitarbb.: Ind. Engng. Chem. (ind. Edit.) **39**, 154 (1947).
[2]) Zusammenfassung: L. v. ERICHSEN: Angew. Chem. **61**, 322 (1949).

Die aromatischen Kohlenwasserstoffe unterscheiden sich in ihrem **physikalischen Verhalten**[1]) bereits etwas stärker von den Paraffinen gleicher Kohlenstoffzahl, doch sind die Unterschiede im wesentlichen nur gradueller Natur.

Tabelle 4

Physikalische Konstanten einiger einfacher aromatischer Kohlenwasserstoffe

Trivialname	rationeller Name	Sdp.	Smp.	Dichte Temp. (flüssig)
Benzol	Benzol	80°	+ 5°	0,879/20°
Toluol	Methylbenzol	111	— 95	0,872/15
—	Äthylbenzol	136	— 94	0,867/20
—	Propylbenzol	159	—101	0,862/20
Cumol	Isopropylbenzol	153	— 97	0,862/20
o-Xylol	1,2-Dimethylbenzol	144	— 25	0,881/20
m-Xylol	1,3-Dimethylbenzol	139	— 53	0,864/20
p-Xylol	1,4-Dimethylbenzol	138	+ 13	0,861/20
Mesitylen	1,3,5-Trimethylbenzol	164	— 53	0,864/20
Hemellithol	1,2,3-Trimethylbenzol	175	—	0,895/20
Pseudocumol	1,3,4-Trimethylbenzol	168	— 57	0,878/20
Prehnitol	1,2,3,4-Tetramethylbenzol	204	— 4	0,904/16
Isodurol	1,2,3,5-Tetramethylbenzol	196	— 24	0,896/0
Durol	1,2,4,5-Tetramethylbenzol	192	+ 80	0,833/81
o-Cymol	1-Methyl-2-isopropylbenzol	175	—	0,879/16
m-Cymol	1-Methyl-3-isopropylbenzol	175	—	0,862/20
p-Cymol	1-Methyl-4-isopropylbenzol	177	— 74	0,859/20
—	Pentamethylbenzol	231	+ 53	0,847/107
Mellithol	Hexamethylbenzol	265	+169	—
—	Hexaäthylbenzol	298	+129	0,831/130
Styrol	Vinyl-benzol	146	—	0,907/20
—	Phenylacetylen	140	— 45	0,930/20

So ist, wie aus Tabelle 4 hervorgeht, die Dichte infolge des gedrängteren Molekülbaus durchweg um etwa 30—40% höher als in der aliphatischen Reihe, und auch die Siedepunkte liegen um 10—40° über denen der n-Paraffine gleicher Molekülgröße. Sehr interessant sind weiterhin die Schmelzpunktverhältnisse. Bei den regelmäßig gebauten Verbindungen (z. B. Benzol) und von diesen vor allem bei denjenigen, die p-ständige Methylgruppen im Molekül enthalten (p-Xylol, Durol, Mellithol usw.) und sich daher besonders leicht in ein Kristallgitter einordnen, beobachtet man jeweils relativ hohe Schmelzpunkte, die weit über denen der entsprechenden n-Paraffine liegen, während bei unregelmäßiger Substitution, insbesondere bei den Monosubstitutionsprodukten und Verbindungen mit m-ständigen Gruppen (Toluol, m-Xylol, Isodurol usw.) besonders tief liegende Schmelzpunkte auftreten, die die Schmelzpunkte der n-Paraffine gleicher Kohlenstoffzahl z. T. sogar unterschreiten. Schließlich bewirkt der Übergang von der starr an den Benzolkern gebundenen Methyl- zu der infolge der freien Drehbarkeit um die C—C-Bindung(en) bereits beweglicheren Äthyl- oder gar Propylgruppe trotz der Molekülvergrößerung ebenfalls eine Schmelzpunktssenkung.

[1]) Zusammenstellung physikalischer Eigenschaften: A. W. FRANCIS: Chem. Rev. **42**, 107 (1948).

Auch hinsichtlich der Löslichkeitseigenschaften ergeben sich einige graduelle Unterschiede gegenüber den Paraffinen. Z. B. ist bei grundsätzlich ebenfalls lipophiler und hydrophober Natur das allgemeine Lösungsvermögen bereits merklich gesteigert, so daß die aromatischen Kohlenwasserstoffe eine wesentlich geringere Selektivität aufweisen als die Paraffine gleicher Kohlenstoffzahl. Auch die hydrophobe Natur ist nicht mehr ganz so stark ausgeprägt und man kann z. B. bereits bis zu 1% Wasser in Benzol auflösen. Da dieses bei Zusatz von Paraffinen (Benzin) wieder ausfällt, ruft es zuweilen Störungen bei Treibstoffgemischen hervor.

Die **chemischen Reaktionen** der aromatischen Kohlenwasserstoffe lassen sich in zwei scharf voneinander getrennte Gruppen unterteilen: 1. die Umsetzungen des Kerns und 2. die der Seitenketten.

Zu 1. Die **Reaktionsfähigkeit des Kerns** ist ausschließlich durch die drei geschlossen konjugierten Doppelbindungen bedingt, deren gegenseitige Beeinflussung infolge dieser geschlossenen Konjugation besonders stark ist, so daß der olefinische Charakter fast völlig verschwindet und man zweckmäßig von einem neuartigen Bindungssystem, eben dem *aromatischen System* spricht.

Zum besseren Verständnis der Reaktionsfähigkeit dieses aromatischen Bindungssystems ist es erforderlich, sich die auf S. 124 bereits erwähnte Tatsache ins Gedächtnis zurückzurufen, daß das Benzolsystem infolge der bei seiner Bildung frei werdenden Aromatisierungsenergie um 36 kcal energieärmer ist als das Doppelbindungssystem des Cyclohexatriens mit der reinen KEKULÉ-Struktur. Die Benzoldoppelbindung ist daher um durchschnittlich 12 kcal stabiler als die olefinische, und mindestens um diese 12 kcal pro Doppelbindung müssen alle aromatischen Anlagerungsreaktionen weniger exotherm sein als die entsprechenden aliphatischen Reaktionen. Die Verhältnisse liegen in Wirklichkeit für die Anlagerungsreaktionen des Benzols sogar noch ungünstiger, da man das aromatische Bindungssystem als Ganzes betrachten muß, das bereits bei der Absättigung der ersten Doppelbindung aufgehoben wird. Infolgedessen vermindert sich die Reaktionswärme bereits für die erste Phase der Anlagerungsreaktion um nahezu die volle Aromatisierungsenergie von 36 kcal (genau um die Differenz der Aromatisierungsenergie und der Konjugationsenergie des bei der Anlagerung entstehenden Cyclohexadienderivates), und die Absättigung der beiden andern Doppelbindungen geht dann mit einer ähnlichen Wärmetönung vor sich wie in der aliphatischen Reihe. Diese Gesetzmäßigkeit geht sehr schön aus den von G. B. KISTIAKOWSKY[1]) experimentell bestimmten Hydrierungswärmen der wichtigsten Doppelbindungsarten hervor:

Bindungstypus	Hydrierungswärme in kcal pro hydrierte Bindung
cis-disubstituierte aliphatische Doppelbindung	— 28,6 kcal[2])
Cyclohexen	— 28,6 „
Cyclohexadien (Durchschnitt)	— 27,7 „
Benzoldoppelbindung (Durchschnitt)	— 16,6 „
einfache C—C-Bindung (aliphatisch)	— 9,6 „
erste aromatische Doppelbindung	+ 5,6 „

Danach wird bei der Hydrierung der ersten aromatischen Doppelbindung durch die zur Aufhebung des aromatischen Systems erforderliche Energiezufuhr die große Hydrierungswärme der aliphatischen und alicyclischen C=C-Doppelbindungen überkompen-

[1]) Am. Soc. 57, 876; 58, 146 (1935/36).

[2]) Exotherme Reaktionen verlaufen vom System aus gesehen unter Wärmeabgabe, zeigen also eine negative und endotherme Reaktionen entsprechend eine positive Reaktionswärme.

siert und die Reaktion schwach endotherm. Sie steht damit energetisch selbst hinter der Hydrierung der wesentlich beständigeren einfachen C—C-Bindung noch weit zurück.

Auf diesen außerordentlichen Widerstand des Benzolkerns gegen die Aufhebung der ersten Doppelbindung ist in erster Linie das Verhalten der aromatischen Kohlenwasserstoffe zurückzuführen. Er bewirkt, daß sich das Benzol Anlagerungsreaktionen gegenüber ähnlich, jedoch in noch viel stärkerem Maße reaktionsträge verhält wie die mittelständigen C-Atome in einem aliphatischen konjugierten System. Ist aber einmal ein primäres Additionsprodukt gebildet, so zeigt dieses, da es kein Benzolsystem mehr enthält, die normale Reaktionsfähigkeit eines aliphatischen Polyolefins, d. h. es reagiert unter den relativ scharfen Bedingungen der Primärreaktion meistens sofort weiter unter Absättigung auch der andern Doppelbindungen. Man kann infolgedessen mit ganz wenigen Ausnahmen die primären Addukte nicht fassen, sondern erhält sofort das vollständig abgesättigte Cyclohexanderivat:

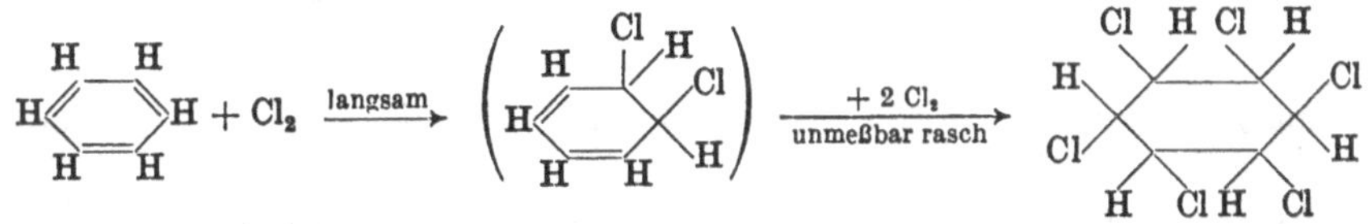

Grundsätzlich anders verhält sich Benzol dagegen bei Substitutionsreaktionen, da diese unter Erhaltung bzw. Regenerierung des aromatischen Bindungssystems verlaufen. Hier wird infolgedessen die Reaktionswärme gegenüber der entsprechenden Olefinreaktion nicht herabgesetzt, sondern man beobachtet wegen der nur zeitweisen Auflockerung des aromatischen Systems in den intermediär durchlaufenen aktiven Grenzstrukturen lediglich eine Erhöhung der Aktivierungsenergie und damit eine Verlangsamung der Reaktionsgeschwindigkeit (vgl. z. B. **II,** Kap. 4, II, 1a), so daß man etwas schärfere Reaktionsbedingungen als in der Olefinreihe wählen muß. So erfolgt z. B. die Chlorierung des Benzolkerns mit elementarem Chlor, das sich mit Olefinen spontan umsetzt, erst in Gegenwart von Aluminiumchlorid und verwandten Katalysatoren.

Wir beobachten infolge dieser Verhältnisse bei den aromatischen Kohlenwasserstoffen gegenüber den *Olefinen* bei allgemeiner Herabsetzung der Reaktionsgeschwindigkeit eine starke Zunahme der Neigung zu (fast ausschließlich elektrophilen, vgl. S. 90) Substitutionsreaktionen, die hier den bei weitem überwiegenden Reaktionstypus darstellen, und ein fast völliges Zurücktreten der Anlagerungsreaktionen. Gleichzeitig bewirkt die verminderte Additionsfähigkeit eine auffallende Stabilität des Benzolkerns gegenüber Oxydations- und sonstigen Abbaureaktionen.

a) Additionsreaktionen. Von den zahlreichen bei den Olefinen beschriebenen Anlagerungsmöglichkeiten hat lediglich die katalytische Hydrierung des Benzolkerns eine gewisse praktische Bedeutung erlangt. Sie erfordert im allgemeinen gegenüber der Hydrierung einer aliphatischen Doppelbindung erhöhte Temperaturen oder aktivere Katalysatoren, so daß eine getrennte Hydrierung beider Bindungsarten immer möglich ist. Doch sind die Unterschiede im ganzen nicht sehr erheblich, so daß wir in der Hydrierung aromatischer Verbindungen heute den einfachsten Weg zur Gewinnung des Cyclohexans und seiner Derivate (**I,** Kap. 11, I, 2d) vor uns haben, die durch diese Methode überhaupt erst leicht zugängliche Verbindungen geworden sind.

Chlor und Brom benötigen dagegen bereits erheblich schärfere Bedingungen als in der aliphatischen Reihe, um an die Doppelbindungen des Benzolringes angelagert werden zu können, und zwar erfolgt die Reaktion eigenartigerweise nur unter der aktivierenden Wirkung von Ultraviolett- oder Sonnenbestrahlung. Diese Auslösung der Reaktion durch Belichtung spricht für eine intermediäre Bildung von freien Radikalen (Näheres vgl. **II**, Kap. 4, II, 3aγ). Die Reaktion kann deshalb nicht unmittelbar mit der elektrophilen Halogenaddition an Olefine (S. 90f.) verglichen werden. Als Reaktionsprodukt erhält man stets ein Gemisch der verschiedenen stereo-isomeren Hexahalogen-cyclohexane, da die Addition des Halogens an die Doppelbindungen sterisch nicht einheitlich verläuft.

Von den übrigen Anlagerungsreaktionen ist, abgesehen von der bereits zu den Abbaureaktionen zählenden Ozonidbildung (s. unten), lediglich die Anlagerung des Diazoessigesters zum Norcaradien-carbonsäureester (I; auch Pseudo-phenylessigester genannt) hervorzuheben (Näheres vgl. **I**, Kap. 6, III, 1a):

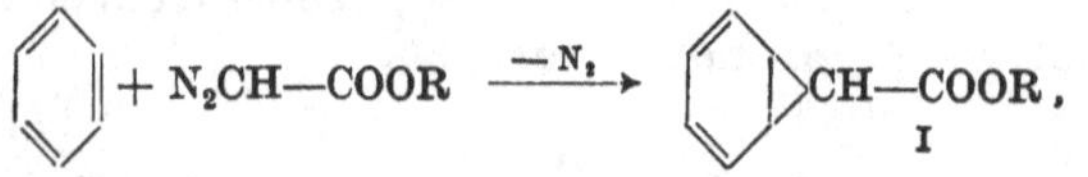

I

die als einzige Reaktion dieser Gruppe bereits nach Absättigung der ersten Doppelbindung stehen bleibt.

b) Die aromatische Substitution ist als wichtigster Reaktionstypus des aromatischen Bindungssystems gleichzeitig von außerordentlicher praktischer Bedeutung, weil sie das Haupteinfallstor darstellt, durch das man von den Kohlenwasserstoffen des Steinkohlenteers ausgehend präparativ und technisch zu fast allen gebräuchlichen aromatischen Verbindungen gelangt. Die wichtigsten dieser Substitutionsreaktionen werden daher vielfach auch als die Grundreaktionen der organischen Chemie bezeichnet.

Diese Grundreaktionen, auf die im einzelnen erst später näher eingegangen wird, sind:

α) die **Nitrierung**, die in der aromatischen Reihe fast ausschließlich mit Nitriersäure (*Salpeter-Schwefelsäure*) durchgeführt wird (näheres vgl. **I**, Kap. 6, IV, 1):

$$Ar{-}H + HO{-}NO_2 \longrightarrow Ar{-}NO_2 + H_2O$$

Ihre Bedeutung liegt darin, daß man die Nitrogruppe über die Amino- und Diazogruppe durch nahezu sämtliche wichtigen anderen Substituenten ersetzen kann, worauf wir in **I**, Kap. 6, IV, 1 noch näher eingehen werden.

β) die **Sulfonierung**, die in der aromatischen Reihe hauptsächlich mit konzentrierter oder gar rauchender Schwefelsäure geschieht (vgl. **I**, Kap. 7, II, 1):

$$Ar{-}H + HO{-}SO_3H \longrightarrow Ar{-}SO_3H + H_2O$$

Auch hier kann man in sekundärer Reaktion die *Sulfonsäure*gruppe gegen zahlreiche andere Substituenten austauschen (**I**, Kap. 7, II, 1).

γ) die **Halogenierung**, die mit Ausnahme der Jodierung in der aromatischen Reihe durch Katalysatoren, wie z. B. die Eisenhalogenide, Aluminiumchlorid usw., beschleunigt werden muß (vgl. S. 152):

$$Ar{-}H + Cl{-}Cl \xrightarrow{FeCl_3} Ar{-}Cl + HCl$$

Die hierbei entstehenden aromatischen Halogenverbindungen traten früher an Bedeutung hinter den Nitrokörpern und Sulfonsäuren zurück, doch ist es in neuerer Zeit gelungen, auch von ihnen aus zu zahlreichen anderen aromatischen Verbindungen zu gelangen (vgl. S. 174).

Zu diesen drei eigentlichen Grundreaktionen gesellt sich:

δ) als vierte wichtige Substitutionsmöglichkeit die bereits auf S. 129 erwähnte **Synthese von Friedel und Crafts**, die wegen der möglichen Nebenreaktionen (s. oben) ihr hauptsächliches Anwendungsgebiet weniger in der Darstellung von Kohlenwasserstoffen gefunden hat, sondern in erster Linie zur Gewinnung von Ketonen dient, die bei der Einwirkung der reaktionsfähigeren Säurechloride entstehen (vgl. S. 282):

$$\text{Ar—H} + \text{Cl—CO—R} \xrightarrow{\text{AlCl}_3} \text{Ar—CO—R} + \text{HCl}$$

In Spezialfällen kann man die Methode auch auf die Darstellung von Aldehyden (S. 269) und Carbonsäurederivaten (S. 322) ausdehnen.

Auch die auf S. 130 beschriebenen, der FRIEDEL-CRAFTSschen Synthese ähnlich verlaufenden Kondensationsreaktionen zwischen aromatischen Kohlenwasserstoffen und Alkoholen lassen sich bei geeigneter Variation der Versuchsbedingungen nicht nur zum Aufbau von Kohlenwasserstoffen, sondern auch zur Synthese anderer aromatischer Verbindungen verwerten. So treten z. B. bei der Einwirkung von Paraformaldehyd (S. 261) und Salzsäure in Gegenwart von Zinkchlorid eine oder auch zwei Chlormethylgruppen in den Benzolkern ein. Als eigentliches aktives Agens fungiert hierbei wahrscheinlich das aus Formaldehyd und Salzsäure intermediär entstehende Methylenchlorhydrin:

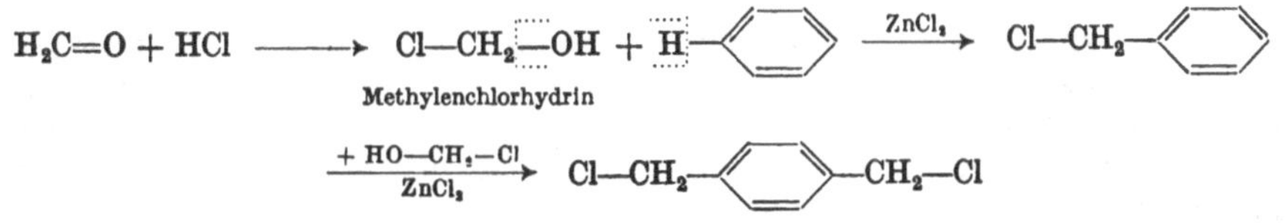

Ferner gehört die Kondensation der Phenole (S. 233f.) und aromatischen Amine (I, Kap. 6 I, 3a) mit Aldehyden und Ketonen, die allerdings zu einer Substitution des gesamten Carbonylsauerstoffs durch zwei aromatische Reste führt, diesem Reaktionstypus an.

Trotz des formal gleichartigen Reaktionsverlaufes weicht der Mechanismus all dieser Substitutionsreaktionen grundsätzlich von dem der Paraffinsubstitution ab und steht in naher Beziehung zur elektrophilen olefinischen Substitution und auch Addition. Auf Einzelheiten dieses Mechanismus kann erst in II, Kap. 4, II, 3b*α* näher eingegangen werden.

Ist in dem zu substituierenden Kern bereits ein Substituent enthalten, so entstehen bei der Einführung des zweiten Liganden nicht alle drei möglichen Disubstitutionsprodukte in gleicher Menge nebeneinander, sondern eines oder auch zwei von ihnen werden bevorzugt gebildet. Hierbei beobachtet man nach A. F. HOLLEMAN die folgenden, in **II**, Kap. 4, III, 1 auch theoretisch begründeten **Substitutionsregeln**:

Der bereits vorhandene Substituent übt eine dirigierende Wirkung auf den Eintrittsort des zweiten Substituenten aus, und man kann die verschiedenen Substituenten auf Grund dieser dirigierenden Wirkung in zwei sich diametral gegenüberstehende Gruppen unterteilen.

Zur ersten Gruppe, den **Substituenten erster Ordnung**, gehören sämtliche Alkylreste, die Hydroxy- und Aminogruppe, die Halogene, die Nitroso-, Azo- und —SR-Gruppe sowie eine Reihe weiterer, weniger wichtiger Substituenten. Mit Ausnahme der Halogene (vgl. II, Kap. 4, III, 1) beschleunigen sie die Substitutionsreaktion gegenüber dem Benzol als Vergleichssubstanz und dirigieren den zweiten Substituenten stets überwiegend in die o- oder p-Stellung. Hierbei wird im allgemeinen bei tiefer Temperatur die o- und bei höherer Temperatur die p-Substitution begünstigt, doch kann man hinsichtlich dieser beiden Möglichkeiten niemals strenge Voraussagen machen.

Zur zweiten Gruppe, den **Substituenten zweiter Ordnung,** gehören vor allem die Nitro-, die Sulfo-, die Carbonyl- und die Carboxylgruppe sowie der quartäre Ammoniumstickstoff. Sie verlangsamen gegenüber dem Benzol die Substitutionsgeschwindigkeit und lenken den zweiten Substituenten überwiegend in die m-Stellung.

Nur wenige Substituenten, wie etwa die $—CHCl_2$-Gruppe sind schließlich nahezu ohne jede dirigierende Wirkung.

Diese Substitutionsregeln sind von großer praktischer Bedeutung, da jede ihnen zuwiderlaufende Reaktion meistens außerordentliche Schwierigkeiten bereitet, so daß einerseits zwar das lästige Auftreten schwer trennbarer Isomerengemische bis zu einem gewissen Grade vermieden wird, andererseits aber auch zahlreiche Verbindungen, wie etwa *o-* und *p-Dinitrobenzol* (I, Kap. 6, IV, 3), nur auf Umwegen oder mit geringen Ausbeuten dargestellt werden können. Wenn trotzdem die Gewinnung der meisten Disubstitutionsprodukte des Benzols relativ leicht vor sich geht, so ist dies nur auf den günstigen Umstand zurückzuführen, daß sowohl die *kohlenstoff-* als auch die *stickstoffhaltigen Reste* in der reduzierten Form ($—CH_3$ und $—NH_2$) zur ersten und in der oxydierten Form ($—COOH$ und $—NO_2$) zur zweiten Substituentengruppe gehören. Man kann also je nachdem, ob man vor oder nach der Reduktion der *Nitro-* zur *Amino*gruppe, bzw. ob man vor oder nach der Oxydation des *Toluols* zur *Benzoesäure* die weitere Substitution vornimmt, alle möglichen Disubstitutionsprodukte erhalten.

c) Abbaureaktionen. Der Abbau des Benzolringes unter wenigstens teilweiser Erhaltung des Kohlenstoffgerüstes bereitet ziemliche Schwierigkeiten und wird praktisch auch kaum durchgeführt, da der Benzolkern selbst keine durch klassische organische Reaktionen aufklärbaren Konstitutionsprobleme mehr bietet. Immerhin ist Benzol gegen starke Oxydationsmittel nicht absolut widerstandsfähig und kann mit Hilfe der folgenden Methoden partiell abgebaut werden:

α) durch **Ozonabbau.** Dieser verläuft der Reaktion der olefinischen Doppelbindung analog und führt zu einem Tri-ozonid (II), das z. B. beim Benzol selbst zu drei Molekülen Glyoxal (S. 463) aufgespalten werden kann:

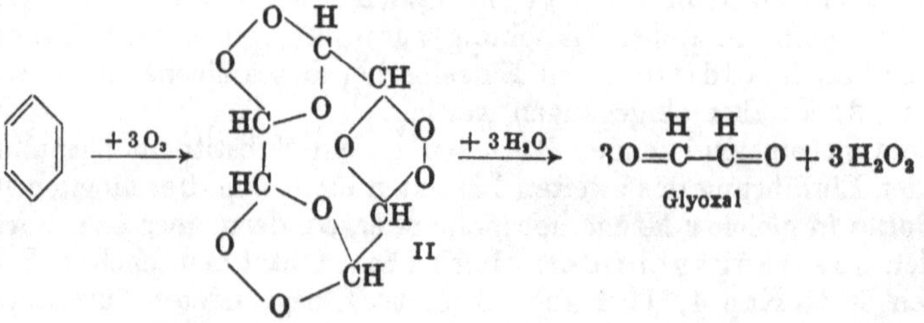

Hier werden also alle drei Doppelbindungen zerstört, so daß nur noch jeweils zwei der ursprünglichen Ringatome zusammenhängend erhalten bleiben. Die Reaktion diente lange Zeit als wichtiger Beweis für die Richtigkeit der KEKULÉschen Benzolformel.

β) Mit Hilfe von Chlorsäure ist es möglich, Benzol über einige chlorhaltige Zwischenprodukte zur **Maleinsäure** abzubauen, in der noch vier C-Atome des Kerns mit einer Doppelbindung und die der Ringanordnung entsprechende cis-Stellung der Carboxyl-C-Atome erhalten geblieben sind:

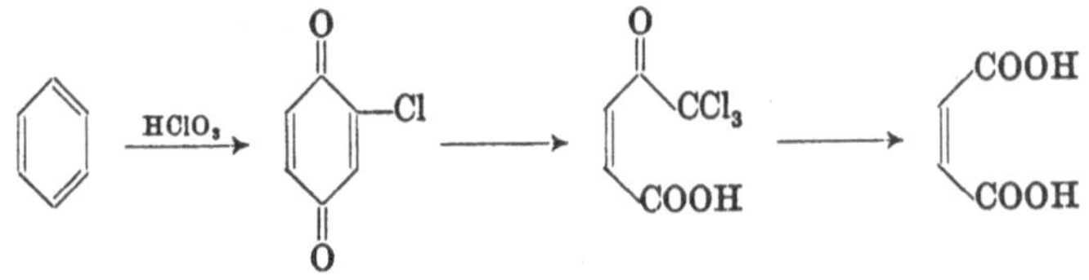

Maleinsäure

γ) Bei einer weiteren Abbaureaktion des Benzols wird sogar nur eine Doppelbindung angegriffen, und es bleibt die gesamte Kette von sechs C-Atomen mit zwei Doppelbindungen erhalten:

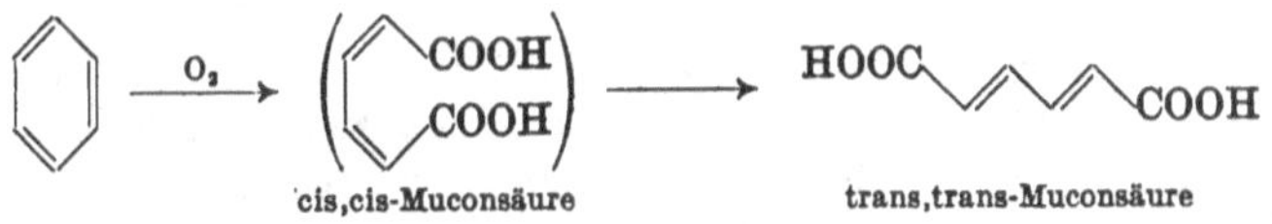

cis,cis-Muconsäure trans,trans-Muconsäure

Die Reaktion konnte bisher allerdings nicht in vitro durchgeführt werden, sondern wurde nur im Organismus von Kaninchen und Hunden beobachtet, wo sie wahrscheinlich zur Entgiftung des Benzols dient. Sie verläuft insofern noch etwas unbefriedigend, als die primär sicher entstehende, die ursprüngliche Ringanordnung der C-Atome noch aufweisende labile cis,cis-Muconsäure nicht gefaßt werden kann und sich unter den Reaktionsbedingungen sofort in die stabilere trans,trans-Verbindung umlagert. Geht man jedoch nicht vom Benzol selbst, sondern von dem viel leichter angreifbaren Phenol aus, so kann man den gleichen Abbau mit *Peressigsäure* als Oxydationsmittel auch unter sehr milden Bedingungen in vitro durchführen und erhält nunmehr tatsächlich die erwartete cis,cis-Muconsäure.

Zu 2. Die gesättigten Seitenketten der aromatischen Kohlenwasserstoffe zeigen im allgemeinen Paraffincharakter. Lediglich das dem Kern benachbarte C-Atom, der „*Benzylkohlenstoff*", zeichnet sich wie der Allylkohlenstoff (S. 101 f.) durch eine etwas gesteigerte Reaktionsfähigkeit aus, die sich in einer gegenüber den Paraffinen erleichterten Halogenierung (vgl. S. 152), Nitrierung (I, Kap. 6, IV, 1), Einführung von Sauerstoff (S. 184, 244 u. a.) usw. bemerkbar macht. Auch eine der Autoxydation der Olefine analoge Bildung von Peroxyden unter der Einwirkung von Luftsauerstoff ist (mit Ausnahme vom Toluol) möglich, erfolgt aber im allgemeinen etwas weniger leicht als in der aliphatischen Reihe. Da der Mechanismus dieser Seitenkettenreaktionen trotz der gesteigerten Reaktionsgeschwindigkeit durchaus noch dem der normalen Paraffinsubstitution entspricht und sich damit grundsätzlich von dem der Kernsubstitution unterscheidet, ist es häufig möglich, durch Verwendung entsprechender Katalysatoren die Kern- und Seitenkettensubstitution vollständig voneinander zu trennen (vgl. z. B. S. 153).

Die leichte Oxydierbarkeit des Benzyl-C-Atoms ist für die Konstitutionsermittlung aromatischer Verbindungen von großer Bedeutung, weil es mit ihrer Hilfe gelingt, sämtliche Seitenketten unter Erhaltung des Benzolkerns vollständig, d. h. bis zur Carboxylgruppe abzubauen. Da die hierbei entstehenden aromatischen Mono- und Polycarbonsäuren infolge ihrer ausgezeichneten Kristallisierbarkeit leicht rein dargestellt und identifiziert werden können, dient das Verfahren meistens zur Ermittlung der Zahl und auch der Stellung der Alkylreste, wie im folgenden am Beispiel der drei isomeren *Cymole* gezeigt sei:

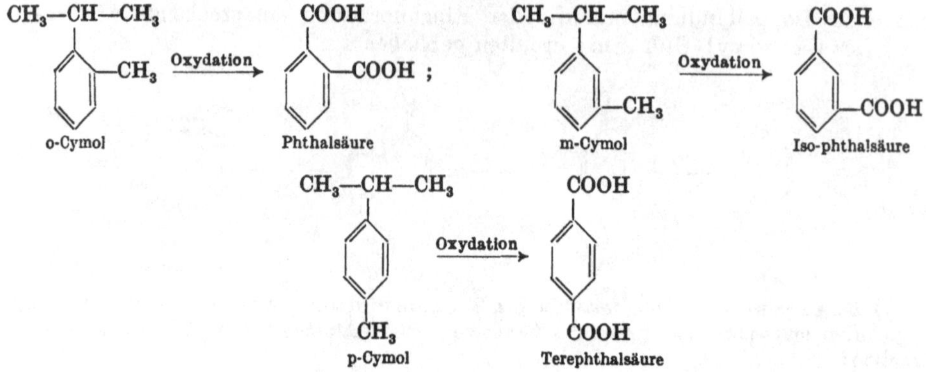

Ein besonderes Interesse verdienen schließlich noch die Kohlenwasserstoffe mit **ungesättigten Seitenketten,** deren Doppelbindung sich in α,β-Stellung, also in Konjugationsstellung zu den Doppelbindungen des Kerns befindet. Trotz der inneren Abgeschlossenheit des Benzolsystems ist auch hier eine gewisse Beeinflussung der Reaktionsfähigkeit der olefinischen Doppelbindung deutlich bemerkbar, wie u. a. die starke Polymerisationsneigung des Styrols zeigt. Befinden sich mehrere Benzolkerne in Konjugation mit der olefinischen Doppelbindung, wie etwa bei den unten beschriebenen Polyphenyl-äthylenen, so beobachtet man sogar eine vollständige Änderung ihres chemischen Charakters, insbesondere eine mit der Zahl der Benzolkerne zunehmende Neigung zu nucleophilen Reaktionen (z.B. zur Addition von Metallen oder neuerdings sogar von Ammoniak[1]) und abnehmende Neigung zur elektrophilen Halogenanlagerung. Da im übrigen auch die Konjugation zwischen Benzolkern und Doppelbindung mit einer Wärmeabgabe verbunden ist, besitzt eine vom Kern isoliert stehende Doppelbindung, ähnlich wie isolierte olefinische Doppelbindungen, die Tendenz, in die Konjugationsstellung zu wandern.

Einzelverbindungen. Benzol, der einfachste und auch bei weitem wichtigste aromatische Kohlenwasserstoff, wurde bereits sehr frühzeitig entdeckt. Als erster hat es M. Faraday im Jahre 1825 aufgefunden, als er mit einer Untersuchung des Nachlassens der Leuchtkraft des Steinkohlengases in kalten Wintern beschäftigt war. Er fand, daß die Leuchtwirkung durch den Gehalt des Gases an den Dämpfen einer sich bei tiefer Temperatur abscheidenden klaren Flüssigkeit hervorgerufen wird, aus der er durch Destillation und Behandeln mit Lauge ein ziemlich einheitliches Produkt isolieren konnte, das bereits eine Reihe charakteristischer Benzolreaktionen gab. Seine Beobachtung geriet jedoch wieder in Vergessenheit, und erst 8 Jahre später hat E. Mitscherlich den Kohlenwasserstoff erneut durch Decarboxylierung der aus dem Benzoeharz isolierten Benzoesäure gewinnen und auch erstmals rein darstellen können. Er stellte ferner die Identität seines Produktes mit dem Faradayschen Kohlenwasserstoff fest und nannte den Körper auf Grund der Darstellungsweise Benzin, welcher Name später von J. v. Liebig in *Benzol* umgeändert wurde.

Dieser **Name** ist allerdings nicht sehr glücklich gewählt, denn die Endung *-ol,* die auch in den Namen zahlreicher Benzolhomologen (z. B. Tolu*ol*, Xyl*ol*, Dur*ol*, Mellith*ol*) vorkommt, ist vor allem für die Benennung von Oxyverbindungen reserviert und damit

[1]) R. Wegler u. G. Pieper: B. 83, 1 (1950).

für die eines Kohlenwasserstoffs ungeeignet. Die Genfer Nomenklaturkommission hat daher später versucht, die dem ungesättigten Charakter des Benzols besser entsprechende Endung *-en* einzuführen, doch konnte sich der neu vorgeschlagene Name *Benzen* nur in Frankreich (*benzène*) und in England (*benzene*, sprich „*benzin*") durchsetzen. In Deutschland dagegen hat sich der ursprüngliche Name Benzol erhalten, und es wurde lediglich die in England übliche Bezeichnung in getreuer phonetischer Übertragung als unser „Benzin" für die der Benzolfraktion des Steinkohlenteers analog siedenden Paraffingemische (S. 81) verwandt.

Neben der heute üblichen Bezeichnung waren früher für das Benzol noch eine Reihe weiterer Namen in Gebrauch bzw. vorgeschlagen worden, von denen an dieser Stelle nur der von A. Laurent auf Grund der Entdeckungsgeschichte des Benzols gewählte Name *Phen* (von griechisch φαίνειν = Leuchten) hervorgehoben werden muß, der sich noch in den Bezeichnungen für zahlreiche Benzolderivate (z. B. im *Phenyl*rest, in *Phenol*, in den verschiedenen *Phenonen* und schließlich auch in Thio*phen*) erhalten hat.

Die technische Gewinnung des Benzols geschieht ausschließlich aus dem Steinkohlenteer (in Deutschland vor dem zweiten Weltkrieg jährlich etwa 500000 t, vgl. auch **III**, Kap. 1, I, 2), doch ist das so erhaltene Rohbenzol noch nicht ganz rein, sondern enthält stets etwa 0,15% Thiophen (**I**, Kap. 11, III, 3b), das sich nur schwer abtrennen läßt und die Ursache der Indopheninreaktion (**I**, Kap. 11, III, 3b) des technischen Benzols ist. Doch wirkt diese Verunreinigung bei den meisten Umsetzungen nicht störend.

Die **Gewinnung von thiophenfreiem Benzol** für analytische Zwecke ist bei der außergewöhnlich großen Ähnlichkeit von Benzol und Thiophen nur mit wenigen chemischen Reaktionen möglich. So läßt sich z. B. Thiophen infolge seiner etwas leichteren Sulfonierbarkeit durch Behandeln des Rohbenzols mit konzentrierter Schwefelsäure ausziehen, doch geht hierbei stets ein großer Teil des Benzols selbst in die Sulfonsäure über. Noch glatter gelingt die Entfernung des Thiophens durch Kochen des Teerbenzols mit Essigsäure und Quecksilberoxyd (**I**, Kap. 11, III, 3b), wobei es im Gegensatz zu dem nur langsam reagierenden Benzol (**I**, Kap. 9, III, 1) sofort mercuriert wird. Schließlich kann man reines Benzol auch durch Decarboxylierung der gut kristallisierenden und dadurch leicht rein darstellbaren Benzoesäure gewinnen.

Benzol ist eine angenehm riechende, stark lichtbrechende Flüssigkeit, die zwar noch farblos ist, aber im Gegensatz zu den Paraffinen bereits im mittleren Ultraviolett absorbiert. Es brennt infolge der gleichen prozentualen Zusammensetzung mit ähnlich stark rußender Flamme wie Acetylen, ist aber im übrigen wesentlich stabiler als dieses und gegenüber den Elementen nur noch mit 18 kcal/Mol endotherm, so daß die auf S. 116 beschriebene Trimerisierung des Acetylens mit der für eine Polymerisationsreaktion außerordentlich hohen Wärmetönung von 150 kcal pro Mol Benzol verläuft.

Stabilitätsverhältnisse. Benzol ist auf Grund seiner endothermen Natur bei normaler Temperatur gegenüber den Elementen nur metastabil und steht in dieser Beziehung etwa in der Mitte zwischen den in exothermer Reaktion aus den Elementen entstehenden Paraffinen und dem stark endothermen Acetylen. Man kann infolgedessen drei charakteristische Temperaturgebiete unterscheiden, in denen jeweils eine andere Gruppe von Kohlenwasserstoffen neben elementarem Wasserstoff beständig ist:

1. Bei tiefen Temperaturen bis etwa 500° C gehen in Gegenwart geeigneter Katalysatoren Kohle und alle ungesättigten oder aromatischen Kohlenwasserstoffe in exothermer Reaktion in Paraffine bzw. als Endprodukt der Reaktion in Methan über (vgl. S. 71, 79).

2. Bei mittelhohen Temperaturen zwischen 1000 und 1500° erleiden die Paraffine bereits eine weitgehende Wasserstoffabspaltung und Vercrackung, wobei sich bevorzugt die gegen Zerreißkräfte wesentlich stabileren aromatischen Ringsysteme, insbesondere Benzol selbst, bilden.

3. Bei sehr hohen Temperaturen schließlich zerfallen aber auch diese wieder, und es entsteht das sehr einfach gebaute stark endotherme Acetylen, das hier als einziger Kohlenwasserstoff noch mit den Elementen im Gleichgewicht steht.

Alle drei charakteristischen Temperaturstufen werden technisch zur Kohlenwasserstoffgewinnung ausgewertet (Näheres vgl. **III**, Kap. 1, I), und zwar die Temperaturen unter 500° zur Paraffingewinnung durch die Kohle- (4—500°) und auch Kohlenoxydhydrierung (unter 200°), die Temperaturen von 1000—1200° zur Bildung der aromatischen Kohlenwasserstoffe des Steinkohlenteers, und schließlich die Lichtbogentemperatur zur Acetylensynthese.

Verwendung. Die Hauptmenge des Benzols wird in Mischung mit den höheren Homologen zu Brennzwecken verwandt, wobei es sich insbesondere als klopffester Motorentreibstoff bewährt hat. Reines Benzol dient in der chemischen Industrie als Ausgangsmaterial für die Darstellung der Mehrzahl der später beschriebenen aromatischen Verbindungen sowie als wichtiges lipophiles und hydrophobes Lösungsmittel. Seine Dämpfe wirken bei längerem Einatmen giftig.

Toluol oder *Methylbenzol* $C_6H_5—CH_3$, das nächsthöhere Homologe des Benzols hat seinen Namen auf Grund seines Vorkommens im Tolubalsam, einer südamerikanischen Wundbalsamart, erhalten. Es tritt ebenfalls, wenn auch bereits in wesentlich geringerer Menge als *Benzol*, im Steinkohlenteer auf und wurde früher ausschließlich aus diesem gewonnen. Heute reichen diese Mengen jedoch nicht mehr aus, so daß es zusätzlich aus Methylalkohol und Benzol synthetisch erzeugt wird.

Toluol ist infolge der als Substituent erster Ordnung wirkenden Methylgruppe etwas leichter substituierbar als *Benzol* und dient daher vielfach als Ausgangsmaterial zur Herstellung höher substituierter aromatischer Verbindungen, z. B. von Trinitrotoluol, das als Sprengstoff das viel schwieriger darstellbare *Trinitrobenzol* völlig verdrängt hat. Ferner kann es durch Seitenkettensubstitution in die wichtigen Benzylverbindungen sowie durch Seitenkettenoxydation in Derivate des Benzylalkohols, des Benzaldehyds und der Benzoesäure übergeführt werden und findet schließlich wegen seines gegenüber dem Benzol erhöhten Siedepunktes auch als Lösungsmittel Anwendung.

Das rohe Toluol des Steinkohlenteers ist wie das *Benzol* durch eine schwefelhaltige Substanz, das Methylthiophen (*Thiotolen*, **I**, Kap. 11, III, 3b) verunreinigt, die ähnlich schwer abtrennbar ist, wie das Thiophen aus dem Benzol. Doch stört seine Anwesenheit bei den meisten Umsetzungen ebenfalls nicht.

Die drei isomeren *Dimethylbenzole* führen den Trivialnamen **Xylol**:

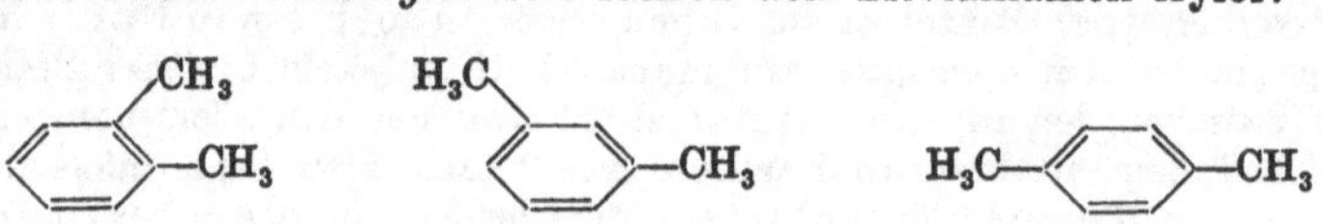

o-Xylol m-Xylol p-Xylol

Sie kommen alle drei im Steinkohlenteer vor[1]) und werden technisch ausschließlich aus ihm gewonnen. Doch lassen sie sich infolge ihrer sehr ähnlichen Siedepunkte (vgl. Tabelle 4, S. 131) nur schwer voneinander trennen und werden

[1]) Das Rohxylol des Steinkohlenteers enthält neben etwa 55—60% m-Xylol, 15—18% p-Xylol und 10—12% o-Xylol auch geringe Mengen anderer Kohlenwasserstoffe, z. B. etwa 11% Äthylbenzol.

daher häufig in Form des Gemisches verwandt, z. B. als hochsiedendes Lösungsmittel. Die Abtrennung der reinen Isomeren, insbesondere der wegen ihrer gestreckten Molekülgestalt relativ hochschmelzenden (+ 13°) p-Verbindung, ist in neuerer Zeit durch fraktionierte Kristallisation bei tiefer Temperatur gelungen.

Die Xylole dienen, wenn auch in erheblich geringerem Umfang als Benzol und Toluol, ebenfalls als Ausgangsmaterial für die Darstellung anderer aromatischer Verbindungen, insbesondere von Zwischenprodukten für die Farbenindustrie.

Analog dem rohen Benzol und Toluol enthält auch die Xylolfraktion des Steinkohlenteers als schwer abtrennbare Begleiter geringe Mengen der verschiedenen Dimethylthiophene (Thioxene), die jedoch wiederum die normalen Reaktionen nicht stören.

Die wichtigsten der in großer Zahl bekannten **höheren Homologen des Benzols** kommen ebenfalls im Steinkohlenteer vor und sind mit den gebräuchlichen Trivialnamen in der folgenden Übersicht zusammengestellt (Physikalische Konstanten vgl. Tabelle 4, S. 131):

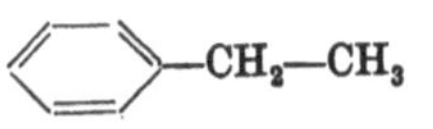
Äthyl-benzol

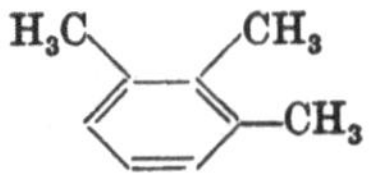
Hemellit(h)ol

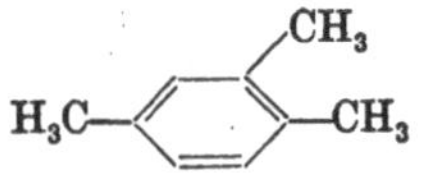
Pseudocumol

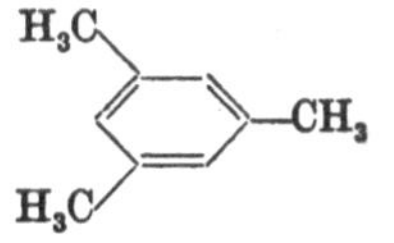
Mesitylen

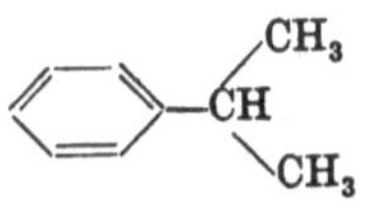
Cumol

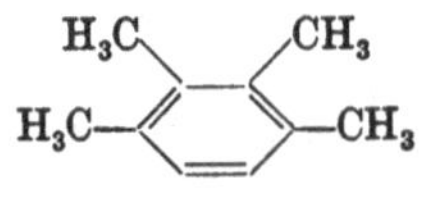
Prehnitol

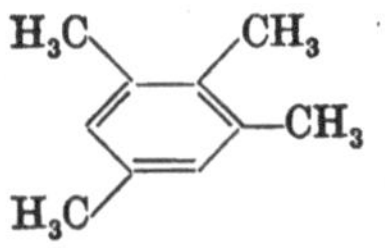
Isodurol

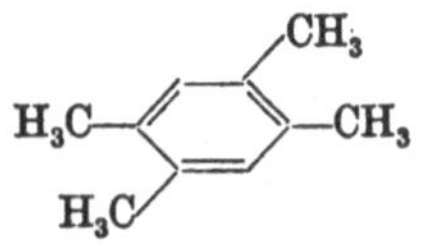
Durol

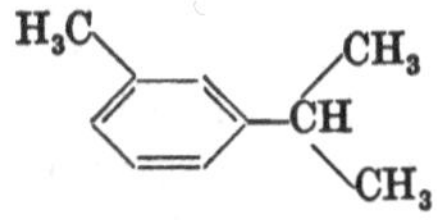
m-Cymol

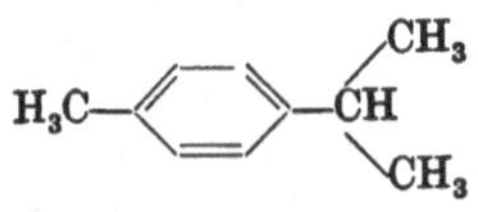
p-Cymol

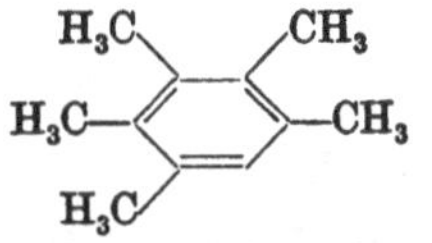
Pentamethyl-benzol

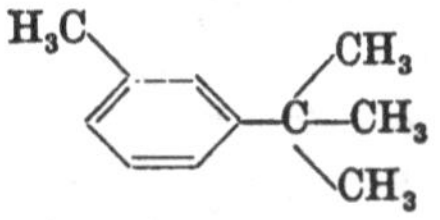
m-tert.-Butyl-toluol

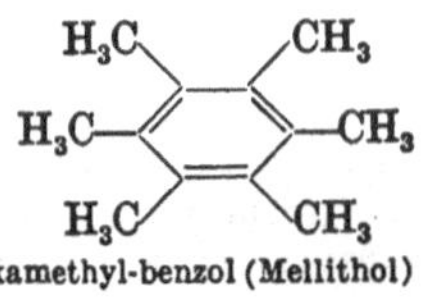
Hexamethyl-benzol (Mellithol)

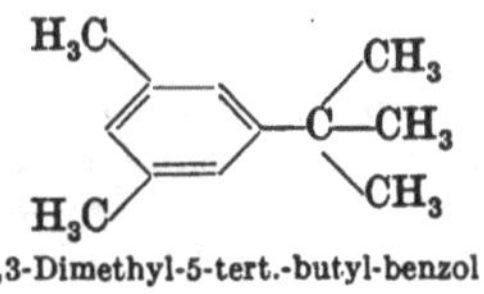
1,3-Dimethyl-5-tert.-butyl-benzol

Von diesen Verbindungen sind wir dem **Mesitylen** bereits bei einigen synthetischen Reaktionen (S. 116 u. 128) begegnet. Es gehört infolge seines symmetrischen Aufbaus zu den wenigen Benzolderivaten, die durch Synthese des aromatischen Kerns am leichtesten zugänglich sind.

Äthylbenzol wird nach Friedel-Crafts aus Äthylen und Benzol (S. 130) im großen gewonnen und dient als Zwischenprodukt für die Styrolsynthese.

Cumol, p-Cymol und in geringerem Maße auch **m-Cymol** sind die aromatisierten Grundkörper der hydroaromatischen Terpene und Campher. Sie treten daher zuweilen in ätherischen Ölen auf oder sind als Abbauprodukte verschiedener Terpene und Campher erhalten worden.

m-tert.-Butyl-toluol und **1,3-Dimethyl-5-tert.-butylbenzol** sind die Grundkörper der in I, Kap. 6, IV, 3 beschriebenen künstlichen Moschusduftstoffe und dienen als Ausgangsmaterial für deren Gewinnung. Sie selbst werden mit Hilfe der FRIEDEL-CRAFTS-Reaktion aus Toluol bzw. m-Xylol und Isobutylbromid gewonnen, wobei letzteres sich in Gegenwart von Aluminiumchlorid intermediär in tert. Butylbromid umlagert (vgl. S. 129):

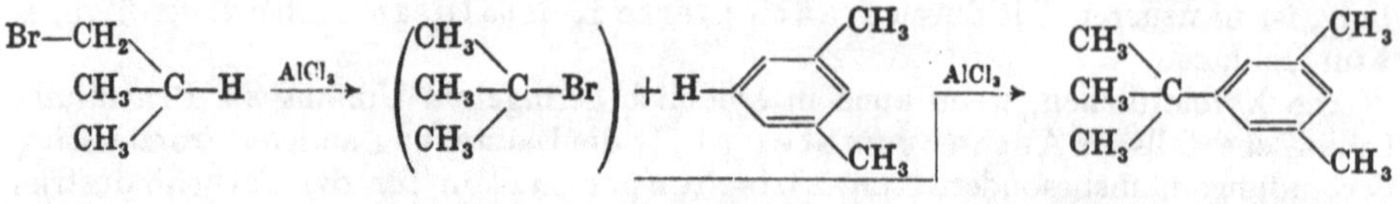

Hexamethylbenzol oder *Mellit(h)ol* ist schließlich als persubstituiertes Benzolderivat von einem gewissen theoretischen Interesse. Es besitzt kein am Kern befindliches H-Atom mehr und zeigt dementsprechend kein typisches „aromatisches Verhalten" mehr, kann also z. B. nicht mehr im Kern substituiert werden. Seine Darstellung erfolgt am besten durch Trimerisierung von Dimethylacetylen (S. 128) oder durch erschöpfende Methylierung von Benzol nach FRIEDEL-CRAFTS.

Ungesättigte aromatische Kohlenwasserstoffe. Styrol[1] $C_6H_5—CH{=}CH_2$, der einfachste ungesättigte aromatische Kohlenwasserstoff, ist ebenfalls ein Bestandteil des Steinkohlenteers und hat seinen Namen auf Grund seines natürlichen Vorkommens im Storax (tropischer Wundbalsam) erhalten. Präparativ stellt man es am besten durch Decarboxylierung von Zimtsäure (vgl. auch S. 397):

und großtechnisch durch Dehydrierung von Äthylbenzol her.

Als eine mögliche technische Synthese der Zukunft muß auch die auf S. 116 beschriebene Tetramerisierung des Acetylens oder die nachträgliche Anlagerung von Acetylen an Benzol betrachtet werden.

Styrol verhält sich infolge der Konjugation der olefinischen mit der Benzoldoppelbindung wie ein aliphatisches 1,3-Dien und zeigt insbesondere eine starke Polymerisationsneigung. Es dient daher in der Technik sowohl zur Herstellung von reinen Polystyrolkunststoffen (z. B. von Trolitul) als auch als Polymerisationskomponente für die Herstellung anderer Kunststoffe (z. B. von Buna). Auch verschiedene flüssige und feste niedermolekulare Polymerisationsprodukte des Styrols konnten isoliert und hinsichtlich ihrer Konstitution sichergestellt werden.

Interessant ist schließlich noch das Verhalten des Styrols gegenüber konzentrierter Salpetersäure, die eigenartigerweise nicht den Kern, sondern die Seitenkette in ω-Stellung substituiert. Styrol gehört damit zu den wenigen Olefinderivaten, die bei normaler Temperatur an der olefinischen Doppelbindung substituiert werden können:

Bzgl. der Anlagerung von Ammoniak vgl. S. 138, Anm. 1.

Im **Phenylacetylen** liegt der einfachste aromatische Kohlenwasserstoff mit einer Acetylenbindung vor. Er entsteht in Analogie zur Styrolbildung bei der Decarboxylierung von Phenylpropiolsäure (S. 397):

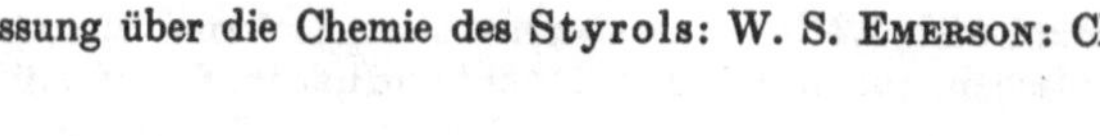

[1]) Zusammenfassung über die Chemie des Styrols: W. S. EMERSON: Chem. Rev. 45, 183, 347 (1949).

und zeigt chemisch durchaus das erwartete Verhalten. Insbesondere entstehen bei der Einwirkung von ammoniakalischer Silber- und Kupfer(I)-salzlösung die für Verbindungen mit Acetylenwasserstoff charakteristischen schwerlöslichen Schwermetallderivate, und die Anlagerung von Wasser führt auch hier im Sinne der Regel von MARKOWNIKOW zum Keton, dem Acetophenon (S. 283):

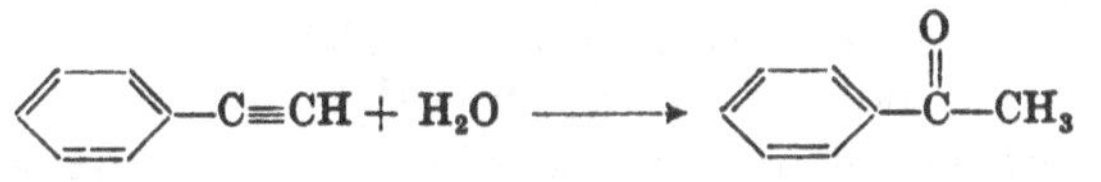

Eine gewisse Steigerung der Reaktionsfähigkeit der dreifachen Bindung gegenüber dem Acetylen äußert sich darin, daß hier die Wasseraufnahme bereits mit Schwefelsäure allein, also ohne Zusatz von Quecksilbersalzen vor sich geht.

3. Kohlenwasserstoffe mit mehreren, nicht kondensierten Benzolkernen

Die Eigenschaften der Kohlenwasserstoffe mit mehreren Benzolkernen im Molekül hängen weitgehend von deren gegenseitigem Abstand ab, so daß man sie zweckmäßig nach diesem Abstand unterteilt.

a) Kohlenwasserstoffe mit direkt verbundenen Benzolkernen

Die direkte Verknüpfung mehrerer Benzolkerne führt man am besten mit Hilfe der WURTZ-FITTIGschen Synthese durch:

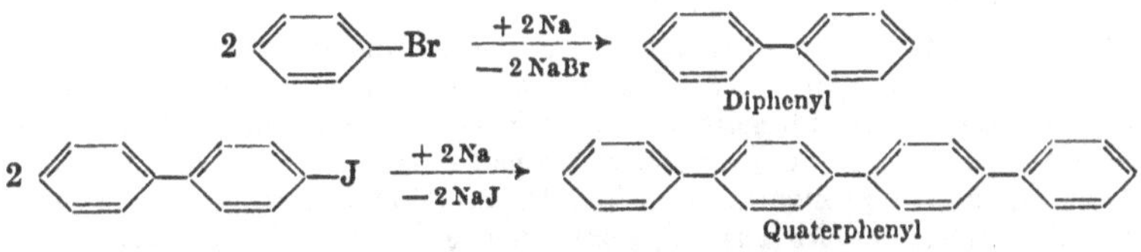

Auch mit Kupfer kann man das Halogen herausspalten[1]) (ULLMANN-Reaktion).

Daneben hat M. BUSCH (1929) eine sehr interessante zweite Methode entwickelt, die im Prinzip an die Gewinnung der höchstgliedrigen Paraffine (S. 80) erinnert. Danach wird p-Dibrombenzol mit Hydrazin als Wasserstoffquelle in Gegenwart eines Hydrierungskatalysators behandelt. Hierbei übernimmt der Wasserstoff die Rolle des Metalls bei der WURTZschen Synthese und verknüpft in noch nicht näher bekannter Weise unter Herausspaltung von Bromwasserstoff die Benzolkerne zu einem Gemisch verschieden langer Kettenmoleküle, das sich im allgemeinen leicht trennen läßt:

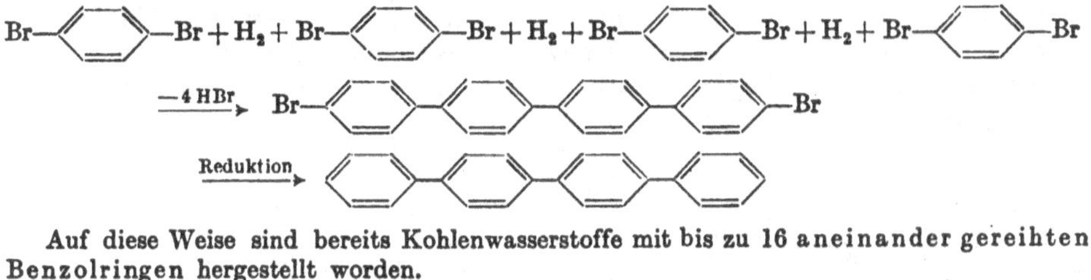

Auf diese Weise sind bereits Kohlenwasserstoffe mit bis zu 16 aneinander gereihten Benzolringen hergestellt worden.

Geht man bei dieser Reaktion von m-Dibrombenzol aus, so kann man in analoger Weise auch Kohlenwasserstoffe gewinnen, deren Benzolringe in m-Stellung miteinander verknüpft sind.

---

[1]) Zusammenfassung: P. E. FANTA: Chem. Rev. 38, 139 (1946).

Die **Benennung** dieser eigenartigen Kohlenwasserstoffe erfolgt in der Weise, daß man die Zahl der miteinander verknüpften Benzolringe als lateinisches (nicht wie sonst üblich als griechisches) Zahlwort vor den Radikalnamen Phenyl setzt, so daß man die Namen Terphenyl, Quaterphenyl, Quinquephenyl und Sexaphenyl für die Kohlenwasserstoffe mit 3—6 Benzolringen erhält. Für das Anfangsglied der Reihe mit zwei Benzolkernen ist jedoch immer noch die aus dem Griechischen abgeleitete Bezeichnung Diphenyl in Gebrauch.

Diphenyl, vielfach im Sinne der angegebenen Nomenklatur auch *Biphenyl* genannt, entsteht außer durch WURTZsche Synthese auch beim Leiten von Benzoldämpfen durch ein glühendes Rohr, eine Reaktion, der wir in verschiedenen Variationen noch des öfteren begegnen werden (vgl. z. B. I, Kap. 12, III, 4):

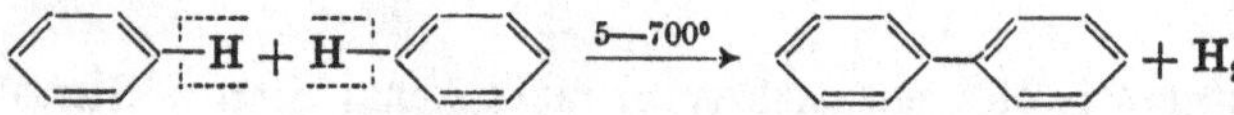

Weitere wichtige Bildungsweisen des Diphenylsystems, die allerdings nur für die Darstellung seiner Derivate von Bedeutung sind, werden wir später in der Benzidinumlagerung (I, Kap. 6, II, 5b) und der dehydrierenden Verknüpfung zweier Benzolkerne in p-Stellung zu Amino- (I, Kap. 12, III, 4) und in selteneren Fällen auch Oxygruppen kennenlernen.

Diphenyl selbst ist ohne Bedeutung geblieben. Es spielt jedoch als Muttersubstanz zahlreicher technischer Farbstoffe (vgl. z. B. III, Kap. 2, VI, 2) eine gewisse Rolle. Ferner zeigen einige seiner Derivate eine interessante Molekularasymmetrie (II, Kap. 7, I, 1dγ).

Die höheren Kohlenwasserstoffe der p-Reihe sind vor allem sterisch von Interesse, da sie infolge der ungewinkelten Verknüpfung der Benzolringe starre Stabmoleküle darstellen und damit charakteristische physikalische Eigenschaften, insbesondere anomal hohe Schmelz- und in geringerem Ausmaß auch Siedepunkte aufweisen. Ferner zeigen sie gegenüber den Kohlenwasserstoffen der m-Reihe interessante Unterschiede hinsichtlich der Mesomerieverhältnisse, worauf wir in II, Kap. 3, III, 1e noch näher eingehen werden.

b) Die Polyphenylmethane

Sind die Benzolkerne durch ein C-Atom getrennt, so kommen wir zu den Arylderivaten des Methans. Sie zeichnen sich gegenüber den normalen aromatischen Kohlenwasserstoffen vor allem durch eine stark gesteigerte Reaktionsfähigkeit des am Methankohlenstoff noch befindlichen Wasserstoffs aus, die wir in ihren Anfängen bereits beim einfachsten Phenylmethan, dem Toluol, als besondere Aktivität des Benzylkohlenstoffs (S. 137) kennengelernt haben.

Diphenylmethan kann nach FRIEDEL-CRAFTS durch Einwirkung von Methylenchlorid auf zwei Mol, oder von Benzylchlorid auf ein Mol Benzol, sowie schließlich auch aus Benzylalkohol und Benzol in Gegenwart von Schwefelsäure erhalten werden:

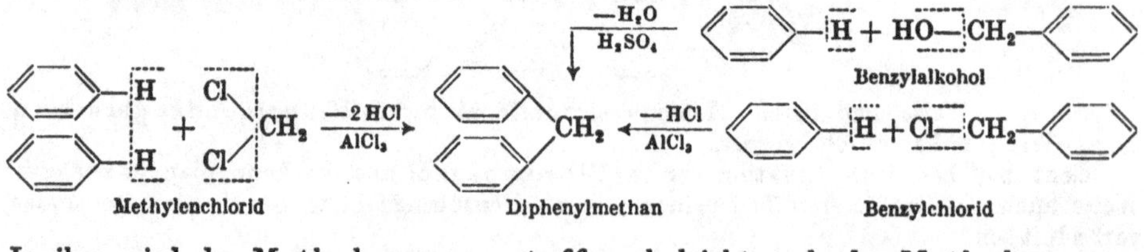

In ihm wird der Methylenwasserstoff noch leichter als der Methylwasserstoff des Toluols unter Bildung von Benzophenon (S. 272) aboxydiert. Ferner ist er so sauer, daß er aus Kaliumamid unter Bildung eines Kaliumderivats Ammoniak in Freiheit zu setzen vermag[1]). Schließlich läßt sich die Methylengruppe bei der Einwirkung von verdünnter Salpetersäure bei Temperaturen oberhalb 100° unter Schonung der Benzolkerne nitrieren (formulieren!).

Triphenylmethan entsteht in analoger Weise aus Chloroform und Benzol nach FRIEDEL-CRAFTS:

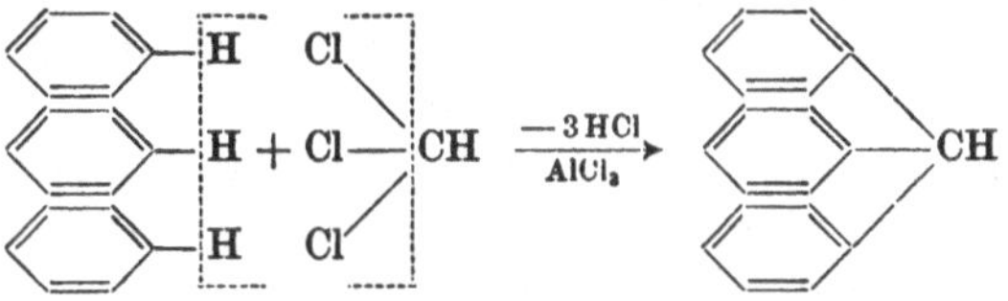

Es zeigt eine noch größere Aktivität des aliphatischen Wasserstoffs als Diphenylmethan und läßt sich infolgedessen leicht zum Triphenylcarbinol (S. 184) oxydieren oder zum Triphenylchlormethan (S. 159) chlorieren. Ähnlich wie in der Diphenylreihe hat auch hier der Kohlenwasserstoff selbst nur eine geringe Bedeutung erlangt, doch leiten sich von ihm wichtige Derivate ab, von denen an dieser Stelle lediglich auf die Triphenylmethyl-halogenide (S. 159), -äther (S. 222), -radikale (**I**, Kap. 10, II, 2) und die technisch wichtigen Triphenylmethanfarbstoffe (**III**, Kap. 2, III, 2) hingewiesen sei.

Da der rationelle Radikalname Triphenylmethyl- für diese vielfache Verwendung reichlich umständlich ist, hat B. HELFERICH als abkürzenden Trivialnamen die Bezeichnung *Trityl-* (z.B. Trityl-chlorid, Trityl-äther usw.) vorgeschlagen, der sich rasch eingebürgert hat. Auch der von ihm sekundär abgeleitete Name *Tritan* für das Triphenylmethan selbst findet zuweilen Anwendung.

Tetraphenylmethan kann durch eine FRIEDEL-CRAFTSsche Synthese (etwa aus Tetrachlorkohlenstoff und Benzol, formulieren!) nicht mehr gewonnen werden, ist aber aus Tritylchlorid und Chlorbenzol nach WURTZ-FITTIG leicht zugänglich:

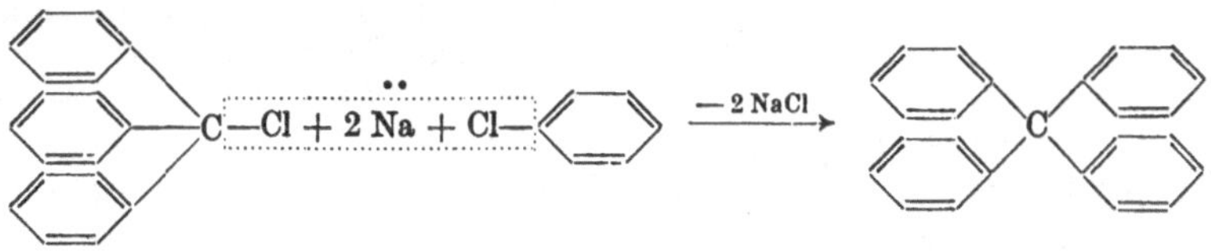

Es ist eine sehr beständige und, da sich am Methankohlenstoff kein Wasserstoff mehr befindet, auch ziemlich reaktionsträge Verbindung ohne allgemeine Bedeutung.

c) Kohlenwasserstoffe mit größerem Abstand der Benzolkerne

Stehen schließlich die Benzolkerne noch weiter auseinander, so ist keine gegenseitige Beeinflussung mehr zu bemerken, und die Verbindungen verlieren an allgemeinem Interesse. So zeigt z. B. **Dibenzyl** $C_6H_5—CH_2—CH_2—C_6H_5$ (in Analogie zum „Biphenyl" auch *Bibenzyl* genannt) als einfachstes in 1,2-Stellung diaryliertes Paraffin im wesentlichen das erwartete Verhalten eines eine Seitenkette enthaltenden aromatischen Kohlenwasserstoffs. Erst, wenn bei Steigerung der Zahl der Benzolkerne auch hier an jedem C-Atom mehrere Aryl-

[1]) R. S. YOST u. C. R. HAUSER: Am. Soc. **69**, 2325 (1947).

reste stehen, beide Äthan-C-Atome also dem Polyphenylmethantypus entsprechen, werden die Verbindungen wieder interessanter, und wir begegnen im **Hexaphenyläthan** $(C_6H_5)_3C—C(C_6H_5)_3$ erstmals einer Substanz, deren mittlere C—C-Bindung aus den in **II**, Kap. 3, III, 7 diskutierten Gründen so geschwächt ist, daß sie eine gewisse Neigung zum Zerfall in die freien Radikale aufweist (vgl. auch **I**, Kap, 10, II, 2).

Von größerem Interesse sind ferner die **Polyphenylderivate des Äthylens** wegen der bereits beim Styrol erkennbaren starken Wechselwirkung zwischen der olefinischen Doppelbindung und den Benzolkernen.

sym-Diphenyl-äthylen führt den Trivialnamen **Stilben** und kann mit Hilfe der folgenden „GRIGNARD-Reaktion" aus Benzyl-magnesiumbromid und Benzaldehyd gewonnen werden:

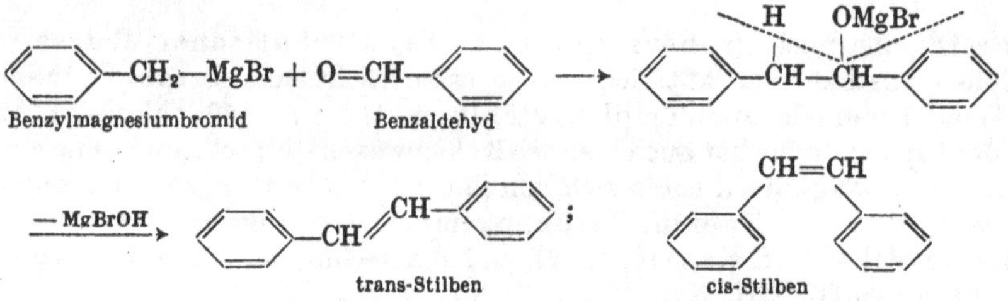

Im Stilben begegnen wir dem ersten Kohlenwasserstoff, der die auf S. 16 beschriebene Äthylenisomerie zeigt. Die normalerweise entstehende energiearme und stabile Molekülform besitzt trans-Konfiguration (d. h. eine gestreckte Molekülform) und kristallisiert infolgedessen gut. Sie lagert sich bei Ultraviolettbestrahlung in die energiereichere labile cis-Form um, die infolge ihrer gewinkelten Molekülgestalt nicht mehr zur Kristallisation gebracht werden kann und eine starke Tendenz aufweist, sich in die trans-Form zurückzuverwandeln, insbesondere bei höherer Temperatur (vgl. auch **II**, Kap. 7, III, 2).

Stilben addiert noch in normaler Weise Brom, ist aber im Gegensatz zum Styrol bereits zur Alkalimetall-addition befähigt. Die Polymerisationsneigung wird durch die beiderseitige aromatische Substitution des Äthylens (Verschwinden der Vinylgruppierung, vgl. S. 100) gegenüber dem Styrol stark herabgesetzt, so daß nur noch eine Dimerisierung zum Cyclobutanderivat stattfindet (formulieren!).

as-Diphenyl-äthylen $(C_6H_5)_2C=CH_2$ mit zwei an einem Äthylen-C-Atom befindlichen Phenylresten lagert nur noch Chlor, nicht aber mehr Brom an die olefinische Doppelbindung an, während die Neigung zur Alkalimetalladdition stark zunimmt, so daß man bereits drei verschiedene Anlagerungsmöglichkeiten kennt:

1. die direkte Anlagerung von zwei Alkalimetallatomen:

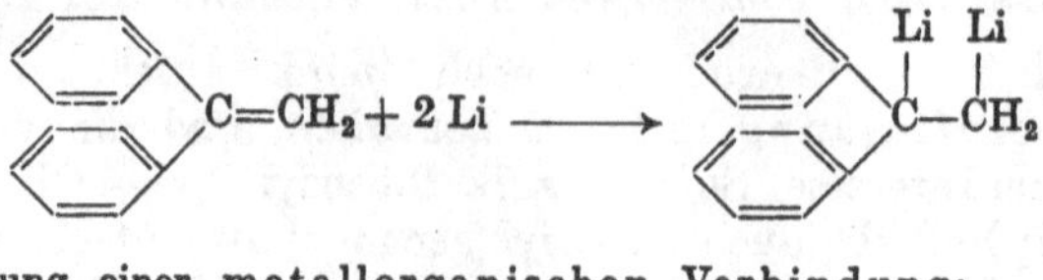

2. die Anlagerung einer metallorganischen Verbindung:

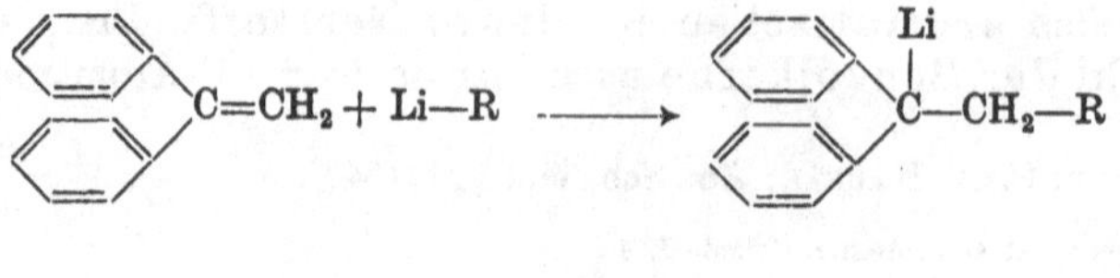

3. die Anlagerung von nur einem Metallatom pro Molekül unter gleichzeitiger Verknüpfung von zwei Diphenyläthylen-molekülen zum Tetraphenylbutanderivat:

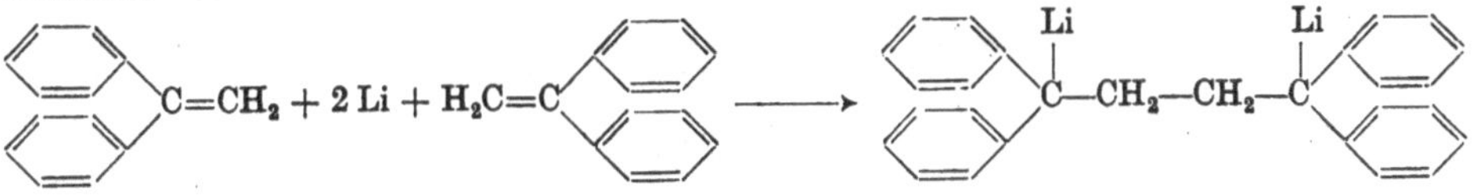

In den beiden letztgenannten Fällen tritt das Metall immer an die phenylierten C-Atome.

Im **Tetraphenyläthylen** $(C_6H_5)_2C=C(C_6H_5)_2$ schließlich ist die Fähigkeit zur Addition von Halogenen ganz verschwunden, wohingegen die Neigung zur Alkalimetalladdition in den drei angegebenen Richtungen womöglich nochmals gesteigert wird.

Auch die **phenylierten Polyolefine** sind von allgemeinem Interesse, weil die mit wachsender Kettenlänge zunehmend unbeständiger werdende Kette von aneinander gereihten Doppelbindungen durch die Besetzung der Molekülenden mit Phenylresten stabilisiert wird, so daß man an Hand dieser Verbindungen die Eigenschaften längerer Poly-olefin-ketten studieren kann.

So ist es z. B. R. Kuhn[1]) erstmals gelungen, ein höheres Kumulen mit fünf kumulierten C=C-Doppelbindungen in Form seines Tetraphenylderivates darzustellen. Er ging hierzu vom Magnesiumsalz des Diacetylens aus und setzte es mit zwei Molekülen Benzophenon zu dem noch zwei konjugierte Acetylenbindungen enthaltenden Tetraphenyl-hexadiin-diol (I) um, das schließlich bei der Reduktion mit Chrom(II)-chlorid in das gewünschte **Tetraphenylpentakumulen** (II) übergeht:

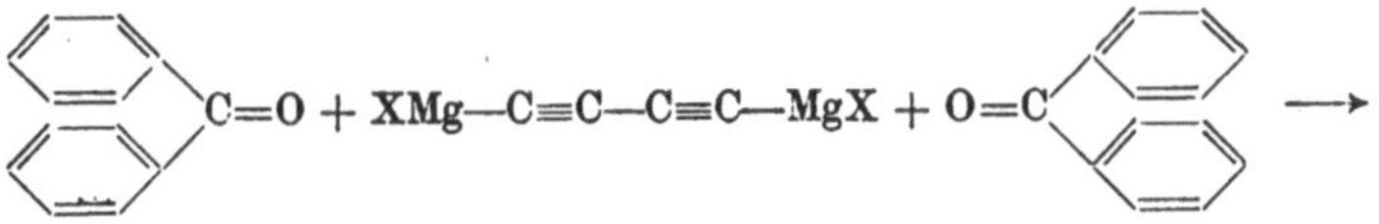

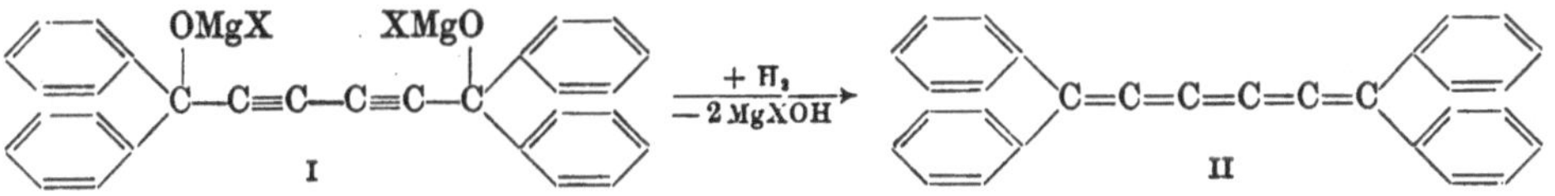

I II

Später konnte R. Kuhn[2]), vom Triacetylen (S. 121) ausgehend, in analoger Weise auch ein **Heptakumulen** darstellen.

An diesen Reaktionen ist bemerkenswert, daß der Übergang der konjugierten Dreifach- in die kumulierten Doppelbindungen, abgesehen von der Reduktion an den Enden des Systems, ohne jede nachweisbare Beteiligung der mittleren C-Atome der Kette erfolgt, und man ist nur aus dem Grunde zur Annahme des Bindungswechsels innerhalb der ganzen Kette gezwungen, weil eine andere Formulierung unter Erhaltung der Vierwertigkeit des Kohlenstoffs nicht möglich ist. Wie wir in II, Kap. 3, III, 3bβ sehen werden, bestehen diese Zweifel, ob sich ein derartiger Bindungswechsel tatsächlich über die ganze Kette erstreckt, zu einem gewissen Recht, da man annehmen muß, daß beide Bindungssysteme durch eine Mesomerie miteinander verknüpft sind, d. h. daß die kumulierten Doppel- und konjugierten Acetylenbindungen nur die verschiedenen Grenzstrukturen des gleichen mesomeren Bindungssystems darstellen. Sterisch weisen die Polykumulene die gleiche starr lineare Stabform auf wie die Polyacetylene (S. 121).

---

[1]) R. Kuhn u. K. Wallenfels: B. 71, 783, 1510 (1938).

[2]) R. Kuhn u. H. Zala: B. 84, 566 (1951).

Eine weitere Gruppe von phenylierten Polyolefinen stellen die ebenfalls von R. Kuhn (1928) entdeckten **Diphenylpolyene** mit konjugierten Doppelbindungen dar, die bei der Kondensation von ungesättigten aromatischen Aldehyden mit freier Bernsteinsäure in Gegenwart von Essigsäureanhydrid und Bleioxyd entstehen. Die Synthese verläuft bei der Verwendung von Zimtaldehyd nach dem folgenden Schema:

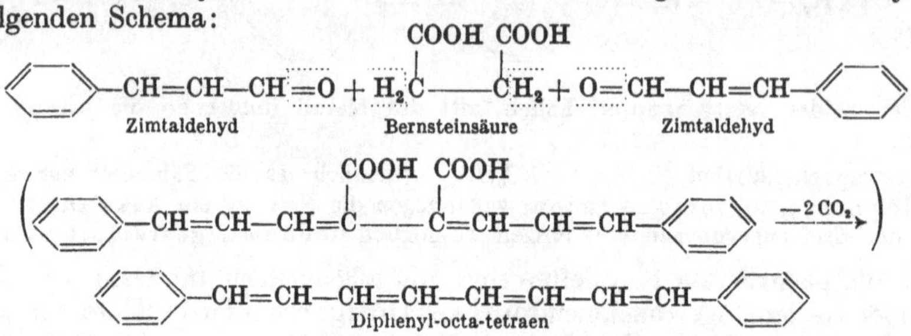

Durch Variation der aromatischen Aldehyde konnten sämtliche Glieder der Reihe mit zwei bis acht konjugierten Doppelbindungen dargestellt werden. Sie sind von theoretischem Interesse für die in **III**, Kap. 2, I, 2 erörterten Beziehungen zwischen Konstitution und Farbe, sowie speziell als Modellsubstanzen für die Carotinoidfarbstoffe (**III**, Kap. 2, II, 1).

Diphenyl-acetylen C_6H_5—C≡C—C_6H_5 oder **Tolan** ist das einfachste beiderseits aromatisch substituierte Acetylen. Es kann nach einer der oben beschriebenen Methoden, z. B. durch Abspaltung von zwei Molekülen Bromwasserstoff aus Stilbendibromid, dargestellt werden:

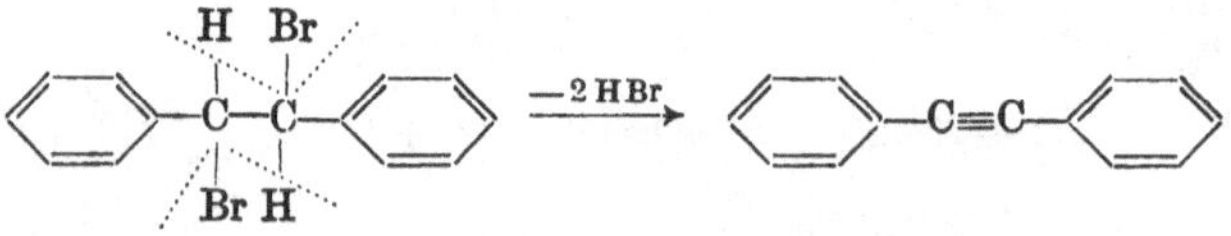

und besitzt wie die Polyphenyle und Kumulene eine starre stabförmige Molekülgestalt. In seinem chemischen Verhalten zeigt es infolge des Fehlens von Acetylenwasserstoff keine bemerkenswerten Eigenschaften.

3. Kapitel

Die organischen Halogenverbindungen

I. Allgemeines

Definition. Unter dem Begriff der *organischen Halogenverbindungen* faßt man lediglich die relativ kleine Gruppe organischer Verbindungen zusammen, die Halogen direkt an Kohlenstoff gebunden enthalten, während alle übrigen halogenhaltigen Stoffe — wie z. B. die salzsauren Salze organischer Amine($R_3NH^+Cl^-$), die am Stickstoff halogenierten Chloramine mit der Gruppe $—NCl_2$ oder $=NCl$, die Sulfonsäurechloride mit der Gruppe $—SO_2Cl$, die Arsinchloride (R_2AsCl) usw. — zu den Derivaten des Stickstoffs, Schwefels und Arsens zählen und damit zu den Gruppen der organischen Stickstoff-, Schwefel- und Arsenverbindungen gerechnet werden.

Bei der überwiegenden Mehrzahl der organischen Halogenverbindungen sind lediglich einzelne Halogenatome an den Kohlenstoff gebunden, so daß man sie als organische Derivate der Halogenwasserstoffsäuren auffassen kann, in denen das Halogen den negativen Bindungspartner mit der Oxydationsstufe —1 darstellt. Daneben kennt man jedoch auch einige organische Derivate des Jods, die am Halogenatom neben dem organischen Rest auch Sauerstoff, Chlor oder andere Atomgruppen gebunden enthalten, die sich also vom positiven Jod mit der Oxydationsstufe +3 oder +5 ableiten. Diese *organischen Verbindungen mit mehrwertigem Jod*, zu denen man meistens auch die Jodonium-, Bromonium- und Chloroniumsalze mit oxydativ — 1-wertigem Halogen rechnet, zeigen naturgemäß ein ganz anderes Verhalten als die übrigen Halogenverbindungen und müssen als gesonderte Verbindungsklasse betrachtet werden.

Die **Benennung** der organischen Halogenverbindungen (mit —1-wertigem Halogen) geschieht allgemein nach den auf S. 17f. erläuterten Regeln, indem man sie entweder als organische Derivate der Halogenwasserstoffsäuren auffaßt und dann in Analogie zu deren Salzen als *Alkyl-* oder *Aryl-halogenide* bezeichnet, oder direkt als Halogensubstitutionsprodukte der Kohlenwasserstoffe benennt. Von der ersten Möglichkeit macht man insbesondere zur Benennung der reaktionsfähigen aliphatischen Halogenverbindungen Gebrauch, die allgemein Alkylhalogenide genannt werden, während man bei den aromatischen Halogenverbindungen meistens den zweiten Weg bevorzugt. Beide Benennungsarten sind im folgenden an Hand einiger Beispiele erläutert, wobei jeweils der weniger gebräuchliche Name eingeklammert ist:

$CH_3—Cl$ — Methyl-chlorid (Chlor-methan)

$CH_2=CH—Br$ — Vinyl-bromid (Brom-äthylen)

$HC\equiv C—J$ — (Äthinyl-jodid) Jod-acetylen

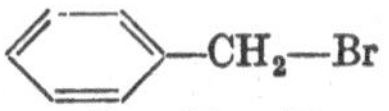

Benzyl-bromid (1'-Bromtoluol)

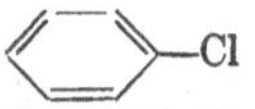

(Phenyl-chlorid) Chlor-benzol

Vorkommen und Darstellung. In den organischen Halogenverbindungen begegnen wir einer Gruppe von Stoffen, die weder mineralisch noch (von ganz wenigen Ausnahmen[1]) abgesehen) in der belebten Natur vorkommen, die also fast stets Kunstprodukte darstellen. Trotzdem sind sie infolge ihrer großen Reaktionsfähigkeit eine präparativ und technisch sehr wichtige Verbindungsklasse.

Von den zahlreichen Einführungsmöglichkeiten von Halogenatomen in organische Verbindungen ist die als **Halogenierungsreaktion** schlechthin bezeichnete Substitution von organisch gebundenem Wasserstoff durch Halogen allgemein für alle Verbindungsklassen durchführbar und muß daher bereits an dieser Stelle behandelt werden. Sie zählt, worauf schon früher hingewiesen wurde, neben der Nitrierung und Sulfonierung zu den Grundreaktionen und stellt infolgedessen eine der am besten ausgebauten Reaktionen der organischen Chemie überhaupt dar.

Die Halogenierung geht in formal stets gleicher Weise nach

$$R{-}H + X{-}Hal \longrightarrow R{-}Hal + H{-}X$$

vor sich und kann grundsätzlich mit allen vier Halogenen durchgeführt werden. Doch beobachtet man sehr starke Unterschiede in den Reaktionsbedingungen, wenn man die verschiedenen Reaktionspartner, nämlich 1. das einzuführende Halogen, 2. das Halogenierungsmittel (d. h. den mit dem Halogen verbundenen negativen Rest X) und 3. den zu halogenierenden Kohlenwasserstoff R—H variiert.

Zu 1. Von den vier **Halogenen** lassen sich am leichtesten Chlor und Brom einführen, die auch untereinander sehr ähnlich reagieren, so daß sich die meisten der unten beschriebenen Halogenierungsreaktionen in gleicher Weise (und mit wenigen Ausnahmen auch ausschließlich) auf die Chlorierung und Bromierung beziehen. Sowohl Fluorierungen als auch Jodierungen müssen wegen zu großer bzw. zu kleiner Halogenierungstendenz der üblichen Halogenierungsmittel stets nach speziellen Vorschriften durchgeführt werden.

Zu 2. Als **Halogenierungsmittel** für Chlorierungen und Bromierungen dienen in erster Linie die elementaren Halogene selbst (X ebenfalls = Hal). Sie eignen sich jedoch weniger für Fluorierungen und Jodierungen, da elementares Fluor ohne starke Verdünnung zu heftig reagiert und bei Verwendung von Jod normalerweise die Gegenreaktion, die Reduktion organischer Jodverbindungen zu Kohlenwasserstoffen (vgl. S. 67) überwiegt. Doch kann man in Gegenwart von Oxydationsmitteln (z. B. von Jodsäure), die den entstehenden Jodwasserstoff sofort aus dem Gleichgewicht entfernen, auch Jodierungen ziemlich glatt durchführen.

Eine zweite Gruppe von Halogenierungsmitteln stellen die Salze der unterhalogenigen Säuren (X = OMe) dar, die insbesondere den großen Vorteil bieten, daß ihre Halogenierungstendenz im Gegensatz zu der der elementaren Halogene in der Richtung ClOMe → BrOMe → JOMe zunimmt, so daß sie sich vor allem zu Jodierungen eignen, die meistens mit elementarem Jod in Gegenwart von Alkali oder auch Quecksilberoxyd durchgeführt werden. Ferner werden die Hypohalogenite häufig praktisch angewandt, wenn das Auftreten von Halogenwasserstoffen vermieden werden soll. Dies ist z. B. bei der Halogenierung des Acetylens der Fall, das bei Verwendung der freien Halogene als Halogenierungs-

---

[1]) Vgl. z. B. den Purpurfarbstoff (III, Kap. 2, V, 2), die Jodgorgosäure (III, Kap. 7, I, 1α) und das Chloramphenicol (III, Kap. 8, I, 4d).

mittel sowohl diese als auch den bei der Substitution entstehenden Halogenwasserstoff anlagern würde, sich jedoch mit Hilfe der Hypohalogenite glatt halogenieren läßt:

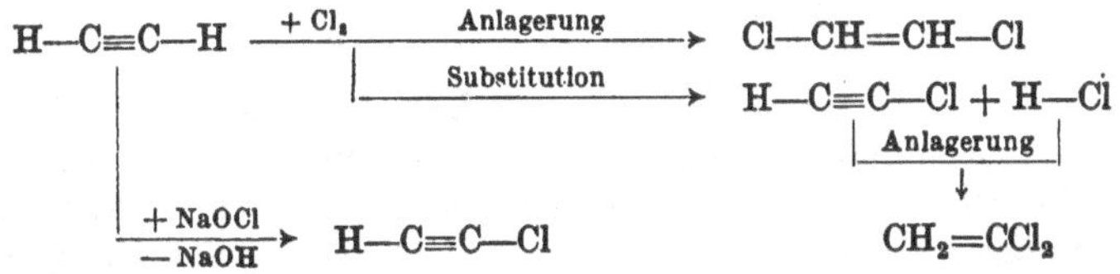

Auch am Stickstoff halogenierte Amine und Säureamide (X = $—NR_2$ oder —NHAc), wie etwa Dichlorharnstoff (Cl—NH—CO—NH—Cl), N-Brom-acetamid (CH_3—CO—NH—Br), N-Chlor-2,4,6-trichlor-anilin (I, Kap. 6, I, 3b) oder Jodstickstoff (bzw. Jod in Gegenwart von Ammoniak) wirken als „Säureamide der unterhalogenigen Säuren" halogenierend auf Kohlenwasserstoffe ein und dienen daher vielfach als Halogenierungsmittel. Sie bieten, abgesehen davon, daß sie meistens milder wirken als die elementaren Halogene, ebenfalls den Vorteil, daß sie sich an Olefine und Acetylene nicht anlagern.

Eine besondere Bedeutung hat das schon auf S. 102 erwähnte Bromsuccinimid erlangt, da es streng spezifisch unter Intaktlassung der C=C-Doppelbindung allylständigen Wasserstoff substituiert[1]). Umgekehrt greift Bromacetamid bevorzugt die Doppelbindung (unter Addition) an und vermag nicht mit Allylwasserstoff zu reagieren[2]).

Zu einer letzten Gruppe von Halogenierungsmitteln gehören schließlich anorganische Polyhalogenverbindungen wie etwa Kobalt(III)-fluorid für Fluorierungen und Phosphorpentachlorid oder auch Sulfurylchlorid für Chlorierungen. Ihre Wirkung beruht auf der intermediären Abspaltung der freien Halogene, und sie werden daher wie diese verwandt, wenn das Arbeiten mit den freien Halogenen Schwierigkeiten bereitet (z. B. bei einer Chlorierung bei höherer Temperatur unter Druck). Insbesondere Kobalt(III)-fluorid hat das elementare Fluor als Fluorierungsmittel fast vollständig verdrängt, weil es leichter zu handhaben ist und auch viel milder wirkt als dieses, so daß es ohne besondere Vorsichtsmaßnahmen angewandt werden kann. Sulfurylchlorid wirkt in Abhängigkeit von den jeweiligen Reaktionsbedingungen zuweilen auch sulfonierend (vgl. I, Kap. 7, II, 1).

Zu 3. Wie wir auf S. 135 gesehen haben, gehen sämtliche Substitutionsreaktionen trotz des formal gleichen Reaktionsverlaufes in der aliphatischen und aromatischen Reihe nach einem verschiedenartigen Mechanismus vor sich, und man kann daher die zu substituierenden Wasserstoffverbindungen in zwei große Gruppen unterteilen, die wieder in Abhängigkeit von der Aktivität des Wasserstoffs in mehrere Untergruppen zerfallen:

a) Verbindungen mit Paraffinwasserstoff. Die normale Reaktionsträgheit des Paraffinwasserstoffs gegen elementares Halogen ist dadurch bedingt, daß er nur nach Ablösung als Einzelatom (unter Zurücklassung der freien Alkylradikale) durch Halogen substituiert werden kann, und daß normalerweise die hierfür erforderliche hohe Aktivierungsenergie nicht zur Verfügung steht. Diese Schwierigkeit läßt sich jedoch mit Hilfe der folgenden Kettenreaktion (Näheres über Kettenreaktionen vgl. **II**, Kap. 4, I, 1) bei Anwesenheit nur weniger freier Chloratome umgehen:

---

[1]) K. Ziegler u. Mitarbb.: A. **551**, 80 (1942); Zusammenfassung: C. Djerassi: Chem. Rev. **43**, 271 (1948).

[2]) R. E. Buckles u. Mitarbb.: J. Org. Chem. **22**, 55 (1957).

$$\begin{array}{lll} & R{-}H + Cl\cdot \longrightarrow & R\cdot + H{-}Cl \\ & R\cdot + Cl{-}Cl \longrightarrow & R{-}Cl + Cl\cdot \\ \hline \text{in summa} & R{-}H + Cl{-}Cl \longrightarrow & R{-}Cl + H{-}Cl\,, \end{array}$$

da jede der Teilreaktionen ohne erkennbare Aktivierungswärme sehr schnell verläuft und jedes freie Chloratom bzw. Alkylradikal innerhalb von nur zwei Teilreaktionen ein gleichartiges Halogenatom bzw. freies Radikal wieder erzeugt, so daß die hohe Aktivierungsenergie nur für die Bildung der wenigen für den „Kettenstart" erforderlichen Einzelatome, nicht aber für die gesamte Substanzmenge aufgebracht werden muß. Jeder Vorgang also, der freie Halogenatome, wenn auch nur in geringen Mengen, erzeugt, kann daher zur Reaktionsbeschleunigung dienen, und wir haben infolgedessen in der Sonnen- oder Ultraviolettbestrahlung, die eine Aufspaltung der Halogenmoleküle in die freien Atome bewirkt, ein bequemes Mittel zur Aktivierung der Paraffinhalogenierung.

Im einzelnen kann man den Paraffinwasserstoff nach seiner Aktivität unterteilen in:

α) **normalen Paraffinwasserstoff,** der sich auch bei Belichtung nur bei höherer Temperatur substituieren läßt und meistens in größerer Anzahl im Molekül vorhanden ist, so daß bei der Halogenierung Isomerengemische entstehen. Die eigentliche Paraffinhalogenierung hat daher, abgesehen von einigen technischen Anwendungsgebieten, bei denen das Auftreten der Isomerengemische nicht stört, keine praktische Bedeutung erlangt;

β) **aktivierten Paraffinwasserstoff,** z. B. in Allyl- oder Benzylstellung sowie in α-Stellung zur Carboxylgruppe. Dieser ist bereits viel reaktionsfähiger und läßt sich daher meistens bevorzugt substituieren, so daß man die Reaktion auf bestimmte Molekülstellen beschränken kann. Da außerdem in diesem Falle jedes eingetretene Halogenatom die weitere Substitution erschwert, läßt sich die Halogenierung stufenweise durchführen, d. h. bei Halogenierung einer Methylgruppe können die Mono-, Di- und Trisubstitutionsprodukte nacheinander hergestellt werden. Hier ergeben sich also zahlreiche Möglichkeiten, die u. a. zur Darstellung der Benzylhalogenide (s. unten) und der α-Halogenfettsäuren (S. 398) auch praktische Anwendung gefunden haben.

γ) Noch stärker aktiviert ist der **Wasserstoff in α-Stellung zur Carbonylgruppe** der Oxoverbindungen (S. 256, 278), der z. T. bereits ohne Belichtung bei tiefer Temperatur substituiert wird. Doch wirkt auch hier Ultraviolettbestrahlung beschleunigend, es handelt sich also immer noch um eine normale Paraffinhalogenierung.

b) Olefinischer und aromatischer Wasserstoff können mit Hilfe von Belichtung nicht mehr substituiert werden, weil hier bereits Addition unter Aufhebung des ungesättigten Systems eintritt, ehe die für die Substitution nach dem Paraffinmechanismus erforderlichen Bedingungen erreicht werden. Dagegen ist eine Substitution nach dem Additionsmechanismus (vgl. S. 100f.) möglich, die in erster Linie durch die Halogenide der dreiwertigen Metalle[1]), aber auch durch zahlreiche andere Stoffe, wie z. B. Jod, roten Phosphor, Schwefel usw., beschleunigt wird. Die letzte Gruppe von Aktivatoren geht während der Reaktion in die eigentlich katalytisch wirkenden Halogenverbindungen dieser Elemente über und vermag auch die Substitution des oben unter γ) genannten stark aktivierten Paraffinwasserstoffs zu katalysieren, zumal, wenn gleichzeitig Belichtung erfolgt.

---

[1]) $AlCl_3$, $CrCl_3$, verschiedene Eisenhalogenide, die meistens erst während des Versuches aus zugesetztem Eisen und den zur Halogenierung dienenden Halogenen erzeugt werden, sowie auch $BeCl_2$.

Auch den aromatischen Wasserstoff kann man in zwei Untergruppen verschiedener Aktivität unterteilen:

α) **normalen aromatischen Wasserstoff,** der nur in Gegenwart der erwähnten Katalysatoren halogeniert wird, und

β) **aktivierten aromatischen Wasserstoff** in o- und p-Stellung zur Hydroxy- und Aminogruppe. Dieser reagiert bereits ohne Katalysator und bei tiefer Temperatur so rasch, daß man z. B. die Bildung von Tribromphenol aus Phenol direkt zur Phenoltitration (mit einer wäßrigen Bromlösung) verwenden kann. Er übertrifft damit an Substitutionsfähigkeit bei weitem sämtliche anderen am Kohlenstoff befindlichen Wasserstoffarten.

Der beschriebene Unterschied zwischen den Reaktionsmechanismen der aliphatischen und aromatischen Halogenierung ist von großer praktischer Bedeutung, da er es gestattet, lediglich durch Variation der Reaktionsbedingungen in einem gemischt aromatisch-aliphatischen Kohlenwasserstoff die Kern- und Seitenkettenhalogenierung getrennt durchzuführen. So kann man z. B. Toluol mit Eisenhalogeniden als Katalysator im Dunkeln und in der Kälte ausschließlich im Kern, bei Belichtung und in der Wärme dagegen ausschließlich in der Methylgruppe chlorieren.

Einteilung. Wegen ihres ähnlichen Aufbaus und der großen Ähnlichkeit der Halogene untereinander kann man die organischen Halogenverbindungen ohne Schwierigkeit gemeinsam behandeln. Man unterteilt sie auf Grund des unterschiedlichen Verhaltens des aliphatisch und des am Benzolkern gebundenen Halogens, sowie der Sonderstellung der Verbindungen mit mehrwertigem Jod zweckmäßig in die unter II beschriebenen aliphatischen Halogenverbindungen, die unter III beschriebenen aromatischen Halogenverbindungen und die unter IV beschriebenen Verbindungen mit mehrwertigem Jod.

II. Die aliphatischen Halogenverbindungen

Bereits bei den aliphatischen Halogenverbindungen beobachtet man ein unterschiedliches Verhalten des am gesättigten und des am ungesättigten C-Atom gebundenen Halogens. Da ferner die Polyhalogenverbindungen und die Fluorverbindungen eine gewisse Sonderstellung einnehmen, gelangt man zu folgender Unterteilung: 1. Die Monohalogenparaffine oder Alkylhalogenide, 2. Die Halogenolefine und Halogenacetylene, 3. die Polyhalogenverbindungen und schließlich 4. die aliphatischen Fluorverbindungen.

1. Die Alkylhalogenide (Monohalogen-paraffine)

Die *Alkylhalogenide* im ursprünglichen Sinne der Definition leiten sich ausschließlich von den Paraffinen durch Ersatz jeweils eines H-Atoms durch ein Halogenatom ab. Da jedoch auch die Monohalogenderivate der ungesättigten und aromatischen Kohlenwasserstoffe eine ähnliche Reaktionsfähigkeit aufweisen, wenn eines der in ihnen enthaltenen Paraffin-H-Atome (also in größerem Abstand von der Doppelbindung bzw. dem Benzolkern) durch Halogen ersetzt ist, sollen im folgenden unter Alkylhalogeniden im weiteren Sinne die Monohalogenderivate aller Kohlenwasserstoffe zusammengefaßt werden, in denen sich das Halogenatom an einem gesättigten C-Atom befindet.

Für die **Darstellung** der Alkylhalogenide kommen drei grundsätzlich verschiedene Methoden in Betracht: 1. Die soeben ausführlich beschriebene Halogenierung von Kohlenwasserstoffen, die allerdings nur für die Gewinnung der Benzyl- und Allyl-halogenide praktische Bedeutung erlangt hat, 2. die ebenfalls bereits erwähnte Addition von Halogenwasserstoffsäuren an Olefine (S. 94f.), die infolge der Regel von MARKOWNIKOW im allgemeinen nur zu den sekundären und tertiären Verbindungen führt und daher ebenfalls nur beschränkte Anwendung findet, und 3. der Austausch anderer negativer Reste gegen Halogen.

Zu 3. Von den sich hier bietenden Möglichkeiten ist bei weitem am wichtigsten:

a) die **Substitution der Hydroxylgruppe** der im allgemeinen leicht zugänglichen Alkohole. Die Reaktion läßt sich am einfachsten durch direkte Umsetzung der Alkohole mit den verschiedenen Halogenwasserstoffsäuren durchführen:

$$\text{R—OH} + \text{H—Hal} \longrightarrow \text{R—Hal} + \text{H—OH}$$

Doch hängt die Reaktionsgeschwindigkeit und auch die Lage des Gleichgewichtes von dem einzuführenden Halogen und auch der Natur des zu substituierenden C-Atoms in der Weise ab, daß sich die Alkylhalogenidbildung beim Übergang vom Jod- über den Brom- zum Chlorwasserstoff und von den tertiären über die sekundären zu den primären Alkoholen zunehmend schwieriger gestaltet.

Man kann infolgedessen alle Alkohole ohne weitere Hilfsmittel nur mit Jodwasserstoff jodieren, während Salzsäure auf der andern Seite unter 100° nur noch tertiäre Alkohole in die tertiären Alkylchloride überzuführen vermag. Für die Darstellung der primären und sekundären Alkylchloride und z. T. auch -bromide sind dagegen höhere Temperaturen oder Katalysatoren, wie z. B. konzentrierte Schwefelsäure oder Zinkchlorid erforderlich. Die Wirkung dieser Katalysatoren beruht auf der Überführung des Alkohols in das R—OH_2^+-Ion, bzw. in die Zinkchloridadditionsverbindung, die beide als Derivate starker Säuren im Sinne der Ausführungen auf S. 205f. alkylierend auf das Halogen-Ion einwirken:

$$\text{R—OH} + \text{H}^+ \longrightarrow \text{R—OH}_2^+ \xrightarrow{+\text{Cl}^-} \text{R—Cl} + \text{H}_2\text{O}$$

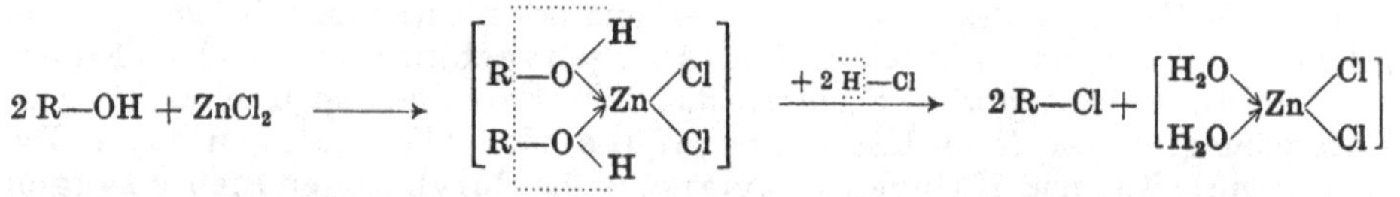

Man kann die Verwendung eines Katalysators daher auch dadurch umgehen, daß man von vornherein von den Estern starker Säuren ausgeht. Als Beispiel sei die Methyljodidbildung aus Dimethylsulfat und Kaliumjodid angeführt, die bereits in wäßriger Lösung bzw. Suspension unter Selbsterwärmung nach folgender Gleichung vor sich geht:

$$\text{CH}_3\text{—OSO}_2\text{—O—CH}_3 + \text{JK} \longrightarrow \text{CH}_3\text{—OSO}_3\text{K} + \text{CH}_3\text{—J}$$

Zur Jodierung höherer Alkohole verwendet man häufig auch den analogen Umsatz von deren Toluolsulfosäureestern (= „Tosylaten") mit Natriumjodid in Aceton.

Schließlich ist es auch möglich, den Halogenwasserstoff durch aktivere Halogenierungsmittel zu ersetzen. Als solche kommen in erster Linie die anorganischen Polyhalogenide, insbesondere die verschiedenen Phosphorhaloide (PCl_5, PCl_3, PBr_3 und PJ_3), sowie für Chlorierungen Thionylchlorid in Betracht.

Phosphorpentachlorid ist das bei weitem stärkste Chlorierungsmittel dieser Gruppe und bietet den Vorteil, ohne Nebenreaktionen stets chlorierend zu wirken. Doch wird sein Chlorgehalt nur schlecht ausgewertet, da unter den Reaktionsbedingungen nur eins der fünf Chloratome zum Eintritt in das organische Molekül befähigt ist (bzgl. des Mechanismus vgl. **II, Kap. 4,** II, 2aα):

$$R{-}OH + PCl_5 \longrightarrow R{-}Cl + HCl + POCl_3 \cdot$$

Die Phosphortrihalogenide, von denen PBr_3 und PJ_3 auch in Form der Mischung von rotem Phosphor mit dem betreffenden freien Halogen angewandt werden können, weisen demgegenüber zwar den Vorteil der vollständigen Überführung des Halogens in den organischen Rest auf, doch tritt hier zuweilen Esterbildung als Nebenreaktion ein, die das Anwendungsgebiet der Methode, vornehmlich für die Darstellung der sekundären und tertiären Alkylhalogenide wesentlich einschränkt:

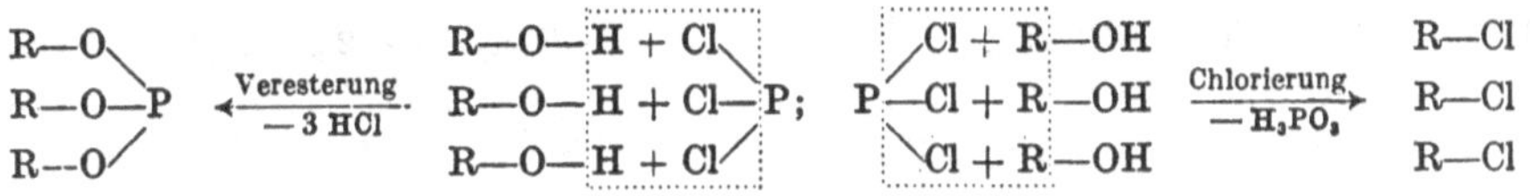

Thionylchlorid ist schließlich aus dem Grunde ein sehr angenehmes Chlorierungsmittel, weil es außer der darzustellenden Chlorverbindung nur gasförmige Reaktionsprodukte liefert. Doch wird auch hier bei sekundären und tertiären Alkoholen zuweilen Esterbildung als Nebenreaktion beobachtet[1]):

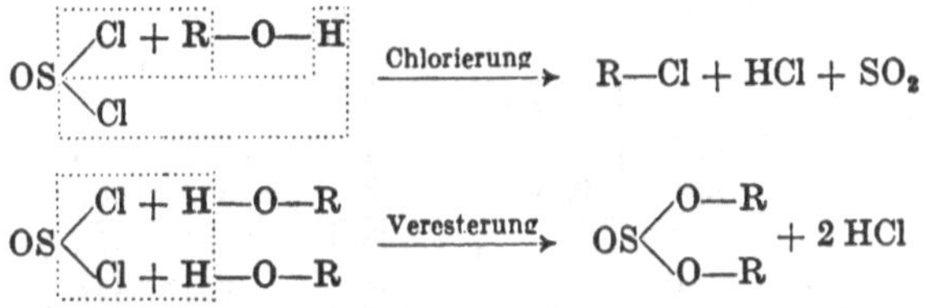

Weitere in der Technik verwandte Halogenierungsmittel dieser Gruppe sind Sulfurylchlorid, Phosphoroxychlorid, Phosgen ($COCl_2$) und Benzotrichlorid ($C_6H_5{-}CCl_3$).

b) Neben dem Ersatz der Hydroxylgruppe ist auch der gegenseitige **Austausch von Halogenatomen** ein wichtiges präparatives Hilfsmittel zur Einführung bestimmter Halogene. Die Methode eignet sich, abgesehen von den auf S. 170 beschriebenen Fluorierungen, in erster Linie für die Gewinnung der Alkyljodide, da man so die Anwendung des teuren Jodwasserstoffs oder elementaren Jods umgehen und durch einfaches Behandeln der leicht zugänglichen Alkylchloride oder -bromide mit wäßriger Kaliumjodidlösung, oder noch besser mit Natrium- oder Calciumjodid in organischen Lösungsmitteln, das Jod in das organische Molekül einführen kann:

$$R{-}Br + NaJ \longrightarrow R{-}J + NaBr$$

Die umgekehrte Reaktion, der Austausch von Jod gegen die leichteren Halogene Brom und Chlor, ist mit einigen Schwermetallhalogeniden, wie z. B. Kupfer-, Silber- oder Quecksilberchlorid, ebenfalls gelungen, hat praktisch jedoch keine Bedeutung erlangt.

c) Schließlich ist u. U. auch ein **Austausch der Aminogruppe** gegen Halogen möglich. Allerdings erfordert ihre direkte acidolytische Abspaltung mittels konzentrierter Halogenwasserstoffsäuren (**I, Kap. 6,** I, 1a) zu energische Reaktionsbedingungen, um zur Dar-

[1]) Vgl. z. B. W. E. Bissinger u. F. E. Kung: Am. Soc. **69**, 2158 (1947).

stellung der Alkylhalogenide Verwendung finden zu können, doch sind einige *indirekte* Methoden bekannt, von denen hier vor allem auf die Umsetzung *primärer Amine* mit den *Nitrosylhalogeniden* hingewiesen sei (vgl. I, Kap. 6, I, 1 a):

$$R{-}N{<}^{H}_{H} \quad O{=}N{-}Cl \longrightarrow R{-}Cl + N_2 + H_2O$$

Die Reaktion ist infolge des komplizierten Reaktionsmechanismus stark von *Nebenreaktionen*, insbesondere von *Olefinbildung* begleitet.

Auch beim *Abbau sekundärer und tertiärer Amine* nach J. v. Braun (I, Kap. 6, I, 1 a) spalten sich die Alkylreste unter Bildung von *Alkylhalogeniden* vom Stickstoff ab:

$$R_2N{-}H \xrightarrow{\text{Benzoylierung}} R_2N{-}CO{-}C_6H_5 \xrightarrow[-POCl_3]{+PCl_5} R_2N{-}C(Cl)(Cl){-}C_6H_5 \longrightarrow 2\,R{-}Cl + N{\equiv}C{-}C_6H_5$$

$$R_3N + Br{-}C{\equiv}N \longrightarrow [R_3\overset{\oplus}{N}{-}CN]^{+}Br^{-} \xrightarrow{\text{Erhitzen}} R{-}Br + R_2N{-}C{\equiv}N$$

Die erste Reaktion wird zuweilen zur Darstellung von *Dihalogenverbindungen* praktisch verwertet (vgl. z. B. S. 164).

Tabelle 5

		Methyl	Äthyl	Propyl	i-Propyl	Allyl	n-Butyl	tert.-But.	Benzyl
Fluoride	Sdp.	− 78°	− 32°	− 3°	− 11°	− 3°	+ 32°	≈ + 13°	140°
Chloride	Sdp.	− 24	+ 13	46	37	45	78	51	179
	Smp.	− 97	−139	−123	−117	−136	−123	− 29	− 39
	D(fl.)		0,917	0,892	0,859	0,938	0,897	0,847	1,103
Bromide	Sdp.	+ 4,6	38	71	59	70	100	73	198—9
	Smp.	− 93	−119	−110	− 89	−119	−112	− 20	−4
	D(fl.)	1,732	1,459	1,354	1,322	1,398	1,283	1,189	1,443
Jodide	Sdp.	+ 42	72	102	90	102	131	98—9	93/11 mm
	Smp.	− 66	−111	−101	− 93	− 97	−103	− 34	+ 24
	D(fl.)	2,279	1,933	1,747	1,711	1,848	1,614	1,571	1,733

In Tabelle 5 sind die wichtigsten **physikalischen Daten** einiger *Alkylhalogenide* (einschl. der *Fluoride*) zusammengestellt. Am auffallendsten ist die gegenüber den Paraffinen gleicher Kohlenstoffzahl mit steigendem Atomgewicht *zunehmende* und mit wachsender Größe des Alkylrestes *abnehmende siedepunkts-, schmelzpunkts- und dichte-erhöhende* Wirkung der Halogene. Doch liegen die *Siede-* und besonders die *Schmelzpunkte* gegenüber den meisten anderen organischen Verbindungen immer noch *sehr niedrig*. Hinsichtlich der **Löslichkeitseigenschaften** sind die Alkylhalogenide den *Kohlenwasserstoffen sehr ähnlich*, d. h. sie sind ebenfalls *wasserunlöslich*, in *organischen Lösungsmitteln löslich* und können ihrerseits *keine Elektrolyte auflösen*. Ihr Geruch ist angenehm erfrischend, doch sind die Dämpfe, namentlich die der *Jodide*, *sehr giftig*, und man muß sich vor häufigem Einatmen schützen.

Die Alkylhalogenide sind trotz der großen Reaktionsfähigkeit der C-Hal-Bindung recht *beständige Verbindungen*, die auch von *Wasser* nur *sehr langsam* zersetzt werden. Lediglich beim längeren Stehen *im Licht* färben sich die Bromide und vor allem die Jodide leicht *braun* bzw. *violett* infolge einer geringfügigen Abscheidung der *freien Halogene*. Im *Dunkeln* können sie jedoch *unbegrenzt* aufbewahrt werden.

Das chemische Verhalten der Alkylhalogenide ist ausschließlich durch die Aktivität der C-Hal-Bindung bedingt, der gegenüber die Reaktionsfähigkeit des Paraffinteiles völlig zurücktritt. Doch zeigen die ungesättigten und aromatischen Alkylhalogenide in der erwarteten Weise neben den Umsetzungen des Halogens auch die Reaktionen der Mehrfachbindung bzw. des Benzolkerns. Im einzelnen können wir die Reaktionen der Alkylhalogenide in vier größere Gruppen unterteilen, die wir z. T. bereits kennengelernt haben: 1. der Austausch des Halogens gegen andere negative Reste, 2. die Halogenwasserstoffabspaltung zu Olefinen, 3. die Umsetzung mit Metallen zu metallorganischen Verbindungen, und schließlich 4. die Reduktion zu Kohlenwasserstoffen (S. 67).

Zu 1. Die **Substitution des Halogens** durch andere negative Reste erfolgt allgemein bei der Einwirkung der Alkylhalogenide auf basische Reagenzien, und zwar entweder auf die Wasserstoffverbindung der einzuführenden negativen Reste oder, falls deren Basizität nicht ausreicht, auf die stärker basischen Metallsalze (bzw. deren Anionen):

$$\text{R—Hal} + \text{NH}_3 \longrightarrow [\text{R—NH}_3]^+\text{Hal}^-$$
$$\text{R—Hal} + \text{MeX} \longrightarrow \text{R—X} + \text{MeHal}$$

Da es bei diesen Reaktionen weniger auf den Austausch des Halogens selbst, sondern in erster Linie auf die Einführung des Alkylrestes in andere Moleküle ankommt, nennt man sie allgemein **Alkylierungsreaktionen** und bezeichnet dementsprechend die Alkylhalogenide als *Alkylierungsmittel* (vgl. auch S. 205). Die wichtigsten dieser Alkylierungsreaktionen sind in dem folgenden Formelschema zusammengestellt. Sie werden später bei den Darstellungsverfahren für die einzelnen Verbindungen näher besprochen:

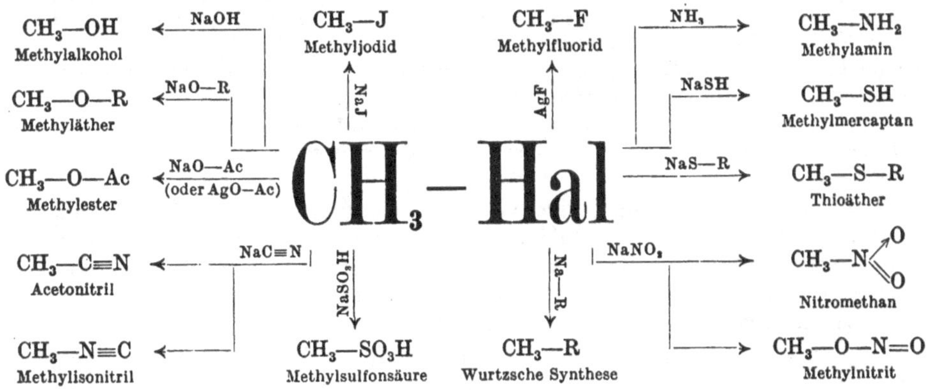

Die Reaktionsfähigkeit der *Alkylhalogenide* nimmt von den (ziemlich reaktionsträgen, vgl. S. 171) Fluoriden über die Chloride und Bromide zu den Jodiden zu. Ihre praktische Anwendbarkeit wird lediglich durch den hohen Preis der meist benötigten Bromide und Jodide etwas beeinträchtigt. Letztere werden daher vornehmlich in der präparativen Chemie als Alkylierungsmittel verwandt, während man in der Technik meistens die Chloride (und die sich ebenfalls von einer starken Säure ableitenden Schwefelsäureester) bevorzugt.

In dem speziellen Fall der Einwirkung der Alkylhalogenide auf Silbersalze, z. B. auf eine alkoholische Silbernitratlösung:

$$R\text{—Hal} + AgONO_2 \longrightarrow R\text{—O—}NO_2 + AgHal$$

kann man das sich abscheidende Silberhalogenid direkt zum qualitativen und z. T. auch quantitativen Nachweis des Alkylhalogenids verwenden. Die Ausfällung erfolgt insbesondere bei den Alkyljodiden sehr rasch, ist aber immer noch eine Zeitreaktion und darf nicht mit der praktisch momentan verlaufenden Reaktion des eigentlichen Jod-Ions verwechselt werden.

Zu 2. Die bei der Darstellung der Olefine bereits beschriebene **Abspaltung von Halogenwasserstoff** unter Bildung einer olefinischen Doppelbindung (S. 88) erfolgt im allgemeinen unter ähnlichen Reaktionsbedingungen wie die Alkylierungsreaktion und kann diese daher u. U. empfindlich stören, ähnlich wie wir auch umgekehrt die Alkylierung bei der Olefinbildung als Nebenreaktion kennengelernt haben. Beide Reaktionsarten hängen in ihrem Mechanismus eng zusammen und treten daher immer als Konkurrenzreaktionen nebeneinander auf, worauf wir in **II**, Kap. 4, II, 2b noch näher eingehen werden.

Zu 3. Die **Bildung der metallorganischen,** insbesondere die der präparativ wichtigen magnesiumorganischen **Verbindungen** (GRIGNARD-Verbindungen) erfolgt vielfach bereits bei der Einwirkung der freien Metalle auf die ätherische Lösung der Alkylhalogenide (Näheres vgl. **I**, Kap. 9, I):

$$R\text{—Hal} + Mg \longrightarrow R\text{—MgHal}$$

Durch diese einfache Reaktion wurden die metallorganischen Verbindungen überhaupt erst zu einer leicht zugänglichen Substanzklasse.

Einzelverbindungen

Methylchlorid[1]) CH_3—Cl entsteht bei der Einwirkung von Chlorwasserstoff auf Methylalkohol bei höherer Temperatur. Methylalkoholische Salzsäure wird daher in der Technik häufig als Methylierungsmittel verwandt. Flüssiges Methylchlorid erzeugt bei der Verdampfung große Verdunstungskälte und dient infolgedessen, auf die Haut gebracht, als Lokalanästhetikum.

Äthylchlorid[1]) C_2H_5—Cl ist in Form von äthylalkoholischer Salzsäure ein technisch wichtiges Äthylierungsmittel. In der Pharmazie wird es zu Inhalationsnarkosen verwandt.

Methyljodid[1]) und, soweit seine Gasnatur nicht stört, auch **Methylbromid**[1]), sowie **Äthyljodid**[1]) und **Äthylbromid**[1]) stellen gegenüber den Chlorverbindungen die präparativ wichtigsten Methylierungs- und Äthylierungsmittel dar. Im übrigen sind sie jedoch, ebenso wie sämtliche höheren Alkylhalogenide, als Einzelverbindungen ohne allgemeines Interesse.

Ungesättigte und aromatische Alkylhalogenide. In den **Allylhalogeniden** $CH_2{=}CH{-}CH_2{-}$Hal begegnen wir den einfachsten ungesättigten Alkylhalogeniden. Ihre Darstellung erfolgt u. a. in der oben beschriebenen Weise durch

[1]) Die einfachen Alkylhalogenide wurden früher häufig auch Chlormethyl, Jodmethyl, Bromäthyl usw. genannt. Diese Bezeichnungsweise ist aber falsch und irreführend, da der Ausdruck „Halogenalkyl" auf Grund der Genfer Nomenklatur ein halogenhaltiges Radikal, *Chlormethyl* also z. B. das Radikal Cl—CH_2—, benennt und in Verbindungen, wie etwa p-Chlormethyl-phenol Cl—CH_2—C_6H_4—OH, auch tatsächlich zu Nomenklaturzwecken Verwendung findet.

Halogenierung des Allylalkohols (S. 196) mit den verschiedenen Phosphorhaloiden (Gleichung formulieren!). Daneben wird **Allyljodid** auch in etwas undurchsichtiger Reaktion aus Glycerin und Phosphortrijodid gewonnen:

$$\underset{CH_2}{\overset{OH}{|}}-\underset{CH}{\overset{OH}{|}}-\underset{CH_2}{\overset{OH}{|}} + PJ_3 \longrightarrow CH_2{=}CH{-}CH_2{-}J + J_2 + H_3PO_3$$

Die Allylhalogenide zeigen infolge der Allylstellung des Halogens eine gegenüber den gesättigten Alkylhalogeniden gesteigerte Reaktionsfähigkeit (Näheres vgl. **II**, Kap. 3, III, 2) und eignen sich daher in erster Linie zur Übertragung des Allylrestes auf andere Verbindungen. Besonders Allyljodid ist ein beliebtes Allylierungsmittel.

Die **Propargylhalogenide** $HC{\equiv}C{-}CH_2{-}Hal$ als einfachste Alkylhalogenide der Acetylenreihe werden in analoger Weise durch Umsetzung von Propargyl-alkohol mit den verschiedenen Phosphorhalogeniden (Gleichung formulieren!) gewonnen. Sie ähneln in ihren Eigenschaften den Allylhalogeniden und werden in ähnlicher Weise hauptsächlich zu Propargylierungsreaktionen verwandt.

Benzylchlorid und **Benzylbromid** $C_6H_5{-}CH_2{-}Hal$ werden am einfachsten durch Seitenkettenhalogenierung von Toluol hergestellt und lassen sich mit Kaliumjodid leicht in **Benzyljodid** überführen. Alle drei Benzylhalogenide zeigen infolge der Benzylstellung des Halogens ebenfalls eine gegenüber den gesättigten Alkylhalogeniden gesteigerte Reaktionsfähigkeit (Näheres vgl. **II**, Kap. 3, III, 1) und werden präparativ als Benzylierungsmittel verwandt.

Lediglich in ihrem **physiologischen Verhalten** weisen die beschriebenen ungesättigten und aromatischen Halogenverbindungen ein von den gesättigten Alkylhalogeniden grundsätzlich abweichendes Verhalten auf, indem sie stark reizend auf die Schleimhäute, insbesondere auf die der Augen, einwirken. Sie dienten daher z. T. im ersten Weltkrieg als Kampfstoffe. Die Reizwirkung ist wahrscheinlich auf die Nachbarstellung des Halogens zum ungesättigten bzw. aromatischen System zurückzuführen; denn wir werden später ähnlichen Reizeigenschaften auch bei anderen Halogenverbindungen begegnen, in denen sich das Halogen in einer analogen Nachbarstellung zum doppelt gebundenen Sauerstoff befindet (S. 284, 399, **I**, Kap. 6, IV, 2).

Einer sehr interessanten Verbindungsklasse begegnen wir schließlich in den **Triarylmethylhalogeniden.** Die wichtigeren Chlorverbindungen werden meistens aus Tetrachlorkohlenstoff und den entsprechenden aromatischen Kohlenwasserstoffen nach FRIEDEL-CRAFTS dargestellt, da, wie wir schon auf S. 145 gesehen haben, auf diesem Wege maximal nur drei Halogenatome am Methankohlenstoff substituiert werden können, so daß direkt die Triarylmethylchloride entstehen. Doch kann man sie auch aus den Triarylcarbinolen (S. 197) durch Behandeln mit Chlorierungsmitteln, in diesem Falle z. B. bereits mit Acetylchlorid (I), gewinnen:

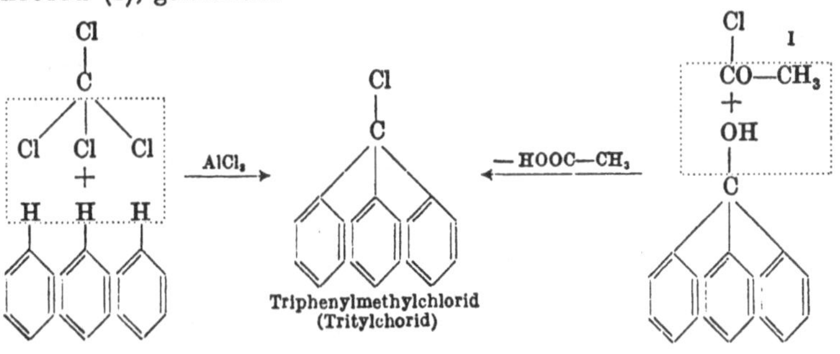

In den Triarylmethylhalogeniden hat die Aktivität des Halogens gegenüber den Benzylhalogeniden infolge der Nachbarstellung von nunmehr drei Benzolkernen nochmals zugenommen, so daß sich ihre Reaktionen in einigen Punkten bereits grundsätzlich von denen der normalen Alkylhalogenide unterscheiden. Z. B. wird das Halogen bereits durch Wasser, ja sogar beim längeren Stehen an feuchter Luft, hydrolytisch abgespalten und läßt sich in Pyridinlösung durch primäre Alkohole auch alkoholytisch unter Bildung von Triarylmethyläthern (S. 221f.) eliminieren:

$$Ar_3C{-}Cl + H{-}O{-}R \xrightarrow[-\,Py\cdot HCl]{+\,Py} Ar_3C{-}O{-}R$$

Diese gesteigerte Aktivität der C—Hal-Bindung ist in erster Linie auf eine stärkere Neigung zur ionogenen Dissoziation zurückzuführen, die, wie wir in **II**, Kap. 3, III, 2 erörtern werden, dadurch begünstigt wird, daß sich das organische Kation in diesem Fall durch eine Mesomerie, zu der die neutrale Verbindung nicht befähigt ist, stabilisiert. Man kann das Chlor infolgedessen in gewissen Lösungsmitteln, z. B. in flüssigem Schwefeldioxyd, ionogen unter Bildung echter Carbeniumsalze (bzgl. der Definition vgl. S. 34) abdissoziieren. Dies äußert sich außer in dem Auftreten einer elektrischen Leitfähigkeit auch in der Fähigkeit des Tritylchlorids, sich in diesen Lösungsmitteln mit anderen Säuren oder Salzen im Sinne normaler Ionenreaktionen umzusetzen. So entsteht z.B. mit Silberperchlorat praktisch momentan ein Triphenylmethyl-perchlorat:

$$Ar_3C^+ Cl^- + Ag^+ ClO_4^- \longrightarrow Ar_3C^+ ClO_4^- + AgCl$$

Eine andere Möglichkeit zur Erhöhung der Dissoziationsneigung des Halogens besteht in seinem Einbau in Komplexe. Insbesondere die Additionsverbindungen des Aluminium-, Gold- und Platinchlorids der allgemeinen Formel:

$$\left[(C_6H_5)_3C\right]^+ \left[AlCl_4\right]^- \quad \text{bzw.} \quad \left[(C_6H_5)_3C\right]_2^+ \left[PtCl_6\right]^{--}$$

zeigen auch in festem Zustand weitgehend Salzcharakter.

Die Bildung der Triarylmethyl-Kationen ist mit dem Auftreten einer gelben Farbe verbunden, die man sowohl in Lösung als auch in den festen Salze beobachtet. Eine derartige Kombination der Salzbildung mit dem Auftreten von Färbungen nennt man **Halochromie** (von griech. ἅλς = das Salz, χρῶμα = die Farbe). Auf ihre Ursachen kommen wir später (**III**, Kap. 2, I, 2b) noch zurück.

2. Die Halogen-olefine und Halogen-acetylene

Definition. Geht man von den bisher betrachteten ungesättigten Alkylhalogeniden zu Verbindungen über, in denen das Halogen direkt am ungesättigten Kohlenstoff steht, so tritt eine weitgehende Änderung der chemischen Eigenschaften ein, und wir erhalten eine völlig neue Verbindungsklasse, die man je nachdem, ob sich das Halogen an einem doppelt oder einem dreifach gebundenem C-Atom befindet, als *Halogen-olefine* oder *Halogen-acetylene* bezeichnet.

Darstellung. 1. Die wichtigste Methode zur Gewinnung der Monohalogen-olefine ist die bereits auf S. 115 erwähnte **partielle Addition von Halogenwasserstoff an Acetylene**, die infolge der Regel von Markownikow allerdings nur beim Acetylen selbst zu primären, sonst stets zu sekundären Halogenverbindungen führt:

$$HC\equiv CH + HHal \xrightarrow{Hg^{++}} CH_2{=}CH{-}Hal \qquad R{-}C\equiv CH + HHal \xrightarrow{Hg^{++}} R{-}\underset{}{\overset{Hal}{\overset{|}{C}}}{=}CH_2$$

Die Reaktion wird durch Quecksilbersalze beschleunigt und läßt sich auch mit der sonst nur schwer addierbaren Fluorwasserstoffsäure durchführen.

2. Ferner führt die **partielle Abspaltung** von je einem Mol **Halogenwasserstoff** aus 1,2- oder 1,1-Dihalogenparaffinen zu den Monohalogen-olefinen:

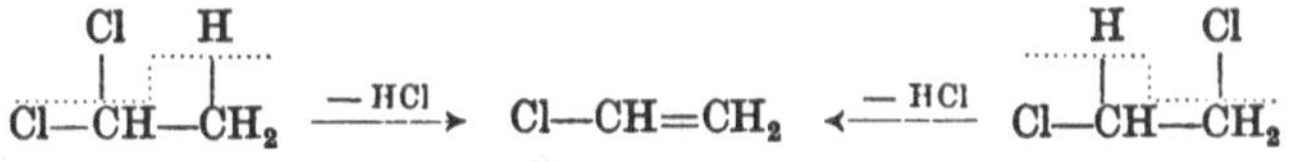

Die Abspaltung von je zwei Molekülen Chlorwasserstoff aus den beiden Trichlor-äthanen, oder auch von einem Mol Chlorwasserstoff aus den Dichlor-olefinen, dient in entsprechender Weise zur Darstellung von Halogen-acetylenen:

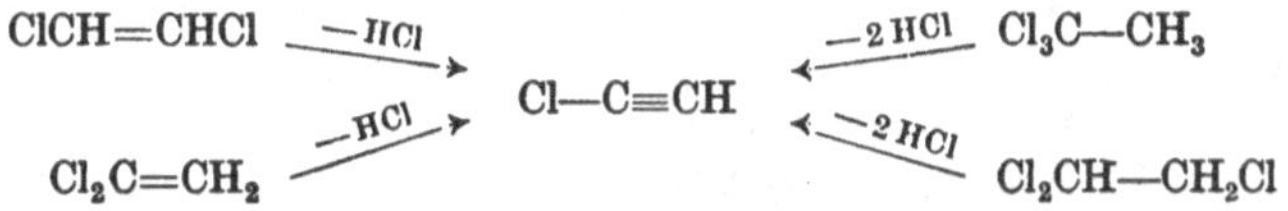

3. Eine dritte Möglichkeit bildet schließlich die direkte **Halogenierung der ungesättigten Kohlenwasserstoffe** unter Erhaltung der Mehrfachbindung. Die Reaktion hat bei der Schwierigkeit der Olefinsubstitution (S. 100) in erster Linie für die Gewinnung der Halogen-acetylene Bedeutung erlangt, die sich mit den Salzen der unterhalogenigen Säuren bzw. mit Jodstickstoff als Halogenierungsmittel unter Vermeidung jeglicher Anlagerungsreaktion glatt darstellen lassen (S. 150):

$$H{-}C\equiv C{-}H + NaO{-}Cl \longrightarrow H{-}C\equiv C{-}Cl + NaOH$$

$$H{-}C\equiv C{-}H + {}^2/_3\, J_3N \longrightarrow J{-}C\equiv C{-}J + {}^2/_3\, NH_3$$

Eigenschaften. Wie aus Tabelle 6 hervorgeht, weichen die Halogenolefine und Halogenacetylene hinsichtlich ihrer **physikalischen Eigenschaften** merklich,

Tabelle 6

Die physikalischen Konstanten einiger Halogenolefine und Halogenacetylene

	Sdp.	Smp.	D(fl.)		Sdp.	Smp.
Vinylchlorid	— 14°	— 160°	0,969	Monochloracetylen	— 32°	—
Vinylbromid	+ 16	— 138	1,517	Monobromacetylen	— 2	—
Vinyljodid	+ 56	—	2,08	Monojodacetylen	+ 32	—
1-Chlorpropen	35—6	—	—	Dichloracetylen	+ 32	— 66°
2-Chlorpropen	23	— 137	0,918	Dibromacetylen	+ 76	— 24
cis-1-Brompropen	58	— 113	1,433	Dijodacetylen	explo-diert	+ 78
trans-1-Brompropen	63	— 77	1,417			

aber nicht wesentlich von den gesättigten Alkylhalogeniden analoger Zusammensetzung ab. Dagegen zeigen sie ein grundsätzlich anderes chemisches **Verhalten,** das sich in einer Änderung der Reaktionsfähigkeit sowohl des Halogens als auch des ungesättigten Systems äußert und auf eine Mesomerie zwischen beiden Funktionen zurückzuführen ist (Näheres vgl. **II**, Kap. 3, III, 2). Als wichtigste Abweichung ist die deutliche Abnahme der Neigung des Halogens zu Austauschreaktionen zu nennen, die häufig erst unter Bedingungen durchführbar sind, unter denen das ungesättigte System nicht mehr beständig ist. Immerhin läßt sich Vinylchlorid nach W. Reppe bei 80—100° mit Natriumalkoholaten in den betreffenden Alkoholen als Lösungsmittel glatt zu Vinyläthern umsetzen:

$$CH_2{=}CH{-}Cl + NaO{-}R \xrightarrow{ROH} CH_2{=}CH{-}O{-}R + NaCl$$

In gleicher Weise wie bei den Alkylhalogeniden ist dagegen die Halogenwasserstoffabspaltung aus den Halogenolefinen zu Kohlenwasserstoffen der Acetylenreihe durchführbar. Sie tritt häufig als Ausweichreaktion an Stelle der Substitution ein, z. B. beim Versuch einer Ätherbildung mit Natriumalkoholat:

$$\overset{H}{\overset{|}{C}}H{=}CH{-}Hal + NaO{-}C_2H_5 \longrightarrow HC{\equiv}CH + NaHal + HO{-}C_2H_5$$

Die Reaktionsfähigkeit der Doppel- und Dreifachbindung wird durch das Halogen gesteigert, was auf eine gewisse Polarisierung der Mehrfachbindungen durch die unsymmetrische Besetzung mit negativen Substituenten zurückzuführen ist (vgl. **II**, Kap. 3, III, 2) und sich vor allem in einer ausgesprochenen Polymerisationsneigung der Vinylverbindungen bemerkbar macht.

Einzelverbindungen. Vinylchlorid[1]) $CH_2{=}CH{-}Cl$ wird großtechnisch aus Acetylen und Salzsäure in Gegenwart von Quecksilbersalzen gewonnen und ausschließlich zu hochmolekularen Kunststoffen (S. 170) verarbeitet. Die Polymerisation wird wie üblich durch Peroxyde oder Ultraviolettbestrahlung eingeleitet.

Vinylbromid $CH_2{=}CH{-}Br$ verhält sich analog, hat aber noch keine praktische Anwendung gefunden.

Chloracetylen $HC{\equiv}C{-}Cl$, **Bromacetylen** $HC{\equiv}C{-}Br$ und **Jodacetylen** $HC{\equiv}C{-}J$ sowie die entsprechenden **Dihalogenacetylene** sind infolge der Aktivierung der ohnehin stark endothermen *Acetylen*bindung sehr zersetzliche, an der Luft selbstentzündliche Verbindungen, die zu schweren Explosionen neigen. Ihre Eigenschaften sind deshalb bisher wenig untersucht worden. Doch scheint auch hier das Halogen relativ schwer beweglich zu sein.

3. Die Polyhalogenverbindungen

a) Allgemeines

Aliphatische Polyhalogenverbindungen sind in großer Zahl bekannt. Ihre chemischen Umsetzungen treten trotz grundsätzlich gleichartiger Reaktionsfähigkeit an Bedeutung hinter denen der Alkylhalogenide zurück, weil die von ihnen aus zugänglichen Verbindungen meistens anderweitig bequemer hergestellt werden können.

Hinsichtlich ihrer **physikalischen Eigenschaften** schließen sie sich eng an die Alkylhalogenide an, von denen sie sich vor allem durch die für organische Sub-

---

[1]) Zusammenfassende Darstellung der Technik des Vinylchlorids: H. E. Fierz-David u. H. Zollinger: Helv. 28, 455, 1125, 1197 (1945).

stanzen sehr **hohe Dichte** unterscheiden. Im übrigen ist die siedepunktserhöhende Wirkung[1]) der in das Molekül eintretenden **zweiten und dritten Halogenatome** bei weiterer Substitution des **gleichen C-Atoms** geringer und bei Substitution des **anderen Endes einer unverzweigten Kette** etwas größer als bei den n-Alkylhalogeniden. In den **Lösungseigenschaften** zeichnen sich die Polyhalogenverbindungen gegenüber den Kohlenwasserstoffen bei ebenfalls **hydrophobem** und **lipophilem** Charakter durch ein wesentlich **gesteigertes allgemeines Lösungsvermögen** aus, so daß sie vielfach als **Lösungsmittel** Verwendung finden.

Tabelle 7

Die physikalischen Daten einiger aliphatischer Polyhalogenverbindungen

	Formel	Chlorid			Bromid			Jodid		
		Sdp.	Smp.	D (fl.)	Sdp.	Smp.	D (fl.)	Sdp.	Smp.	D (fl.)
Methylen-dihalogenid	H_2CHal_2	+42°	—97°	1,336	97°	—53°	2,495	181°	+4°	3,325
Halogenoform	$HCHal_3$	61	—64	1,498	150	+ 8	2,890	—	119	4,008
Tetrahalogenkohlenst.	$CHal_4$	77	—23	1,598	190	93	2,961	—	140	4,32
Äthylen-dihalogenid	Hal—$(CH_2)_2$—Hal	84	—35	1,258	132	10	2,180	—	82	—
1,3-Propylen-dihal.	Hal—$(CH_2)_3$—Hal	124	—	1,08	167	—36	—	224	—13	—
1,4-Butylen-dihalog.	Hal—$(CH_2)_4$—Hal	162	—39	—	198	—20	1,82	125/15	+6	2,307
Äthyliden-dihalogenid	CH_3—CH—Hal_2	57	—97	1,174	109	—	2,098	178	—	2,84
Propyliden-dihalog.	CH_3—CH_2—$CHHal_2$	98	—	1,166	~130	—	—	—	—	—
Isopropyliden-dihalog.	$(CH_3)_2CHal_2$	70	—	1,097	115	—	1,783	Zers.	—	2,15
1,1,1-Trihalogen-äthan	CH_3—$CHal_3$	74	—	1,325	—	—	—			
1,1,2-Trihalogen-äthan	$CHHal_2$—CH_2Hal	114	—36	1,441	193	—26	2,579			
Acetylentetrahalogenid	$CHHal_2$—$CHHal_2$	146	—43	1,600	124/19	0	2,967			
Pentahalogenäthan	$CHHal_2$—$CHal_3$	162	—29	1,693	210/30	+57	3,312			
Hexahalogenäthan	$CHal_3$—$CHal_3$	186 (subl.)	+189	2,091	—	200	3,823			

Die **Benennung** der Polyhalogenverbindungen erfolgt, abgesehen von den auch hier gebräuchlichen **Trivialnamen**, nach den gleichen Grundsätzen wie bei den **Monohalogen-paraffinen**, indem man sie entweder als **halogensubstituierte Kohlenwasserstoffe** oder aber wieder als **Halogenide organischer**, in diesem Fall jedoch **mehrwertiger Kohlenwasserstoffreste** auffaßt, mit denen wir uns an dieser Stelle etwas näher beschäftigen müssen.

Die Verwendung **mehrwertiger Radikale** zu Nomenklaturzwecken hat naturgemäß nur bei **einfachen, möglichst symmetrischen Molekülen** einen Sinn, da sich nur dann von den betreffenden Resten auch eine genügend große Zahl von Verbindungen ableitet, so daß sich die Einführung eines **besonderen Radikalnamens** lohnt. Vor allem die **zwei- und vierwertigen Reste** mit je einer bzw. zwei Valenzen an **benachbarten C-Atomen** werden häufig gebraucht und führen die gleiche Endung *-ylen* bzw. *-acetylen* wie die **ungesättigten Kohlenwasserstoffe** gleicher Zusammensetzung:

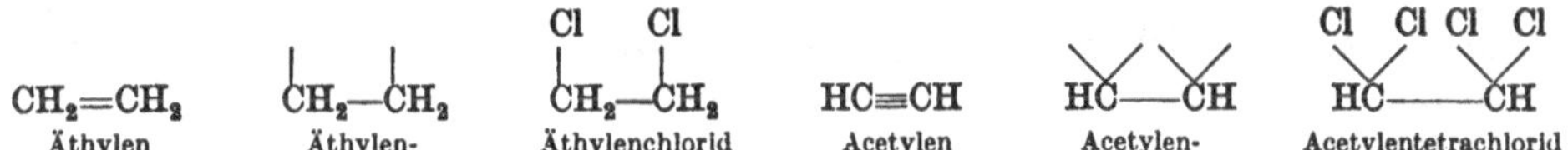

Äthylen (Kohlenwasserstoff) — Äthylen- (Diradikal) — Äthylenchlorid (1,2-Dichloräthan) — Acetylen (Kohlenwasserstoff) — Acetylen- (Tetraradikal) — Acetylentetrachlorid (1,1,2,2-Tetrachloräthan)

Diese Übereinstimmung der Namen ist **nicht zufällig**, sondern darauf zurückzuführen, daß ursprünglich das Äthylen und Acetylen nicht mit einer **mehrfachen Bindung** formuliert wurden, sondern daß man in ihnen tatsächlich die **freien Radikale** sah, die dann, etwa

[1]) Zum quantitativen Vergleich verwendet man besser die in II, Kap. 2, I, 7 beschriebenen **Siedezahlen**.

wie die **freien Metalle**, mit den Halogenen zum **Äthylenchlorid**, **Acetylentetrachlorid** usw. zusammentreten. Die Endung *-ylen* wurde in der Folgezeit auch zur Charakterisierung **anderer zweiwertiger Reste** verwandt, denen konstitutionell **keine ungesättigten Kohlenwasserstoffe** mehr entsprechen, wie z. B. für den **Methylenrest** und bei den Radikalen, deren freie Valenzen sich an den **Enden einer unverzweigten Kette** (in „ω, ω'-Stellung") befinden. Letztere werden daneben in leicht verständlicher Weise auch als *Tri-*, *Tetra-*, *Penta-methylen-* usw. bezeichnet:

—CH$_2$—	—CH$_2$—CH$_2$—CH$_2$—	—CH$_2$—CH$_2$—CH$_2$—CH$_2$—
Methylen-	1,3- (bzw ω,ω'-)-Propylen- oder Trimethylen-	1,4- (bzw ω,ω'-)-Butylen- oder Tetramethylen-

Gehen schließlich beide Valenzen von **einem C-Atom** aus, so führt der Rest (abgesehen vom Methylen-) die Endung *-yliden*, die, wie wir auf S. 84 gesehen haben, inkorrekter Weise auch zur Benennung der mit einer **Doppelbindung** an den Molekülrest gebundenen zweiwertigen Radikale verwandt wird. Streng genommen, sollte man jedoch die Verwendung der dort für diesen Zweck vorgeschlagenen Endung *-en* von der der Endung *-yliden* für Kohlenwasserstoffreste, von denen **zwei einfache Bindungen** ausgehen, **scharf trennen**, wie die folgenden Beispiele zeigen:

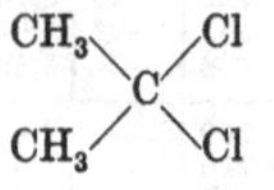

Isopropyliden-chlorid

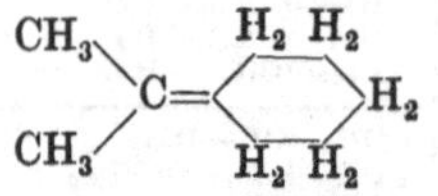

Isopropen-cyclohexan

Für den **Benzyliden**-(C_6H_5—CH<) und **Cinnamylidenrest** (C_6H_5—CH=CH—CH<) sind auch die vom **Benz-** bzw. **Zimtaldehyd** abgeleiteten Trivialnamen *Benzal-* und *Cinnamal-* gebräuchlich.

b) Die Alkylen-dihalogenide

Die **1,2-Alkylen-dihalogenide** (vielfach auch kurz *Alkylenhalogenide* genannt) mit **nachbarständigen Halogenatomen** können relativ leicht durch Addition der **elementaren Halogene an Olefine** gewonnen werden. Sie reagieren wie ein **verdoppeltes Alkylhalogenid**, und man verwendet sie daher häufig, um **zwei negative Reste gleichzeitig** in ein organisches Molekül einzuführen, oder auch zu **Ringschlußreaktionen**, wie an einigen Beispielen gezeigt sei:

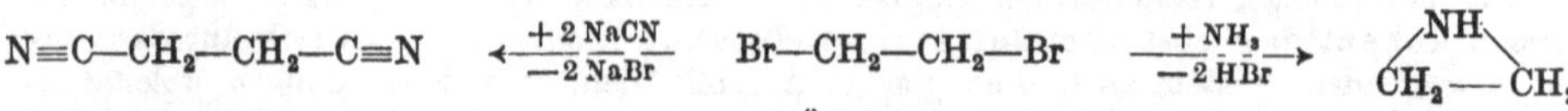

Bernsteinsäure-dinitril — Äthylenbromid — Äthylen-imin

Auch die **ω,ω'-Dihalogen-paraffine** (*Polymethylen-halogenide*) mit **vier und fünf Methylengruppen** zwischen den Halogenatomen sind in neuerer Zeit durch den **Abbau cyclischer sekundärer Amine** nach J. v. Braun (I, Kap. 6, I, 1a) leicht zugänglich geworden, wie am Beispiel der Darstellung von **Tetramethylenchlorid** aus Pyrrolidin gezeigt sei:

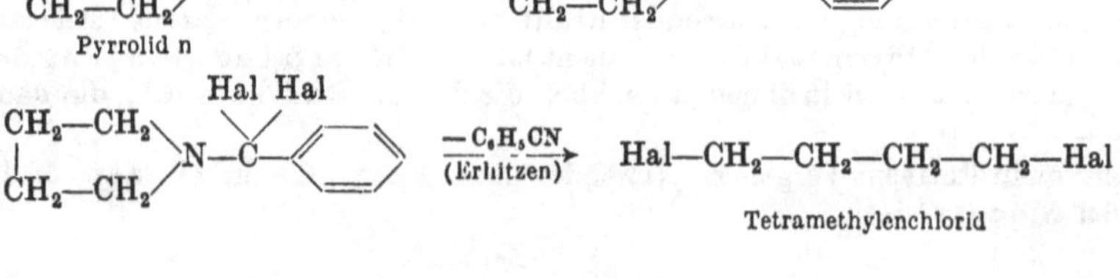

Pyrrolidin — Tetramethylenchlorid

Die Verbindungen dienen ebenfalls zum Aufbau von Substanzen mit zwei Funktionen im Molekül oder zu Ringschlußreaktionen:

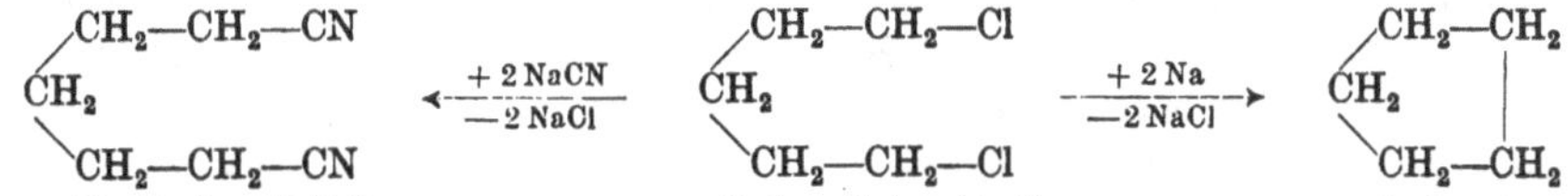

Pimelinsäure-dinitril   Pentamethylen-chlorid   Cyclopentan

c) Die Alkylidenhalogenide oder gem-Dihalogenparaffine

Definition. Befinden sich die beiden Halogenatome an einem C-Atom, so spricht man von *geminalen* (von lat. *geminus* = Zwilling), abgekürzt *gem-Dihalogenparaffinen.* In ihnen begegnen wir erstmals Stoffen mit zwei negativen Funktionen am gleichen C-Atom, die sich also von einer höheren Oxydationsstufe des Kohlenstoffs ableiten und daher streng genommen zu den erst später beschriebenen Derivaten der Oxoverbindungen gehören (S. 286). Doch schließen sie sich in ihren Eigenschaften infolge des Nichtauftretens von polaren Doppelbindungen so eng an die übrigen Halogenverbindungen an, daß sie bereits hier behandelt werden müssen.

Zur **Darstellung** der gem-Dihalogenverbindungen dienen die folgenden drei Reaktionen:

1. die Umsetzung von **Aldehyden** (oder **Ketonen) mit Phosphorpentachlorid.** Sie verläuft analog der Darstellung der Monohalogenverbindungen aus den Alkoholen, nur daß hier infolge des Fehlens einer Hydroxylgruppe die Chlorwasserstoffbildung fortfällt und beide aktiven Cl-Atome auf den organischen Rest übertragen werden:

$$\mathrm{R{-}CH{=}O + PCl_5 \longrightarrow R{-}CH\genfrac{}{}{0pt}{}{Cl}{Cl} + POCl_3}$$

2. die auf S. 114 beschriebene **Anlagerung von zwei Molekülen Halogenwasserstoff an Acetylene** bzw. von einem Molekül Chlorwasserstoff an Halogen-olefine:

$$\mathrm{H{-}C{\equiv}C{-}H \xrightarrow{+\,2\,HCl} \genfrac{}{}{0pt}{}{H}{H}{>}CH{-}CH{<}\genfrac{}{}{0pt}{}{Cl}{Cl} \xleftarrow{+\,HCl} CH_2{=}CH{-}Cl}$$

3. der **Ersatz von zwei Paraffin-H-Atomen** am gleichen C-Atom durch **Halogen** mit Hilfe der oben beschriebenen Halogenierungsreaktionen. Doch ist der Anwendungsbereich dieser Methode auf die wenigen Verbindungen beschränkt, die nur eine substituierbare Methylen- oder Methylgruppe enthalten (wie z. B. Toluol, Essigsäure usw.), bei denen also keine Isomerengemische auftreten können.

Eigenschaften. Die gem-Dihalogenverbindungen sind bei etwas gesteigerter Reaktionsfähigkeit zu den gleichen Umsetzungen befähigt wie die einfachen Alkylhalogenide. So entstehen z. B. mit Natriumalkoholat die den Äthern entsprechenden Acetale:

$$\mathrm{R{-}CH{<}\genfrac{}{}{0pt}{}{Cl}{Cl} + \genfrac{}{}{0pt}{}{NaOR'}{NaOR'} \longrightarrow R{-}CH{<}\genfrac{}{}{0pt}{}{OR'}{OR'} + 2\,NaCl} \; ,$$

oder es werden mit Wasser und Alkali in Umkehrung der angeführten Darstellungsweise die Aldehyde bzw. Ketone zurückgebildet (Gleichung formulieren!).

Doch sind derartige „Alkylidenierungsreaktionen" naturgemäß nur dann von praktischer Bedeutung, wenn die Dihalogenide nach der dritten der angeführten Reaktionen dargestellt wurden, da sonst die betreffenden Reaktionsprodukte leichter von den Aldehyden oder Ketonen selbst, bzw. von den Acetylenen ausgehend gewonnen werden können. Die allgemeine Bedeutung der gem-Dihalogenverbindungen reicht infolgedessen nicht entfernt an die der Alkylhalogenide heran.

Einzelverbindungen. Methylenchlorid H_2CCl_2 wird u. a. durch direkte Chlorierung von Methan gewonnen und dient neuerdings vielfach als nicht brennbares Lösungs- und Extraktionsmittel an Stelle des etwa gleich hoch siedenden Äthers (vgl. S. 221 Anm.).

Methylenjodid H_2CJ_2 wird wegen seiner für eine Flüssigkeit ungewöhnlich hohen Dichte von 3,325 in der Mineralogie für die Dichtebestimmung von Mineralien verwandt.

Benzalchlorid (*Benzylidenchlorid*) $C_6H_5-CHCl_2$ ist der wichtigste Stoff dieser Reihe, da es (neben etwas Benzotrichlorid, s. unten) bei der Seitenkettenchlorierung von Toluol über die Benzylchloridstufe hinaus relativ leicht gewonnen werden kann und infolgedessen zuweilen als Zwischenprodukt für die Benzaldehydgewinnung dient:

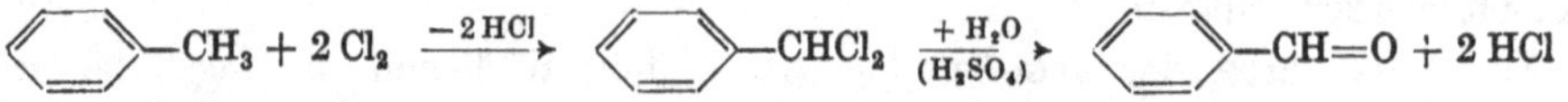

Die Hydrolyse der Chloratome tritt infolge der Aktivierung durch den Benzolkern (Benzylstellung) besonders leicht ein und kann schon durch Kochen mit einer Calciumcarbonataufschlämmung oder mit Schwefelsäure als Katalysator durchgeführt werden. Physiologisch übt Benzalchlorid eine ähnliche Reizwirkung auf die Augen aus wie die Benzylhalogenide.

d) Die gem-Trihalogenparaffine

Von den Trihalogenparaffinen sind lediglich die geminalen Verbindungen, die alle drei Halogen-Atome an einem C-Atom enthalten, von allgemeinem Interesse. Sie leiten sich, ähnlich wie die gem-Dihalogenide, von einer höheren Oxydationsstufe des Kohlenstoffs ab und müßten daher streng genommen zu den Carbonsäurederivaten (S. 338) gerechnet werden. Doch ordnet man sie aus den gleichen Gründen wie oben ebenfalls am besten an dieser Stelle ein. Sie sind im allgemeinen bereits ziemlich schwer zugänglich, so daß von den aliphatischen Verbindungen nur die Anfangsglieder der Reihe, die drei Trihalogenmethane eine größere Bedeutung erlangt haben, die als Derivate der Ameisensäure (*acidum formicum*, S. 374f.) ausschließlich *Halogenoforme* (*Chloroform* usw.) genannt werden. Sie gehören zu den am längsten bekannten Polyhalogenverbindungen, da sie sämtlich in einfacher Weise durch Perhalogenierung einer in α-Stellung zu einer Carbonylgruppe befindlichen, also besonders aktiven Methylgruppe und anschließende alkalische Hydrolyse der durch die beiderseitige negative Substitution labilisierten C—C-Bindung (vgl. auch S. 256) dargestellt werden können:

$$R-\overset{\overset{\displaystyle O}{\|}}{C}-CH_3 + 3\,Hal_2 \xrightarrow{-3\,HHal} R-\overset{\overset{\displaystyle O}{\|}}{C}-CHal_3 \xrightarrow{+\,NaOH} R-\overset{\overset{\displaystyle O}{\|}}{C}-ONa + HCHal_3$$

Die Reaktion wird in der Praxis dadurch sehr erleichtert, daß sich bei Verwendung von Hypohalogeniten (bzw. bei der Chloroformdarstellung von

Chlorkalk) als Halogenierungsmittel beide Reaktionsstufen in einem Gang durchführen lassen:

$$R-CO-CH_3 + 3\,NaO-Hal \longrightarrow R-CO-ONa + HCHal_3 + 2\,NaOH$$

Schließlich kann man auch von den den Carbonylverbindungen entsprechenden Alkoholen ausgehen, deren Hydroxylgruppe unter den Reaktionsbedingungen sofort zur Carbonylgruppe dehydriert wird, wozu man allerdings ein Mol des Halogenierungsmittels zusätzlich benötigt (Gleichung formulieren!).

Besonders die Jodoformbildung verläuft bei der Verwendung von Natriumhypojoditlösung sehr glatt. Sie dient daher in der Praxis unter der Bezeichnung *Jodoformprobe* als wichtiger Nachweis für die Gruppierungen CH_3-CO- oder CH_3-CHOH-, z. B. zum Nachweis von Äthylalkohol (S. 194).

Einzelverbindungen. Chloroform, das wichtigste der drei Halogenoforme wird im großen immer noch nach dem gleichen Verfahren hergestellt, nach dem es vor 100 Jahren von J. v. Liebig und M. E. Soubeiran entdeckt wurde: durch Einwirkung von Chlorkalk auf Äthylalkohol. Daneben sind auch Aceton, dessen beide Methylgruppen chloriert und abgespalten werden (formulieren!), und Acetaldehyd als Ausgangsmaterialien in Gebrauch, oder der Chlorkalk wird durch eine Natriumhypochloritlösung ersetzt, die man am einfachsten durch Kochsalzelektrolyse unter Vermischung der Elektrodenflüssigkeiten erhält (vgl. anorg. Lehrbücher).

An weiteren Bildungsweisen sind zu erwähnen: Die partielle Chlorierung des Methans und die partielle Reduktion des Tetrachlorkohlenstoffs mit Zink und Schwefelsäure, die beide auf der Stufe des Chloroforms abgestoppt werden können, jedoch bisher keine praktische Anwendung gefunden haben.

Chloroform ist eine farblose, angenehm süßlich riechende Flüssigkeit mit sehr charakteristischen **Löslichkeitseigenschaften.** Es verbindet bei einem an sich außerordentlich hohen allgemeinen Lösungsvermögen den lipophilen und hydrophoben Charakter der Kohlenwasserstoffe und Alkylhalogenide mit einer eigenartigen Lösungsfähigkeit für zahlreiche polare Verbindungen, wie etwa konzentrierte Salpetersäure, Di- und Trimethylamin-hydrochlorid (I, Kap. 6, I, 1 cβ) und andere Salze organischer Basen, so daß es präparativ und technisch eine sehr vielseitige Verwendung als Lösungs- und Extraktionsmittel findet. Ein weiteres wichtiges Anwendungsgebiet beruht auf seiner narkotischen Wirkung auf den menschlichen und tierischen Organismus, auf Grund deren es in der Medizin seit über 100 Jahren als Betäubungsmittel dient.

In seinen **chemischen Eigenschaften** steht Chloroform den geminalen Dihalogenparaffinen nahe, d. h. die Halogenatome lassen sich mit basischen Reagentien in analoger Weise unter Bildung von Ameisensäurederivaten austauschen. Z. B. entsteht mit Natriumäthylat der Orthoameisensäure-äthylester:

$$HC\begin{cases}Cl\\Cl\\Cl\end{cases} + \begin{matrix}NaO-CH_2-CH_3\\NaO-CH_2-CH_3\\NaO-CH_2-CH_3\end{matrix} \xrightarrow{-3\,NaCl} HC\begin{cases}O-CH_2-CH_3\\O-CH_2-CH_3\\O-CH_2-CH_3\end{cases}$$

Doch sind auch hier die möglichen Reaktionsprodukte meistens anderweitig leichter zugänglich.

Schließlich muß noch auf einige für die praktische Handhabung des Chloroforms wichtige Reaktionen hingewiesen werden. So findet z. B., obwohl Chloroform an sich nicht brennbar ist, sowohl bei längerem Stehen im Licht an feuchter Luft als auch bei höherer Temperatur (z. B. in einer Flamme) mit Luftsauerstoff Oxydation zu Phosgen statt:

$$HCCl_3 \xrightarrow{+\,{}^{1}/_{2}\,O_2} \left[\begin{matrix}HO\\Cl\end{matrix}\!\!>CCl_2\right] \xrightarrow{-HCl} \underset{\text{Phosgen}}{O{=}CCl_2}$$

Man darf daher Bunsenbrenner nicht längere Zeit in chloroformhaltiger Luft brennen lassen. Vor allem aber ist diese Phosgenbildung bei der Verwendung des Chloroforms als Narkotikum sehr schädlich, und man bewahrt reines Chloroform aus diesem Grunde stets in braunen Flaschen auf. Außerdem versetzt man es mit etwa 1% Äthylalkohol, der das trotz dieser Vorsichtsmaßregeln im Laufe der Zeit entstehende Phosgen unter Bildung des neutralen Kohlensäureäthylesters (S. 404) sofort unschädlich macht.

Ferner reagiert Chloroform sehr lebhaft mit metallischem Natrium unter Bildung hochexplosibler, im einzelnen noch unbekannter Reaktionsprodukte. Es darf daher im Gegensatz zu anderen organischen Lösungsmitteln niemals mit Natrium getrocknet werden!

Bromoform $HCBr_3$ wird auf einem analogen Wege durch Einwirkung von Bromkalk oder Brom und Natronlauge auf Alkohol oder Aceton hergestellt. Es ist in reinem Zustand gegenüber Licht und feuchter Luft noch empfindlicher als Chloroform und muß daher zur Stabilisierung bereits mit 4% Alkohol versetzt werden. Es findet ebenfalls therapeutische Anwendung.

Auch **Jodoform** wird in analoger Weise durch Einwirkung von Jod und Alkali auf Äthylalkohol gewonnen, wobei man das Jod und Alkali meistens in einem Reaktionsgang durch Elektrolyse von Kaliumjodidlösung darstellt. Es ist als einziges der drei Halogenoforme farbig (gelb) und bei normaler Temperatur kristallisiert. Seine hauptsächliche Anwendung findet es als Antiseptikum, um Wundeiterungen zu vermeiden. Wahrscheinlich beruht seine Wirkung auf der Abspaltung geringer Mengen des eigentlich antiseptisch wirkenden Jods.

Benzotrichlorid 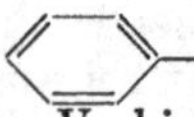$-CCl_3$, das Orthochlorid der Benzoesäure, hat als einzige der höheren Verbindungen dieser Reihe eine gewisse Bedeutung erlangt. Es kann durch vollständige Seitenkettenchlorierung des Toluols leicht gewonnen werden und verhält sich infolge der Aktivierung der Chloratome durch den benachbarten Benzolkern im Gegensatz zu den Halogenoformen wie ein echtes Säurechlorid, das z. B. bereits mit den Wasserdämpfen der Luft unter Entwicklung von Salzsäurenebeln Hydrolyse erleidet.

Praktisch wird es zur Darstellung einiger Benzoesäurederivate verwandt, z. B. zur Gewinnung der Ortho-ester durch Umsetzung mit Natriumalkoholat (Gleichung formulieren!). Die bei derartigen Reaktionen erfolgende Halogenabspaltung kann u. U. auch zu Chlorierungen ausgenützt werden, worauf die auf S. 155 kurz gestreifte Verwendung als Chlorierungsmittel beruht. Z. B. erhält man bei der Einwirkung von Carbonsäuren auf Benzotrichlorid in glatter Reaktion Benzoylchlorid und das entsprechende Carbonsäurechlorid:

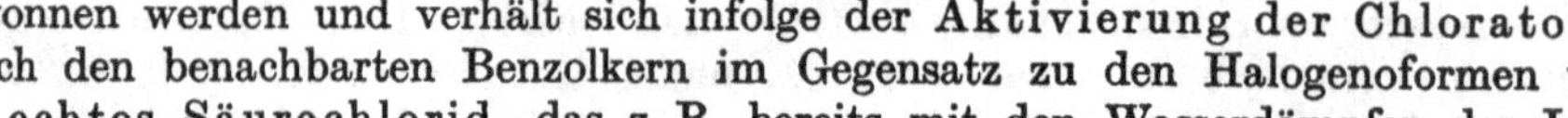

e) Verbindungen mit vier und mehr Halogenatomen im Molekül

In den *Kohlenstofftetrahalogeniden* oder auch *Tetrahalogen-kohlenstoffen* ist die höchste Halogenierungstufe des Kohlenstoffs erreicht. Man kann sie auf Grund ihres allgemeinen Verhaltens ebensowenig zu den Kohlensäurederivaten (S. 406) rechnen, wie die bisher betrachteten gem-Polyhalogenverbindungen zu den Derivaten der Oxo- und Carboxylverbindungen. Dagegen stehen sie als Verbindungen, in denen der Kohlenstoff mit allen vier Valenzen an nur ein anderes Element gebunden ist, bereits der anorganischen Chemie nahe und entsprechen u. a. in ihren wichtigsten Darstellungsmethoden durchaus den Bildungsweisen anderer anorganischer Polyhalogenverbindungen. So wird z. B. **Tetrachlorkohlenstoff** CCl_4 (abgekürzt auch „Tetra" genannt) durch Chlorieren von Schwefelkohlenstoff mit elementarem Chlor in Gegenwart von Aluminiumchlorid oder mit S_2Cl_2 in Gegenwart von Eisenverbindungen gewonnen. Ferner entsteht er als Endprodukt der Chlorierung von Methan (technisches Verfahren) und allen partiell chlorierten Methanen:

$$CS_2 + 3\,Cl_2 \xrightarrow{AlCl_3} S_2Cl_2 + CCl_4 + 4\,HCl \xleftarrow{700^\circ} CH_4 + 4\,Cl_2$$

$$CS_2 + 2\,S_2Cl_2 \xrightarrow{Fe,\,FeCl_3} 6\,S + CCl_4 + HCl \longleftarrow HCCl_3 + Cl_2$$

Tetrachlorkohlenstoff dient wegen seines niederen Preises in erster Linie als technisches Lösungs- und Extraktionsmittel, obwohl sein allgemeines Lösungsvermögen gegenüber dem des Chloroforms bereits merklich nachgelassen hat. Insbesondere ist dessen oben hervorgehobenes Lösungsvermögen für Salpetersäure und die Salze organischer Basen hier völlig verschwunden. Ein weiteres wichtiges Anwendungsgebiet hat er infolge seiner Unbrennbarkeit als Feuerlöschmittel gefunden.

Gegen **chemische Einflüsse** ist das Tetrachlorkohlenstoffmolekül aus den in II, Kap. 4, 2aα erörterten Gründen sehr widerstandsfähig, und die Chloratome können z. B. mit Wasserdampf erst bei Rotglut hydrolytisch abgespalten werden. Etwas leichter erfolgt der Umsatz mit Calciumjodid zum Tetrajodkohlenstoff:

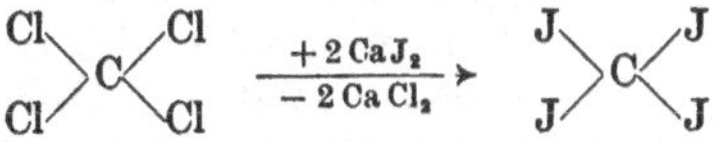

Eine partielle Substitution eines Chloratoms gelingt, abgesehen von der bereits erwähnten partiellen Reduktion zum Chloroform, in Gegenwart von Spuren von Chlorwasserstoff mit Silberperchlorat, dem gegenüber sich der Tetrachlorkohlenstoff wie ein normales Alkylhalogenid verhält:

$$Cl_3C{-}Cl + AgClO_4 \longrightarrow Cl_3C{-}OClO_3 + AgCl$$

Das hierbei entstehende Trichlormethyl-perchlorat ist eine sehr unbeständige, mit Wasser sofort hydrolysierende Flüssigkeit.

Tetrabrom- und Tetrajodkohlenstoff sind aus Schwefelkohlenstoff und Brom bzw. aus Tetrachlorkohlenstoff und Calcium- oder Aluminiumjodid ebenfalls leicht zugänglich, haben aber keine praktische Bedeutung erlangt.

Die **Polyhalogenäthane** und **-äthylene.** Neben Chloroform und Tetrachlorkohlenstoff spielen in der Technik auch die Polyhalogenderivate des Äthans und Äthylens eine gewisse Rolle als hochsiedende Lösungsmittel. Die wichtigsten dieser Verbindungen sind: *Trichloräthylen* $Cl_2C{=}CHCl$ (abgekürzt auch „*Tri*" genannt), *Tetrachlor-äthylen* $Cl_2C{=}CCl_2$, 1,1,2-*Trichloräthan* $Cl_2CH{-}CH_2Cl$, 1,1,1,2-*Tetrachloräthan* $Cl_3C{-}CH_2Cl$, *Acetylentetrachlorid* $Cl_2CH{-}CHCl_2$ und *Pentachloräthan* $Cl_3C{-}CHCl_2$ (abgekürzt „*Penta*" genannt). Auch hier ist wieder das Lösungsvermögen der wasserstofffreien Verbindungen etwas geringer als beim Vorhandensein von noch ein oder zwei H-Atomen im Molekül.

Hexachloräthan als höchstsubstituiertes Äthan ist bereits kristallisiert und zeigt infolge seines hochsymmetrischen Aufbaus ähnlich dem Hexamethyl-äthan (vgl.

Tabelle 1, S. 74) einen auffallend hohen Schmelzpunkt (189°), so daß es als Lösungsmittel nicht verwandt werden kann.

Ein hochmolekulares Polyhalogenparaffin liegt in dem **Polyvinylchlorid**[1]) genannten Polymerisationsprodukt des Vinylchlorids $(—CH_2—CHCl—)_x$ vor. Es ist wegen seiner billigen Herstellung aus Acetylen und Salzsäure der wichtigste thermoplastische (vgl. **III**, Kap. 3, III, 3) Kunststoff und kommt als solcher unter den Decknamen *Pe-Ce*, *Igelit* usw. in den Handel. Da reines Polyvinylchlorid bereits bei 60° plastisch wird, erhöht man in der Praxis vielfach den Chlorgehalt durch Nachbehandlung mit Chlorgas auf etwa 1,5 Cl-Atome pro C_2-Gruppe, wodurch der Erweichungspunkt um etwa 30° heraufgesetzt wird.

4. Die aliphatischen Fluorverbindungen[2])

Die Alkylfluoride und aliphatischen Polyfluorverbindungen weichen hinsichtlich ihrer Darstellung und Eigenschaften etwas von den übrigen Halogenverbindungen ab und nehmen daher seit jeher eine gewisse Sonderstellung ein. Ihre **Gewinnung** ist zwar grundsätzlich nach den meisten der oben beschriebenen Methoden möglich, doch haben nur drei von ihnen eine größere praktische Bedeutung erlangt:

1. die **Anlagerung von Fluorwasserstoff und elementarem Fluor**[3]) an Olefine. Besonders die Fluorwasserstoffanlagerung hat sich als sehr brauchbares Verfahren für die Darstellung von Alkylfluoriden erwiesen.

2. der **Austausch anderer Halogenatome gegen Fluor,** der z. B. durch Einwirkung von Silberfluorid auf die normalen Alkylhalogenide und auch Polyhalogenverbindungen im Sinne einer Alkylierung des Fluor-Ions möglich ist:

$$R—Hal + AgF \longrightarrow R—F + AgHal$$
$$HCHal_3 + 3\,AgF \longrightarrow HCF_3 + 3\,AgHal$$

Außer Silberfluorid verwendet man für diese Reaktion auch andere Schwermetallfluoride, z. B. Quecksilber(II)- und das etwas milder wirkende Quecksilber(I)-fluorid, ferner Halbmetallfluoride wie Antimon(III)-fluorid oder Antimonfluoridbromid (SbF_3Br_2), sowie in einigen Spezialfällen auch Fluorwasserstoff.

3. durch direkte **Fluorierung von Kohlenwasserstoffen mittels CoF_3**[4]) (sowie unter besonderen Vorsichtsmaßnahmen neuerdings auch mit elementarem Fluor[5])). Sie wird meistens bis zur vollständigen Substitution sämtlicher H-Atome durchgeführt, so daß unter Vermeidung der Bildung von Isomerengemischen direkt die perfluorierten Paraffine entstehen:

$$C_nH_{2n+2} + (4\,n + 4)\,CoF_3 \longrightarrow C_nF_{2n+2} + (2\,n + 2)\,HF + (4\,n + 4)\,CoF_2$$

Von den **physikalischen Eigenschaften** der organischen Fluorverbindungen interessieren am meisten die eigenartigen **Siedepunktsverhältnisse.** Wie im einzelnen aus Tabelle 8 hervorgeht, sieden infolge der ungewöhnlich geringen siedepunktserhöhenden Wirkung des Fluoratoms schon die Alkylfluoride erheblich tiefer als sämtliche anderen Alkylhalogenide. Aber auch bei ihnen sind die Siede-

---

[1]) Vgl. auch S. 162, Anm. 1.

[2]) Zusammenfassungen: R. N. HASZELDINE: Angew. Chem. **66**, 693 (1954); W. K. R. MUSGRAVE: Quart. Rev. **8**, 31 (1954).

[3]) Statt Fluor verwendet man besser die milder wirkenden, Fluor abgebenden Verbindungen PbF_4 oder Phenyljodidfluorid (S. 176).

[4]) Vgl. z. B.: R. G. BENNER u. Mitarbb.: Ind. Engng. Chem. (Ind. Edit.) **39**, 329 (1947).

[5]) Zusammenfassung: L. A. BIGELOW: Chem. Rev. **40**, 51 (1947).

punkte infolge des elektrischen Dipolmoments der ziemlich stark polaren C—F-Bindung noch relativ hoch, so daß in dem Maße, wie bei weiterer Fluorierung eines C-Atoms diese Dipolmomente sich gegenseitig mehr und mehr aufheben, die Siedepunkte immer weiter zurückgehen (bei den Fluorderivaten des Methans z. B. vom Methylenfluorid ab), bis sie schließlich in den perfluorierten Verbindungen z. T. sogar die Siedepunkte der zugehörigen Kohlenwasserstoffe unterschreiten. Wir beobachten hier also die eigenartige, sonst nur in wenigen Ausnahmefällen[1]) anzutreffende Erscheinung, daß die Substitution eines an Kohlenstoff gebundenen H-Atoms durch einen schwereren Substituenten zu einer, z. T. sogar erheblichen Siedepunktssenkung führt (vgl. z. B. die waagerechten Reihen in Tabelle 8).

Tabelle 8

Die Siedepunkte einiger aliphatischer Fluorverbindungen

CH_3F	−78°	CH_2F_2	−52°	CHF_3	−82°	CF_4	−128°	C_2H_6	−89°	C_2F_6	−78°
CH_3Cl	−24°	CH_2FCl	−9°	CHF_2Cl	−41°	CF_3Cl	−80°	C_3H_8	−45°	C_3F_8	−38°
CH_3Br	+ 5°	CH_2FBr	+19°	CHF_2Br	−15°	CF_3Br	—	C_4H_{10}	+ 1°	C_4F_{10}	+ 3°
CH_3J	+42°	CH_2FJ	+53°	CHF_2J	+22°	CF_3J	—	C_5H_{12}	+36°	C_5F_{12}	+30°
—		CH_2Cl_2	+42°	$CHFCl_2$	+ 9°	CF_2Cl_2	−28°	C_6H_{14}	+69°	C_6F_{14}	+60°
—		CH_2Br_2	+97°	$CHFBr_2$	+65°	CF_2Br_2	+25°				
—		CH_2J_2	+181°	$CHFJ_2$	+81°	CF_2J_2	—	cycl. C_5H_{10}	+50°	cycl. C_5F_{10}	+22°
								cycl. C_6H_{12}	+81°	cycl. C_6F_{12}	+50°
$CHBr_3$	+150°	$CFBr_3$	+107°	$CHCl_3$	+61°	$CFCl_3$	+24°	cycl. C_7H_{14}	+118°	cycl. C_7F_{14}	+80°

Die **praktische Bedeutung** dieser Fluorverbindungen liegt darin, daß wir in ihnen gegenüber den wenigen bisher bekannten Gasen eine fast lückenlose Reihe von Verbindungen mit Siedepunkten zwischen −130 und + 100° vor uns haben, die unbrennbar, nahezu geruchlos und (mit Ausnahme der Alkylfluoride) ungiftig sind. Sie stellen infolgedessen ideale Füllgase für Kältemaschinen dar und finden auch in diesem Sinne zunehmend praktische Anwendung.

Die **chemischen Eigenschaften** treten demgegenüber an Bedeutung fast völlig zurück. Die Alkylfluoride sind infolge der allgemeinen Abnahme der Reaktionsfähigkeit der Alkylhalogenide mit fallendem Atomgewicht des Halogens noch reaktionsträger als selbst die Chlorverbindungen, so daß keinerlei Anreiz für ihre Verwendung als Alkylierungsmittel besteht, zumal sie ziemlich stark giftig sind. Bemerkenswert ist, daß diese Giftigkeit beim Übergang zu den Polyfluorverbindungen wieder verschwindet.

Immerhin sind die Alkylfluoride in Gegenwart von Borfluorid zur Substitution des Benzolkerns nach FRIEDEL-CRAFTS befähigt[2]). Sie bilden hierbei intermediär mit dem BF_3 Komplexe, die zum Teil einen salzartigen Charakter aufweisen, d. h. möglicherweise echte Carbeniumsalze darstellen:

$$R{-}F + BF_3 \longrightarrow R^+BF_4^-$$

Die Perfluorparaffine sind infolge der Reaktionsträgheit der C—F-Bindung nahezu reaktionslos. Insbesondere wirkt sich die starke Beladung des Moleküls mit Fluor (im Gegen-

[1]) Analoge, ohne Beteiligung von Fluoratomen zustandekommende Siedepunktssenkungen bei der Substitution von Wasserstoff durch schwerere Atome beobachten wir z. B. beim Übergang vom Methylenchlorid (H_2CCl_2, Sdp. 42°) zum Phosgen ($OCCl_2$, Sdp. 8°) oder vom Formaldehyd ($H_2C{=}O$, Sdp. —21°) zum Kohlendioxyd ($O{=}C{=}O$, Sdp. —79°).

[2]) G. OLAH u. Mitarbb.: Soc. **1957**, 2174.

satz zur analogen Beladung mit Chlor (etwa im Hexachlor-äthan) oder gar Sauerstoff [z. B. in der Oxalsäure oder Mesoxalsäure]) noch nicht in einer Labilisierung der C—C-Bindungen aus. Sie können deshalb in mancher Beziehung mit den Paraffinen selbst verglichen werden und fungieren wie diese als stabile Grundverbindungen einer Reihe von Derivaten (vgl. z. B. die Trifluor-essigsäure, S. 400).

Difluordichlormethan CF_2Cl_2, auch Freon genannt, dient als modernes Füllgas für Eisschränke und Kältemaschinen. Es hat wegen seiner hervorragenden Eigenschaften (Unbrennbarkeit, Geruchlosigkeit, Ungiftigkeit) insbesondere in den U.S.A. die früher übliche Verwendung von Schwefeldioxyd und Ammoniak für diesen Zweck fast völlig zurückgedrängt.

Das durch Polymerisation von Tetrafluoräthylen[1]) leicht darstellbare **Polytetrafluoräthylen**[2]) ist ein perfluoriertes hochmolekulares Paraffin und weist als solches einerseits eine hohe Dielektrizitätskonstante, andererseits eine außergewöhnliche Beständigkeit gegen chemische Einflüsse jeder Art sowie auch gegen Temperaturen bis 300° auf. Es dient unter der Bezeichnung *Teflon* als wertvoller Kunststoff.

III. Die aromatischen Halogenverbindungen

Unter *aromatischen Halogenverbindungen* im Sinne dieses Buches sollen auf Grund der oben gegebenen Einteilung lediglich diejenigen Halogenide verstanden werden, die das Halogen direkt am Benzolkern gebunden enthalten.

Darstellung. Für die Einführung des Halogens in den Kern kommen im wesentlichen zwei Methoden in Betracht: 1. die oben beschriebene Halogenierung von Kernwasserstoff und 2. die Zersetzung von Diazoniumsalzen nach T. Sandmeyer. Daneben muß 3. als Bildungsweise noch die Substitution der phenolischen Hydroxylgruppe mit Phosphorpentachlorid als Halogenierungsmittel erwähnt werden.

Zu 1. Die **Kernhalogenierung** aromatischer Kohlenwasserstoffe ist wegen ihrer leichten und billigen Durchführbarkeit insbesondere für die Herstellung der einfachen Arylhalogenide geeignet, weist aber bei der Halogenierung von Verbindungen, die bereits andere Substituenten im Kern enthalten, den Nachteil der u. U. mangelnden Lenkbarkeit des Halogens in die gewünschte Stellung bzw. der Möglichkeit des Auftretens von Isomerengemischen auf.

Hier ist es u. U. möglich, durch Behandlung von aromatischen quecksilberorganischen Verbindungen mit elementarem Jod das Halogen in sonst schwer zugängliche Stellen einzuführen (vgl. I, Kap. 9, III, 1):

$$\text{Ar—Hg—Ar} \xrightarrow{+J_2} \text{Ar—J} + \text{Ar—Hg—J} \xrightarrow{+J_2} \text{Ar—J} + HgJ_2$$

Zu 2. Die präparativ sehr wichtige **Zersetzung der Diazoniumhalogenide** geht nach folgender Gleichung vor sich:

$$\left[\text{R—}\overset{\oplus}{\text{N}}\equiv\text{N|}\right]^{+} \text{Hal}^{-} \longrightarrow \text{R—Hal} + \text{|N}\equiv\text{N|}$$

Sie verläuft jedoch nur bei der Einführung von Jod ohne besondere Hilfsmittel, während die wichtigere Chlorierung und Bromierung nach T. Sandmeyer bereits die Anwesenheit der entsprechenden Kupfer(I)-halogenide als Katalysatoren erfordert. Die Fluorierung schließlich bereitete die größten Schwierigkeiten und konnte erst relativ spät von E. Schiemann

[1]) W. E. Hanford u. R. M. Joyce: Am. Soc. **68**, 2082 (1946).

[2]) Zusammenfassung: G. Bier u. Mitarbb.: Angew. Chem. **66**, 285 (1954).

(1934) durch thermische Zersetzung der trockenen Diazoniumfluoborate befriedigend gelöst werden (Näheres vgl. I, Kap. 6, III, 1b):

$$[R—\overset{\oplus}{N}{\equiv}N|]^{+}FBF_3^{-} \longrightarrow R—F + |N{\equiv}N| + BF_3$$

Erst in jüngster Zeit ist auch die Zersetzung der Diazonium-fluorborate nach dem SANDMEYERverfahren gelungen[1]).

Das Verfahren bietet gegenüber der Kernhalogenierung der Kohlenwasserstoffe den Vorteil des Arbeitens unter sehr milden Bedingungen, sowie der absolut sicheren Ortsbestimmung des eintretenden Halogens bzw. der damit zusammenhängenden Unmöglichkeit des Auftretens von Isomerengemischen. Es ist dagegen in der Anwendung viel teurer und eignet sich daher in erster Linie zur Darstellung komplizierterer Verbindungen.

Zu 3. Die **Substitution der phenolischen Hydroxylgruppe** durch Chlor entspricht völlig der oben beschriebenen Halogenierung der Alkohole:

Sie ist aber infolge der Reaktionsträgheit des aromatisch gebundenen Sauerstoffs (vgl. S. 232) nur bei Temperaturen oberhalb 200° möglich und hat daher keine praktische Bedeutung erlangt.

Hinsichtlich der **physikalischen Eigenschaften** und **Löslichkeitsverhältnisse** unterscheiden sich die aromatischen Halogenverbindungen ebenfalls nicht grundsätzlich von den Kohlenwasserstoffen und Alkylhalogeniden. Die Konstanten der wichtigsten Verbindungen sind in Tabelle 9 zusammengestellt und zeigen wieder eine Reihe von interessanten Regelmäßigkeiten:

Tabelle 9

Die physikalischen Konstanten einiger aromatischer Halogenverbindungen

		Monohalogenid	Dihalogenid			Trihalogenid			Pentahalogenid	Hexahalogenid
			o-	m-	p-	vic-	sym-	as-		
Fluorid	Sdp.	85°	91—2°	82—3°	88,5°	—	—	87°	—	—
	Smp.	—41°	—34°	—59°	—13°	—	—	—	—	—
	D (fl.)	1,024	1,155	1,172	1,164	—	—	—	—	—
Chlorid	Sdp.	132°	179°	172°	174°	219°	208°	213°	277°	322°
	Smp.	—45°	—18°	—24°	53°	54°	63°	17°	86°	228°
	D (fl.)	1,106	1,305	1,288	1,266	—	—	1,446	1,834	2,044
Bromid	Sdp.	156°	221°	217°	219°	—	275°	271°	—	—
	Smp.	—31°	7°	—7°	87°	88°	44°	120°	159°	316°
	D (fl.)	1,521	1,994	1,952	2,261	2,658	—	—	—	—
Jodid	Sdp.	189°	287°	285°	285°	—	—	—	—	—
	Smp.	—31°	27°	34°	129°	116°	92°	184°	172°	340—350°
	D (fl.)	1,823	—	—	—	—	—	—	—	—

Neben den auch hier auffallend niederen Siedepunkten der Fluorverbindungen — selbst der des Monofluorbenzols liegt z. B. kaum über dem des Benzols — sind vor allem die **Schmelzpunktsverhältnisse** von Interesse: In noch ausgeprägterem Maße als bei den

[1]) E. D. BERGMANN u. Mitarbb.: Am. Soc. 78, 6037 (1956).

Kohlenwasserstoffen (Tabelle 4, S. 131) beobachtet man bei besonders regelmäßiger Substitution, z. B. bei sämtlichen *p-Di-Halogenverbindungen*, ausgesprochene Schmelzpunktsmaxima, die sich schließlich in den hochsymmetrischen *Hexahalogenbenzolen* zu ungewöhnlich hohen Werten steigern.

Das **chemische Verhalten** der *Arylhalogenide* ähnelt dem der *Halogenolefine*, mit denen sie die Stellung des Halogens an einer Doppelbindung gemein haben. Im einzelnen unterscheiden wir folgende Reaktionen:

1. Der Austausch des Halogens gegen andere negative Substituenten wird in Analogie zur Alkylierungsreaktion als **Arylierung** bezeichnet und verläuft noch reaktionsträger als bei den Halogen-olefinen. Doch läßt er sich infolge der größeren Stabilität der aromatischen Verbindungen sowie insbesondere auch der Unmöglichkeit der Halogenwasserstoffabspaltung als Ausweichreaktion (vgl. S. 162), durch verschärfte Bedingungen erzwingen. So kann man z. B. mit Chlor- oder Brombenzol bei Temperaturen von 200–350° unter der katalytischen Einwirkung von Kupferpulver die folgenden Arylierungen durchführen, die z. T. auch praktische Bedeutung erlangt haben:

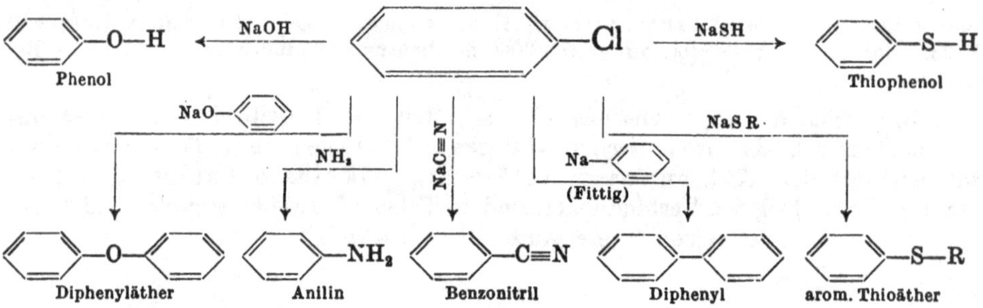

Die Hydrolyse des Chlorbenzols zu Phenol ist auch mit Wasserdampf bei 4–500° nach einem Kontaktverfahren gelungen (vgl. S. 230).

Statt durch höhere Temperaturen kann man die Arylierung von Ammoniak auch durch Verwendung von Kaliumamid erzwingen[1]).

Bei geeigneter Substitution des Benzolkerns, z. B. durch o- und p-ständige Nitrogruppen wird jedoch die Reaktionsfähigkeit des aromatisch gebundenen Halogens stark erhöht und übertrifft u. U. sogar die der Alkylhalogenide (Näheres vgl. I, Kap. 6, IV, 3). Auch im Hexafluorbenzol läßt sich eines oder zwei der sechs Fluoratome relativ leicht gegen andere negative Reste austauschen[2]).

2. Gegenüber den Alkylhalogeniden unverändert oder gar noch gesteigert ist die Fähigkeit der aromatischen Halogenverbindungen zur **Bildung metall-organischer Verbindungen**:

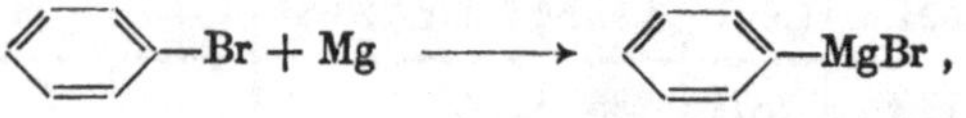

die im wesentlichen zu den gleichen Reaktionen, z. B. ebenfalls zur Wurtz-Fittigschen Synthese, befähigt sind wie die Alkylmetallverbindungen.

3. Schließlich beobachtet man bei den Arylhalogeniden eine geringfügige **Aktivierung des o-ständigen Wasserstoffs** durch die Halogenatome, die sich nach G. Wittig in einer leichten

---

[1]) F. W. Bergstrom u. C. H. Horning: J. Org. Chem. **11**, 334 (1946).

[2]) J. A. Godsell u. Mitarbb.: Nature (London) **178**, 199 (1956).

Ersetzbarkeit durch Lithium bei der Einwirkung lithiumorganischer Verbindungen äußert:

Die Reaktion ist von theoretischem Interesse im Hinblick auf die in II, Kap. 3, III, 2 beschriebene Regel von A. ANGELI. Ihre praktische Bedeutung ist jedoch mehr negativer Art, da durch derartige „Wanderungen" des Metalls der übersichtliche Verlauf aller Reaktionen, an denen gleichzeitig Arylhalogenide und metallorganische Verbindungen beteiligt sind, wie etwa die WURTZ-FITTIGsche Synthese, empfindlich gestört wird.

Einzelverbindungen. Chlorbenzol C_6H_5—Cl hat neuerdings als Zwischenprodukt für die technische Phenolsynthese sehr an Bedeutung gewonnen, da es sich nach einem Kontaktverfahren aus Chlorwasserstoff, Luftsauerstoff und Benzol, also praktisch ohne Chemikalienverbrauch, darstellen läßt:

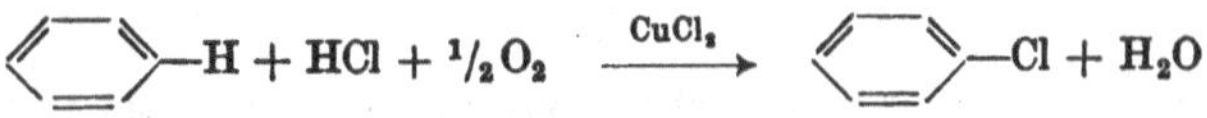

Das Wesen dieser Katalyse beruht darauf, daß die Oxydation des Chlorwasserstoffs zum Chlor (DEACON-Verfahren, vgl. anorg. Lehrbücher) ohne Katalysator erst bei 400° einsetzt, einer Temperatur, bei der das Benzol unter den Reaktionsbedingungen bereits zerstört wird. Verwendet man jedoch Kupfer(II)-chlorid als Katalysator, so wirkt dieses chlorierend auf den Benzolkern ein und geht selbst in Kupfer(I-)chlorid über, das nunmehr bereits bei 250° durch den Luftsauerstoff in Gegenwart von Chlorwasserstoff zum Kupfer(II)-chlorid rechloriert wird (Gleichungen formulieren!).

Chlorbenzol dient technisch als Arylierungsmittel, insbesondere für die erwähnte Phenolgewinnung.

Brombenzol C_6H_5—Br wird durch Bromierung von Benzol in Gegenwart von Eisen, das intermediär in ein katalytisch wirksames Eisenbromid übergeht, dargestellt und findet wegen seiner gegenüber dem Chlorbenzol etwas gesteigerten Reaktionsfähigkeit vor allem präparative Anwendung, z. B. als Ausgangsmaterial für GRIGNARD-Reaktionen.

Jodbenzol C_6H_5—J kann durch Jodierung von Benzol mit einem Jod-Jodsäuregemisch gewonnen werden, doch zieht man häufig die bequemer durchführbare Darstellung über die Diazoverbindung vor. Es ist gelb und dient als Ausgangsmaterial für die Darstellung der unten beschriebenen Verbindungen mit mehrwertigem Jod.

p-Dichlorbenzol Cl—C_6H_4—Cl. Bei weiterer Chlorierung des Chlorbenzols entsteht ein Gemisch aller drei möglichen Dichlorbenzole, in dem aber, da Chlor ein Substituent erster Ordnung ist, die p-Verbindung überwiegt, die noch dazu auf Grund ihres wesentlich höheren Schmelzpunktes leicht abgetrennt werden kann. Sie dient unter dem Schutznamen *Globol* als Mottenvertilgungsmittel.

Die höheren *Polychlorbenzole* können durch stufenweise Weiterchlorierung der drei Dichlorbenzole erhalten werden, sind jedoch ohne praktische Bedeutung geblieben.

1,1-p,p'-Dichlordiphenyl-2,2,2-trichloräthan, auch *DDT*, *Gesarol*, *Lauseto* usw. genannt, wird durch Kondensation von einem Molekül Chloral mit zwei Molekülen Chlorbenzol in Gegenwart von Schwefelsäure gewonnen:

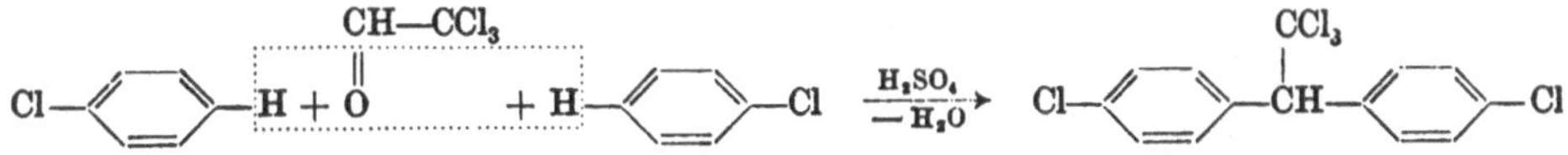

und zeichnet sich bei relativ geringer Giftigkeit gegenüber Warmblütern durch eine sehr starke Toxicität gegenüber Insekten aus. Es dient daher als wichtiges Insektenvertilgungsmittel.

IV. Die organischen Verbindungen mit mehrwertigem Jod und verwandte Substanzen

Die organischen Verbindungen mit mehrwertigem Jod wurden von V. Meyer entdeckt und später hauptsächlich von C. Willgerodt untersucht. Sie sind unter normalen Bedingungen nur in der aromatischen Reihe beständig. Ihre **Benennung** erfolgt in Analogie zu der der später beschriebenen Stickstoffsauerstoffverbindungen (I, Kap 6, IV, 1 u. V, 1) und ist ohne weiteres verständlich.

Als Einfallstor in die gesamte Verbindungsklasse dient Jodbenzol (bzw. andere Aryljodide), das beim Behandeln mit Chlor unter Übergang des Jods in die dreiwertige Stufe **Phenyljodidchlorid** (I) bildet, welches seinerseits wieder beim Behandeln mit wäßrigem Alkali (NaOH oder Na_2CO_3) das Chlor gegen Sauerstoff unter Bildung von Jodosobenzol (II) austauscht:

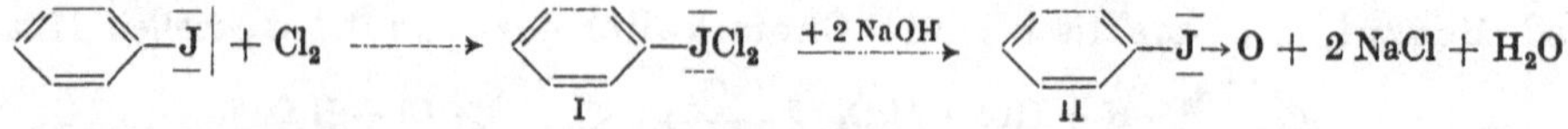

Im **Jodosobenzol** begegnen wir der ersten Verbindung, in der man heute im Gegensatz zur klassischen organischen Chemie die Sauerstoffbindung nicht mehr doppelt (entsprechend der in der Literatur noch allgemein anzutreffenden alten Wertigkeitsformel C_6H_5—J=O), sondern semipolar formuliert. Allerdings macht sich hier der Unterschied zwischen beiden Bindungsarten chemisch noch kaum bemerkbar, und man nahm die neue Formulierung zunächst lediglich aus Analogiegründen an, um ein Überschreiten der Oktettzahl des Jods zu vermeiden. Wie wir in **II**, Kap. 3, I, 5 sehen werden, sind diese Argumente jedoch nicht stichhaltig, und man muß bei den Elementen der höheren Perioden immer noch mit dem Vorliegen echter Doppelbindungen rechnen.

Jodosobenzol entsteht in schlechter Ausbeute auch bei direkter Oxydation von Jodbenzol mit Ozon. Es ist eine graue bis gelbliche amorphe Substanz, die sich beim Erwärmen auf höhere Temperaturen ohne zu schmelzen unter Disproportionierung zersetzt (s. u.). Gegen Säuren verhält es sich wie ein schwach basisches Metalloxyd und bildet in mehr oder weniger reversibler Reaktion u. a. die folgenden Derivate:

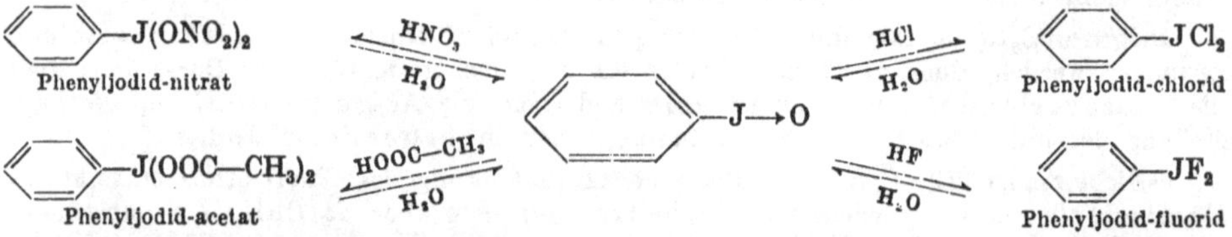

Diese Verbindungen sind jedoch ebensowenig echte Salze, wie etwa Arsentrichlorid oder Bleitetrachlorid. Die größte Ähnlichkeit besteht nach O. Dimroth und R. Criegee mit den entsprechenden Derivaten des vierwertigen Bleis, mit denen sie nicht nur hinsichtlich ihrer Hydrolysierbarkeit etwa auf die gleiche Stufe gestellt werden können, sondern auch hinsichtlich ihrer Fähigkeit, zwei negative Reste unter Verminderung der Oxydationsstufe des Zentralatoms um zwei Einheiten auf organische Moleküle zu übertragen. So besteht z. B. vollkommene Analogie zwischen beiden Verbindungsklassen bei den folgenden Reaktionen (vgl. S. 170, Anm. 3):

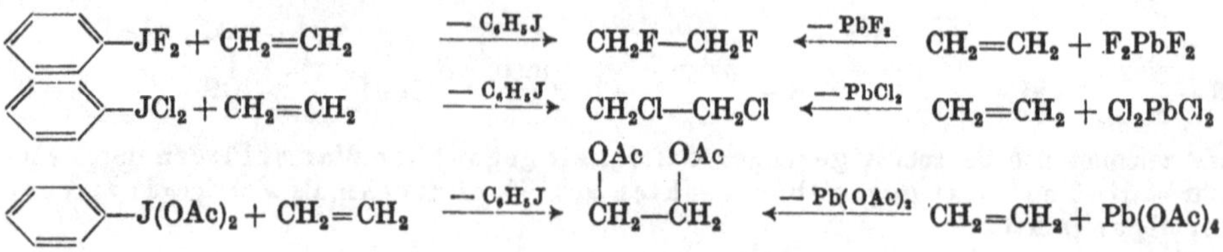

Zu einem Derivat des fünfwertigen Jods, dem **Jodobenzol**, gelangt man bei der Oxydation des Jodbenzols mit Perbenzoesäure oder auch bei der thermischen Disproportionierung des Jodosobenzols, die der auch in der anorganischen Chemie gebräuchlichen Disproportionierung von Halogensauerstoffverbindungen mittlerer Oxydationsstufe zur Darstellung der Verbindungen höherer Oxydationsstufe (vgl. anorg. Lehrbücher) vollkommen analog verläuft:

Jodobenzol ist gegen Säuren und Basen indifferent und geht bei allen Versuchen, es ähnlich dem Jodosobenzol in Derivate mit einwertigen Substituenten überzuführen, unter Zersetzung in Verbindungen mit niederwertigem Jod über. Beim Erhitzen auf Temperaturen oberhalb 200° tritt Detonation ein.

Eine dritte interessante Verbindungsklasse dieser Reihe sind die salzartigen **Diphenyljodoniumverbindungen.** Die freien Basen entstehen beim Umsatz von Jodosobenzol mit metallorganischen Verbindungen oder bei der Behandlung eines Gemisches von Jodoso- und Jodobenzol mit Silberhydroxyd:

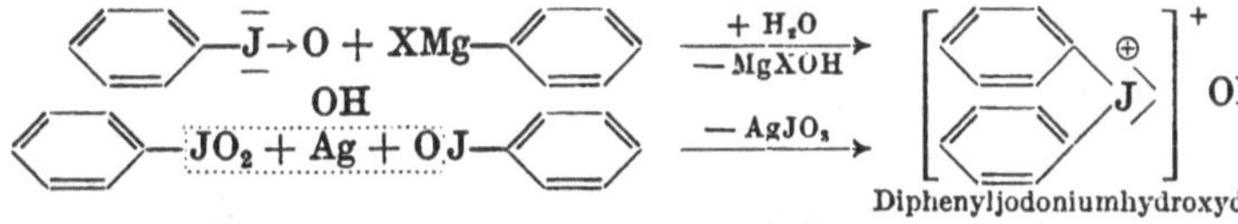

Diphenyljodoniumhydroxyd

Die Diphenyljodoniumbasen sind starke Basen, deren Salze in Wasser nicht hydrolysieren. Man muß ihnen daher eine den Tetraalkylammoniumsalzen (vgl. **I,** Kap. 6, I, 1bγ u. **II,** Kap. 3, I, 4a) analoge Struktur zuerteilen und annehmen, daß das oxydativ -1-wertige Jod des Jodbenzols unter Erhaltung der Oxydationsstufe an einem seiner ungebundenen Elektronenpaare einen zweiten Arylrest als Carbenium-Ion zum komplexen Oniumkation bindet:

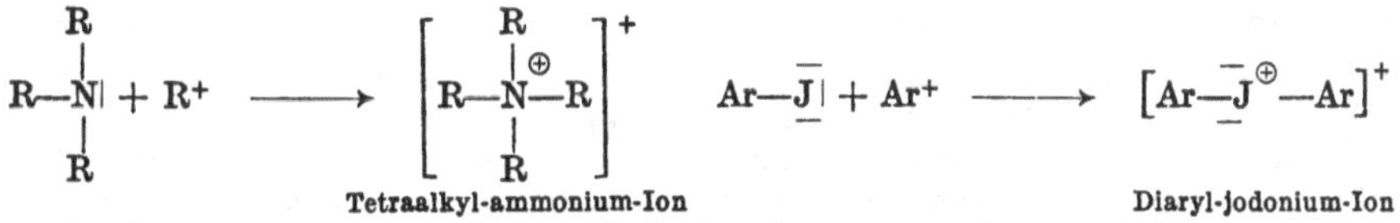

Tetraalkyl-ammonium-Ion Diaryl-jodonium-Ion

Diese Analogie soll in dem Namen *Jodoniumbasen* zum Ausdruck kommen.

Von den zahlreichen Salzen des Diphenyljodoniumhydroxyds ist nur das *Diphenyljodoniumjodid* $[(C_6H_5)_2J^+]J^-$ hervorzuheben, da es zwei verschiedenartig gebundene Jodatome enthält, die sich auch in ihrer Reaktionsfähigkeit unterscheiden. Seiner Zusammensetzung nach stellt es ein verdoppeltes Jodbenzol dar und zerfällt dementsprechend beim Erhitzen unter Verpuffung in zwei Moleküle dieser Verbindung.

Setzt man schließlich das Diphenyljodoniumjodid bei $-80°$ mit Lithiumphenyl um, so erhält man nach G. Wittig[1]) das zitronengelbe **Triphenyljod,** das sehr unbeständig ist und sich bereits bei $-10°$ weiter zu Diphenyl und Jodbenzol umsetzt:

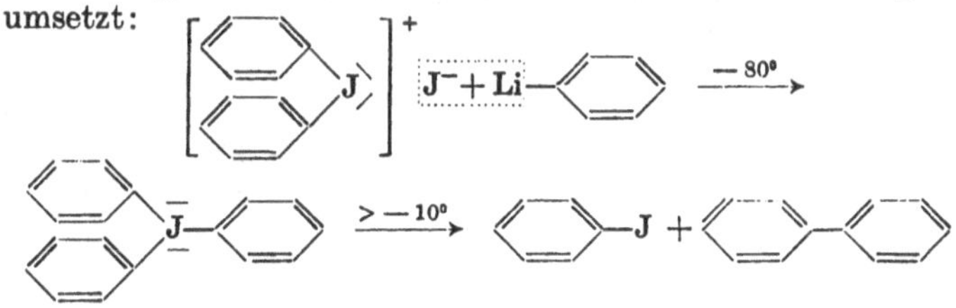

[1]) G. Wittig u. Mitarbb.: A. **562,** 190 (1949); **578,** 141 (1952).

Triphenyljod zeigt **keine Salznatur** mehr und muß daher wieder zu den Derivaten des **dreiwertigen Jods** gerechnet werden.

Wesentlich beständiger und dadurch leichter zu untersuchen als das Triphenyljod selbst ist das *Diphenylen-phenyljod*[1]), bei dem das Jodatom in einen Fünfring eingebaut worden ist:

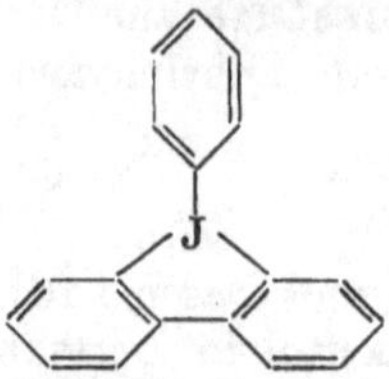

Diphenylen-phenyl-jod

Die Beziehungen und Übergänge zwischen diesen fünf Verbindungsklassen sind in dem folgenden Formelbild nochmals anschaulich zusammengestellt:

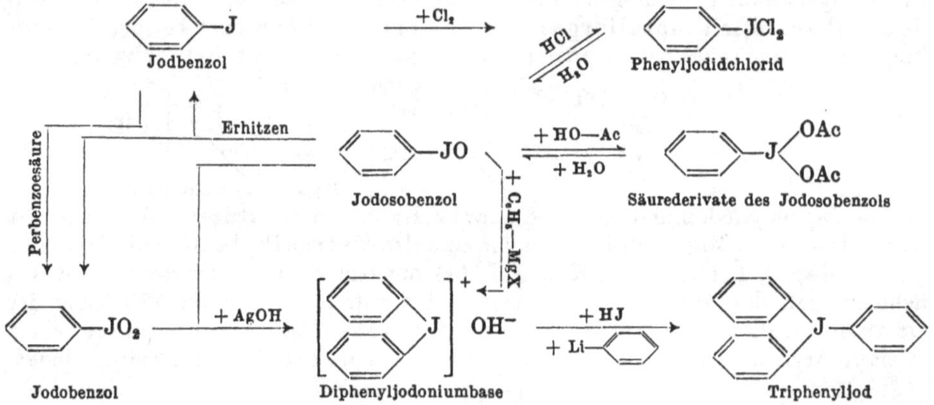

Neben den Diaryl-jodoniumsalzen konnten in neuester Zeit von A. N. Nessmejanow[2]) auch die entsprechenden **Diaryl-chloronium-** und **Diaryl-bromoniumsalze** dargestellt werden. Sie entstehen bei der thermischen Zersetzung von Aryl-diazonium-fluoboraten in den entsprechenden Arylhalogeniden als Reaktionsmedium unter Übertragung des Arylkations auf das Halgenatom eines Lösungsmittelmoleküls:

$$[Ar—\overset{\oplus}{N}\equiv N]^+ BF_4^- + Hal—Ar' \longrightarrow [Ar—\overset{\oplus}{Hal}—Ar']^+ BF_4^- + N_2$$

Die Diaryl-chloronium- und -bromoniumsalze sind bei etwas verminderter Beständigkeit in ihren Eigenschaften den Diaryl-jodoniumsalzen sehr ähnlich. Insbesondere lösen sie sich als echte Salze ebenfalls in Wasser auf und sind in hydrophoben Verbindungen unlöslich.

Auch aliphatische Verbindungen mit mehrwertigem Jod sind bekannt. Insbesondere konnte J. Thiele aus einigen Jod-olefinen unter besonderen Vorsichtsmaßregeln zur Schonung der Doppelbindung ebenfalls die meisten der beschriebenen Verbindungstypen darstellen. Erst in der gesättigten Reihe werden sie wesentlich unbeständiger, z. B. sind *Methyl-* oder *Äthyljodidchlorid* nur noch unterhalb -30^0 stabil. Auch hier beobachtet man also wieder die schon mehrfach betonte Parallelität des Verhaltens von ungesättigten und aromatischen Halogenverbindungen.

---

[1]) K. Clauss: B. 88, 268 (1955).

[2]) A. N. Nessmejanow u. Mitarbb. (russisch), Referat: C **1957**, 3505; **1958**, 4460.

4. Kapitel

Die organischen Sauerstoffverbindungen

In den *organischen Sauerstoffverbindungen* sind die H-Atome der Kohlenwasserstoffe teilweise oder vollständig durch Sauerstoff ersetzt. Diese Sauerstoffverbindungen leiten sich danach, im Gegensatz zu den Halogeniden, zwar nur von einem einzigen Heteroelement ab, zeigen aber trotzdem eine wesentlich größere Mannigfaltigkeit als die Halogenverbindungen, da der Sauerstoff als zweiwertiges Element gleichzeitig mit mehreren Atomen oder Atomgruppen verbunden sein kann. Um die hierdurch bedingten Komplikationsmöglichkeiten besser überblicken zu können, hat es sich als zweckmäßig erwiesen, jeweils die Verbindungen mit den einfachsten sauerstoffhaltigen Resten, nämlich der einwertigen Hydroxylgruppe (—OH) und dem zwei Wertigkeiten beanspruchenden Carbonylsauerstoff (=O), als Grundverbindungen anzusehen und alle Verbindungen mit anderen sauerstoffhaltigen Resten, wie z. B. der —OMe-, —O—R-, —O—Ac- oder auch $(—O—R)_2$-Gruppe sekundär von diesen Grundverbindungen als deren Derivate abzuleiten. Man erhält auf diese Weise in Abhängigkeit von der Oxydationsstufe des C-Atoms die folgenden vier Hauptgruppen von Verbindungen:

1. die **Hydroxyverbindungen** (R—OH, Ar—OH usw.) als die einfachsten Verbindungen mit einer einwertigen Sauerstoffunktion, von denen sich sekundär die Metallalkoholate (R—OMe) bzw. Phenolate (Ar—OMe), die Ester (R—O—Ac oder Ar—O—Ac), die Äther (R—O—R, Ar—O—Ar oder Ar—O—R) usw. als Derivate ableiten.

Der früher gebräuchliche Name *Oxyverbindungen* hat sich nur noch als Gruppenname für die Gesamtheit der Stoffe mit einwertiger Sauerstoffunktion erhalten. Diese Oxyverbindungen werden dann unterteilt in die *Hydroxyverbindungen* (mit freier Hydroxylgruppe), die *Alkoxyverbindungen* (= Äther) mit alkyliertem und die *Acoxyverbindungen* (= Ester) mit acyliertem Sauerstoff.

2. die **Oxoverbindungen** mit einem doppelt gebundenen Sauerstoffatom, zu denen die Aldehyde (R—CH=O), die Ketone ($R_2C=O$) und Chinone (z. B. ) gehören, als einfachste Verbindungen mit einer zweiwertigen Sauerstoffunktion. Auch von ihnen leiten sich eine Reihe von Derivaten ab, von denen hier als Beispiel nur die Acetale $\left(R-CH\begin{smallmatrix}O-R\\O-R\end{smallmatrix}\right)$ angeführt seien.

3. Eine von einem einzigen O-Atom ausgehende dreiwertige Sauerstofffunktion ist (abgesehen von den erst in neuerer Zeit dargestellten instabilen Carboxoniumsalzen, S. 353f.) nicht bekannt. Die einfachste Gruppe mit einem

oxydativ dreiwertigen Kohlenstoff muß daher gleichzeitig einen Carbonylsauerstoff und eine OH-Gruppe enthalten. Man hat die Carboxylgruppe $-\mathrm{C}\begin{smallmatrix}\nearrow\!\!\!\!\nearrow \mathrm{O}\\ \searrow \mathrm{OH}\end{smallmatrix}$, deren Eigenschaften infolge der in **II**, Kap. 3, III, 2 beschriebenen Mesomerie zwischen den beiden O-Atomen weitgehend sowohl von denen der einfachen Hydroxy- als auch von denen der einfachen Oxogruppe abweichen, daher kurzerhand als dreiwertige Sauerstoffunktion definiert und faßt dementsprechend sämtliche Verbindungen mit oxydativ dreiwertigem Kohlenstoff zu den **Carbonsäuren** $\left(\mathrm{R{-}C}\begin{smallmatrix}\nearrow\!\!\!\!\nearrow \mathrm{O}\\ \searrow \mathrm{OH}\end{smallmatrix}\right)$ und ihren Derivaten zusammen.

4. Als Grundverbindung des oxydativ vierwertigen Kohlenstoffs fungiert naturgemäß das Kohlendioxyd oder auch die freie Kohlensäure. Diese Verbindungsgruppe umfaßt infolgedessen lediglich die verschiedenen **Kohlensäurederivate.**

Diesen vier wichtigsten Verbindungsgruppen schließen sich als fünfte Gruppe die erst im nächsten Kapitel beschriebenen **Verbindungen mit mehreren Sauerstofffunktionen** im Molekül an, die, da sich diese Funktionen oft gegenseitig beeinflussen, eine Reihe weiterer Reaktionsmöglichkeiten zeigen und damit wichtige neue Verbindungsklassen darstellen.

Eine letzte wesentliche Erweiterung erfährt die Gruppe der organischen Sauerstoffverbindungen schließlich noch durch den Umstand, daß alle Verbindungen, in denen von einem C-Atom aus mehrere Valenzen an beliebige negative Heteroelemente gehen, durch hydrolytische und ähnliche ohne Änderung der Oxydationsstufe verlaufende Spaltungsreaktionen sehr leicht in die entsprechenden Sauerstoffverbindungen übergehen. Man zählt infolgedessen auch diese Verbindungen mit zu den Derivaten der Sauerstoffverbindungen. Substanzen, wie z. B. die Schiffschen Basen (R—CH=N—R'), die Carbonsäurechloride $\left(\mathrm{R{-}C}\begin{smallmatrix}\nearrow\!\!\!\!\nearrow \mathrm{O}\\ \searrow \mathrm{Cl}\end{smallmatrix}\right)$, Schwefelkohlenstoff (S=C=S) usw. gehören also nicht mehr zu den Stickstoff-, Halogen- und Schwefelverbindungen, sondern werden als Aldehyd-, Carbonsäure- und Kohlensäurederivate mit bei den Sauerstoffverbindungen behandelt. Auch die sich vom Hydroperoxyd ableitenden organischen Peroxyverbindungen lassen sich auf diese Weise am besten als Derivate der oben beschriebenen Grundverbindungen einordnen.

Infolge dieser Verhältnisse ist die Gruppe der organischen Sauerstoffverbindungen die bei weitem wichtigste und umfassendste der organischen Chemie, deren Bedeutung noch dadurch gesteigert wird, daß sich fast alle Reaktionen der Sauerstoffverbindungen an der C—O-Bindung oder den zu ihr nachbarständigen C—H- und C—C-Bindungen abspielen. Wir begegnen hier somit einem Großteil der doppelten Umsetzungen, der Mehrzahl der Kondensations- und nahezu sämtlichen Oxydations- und Reduktionsreaktionen der organischen Chemie. Im Gegensatz dazu zeigen die später behandelten Verbindungen der anderen Elemente, vor allem die Stickstoff- und Schwefelverbindungen, bereits vielfach Reaktionen, die sich ohne Beteiligung des organischen Restes ausschließlich an den Hetero-atomen abspielen, also streng genommen nicht mehr zur „Chemie des Kohlenstoffs" gehören.

I. Die Hydroxyverbindungen und ihre Derivate

Die *Hydroxyverbindungen* enthalten auf Grund der gegebenen Definition maximal eine OH-Gruppe an einem C-Atom, das außer mit dieser Gruppe nur noch mit oxydativ null-wertigen Resten (H-Atomen, organischen Radikalen) besetzt sein darf. Sie besitzen danach die allgemeine Formel R—OH. Ihr Verhalten hängt, ähnlich wie das der Halogenverbindungen, weitgehend davon ab, ob sich die OH-Gruppe an einem paraffinischen, olefinischen oder aromatischen Kohlenstoffatom befindet. Man unterteilt sie daher in 1. die durch Substitution von Paraffinwasserstoff entstehenden Alkohole, 2. die Enole, deren Hydroxygruppe an einem doppelt gebundenen C-Atom steht, und 3. die Phenole genannten aromatischen Hydroxyverbindungen, deren OH-Gruppe sich an einem Benzol-C-Atom befindet.

1. Die Alkohole

a) Darstellung und allgemeine Eigenschaften

Die *Alkohole*[1]) sind die den Alkylhalogeniden entsprechenden „Alkylhydroxyde", also Verbindungen, in denen sich die OH-Gruppe an einem gesättigten C-Atom befindet, das außer Wasserstoff und einfachen C—C-Bindungen keine weiteren Funktionen enthält. Ihre Reaktionsfähigkeit hängt in einigen Fällen von der Zahl der H-Atome ab, die sich noch am hydroxylierten C-Atom (*Carbinolkohlenstoff*, s. unten) befinden, und man unterscheidet daher entsprechend der Natur dieses C-Atoms zwischen *primären, sekundären* und *tertiären Alkoholen*, denen zuweilen als Anfangsglied der Reihe der *nulläre Methylalkohol* vorangestellt wird:

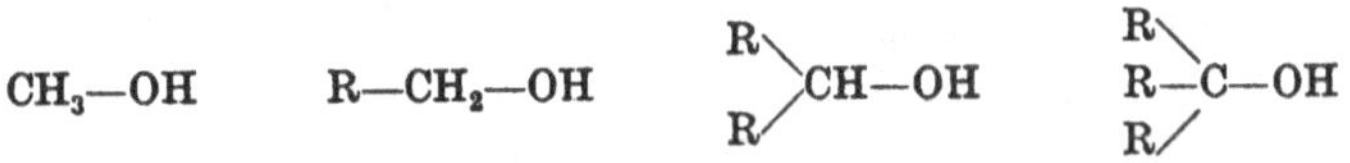

nullärer primärer sekundärer tertiärer
Alkohol

Eine erste **Unterteilung** der Alkohole ergibt sich auf Grund der neben der Hydroxylgruppe ev. noch im Molekül enthaltenen Funktionen in 1. die sich von den eigentlichen Paraffinen ableitenden *gesättigten Alkohole*, 2. die noch eine Mehrfachbindung im Molekül enthaltenden *ungesättigten Alkohole*, 3. die durch Hydroxylierung der Seitenketten aromatischer Kohlenwasserstoffe entstehenden *aromatischen Alkohole* und schließlich 4. die *Halogenalkohole*.

Die einfachen gesättigten Alkohole besitzen auf Grund der Definition die **Summenformel** $C_nH_{2n+2}O$, oder besser $C_nH_{2n+1}OH$. Die in dieser zweiten Formel zum Ausdruck kommende Sonderstellung des einen H-Atoms ergibt sich ohne weiteres aus seinen Reaktionen. Einmal kann es häufig mit dem Sauerstoff zusammen eingeführt oder herausgespalten werden:

$$R{-}CH_2{-}CH_2{-}Cl + AgOH \xrightarrow{-AgCl} R{-}CH_2{-}CH_2{-}OH \xrightarrow{-H_2O} R{-}CH{=}CH_2$$

[1]) Die Bezeichnung *Alkohol* stammt aus dem Arabischen, hat aber zunächst nichts mit unserm Weingeist zu tun, sondern bedeutet ursprünglich ein sehr feines Pulver. Die Übertragung des Begriffes auf den Äthylalkohol als den „feinen" Bestandteil des Weines erfolgte erstmals durch Paracelsus. Später wurde der Name dann als Gruppenname auf die ganze Verbindungsklasse ausgedehnt.

Ferner unterscheidet es sich in seiner gesamten Reaktionsfähigkeit grundlegend von allen anderen H-Atomen. So läßt es sich z. B. leicht durch Natrium ersetzen, wirkt stark siedepunktserhöhend, kurz, es verhält sich in allem genau so, wie die ebenfalls an Sauerstoff gebundenen H-Atome des Wassers.

Nomenklatur. Zur Benennung der Alkohole gibt es mehrere Möglichkeiten. Am gebräuchlichsten ist die allgemeine Verwendung des Gruppennamens *Alkohol*, dem lediglich der Name des jeweils an die Hydroxylgruppe gebundenen *Alkylrestes* vorangestellt wird, wie es etwa in *Methyl-*, *Äthyl-*, *Isopropyl-* oder allgemein in *Alkyl-alkohol* der Fall ist. Die Genfer Nomenklatur geht demgegenüber wieder vom Kohlenwasserstoff aus und drückt die Substitution eines H-Atoms durch die OH-Gruppe durch die von dem Gruppennamen Alkohol abgeleitete und an den Namen des Kohlenwasserstoffs angehängte (nicht wie bei den ungesättigten Kohlenwasserstoffen die die Endsilbe ersetzende) Endung *-ol* aus, so daß Namen wie Methan*ol*, Äthan*ol*, Propan*ol*-1 (n-Propylalkohol) oder Propan*ol*-2 (Isopropylalkohol) entstehen.

Auch die Bezeichnung *Hydroxymethan*, *Hydroxyäthan* usw. ist prinzipiell richtig, wird aber nur bei komplizierteren Verbindungen, die keine reinen Alkohole mehr sind, angewandt, um hier die Anwesenheit einer OH-Gruppe neben anderen Substituenten zu kennzeichnen. Als Beispiele seien die *β-Hydroxy-buttersäure* (S. 450), das *α-Hydroxy-chinolin* (I, Kap. 11, II, 2c) usw. angeführt.

Eine letzte Benennungsmöglichkeit geht schließlich vom Methylalkohol als Grundverbindung aus, und zwar von dessen veralteter Bezeichnung *Carbinol*. Danach sind alle höheren Alkohole alkylsubstituierte Carbinole. Diese Möglichkeit hat sich hauptsächlich bei der Benennung symmetrisch gebauter tertiärer Alkohole bewährt, wie etwa beim Trimethyl- oder Triphenylcarbinol:

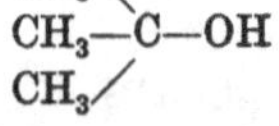

Trimethylcarbinol (tert.-Butylalkohol)

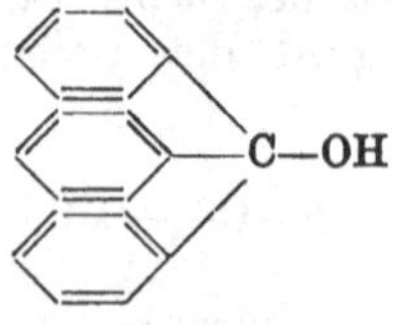

Triphenylcarbinol (Tritylalkohol)

Auch der oben bereits erwähnte Ausdruck *Carbinolkohlenstoff* wird vielfach zur Hervorhebung des die OH-Gruppe tragenden C-Atoms verwandt.

Vorkommen. Die Alkohole sind bereits zu unbeständig und reaktionsfähig, um noch mineralisch oder im Steinkohlenteer auftreten zu können. Dagegen begegnen wir in ihnen erstmals einer Gruppe von Verbindungen, die in größerem Umfang in der belebten Natur vorkommen. Vor allem die niederen Glieder der Reihe spielen eine wichtige Rolle, und zwar sowohl in freiem Zustand, z. B. als Endprodukte der verschiedenen Gärungsvorgänge, als auch gebunden in zahlreichen Estern und Äthern. Einige höhere Alkohole treten in den verschiedenen Wachsarten (III, Kap. 6, I, 3) auf, in denen sie esterartig an höhere Carbonsäuren gebunden sind, und schließlich kennt man auch eine große Anzahl weiterer Naturprodukte, die mehrere Hydroxylgruppen (z.B. Glycerin, S. 440 oder die Zuckeralkohole, III, Kap. 4, I, 5a) oder neben der Hydroxylgruppe noch andere Funktionen im Molekül enthalten (z. B. die Kohlenhydrate, III, Kap. 4, die Hydroxycarbonsäuren, S. 496f., usw.) und die daher nicht mehr zu den eigentlichen Alkoholen zählen.

Darstellung. Die technisch wichtigsten niederen Alkohole werden aus Naturprodukten isoliert oder nach Spezialverfahren hergestellt. Daneben gibt es aber auch eine Reihe von allgemeingültigen Darstellungsverfahren, die auf fünf verschiedenen Wegen zum Ziel führen: 1. den Austausch anderer negativer Reste gegen die OH-Gruppe, 2. die Wasseranlagerung an Olefine, 3. die Oxydation von Paraffinwasserstoff, 4. die Reduktion der höheren Sauerstoffunktionen und schließlich 5. synthetische Methoden.

Zu 1. Der Ersatz anderer negativer Substituenten durch die OH-Gruppe läuft letzten Endes auf eine hydrolytische Abspaltung dieser Substituenten (allgemein „*Verseifung*" genannt) hinaus und ist auf verschiedene Weise möglich:

a) Die hydrolytische Spaltung der Alkylhalogenide, in dem Schema auf S. 157 als „Alkylierung" des Wassers (bzw. Natriumhydroxyds) dargestellt, erfolgt meistens durch alkalische Spaltungsmittel auf Grund der folgenden Gleichung:

$$R-Hal + NaOH \longrightarrow R-OH + NaHal$$

Das Verfahren hat jedoch nur in Spezialfällen Anwendung gefunden, da einerseits im allgemeinen umgekehrt die Alkylhalogenide aus den meist leichter zugänglichen Alkoholen gewonnen werden, andererseits die Reaktion häufig durch Nebenreaktionen, z. B. durch die stets als Nebenreaktion der Alkylierung auftretende Olefin- oder zuweilen auch Ätherbildung (S. 217), gestört wird. Immerhin ist es durch entsprechende Auswahl des Spaltungsmittels gelungen, die Nebenreaktionen mehr oder weniger stark zurückzudrängen.

Hierbei gilt die allgemeine Regel, daß starke Alkalien, wie etwa die Ätzalkalien, Barytwasser usw., die Nebenreaktionen begünstigen, während milde Spaltungsmittel, wie Sodalösung, Blei- oder Silberoxyd, Calciumcarbonat usw., die Alkoholbildung begünstigen. Noch zweckmäßiger ist es zuweilen, die Reaktion in zwei Stufen vorzunehmen: 1. die Alkylhalogenide mit Natriumacetat, das infolge seiner geringen Basizität nur substituierend wirkt, in die Carbonsäureester umzuwandeln, die sich dann 2. infolge ihres anderen Verseifungsmechanismus (vgl. S. 206f.) ohne Nebenreaktionen in die Alkohole überführen lassen:

$$R-Hal + NaO-CO-CH_3 \xrightarrow{-3\,NaHal} R-O-CO-CH_3 \xrightarrow{+\,NaO-H} R-OH + NaO-CO-CH_3$$

b) Natürlich kann man auch von den **Carbonsäureestern** direkt ausgehen und aus ihnen durch Verseifung den Alkohol gewinnen, ein Verfahren, das häufig zur Isolierung von Alkoholen aus natürlich vorkommenden Estern, z. B. aus den Wachsestern gebräuchlich ist.

c) Die Hydrolyse der Aminogruppe ist in wäßriger Lösung auch mit den wirksamsten Katalysatoren nicht durchführbar, sondern gelingt lediglich in der Gasphase über Dehydratisierungskatalysatoren oberhalb 300°, ist hier jedoch stark von Nebenreaktionen begleitet (insbesondere wieder von der unter den gleichen Bedingungen erfolgenden Olefin- und auch Ätherbildung). Sie ist daher ohne praktische Bedeutung geblieben, zumal die nicht zur Olefinbildung neigenden Alkohole (z. B. Methyl- und Benzylalkohol) anderweitig leichter zugänglich sind.

Dagegen kann man, ähnlich wie bei der Darstellung der Alkylhalogenide aus primären Aminen und Nitrosylhalogeniden (S. 156), durch indirekte Spaltung der C—N-Bindung primärer Amine mittels salpetriger Säure zum Ziel gelangen (vgl. auch I, Kap. 6, I, 1a):

$$R-NH_2 + O{=}N-OH \longrightarrow R-OH + N_2 + H_2O$$

Doch verläuft auch diese Reaktion wegen des relativ komplizierten Reaktionsmechanismus nicht einheitlich und neigt zuweilen stark zur Olefin- und auch Ätherbildung als Ausweichreaktionen.

Zu 2. Die **Wasseranlagerung an Olefine** geschieht aus den auf S. 95 angeführten Gründen meistens über die Schwefelsäure-halbester als Zwischenprodukte. Die Reaktion dient namentlich zur technischen Gewinnung zahlreicher sekundärer und tertiärer Alkohole (Regel von MARKOWNIKOW) aus den beim Crackprozeß anfallenden oder durch Paraffindehydrierung leicht zugänglichen niederen Olefinen. In der Praxis werden die primär entstehenden Schwefelsäurehalbester häufig erst gar nicht zu den Alkoholen verseift, sondern wegen ihrer größeren Reaktionsfähigkeit direkt weiter verarbeitet, z. B. in die Carbonsäureester übergeführt:

$$R\text{—}OSO_3H + NaO\text{—}Ac \longrightarrow R\text{—}O\text{—}Ac + NaHSO_4$$

Zu 3. Die direkte **Oxydation von Paraffinwasserstoff** zu Alkoholen ist nicht allgemein durchführbar, weil die Alkohole bereits unter sehr milden Bedingungen weiter oxydiert werden (S. 188), unter denen die Paraffine gegen Oxydationsmittel noch stabil sind. Sie gelingt lediglich bei Oxydation eines tertiären C-Atoms, da hier ein Überschreiten der Oxydationsstufe des Alkohols nicht möglich ist, z. B. bei der oben bereits erwähnten Oxydation von Triphenylmethan zum Triphenylcarbinol:

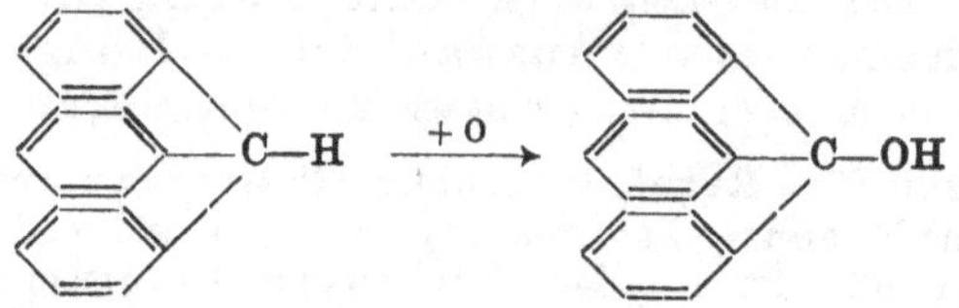

Führt man dagegen den Sauerstoff in Form der gegen weitere Oxydation geschützten und leicht sekundär zur OH-Gruppe hydrolysierbaren O-Acetylgruppe ein, dann ist tatsächlich in einigen Fällen auch bei einer Methyl- oder Methylengruppe das Abstoppen der Reaktion auf der Stufe des Alkohols möglich. Als Beispiel sei die Bildung von Benzylalkohol aus Toluol durch partielle Oxydation der Seitenkette mit Bleitetraacetat angeführt (vgl. I, Kap. 12, I, 1c):

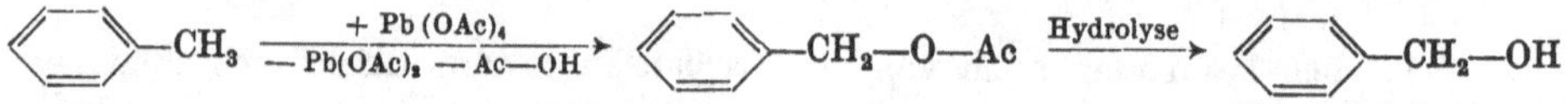

Benzylalkohol

Zu 4. Die im einzelnen erst später zu besprechende **Reduktion der höheren Oxydationsstufen des Kohlenstoffs** zum Alkohol (vgl. S. 251, 276, 329 u. a.) gelingt relativ leicht nur bei den Oxoverbindungen, dagegen auffallend schwer bei den Carbonsäuren und ihren Derivaten. Als präparatives Reduktionsmittel für die Oxoverbindungen dient insbesondere nascierender Wasserstoff jeder Art, während die Reduktion der Carbonsäuren nur mit Lithium-aluminiumhydrid in befriedigender Ausbeute gelingt. In der Technik werden beide Reduktionen auch mit katalytisch erregtem Wasserstoff durchgeführt, wozu im Falle der Carbonsäure- oder auch Carbonsäureesterreduktion allerdings Temperaturen von 250—350° und Wasserstoffdrucke bis zu 300 Atmosphären erforderlich sind.

Zu 5. Als wichtigstes allgemein gültiges Verfahren für die **synthetische Gewinnung von Alkoholen** sind die in I, Kap. 9, I ausführlich beschriebenen GRIGNARD-Reaktionen zu erwähnen, die bei der Einwirkung von magnesium-organischen Verbindungen auf Formaldehyd zu den primären, auf sonstige Aldehyde zu den sekundären und auf Ketone (oder Carbonsäureester) zu den tertiären Alkoholen führen:

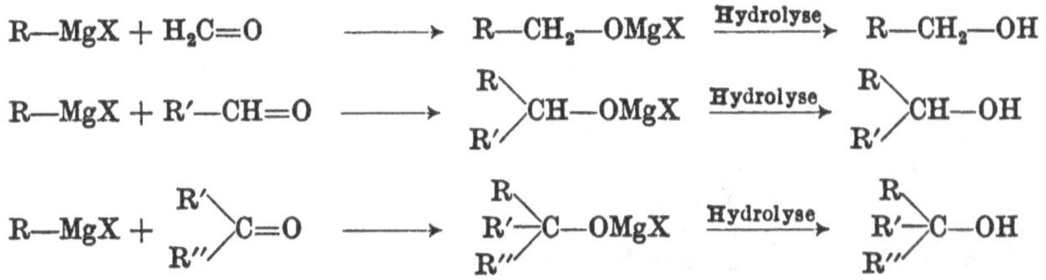

Durch Verwendung von Äthylenoxyd statt Formaldehyd gelangt man ebenfalls zu primären Alkoholen, die jedoch jeweils zwei C-Atome mehr enthalten als die Alkylmagnesiumverbindung:

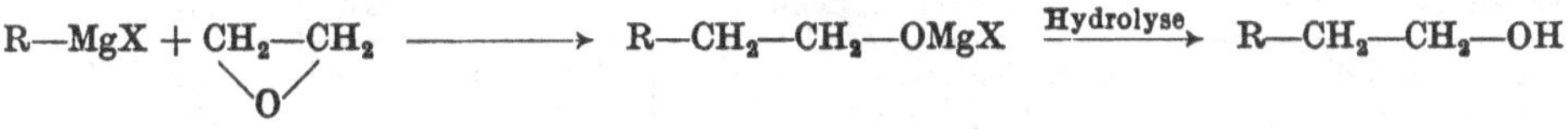

Eine zweite, im einzelnen unübersichtlich verlaufende Synthese von Alkoholen mittlerer Molekülgröße findet bei der **Kohlenoxydhydrierung** über geeigneten Kobaltverbindungen als Katalysatoren statt. Wir begegnen hier neben der Methanolsynthese (S. 190), bei der das Kohlenoxyd lediglich zwei Moleküle H_2 zum Methanol anlagert, und der Paraffinsynthese nach F. Fischer und H. Tropsch (S. 71), bei der die Bildung des sich schnell polymerisierenden Radikals $:CH_2$ erfolgt, einer dritten Möglichkeit der Kohlenoxydhydrierung, die die beiden erstgenannten Möglichkeiten miteinander kombiniert, indem durch Einbau der CH_2-Radikale in das entstehende Methanolmolekül höhere Alkoholmoleküle synthetisiert werden, wie es im folgenden Formelbild schematisch angedeutet sei:

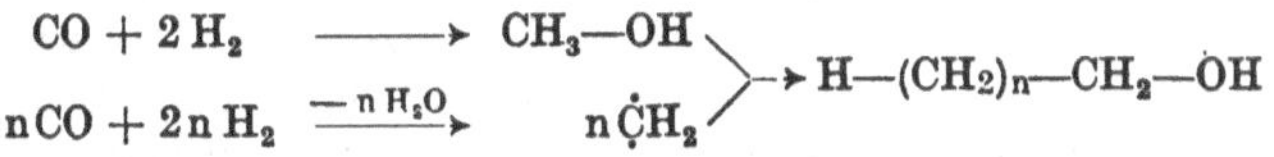

Dieses dritte Verfahren hat sich insbesondere für die Darstellung von Alkoholen mit verzweigter Kette, wie z. B. von Isopropyl- und Isobutyl-alkohol bewährt.

Die Alkohole unterscheiden sich hinsichtlich ihrer **physikalischen Eigenschaften** weitgehend von allen bisher besprochenen Verbindungen. Vor allem setzt die Hydroxylgruppe, wie im einzelnen aus Tabelle 10 (S. 186) hervorgeht, die Siedepunkte gegenüber denen der Paraffine gleicher Kohlenstoffzahl außerordentlich stark herauf, so daß sie bei den niederen Gliedern der Reihen sogar die der wesentlich schwereren Alkyljodide übertreffen. Schmelzpunkt und Dichte werden dagegen weniger beeinflußt.

Als Hauptursache der siedepunktserhöhenden Wirkung der OH-Gruppe ist ihre große **Assoziationstendenz** anzusehen, die wir ja schon vom Wasser her kennen und die auf die Bildung von Wasserstoffbrücken (Näheres vgl. II, Kap. 6, I, 4) zurückzuführen ist. Es ist interessant, wie dieser Assoziationseffekt durch benachbarte Alkylgruppen abgeschirmt wird. So beobachtet man z. B. beim Übergang vom Äthylalkohol über den Isopropyl- zum tert.-Butylalkohol trotz Zunahme der Molekülgröße um jeweils eine Methylgruppe nahezu keine Siedepunktssteigerung, während bei den Paraffinen im gleichen Siedebereich, z. B. bei dem analogen Übergang vom n-Hexan zum 2,2-Dimethylhexan, die Siedepunktserhöhung 37° beträgt (vgl. Tabelle 1, S. 74).

Weiterhin werden durch die Hydroxylgruppe die **Lösungsverhältnisse** grundlegend geändert. Die Alkohole besitzen infolge ihres charakteristischen Aufbaus eine

Tabelle 10

Physikalische Konstanten einiger Alkohole

Trivialname	Genf. Nomenklatur	Sdp.	Smp.	D/Temp.
Methylalkohol	Methanol	65°	— 97°	0,792/20°
Äthylalkohol	Äthanol	78	—114	0,789/20
Propylalkohol	Propanol-1	97	—126	0,804/20
Isopropylalkohol	Propanol-2	82	— 90	0,788/16
n-Butylalkohol	n-Butanol-1	117	— 80	0,810/20
Isobutylalkohol	2-Methyl-propanol-1	108	—108	0,805/10
tert.-Butylalkohol	2-Methyl-propanol-2	83	+ 25	0,789/20
n-Amylalkohol	n-Pentanol-1	138	— 79	0,787/15
Gärungsamylalkohol aktiv	2-Methylbutanol-1	128	—	0,815/25
Gärungsamylalkohol inaktiv	3-Methyl-butanol-1	131	—	0,813/20
Amylenhydrat	2-Methyl-butanol-2	102	— 8	0,807/25
n-Hexylalkohol	n-Hexanol-1	156	— 52	0,820/20
n-Heptylalkohol	n-Heptanol-1	174	— 35	0,879/25
n-Octylalkohol	n-Octanol-1	194	— 16	0,827/20
n-Nonylalkohol	n-Nonanol-1	214	— 5	0,828/20
n-Decylalkohol	n-Decanol-1	231	+ 7	0,830/20
Allylalkohol	Propen-2-ol-1	97	—129	0,870/20
Propargylalkohol	Propin-2-ol-1	115	—	0,972/20
Benzylalkohol	Phenylmethanol	205	— 15	1,043/19

Doppelnatur, indem sie einerseits die dem Wasser nahe verwandte, also hydrophile OH-Gruppe, andererseits aber auch den hydrophoben und lipophilen Alkylrest im Molekül enthalten. Infolgedessen sind die niederen Glieder der Reihe, in denen der Paraffinrest noch nicht zu sehr überwiegt, sowohl in Wasser als auch in organischen Lösungsmitteln (einschließlich der stark hydrophoben reinen Kohlenwasserstoffe) gut löslich bzw. sogar mit ihnen mischbar. Umgekehrt zeigen sie ihrerseits ebenfalls ein hohes Lösungsvermögen für alle Arten von Stoffen, und zwar werden Elektrolyte, Wasser usw. durch die OH-Gruppen, Kohlenwasserstoffe usw. durch die Alkylreste solvatisiert (Näheres vgl. **II**, Kap. 6, II, 1). Die niederen Alkohole sind daher präparativ und technisch sehr wichtige Lösungsmittel. Natürlich verschieben sich diese Eigenschaften stark mit der Kettenlänge des Alkylrestes. Methanol oder gar Methanol-Wassermischungen wird man daher bevorzugt zur Auflösung hydrophiler Stoffe, wie z. B. von Zuckern und Elektrolyten, Butanol dagegen zum Umkristallisieren von lipophilen Substanzen, wie z. B. von Kohlenwasserstoffen, verwenden. Geht man mit der Kettenlänge des Alkylrestes noch weiter hinauf, so verschwindet der Einfluß der OH-Gruppe schließlich vollkommen. Die Alkohole oberhalb C_{10} sind infolgedessen kaum noch wasserlöslich und äußerlich nicht mehr von den Paraffinen zu unterscheiden.

Das chemische Verhalten der Alkohole wird ausschließlich durch die Reaktionsfähigkeit der OH-Gruppe bedingt, da eine Beeinflussung der Reaktionsfähigkeit des Alkylrestes bei dieser niederen Oxydationsstufe noch nicht zu erkennen ist. Man unterscheidet fünf verschiedene Reaktionstypen: 1. den auf S. 199 f. ausführlich beschriebenen Ersatz des Hydroxylwasserstoffs durch andere Reste unter Bildung von Alkoholderivaten. 2. die Bildung komplexer Säuren, 3. den Ersatz der gesamten Hydroxylgruppe durch andere Substituenten, 4. die bereits früher (S. 87) beschriebene Abspaltung von Wasser zu Olefinen, 5. Oxydationsreaktionen, 6. Reduktionsreaktionen und 7. synthetische Reaktionen.

Zu 2. Aluminiumchlorid, Borfluorid, Zinkchlorid und ähnliche koordinativ ungesättigte Verbindungen vermögen sich nach H. MEERWEIN an eines der ungebundenen Elektronenpaare der alkoholischen Hydroxylgruppe unter Bildung **stark saurer** (vgl. **II**, Kap. 3, I, 4a) **Komplexe** anzulagern:

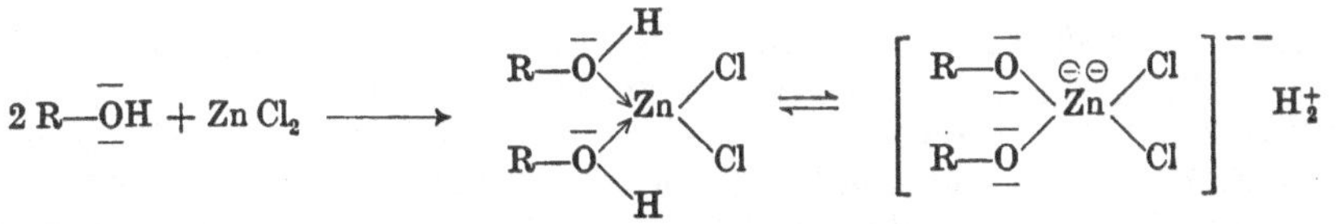

Diese komplexbildenden Halogenverbindungen verhalten sich daher in Alkoholen als Lösungsmitteln wie starke Säuren und werden auch häufig wie diese als „saure“ Katalysatoren verwandt (vgl. z. B. S. 217, 290 u. a.)

Zu 3. Die **Substitution der OH-Gruppe** durch andere Substituenten kommt praktisch auf eine Verwendung des Alkohols als Alkylierungsmittel hinaus. Doch bereitet die Übertragung der Alkylgruppe auf andere Atome hier wesentlich größere Schwierigkeiten als bei Alkylhalogeniden, weil die C—O-Bindung erheblich reaktionsträger ist als die verschiedenen C—Hal-Bindungen. Man benötigt daher meistens Katalysatoren und schärfere Reaktionsbedingungen. Trotzdem ist die Möglichkeit der Durchführung derartiger Alkylierungsreaktionen bei der leichten Zugänglichkeit der einfachen Alkohole zuweilen von großer praktischer Bedeutung, wie die folgenden wichtigsten Anwendungsbeispiele zeigen:

a) der bereits früher (S. 154) ausführlich beschriebene **Austausch der Hydroxylgruppe gegen Halogen.**

b) der **Austausch der Hydroxyl- gegen die Aminogruppe.** Er geschieht durch einfache Ammonolyse des Alkohols zum Alkylamin (vgl. auch **I**, Kap. 6, I, 1a):

$$R{-}OH + H{-}NH_2 \longrightarrow R{-}NH_2 + H_2O\ ,$$

die man in Gegenwart von Zinkchlorid (meistens verwendet man direkt die Zinkchlorid-ammoniak-additionsverbindung) bei 250—300° oder auch in der Gasphase über Dehydratisierungskatalysatoren (z. B. Al_2O_3 oder ThO_2) bei 300° durchführen kann. Die Reaktion verläuft jedoch nicht einheitlich, da sie einerseits sofort weiter geht unter Bildung sekundärer und tertiärer Amine, andererseits als Alkylierungsreaktion wieder von einer Wasserabspaltung zum Olefin als Konkurrenzreaktion begleitet ist.

c) **Zur Einführung von Schwefel** werden die Alkohole mit Schwefelwasserstoff oder Mercaptanen nach folgender Gleichung umgesetzt:

$$R{-}OH + H{-}SH \longrightarrow R{-}SH + H_2O$$

$$R{-}OH + H{-}S{-}R' \longrightarrow R{-}S{-}R' + H_2O$$

Die Reaktion wird entweder in Gegenwart starker Mineralsäuren in flüssiger Phase oder in Analogie zur Aminbildung mit Hilfe eines Kontaktverfahrens über Dehydratationskatalysatoren (ThO_2 sowie auch Al_2O_3) bei 300—350° durchgeführt. In letzterem Fall ist sie ebenfalls von einer mehr oder weniger starken Olefinbildung begleitet.

Zu 5. Die Oxydation der Carbinol- zur Carbonylgruppe geschieht auf dem Wege einer Dehydrierung (Näheres über die Beziehungen zwischen Oxydation und Dehydrierung vgl. I, Kap. 12, I, 3 u. II, Kap. 4, II, 5), d. h. einer Abspaltung von Wasserstoff, der dann erst sekundär von dem Oxydationsmittel gebunden wird:

$$R{-}\overset{\displaystyle H}{\overset{|}{C}}H{-}OH + O \longrightarrow R{-}CH{=}O + H_2O$$

Sie verläuft infolgedessen wesentlich leichter als die Oxydation von Paraffinwasserstoff (S. 184), so daß die Alkohole zu den ausgesprochen leicht oxydierbaren Stoffen gehören. Da auch die höheren Oxydationsstufen des Kohlenstoffs nach Möglichkeit auf dem Wege einer Dehydrierung weiter oxydiert werden, hängt die mit einfachen Mitteln erreichbare Endstufe der Oxydation ausschließlich von der Zahl der für diese Dehydrierungsreaktion benötigten, am Carbinolkohlenstoff noch vorhandenen H-Atome ab. Wir bemerken hier infolgedessen einen grundsätzlichen Unterschied zwischen primären, sekundären und tertiären Alkoholen, die maximal bis zu den im folgenden Schema zusammengestellten Verbindungen dehydrierbar sind. Die angeführten Zwischenstufen sind meistens faßbar (Näheres vgl. die Darstellungsweisen der einzelnen Verbindungsklassen):

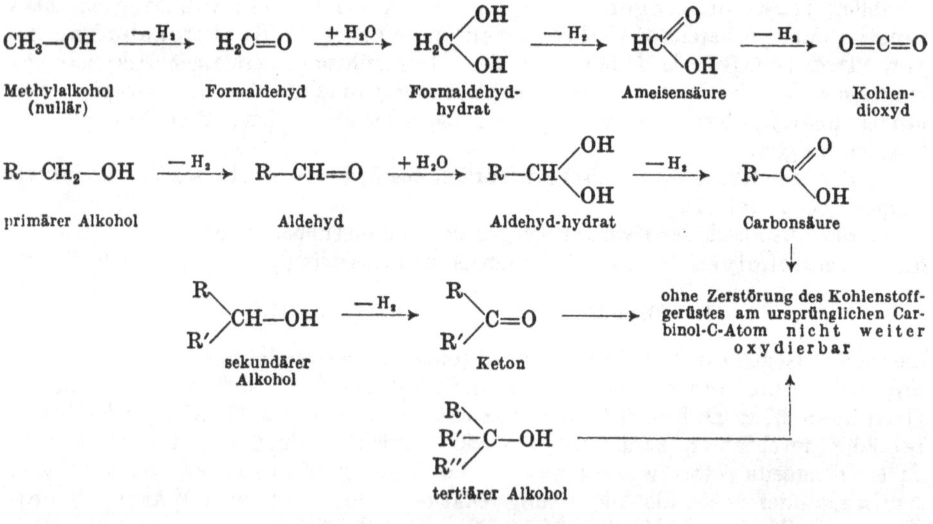

Bei Anwendung schärferer Oxydationsbedingungen führt die Reaktion jeweils unter Angriff auf die vom Carbinol-C-Atom ausgehenden C—C-Bindungen zu einem Gemisch verschiedener Carbonsäuren (vgl. z. B. die oxydative Ketonspaltung, S. 277), wenn nicht gar vollständiger Abbau zu Kohlendioxyd und Wasser eintritt.

Zu 6. Die Reduktion der alkoholischen Hydroxylgruppe gelingt in seltenen Fällen bereits durch nascierenden Wasserstoff, sofern dieser ein genügend hohes Abscheidungspotential besitzt (I, Kap. 12, II, 1b), wird aber präparativ meistens mit konzentrierter Jodwasserstoffsäure über das als Zwischenprodukt auftretende Alkyljodid in Umkehrung der Jodierungsreaktion durchgeführt (S. 67). Von praktischer Bedeutung ist zuweilen auch die Möglichkeit, die Reduktion in zwei Stufen — katalytische Hydrierung der durch Wasserabspaltung erhaltenen Olefine — vorzunehmen (Gleichung formulieren!).

Zu 7. Von den **synthetischen Reaktionen,** die von den Alkoholen ausgehen, hat bisher nur die Carbonylierung, d. h. der Einbau eines Mols Kohlenoxyd zu den um ein C-Atom reicheren Carbonsäuren, praktisches Interesse gefunden[1]):

$$R{-}OH + CO \xrightarrow[250-350^\circ]{NiJ_2} R{-}COOH$$

Die Reaktion wird am besten durch die Jodide der carbonylbildenden Schwermetalle katalysiert.

Nachweis. Die Alkohole lassen sich infolge ihrer niedrigen Schmelzpunkte meistens nur schlecht direkt nachweisen und identifizieren. Man führt sie daher zu diesem Zweck vielfach in ihre Derivate über, von denen sich insbesondere die leicht darzustellenden und gut kristallisierenden Ester der aromatischen Carbonsäuren bewährt haben. Am gebräuchlichsten sind die Benzoesäureester und für die niederen Alkohole, deren „Benzoate" noch flüssig sind, auch die p-Nitro-benzoesäureester (p-Nitro-benzoate).

Verwendung. Infolge der leichten Zugänglichkeit, einerseits durch Synthese, andererseits aus Naturstoffen, stellen die niederen Alkohole bis etwa zu den Amylalkoholen eine sehr wichtige Körperklasse dar, die in ihrer Gesamtheit in noch stärkerem Ausmaß als das Acetylen (und dieses sogar z. T. ersetzend, s. unten) als Ausgangsmaterialien für die präparative und technische Darstellung anderer aliphatischer Verbindungen dienen. Allerdings verteilen sich hier die verschiedenen Möglichkeiten auf mehrere Verbindungen, von denen insbesondere der Methyl- und der Äthylalkohol, sowie neuerdings auch der Isopropyl- und der Isobutylalkohol hervorgehoben werden müssen. Weiterhin ist von großer praktischer Bedeutung die oben bereits kurz gestreifte Verwendung der niederen Alkohole als Lösungsmittel sowie als Reaktionsmedium, um in nicht-wäßriger Phase säuren- und basenkatalysierte Reaktionen sowie Reduktionsreaktionen mit nascierendem Wasserstoff durchzuführen.

b) Die gesättigten Alkohole

Methylalkohol oder **Methanol**[2]) $CH_3{-}OH$ (früher auch *Carbinol* genannt), das Anfangsglied der Reihe, kommt nicht frei in der Natur vor und ist auch nicht durch einfache Gärungsvorgänge zugänglich. Dagegen tritt er vielfach gebunden auf, z. B. als Methyläther eines hochmolekularen Phenols im Lignin und in zahlreichen andern natürlichen Phenoläthern (III, Kap. 6, II). Ferner begegnen wir esterartig gebundenem Methylalkohol im Chlorophyll (**III**, Kap. 2, VII, 3), in den Pektinen (**III**, Kap. 4, IV, 4) und in einigen Alkaloiden (**III**, Kap. 7, III, 4b).

Seine **Gewinnung** war früher nur in begrenzten Mengen möglich, da sie ausschließlich durch trockene Destillation von Holz geschah, bei welcher er aus den Phenoläthergruppen des Lignins entsteht und sich im Holzessig bis zu 1,5—3% anreichert. Die Reindarstellung aus diesem Holzessig, namentlich die Trennung von dem als Begleiter stets auftretenden Aceton, bereitete einige technische Schwierigkeiten, so daß reiner, ins-

---

[1]) W. Reppe u. Mitarbb.: A. 582, 72 (1953).

[2]) Der Name Methanol findet neuerdings vielfach auch praktische Anwendung, um der durch die Kennzeichnung als „Alkohol" immer wieder vorkommenden Verwechslung mit dem Äthylalkohol vorzubeugen.

besondere acetonfreier Methylalkohol früher eine ziemlich teure und schwer zugängliche Substanz war.

Eine grundsätzliche Umwälzung bewirkte erst die bei den allgemeinen Darstellungsweisen bereits erwähnte **Kohlenoxydhydrierung**[1]) der I. G. Farbenindustrie, die bei 400—450° und 200 Atmosphären Wasserstoffdruck über Zinkoxyd-Chromoxyd-Mischkatalysatoren[2]) zur Methanolbildung führt (vgl. auch **II**, Kap. 4, I, 3) und ab 1923 großtechnisch durchgeführt wird. Durch sie stieg der Methylalkohol mit einem Schlage zum technischen Großprodukt auf und macht seither in der Technik dem Äthylalkohol die führende Stellung zunehmend streitig.

Zur Reindarstellung des Methanols diente früher die intermediäre Überführung in den kristallisierten und leicht wieder spaltbaren Oxalsäureester (Smp. 53°). Noch besser eignet sich hierzu die heute meistens verwandte Calciumchlorid-additionsverbindung ($CaCl_2(CH_3OH)_3$), die bereits durch Wasser unter Bildung von Calciumchlorid-hydrat wieder zerlegt wird. Die Trennung vom Wasser kann im Gegensatz zum Äthylalkohol (s. unten) durch einfache fraktionierte Destillation erfolgen, so daß das reine technische Produkt bereits über 99%ig ist. Zur Entfernung des restlichen Wassers verwendet man Magnesium, das sich primär unter Alkoholatbildung auflöst. Erst dieses reagiert dann mit dem Wasser zum unlöslichen Magnesiumoxyd, das aus dem Reaktionsgleichgewicht ausscheidet und dadurch die extreme Trocknung ermöglicht:

$$2\,CH_3{-}OH + Mg \xrightarrow{-H_2} Mg(OCH_3)_2 \xrightarrow{+H_2O} MgO + 2\,CH_3{-}OH$$

Dagegen gelingt die Darstellung absoluten Methylalkohols im Gegensatz zum Äthylalkohol nicht mit Ätzkalk, da dieser mit Methanol im Rahmen eines Gleichgewichtes Calciummethanolat bildet und dadurch bis zu einem gewissen Grade sogar Wasser liefert:

$$CaO + 2\,CH_3{-}OH \rightleftharpoons Ca(OCH_3)_2 + H_2O$$

Methanol ist eine farblose Flüssigkeit, die in Wasser und allen organischen Lösungsmitteln unbegrenzt löslich ist, doch hebt bereits ein Wassergehalt von 4% die Mischbarkeit mit Petroläther und den verschiedenen Benzinen auf. Es wirkt auf den Organismus stärker berauschend als Äthylalkohol, ist aber im Gegensatz zu diesem ein zwar nicht sehr starkes, doch sehr gefährliches Gift[3]) (tödliche Dosis etwa 25 g), da auch bei Aufnahme noch nicht tödlich wirkender Mengen häufig schwere Dauerschäden, insbesondere Erblindung, eintreten. Selbst das Einatmen der Dämpfe ist auf die Dauer schädlich.

Methanol dient in der Technik als Lösungsmittel, als Ersatz für Brennspiritus und vor allem als wichtiges, in seiner Bedeutung nahezu dem Acetylen entsprechendes Ausgangsmaterial für die Darstellung anderer aliphatischer Verbindungen. Die praktisch wichtigsten dieser Möglichkeiten sind in dem folgenden Schema zusammengestellt, das sich z. T. mit dem auf Tafel I (S. 128) wiedergegebenen „Stammbaum" der vom Acetylen aus synthetisierbaren Verbindungen überschneidet (vgl. auch Taf. II, **I**, Kap. 10, I, 2):

---

[1]) Nach V. N. Ipatieff u. G. S. Monroe (Am. Soc. **67**, 2168 [1945]) kann man bei Verwendung von Kupfer-Aluminium-Kontakten auch von Kohlendioxyd und Wasserstoff ausgehen.

[2]) Die eigentliche Katalysatorwirkung übt Zinkoxyd aus, während dem Chromoxyd lediglich die Aufgabe zufällt, bei der bereits ziemlich hohen Reaktionstemperatur das Sintern des Zinkoxyds zu vermeiden.

[3]) Die eigentliche Giftwirkung dürfte nicht vom Methylalkohol selbst, sondern von der aus ihm unter physiologischen Bedingungen durch Dehydrierung leicht entstehenden Ameisensäure ausgehen. Näheres siehe dort (S. 377).

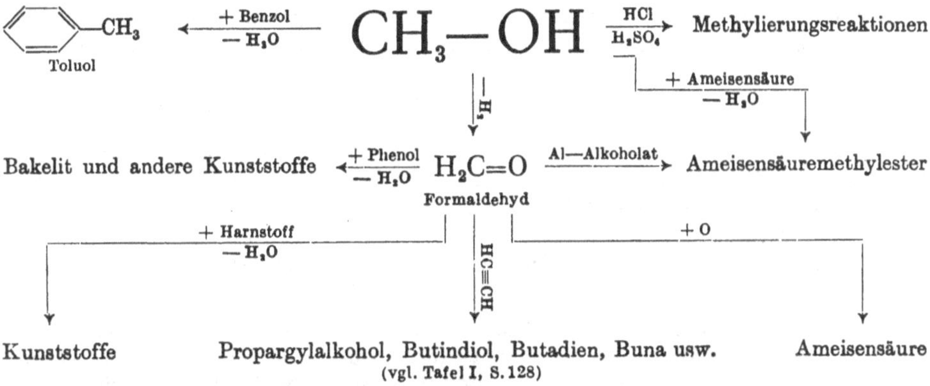

Äthylalkohol oder *Äthanol* CH_3—CH_2—OH, auch *Alkohol* schlechthin, *Weingeist, Spiritus* oder *Sprit* genannt, ist der wichtigste Alkohol und eine der am längsten bekannten organischen Verbindungen überhaupt. Er kommt zwar ebenfalls nicht oder nur in Spuren frei in der Natur vor, und auch seine Äther und Ester wurden bisher nicht als Naturprodukte aufgefunden. Dagegen entsteht er bei einigen durch Mikroorganismen bewirkten Zersetzungsreaktionen, vor allem bei der **alkoholischen Vergärung** von Kohlenhydraten, die nach der folgenden summarischen Gleichung verläuft (Näheres vgl. **III**, Kap. 8, III, 2cα):

$$C_6H_{12}O_6 \longrightarrow 2\,C_2H_5OH + 2\,CO_2$$

Danach wird also günstigstenfalls nur die Hälfte des Gewichtes der Glukose in Alkohol übergeführt, doch enthält dieser zwei Drittel der C-Atome und, was für seine Verwendung als Brennstoff wichtig ist, sämtliche Reduktionsäquivalente[1]) der ursprünglichen Glucose, so daß der Gärungsprozeß wohl mit einem gewissen Substanzverlust, jedoch mit keinem wesentlichen Energieverlust verbunden ist.

Die alkoholische Gärung ist seit alters her bekannt und auch heute noch in allen Ländern das praktisch ausschließliche Darstellungsverfahren für den *Äthylalkohol*, das technisch in allergrößtem Maßstab durchgeführt wird. Als Ausgangsmaterial dient allerdings nicht die Glukose selbst, sondern in erster Linie die viel billigere Stärke (z. B. Kartoffel- oder Getreidesprit), die in einer Vorstufe enzymatisch (**III**, Kap. 8, II, 3b) zur bereits vergärbaren Maltose abgebaut wird. Daneben geht man z. T. auch schon von der noch billigeren Cellulose, die durch die Holzverzuckerung (**III**, Kap. 6, II, 5b) in vergärbare Kohlenhydrate übergeführt wird, sowie von den beim Holzaufschluß abfallenden Hemicellulosen (Sulfitsprit, **III**, Kap. 6, II, 5b) aus.

Neben der alkoholischen Gärung ist nur noch ein weiteres Verfahren zur technischen Reife gelangt, das vom Acetylen ausgehend durch Wasseranlage-

[1]) Diese wichtige Folgerung läßt sich ohne nähere Kenntnis des Gärungsmechanismus bereits aus der Tatsache ableiten, daß die Gärung als „anaerober", d. h. sich unter Luftausschluß abspielender Vorgang ohne Mitbeteiligung des Luftsauerstoffs, also unter voller Erhaltung der Reduktionsäquivalente des Gärungsgutes erfolgt; denn da als Endprodukt der Gärung neben dem nicht mehr oxydablen CO_2 nur Äthylalkohol entsteht, muß dieser alle ursprünglichen Reduktionsäquivalente des Kohlenhydrats enthalten, wovon man sich durch Abzählen der zur Verbrennung von Glukose ($C_6H_{12}O_6$) einerseits und zwei Molekülen Äthylalkohol andererseits erforderlichen Sauerstoffatome leicht überzeugen kann.

rung zum Acetaldehyd und durch dessen Hydrierung mit Nickel als Katalysator schließlich zum Äthylalkohol führt (Acetylen- oder Kalksprit):

$$HC{\equiv}CH + H_2O \longrightarrow CH_3{-}CH{=}O \xrightarrow{H_2} CH_3{-}CH_2{-}OH$$

Auf diesem Wege wurden namentlich im ersten Weltkrieg in Deutschland große Mengen Äthylalkohol hergestellt, doch hat sich das Verfahren in der freien Wirtschaft neben der alkoholischen Gärung nicht halten können. Ja es wird heute sogar das Zwischenprodukt dieser Reaktion, der Acetaldehyd, vielfach schon nicht mehr vom Acetylen, sondern umgekehrt vom Äthylalkohol ausgehend gewonnen (s. unten).

Die **Gewinnung von wasserfreiem Alkohol** hat seit jeher gewisse Schwierigkeiten bereitet, weil Äthylalkohol mit Wasser ein azeotropes (d. h. konstant siedendes) Gemisch von 95,5% Alkohol und 4,5% Wasser bildet, das durch fraktionierte Destillation allein nicht mehr getrennt werden kann (vgl. physik. chem. Lehrbücher). Auch eine Trocknung mit den üblichen Trockenmitteln (konzentrierte Schwefelsäure, metallisches Natrium, Natriumhydroxyd, Calciumchlorid usw.) ist nicht bzw. nur unvollkommen möglich, weil diese selbst in Alkohol löslich sind oder mit ihm chemisch reagieren. Das früher wichtigste Verfahren der Trocknung durch mehrtägiges Kochen des 95%igen Alkohols über Ätzkalk geht zwar etwas besser als beim Methanol vor sich, führt aber, abgesehen von den großen Verlusten durch Alkoholatbildung, aus den dort angegebenen Gründen nur zu einem maximal 99,5%igen Alkohol, der dann erst in einer dritten Stufe mit Hilfe des ebenfalls beim Methanol geschilderten Magnesiumverfahrens völlig getrocknet werden kann. Das Magnesiumverfahren selbst ist schließlich wiederum nur bei einem mehr als 99%igen Alkohol durchführbar, weil sich das Metall sonst sofort mit einer unlöslichen Magnesiumoxydhaut bedeckt, die jede weitere Reaktion verhindert.

Es ist daher praktisch außerordentlich wichtig, daß es technisch gelungen ist, durch Zusatz von mit Wasser nicht mischbaren Flüssigkeiten, wie etwa Benzol, Tetrachlorkohlenstoff, Trichloräthylen usw., den konstant siedenden 95,5%igen Alkohol auch durch Destillation in seine Bestandteile zu zerlegen. Die Wirkungsweise dieser Zusatzmittel beruht darauf, daß sie infolge ihrer hydrophoben, d. h. wasserabstoßenden Natur den partiellen Dampfdruck des Wassers gegenüber dem des Alkohols so stark erhöhen, daß ersteres bevorzugt abdestilliert und schließlich ganz entfernt werden kann. Das zurückbleibende völlig trockene Gemisch des Alkohols mit dem Zusatzmittel läßt sich dann leicht durch anschließende normale Fraktionierung zerlegen.

Auch präparativ lassen sich die oben angeführten Schwierigkeiten umgehen, indem man den sehr hochsiedenden Phthalsäure-diäthylester einer Natriumalkoholatlösung zusetzt. Hier wird das Wasser zur Bildung von Natriumhydroxyd verbraucht, das allein zur alkalischen Hydrolyse des Esters unter Salzbildung befähigt ist und dabei quantitativ aus dem sich zunächst einstellenden Gleichgewicht herausgefangen wird:

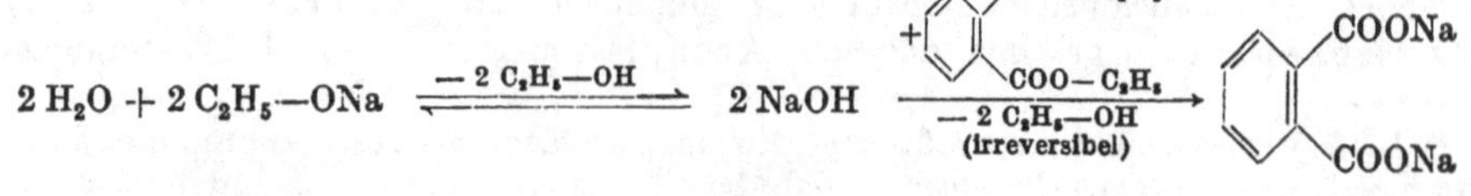

Zum Nachweis kleinster Wassermengen im Alkohol dient die Zersetzung von Calciumcarbid, die mit reinem Alkohol nicht erfolgt. Das hierbei entstehende Acetylen ist durch Bildung des roten Kupferacetylenids sofort zu erkennen. Auch die Blaufärbung von entwässertem Kupfersulfat oder die Hydrolyse von Ameisensäureäthylester in Gegenwart von Natriumalkoholat unter Bildung des schwerlöslichen Natriumformiats (Gleichung formulieren!) dienen zuweilen als Kriterium für den Wassergehalt des Alkohols.

Äthylalkohol ist eine angenehm riechende, farblose Flüssigkeit, die sich wie Methanol mit Wasser und allen organischen Lösungsmitteln in jedem Verhältnis mischt. Seine wichtigste Eigenschaft ist ohne Zweifel seine **anregende und berauschende Wirkung,** die ihn seit jeher und auch heute noch zu dem beliebtesten Genußmittel macht. Die Rauschwirkung ist zwar gegenüber der der benachbarten Homologen etwas geringer, wahrscheinlich infolge der jahrtausendelangen Gewöhnung, dafür zeigt aber der Äthylalkohol von allen niederen Alkoholen die bei weitem geringste Giftwirkung, und sein mäßiger Genuß kann als unschädlich angesehen werden, zumal der Alkohol im Körper vollständig verbrannt und ausgenützt, also schnell „entgiftet" wird. Erst die chronische Einnahme von viel Alkohol führt zu den bekannten Trinkerschäden. Sehr gefährlich ist ferner der schnelle Genuß von viel konzentriertem Alkohol, z. B. in Form von Branntwein oder Likör, da man hier leicht die tödliche Dosis aufnehmen kann, ehe an der erst später auftretenden Rauschwirkung die Gefahr erkennbar ist und ehe auch der Körper den Alkohol durch Abbau entgiften kann.

Die **alkoholischen Genußmittel** lassen sich in drei größere Gruppen einteilen:

1. Am längsten bekannt ist der direkte Genuß der beim Vergären von kohlenhydrathaltigen Pflanzensäften oder von Stärkeaufschlemmungen erhaltenen **Gärflüssigkeiten.** Im einzelnen unterscheidet man die beim Vergären zuckerhaltiger Fruchtsäfte entstehenden Weine, die aus Gerste bereiteten normalen Biere und die aus Weizen gewonnenen Weißbiere, sowie den früher durch Vergären von Honigwasser erhaltenen Met.

2. die **Branntweine.** Aus den relativ alkoholarmen Gärflüssigkeiten erhält man durch partielle Destillation, im Volksmund „Brennen" genannt, die verschiedenen Branntweine, und zwar aus den Weinen den Weinbrand (Kognak), aus den Bieren den Kornbranntwein sowie aus der ungebrannt meistens nicht verwerteten Gärflüssigkeit von Fruchtsäften das Kirsch- und Zwetschgenwasser (Sliwowitz), den Himbeergeist usw., von Wacholderbeeren den Genever, von Reis den Arrak, von Mais den Whisky und schließlich von Zuckerrohrmelasse den Rum.

3. die **Liköre.** Die Branntweine enthalten als Destillationsprodukte noch keinen Zucker, und man kommt durch deren Nachzuckerung schließlich zu den Likören. Sie bestehen im wesentlichen aus etwa gleichen Teilen Rohrzucker, Wasser und Äthylalkohol, denen geringe Mengen von Duft- oder Aromastoffen, sei es in Form einer „Essenz", sei es in Form alkoholischer Pflanzenextrakte, zugesetzt werden.

Neben dieser **Verwendung** als Genußmittel ist der Äthylalkohol auch technisch ein außerordentlich wichtiger Stoff, der alle anderen Alkohole an Bedeutung überragt. Bei weitem die größte Menge wird heute bereits als **Ausgangsmaterial für die Herstellung anderer aliphatischer Verbindungen** benötigt. Hier ist der Alkohol der schärfste Konkurrent des Acetylens, da beide Verbindungen durch einfache Reaktionen in Acetaldehyd überführbar sind:

$$HC{\equiv}CH \xrightarrow{+H_2O} CH_3{-}CH{=}O \xleftarrow{-H_2} CH_3{-}CH_2{-}OH$$

also ein Großteil der auf Tafel I (S. 128, 129) angeführten Verbindungen auch vom Äthylalkohol aus zugänglich ist. In Getreideüberschußländern (USA, Sowjetrußland usw.) wird dieser Weg auch weitgehend beschritten (z. B. wird in Rußland zur Bunagewinnung die Getreideproduktion ganzer Provinzen verbraucht), während man in Getreidemangelländern, wie z. B. in Deutschland, meistens den Weg über das Acetylen bevorzugt. Weiterhin ist Äthanol das wichtigste Veresterungsmittel für Säuren, eines der am häufigsten verwandten Lösungsmittel und dient schließlich auch unter der Bezeichnung Brennspiritus als Brennstoff für den Klein- und Kleinstbetrieb.

Da der reine Alkohol in allen Kulturstaaten mit einer hohen Steuer belegt ist, wird dieser Brennspiritus durch vergällende und denaturierende Zusätze für den menschlichen Genuß unbrauchbar gemacht. Als **Vergällungsmittel** dient in Deutschland im allgemeinen ein Zusatz von 2—2½% Methanol und 1% der aus dem Steinkohlenteer erhaltenen rohen Pyridinbasen. Letztere stellen zwar den Hauptgeruchsträger des Vergällungszusatzes dar, doch verbleibt nach deren oberflächlicher Entfernung mit Säuren immer noch der Methylalkohol als giftige und schwer abtrennbare Beimengung, so daß vor der Verwendung von „entgälltem" Brennspiritus zu Trinkzwecken nicht genug gewarnt werden kann.

Als wichtigste **Nachweisreaktion** des Äthylalkohols dient die auf S. 167 bereits beschriebene Jodoformprobe, die allerdings auch von anderen Verbindungen (z. B. Acetaldehyd, Aceton usw.) gegeben wird. Zur eindeutigen Identifizierung verwendet man meistens den gut kristallisierten p-Nitrobenzoesäureester (Smp. 57°).

n-Propylalkohol (*Propanol-1*) $CH_3—CH_2—CH_2—OH$ entsteht ebenfalls in geringen Mengen bei der alkoholischen Gärung und kann aus den Nachläufen der Alkoholdestillation gewonnen werden. Er wirkt etwas stärker berauschend, aber auch stärker giftig als Äthylalkohol und dient zuweilen als Lösungsmittel.

Isopropylalkohol (*Propanol-2, Dimethylcarbinol*) $CH_3—CHOH—CH_3$ ist als einfachster sekundärer Alkohol wieder erheblich wichtiger. Seine Darstellung erfolgt: 1. durch Hydrierung von Aceton, 2. durch Wasseranlagerung an Propylen und 3. durch direkte Hydrierung von Kohlenoxyd (s. oben):

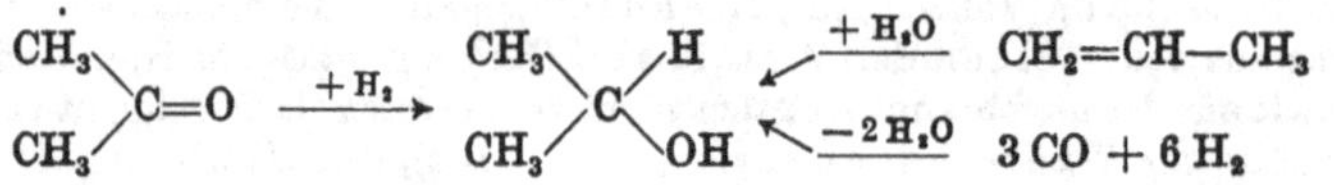

Besonders die letzten beiden Verfahren haben in neuerer Zeit an Bedeutung gewonnen, so daß der Isopropylalkohol heute schon vielfach in Umkehrung des ersten Weges als Ausgangsmaterial für die Acetongewinnung dient. Wir haben hier neben der, ebenfalls in Umkehrung zur normalen Acetaldehydgewinnung erfolgenden, Äthylalkoholdarstellung nach dem Acetylenverfahren (S. 191), ein zweites Beispiel dafür, daß je nach der Rohstofflage beide Richtungen einer zu einem Gleichgewicht führenden Reaktion technische Bedeutung erlangen können.

Außer zur Acetongewinnung wird Isopropylalkohol in der Technik auf Ester verarbeitet und dient auch als Lösungsmittel. Seine physiologische Wirkung entspricht der des n-Propylalkohols.

n-Butylalkohol (*n-Butanol-1*, kurz *Butylalkohol* genannt) $CH_3—(CH_2)_3—OH$. Seine Gewinnung geschieht entweder durch einen speziellen Gärungsprozeß aus stärkehaltigen Stoffen sowie aus Polyalkoholen, wie Glycerin, Mannit usw. (vgl. **III**, Kap. 8, III) oder durch Hydrierung von Crotonaldehyd, der seinerseits wieder vom Acetylen aus leicht zugänglich ist:

$$2\,HC{\equiv}CH \xrightarrow{+2H_2O} \underset{\text{Acetaldehyd}}{2\,CH_3{-}CH{=}O} \xrightarrow[\text{Piperidin-acetat}]{-H_2O} \underset{\text{Crotonaldehyd}}{CH_3{-}CH{=}CH{-}CH{=}O}$$

$$\xrightarrow{+2H_2} \underset{\text{n-Butanol}}{CH_3{-}CH_2{-}CH_2{-}CH_2{-}OH}$$

Er ist als erster Alkohol nicht mehr mit Wasser mischbar und dient als wichtiges präparatives (z. B. zur Trennung von Aminosäuren, vgl. **III**, Kap. 7, II, 1) und technisches Lösungsmittel (z. B. für Nitrocelluloselacke).

Sekundärer Butylalkohol (*Butanol-2*) CH_3—CHOH—CH_2—CH_3 entsteht bei der Wasseranlagerung an alle drei n-Butylene (Regel von MARKOWNIKOW, Gleichungen formulieren!) und dient ebenfalls als Lösungsmittel.

Isobutylalkohol (*Isobutanol-1, 2-Methyl-propanol-1*), $(CH_3)_2CH-CH_2-OH$ ist der einfachste primäre Alkohol mit verzweigter Kohlenstoffkette. Er wird technisch im großen mittels der Kohlenoxydhydrierung gewonnen (s. oben) und dient in der Hauptsache als Zwischenprodukt für die Isobutylendarstellung (S. 103). Ferner wird er wie der n-Butylalkohol in der Technik als hochsiedendes Lösungsmittel für Lacke sowie in der Parfümerie zur Gewinnung wohlriechender Ester (z.B. Isobutylacetat) verwandt. Er hat infolge seiner leichten Zugänglichkeit den früher für diese Zwecke ausschließlich gebräuchlichen Gärungsamylakohol z. T. verdrängt.

Tertiärer Butylalkohol (*Isobutanol-2, 2-Methyl-propanol-2*) $(CH_3)_3C$—OH ist als einfachster tertiärer Alkohol von Interesse. Er wird präparativ mit Hilfe der auf S. 184 angeführten GRIGNARD-Reaktion, technisch durch Wasseraddition an Isobutylen (S. 103, Gleichung formulieren!) gewonnen und ist im Gegensatz zum n-Butanol noch mit Wasser mischbar. In reinem Zustand ist er bei normaler Temperatur bereits fest.

Von den acht isomeren Pentanolen (allgemein **Amylalkohole** genannt) besitzen nur noch die folgenden drei eine größere Bedeutung:

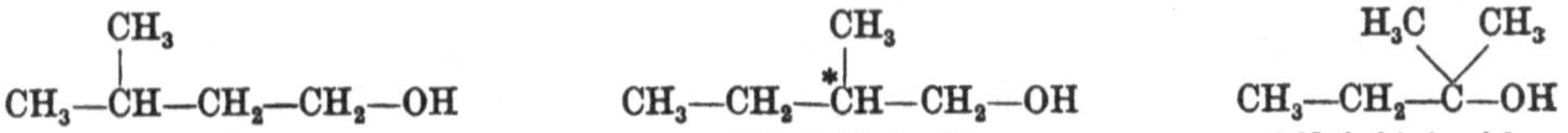

3-Methyl-butanol-1 I — 2-Methyl-butanol-1 II — 2-Methyl-butanol-2 III

Die Mischung von I (Hauptanteil) und II wird als *Gärungsamylalkohol* bezeichnet, weil sie die wichtigste Komponente des bei der alkoholischen Gärung als Nebenprodukt anfallenden Fuselöls darstellt.

Unter **Fuselöl** wird eine Gruppe von höher siedenden, noch mit Wasserdampf flüchtigen und mit Wasser nicht mehr mischbaren *Alkoholen* verstanden, die beim anaeroben Abbau der Eiweiß-Aminosäuren des Vergärungsgutes und der Hefe entstehen. Sie reichern sich im Nachlauf der eigentlichen Alkoholdestillation an, destillieren aber bereits mit den ersten Anteilen des Wassers über und sind daher in schlechten Schnäpsen (Fusel) enthalten, deren schädliche Nachwirkung sie durch ihre Giftigkeit bewirken. Zu ihnen gehört außer den beiden Gärungsamylalkoholen u. a. auch der oben erwähnte Isobutylalkohol, dessen Gewinnung aus dem Fuselöl sich jedoch nicht lohnt.

In II begegnen wir der ersten Verbindung mit einem asymmetrischen C-Atom (S. 12f.). Dieser Alkohol tritt daher in zwei optischen Antipoden auf, von denen die linksdrehende Form im Fuselöl enthalten ist. Man bezeichnet I und II infolgedessen häufig kurz als optisch inaktiven und optisch aktiven Gärungsamylalkohol. Aus dem bei der Wasserabspaltung aus Fuselöl entstehenden Amylengemisch lassen sich 2-Methyl-α- und 2-Methyl-β-butylen durch Wiederanlagerung von Wasser in den tertiären Amylalkohol (III) überführen (Gleichungen formulieren!), der aus diesem Grunde Amylenhydrat genannt wird und in der Pharmazie Anwendung als Schlafmittel findet.

Der rohe **Gärungsamylalkohol** ist als Nebenprodukt der alkoholischen Gärung verhältnismäßig leicht zugänglich und hat daher präparativ und technisch eine vielseitige Anwendung als hochsiedendes Lösungsmittel und Reaktionsmedium gefunden. Ferner dient er zur Herstellung hochsiedender Äther und wohlriechender Ester (Diisoamyläther, Amylacetat usw.), wird aber in neuerer Zeit vom Isobutylalkohol etwas zurückgedrängt. Physiologisch weist er neben der ausgesprochenen Giftwirkung (als Hauptbestandteil des Fuselöls) auch eine blutgefäßerweiternde Wirkung auf, die ihn in der Pharmazie zur Asthmabekämpfung geeignet macht.

Die **höheren gesättigten Alkohole** sind in großer Zahl bekannt, besitzen jedoch nur geringes allgemeines Interesse. Als Naturprodukte wurden bisher ausschließlich primäre Alkohole mit in der Hauptsache unverzweigter und geradzahliger Kohlenstoffkette beobachtet, so u. a. als alkoholischer Bestandteil verschiedener ätherischer Öle der n-Hexyl-, n-Octyl-, n-Nonyl-, n-Dodecyl- und n-Tridecylalkohol sowie als alkoholischer Bestandteil verschiedener Wachsarten (vgl. III, Kap. 6, I, 3) der n-Hexadecyl- (Cetyl-), n-Hexakosyl- (Ceryl-), n-Octakosyl- (C_{28}) n-Triakontyl- (C_{30}) und n-Dotriakontylalkohol (C_{32}). Das Gemisch der beiden letzteren wurde früher für einheitlich gehalten und *Myricylalkohol* (C_{31}) genannt.

Octanol-2 C_6H_{11}—CHOH—CH_3 ist durch oxydativen Abbau der Ricinolsäure (S. 501) leicht zugänglich und findet unter der Bezeichnung *Caprylalkohol* oder *Octylalkohol* schlechthin eine vielfache Anwendung als Entschäumungsmittel.

c) Die ungesättigten und aromatischen Alkohole

In den *ungesättigten* und *aromatischen Alkoholen* befindet sich in größerer Entfernung von der alkoholischen Hydroxylgruppe noch mindestens eine Mehrfachbindung bzw. ein Benzolkern im Molekül. Da eine gegenseitige Beeinflussung der verschiedenen Funktionen über die größere Entfernung hinweg nicht oder nur in untergeordnetem Maße stattfindet, zeigen alle Verbindungen dieser Reihe nahezu unverändert die charakteristischen Reaktionen der in ihnen enthaltenen Funktionen nebeneinander.

Allylalkohol $CH_2{=}CH-CH_2-OH$, der einfachste ungesättigte Alkohol, entsteht aus Glycerin und Oxalsäure beim trockenen Erhitzen auf folgendem Wege:

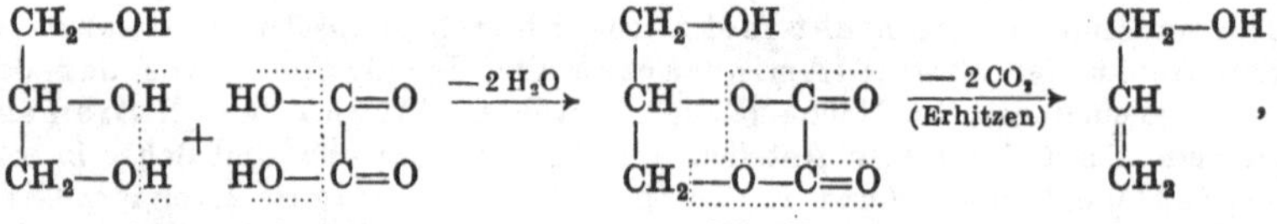

Glycerin Oxalsäure partieller Ester Allylalkohol

wird neuerdings in der Technik jedoch billiger aus dem anschließend beschriebenen Propargylalkohol durch partielle Hydrierung mit Palladium bei 140—150° in Gegenwart von Wasserdampf gewonnen.

Er läßt sich als Alkohol leicht in die Alkohol-derivate überführen oder zum ungesättigten Aldehyd bzw. zur Carbonsäure oxydieren. Andererseits kann er als Olefinderivat zum n-Propylalkohol hydriert werden oder Brom an die Doppelbindung anlagern (Gleichungen formulieren!). Eine neuartige, auch für andere ungesättigte Verbindungen typische Reaktion ist die in II, Kap. 5, III, 1 beschriebene Allylumlagerung.

Höhere ungesättigte Alkohole kommen zahlreich in der belebten Natur vor. Von ihnen werden wir vor allem in den Camphern sowie auch in einigen Carotinoidfarbstoffen wichtige Vertreter kennenlernen.

Im **Propargylalkohol** $H-C{\equiv}C-CH_2-OH$ liegt der einfachste Alkohol mit einer Acetylenbindung vor. Er kann in der üblichen Weise durch Bromwasserstoffabspaltung aus Bromallylalkohol oder neuerdings auch durch Anlagerung von Acetylen an Formaldehyd nach W. Reppe (S. 118) gewonnen werden:

$$CH_2{=}CBr{-}CH_2{-}OH \xrightarrow{-HBr} HC{\equiv}C{-}CH_2{-}OH \longleftarrow HC{\equiv}CH + H_2C{=}O$$

und reagiert ebenfalls sowohl als Alkohol als auch als Acetylenderivat. So läßt sich z. B. von den drei Arten von H-Atomen, die im Molekül enthalten sind, der Paraffinwasserstoff des Carbinol-C-Atoms leicht dehydrierend unter Bildung von Propargylaldehyd oder Propiolsäure abspalten, der Hydroxylwasserstoff durch Alkalimetalle und schließlich der Acetylenwasserstoff durch Schwermetalle, wie etwa durch einwertiges Kupfer, ersetzen:

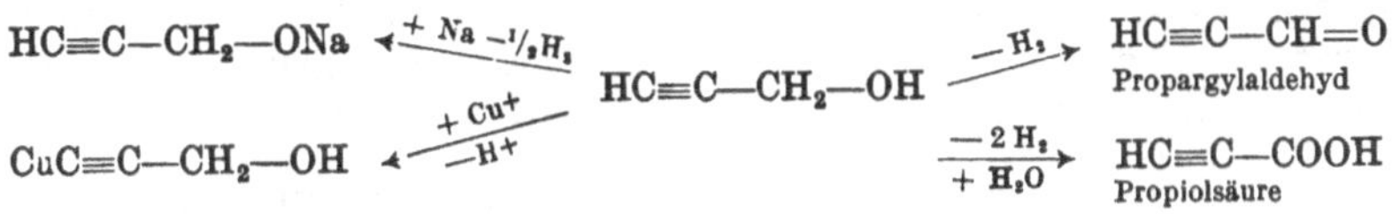

Benzylalkohol $C_6H_5{-}CH_2{-}OH$, der einfachste aromatische Alkohol, kommt in freiem Zustand und verestert verschiedentlich in der Natur vor. Technisch wird er durch Verseifung von Benzylchlorid oder Reduktion von Benzaldehyd gewonnen. Eine weitere Bildungsmöglichkeit durch partielle Oxydation von Toluol mit Bleitetraacetat haben wir auf S. 184 kennengelernt. Er findet als freie Verbindung und in Form seiner Ester Anwendung in der Parfümerie.

Phenyläthylalkohol (kurz *Phen-äthylalkohol* genannt) $C_6H_5{-}CH_2{-}CH_2{-}OH$ ist das nächsthöhere Homologe des Benzylalkohols und wird entweder nach dem auf S. 185 beschriebenen Verfahren aus Phenylmagnesiumbromid und Äthylenoxyd oder aber wesentlich billiger aus Äthylenoxyd und Benzol nach Friedel-Crafts[1]) gewonnen (Gleichung formulieren!). Er findet ebenfalls in der Riechstoffindustrie Anwendung.

Im Zimtalkohol $C_6H_5{-}CH{=}CH{-}CH_2{-}OH$ liegt schließlich der einfachste ungesättigte aromatische Alkohol vor. Er tritt in der Natur in verschiedenen Harzen und Balsamen auf, z. B. mit Zimtsäure verestert im Storax.

Treten mehrere Benzolkerne an das Carbinol-C-Atom, wie z. B. im

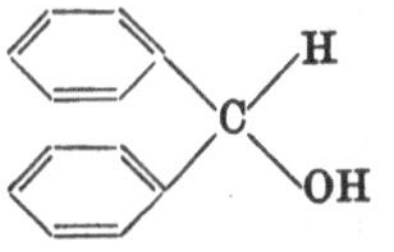

Diphenylcarbinol (Benzhydrol)

und besonders im

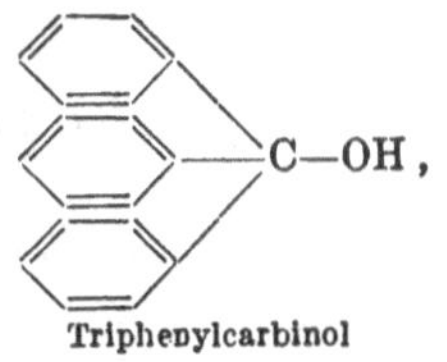

Triphenylcarbinol

so macht sich die aktivierende Wirkung der Benzolkerne wieder stark bemerkbar, und wir beobachten eine gegenüber den normalen Alkoholen stark gesteigerte Reaktionsfähigkeit der Hydroxylgruppe. So erfolgt z. B. deren Austausch gegen Halogen oft bereits beim Umsetzen mit verdünnten Lösungen der Halogenwasserstoffsäuren in Eisessig bei tiefer Temperatur wie eine Ionenfällung, oder bei der Einwirkung von Carbonsäurechloriden (vgl. S. 159). Ferner tritt zuweilen schon beim bloßen Kochen mit Alkoholen ohne erkennbare Katalyse Verätherung ein (vgl. S. 222). Als Einzelverbindungen haben diese Stoffe dagegen keine größere Bedeutung erlangt.

---

[1]) H. Hopff u. K. Koulen: B. 85, 897 (1952).

d) Die Halogenalkohole

Die Einführung von Halogen in größerem Abstand von der OH-Gruppe führt ebenfalls noch zu keiner merklichen Beeinflussung der Alkoholnatur der betreffenden Verbindungen, so daß auch die Halogenalkohole im wesentlichen nur die typischen Umsetzungen beider Funktionen nebeneinander zeigen. Lediglich die Möglichkeit einer innermolekularen Reaktion zwischen dem Halogen und der Hydroxylgruppe kommt neu hinzu.

Bei weitem am wichtigsten sind die **1,2- oder β-Halogenalkohole** (allgemein *Halogenhydrine* genannt), weil sie 1. bei der auf S. 93 beschriebenen Addition von unterhalogenigen Säuren an Olefine, 2. bei der partiellen Halogenierung von zweiwertigen Alkoholen (Glykole, S. 436) mittels konzentrierter Halogenwasserstoffsäuren sowie 3. bei der Ringsprengung von Olefinoxyden mit Halogenwasserstoffsäuren sehr leicht entstehen:

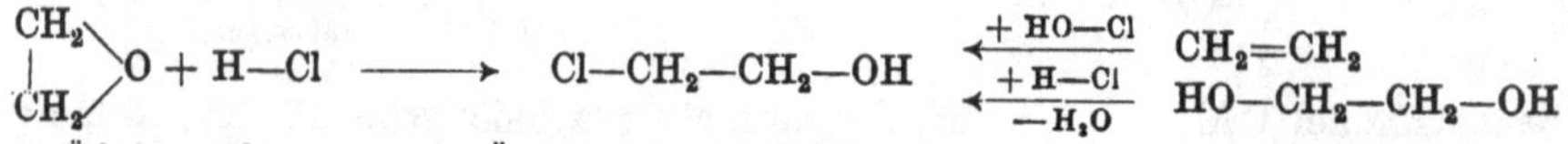

Äthylen-oxyd — Äthylen- oder Glykol-chlorhydrin — Äthylen-glykol

Von den **Umsetzungsmöglichkeiten der Halogenhydrine** sind vor allem die Reaktionen des alkylhalogenidartig gebundenen Halogens von Interesse, die es ermöglichen, den HO—CH_2—CH_2-Rest in andere Moleküle einzuführen, d. h. β-substituierte Alkohole herzustellen:

$$HS{-}CH_2{-}CH_2{-}OH \xleftarrow{Na-SH} Cl{-}CH_2{-}CH_2{-}OH \xrightarrow{NH_3} H_2N{-}CH_2{-}CH_2{-}OH$$

β-Mercapto-äthylalkohol — β-Amino-äthylalkohol

Die Reaktionen der alkoholischen Gruppe treten demgegenüber etwas in den Hintergrund. Von allgemeiner Bedeutung ist lediglich die Einwirkung von konzentriertem Alkali. Sie führt zunächst in normaler Reaktion zu den Alkoholaten, die sich dann, und zwar ebenfalls in Analogie zu dem Verhalten normaler Alkoholate (vgl. S. 217), sofort sekundär mit der Alkylhalogenidgruppe des gleichen Moleküls zu einem cyclischen Äther umsetzen:

Äthylenoxyd

Diese innermolekulare Ätherbildung ist nicht nur auf die 1,2-Halogenalkohole beschränkt, sondern findet auch bei größerem Abstand der reagierenden Gruppen statt, so daß hier ein allgemeines Verfahren zur **Darstellung cyclischer Äther** vorliegt (vgl. auch S. 443):

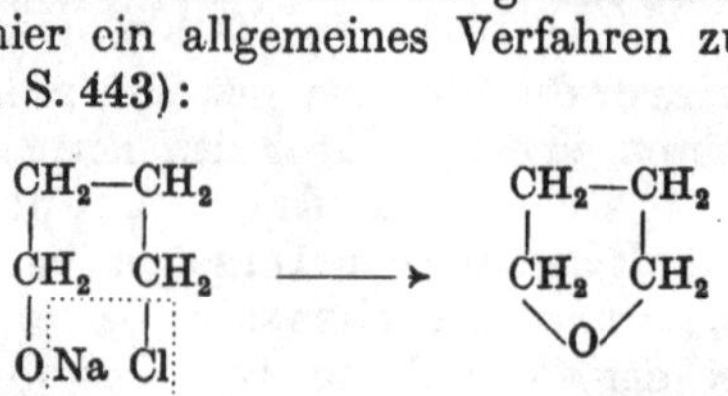

δ-Chlor-butanol — Tetrahydrofuran

In neuerer Zeit wurde die Bedeutung der 1,2-Halogenalkohole durch die der auf anderen Wege leichter zugänglichen Olefinoxyde erheblich zurückgedrängt, da diese zu analogen, jedoch viel einfacher durchführbaren Substitutionsreaktionen befähigt sind (Näheres vgl. S. 444f.).

Von den Polyhalogenalkoholen müssen vor allem der **Trichlor-** und der **Tribromäthylalkohol** $HO—CH_2—CHal_3$ erwähnt werden, die beide physiologisch stark aktiv sind. Die Chlorverbindung entsteht im Körper durch Reduktion von eingenommenem Chloral (S. 270) und ist wahrscheinlich als die eigentliche aktive Substanz bei der Verwendung des Chlorals als Hypnotikum anzusehen. Sie wird, ebenso wie der bromierte Alkohol, künstlich auf einem analogen Wege, durch Reduktion von Chloral (bzw. Bromal, S. 270) nach dem Verfahren von MEERWEIN-PONNDORF (S. 251), dargestellt. Die Bromverbindung dient unter dem Decknamen Avertin als wichtiges Basisnarkotikum. **Chloreton** ist schließlich ein dem *Trichloräthylalkohol* homologer tertiärer Alkohol, der durch Anlagerung von Chloroform an Aceton unter der Einwirkung von viel festem Kaliumhydroxyd gewonnen werden kann:

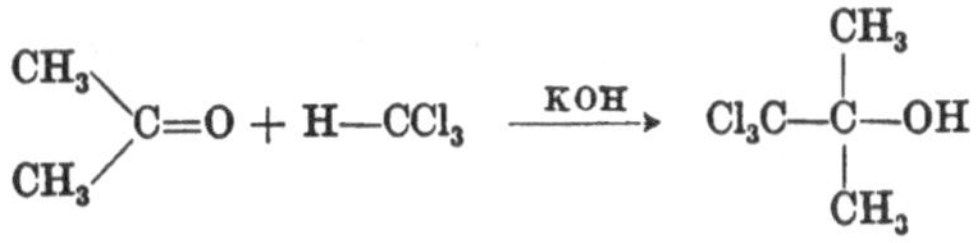

Chloreton

Er dient ebenfalls in der Pharmazie als Hypnotikum und Anästhetikum.

2. Die Derivate der Alkohole

Unter *Alkoholderivaten* versteht man, wie oben bereits angedeutet, alle Verbindungen, in denen der Wasserstoff der Hydroxylgruppe durch andere organische oder anorganische Reste ersetzt ist. Sie weisen insofern eine Doppelnatur auf, als das allgemein als Brückensauerstoff bezeichnete O-Atom zwei meist verschiedene Reste miteinander verknüpft, man die entstehenden Verbindungen also nicht nur als Alkoholderivate, sondern auch als Alkylderivate der Hydroxylverbindungen des zweiten Restes auffassen kann. Diese zweite Möglichkeit ist um so mehr berechtigt, als der Einfluß der nicht alkoholischen Komponente auf das Molekül vielfach sogar den der relativ reaktionsträgen Alkylgruppe übertrifft und den allgemeinen Charakter der Verbindung bestimmt.

Man unterteilt die Alkoholderivate je nach der Art des zweiten Restes in a) die Alkoholate, in denen ein Metallatom am Sauerstoff steht, b) die Ester, in denen der Wasserstoff durch einen Säurerest, und c) die Äther, in denen er durch einen zweiten Alkylrest substituiert ist. Ihnen schließen sich d) als vierte Verbindungsklasse die alkylierten Oxoniumsalze an, die sich nicht mehr von den Alkoholen direkt, sondern von den OH_3-Ionen durch mehr oder weniger vollständigen Ersatz der H-Atome durch Alkylreste ableiten.

Nicht mehr zu den Alkoholderivaten im engeren Sinne rechnet man dagegen diejenigen Verbindungen, in denen die ganze Hydroxylgruppe durch andere negative Reste ersetzt ist, wie z. B. die Alkylhalogenide, die Amine ($R—NH_2$), die Mercaptane (R—SH) usw., da diese Stoffe nur relativ schwierig in die Alkohole überführbar sind und die meisten ihrer Reaktionen mit denen der Alkohole in keinerlei Zusammenhang stehen. Man muß sie deshalb als selbständige Verbindungsklassen betrachten.

a) Die Metall-alkoholate

Die Metallderivate der Alkohole sind infolge des ionogenen Charakters der Metall-Sauerstoff-Bindung (wenigstens bei den Sauerstoffverbindungen der Alkali- und Erdalkalimetalle) salzartige Stoffe und werden dementsprechend durch die allgemein für die **Benennung** von Salzen gebräuchliche Endsilbe *-at* gekennzeichnet. Sie wird entweder der Genfer Nomenklatur entsprechend an den vollen Namen des Alkohols (z. B. *Natrium-äthanolat*, *Kalium-butanolat*, allgemein *Metall-alkoholat*) oder aber, nicht ganz exakt, unter Fortlassen des Gruppennamens „*-alkohol*" direkt an den Namen des Alkylradikals gehängt. Namen wie *Natriummethylat* ($NaO-CH_3$), *Magnesiumäthylat* [$Mg(O-C_2H_5)_2$] usw. bezeichnen also nicht, wie man zunächst erwarten sollte, metallorganische Verbindungen, in denen das Metall direkt an das Alkylradikal gebunden ist, sondern Alkoholate, in denen diese Bindung über den Sauerstoff erfolgt.

Für die **Darstellung der Metall-alkoholate** kommen drei verschiedene Methoden in Betracht, die sich eng an die entsprechenden Verfahren zur Gewinnung der Metallhydroxyde anlehnen:

1. der Ersatz des Hydroxylwasserstoffs durch Einwirkung freier Metalle auf die Alkohole:

$$R{-}O{-}H + Me \longrightarrow R{-}OMe + {}^1\!/_2 H_2$$

Nach dieser wichtigsten Methode werden vor allem die Alkoholate der niederen Alkohole mit den Metallen der 1. bis 3. Gruppe des Periodensystems gewonnen.

2. der Ersatz des Hydroxylwasserstoffs durch Alkoholyse der Metallderivate von Wasserstoffverbindungen, deren Acidität noch unter der der Alkohole liegt (Infreiheitsetzung schwacher Säuren aus ihren Salzen durch stärkere Säuren), also vor allem von Natriumamid und metallorganischen Verbindungen:

$$NH_3 + R{-}ONa \xleftarrow{+\,NH_2Na} R{-}O{-}H \xrightarrow{+\,R'{-}MgX} R'{-}H + R{-}OMgX$$

Das Verfahren ist allgemein anwendbar, jedoch etwas umständlich in der Durchführung und dient daher in erster Linie zur Darstellung der Alkoholate komplizierterer Hydroxyverbindungen, die sich schlecht mit den freien Metallen selbst umsetzen lassen.

3. Schließlich besteht auch die Möglichkeit der Bildung von Metallalkoholaten mit Hilfe ionogener Fällungsreaktionen, wenn man die sich umsetzenden Salzpaare so auswählt, daß außer dem zu bildenden Alkoholat alle Salze unlöslich ausfallen. So kann man z. B. die Chrom- und auch die Bariumalkoholate in sehr eleganter Weise durch doppelte Umsetzung von Chrom(III)-chlorid und Natriumalkoholat, bzw. von Bariumperchlorat und Kaliumalkoholat, (beide Male in absolut alkoholischer Lösung) gewinnen:

$$CrCl_3 + 3\,NaOC_2H_5 \longrightarrow Cr(OC_2H_5)_3 + 3\,NaCl$$

$$Ba(ClO_4)_2 + 2\,KOC_2H_5 \longrightarrow \underset{\text{löslich}}{Ba(OC_2H_5)_2} + \underset{\text{unlöslich}}{2\,KClO_4}$$

Die **Eigenschaften der Metallalkoholate** sind denen der entsprechenden Metallhydroxyde, von denen sie sich lediglich durch Ersatz des Hydroxylwasserstoffs durch einen organischen Rest ableiten, sehr ähnlich, insbesondere hängen sie ebenfalls weitgehend von der Stellung des Metalls im Periodensystem der Elemente ab, so daß die einzelnen Gruppen getrennt behandelt werden müssen.

Die **Alkalimetallalkoholate**, von denen vor allem die Natriumverbindungen von praktischer Bedeutung sind, werden fast ausschließlich durch Auflösen der freien Metalle in dem betreffenden Alkohol hergestellt. Die Reaktion verläuft bei den niederen Alkoholen sehr stürmisch, doch besteht im Gegensatz zur Reaktion mit Wasser nicht mehr die Gefahr der Selbstentzündung. Die entstehenden Alkoholate sind wie die Hydroxyde völlig ionisierte, salzartige Verbindungen, die eine starke Neigung zur Addition weiterer Alkoholmoleküle aufweisen, so daß z. B. Natriumäthylat erst bei etwa 200° von dem letzten Molekül Kristallalkohol befreit werden kann.

Die hervorstechendste **Eigenschaft** der Alkalimetallalkoholate, bzw. der hier in erster Linie interessierenden $R-O^-$-Ionen, ist ihre starke Basizität, die der der Alkali-Metallhydroxyde (bzw. der Hydroxyl-Ionen) in der Größenordnung entspricht, da der Ersatz eines H-Atoms durch einen Alkylrest die Basizität einer Verbindung nicht wesentlich verändert (vgl. S. 5f.). Die Alkoholate bilden infolgedessen in wäßrig-alkoholischer Lösung mit den Hydroxyden ein typisches Gleichgewichtsgemisch, das sich, da der Übergang zwischen beiden Verbindungen durch einen einfachen Protonenübergang erfolgt, praktisch momentan einstellt:

$$R{-}O{-}H + H{-}O^- \rightleftharpoons R{-}O^- + H{-}O{-}H$$

Danach ist es weder möglich, wäßrige Lösungen der Metallalkoholate, noch, alkoholische Lösungen der Metallhydroxyde herzustellen, da beide sich mit dem überschüssigen Lösungsmittel sofort bis zur Einstellung des Reaktionsgleichgewichtes umsetzen. So enthält z. B. die oft als Reagens verwandte alkoholische Kalium- oder Natriumhydroxydlösung im wesentlichen nicht mehr das Alkalimetallhydroxyd, sondern neben Wasser bereits das Alkoholat, das somit auch auf diesem Wege, wenn auch nicht in völliger Reinheit, hergestellt werden kann. Ebenso bilden Alkoholate nur mit den ihnen zugrunde liegenden Alkoholen und Hydroxyde nur mit Wasser definierte Anlagerungsprodukte, und schließlich ist es wegen dieser Gleichgewichtseinstellung auch nicht möglich, Alkohole mit den Alkalimetallhydroxyden vollständig zu trocknen, da letztere mit dem überschüssigen Alkohol sofort Alkoholate und Wasser bilden, also bis zu einem gewissen Grad direkt Wasser liefern.

Die gleichen wechselseitigen Beziehungen bestehen auch zwischen den verschiedenen Alkoholaten selbst, d. h. Natriummethylat geht in äthylalkoholischer Lösung in leicht ersichtlicher Weise sofort in das Äthylat über und umgekehrt (Gleichungen formulieren!). Jedes Alkoholat ist also (außer in indifferenten Lösungsmitteln, wie z. B. in Pyridin oder in diesem Falle auch in flüssigem Ammoniak) nur in dem zugehörigen Alkohol als Lösungsmittel beständig.

Infolge ihrer starken Basizität sind die Alkoholate zu einer Reihe von (den freien Alkoholen noch nicht zugänglichen) Reaktionen befähigt, von denen hier insbesondere auf die unten beschriebene Ätherbildung bei der Einwirkung von Alkylierungsmitteln hingewiesen werden soll (S. 219). Ihre wichtigste Anwendung finden sie jedoch weniger zu derartigen direkten Umsetzungen, sondern in erster Linie als einzige in alkoholischer Lösung beständige, stark basische Reaktionsbeschleuniger. So begegnen wir ihnen z. B. als echten Katalysatoren bei der alkalischen Umesterung (S. 344) oder noch häufiger als Aktivatoren, die sich mit an der Reaktion beteiligen und daher das Gleichgewicht im gewünschten Sinne beeinflussen. Letzteres ist u. a. bei der Abspaltung von Halogenwasserstoffen aus den Alkylhalogeniden zu Olefinen (S. 88) sowie bei der Verwendung der Alkoholate als Kondensationsmittel für zahlreiche Kondensationsreaktionen (vgl. z. B. I, Kap. 12, III, 2e) der Fall.

Für ihre praktische Handhabung ist die Tatsache von Bedeutung, daß mit Ausnahme der Methylate alle Alkalimetallalkoholate in Lösung und besonders in lösungsmittelfreiem Zustand bei längerem Stehen an der Luft verharzen. Die Reaktion ist auf eine geringfügige primäre Oxydation des Alkoholates zur Oxoverbindung zurückzuführen, die dann anschließend in dem stark alkalischen Medium die eigentliche Verharzung (wahrscheinlich eine „Kondensation zu hochmolekularen Produkten“ im Sinne der auf S. 257 f. u. 279 beschriebenen Reaktionen) erleidet. Die Alkoholate werden wegen dieses Verhaltens niemals in Substanz oder auf Vorrat hergestellt, sondern ihre Lösungen für den jeweiligen Zweck frisch bereitet. Lediglich Natriummethylatlösungen halten infolge der größeren Luftbeständigkeit längere Zeit den Titer konstant und eignen sich daher in erster Linie zu acidimetrischen Titrationen in alkoholischer Lösung.

Die **Erdalkalimetallalkoholate** entstehen ebenfalls bei der Einwirkung der freien Metalle auf die Alkohole und haben wie die Alkalimetallderivate stark basischen Charakter, so daß sie zu den gleichen Reaktionen wie diese befähigt sind. Am wichtigsten sind die **Magnesiumverbindungen** der niederen Alkohole, die mit Wasser sofort unlösliches Magnesiumoxyd abscheiden, worauf ihre Eignung zur Trocknung der Alkohole beruht (S. 190, 192).

Die Magnesiumverbindungen der höheren Alkohole entstehen nach dem zweiten der oben angeführten Darstellungsverfahren bei der Einwirkung der Alkohole auf Grignard-Verbindungen und sind daher vielfach die am leichtesten zugänglichen Metallderivate dieser Stoffe. **Bariummethylat-** und **-äthylat**-Lösungen werden meistens nach dem dritten Verfahren durch gegenseitige Fällung äquimolekularer Lösungen von Bariumperchlorat und Kaliumalkoholat in absolutem Alkohol gewonnen und lassen sich ebenso gut titrieren, wie wäßrige Bariumhydroxydlösungen.

Von den Erdmetallderivaten haben lediglich die **Aluminiumalkoholate** allgemeines Interesse erlangt. Sie können wegen der schützenden Aluminiumoxydhaut nicht mehr durch Einwirkung der Alkohole auf das freie Metall selbst dargestellt werden, sondern entstehen, wie auch die Hydroxyde, nur bei Verwendung von Aluminium-amalgam. In ihren Eigenschaften weichen sie bereits weitgehend von den vorbesprochenen ionogenen Alkoholaten ab. Sie ähneln auch hierin wieder den Metallhydroxyden bzw. Oxyden. Während diese jedoch infolge der nichtionogenen Natur der Al—O-Bindung und der Tendenz zur Ausbildung von Al—O—Al-Brücken die Neigung zur Ausfällung als hochmolekularer Niederschlag aufweisen, führt die Ausbildung fester Atombindungen bei den Alkoholaten wegen des Fehlens der Möglichkeit der Brückenbildung zur Entstehung abgeschlossener Einzelmoleküle. **Aluminiumäthylat** ist infolgedessen eine bei 134° schmelzende und bei 320° siedende benzollösliche Substanz, die in ihren Eigenschaften einen ähnlichen Übergangstypus zwischen den ionogenen Metallalkoholaten und den unten beschriebenen Säureestern darstellt, wie das amphotere Aluminiumhydroxyd zwischen den stark basischen Alkali- und Erdalkalimetallhydroxyden einerseits und den als Säuren fungierenden Hydroxyverbindungen der Nichtmetalle andererseits. Trotzdem vermag es als echtes Metallalkoholat die O—R-Gruppe zumindest noch „krypto-ionogen" (bzgl. der Definition vgl. **II**, Kap. 4, II, 1, c) abzudissoziieren, und erleidet infolgedessen in Gegenwart von Wasser rasch Hydrolyse.

Die nahen Beziehungen zwischen den Alkoholaten und Säureestern der amphoteren Elemente kommen u. a. auch in der gleichartigen Tendenz der Aluminiumalkoholate und Borsäureester (s. unten, S. 213) zum Ausdruck, ein viertes Alkoholmolekül an die freie Koordinationsstelle des Zentralatoms unter Bildung einer gegen Wasser beständigen Komplexverbindung anzulagern:

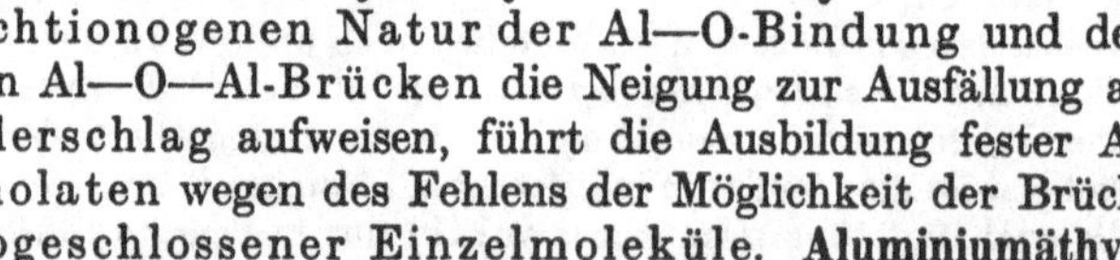

Aluminiumalkoholat — komplexe Alkoxysäure

Infolge der Oniumnatur des koordinativ gebundenen Sauerstoffs wird die Acidität des Alkoholwasserstoffs in diesen *Tetra-alkoxy-aluminiumsäuren* derart erhöht, daß sie als

Säuren scharf titrierbar werden. Die Fähigkeit zur Komplexbildung ist für die praktisch wichtigste Anwendungsmöglichkeit der Aluminiumalkoholate (insbesondere des Aluminiumisopropylates) als Reduktionsmittel für Carbonylverbindungen nach MEERWEIN-PONNDORF (S. 251) von ausschlaggebender Bedeutung.

Die Alkoholate sämtlicher anderen Metalle, insbesondere die der Schwermetalle, sind bisher nur in wenigen Fällen dargestellt worden und haben lediglich eine untergeordnete Bedeutung erlangt.

b) Die Ester

In den *Estern* ist der Wasserstoff der alkoholischen Hydroxylgruppe durch einen Säurerest ersetzt. Sie besitzen daher die allgemeine Formel R—O—Ac und müssen infolge der beschriebenen Doppelnatur der Alkoholderivate gleichzeitig als Säureabkömmlinge aufgefaßt werden, in denen der charakteristische Wasserstoff der Säure H—O—Ac durch einen Alkylrest ersetzt ist, eine Auffassung, die dem allgemeinen Verhalten der Ester auch weitgehend entspricht.

Ihre **Benennung** geschieht meistens nach der zugehörigen Säure, indem man an den Säurenamen den Namen des betreffenden Alkylrestes und den Gruppennamen *-ester* anhängt, sowie bei mehrbasigen Säuren die Zahl der veresterten Hydroxylgruppen in der üblichen Weise durch ein zwischengeschaltetes griechisches Zahlwort wiedergibt, so daß Namen wie *Salpetersäure-äthylester*, *Schwefelsäure-dimethylester* usw. entstehen. Zu wesentlich kürzeren Bezeichnungen kommt man durch Verwendung der für die Salze der betreffenden Säuren gebräuchlichen Nomenklatur, indem man in Analogie zur Benennung der Alkylhalogenide die Ester kurzerhand als Alkylderivate der Säuren (z. B. *Äthylnitrat*, *Dimethylsulfat* usw.) bezeichnet[1]).

Nur in den wenigen Fällen, in denen die alkoholische Komponente der charakteristische Teil des Estermoleküls ist, namentlich bei den Estern komplizierter Alkohole mit einfachen Säuren, wird dem Ester der Name des Alkohols zugrunde gelegt, indem man diesem in der üblichen Weise den Namen des substituierenden Säureradikals voranstellt, wie es etwa in *Triacetylcellulose*, *Trinitroglycerin* usw. der Fall ist. Diese Bezeichnungen sind aber insofern irreführend, als hier die Acetyl- oder Nitrogruppe ein am Sauerstoff und nicht, wie allgemein in der organischen Nomenklatur üblich, ein am Kohlenstoff befindliches Wasserstoffatom ersetzt, so daß für die wirklich am Kohlenstoff substituierten Verbindungen keine Namen mehr verfügbar sind. Man zieht daher neuerdings die exakteren Bezeichnungen *Cellulosetriacetat*, *Glycerintrinitrat* usw. vor.

Für die **Darstellung** der Ester stehen vier verschiedene Methoden zur Verfügung: 1. die schon behandelte Anlagerung von Säuren an Olefine (S. 94f.),

[1]) Diese zweite Benennungsart ist in erster Linie auf die gleiche formelmäßige Zusammensetzung der Ester und Salze zurückzuführen, darf aber niemals dazu verleiten, auch gleiche Bindungsverhältnisse in beiden Verbindungsklassen anzunehmen, d. h. die Ester wirklich als Salze zu formulieren. Denn im Gegensatz zu den Salzen stehen in den Estern die Alkylreste nicht als Carbeniumkationen (S. 35) den Säureanionen gegenüber ($[R]^+[^{\ominus}|\overline{O}—Ac]^-$), sondern sind durch echte — wenn auch polare — Atombindungen an eines der einsamen Elektronenpaare des Säureanions gebunden, so daß keine Ionengitter, sondern neutrale Einzelmoleküle (R—$\overline{O}$—Ac) entstehen. Lediglich in wenigen Ausnahmefällen, wie z. B. bei dem oben angeführten Tritylperchlorat (S. 160), ist aus später zu erörternden Gründen eine ionogene Aufspaltung der Esterbindung möglich.

die u. U. sogar über die Ester zur **Darstellung der Alkohole** selbst dienen kann. 2. die direkte **Wasserabspaltung aus Säure und Alkohol**, 3. die **Alkylierung einer Säure** und 4. die **Acylierung eines Alkohols**.

Zu 2. Die **Wasserabspaltung aus je einem Molekül Säure und Alkohol** geht nach der summarischen Gleichung

$$R{-}O{-}H + H{-}O{-}Ac \rightleftharpoons R{-}O{-}Ac + H_2O$$

vor sich und führt stets zu einem **Gleichgewicht**, dessen Einstellung nur bei **starken Säuren mit genügender Geschwindigkeit** erfolgt und bei **schwachen Säuren** durch Zugabe geringer Mengen einer **starken Säure**[1]) oder von Komplexbildnern (**Bortrifluorid, Zinkchlorid** usw., die mit dem Alkohol eine **starke komplexe Säure** bilden, vgl. S. 187) beschleunigt werden muß.

Auf den **Mechanismus** dieser Katalyse werden wir später noch eingehend zu sprechen kommen (**II**, Kap. 3, I, 4 und Kap. 4, II, 2a). Zuweilen wird Schwefelsäure auch in **überstöchiometrischen** Mengen zugegeben, um durch **Abfangen** des gebildeten **Wassers** das Reaktionsgleichgewicht in dem gewünschten Sinn zu verschieben. In diesem Falle liegt natürlich **keine reine Katalyse** mehr vor (vgl. S. 41f.).

Zu 3. Um die Einstellung des vielfach ungünstigen Reaktionsgleichgewichtes nach der eben beschriebenen Methode zu vermeiden, kann man statt des Alkohols auch **stärker alkylierend wirkende Alkylverbindungen** verwenden, indem man in der auf S. 206 beschriebenen Weise ein **möglichst starkes Alkylierungsmittel** mit **möglichst basischen Säurederivaten**, d. h. ihren **Salzen** bzw. **Anionen** umsetzt:

$$Ac{-}OMe + Hal{-}R \longrightarrow Ac{-}O{-}R + MeHal$$

Für die **Alkylhalogenide** als **Alkylierungsmittel** verwendet man zweckmäßig die **Silbersalze** der Säuren, da dann die große Bildungstendenz der **Silberhalogenide** den Ablauf der Reaktion **zusätzlich begünstigt** (S. 340).

Zu 4. Schließlich ist es auch möglich, statt der Säure selbst ein **aktiveres Säurederivat** auf den Alkohol einwirken zu lassen, um auf diese Weise die Einstellung eines ungünstigen Reaktionsgleichgewichtes zu umgehen. Derartige aktive Säurederivate werden wir später in den **gemischten Säureanhydriden** der zu veresternden Säuren mit **möglichst starken anderen Säuren**, z. B. in den **Säurechloriden**, kennenlernen. Sie werden *Acylierungsmittel* und die ganze Reaktion *Acylierung* (Näheres vgl. S. 355 f. u. **II**, Kap. 4, II, 4b) genannt. Sie geht in analoger Weise wie die **Alkylierung** vor sich:

$$R{-}O{-}H + Cl{-}Ac \longrightarrow R{-}O{-}Ac + HCl\ ,$$

und auch hier kann man durch Zusatz **basischer Reagenzien** (z. B. von **Pyridin**), die die in Freiheit gesetzte Säure binden, die Reaktion noch **zusätzlich aktivieren**.

Eigenschaften. Die meist dargestellten **Ester der niederen Alkohole** sind angenehm riechende, farblose Flüssigkeiten, die wegen des Fehlens des assoziierenden Wasserstoffs viel **niedriger sieden** als die Säuren selbst, ähnlich wie auch die **Alkohole** niedriger sieden als **Wasser** und die **Äther** (s. unten) wieder niedriger als die **Alkohole**.

---

[1]) Meistens Salz- oder **Schwefelsäure**, in der Technik vielfach auch **Chlorsulfonsäure**; vgl. J. Erdos: Angew. Chem. **63**, 329 (1951).

Die Schmelzpunkte der Ester liegen, von wenigen Ausnahmen abgesehen, sehr tief, so daß, namentlich bei hochsiedenden Estern mit stark verzweigten Molekülen, der flüssige Zustand über ein breites Temperaturinvall vorherrscht. Hinsichtlich der Löslichkeitseigenschaften schließen sich die Ester, wiederum infolge des Fehlens von assoziierendem Wasserstoff, den organischen Lösungsmitteln an, d. h. sie sind lipophil und im allgemeinen auch hydrophob. Doch ist auf Grund des Sauerstoffgehaltes das allgemeine Lösungsvermögen gegenüber den Kohlenwasserstoffen und Halogenverbindungen wesentlich erhöht und einige der niederen Glieder der Reihe, insbesondere zahlreiche Methylester, sind bereits merklich wasserlöslich.

Das chemische Verhalten der Ester wird fast ausschließlich durch den Säurerest bedingt, da dieser die Spaltungstendenz sowohl der O—Ac- als auch der O—R-Bindung wesentlich beeinflußt. An neuartigen Reaktionen zeigen die Ester, abgesehen von den erst später zu behandelnden Umsetzungen des Acylrestes der Carbonsäureester, lediglich die verschiedenen Möglichkeiten der Wiederaufspaltung der Esterbindung, von denen wir drei unterscheiden müssen, die die Umkehrreaktionen der oben beschriebenen Bildungsweisen darstellen: 1. die bereits behandelte Abspaltung der Säure unter Olefinbildung (S. 88), 2. die solvolytische Spaltung der Ester an der R—O- und 3. die solvolytische Spaltung der Ester an der Ac—O-Bindung.

Zu 2. Die solvolytische Spaltung der R—O-Bindung, z. B. mit Ammoniak, verläuft nach der Gleichung:

$$\text{R—O—Ac} + \text{H—NH}_2 \longrightarrow \text{R—NH}_2 + \text{HO—Ac},$$

kommt also praktisch auf eine Alkylierung des Ammoniaks hinaus. Ester können demnach analog den Alkylhalogeniden als Alkylierungsmittel dienen. Hierbei gilt die allgemeine Regel, daß die Tendenz eines Esters zur Übertragung des Alkylrestes auf basische Reagentien der Acidität der veresterten Säure, d. h. der Tendenz zur Übertragung des Protons auf die gleiche basische Verbindung parallel läuft. Ester starker Säuren, wie z. B. Dimethylsulfat oder aromatische Sulfonsäureester, sind daher wichtige Alkylierungsmittel.

Die **Alkylierungsreaktion** rückt infolge dieser Parallelität von Alkylierungstendenz der Ester und Acidität der zugehörigen Säuren in eine nahe Beziehung zur Säure-Base-reaktion, die wir später auch theoretisch begründen können, denn bei der Alkylierungsreaktion wandert der Alkylrest in gleicher Weise als Kation (Carbenium-Ion) von dem zurückbleibenden Säureanion zur Base wie das Proton bei jedem Protonenübergang (vgl. **II**, Kap. 4, II, 4b):

$$\text{Ac—O—R} + |\text{X}^- \xrightarrow{\text{Alkylierung}} \text{Ac—O}^- + \text{R—X}$$

$$\text{Ac—O—H} + |\text{X}^- \xrightarrow[\text{übergang}]{\text{Protonen-}} \text{Ac—O}^- + \text{H—X}$$

Diese wichtige Erkenntnis erklärt sofort eine Reihe von Gesetzmäßigkeiten, die man bei allen Alkylierungsreaktionen beobachtet, und die auch den Verlauf der früher bereits beschriebenen Alkylierungsreaktionen verständlich machen:

a) die bereits erwähnte Regel, daß die Alkylierungstendenz der Alkylierungsmittel in erster Näherung der Acidität der zugrunde liegenden Säure parallel läuft. Dementsprechend stufen sich die gebräuchlichen Alkylierungsmittel hinsichtlich ihrer Stärke etwa folgendermaßen ab:

Dialkylsulfate > Alkyljodide > Alkylbromide > Alkylchloride > Arylsulfonsäureester > Alkylfluoride > Alkohole.

b) Die Alkylierungstendenz der nur noch sehr schwach sauren Alkohole kann man in gleicher Weise durch Oniumsalz- oder sonstige Komplexbildung steigern wie ihre Acidität. Aus diesem Grunde eignen sich Säuren, die die Alkohole in die stark sauren $[R—OH_2]^+$ -Ionen überführen, oder die auf S. 187 beschriebenen Komplexbildner als Katalysatoren für die mit Alkoholen durchzuführenden Alkylierungsreaktionen (vgl. I, Kap. 6, I, 1a).

c) Die Übertragung des Alkylkations kann nur auf basische Verbindungen, d. h. Verbindungen mit einem einsamen Elektronenpaar erfolgen, und die Alkylierungstendenz ist um so größer, je stärker basisch die zu alkylierende Verbindung ist. Aus diesem Grunde wählt man als Reaktionspartner nach Möglichkeit nicht die zu alkylierende Wasserstoffverbindung, sondern deren Metallsalze, d. h. deren stärker basische Anionen.

Zu 3. Eine analoge Spaltung **der Ac—O-Bindung** unter der Einwirkung basischer Reagenzien ist im allgemeinen um so schwieriger durchzuführen, je stärker sauer die den Estern zugrunde liegende Säure ist. Betrachten wir einmal die Alkoxyverbindungen der Elemente der dritten Periode:

$$NaOR,\ Mg(OR)_2,\ Al(OR)_3,\ Si(OR)_4,\ PO(OR)_3,\ SO_2(OR)_2,\ ClO_3OR,$$

so nimmt die Neigung zur Abdissoziation des OR-Restes als Anion und damit zu seiner Substitution durch andere negative Reste von links nach rechts eindeutig ab. Natrium- und Magnesiumalkoholat, die sich von stark basischen Metallhydroxyden ableiten, sind noch ionogene salzartige Verbindungen, während die sich von nahezu neutralen Hydroxyverbindungen ableitenden Aluminiumalkoholate und Kieselsäureester bereits aus Einzelmolekülen bestehen, jedoch noch mit Wasser unter Spaltung der „Ac—O-Bindung" hydrolysieren, und bei den Derivaten der ausgesprochenen Säuren H_3PO_4, H_2SO_4 und $HClO_4$ schließlich jede Neigung zur Spaltung der Ac—O-Bindung völlig verschwindet. Mit Ausnahme der Kieselsäureester sind die „normalen" Ester daher nicht zur Substitution der gesamten OR-Gruppe befähigt.

Die Verhältnisse ändern sich jedoch sofort, wenn sich der zu spaltende Ester von einer Säure ableitet, die ein doppelt gebundenes O-Atom in der Säuregruppe enthält, wie etwa eine Carbonsäure und auch die salpetrige Säure, denn hier kann die C=O- bzw. N=O-Doppelbindung in die Reaktion eingreifen, indem sie intermediär das spaltende Agens zu einem labilen Orthosäurederivat anlagert, das dann (neben der an sich auch möglichen Rückreaktion seiner Bildung) in anderer Richtung wieder aufspaltet, so daß sich im Endeffekt eine Substitution an der Acyl-Gruppe ergibt:

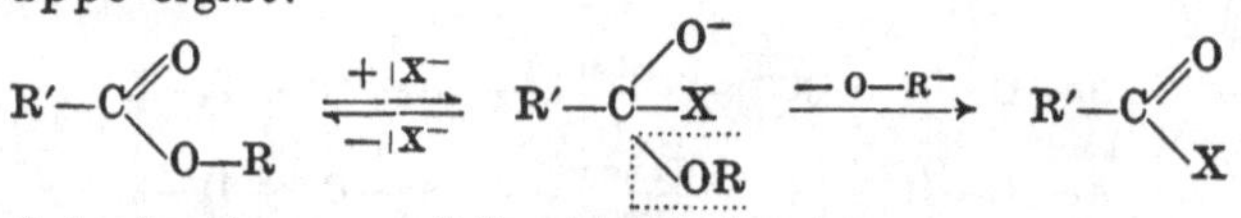

Carbonsäureester Orthocarbonsäure-derivat

Diese indirekte Lösung der O—Ac-Bindung geht immer wesentlich schneller vor sich als die alkylierende Spaltung der Ester der starken Mineralsäuren. Sie herrscht daher bei den Estern der relativ schwachen Carbonsäuren und der salpetrigen Säure ausschließlich vor und wird, da sie letzten Endes auf eine Übertragung des Acylrestes auf andere negative Atomgruppen herauskommt, allgemein als *Acylierungsreaktion* bezeichnet. Im Gegensatz zu den Schwefelsäureestern, die als Alkylierungsmittel bei der Reaktion mit Ammoniak immer Alkylamine liefern, wirken die Carbonsäureester also als Acylierungsmittel und setzen sich mit Ammoniak zu Säureamiden um.

Zwischen alkylierend und acylierend spaltenden Estern kann man fast immer streng unterscheiden. Mit Ausnahme der Kieselsäureester können sämtliche Ester von Säuren, deren Säuregruppe nur einfach oder semipolar gebundene O-Atome enthält, nur alkylierend gespalten werden, auch wenn die Säuren nur schwach sind, wie z. B. die Ester der schwefligen und phosphorigen Säure. Auf der anderen Seite können sämtliche Ester von Säuren mit doppelt gebundenen O-Atomen in der Säuregruppe, insbesondere sämtliche Carbonsäureester, wegen der im allgemeinen wesentlich rascher erfolgenden Acylierungsreaktion nur acylierend gespalten werden. Lediglich die Salpetersäureester machen eine Ausnahme und können aus den auf S. 210 angeführten Gründen nach beiden Mechanismen reagieren.

Diese scharfe gegenseitige Abgrenzung der alkylierenden und acylierenden Esterspaltung war mit den alten Wertigkeitsformeln, die auch die Schwefelsäure mit doppelt gebundenem Sauerstoff formulierten: $\begin{matrix}O= \\ O=\end{matrix}S\begin{matrix}-OH \\ -OH\end{matrix}$, noch nicht möglich, sondern konnte erst nach Einführung des Begriffes der semipolaren Bindung exakt durchgeführt werden. Sie war einer der ersten großen Erfolge der Elektronentheorie der Valenz.

Von den verschiedenen Spaltungsmöglichkeiten ist am wichtigsten die allgemein als **„Verseifung“** (bzgl. der Entstehung des Namens vgl. **III**, Kap. 6, I, 1) bezeichnete hydrolytische Spaltung der Ester, die bei beiden Reaktionsmechanismen zu den gleichen Reaktionsprodukten führt:

$$R'\text{—}SO_2\text{—}O\text{—}R + HO\text{—}H \xrightarrow[\text{Hydrolyse}]{\text{alkylierende}} R'\text{—}SO_2\text{—}OH + R\text{—}OH$$

$$R'\text{—}C\begin{matrix}\nearrow O \\ \searrow O\text{—}R\end{matrix} + H\text{—}OH \xrightarrow[\text{Hydrolyse}]{\text{acylierende}} R'\text{—}C\begin{matrix}\nearrow O \\ \searrow OH\end{matrix} + R\text{—}OH \quad ,$$

so daß man auf Grund der Tatsache der Verseifung allein den Reaktionstypus noch nicht bestimmen kann[1]). Die Reaktion geht ohne Katalysator meistens auch in der Siedehitze nur sehr langsam vor sich, so daß sie durch zugesetzte Aktivatoren beschleunigt werden muß. Hierzu eignen sich insbesondere starke Alkalien (Alkali- und Erdalkalimetallhydroxyde), die allerdings infolge der Neutralisation der entstehenden Säure in die Reaktion eingreifen und daher nicht mehr rein katalytisch wirken (vgl. S. 41 f.). Daneben ist aber auch eine echt katalytische Beschleunigung der Esterspaltung durch starke Säuren möglich. Sie verläuft im allgemeinen wesentlich langsamer als die alkalische Esterspaltung, so daß man die Ester in erster Näherung als säurestabile und alkalilabile Alkohol- bzw. Säurederivate ansehen kann.

Von den sonstigen Spaltungsreaktionen haben insbesondere die oben als Reaktionsbeispiel angeführte **Aminolyse** und die alkoholytische Esterspaltung allgemeine Bedeutung erlangt. Beide Reaktionen führen im Gegensatz zur Hydrolyse bei den verschiedenen Estertypen zu verschiedenartigen Reaktionsprodukten, und zwar wird bei den alkylierend reagierenden Estern starker Säuren jeweils nur die Säure- und bei den acylierend reagierenden Carbonsäureestern

---

[1]) Dieses ist jedoch häufig mit Hilfe der Nebenreaktionen möglich. So kann z. B. nur bei der alkylierenden Spaltung der R—O-Bindung das dem *Alkohol* entsprechende *Olefin* als Nebenprodukt auftreten oder an dem die alkoholische *Hydroxylgruppe* tragenden C-Atom WALDENsche Umkehr erfolgen (**II**, Kap. 7, III, 3). Bei der acylierenden Spaltung entsteht dagegen die alkoholische Komponente immer ohne jedes Nebenprodukt, doch ist hier bei partiell veresterten *Polyalkoholen* eine Acylwanderung (S. 438) als Nebenreaktion möglich.

jeweils nur die Alkohol-Komponente in Freiheit gesetzt, während die andere Komponente stets in gebundener Form anfällt:

1. alkylierende Spaltung

$$\begin{matrix} R'{-}SO_2{-}OH \\ + R{-}O{-}CH_3 \\ \text{Äther} \end{matrix} \xleftarrow[(CH_3{-}OH)]{\text{Alkoholyse}} R'{-}SO_2{-}O{-}R \xrightarrow[(NH_3)]{\text{Aminolyse}} \begin{matrix} R'{-}SO_2{-}OH \\ + R{-}NH_2 \\ \text{Alkyl-amin} \end{matrix}$$

2. acylierende Spaltung

$$\begin{matrix} R{-}OH \\ + R'{-}CO{-}O{-}CH_3 \\ \text{Carbonsäure-ester} \end{matrix} \xleftarrow[(CH_3{-}OH)]{\text{Alkoholyse}} R'{-}CO{-}OR \xrightarrow[(NH_3)]{\text{Aminolyse}} \begin{matrix} R{-}OH \\ + R'{-}CO{-}NH_2 \\ \text{Carbonsäureamid} \end{matrix}$$

Da die Alkoholyse der Ester schwacher Säuren stets zu einem neuen Ester führt, wird sie auch „Umesterung" genannt. Sie spielt in der Carbonsäurereihe eine wichtige Rolle (S. 343), während die Alkoholyse der Ester starker Säuren weniger als Spaltungsreaktion, sondern hauptsächlich als Darstellungsverfahren für Äther (S. 217) von Interesse ist.

Einzelverbindungen. Da die Eigenschaften der Ester hauptsächlich durch den zugehörigen Säurerest bedingt sind, beschränkt sich der folgende Überblick zunächst auf die **Ester der anorganischen Säuren,** während die für den Organiker wichtigeren Carbonsäureester erst später bei den Carbonsäurederivaten behandelt werden (vgl. S. 340f.).

Als **Ester der Halogenwasserstoffsäuren** können in gewissem Sinne die Alkylhalogenide aufgefaßt werden, doch stellen sie insofern keine echten Ester dar, als sie keinen Brückensauerstoff enthalten und infolgedessen nicht die beschriebene Doppelnatur aufweisen. Sie sind Säure-, aber keine Alkoholderivate (im engeren Sinne) und können daher u. a. nur Spaltung nach dem Alkylierungsmechanismus erleiden, worauf auch ihre Verwendung als Alkylierungsmittel beruht.

Die **Ester der Sauerstoffsäuren der Halogene** sind äußerst zersetzliche und explosible Substanzen. Immerhin sind die Ester der **unterchlorigen Säure** verschiedentlich dargestellt worden[1]) und können u. a. als Oxydationsmittel Verwendung finden[2]).

Von der Schwefelsäure leiten sich zwei Reihen von Estern ab, und zwar 1. die als *Monoalkylsulfate* oder *Alkylschwefelsäuren* bezeichneten sauren Schwefelsäurehalbester ($R{-}O{-}SO_3H$) und 2. die neutralen Schwefelsäureester oder *Dialkylsulfate* ($R{-}O{-}SO_2{-}O{-}R$). Erstere entstehen aus den Alkoholen und Schwefelsäure bereits bei gewöhnlicher Temperatur und werden meistens auch auf diesem Wege sowie durch Anlagerung von Schwefelsäure an die olefinische Doppelbindung (S. 95) gewonnen, während die ebenfalls mögliche Bildung aus Alkoholen und Chlorsulfonsäure (Gleichung formulieren!) nur von geringer Bedeutung geblieben ist. Die freien **Alkylschwefelsäuren** sind schlecht kristallisierende, nicht destillierbare Verbindungen, die sich nur schwer rein darstellen lassen. Lediglich die Abtrennung von der von der Darstellung her noch anhaftenden Schwefelsäure ist ziemlich einfach und geschieht meistens über die im Gegensatz zum Bariumsulfat in Wasser gut löslichen Bariumsalze.

Die alkylierende Wirkung der Alkylschwefelsäuren ist merklich geringer als die der Dialkylsulfate, ähnlich wie ja auch die Acidität des zweiten H-Atoms der Schwefelsäure wesentlich geringer ist als die des ersten. Infolgedessen sind sie

---

[1]) Zusammenfassung: M. ANBAR u. D. GINSBURG: Chem. Rev. **1954,** 925.

[2]) Vgl. z. B.: F. R. BENSON u. Mitarbb.: Am. Soc. **76,** 1695 (1954).

bei normaler Temperatur gegen Wasser ziemlich stabil. In der Praxis dienen sie als milde Alkylierungsmittel, insbesondere in Form der gut kristallisierten Alkalisalze.

Die Salze der Schwefelsäurehalbester der höheren Alkohole, die sogenannten **Fettalkoholsulfonate** haben bei genügender Kettenlänge des Alkylrestes seifenähnliche Eigenschaften (II, Kap. 6, II, 2) und dienen daher als synthetische Waschmittel. Ihre Darstellung geschieht durch Anlagerung von Schwefelsäure an die entsprechenden Olefine oder auch durch direkte Veresterung der Alkohole.

Die **Dialkylsulfate** entstehen bei der Vakuumdestillation der Alkylschwefelsäuren unter Herausspaltung von Schwefelsäure sowie durch direkte Einwirkung von SO_3 auf Alkohole oder Äther:

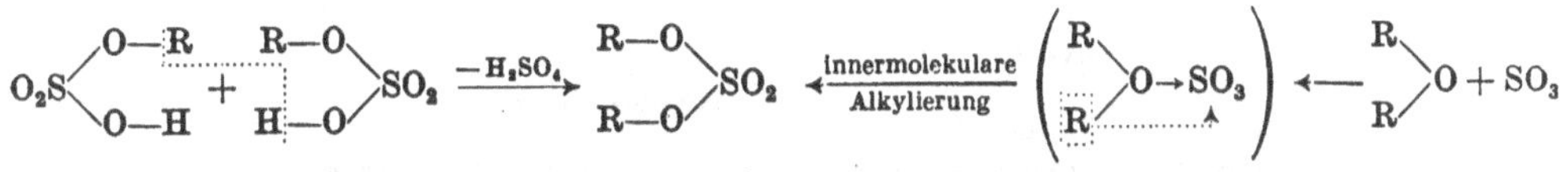

Sie sind farblose, ziemlich hoch siedende Flüssigkeiten (Dimethylsulfat 189°, Diäthylsulfat 208°) und zeichnen sich vor allem durch ihre starke Alkylierungstendenz aus, die sich u. a. in der gegenüber anderen Estern auffallend leichten Spaltbarkeit bereits durch reines Wasser äußert.

Dimethylsulfat ist nach den beiden genannten Verfahren leicht zugänglich und hat vielseitige Verwendung als billigstes technisches und präparatives Methylierungsmittel gefunden. In gleicher Weise dient **Diäthylsulfat** als Äthylierungsmittel, doch lassen sich dieses und die höheren Dialkylsulfate wegen der hier möglichen Olefinspaltung der Alkylschwefelsäuren nur noch relativ schwierig darstellen, so daß sie an Bedeutung hinter dem Dimethylsulfat zurückstehen.

Die Dialkylsulfate sind sehr starke Atmungsgifte, weil ihre Dämpfe in der Lunge zu freier Schwefelsäure verseift werden. Ihre Gefährlichkeit wird noch dadurch erhöht, daß sie nahezu geruchlos sind und die Giftwirkung erst nach längerer Zeit in Erscheinung tritt. Bei unvorsichtigem Arbeiten mit Dimethylsulfat sind daher schon öfters tödliche Laboratoriumsunfälle vorgekommen.

Von der **schwefligen Säure** sind ebenfalls zwei Reihen von Estern bekannt, von denen wir hier nur auf die wichtigeren neutralen Ester einzugehen brauchen. Sie entstehen aus Alkoholen und Thionylchlorid in einer Zweistufenreaktion, so daß man nach W. Voss bei Verwendung verschiedener Alkohole bei den einzelnen Reaktionsstufen auch gemischte Ester herstellen kann:

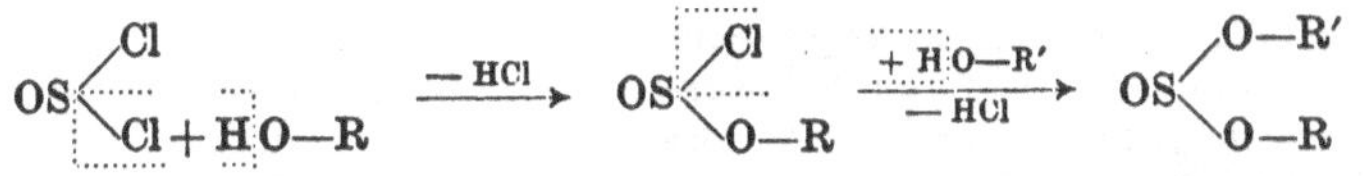

Diese Bildung der Schwefligsäureester ist allerdings nicht mit allen Alkoholen durchführbar, da Thionylchlorid nicht nur veresternd, sondern auch chlorierend (vgl. S. 155) auf Alkohole einwirkt und sich beide Reaktionen niemals vollständig voneinander trennen lassen[1]).

Schwefligsäureester wirken trotz der schwachen Acidität der freien Säure infolge des Fehlens von Sauerstoffdoppelbindungen schwach alkylierend und werden auch als milde Alkylierungsmittel verwandt. Weiterhin übertragen sie bei der großen Bildungstendenz des Schwefeldioxyds leicht beide Alkoxylgruppen auf Verbindungen mit doppelt gebundenem Sauerstoff

[1]) Vgl. u. a. W. E. Bissinger u. F. E. Kung: Am. Soc. 69, 2158 (1947).

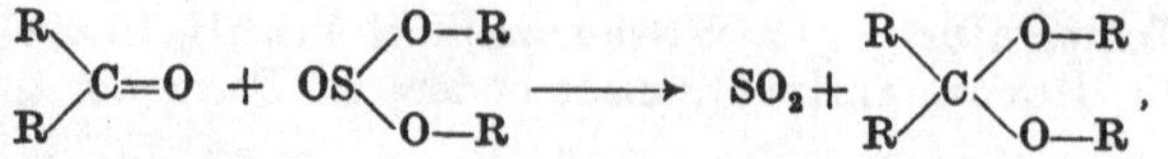

eine Reaktion, die wir später (S. 290) als Umacetalisierungsreaktion kennenlernen werden und die auch präparativ ausgewertet wird.

Als weitere interessante Reaktionen der Dialkylsulfite muß die Umlagerung zu den isomeren Alkylsulfonsäureestern erwähnt werden, die unter der katalytischen Einwirkung von Alkalijodiden oder auch -rhodaniden vor sich geht:

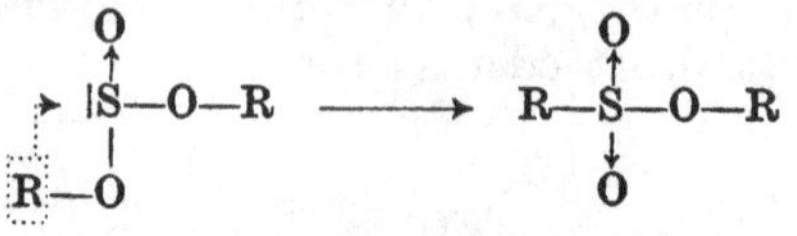

Alkylsulfonsäureester

Sie stellt eine innermolekulare Alkylierung des einsamen Elektronenpaares am Schwefelatom dar, die in jeder Beziehung der Wanderung des Protons bei der gegenseitigen Umwandlung der beiden tautomeren Formen der schwefligen Säure entspricht (formulieren!). Durch die gegenüber dem Protonenübergang langsamere Wanderung der Alkylgruppen sind bei den Estern jedoch beide Formen nebeneinander beständig, und man spricht daher nicht mehr von einer Tautomerie, sondern von einer Umlagerung.

Die Ester der Salpetersäure[1]) werden allgemein aus den Alkoholen und konzentrierter Salpetersäure nach dem oben unter 2 genannten Verfahren gewonnen, wobei man entweder den Ester laufend aus dem Gleichgewichtsgemisch abdestilliert, oder aber bei der Darstellung der nicht destillierbaren Ester höherer Alkohole (z. B. Glycerin- oder Cellulose-trinitrat) Schwefelsäure zur Bindung des bei der Reaktion entstehenden Wassers verwendet, d. h. die Reaktion wie eine „Nitrierung" (I, Kap. 6, IV, 1) durchführt. Ferner setzt man zur Verhütung von Oxydationsreaktionen häufig Harnstoff zu (vgl. S. 421).

Die *Salpetersäureester* wirken als Ester starker Säuren in erster Linie alkylierend auf Amine und verwandte Verbindungen ein (Gleichung formulieren!). Doch können sie infolge des Vorliegens einer (allerdings durch Mesomerie in ihrer Reaktionsfähigkeit stark geschwächten, vgl. II, Kap. 3, III, 2) N=O-Doppelbindung auch Acylierungsreaktionen eingehen, d. h. die Nitro-Gruppe auf andere Moleküle übertragen, wovon z. B. bei einigen Kondensationsreaktionen praktischer Gebrauch gemacht wird (vgl. I, Kap. 6, IV, 1).

Äthylnitrat $C_2H_5—O—NO_2$ ist wegen seiner gegenüber Methylnitrat etwas gesteigerten Stabilität der präparativ wichtigste Salpetersäureester der niederen Alkohole und dient bei zahlreichen, in alkalisch-alkoholischem Medium stattfindenden Reaktionen, z. B. bei den erwähnten Kondensationsreaktionen, an Stelle der Salpetersäure als Nitrierungsmittel. Die Salpetersäureester der Polyalkohole, vor allem Glycerintrinitrat, Cellulosetrinitrat usw., dienen in der Technik als Sprengstoffe, da sie die zur vollständigen Verbrennung (Vergasung) des organischen Molekülteils erforderlichen Sauerstoffatome bereits in reaktionsfähiger Form im Molekül enthalten.

Die Ester der salpetrigen Säure entstehen sehr leicht beim bloßen Zusammentreffen der Alkohole mit freier salpetriger Säure bzw. N_2O_3:

$$\text{R—O—H} + \text{HO—NO} \longrightarrow \text{R—O—N=O}$$

[1]) Zusammenfassung: R. Boschan u. Mitarbb.: Chem. Rev. **1955**, 485.

Daneben können sie nach L. Bouveault aber auch durch Nitrosierung der Alkohole mit Nitrosylchlorid (vgl. anorg. Lehrbücher) in Gegenwart von Pyridin als säurebindendem Reaktionsmedium (Gleichung formulieren!) sowie durch Alkylierung von Alkalinitriten mit Alkylhalogeniden oder anderen Alkylierungsmitteln gewonnen werden. In letzterem Falle tritt jedoch der Alkylrest, den beiden tautomeren Formen der salpetrigen Säure entsprechend, nicht nur an eines der am Sauerstoff, sondern auch an das am Stickstoff befindliche einsame Elektronenpaar des Nitrit-Ions, d. h. es entstehen neben den eigentlichen Salpetrigsäureestern stets auch die isomeren Nitroverbindungen (I, Kap. 6, IV, 1) als Neben- und zuweilen sogar als Hauptprodukt:

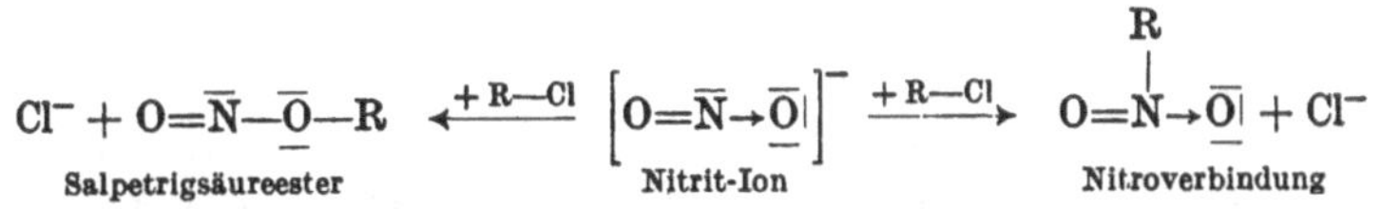

Die Salpetrigsäureester sind niedrig siedende, betäubend riechende Flüssigkeiten, die infolge der Abspaltung von Stickoxyden bei der Hydrolyse starke Atmungsgifte darstellen. In geringen Dosen haben sie eine spezielle blutdrucksenkende und pulsbeschleunigende Wirkung und dienen u. a. in der Pharmazie zur Asthmabekämpfung. Chemisch sind sie als einzige Ester der anorganischen Reihe durch ihre acylierende Wirkung ausgezeichnet, die auf die sehr reaktionsfähige N=O-Doppelbindung zurückzuführen ist. Sie finden daher an Stelle der freien salpetrigen Säure praktische Anwendung zur Einführung der Nitroso-Gruppe in andere Moleküle, z. B. zur Herstellung der Diazoniumsalze in wasserfreiem Medium (I, Kap. 6, III, 1b) oder zur Oximbildung mit aktiven Methylen-Gruppen (S. 257, 302).

Auffallend ist schließlich die außerordentlich leicht erfolgende saure Hydrolyse der Salpetrigsäureester, die auch in Gegenwart von Spuren von Säuren bereits unmeßbar rasch erfolgt, wodurch sich die Nitrite von allen anderen Estern unterscheiden. Die Reaktion ist wahrscheinlich auf die schwach basische Natur des am Stickstoff befindlichen einsamen Elektronenpaares zurückzuführen, das etwa im Sinne der folgenden Gleichung als „Katalysator" in die Reaktion eingreift:

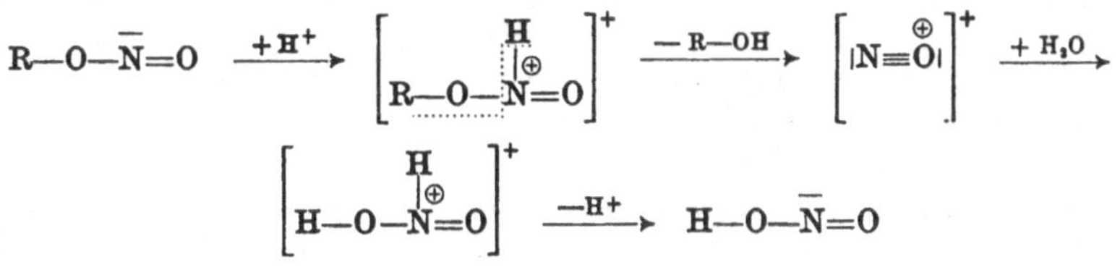

Von der **Phosphorsäure** sind drei Reihen von Estern bekannt: die primären: *Monoalkylphosphate* oder *Monoalkylphosphorsäuren* R—O—$PO(OH)_2$, die noch zwei saure Hydroxyl-Gruppen im Molekül enthalten, die sekundären *Dialkylphosphate* oder *Dialkylphosphorsäuren* $(R—O)_2PO—OH$ mit noch einer sauren Hydroxyl-Gruppe und die neutralen *Trialkylphosphate* $(R—O)_3PO$. Letztere sind am wichtigsten und lassen sich aus Phosphoroxychlorid und den betreffenden Alkoholen oder durch Alkylierung von Silberphosphat mit Alkylhalogeniden (Gleichungen formulieren!) relativ leicht gewinnen. Sie sind wie die Dialkylsulfate ziemlich hochsiedende Flüssigkeiten, die bereits eine deutlich geringere Alkylierungstendenz aufweisen und infolgedessen keine praktische Anwendung als Alkylierungsmittel gefunden haben.

Dagegen eignen sich die neutralen Phosphorsäureester einiger höherer Alkohole und auch Phenole (z. B. Triisobutyl- und Trikresylphosphat) wegen ihres hohen Siede-

und niederen Schmelzpunktes, verbunden mit einem hohen allgemeinen Lösungsvermögen, hervorragend als Weichmachungsmittel für Kunststoffe (**III**, Kap. 3, II, 7) und haben in neuerer Zeit in diesem Sinne eine zunehmende praktische Bedeutung erlangt.

Weiterhin finden zahlreiche tertiäre Phosphor- und auch Thiophosphorsäureester eine wichtige praktische Anwendung als Insektizide[1]). Die bekannteste hierher gehörende Verbindung ist das nebenstehend formulierte Pflanzenschutzmittel **E 605**:

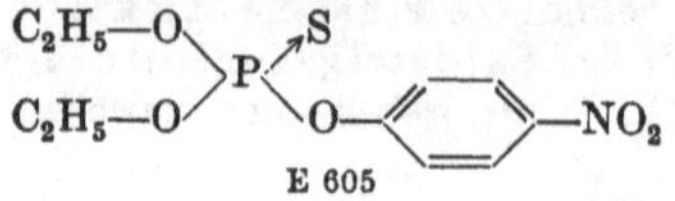

E 605

Von den sauren Phosphorsäureestern spielen vor allem die primären Ester einiger komplizierterer natürlicher Polyhydroxyverbindungen, wie z.B. die **Glycerinphosphorsäure**, die verschiedenen **Hexosephosphorsäuren**, die **Adenylphosphorsäure** usw., eine wichtige Rolle als Zwischenprodukte im biochemischen Stoffwechsel (Näheres vgl. **III**, Kap. 8, III). Man kann sie neuerdings auch synthetisch auf relativ einfachem Wege mittels **Dibenzyl-phosphorsäure-chlorid** (I) gewinnen, das sich mit Alkoholen primär zu Dibenzyl-alkyl-phosphaten (II) umsetzt, in denen, ähnlich wie in den Trityl-, Benzhydryl- und Benzyläthern (S. 222) die Benzylreste partiell durch katalytische Hydrierung zu Toluol und dem gewünschten primären Phosphorsäureester (III) herausgespalten werden können:

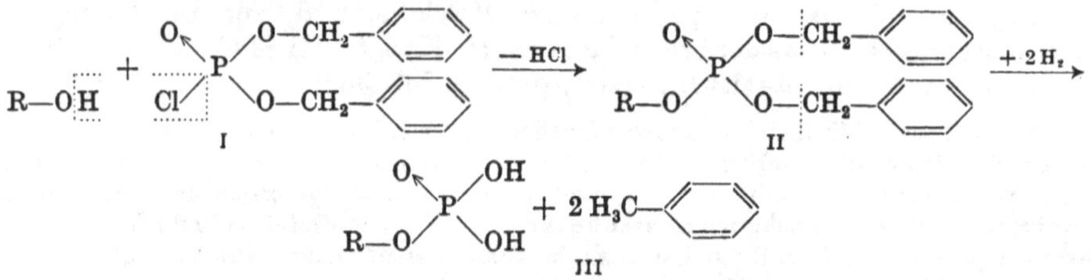

Von den Eigenschaften der primären Phosphorsäureester interessiert an dieser Stelle in erster Linie die außerordentlich große Hydrolysenbeständigkeit. Sie sind nicht nur in neutraler, sondern auch in schwach saurer und schwach alkalischer Lösung weitgehend stabil, so daß sie bereits zu den ausgesprochen schwer verseifbaren Stoffen gehören.

Die **Ester der phosphorigen Säure** werden am einfachsten aus Phosphortrichlorid und den betreffenden Alkoholen gewonnen, doch tritt, ähnlich wie bei der Darstellung der Schwefligsäureester aus Thionylchlorid, auch hier die Veresterung häufig hinter der Chlorierung zurück (vgl. S. 155).

Die Phosphorigsäureester wirken als Ester einer schwachen Säure nur schwach alkylierend und haben zuweilen als milde Alkylierungsmittel Anwendung gefunden. Hinsichtlich ihrer Konstitution ist von Interesse, daß sie sich auf Grund ihrer Darstellung von der in freiem Zustand nicht existenzfähigen Trihydroxy-Form der phosphorigen Säure mit dreiwertigem Phosphor (I) ableiten, die natürlich bei der Spaltung sofort in die normale zweibasige phosphorige Säure mit vierbindigem Phosphor (II) übergeht:

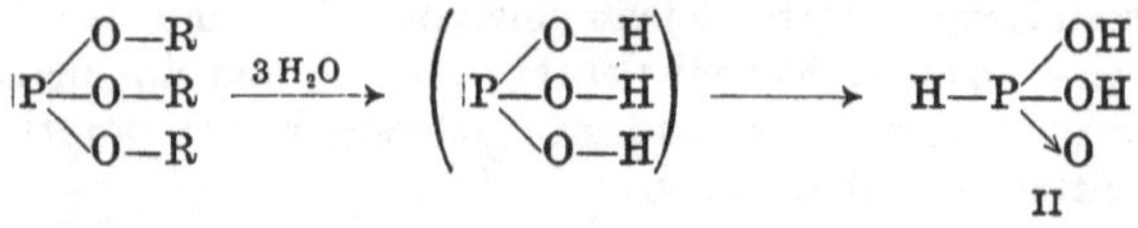

[1]) Zusammenfassungen: G. SCHRADER: Angew. Chem. **62**, 471 (1950); **66**, 265 (1954); **69**, 86 (1957).

Von dieser normalen Form der phosphorigen Säure sind ebenfalls Ester bekannt, die durch Wasser auffallend leicht hydrolysiert werden.

Die **Ester der Orthokieselsäure** entstehen in Analogie zu den Phosphorsäure- und Phosphorigsäureestern bei der Einwirkung von Alkoholen auf Siliciumtetrachlorid (Gleichung formulieren!). Sie zeigen wie die Schwefligsäureester eine gewisse Tendenz, zwei Alkoxygruppen gegen ein Sauerstoffatom auszutauschen:

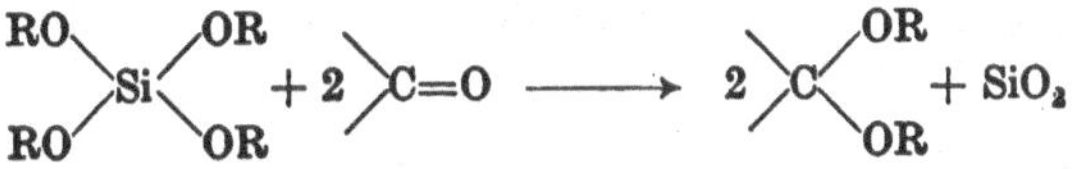

und finden daher gelegentlich Verwendung als Acetalisierungsmittel (S. 291).

Ihre Alkylierungswirkung ist, der geringen Acidität der Kieselsäure entsprechend, bereits außerordentlich gering und nicht mehr nachweisbar, da mit Wasser und anderen basischen Spaltungsmitteln leichter die Si—O- als die R—O-Bindung zerfällt. Diese acylierende Spaltung erfolgt hier erstmals ohne Beteiligung von doppelt gebundenem Sauerstoff und läßt, wie auf S. 206 bereits angedeutet, eine erste Annäherung an die in gleichem Sinne erfolgende Hydrolyse der Metallalkoholate erkennen, bei der ebenfalls der gesamte Alkoxyrest gegen die Hydroxylgruppe ausgetauscht wird.

Bei Zusatz von nur einem Mol Wasser werden unter partieller Verseifung und anschließender Verknüpfung sehr vieler Siliciumatome durch Sauerstoffbrücken die Ester der polymeren Metakieselsäure gebildet:

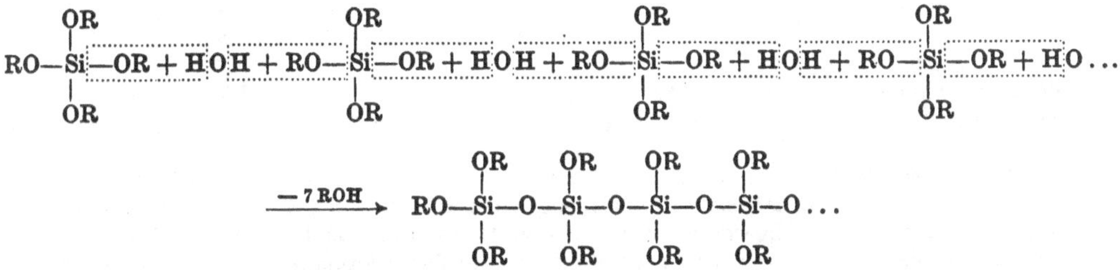

Bei Verwendung von etwas weniger Wasser ist es möglich, einige der in freiem Zustand unbeständigen Polykieselsäuren in Form ihrer Ester zu stabilisieren. Insbesondere KONRAD (1929) ist es durch fraktionierte Destillation der bei dieser Reaktion erhaltenen Produkte gelungen, neben dem hochmolekularen Metakieselsäureester selbst auch alle niederen Glieder der Reihe, nämlich die Ester der Di-, Tri-, Tetrakieselsäure usw. bis zur Dekakieselsäure als einheitliche Verbindungen zu isolieren.

Von der **Borsäure** haben nur die Ester der Orthoform $B(OH)_3$ eine größere Bedeutung erlangt. Sie werden aus Bortrioxyd, dem betreffenden Alkohol und konzentrierter Schwefelsäure sowie noch besser aus Borsäure-essigsäure-anhydrid $[B(OAc)_3]$ und dem betreffenden Alkohol hergestellt[1]) und zeichnen sich, ähnlich wie Aluminiumalkoholat (S. 202), durch die Tendenz aus, ein viertes Alkoholmolekül unter Bildung von in wäßriger Lösung beständigen komplexen Säuren anzulagern:

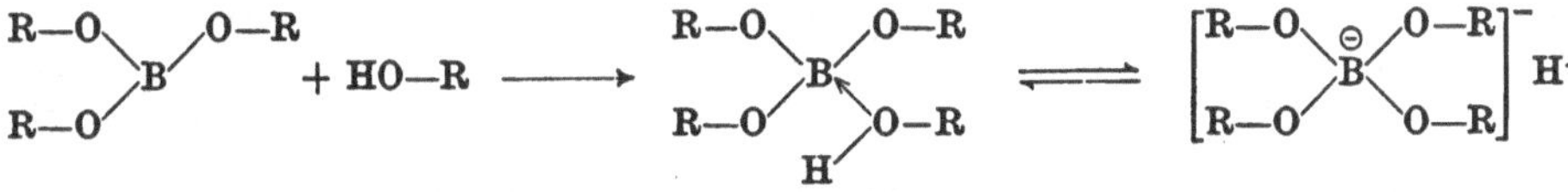

undissoziierte Form — dissoziierte Form

1) Bzgl. weiterer Darstellungsmethoden vgl.: L. H. THOMAS: Soc. 1946, 821, 823.

Diese Tetra-alkoxyborsäuren sind wesentlich stärker sauer als Borsäure selbst und lassen sich wie die entsprechenden Aluminiumverbindungen scharf titrieren.

Ihre Bildung ist von besonderem Interesse bei den später zu besprechenden cyclischen Polyalkoholen, die nur bei cis-Stellung der OH-Gruppen zur Bildung komplexer Borsäureester befähigt sind, so daß man aus der Leitfähigkeitserhöhung von Borsäure in ihrer Gegenwart Rückschlüsse auf den sterischen Bau des betreffenden Alkohols ziehen kann (vgl. II, Kap. 7, II, 4a).

Als **Ester des Hydroperoxyds** können schließlich die *Monoalkyl-hydroperoxyde* und *Dialkyl-peroxyde*[1]) aufgefaßt werden, die bei der stufenweisen Alkylierung des Hydroperoxyds nach folgender Gleichung entstehen:

$$\text{R—Hal} + \text{H—O—O—H} \xrightarrow[-\text{NaHal},\ -H_2O]{+\text{NaOH}} \underset{\text{Monoalkyl-hydroperoxyd}}{\text{R—O—O—H}} \xrightarrow[-\text{NaHal},\ -H_2O]{+\text{R—Hal}+\text{NaOH}} \underset{\text{Dialkyl-peroxyd}}{\text{R—O—O—R}}$$

Bei den leichter reagierenden tert.-Alkylverbindungen genügt bereits die Umsetzung von tertiären Alkoholen mit hochkonzentriertem Wasserstoffperoxyd in Gegenwart von Schwefelsäure[2]).

Eine weitere Bildungsweise der Monoalkylperoxyde, die allerdings zu ihrer Darstellung weniger geeignet ist, haben wir oben (S. 101) in der Autoxydation ungesättigter Verbindungen am Allylkohlenstoff kennengelernt.

Hinsichtlich ihrer physikalischen Eigenschaften ähneln die Alkylperoxyde den entsprechenden Verbindungen mit nur einem Sauerstoffatom, wie aus dem folgenden Vergleich der Siedepunkte einiger Mono- und Dialkylperoxyde mit den zugehörigen Alkoholen und Äthern hervorgeht:

	Monoalkyl-hydroperoxyd	Alkohol	Dialkylperoxyd	Äther
Methylverbindung Sdp.	∼ 100° (Zers.)	65,5°	+ 13,5°	— 24°
Äthylverbindung Sdp.	42°/55 mm	∼ 20/55 mm	+ 64°	+ 34,6°

Chemischen Einflüssen gegenüber ist die R—O-Bindung ähnlich reaktionsträge wie in den Äthern, so daß sie bei den engen Stabilitätsgrenzen der Peroxyverbindungen kaum zur Reaktion gebracht werden kann. Dagegen beobachtet man die typischen Reaktionen der Peroxygruppe. Hier sei vor allem auf die Neigung sämtlicher lösungsmittelfreien organischen Peroxyverbindungen zu außerordentlich heftigen Explosionen hingewiesen, die nicht nur durch Erhitzung, sondern häufig bereits durch Berührung oder Schlag ausgelöst werden. Von den übersichtlich verlaufenden Reaktionen ist am wichtigsten die hydrierende Spaltung der O—O-Bindung durch nascierenden oder katalytisch erregten Wasserstoff:

$$\text{R—O—O—R}' + H_2 \longrightarrow \text{R—OH} + \text{R}'\text{—OH}$$
$$\text{bzw. R—O—OH} + H_2 \longrightarrow \text{R—OH} + H_2O$$

Aus den bei diesen Reaktionen entstehenden zwei Molekülen Alkohol (bzw. je ein Molekül Alkohol und Wasser) kann rückwärts auf die Zusammensetzung der Alkylperoxyde geschlossen werden.

Die Reduktion mit Eisen(II)-chlorid wird wegen des leichten Nachweises der dabei entstehenden Eisen(III)-Ionen mit Kalium-rhodanid häufig zum Nachweis der Peroxyverbindungen verwandt (vgl. z. B. S. 221).

Eine weitere wichtige Reaktion der Alkylperoxyde (und auch anderer Peroxyverbindungen) haben wir in ihrer katalytischen Wirkung bei zahlreichen Reaktionen — z. B. bei der Olefinpolymerisation (S. 99) — bereits kennengelernt. Sie wird meistens durch eine primäre

[1]) Zusammenfassung: E. G. E. Hawkins: Quart. Rev. 4, 251 (1950).

[2]) N. A. Milas u. Mitarbb.: Am. Soc. 68, 205, 642, 1938 (1946) u. frühere Arbeiten: R. Criegee u. H. Dietrich: A. 560, 135 (1948).

Dissoziation der Peroxyde in zwei freie Sauerstoffradikale ausgelöst (bzgl. des Mechanismus der Olefinpolymerisation vgl. **II**, Kap. 4, II, 3a und **III**, Kap. 3, III, 1a):

$$\text{R—O—O—R} \longrightarrow \text{R—O}\cdot + \cdot\text{O—R}$$

Einer natürlich vorkommenden Peroxyverbindung werden wir in **III**, Kap. 5, II, 1b im Ascaridol begegnen.

c) Die Äther

In den *Äthern*[1]) ist der charakteristische Hydroxylwasserstoff der Alkohole durch einen zweiten Alkylrest ersetzt, so daß sich die allgemeine Formel R—O—R (bzw. R—O—R') ergibt[2]). Sie haben somit als einzige Alkoholderivate symmetrischen Aufbau und werden daher zu ihrer **Benennung** vielfach, um die funktionelle Gleichwertigkeit der beiden Alkylreste zu betonen, nicht von den Alkoholen abgeleitet, sondern direkt als zweifach alkyliertes Wasser aufgefaßt. Dies ist vor allem bei den niederen Gliedern der Reihe der Fall, die in Analogie zu den Alkoholen durch Vorsetzen der Namen (und bei symmetrischen Äthern auch der Zahl) der Alkylreste vor den Gruppennamen *-äther* benannt werden (z. B. *Dimethyläther*, *Äthylpropyläther* usw.).

Lediglich den Verätherungsprodukten komplizierter Alkohole mit einfachen Alkylresten legt man zur Benennung den Namen des komplizierten Alkohols zugrunde, dem man ebenfalls den Namen und soweit erforderlich auch die Zahl der ihn substituierenden Alkylreste voranstellt, wie es z. B. in *Trimethylglycerin*, *Tetramethyl-glucose* usw. der Fall ist. Doch ist die letzte Bezeichnungsart aus den schon bei den Estern angeführten Gründen (S. 203) nicht ganz korrekt.

Eine weitere Benennungsmöglichkeit geht schließlich von dem der einen alkoholischen Komponente zugrunde liegenden Paraffin (bzw. sonstigen Wasserstoffverbindung) aus und bezeichnet den gesamten den Wasserstoff substituierenden —OR-Rest als *Alkoxygruppe* (z. B. in *Methoxy-essigsäure* CH_3—O—CH_2—COOH, *p-Äthoxy-anilin* C_2H_5—O—C_6H_4—NH_2 usw.). Wie die angeführten Beispiele zeigen, dient diese Möglichkeit hauptsächlich für die Bezeichnung einzelner Äthergruppen in Verbindungen, die neben den Äthergruppen auch andere Funktionen im Molekül enthalten, also nicht mehr zu den einfachen Äthern gehören.

Für die **Darstellung der Äther** kommen zwei grundsätzlich verschiedene Verfahren in Betracht: 1. die Wasserabspaltung aus zwei Molekülen Alkohol und 2. die Alkylierung eines Alkohols mit den üblichen Alkylierungsmitteln.

---

[1]) Die Namen *Äther* und *Ester* sind auf den gleichen Ursprung zurückzuführen (von griech. αἰθήρ = leichte Luft) und wurden früher auch im gleichen Sinne zur Bezeichnung der aus einer Säure beim Destillieren mit Alkohol entstehenden leicht flüchtigen Verbindung verwandt. Die heutige Zweiteilung des Begriffes erfolgte vor etwa 150 Jahren, als V. Rose (der jüngere) im Jahre 1800 endgültig feststellte, daß der aus Schwefelsäure und Alkohol entstehende „Schwefeläther" überhaupt keinen Schwefel enthält, also nicht das erwartete Diäthylsulfat darstellt, sondern einer völlig neuen Verbindungsklasse angehört, die im Gegensatz zu anderen „Säureäthern" (den heutigen Estern) ohne sichtbare Beteiligung der Säure aus zwei Molekülen Alkohol entsteht.

[2]) Für die gesättigten Äther errechnet sich auf Grund dieser Struktur die gleiche allgemeine Summenformel $C_nH_{2n+2}O$ wie für die gesättigten Alkohole. Äther und Alkohole gleicher Kohlenstoffzahl sind also isomere Verbindungen (sie unterscheiden sich lediglich durch die Stellung des O-Atoms, das sich bei ersteren zwischen einem C- und einem H-Atom, bei letzteren zwischen zwei C-Atomen eines Paraffins befindet), die aber trotzdem nicht derselben homologen Reihe angehören, weil sie verschiedene funktionelle Gruppen im Molekül enthalten.

Zu 1. Die Wasserabspaltung aus zwei Molekülen Alkohol geht nach der einfachen Gleichung:

$$R-O-H + H-O-R' \longrightarrow R-O-R' + H_2O$$

vor sich und läßt sich nur in wenigen Ausnahmefällen, z. B. beim Kochen der reaktionsfähigen Triarylcarbinole mit Alkoholen, ohne Katalysatoren durchführen. Zur Reaktionsbeschleunigung dienen im allgemeinen konzentrierte Mineralsäuren und Dehydratisierungskatalysatoren, also die gleichen Substanzen, die auch die Wasserabspaltung aus einem Molekül Alkohol zu den Olefinen (vgl. S. 87) aktivieren, so daß es nicht immer einfach ist, beide Reaktionen zu trennen.

Im allgemeinen erfolgt die Ätherbildung bei niedrigerer, die Olefinbildung bei höherer Temperatur. Man muß daher zur Darstellung der Äther besonders sorgfältig die Einhaltung der Reaktionstemperatur beachten, um einerseits eine genügende Reaktionsgeschwindigkeit zu erreichen, andererseits die Olefinbildung zurückzudrängen. So entsteht z. B. beim Überleiten von Äthylalkoholdämpfen über Dehydratisierungskatalysatoren (z. B. Al_2O_3) bei 240—250° noch in der Hauptsache Diäthyläther, bei 300° aber schon überwiegend Äthylen. Lediglich Methylalkohol liefert infolge der Unmöglichkeit der Olefinbildung bei allen Temperaturen den Dimethyläther. Praktisch wichtiger ist die Verwendung von Schwefelsäure als Verätherungsmittel, die beim Erhitzen mit überschüssigem Alkohol (in der Praxis verwendet man ein Gemisch von 9 Gew.-Teilen Schwefelsäure und 5 Gew.-Teilen Äthylalkohol und läßt weiteren Alkohol in dem Maße nachfließen, wie der gebildete Äther abdestilliert) auf 130—140° die Wasserabspaltung zum Äther bewirkt, während beim Erhitzen auf etwa 200° mit einer geringeren Alkoholmenge die Olefinbildung erfolgt (vgl. S. 87).

In Wirklichkeit verläuft die Ätherbildung jedoch wesentlich komplizierter, als aus der summarischen Reaktionsgleichung ersichtlich ist, und findet mindestens in zwei, nach Maximow sogar in drei Reaktionsstufen statt:

$$\begin{array}{lll} \text{I} & R-OH + H-O-SO_3H \longrightarrow & R-O-SO_3H + H_2O \\ \text{II} & R-O-SO_3H + HO-R \longrightarrow & R-O-R + H_2SO_4 \\ \hline \text{I + II} & R-O-H + H-O-R \longrightarrow & R-O-R + H_2O \end{array}$$

bzw. nach Maximow

$$\begin{array}{lll} \text{IIa} & R-O-SO_3H + H-O-SO_2-O-R \longrightarrow & R-O-SO_2-O-R + H_2SO_4 \\ \text{III} & R-O-SO_2-O-R + H-O-R \longrightarrow & R-O-R + R-O-SO_3H \\ \hline \text{I + IIa + III} & R-OH + HO-R \longrightarrow & R-O-R + H_2O \end{array}$$

Danach wird das Wasser gar nicht zwischen zwei Alkoholmolekülen abgespalten, sondern es entsteht bereits bei der Bildung der Alkylschwefelsäure, also im Rahmen einer Veresterungsreaktion, und in der zweiten (bzw. dritten) Reaktionsstufe findet lediglich, analog den unter 2 beschriebenen Darstellungsweisen, eine typische Alkylierung des zweiten Alkoholmoleküls durch den intermediär entstehenden Schwefelsäureester statt. Diese Alkylierungsreaktion verläuft unabhängig von der Bildung der Alkylschwefelsäure und läßt sich, wenn man dieser in der zweiten Reaktionsphase einen anderen Alkohol im Überschuß zusetzt, auch zur Bildung gemischter Äther verwenden (Gleichung formulieren!).

Trotz dieser Komplikationen wirkt die Schwefelsäure letzten Endes nur katalytisch. Sie vermag aber trotzdem nicht beliebige Mengen von Alkohol umzusetzen, weil sie bei der Reaktionstemperatur noch nicht vom Reaktionswasser befreit werden kann und auch im Rahmen von Nebenreaktionen (z. B. durch Reduktion zu SO_2) z. T. zerstört wird. Jeder Verätherungszusatz bleibt daher nach einiger Zeit infolge der eingetretenen Verwässerung der Schwefelsäure stehen.

Mit Schwefelsäure als Verätherungsmittel lassen sich nur die Äther der niederen Alkohole — unter den angegebenen Bedingungen etwa bis zum Dipropyläther, mit weniger Schwefelsäure auch noch bis zum Diisoamyläther — gewinnen. Zur Verätherung der höheren Alkohole muß man wesentlich vorsichtiger arbeiten und verwendet besser andere Säuren. Insbesondere sind die aromatischen Sulfonsäuren gebräuchlich, da sie weniger zu Nebenreaktionen neigen. Auch koordinativ ungesättigte Halogenverbindungen, wie z. B. $ZnCl_2$, $AlCl_3$, BF_3 usw., werden vielfach verwandt. Ihre Katalysatorwirkung beruht auch hier auf der intermediären Bildung starker komplexer Säuren (vgl. S. 187).

Zu 2. Die **Alkylierung der Alkohole** geschieht im einfachsten Falle durch Einwirkung der üblichen Alkylierungsmittel auf die basischen Natriumalkoholate (bzw. auf ein Gemisch der Alkohole mit konzentrierter Natronlauge):

$$\text{R—Hal} + \text{NaO—R}' \longrightarrow \text{R—O—R}' + \text{NaHal}$$

Sie wird aber infolge der starken Basizität der Alkoholat-Ionen häufig durch die Olefinbildung (S. 88) zurückgedrängt, so daß die Reaktion in dieser einfachsten Anordnung nur zu Methylierungs- und auch Benzylierungsreaktionen verwendbar ist.

Für die Alkylierung aller anderer Alkohole ist es dagegen zweckmäßiger, mit schwach basischen Alkoholderivaten zu arbeiten, wozu sich bei der Verwendung von Alkylhalogeniden als Alkylierungsmittel am besten die Silberalkoholate eignen (vgl. auch S. 340). Diese stellt man jedoch niemals in Substanz her, sondern läßt sie durch Zusatz von Silberoxyd (oder bei oxydationsempfindlichen Substanzen auch Silbercarbonat) als Kondensationsmittel zu dem Gemisch des Alkohols und Alkylhalogenids nur intermediär entstehen.

$$\text{R—OH} + {}^1\!/_2\,\text{Ag}_2\text{O} \xrightarrow{-{}^1\!/_2\,\text{H}_2\text{O}} (\text{R—OAg}) \xrightarrow{+\,\text{R}'\text{—Hal}} \text{R—O—R}' + \text{AgHal}$$

Schließlich ist es durch Einwirkung von Alkylhalogeniden auf trockenes Silberoxyd sogar möglich, unter Überspringung der Alkoholstufe eine sofortige zweifache Alkylierung des Sauerstoffatoms zum Äther zu erreichen (Gleichung formulieren!).

Die **physikalischen Eigenschaften der Äther** nähern sich infolge der Substitution sämtlicher assoziierenden H-Atome des Wassers durch Alkylreste wieder stark denen der Paraffine. Vor allem liegen ihre Siedepunkte viel tiefer als die der isomeren Alkohole und sind etwa vergleichbar mit denen derjenigen Paraffine, die die gleiche Anzahl schwerer Atome enthalten.

Auch die Schmelzpunkte liegen sehr tief, so daß die meisten einfachen Äther bei normaler Temperatur flüssig sind. Ihr Lösungsvermögen ist gegenüber dem der Paraffine etwas erhöht. Insbesondere zeigen die niederen Glieder der Reihe eine deutliche Wasserlöslichkeit, die, wie in II, Kap. 6, II, 1 eingehend erläutert wird, hinter der der isomeren Alkohole nicht wesentlich zurücksteht. Physiologisch wirken die niederen Glieder der Reihe auf den menschlichen und tierischen Organismus in ähnlicher Weise berauschend und in größeren Dosen narkotisierend ein, wie die Alkohole.

Tabelle 11

Die physikalischen Konstanten einiger Äther im Vergleich mit anderen Verbindungen

Name	Formel	Siedepunktsvergleich				Smp.	D/T
		Äther	Kohlenwasserstoff[1]	isom. Alkoh.	Stamm Alkoh.		
Dimethyläther	$CH_3—O—CH_3$	—24°	—45°	+78°	+65°	—139°	—
Methyläthyläther	$C_2H_5—O—CH_3$	+ 7	+ 1	97	—	—	0,726/0°
Diäthyläther	$C_2H_5—O—C_2H_5$	35	36	117	78	—116	0,719/15
Dipropyläther	$C_3H_7—O—C_3H_7$	91	98	156	97	—122	0,736/20
Dibutyläther	$C_4H_9—O—C_4H_9$	141	151	194	117	— 95	0,769/20
Diisoamyläther	$C_5H_{11}—O—C_5H_{11}$	172	183[2]	219[2])	131	—	0,777/20
Dibenzyläther	$C_6H_5{\cdot}CH_2—O—CH_2{\cdot}C_6H_5$	296	303[2])	—	205	+ 4	1,043/20

In ihrem **chemischen Verhalten** sind die Äther den Paraffinen ebenfalls sehr ähnlich und gehören infolge der Stabilität der Ätherbrücke neben den gesättigten Kohlenwasserstoffen zu den reaktionsträgsten organischen Verbindungen. An neuartigen Reaktionen sind lediglich zu erwähnen: 1. die durch den Brückensauerstoff bedingte Neigung zur Bildung von Komplexverbindungen, 2. die verschiedenen Möglichkeiten der Ätherspaltung und 3. die für die praktische Handhabung wichtige Bildung der Ätherperoxyde durch Autoxydation.

Zu 1. Die Äther sind als Alkylderivate des Wassers wie dieses (und auch die Alkohole) zur **Bildung von Komplexverbindungen** mit koordinativ ungesättigten Metall- und Nichtmetallhalogeniden befähigt. Diese Komplexe sind infolge des Fehlens der durch den Hydroxylwasserstoff bedingten Sekundärreaktionen sogar wesentlich stabiler und leichter isolierbar als die des Wassers und der Alkohole und daher zum Studium der Komplexverbindungen der Sauerstoffderivate besonders geeignet. Die wichtigsten Komplexe leiten sich von den Halogeniden und organischen Derivaten der dreiwertigen Elemente Bor, Aluminium, Eisen, Chrom sowie der besonders stark koordinativ ungesättigten zweiwertigen Metalle Zink und Magnesium ab:

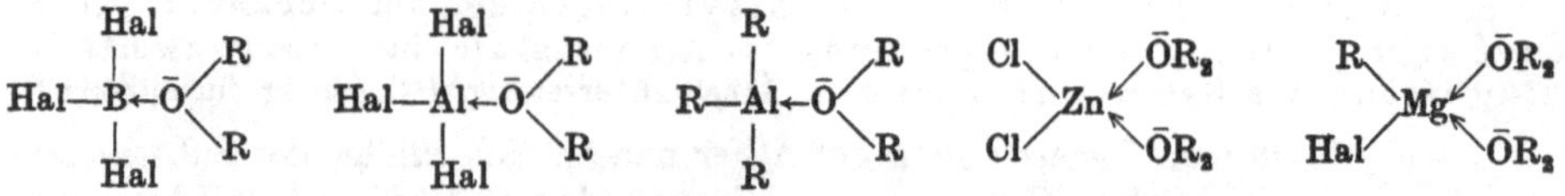

Das chemische Verhalten dieser Komplexe ist insbesondere dadurch charakterisiert, daß der Sauerstoff infolge der positiven Aufladung bei der Bildung der semipolaren Komplexbindung Oniumcharakter annimmt, und daß infolgedessen die O—R-Bindung leichter aufspaltet als in den normalen Äthern. Über diese Komplexverbindungen verlaufen daher einige der unten beschriebenen Spaltungsreaktionen.

---

[1]) Zum Vergleich wurden die Siedepunkte der Kohlenwasserstoffe mit der gleichen Anzahl schwerer Atome (das O-Atom als Methylengruppe gerechnet) und der gleichen Struktur angeführt.

[2]) Auf Grund der Siedezahlen (II, Kap. 2, I, 7) berechnet.

Zu 2. Die Sauerstoffbrücke der Äther ist infolge der Reaktionsträgheit der nicht aktivierten R—O-Bindung eine der gegen solvolytische und auch andere spaltende Einflüsse beständigsten Bindungstypen[1]). So läßt sich z. B. die **Hydrolyse** selbst bei stark erhöhter Temperatur nicht ohne Katalysator durchführen, und auch *Alkalien* gegenüber sind die Äther absolut stabil. Dagegen vermögen Dehydratisierungskatalysatoren bei etwa 300° und starke Säuren als einzige Verbindungsklasse auch bei niederer Temperatur die Ätherhydrolyse zu katalysieren. Bezüglich des Mechanismus dieser Katalyse vgl. **II**, Kap. 3, I, 4a.

Abgesehen von der Spaltung mit Salpetersäure — sowie eigenartigerweise auch mit salpetriger Säure und N_2O_4[2]), die aus noch unbekannten Gründen die Äther sehr rasch zersetzen und daher niemals oder nur bei Temperaturen unter 0° in ätherischer Lösung angewandt werden dürfen — geht aber auch die saure Ätherhydrolyse noch sehr langsam vor sich. Z. B. beträgt die Halbwertszeit der Ätherspaltung in wässeriger Lösung mit einnormaler Salzsäure als Katalysator bei 25° nahezu zwei Jahre! Erst durch konzentrierte Säuren bei höherer Temperatur, z. B. durch siedende konzentrierte Jodwasserstoffsäure, werden die Äther wesentlich rascher zersetzt. Doch handelt es sich hier bereits nicht mehr um eine Hydrolyse, sondern um eine Solvolyse durch die Mineralsäure selbst, die jeweils die Rückreaktion der oben beschriebenen Bildungsreaktionen darstellt:

$$R{-}O{-}R + H{-}O{-}SO_3H \rightleftharpoons R{-}O{-}SO_3H + H{-}O{-}R$$

$$R{-}O{-}R + H{-}J \rightleftharpoons R{-}J + H{-}O{-}R$$

Die Ätherspaltung mit konzentrierter Jodwasserstoffsäure erfolgt quantitativ und läßt sich daher, soweit bei ihr leicht flüchtige Alkylhalogenide entstehen, analytisch zur Bestimmung von Alkoxygruppen auswerten (**Methoxyl- und Äthoxylbestimmung** nach ZEISEL). Die Methode beruht auf der Entfernung der entstehenden Alkyljodide aus dem Reaktionsgemisch durch Destillation und ihrer anschließenden quantitativen Bestimmung, die entweder gravimetrisch durch Überführung in Silberjodid mittels alkoholischer Silbernitratlösung (S. 158) oder neuerdings auch jodometrisch durch Oxydation mittels Brom-Eisessig zum Alkylbromid und der leicht titrierbaren Jodsäure erfolgt (Gleichungen formulieren!).

Auch die oben beschriebenen Komplexverbindungen können zur Ätherspaltung herangezogen werden, da sie bei der thermischen Zersetzung meistens nicht in Umkehr ihrer Bildung zerfallen. So beobachtete z. B. E. WIBERG (1931) beim Erwärmen der Borchlorid-ätheradditionsverbindung oberhalb 50° die Aufspaltung einer B—Cl-Bindung, worauf unter gleichzeitiger Spaltung der einen R—O-Bindung die Umgruppierung des Restmoleküls zu Äthylchlorid und Äthoxy-bordichlorid erfolgt:

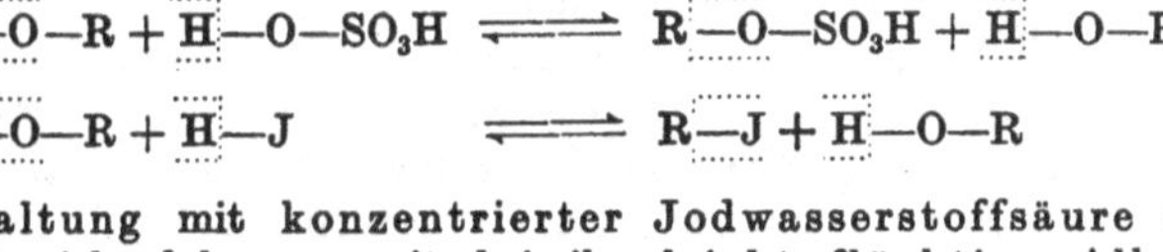

Auch mit Aluminiumchlorid, Siliciumtetrachlorid[3]) und in neuerer Zeit

---

[1]) Zusammenfassung über Ätherspaltung: R. L. BURWELL JR.: Chem. Rev. **1954**, 615.

[2]) Bzgl. des Mechanismus der Ätherspaltung mit N_2H_4 vgl.: L. HORNER u. F. HÜBENETT: B. **85**, 806 (1952).

[3]) R. SCHWARZ u. W. KUCHEN: B. **89**, 169 (1956).

insbesondere Borfluorid sind ähnliche Ätherspaltungen durchgeführt worden (Gleichungen formulieren!).

Läßt man die Komplexbildner in Gegenwart von Acylierungsmitteln auf Äther einwirken, so findet, wahrscheinlich ebenfalls über derartige Komplexverbindungen als Zwischenprodukte, eine allgemeine Umgruppierung der Reste unter Bildung von zwei Molekülen Ester statt, wie im folgenden am Beispiel der Einwirkung von Essigsäure anhydrid gezeigt sei:

$$R{-}O{-}R + CH_3{-}CO{-}O{-}CO{-}CH_3 \xrightarrow{BF_3} 2\,CH_3{-}CO{-}O{-}R$$

Schließlich ist in einigen wenigen Fällen auch eine reduzierende Ätherspaltung mit Hilfe von Lithiumaluminiumhydrid gelungen[1]):

$$R{-}O{-}R' \xrightarrow{LiAlH_4} R{-}OH + H{-}R'$$

Zu 3. Die **Autoxydation der Äther** unter Bildung von **Peroxyden**[2]) ist auf eine geringfügige Aktivierung des zum Brückensauerstoff α-ständigen Kohlenstoffs zurückzuführen, der, ähnlich dem Allylkohlenstoff der Olefine, bei längerem Stehen an der Luft mit dem elementaren Sauerstoff unter Bildung einer Peroxyverbindung zu reagieren vermag. Das hierbei primär entstehende α-Alkoxyalkylhydroperoxyd erleidet als Aldehydderivat (vgl. S. 293) durch Hydrolyse, Abspaltung von Wasser oder Hydroperoxyd und ähnliche Reaktionen sofort eine Reihe weiterer Umwandlungen zu Sekundärprodukten, von denen im Falle des Diäthyläthers H. Wieland Di-α-hydroxyäthyl-peroxyd, H. King α-Hydroxyäthyl-hydroperoxyd und A. Rieche Äthylidenperoxyd nachgewiesen zu haben glauben. Ihre Entstehung kann man sich etwa auf dem folgenden Wege vorstellen:

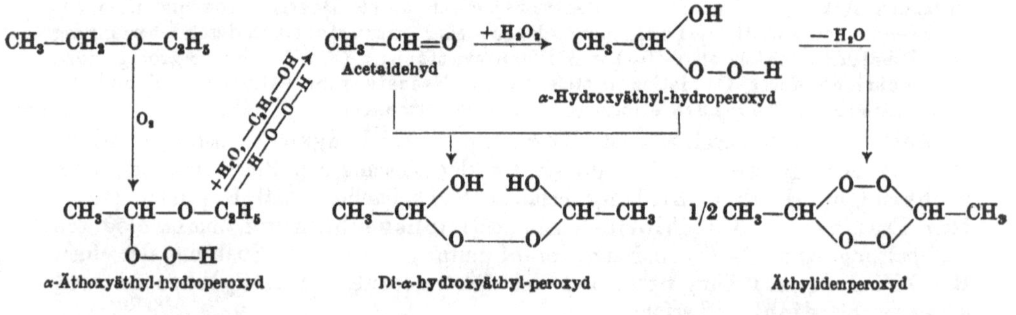

Die Gefährlichkeit der Anhäufung derartiger Ätherperoxyde in altem Äther beruht vor allem darauf, daß sie beim Eindampfen des Äthers als äußerst explosibler Rückstand verbleiben und, abgesehen von der Explosionswirkung selbst, auch durch die entstehenden Brände häufig zu schweren Laboratoriumsunfällen führen. Namentlich beim Arbeiten mit größeren Äthermengen als Lösungsmittel, die meistens in irgendeiner Reaktionsphase eingedampft werden, sollte man daher immer auf Peroxydfreiheit achten, zumal die Ätherperoxyde empfindliche Substanzen auch durch ihre Oxydationswirkung zerstören können.

---

[1]) P. Karrer u. O. Rüttner: Helv. 33, 812 (1950).
[2]) Zusammenfassung: A. Rieche: Angew. Chem. 70, 251 (1958).

Der Nachweis der Ätherperoxyde erfolgt, wie der anderer Peroxyverbindungen, durch reduktive Spaltung der O—O-Brücke mit Eisen(II)-chlorid (vgl. S. 214). Auch ihre Zerstörung führt man am besten mit Eisen(II)-salzen durch, doch muß man anschließend den hierbei entstandenen Acetaldehyd ebenfalls entfernen, da dieser an der Luft noch schneller unter Bildung neuer Peroxyde Autoxydation erleidet (vgl. S. 253) als der ursprüngliche Äther selbst.

Einzelverbindungen. Dimethyläther (CH_3—O—CH_3) ist ein bei —24° siedendes Gas, und daher ohne praktische Bedeutung geblieben.

Diäthyläther (C_2H_5—O—C_2H_5), meistens *Äther* schlechthin genannt, ist die bei weitem wichtigste Verbindung der Reihe. Er wird technisch ausschließlich auf dem angegebenen Wege aus Alkohol und Schwefelsäure hergestellt und führte daher früher den Namen „Schwefeläther" (vgl. S. 215 Anm. 1).

Diäthyläther ist eine sehr leicht bewegliche farblose Flüssigkeit von angenehmem Geruch, die infolge des niederen Siedepunktes außerordentlich flüchtig und feuergefährlich[1]) ist. Er dient wegen seiner hervorragenden Lösungseigenschaften präparativ und technisch als wichtigstes und billigstes mit Wasser nicht mischbares Lösungsmittel für Fette und verwandte Stoffe. Daneben eignet er sich aber auch infolge des durch den Sauerstoff bedingten besonderen Lösungsvermögens als indifferentes (d. h. hier hydroxylfreies) Lösungsmittel und Reaktionsmedium für zahlreiche polare, gegen Wasser und Alkohole bereits unbeständige Substanzen, wie z. B. für metallorganische Verbindungen. Selbst einige Salze, wie z. B. Natriumjodid, Lithium- und Calciumrhodanid usw., vermag er aufzulösen und ermöglicht dadurch eine Reihe von Umsetzungen dieser Salze mit organischen Substanzen in indifferentem Medium und homogener Phase.

Von den Äthern der höheren gesättigten und auch ungesättigten Alkohole hat lediglich das als **Diisoamyläther** bezeichnete Verätherungsprodukt des Gärungsamylalkohols ein gewisses Interesse als hochsiedendes Lösungsmittel für metallorganische Verbindungen, z. B. zur Durchführung von Zerewitinow-Bestimmungen (I, Kap. 9, I), gefunden.

Als Beispiel eines halogenierten Äthers sei der **β,β'-Dichlordiäthyläther** angeführt. Er wird durch normale Verätherung von Äthylenchlorhydrin (S. 198) mittels konzentrierter Schwefelsäure (Gleichung formulieren!) gewonnen und dient als hochsiedendes Lösungsmittel sowie als Zwischenprodukt für die Darstellung β-substituierter Ätherderivate und von Vinethen (S. 229).

Dagegen haben in neuerer Zeit die Äther der aromatischen Alkohole, insbesondere die von B. Helferich in die chemische Praxis eingeführten und als **Tritylâther** bezeichneten gemischten Äther des Triphenylcarbinols mit einfachen aliphatischen Alkoholen eine stets wachsende Bedeutung erlangt, da sie in-

[1]) Abgesehen von der großen Flüchtigkeit ist die Feuergefährlichkeit des Äthers insbesondere auch darauf zurückzuführen, daß seine Dämpfe infolge des hohen Molekulargewichts einerseits sehr schwer sind, andererseits bereits in großer Verdünnung mit Luft explosible Gemische bilden. Ferner können sie infolge ihrer großen Dichte u. U. über große Entfernungen auf Laboratoriumstischen und Fußböden entlangkriechen, ohne sich völlig mit der Luft zu vermengen, so daß ihre Entzündung auch durch entfernt stehende Flammen möglich ist. Selbst die oft achtlos ausgegossenen wäßrigen Ätherauszüge sind wegen seiner hohen Wasserlöslichkeit (7,5 Gew.-%) leicht brennbar.

Wegen dieser großen Feuergefährlichkeit und auch der durch die Peroxydbildung bedingten Nachteile hat man wiederholt vorgeschlagen, den Äther durch andere, nicht brennbare Lösungsmittel zu ersetzen, z. B. durch Methylenchlorid (S. 166).

folge der Aktivierung des Carbinol-C-Atoms durch die Benzolkerne sich sowohl hinsichtlich ihrer Bildung als auch ihrer Spaltung weitgehend von den normalen Äthern unterscheiden und in gewissem Sinne bereits den Estern nahe stehen.

So entstehen sie vielfach schon beim einfachen Umkristallisieren des Triphenylcarbinols aus den niederen Alkoholen, also ohne oder in Gegenwart von nur Spuren eines Katalysators. Auch ihre präparativ wichtigste Darstellungsweise durch Tritylierung der Alkohole mit Tritylchlorid erfolgt im Gegensatz zu anderen Alkylierungen wie eine Acylierungsreaktion bereits mit Pyridin als Kondensationsmittel:

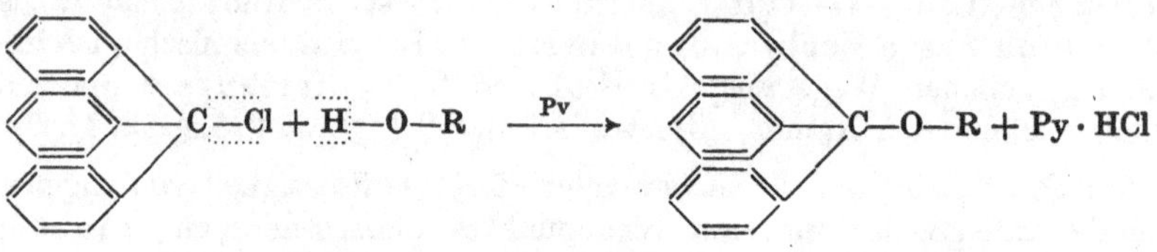

Doch ist ihre Bildung (offenbar infolge sterischer Hinderung, vgl. II, Kap. 7, IV, 2) mit wenigen Ausnahmen auf die Tritylierung primärer alkoholischer Hydroxylgruppen beschränkt.

Von den Umsetzungen der Trityläther muß vor allem die auffallend leichte Spaltbarkeit der Tritylsauerstoffbindung hervorgehoben werden, die zwar als echte Ätherbindung wasser- und alkalibeständig ist, in Eisessiglösung aber bereits bei normaler Temperatur fast augenblicklich durch verdünnte Bromwasserstoffsäure unter Bildung des sich unlöslich abscheidenden Tritylbromids (Gleichung formulieren!) zerlegt wird, so daß die Reaktion unter weitgehender Schonung anderer hydrolysierbarer Bindungen durchgeführt werden kann. Eine weitere wichtige Spaltungsmöglichkeit, die sogar in indifferentem Reaktionsmedium und damit unter absoluter Schonung aller anderen solvolysierbaren Bindungen vor sich geht, liegt in der katalytischen Hydrierung der Trityl-Sauerstoff-Bindung vor, einer Reaktion, der in schwächerem Ausmaß auch die Benzhydryl- und sogar die Benzyläther zugänglich sind:

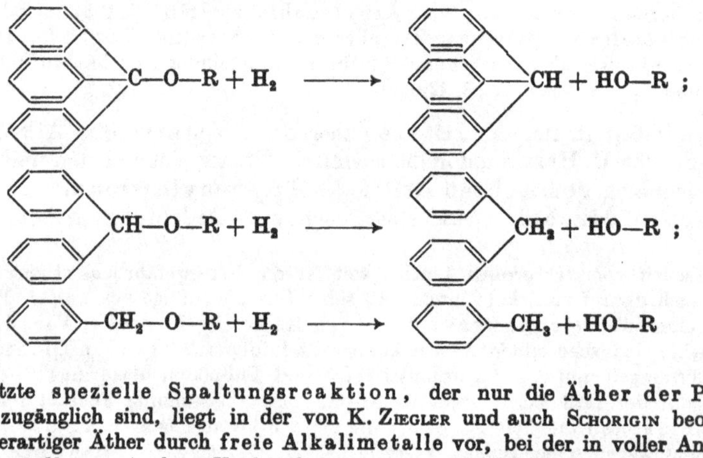

Eine letzte spezielle Spaltungsreaktion, der nur die Äther der Polyarylcarbinole zugänglich sind, liegt in der von K. Ziegler und auch Schorigin beobachteten Zerlegung derartiger Äther durch freie Alkalimetalle vor, bei der in voller Analogie zur Bildung metallorganischer Verbindungen aus den Alkylhalogeniden (S. 158) die Trityl- und auch Benzhydryl-Sauerstoff-Bindung unter Aufnahme von zwei Metallatomen zerfällt:

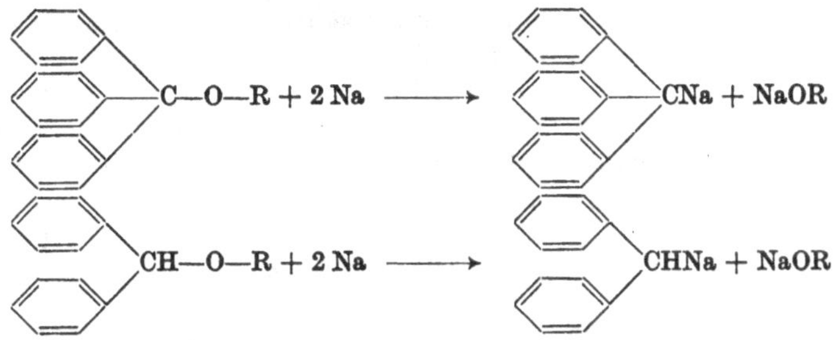

Die praktische Bedeutung der Trityläther liegt auf Grund dieser Reaktionen darin, daß sich einerseits nur primäre Alkohole tritylieren lassen, man in ihrer Bildung also ein eindeutiges Kennzeichen für die Stellung der Hydroxylgruppe am Kettenende besitzt, und daß sich andererseits eine Reihe von Möglichkeiten ergibt, in Verbindungen, die mehrere OH-Gruppen im Molekül enthalten, die primären und sekundären Gruppen getrennt umzusetzen. Hierfür werden wir insbesondere später bei den Kohlenhydraten noch einige Beispiele kennenlernen (vgl. **III**, Kap. 4, I, 3 e).

d) Die Mono-, Di und Trialkyl-oxoniumsalze

Die **Mono- und Dialkyl-oxoniumsalze**[1]) leiten sich von den Alkoholen und Äthern in gleicher Weise durch Aufnahme einer Säure HX ab wie die Ammoniumsalze vom Ammoniak und den Aminen. Man muß infolgedessen schon beim Auflösen starker Säuren in Alkoholen und Äthern mit der Bildung der entsprechenden Oxoniumsalze rechnen:

$$\mathrm{R{-}OH + H{-}X \rightleftharpoons [R{-}\overset{\oplus}{O}H_2]^+X^-;\quad R_2O + H{-}X \rightleftharpoons [R_2\overset{\oplus}{O}H]^+X^-}$$

Die Acidität der Oxonium-Ionen ist jedoch derart groß, daß auch bei Verwendung starker Mineralsäuren das Gleichgewicht weitgehend nach links verschoben ist. Die Gewinnung fester Salze (etwa durch Eindampfen der Lösungen der Säuren) ist aus diesem Grunde niemals möglich.

Erst wenn man zu komplexen Halogensäuren übergeht, deren Anion ohne Zerstörung des Komplexes kein Proton mehr aufzunehmen vermögen, lassen sich kristallisierte Mono- und Dialkyl-oxoniumsalze herstellen. Man setzt zu diesem Zweck am besten die Alkohol- bzw. Ätheraddukte der Komplexbildner, von denen sich Antimonpentachlorid als wirksamster erwiesen hat, mit dem betreffenden Halogenwasserstoff um:

$$\mathrm{R{-}\overset{H}{O}{\rightarrow}SbCl_5 + HCl \rightleftharpoons \left[R{-}\overset{H}{\underset{\oplus}{O}}H\right]^+ SbCl_6^-\ ;}$$

$$\mathrm{R_2O{\rightarrow}SbCl_5 + HCl \rightleftharpoons \left[R_2\underset{\oplus}{O}H\right]^+ SbCl_6^-}$$

Auch hier ist die Rückreaktion immer noch merklich. Sämtliche Salze dieses Typus weisen deshalb eine gewisse Halogenwasserstofftension auf, die bei den sehr unbeständigen Monomethyl-oxoniumsalzen schon unter 0° Atmosphärendruck erreicht, so daß diese Salze nur bei tiefer Temperatur existenzfähig sind. Die an sich bereits wesentlich beständigeren Dialkyl-oxoniumsalze können durch Addition eines zweiten Äthermoleküls, das vermutlich durch eine Wasserstoffbrücke zu dem komplexen Ion I gebunden wird, eine nochmalige Stabilisierung erfahren, so daß hier bereits bis etwa 100° beständige Salze vorliegen.

$$\mathrm{\left[R_2\overset{\oplus}{O}{-}H\cdots OR_2\right]^+}\quad \mathrm{I}$$

[1]) F. Klages u. Mitarbb.: A. **592**, 81 (1955).

Die **Trialkyl-oxoniumsalze** sind keine unmittelbaren Derivate der Alkohole und Äther mehr, sondern stehen zu den letzteren in der gleichen Beziehung wie die in I, Kap. 6, I, 1 bγ beschriebenen Tetraalkylammoniumsalze zu den tertiären Aminen. So erfolgt z. B. ihre Bildung in prinzipiell gleicher Weise durch Reaktion eines der einsamen Elektronenpaare des Sauerstoffs mit einem Alkylierungsmittel:

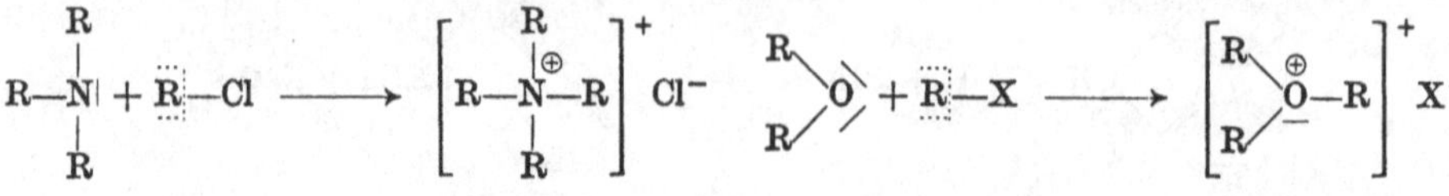

tertiäres Amin   Tetraalkylammoniumchlorid   Äther   Trialkyloxoniumsalz

Nur ist diese Reaktion bei der relativ geringen Basizität des *Äthersauerstoffs* sehr schwer durchzuführen und mit den üblichen Alkylierungsmitteln noch nicht möglich (s. u.). Sie bedarf vielmehr noch der Koppelung mit einem anderen energieliefernden Vorgang und gelang auf diese Weise erstmals H. MEERWEIN im Jahre 1937 durch Umsetzung der Borfluorid-äther-additionsverbindungen mit Alkylfluoriden. Als energieliefernder Vorgang ist hierbei die Bildungstendenz des Fluoborat-Ions anzusehen, die ohne Zweifel die Wanderung des dritten Alkylrestes an den Sauerstoff unterstützt:

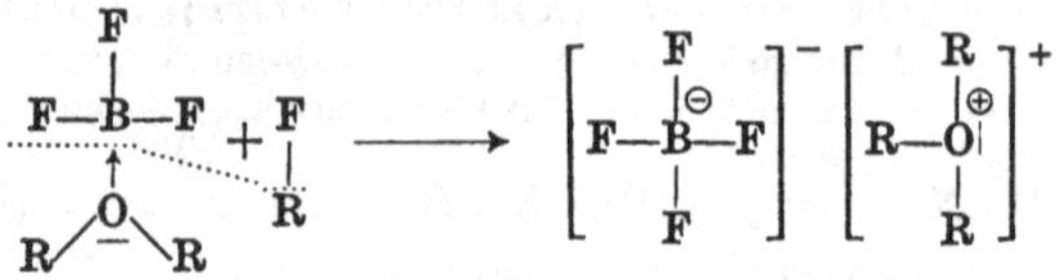

In gleicher Weise kann man auch die Ätheraddukte anderer Komplexbildner (z. B. $SbCl_5$, $FeCl_3$ und — wenn auch bereits weniger leicht — $AlCl_3$) mit Alkylchloriden zu tertiären Oxoniumsalzen umsetzen (Gleichungen formulieren!).

Auch die Bildung der energiearmen Silberhalogenide genügt bereits als energieliefernder Vorgang, wenn man die entstehenden Trialkyl-oxonium-Ionen mit einem komplexen Anion kombiniert[1]):

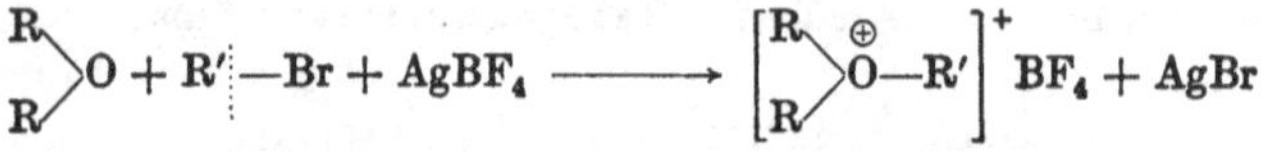

Als letzte interessante Bildungsweise sei schließlich noch die Alkylierung von Dialkyloxoniumsalzen mit Diazo-alkanen angeführt[2]):

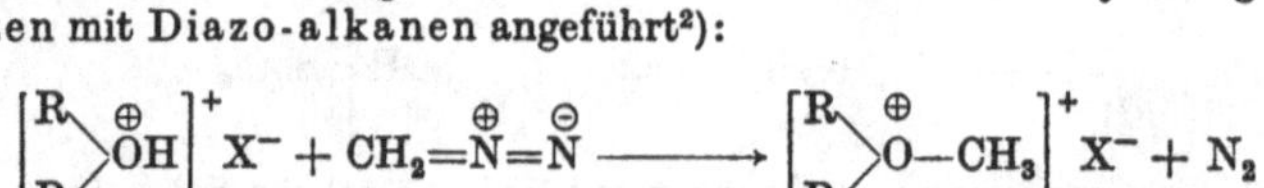

Chemisch zeichnen sie sich als Derivate der starken Säure OH_3^+ vor allem durch ein starkes Alkylierungsvermögen aus (sie sind die stärksten Alkylierungsmittel, die wir kennen) und sind infolgedessen wesentlich unbeständiger als die Alkohole und Äther. So reagieren sie z. B., ähnlich wie die Dialkylsulfate, schon mit reinem Wasser, d. h. sie werden in wäßriger Lösung langsam unter Bildung von je einem Mol Alkohol und Äther gespalten:

---

1) H. MEERWEIN u. K. WUNDERLICH: Angew. Chem. **69**, 481 (1957).
2) F. KLAGES u. H. MEURESCH: B. **85**, 863 (1952).

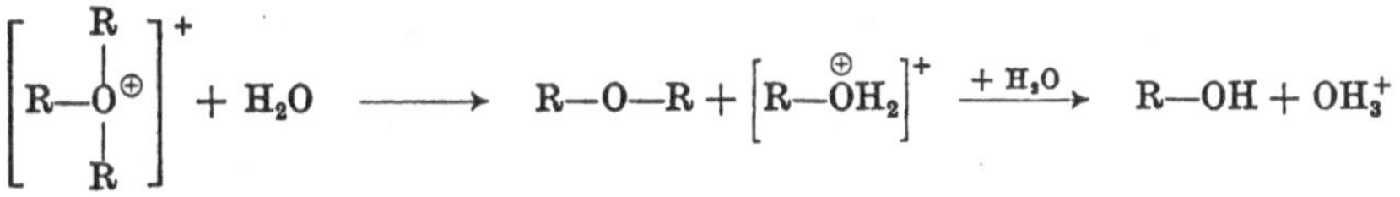

Ähnlich setzen sie sich mit Äthern, die andere Alkylgruppen enthalten, unter Übertragung des dritten Alkylrestes zu deren Trialkyl-Oxoniumsalzen um (Gleichung formulieren!), wobei sich ein Gleichgewicht zwischen allen Kombinationsmöglichkeiten beider Alkylreste einstellt. Weitere Umsatzmöglichkeiten ergeben sich mit anderen basischen Stoffen, wie z. B. mit tertiären Aminen, Thioäthern und Sulfoxyden, auf die ebenfalls der dritte Alkylrest unter Bildung von deren Oniumverbindungen übergeht:

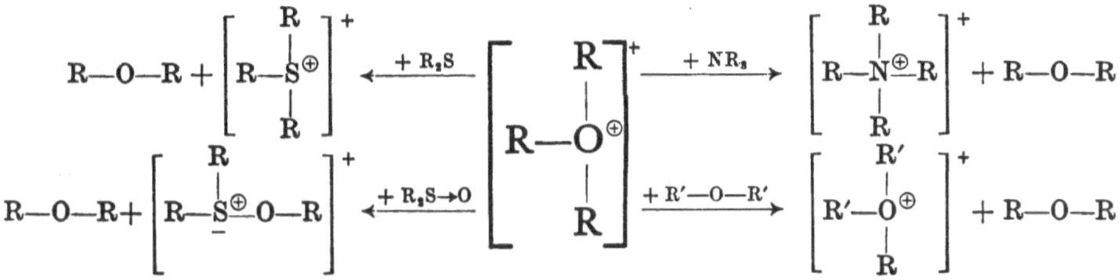

Besonders groß ist die Alkylierungstendenz natürlich gegenüber dem stark basischen Hydroxyl-Ion, so daß die freie Base im Gegensatz zu den Tetraalkylammoniumbasen auch in wäßriger Lösung nicht mehr existenzfähig ist, sondern sofort im Sinne des Hofmannschen Abbaus (I, Kap. 6, 1bγ) in je ein Molekül Alkohol und Äther zerfällt:

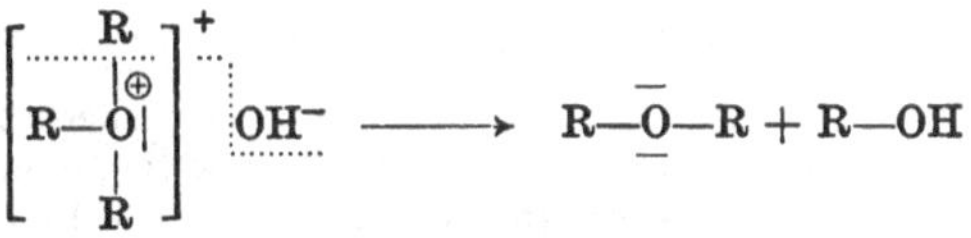

Diese Übertragung des dritten Alkylrestes auf das Anion ist auch bei den normalen Salzen möglich und erfolgt zuweilen bereits bei Zimmertemperatur. Insbesondere entsteht bei der Einwirkung von Jod-Ionen sofort das entsprechende Alkyljodid, wodurch die Erfolglosigkeit aller früheren Versuche, in Umkehrung dieser Reaktion aus Alkyljodiden und Äthern Oxoniumsalze aufzubauen, ihre Erklärung findet (Gleichungen formulieren!).

3. Die Enole

In Analogie zu den Halogenverbindungen beobachtet man auch bei den Hydroxyverbindungen ein völlig neuartiges Verhalten, wenn die Hydroxylgruppe statt an einem gesättigten, an einem doppelt gebundenen C-Atom steht. Man rechnet diese Stoffe daher nicht mehr zu den Alkoholen[1]), sondern faßt sie zu einer neuen Verbindungsklasse zusammen, für die sich, ähnlich wie wir es bereits bei den 1, 3-Dienen (S. 105) gesehen haben, die von der Genfer Kommission für die Benennung der Einzelverbindungen vorgeschlagene Endung *-enol* (entsprechend der Endung *-anol* für die Alkohole) als Gruppenname „*Enole*“ eingebürgert hat.

[1]) Nur die in freiem Zustand nicht existenzfähige einfachste Verbindung der Reihe, das „Äthenol“ $CH_2=CH—OH$, wird, da man zur Zeit seiner Benennung die Sonderstellung der Enole noch nicht erkannt hatte, allgemein als Vinylalkohol bezeichnet.

In den Enolen begegnen wir der ersten Verbindungsklasse, für die die auf S. 10 angeführte Voraussetzung für das Auftreten isomerer organischer Verbindungen, die Stabilität der Atomverknüpfung in den Molekülen, nicht erfüllt ist. Sie lagern sich daher jedesmal, wenn sie im Rahmen einer Reaktion entstehen (z. B. durch Spaltung ihrer Ester oder Äther), mit unmeßbar großer Geschwindigkeit in die wesentlich energieärmeren isomeren Oxoverbindungen (Aldehyde oder Ketone, vgl. S. 241f.) um:

$$\underset{\text{Enoläther}}{R{-}CH{=}CH{-}O{-}R} \xrightarrow{\text{Hydro-lyse}} \underset{\text{Enol (unbeständig)}}{(R{-}CH{=}CH{-}OH)} \longrightarrow \underset{\text{Oxoverbindung}}{R{-}CH_2{-}CH{=}O}$$

Die Enole sind infolgedessen normalerweise nicht existenzfähig, und die beschriebene Umlagerung ist ein schönes Beispiel dafür, daß die Nichterfüllung der genannten Voraussetzung sofort zum Verschwinden einer Isomeriemöglichkeit führt. Wie das Auftreten der unten beschriebenen Enoläther und -ester aber zeigt, ist diese Nichtexistenz der Enole nur auf die zu rasch erfolgende Umlagerung, nicht dagegen auf eine prinzipielle Unbeständigkeit der Gruppierung $>C{=}\overset{|}{C}{-}O{-}$ zurückzuführen. Die Enole sollten daher zumindest grundsätzlich existieren können. Dementsprechend ist es auch tatsächlich in einigen Ausnahmefällen gelungen, sie als mehr oder weniger stabile Verbindungen zu isolieren, wenn durch Koppelung der Enolbildung mit einem energieliefernden Vorgang, als welcher in erster Linie die Konjugation (bzw. Mesomerie) der enolischen Doppelbindung mit andern ungesättigten Systemen in Betracht kommt, die Enole ihrerseits energieärmer als die Carbonylverbindungen werden.

Ein einfaches Beispiel für einen derartigen Ausnahmefall liegt im Phenol (S. 229f.) vor, das infolge der bei seiner Bildung aus dem zugehörigen Keton, dem Cyclohexadienon, frei werdenden Aromatisierungsenergie (S. 132) derart stabilisiert wird, daß hier die Ketoverbindung nicht existenzfähig ist und sich sofort in das „Enol" umlagert:

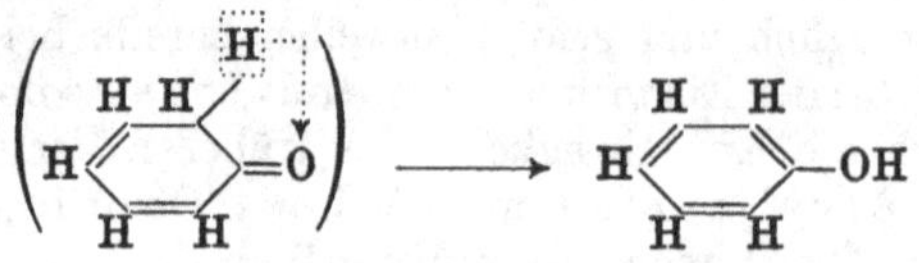

Cyclohexadienon Phenol

Bei annähernd gleichem Energieinhalt der Enol- und Carbonylverbindungen treten schließlich beide Molekülarten nebeneinander auf und lagern sich im Rahmen eines Tautomeriegleichgewichts (*Keto-Enol-Tautomerie*) dauernd gegenseitig ineinander um (Näheres vgl. II, Kap. 5, II. 3).

Die Existenzfähigkeit der Enole ist infolge dieser Verhältnisse immer an das Vorhandensein komplizierter organischer Moleküle gebunden, die noch andere, die Enolgruppe stabilisierende Funktionen im Molekül enthalten und daher erst später besprochen werden können. Wir wollen aus diesem Grunde an dieser Stelle auf die übliche Beschreibung von Einzelverbindungen verzichten und uns zunächst lediglich auf das chemische Verhalten der Enolgruppe selbst beschränken.

Hinsichtlich ihrer **chemischen Eigenschaften** beobachtet man bei den Enolen — in Analogie zu den Halogenolefinen (S. 161) — ein von den Alkoholen stark abweichendes Verhalten, das durch eine gegenseitige Beeinflussung der OH-

Gruppe und der Doppelbindung im Rahmen einer Mesomerie bedingt ist und zu einer Reihe neuartiger Reaktionen führt.

Die **enolische Hydroxylgruppe** ist gegenüber der alkoholischen vor allem durch eine deutlich gesteigerte Acidität ausgezeichnet, die die Enole bereits zu ausgesprochenen Säuren stempelt, deren Alkalisalze, die „*Enolate*", in wäßriger Lösung beständig sind und nur noch teilweise hydrolysieren. An sich wasserunlösliche Enole können daher in Natronlauge unter Enolatbildung in Lösung gehen oder mit Natronlauge aus ätherischer Lösung ausgeschüttelt werden. Die absolute Säurestärke ist bei den reinen Enolen[1]) allerdings sehr gering und steht noch unter der der Kohlensäure, so daß die Enole bereits beim Einleiten von Kohlendioxyd in die Lösungen der Enolate wieder in Freiheit gesetzt werden. Sie entsprechen in dieser Beziehung vollkommen den im nächsten Abschnitt beschriebenen Phenolen. Ebenso geben sie wie die Phenole mit Eisen-(III)-chlorid charakteristische Färbungen, so daß man sie mit vollem Recht als die aliphatischen Modellsubstanzen der Phenole ansehen kann.

Einer Reihe weiterer typischer Reaktionen der Phenole und auch der Alkohole sind die Enole dagegen infolge der Unbeständigkeit ihres Bindungssystems nicht zugänglich. So beteiligt sich z. B. bei Versuchen, sie durch Acylierung oder Alkylierung in die zugehörigen Ester und Äther überzuführen, in den meisten Fällen die Doppelbindung an der Reaktion, und es entstehen statt der erwarteten Enolderivate, unter gleichzeitiger Umlagerung der Enol- in die Ketoform, die an dem zum Sauerstoff β-ständigen C-Atom substituierten Verbindungen (Näheres über den Reaktionsmechanismus vgl. S. 469):

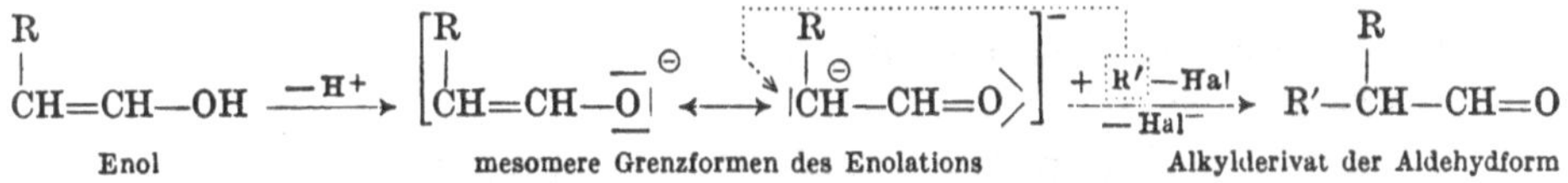

Auch der Austausch der ganzen Hydroxylgruppe gegen andere negative Reste ist im Gegensatz zu den Verhältnissen bei den Alkoholen und Phenolen nicht möglich, weil diese Substitution (ebenfalls in Analogie zu den Halogenolefinen, S. 161) durch die Doppelbindung so erschwert wird, daß die Enole unter den erforderlichen Reaktionsbedingungen bereits anderweitig Umlagerungen erleiden.

Die **Reaktionsfähigkeit der Doppelbindung** wird in Analogie zu dem Verhalten der Halogenolefine (S. 161) durch die Mesomerie mit der OH-Gruppe stark erhöht, doch überwiegen hier infolge der leichten Abspaltbarkeit des Hydroxylwasserstoffs mit dem in α-Stellung angelagerten Addenden im allgemeinen die Substitutionsreaktionen. So stellt z. B. die soeben beschriebene C-Alkylierung und -Arylierung der Enole bereits eine normale Substitution des Olefinsystems dar. Ähnlich erfolgt mit elementarem Halogen eine äußerst rasche Halogenierung des gleichen C-Atoms, die wahrscheinlich auf dem Umweg über eine intermediäre Addition an die Enoldoppelbindung vor sich geht:

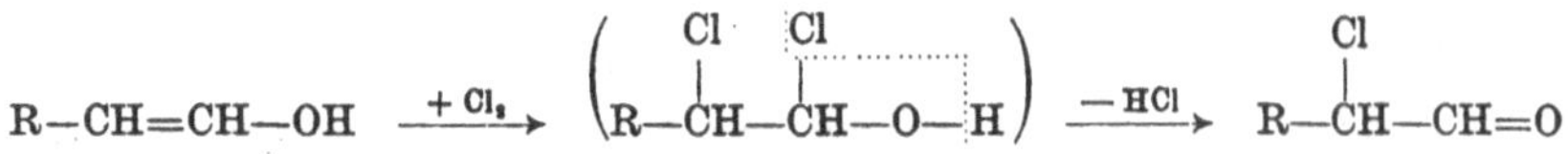

Weitere Substitutionsmöglichkeiten, bei denen ebenfalls jeweils die Ketoverbindungen entstehen, und die daher erst nach Behandlung der Keto-Enol-Tautomerie besprochen

[1]) Bei der Kombination der Enolgruppierung mit anderen Funktionen kann die Acidität allerdings stark ansteigen. Dies ist z. B. beim Acetyl-aceton-enol und Glutacondialdehyd-enol der Fall, worauf in II, Kap. 3, III, 2 näher eingegangen wird.

werden sollen, sind die Nitrierung (I, Kap. 6, IV, 1) und die Kupplung mit Diazoverbindungen (I, Kap. 6, III, 1b).

Reine Doppelbindungsreaktionen beobachtet man nur bei den Enoläthern und -Estern, in denen infolge der Substitution des Enolwasserstoffs der zum Sauerstoff α-ständige Addend nicht mehr mit diesem unter Bildung der Carbonylgruppe herausgespalten werden kann.

Die Enolderivate. Wie wir noch sehen werden, ist die Unbeständigkeit der Enole auf die Möglichkeit der Wanderung des als Proton leicht abdissoziierenden Hydroxylwasserstoffs vom Sauerstoff zum β-ständigen Kohlenstoff zurückzuführen (II, Kap. 5, II, 3). Ersetzen wir den Hydroxylwasserstoff daher durch schwer bewegliche Alkyl- oder Acylreste, so kommen wir sofort zu stabilen Verbindungen, den Enoläthern und Enolestern, die auch in den einfachsten Fällen bekannt sind. Ihre **Darstellung** kann allerdings infolge der Nichtexistenz der Enole und auch wegen der beschriebenen C-Substitution im allgemeinen nicht durch direkte Veresterung oder Verätherung der Enole erfolgen, sondern geschieht meistens auf einem Umweg, indem man entweder durch partielle Addition von Alkoholen oder Säuren an Acetylene (vgl. S. 115) in einer Reaktionsstufe die ganze Enoläther- (bzw. Enolester-)gruppe synthetisiert, oder indem man in β-Halogenäthern und -estern durch Abspaltung von *Halogenwasserstoff* nachträglich eine Doppelbindung einführt:

$$HC{\equiv}CH + HO{-}R(Ac) \xrightarrow[\text{HgSalze}]{H_2SO_4} H_2C{=}CH{-}O{-}R(Ac) \xleftarrow{-HCl} Cl{-}CH_2{-}\underset{\displaystyle H}{\underset{|}{C}}H{-}O{-}R(Ac)$$

Auch die partielle Alkoholabspaltung aus Acetalen über Dehydrierungskatalysatoren ist in neuerer Zeit gelungen[1]):

$$R{-}\underset{\displaystyle H}{\underset{|}{C}}H{-}\underset{\displaystyle O{-}R'}{\underset{|}{C}}H{-}O{-}R' \xrightarrow[(\text{Kaolin, } 300^0)]{-\,HO-R'} R{-}CH{=}CH{-}O{-}R'$$

Von den **Reaktionen der Enolderivate** ist vor allem die leichte Polymerisierbarkeit hervorzuheben, durch die sich die Anfangsglieder der Reihe, die Vinyläther und Vinylester infolge ihrer endständigen Doppelbindung (vgl. S. 100) auszeichnen. Ferner werden die Enoläther sehr viel leichter als die normalen Äther hydrolysiert und zerfallen bereits in Gegenwart verdünnter Säuren innerhalb kurzer Zeit. Dieser große Geschwindigkeitsunterschied gegenüber der eigentlichen Ätherhydrolyse deutet auf einen anderen Reaktionsmechanismus hin. Wahrscheinlich erfolgt die Spaltung über eine intermediäre Anlagerung von Wasser (bzw. des OH_3^+-Ions) an die Doppelbindung und anschließenden Zerfall des hierbei gebildeten Halbacetals:

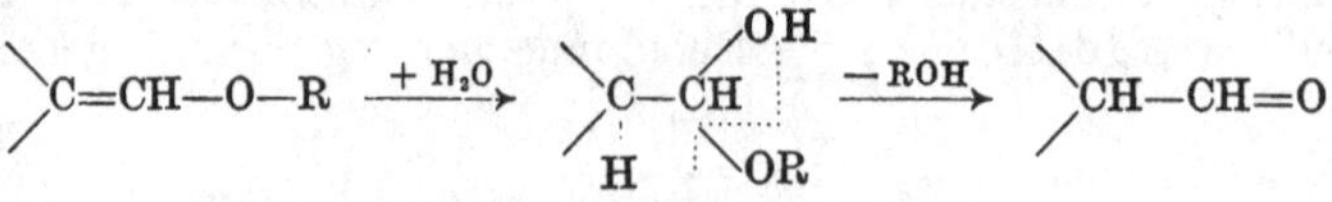

Halb-acetal (S. 288)

Einzelverbindungen. Die größte Bedeutung haben die aus Acetylen und den verschiedenen Alkoholen bzw. Carbonsäuren entstehenden **Vinyläther** ($CH_2{=}CH{-}O{-}R$) und **-ester** ($CH_2{=}CH{-}O{-}Ac$) erlangt, die infolge ihrer Polymerisationsneigung in der Technik als Ausgangsmaterialien für zahlreiche Kunststoffe dienen.

---

1) J. Dechamps u. Mitarbb.: C. R. 238, 2006 (1954).

Divinyläther $CH_2{=}CH{-}O{-}CH{=}CH_2$ (Sdp. 28°) wird durch Abspaltung von zwei Molekülen Chlorwasserstoff aus β,β'-Dichlordiäthyl-äther (S. 221) mittels geschmolzenen Kaliumhydroxyds bei 220—250° gewonnen (Gleichung formulieren!) und neuerdings unter dem Namen *Vinethen* als Narkotikum an Stelle von Äther verwandt, da er geringere Nachwirkungen zeigt. Er ist als Vinylverbindung sehr unbeständig und nur in Gegenwart stabilisierender Zusätze haltbar.

4. Die Phenole

a) Darstellung und allgemeine Eigenschaften

Steht die Hydroxylgruppe schließlich an einem aromatischen Kern, so kommt man zu einer dritten Gruppe von Hydroxy-Verbindungen, die allgemein nach ihrem einfachsten Vertreter als *Phenole* bezeichnet werden.

Ihre **Benennung** erfolgt, wie meistens in der aromatischen Reihe (S. 126), in den einfacheren Fällen durch Trivialnamen, und nur die komplizierteren Verbindungen haben rationelle Namen erhalten. Diese leitet man entweder vom Phenol selbst als Grundkörper ab (z. B. *o-*, *m-*, *p-Chlorphenol*) oder von der dem Phenol zugrunde liegenden Wasserstoffverbindung, indem man die Phenole als deren Hydroxyderivat bezeichnet. Letztere Möglichkeit dient vor allem wieder zur Kennzeichnung der OH-Gruppen in den mehrere Funktionen im Molekül enthaltenden Verbindungen, die nicht mehr ausschließlich zu den Phenolen rechnen, wie z. B. der p-Hydroxybenzoesäure 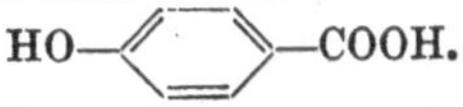

Vorkommen. Die einfachen Phenole treten als Zersetzungsprodukte der Sauerstoffverbindungen der natürlichen Kohle in verschiedenen technischen Produkten auf, so vor allem im Steinkohlenteer (**III**, Kap. 1, I, 2), der früher wichtigsten Phenolquelle, und neuerdings in wesentlich größerer Ausbeute auch bei der Kohlehydrierung (**III**, Kap. 1, I, 5a). Ferner begegnen wir zahlreichen Phenolverbindungen in der belebten Natur, zu denen u. a. das Lignin, sämtliche natürlichen Gerbstoffe und auch einige natürliche Farbstoffe gehören. Sie werden, da sie meistens noch andere Funktionen im Molekül enthalten, erst im dritten Teil dieses Buches zusammenhängend behandelt (vgl. **III**, Kap. 6, II).

Die **Darstellung der Phenole** erfolgt ausschließlich durch Einführung der OH-Gruppe in den aromatischen Kern, wofür drei verschiedene Methoden zur Verfügung stehen, die sämtlich technische Bedeutung erlangt haben: 1. Die Alkalischmelze arylsulfonsaurer Salze, 2. die Hydrolyse aromatischer Halogenverbindungen und 3. die „Verkochung" aromatischer Diazoniumsalzlösungen.

Zu 1. Die **Alkalischmelze der arylsulfonsauren Salze** ist das älteste der drei Verfahren und beruht auf einer anomalen[1]) hydrolytischen Abspaltung der Sulfogruppe, bei der das Hydroxyl-Ion an den Arylrest tritt und der Schwefel sich als Sulfit-Ion vom Kohlenstoff löst:

Die Reaktion wird praktisch durch Verschmelzen der arylsulfonsauren Salze mit 97%iger Kali- oder Natronlauge und anschließendes mehrstündiges Erhitzen auf 300° durchgeführt. Die starke Alkalikonzentration ist hierbei unbedingt erforderlich, weil bei Verwendung einer verdünnten Lauge, abgesehen

---

[1]) d. h. einer gegenüber der Sulfonierungsreaktion unter Vertauschung der Oxydationsstufen erfolgenden Hydrolyse.

von der dann erforderlichen nochmaligen Temperaturerhöhung, neben der Phenolbildung bereits in geringem Ausmaß die „normale Hydrolyse" zu Benzol und Schwefelsäure bzw. Natriumsulfat eintritt (vgl. auch I, Kap. 7, II, 1).

Zu 2. Die hydrolytische Spaltung aromatischer Halogenverbindungen:

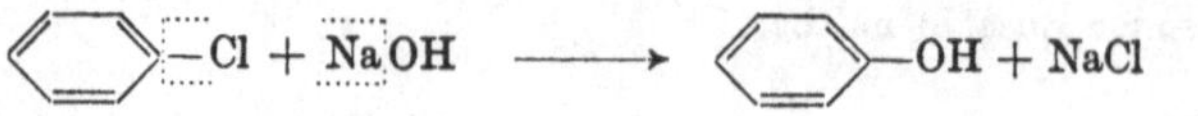

erfolgt bei der Reaktionsträgheit des aromatisch gebundenen Halogens (S. 174) auch in Gegenwart von Kupferpulver und bei Verwendung von Natronlauge als spaltendem Agens erst bei Temperaturen oberhalb 200°, so daß sie lange Zeit als technisch undurchführbar galt.

Eine derartige Vernachlässigung dieser einfach und mit billigen Mitteln durchführbaren Reaktion ist aber in keiner Weise gerechtfertigt, denn schließlich erfolgt ja auch die Alkalischmelze der Sulfonsäuren unter ähnlichen Bedingungen. Man muß nur, da die Arylhalogenide im Gegensatz zu den sulfosauren Salzen flüchtig sind und sich in der Alkalischmelze nicht lösen, unter Druck arbeiten, um die erforderliche Reaktionstemperatur zu erreichen. Dann aber geht die Hydrolyse der aromatischen Halogenverbindungen noch leichter vor sich als die der Sulfonsäuren. Die Alkalihydrolyse des Chlorbenzols hat daher in neuerer Zeit schnell technische Anwendung gefunden und dient insbesondere in den USA bereits zur Herstellung der Hauptmenge des synthetisch gewonnenen Phenols. Als günstigste Reaktionsbedingung hat sich das Arbeiten mit 8%iger Natronlauge bei etwa 350° erwiesen. Doch gehen auch dann noch etwa 5% des Chlorbenzols infolge Arylierung des entstehenden Natriumphenolats in Diphenyläther über. Diese Nebenreaktion erfolgt aber im Rahmen eines Gleichgewichtes und läßt sich daher leicht dadurch zurückdrängen, daß man dem Reaktionsgemisch von vornherein etwas Diphenyläther zusetzt.

Noch eleganter ist das moderne Kontaktverfahren nach F. Raschig, nach dem Chlorbenzol bei 400—450° über Kupferverbindungen als Katalysatoren direkt mit Wasserdampf, also ohne jeden Chemikalienverbrauch, zu Phenol verseift werden kann. Zusammen mit der auf S. 175 beschriebenen Chlorbenzolsynthese die außer Benzol bloß Chlorwasserstoffgas als Reagens benötigt, ist dies die bei weitem billigste Phenolsynthese.

Zu 3. Die Zersetzung aromatischer Diazoniumsalze haben wir bereits auf S. 172 als Mittel zur Einführung von Substituenten in den Benzolkern kennengelernt. Führt man diese Zersetzung in wäßriger Lösung durch, z. B. durch Erhitzen auf 50—60° (allgemein „Verkochen" genannt), so wird, von einigen Ausnahmen abgesehen, die Diazogruppe unter Abspaltung von elementarem Stickstoff und Aufnahme von einem Mol Wasser durch die OH-Gruppe ersetzt (vgl. auch I, Kap. 6, III, 1b):

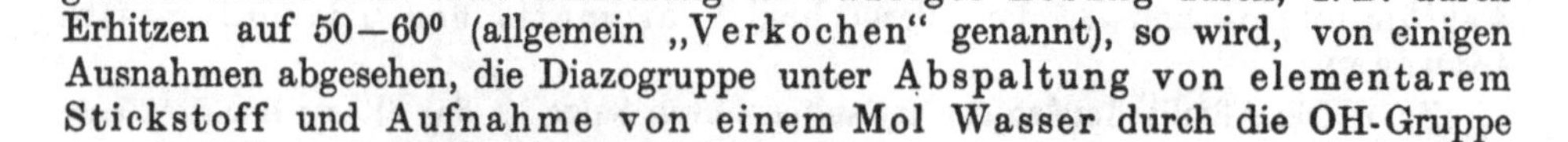

Das Verfahren kommt letzten Endes auf eine Substitution der Aminogruppe durch die OH-Gruppe hinaus und findet wegen der milden Reaktionsbedingungen hauptsächlich Anwendung zur Synthese empfindlicher oder kostspieliger Phenole.

Aber auch eine direkte hydrolytische Abspaltung der Aminogruppe ist zuweilen möglich. Z. B. wird Anilin in Gegenwart von Mineralsäuren oder Borfluorid als Katalysatoren mit Wasser bei 300° zu Phenol verseift. Noch leichter erfolgt diese Reaktion bei dem etwas labilisierten aromatischen Bindungssystem des Naphthylamins (I, Kap. 11, II, 1b) und insbesondere der m-substituierten Polyaminobenzole (S. 451), so daß sie hier zuweilen sogar zur technischen Gewinnung der Hydroxyverbindungen mit herangezogen wird.

Physikalische Eigenschaften. Infolge der Kombination der stark assoziierenden OH-Gruppe mit dem aromatischen Ringsystem sieden und schmelzen auch die einfachen Phenole ungewöhnlich hoch. Die Phenole stellen daher bei normaler Temperatur wenig flüchtige und (mit zwei Ausnahmen) feste Körper dar, die in reinem Zustand farblos sind, sich jedoch infolge geringfügiger Zersetzung durch den Luftsauerstoff leicht rötlich färben.

Tabelle 12

Die physikalischen Konstanten einiger Phenole

Trivialnamen	Rationelle Namen	Sdp.	Smp.	Dichte/Temp.
Phenol	Hydroxy-benzol	181°	41°	1,054/45°
o-Kresol	1-Hydroxy-2-methyl-benzol	191	31	1,048/20
m-Kresol	1-Hydroxy-3-methyl-benzol	202	11	1,034/20
p-Kresol	1-Hydroxy-4-methyl-benzol	202	34	1,035/20
Xylenol-1,2,3	1-Hydroxy-2,3-dimethyl-benzol	212	75	1,169/15
Xylenol-1,3,4	1-Hydroxy-3,4-dimethyl-benzol	225	63	1,023/17
Thymol	2-Hydroxy-1-isopropyl-4-methyl-benzol	234	52	0,969/24
Carvacrol	3-Hydroxy-1-isopropyl-4-methyl-benzol	238	1	0,976/20

Die **Löslichkeitsverhältnisse** ähneln denen der mittleren Alkohole, d. h. die Phenole sind mit den meisten organischen Lösungsmitteln, aber nicht mehr (bzw. nur bei höherer Temperatur) mit Wasser mischbar und, abgesehen vom Phenol selbst, auch kaum mehr in ihm löslich. Wegen ihres hohen Schmelzpunktes spielen sie, im Gegensatz zu den vorbesprochenen Verbindungsklassen, keine Rolle als Lösungsmittel.

Chemisches Verhalten. In Analogie zu den Enolen beobachtet man auch bei den Phenolen eine durch eine Mesomerie bedingte starke gegenseitige Beeinflussung der Aktivität der OH-Gruppe und des aromatischen Kerns, so daß beide eine Reihe neuartiger Umsetzungen zeigen, die wir folgendermaßen unterteilen können: 1. die Reaktionen der OH-Gruppe unter Erhaltung der Aryl-Sauerstoff-Bindung, 2. die Substitution der Hydroxylgruppe durch andere negative Reste, 3. Substitutionsreaktionen am aromatischen Kern, 4. Reduktions- und 5. Oxydationsreaktionen.

Zu 1. Die auffallendste **Eigenschaft der phenolischen Hydroxylgruppe** ist ihre Acidität. Die Phenole zeigen als Enole deutlich saure Eigenschaften und lösen sich daher wie diese in Alkalilaugen unter Bildung wasserbeständiger Salze (*Phenolate*) auf bzw. lassen sich aus ätherischer Lösung mit Natronlauge ausschütteln.

Die Säurestärke liegt mit einer Dissoziationskonstanten von 10^{-10}—10^{-11} noch weit unter der der Kohlensäure (erste Dissoziationsstufe: $K = 4,3 \cdot 10^{-7}$) und ist etwa vergleichbar mit der der Blausäure ($K = 4,8 \cdot 10^{-10}$) oder der der unterjodigen Säure ($K = 3 \cdot 10^{-11}$). Die Phenole werden daher aus den Lösungen ihrer Salze durch Einleiten von Kohlendioxyd wieder ausgefällt bzw. können in Natriumbicarbonatlösung nicht mehr unter CO_2-Entwicklung gelöst werden, so daß man sie auf diese Weise leicht von den stärker sauren Carbonsäuren abtrennen kann.

Eine spezielle Reaktion des Hydroxylsauerstoffs liegt in seiner Tendenz zur Komplexbildung mit mehrwertigen Schwermetall-Ionen vor. Besonders mit Eisen(III)-Ionen in neutraler oder schwach saurer Lösung entstehen stark farbige, gegen Alkalien unbeständige Komplexe, die häufig zum qualitativen Nachweis der Phenole und auch Enole (s. diese) dienen. Der Farbton ist in den meisten Fällen blau bis violett, kann aber auch braun, rot und grün sein, so daß man u. U. Einzelverbindungen direkt erkennen kann. Enthält das Phenol in geeigneter Stellung zur OH-Gruppe ein doppelt gebundenes Sauerstoffatom, so bilden sich wesentlich stabilere cyclische Komplexverbindungen aus, die u. a. als Farblacke für den Farbton und die Faserhaftung der Beizenfarbstoffe von ausschlaggebender Bedeutung sind (Näheres vgl. **III**, Kap. 2, IV, 1, 2 u. VIII, 1).

Keinen wesentlichen Unterschied gegenüber den Alkoholen läßt die phenolische Hydroxylgruppe dagegen in ihrer Fähigkeit zur Veresterung und Verätherung erkennen, auf deren verschiedene Möglichkeiten auf S. 238f. näher eingegangen wird.

Zu 2. In Analogie zu den aromatischen Halogenverbindungen wird die **Substitution der phenolischen Hydroxylgruppe** durch den Benzolkern wesentlich erschwert. Sie gehört daher zu den ausgesprochen schwer durchführbaren Reaktionen und hat keine größere Bedeutung erlangt, zumal in der aromatischen Reihe umgekehrt die Tendenz besteht, die wichtigeren Phenole durch Hydrolyse anderer Verbindungen zu gewinnen.

Z. B. läßt sich der Austausch der OH-Gruppe gegen die Halogene nicht mehr mit Hilfe der konzentrierten Halogenwasserstoffsäuren durchführen und tritt selbst bei Verwendung von PCl_5 erst oberhalb 200° ein (S. 173). Noch schwieriger erfolgt die Einführung der Aminogruppe (formulieren!), die beim Erhitzen des Phenols mit Zinkchloridammoniak bei 300—350° und mit Ammoniak allein über Aluminiumoxyd als Katalysator sogar erst bei 400° vor sich geht, jeweils also um 50—100° höhere Temperaturen benötigt als die entsprechenden Reaktionen der alkoholischen Hydroxylgruppe (S. 187). Erst bei den labileren Bindungssystemen der Naphthole und Hydroxyanthrachinone (I, Kap. 11, II, 1 b u. c) kann man die „Aminierung" unter etwas milderen Bedingungen vornehmen, so daß das Verfahren hier auch technisch anwendbar wird.

Zu 3. Ähnlich wie die enolische Doppelbindung wird auch das aromatische Bindungssystem durch die Hydroxylgruppe stark aktiviert, und die Phenole gehören infolgedessen zu den reaktionsfähigsten und unbeständigsten aromatischen Verbindungen. Insbesondere beobachtet man eine wesentliche Erleichterung der **Kern-Substitution,** die, da die Hydroxylgruppe ein Substituent erster Ordnung ist, in o- und p-Stellung zum Sauerstoff erfolgt. So kann man z. B. die Sulfonierung und Nitrierung des Phenols bereits mit den verdünnten Säuren durchführen. Dsgl. kann die Alkylierung des Phenolkerns mit Olefinen nach FRIEDEL-CRAFTS schon in Gegenwart von Aluminiumphenolaten (statt Aluminiumchlorid) vorgenommen werden[1]). Noch stärker tritt der Geschwindigkeitsunterschied bei der Halogenierung des Phenols zutage, die im Falle der Bromierung bereits bei Verwendung von Bromwasser ohne jeden weiteren Katalysator mit fast unmeßbar großer Geschwindigkeit vor sich geht. Hierbei werden unter Bildung von 2, 4, 6-Tribromphenol sofort alle drei substituierbaren Stellen besetzt, und bei Bromüberschuß sogar noch ein viertes Bromatom zum Tribromphenolbrom aufgenommen.

---

[1]) Zusammenfassung: R. STROH u. Mitarbb.: Angew. Chem. **69**, 699 (1957).

Die Konstitution des **Tribromphenolbroms** war lange Zeit zweifelhaft. Anfangs nahm man ohne näheren Konstitutionsbeweis die Struktur I eines Chinolderivates an. Dann formulierte I. F. SSUKNEWITSCH (1934) die Verbindung auf Grund ihrer starken Bromierungswirkung als Tribromphenolester der unterbromigen Säure (II). Erst im Jahre 1951 begann die eigentliche Strukturermittlung, die mit Hilfe von radioaktivem Brom geführt wurde[1]). Sie sprach, wenigstens unter gewissen Reaktionsbedingungen, eindeutig für die Struktur I; denn wenn man als viertes Br-Atom ein radioaktiv markiertes einführt, verbleibt bei der Wiederabspaltung die Hälfte der Radioaktivität im Tribromphenol, was nur möglich ist, wenn das vierte Bromatom im Sinne von Formel I gleichartig wie eines der drei anderen in p- (oder auch o-) Stellung zur Hydroxylgruppe gebunden ist.

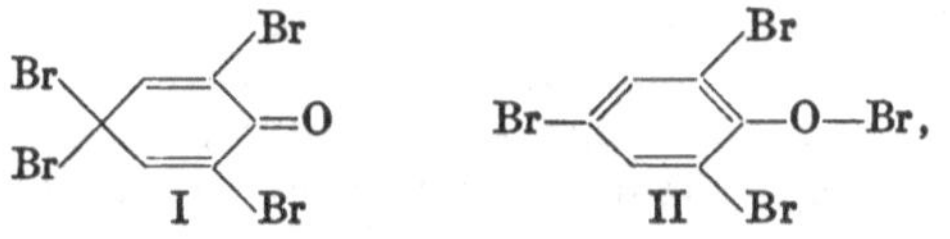

Außer diesen bereits bei den Kohlenwasserstoffen beschriebenen Grundreaktionen kennen wir infolge der gesteigerten Reaktionsfähigkeit des Phenolkerns noch eine Reihe weiterer Substitutionsmöglichkeiten, denen die Kohlenwasserstoffe noch nicht zugänglich sind. Die wichtigsten dieser Reaktionen, die wir z. T. bereits bei den Enolen kennengelernt haben, sind:

a) die **Nitrosierung mit salpetriger Säure** (Näheres vgl. **I**, Kap. 6, V, 1):

Die hierbei entstehenden Nitrosophenole sind, soweit sie als echte Nitrosoverbindungen vorliegen (**I**, Kap. 6, V, 2), stark farbig. Auf ihre Bildung ist u. a. die als LIEBERMANNsche Farbreaktion bezeichnete, bei der Einwirkung von Kaliumnitrit und konzentrierter Schwefelsäure auf Phenole auftretende intensive Blaufärbung zurückzuführen, die zuweilen zum qualitativen Phenolnachweis dient.

b) die als **Kupplungsreaktion** bezeichnete Einführung der Azogruppe mit Hilfe von Diazoverbindungen (Näheres vgl. **I**, Kap. 6, III, 1b):

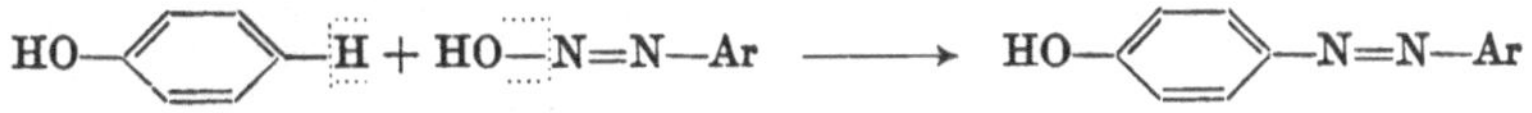

c) die als **Mercurierung** bezeichnete Einführung von Quecksilber, die im Gegensatz zur Bildung anderer metallorganischer Verbindungen bereits bei der Einwirkung von Quecksilber(II)-acetat in alkoholischer Lösung erfolgt (Näheres vgl. **I**, Kap. 9, III, 1):

d) die **Kondensation mit Carbonylverbindungen**, bei der jeweils der gesamte Carbonylsauerstoff durch zwei Phenolreste ersetzt wird, wie am Beispiel der Phenolphthaleinbildung gezeigt sei:

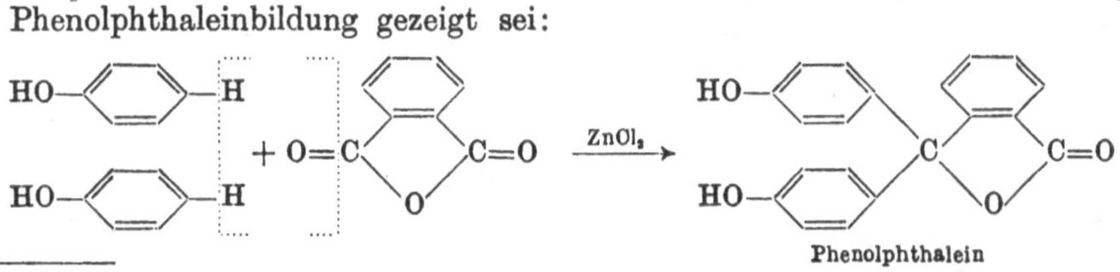

Phenolphthalein

---

1) A. A. JASSNIKOW u. J. A. SCHILOW (russisch), Referat: C **1953**, 508.

Die Reaktion führt infolgedessen stets zu einer Verknüpfung mehrerer Phenolmoleküle und ist von Bedeutung für die Gewinnung der sauren Triphenylmethanfarbstoffe (**III**, Kap. 2, III, 2a). Sie kann bei Verwendung von Formaldehyd in schwach alkalischem (und auch schwach saurem) Medium so gelenkt werden, daß unter Verknüpfung sehr vieler Moleküle hochmolekulare Stoffe entstehen, die wichtige Kunststoffe darstellen (Näheres vgl. **III**, Kap. 3, III, 1b).

e) Die für die Einführung von Seitenketten wichtige **C-Alkylierung** und **C-Acylierung** des Phenols läßt sich direkt nicht allgemein durchführen (wie bei den Enolen), weil meistens die O-Substitutionsprodukte, die Äther und Ester entstehen. Einer der wenigen Fälle, in denen der Benzolkern direkt substituiert wird, liegt in der mit Chloroform und Alkali im Sinne einer Alkylierung erfolgenden Salicylaldehydsynthese (S. 459) nach Reimer-Tiemann vor[1]:

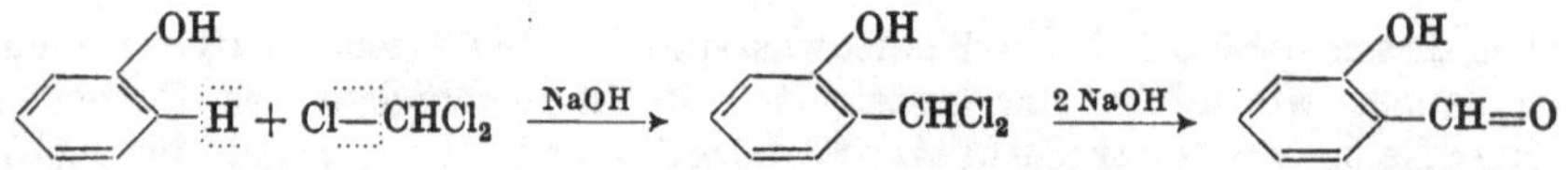

Salicylaldehyd

sowie vielleicht auch in der Kolbeschen Salicylsäuresynthese (S. 512) vor.

Dagegen kann die Einführung von Seitenketten häufig indirekt durch innermolekulare Wanderung des zunächst am Sauerstoff befindlichen Substituenten erreicht werden. Sie erfolgt besonders bei den Carbonsäureestern der Phenole sehr leicht unter der Einwirkung von Aluminiumchlorid und verwandten Komplexbildnern und ist, da diese die Reaktionsfähigkeit der Ester auf die Stufe der normalen Acylierungsmittel erhöhen (S. 355), als eine echte innermolekulare Acylierungsreaktion aufzufassen, die unter der Bezeichnung Friessche Verschiebung eine der wichtigsten Methoden zur Darstellung aromatischer Hydroxyketone (S. 460) geworden ist:

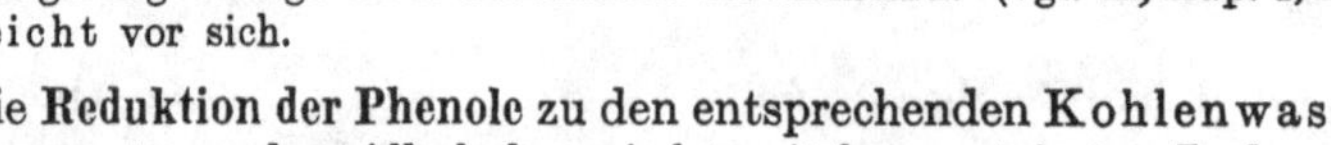

Essigsäure-phenylester p-Hydroxy-acetophenon

Die innermolekulare Wanderung der viel reatkionsträgeren Alkylgruppen erfordert etwas schärfere Bedingungen, ist aber grundsätzlich ebenfalls möglich, wie die unter der Einwirkung von Borfluorid bei 85° erfolgende Umlagerung von Phenyl-isopropyläther in o-Isopropylphenol (Gleichung formulieren!) beweist. Im Falle der Allyläther geht die Umlagerung infolge eines besonderen Mechanismus (vgl. **II**, Kap. 4, III, 4a) sogar auffallend leicht vor sich.

Zu 4. Die Reduktion der Phenole zu den entsprechenden Kohlenwasserstoffen kann im Gegensatz zu den Alkoholen nicht mit konzentrierter Jodwasserstoffsäure durchgeführt werden, da die Aryl-Sauerstoff-Bindung durch dieses Agens nicht angegriffen wird (S. 232). Dagegen gelingt sie bei Verwendung von Zinkstaub als Reduktionsmittel, der beim Erhitzen mit dem Phenol auf etwa 200° unter Abdestillation des viel tiefer siedenden Kohlenwasserstoffs den Ersatz der OH-Gruppe durch Wasserstoff bewirkt. Die Bedeutung dieser als „*Zinkstaubdestillation*“ bezeichneten Reaktion liegt in der leichten Überführbarkeit aromatischer Hydroxyverbindungen in die zugehörigen Stammkohlenwasserstoffe zum Zwecke der Konstitutionsermittlung (vgl. **III**, Kap. 2, IV, 2a und V, 1):

[1]) Bzgl. des Mechanismus vgl. H. Gilman u. Mitarbb.: J. Org. Chem. **10, 374** (1945).

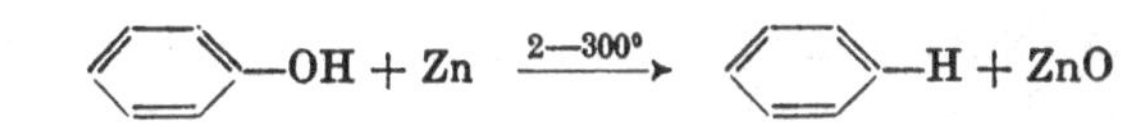

Ein etwas milderes Verfahren wurde neuerdings in der Reduktion der Diäthyl-phosphorsäureester mit Natrium oder Lithium in flüssigem Ammoniak aufgefunden[1]):

$$Ar{-}O{-}PO(OR)_2 \xrightarrow{+\,2\,Na\,+\,NH_3} Ar{-}H + NaNH_2 + NaOP(OR)_2$$

Zu 5. Oxydationsreaktionen. Die Phenole enthalten als tertiäre Hydroxyverbindungen an dem die Hydroxylgruppe tragenden C-Atom keinen Wasserstoff mehr und können infolgedessen nicht mehr zu Carbonylverbindungen dehydriert werden. Trotzdem sind sie infolge der Reaktionsfähigkeit des Ringsystems gegen Oxydationsmittel ziemlich unbeständig, wie u. a. aus der bei längerem Stehen an der Luft erfolgenden Verfärbung hervorgeht. Besonders die alkalischen Lösungen der Phenolate sind sehr sauerstoffempfindlich und gehen beim Durchleiten von Luft rasch in dunkelbraune Zersetzungsprodukte über. Doch ist es im allgemeinen nicht möglich, definierte Oxydationsprodukte zu erhalten.

Erst wenn man zu komplizierteren Phenolderivaten übergeht, kann man zuweilen einen einheitlichen Reaktionsverlauf erzielen. Besonders interessant im Hinblick auf das ähnliche Verhalten der Anilinbasen (I, Kap. 6, I, 3a) ist die Möglichkeit, die zu den Hydroxylgruppen o- oder p-ständigen C-Atome zweier Polyphenolmoleküle dehydrierend zu verknüpfen. So geht z. B. Gallussäure bei der vorsichtigen Oxydation mit Arsensäure in Ellagsäure (vgl. **III**, Kap. 2, VIII, 4a) über:

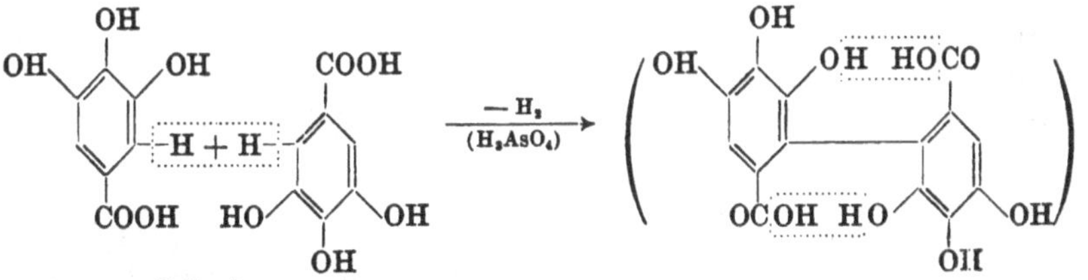

Gallussäure

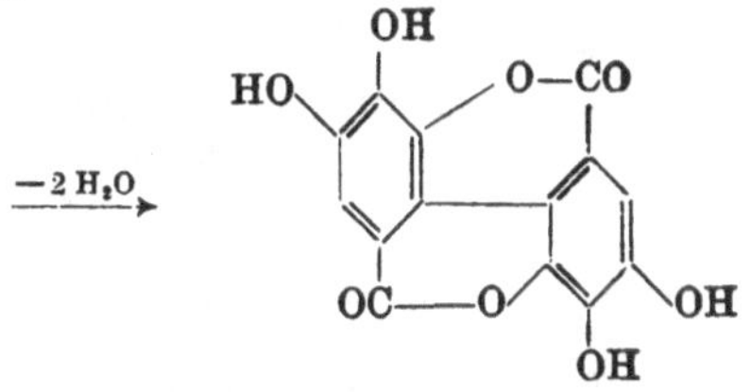

Ellagsäure

Auch bei der Ligninbildung (**III**, Kap. 6, II, 5) findet eine ähnliche dehydrierende Verknüpfung zweier Phenolmoleküle statt.

b) Einwertige Phenole

Phenol $C_6H_5{-}OH$[2]), das Anfangsglied der Reihe, wird wegen seines sauren Charakters auch *Carbolsäure* genannt und kommt zu etwa 1,5% im Steinkohlenteer vor, aus welchem es im Jahre 1834 von F. Runge erstmals isoliert wurde. Seine technische Gewinnung geschah früher fast ausschließlich durch Auswaschen des

[1]) G. W. Kenner u. N. R. Williams: Soc. **1955**, 522.

[2]) Betreffs der Ableitung des Namens vgl. S. 139.

Steinkohlenteers mit Natronlauge, wobei es im Gemisch mit seinen Homologen anfällt. Doch reichen die auf diese Weise und bei der Kohlehydrierung als Nebenprodukt erhaltenen Mengen längst nicht mehr aus, so daß heute bereits der überwiegende Teil des in der Technik benötigten Phenols synthetisch gewonnen wird.

Hier hat sich neben den schon au S. 229f. beschriebenen allgemeinen Darstellungsverfahren für Phenole noch ein weiteres, nur für die Gewinnung des Phenols selbst geeignetes Verfahren entwickelt, das über das Cumol (S. 141) als Zwischenprodukt verläuft. Es beruht einerseits auf der Synthese des Cumols nach FRIEDEL-CRAFTS aus Benzol und Propen, andererseits auf seiner Autoxydation (benzylständiger Wasserstoff, vgl. S. 137) mit Luftsauerstoff zur Peroxyverbindung I, die in Gegenwart von Säuren (vermutlich über die Zwischenverbindung II) sofort in je ein Molekül Phenol und Aceton zerfällt[1]):

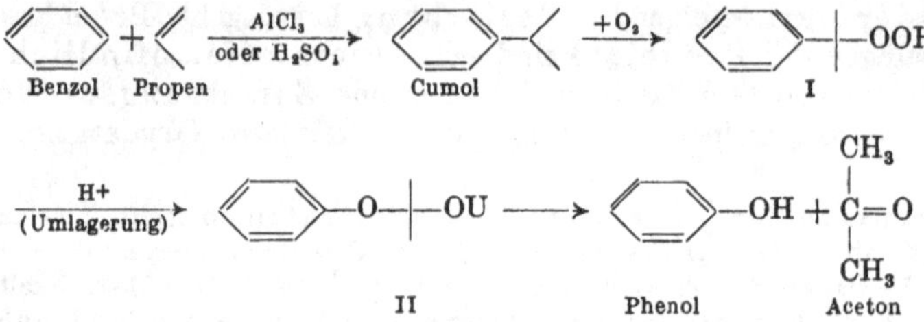

In summa werden bei diesem **Cumol-Phenol-Verfahren** also in gekoppelter Reaktion sowohl ein Mol Benzol zu Phenol als auch ein Mol Propen zu Aceton oxydiert.

Reines Phenol ist eine farblose, sich an der Luft rasch rot bis braun färbende, kristallisierte Substanz von charakteristischem, scharfem Geruch, die auf der Haut Ätzungen hervorruft und an der Luft unter Wasseraufnahme zerfließt.

Diese Hygroskopizität ist eigenartigerweise nicht wie bei anderen Substanzen auf eine besonders hohe Löslichkeit des Phenols in Wasser zurückzuführen (diese beträgt bei 20° nur etwa 8%), sondern umgekehrt auf eine ziemlich beträchtliche Löslichkeit des Wassers im verflüssigten Phenol (28%); denn nur bis zu dieser Grenze kann das Phenol aus der Luft Wasser aufnehmen. Zur Verflüssigung bei normaler Temperatur genügt aber infolge seiner relativ hohen kryoskopischen Konstante (die molare Gefrierpunktserniedrigung beträgt 7,3°) in Kombination mit dem niedrigen Molekulargewicht des Wassers bereits ein Wasserzusatz von 5% (etwa drei-molare Lösung), der den Schmelzpunkt um mehr als 20° herabdrückt. Ein ähnliches, durch Zusatz von etwa 10% Wasser verflüssigtes Phenol findet wegen seiner leichten Handhabung unter der Bezeichnung *phenolum liquefactum* eine vielfache praktische Anwendung.

Phenol ist ein wichtiges technisches Zwischenprodukt und wird vor allem auf die Phenol-Formaldehyd-Kunststoffe[2]) (Bakelite usw., vgl. III, Kap. 3, III, 1b), Pikrinsäure (I, Kap. 6, IV, 3) sowie zahlreiche pharmazeutisch wichtige Derivate, wie z. B. Salicylsäure (S. 513) verarbeitet. Physiologisch wirkt es auf Lebewesen aller Art als starkes Gift und dient infolge seiner keimtötenden Wirkung als Desinfektionsmittel. Im menschlichen Körper entsteht Phenol in geringer Menge als Abbauprodukt des Eiweißbausteins Tyrosin (III, Kap. 7, I, 1). Es wird durch Überführung in das Kaliumsalz des sauren Schwefelsäureesters oder das Glykosid der Glukuronsäure (III, Kap. 4, II, 1a) entgiftet und anschließend im Harn ausgeschieden.

---

[1]) Zusammenfassung: H. HOCK u. H. KROPF: Angew. Chem. **69**, 319 (1957).

[2]) Zusammenfassung über Phenolharzchemie: K. HULTZSCH: Angew. Chem. **63**, 168 (1951).

Die sich vom Toluol ableitenden *Monomethyl-phenole* führen den Namen **Kresole**:

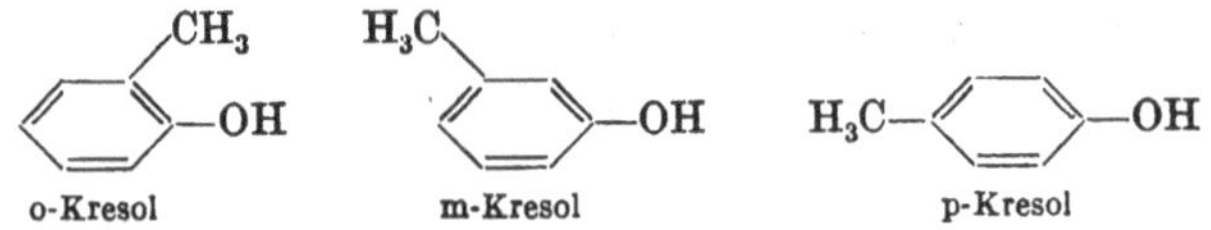

o-Kresol m-Kresol p-Kresol

Sie kommen ebenfalls im Steinkohlenteer vor und sind in Wasser bereits ziemlich schwer löslich, so daß sie zur Anwendung in wäßriger Phase in Seifenlösung emulgiert werden müssen. Eine derartige Emulsion von gereinigtem Kresol zeigt gegenüber dem Phenol eine gesteigerte Desinfektionswirkung und dient unter dem Schutznamen *Lysol* als wichtiges Desinficiens. Technisch wird diese Desinfektionswirkung zur Holzimprägnierung ausgenützt, wozu sich die Kresole infolge ihrer geringen Wasserlöslichkeit ebenfalls besser eignen als das Phenol selbst. In der chemischen Industrie dienen die Kresole wie das Phenol als Zwischenprodukte für die Herstellung von Kunststoffen, Sprengstoffen usw.

Die reinen Kresole werden seltener benötigt, lassen sich jedoch prinzipiell aus dem Rohkresol des Steinkohlenteers isolieren. Praktisch geht man zu ihrer Darstellung jedoch zweckmäßiger von den Aminotoluolen (Toluidinen, vgl. I, Kap. 6, I, 3c) oder den Toluolsulfonsäuren aus. Erstere lassen sich in der angegebenen Weise über die Diazoverbindungen, letztere auf dem Wege der Alkalischmelze leicht in die reinen Kresole überführen (Gleichungen formulieren:).

p-Kresol tritt in geringen Mengen im menschlichen Körper auf, wahrscheinlich als Vorstufe des Phenols beim Abbau des Tyrosins. Es wird durch Bildung des Schwefelsäurehalbesters entgiftet und als dessen Kalisalz im Harn abgeschieden.

Die sich vom Xylol ableitenden *Dimethylphenole* haben den Trivialnamen **Xylenole** erhalten und kommen z. T. ebenfalls im Steinkohlenteer vor. Infolge der verschiedenartigen Substitution des Benzolkerns gibt es hier bereits sechs Isomere (formulieren!), von denen jedoch keines eine größere Bedeutung erlangt hat.

Ebenso sind die sich von den höheren Homologen des Benzols ableitenden Phenole, abgesehen von den in **III**, Kap. 6, II beschriebenen Naturstoffen, ohne allgemeines Interesse geblieben.

Von den **Halogenphenolen** haben ausschließlich die in o- und p-Stellung zur OH-Gruppe substituierten Verbindungen eine praktische Bedeutung erlangt, da nur sie bei der direkten Halogenierung der Phenole entstehen. Bei Verwendung der freien Halogene (bzw. von Hypojodit) als Halogenierungsmittel erfolgt die Halogenierung im allgemeinen so rasch, daß sofort sämtliche noch unbesetzten o- und p-Stellen substituiert werden. Zur Gewinnung der Monosubstitutionsprodukte muß man daher unter besonderen Vorsichtsmaßnahmen arbeiten oder milde Halogenierungsmittel, wie etwa Sulfurylchlorid (S.151), verwenden.

Die Halogenphenole zeigen im wesentlichen die Reaktionen der beiden charakteristischen Funktionen unverändert nebeneinander, doch findet auch eine geringfügige gegenseitige Aktivierung statt. Insbesondere wird z. B. die Acidität der Hydroxylgruppe gegenüber den chlorfreien Verbindungen merklich gesteigert, so daß man z. B. das Trichlorphenol bereits in Natriumbicarbonatlösung auflösen kann. Die Aktivierung des Halogens kommt vor allem in der bereits bei 150° erfolgenden hydrolytischen Abspaltung mit konzentrierter Natronlauge zum Ausdruck.

c) Die Phenolderivate

In den **Phenoläthern** ist in Analogie zu den aliphatischen Äthern der Hydroxylwasserstoff der Phenole durch Kohlenwasserstoffradikale ersetzt. Man unterscheidet die rein aromatischen *Diaryl-äther*[1]) und die gemischt aromatisch-aliphatischen *Aryl-alkyl-äther*, von denen besonders die letzteren (z. T. mit noch anderen Funktionen im Molekül) häufig in der Natur vorkommen und als Pharmazeutika oder als Duft- und Gewürzstoffe eine vielseitige Verwendung finden.

Für die **Darstellung** der Phenoläther stehen drei Methoden zur Verfügung:

1. die direkte Alkylierung und auch Arylierung der Alkaliphenolate (bzw. der Lösungen der Phenole in Alkalilaugen) mit den üblichen Alkylierungs- und Arylierungsmitteln (Gleichungen formulieren!).

Die Herstellung der Diaryläther auf diesem Wege erfordert wegen der Reaktionsträgheit der Halogenbenzole wieder erhöhte Temperaturen (bei Verwendung fester Phenolate und Chlorbenzol etwa 200°) und Kupferpulver als Katalysator, geht aber im übrigen ohne besondere Schwierigkeiten vor sich, wie z. B. die Bildung des Diphenyläthers als Zwischenprodukt bei der Phenolsynthese (S. 230) zeigt.

2. Infolge der Acidität der phenolischen Hydroxylgruppe können wir für die Darstellung der gemischt aromatisch-aliphatischen Äther erstmals auch die aliphatischen Diazoverbindungen als Alkylierungsmittel verwenden (Näheres vgl. **I**, Kap. 6 III, 1a). Besonders die Methylierung mit Diazomethan ist ein beliebtes, wenn auch kostspieliges Verfahren zur Darstellung der Methyläther empfindlicher Phenole:

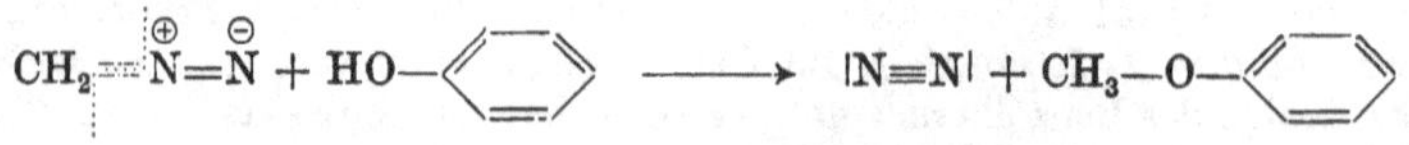

3. Schließlich kann man zur Darstellung der gemischt aromatisch-aliphatischen Äther zuweilen auch die Phenolstufe umgehen und die Alkoxygruppe direkt in den Benzolkern einführen, z. B. indem man die oben erwähnte „Verkochung" der Diazoniumsalze in dem betreffenden Alkohol als Lösungsmittel vornimmt:

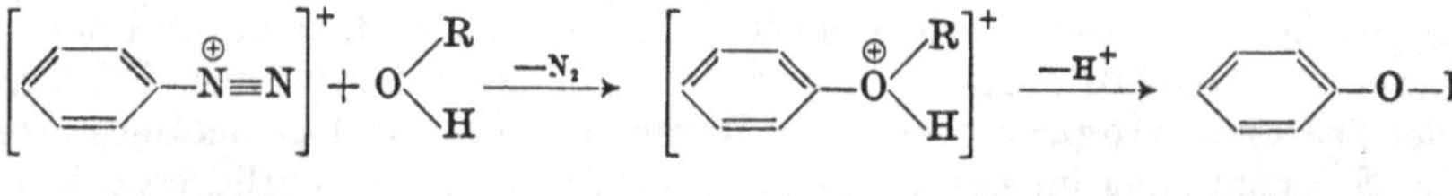

Die Reaktion neigt stark zu Nebenreaktionen (I, Kap. 6, III, 1b), wodurch ihre praktische Anwendbarkeit etwas eingeschränkt wird.

Die Phenoläther entsprechen in ihren **Eigenschaften** weitgehend den aliphatischen Äthern. So sieden sie z. B. niedriger als die Hydroxyverbindungen gleicher Kohlenstoffzahl (die Methyl- und Äthyläther sogar tiefer als die zugehörigen Phenole) und sind ebenfalls recht beständige Verbindungen. Wegen der auf S. 232 erwähnten Reaktionsträgheit der Aryl-Sauerstoff-Bindung ist die für die aliphatischen Äther charakteristische Säurespaltung nur bei den gemischt aromatisch-aliphatischen Äthern möglich, in denen ausschließlich die R—O-Bindung zerlegt wird. Infolgedessen bleiben bei der Alkoxylbestimmung nach ZEISEL

[1]) Zusammenfassung über Diaryl-äther: H. E. UNGNADE: Chem. Rev. **38**, 405 (1946).

die Diaryläther vollkommen intakt und aus den Aryl-alkyläthern entsteht immer das Alkyljodid neben dem freien Phenol:

Die Reaktionsfähigkeit der Alkyl-Sauerstoff-Bindung ist, der schwach sauren Natur der Phenole entsprechend, gegenüber der der rein aliphatischen Äther etwas gesteigert, so daß die Hydrolyse bereits durch Kochen mit konzentrierter Brom- oder Chlorwasserstoffsäure möglich ist. Auch die Spaltung durch die oben beschriebenen Komplexbildner erfolgt hier etwas leichter, so daß z. B. bei der Verwendung von Aluminiumchlorid nacheinander alle drei Chloratome in die Reaktion eingreifen können:

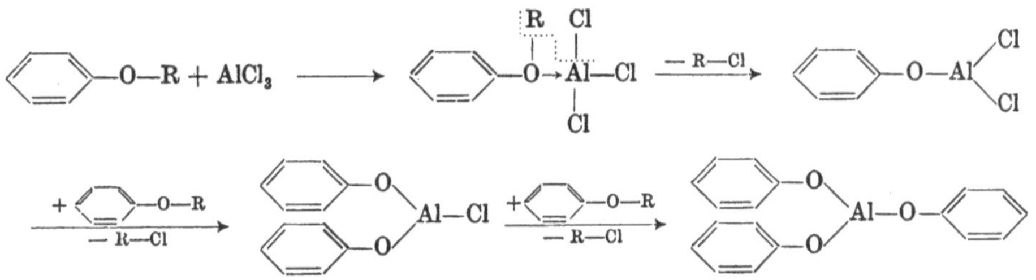

Abweichend von den aliphatischen Äthern weisen die Phenoläther eine geringe Neigung zur alkalischen Hydrolyse oder Aminolyse auf, die z. B. mit konzentrierten Alkalilaugen oberhalb 200⁰ oder auch bei der Einwirkung von Natriumamid in indifferenten Lösungsmitteln durchgeführt werden kann (Gleichungen formulieren!). Sie beruht offensichtlich auf einer Spaltung der Ar—O-Bindung, da ihr auch die sonst sehr beständigen Diaryläther unterliegen. Eine praktische Bedeutung kommt dieser alkalischen Ätherspaltung bei der Zurückdrängung der Diphenylätherbildung im Verlaufe der auf S. 230 beschriebenen alkalischen Verseifung von Chlorbenzol zu, denn erst sie ermöglicht die Einstellung des hierzu erforderlichen echten Reaktionsgleichgewichtes zwischen Phenol und Diphenyläther.

Anisol $C_6H_5—O—CH_3$, der einfachste aromatische Äther, hat seinen Namen auf Grund seiner Bildung bei der Decarboxylierung der Anissäure (CH_3—O-—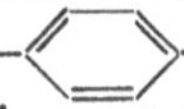—COOH, S. 514) erhalten, wird praktisch aber ausschließlich durch Methylierung von Phenol mit Dimethylsulfat gewonnen. Es dient zuweilen als hochsiedendes ätherisches Lösungsmittel für metallorganische Verbindungen (z.B. für die Zerewitinow-Bestimmung, I, Kap. 9, I) sowie in der Technik als Ausgangsmaterial für die Synthese methoxylhaltiger aromatischer Verbindungen.

Der *Phen(yl)äthyläther* $C_6H_5—O—C_2H_5$ ist unter dem Trivialnamen **Phenetol** bekannt und wird in analoger Weise zur Synthese pharmazeutisch wichtiger Phenetolderivate verwandt.

Den **Diphenyläther** 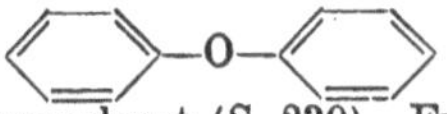 haben wir als Nebenprodukt bei der Phenolsynthese bereits kennengelernt (S. 230). Er ist eine sehr reaktionsträge und schwer spaltbare Verbindung und findet infolge seines angenehmen geranienartigen Geruchs Anwendung in der Riechstoffindustrie.

Die **Phenolester** werden meistens durch Acylierung der Phenole mit den üblichen Acylierungsmitteln gewonnen und unterscheiden sich in ihren allgemeinen

Eigenschaften nicht wesentlich von den Estern der Alkohole. Die an dieser Stelle in erster Linie interessierenden Phenolester der anorganischen Säuren haben mit wenigen Ausnahmen keine allgemeine Bedeutung erlangt.

Erwähnenswert ist lediglich der bei den Phenolen selbst bereits beschriebene Schwefelsäurehalbester des p-Kresols (CH_3—C_6H_4—O—SO_3H), den der Organismus zur Entgiftung des Kresols aufbaut, sowie das neben einigen aliphatischen Phosphorsäureestern (S. 212) als Weichmachungsmittel dienende **Trikresylphosphat.** Letzteres wird aus Phosphoroxychlorid und dem rohen Natriumkresolat gewonnen, ist also keine einheitliche Verbindung, sondern ein Gemisch sämtlicher aus den drei Kresolen und Phosphorsäure darstellbaren einheitlichen und gemischten Ester (wie viele und welche?).

II. Die Oxoverbindungen und ihre Derivate

Die *Oxoverbindungen* enthalten auf Grund der oben gegebenen Definition die Carbonylgruppe $\left(\rangle C{=}O\right)$ als charakteristische Funktion. Sie zeigen, ähnlich wie die Halogen- und Hydroxyverbindungen, in Abhängigkeit von den Radikalen, an die die restlichen zwei Valenzen des Carbonylkohlenstoffs gebunden sind, ein unterschiedliches Verhalten und werden dementsprechend unterteilt in:

1. die **Aldehyde**, in denen, der allgemeinen Formel R—CH=O entsprechend, sich noch mindestens ein H-Atom am Carbonylkohlenstoff befindet und die zweite Valenz mit einem beliebigen organischen Rest besetzt ist.

2. die **Ketone**, in denen beide Valenzen der Carbonylgruppe mit beliebigen organischen Radikalen besetzt sind, so daß ihnen die allgemeine Formel R—CO—R′ zukommt.

Die Aldehyde und Ketone unterscheiden sich demnach lediglich darin, daß erstere zur primären, letztere zur sekundären Reihe gehören. Im Gegensatz zu den Alkoholen, bei denen die primären und sekundären Verbindungen untereinander so ähnlich sind, daß man sie zur gleichen Verbindungsklasse zählt, faßt man also bei den Carbonylverbindungen die der primären Reihe angehörenden Aldehyde und die der sekundären Reihe angehörenden Ketone als verschiedenartige Substanzgruppen auf, was in erster Linie auf die Oxydierbarkeit und die dadurch bedingte Unbeständigkeit der Aldehyde zurückzuführen ist. Eine den tertiären Alkoholen entsprechende dritte Klasse von tertiären Oxoverbindungen gibt es dagegen nicht, da der doppelt gebundene Sauerstoff bereits zwei Valenzen des Carbonylkohlenstoffs beansprucht, dieser also nicht mit drei Valenzen an andere Atome gebunden sein kann.

3. die **Ketene**, die eine den Enolen der Hydroxyreihe entsprechende Klasse von Verbindungen darstellen. In ihnen ist die Carbonylgruppe durch eine Doppelbindung an den organischen Molekülrest gebunden, so daß ihnen die allgemeine Konstitutionsformel $\rangle C{=}C{=}O$ zukommt.

4. die **Chinone**. Den Phenolen als tertiären Hydroxyverbindungen kann ebensowenig eine Klasse von aromatischen Oxoverbindungen entsprechen, wie es keine tertiären aliphatischen Oxoverbindungen gibt, denn die Carbonylgruppe läßt sich als sekundäre Gruppe nicht in den Benzolkern einbauen. Dagegen liegt in den Chinonen eine der aromatischen Reihe nahestehende Klasse cyclischer Carbonylverbindungen vor, die ebenfalls ein in sich geschlossenes System konjugierter Doppelbindungen enthalten:

p-Benzochinon

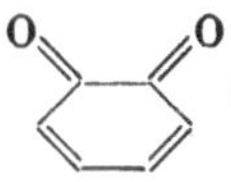
o-Benzochinon

Sie weisen infolge der eigenartigen Konjugationsverhältnisse keine normalen Ketoneigenschaften mehr auf und müssen daher als selbständige Verbindungsklasse angesehen werden, ähnlich wie man auch die Phenole und Enole von den *Alkoholen* abtrennen muß.

5. Außer diesen vier Verbindungsklassen rechnet man zu den Oxoverbindungen schließlich noch die **Derivate der Carbonylverbindungen**, in denen der Carbonylsauerstoff durch einen oder auch mehrere negative Reste ersetzt ist.

1. Die Aldehyde

a) Darstellung und allgemeine Eigenschaften

Die *Aldehyde*[1]) unterteilt man in Analogie zu den Alkoholen nach der Natur des die Carbonylgruppe substituierenden Restes in 1. die gesättigten Aldehyde, in denen R einen einfachen Paraffinrest darstellt, 2. die ungesättigten Aldehyde, in denen R eine aliphatische Mehrfachbindung enthält, 3. die aromatischen Aldehyde, in denen die Aldehydgruppe in einer aliphatischen Seitenkette des Benzolkerns steht, und schließlich 4. die Halogenaldehyde, in denen R ein oder mehrere Halogenatome enthält.

Für die einfachen gesättigten Aldehyde errechnet sich auf Grund ihrer Zusammensetzung die allgemeine Summenformel $C_nH_{2n}O$. Sie enthalten also zwei H-Atome weniger als die gesättigten Alkohole und müssen demnach auf Grund des Gesetzes der minimalen Bindungszahl (S. 49) eine Doppelbindung oder einen Ring im Molekül enthalten.

Ein genauer **Konstitutionsbeweis** ist bereits auf Grund der folgenden zwei Reaktionen möglich: 1. Die Aldehyde lassen sich zu Carbonsäuren gleicher Kohlenstoffzahl oxydieren, folglich kann in ihnen der Sauerstoff nur an ein, und zwar an ein endständiges (d. h. primäres) C-Atom gebunden sein. 2. Der Aldehydsauerstoff läßt sich mittels PCl_5 durch zwei Chloratome ersetzen (S. 165), folglich muß er mit beiden Valenzen an den Kohlenstoff, also doppelt gebunden sein. Beide Forderungen sind nur in der Formel R—CH=O erfüllt.

Für die **Benennung** der Aldehyde gibt es wieder mehrere Möglichkeiten. Die gebräuchlichsten Namen der einfachen Aldehyde leiten sich von den zugehörigen Carbonsäuren ab, indem man entweder an den Wortstamm des Säureradikalnamens (z. B. *Formaldehyd* oder *Acetaldehyd*) oder aber an den des Säurenamens selbst (*Zimtaldehyd*, *Pelargonaldehyd* usw.) die Gruppenbezeichnung *-aldehyd* anhängt. Daneben geht die Genfer Nomenklatur in der üblichen Weise von den Kohlenwasserstoffen gleicher Kohlenstoffzahl aus und drückt den Ersatz der beiden endständigen H-Atome durch den doppelt gebundenen Sauerstoff durch die Endsilbe *-al* (von „*Aldehyd*" abgeleitet) aus, die wie die Endsilbe *-ol* der Alkohole an den vollen Namen des Kohlenwasserstoffs angehängt wird. Der Acetaldehyd heißt demnach offiziell *Äthanal*, der Butyraldehyd *Butanal* usw.

Kompliziertere Aldehyde werden zur Benennung zweckmäßig zergliedert und als alkyl- oder arylsubstituierte einfache Aldehyde benannt (z. B. *Phenylacetaldehyd* C_6H_5—CH_2—CH=O). In Verbindungen mit mehreren Funktionen im Molekül, in denen die Aldehydgruppe nur von untergeordneter Bedeutung ist, faßt man schließlich die ganze Gruppe —CH=O als Substituent auf und bezeichnet sie wegen ihrer konstitutionellen Übereinstimmung mit dem Säurerest der Ameisensäure (S. 374) als *Formylgruppe* (z. B. in *Formylessigester*: O=CH—CH_2—COO—R), obgleich die Aldehyde wegen der niedrigeren Oxydationsstufe strenggenommen nicht mehr zu den Ameisensäurederivaten gehören.

Vorkommen. Die niederen Aldehyde sind sehr reaktionsfähige und unbeständige Verbindungen, die weder mineralisch noch als Naturstoff frei auftreten können. Erst die Aldehyde mittlerer Molekülgröße werden etwas beständiger und kommen natürlich vor. Man trifft sie vor allem als charakteristische Duftstoffe in den verschiedenen ätherischen Ölen an (vgl. z.B. III, Kap. 5).

---

[1]) Der Name *Aldehyd* ist aus der alten lateinischen Bezeichnung „*al*koholus *dehyd*rogenatus" (= dehydrierter Alkohol) entstanden, deutet also auf die wichtigste Bildungsweise durch Dehydrierung von Alkoholen hin.

Die **Darstellung der Aldehyde** kann nach sechs verschiedenen Verfahren erfolgen: 1. durch Umwandlung anderer zweiwertig negativer Funktionen in die Aldehydgruppe, 2. durch partielle Oxydation primärer Alkohole, 3. durch partielle Oxydation von Kohlenwasserstoffen, 4. durch partielle Reduktion von Carbonsäuren oder Carbonsäurederivaten, 5. durch Synthese und 6. durch Abbaureaktionen.

Zu 1. Die **Substitution** anderer **negativer** Reste durch doppelt gebundenen Sauerstoff kommt praktisch auf eine Verseifung der auf S. 285f. beschriebenen Aldehydderivate hinaus, hat also, da diese Derivate meistens aus den Aldehyden selbst gewonnen werden, keine allgemeine Bedeutung für die Aldehyddarstellung erlangt. Dagegen ist sie u. U. in Verbindung mit einem der anderen Darstellungsverfahren von Wert, wenn dieses nicht direkt zum Aldehyd, sondern primär zu einem Aldehydderivat führt. Auch geschieht die Reinigung der meist schlecht kristallisierenden Aldehyde häufig über ein kristallisierbares und leicht wieder spaltbares Derivat.

Als Beispiele einer derartigen Aldehyddarstellung durch Verseifung eines nicht auf dem Umweg über den freien Aldehyd erhaltenen Derivats seien die bereits erwähnte Benzaldehydgewinnung durch Hydrolyse von Benzalchlorid (S. 166) sowie die unter 5 bebeschriebene, über die Acetale führende allgemeine Aldehydsynthese aus Orthoameisensäureestern und GRIGNARD-Verbindungen, angeführt.

Zu 2. Die **partielle Oxydation primärer Alkohole** zu Aldehyden ist die bei weitem wichtigste Darstellungsmethode und erfolgt, wie bereits angedeutet (S.188), ausschließlich auf dem Wege der Dehydrierung. Das dem Ansatz zugesetzte Oxydationsmittel hat demnach lediglich die Aufgabe, den bei der Dehydrierung abgespaltenen Wasserstoff zu binden und dadurch das Reaktionsgleichgewicht in dem gewünschten Sinne zu verschieben. Es braucht daher selbst überhaupt keinen Sauerstoff zu enthalten, wie es z. B. bei der Verwendung von Methylenblau (MB, Formel vgl. **III**, Kap. 2, III, 3f.) als „Wasserstoffacceptor" auch tatsächlich der Fall ist:

$$\mathrm{R{-}\overset{\displaystyle H}{\overset{|}{C}}H{-}OH + MB \longrightarrow R{-}CH{=}O + \underset{\text{Leukomethylenblau}}{MB\cdot H_2}},$$

und kann im Extremfall auch ganz fortgelassen werden (s. unten).

Als einzige Schwierigkeit ist bei dieser Reaktion zu beachten, daß die entstehenden Aldehyde nur partielle Oxydationsprodukte sind und häufig leichter weiter zu den Carbonsäuren oxydiert werden, als sie selbst aus den Alkoholen entstehen. Man muß sie daher durch entsprechende Wahl der Reaktionsbedingungen vor der weiteren Einwirkung des Oxydationsmittels schützen.

Am einfachsten gelingt dies durch direkte Abspaltung von elementarem Wasserstoff, also ohne zusätzliches Oxydationsmittel, da der Aldehyd hierbei als Carbonylverbindung anfällt, die erst nach Anlagerung von Wasser weiter zur Carbonsäure dehydriert werden kann. Doch liegt das Reaktionsgleichgewicht bei dieser reinen Dehydrierungsreaktion ziemlich ungünstig, so daß relativ hohe Reaktionstemperaturen erforderlich sind, bei denen die entstehenden Aldehyde leicht bereits weiter in Kohlenoxyd und den um ein C-Atom ärmeren Kohlenwasserstoff zerfallen:

$$\mathrm{R{-}\overset{\displaystyle H}{\overset{|}{C}}{=}O \longrightarrow R{-}H + |C{\equiv}O|}$$

Die Reaktion galt infolgedessen lange Zeit als praktisch undurchführbar.

Das ist jedoch nicht der Fall, denn nach Versuchen von P. Sabatier und später insbesondere von L. Bouveault (1908) liegen in fein verteiltem Kupfer oder Messing geeignete Katalysatoren vor, die zwischen 250 und 350° nur die Alkoholdehydrierung unter Schonung des gebildeten Aldehyds beschleunigen. Die Umsetzung einer größeren Alkoholmenge erfordert wegen des ungünstig liegenden Gleichgewichts allerdings viele Stunden und sorgfältige Fraktionierung der den Katalysator verlassenden Dämpfe (vgl. auch **II**, Kap. 4, I, 3).

Man arbeitet daher bei den temperaturbeständigeren niederen Aldehyden häufig bei noch höherer Temperatur (schwacher Rotglut) und verbrennt hier den am Kupferkontakt abgespaltenen Wasserstoff sofort mit zugesetztem Luftsauerstoff, dessen Menge sich leicht so regeln läßt, daß der gebildete Aldehyd noch nicht angegriffen wird.

Die präparativ wichtigere Alkoholdehydrierung bei tiefer Temperatur geht nur in Gegenwart eines Oxydationsmittels vor sich, als welches in erster Linie Chromtrioxyd, Bichromat-Schwefelsäure, Braunstein-Schwefelsäure usw. Verwendung finden. Hier schützt man den gebildeten Aldehyd am besten durch rasches Abdestillieren vor der weiteren Oxydation.

Schließlich kann man nach R. Oppenauer die auf S. 251 beschriebene Reaktion von Meerwein-Ponndorf in einigen Fällen auch in entgegengesetzter Richtung zur Dehydrierung primärer Alkohole durch andere Oxoverbindungen und damit zur Aldehyddarstellung verwenden.

Zu 3. Die partielle Oxydation der Methylgruppe eines Kohlenwasserstoffs zur Aldehydgruppe läßt sich ebensowenig allgemein durchführen, wie die Oxydation zum Alkohol (S. 184). Immerhin gelingt sie in einigen Spezialfällen, wenn die zu oxydierende Methylgruppe aktiviert ist und das Molekül keine weiteren oxydierbaren Teile enthält. So gewinnt man heute z. B. den Benzaldehyd bereits überwiegend durch direkte Oxydation von Toluol mit Braunstein-Schwefelsäure oder neuerdings auch Chromylchlorid (vgl. **I**, Kap. 12, I, 1), ohne daß wesentliche Mengen des Aldehyds zur *Benzoesäure* weiter oxydiert werden. Auch nach verschiedenen Kontaktverfahren wird Benzaldehyd in mehr oder weniger guter Ausbeute neben Benzoesäure bei der Oxydation von Toluol mit Luftsauerstoff erhalten.

Bei Verwendung von Selendioxyd (**I**, Kap. 12, I, 1c) sowie — auf dem Umweg über eine Kondensationsreaktion — auch von salpetriger Säure (S. 257) als Oxydationsmittel bleibt die Oxydation der Methylgruppe sogar scharf auf der Aldehydstufe stehen. Doch wirken diese Reagentien nur auf die besonders stark aktivierten Methylgruppen in α-Stellung zu einer Carbonylgruppe ein und können daher noch nicht zur Darstellung einfacher Aldehyde verwandt werden.

Zu 4. Auch bei der **Reduktion von Carbonsäuren** oder ihren **Derivaten** muß man darauf achten, daß die Aldehydstufe als mittlere Oxydationsstufe nicht überschritten wird. Das ist hier insofern besonders schwierig, als die Carbonsäuren meistens schwerer reduzierbar sind als die zu bildenden Aldehyde. Die Reaktion wurde deshalb lange Zeit präparativ vernachlässigt. Erst in neuerer Zeit sind einige brauchbare Methoden entwickelt worden, die meistens von Carbonsäurederivaten ausgehen.

a) Die Reduktion der **Carbonsäuren** selbst zu den Aldehyden gelingt nur bei höherer Temperatur, indem man die Säuredämpfe entweder nach Mailhe bei 300° über Zinkstaub leitet oder nach Sabatier bei 350° mit Ameisensäure an einem Titandioxydkontakt reduziert.

Die Reduktion mit Ameisensäure kann man auch über die Salze vornehmen, indem man ein Gemisch der Kalksalze der Ameisensäure und der betreffenden Carbonsäure thermisch zersetzt:

$$R{-}CO{-}OCaO{-}CO{-}H \longrightarrow R{-}CH{=}O + CaCO_3$$

Es ist zu vermuten, daß auch bei dem Kontaktverfahren intermediär die Titansalze entstehen und sich dann in gleichem Sinne wie die Kalksalze umsetzen. Der Reaktionsmechanismus ist wahrscheinlich mit dem der auf S. 273 beschriebenen Ketonsynthese durch Kalksalzdestillation von Carbonsäuren identisch, kann also kaum als eine normale Reduktionsreaktion angesehen werden.

b) Bei tieferen Temperaturen hat man zunächst versucht, die **Carbonsäurechloride** zu Aldehyden zu reduzieren. Dies gelingt nach K. W. ROSENMUND (1923) am besten auf dem Wege der katalytischen Hydrierung mit vergifteten Katalysatoren[1]), die nur noch eine hydrierende Spaltung der C—Cl-Bindung zulassen:

$$R{-}CO{-}Cl \xrightarrow{+H_2} R{-}CO{-}H + HCl$$

Auch Lithium-tri-tert.-butoxy-aluminiumhydrid [$LiAlH(O{-}tert.{-}C_4H_9)_3$] kann man als Reduktionsmittel für diesen Zweck verwenden[2]).

c) Weiterhin lassen sich **Säurenitrile** mit Zinn(II)-chlorid-Salzsäure recht glatt zu den Aldehyden reduzieren, zumal die intermediär entstehenden Aldehydimine unter den Reaktionsbedingungen sofort zu den Aldehyden selbst verseift werden:

$$R{-}C{\equiv}N + SnCl_2 + 2\,HCl \xrightarrow{-SnCl_4} \underset{\text{Aldehyd-imin}}{R{-}\underset{|\atop H}{C}{=}N{-}H} \xrightarrow{+OH_3^+} R{-}CH{=}O + NH_4^+$$

Die an sich relativ labile Stufe des Aldehyd-imins läßt sich zuweilen auch in Form einiger SCHIFFscher Basen abfangen, die dann weniger zur Weiterreaktion neigen. Beispielsweise entstehen bei der katalytischen Reduktion mit Hydrazin als Wasserstoffdonator direkt die Aldehyd-hydrazone[3]). Ähnlich kann man bei der katalytischen Reduktion in Gegenwart von Semicarbazid die Semicarbazone der Aldehyde abfangen[4]). Bei einem dritten Verfahren wird die Reduktion mit Natrium-triäthoxy-aluminiumhydrid [$NaAlH(OC_2H_5)_3$] vorgenommen[5]). Hier bilden sich intermediär Komplexe, die die weitere Reduktion verhindern.

d) Von der Stufe der **Carbonsäureamide** führt vor allem die Reduktion der N-Methyl-carbonsäureanilide mit Lithium-aluminiumhydrid glatt zum Ziel[6]). Die Reaktion ist insofern überraschend, als die Mehrzahl der sonstigen Carbonsäureamidderivate unter Überschreitung der Aldehydstufe ebenso glatt die entsprechenden Amine liefert.

e) Die Reduktion der Ester führt meistens gleich weiter zu den Alkoholen, kann aber in Spezialfällen, z. B. in der Kohlenhydratreihe, wenn die Bildung cyclischer Halbacetale (aus Lactonen) möglich ist, auch auf der Aldehydstufe unterbrochen werden (vgl. **III**, Kap. 4, I, 5c).

Zu 5. Eine Verknüpfung der Bildung der Aldehydgruppe mit der Synthese des **Kohlenstoffgerüsts** ist auch hier wieder mit Hilfe von GRIGNARD-Verbindungen

---

1) Vgl. auch: J. ENGLISH JR. u. S. F. VELICK: Am. Soc. **67**, 1413 (1945).
2) H. C. BROWN u. R. F. MCFARLIN: Am. Soc. **78**, 252 (1956).
3) S. PIETRA u. C. TRINCHERA: Gazz. Chim. Ital. **85**, 1705 (1955).
4) H. PLIENINGER u. G. WERST: Angew. Chem. **67**, 156 (1955).
5) G. HESSE u. R. SCHRÖDEL: Angew. Chem. **68**, 438 (1956).
6) F. WEYGAND u. Mitarbb.: Angew. Chem. **65**, 525 (1953).

möglich, die mit Ameisensäureestern die um ein C-Atom höheren Aldehyde liefern (Näheres vgl. I, Kap. 9, I):

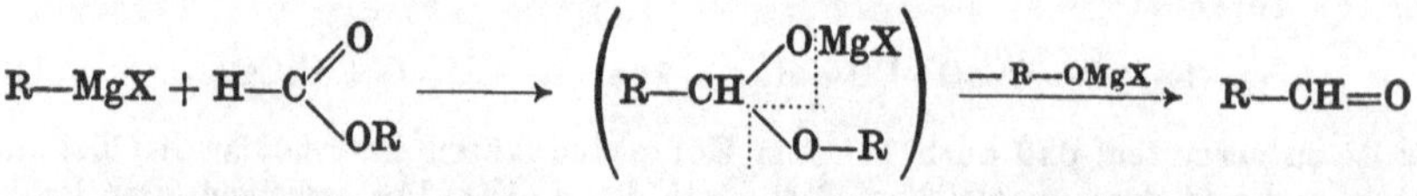

Da der entstehende Aldehyd ebenfalls mit der GRIGNARD-Verbindung reagieren kann (I, Kap. 9, I), geht die Reaktion leicht weiter, und man verwendet deshalb zuweilen auch Orthoameisensäureester als Ausgangsmaterial, die niemals mehr als nur eine Alkoxylgruppe gegen den Alkylrest der GRIGNARD-Verbindungen austauschen und daher stets ausschließlich in die leicht in die Aldehyde selbst überführbaren Acetale übergehen:

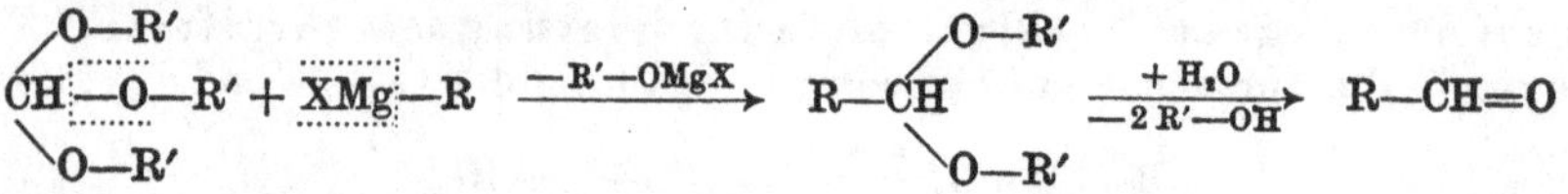

Ortho-ameisensäureester Aldehyd-acetal Aldehyd

Auch mit Hilfe von Kohlenoxyd als dem monomolekularen Anhydrid der Ameisensäure kann man die Aldehydgruppe nach O. ROELEN (1938) aufbauen, indem man es gemeinsam mit Wasserstoff in Gegenwart von Kobaltkatalysatoren, die wahrscheinlich intermediär Kobaltcarbonylwasserstoff (vgl. anorg. Lehrbücher) bilden, im Sinne einer Carbonylierungsreaktion (S. 98) an Olefine anlagert:

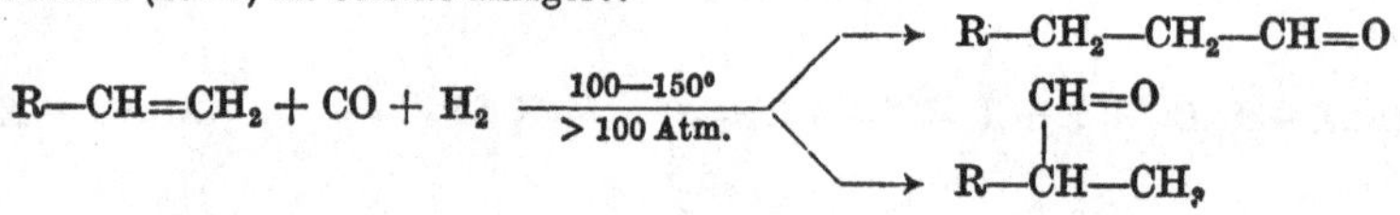

Diese allgemein **Oxosynthese** genannte Reaktion hat wegen des nicht einheitlichen Reaktionsverlaufes und der ungünstigen Arbeitsbedingungen ausschließlich technisches Interesse erlangt, hier aber infolge der billigen Ausgangsmaterialien ab 1940 ein immer breiteres Anwendungsgebiet gefunden.

Eine weitere wichtige Aldehydsynthese beruht auf der Verlängerung der Kohlenstoffkette niederer Aldehyde mit Hilfe der auf S. 258 beschriebenen Crotonaldehydkondensation (nach KNOEVENAGL), gegebenenfalls mit anschließender Hydrierung des zunächst entstehenden ungesättigten Aldehyds. Als Beispiel sei die Butyraldehydsynthese aus zwei Molekülen Acetaldehyd angeführt:

$$CH_3{-}CH{=}O + H_2CH{-}CH{=}O \xrightarrow[\text{(Piperidin-acetat)}]{-H_2O} \underset{\text{Crotonaldehyd}}{CH_3{-}CH{=}CH{-}CH{=}O}$$

$$\xrightarrow{+H_2} \underset{\text{Butyraldehyd}}{CH_3{-}CH_2{-}CH_2{-}CH{=}O} ,$$

die in der Technik meistens in einer Dreistufenreaktion über eine primäre Aldolkondensation mit anschließender Wasserabspaltung und Hydrierung durchgeführt wird.

Schließlich führt auch die auf S. 345 und in I, Kap. 12, III, 2e näher beschriebene Esterkondensation bei Verwendung von Ameisensäureestern als Carbonylkomponente zur Synthese einer Aldehydgruppe, wie aus der folgenden schematischen Reaktionsgleichung hervorgeht:

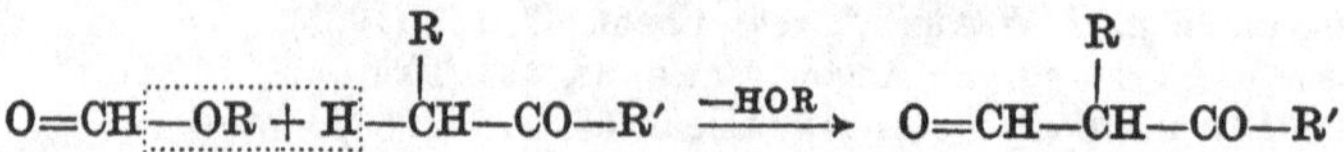

Das Verfahren ist für die Darstellung einfacher Aldehyde jedoch nur von untergeordneter Bedeutung, da die Kohlenwasserstoffe, von wenigen Ausnahmen (wie z. B. Fluoren) abgesehen, noch keine aktiven Methylengruppen enthalten. Es dient jedoch zuweilen zur Einführung von Aldehydgruppen in kompliziertere Moleküle (vgl. z. B. S. 524).

Zu 6. Der **Abbau einer Kohlenstoffkette** läßt sich nach zwei Methoden in der Weise durchführen, daß an der Bruchstelle in glatter Reaktion zwei Aldehydgruppen entstehen: 1. durch die bereits beschriebene Ozonspaltung einer in einer unverzweigten Kette liegenden olefinischen Doppelbindung (S. 93) und 2. durch oxydative Aufspaltung disekundärer 1,2-Glykole mit Hilfe von Bleitetracetat (nach R. Criegee) oder der ähnlich wirkenden Perjodsäure (vgl. I, Kap. 12, 1c):

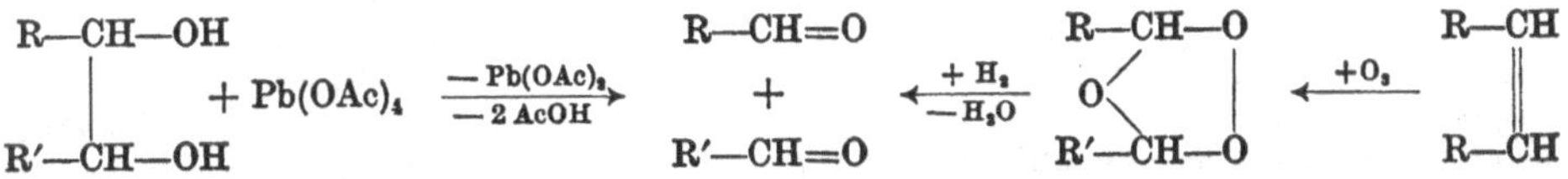

Beide Verfahren leisten zuweilen zur Darstellung sonst schwer zugänglicher Aldehyde aus entsprechend gebauten Naturstoffen wertvolle Dienste.

Physikalische Eigenschaften. Die Siedepunkte der Aldehyde liegen etwa in der Mitte zwischen denen der Alkohole und Äther gleicher Kohlenstoffzahl, da einerseits der stark assoziierend wirkende Hydroxylwasserstoff der Alkohole fehlt, andererseits aber auch die Carbonylgruppe allein infolge ihres ziemlich hohen Dipolmoments gegenüber dem Äthersauerstoff siedepunktserhöhend wirkt (vgl. II, Kap. 2, I, 7). Hinsichtlich der Schmelzpunkte bestehen gegenüber den Alkoholen keine wesentlichen Unterschiede.

Tabelle 13

Die physikalischen Konstanten einiger Aldehyde

übliche Benennung	Genfer Nomenklatur	Sdp.	Smp.	Dichte/Temp.
Formaldehyd	Methanal	—21°	— 92°	0,815/20°
Acetaldehyd	Äthanal	+20	—123	0,788/13
Propionaldehyd	Propanal	49	— 81	0,807/20
Butyraldehyd	n-Butanal	75	— 97	0,817/20
Valeraldehyd	n-Pentanal	104	— 92	0,819/11
Capronaldehyd	n-Hexanal	128	—	0,834/20
Önanthaldehyd	n-Heptanal	155	— 42	0,823/15
Caprylaldehyd	n-Oktanal	169	—	0,821/20
Pelargonaldehyd	n-Nonanal	185	—	0,828/15
Caprinaldehyd	n-Dekanal	208	—	0,828/15
Acrolein	Propenal	53	— 88	0,839/20
Crotonaldehyd	Buten-2-al	102	— 74	0,848/21
Propiolaldehyd	Propinal	60	—	—
Benzaldehyd	Phenylmethanal	178	— 26	1,050/20
Zimtaldehyd	β-Phenyl-propenal	251	— 8	1,050/20

Die Aldehyde zeigen infolge der Möglichkeit, Wasser zu Hydraten (S. 287) zu addieren, im allgemeinen ähnliche **Löslichkeitseigenschaften** wie die Alkohole, d. h. bei grundsätzlicher Mischbarkeit mit allen organischen Lösungsmitteln sind die niederen Aldehyde in Wasser unbegrenzt und die mittleren immerhin noch merklich löslich. Erst bei den höheren Gliedern der Reihe verschwindet die Wasserlöslichkeit vollkommen. Trotz dieser hervorragenden Löslichkeitseigenschaften finden die Aldehyde jedoch wegen ihrer Unbeständigkeit und Reaktionsfähigkeit im Gegensatz zu den Alkoholen und auch Ketonen keine Verwendung als Lösungsmittel.

Der Geruch der niederen Aldehyde ist scharf und stechend, er wird jedoch mit wachsendem Molekulargewicht angenehmer, so daß die mittleren Glieder der Reihe häufig in der Riechstoffindustrie Anwendung finden.

In ähnlicher Weise wie die olefinische Doppelbindung kann man auch die Carbonylgruppe an den durch die Doppelbindungselektronen beeinflußten Molekulareigenschaften erkennen. Häufig zum Nachweis der Carbonylgruppe verwandt werden insbesondere die Absorptionsbande der Doppelbindung im nahen Ultraviolett ($\lambda \sim$ 3000 Å) und die charakteristische Ramanfrequenz von etwa 1600 cm^{-1}, die beide von den entsprechenden Werten der olefinischen Doppelbindung (λ etwa 2000 Å, Ramanfrequenz etwa 1400 cm^{-1}) deutlich abweichen.

Hinsichtlich ihrer **chemischen Umsetzungen** sind die Aldehyde außerordentlich vielseitig, da die Carbonylgruppe, abgesehen von ihrer eigenen Reaktionsfähigkeit, das Restmolekül gleich an zwei weiteren Stellen aktiviert. Man unterscheidet daher im Aldehydmolekül die folgenden drei reaktionsfähigen Stellen: 1. die Carbonylgruppe selbst, 2. das am Carbonylkohlenstoff befindliche, leicht aboxydierbare H-Atom, und 3. die in α-Stellung zur Carbonylgruppe befindliche Methyl- bzw. Methylengruppe.

Zu 1. In der **Carbonylgruppe** der Aldehyde begegnen wir dem ersten Beispiel einer polaren Mehrfachbindung. Sie ist (mit Ausnahme der Formaldehydbindung) energetisch nicht mehr ungesättigt, d. h. beim Übergang von der aldehydischen C=O-Doppel- in zwei einfache C—O-Bindungen beobachtet man keine wesentliche Wärmetönung mehr (vgl. **II**, Kap. 2, I, 6, Tab. 5). Trotzdem ist die Carbonyldoppelbindung außerordentlich reaktionsfähig, da das Doppelbindungselektronenpaar wie bei der olefinischen Doppelbindung bereits ohne wesentliche Aktivierungsenergie eine aktive Grenzstruktur ausbilden kann (Näheres vgl. **II**, Kap. 3, II, 2b).

Hinsichtlich der möglichen Reaktionen beobachtet man einen grundsätzlichen Unterschied gegenüber der olefinischen Doppelbindung. Während diese basenanalog (elektrophil) reagiert, d. h. sich bevorzugt mit sauren Substanzen und Halogenierungs- bzw. Oxydationsmitteln umsetzt, reagiert die Carbonyldoppelbindung aus den in **II**, Kap. 3, II, 2b u. Kap. 4, II, 4 näher erörterten Gründen säurenanalog (nucleophil) und setzt sich in erster Linie mit basischen Reagenzien, wie z. B. Wasser, Ammoniak, Cyan-Ionen, Bisulfit-Ionen, Hydroxyl-Ionen und vor allem metallorganischen Verbindungen um. Auf diese Anlagerungsreaktionen basischer (und auch anderer, ein einsames Elektronenpaar besitzender Reagenzien) sind insbesondere die folgenden vier wichtigsten Reaktionstypen zurückzuführen: a) die Anlagerung kohlenstoffhaltiger Reste und des Bisulfit-Ions zu stabilen Additionsverbindungen, b) der über die Anlagerung der Sauerstoff-, Stickstoff- und Schwefel-Wasserstoff-Verbindungen zu instabilen Addukten erfolgende Austausch des Carbonylsauerstoffs gegen andere negative Reste, c) die auf die Anlagerung von Wasserstoff oder Metallen an die Carbonyldoppelbindung beruhenden Reduktionsreaktionen, und schließlich d) die Polymerisationsreaktionen.

Zu a) Die Anlagerung basischer Verbindungen des Typus MeX oder H—X geht immer in der Weise vor sich, daß der positive Wasserstoff bzw. das Metallkation an den Sauerstoff und das basische Anion an den Kohlenstoff der Carbonylgruppe tritt. Sie führt nur dann zu **stabilen Additionsprodukten**, wenn die neu entstehende C—X-Bindung nahezu unpolar und damit reaktionsträge ist, so daß sie nicht leicht wieder rückwärts gespalten werden kann. Die wichtigsten dieser zu stabilen Addukten führenden Reaktionen sind in dem folgenden Formelschema zusammengestellt:

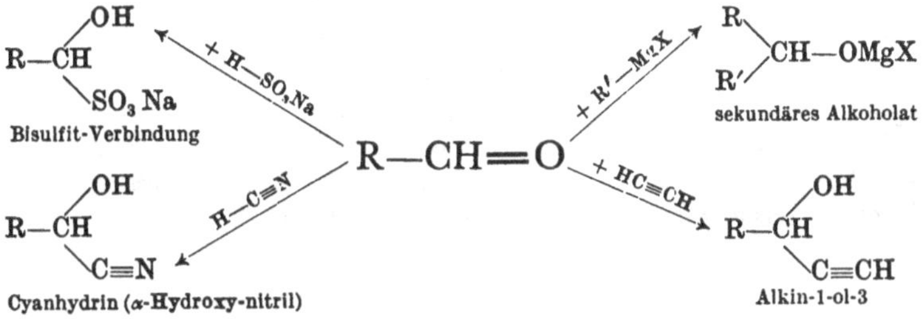

Mit Ausnahme der Bildung der auf S. 296 beschriebenen Bisulfitverbindungen werden bei diesen Reaktionen unter Übergang der Carbonylgruppe in eine sekundäre Carbinolgruppe neue C—C-Bindungen aufgebaut. Wir lernen hier also wertvolle neue Methoden zur Synthese von Kohlenstoffketten kennen, auf die wir später in anderem Zusammenhang noch näher eingehen werden (vgl. **I**, Kap. 12, III, 1).

Zu den einzelnen Reaktionen ist nachzutragen:

Die **Blausäureaddition** geht an sich bereits bei der Einwirkung der freien Säure vor sich, wenn man die Reaktion durch Spuren von Ammoniak, das die Bildung der anlagerungsfähigen Cyan-Ionen bewirkt, katalysiert:

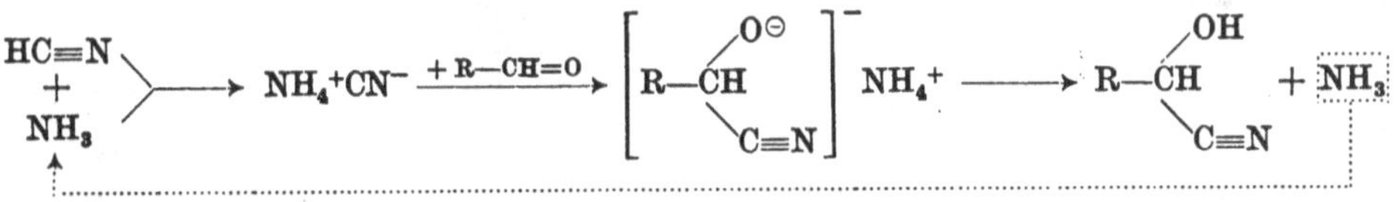

Auch die Umsetzung der Bisulfitverbindung mit Natriumcyanid (unter Herausspaltung von neutralem Natriumsulfit, Gleichung formulieren!) erwies sich zuweilen als zweckmäßig. In Gegenwart von viel Ammoniak wird über die Addition hinaus auch die Hydroxylgruppe substituiert — wahrscheinlich indem die Anlagerung hier an die intermediär gebildeten Aldehydimine (S. 298) — erfolgt und man erhält die α-Aminosäurenitrile (STRECKERsche Aminosäuresynthese, Näheres vgl. **I**, Kap. 6, I, 4dα):

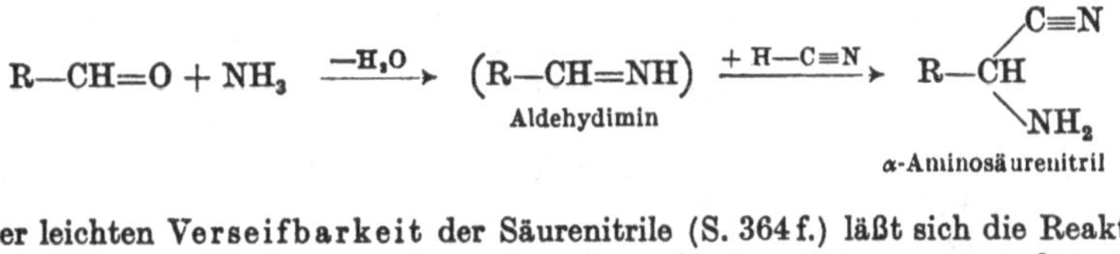

Bei der leichten Verseifbarkeit der Säurenitrile (S. 364f.) läßt sich die Reaktion zum Aufbau sowohl von α-Hydroxy- als auch von α-Aminosäuren verwenden. Sie wird, da die entstehenden Hydroxynitrile in Analogie zu den Halogenhydrinen (S. 198) auch Cyanhydrine genannt werden, allgemein als **Cyanhydrinsynthese** bezeichnet.

Die auf S. 118 bereits beschriebene **Anlagerung von Acetylen** an die C=O-Doppelbindung wurde früher ausschließlich mit Hilfe der stark basischen Alkalimetallacetylenide vorgenommen. Erst in neuerer Zeit ist W. Reppe die allgemein durchführbare direkte Anlagerung von Acetylen in Gegenwart von Schwermetallacetyleniden als Katalysatoren gelungen.

Bezüglich der Anlagerung von Grignard-Verbindungen vgl. I, Kap. 9, I.

Zu b) Bei der **Addition aller anderen polaren Verbindungen** vom Typus H—X und H_2Y erhält man unbeständige, meistens überhaupt nicht isolierbare Anlagerungsverbindungen, die sich durch zahlreiche Sekundärreaktionen — wie z. B. Rückbildung der Aldehyde, Wasserabspaltung zur C=Y-Doppelbindung (d. h. Substitution des Carbonylsauerstoffs durch einen andern zweiwertigen Rest) sowie auch durch Substitution der Hydroxylgruppe durch einen zweiten negativen Rest X — zu den verschiedenen, auf S. 285 f. näher beschriebenen Aldehydderivaten stabilisieren. Wir können uns daher an dieser Stelle mit einer Zusammenstellung der wichtigsten Möglichkeiten begnügen:

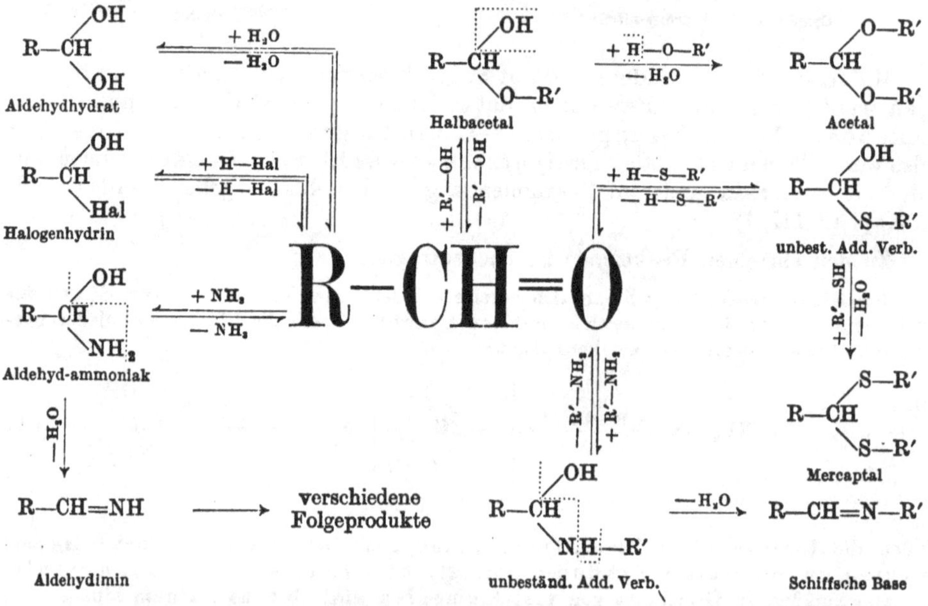

Bemerkenswert ist vor allem die außerordentliche Leichtigkeit, mit der die Addition und auch die Wiederabspaltung in all diesen Fällen vor sich geht. Beide Vorgänge erfordern eine nur sehr geringe Aktivierungswärme und gehören daher zu den wenigen organischen Reaktionen, die nahezu momentan, fast wie eine Ionenreaktion, verlaufen. Infolgedessen kann man in allen eine Carbonylgruppe enthaltenden Substanzen den Sauerstoff über derartige intermediäre Additionsverbindungen um einige Größenordnungen leichter durch andere negative Reste ersetzen (und umgekehrt) als bei den Verbindungen mit einwertig negativ substituiertem Kohlenstoff, in denen die C—O- sowie vor allem die später beschriebenen C—N- und C—S-Bindungen bei normaler Temperatur praktisch hydrolysenbeständig sind. Auf diese, für alle Carbonylverbindungen (einschließlich Carbonsäurederivaten) charakteristische leichte Substituierbarkeit negativer Reste jeder Art ist in erster Linie die Zusammenfassung aller Verbindungen mit zwei- und dreiwertig negativen Funktionen zu den großen Familien der Derivate der Oxoverbindungen und der Carbonsäurederivate zurückzuführen.

Zu c) Die Reduktion der Aldehyde zu den primären Alkoholen ist die Umkehrreaktion der zu ihrer Bildung führenden Alkoholdehydrierung und kann sowohl mit katalytisch erregtem als auch mit nascierendem Wasserstoff durchgeführt werden. Die katalytische Hydrierung findet vor allem in der Technik Anwendung, erfordert aber im allgemeinen etwas schärfere Reaktionsbedingungen oder andere Katalysatoren als die Olefinhydrierung, so daß man beide Reaktionen ohne Schwierigkeiten voneinander trennen kann (vgl. I, Kap. 12, II, 1). Präparativ zieht man meistens die Reduktion mit nascierendem Wasserstoff (Natriumamalgam-Alkohol, Natrium-Alkohol usw.) vor, auf deren Mechanismus wir erst später (II, Kap. 4, II, 5) näher eingehen werden.

Schließlich können auch wasserstoffabgebende Verbindungen als Reduktionsmittel dienen. Am interessantesten ist hier die Verwendung anderer Alkohole, die sich nach H. MEERWEIN (1925) und R. PONNDORF (1926) unter der katalytischen Einwirkung ihrer Aluminiumalloholate mit Aldehyden (und auch Ketonen s. u.) unter Austausch der Oxydationsstufen zu deren Alkoholen umsetzen lassen[1]):

$$R—CH{=}O + R'—CH_2—OH \xrightarrow{(R'—CH_2—O)_3Al} R—CH_2—OH + R'—CH{=}O$$

Der Reaktionsmechanismus beruht wahrscheinlich auf einer intermediären Anlagerung der Carbonylverbindung an das Aluminiumalkoholat zu einem gemischten Komplex, innerhalb dessen sich dann der Austausch der Oxydationsstufen relativ leicht durch innermolekulare Wanderung eines Hydrid-Ions vollzieht:

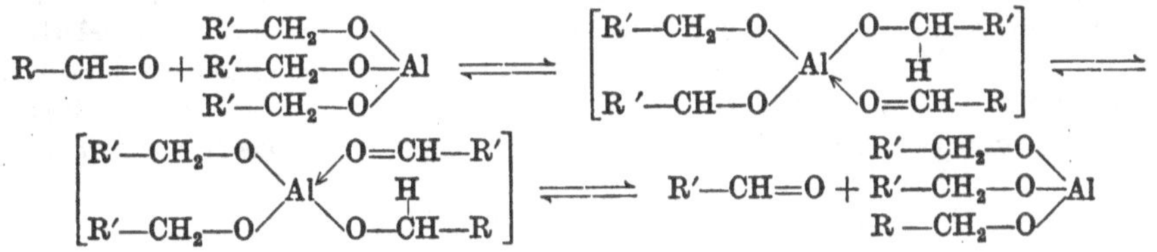

Die Reaktion führt, wie zu erwarten, stets zu einem Gleichgewicht, dessen Lage, abgesehen von den Mengenverhältnissen, in erster Linie von den Redoxpotentialen der umzusetzenden Komponenten abhängt. Will man daher einen Aldehyd reduzieren, so wird man als Reduktionsmittel einen Alkohol mit möglichst hohem Reduktionspotential, wie z. B. Isopropylalkohol, verwenden. Auch Äthylalkohol hat ein relativ hohes Reduktionspotential und bietet gleichzeitig den weiteren Vorteil, daß der entstehende Acetaldehyd leicht aus dem Gleichgewichtsgemisch abdestilliert.

Will man die Reaktion dagegen nach R. OPPENAUER (1937) umgekehrt zur Dehydrierung eines Alkohols zum Aldehyd (S. 243) verwenden, so wählt man zweckmäßig nicht Aceton, das als Oxydationsprodukt des stark reduzierend wirkenden Isopropylalkohols naturgemäß nur ein niedriges Oxydationspotential besitzt, sondern das stark dehydrierend wirkende Cyclohexanon als Wasserstoffacceptor, dessen zugehöriger Alkohol (Cyclohexanol) sich umgekehrt wiederum nicht als Reduktionsmittel eignet.

Abgesehen von dieser Abhängigkeit der Gleichgewichtslage und damit der Richtung des Reaktionsverlaufes von der Wahl eines geeigneten Reaktionspartners kann man die Reaktion ohne Schwierigkeit in beiden Richtungen durchführen. Ihr Hauptvorteil liegt in dem durch den speziellen Reaktionsmechanismus bedingten strengen Ausschluß von unerwünschten anderweitigen Redoxreaktionen.

Zu d) Die Polymerisation der Aldehyde verläuft der der Olefine analog. Nur ist der Reaktionsmechanismus insofern etwas anders, als hier das erste Aldehydmolekül mit der als Katalysator wirkenden Säure primär eine normale instabile

[1]) Zusammenfassung neuerer Arbeiten: V. FRANZEN u. H. KRAUCH: Chem.-Z. **79**, 169, 243 (1955).

Addititionsverbindung liefert, die sich als Hydroxyverbindung an ein zweites Aldehydmolekül unter Bildung einer neuen Hydroxyverbindung anlagert. Diese reagiert ihrerseits wieder mit einem dritten Aldehydmolekül, die hierbei entstehende trimere Verbindung mit einem vierten usw., bis sich schließlich eine mehr oder weniger hochmolekulare Kette ausbildet:

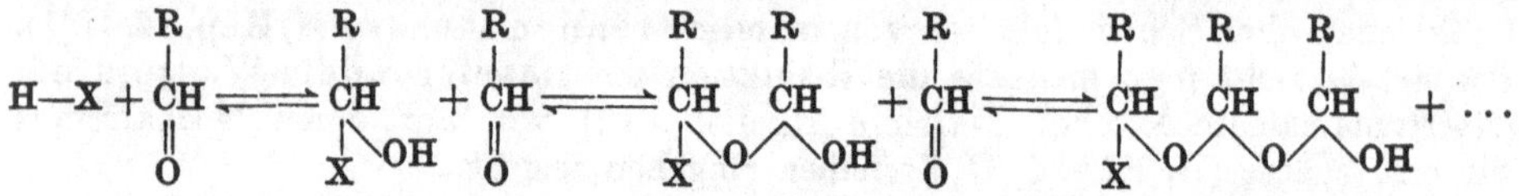

Diese linearen Polymerisationsprodukte sind aber nur beim Formaldehyd beständig, da dieser als einziger Aldehyd eine energetisch ungesättigte Carbonyldoppelbindung enthält und daher die Tendenz zeigt, diese unter Abgabe von etwa 10 kcal/Mol Formaldehyd in zwei einfache C—O-Bindungen umzuwandeln. Der Formaldehyd polymerisiert infolgedessen zu den in III, Kap. 3, I u. III, 3 näher beschriebenen hochmolekularen Produkten. Bei den höheren Aldehyden fällt diese Polymerisationstendenz dagegen weitgehend fort, so daß hier die lineare Polymerisation ebenso leicht rückwärts unter Wiederabspaltung von Aldehydmolekülen aus den polymeren, an dem einen Ende eine OH-Gruppe enthaltenden Molekülen geht. Es bildet sich infolgedessen hier ein Gleichgewichtsgemisch verschieden hoch polymerisierter Moleküle aus, die dann auf anderem Wege, nämlich durch Abspaltung der als Katalysator wirkenden Säure unter Verknüpfung beider Molekülenden zu cyclischen, nicht mehr ohne weiteres aufspaltbaren Verbindungen, stabilisiert werden können:

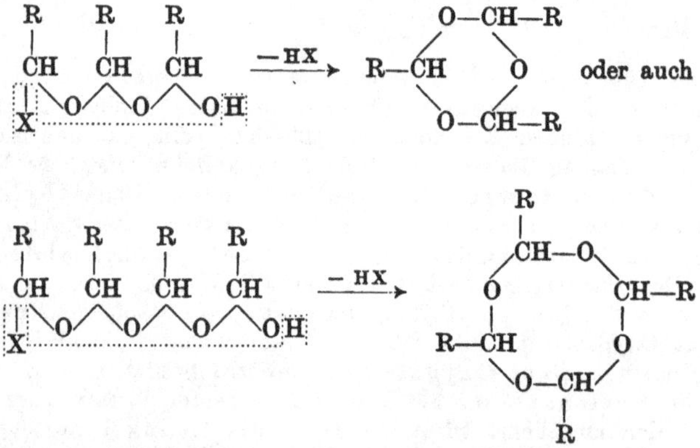

Diese Cyclisierungsmöglichkeit, bei der (wie auch bei anderen Ringschlußreaktionen, vgl. S. 443) die Bildung sechsgliedriger Ringe bevorzugt erfolgt, beobachtet man insbesondere bei den niederen Gliedern der Reihe (Acetaldehyd, Propionaldehyd und den beiden Butyraldehyden sowie unter gewissen Bedingungen auch Formaldehyd), während höhere Aldehyde im allgemeinen nicht mehr polymerisierbar sind.

Zu 2. Die *Aldehyde* tragen als primäre Verbindungen am Carbonylkohlenstoff noch ein H-Atom und können daher noch eine Stufe weiter zu Carbonsäuren oxydiert werden:

Diese **Aboxydation des Wasserstoffs** geschieht infolge seiner Aktivierung durch den benachbarten Carbonylsauerstoff (vgl. **II**, Kap. 3, I, 3) noch leichter als die des entsprechenden Wasserstoffs der Alkohole, wenn sie wie dort auf dem Wege der **Dehydrierung** erfolgen kann. Eine dehydrierende Aboxydation von zwei H-Atomen ist aber nur bei Anwesenheit einer Hydroxylgruppe an dem zu oxydierenden C-Atom möglich und läßt sich daher nur von den Aldehydhydraten oder Halbacetalen (S. 287f.) aus, d. h. in wäßriger oder alkoholischer Lösung, bewerkstelligen:

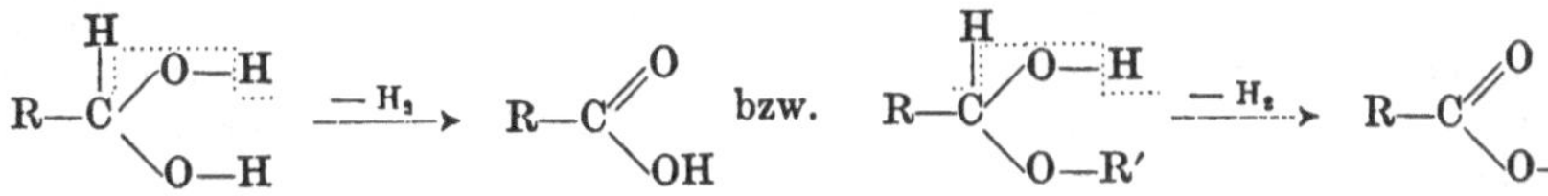

Dieser Auffassung entsprechend beobachtet man in der Tat eine auffallende Resistenz der reinen und trockenen Aldehyde gegenüber den meisten Oxydationsmitteln, während die Reaktion in wäßriger Lösung außerordentlich leicht und auch mit Oxydationsmitteln vor sich geht, die wie das Chinon nur Wasserstoff binden, jedoch keinen Sauerstoff abgeben können.

Zur praktischen Durchführung verwendet man wegen ihrer Billigkeit meistens die üblichen starken Oxydationsmittel (Chromsäure, Salpetersäure und auch Luftsauerstoff), da die entstehenden Carbonsäuren gegen die weitere Oxydation ohnehin stabil sind (S. 328). Lediglich zum Nachweis der Aldehyde dienen einige spezielle Oxydationsreaktionen, die in alkalischer Lösung mit komplex gebundenen Schwermetall-Ionen als Oxydationsmittel ausgeführt werden. Hierher gehören in erster Linie die Abscheidung eines Silberspiegels aus einer ammoniakalischen Silbersalzlösung (die Reaktion wird durch Zusatz von etwas Natronlauge stark beschleunigt) und die auch zur quantitativen Bestimmung geeignete Fällung von Kupfer(I)-oxyd aus der stark alkalischen Lösung von komplexen Kupfer(II)-salzen, meistens von Fehlingscher Lösung (S. 509). Ferner führt man bei den Kohlenhydraten die quantitative Bestimmung der Aldehydgruppe häufig auch mit Hypojoditlösungen als Oxydationsmittel aus.

Neben diesen Dehydrierungsreaktionen ist zuweilen auch eine direkte Aboxydation des Aldehydwasserstoffs möglich, bei der dieser im Sinne einer **echten Oxydationsreaktion** durch Sauerstoff substituiert wird und als Einzelatom zum Oxydationsmittel übergeht, so daß die Reaktion auch mit wasserfreien Aldehyden durchgeführt werden kann. Das wichtigste Beispiel dieser Art ist die mit dem elementaren Sauerstoff der Luft bereits bei normaler Temperatur eintretende **Autoxydation**[1]) der Aldehyd- zur Carboxyl-Gruppe, die in zwei Stufen vor sich geht: In der ersten Phase wird in Analogie zur Autoxydation der Olefine (S. 101) und Äther (S. 220) ein Sauerstoffmolekül zwischen den Kohlenstoff und Wasserstoff der *Aldehydgruppe* unter Bildung einer Peroxy-carbonsäure (S. 350) eingeschoben, die dann ihrerseits in der wesentlich rascher verlaufenden zweiten Reaktionsstufe als Wasserstoffakzeptor die

[1]) Zusammenfassungen: G. Wittig: Angew. Chem. **60**, 169 (1948); J. R. McNesby u. C. A. Heller jr.: Chem. Rev. **1954**, 325.

Dehydrierung eines zweiten Aldehydmoleküls bewirkt[1]), wobei sie selbst ebenfalls in die Carbonsäure übergeht:

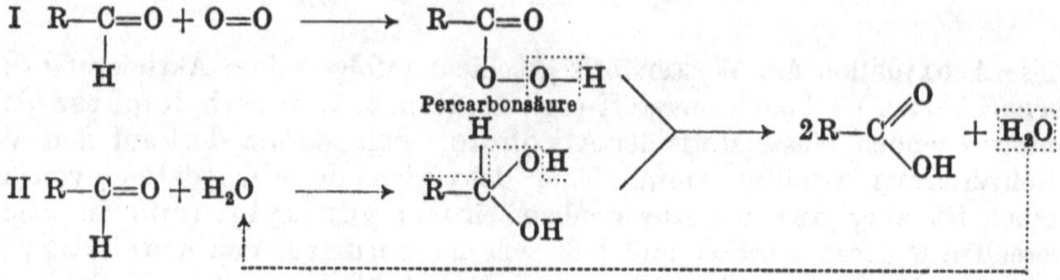

Daß die Autoxydation tatsächlich auf diesem Wege vor sich geht, kann man leicht dadurch beweisen, daß man einen anderen, schneller verlaufenden Dehydrierungsvorgang mit der Aldehydoxydation kuppelt. So wird z. B. Indigosulfonsäure durch Sauerstoff allein nicht oxydiert, wohl aber wenn man es in Gegenwart von Benzaldehyd mit *Sauerstoff* behandelt, und zwar stets in der der entstehenden Benzoesäure äquivalenten Menge. Diese Tatsache läßt sich nur auf Grund der Annahme deuten, daß die intermediär gebildete Benzopersäure die Indigosulfonsäure (I) schneller zur Isatinsulfonsäure (II) oxydiert als ein zweites Benzaldehydmolekül, so daß der gesamte Benzaldehyd nur nach der ersten Teilrektion aufoxydiert wird:

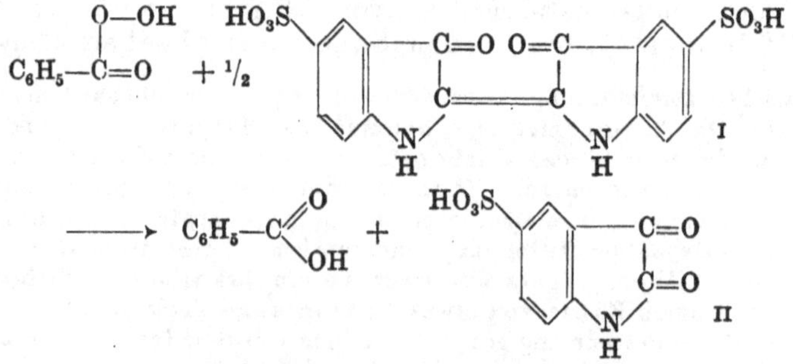

Schließlich ist es NEF gelungen, die Benzopersäure mit Hilfe von Essigsäureanhydrid als gemischtes Benzoyl-acetyl-peroxyd abzufangen (formulieren!) und dadurch direkt nachzuweisen, so daß ihre intermediäre Bildung bei der Autoxydation des Benzaldehyds nunmehr als absolut gesichert angesehen werden kann.

Der Unterschied zwischen den beiden Oxydationsmechanismen tritt besonders deutlich bei der Einwirkung von Chlor als „Oxydationsmittel“ in Erscheinung. Bei Verwendung von feuchtem Aldehyd entsteht im Sinne einer Dehydrierung in glatter Reaktion die Carbonsäure als „Oxydationsprodukt“. Der trockene

[1]) Das für diese Dehydrierung erforderliche Hydratwasser wird in der gleichen Reaktionsphase gebildet. Ferner kann das Additionsprodukt der primär entstehenden Persäure an das zweite Aldehydmolekül (III) bereits ohne Wasser eine innermolekulare Dehydrierung der Halbacetalgruppe unter gleichzeitiger Hydrierung der O—O-Bindung erleiden:

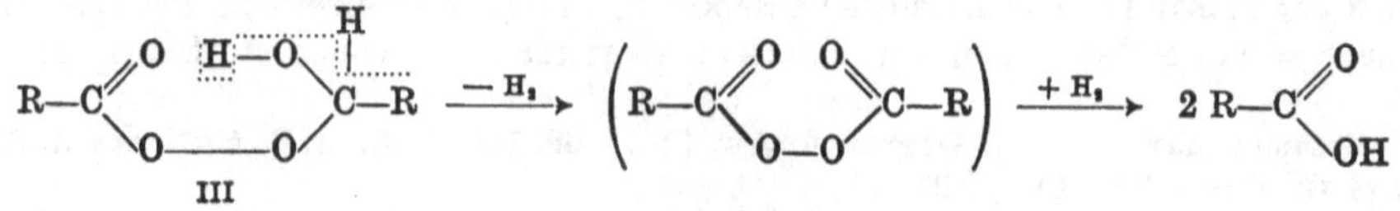

III

Aldehyd dagegen wird unter Angriff des Kohlenstoffatoms in das Säurechlorid übergeführt. Hier tritt also Halogenierung ein:

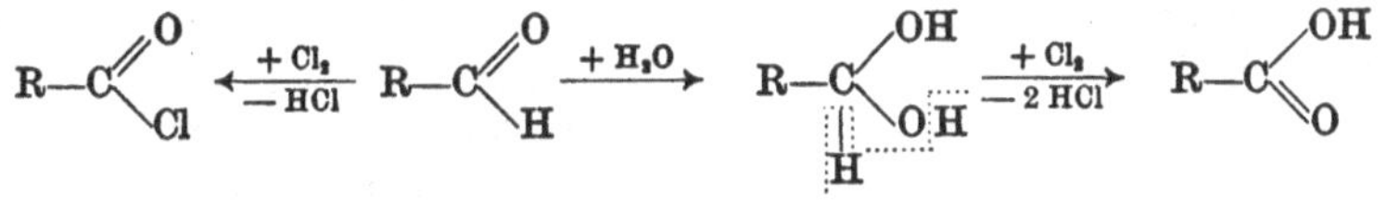

Eine letzte interessante Oxydationsreaktion ist die als **Disproportionierung** oder **Dismutation** bezeichnete gegenseitige Oxydation und Reduktion zweier Aldehydmoleküle, die hierbei in je ein Molekül eines Alkohols und einer Carbonsäure übergehen. Diese Aldehyddismutation kann auf drei verschiedenen Wegen durchgeführt werden:

a) Bei der am längsten bekannten **Reaktion von Cannizzaro** erfolgt die Disproportionierung unter der Einwirkung starker Alkalien auf Grund der folgenden summarischen Gleichung (Näheres über den Mechanismus vgl. II, Kap. 4, II, 5b):

$$2\,R{-}CH{=}O + NaOH \longrightarrow R{-}CH_2{-}OH + R{-}COONa$$

Das Alkali ist also kein Katalysator, sondern wird im Verlaufe der Reaktion unter Salzbildung verbraucht. Die hierbei frei werdende Neutralitätsenergie verschiebt das Reaktionsgleichgewicht vollständig zugunsten der Reaktionsprodukte.

Der Reaktion von Cannizzaro sind im allgemeinen nur tertiäre Aldehyde (d. h. Aldehyde, in denen die —CH=O-Gruppe an einem tertiären, d. h. keinen Wasserstoff mehr enthaltenden C-Atom steht) zugänglich, da andernfalls in dem stark alkalischen Medium die unter 3 beschriebenen Kondensationsreaktionen eintreten. Immerhin konnte M. Häusermann[1]) in einigen Ausnahmefällen auch sekundäre aliphatische Aldehyde beim Erhitzen mit Natronlauge disproportionieren.

b) In Gegenwart von Aluminium-isopropylat als Katalysator findet die Disproportionierung des *Aldehyds* nach einem der Meerwein-Ponndorfschen Reaktion (S. 251) ähnlichen Reaktionsmechanismus statt, wobei in Ermangelung des zur Dismutation in ein Säure- und ein Alkoholmolekül erforderlichen Wassers direkt der Ester entsteht. Diese von W. E. Tischtschenko (1906) aufgefundene Reaktion[2]) dürfte durch die Bildung der Komplexverbindung IV ausgelöst werden, die an die aktivierte C=O-Doppelbindung ein zweites Aldehydmolekül zu dem acetalartigen Komplex V anzulagern vermag. In diesem enthält der zu oxydierende Kohlenstoff bereits zwei O-Atome in direkter Bindung, so daß die Stabilisierung zum Ester lediglich noch die innermolekulare Wanderung des Aldehydwasserstoffs als Hydrid-Ion erfordert:

$$(R'{-}O)_3Al + O{=}CH{-}R \longrightarrow (R'{-}O)_3Al{\leftarrow}O{=}CH{-}R$$

IV

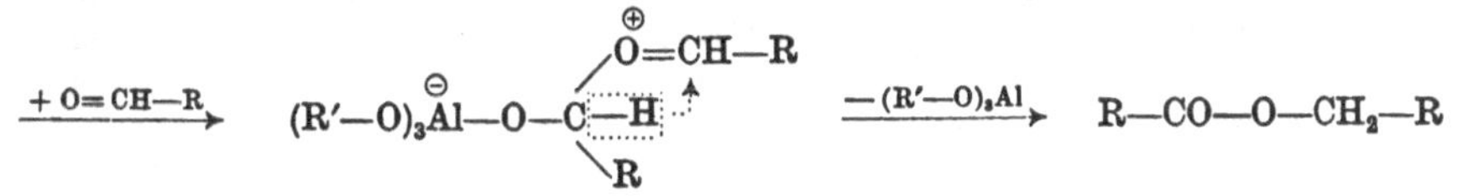

V

Die Reaktion hat wegen ihrer Einfachheit hauptsächlich technisches Interesse gefunden, z. B. zur Herstellung von Essigester (S. 384), da man auf diese Weise das sonst

1) Helv. 34, 1211 (1951).

2) Neuere Untersuchungen: M. Häusermann: Helv. 34, 2172 (1951).

übliche Dreistufenverfahren: Herstellung der Säure, des Alkohols und die eigentliche Veresterungsreaktion, wesentlich abkürzen kann.

c) Am einfachsten verläuft schließlich die durch Enzyme katalysierte **biochemische Aldehyddismutation,** die wir auf Grund der in III, Kap. 8, III erörterten Beweisführung als reine Dehydrierungsreaktion auffassen müssen, bei der ein nicht hydratisiertes Aldehydmolekül den aus einem Molekül des Aldehydhydrates abgespaltenen Wasserstoff aufnimmt:

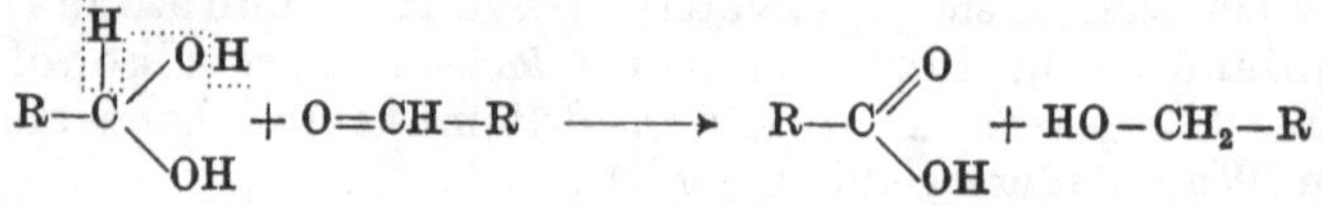

Auch eine direkt zum Ester führende Disproportionierungsreaktion scheint biochemisch eine gewisse Rolle zu spielen, wie aus dem Auftreten zahlreicher natürlicher Ester, deren alkoholische und Säurekomponente das gleiche Kohlenstoffgerüst aufweisen, hervorgeht. Als Beispiele seien der Benzoesäurebenzylester im Cinnamein (S. 395), der Zimtsäure-zimtalkohol-ester im Storax (S. 197, 396), der Palmitinsäure-cetylester des Walrats und zahlreiche sonstige natürliche Wachsester (III, Kap. 6, I, 3) angeführt.

Zu 3. Die Carbonylgruppe übt auf die am α-ständigen Kohlenstoff befindlichen H-Atome (z. B. in der $-CO-CH_3$-Gruppe) eine stark aktivierende Wirkung aus, und man spricht daher von einer **aktiven Methyl-** bzw. **Methylengruppe.** Die Aktivierung besteht in einer geringfügigen Aciditäts-Steigerung des Methylenwasserstoffs gegenüber dem normalen Paraffinwasserstoff, ohne daß man jedoch schon von einer direkten Säurenatur sprechen kann, und ist der Aktivierung des unter 2 besprochenen Wasserstoffs am Carbonyl-C-Atom gerade entgegengesetzt (Näheres vgl. **II,** Kap. 3, I, 3 b). Die aktive Methylengruppe neigt daher weniger zur dehydrierenden Abspaltung des Wasserstoffs, als in erster Linie zu seinem Austausch gegen andere Reste. Die wichtigsten dieser Reaktionen sind: a) die normalen Substitutionsreaktionen, b) die auf dem Wege der Substitution erfolgenden Oxydationsreaktionen und c) die als Kondensation bezeichnete Einführung anderer Kohlenstoffreste.

Zu a) Die aktive Methylengruppe kann mit Hilfe der üblichen Grundreaktionen der organischen Chemie ähnlich leicht halogeniert, nitriert, sulfoniert sowie auch nitrosiert (vgl. S. 302, 461) werden wie die Phenole und Enole. Besonders die Halogenierung ist eine häufig durchgeführte Reaktion, deren wichtigstem Anwendungsbeispiel wir in der Darstellung der drei Halogenoforme (S. 166 f.) schon früher begegnet sind. Diese Reaktion läßt gleichzeitig eine weitere interessante Fernwirkung der Carbonylgruppe erkennen: die Labilisierung der vom Carbonylkohlenstoff ausgehenden C—C-Bindungen, wenn das α-ständige C-Atom mit negativen (bzw. exakter ausgedrückt mit positivierenden, vgl. **II,** Kap. 3, I, 3) Resten besetzt ist. Sie äußert sich insbesondere in einer leichten Hydrolysierbarkeit dieser Bindung, wobei stets die Hydroxylgruppe an das Carbonyl- und der Wasserstoff an das anderweitig substituierte C-Atom tritt, so daß Ameisensäure und (im Falle einer Substitution des Acetaldehyds) ein mehrfach substituiertes Methan entsteht. Dieses gleichartige Verhalten aller an der aktiven Methylengruppe durch negative Reste substituierten Carbonylverbindungen geht aus dem folgenden Formelbild hervor, in dem die aus Acetaldehyd bei der Halogenierung, Nitrierung, Sulfonierung und bei der Einwirkung von Stickoxyd-Alkoholat (Näheres vgl. **I,** Kap. 6, II, 6) entstehenden Primärprodukte, sowie die aus ihnen durch anschließende hydrolytische

Spaltung der C—C-Bindung hervorgehenden di- und trisubstituierten Methane übersichtlich zusammengestellt sind:

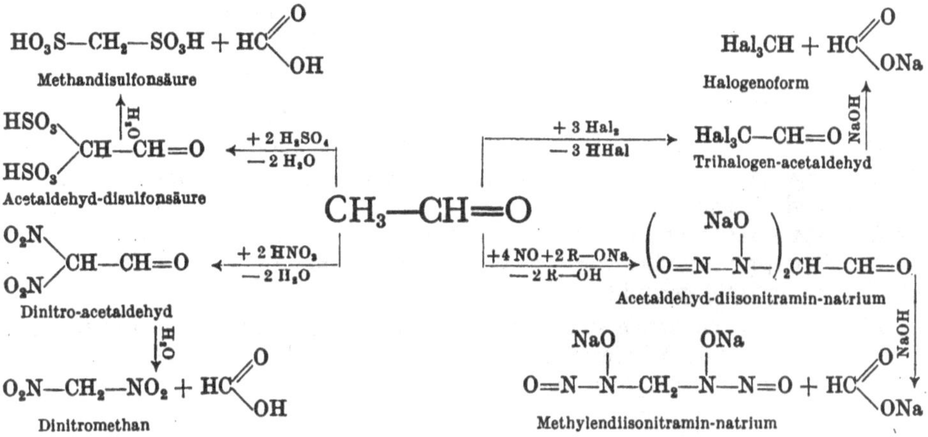

Zu b) Eine indirekte Oxydation der aktiven Methyl(en)gruppe mit Hilfe dieser Substitutionsreaktionen ist in allen den Fällen möglich, in denen sich die Substituenten der aktiven Methylengruppe unter Vertauschung der Oxydationsstufen der Bildungspartner hydrolytisch abspalten lassen, d. h. wenn bei der Hydrolyse die Hydroxylgruppe an den Kohlenstoff und der Wasserstoff an den Substituenten tritt. So führt vor allem die Verseifung der bei der Nitrosierung entstehenden Isonitrosoderivate (S. 302 u. **I**, Kap. 6, V, 1) nicht mehr zur salpetrigen Säure und Methylengruppe zurück, sondern es wird unter Austausch der Oxydationsstufen eine zweite Carbonylgruppe und Hydroxylamin gebildet:

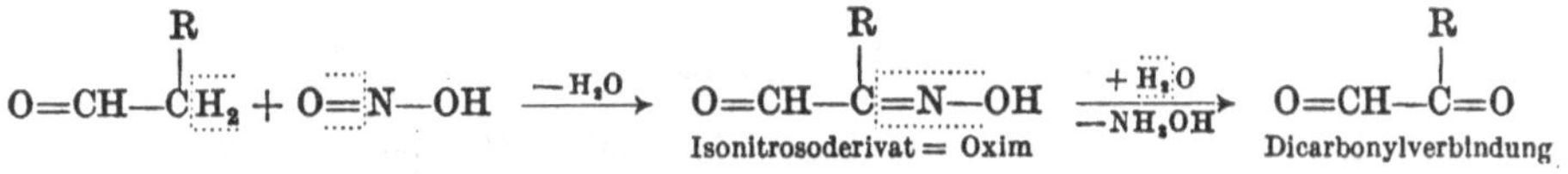

Die Bedeutung der Reaktion liegt in der Möglichkeit der Verwendung der salpetrigen Säure (oder ihrer Ester) als schonendes „Oxydationsmittel", das infolge des speziellen Reaktionsmechanismus nicht nur die primär im Molekül vorhandene Aldehydgruppe intakt läßt, sondern im Falle des Vorliegens einer aktiven Methylgruppe auch deren Weiteroxydation über die Aldehydstufe hinaus scharf ausschließt.

Ein anderes spezielles Oxydationsmittel, das die aktiven Methylengruppen direkt angreift und (bei Vorliegen einer Methylgruppe) ebenfalls nicht über die Aldehydstufe hinaus zu oxydieren vermag, liegt im Selendioxyd vor (vgl. auch **I**, Kap. 12, I, 1c).

Zu c) In Gegenwart von Alkalien reagiert die aktive Methylengruppe wie eine sehr schwache Säure, und das bei der Abdissoziation des Protons (infolge ungünstiger Gleichgewichtslage zunächst nur in unwägbaren Mengen) gebildete Anion lagert sich als stark basisches Reagens an die Carbonylgruppe eines zweiten Aldehydmoleküls an, wobei, in Analogie zu der unter 1a angeführten Addition metallorganischer Verbindungen an die C=O-Doppelbindung, eine C—C-Bindung neu gebildet wird (die eingehende Diskussion des Reaktionsmechanismus erfolgt in **II**, Kap. 4, III, 2)[1]):

$$\mathrm{O{=}CH{-}CH_2{-}H + OH^-} \xrightleftharpoons{-\mathrm{H_2O}} \mathrm{O{=}CH{-}\overset{\ominus}{C}H_2} \xrightarrow{+\mathrm{O{=}CH{-}CH_3}}$$

$$\mathrm{O{=}CH{-}CH_2{-}\underset{}{CH}(O^{\ominus}){-}CH_3} \xrightarrow{+\mathrm{H^+}} \mathrm{O{=}CH{-}CH_2{-}CH(OH){-}CH_3}$$

Die Reaktion ist reversibel (vgl. z. B. S. 262) und typisch für eine Reihe ähnlicher Vorgänge, die zusammenfassend als **Kondensationsreaktionen** bezeichnet werden, und die wir in **I**, Kap. 12, III, 2 gemeinsam besprechen werden. Da das Reaktionsprodukt in unserem speziellen Fall gleichzeitig eine Aldehyd- und eine Alkoholgruppe enthält, wird es Aldol und entsprechend der ganze Vorgang **Aldolkondensation**[2]) genannt.

Die entstehenden Aldole sind sehr reaktionsfähige Verbindungen (S. 458), die insbesondere leicht Wasser zum ungesättigten Aldehyd abspalten, da hierbei eine zur Carbonylgruppe konjugierte Doppelbindung entsteht:

$$\mathrm{CH_3{-}CH(OH){-}CH(H){-}CH{=}O} \xrightarrow{130^\circ} \mathrm{CH_3{-}CH{=}CH{-}CH{=}O}$$

Verwendet man nach KNOEVENAGL statt des Alkalis Ammoniak oder sekundäre aliphatische Amine (am besten in Form ihrer essigsauren Salze, z. B. Piperidinacetat) als Kondensationsmittel, so wird durch diese die Wasserabspaltung derart beschleunigt, daß sie gleichzeitig mit der Aldolbildung in einer Reaktionsstufe erfolgt und man nunmehr aus zwei Aldehydmolekülen direkt im Sinne einer echten Kondensationsreaktion den ungesättigten Aldehyd erhält. Dieser Vorgang, den man meistens schematisch ohne Rücksicht auf den in I, Kap. 12, III, 2cβ näher diskutierten Reaktionsmechanismus in der folgenden Form wiedergibt:

$$\mathrm{CH_3{-}CH{=}O + H_2CH{-}CH{=}O} \xrightarrow[\text{acetat}]{\text{Piperidin-}} \underset{\text{Crotonaldehyd}}{\mathrm{CH_3{-}CH{=}CH{-}CH{=}O}}\,,$$

soll im folgenden nach dem einfachsten Anwendungsbeispiel als **Crotonaldehydkondensation** bezeichnet werden.

Als ein Spezialfall der Aldolkondensation muß schließlich noch die als **Benzoinkondensation** bezeichnete Bildung von Benzoin aus zwei Molekülen Benzal-

---

[1]) Um den aktiven Wasserstoff bei den verschiedenen Kondensationsreaktionen besser kenntlich zu machen, wird in den folgenden Formeln jedes in Reaktion tretende aktive H-Atom durch Fettdruck hervorgehoben.

[2]) Der Name Kondensation bedeutet wörtlich eine Volumverringerung und wird in der organischen Chemie in übertragenem Sinne verwandt, um den Zusammenschluß zweier Moleküle unter Substanzverlust, d. h. unter Austritt von Wasser, Ammoniak, Chlorwasserstoff oder ähnlichen einfachen Molekülen, zum Ausdruck zu bringen. Die hier beschriebene Aldolbildung ist also strenggenommen keine Kondensationsreaktion, sondern eine Addition, da sie lediglich durch Zusammenlagerung zweier Aldehydmoleküle zustande kommt. Wenn man sie trotzdem meistens inkorrekter Weise als „Kondensation" bezeichnet, so geschieht dies hauptsächlich deshalb, um einerseits den Zusammenhang des Reaktionsmechanismus mit dem zahlreicher echter Kondensationsreaktionen hervorzuheben und andererseits die Reaktion von der auf S. 251f. beschriebenen eigentlichen Aldehydpolymerisation unter Neubildung von C—O-Bindungen abzugrenzen.

dehyd erwähnt werden. Normalerweise kann eine Aldolkondensation zwischen zwei Aldehydmolekülen nur dann eintreten, wenn mindestens einer der beiden Aldehyde eine aktive Methylengruppe im Molekül enthält, denn der am Carbonylkohlenstoff selbst befindliche Wasserstoff ist dieser Reaktion nicht fähig. Tertiäre Aldehyde, wie z. B. Benzaldehyd dürften also nicht mit sich selbst reagieren. Trotzdem beobachtet man in Gegenwart geringer Mengen von Natriumcyanid als Katalysator eine der Aldolkondensation analoge Zusammenlagerung zweier Benzaldehydmoleküle zum Benzoin. Die Ausnahme ist jedoch nur scheinbar, denn in dem intermediär entstehenden Cyanhydrin übernimmt die —C≡N-Gruppe, ähnlich wie sonst die Carbonylgruppe, die Aktivierung des zu ihr α-ständigen Wasserstoffs am ursprünglichen Carbonyl-C-Atom, so daß die Reaktionsgleichung folgendermaßen formuliert werden muß:

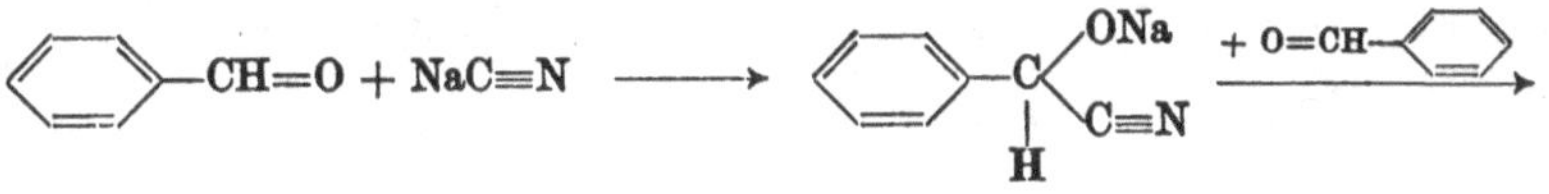

Benzaldehyd-cyanhydrin-natrium

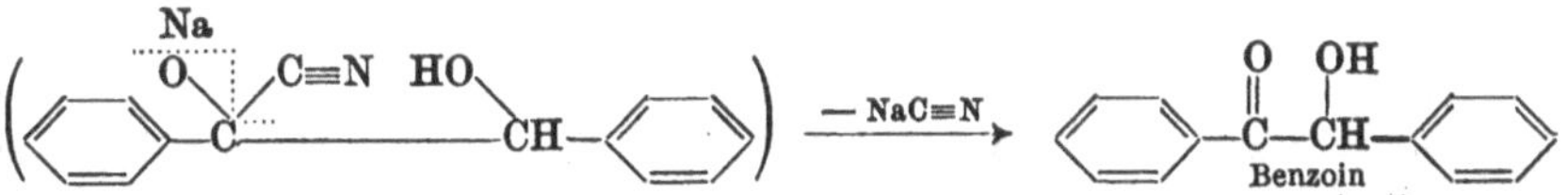

Benzoin

Die entstehenden dimolekularen Ketonalkohole (S. 453f.) werden durch die Endung *-oin* gekennzeichnet, die an Stelle der Gruppenbezeichnung *-aldehyd* des ursprünglichen Aldehyds tritt. Aus dem Benzaldehyd entsteht also das Benzoin, aus dem Acetaldehyd das Acetoin, und der ganze Vorgang wird allgemein auch als *Acyloinkondensation* bezeichnet.

Zum **Aldehydnachweis** dienen meistens die oben angeführten Oxydationsreaktionen (insbesondere mit ammoniakalischer Silbersalzlösung oder Fehlingscher Lösung). Doch sind daneben auch noch zwei spezielle Farbreaktionen in Gebrauch:

1. die **Rotfärbung von fuchsin-schwefliger Säure.** Sie beruht im Prinzip auf dem folgenden, von H. Wieland aufgeklärten Vorgang: Der rotviolette Farbstoff p-Fuchsin (III, Kap. 2, III, 2b) wird durch schweflige Säure entfärbt, weil er diese unter Aufhebung des chromophoren Systems zu einem Sulfonsäurederivat der farblosen „Leukoverbindung" (II, Kap. 2, I, 2b) addiert:

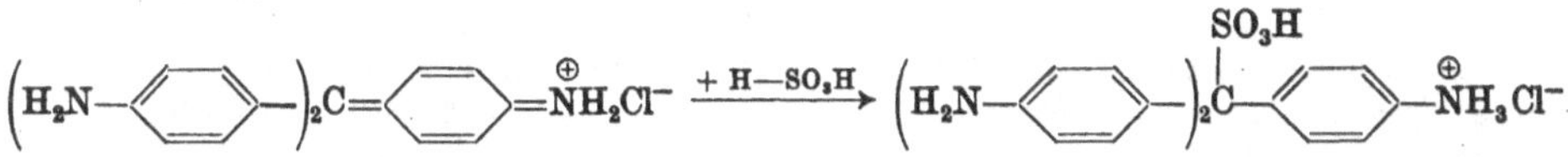

p-Fuchsin (Farbstoff) Sulfonsäure der Leukoverbindung (farblos)

Dieses als eigentliches Reagens in der fuchsinschwefligen Säure vorliegende Sulfonsäurederivat des Leukofuchsins spaltet nun bei Zusatz von Aldehyden unter Rückbildung eines Farbstoffes die Sulfonsäuregruppe wieder ab:

Leukofuchsin-sulfonsäure + Aldehyd ⟶ Fuchsin + Aldehyd-Bisulfit-Verbindung.

Die Reaktion ist in Wirklichkeit etwas komplizierter, da auch die Aminogruppen des Fuchsins mit der schwefligen Säure in Reaktion treten und die hierbei entstehenden N-Sulfinsäurederivate ebenfalls mit dem Aldehyd reagieren. Doch üben diese Sekundärvorgänge auf die Farbstoffbildung selbst keinen Einfluß aus.

2. Die **Reaktion von Angeli und Rimini** beruht auf dem Einbau des in freiem Zustand nicht existenzfähigen Moleküls H—N=O (Nitroxyl) in die Aldehydgruppe unter Bildung einer Hydroxamsäure (S. 370), die ihrerseits an der mit Eisen(III)-Ionen auftretenden intensiv blutroten Färbung leicht zu erkennen ist:

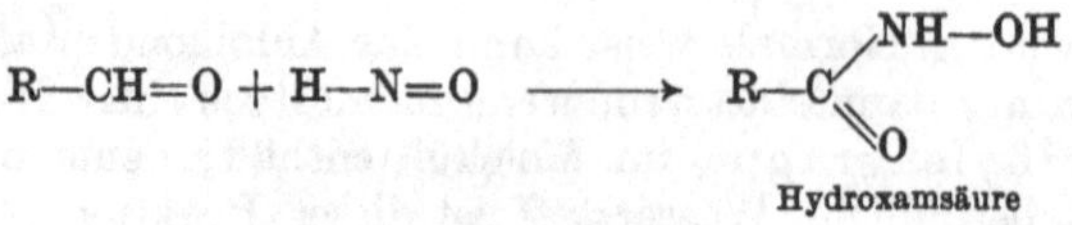

Zur Ausführung der Reaktion sind demnach alle Stoffe geeignet, die die Atomgruppe H—N=O auf andere Moleküle zu übertragen vermögen. Dies ist vor allem beim Nitrohydroxylamin und der Benzsulfhydroxamsäure (I, Kap, 7, II, 1) der Fall, die beide durch Alkali eine eigenartige Aufspaltung in Nitroxyl und die entsprechende Säure niederer Oxydationsstufe erleiden, so daß sie nach Zusatz von Alkali direkt zum Aldehydnachweis verwandt werden können:

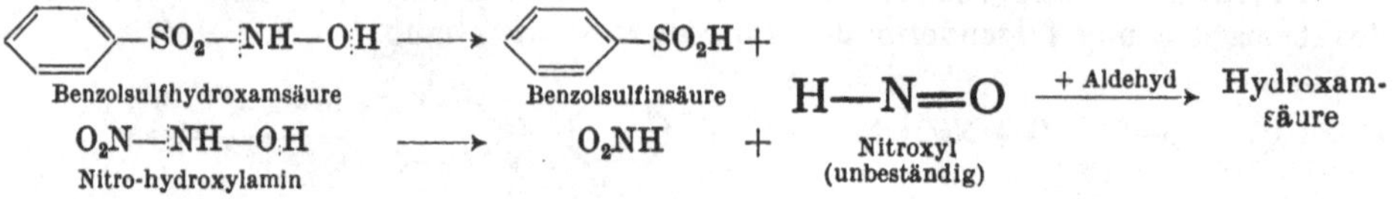

b) Die gesättigten Aldehyde

Formaldehyd $H_2C{=}O$, das Anfangsglied der Reihe, tritt in der belebten Natur wegen seiner großen Reaktionsfähigkeit niemals in wägbaren Mengen als freie Verbindung auf, und auch in Form seiner einfachen Derivate, wie z. B. als acetalartige Methylenbrücke zwischen zwei Sauerstoffatomen (vgl. z. B. das Safrol, Myristicin und verwandte Verbindungen, **III**, Kap. 6, II, 1), kommt er ziemlich selten vor. In der Technik dient er als wichtiges Zwischenprodukt und wird daher in großen Mengen in der auf S. 244 angeführten Weise durch Dehydrierung von Methylalkohol mit Luftsauerstoff über Kupferkatalysatoren hergestellt.

Diese Darstellungsweise bedeutet an sich einen Umweg, da der Methylalkohol seinerseits durch Hydrierung des Kohlenoxyds unter Überschreitung der Formaldehydstufe gewonnen wird. Dieser Umweg läßt sich aber nicht vermeiden, weil die Hydrierung des energiereichen und reaktionsfähigen Formaldehyds wesentlich leichter erfolgt, als die des stabilen und reaktionsträgen Kohlenoxyds, so daß ersterer unter den für die Hydrierung des Kohlenoxyds erforderlichen Bedingungen sofort weiter reagiert. Die Verhältnisse liegen hier ähnlich wie bei der auf S. 132 beschriebenen Hydrierung des Benzolringes, die man ebenfalls nicht nach Aufnahme des ersten H_2-Moleküls abbrechen kann. Lediglich auf dem technisch zu teuren Weg der Ultraviolettbestrahlung, durch die die zweite Teilreaktion anscheinend nicht aktiviert wird, ist die direkte Hydrierung des Kohlenoxyds zum Formaldehyd gelungen:

$$C{\equiv}O + H_2 \xrightarrow{\text{U.V. Bestrahlung}} H_2C{=}O$$

Formaldehyd ist ein bei -23^0 kondensierendes farbloses Gas. Er enthält, wie schon mehrfach erwähnt, eine wesentlich stärker ungesättigte Doppelbindung als andere Aldehyde und weist infolgedessen eine außerordentlich starke Polymerisationsneigung auf, so daß er nicht in verflüssigtem Zustand angewandt werden kann. Dagegen ist sein Hydrat infolge der bei seiner Bildung erfolgenden Aufhebung der Doppelbindung ziemlich beständig, und er kommt daher in Form seiner etwa 40%igen wäßrigen Lösung (*Formalinlösung*) in den Handel, die meistens direkt an Stelle des freien Aldehyds verwandt wird.

Aus dieser Lösung läßt sich der wasserfreie Aldehyd nur schwierig zurückgewinnen, da das Hydrat als exotherme Verbindung[1]) bei der fraktionierten Destillation nicht bzw. nur teilweise[2]) in seine Bestandteile zerfällt und der Formaldehyd infolgedessen trotz seines niederen Siedepunktes mit Wasser ein bei etwa 130° übergehendes, konstant siedendes Gemisch bildet. Statt des wasserfreien Formaldehyds verwendet man in der Praxis daher meistens das als **Paraformaldehyd** oder auch *Polyoxymethylen* bezeichnete makromolekulare Polymerisationsprodukt, das unter den jeweiligen Reaktionsbedingungen meistens in den monomeren Formaldehyd zurückverwandelt wird (vgl. S. 292).

Als Anfangsglied der Reihe zeigt der Formaldehyd zahlreiche spezielle Reaktionen, von denen vor allem seine Fähigkeit hervorzuheben ist, in schwach alkalischer Lösung, z. B. beim Behandeln mit Kalkmilch, eine der Aldolkondensation analoge Polymerisation zu erleiden, bei der im Gegensatz zur Polyoxymethylenbildung neue C—C-Bindungen gebildet werden. Abweichend von der eigentlichen Aldolkondensation tritt hierbei aber nicht die (im Formaldehyd überhaupt nicht vorhandene) aktive Methylengruppe, sondern, wie bei der Acyloinkondensation, der am Carbonylkohlenstoff befindliche Wasserstoff in Aktion:

Auch hier findet dieser scheinbar anomale Reaktionsverlauf eine befriedigende Erklärung in dem Vorliegen eines speziellen, letzten Endes auch wieder über eine Aldolkondensation verlaufenden Reaktionsmechanismus, dessen Auffindung insbesondere W. Langenbeck[3]) gelungen ist. Danach wird die alkalische Formaldehydpolymerisation durch die bei der Reaktion entstehenden di- und trimeren Polymerisationsprodukte des Formaldehyds autokatalysiert bzw. überhaupt erst ermöglicht. Im einzelnen spielen sich hierbei etwa die folgenden Vorgänge ab: Ist nur eine Spur des bereits eine aktive Methylengruppe im Molekül enthaltenden Dimerisationsproduktes Glykolaldehyd (I) vorhanden, so lagert sich dieser im Sinne einer echten Aldolkondensation an die Carbonylgruppe eines zweiten Formaldehydmoleküls zum trimeren Glycerinaldehyd (II) an, der sich in dem alkalischen Medium sofort im Rahmen eines Gleichgewichts unter „Wanderung" der Carbonylgruppe in das Ketteninnere zum Dihydroxyaceton (III) isomerisiert (vgl. S. 457). Dieses kann dann erneut zwei Moleküle Formaldehyd an die neu entstandenen α-ständigen Methylengruppen anlagern unter Bildung eines Tetrahydroxypropions (IV), das bereits zu den Kohlenhydraten zählt und eine „Pentose" darstellt:

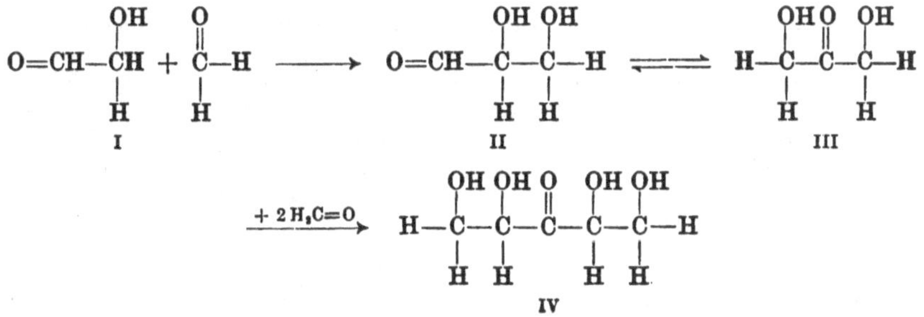

[1]) Bei der Lösung von gasförmigem Formaldehyd in flüssigem Wasser werden 14,8 kg/cal, also etwa das Dreifache der Kondensationswärme des Wassers, freigesetzt (J. F. Walker 1933).

[2]) Nach R. Bieber u. G. Trümpler (Helv. **30**, 1860 [1947]) liegt der Formaldehyd in wäßriger Lösung zu etwa 99,9% in Form seines Hydrats vor.

[3]) Zusammenfassung: Angew. Chem. **61**, 186 (1949).

In den auf diese Weise entstandenen Hydroxyoxo-Verbindungen ist nun auf Grund der „SCHMIDTschen Doppelbindungsregel" (S. 102) jeweils die zwischen den zum Carbonylkohlenstoff α- und β-ständigen C-Atomen gelegene C—C-Bindung labilisiert und wird unter den Reaktionsbedingungen leicht in Umkehrung der Aldolkondensation hydrolytisch gespalten (S. 258). Das bedeutet zunächst zwar nur, daß die Formaldehydanlagerung ein reversibler Vorgang ist. Infolge der erwähnten Wanderung der Carbonylgruppe innerhalb der Kette bildet sich jedoch ein Gleichgewichtsgemisch der verschiedenen pentameren Verbindungen aus, in dem auch das Tetrahydroxy-methylpropyl-keton (V) und der Tetrahydroxy-valeraldehyd (VI) vorkommen, und diese beiden Verbindungen bilden bei der erwähnten Spaltung der Kohlenstoffkette unter Verdoppelung der Zahl der Polymerisationskeime jeweils je ein Mol der di- und trimeren Polymerisationsprodukte zurück, die sofort erneut wie oben in Reaktion treten und auf diese Weise den ganzen *Formaldehyd* im Sinne einer echten Katalyse zum *Glykolaldehyd* und den *trimeren Verbindungen* umzusetzen vermögen:

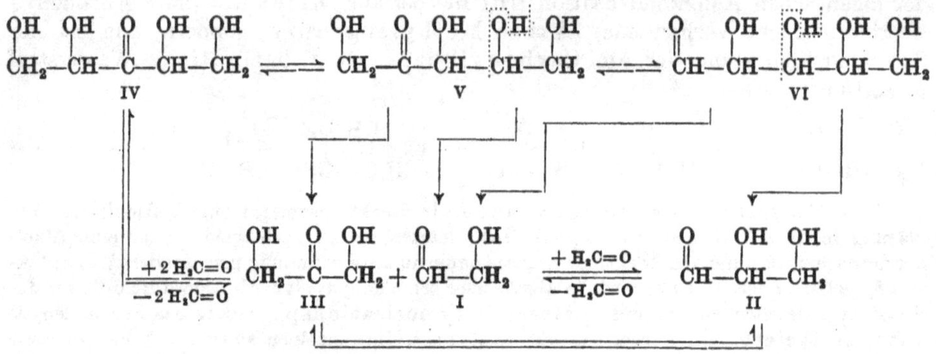

Schließlich findet auch eine Kondensation der beiden Trimerisierungsprodukte (II und III) zu einem sechs Formaldehydmoleküle enthaltenden Pentaoxyketon (VII) statt, das unter den Reaktionsbedingungen verhältnismäßig stabil ist und eine „Ketohexose" darstellt.

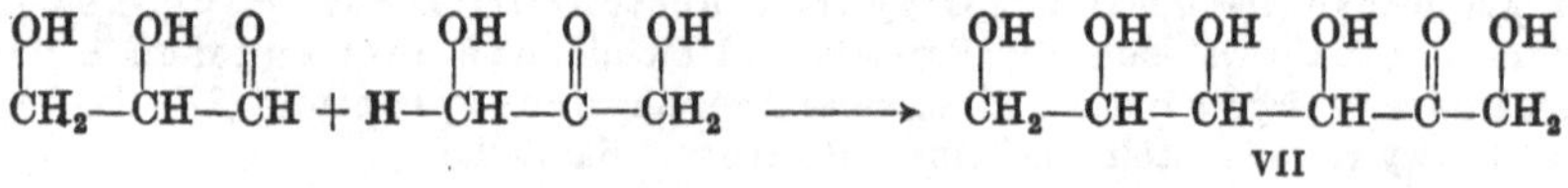

Hierdurch werden die im Rahmen der Reaktion entstehenden trimeren Verbindungen immer wieder aus dem Reaktionsgemisch entfernt, so daß als Reaktionsendprodukt in verhältnismäßig guter Ausbeute die erwähnte Hexose entsteht. Der geschilderte Reaktionsmechanismus bietet neben der Deutung der Kondensation selbst im Sinne einer Aldolkondensation vor allem eine Erklärung der bevorzugten Bildung tri- und hexamerer Reaktionsprodukte, die bei der früher angenommenen linearen Polymerisation unverständlich war und die Verwendung dieser Reaktion zur Kohlenhydratsynthese (**III**, Kap. 4, I, 7a) überhaupt erst ermöglicht.

Wird der Formaldehyd zusammen mit anderen, eine aktive Methylengruppe enthaltenden Verbindungen den Bedingungen der Aldolkondensation ausgesetzt, so tritt stets ausschließlich die am stärksten ungesättigte und daher aktivere Carbonylgruppe des Formaldehyds mit der aktiven Methylengruppe in Reaktion, und zwar werden bei Formaldehydüberschuß im Sinne einer normalen Aldolkondensation jeweils sämtliche aktiven H-Atome durch Oxymethylgruppen substituiert, ohne daß irgendwelche Zwischenprodukte faßbar sind. Als Beispiel sei die mit Acetaldehyd eintretende Bildung des Trioxymethyl-acetaldehyds angeführt, der allerdings unter den Reaktionsbedingungen gleich weiter zum Penta-erythrit reduziert wird (vgl. S. 442):

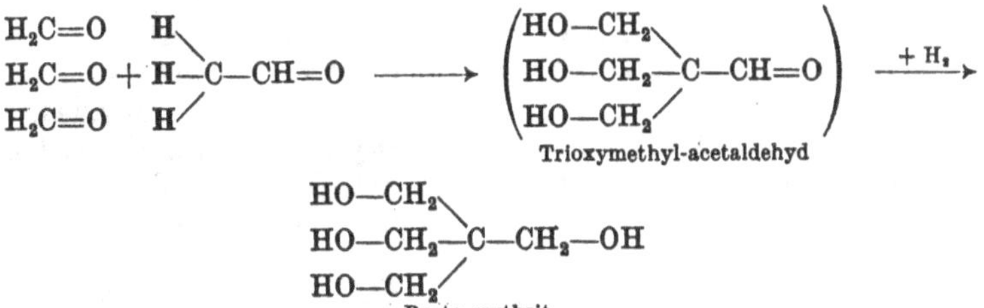

Trioxymethyl-acetaldehyd

Penta-erythrit

Die Kondensation des Formaldehyds mit einer aktiven Methylengruppe im Sinne einer Crotonaldehydkondensation, d. h. unter Bildung einer Vinylgruppe (Gleichung formulieren!), ist dagegen nur in Ausnahmefällen und bei höherer Temperatur (z. B. bei der Acroleinsynthese, S. 267) gelungen.

Bei der Einwirkung starker Alkalien erleidet der Formaldehyd in der üblichen Weise Disproportionierung nach CANNIZZARO zu Methylalkohol und Ameisensäure (Gleichung formulieren!). Desgleichen tritt mit den salzsauren Salzen des Ammoniaks oder organischer Amine bei höherer Temperatur Dismutation ein, wobei die Salze der methylierten Amine entstehen und unter weiterer Disproportionierung der hierbei gebildeten Ameisensäure Kohlendioxyd entweicht. Diese Methylaminbildung läßt sich am besten durch Reduktion der zunächst gebildeten Formaldehydimine (bzw. ihrer Hydrochloride) mit unverändertem Formaldehyd bzw. Ameisensäure erklären (vgl. auch I, Kap. 6, I, 1a):

$$2\,H_2C{=}O + 2\,NH_4Cl \longrightarrow 2\,[H_2C{=}\overset{\oplus}{N}H_2]^+Cl^- + 2\,H_2O$$

$$[H_2C{=}\overset{\oplus}{N}H_2]^+Cl^- + H_2C{=}O + H_2O \longrightarrow [CH_3{-}\overset{\oplus}{N}H_3]^+Cl^- + HCOOH$$

$$[H_2C{=}\overset{\oplus}{N}H_2]^+Cl^- + HCOOH \longrightarrow [CH_3{-}\overset{\oplus}{N}H_3]^+Cl^- + CO_2$$

$$3\,H_2C{=}O + 2\,NH_4Cl \longrightarrow 2\,[CH_3{-}\overset{\oplus}{N}H_3]^+Cl^- + CO_2 + H_2O$$

Auf dieser Reaktion beruht die praktisch wichtige Anwendung des Formaldehyds als „Methylierungsmittel" für Stickstoffverbindungen. Auch zahlreiche natürliche N- und O-Methylverbindungen dürften auf ähnliche Weise durch biochemische Reduktion der zunächst entstandenen Formaldehydderivate entstanden sein (vgl. z. B. III, Kap. 7, III, 1).

Einer letzten interessanten Gruppe von Reaktionen begegnen wir in der Neigung des Formaldehyds, gleichzeitig nach zwei Seiten zu kondensieren und dadurch zwei Moleküle verschiedener oder auch gleicher Substanzen miteinander zu verknüpfen. Beispielsweise tritt beim Kochen von aromatischen Kohlenwasserstoffen mit Paraformaldehyd und konzentrierter Salzsäure eine *Chlormethylierung*, d. h. die Einführung einer Chlormethylgruppe im Sinne folgender summarischer Gleichung ein (vgl. auch S. 135):

Wichtiger ist die bereits in der Kälte erfolgende Reaktion aktiver CH-Verbindungen (z. B. von Malonester, Phenolen und zuweilen auch schon einfachen Ketonen) mit Formaldehyd und sekundären Aminen (*Amino-methylierung* oder MANNICH-*Reaktion*, vgl. **I**, Kap. 6, I, 1cγ), die zum Aufbau komplizierterer tertiärer Amine dient. In ähnlicher Weise kann man mit Hilfe von Formaldehyd und Carbonsäureamiden N-substituierte Carbonsäureamide[1]) (*Amido-methylierung*), mit Hilfe von Formaldehyd und Bisulfit Sulfonsäuren (*Sulfo-methylierung*, vgl. I, Kap. 7, II, 1) und mit Hilfe von Formaldehyd und Mercaptanen Thioäther[2]) (*Mercapto-methylierung*) gewinnen:

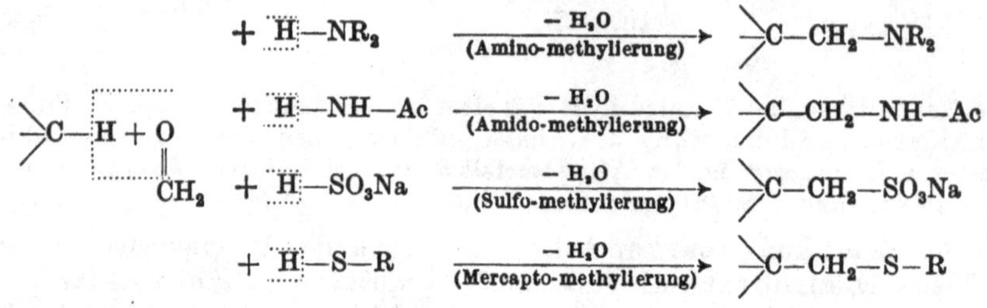

Verbindungen mit mehreren aktiven H-Atomen im Molekül werden durch Formaldehyd zu makromolekularen Substanzen vernetzt. Ein für die Praxis wichtiges Beispiel haben wir bereits in der Bildung der Phenolformaldehydkondensationsprodukte kennengelernt[3]) (S. 234, 236). Ähnlich kann man mit Formaldehyd die $—NH_2$-Gruppen des Harnstoffs zu Riesenmolekülen vernetzen (S. 422 u. **III**, Kap. 3, III, 1b). Auch für die Denaturierung von Eiweiß (**III**, Kap.7, I, 3a) oder die Härtung von Eiweißkunststoffen (**III**, Kap.7, I, 3b) ist diese Reaktion von Bedeutung geworden.

Physiologisch ist der Formaldehyd durch eine starke **Giftwirkung** ausgezeichnet, die auf der erwähnten Denaturierung des Eiweißes, wahrscheinlich durch Blockierung lebenswichtiger Aminogruppen, beruht. Da diese Giftwirkung besonders Kleinlebewesen gegenüber in Erscheinung tritt, dient *Formaldehyd* in der Medizin als Desinfektionsmittel, und zwar sowohl in der Form der Formalinlösung, als auch in Form seines Ammoniakderivates, des Urotropins (S. 299).

Formaldehyd wird durch Hydroperoxyd in alkalischer Lösung in glatter Reaktion zu Ameisensäure oxydiert und kann auf diesem Wege quantitativ bestimmt werden. Die Reaktion verläuft eigenartigerweise trotz der Anwesenheit des Oxydationsmittels unter Entwicklung von elementarem Wasserstoff, so daß man mit einem Mol Hydroperoxyd zwei Mol Formaldehyd oxydieren kann:

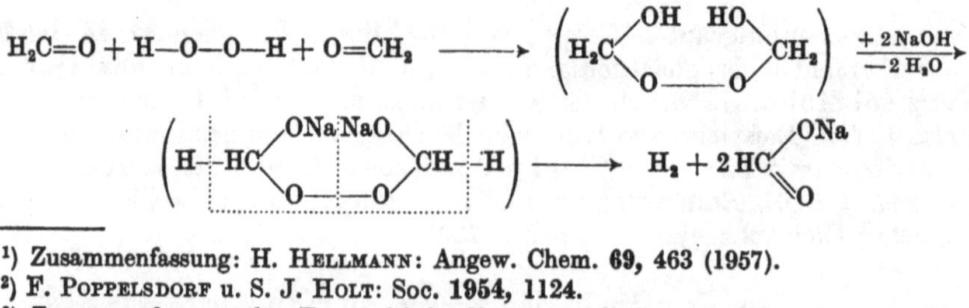

[1]) Zusammenfassung: H. HELLMANN: Angew. Chem. **69**, 463 (1957).

[2]) F. POPPELSDORF u. S. J. HOLT: Soc. **1954**, 1124.

[3]) Zusammenfassung über Formaldehydharze (nicht nur mit Phenolen): R. WEGLER: Angew. Chem. **60**, 88 (1948).

Acetaldehyd CH_3—$CH{=}O$ kommt ebenfalls nicht frei oder in Form seiner einfachen Derivate in der Natur vor, doch spielt er im Verlauf des Kohlenhydratstoffwechsels, z. B. bei der alkoholischen Gärung, eine wichtige Rolle als Zwischenverbindung. Seine technische Gewinnung geschieht in allergrößtem Maßstab nach zwei grundsätzlich verschiedenen Verfahren: 1. durch die bereits beschriebene Wasseranlagerung an Acetylen (vgl. S. 115, 119), die überwiegend in Deutschland und anderen getreidearmen europäischen Ländern gebräuchlich ist, und 2. durch Dehydrierung von Äthylalkohol, die sich insbesondere in den USA, Sowjetrußland und anderen Staaten, denen ein genügender Kohlenhydratüberschuß zur Verfügung steht, als vorteilhaft erwiesen hat.

Acetaldehyd ist eine farblose, bereits bei 20° siedende Flüssigkeit, die infolge ihrer Neigung zur Polymerisation und auch Autoxydation ziemlich unbeständig ist und daher zur Erzielung eines reinen Produktes stets frisch destilliert werden muß. Die Polymerisation wird insbesondere durch Säuren katalysiert und verläuft bei Zugabe eines Tropfens konzentrierter Schwefelsäure unter stürmischem Aufsieden nahezu explosionsartig, wobei sich der bei 124° siedende trimere **Paraldehyd**[1]) bildet (vgl. S. 252).

Da die Trimerisation des Acetaldehyds reversibel verläuft, kann man umgekehrt den Paraldehyd durch Kochen mit etwas Schwefelsäure zu einem, allerdings sehr geringen, Bruchteil wieder aufspalten. Doch läßt sich das monomere Produkt infolge seines niedrigen Siedepunktes ziemlich leicht durch fraktionierte Destillation aus dem Gleichgewichtsgemisch entfernen, so daß man mit der Zeit den gesamten Paraldehyd auf diesem Wege depolymerisieren kann. Bei höherer Temperatur findet auch ohne Katalysator eine Depolymerisation statt.

Der Paraldehyd findet wegen seiner gegenüber dem monomeren Acetaldehyd wesentlich größeren Beständigkeit, insbesondere gegen Alkalien und Oxydationsmittel, häufig praktische Anwendung an Stelle anderer alkalistabiler Aldehydderivate, wie etwa der Acetale, und auch in Analogie zum Paraformaldehyd an Stelle des freien Aldehyds selbst (vgl. S. 293).

Eine zweite polymere Form des Acetaldehyds liegt im kristallisierten **Metaldehyd** vor, der ebenfalls bei der Einwirkung von Säuren, jedoch bei tiefer Temperatur entsteht und nach A. Hantzsch auf Grund der Molekulargewichtsbestimmung in *Phenol* tetramolekular ist. Er wird wie der Paraldehyd durch Erhitzen in Acetaldehyd zurückverwandelt und findet hauptsächlich unter dem Decknamen „*Meta*" Verwendung als Hartspiritus.

Der monomere *Acetaldehyd* ist präparativ und vor allem technisch ein außerordentlich wichtiges Zwischenprodukt zur Darstellung anderer aliphatischer Verbindungen, doch zeigt er über die im allgemeinen Teil beschriebenen Reaktionen hinaus keine weiteren speziellen Umsatzmöglichkeiten. Eine Zusammenstellung der wichtigsten der von ihm ausgehenden technischen Synthesen ist in dem auf Tafel I (S. 128) wiedergegebenen „Acetylenstammbaum" enthalten.

Propionaldehyd CH_3—CH_2—$CH{=}O$ kann durch Dehydrierung von n-Propylalkohol gewonnen werden, hat aber keine weitere Bedeutung erlangt.

Butyraldehyd CH_3—CH_2—CH_2—$CH{=}O$ wird technisch durch Hydrierung des vom Acetaldehyd aus leicht zugänglichen Crotonaldehyds hergestellt (s. oben). Er dient als Zwischenprodukt zur Gewinnung anderer „C_4-Körper", z. B. von n-Butylalkohol oder Buttersäure, sowie für weitere Synthesen.

---

[1]) Der „Paraldehyd" leitet sich also im Gegensatz zum „Paraformaldehyd" vom Acetaldehyd ab.

Isobutyraldehyd $CH_3—CH(CH_3)—CH{=}O$, der einfachste Aldehyd mit verzweigter Kette, wird durch Dehydrierung von Isobutylalkohol (S. 195) gewonnen und ist neuerdings durch dessen Großherstellung zu einem technisch leicht zugänglichen Produkt geworden. Er dient ebenfalls als wichtiges Zwischenprodukt für weitere Synthesen.

Önanthaldehyd $CH_3—(CH_2)_5—CH{=}O$ kommt z. T. frei, z. T. in Form seiner Acetale im Wein vor und bedingt in erster Linie den charakteristischen Weingeruch.

Capryl- $CH_3—(CH_2)_6—CH{=}O$ und **Pelargonaldehyd** $CH_3—(CH_2)_7—CH{=}O$ wurden in einigen ätherischen Ölen aufgefunden.

c) Die ungesättigten Aldehyde

Ungesättigte Aldehyde mittlerer Molekülgröße kommen vielfach als natürliche Duftstoffe in ätherischen Ölen vor und werden mit diesen später gemeinsam behandelt (III, Kap. 5). An dieser Stelle interessieren uns in erster Linie die niederen Glieder der Reihe, von denen wiederum insbesondere diejenigen von Bedeutung sind, in denen die olefinische Doppelbindung in Konjugation zur Carbonylgruppe steht.

Ihre **Darstellung** erfolgt fast ausschließlich durch direkte Kondensation zweier Aldehydmoleküle mit Hilfe der auf S. 258 beschriebenen Crotonaldehydkondensation oder auch durch nachträgliche Wasserabspaltung aus einem Aldol.

Bei Verwendung von Piperidinacetat als Katalysator kann man die Crotonaldehydkondensation auch auf die Gewinnung poly-ungesättigter Aldehyde ausdehnen, da die aktivierende Wirkung der Aldehydgruppe auf die nachbarständige Methylengruppe auch durch eine oder mehrere konjugierte Doppelbindungen hindurch noch wirksam ist. So ist es z. B. R. Kuhn (1931—1937) gelungen, durch Zusammenschluß zweier Crotonaldehydmoleküle ein Oktatrienal und aus diesem durch Kondensation mit einem dritten bzw. zwei weiteren Crotonaldehydmolekülen ein Dodecapentaenal und als höchstes Glied der Reihe ein Hexadecaheptaenal zu erhalten:

$$CH_3—CH{=}CH—CH{=}O + H_2CH—CH{=}CH—CH{=}O \xrightarrow{-H_2O}$$

$$CH_3—CH{=}CH—CH{=}CH—CH{=}CH—CH{=}O$$

Octatrien-2,4,6-al

$$CH_3—(CH{=}CH—)_3CH{=}O + H_2CH—CH{=}CH—CH{=}O \xrightarrow{-H_2O}$$

$$CH_3—CH{=}CH—CH{=}CH—CH{=}CH—CH{=}CH—CH{=}CH—CH{=}O \xrightarrow[-H_2O]{+H_3CH—CH{=}CH—CH{=}O}$$

Dodecapentaen-2,4,6,8,10-al

$$CH_3—CH{=}CH—CH{=}CH—CH{=}CH—CH{=}CH—CH{=}CH—CH{=}CH—CH{=}CH—CH{=}O$$

Hexadecaheptaen-2,4,6,8,10,12,14-al

Acrolein[1]) $CH_2{=}CH—CH{=}O$, das Anfangsglied der Reihe wurde wegen der mangelnden Neigung des *Formaldehyds* zur Crotonaldehyd-Kondensation bis vor kurzem nach einem Spezialverfahren durch Abspaltung von zwei Molekülen Wasser aus Glycerin mittels Kaliumbisulfats bei 200° gewonnen. Hierbei geht das zunächst entstehende Enol in der bekannten Weise sofort in den ungesättigten *Aldehyd* über:

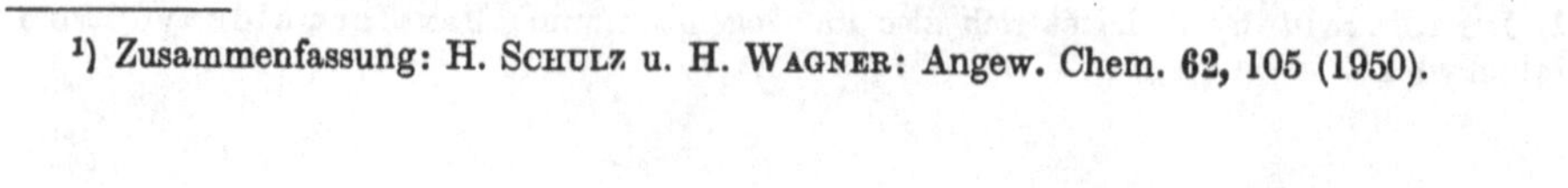

[1]) Zusammenfassung: H. Schulz u. H. Wagner: Angew. Chem. **62**, 105 (1950).

Ähnlich entsteht Acrolein auch bei der thermischen Zersetzung von Glycerinderivaten, z. B. durch Fettsäureabspaltung aus Glycerinestern. Es tritt daher stets in geringen Mengen beim Anbrennen von Fetten auf und verursacht den hierbei beobachteten scharfen Geruch (vgl. auch **III**, Kap. 6, I, 1). Auch in den Rauchgasen ist es als thermisches Zersetzungsprodukt der Kohlenhydrate des Holzes enthalten.

Erst ab 1940 ist daneben auch eine der Crotonaldehydkondensation analog verlaufende, jedoch erst bei höherer Temperatur in der Gasphase vor sich gehende direkte Methylenierung von Acetaldehyd mittels Formaldehyds in die Technik eingeführt worden:

$$CH_2{=}O + H_2CH{-}CH{=}O \xrightarrow[300-320^\circ]{\text{Silicagel}-Na_4SiO_4} CH_2{=}CH{-}CH{=}O + H_2O$$

Acrolein ist, offenbar infolge der Konjugation der olefinischen mit einer polaren Doppelbindung, durch eine starke physiologische Reizwirkung auf die Augen und Atmungsorgane ausgezeichnet, die der der Benzyl- und Allylhalogenide ähnlich ist. Es wurde daher im ersten Weltkrieg als Kampfstoff vorgeschlagen, hat sich aber als solcher nicht bewährt. Auch die starke Reizwirkung der Rauchgase ist in erster Linie auf ihren Acroleingehalt zurückzuführen.

Die **chemische Reaktionsfähigkeit** des Acroleins wird durch die Konjugation zwischen den beiden Doppelbindungen sowohl gegenüber den einfachen Olefinen als auch gegenüber den gesättigten Aldehyden stark erhöht, so daß Acrolein eine ziemlich unbeständige Substanz ist. Insbesondere neigt die olefinische Doppelbindung (nicht dagegen die Carbonylgruppe!) zur Polymerisation, die bei längerem Stehen bereits spontan erfolgt und nur durch Zusatz geringer Mengen autoxydabler Stoffe, insbesondere von Phenolen, Hydrochinon usw., als „*Inhibitoren*"[1]) verhindert werden kann. Die Wirkung derartiger „*Antioxydantien*" ist wahrscheinlich auf die schnelle Zerstörung der bei der Autoxydation des Acroleins mit Luftsauerstoff entstehenden und als Polymerisationskatalysatoren fungierenden Peroxyverbindungen zurückführen. Die starke Polymerisationsneigung des Acroleins kommt weiterhin in seiner Befähigung zum Ausdruck, bei der Diels-Alderschen Diensynthese als philodiene Komponente zu fungieren (vgl. I, Kap. 12, III, 3).

Im übrigen werden an beiden Doppelbindungen Additionsreaktionen beobachtet, und zwar lagern sich, wie zu erwarten, Oxydations- und Halogenierungsmittel (z. B. Ozon und die elementaren Halogene) ausschließlich an die C=C-Doppelbindung und basische, neutrale oder nur schwach saure polare Verbindungen (z. B. Blausäure, metallorganische Verbindungen und auch Wasser) ausschließlich an die Carbonylgruppe an (vgl. auch S. 281). Ebenso reduziert nascierender Wasserstoff die Carbonylgruppe zum Allylalkohol, katalytischer Wasserstoff bei vorsichtigem Arbeiten die olefinische Doppelbindung zum Propionaldehyd:

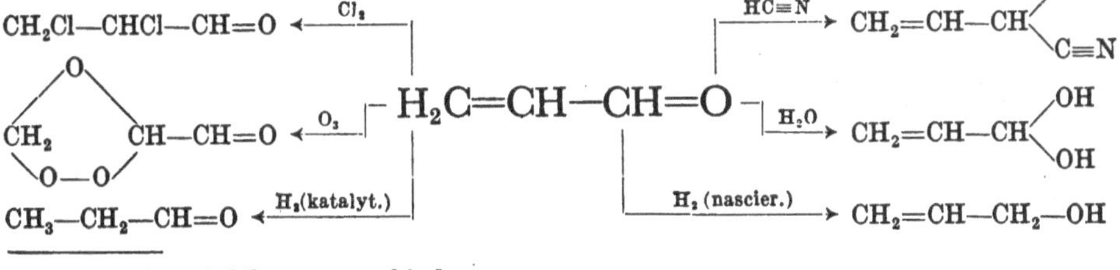

1) von lat. *inhibere* = verhindern.

Doch kann man in letzterem Fall sowie auch bei der in **I**, Kap. 12, III, 3 beschriebenen MICHAEL-Addition und der Addition stark saurer Wasserstoffverbindungen, die formal ebenfalls zur Absättigung der olefinischen Doppelbindung führen, nicht entscheiden, ob nicht etwa primär 1,4 Adittion an das gesamte konjugierte System mit anschließender Umlagerung des zunächst gebildeten *Enols* stattfindet:

$$CH_2{=}CH{-}CH{=}O \xrightarrow[\text{+ HCl}]{\text{1,4-Add.}} (CH_2Cl{-}CH{=}CH{-}OH) \xrightarrow{\text{Umlagerung}} CH_2Cl{-}CH_2{-}CH{=}O \quad (\text{3,4-Addition})$$

Unter schärferen Bedingungen wird bei der Einwirkung von katalytischem Wasserstoff auch die Carbonylgruppe hydriert, und es entsteht in direkter Reaktion Propylalkohol.

Crotonaldehyd $CH_3{-}CH{=}CH{-}CH{=}O$ hat seinen Namen auf Grund seines natürlichen Vorkommens im Crotonöl erhalten und existiert in zwei stereoisomeren Formen (formulieren!), die sich jedoch nur schwer voneinander trennen lassen, so daß er meistens in Form ihres Gemisches angewandt wird. Seine Darstellung geschieht in der auf S. 258 angegebenen Weise aus zwei Molekülen Acetaldehyd durch Aldolkondensation mit anschließender Wasserabspaltung (Technik) oder direkt mit Hilfe der „Crotonaldehydkondensation" nach KNOEVENAGL. Er ist zu ähnlichen Anlagerungs- und Reduktionsreaktionen befähigt wie Acrolein, weist aber keine Polymerisationsneigung mehr auf, da die olefinische Doppelbindung mittelständig ist. In der Technik dient er als Ausgangs- bzw. Zwischenprodukt für zahlreiche Synthesen.

Tiglinaldehyd $CH_3{-}CH{=}C(CH_3){-}CH{=}O$ ist ein dem Crotonaldehyd nahe verwandter Aldehyd mit verzweigter Kette und kommt gemeinsam mit ihm in einigen ätherischen Ölen vor.

Die **höheren ungesättigten Aldehyde** mit unverzweigter Kette und einem System fortlaufend konjugierter Doppelbindungen haben wir oben bei den Darstellungsmethoden bereits kennengelernt. Sie wurden bis zu dem erwähnten Hexadekaheptaenal (S. 266) rein dargestellt und erwiesen sich als sehr unbeständige, vom Oktatrienal ab farbige Verbindungen, die, ähnlich wie die Diphenylpolyene (S. 148), für die Ableitung der Beziehungen zwischen Konstitution und Farbe (vgl. **III**, Kap. 2, I, 2b) von theoretischem Interesse sind.

Weiteren höheren Aldehyden mit einer und auch mehreren Doppelbindungen werden wir später bei den Isoprenabkömmlingen begegnen (**III**, Kap. 5).

Im **Propargylaldehyd** $HC{\equiv}C{-}CH{=}O$ liegt der einfachste Aldehyd mit einer Acetylenbindung vor. Sein Acetal (III) kann durch zweimalige Bromwasserstoffabspaltung aus dem Acetal der Bromadditionsverbindung des Acroleins (II) oder durch Umsatz der leicht erhältlichen Leichtmetall-Acetylenide (S. 117) mit Orthoameisensäureestern (I) gewonnen werden und läßt sich anschließend leicht zum freien Aldehyd verseifen:

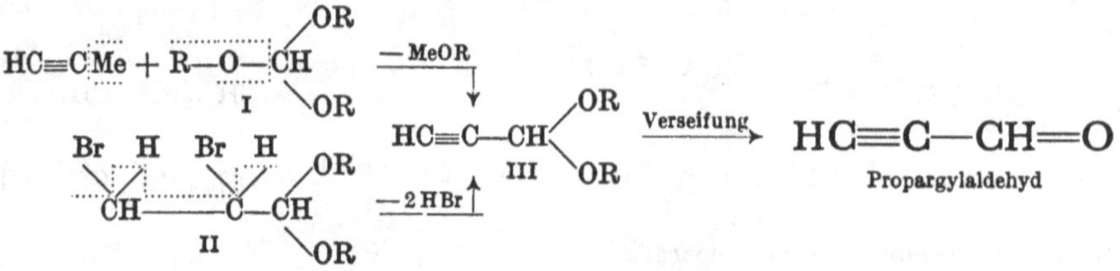

Doch zieht man neuerdings die billigere Dehydrierung des technisch leicht zugänglichen Propargylalkohols (S. 196) mit Chromtrioxyd-Schwefelsäure vor[1]).

Er ist äußerlich dem Acrolein sehr ähnlich, insbesondere übt er wie dieses eine starke Reizwirkung auf die Augen aus. Neuartig ist lediglich die auffallend labile Bindung des Acetylenrestes, der bereits beim Behandeln mit Alkalien im Sinne einer normalen Hydrolyse abgespalten wird:

$$HC{\equiv}C{-}CH{=}O + NaO{-}H \longrightarrow HC{\equiv}CH + NaO{-}CH{=}O$$

d) Die aromatischen Aldehyde

Die *aromatischen Aldehyde* treten an Bedeutung hinter den aliphatischen Aldehyden zurück, zumal sie keine wesentlich neuen Reaktionen zeigen. Als weitere Bildungsweise kommt außer den genannten noch die direkte Einführung der —CH=O-Gruppe in den Benzolkern in Betracht[2]), die nach L. Gattermann und J. A. Koch (1897) durch Behandeln des Kohlenwasserstoffs mit einem Gemisch von Kohlenoxyd und Salzsäure in Gegenwart von Kupfer(I)-chlorid und Aluminiumchlorid gelingt. Es ist anzunehmen, daß hierbei intermediär das an sich nicht existenzfähige Ameisensäurechlorid (wahrscheinlich in Form einer Komplexverbindung mit dem Kupfer(I)-chlorid und Aluminiumchlorid) gebildet wird und im Sinne einer Friedel-Crafts-Synthese in Reaktion tritt (bzgl. weiterer Modifikationen dieser Methode vgl. S. 322):

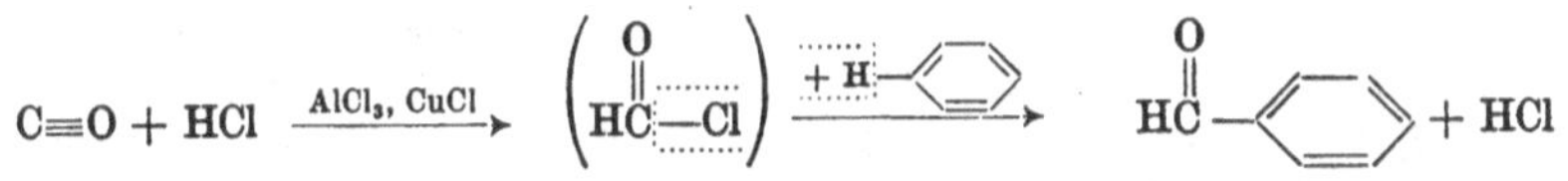

Benzaldehyd $C_6H_5{-}CH{=}O$, der einfachste und wichtigste aromatische Aldehyd, tritt als Spaltprodukt des Amygdalins und verwandter Glykoside, die sich von seinem Cyanhydrin, dem Mandelsäurenitril $C_6H_5{-}CHOH{-}C{\equiv}N$ ableiten, bei längerem Lagern in den bitteren Mandeln auf und wird daher auch Bittermandelöl genannt. Er wurde früher ausschließlich durch Verseifung von Benzalchlorid oder auch durch oxydative Verseifung von Benzylchlorid mit Bleinitrat und anderen Oxydationsmitteln in wäßriger Suspension gewonnen. Beide Verfahren sind heute jedoch weitgehend durch die bereits beschriebene direkte Oxydation von Toluol (S. 244) verdrängt.

Benzaldehyd ist im Gegensatz zu den stechend riechenden aliphatischen Aldehyden bereits eine ölige Flüssigkeit von angenehmem Geruch, die keine Polymerisationsneigung mehr zeigt. Er hat als leichtest zugänglicher tertiärer Aldehyd in erster Linie zum Studium der Reaktion von Cannizzaro und auch der Acyloinkondensation gedient, ohne daß diese Reaktionen jedoch prinzipiell auf die aromatische Reihe beschränkt sind. Die Autoxydation erfolgt etwas leichter als die der aliphatischen Aldehyde, so daß er bei längerem Stehen an der Luft stets benzoesäurehaltig wird.

Benzaldehyd findet infolge seiner Reaktionsfähigkeit präparativ und technisch eine vielseitige Anwendung, insbesondere zu synthetischen Reaktionen, von denen hier vor allem auf die Möglichkeit der Verlängerung der Seitenkette durch

---

[1]) F. Wille u. Mitarbb.: A. **568**, 34 (1950).

[2]) Zusammenfassung: L. N. Ferguson: Chem. Rev. **38**, 227 (1946).

GRIGNARD- und Kondensationsreaktionen (vgl. z. B. die Zimtaldehyd- [s. unten] und Zimtsäuresynthese, S. 388) sowie die Bildung von Triphenylmethanfarbstoffen (z. B. **III**, Kap. 2, III, 2b) hingewiesen sei.

Zimtaldehyd C_6H_5—CH=CH—CH=O ist der einfachste Vertreter der ungesättigten aromatischen Aldehyde und hat seinen Namen auf Grund seines Vorkommens im Zimtöl erhalten, dessen Hauptgeruchsträger er darstellt. Als solcher findet er auch praktische Anwendung in der Riechstoffindustrie und wird zu diesem Zweck synthetisch durch Kondensation von Benzaldehyd und Acetaldehyd mit verdünnter Natronlauge hergestellt:

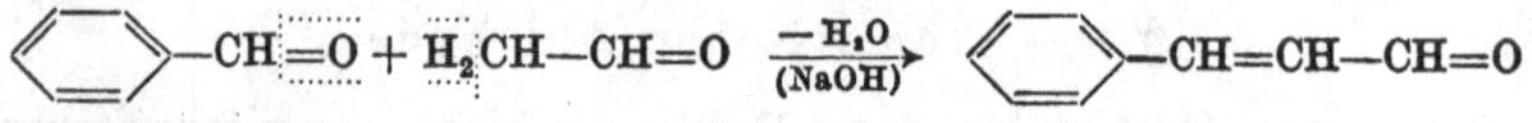

Das als Zwischenprodukt erwartete Aldol ist in diesem Fall nicht existenzfähig, weil die bei der Wasserabspaltung entstehende olefinische Doppelbindung infolge der Konjugation sowohl mit dem Benzolkern als auch mit der Carbonylgruppe energetisch besonders begünstigt ist und daher bereits unter den Bedingungen der Aldolkondensation entsteht. Die Zimtaldehydbildung erfolgt daher auch bei Verwendung von Natronlauge als Kondensationsmittel in einer Reaktionsstufe.

e) Die Halogenaldehyde

Die Halogenierung aliphatischer Aldehyde erfolgt ausschließlich an der aktiven Methylengruppe. Doch sind die hierbei entstehenden α-Halogenaldehyde meistens sehr zersetzliche und unbeständige Verbindungen, so daß sie keine allgemeine Bedeutung erlangt haben. Lediglich die Trihalogenierungsprodukte des Acetaldehyds, das **Chloral** Cl_3C—CH=O und das **Bromal** Br_3C—CH=O, sind etwas beständiger und infolge ihrer Fähigkeit zur Bildung stabiler Hydrate, Halbacetale (S. 288f.) und Ammoniakanlagerungsprodukte (S. 297) sowie ihrer auffallend leicht erfolgenden hydrolytischen Spaltung zu den Halogenoformen (S. 166, 256) und schließlich auch ihrer physiologischen Eigenschaften von einem gewissen Interesse.

Bei ihrer Darstellung muß man beachten, daß weder die aldehydische Gruppe angegriffen wird, noch die Halogenoformspaltung eintritt. Man führt sie daher am besten in saurer Lösung, d. h. unter Verwendung der elementaren Halogene als Halogenierungsmittel, durch und geht nicht vom Acetaldehyd selbst, sondern vom Äthylalkohol aus, da ersterer in trockenem Zustand vor allem an der Aldehydgruppe zum Acetylchlorid halogeniert wird (S. 255). Bei Verwendung von Äthylalkohol dagegen bildet der bei dessen Dehydrierung entstehende Acetaldehyd mit dem stets überschüssigen Alkohol in dem sauren Reaktionsmedium sofort das Acetal, das dann in erster Linie an der aktiven Methylgruppe angegriffen wird:

$$CH_3{-}CH_2{-}OH \xrightarrow{-H_2} CH_3{-}CH{=}O \xrightarrow[-H_2O]{+2\,C_2H_5OH} CH_3{-}CH(OC_2H_5)_2 \xrightarrow[-3\,HCl]{+3\,Cl_2} Cl_3C{-}CH(OC_2H_5)_2$$

Chloral-diäthyl-acetal

In der Technik dienen Chloral und Bromal hauptsächlich als Zwischenprodukte für die Gewinnung der wichtigen Pharmazeutika Trichlor- und Tribromäthylalkohol (S. 199), die, um eine Hydrolyse der C—C-Bindung oder eine Halogenabspaltung zu vermeiden, aus den zugehörigen Aldehyden zweckmäßig nach dem Verfahren von MEERWEIN-PONNDORF (S. 251) mit Äthylalkohol als Reduktionsmittel dargestellt werden (Gleichung formulieren!).

Chloral findet direkt Verwendung als Schlafmittel, doch ist es anscheinend nicht selbst physiologisch aktiv, sondern wird im Körper zum Trichloräthylalkohol (S. 199) als dem eigentlich wirksamen Stoff reduziert.

Aromatische Halogenaldehyde können mit Hilfe der üblichen Methoden der Aldehydgewinnung aus dem entsprechend halogenierten Ausgangsmaterial oder nach Blockierung der Aldehydgruppe (z. B. durch Acetalisierung) auch durch direkte Halogenierung aromatischer Aldehyde gewonnen werden. Sie zeigen infolge der Reaktionsträgheit des aromatisch gebundenen Halogens kein von den einfachen Aldehyden abweichendes Verhalten und sind daher in diesem Zusammenhang ohne Interesse.

2. Die Ketone

a) Darstellung und allgemeine Eigenschaften

Die *Ketone*[1]) sind als sekundäre Verbindungen der Oxoreihe mit den Aldehyden gleicher Kohlenstoffzahl und gleichen Sättigungsgrades isomer (beide Verbindungsklassen können formal lediglich durch Wanderung der Carbonylgruppe innerhalb der Kette ineinander übergeführt werden) und lassen sich wie diese in die *gesättigten*, *ungesättigten* und *aromatischen Ketone* sowie die *Halogenketone* unterteilen. Ferner spricht man bei gleichartiger Substitution der Carbonylgruppe (R—CO—R) von einfachen oder *symmetrischen* und bei ungleichartiger Substitution (R—CO—R′) von *gemischten* oder *unsymmetrischen Ketonen.*

Für die *gesättigten Ketone* leitet sich auf Grund der angegebenen Isomerie die gleiche allgemeine Summenformel $C_nH_{2n}O$ ab wie für die *Aldehyde*, und auch ihre **Konstitution** ergibt sich eindeutig auf Grund ähnlicher Reaktionen: 1. Die Ketone lassen sich ohne Zerstörung der Kohlenstoffkette nicht weiter oxydieren. Folglich kann der Sauerstoff an kein primäres C-Atom gebunden sein. 2. Der Sauerstoff läßt sich mittels PCl_5 durch zwei Chloratome ersetzen, muß also mit beiden Valenzen an Kohlenstoff gebunden sein (wobei die Frage, ob eine Doppelbindung oder eine Sauerstoffbrücke zwischen zwei C-Atomen vorliegt, zunächst noch offen bleibt). 3. Die Ketone entstehen bei der Einwirkung metallorganischer Verbindungen auf Carbonsäurederivate. Folglich kann der Sauerstoff nur an ein C-Atom gebunden sein, muß also in Form einer Carbonylgruppe vorliegen. Allen drei Forderungen entspricht nur die angegebene Formel R—CO—R′.

Die allgemein gebräuchliche **Benennung** der Ketone erfolgt, ähnlich wie die der Äther, indem man die Namen der beiden am Carbonyl-C-Atom befindlichen Kohlenwasserstoffreste der Gruppenbezeichnung *-keton* voranstellt (z. B. *Dimethylketon*, *Diäthylketon*, *Methyläthylketon* usw., vgl. Tab. 14, S. 275). Demgegenüber legt die Genfer Nomenklatur der Benennung in der üblichen Weise den Namen des aus dem Keton durch Reduktion entstehenden Kohlenwasserstoffs zugrunde und hängt an diesen in Analogie zu der Nomenklatur der Aldehyde und Alkohole die Endsilbe *-on* und, soweit erforderlich, die Zahl desjenigen C-Atoms an, an dem sich der Sauerstoff befindet, so daß Namen wie *Propanon*[2]), *Pentanon-2*, *Hexanon-3* usw. (vgl. Tab. 14) entstehen. Auch der allgemeine Gruppenname *Alkanone* wurde vorgeschlagen, hat sich aber nicht einbürgern können.

Neben diesen wichtigsten rationellen Bezeichnungsarten werden die einfachsten symmetrischen Ketone häufig auch nach den Carbonsäuren benannt, aus denen sie durch Kalksalzdestillation (s. unten) gewonnen werden, indem man, ähnlich wie bei den Alde-

[1]) Der Gruppenname *Ketone* ist durch Verstümmelung des Wortes *Aceton* entstanden. Es handelt sich also eigentlich um die „*Acetone*", ähnlich wie ja auch bei den *Alkoholen* und *Äthern* der Namen des einfachsten Vertreters als Gruppenname übernommen wurde.

[2]) Definitionsgemäß kann sich die Carbonylgruppe eines *Ketons* niemals an einem C_1 befinden. Ein *Propanon*-1 oder *Butanon*-1 gibt es also nicht, denn die entsprechenden Verbindungen stellen *Aldehyde* dar, müssen also *Propanal* bzw. *Butanal* heißen.

hyden, an den Wortstamm des Namens für den Säurerest die Endung *-on* anhängt (z. B. *Aceton*, *Propion*, *Butyron* usw., siehe Tabelle 14, S. 275). Ferner haben aromatische Ketone allgemein den Gruppennamen *-phenon* (vgl. S. 139) erhalten, dem ebenfalls der Wortstamm des Radikalnamens derjenigen Säure vorangestellt wird, mit der man das Calciumsalz der Benzoesäure destillieren muß, um zu dem betreffenden *Keton* zu gelangen. So heißt z. B. das Methylphenylketon C_6H_5—CO—CH_3 *Acetophenon* und das Diphenylketon C_6H_5—CO—C_6H_5 *Benzophenon*.

Schließlich kann man auch in der Ketonreihe die ganze Gruppe —CO—R als Substituent auffassen und das Keton formal als eine durch einen „Säurerest" substituierte Wasserstoffverbindung bezeichnen, obgleich an sich ebenfalls kein Säurederivat im engeren Sinne vorliegt. Diese Benennungsart dient auch hier nur zur Kennzeichnung von komplizierteren Verbindungen, die eine Ketogruppe neben anderen Funktionen im Molekül enthalten (z. B. von *Acetessigester* CH_3—CO—CH_2—COOR).

Vorkommen. Die niederen Ketone, insbesondere Aceton selbst, entstehen zuweilen als anomale Stoffwechselprodukte (vgl. III, Kap. 8, III, 3b). Ferner begegnen wir, ähnlich wie bei den Aldehyden, zahlreichen höheren Ketonen als natürlichen Duftstoffen, z. B. in ätherischen Ölen und in ranziger Butter.

Die meisten **Darstellungsweisen** der Ketone sind denen der Aldehyde nahe verwandt, da es sich im wesentlichen um die gleiche Verbindungsklasse handelt. Lediglich die Möglichkeit der Reduktion von Carbonsäuren, die stets zu den der primären Reihe angehörenden Aldehyden führt, fällt hier fort. Doch liegt dafür in der thermischen Zersetzung der carbonsauren Kalk- (und anderer Erdalkalimetall-)salze eine analoge Möglichkeit vor, um von den Carbonsäuren ausgehend zu Ketonen zu gelangen. Als grundsätzlich neue Methode kommt ferner die bereits beschriebene Wasseranlagerung an höhere Acetylene (S. 115) hinzu, die infolge der Regel von Markownikow mit Ausnahme des Spezialfalles der Acetaldehydgewinnung immer zu Ketonen führt und daher für die allgemeine Aldehyddarstellung nicht in Betracht kommt.

Im einzelnen ist zu den bei den Aldehyden beschriebenen Verfahren (S. 243f.) nachzutragen:

Zu 1. Die **hydrolytische Spaltung der Ketonderivate** sowie ihre Verwendung zur Reinigung der Ketone läßt sich in gleicher Weise wie bei den Aldehyden durchführen.

Zu 2. Ähnlich wie die Aldehyde durch Dehydrierung primärer können die Ketone durch **Dehydrierung sekundärer Alkohole** gewonnen werden:

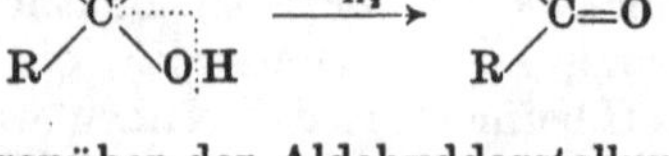

Die Reaktion bietet gegenüber der Aldehyddarstellung den großen Vorteil, daß die Ketone als Endprodukte der Oxydation nicht der Gefahr der Weiteroxydation unterliegen. Im übrigen lassen sich zur Darstellung oxydationsempfindlicher Ketone die gleichen milden Dehydrierungsverfahren verwenden wie in der Aldehydreihe, insbesondere ebenfalls die Abspaltung von elementarem Wasserstoff nach Bouveault oder die Methode von Meerwein-Ponndorf.

Zu 3. Die direkte **Oxydation eines** eine Methylengruppe enthaltenden **Kohlenwasserstoffs** zum Keton ist unter analogen Bedingungen (Abwesenheit weiterer oxydierbarer Molekülteile) wesentlich leichter durchführbar als die entsprechende Aldehyddarstellung, da auch hier wieder das Oxydationsendprodukt entsteht. So kann man z. B. Diphenylmethan ohne jede Schwierigkeit in glatter Reaktion zu Benzophenon oxydieren:

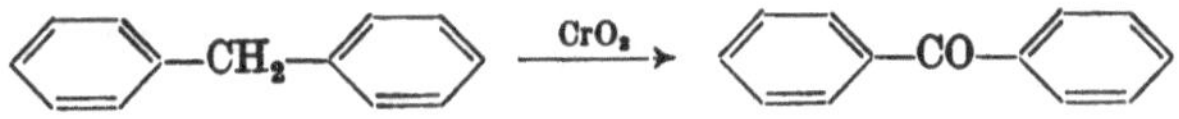

Zu 5. Der **synthetische Aufbau** von Ketonen läßt sich nach mehreren Verfahren durchführen und ist von erheblich größerer allgemeiner Bedeutung als die Aldehydsynthesen. Im allgemeinen unterscheiden wir die folgenden Möglichkeiten:

a) Das bei den Aldehyden beschriebene **Grignardverfahren** läßt sich ohne Schwierigkeiten auch auf die Ketongewinnung übertragen, wenn man statt von den Ameisensäureestern von den entsprechenden Carbonsäureestern (oder auch anderen Carbonsäurederivaten) ausgeht:

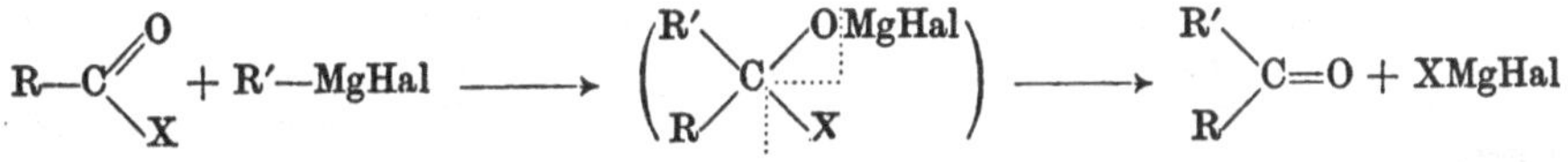

Die Methode eignet sich vor allem zum Aufbau der sonst nur schwer einheitlich zu gewinnenden gemischten Ketone, bietet aber wie bei den Aldehyden die Schwierigkeit, daß die entstehenden Ketone mit der meist überschüssigen GRIGNARD-Verbindung gleich weiter zu den tertiären Alkoholen reagieren.

Diese Schwierigkeit kann man umgehen: 1. durch analoge Verwendung der Orthocarbonsäureester (Gleichung formulieren!), 2. durch Zufließenlassen der GRIGNARD-Lösung zum Ester, so daß niemals ein Überschuß der GRIGNARD-Verbindung eintreten kann, und 3. durch Verwendung der Säurenitrile an Stelle des Esters, da diese unlöslich ausfallende, erst bei der Aufarbeitung mit Wasser in die Ketone übergehende Primärverbindungen ($R_2C{=}NMgX$) geben und daher nicht mit der überschüssigen GRIGNARD-Verbindung weiter reagieren können.

Auch bei der Umsetzung von Säurechloriden mit den reaktionsträgeren cadmiumorganischen Verbindungen[1]) (I, Kap. 9, II, 3) beobachtet man eine geringere Neigung zum direkten Übergang in die tertiären Alkohole.

b) Die als **Kalksalzdestillation** bezeichnete thermische Zersetzung der *Calciumsalze* von *Carbonsäuren*:

Die Reaktion führt bei der Destillation einheitlicher Salze zu symmetrischen Ketonen, während aus einem Gemisch der Kalksalze zweier verschiedener Carbonsäuren neben den beiden symmetrischen Ketonen in mehr oder weniger großer Ausbeute auch das gemischte Keton gewonnen werden kann[2]). Sie findet bei der Einfachheit der Durchführung vor allem Anwendung zur billigen Herstellung der thermostabilen niederen Ketone.

Der Mechanismus dieser eigenartigen Umsetzung ist immer noch nicht endgültig geklärt. Nach O. NEUNHOEFFER und P. PASCHKE (1939) soll sich intermediär aus zwei Molekülen des Säureanions das basische Salz einer β-Ketocarbonsäure bilden, die infolge des Alkali-

---

[1]) H. KLEIN u. H. NEFF: Angew. Chem. **68**, 681 (1956).

[2]) Bei Verwendung von Calciumformiat als eine der Destillationskomponenten entsteht als „gemischtes Keton" ein Aldehyd (vgl. S. 245) und bei der Destillation von Calciumformiat allein als „symmetrisches Keton" der Formaldehyd (Gleichungen formulieren!). Es ist jedoch noch nicht sicher, ob dieser scheinbar übereinstimmende Verlauf der Aldehyd- und Ketonbildung nur formaler Natur ist oder tatsächlich auf dem gleichen Reaktionsmechanismus beruht.

überschusses sofort die bekannte Ketonspaltung (S. 523) in Kohlendioxyd (bzw. Calciumcarbonat) und das zu synthetisierende Keton erleidet:

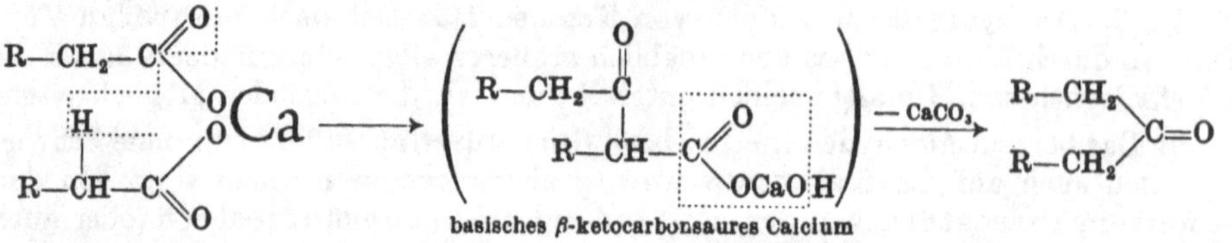

basisches β-ketocarbonsaures Calcium

Doch müßte dann die Reaktion auf Carbonsäuren beschränkt sein, die an dem zur Carbonsäure α-ständigen C-Atom noch Wasserstoff enthalten. Diese Bedingung ist aber durchaus nicht immer erfüllt, wie die Möglichkeit der Darstellung von Benzophenon aus benzoesaurem Kalk beweist. Zumindest in diesem Fall muß also ein anderer Mechanismus vorliegen.

In der Technik ist neben der Kalksalzdestillation auch ein Kontaktverfahren in Gebrauch, nach dem man die Carbonsäuredämpfe bei Temperaturen um 300⁰ über Calcium-, Barium- oder auch Thoriumoxydkatalysatoren leitet, wobei sie direkt in das betreffende Keton, Kohlendioxyd und Wasser zerfallen:

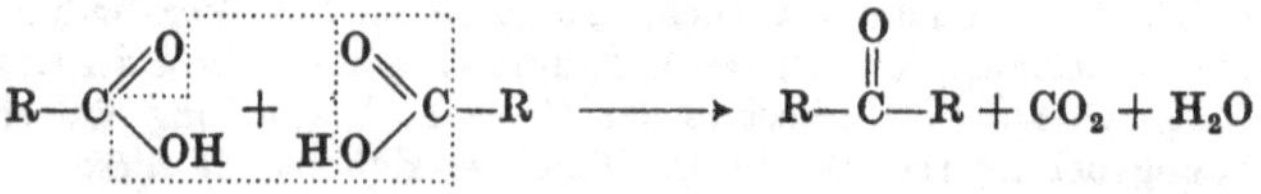

Es ist wahrscheinlich, daß sich auch hier intermediär die carbonsauren Salze bilden, die sich nach dem gleichen Mechanismus wie bei der eigentlichen Kalksalzdestillation umsetzen.

In einigen wenigen Fällen ist eine derartige Ketonbildung aus zwei Carbonsäuremolekülen auch bei relativ niedriger Temperatur ohne Kontakte möglich, wenn ein Carbonsäureanhydrid zugegen ist oder eine der beiden reagierenden Carboxylgruppen in anhydrisierter Form vorliegt. Beispielsweise kann man 1,6-Dicarbonsäuren durch Kochen mit Essigsäure-anhydrid in cyclische Ketone überführen (vgl. S. 478). Einem weiteren charakteristischen Fall, bei dem die Bildung einer acyclischen Ketogruppe erfolgt, werden wir in der 25. Stufe der Woodwardschen Strychninsynthese (III, Kap. 7, III, 8d) begegnen. Hier verwendet man Pyridin als zusätzliches Kondensationsmittel.

c) Die unten im einzelnen beschriebenen **Kondensationsreaktionen** lassen sich in ähnlicher Weise zur Darstellung ungesättigter (bzw. nach anschließender Hydrierung der entstehenden C=C-Bindung auch gesättigter) Ketone verwenden, wie wir es bei der Darstellung des Croton- und Butyraldehyds in der Aldehydreihe gesehen haben. Als Beispiel sei auf die praktisch wichtige Bildung von Mesityloxyd und Phoron aus zwei bzw. drei Molekülen Aceton unter dem kondensierenden Einfluß von Chlorwasserstoff verwiesen (S. 279).

Wesentlich wichtiger für die Darstellung gesättigter Ketone ist die für die Aldehydgewinnung weniger gebräuchliche und dort nur kurz gestreifte (S. 246) Esterkondensation. Sie besteht (formal) in der Herauskondensation der Alkoxygruppe eines Carbonsäureesters mit dem Wasserstoff einer (beliebigen) aktiven Metylengruppe, wie im folgenden am Beispiel der Synthese eines β-Keto-carbonsäureesters aus zwei Molekülen eines einfachen Carbonsäureesters schematisch angedeutet sei (Näheres I, Kap. 12, III, 2e):

In den β-Ketocarbonsäureestern ist aber bereits das Kohlenstoffgerüst des gleichen Ketons vorgebildet, das bei der Kalksalzdestillation aus der dem einfachen Ester zugrundeliegenden Carbonsäure entsteht. Es läßt sich aus ihnen im Verlaufe der sauren oder vorsichtigen alkalischen Esterspaltung durch die in diesem Fall besonders leicht erfolgende Decarboxylierung der β-Ketocarbonsäure („*Ketonspaltung*", vgl. S. 523) in einfacher Weise gewinnen:

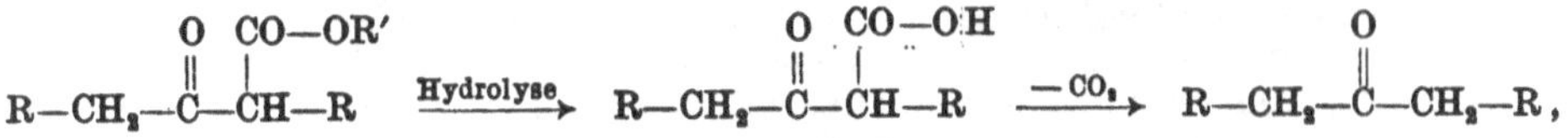

so daß die Methode letzten Endes auf eine zweite Möglichkeit hinauskommt, aus zwei Carbonsäuremolekülen ein Keton zu synthetisieren.

Das Verfahren kann durch Variation der Reaktionskomponenten zur Synthese einer großen Zahl von Ketonen verwandt werden und bietet gegenüber der nach O. NEUNHOEFFER prinzipiell auf dem gleichen Wege erfolgenden Kalksalzdestillation (s. oben) den Vorteil des Arbeitens bei tiefer Temperatur, dem der Nachteil der Verwendung eines wesentlich teureren Ausgangsmaterials sowie insbesondere auch der der zweimaligen Abspaltung des Esteralkohols und damit des Verlustes wertvoller organischer Substanz gegenüber steht. Es dient daher hauptsächlich zur Darstellung komplizierterer, hitzeempfindlicher Ketone.

Zu 6. Die **Ozonspaltung der Olefine** und die **Glykolspaltung mit Bleitetracetat** oder **Überjodsäure** können in gleicher Weise wie zur Aldehyd- auch zur Ketonbildung herangezogen werden, wenn die olefinische Doppelbindung zwei tertiäre C-Atome miteinander verbindet bzw. man von ditertiären Glykolen ausgeht:

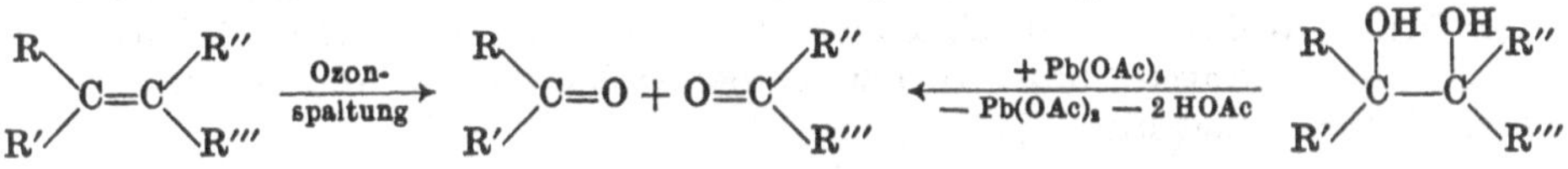

Ferner entstehen beim oxydativen Abbau von Verbindungen mit verzweigten Kohlenstoffketten, z. B. von tertiären Alkoholen, häufig Ketone:

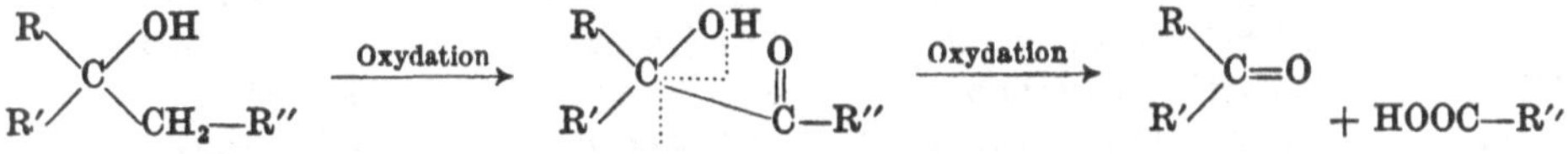

Physikalische Eigenschaften. Da die Stellung der Carbonylgruppe im Molekül auf das physikalische Verhalten der Oxoverbindungen nahezu ohne Einfluß ist, liegen die Siedepunkte, Schmelzpunkte und auch Dichten der *Aldehyde* und *Ketone* gleicher Kohlenstoffzahl dicht beieinander, wie im einzelnen aus einem Vergleich von Tabelle 13 (S. 247) und 14 zu entnehmen ist:

Tabelle 14

Die physikalischen Konstanten der wichtigsten Ketone

Trivialnamen	Rationeller Name	Genfer Nomenklatur	Sdp.	Smp.	Dichte/Temp.
Aceton	Dimethylketon	Propanon	56°	—95°	0,791/20°
—	Methyläthylketon	Butanon	80	—86	0,826/0
Propion	Diäthylketon	Pentanon-3	102	—42	0,816/19
Butyron	Dipropylketon	Heptanon-4	144	—34	0,821/15
Valeron	Dibutylketon	Nonanon-5	182	— 6	0,827/13
Acetophenon	Phenylmethylketon	—	202	+ 20	1,024/25
Benzophenon	Diphenylketon	—	306	48	1,111/18

Ebenso bestehen hinsichtlich der von der Molekülgröße abhängigen additiven Molekularkonstanten sowie den Löslichkeitseigenschaften keine größeren Unterschiede zwischen beiden Verbindungsklassen. Lediglich die allgemeine Beständigkeit der Ketone ist wesentlich größer als die der Aldehyde, so daß man die niederen Glieder der Reihe als Lösungsmittel verwenden kann.

Auch die Ketone sind vielfach durch einen charakteristischen Geruch ausgezeichnet. Schon Aceton selbst riecht sehr angenehm. Ferner nimmt, wie bei den Aldehyden, mit steigendem Molekulargewicht die Geruchsintensität zu, so daß viele Ketone mittlerer Molekulargröße ausgesprochene Duftstoffe darstellen und als solche auch in den ätherischen Ölen angetroffen werden, bzw. in der Riechstoffindustrie Verwendung finden. Doch gibt es im Gegensatz zu den Aldehyden auch Ketone mit sehr unangenehmem Geruch. Dies ist vor allem bei den auf S. 281 erwähnten höheren Methylalkylketonen der Fall.

Hinsichtlich der **chemischen Umsetzungen** sind die Unterschiede zwischen den *Aldehyden* und *Ketonen* naturgemäß etwas größer (sonst wäre die Aufteilung in zwei Verbindungsklassen nicht erforderlich gewesen!), doch besteht immer noch eine starke Ähnlichkeit beider Substanzgruppen. Als wichtigste Abweichungen weisen die Ketone gegenüber den Aldehyden auf: 1. den Fortfall der Polymerisationsreaktionen und 2. den Fortfall der Oxydations- und Disproportionierungsreaktionen. Auf beide Punkte ist in erster Linie die wesentlich größere Stabilität der Ketone zurückzuführen. Ferner kommen an neuartigen Reaktionen hinzu: 3. die Möglichkeit des oxydativen Abbaus der Kohlenstoffkette sowie schließlich 4. einige kleinere Variationen der bei den Aldehyden besprochenen Reaktionen. Im einzelnen ist zu den verschiedenen Reaktionsmöglichkeiten nachzutragen (wobei wir uns an die bei den Aldehyden gegebene Einteilung [S. 248f.] halten):

Zu 1a und **1b.** Die bei der **Anlagerung von Blausäure, Acetylen, Natriumbisulfit** und **metallorganischen Verbindungen** an die Carbonylgruppe stattfindenden Synthesen verlaufen bei beiden Verbindungsarten gleichartig mit dem einzigen Unterschied, daß bei der Anlagerung an Ketone jeweils eine tertiäre alkoholische OH-Gruppe entsteht (Gleichung formulieren!). Ähnlich verlaufen sämtliche anderen Additions- und Substitutionsreaktionen der Carbonylgruppe in gleicher Weise wie bei den Aldehyden.

Zu 1c. Einen im wesentlichen gleichartigen Verlauf der Reduktionsreaktionen beobachtet man bei der Überführung der Aldehyde und Ketone in die zugehörigen Alkohole, die auch in der Ketonreihe hauptsächlich mit nascierendem (unter energischen Bedingungen) und katalytisch erregtem Wasserstoff sowie neuerdings nach MEERWEIN-PONNDORF (und auch nach einem ähnlichen Verfahren in Gegenwart von konzentriertem Alkali[1])), vorgenommen wird.

Dagegen tritt bei vorsichtiger Reduktion mit nascierendem Wasserstoff, z. B. bei der Einwirkung von Natrium oder Natriumamalgam in stark alkalischer Lösung, sowie eigenartigerweise auch bei der Einwirkung eines Gemisches von Magnesium und Magnesiumjodid in ätherischer Lösung, eine völlig neuartige Umsetzung ein, die in der Aldehydreihe nur in Ausnahmefällen stattfindet: Es wird pro Mol des Ketons nur ein Reduktionsäquivalent aufgenommen, wobei unter Anlagerung eines Metallatoms an den Sauerstoff radikalartige Zwischenprodukte entstehen, die *Metallketyle* genannt werden und

[1]) Vgl. z. B. G. H. HARGREAVES u. L. N. OWEN: Soc. **1947**, 750.

sich sofort zu Doppelmolekülen zusammenlagern, die ihrerseits bei der Hydrolyse schließlich in zweiwertige ditertiäre Alkohole, die sog. *Pinakone* (S. 439) übergehen:

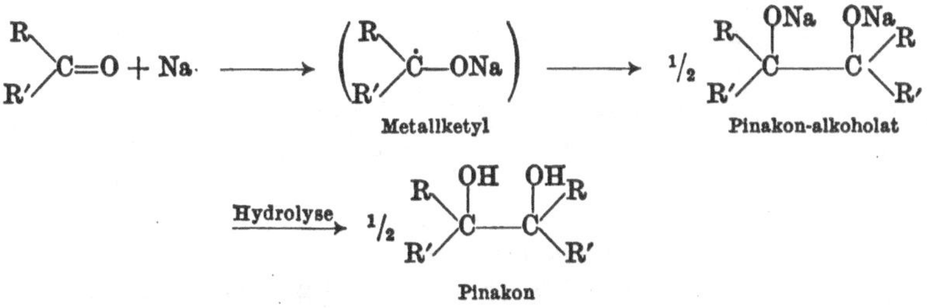

Die bei dieser „**Pinakonreduktion**" intermediär gebildeten Metallketyle stehen in der aromatischen Reihe mit den dimeren Pinakon-alkoholaten im Dissoziationsgleichgewicht (I, Kap. 10, II, 3) und können in diesem Fall direkt nachgewiesen werden.

Schließlich ist es auch möglich, und zwar ebenfalls im Gegensatz zu den Aldehyden, bei Verwendung von nascierendem Wasserstoff mit besonders hohem Abscheidungspotential (vgl. I, Kap. 12, II, 1b) in stark saurer Lösung, z. B. beim Kochen mit Zinkamalgam-Salzsäure nach O. Clemmensen (1913), den Ketonsauerstoff in einem Reaktionsgang über die Alkoholstufe hinaus vollständig durch Wasserstoff zu ersetzen:

$$R—CO—R' \xrightarrow[\text{HCl + ZnHg}]{\text{Reduktion mit}} R—CH_2—R$$

Die gleiche Reduktion gelang N. Kishner und L. Wolff (1913) nach einem indirekten Verfahren durch thermische Zersetzung der Ketonhydrazone (S. 301) bei etwa 200° in Gegenwart von festem Ätznatron oder Natriumalkoholat als Katalysator. Die Reaktion verläuft wahrscheinlich über die unbeständigen monosubstituierten Di-imine (I) als Zwischenprodukte[1]) (vgl. I, Kap. 6, III, 2a) und ist später verschiedentlich variiert worden[2]):

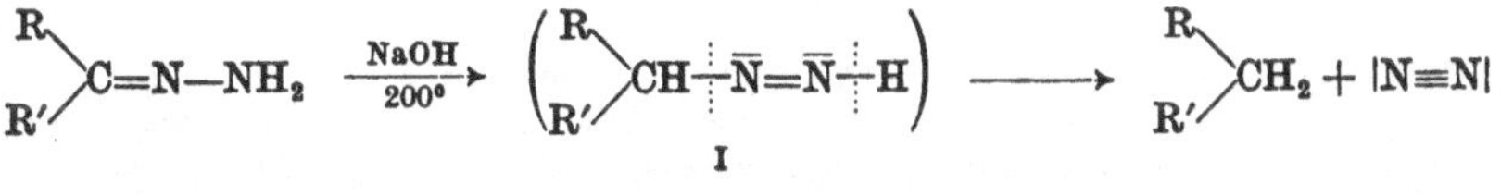

Zu 1d. Da die Ketondoppelbindung energetisch noch stabiler ist als die Aldehyddoppelbindung und nur noch in endothermer Reaktion unter Energiezufuhr in zwei einfache C—O-Bindungen übergeführt werden kann, sollte in der Ketonreihe keine Polymerisationsneigung mehr bestehen. Dementsprechend ist es bisher auch in keinem Fall gelungen, ein Keton zu hochmolekularen Ketten- oder niedermolekularen Ringmolekülen zu polymerisieren.

Zu 2. Oxydationsreaktionen. Infolge des Fehlens des charakteristischen Aldehydwasserstoffs sind die *Ketone* im allgemeinen ziemlich oxydationsbeständig, und man kann z. B. Kaliumpermanganat in Aceton zu einer bei Zimmertemperatur längere Zeit stabilen Lösung auflösen. Bei Einwirkung stärkerer Oxydationsmittel, z. B. beim Erhitzen mit Eisessig-Chromtrioxyd, werden dagegen auch die *Ketone* angegriffen, und es erfolgt Aufspaltung einer

---

1) W. Seibert: B. 80, 494 (1947).

2) Vgl. z. B. M. D. Soffer u. Mitarbb.: Am. Soc. 67, 1435 (1945); Huang-Minlon: Am. Soc. 70, 2802 (1948); G. Lock: M. Chem. 85, 802 (1954).

der beiden von der Carbonylgruppe ausgehenden C—C-Bindungen unter Bildung von zwei Carboxylgruppen:

$$R{-}CH_2{-}\overset{\overset{\displaystyle O}{\|}}{C}{-}CH_2{-}R \xrightarrow{CrO_3} R{-}COOH + HOOC{-}CH_2{-}R$$

Hierbei entstehen aus symmetrischen Ketonen jeweils zwei, sich in ihrer Zusammensetzung um ein C-Atom unterscheidende Carbonsäuren und bei unsymmetrischen Ketonen, da im allgemeinen beide Alkylreste gleich leicht abgespalten werden, Gemische von bis zu vier Carbonsäuren (formulieren!), deren Trennung — z. B. zur Bestimmung der Lage der Carbonylgruppe im ursprünglichen *Keton* — zuweilen große Schwierigkeiten bereitet.

Lediglich in einigen Spezialfällen erfolgt die Spaltung nur auf einer Seite der Carbonylgruppe, so daß auch bei unsymmetrischen Ketonen nur zwei Carbonsäuren nebeneinander entstehen. So ist z. B. die Bindung zwischen der Carbonylgruppe und einem Benzolkern praktisch gegen Oxydationsmittel stabil, und es verbleibt infolgedessen bei der oxydativen Spaltung von Aryl-alkyl-ketonen, das Carbonyl-C-Atom stets am Benzolkern. Ferner wird in allen Alkyl-methyl-ketonen, da die sekundäre Methylengruppe viel leichter angreifbar ist als die primäre Methylgruppe, ausschließlich die C-Alkyl-Bindung aufgespalten, so daß als niedermolekulare Carbonsäure nur Essigsäure, niemals aber Ameisensäure bzw., da diese selbst unter den Reaktionsbedingungen angegriffen wird, Kohlendioxyd auftritt (Gleichungen formulieren!).

Es ist anzunehmen, daß diese relativ leichte oxydative Aufspaltung des Kohlenstoffgerüstes, die man z. B. bei den Carbonsäuren (und damit auch bei den Aldehyden) nicht beobachtet, durch einen primären Angriff des Oxydationsmittels auf die aktive Methylengruppe eingeleitet wird, die hierbei ebenfalls in eine Carbonylgruppe übergeht. Das auf diese Weise entstehende 1,2-Diketon hat infolge der Belastung der benachbarten C-Atome mit negativen Substituenten eine ähnlich labile C—C-Bindung wie die in α-Stellung halogenierten Aldehyde und wird bei der weiteren Einwirkung des Oxydationsmittels leicht unter Aufnahme von zwei Hydroxylgruppen zerlegt:

$$R{-}CO{-}CH_2{-}R' \xrightarrow{\text{Oxydation}} R{-}CO{-}CO{-}R' \xrightarrow[\text{Spaltun}]{\text{oxydative}} R{-}COOH + HOOC{-}R'$$

Mit dieser Hypothese stimmt die Beobachtung überein, daß nur Ketone, die benachbart zur Carbonylgruppe aktive Methylen- (bzw. Methin)gruppen enthalten, oxydativ aufgespalten werden können, während ditertiäre Ketone, wie z. B. Benzophenon, nahezu völlig oxydationsstabil sind.

Zu 3a und b. Die Substitution und Oxydation der aktiven Methylengruppe sowie die hydrolytische Spaltung der Substitutionsprodukte erfolgen bei den Aldehyden und Ketonen wieder in gleicher Weise. Praktische Anwendung hat auch hier insbesondere die Halogenierung gefunden, und zwar 1. zur Darstellung der unten beschriebenen Halogenketone, 2. vom Aceton ausgehend zur Gewinnung der verschiedenen Halogenoforme (S. 166f.) und 3. im Rahmen der Jodoformprobe zum Nachweis der $-CO-CH_3$-Gruppe in den Methylketonen (S. 167).

Im Gegensatz zu den Aldehyden ist es infolge der größeren Beständigkeit der Ketone möglich, die Acidität der H-Atome der aktiven Methylengruppe zur Darstellung leidlich stabiler Metallderivate auszuwerten. So fällt z. B. beim Behandeln von *Aceton* mit Natriumalkoholatlösung das **Acetonnatrium** als unlöslicher Niederschlag aus:

$$CH_3{-}CO{-}CH_2{-}H + R'ONa \longrightarrow CH_3{-}CO{-}CH_2Na + R'OH$$

Diese Keton-Natrium-Verbindungen haben auch praktische Bedeutung erlangt. So erfolgte z. B. die Anlagerung von Acetylen an Aceton im Rahmen der auf S. 110 beschriebenen Isoprensynthese früher stets über das Acetonnatrium, das die Aufgabe hatte, das reaktionsträge Acetylen primär in das bereits ohne Katalysator zur Anlagerung befähigte basische Acetylennatrium überzuführen:

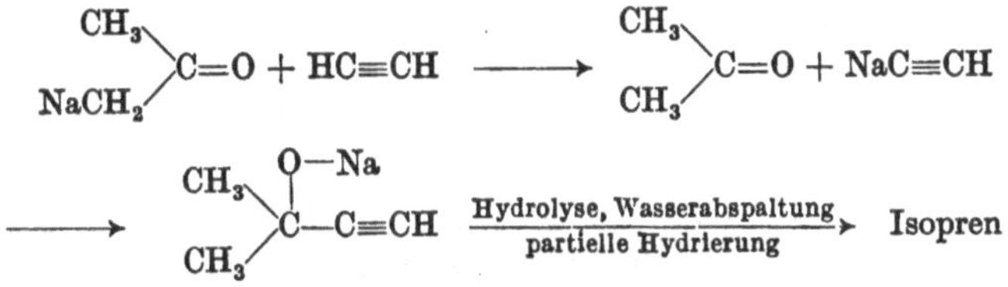

Erst das moderne Verfahren der direkten Anlagerung von Acetylen an Oxoverbindungen nach W. Reppe (S. 118) hat diese Verwendung überflüssig gemacht.

Die Konstitution der Keton-metallverbindungen war lange Zeit umstritten, da sie sich einerseits bei allen chemischen Umsetzungen wie echte metallorganische Verbindungen im Sinne der Formel I verhalten, man andererseits aber glaubte, daß nur Metall-Sauerstoff-Verbindungen in alkoholischer Lösung stabil sein können, also Enolate im Sinne der Formel II vorliegen müßten. Diese Frage ist heute gegenstandslos geworden, da sich zwischen den Anionen von I und II eine Mesomerie (III) ausbildet, man also mit einer nicht näher definierten mittleren Elektronenstruktur rechnen muß:

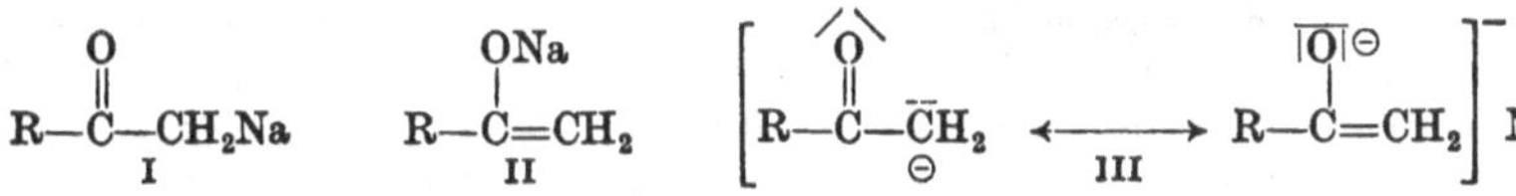

Für die Wiedergabe des chemischen Verhaltens kommt man im allgemeinen mit der Formel I aus, die wahrscheinlich auch an dem mesomeren Zwischenzustand überwiegend beteiligt ist.

Zu 3c. Die Kondensationsreaktionen verlaufen in der Aldehyd- und Ketonreihe bei grundsätzlich gleicher Reaktionsmöglichkeit unter etwas abweichenden Bedingungen. So kann man zwar die *Ketone* in alkalischer Lösung, also unter den Bedingungen der Aldolkondensation, in aldolähnliche Ketonalkohole überführen:

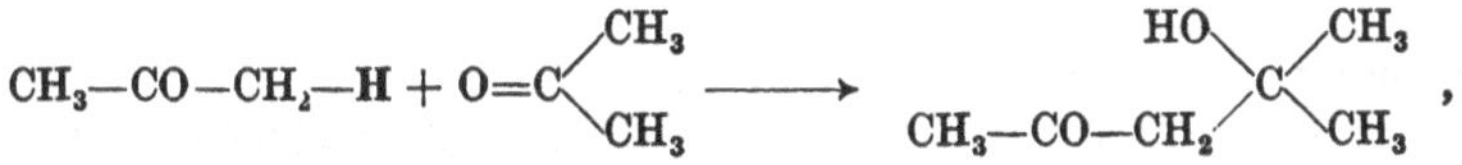

doch ist es bisher nicht gelungen, durch Modifikation dieser Reaktion im Sinne der Crotonaldehydkondensation in einem Reaktionsgang zu ungesättigten Ketonen zu gelangen. Dagegen besteht hier die Möglichkeit, diese Kondensation mit Säuren als Katalysator, die in der *Aldehyd*reihe polymerisierend wirken, durchzuführen. Z. B. entsteht aus Aceton, wenn man es mit Chlorwasserstoffgas sättigt und längere Zeit stehen läßt, Mesityloxyd und Phoron:

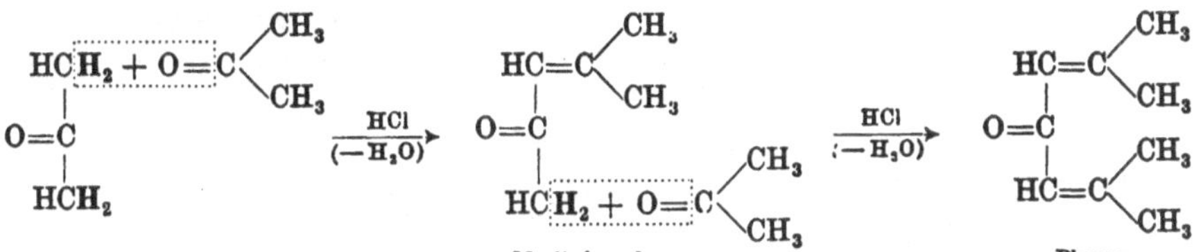

Mesityloxyd Phoron

In ähnlicher Weise lagern sich in Gegenwart von Schwefelsäure drei Moleküle Aceton zum Mesitylen zusammen (vgl. S. 128).

Schließlich kann die aktive Methylengruppe der Ketone auch mit anderen eine Carbonylgruppe enthaltenden Verbindungen eine Kondensation eingehen. Von diesen Möglichkeiten ist bei weitem am wichtigsten die auf S. 345 und in I, Kap. 12, III, 2e beschriebene Esterkondensation.

b) Die gesättigten Ketone

Aceton $CH_3—CO—CH_3$, das Anfangsglied der Reihe, hat als einziges Keton eine größere technische Bedeutung erlangt. Es wurde früher ausschließlich aus *Eisessig* gewonnen, und zwar entweder durch Kalksalzdestillation oder nach dem beschriebenen Kontaktverfahren[1]). Beide Möglichkeiten sind heute z. T. bereits wieder durch die elegantere Dehydrierung von Isopropylalkohol (S. 194) verdrängt worden. Auch das Cumol-Phenol-Verfahren (S. 236), bei dem Aceton als Nebenprodukt anfällt, gewinnt für seine Herstellung zunehmende Bedeutung.

Von mehr historischem Interesse sind einige Darstellungsverfahren aus Naturprodukten, so vor allem die als Acetongärung bezeichnete biochemische Gewinnung durch bakterielle Zersetzung von Kohlenhydraten, die in Deutschland während des ersten Weltkriegs in großem Maßstab durchgeführt wurde, sowie die Isolierung aus Holzessig (III, Kap. 6, II, 6), der neben Essigsäure und Methylalkohol auch bis zu 0,5% Aceton enthält, und aus dem es als tiefstsiedende Komponente leicht durch fraktionierte Destillation abgetrennt werden kann. Als weitere natürliche Bildungsweise sei schließlich noch der anomale Fettsäureabbau Zuckerkranker (Näheres vgl. III, Kap. 8, III, 3b) angeführt, bei dem es durch Decarboxylierung von Acetessigsäure (S. 524) entsteht und im Harn abgeschieden wird (Acetonurie).

Aceton ist eine farblose, leicht bewegliche Flüssigkeit, die sich vor allem durch ihre hervorragenden Löslichkeitseigenschaften auszeichnet. So ist es z. B. infolge seiner Hydratbildungsfähigkeit noch mit Wasser mischbar, kann aber im Gegensatz zu den niederen Alkoholen bereits durch Kochsalz oder Calciumchlorid ausgesalzen und mit letzterem auch getrocknet werden. Ferner zeigt es ein gegenüber Äther wesentlich gesteigertes Lösungsvermögen. Es dient infolgedessen in der Technik hauptsächlich als Lösungs- und Quellungsmittel, z. B. in der Kunstseidenindustrie zum Auflösen von Acetatseide oder in der Sprengstoffindustrie zur Gelatinierung von Nitrocellulose. Auf seine Eignung als Lösungsmittel für Acetylen wurde bereits hingewiesen (S. 119).

Weiterhin findet Aceton eine vielseitige Anwendung zu synthetischen Reaktionen aller Art, z. B. für die Isopren- und Dimethylbutadiengewinnung (S. 110) sowie für die Darstellung zahlreicher pharmazeutisch wichtiger Präparate, wie etwa von Sulfonal und verwandten Verbindungen, der verschiedenen Halogenoforme oder der in I, Kap. 6, I, 4c beschriebenen Triacetonaminderivate. Auch präparativ gehen zahlreiche Synthesen von Aceton aus.

Methyläthylketon $CH_3—CO—CH_2—CH_3$, das nächsthöhere Homologe des Acetons, entsteht bei der Acetongärung als Nebenprodukt, hat aber keine größere Bedeutung erlangt. Im ersten Weltkrieg diente es zuweilen als Ersatz für den Mangelstoff Aceton.

Pinakolin $(CH_3)_3C—CO—CH_3$ ist über die Pinakolinumlagerung (S. 440) aus Pinakon und damit auch aus Aceton leicht erhältlich (S. 277) und hat als einfachstes, einen tertiären

---

[1]) In neuerer Zeit ist es sogar gelungen, die Essigsäuredarstellung aus Acetylen mit der Ketonsynthese in einem Arbeitsgang zu vereinigen, indem man ein Gemisch aus Acetylen, Wasserdampf und Luft bei höherer Temperatur über einen Zinkchlorid-Katalysator auf Kohle als Trägersubstanz leitet.

Alkylrest enthaltendes Keton, eine gewisse Bedeutung erlangt, z. B. zur Synthese von Trimethyl-essigsäure (S. 386).

Die symmetrischen **höheren Ketone** sind zum großen Teil bekannt, aber ohne praktische Bedeutung geblieben. Von den gemischten Ketonen treten vor allem die höheren Methylalkylketone mit unverzweigter Kette (z. B. Methyl-amyl-, Methyl-heptyl-, Methyl-nonyl- und Methyl-undecylketon) als bakterielle Zersetzungsprodukte von Fettsäuren auf (vgl. auch **III**, Kap. 8, III, 3a). Sie sind die Hauptgeruchsträger ranziger Fette und wurden auch im Roquefort-Käse und Rautenöl nachgewiesen.

c) Die ungesättigten Ketone

Auch hier interessieren uns, wie bei den Aldehyden, in erster Linie die niederen Glieder der Reihe, die eine oder auch mehrere zur Carbonylgruppe konjugierte C=C-Doppelbindungen im Molekül enthalten. Für ihre **Darstellung** kommen vor allem zwei Verfahren in Betracht, denen sich eine dritte, bisher allerdings noch nicht praktisch ausgewertete Bildungsmöglichkeit anschließt:

1. die Wasseranlagerung an die dreifache Bindung von vinylierten Alkinen, wie z. B. an Vinylacetylen:

$$H_2C{=}CH{-}C{\equiv}CH + H_2O \xrightarrow[H_2SO_4]{Hg\,Salz} H_2C{=}CH{-}CO{-}CH_3$$

2. die oben bereits beschriebene Kondensation der aktiven Methylengruppe von Ketonen mit anderen Ketonen und auch Aldehyden.

3. die auf S. 100 beschriebene Substitution von Olefinen mittels Benzoylchlorid in Gegenwart von Aluminiumchlorid. Die Reaktion kommt praktisch auf die Einführung einer Ketogruppe in das Olefinmolekül hinaus, hat bisher jedoch nur heoretisches Interesse als aliphatisches Analogon der FRIEDEL-CRAFTSschen Synthese gefunden.

Von den **speziellen Reaktionen** der ungesättigten Ketone sind vor allem einige Additionsreaktionen schwach basischer Stoffe hervorzuheben, die nicht wie bei den ungesättigten Aldehyden (S. 267) an die C=O-, sondern bevorzugt an die C=C-Doppelbindung angelagert werden, wahrscheinlich auf dem Umweg über eine 1,4-Addition:

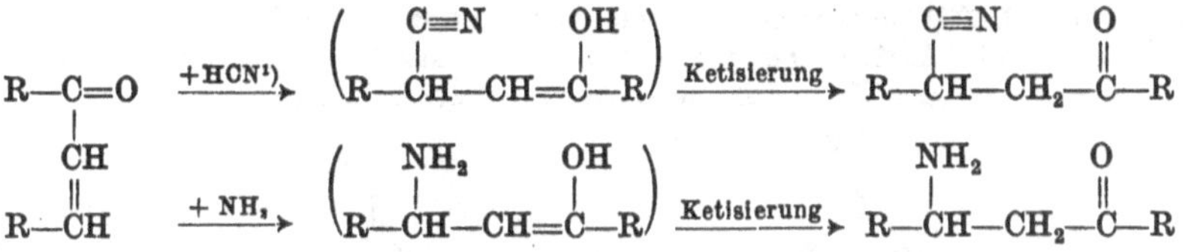

Besonders in die Augen fallend ist die Fähigkeit zur Anlagerung von Ammoniak und Aminen, die, wie wir auf S. 96 gesehen haben, an normale olefinische Doppelbindungen nur unter extremen Bedingungen addiert werden können. Die Reaktion dient zur Darstellung von β-Aminoketonen (**I**, Kap. 6, I, 4c) und hat zuweilen auch praktische Bedeutung erlangt. Ebenso findet die Anlagerung von Blausäure und die analog verlaufende Addition von Natriummalonester und verwandten Verbindungen Anwendung zum Aufbau von C—C-Bindungen (MICHAEL-Addition, vgl. **I**, Kap. 12, III, 3).

Wie wir in **II**, Kap. 4, II, 3aβ sehen werden, beruht diese Anlagerungsneigung der C=C-Doppelbindung für basische Reagenzien auf einer durch die Konjugation mit der C=O-Doppelbindung erfolgenden Aktivierung für nucleophile Reaktionen.

[1)] Als schwach basisches Reagens fungiert hier das Cyan-Ion, über das die eigentliche Addition verläuft.

Vinylmethylketon $CH_2{=}CH{-}CO{-}CH_3$, das einfachste ungesättigte Keton, wird nach dem ersten Verfahren aus Vinylacetylen und Wasser in Gegenwart von Schwefelsäure und Quecksilbersalzen hergestellt. Es dient als Ausgangsmaterial für die Synthese anderer Verbindungen. Insbesondere ist seine große Polymerisationsneigung hervorzuheben, die es auf Grund seiner endständigen Doppelbindung mit dem Acrolein gemeinsam hat.

Mesityloxyd $(CH_3)_2C{=}CH{-}CO{-}CH_3$ und **Phoron** $(CH_3)_2C{=}CH{-}CO{-}CH{=}C(CH_3)_2$, deren Bildung aus zwei bzw. drei Molekülen Aceton wir bereits auf S. 279 kennengelernt haben, sind die am leichtesten zugänglichen ungesättigten Ketone. Sie dienen in der pharmazeutischen Chemie als Ausgangsmaterial für die Herstellung von β-Amino-ketonen, z. B. von Triacetonamin (vgl. **I**, Kap. 6, I, 4c).

2-Methylhepten-2-on-6 $(CH_3)_2C{=}CH{-}CH_2{-}CH_2{-}CO{-}CH_3$, **Methylheptenon** schlechthin genannt, ist ein blumenartig riechendes ungesättigtes Keton mit isolierten Doppelbindungen, das in einigen ätherischen Ölen vorkommt. Vor allem aber tritt es häufig als Abbauprodukt von Isoprenabkömmlingen auf und läßt dann wichtige Rückschlüsse auf deren Konstitution zu (vgl. z. B. **III**, Kap. 2, II, 1b). Auch umgekehrt dient es zuweilen als Ausgangsmaterial für die Synthese von Isoprenabkömmlingen. Seine Struktur ergibt sich, abgesehen von ihrer Sicherstellung durch zahlreiche Abbaureaktionen, eindeutig auf Grund der folgenden, von PH. BARBIER und L. BOUVEAULT (1896) durchgeführten Synthese (vgl. S. 469f.):

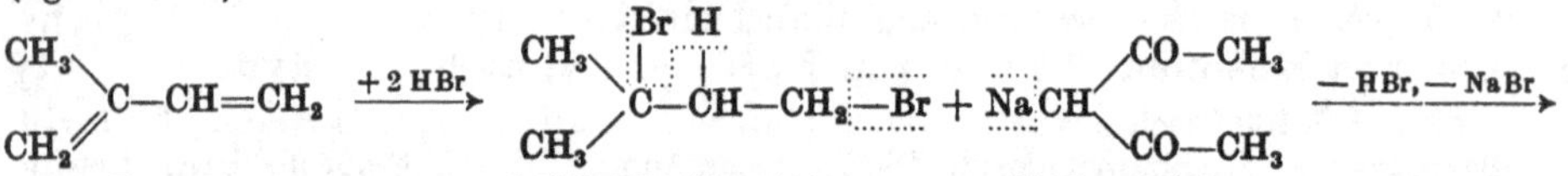

Isopren — 2-Methyl-2,4-dibrombutan — Natrium-acetylaceton

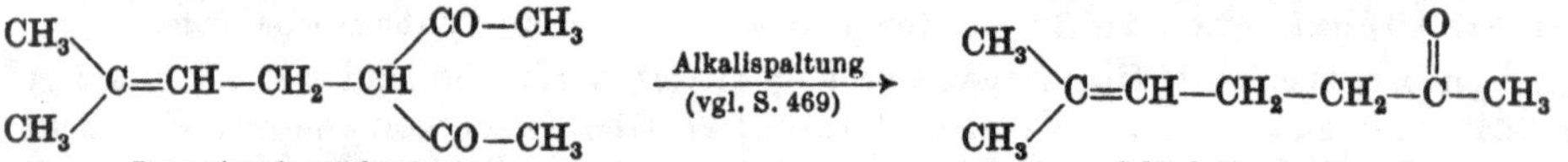

Isopentenyl-acetylaceton — 2-Methylhepten-2-on-6

Mit Schwefelsäure erleidet Methylheptenon eine ähnliche cyclische Kondensation zu einem Cyclohexadienderivat, wie wir sie bereits bei der Bildung von Mesitylen aus drei Molekülen Aceton (S. 128) kennengelernt haben. In dem speziellen Fall des Methylheptenons genügt also bereits die Aktivierung der Methylgruppe durch die benachbarte olefinische Doppelbindung, um die Kondensationsreaktion zu ermöglichen:

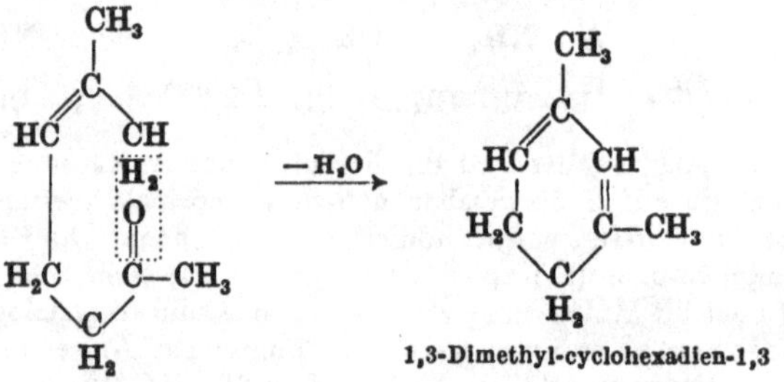

1,3-Dimethyl-cyclohexadien-1,3

d) Die aromatischen Ketone

Für die *aromatischen Ketone* ergibt sich eine wichtige zusätzliche **Darstellungsmöglichkeit** in der bereits auf S. 135 erwähnten Einführung der Ketogruppe in den aromatischen Kern mittels Säurechloriden in Gegenwart von Aluminiumchlorid nach FRIEDEL-CRAFTS:

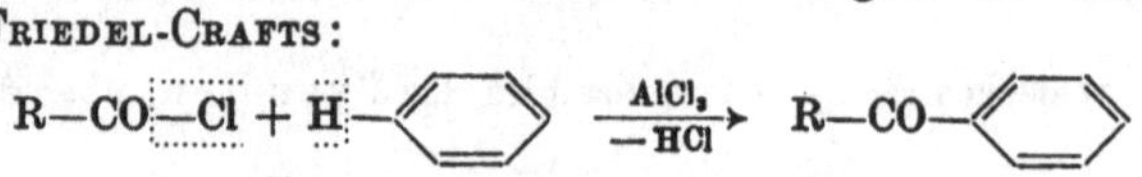

Die Reaktion verläuft im Gegensatz zur Darstellung von Kohlenwasserstoffen (S. 129) nahezu ohne Nebenreaktionen. Insbesondere werden im allgemeinen weder die Wiederabspaltung oder Wanderung bereits eingeführter Reste, noch der gleichzeitige Eintritt mehrerer Ketogruppen in denselben Benzolkern beobachtet, weil die Carbonylgruppe als Substituent zweiter Ordnung jegliche weitere elektrophile Reaktion des Benzolkerns erschwert. Das Verfahren hat sich infolgedessen zum wichtigsten Anwendungsgebiet der FRIEDEL-CRAFTSschen Synthese überhaupt entwickelt, und es sind eine große Zahl von Variationsmöglichkeiten (z. B. die Verwendung von Säureanhydriden und anderen Säurederivaten an Stelle der Säurechloride sowie der Ersatz des Aluminiumchlorids durch andere koordinativ ungesättigte Metallhalogenide oder in neuerer Zeit auch Borfluorid) bekannt geworden, über die in I, Kap. 12, III, 2a zusammenfassend berichtet wird. Näheres über den Reaktionsmechanismus vgl. II, Kap. 4, II, 3b.

Acetophenon, C_6H_5—CO—CH_3, ist bereits im Steinkohlenteer enthalten, wird aber meistens synthetisch aus Benzol und Essigsäureanhydrid nach FRIEDEL-CRAFTS gewonnen. Es riecht angenehm und zeigt hypnotische Eigenschaften, weshalb es zeitweilig als Schlafmittel (*Hypnon*) Verwendung gefunden hat. Ferner dient es als Ausgangsmaterial für die Darstellung des Tränengases Chloracetophenon (S. 285) und für andere synthetische Reaktionen.

Benzophenon, C_6H_5—CO—C_6H_5, das einfachste rein aromatische Keton, ist bei normaler Temperatur bereits fest und existiert in drei kristallisierten Modifikationen, die bei 27°, 46° (metastabil) und 48° (stabil) schmelzen. Seine Darstellung erfolgt am besten durch Destillation von benzoesaurem Kalk oder nach der Methode von FRIEDEL-CRAFTS durch Kondensation von Benzoylchlorid mit einem bzw. von Phosgen (S. 403) mit zwei Molekülen Benzol (Gleichungen formulieren!).

Die Abwesenheit aktiver Methylengruppen und eine gewisse sterische Behinderung der Carbonylgruppe durch die beiden Benzolkerne machen das Benzophenon, und auch andere Diarylketone, zu auffallend reaktionsträgen Substanzen, die nicht mehr alle Carbonylreaktionen zeigen (z. B. keine Bisulfitverbindung mehr geben), in alkalischem Medium keine Kondensationsreaktionen eingehen und gegen oxydativen Abbau stabil sind. Neuartig ist dagegen eine gewisse Neigung zur hydrolytischen Aufspaltung der Ar—CO-Bindung, die unter der energischen Einwirkung starker Alkalien, z. B. beim Schmelzen mit Ätznatron, über die zunächst entstehende Additionsverbindung im Sinn der folgenden Gleichung vor sich geht:

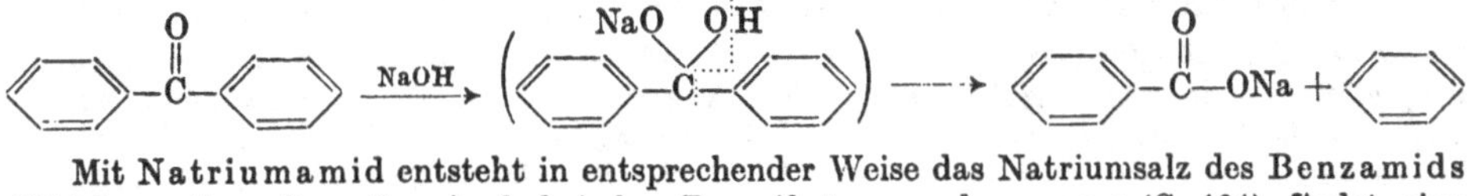

Mit Natriumamid entsteht in entsprechender Weise das Natriumsalz des Benzamids (Gleichung formulieren!). Auch bei der Benzilsäureumlagerung (S. 464) findet eine analoge Aufspaltung einer Ar—CO-Bindung statt.

Desoxybenzoin, C_6H_5—CH_2—CO—C_6H_5, kann durch partielle Reduktion von Benzil (S. 464) oder Benzoin (S. 459) sowie durch FRIEDEL-CRAFTSsche Synthese aus Phenacetylchlorid und Benzol erhalten werden:

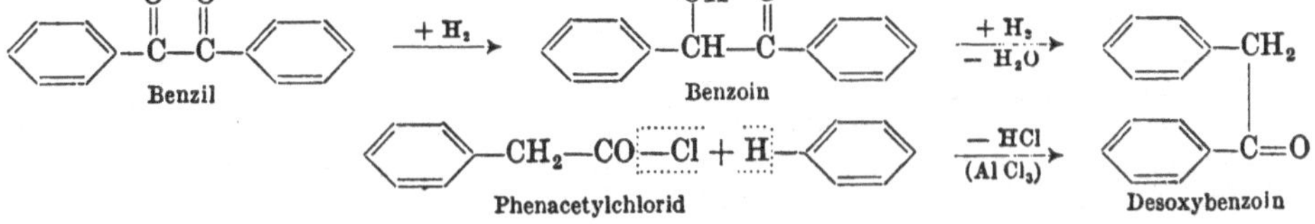

In ihm ist die Methylengruppe durch die Nachbarstellung sowohl der Carbonylgruppe als auch des Phenylrestes derart aktiviert, daß sie sich mit Alkylhalogeniden und Alkali wie die später beschriebenen 1,3-Dicarbonylverbindungen (S. 469) alkylieren läßt:

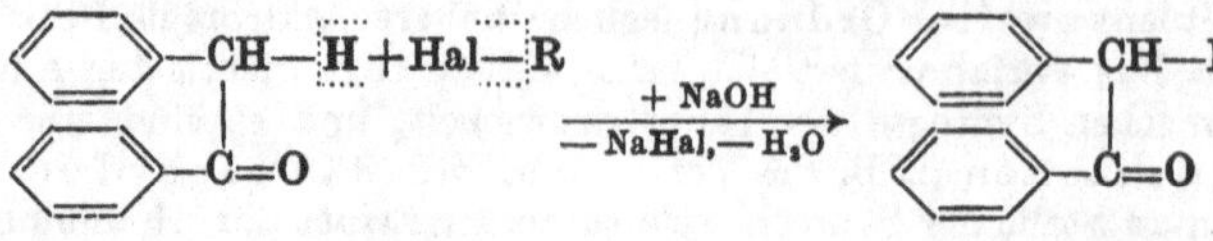

Ungesättigte aromatische Ketone erhält man in Analogie zur Zimtaldehydsynthese (S. 270) durch Kondensation von aromatischen Aldehyden oder Ketonen mit Aceton in Gegenwart von Natriumalkoholat (und auch anderen basischen Katalysatoren), wobei ebenfalls das intermdieär gebildete aldolartige Zwischenprodukt instabil ist und unter den Reaktionsbedingungen spontan in die ungesättigte Verbindung übergeht. Z. B. entstehen aus Benzaldehyd und Aceton je nach der Zahl der eintretenden Benzalgruppen zwei verschiedene Verbindungen, das **Benzalaceton** und das **Dibenzalaceton**:

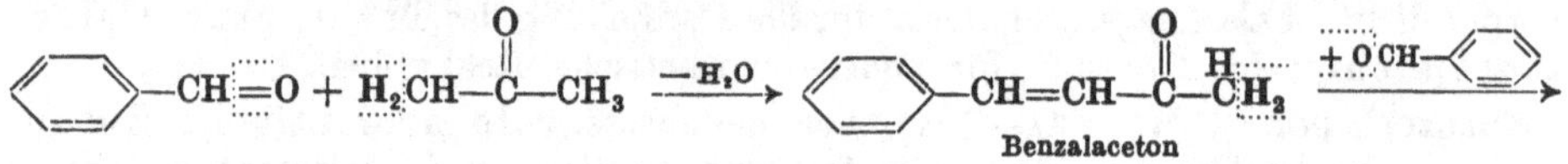

Benzalaceton

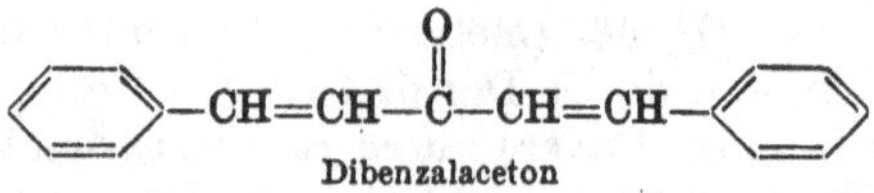

Dibenzalaceton

Ähnlich erhält man aus Zimtaldehyd und Aceton die noch ein bzw. zwei Doppelbindungen mehr im Molekül enthaltenden Verbindungen:

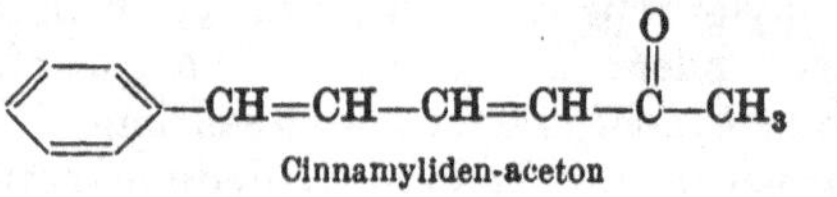 und

Cinnamyliden-aceton

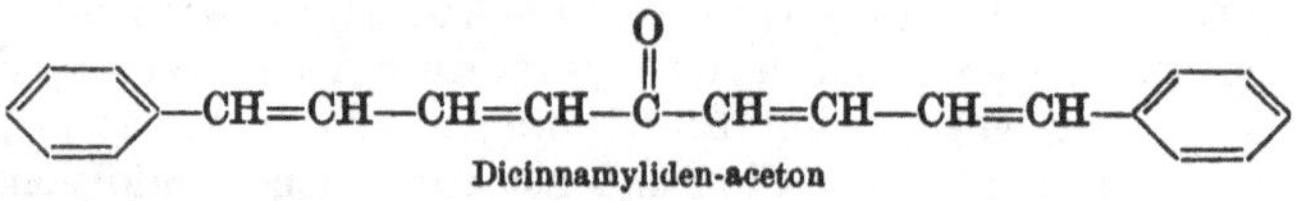

Dicinnamyliden-aceton

Ferner ist das aus Benzaldehyd und Acetophenon entstehende *Benzalacetophenon* $C_6H_5—CH=CH—CO—C_6H_5$ unter dem Trivialnamen **Chalkon** bekannt geworden.

Diese ungesättigten aromatischen Ketone sind infolge des ausgedehnten Systems konjugierter Doppelbindungen vom Dibenzalaceton ab farbig. Als neuartige Reaktion zeigen sie die Bildung eigenartiger farbiger Komplexverbindungen bei der Einwirkung von starken Säuren oder von komplexbildenden Metallhalogeniden. Die Besprechung des Aufbaus dieser Komplexe erfolgt erst später im Zusammenhang mit den Halochromieerscheinungen (**III**, Kap. 2, I, 2b).

e) Die Halogenketone

Wie die Aldehyde sind auch die Ketone in α-Stellung zur Carbonylgruppe leicht halogenierbar. Die entstehenden *α-Halogenketone* sind etwas beständiger als die entsprechenden Aldehydderivate und zeigen wie die Allyl- und Benzylhalogenide (S. 159) infolge der Nachbarstellung des Halogens zu einer Doppelbindung physiologische Reizwirkung, insbesondere wieder auf die Augen. **Monochloraceton, Monobromaceton** ($CH_3—CO—CH_2—Hal$) und auch ein Gemisch der beiden möglichen **α-Monobrom-methyläthylketone** ($C_2H_5—CO—CH_2Br$ und $CH_3—CH_2Br—CO—CH_3$) dienten daher im ersten Weltkrieg als Kampfstoffe. Ihnen folgte später das noch wirksamere **α-Chloracetophenon** C_6H_5—CO—CH_2—Cl als Tränengas der amerikanischen Polizei.

Hexachlor-, Hexabrom- und **Hexajodaceton** entstehen bei der vollständigen Halogenierung von Aceton und treten als Zwischenverbindungen bei der Bildung der drei Halogenoforme auf (S. 166 f.).

β-Halogenketone bilden sich bei der Anlagerung eines Säurechlorids an Olefine unter den Bedingungen der FRIEDEL-CRAFTSschen Reaktion (vgl. S. 97) oder bei der direkten Anlagerung von Chlorwasserstoff an ungesättigte Ketone (s. oben). Sie erleiden wie alle β-substituierten Carbonylverbindungen (vgl. z. B. die Aldole, S. 258) leicht Abspaltung von Halogenwasserstoff zu ungesättigten Ketonen, lassen sich aber auch anderweitig umsetzen.

Die **kernhalogenierten aromatischen Ketone** werden nach den gleichen Methoden wie die entsprechenden Aldehyde gewonnen, haben aber keine größere Bedeutung erlangt.

3. Die Derivate der Aldehyde und Ketone

a) Allgemeines

Unter dem Begriff der *Derivate der Oxoverbindungen* faßt man auf Grund der oben gegebenen Definition (S. 241) alle Verbindungen zusammen, in denen der Carbonylsauerstoff der Aldehyde und Ketone durch andere negative Reste ersetzt ist. Sie zeigen unabhängig von ihrer speziellen Zusammensetzung alle einen ähnlichen charakteristischen Aufbau, und wir können sie daher stets auf eine der folgenden drei Verbindungstypen zurückführen:

1. Verbindungen vom **Carbonyltypus.** Sie enthalten ein doppelt gebundenes Hetero-atom, d. h. eine C=O-, C=S-, oder C=N-Doppelbindung und neigen infolgedessen zu Anlagerungs- und Polymerisationsreaktionen.

2. Verbindungen vom **Hydrattypus**: $R_2C\begin{matrix}\diagup YH \\ \diagdown X\end{matrix}$. In ihnen ist der Carbonylsauerstoff durch zwei einwertige negative Substituenten ersetzt, von denen mindestens einer noch Wasserstoff am Heteroatom gebunden enthält. Sie sind mit nur wenigen Ausnahmen unbeständig und zeigen die Tendenz, unter Abspaltung der Verbindung H—X den ersten Verbindungstypus zurückzubilden:

$$R—CH\begin{matrix}\diagup YH \\ \diagdown X\end{matrix} \xrightarrow{-HX} R—CH{=}Y$$

Wir begegnen hier erstmals der auch bei anderen Verbindungsklassen immer wieder beobachteten allgemein gültigen Regel, daß zwei negative Reste am gleichen Kohlenstoffatom nur dann beständig sind, wenn keiner von ihnen zum Kohlenstoff α-ständigen Wasserstoff enthält, da andernfalls Abspaltung eines Moleküls H—X unter Ausbildung einer C=Y-Doppelbindung erfolgt.

Obwohl die Isolierung der Verbindungen dieses zweiten Typus nur in wenigen Fällen gelungen ist, läßt sich ihre Bildung in Lösung mit Sicherheit nachweisen, und ihr intermediäres Auftreten ist für die Bildung und Spaltung aller unter 1 und 3 genannten Verbindungen unerläßlich.

3. Verbindungen vom **Acetaltypus** $R_2C\begin{matrix}\diagup X \\ \diagdown X\end{matrix}$, in denen der Carbonylkohlenstoff ebenfalls zwei einwertig negative, jedoch an den Hetero-atomen wasserstofffreie Substituenten trägt. Sie sind infolge des Fehlens der reaktions-

fähigen polaren Doppelbindung sowie auch der Möglichkeit zu einfachen Abspaltungsreaktionen ziemlich stabil, und zwar, im Gegensatz zu den Carbonylverbindungen selbst, vor allem gegenüber Wasser, Alkalien und Oxydationsmitteln. Sie nähern sich in dieser Beziehung von allen Oxoverbindungen am meisten den weitgehend hydrolysen- und oxydationsbeständigen Verbindungen mit wasserstofffreien einwertig negativen Funktionen, wie z. B. den Alkylhalogeniden, Äthern, tertiären Aminen usw. Dagegen sind sie auffallend säurelabil und werden durch verdünnte Mineralsäuren als Katalysatoren schon in kurzer Zeit hydrolysiert, weil sie durch Protonenaufnahme intermediär in wasserstoffhaltige Verbindungen vom Hydrattypus übergehen, die dann ihrerseits eine Abspaltungsreaktion eingehen können:

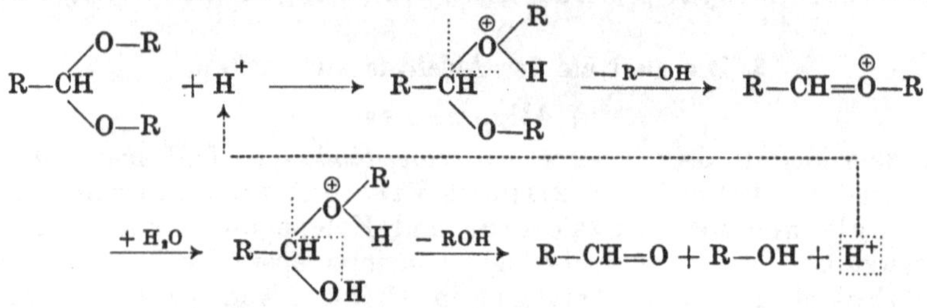

Die **Einteilung** der Derivate der Oxoverbindungen erfolgt am besten auf Grund der am Carbonylkohlenstoff stehenden Hetero-elemente in die Halogen-, Sauerstoff-, Schwefel- und Stickstoffderivate der Aldehyde und Ketone.

b) Die Halogenderivate der Aldehyde und Ketone

Da die einwertigen Halogenatome nicht doppelt gebunden werden können, sind hier nur Derivate des zweiten und dritten Verbindungstypus bekannt, von denen wieder nur die letzteren beständig sind. Die wichtigsten von ihnen sind die auf S. 165f. bereits beschriebenen **geminalen Dihalogenverbindungen**, die als Derivate vom Acetaltypus eine ähnliche Reaktionsfähigkeit zeigen wie die Monohalogenverbindungen und daher mit diesen gemeinsam behandelt wurden. An dieser Stelle interessiert uns lediglich ihr Verhalten als Aldehyd- und Ketonderivate, das, abgesehen von ihrer Bildung bei der Einwirkung der Phosphorpentahalogenide (zuweilen bereits der Halogenwasserstoffe) auf Oxoverbindungen, vor allem in ihrer gelegentlichen Verwendung zur Darstellung von Aldehyden oder Ketonen zum Ausdruck kommt (vgl. z. B. die Verseifung von Benzalchlorid zu Benzaldehyd, S. 166, oder von Dibromessigsäure zu Glyoxylsäure, S. 517). Auch die Acetale werden häufig nicht von den Oxoverbindungen aus, sondern über die gem-Dihalogenide gewonnen (vgl. S. 165).

Eine andere Reihe von Halogenverbindungen, die nur noch ein Hal-Atom am Carbonyl-C-Atom enthalten, sind die **α-Halogenäther**[1]), die bei der Einwirkung von Alkoholen und viel Salzsäure auf die Oxoverbindung im Sinne der unten beschriebenen Acetalisierungsreaktion entstehen:

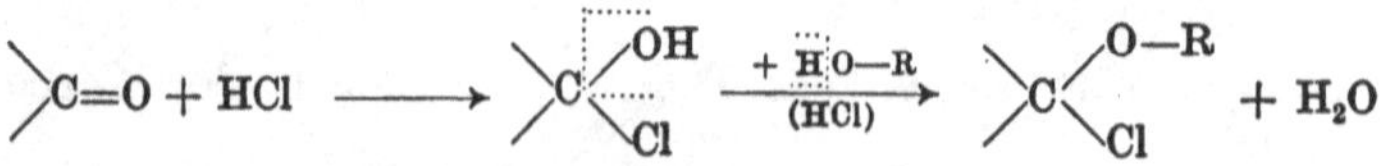

[1]) Zusammenfassung: L. SUMMERS: Chem. Rev. **1955**, 301.

In ihnen haben die Halogenatome die gleiche Reaktionsfähigkeit wie in den gem-Dihalogeniden, so daß man sie z. B. mit Alkoholaten, die sich von einem zweiten Alkohol ableiten, zu gemischten Acetalen umsetzen kann:

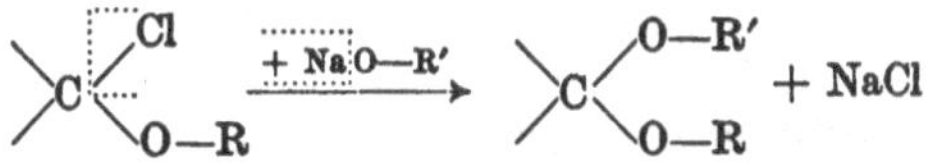

Die wichtigsten Vertreter dieser Verbindungsklasse werden wir später in den Acetohalogenderivaten der Kohlenhydrate (**III**, Kap. 4, I, 3b) kennenlernen.

Vom Formaldehyd sind auch die in Abwesenheit von Alkohol mit den Halogenwasserstoffsäuren entstehenden **α,α'-Dihalogen-dimethyläther** (I) bekannt:

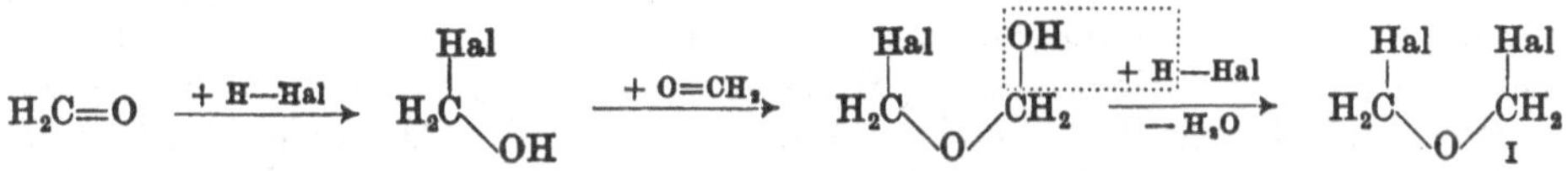

Sie zeigen eine außerordentlich starke physiologische Reiz- und Giftwirkung, insbesondere auf die Atmungsorgane, und wurden deshalb im ersten Weltkrieg als Kampfstoffe verwandt, haben sich als solche jedoch wegen ihrer leichten Hydrolysierbarkeit nicht bewährt.

Die bei der Bildung der α-Halogenäther als Zwischenprodukte auftretenden Halogenderivate vom Halbacetaltypus 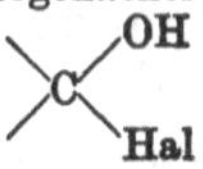 sind der oben gegebenen allgemeinen Charakteristik entsprechend sehr unbeständig und spalten äußerst leicht wieder rückwärts Halogenwasserstoff ab, so daß ihre Isolierung bisher nicht möglich war. Sie haben daher keinen besonderen Namen erhalten, doch muß man in Lösung mit ihrer Anwesenheit rechnen. Auch bei Umsetzungen der Aldehyde in Gegenwart von Halogenwasserstoffsäuren entstehen sie als Zwischenprodukte (vgl. z. B. S. 135).

c) Die Sauerstoffderivate der Aldehyde und Ketone

Die einzige Sauerstoff-Funktion vom Carbonyltypus stellt die Carbonylgruppe selbst dar, so daß wir uns an dieser Stelle nur mit den Verbindungen zu beschäftigen brauchen, die zwei einwertige Sauerstoffreste am Carbonylkohlenstoff enthalten. Sie zeigen infolge der Zweiwertigkeit des Sauerstoffs bereits eine viel größere Mannigfaltigkeit als die Halogenderivate.

α) Die Hydrate

Lagert man an die Carbonylgruppe Wasser an, so entstehen die bereits mehrfach erwähnten *Hydrate* der Oxoverbindungen:

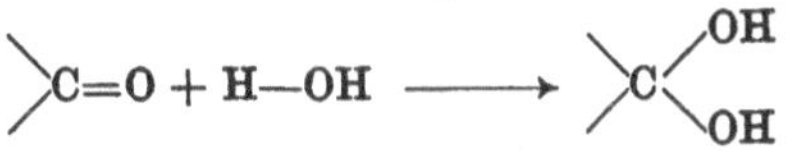

Sie stellen den Prototyp der zweiten Verbindungsklasse dar und spalten bei jedem Versuch zu ihrer Isolierung sofort wieder Wasser unter Rückbildung der Carbonylgruppe ab. Sie treten daher nur in wäßriger Lösung im Rahmen eines Gleichgewichtes mit der Carbonylverbindung auf und können hier durch die Abschwächung der charakteristischen Absorptionsbande der Carbonylgruppe eindeutig nachgewiesen werden (vgl. z. B. **II**, Kap. 2, II, 1). Die Gleichgewichtslage ist in Abhängigkeit von dem ungesättigten Charakter der Carbonylgruppe starken Schwankungen unterworfen und insbesondere bei dem stärker ungesättigten Formaldehyd und Chloral praktisch vollständig zur Seite der Hydrate hin verschoben, so daß man z. B., wie wir auf S. 261 gesehen haben, den Formaldehyd trotz seines niedrigen Siedepunktes nicht mehr aus einer wäßrigen Lösung herausdestillieren oder mit Äther extrahieren kann. Umgekehrt neigen die energetisch nicht mehr ungesättigten Ketone nur noch relativ wenig zur Hydratbildung.

Als einzige spezielle Reaktion der *Aldehydhydrate*, die eine gewisse Verwandtschaft mit den *Alkoholen* erkennen läßt, sei auf die oben bereits erwähnte und für die Oxydation der *Aldehyde* wichtige Dehydrierungsreaktion hingewiesen.

Trotz ihres unbeständigen Charakters sind die Hydrate sehr wichtige Verbindungen, denn ohne die Möglichkeit der Hydratbildung wären die Aldehyde und *Ketone* nicht in dem oben angegebenen Maße wasserlöslich, und ohne sie würden auch die meisten Oxydationsreaktionen der Aldehyde nicht stattfinden können (vgl. S. 253f.). Ohne Hydratbildung wäre also die wichtige biochemische Rolle der Aldehyde als Wasserstoffdonatoren bei Reduktionsreaktionen undenkbar. Wir begegnen hier erstmals der häufig beobachteten Erscheinung, daß die labilen, unbeständigen und schwer faßbaren Verbindungen für den Ablauf vieler, namentlich biochemischer Reaktionen von größerer Bedeutung sind (und zwar oft gerade wegen ihrer besonderen Reaktionsfähigkeit) als die gut bekannten stabilen Substanzen.

Lediglich in wenigen charakteristischen Fällen ist bisher eine Isolierung der Hydrate in Form stabiler und (infolge der starken Assoziationskräfte der beiden Hydroxylgruppen) bei normaler Temperatur auch kristallisierter Verbindungen gelungen. Als stabilisierender Effekt wurde vor allem die Besetzung eines bzw. beider zur Carbonylgruppe α-ständigen C-Atome mit negativen Gruppen erkannt. So entsteht z. B. das bei 52° schmelzende **Chloralhydrat** aus den Komponenten mit deutlich positiver Wärmetönung und wird erst beim Behandeln mit konzentrierter Schwefelsäure wieder entwässert. Ferner zeigt Chloral infolge seiner starken Hydratisierungstendenz in wäßriger Lösung nicht mehr alle Aldehydreaktionen. Z. B. tritt mit fuchsin-schwefliger Säure keine Rotfärbung mehr ein. Weitere Carbonylverbindungen, die stabile Hydrate bilden, sind Bromal, die Hexahalogenacetone, sowie eine Reihe von Substanzen, die in α-Stellung zur Carbonylgruppe andere mehrwertige Sauerstoff-Funktionen enthalten, wie z. B. Glyoxylsäure (O=CH—COOH, S. 517) und Mesoxalsäure (HOOC—CO—COOH, S. 519).

β) Die Halbacetale

Beim Auflösen von Oxoverbindungen in Alkoholen entstehen die den Hydraten entsprechenden *Halbacetale*:

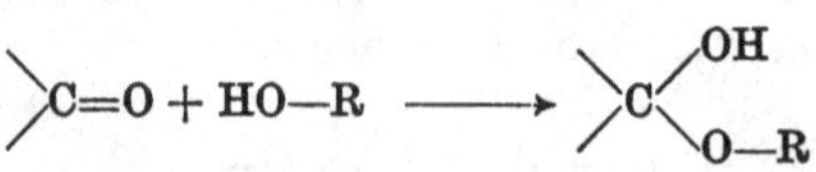

Sie sind ähnlich unbeständige Verbindungen wie die Hydrate und werden ebenfalls erst bei stark negativer Substitution der α-ständigen C-Atome existenzfähig, wie u. a. die Bildung kristallisierter Halbacetale des Chlorals, Bromals usw. zeigt. Ihr Auftreten in alkoholischer Lösung geht einerseits wiederum aus der Abschwächung der Absorptionsbande der C=O-Gruppe, andererseits aber auch aus der auffallend glatt verlaufenden Esterbildung bei der Aldehydoxydation in Gegenwart von Alkoholen hervor, da nur die Halbacetale direkt zu den Estern dehydriert werden können:

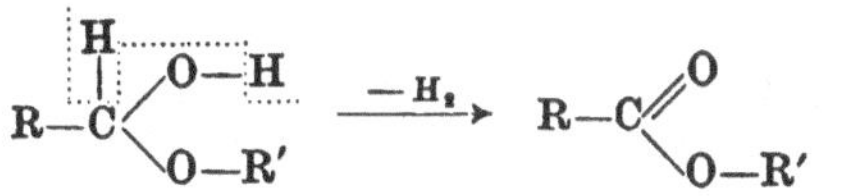

Gleichzeitig ist diese Reaktion ein schöner Beweis für die Richtigkeit der Dehydrierungstheorie.

Die Beständigkeit der Halbacetale wird sofort wesentlich größer, wenn ihre Bildung im Rahmen einer Ringschlußreaktion erfolgen kann. Wir werden daher später in den Kohlenhydraten (III, Kap. 4) ziemlich stabile cyclische Halbacetale kennenlernen, deren biochemisch wichtigste Reaktionen, die Bildung und Spaltung der Glykoside, sowie die der Di- und Polysaccharide, sich an der Halbacetalgruppe abspielen.

γ) Die Acetale

Ersetzt man in den Halbacetalen auch den Wasserstoff der zweiten Hydroxylgruppe durch einen Alkylrest (bzw., wie es dem tatsächlichen Reaktionsverlauf entspricht, die gesamte zweite Hydroxylgruppe durch einen Alkoxylrest), so kommt man zu den Acetalen[1]). Sie gehören dem dritten Verbindungstypus an und sind damit die ersten wirklich beständigen Sauerstoffderivate der Aldehyde und Ketone, die wir kennenlernen. Als solche kommen sie vielfach natürlich vor, z. B. als Duft- und Aromastoffe im Wein sowie vor allem in sämtlichen glykosidischen Derivaten der Kohlenhydrate einschließlich der Di- und Polysaccharide (III, Kap. 4, III u. IV), die als echte, wenn auch sehr ungewöhnlich konstituierte Acetale aufzufassen sind.

Die **Darstellung der Acetale** aus den Aldehyden und Ketonen kann nicht mehr durch eine Anlagerungsreaktion an die Carbonylgruppe allein erfolgen, sondern erfordert immer eine Substitution am gesättigten C-Atom oder am Sauerstoff. Sie geht infolgedessen im Gegensatz zur Hydrat- und Halbacetalbildung relativ langsam vor sich bzw. muß durch Katalysatoren beschleunigt werden. Im einzelnen unterscheiden wir die folgenden fünf Darstellungsmöglichkeiten: 1. die Acetalisierung durch direkte Umsetzung der Oxoverbindungen mit Alkoholen, 2. die verschiedenen Umacetalisierungsreaktionen, 3. die Umsetzung von gem-Dihalogenverbindungen mit Alkoholaten, 4. die Alkylierung von Aldehyd-hydraten sowie schließlich 5. synthetische Methoden.

Zu 1. Die Acetalisierung einer Oxo-Verbindung mit zwei Molekülen eines Alkohols ist ein in zwei sehr verschiedenartigen Teilreaktionen verlaufender Vorgang: In der ersten Stufe findet im Rahmen einer normalen Carbonylreaktion unmeßbar rasch die Halbacetalbildung statt, und in der zweiten Stufe wird die OH-Gruppe dieses Halbacetals mit meßbarer Geschwindigkeit gegen den zweiten Alkoxyrest ausgetauscht:

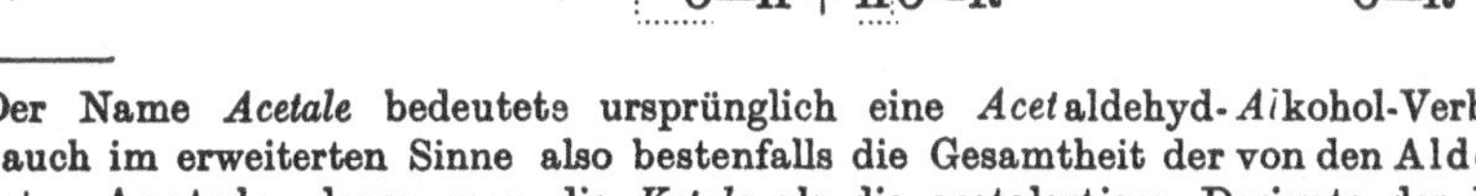

[1]) Der Name *Acetale* bedeutete ursprünglich eine *Acet*aldehyd-*Al*kohol-Verbindung, erfaßte auch im erweiterten Sinne also bestenfalls die Gesamtheit der von den Aldehyden abgeleiteten Acetale, denen man die *Ketale* als die acetalartigen Derivate der Ketone gegenüberstellte. Heute hat sich der Name *Acetale* als Gruppenname für die ganze Klasse acetalartiger Verbindungen weitgehend durchgesetzt, und man unterscheidet *Aldehyd-* und *Ketonacetale.*

Erst in dieser zweiten Reaktionsstufe tritt also die oben beschriebene Substitution am gesättigten C-Atom ein, die infolge ihres langsamen Verlaufes für beide Teilreaktionen geschwindigkeitsbestimmend ist und daher als die eigentliche Acetalisierungsreaktion angesehen werden muß. Sie verläuft in erster Näherung wie eine Verätherung und wird auch wie diese durch starke Säuren oder die ähnlich wirkenden Komplexbildner ($ZnCl_2$, $AlCl_3$, BF_3 usw.) katalytisch beschleunigt. Doch ist die Reaktionsgeschwindigkeit wesentlich größer als die der Ätherbildung, was auf eine mehr formale Analogie und das Vorliegen eines anderen Reaktionsmechanismus hindeutet (Näheres vgl. II, Kap. 4, II, 2aα).

Die Reaktion führt stets zu einem Gleichgewicht, das bei den stärker ungesättigten Aldehyden im allgemeinen für die Acetalisierung günstig liegt, so daß man die Acetalbildung durch mehrstündiges Kochen der alkoholischen Aldehydlösung mit einem geringen Zusatz von Salz- oder Schwefelsäure als Katalysator ohne Schwierigkeit vornehmen kann. Die Ketonacetale (Ketale) werden dagegen infolge der größeren Stabilität der C=O-Doppelbindung derart leicht wieder rückwärts gespalten, daß ihre Bildung auch in absolutem Alkohol als Lösungsmittel nur unvollständig gelingt und besondere Vorsichtsmaßnahmen erfordert.

Zu 2. Unter Umacetalisierung versteht man den beim Kochen eines Acetals mit einer überschüssigen Hydroxy- (oder auch Oxo-)Verbindung in Gegenwart eines Katalysators erfolgenden Austausch der alkoholischen (bzw. der Carbonyl-)Komponente des Acetals gegen die entsprechende Gruppe des zugesetzten Stoffes:

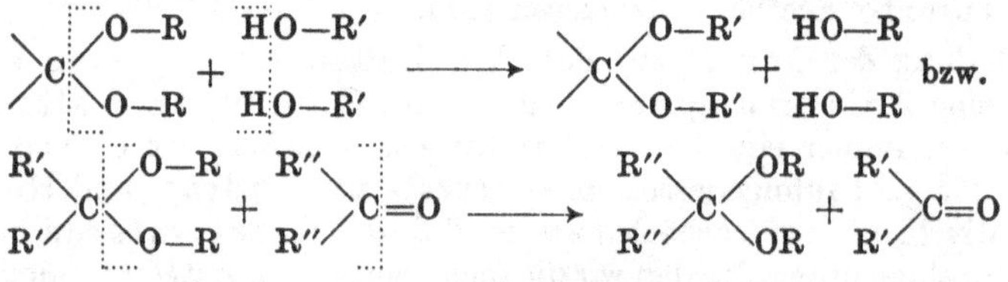

Beide Umacetalisierungsreaktionen werden in gleicher Weise wie die direkte Acetalisierung des Halbacetals durch geringe Mengen von Mineralsäuren katalysiert und beruhen in ihrem Mechanismus auch auf einer gleichartigen Substitution des acetalartig gebundenen Sauerstoffrestes. Sie sind naturgemäß Gleichgewichtsreaktionen, die sich insbesondere zum Austausch niedermolekularer gegen höhermolekulare Substituenten eignen, da man dann den in Freiheit gesetzten niedermolekularen Alkohol (bzw. die Oxoverbindung) leicht aus dem Reaktionsgemisch abdestillieren kann. Weiterhin bieten sie den Vorteil, daß kein Wasser entsteht, man auf diese Weise also auch leicht zu den Ketalen gelangen kann (vgl. auch S. 295).

Ihr wichtigstes Anwendungsgebiet hat die Umacetalisierung im Sinne des zweiten Reaktionstypus gefunden, da hier die Möglichkeit besteht, an Stelle des als „Acetalisierungsmittel" dienenden Acetals $R'_2C(O—R)_2$ andere acetalartige Verbindungen zu verwenden, die aus irgendwelchen Gründen instabiler sind und daher eine wesentlich größere Tendenz zur Übertragung der Alkoxygruppen aufweisen als die Acetale selbst, so daß das Auftreten von Gleichgewichtsgemischen vermieden wird. Solche Verbindungen mit großer Acetalisierungstendenz sind: 1. die von L. Claisen (ab 1896) vorgeschlagenen Orthocarbonsäureester (S. 351), von denen speziell die Orthoameisensäureester eine vielfache praktische Anwendung gefunden haben. Hier ist es die Bildungstendenz der viel weniger ungesättigten Estercarbonylgruppe, die die Reaktion in die gewünschte Richtung lenkt. 2. die von W. Voss (1931) eingeführten Schwefligsäureester (S. 209), bei denen die Bildungstendenz des stabilen SO_2-Moleküls, und 3. die von B. Helferich (1924) eingeführten Kieselsäureester (S. 213), bei denen die Bildungstendenz des hochmolekularen Siliciumdioxyds die Übertragung der Alkoxygruppen begünstigt:

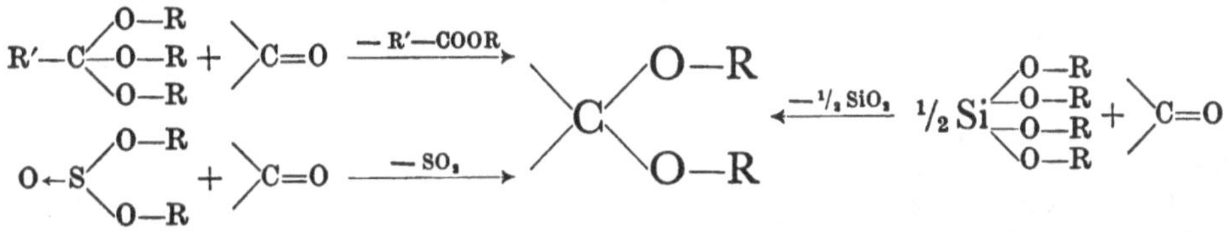

Auch diese Verfahren dienen in erster Linie zur Darstellung von Ketonacetalen.

Zu 3. Eine weitere Möglichkeit der Acetalbildung besteht in der schon mehrfach erwähnten Umsetzung von gem-Dihalogenverbindungen mit Natriumalkoholaten (S. 165). Geht man von den α-Halogenäthern aus, so kann dieses Verfahren als einziges auch zur Gewinnung gemischter Acetale Verwendung finden (S. 287).

Zu 4. Die Hydroxylgruppen der **Aldehydhydrate** lassen sich in gleicher Weise wie die der Alkohole und Phenole in alkalischem Medium mit Dimethylsulfat oder anderen Alkylierungsmitteln alkylieren[1]):

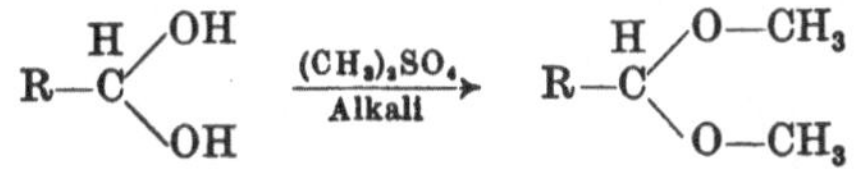

Die Reaktion führt jedoch nur bei Aldehyden, die leidlich stabile Hydrate bilden, in befriedigender Ausbeute zum Ziel.

Zu 5. Eine Kombination der Synthese der Carbonylgruppe mit der Acetalbildung findet bei der Addition von zwei Molekülen eines Alkohols an Acetylenkohlenwasserstoffe statt. Die Reaktion führt über die Enoläther (S. 228) als Zwischenprodukt und kann auch von diesen ausgehend durch Anlagerung nur eines Alkoholmoleküls durchgeführt werden:

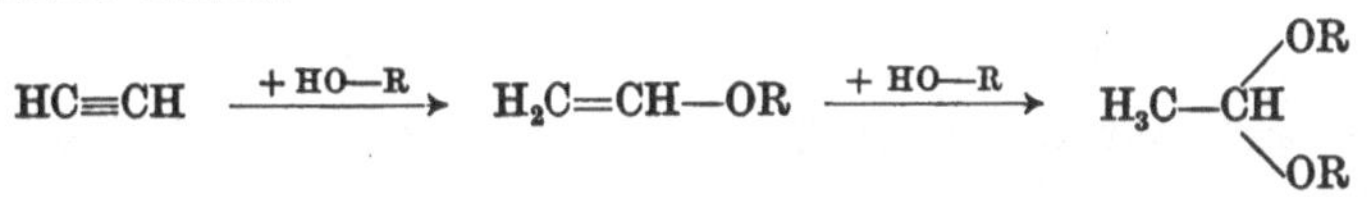

Als weitere **synthetische Bildungsweise,** die gleichzeitig eine zweite Möglichkeit darstellt von den Orthocarbonsäureestern ausgehend zu den Acetalen zu gelangen, sei nochmals die bereits auf S. 246 u. 273 beschriebene Reaktion der Orthocarbonsäureester mit Grignard-Verbindungen hervorgehoben.

Eigenschaften. Die Acetale sind esterartig riechende, leicht siedende und schlecht kristallisierende Verbindungen, die in ihren physikalischen Eigenschaften den Äthern und Estern gleichen Molekulargewichts nahestehen. Chemisch sind sie als Prototyp der Verbindungen vom Acetaltypus ziemlich beständig und zeigen eine gewisse Annäherung an die Äther, mit denen sie vor allem die Alkalistabilität und die Beständigkeit gegen Oxydationsmittel sowie auch die Labilität gegenüber Säuren gemeinsam haben. Die Geschwindigkeit der Säurehydrolyse ist allerdings, genau wie die der Umkehrreaktion, der Acetali-

1) E. Schmitz: Angew. Chem. 68, 375 (1956).

sierung, gegenüber der der Ätherspaltung (bzw. Ätherbildung) stark gesteigert, was auch hier auf einen anderen Reaktionsmechanismus (vgl. **II**, Kap. 4, II, 2aα) zurückzuführen ist. Es genügt daher im allgemeinen ein etwa einstündiges Erwärmen mit einer einnormalen Mineralsäure, um die Spaltung zu vollenden, so daß die Acetale zu den ausgesprochen leicht verseifbaren Verbindungen gehören.

Die Acetale weisen wie die Ester infolge des Vorliegens von Brückensauerstoffatomen eine Doppelnatur auf und können nicht nur als Derivate der Carbonylverbindungen, sondern auch als Alkoholderivate angesehen werden. Vergleichen wir sie als solche einmal mit den alkalilabilen und in erster Näherung säurestabilen Estern (S. 207), so liegen hier die Verhältnisse gerade umgekehrt. Die Acetale sind säurelabil und alkalistabil. Diese gegensätzliche Natur von Estern und Acetalen ist insbesondere für die Kohlenhydratchemie von großer Bedeutung, da man auf diese Weise sowohl für Reaktionen in saurem als auch für Reaktionen in alkalischem Medium stabile und nach erfolgter Umsetzung leicht wieder abspaltbare Substituenten zum Schutze der nicht in Reaktion tretenden OH-Gruppen des Kohlenhydratmoleküls zur Verfügung hat. Es ist durch geschickte Kombination beider Substitutionsmöglichkeiten mehrfach gelungen, einzelne Hydroxyl-Gruppen getrennt von den anderen umzusetzen (vgl. z. B. **III**, Kap. 4, I, 3e).

Als gegen Alkali und Oxydationsmittel stabile Verbindungen verwendet man die Acetale häufig an Stelle der freien Aldehyde und Ketone, um Reaktionen in alkalischem Medium oder Oxydationsreaktionen an anderen Molekülteilen vorzunehmen. Als Beispiel sei auf die oben angeführte Darstellung von Propargylaldehyd hingewiesen (S. 268), bei der man zur Schonung der *Aldehyd*gruppe die mit alkalischen Reagenzien erfolgende Halogenwasserstoffabspaltung zur dreifachen Bindung am Acetal des α,β-Dibrompropionaldehyds vornimmt.

Von weiteren Umsetzungsmöglichkeiten der Acetale sei die in Umkehrung der unter 5. beschriebenen Bildungsweise erfolgende partielle Abspaltung eines Alkoholmoleküls zu Enol-äthern angeführt:

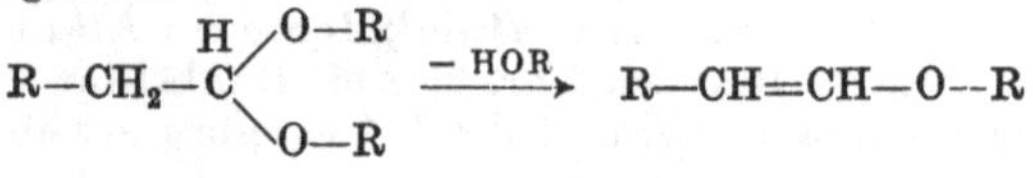

δ) Die Polymerisationsprodukte der Aldehyde

Die polymeren Aldehyde (S. 252) besitzen, abgesehen von der beiderseitigen Bindung des Brückensauerstoffs an oxydativ zweiwertigen Kohlenstoff, die gleiche Konstitution wie die Acetale, und zeigen dementsprechend ein völlig analoges Verhalten, das vor allem in der gleichartigen Katalyse der Bildung und Spaltung durch Mineralsäuren, sowie der gleichartigen Stabilität gegen Alkalien und Oxydationsmittel, zum Ausdruck kommt. Neuartig ist lediglich die Möglichkeit, durch thermische Zersetzung die *monomeren Aldehyde* zurückzugewinnen, eine Reaktion, die bei Temperaturen oberhalb 150° mit merklicher Geschwindigkeit erfolgt:

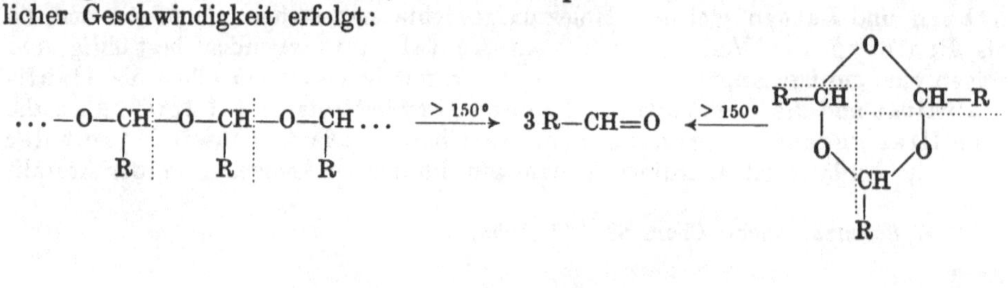

Die polymeren Aldehyde können daher bei allen Reaktionen, die oberhalb 150° oder in saurem Medium vor sich gehen (z. B. zur Durchführung von säurekatalysierten Kondensationsreaktionen, vgl. S. 130, 135), an Stelle der instabilen und schwierig zu handhabenden monomeren Verbindungen und bei allen in alkalischem Medium oder in Gegenwart eines Oxydationsmittels stattfindenden Reaktionen (z. B. um Umsetzungen unter Schonung der Carbonylgruppe vorzunehmen) an Stelle der Acetale verwandt werden. Diesen gegenüber bieten sie den weiteren Vorteil, daß die für die Umsetzung der Carbonylkomponente doch nur als Ballast wirkenden Alkylradikale der Acetale fortfallen und damit, namentlich bei den billigen niederen Aldehyden, wertvolle organische Substanz eingespart wird.

ε) Die Säure- und Peroxyderivate der Aldehyde und Ketone

Schließlich ist es auch möglich, die Alkylgruppen der Acetale durch Säurereste zu ersetzen, wobei man zu den im folgenden als **Esteracetale** bezeichneten Carbonsäurederivaten der Oxoverbindungen gelangt. Ihre Darstellung erfolgt entweder durch Anlagerung von zwei Molekülen einer Carbonsäure an Acetylenkohlenwasserstoffe oder durch Zusammenlagerung von je einem Molekül der Oxoverbindung und des betreffenden Carbonsäureanhydrids im Sinne der folgenden Gleichungen:

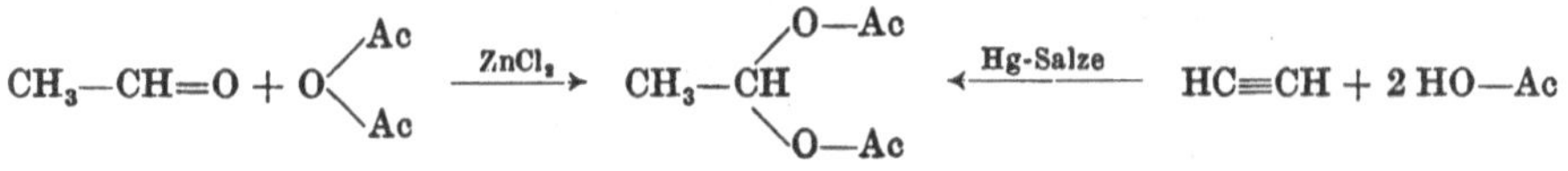

Diese Säurederivate der Carbonylverbindungen zeigen, wie zu erwarten, gleichzeitig Ester- und Acetaleigenschaften, und man kann sie daher sowohl durch Säuren als auch durch Basen aufspalten. Sie haben keine größere Bedeutung erlangt und werden daher auch nicht als gesonderte Verbindungsklasse aufgefaßt, sondern je nach den Verhältnissen entweder zu den Estern oder zu den Acetalen gerechnet.

Lediglich auf die spezielle Gruppe der **Peroxyderivate der Carbonylverbindungen**[1]) muß etwas näher eingegangen werden, da sie wegen ihrer nahen Beziehungen zu den Ozoniden (S. 94) und Ätherperoxyden (S. 220) von allgemeinem Interesse sind. Durch Anlagerung von Hydroperoxyd an Aldehyde und Ketone entstehen, je nachdem ob nur eine oder alle beide Oxy-Gruppen des Hydroperoxyds in Reaktion treten, die folgenden beiden Primärprodukte:

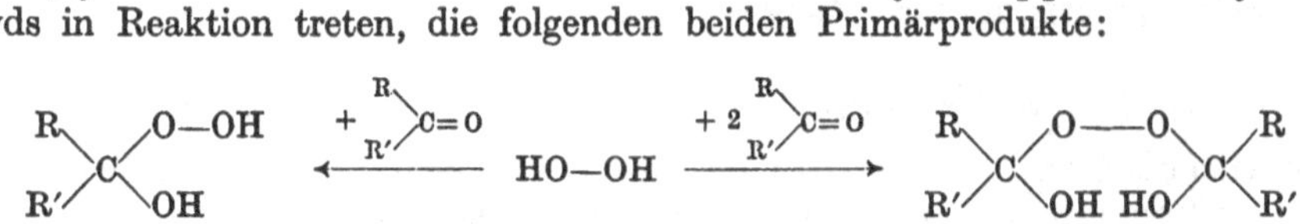

α-Oxyalkyl-hydroperoxyd Di-α-oxyalkyl-peroxyd

die, wie alle Verbindungen vom Halbacetaltypus, sehr unbeständig sind und sich, abgesehen von der Möglichkeit der Wiederabspaltung des Hydroperoxyds, vor allem durch Wasserabspaltung stabilisieren können. Hierbei entstehen aus den α-Oxyalkyl-hydroperoxyden die als Alkyliden- oder auch Aldehyd- bzw. Ketonperoxyde bezeichneten vollständigen Peroxyderivate der Carbonylverbindungen, in denen die Carbonyl-C-Atome acetalartig an zwei Peroxygruppen gebunden sind. Sie treten, wie die Polymerisationsprodukte

---

[1]) Zusammenfassung: A. Rieche: Angew. Chem. **70**, 251 (1958).

der Aldehyde, in zwei Formen auf, und zwar in einer dimolekularen cyclischen Form (I), die z. B. beim Acetonperoxyd verwirklicht ist und einer hochmolekularen Form (II), wie sie z. B. im Äthylidenperoxyd vorliegt:

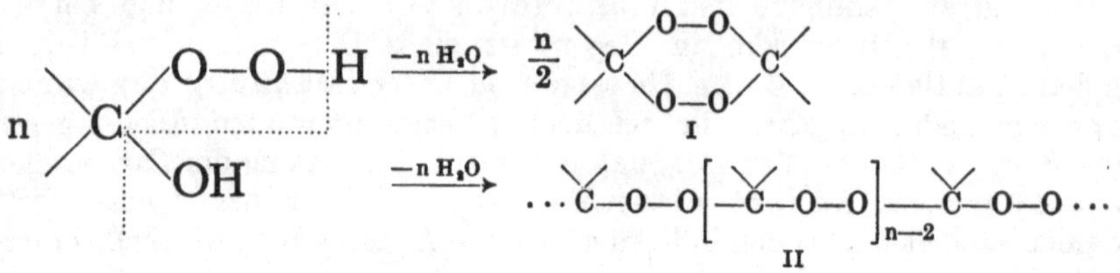

Da die wirkliche Struktur in den meisten Fällen nicht bekannt ist, schreibt man Verbindungen unbekannter Molekülgröße häufig auch:

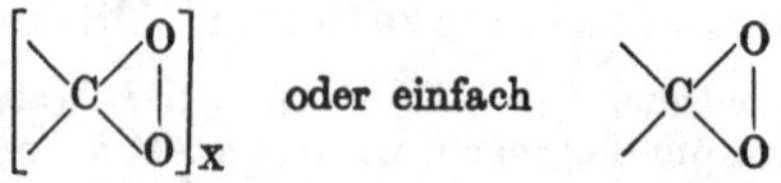

Im Gegensatz zu diesen normalen Aldehyd- und Ketonperoxyden, die, wie das Beispiel der Ätherperoxyde (S. 220) zeigt, noch relativ eng durch wechselseitige Übergänge mit den primär entstehenden α-Oxyalkyl-hydroperoxyden verbunden sind, entsteht nach A. Rieche (1932) aus den Dioxyalkyl-peroxyden bei der Wasserabspaltung mittels Phosphorpentoxyd eine etwas abseits stehende Gruppe von Peroxyverbindungen (I), die sich als identisch mit den Ozoniden[1]) erwiesen hat:

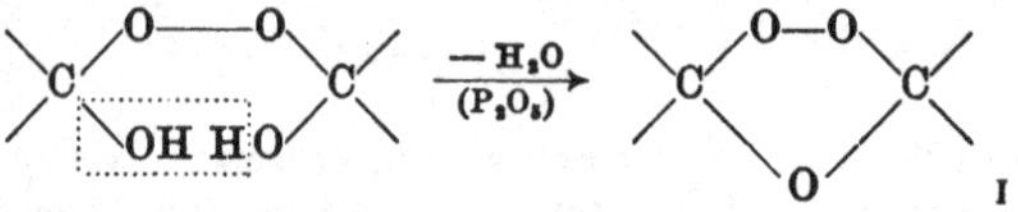

Ihre Untersuchung hat zu einer weitgehenden Klärung der Verhältnisse bei der Ozonidbildung geführt, und auch die auf S. 94 beschriebene hydrolytische und hydrierende Aufspaltung der Ozonide steht in Übereinstimmung mit der angenommenen Struktur.

Die Peroxyverbindungen der Oxo-Reihe weisen eine noch größere Unbeständigkeit auf als die Mono- und Dialkylperoxyde, weil sie, außer der ebenfalls sehr großen Neigung zu heftigen Explosionen und der Möglichkeit der katalytischen Hydrierung der Peroxy-Brücke, vor allem auch durch hydrolytische Reaktionen, insbesondere durch Säuren, leicht gespalten werden. Sie haben daher keine praktische Bedeutung erlangt.

d) Die Schwefelderivate der Aldehyde und Ketone

Je nach der Oxydationsstufe des eintretenden Schwefels unterscheidet man zwei Reihen von Schwefelderivaten der Carbonylverbindungen: 1. die den Sauerstoffverbindungen analog konstituierten Schwefelwasserstoffderivate und 2. die Derivate der Sauerstoffsäuren des Schwefels.

α) Die Schwefelwasserstoffderivate der Oxoverbindungen[2])

Ersetzt man den Carbonylsauerstoff durch ein Schwefelatom, wie es z. B. beim Behandeln der Aldehyde und Ketone mit Schwefelwasserstoff in Gegenwart von Salzsäure geschieht, so erhält man in glatter Reaktion die dem Paraldehyd entsprechenden trimeren **Thioaldehyde** und **Thioketone**:

[1]) Bzgl. einer weiteren Ozonidsynthese vgl. R. Criegee u. Mitarbb.: B. **87**, 766 (1954).
[2]) Zusammenfassung: E. Campaigne: Chem. Rev. **39**, 1 (1946).

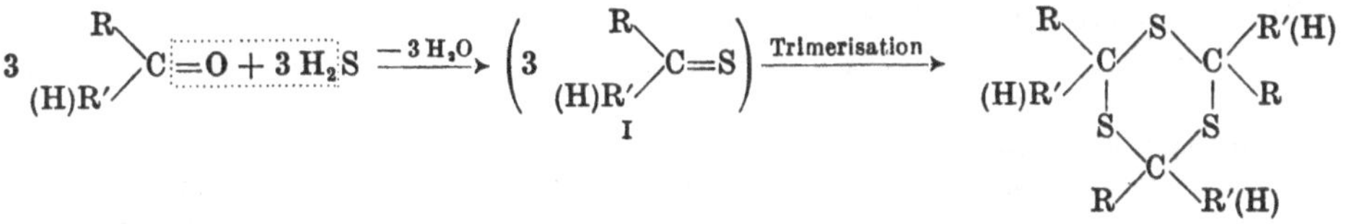

Die als Zwischenprodukt bei dieser Reaktion vermuteten monomeren Thio-oxo-verbindungen (I) können auf diesem Wege nicht gewonnen werden, weil sie in dem sauren Reaktionsmedium sofort polymerisieren. Sie sind äußerst unbeständige, insbesondere leicht polymerisierbare Stoffe von widerwärtigem Geruch, die noch nicht rein dargestellt werden konnten. Ihr „ungesättigtes" Verhalten läßt auf das Vorliegen einer echten C=S-Doppelbindung (bezüglich der Existenzfähigkeit von C=S-Doppelbindungen vgl. auch **II**, Kap. 3, II, 2c) schließen.

Wesentlich wichtiger sind die den Acetalen entsprechenden **Mercaptale**[1]), die in voller Analogie zur Acetaldarstellung bei der Einwirkung von Mercaptanen (I, Kap. 7, I, 1) auf Oxoverbindungen unter der katalytischen Einwirkung von Säuren oder Zinkchlorid entstehen:

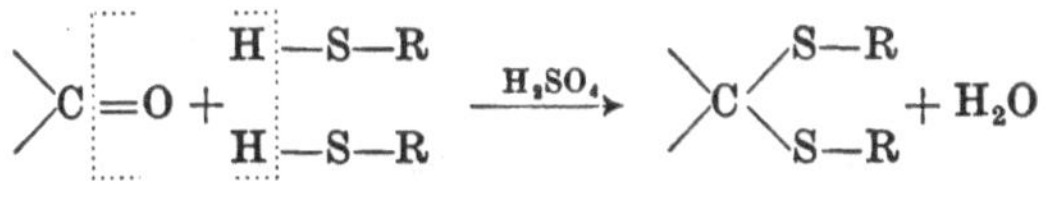

Da die Reaktion deutlich exotherm ist, liegt das Reaktionsgleichgewicht im allgemeinen viel günstiger als bei der Acetalbildung, so daß sich das Verfahren insbesondere auch zur Darstellung der Ketonmercaptale (*Mercaptole*, vgl. auch Anm. 1) eignet.

Eine zweite Darstellungsmöglichkeit, die ebenfalls einer Acetalbildungsreaktion analog verläuft, besteht in der Übertragung der Thioalkylreste von Orthothiocarbonsäureestern auf Aldehyde oder Ketone:

Eigenschaften. Die Mercaptale zeigen eine auffallende Ähnlichkeit mit den Acetalen, insbesondere sind die niederen Glieder der Reihe ebenfalls alkalistabile und säurelabile Flüssigkeiten. Doch hydrolysieren sie bereits wesentlich schwerer als die Acetale. Führt man die Säurespaltung in Alkoholen als Lösungsmittel durch, so findet eine Art „Umacetalisierung" zu den Acetalen statt, die, da keine freie Carbonylgruppe entstehen kann, auch in der Ketonreihe ohne Schwierigkeit gelingt, so daß man über die leicht darstellbaren Mercaptole[1]) die Ketale in zwei Arbeitsgängen gewinnen kann[2]):

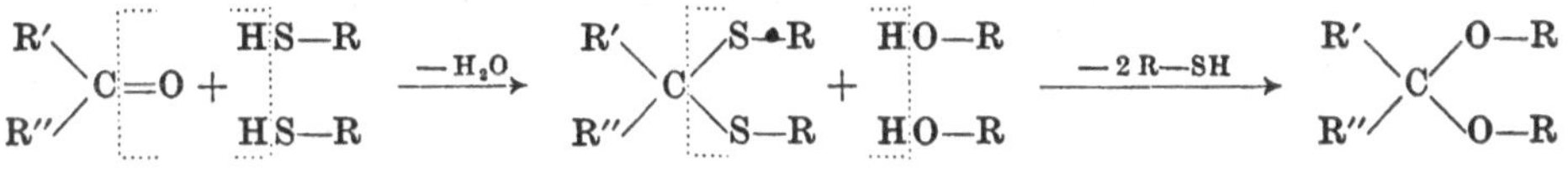

[1]) Aus *Mercapt*an-*Al*dehyd-Verbindung entstanden. Der Name bezeichnet also, genau wie bei den Acetalen, ursprünglich nur die Aldehydderivate, und man nennt daher die Ketonmercaptale, häufig auch *Mercaptole*. Doch hat sich im Laufe der Zeit der Ausdruck *Mercaptale* als Gruppenname für die gesamte Verbindungsklasse immer mehr eingebürgert und wird, wie bei den Acetalen, unterteilt in die *Aldehyd*- und *Ketonmercaptale*.

[2]) Vgl. z. B. W. E. Mochel u. Mitarbb.: Am. Soc. **70**, 2268 (1948).

Die besondere Natur als Schwefelverbindungen macht sich bei den Mercaptalen neben ihrem unangenehmen Geruch vor allem in den folgenden zwei Reaktionen bemerkbar:

1. Infolge der bekannten starken Affinität des Schwefels zu Schwermetallen kann man die Mercaptale auch mit Quecksilber(II)-chlorid, also unter Schonung anderer hydrolysierbarer Gruppen, hydrolytisch oder alkoholytisch aufspalten:

2. Mit Oxydationsmitteln tritt Oxydation des Schwefels unter Bildung von Sulfonen ein (Näheres vgl. I, Kap. 7, II, 2). Die Reaktion ist von großer praktischer Bedeutung für die Darstellung des Sulfonals und ähnlicher Schlafmittel:

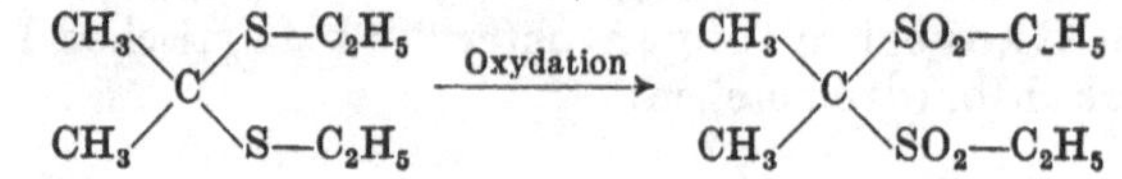

Diäthyl-acetonmercaptal Sulfonal

β) Die Derivate der Sauerstoffsäuren des Schwefels

Die niederen Sauerstoffsäuren des Schwefels enthalten (zumindest in einer der möglichen tautomeren Formen) noch am Schwefel gebundenen Wasserstoff und können sich daher unter Neubildung einer C—S-Bindung an die Carbonylgruppe anlagern. Auf diese Weise findet die Bildung von zwei weiteren charakteristischen Derivaten der Oxoverbindungen statt:

1. Die **Bisulfit-Verbindungen** entstehen, wie der Name sagt, bei der Einwirkung einer möglichst konzentrierten Natriumbisulfitlösung auf Oxoverbindungen in Form eines gut kristallisierten Niederschlages:

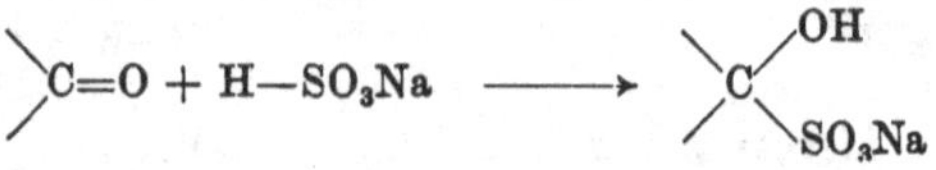

Sie gehören infolge der nahezu unpolaren C—S-Bindung zu den wenigen Carbonylderivaten vom Halbacetaltypus, die ziemlich beständig sind. Wegen ihrer hervorragenden Kristallisationsfähigkeit, verbunden mit einer leichten Wiederaufspaltbarkeit zur freien Carbonylverbindung bei der Einwirkung von Säuren oder Alkalien eignen sie sich besonders gut zur Reinigung, Identifizierung und auch Isolierung von Oxoverbindungen aus Substanzgemischen.

Ihre **Konstitution** war lange Zeit umstritten und konnte erst in neuerer Zeit von F. Raschig (1926/28) sowie insbesondere von W. M. Lauer und C. M. Langkammerer (1935) durch Synthese der an der OH-Gruppe acetylierten Formaldehyd-Bisulfit-Verbindung aus verschiedenen Ausgangsmaterialien endgültig im Sinne einer α-Oxymethan-sulfonsäure sichergestellt werden:

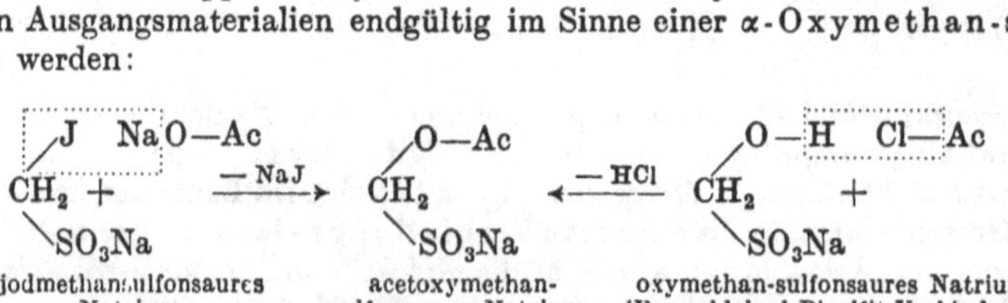

jodmethansulfonsaures Natrium — acetoxymethan-sulfonsaures Natrium — oxymethan-sulfonsaures Natrium (Formaldehyd-Bisulfit-Verbindung)

2. Der **Rongalit C**, auch *Hyraldit* genannt, ist das Formaldehyd-Additionsprodukt des unterschwefligsauren Natriums (Natriumhyposulfit, früher auch Natriumsulfoxylat genannt, vgl. anorg. Lehrbücher) und entsteht in grundsätzlich gleicher Weise wie die Bisulfitverbindung, wenn man das bei der Disproportionierung der unterdischwefligen (früher unterschwefligen) Säure in alkalischer Lösung im Rahmen einer Gleichgewichtsreaktion auftretende Hyposulfit-Ion mit Formaldehyd abfängt:

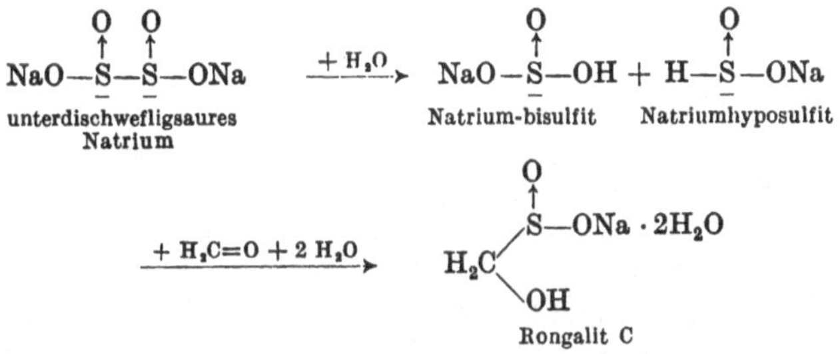

Rongalit C kristallisiert mit zwei Molekülen Kristallwasser und ist weniger als Formaldehydderivat, sondern in erster Linie als eines der wenigen stabilen Derivate der stark reduzierend wirkenden unterschwefligen Säure von Interesse. Er findet als Reduktionsmittel für Küpen-Farbstoffe (**III**, Kap. 2, I, 4bγ) vielseitige Anwendung.

e) Die Stickstoffderivate der Aldehyde und Ketone

Die Stickstoffderivate der Aldehyde und Ketone leiten sich ausschließlich von den Stickstoffwasserstoffverbindungen ab, also in erster Linie vom Ammoniak, Hydrazin, Hydroxylamin und ihren organischen Derivaten. Sie zeigen infolge der Dreiwertigkeit des Stickstoffs eine noch größere Mannigfaltigkeit als die Sauerstoffverbindungen, so daß wir hier nur auf die wichtigsten Verbindungstypen eingehen können.

Die Einwirkung der Stickstoffwasserstoffverbindung führt primär stets zu einer Anlagerung an die Carbonylgruppe unter Bildung einer normalen Additionsverbindung der Struktur I:

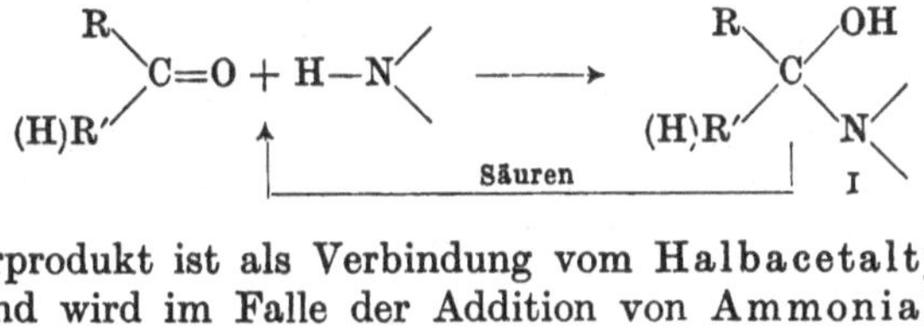

Dieses Primärprodukt ist als Verbindung vom Halbacetaltypus stets sehr unbeständig und wird im Falle der Addition von Ammoniak **Aldehyd-** bzw. **Keton-ammoniak** genannt. Es kann, ebenso wie die Hydrate und Halbacetale, nur beim Chloral und verwandten Verbindungen in kristallisierter Form isoliert werden und stabilisiert sich in allen anderen Fällen durch Sekundärreaktionen, die in saurer Lösung stets zur Rückbildung der Carbonylgruppe führen und in alkalischem (bzw. ammoniakalischem) Medium in Abhängigkeit von der Zahl der am Stickstoff befindlichen H-Atome einen verschiedenartigen Verlauf nehmen. Hierbei entstehen die eigentlichen stabilen Stickstoffderivate der Carbonylverbindungen, die man zweckmäßig auf Grund dieser Zahl der am Stickstoff befindlichen H-Atome, in die Derivate des Ammoniaks, der primären und der sekundären Amine unterteilt.

α) Die Ammoniakderivate

Die Aldehyd- und Keton-ammoniake erleiden als erste Folgereaktion immer eine *Wasserabspaltung* unter Bildung der entsprechenden *Iminoverbindungen* (bzgl. der Nomenklatur, vgl. I, Kap. 6, I):

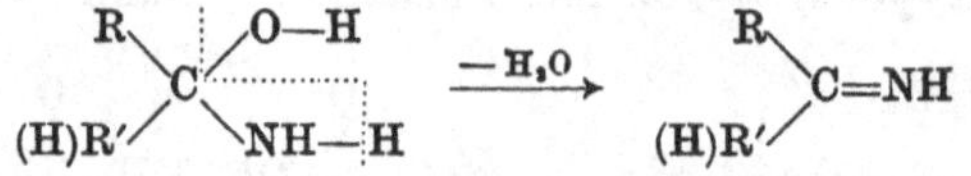

Diese sind als Derivate vom *Carbonyltypus* sehr *reaktionsfähig* und ebenfalls nur in wenigen Fällen existenzfähig (vgl. z. B. die *Chinon-imine*, S. 317). Meistens gehen sie auf Grund *weiterer Folgereaktionen*, deren Verlauf von der Natur der ursprünglichen Carbonylverbindung abhängt, in *stabile Endprodukte* über, wobei wir drei Möglichkeiten unterscheiden können:

1. Am einfachsten liegen die Verhältnisse beim *Acetaldehyd*, dessen Iminoverbindung analog der *Paraldehydbildung* (S. 265) zu einem *cyclischen Polymerisationsprodukt* trimerisiert und dann mit drei Molekülen Kristallwasser kristallisiert. Es zeigt infolgedessen die gleiche prozentuale Zusammensetzung wie die *primäre Additionsverbindung des Ammoniaks* an die Carbonylgruppe und wird kurz **Aldehydammoniak** (im engeren Sinn) genannt.

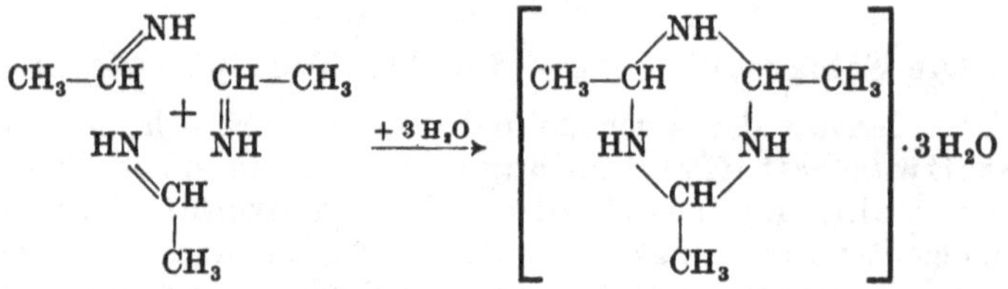

Aldehydammoniak

Der Aldehydammoniak wird durch *Säuren* sofort wieder hydrolytisch gespalten und dient daher vielfach zur *Isolierung und Reinigung des Acetaldehyds*. Auch beim Erhitzen über den Schmelzpunkt (97°) zerfällt er in seine Bestandteile.

2. Die *Iminoverbindung des Benzaldehyds* neigt, wie dieser selbst, weniger zur Polymerisation und reagiert als *sekundäre Stickstoffverbindung* (bzgl. Nomenklatur, vgl. I, Kap. 6, I) in Analogie zu den unten beschriebenen *sekundären Aminen* nochmals mit *Benzaldehyd*. Hierbei entsteht ein als **Hydrobenzamid** bezeichnetes Kondensationsprodukt, in dem der *gesamte Wasserstoff des Ammoniaks* in Reaktion getreten ist:

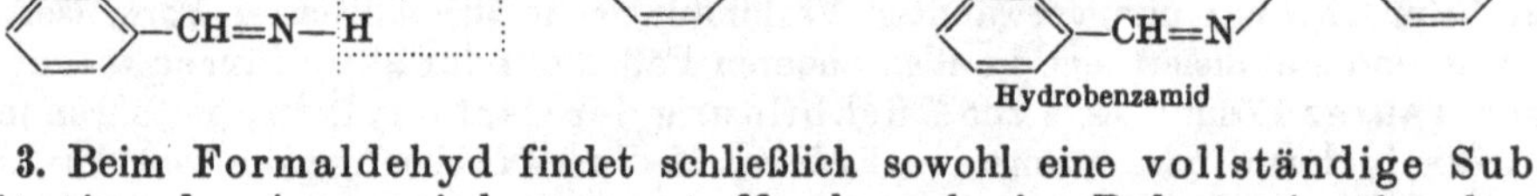

Hydrobenzamid

3. Beim *Formaldehyd* findet schließlich sowohl eine *vollständige Substitution des Ammoniakwasserstoffs* als auch eine *Polymerisation* bzw. Aufrichtung der C=N-Doppelbindungen statt, und man erhält als Reaktionsprodukt unter *Verdoppelung der Molekülgröße* gegenüber einer Verbindung vom *Hydrobenzamidtypus* ein sehr kompliziertes, *räumlich ausgedehntes* Molekül hoher Symmetrie, in dem *jede Methylengruppe* mit *zwei verschiedenen*

N-Atomen und jeder Stickstoff mit drei verschiedenen CH_2-Gruppen verbunden ist, so daß das entstehende Molekül nur einfache C—N-Bindungen enthält. Die Verbindung hat auf Grund dieser Zusammensetzung den Namen **Hexamethylen-tetramin** erhalten. Ihre Bildung aus sechs Molekülen Formaldehyd und vier Molekülen Ammoniak kann man sich etwa in der Weise vorstellen, daß zunächst je drei Moleküle Formaldehyd und Ammoniak wie beim Aldehyd-ammoniak zu der trimeren Iminoverbindung I kondensieren, die noch drei N—H-Bindungen enthält und daher mit drei weiteren Formaldehydmolekülen und einem vierten Ammoniakmolekül zu der Verbindung II weiter reagiert:

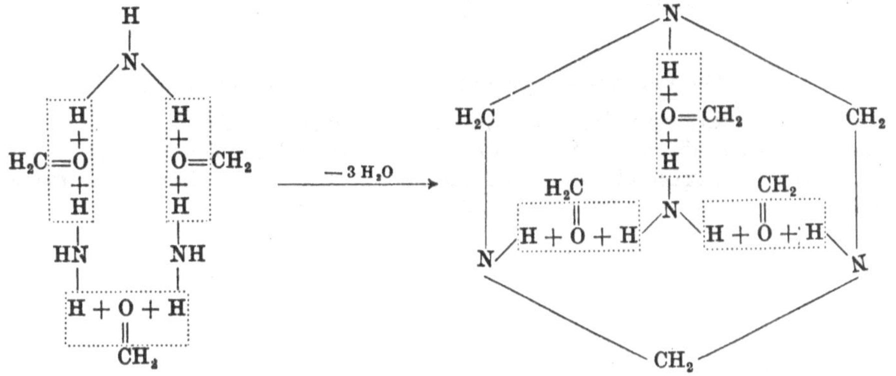

I

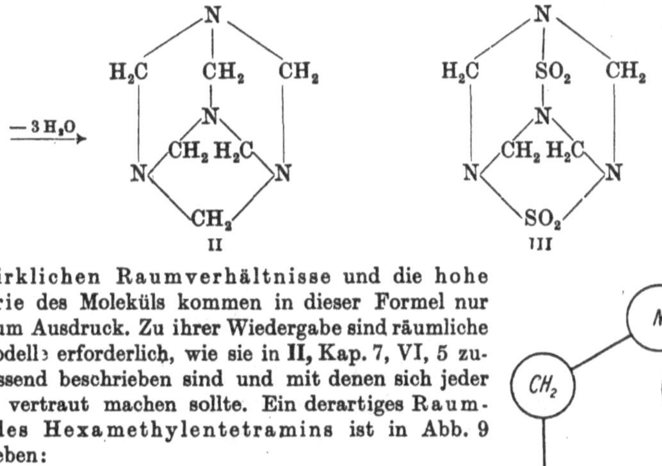

II III

Die wirklichen Raumverhältnisse und die hohe Symmetrie des Moleküls kommen in dieser Formel nur schlecht zum Ausdruck. Zu ihrer Wiedergabe sind räumliche Molekülmodelle erforderlich, wie sie in **II**, Kap. 7, VI, 5 zusammenfassend beschrieben sind und mit denen sich jeder Organiker vertraut machen sollte. Ein derartiges Raummodell des Hexamethylentetramins ist in Abb. 9 wiedergegeben:

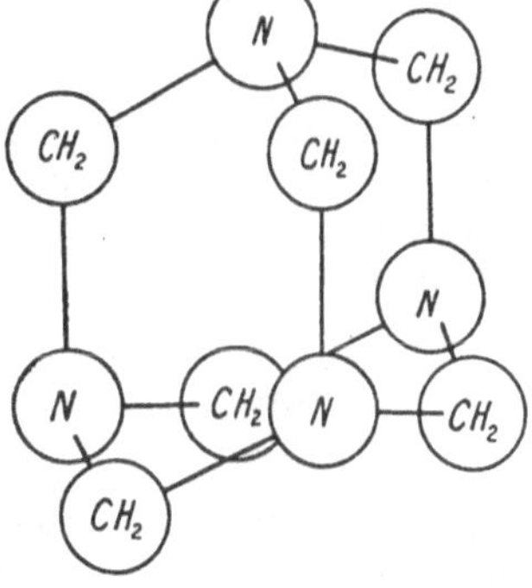

Abb. 9 Raummodell des Hexamethylen-tetramins

Die Raumstruktur des Hexamethylen-tetramins wird infolge ihrer hohen Kugelsymmetrie relativ leicht ausgebildet, und man begegnet ihr daher ziemlich häufig. So entsteht z. B. nach G. Hecht u. H. Henecka[1]) auch bei der Einwirkung von Sulfonamid [$SO_2(NH_2)_2$] auf Formaldehyd eine analog konstituierte Verbindung, das **Tetramethylen-disulfo-tetramin** (III), die sich durch eine außerordentlich starke Giftigkeit — sie ist etwa fünfmal so groß wie die des Strychnins — auszeichnet. Einem weiteren

[1]) Angew. Chem. 61, 365 (1949).

wichtigen Beispiel für die Raumstruktur des Hexamethylen-tetramins werden wir in I, Kap. 11, I, 3f. im Adamantan begegnen. In dem dort wiedergegebenen STUARTmodell (Abb. 17b) kommt die Kugelsymmetrie besonders deutlich zum Ausdruck.

Hexamethylen-tetramin ist eine gut kristallisierende, in Wasser und Alkohol leicht lösliche Verbindung, die sich, ohne vorher zu schmelzen, oberhalb 160° zersetzt. Mit Säuren tritt, wie bei allen Stickstoffverbindungen dieser Reihe, rasch Hydrolyse ein. Doch wird Formaldehyd auch durch Wasser allein schon in Spuren in Freiheit gesetzt, so daß sich die Verbindung als beständiges, leicht zu handhabendes Formaldehydderivat hervorragend zu Desinfektionszwecken eignet. Es kommt unter dem Namen **Urotropin** in den Handel.

β) Die Derivate der primären Amine (SCHIFFsche Basen)

Auch die Additionsprodukte der primären Amine an Aldehyde und Ketone spalten in alkalischem Medium sofort Wasser unter Bildung der entsprechenden Iminoverbindungen ab, die nach ihrem Entdecker allgemein als **SCHIFFsche Basen** (häufig auch *Azomethine* genannt) bezeichnet werden:

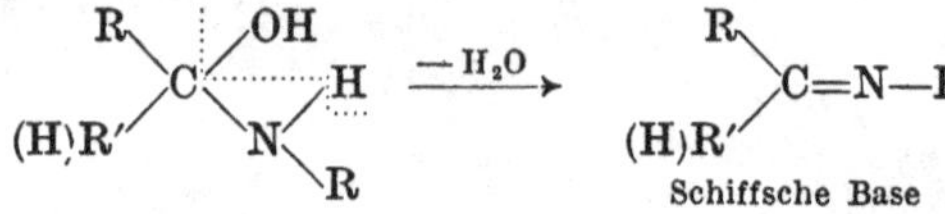

Sie enthalten keinen Wasserstoff am Stickstoff mehr und sind daher wesentlich stabiler als die Iminoverbindungen der Ammoniakreihe, so daß wir in ihnen den ersten beständigen Derivaten vom Carbonyltypus begegnen. Sie zeigen als solche eine ausgesprochen ungesättigte Natur. So neigen z. B. die SCHIFFschen Basen der niederen Aldehyde, ebenso wie diese selbst zur Polymerisation, wobei meistens die cyclischen trimeren Verbindungen entstehen:

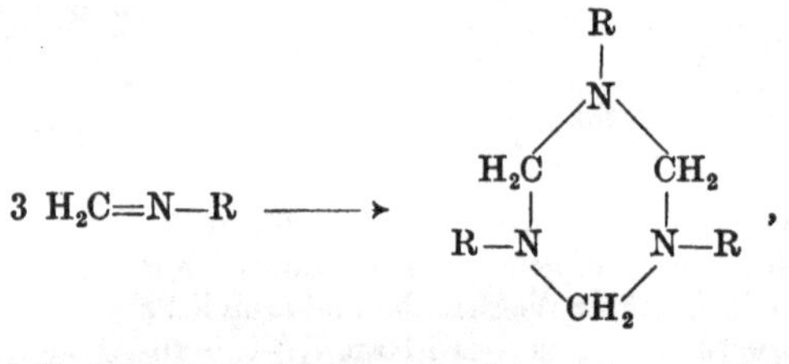

oder man kann sie durch Reduktion mit nascierendem oder katalytischem Wasserstoff sowie auch durch Anlagerung von metallorganischen Verbindungen, in die entsprechenden sekundären Amine überführen (vgl. I, Kap. 6, I, 1a):

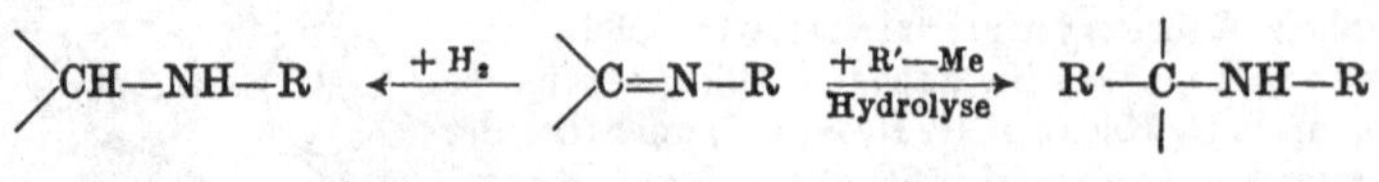

Dagegen besteht keine Neigung zur Bildung von Hydraten, Ammoniakaten oder sonstigen gewöhnlichen Additionsverbindungen.

Als Stickstoffderivate der Carbonylverbindungen sind die SCHIFFschen Basen absolut alkalistabil und können z. B. über Ätznatron getrocknet werden. Mit Säuren tritt jedoch stets sofort Hydrolyse ein, so daß es nur in wasserfreiem

Medium möglich ist, ihre Salze herzustellen[1]). Die Hydrolyse selbst dürfte auf dem folgenden Wege über ein Wasseranlagerungsprodukt an die stärker zur Hydratbildung neigenden Onium-Ionen der SCHIFFschen Basen erfolgen und verlangt, da als Endprodukt das nahezu neutrale Ammonium-Ion entsteht, im Gegensatz zu den bisher besprochenen katalytischen Spaltungsreaktionen, mindestens ein Mol der Säure:

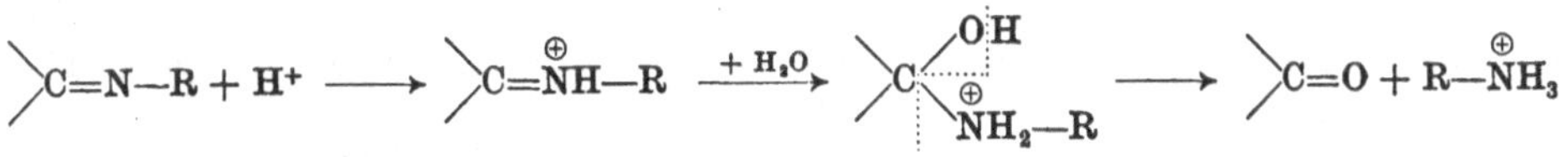

Die SCHIFFschen Basen einiger höherer Amine und anderer Stickstoffwasserstoffverbindungen zeigen eine hervorragende Kristallisationsfähigkeit und werden daher häufig zur Reinigung, Identifizierung und zuweilen sogar Isolierung der Carbonylverbindungen aus Substanzgemischen verwandt. Die gebräuchlichsten dieser SCHIFFschen Basen sind:

1. die mit Anilin entstehenden **Anile**:

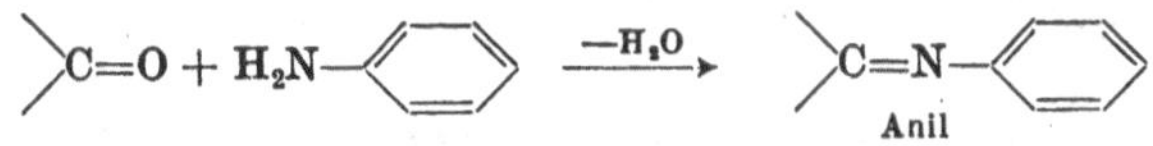

Anil

2. die mit Hydrazin entstehenden **Hydrazone** und **Azine**:

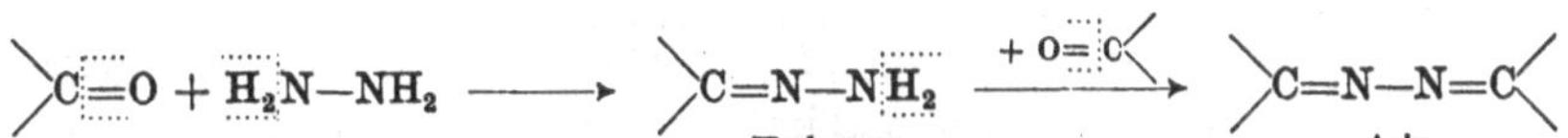

Hydrazon Azin

Von diesen Derivaten des unsubstituierten Hydrazins haben vor allem die Ketonhydrazone eine gewisse Bedeutung erlangt, da man von ihnen ausgehend die anderweitig nur schwer darstellbaren aliphatischen Diazoverbindungen erhalten kann (I, Kap. 6, III, 1a) und auch die Ketonreduktion nach KISHNER-WOLFF (S. 277) vornimmt. Als spezielle Reagenzien für Carbonylverbindungen sind sie dagegen weniger geeignet. Hier verwendet man besser die ausgezeichnet kristallisierenden Hydrazone einiger substituierter Hydrazine, so vor allem die sich vom Phenylhydrazin ableitenden *Phenylhydrazone* (sowie auch die p-Brom-, p-Nitro- und 2,4-Dinitrophenylhydrazone) und die bei der Einwirkung von Semicarbazid (S. 425) oder Thiosemicarbazid entstehenden Semicarbazone und Thiosemicarbazone. Ferner leiten sich stark wasserlösliche Hydrazone von dem allgemein als GIRARDS Reagens bezeichneten Hydrazid des salzsauren Betains (**I**, Kap. 6, I, 4dα) ab:

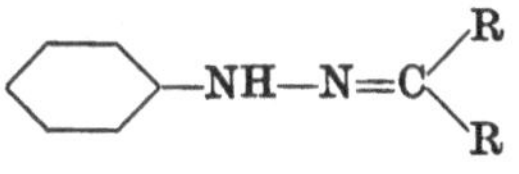

Phenylhydrazon

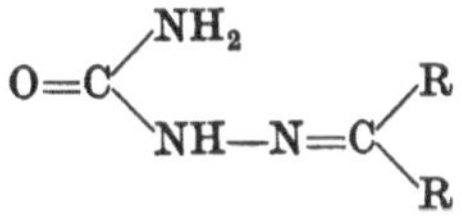

Semicarbazon

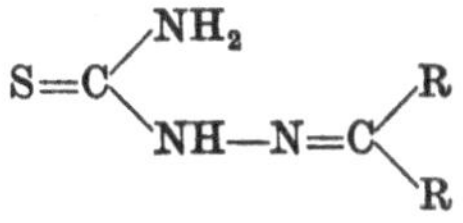

Thiosemicarbazon

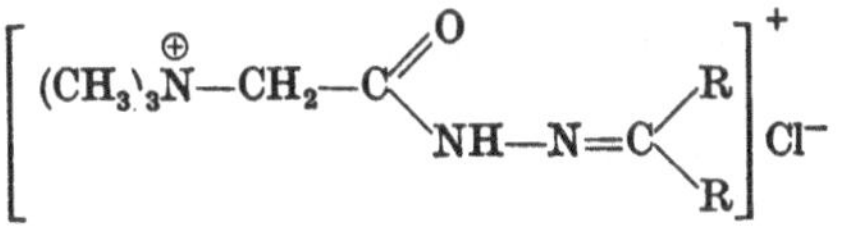

Hydrazon aus GIRARDS Reagens

[1]) Vgl. z. B.: E. G. SOHN u. Mitarbb.: Soc. **1955**, 1753.

3. die mit **Hydroxylamin** entstehenden **Oxime** (*Oxy-Imine*):

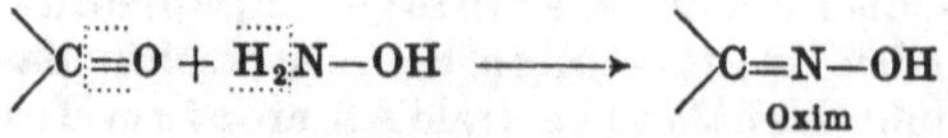

Sie werden je nachdem, ob sie sich von einem **Aldehyd** oder einem **Keton** ableiten, als *Aldoxime* oder *Ketoxime* bezeichnet und stellen die bei weitem interessanteste Untergruppe der Schiffschen Basen dar, da sie außer den allgemeinen Reaktionen (z. B. **Alkalistabilität** und **Säurelabilität**) auch eine Reihe spezieller, durch ihre Natur als **Hydroxylaminderivate** bedingte Reaktionen zeigen. Sie entstehen im Gegensatz zu allen anderen Schiffschen Basen nicht nur durch Kondensation einer **Carbonylgruppe** mit der **Aminogruppe** des **Hydroxylamins**, sondern auch umgekehrt durch Kondensation der N=O-**Gruppe** der salpetrigen Säure (oder ihrer Ester) mit der **aktiven Methylengruppe** einer Carbonylverbindung:

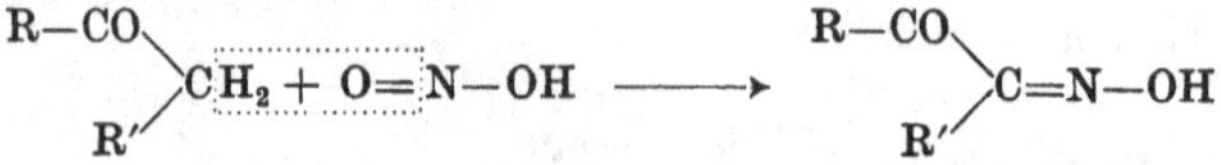

sie werden daher häufig auch **Isonitrosoverbindungen** (vgl. I, Kap. 6, V, 1) genannt.

Weiterhin reagieren die Oxime als Hydroxylverbindungen **schwach sauer**, so daß sie wie die **Phenole** in **Natronlauge**, aber nicht mehr in **Sodalösung**, löslich sind. In den auf diese Weise gebildeten **Alkalisalzen der Oxime** (I) ist der negativ geladene Sauerstoff der am **stärksten basische Molekülteil**, so daß bei der Behandlung mit **Alkylierungsmitteln** die **Oxim-O-alkyläther** (II) entstehen. Läßt man das Alkylierungsmittel dagegen auf das **freie Oxim** einwirken, so wird das **N-Atom** als der nunmehr **stärkst basische Molekülteil** alkyliert, und es bilden sich Derivate des **Aminoxyds**, die zuweilen auch *Nitrone* genannt werden:

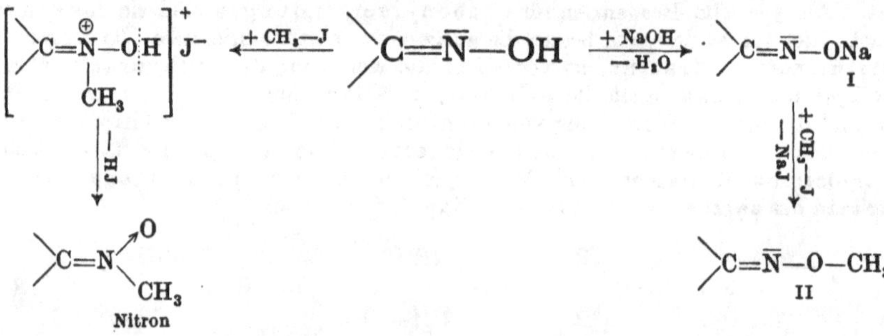

Bei der großen Neigung des Stickstoffs, den **negativen Sauerstoff** durch **Wasserstoff** oder andere **positive Reste** zu ersetzen, erleiden die **Aldoxime** ziemlich leicht — z. B. bereits beim Behandeln mit **Essigsäureanhydrid** oder **Thionylchlorid** sowie bei höherer Temperatur auch über **Dehydratisierungskatalysatoren** — Wasserabspaltung unter Bildung eines **Nitrils**:

Diese Tendenz zur Spaltung der N—O-Bindung ist so groß, daß selbst Ketoxime, denen der zur Wasserabspaltung erforderliche Wasserstoff am Carbonylkohlenstoff fehlt, in Gegenwart von konzentrierten Mineralsäuren oder koordinativ ungesättigten Metallhalogeniden unter Wanderung eines organischen Restes an den Stickstoff und der Hydroxylgruppe an den Kohlenstoff eine analoge Umwandlung erfahren, bei der die oxydative Wertigkeit des Stickstoffs ebenfalls um eine Stufe erniedrigt und die des Kohlenstoffs um eine Stufe erhöht wird:

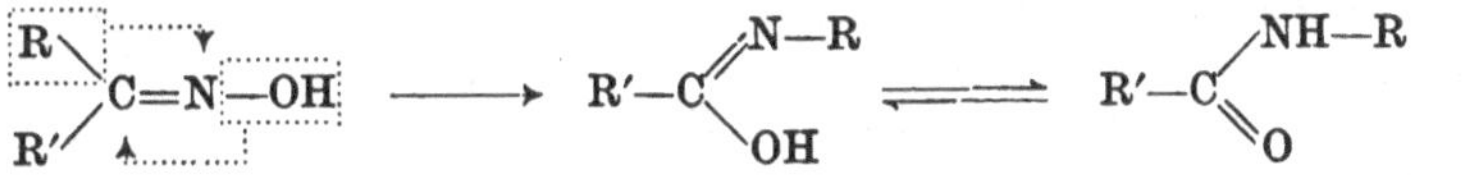

N-Alkyl-carbonsäure-amid (bzw. -imid, vgl. S. 359)

Die Reaktion, auf deren Mechanismus wir in **II**, Kap. 4, III, 4bβ noch näher eingehen werden, wird nach ihrem Entdecker **Beckmannsche Umlagerung** genannt.

Schließlich wurde bei den Oximen erstmals eine der Äthylenisomerie analoge **Stereoisomerie stickstoffhaltiger Verbindungen** beobachtet. Wie in **II**, Kap. 7, V, 1a näher erläutert wird, sind in Verbindungen mit doppelt gebundenem Stickstoff, also auch in den Schiffschen Basen, die Valenzen am N-Atom gewinkelt, so daß bei verschiedenartiger Substitution des Kohlenstoffs (also bei den Aldoximen und den Oximen der gemischten Ketone) jeweils zwei geometrisch isomere Formen existieren können, die im Gegensatz zur Äthylenisomerie als *syn-* und *anti-Formen* bezeichnet werden (vgl. S. 19):

syn-Aldoxim anti-Aldoxim syn- anti- Acetophenon-oxim

Die Isolierung der entsprechenden geometrisch isomeren Formen anderer Schiffscher Basen hat erheblich größere Schwierigkeiten bereitet, ist aber ebenfalls bereits in zahlreichen Fällen gelungen (vgl. **II**, Kap. 7, V, 1a).

γ) Die Derivate der sekundären Amine

Die primären Additionsprodukte der sekundären Amine an die Oxoverbindungen (I) enthalten am Stickstoff keinen Wasserstoff mehr, so daß die Bildung Schiffscher Basen unmöglich ist. Dagegen erfolgt hier eine der Acetalisierungsreaktion analoge, jedoch ohne jede Katalyse sehr rasch verlaufende Kondensation der Hydroxylgruppe mit einem zweiten Aminmolekül zu der zwei Dialkylaminogruppen am gleichen C-Atom enthaltenden Verbindung II, wie wir sie am Beispiel der Hydrobenzamidbildung bereits kennengelernt haben (S. 298).

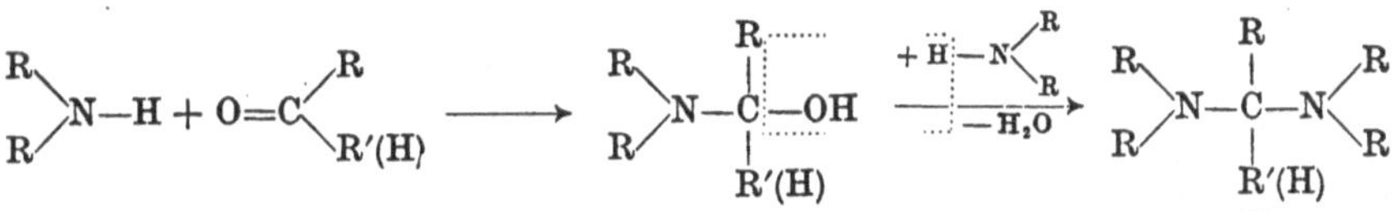

I II

Diese Oxoderivate der sekundären Amine sind als Verbindungen vom Acetaltypus recht beständige Substanzen, die u. a. ebenfalls über Ätznatron getrocknet werden können. Säuren gegenüber sind sie noch labiler als die Acetale und werden wie die SCHIFFschen Basen sehr rasch unter Verbrauch von zwei Mol der Säure zerlegt. Eine größere allgemeine Bedeutung haben sie nicht erlangt. Lediglich in der Kunststoffindustrie wird, wie schon erwähnt (S. 264), die Möglichkeit der Verknüpfung zweier Aminogruppen durch Formaldehyd zu Vernetzungsreaktionen ausgenützt.

4. Die Ketene

Als *Ketene* haben wir auf S. 241 eine Klasse von Oxo-Verbindungen definiert, in denen die Carbonylgruppe durch eine Doppelbindung mit dem Molekülrest verbunden ist, die also am Carbonylkohlenstoff selbst keinen variablen Substituenten mehr enthalten und die Gruppierung $>C{=}C{=}O$ gemeinsam haben. Sie sind infolge der eigenartigen Bindungsverhältnisse sehr unbeständige Substanzen, die nicht natürlich vorkommen und erst ziemlich spät von H. STAUDINGER (1905) entdeckt wurden, auf den auch der sehr charakteristische Gruppenname *Keten* (aus *Ket*on und der Endung *-en* zusammengezogen) zurückgeht. Zur **Benennung** der Einzelverbindungen werden in Analogie zur Nomenklatur der Ketone die Namen der die Ketengruppe substituierenden Radikale dem Gruppennamen *-keten* vorangestellt, wie es etwa in *Dimethylketen, Diphenylketen* usw. der Fall ist.

Die **Darstellung** der Ketene erfolgt stets durch Einführung der olefinischen Doppelbindung in das bereits die Carbonylgruppe enthaltende Molekül. Die Reaktion ist mit gewissen Schwierigkeiten verbunden, da sie nur mit Reagenzien durchgeführt werden kann, die einerseits eine eindeutige Festlegung der Lage der eintretenden Doppelbindung gestatten, andererseits nicht mit den entstehenden Ketenen reagieren. Sie ist daher, von den speziellen Bildungsmöglichkeiten des Grundkörpers der Reihe (vgl. S.307) abgesehen, vor allem mit Hilfe der beiden folgenden Verfahren gelungen:

1. durch die bereits bei den Olefinen und Kumulenen (S. 90, 104) beschriebene Abspaltung von zwei in 1,2-Stellung befindlichen Bromatomen mittels Zink, bei der man in diesem Fall von den α-Bromfettsäurebromiden ausgeht:

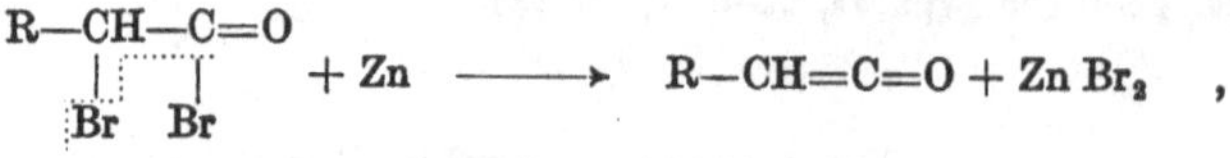

, und

2. durch thermische Zersetzung der innermolekularen cyclischen Anhydride alkylierter Malonsäuren:

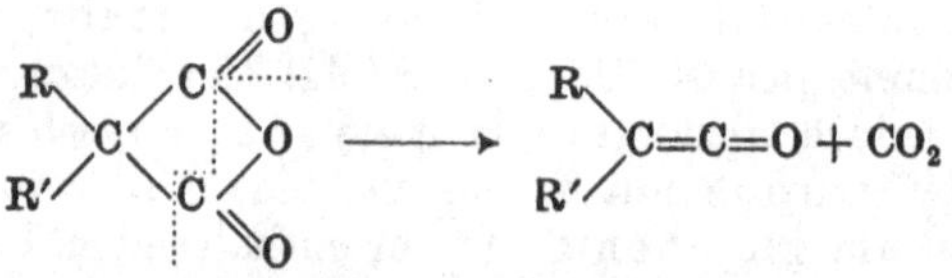

Eigenschaften. Die Ketene sind im Gegensatz zu den Aldehyden und Ketonen auffallend tief siedende Substanzen, die infolge der Kumulierung der olefinischen und der Carbonyldoppelbindung zu den reaktionsfreudigsten organischen Verbindungen zählen und mit großer Begierde sowohl unpolare als auch polare Moleküle anlagern. Erstere werden bevorzugt an die C=C-, letztere an die C=O-Doppelbindung addiert, doch kommt die Reaktion letzten Endes immer auf eine Anlagerung an die olefinische Doppelbindung hinaus, da sich die Additionsprodukte an die Carbonylgruppe infolge ihrer Enolnatur wieder in Carbonylverbindungen zurückverwandeln:

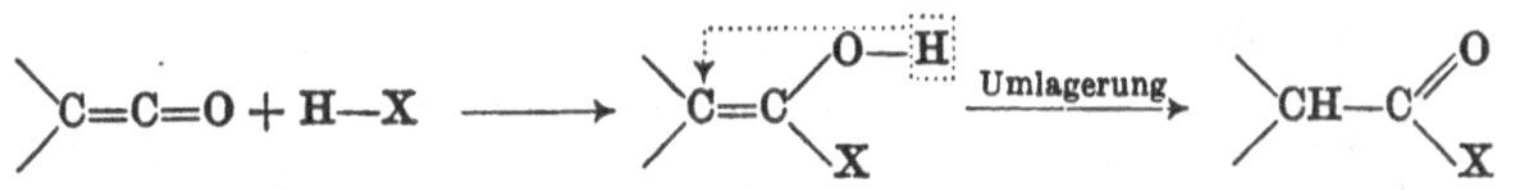

Die wichtigsten dieser Anlagerungsreaktionen sind in folgendem Formelschema zusammengestellt:

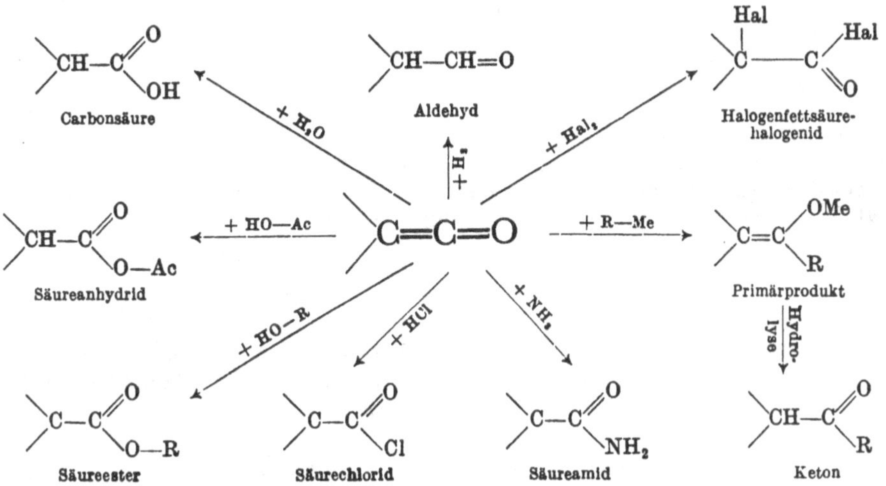

In einigen Fällen ist auch die Anlagerung besonders reaktionsfähiger C-Halogenverbindungen, wie z. B. von Tritylchlorid, an Ketene unter Bildung von Säurechloriden höherer Carbonsäuren gelungen[1]):

$$CH_2{=}C{=}O + (C_6H_5)_3C{-}Cl \longrightarrow (C_6H_5)_3C{-}CH_2{-}COCl$$

Da bei der Anlagerung polarer Verbindungen der negative Substituent stets unter Bildung eines Carbonsäurederivates an den Carbonylkohlenstoff tritt, stehen die Ketene als Oxoverbindungen zu den um eine Oxydationsstufe höheren Carbonsäuren in einem ähnlichen Verhältnis, wie die Enole zu den Oxoverbindungen. Man bezeichnet sie daher häufig trotz des Unterschiedes der Oxydationsstufe direkt als Säurederivate, und zwar als innermolekulare Carbonsäure-anhydride (Wasserabspaltungsprodukte). Diese Auffassung ist nicht nur formal berechtigt, sondern entspricht auch den tatsächlichen Verhältnissen weitgehend; denn die oben angeführten Additionsreaktionen führen zu Carbonsäurederivaten und sind somit (vom Standpunkt des Addenden) echte Acylierungsreaktionen, die zuweilen auch als solche praktische Anwendung finden.

Diese Zuordnung der *Ketene* zu den Carbonsäurederivaten steht natürlich in einem gewissen Gegensatz zu der gebräuchlichen und auch in diesem Buch durchgeführten Einteilung der organischen Chemie, nach der man zu den Carbonsäurederivaten nur die Verbindungen mit oxydativ dreiwertigem Kohlenstoff rechnet. Doch sind hier und auch in einigen anderen Fällen (vgl. z. B. die Blausäure, S. 381) die Beziehungen zwischen den verschiedenen Verbindungsklassen viel zu zahlreich, um durch eine derartige, stets mehr oder weniger formale Einteilung den chemischen Charakter einer Verbindungsklasse voll erfassen zu können.

---

[1]) A. T. Blomquist u. Mitarbb.: Am. Soc. **69**, 2356 (1947).

Von weiteren Anlagerungsreaktionen ist vor allem die sehr leicht erfolgende **Autoxydation** von Interesse, die je nach den Reaktionsbedingungen in zwei Richtungen verlaufen kann: Bei sehr tiefen Temperaturen findet eine bei den einfachen Olefinen noch nicht beobachtete Anlagerung des Sauerstoffmoleküls an die C=C-Doppelbindung unter Bildung cyclischer (oder vielleicht auch hochmolekularer) Peroxyde statt:

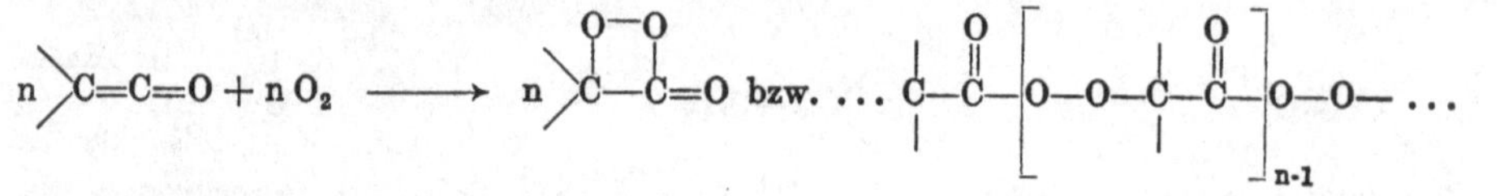

Geht man dagegen mit der Temperatur hinauf und behandelt eine ätherische Ketenlösung bei Zimmertemperatur mit Luftsauerstoff, so bildet sich ein olefinoxydartiges Produkt, das als α-Lacton aber nicht beständig ist (vgl. S. 504) und sich sofort in eine hochmolekulare Verbindung umlagert:

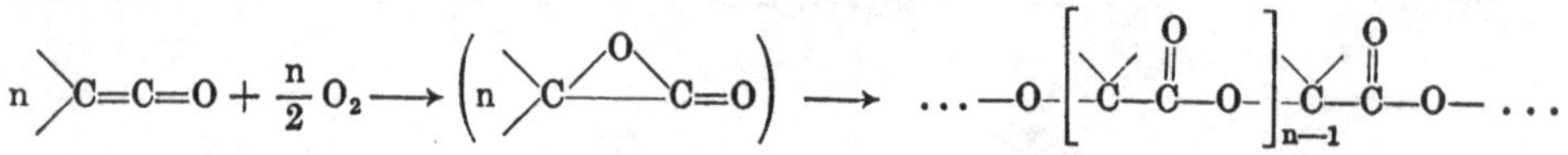

Sind schließlich keine additionsfähigen Verbindungen vorhanden, so können sich auch zwei Moleküle des Ketens unter Bildung des Enol-lactons einer 1,3-Keto-carbonsäure (S. 520) gegenseitig absättigen:

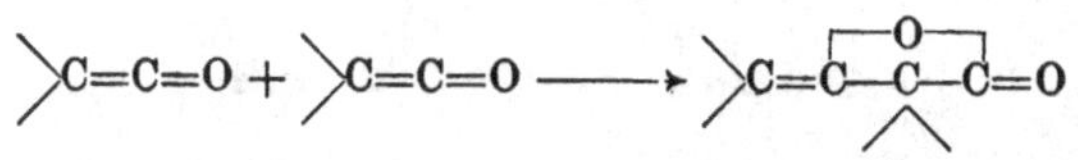

Die Reaktion zeigt eine gewisse Analogie zur Bildung der 1,3-Keto-carbonsäureester durch Claisenkondensation aus zwei Molekülen der dem Keten entsprechenden einfachen Carbonsäureester.

In allen bisher behandelten Fällen tritt ausschließlich die olefinische Doppelbindung in Reaktion. Daneben hat es natürlich auch nicht an Versuchen gefehlt, echte **Derivate der Carbonylgruppe** mit noch erhaltener olefinischer Doppelbindung darzustellen. Hierfür kommen neben den Schiffschen Basen, deren Gewinnung bisher noch nicht gelungen ist, naturgemäß nur Derivate vom Acetaltypus in Frage, die keinen Wasserstoff mehr an den Heteroatomen enthalten und sich daher nicht in der angegebenen Weise in die Säurederivate umlagern können. Die Möglichkeit der Bildung echter **Ketenacetale** war lange Zeit heftig umstritten. Ihre einwandfreie Darstellung ist erst im Jahre 1936 von S. M. McElvain[1]) auf dem folgenden Wege verwirklicht worden:

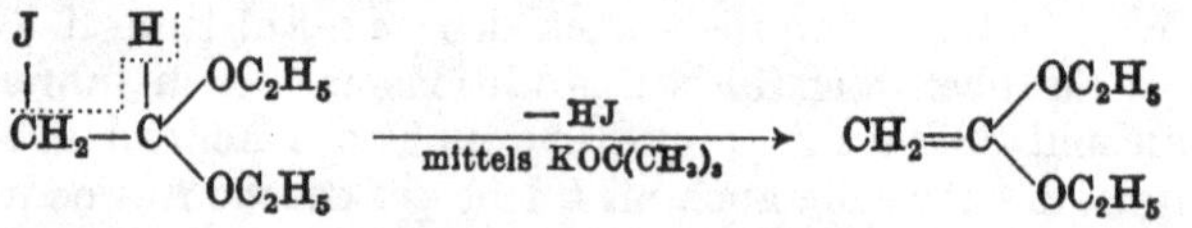

Die Verwendung des tert.-Butanolats als Abspaltungsmittel war erforderlich, um die mit den Alkoholaten primärer Alkohole eintretenden Nebenreaktionen, wie Substitution des Jods oder Anlagerung des entstehenden Alkohols an das gebildete Ketenacetal, auszuschließen.

In diesen Ketenacetalen ist die Reaktionsfähigkeit der olefinischen Doppelbindung gegenüber der in den (sich im übrigen ähnlich verhaltenden) Enoläthern nochmals gesteigert. Die Ketenacetale lagern infolgedessen bereits ohne Katalysatoren Wasser und Alkohole unter Bildung der entsprechenden Säurederivate an:

---

[1]) Zusammenfassung: Chem. Rev. **45**, 453 (1949).

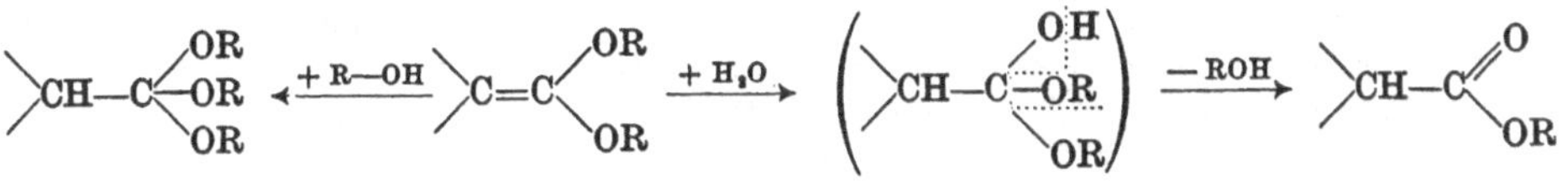

Etwas beständiger ist ein anderes acetalartiges Ketenderivat, das neben einer Alkoxygruppe einen quartären Ammoniumrest acetalartig gebunden enthält und von F. KLAGES (1941) auf Umwegen aus Neurinbromid (I, Kap. 6, I, 2) gewonnen wurde:

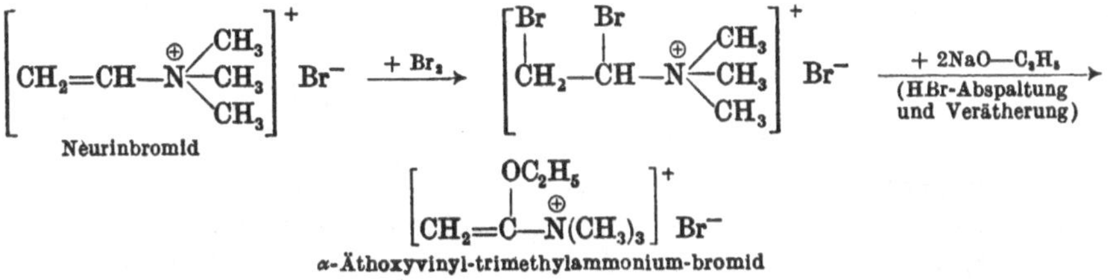

Einzelverbindungen. „*Carbomethylen*" $CH_2{=}C{=}O$, der Grundkörper der Reihe, wird meistens **Keten** schlechthin genannt und heute praktisch ausschließlich durch innermolekulare Wasserabspaltung aus Essigsäure bei einer Reaktionstemperatur von 600—800° gewonnen. In ähnlicher Weise entsteht es auch durch Abspaltung von Essigsäure aus Essigsäureanhydrid, von Methan aus Aceton (frühere technische Darstellungsweise) und von Wasserstoff aus Acetaldehyd:

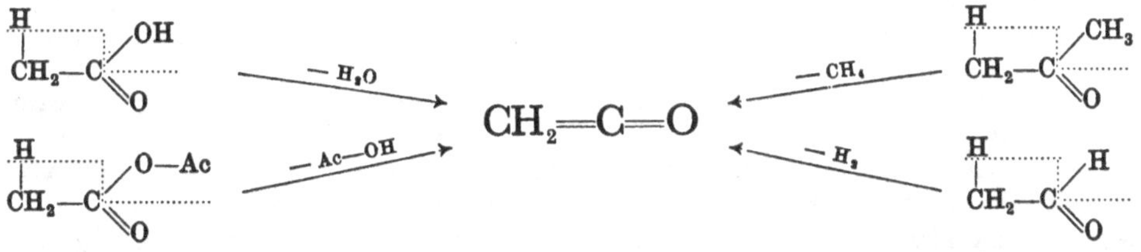

Keten ist ein unerträglich riechendes Gas. das sich erst bei —56° kondensiert, also um 76° tiefer siedet als der nur um zwei H-Atome reichere Acetaldehyd. Es erleidet in verflüssigtem Zustand bereits dicht oberhalb —80° Polymerisation und kann daher weder aufbewahrt noch versandt werden[1]). In der Technik dient es als Acetylierungsmittel[2]), z. B. zur Darstellung von Essigsäureanhydrid, das im Sinne der auf S. 305 angegebenen Formulierung beim Einleiten von Keten in Eisessig entsteht.

Das durch Dimerisierung von Keten (s. oben) leicht erhältliche **Diketen** findet als leicht zugängliches Derivat der Acetessigsäure technische Anwendung. Es ist etwas stabiler als das monomere Keten und läßt sich leicht in dieses zurückverwandeln, so daß man Keten auch in dieser Form aufbewahren kann.

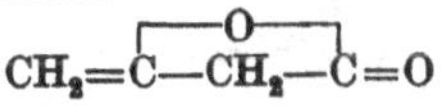

Diketen

---

[1]) Eine Ausweichmöglichkeit bietet hier das bei der Auflösung von Keten in Aceton entstehende Enolacetat des Acetons $CH_2{=}C(OAc){-}CH_3$, das einerseits eine für die Aufbewahrung genügende Stabilität aufweist, andererseits die Acetylgruppe außerordentlich leicht an andere Verbindungen wieder abgibt, so daß es an Stelle von Keten als Acetylierungsmittel verwandt werden kann. Doch ist eine Regeneration des Ketens nicht mehr ohne weiteres möglich.

[2]) Zusammenfassung: G. QUADBECK: Angew. Chem. 68, 361 (1956).

Im **Diphenylketen** $(C_6H_5)_2C{=}C{=}O$ liegt der einfachste Vertreter eines aromatischen Ketens vor. Es ist das erste seinerzeit von STAUDINGER nach der α-Halogenfettsäure-halogenidmethode dargestellte Keten und wurde von H. G. Schröter (1909) auch durch thermische Zersetzung des Diazo-desoxybenzoins (I) gewonnen:

I
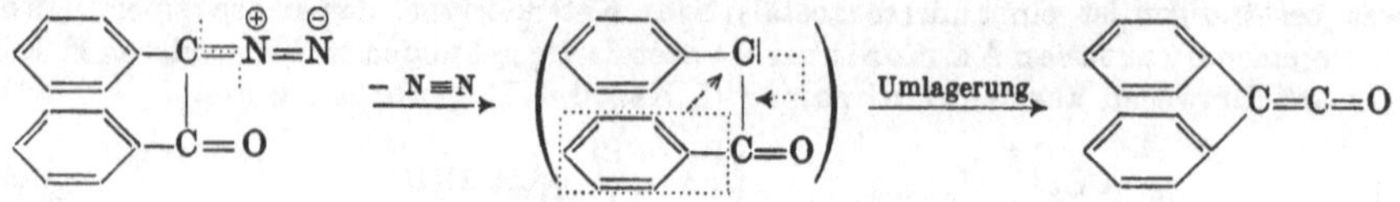

Im übrigen zeigt es die gleichen Reaktionen wie die aliphatischen Ketene, verhält sich also wie ein innermolekulares Anhydrid der Diphenylessigsäure.

Kohlensuboxyd O=C=C=C=O, ist ein Diketen mit vier kumulierten Doppelbindungen. Es stellt ein innermolekulares Anhydrid der Malonsäure (S. 482) dar, aus der es trotz deren Labilität auch tatsächlich durch Wasserabspaltung (beim Erhitzen mit P_2O_5 im Vakuum auf 140–150°) gewonnen werden kann. Doch zieht man zu seiner Darstellung meistens die Abspaltung von vier Atomen Brom aus Dibrommalonsäuredibromid mittels Zink oder die undurchsichtig verlaufende thermische Zersetzung von Diacetylweinsäureanhydrid am schwach glühenden Platinkontakt vor:

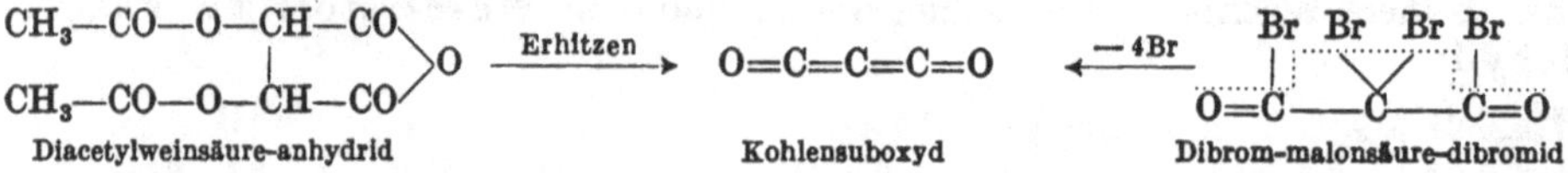

Kohlensuboxyd ist ein giftiges, die Augen und Atmungsorgane stark reizendes Gas, das sich bei + 7° kondensiert und chemisch wie ein normales Keten verhält, d. h. bei Anlagerungsreaktionen in Malonsäurederivate übergeht[1]). Der Name *Kohlensuboxyd* ist insofern irreführend, als es sich nicht um ein Oxyd im üblichen Sinne handelt, in dem alle C-Atome gleichartig und nur an Sauerstoff gebunden sind, der Kohlenstoff also die sich aus der Verhältnisformel ergebende Wertigkeit besitzt, sondern um eine kompliziertere organische Verbindung, die zufällig nur aus den Elementen Kohlenstoff und Sauerstoff aufgebaut ist. Wir werden noch mehreren derartigen anomalen „Kohlenoxyden" begegnen (vgl. z. B. S. 495).

5. Die Chinone

Unter *Chinonen*[2]) und *chinoiden Verbindungen* versteht man auf Grund der auf S. 241 gegebenen Definition cyclische, einen oder auch mehrere Sechsringe enthaltende Dioxoverbindungen, in denen die beiden Carbonylgruppen durch mindestens zwei C=C-Doppelbindungen zu einem geschlossen konjugierten System verbunden sind. Dieses ist, soweit man sich zunächst auf die vom Benzolring ableitbaren Chinone beschränkt, nur bei o- und p-Stellung der beiden Carbonylgruppen möglich:

---

[1]) Vgl. z. B.: G. HAGELLOCH u. E. FEESS: B. **84**, 730 (1951).

[2]) Der Name *Chinon* (engl. *Quinone*) leitet sich von der Chinasäure ab, als deren Oxydationsprodukt p-Benzochinon erstmals im Jahre 1838 von WOSKRESENSKI erhalten wurde.

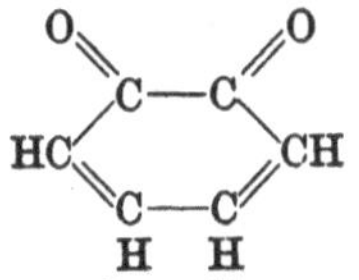

o-Benzochinon

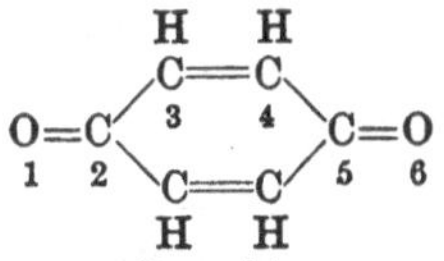

p-Benzochinon

Es galt daher seinerzeit als wichtige Bestätigung der klassischen Strukturlehre, daß es auch tatsächlich niemals gelungen ist, eine m-chinoide Verbindung aufzufinden.

Neben diesen einfachen Chinonen zeigen häufig auch Verbindungen einen chinoiden Charakter, in denen eine der beiden C=O-Doppelbindungen durch eine C=C-Doppelbindung ersetzt ist (z. B. in dem unten beschriebenen Diphenochinon 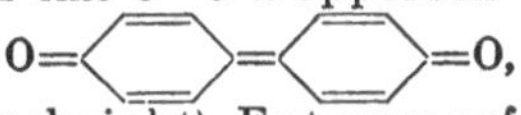, bei dem sich das chinoide System durch mehrere Ringe hindurchzieht). Erst wenn auf beiden Seiten des Sechsringes eine C=C-Doppelbindung steht, verschwindet die polare Natur des Bindungssystems und damit auch der Chinoncharakter vollkommen.

Obwohl die chinoiden Verbindungen keine Benzolderivate im engeren Sinne mehr darstellen, zählt man sie im allgemeinen ebenfalls zur aromatischen Reihe, da sie infolge des geschlossen konjugierten Doppelbindungssystems in mancher Beziehung den eigentlichen Benzolverbindungen noch nahestehen und mit diesen auch durch wechselseitige Übergänge zwischen beiden Reihen sehr eng verknüpft sind.

Ähnlich wie die Enole sind auch die chinoiden Verbindungen im Gegensatz zu den meisten der bisher besprochenen Verbindungsklassen weniger wegen der mehr oder minder großen Bedeutung der einfachen Einzelverbindungen von Interesse (diese sind sämtlich ziemlich unwichtige Substanzen), sondern wegen der besonderen Reaktionsfähigkeit des chinoiden Bindungssystems, dem wir in komplizierteren aromatischen Verbindungen mit mehreren Funktionen im Molekül, namentlich bei zahlreichen natürlichen und künstlichen Farbstoffen, immer wieder begegnen werden. Wir wollen uns daher, wie bei den Enolen, vorläufig im wesentlichen nur mit den allgemeinen Reaktionen des chinoiden Systems vertraut machen und die Besprechung der wichtigsten chinoiden Verbindungen selbst auf später verschieben.

Die **Benennung** der Chinone erfolgt nach den aromatischen Kohlenwasserstoffen, die das gleiche Ringsystem enthalten. So entsprechen dem Benzol das *o-* und das *p-Benzochinon*, dem Toluol und Xylol die *Tolu-* und *Xylochinone*, sowie dem Naphthalin und Anthracen die *Naphtho-* und *Anthrachinone*. Gegebenenfalls verwendet man diese einfachen Chinone wieder als Grundverbindungen zur Benennung ihrer Substitutionsprodukte (z. B. *Hydroxy-anthrachinon*).

Die **Darstellung** der Chinone und anderer chinoiden Verbindungen geschieht in der Praxis ausschließlich durch Oxydation der entsprechenden Benzolderivate. Am leichtesten gelingt dies, wenn man von den o- oder p-Dihydroxy- bzw. Diaminoverbindungen ausgeht, die bereits auf dem Wege der Dehydrierung unter Verschiebung der Doppelbindungen in die Chinone bzw. ihre Stickstoffderivate übergehen:

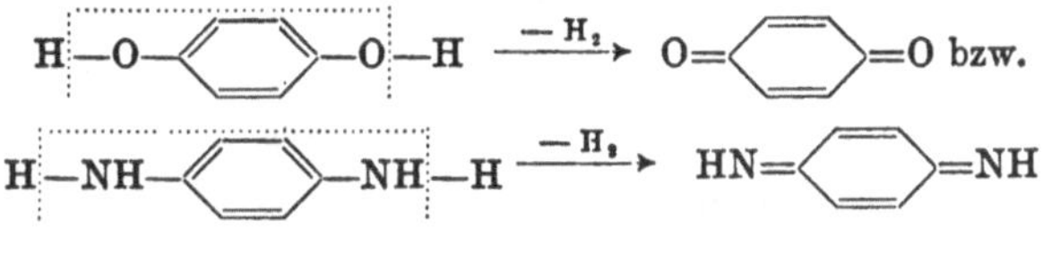

Da in wäßrig-alkalischem Medium leicht Nebenreaktionen eintreten, verwendet man als Oxydationsmittel am besten trockenes Silberoxyd oder saure Reagenzien (z. B. Bichromat-Schwefelsäure).

Eine weitere wichtige Darstellungsweise, insbesondere für p-Benzochinon selbst, geht von aromatischen Aminen aus, die leicht in p-Stellung oxydiert werden.

So findet bei der Einwirkung von Bichromat-Schwefelsäure auf Anilin bereits bei normaler Temperatur eine eigenartige dehydrierende Kondensation zwischen der p-Stellung des einen und der Aminogruppe eines zweiten Anilinmoleküls statt (vgl. auch I, Kap. 6, I, 3a u. III, Kap. 2, III, 3d). Durch mehrfache Wiederholung dieses Vorgangs entsteht ein Kettenmolekül aus acht Anilinresten, das nicht isolierbar ist und nach R. Willstätter durch weitere Dehydrierung zunächst in das bereits chinoide Emeraldin, dann in Nigranilin (= „Anilinschwarz") und schließlich in Pernigranilin übergeht. Dieses

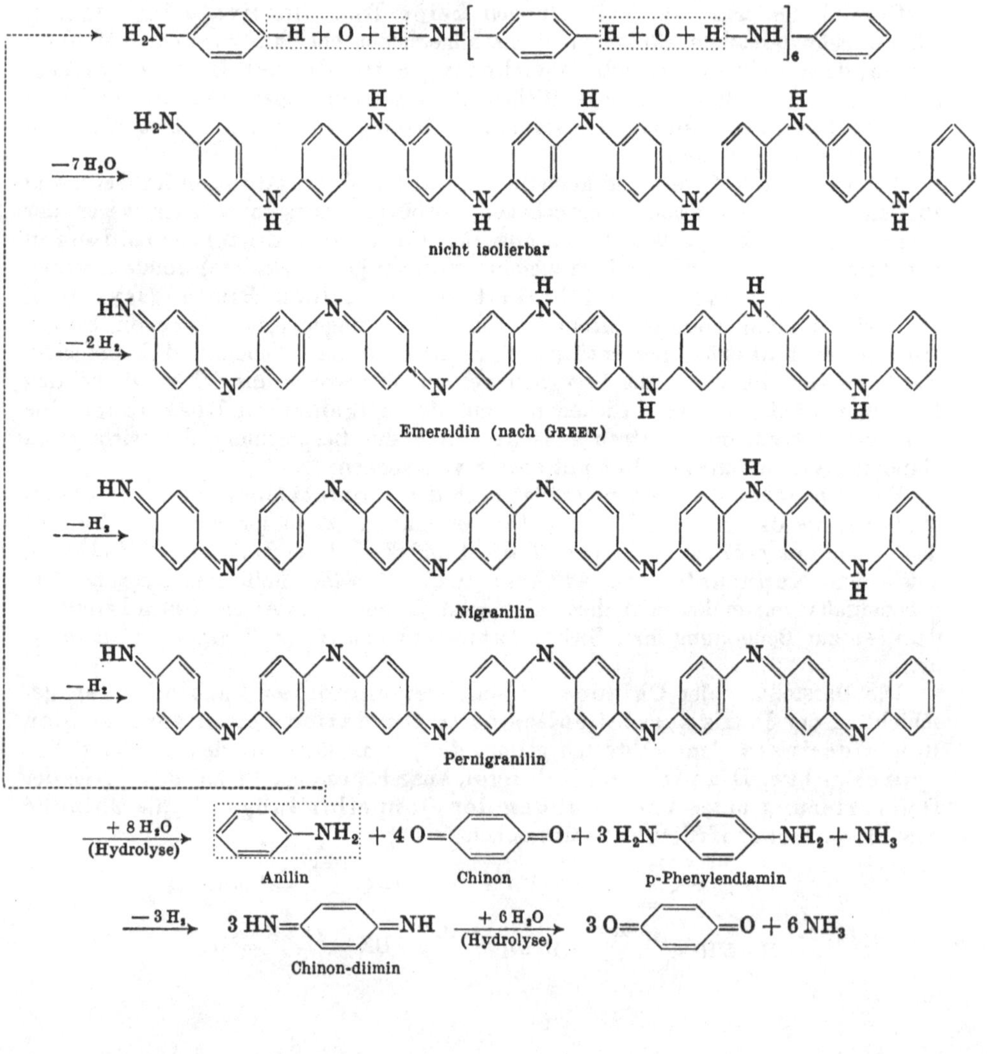

enthält die Höchstzahl von vier chinoiden Gruppen im Molekül und wird als SCHIFFsche Base in dem sauren Reaktionsmedium zu p-Benzochinon und p-Phenylendiamin verseift. Da letzteres unter den Reaktionsbedingungen ebenfalls dehydriert und zum Chinon hydrolysiert wird, sowie der endständige Anilinrest von neuem in Reaktion treten kann, ist es auf diese Weise möglich, das gesamte Anilin in einem Reaktionsgang in Chinon überzuführen (siehe vorstehende Formel).

Schließlich kann man zuweilen auch durch direkte Oxydation aromatischer Kohlenwasserstoffe zu Chinonen gelangen. Z. B. entstehen bei der Einwirkung von Bleidioxyd auf Benzol neben anderen Produkten geringe Mengen von p-Benzochinon. Eine praktische Bedeutung hat diese Methode jedoch lediglich zur Darstellung der stabileren Naphtho- und Anthrachinone (I, Kap, 11, II, 1 b u. c) erlangt.

Alle anderen Bildungsweisen chinoider Verbindungen sind nur von theoretischem Interesse. Als Beispiel einer derartigen Möglichkeit sei die Synthese des p-Xylo-p-chinons angeführt, die durch cyclische Kondensation von zwei Molekülen Diacetyl (eines 1,2-Diketons, vgl. S. 464) mittels Natronlauge gelingt:

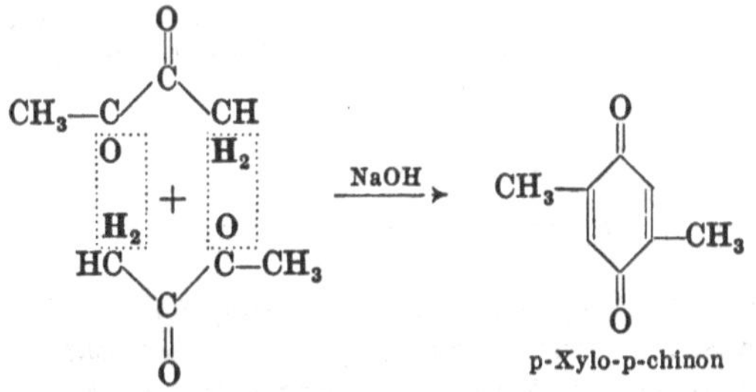

p-Xylo-p-chinon

Die Reaktion verläuft wahrscheinlich im Sinne einer Aldolkondensation, doch ist das aldolartige Zwischenprodukt, ähnlich wie bei der Zimtaldehydgewinnung (S. 270), infolge der bei der Wasserabspaltung freiwerdenden Bildungsenergie des chinoiden Systems nicht faßbar.

Diese Synthese stellt gleichzeitig einen Konstitutionsbeweis dar.

Eigenschaften. Die einfachen Chinone der Benzolreihe sind gut kristallisierende, gelbe bis rote Verbindungen von verhältnismäßig großer Flüchtigkeit, die einen scharfen Geruch besitzen. Sie sind wesentlich zersetzlicher als die normalen aromatischen Verbindungen und hinsichtlich ihrer allgemeinen Beständigkeit eher mit den Phenolen vergleichbar. Erst beim Übergang zur Naphthalin- und Anthracenreihe werden die Chinone beständiger.

Die **chemischen Umsetzungen** der Chinone spielen sich ausschließlich an dem konjugierten Bindungssystem ab und sind außerordentlich vielseitig, da die Anlagerungs- bzw. Substitutionsreaktionen sowohl an den einzelnen Doppelbindungen als auch an mehr oder weniger ausgedehnten Gruppen von konjugierten Doppelbindungen erfolgen können. Wir unterscheiden daher: 1. die Reaktionen der Carbonylgruppen (1,2-Addition), 2. die Reaktionen der olefinischen Doppelbindungen (3,4-Addition), 3. die unter 1,4-Addition verlaufende Addition polarer Verbindungen, 4. die unter 1,6-Addition verlaufenden Reduktionsreaktionen, 5. die Chinhydron- und 6. die Semichinonbildung.

Zu 1. Die **Carbonylgruppen** der Chinone sind zwar grundsätzlich zu den gleichen Additionsreaktionen und zur Bildung ähnlicher Derivate befähigt wie die der Aldehyde und Ketone, doch treten die typischen Carbonyleigenschaften nur noch abgeschwächt in Erscheinung, da sie, jedenfalls soweit es sich um Anlagerungsreaktionen handelt, mit der Aufhebung des konjugierten Systems verbunden sind. Die Verhältnisse liegen hier ähnlich wie bei der stark abgeschwächten Tendenz der Benzoldoppelbindungen zu Additionsreaktionen (S. 132f.). Aus diesem Grund ist bisher weder die Bildung einer Bisulfitverbindung noch die Anlagerung von Blausäure oder Acetylen gelungen. Auch die Hydrat- und Halbacetalbildung scheint gegenüber den Aldehyden und Ketonen wesentlich zurückgedrängt zu werden, worauf u. a. die auffallende Schwerlöslichkeit der Chinone in Wasser und die mangelnde Acetalisierbarkeit hindeuten. Die einzige normale Anlagerungsreaktion tritt bei der Einwirkung metallorganischer Verbindungen ein und führt meistens unter Absättigung nur einer Carbonylgruppe zu den **Chinolen**:

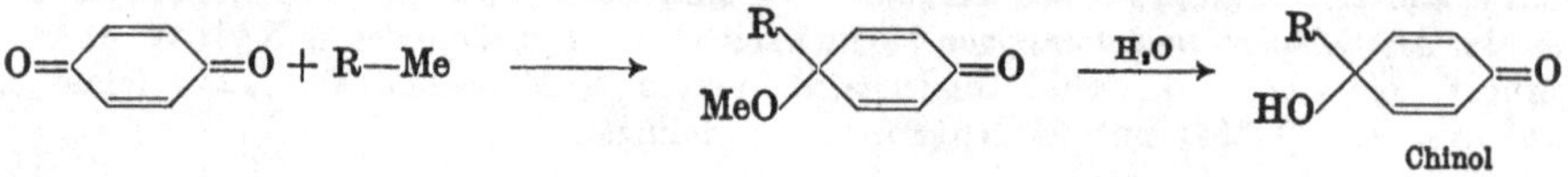

Chinol

Im Falle der Einwirkung von Natrium-acetylenid (bzw. Natrium und Acetylen) in flüssigem Ammoniak gelang es sogar, beide C=O-Gruppen unter Bildung der Diäthinylverbindung I zur Reaktion zu bringen[1]).

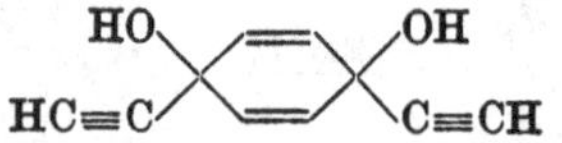

I

Wesentlich leichter erfolgt dagegen die Bildung von Derivaten vom Carbonyltypus, speziell von SCHIFFschen Basen, da in diesen das konjugierte Bindungssystem erhalten bleibt. Sie können infolgedessen unter ähnlichen Bedingungen wie in der Aldehyd- und Ketonreihe gewonnen werden und lassen sich auch wie dort durch Säuren wieder hydrolytisch aufspalten:

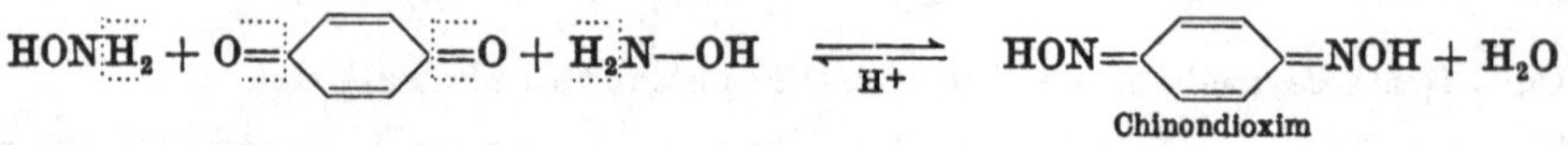

Chinondioxim

Lediglich mit den gebräuchlichen Hydrazinderivaten (Phenylhydrazin, Semicarbazid usw.) tritt häufig keine Hydrazonbildung ein, weil die Chinone diesen Verbindungen gegenüber als Dehydrierungsmittel wirken und sie unter Zerstörung des Hydrazinsystems abbauen:

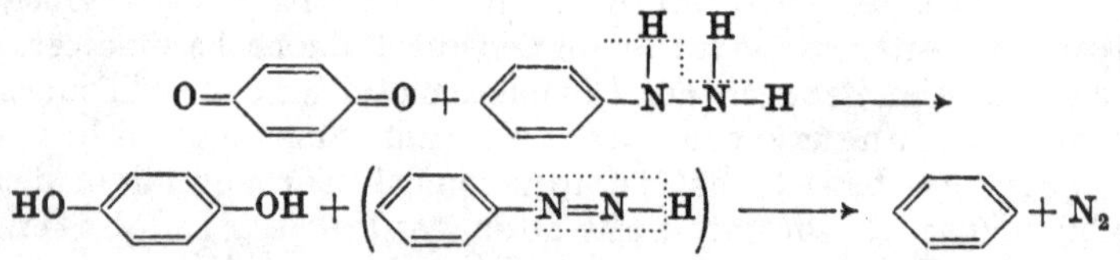

Prinzipiell sind die Hydrazone jedoch existenzfähig und werden vor allem bei Verwendung von nicht zur Dehydrierung befähigten *Hydrazin*derivaten, wie z. B. von N-Benzoyl-N-phenylhydrazin $C_6H_5—CO—N(C_6H_5)—NH_2$ sofort gebildet.

Zu 2. **An die olefinische Doppelbindung** (3,4-Addition) werden in normaler Weise bevorzugt unpolare, insbesondere negative Addenden angelagert, wie z. B. die elementaren Halogene:

---

[1]) W. RIED u. H. J. SCHMIDT: Angew. Chem. **69**, 205 (1957).

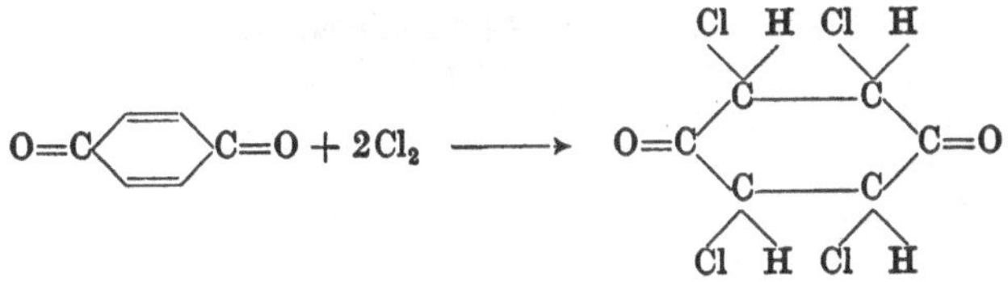

Ferner eignen sich die C=C-Doppelbindungen der Chinone infolge der Aktivierung durch die nachbarständigen Carbonylgruppen hervorragend als philodiene Komponenten für die DIELS-ALDERsche Diensynthese (I, Kap. 12, III, 3). Hierbei können je nach den Mengenverhältnissen nur eine oder auch alle beide Doppelbindungen in Reaktion treten, so daß man bei Verwendung von Butadien und p-Benzochinon als Reaktionskomponenten zu den hydrierten Naphtho- und Anthrachinonen (jeweils mehreren stereoisomeren Formen) gelangt:

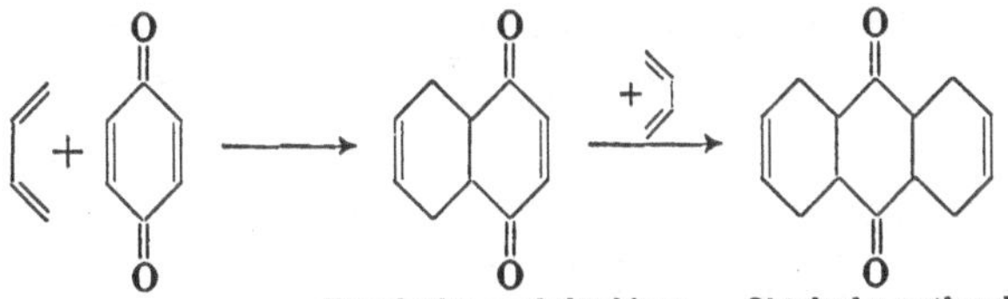

Tetrahydro-naphthochinon Oktahydro-anthrachinon

Zu 3. Polare Substituenten vom Typus H—X werden, wie schon erwähnt, wesentlich schwieriger angelagert als bei den Aldehyden und Ketonen und treten dann, ähnlich wie wir es bereits bei den ungesättigten Ketonen gesehen haben, ausschließlich in **1,4-Stellung** in das Molekül ein. Die hierbei entstehenden, infolge der Aufhebung des Chinonsystems stark ungesättigten Additionsverbindungen (z. B. II) lagern sich anschließend sofort unter „Enolisierung“ in ein aromatisches „Hydrochinonderivat“ um. Auf diese Weise erhält man aus Benzochinon und Anilin das *Anilido-hydrochinon*, das nach Dehydrierung zum *Anilidochinon*, die bereits bei der Einwirkung von Luftsauerstoff erfolgt, sofort den gleichen Reaktionscyclus noch einmal durchmacht und in das *Dianilido-chinon* übergeht. In letzterem werden schließlich bei genügendem Anilinüberschuß noch die beiden Carbonyl-O-Atome unter Bildung der doppelten SCHIFFschen Base, des *Azophenins*, substituiert:

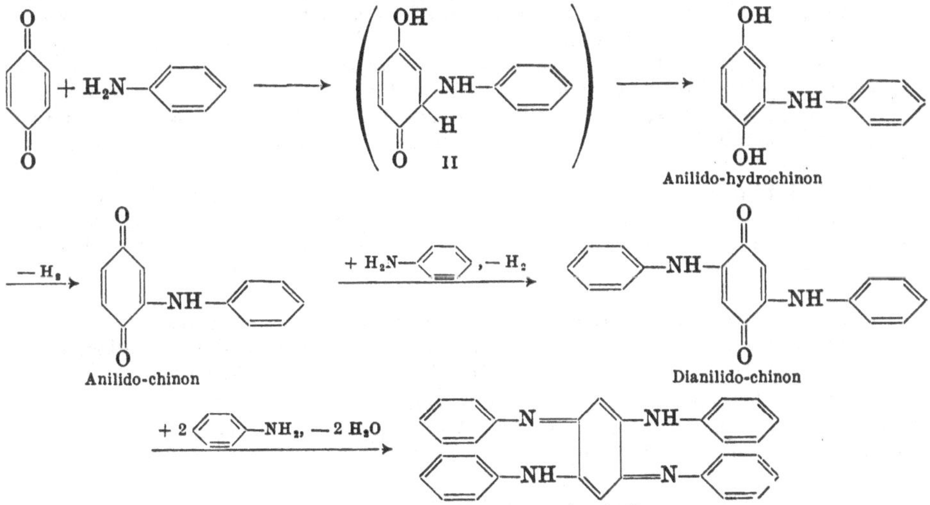

Azophenin

Zu 4. Läßt man schließlich **Reduktionsmittel**, d. h. positive Addenden, wie z. B. katalytischen Wasserstoff oder freie Metalle (bzw. nascierenden Wasserstoff), auf Chinone einwirken, so lagern sich diese an die negativ geladenen Enden des Chinonsystems an, und es findet **1,6-Addition** unter Übergang des chinoiden in ein benzoides Bindungssystem statt:

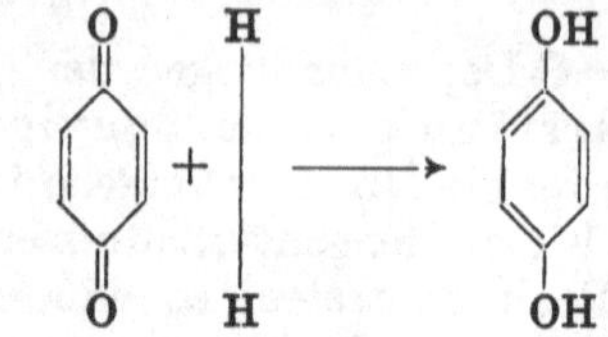

Bei o-Chinonen findet in entsprechender Weise eine 1,4-Addition statt. Hier können außer Wasserstoff auch zweiwertige Atomgruppen unter Bildung cyclischer Benzolderivate addiert werden. Beispielsweise lagert sich Schwefeldioxyd an Tetrachlor-o-Chinon zum cyclischen Schwefelsäurerster III des Tetrachlor-brenzcatechins an[1]):

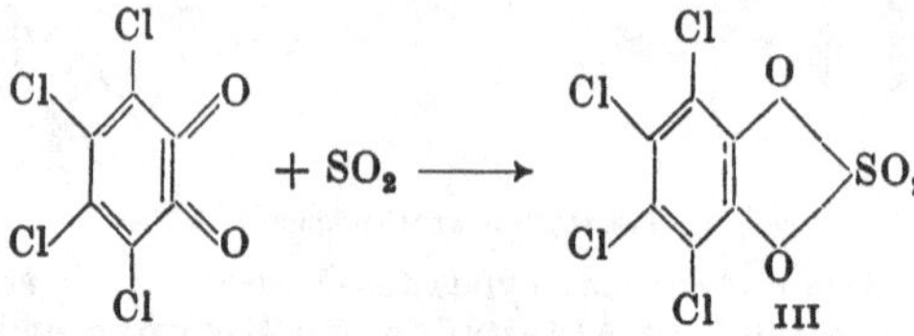

III

Diese Chinonhydrierung ist die Gegenreaktion der oben beschriebenen Chinondarstellung durch Dehydrierung hydrochinoider Verbindungen und erfordert für jedes, auch noch so ausgedehnte chinoide System (vgl. z. B. das unten beschriebene Diphenochinon sowie **III**, Kap. 2, IV, 3) das gleiche Reduktionsäquivalent von nur einem Mol H_2. Bei der leichten Abspaltung und Wiederanlagerung des Wasserstoffs bei derartigen Hydrierungsreaktionen sind durch dieses Reaktionspaar die jeweiligen chinoiden und benzoiden (bzw. besser hydrochinoiden) Verbindungen sehr eng miteinander verknüpft.

Besonders leicht erfolgt dieser Übergang beider Bindungssysteme ineinander an Platinkontakten, die die Wanderung des Wasserstoffs zwischen chinoiden und hydrochinoiden Systemen katalysieren. Infolgedessen stellt sich in Gegenwart von Platin jeweils sehr rasch ein bestimmtes Gleichgewicht zwischen elementarem Wasserstoff, Chinon und Hydrochinon ein, das, wenn man die Konzentration von Chinon und Hydrochinon konstant hält, in Form eines konstanten Wasserstoffdruckes zum Ausdruck kommt. Die direkte Messung dieses, infolge der ungünstigen Gleichgewichtslage allerdings sehr niedrigen Gleichgewichtsdruckes (unter Normalbedingungen etwa $10^{-23,7}$ Atmosphären, Näheres vgl. **II**, Kap. 4, I, 3) bereitet zwar unüberwindliche experimentelle Schwierigkeiten, doch kann man ihn indirekt berechnen; denn er ist seinerseits wiederum eng mit dem Abscheidungspotential des Wasserstoffs verbunden. Ein in eine Chinon-Hydrochinon-Lösung eingetauchtes Platinblech zeigt infolgedessen das gleiche Potential wie eine Wasserstoffelektrode unter dem Gleichgewichtsdruck. Hier liegt somit eine praktisch sehr einfach durchzuführende Möglichkeit vor, eine Elektrode konstanten Wasserstoffpotentials zu konstruieren, die den Namen **Chinhydronelektrode** erhalten und sich für die Bestimmung von Redoxpotentialen bestens bewährt hat.

Prinzipiell sollte man derartige Elektroden konstanten Wasserstoffpotentials auch mit anderen Redoxsystemen, z. B. beim Eintauchen eines Platinbleches in eine wäßrige Lösung von Aceton und Isopropylalkohol oder Cyclohexanon und Cyclohexyl-

---

[1]) G. O. SCHENCK u. Mitarbb.: A. **584**, 199 (1953).

alkohol konstruieren können. Doch stellt sich hier das Gleichgewicht meistens zu langsam ein. Mit Hilfe von Reaktionen, die auf einem anderen Mechanismus beruhen, findet aber auch bei derartigen Systemen zuweilen eine Gleichgewichtseinstellung statt, die man zu Redoxreaktionen verwenden kann, wie es z. B. bei den auf S. 251 angeführten Reaktionen von MEERWEIN-PONNDORF und OPPENAUER der Fall ist.

Die Chinone haben auf Grund dieser leichten Hydrierbarkeit eine große Bedeutung als Oxydationsmittel für Dehydrierungsaktionen, oder, wie man sich zweckmäßiger ausdrückt, als *Wasserstoffacceptoren* erlangt. Sämtliche chinoiden Systeme können im Rahmen der beschriebenen Gleichgewichtsreaktion als derartige Wasserstoffacceptoren auftreten und, falls das Redoxpotential ausreicht, genau wie Sauerstoff oder jedes andere Oxydationsmittel den bei der Dehydrierung abgespaltenen Wasserstoff binden, obgleich sie selbst gar nicht befähigt sind, Sauerstoff abzugeben oder z. T. überhaupt keinen Sauerstoff im Molekül enthalten (z. B. Methylenblau, S. 243). Die Durchführbarkeit einer Oxydationsreaktion mit Chinonen oder Methylenblau als „Oxydationsmittel" kann also als strenger Beweis für das Vorliegen einer Dehydrierungsreaktion angesehen werden.

Das Redoxpotential der einzelnen Chinone hängt in starkem Maße von ihrer Struktur ab[1]). Beispielsweise hat das auf S. 317 beschriebene Dipheno-chinon ein besonders hohes Oxydationspotential, weil hier bei Aufnahme eines H_2-Moleküls gleich zwei Sechsringe unter Energieabgabe aromatisiert werden.

Zu 5. Bringt man molare Mengen von Hydrochinon und Chinon in Lösung zusammen, so tritt eine starke Farbvertiefung ein, und es scheidet sich bei genügend hoher Konzentration eine Molekülverbindung beider Komponenten ab, die **Chinhydron** genannt wird und auch in Lösung osmotisch nachweisbar ist. Daß es sich hierbei nicht nur um ein einfaches Mischkristallisat handelt, geht u. a. auch aus der starken Farbveränderung bei ihrer Bildung hervor, die auf eine Wechselwirkung der Elektronensysteme beider Komponenten hindeutet. Die Wiedergabe der Art dieser Wechselwirkung ist allerdings mit einfachen Formeln nicht möglich und auch heute noch nicht in allen Einzelheiten geklärt. Wir wollen uns daher zunächst mit der üblichen Formulierung des Chinhydrons als normale Molekülverbindung begnügen (Näheres vgl. **II**, Kap. 6, III, 1aα):

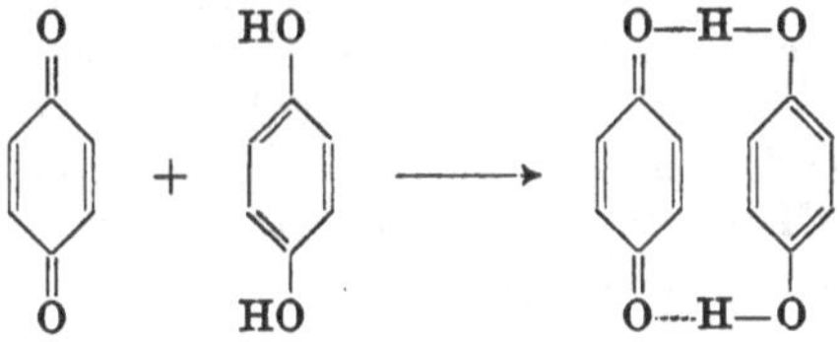

Chinhydron

Die Bildung chinhydronartiger Anlagerungsverbindungen ist im übrigen nicht nur auf die Kombination eines Chinons mit dem zugehörigen Hydrochinon oder überhaupt auf die Kombination von chinoiden und hydrochinoiden Verbindungen beschränkt, sondern findet auch zwischen chinoiden Verbindungen und einwertigen Phenolen oder aromatischen Aminen statt, wobei pro Chinonmolekül immer zwei phenolische Hydroxyl- bzw. aromatische Aminogruppen gebunden werden. So entsteht z. B. aus Chinon und Phenol selbst das **Phenochinon** (IV). In einigen Ausnahmefällen ist sogar nicht einmal die Anwesenheit phenolischer Hydroxylgruppen erforderlich. Als Beispiel sei die von P. PFEIFFER beobachtete Bildung chinhydronartiger farbiger Additionsverbin-

[1]) Zusammenfassung: M. G. EVANS u. J. DE HEER: Quart. Rev. 4, 94 (1950).

dungen aus Chloranil (s. unten) und zwei Molekülen Durol (V) oder einem Molekül Hexamethylbenzol (VI) angeführt:

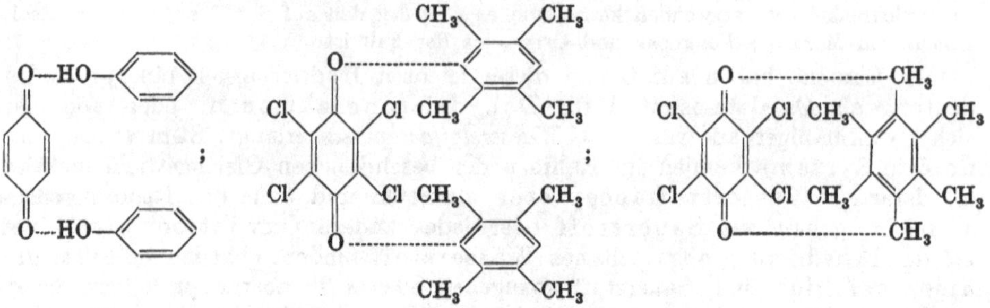

IV V VI

Zu 6. In alkalischem Medium sind die Chinhydrone nicht mehr beständig und zerfallen nach E. Weitz in zwei gleichartige Moleküle mittlerer Oxydationsstufe, die an einem der beiden Carbonyl-C-Atome Radikalcharakter aufweisen und **Semichinone** (= Halbchinone) genannt werden:

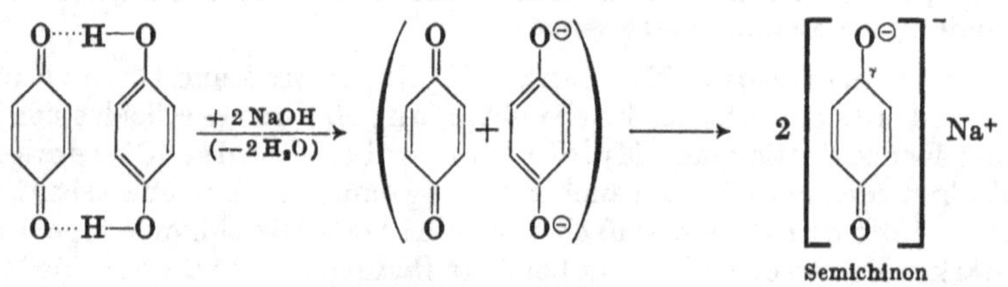

Semichinon

Ihre eingehende Besprechung erfolgt im Zusammenhang mit den freien Radikalen in **I**, Kap. 10, II, 3 u. **II**, Kap. 3, III, 7.

Einzelverbindungen. p-Benzochinon, meistens *Chinon* oder *Benzochinon* schlechthin genannt, ist das wichtigste der sich vom Benzol ableitenden Chinone. Es wird präparativ am besten in der angegebenen Weise durch Oxydation von Anilin dargestellt und ist eine gelbe, mit Wasserdampf flüchtige, kristallisierte Substanz (Smp. 116°) von stechendem Geruch, die in reinem Zustand längere Zeit haltbar ist. Eine praktische Anwendung hat es, abgesehen von der erwähnten Eignung zur Herstellung der Chinhydronelektrode und zum Nachweis von Dehydrierungsreaktionen, nicht gefunden.

Von einem gewissen Interesse für seine Konstitutionsbestimmung ist der oxydative Abbau mit Kaliumpersulfat in Gegenwart von Silbersulfat, der ähnlich dem Chlorsäureabbau des Benzols (S. 136) vor sich geht und unter Erhaltung der einen Doppelbindung sowie der cis-Stellung der an ihr befindlichen beiden Carbonyl-C-Atome zur Maleinsäure führt:

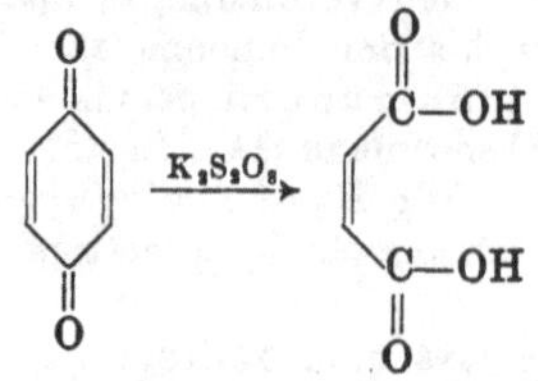

o-Benzochinon 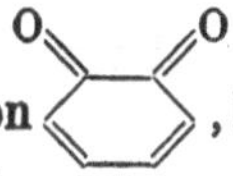, kurz **o-Chinon** genannt, wurde erstmals von R. WILLSTÄTTER durch Dehydrierung von Brenzcatechin (S. 449) mit Silberoxyd (Gleichung formulieren!) gewonnen und ist bereits wesentlich unbeständiger als die p-Verbindung. Es tritt in zwei kristallisierten Modifikationen auf, von denen die rote das eigentliche o-Chinon darstellt, während die Struktur der farblosen Form noch nicht absolut gesichert ist. Seine Flüchtigkeit ist auffallenderweise wesentlich geringer als die des p-Chinons, so daß es nicht mehr mit Wasserdampf übergeht und auch geruchlos ist.

Chloranil 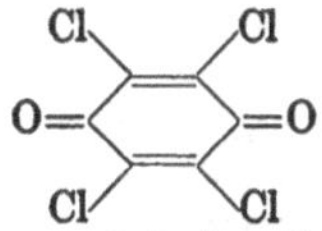, *Tetrachlor-p-benzochinon*, ist eine aus zahlreichen aromatischen Substanzen bei der chlorierenden Oxydation mit einem Gemisch von Chlorsäure und Chlorwasserstoffsäure entstehende Substanz. Zu seiner Darstellung eignen sich besonders Anilin (daher der Name Chloranil) und p-Phenylendiamin. Es dient wegen seines hohen Redoxpotentials zuweilen als Wasserstoffacceptor bei Dehydrierungsreaktionen.

Diphenochinon ist ein Dichinon der Diphenylreihe. Es kann durch Oxydation des p,p'-Dihydroxy-diphenyls erhalten werden und besitzt an jedem Ring nur eine Carbonylgruppe. Trotzdem verhält es sich wie ein typisches Chinon, wie vor allem die leicht erfolgende Rückhydrierung zum p,p'-Dihydroxy-diphenyl zeigt. Hierbei findet eine Addition an die äußersten Enden des konjugierten Doppelbindungssystems statt, und es tritt, obgleich wiederum nur zwei Reduktionsäquivalente aufgenommen werden, unter Wanderung von vier konjugierten Doppelbindungen die Aromatisierung beider Sechsringe ein:

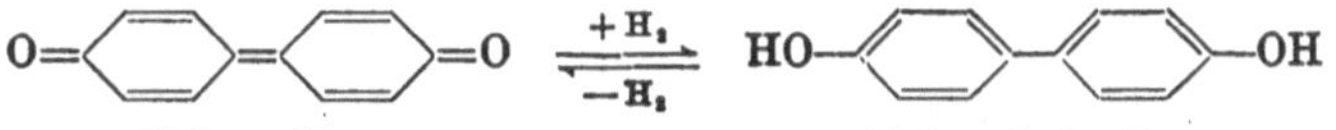

Dipheno-chinon Dipheno-hydrochinon

Auf die Bedeutung dieses Umstandes für das hohe Oxydationspotential des Diphenochinons wurde bereits auf S. 315 hingewiesen.

Chinonderivate: Die einfachen Ammoniakderivate des Chinons, das

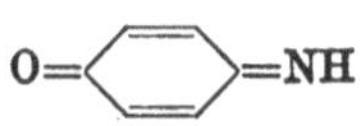 und das 

Chinon-monimin Chinon-diimin

sind im Gegensatz zu den Iminoderivaten der einfachen Oxoverbindungen trotz des noch am Stickstoff befindlichen Wasserstoffs existenzfähige, wenn auch sehr unbeständige Verbindungen. Sie werden am besten auf dem Wege der Dehydrierung der entsprechenden hydrochinoiden Verbindungen, der Phenylendiamine, mit trockenem Silberoxyd dargestellt (Gleichung formulieren!).

Abgesehen von der in Gegenwart von Säuren leicht erfolgenden hydrolytischen Aufspaltung zeigen sie ein ähnliches Verhalten wie die Chinone selbst, lassen sich z. B. leicht zu den entsprechenden aromatischen Diaminen bzw. Aminophenolen reduzieren und bilden sowohl chinhydronartige als auch semichinonartige Derivate. Zu letzteren gehört insbesondere der in der älteren Literatur noch allgemein als chinhydronartige Additionsverbindung angesprochene, heute aber als Semichinon erkannte und daher ebenfalls erst in I, Kap. 10, II, 3 näher beschriebene Farbstoff *Wursters Rot*.

Vom Chinondiimin leiten sich infolge dieser Beziehungen wichtige Farbstoffe ab (Näheres vgl. **III**, Kap. 2, III, 2 u. 3).

Chinonmonoxim entsteht in der angegebenen Weise bei der Kondensation von Chinon mit einem Mol Hydroxylamin. Es ist insofern von allgemeinem Interesse, als es unter Wanderung des Oxim-Wasserstoffs an den p-ständigen Sauerstoff (also über eine Entfernung von sechs Atomen hinweg an das andere Ende des konjugierten Systems) eine tautomere Umwandlung in p-Nitrosophenol erleidet und dadurch nach zwei Formeln reagieren kann:

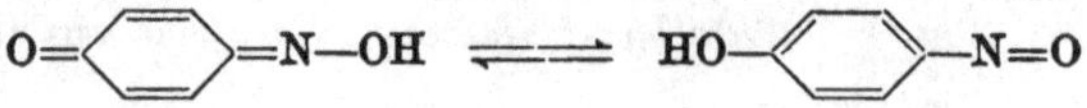

Chinon-monoxim p-Nitrosophenol

Chinondioxim 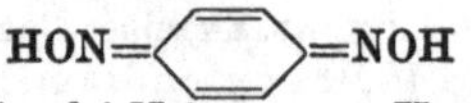 ist demgegenüber eine durchaus beständige Substanz, die keinerlei Neigung zur Umwandlung in eine tautomere Verbindung, etwa in p-Nitroso-phenylhydroxylamin $O{=}N{-}C_6H_4{-}NH{-}OH$, mehr erkennen läßt.

III. Die Carbonsäuren und ihre Derivate

1. Darstellung und allgemeine Eigenschaften

Als einfachste Funktion des oxydativ dreiwertigen Kohlenstoffs haben wir auf S. 180 die Carboxylgruppe kennengelernt. Sie kann nur noch durch eine Valenz an das Restmolekül gebunden sein, muß also ein primäres C-Atom enthalten. Infolgedessen kennen wir hier nur noch die eine, aus den Aldehyden und primären Alkoholen durch Oxydation hervorgegangene Verbindungsklasse der Carbonsäuren (allgemeine Formel $R-C\begin{smallmatrix}/\!\!/O\\ \backslash OH\end{smallmatrix}$), während den Hydroxy- und Oxoverbindungen mit sekundären (Ketone, Ketene, Chinone, sekundäre Alkohole) oder gar tertiären C-Atomen (tertiäre Alkohole, Phenole) keine Verbindungen mit oxydativ dreiwertigem Kohlenstoff mehr entsprechen. Trotz dieser Vereinfachung der Verhältnisse ist die Gruppe der Carbonsäuren jedoch kaum weniger reichhaltig als die der Oxo- und Hydroxyverbindungen, da die organischen Säuren einerseits biochemisch eine sehr wichtige Rolle spielen und in großer Zahl natürlich vorkommen, andererseits sich von der Carboxylgruppe als dreiwertiger Funktion eine viel größere Anzahl von Derivaten ableitet als von der nur zweiwertigen Oxo- oder gar der einwertigen Hydroxygruppe.

Die eindeutige Festlegung der **Struktur** der Carboxylgruppe bietet nur geringe Schwierigkeiten: Die bei der Analyse der einfachen gesättigten Carbonsäuren sich ergebende Summenformel $C_nH_{2n}O_2$ kann man auf Grund der besonderen Reaktionsfähigkeit des einen H-Atoms, das ohne Zweifel einer Hydroxylgruppe angehört, noch weiter zergliedern zu $C_nH_{2n-1}OOH$, und es kommt nun darauf an, die Stellung des O-Atoms und der Hydroxylgruppe zu ermitteln. Dies gelingt am einfachsten auf synthetischem Wege, wofür die in den folgenden Formeln angedeuteten zwei Möglichkeiten zur Verfügung stehen:

$$C_{n-1}H_{2n-1}\text{—Hal} + \text{NaC}{\equiv}\text{N} \xrightarrow{-\text{NaHal}} C_{n-1}H_{2n-1}\text{—C}{\equiv}\text{N} \xrightarrow{\text{Hydrolyse}} C_{n-1}H_{2n-1}\text{—C}\begin{smallmatrix}/\!\!/O\\ \backslash OH\end{smallmatrix}$$

$$C_{n-1}H_{2n-1}\text{—Me} + C\begin{smallmatrix}/\!\!/O\\ \backslash\!\!\backslash O\end{smallmatrix} \longrightarrow C_{n-1}H_{2n-1}\text{—C}\begin{smallmatrix}/\!\!/O\\ \backslash OMe\end{smallmatrix} \xrightarrow{\text{Säure}} C_{n-1}H_{2n-1}\text{—C}\begin{smallmatrix}/\!\!/O\\ \backslash OH\end{smallmatrix}$$

Danach stellt die Gruppe $C_{n-1}H_{2n-1}$ einen normalen Alkylrest dar, und es müssen beide Sauerstoffatome an dem neu eingeführten C-Atom stehen, was nur bei der angegebenen Formulierung möglich ist.

Nomenklatur. Die Carbonsäuren gehören infolge ihrer leichten Isolierbarkeit (über die Salze) zu den am längsten bekannten organischen Verbindungen. Sie werden daher in ungewöhnlichem Ausmaß durch Trivialnamen benannt, von denen die wichtigsten in Tab. 15 (S. 324) mit angeführt sind. Daneben gibt es zwei rationelle Bezeichnungsarten: 1. Die Genfer Nomenklatur geht in der üblichen Weise von dem Namen derjenigen Kohlenwasserstoffe aus, von denen sich die Carbonsäuren durch Oxydation einer endständigen Methylgruppe ableiten, und bezeichnet sie durch Anhängen der Endung *-säure*. Die Ameisensäure (HCOOH), heißt also offiziell *Methansäure*, die Essigsäure (H_3C—COOH) *Äthansäure* und die Acrylsäure (H_2C=CH—COOH) *Propensäure*. 2. Noch gebräuchlicher ist die andere Möglichkeit, nach der man die ganze Carboxylgruppe als einen nicht zur Grundverbindung gehörenden Substituenten betrachtet, die Carbonsäure also als Derivat des um ein C-Atom ärmeren Kohlenwasserstoffs auffaßt. Danach heißt die Essigsäure *Methancarbonsäure*, die Benzoesäure *Benzolcarbonsäure* usw. Zwischen beiden Möglichkeiten muß man scharf unterscheiden, denn Ausdrücke wie *Methansäure* und *Methancarbonsäure* bezeichnen jeweils zwei verschiedene, in ihrer Zusammensetzung um eine CH_2-Gruppe voneinander abweichende Carbonsäuren.

Schließlich ist es auch in der Carbonsäurereihe üblich, komplizierte Verbindungen zur Benennung zu zergliedern und als Derivate einfacher Carbonsäuren zu bezeichnen. So heißt z. B. die 2,2-Dimethylpropansäure (CH_3—$C(CH_3)_2$—COOH) allgemein *Trimethylessigsäure*. Auch Namen wie *Acetessigsäure*, *Benzoylessigsäure* usw. sind auf diese Weise entstanden.

Vorkommen. Die Carbonsäuren treten als natürliche Abbauprodukte anderer organischer Stoffe in großer Zahl in der belebten Natur auf, und zwar wegen ihres sauren Charakters nur in Ausnahmefällen in Form der freien Säuren selbst (z. B. die Obstsäuren in den sauren Früchten, die Ameisensäure im Gift der Ameisen und Brennesseln, die Gallensäuren in der Galle usw.), sondern hauptsächlich gebunden in Form der Salze, Ester und Säureamide. Die wichtigsten der einfachen natürlichen Carbonsäurederivate sind die Fette, Öle und Wachse (vgl. **III**, Kap. 6, I, 1—3). Auch bei biochemischen Abbauprozessen, insbesondere dem Kohlenhydrat-, Fettsäure- und Eiweißabbau spielen eine Reihe von Carbonsäuren eine wichtige Rolle als Zwischenprodukte.

Die Methoden zur **Darstellung** der Carbonsäuren lassen sich in vier größere Gruppen einteilen: 1. die Hydrolyse von Carbonsäurederivaten, 2. die Oxydation von Verbindungen niedrigerer Oxydationsstufe des Kohlenstoffs, 3. synthetische Verfahren und 4. Abbaumethoden.

Zu 1. Die Hydrolyse, oder wie man allgemein sagt, **„Verseifung“ der Carbonsäurederivate** ist, ähnlich wie die der Aldehyd- und Ketonderivate, für die Darstellung der freien Säuren nur von untergeordneter Bedeutung, da die Derivate meistens aus den Säuren selbst gewonnen werden. Sie findet praktische Anwendung nur in den Fällen, in denen man die Isolierung oder Reinigung der Säuren über die Derivate vornimmt[1]), oder in denen die Säuren in Form ihrer Derivate natürlich vorkommen, wie es etwa bei der Fettsäuregewinnung aus Fetten der Fall ist (**III**, Kap. 6, I, 1). Ferner ist sie als Teilreaktion bei einigen synthetischen Methoden erforderlich, die primär nicht zu den Carbonsäuren selbst sondern zu ihren Derivaten führen, z. B. bei der unter 3 beschriebenen Kolbeschen Nitrilsynthese. (Bezüglich einzelner Verfahren vgl. S. 334f.)

Zu 2. Die Darstellung der Carbonsäuren durch **Oxydation anderer Verbindungen** geht meistens von den Aldehyden und primären Alkoholen aus, da hier die Oxydation auf dem Wege der Dehydrierung vor sich geht, also sehr leicht durchzuführen ist. Die Reaktion bietet den Vorteil, daß die Carbonsäuren als Endprodukte der Oxydation gegen jeden weiteren Angriff des Oxydationsmittels stabil sind, man also in der Wahl der Reaktionsbedingungen vollkommen frei ist.

Größere Schwierigkeiten bereitet dagegen, ähnlich wie in der Hydroxy- und Oxoreihe, die Oxydation aliphatisch gebundener Methyl- zu Carboxylgruppen, da im allgemeinen

---

[1]) Ein beliebtes Verfahren dieser Art besteht z. B. in der Überführung der Carbonsäuren in die meist schwerlöslichen Blei- oder Bariumsalze und deren nachträglicher Zersetzung mit Schwefelwasserstoff oder der berechneten Menge Schwefelsäure.

sekundäre und tertiäre C-Atome oxydationsempfindlicher sind (S. 78 f,), so daß fast immer leichter ein oxydativer Abbau des Kohlenstoffgerüstes eintritt als die gewünschte Oxydation einer endständigen Methyl- zur Carboxylgruppe. Lediglich beim biochemischen Fettsäureabbau wurde gelegentlich auch die Oxydation der Paraffinkette vom Ende her beobachtet (ω-Oxydation, vgl. **III**, Kap. 8, III, 3a). Erst bei den aromatischen Verbindungen liegen die Verhältnisse wieder günstiger. Hier ist es infolge der Stabilität des Benzolkernes gegen Oxydationsmittel sowie der Aktivierung der Benzyl-C-Atome ohne Schwierigkeiten möglich, Verbindungen mit seitenständigen Methylgruppen zu aromatischen Carbonsäuren zu oxydieren (s. auch unter 4).

Zu 3. Die am längsten bekannte Carbonsäuresynthese und eine der ältesten synthetischen Methoden der organischen Chemie überhaupt ist die von PELOUZE (1834) entdeckte Nitrilsynthese, die vielfach nach ihrem späteren (1848) hauptsächlichen Bearbeiter, der erstmals ihre Bedeutung für die Carbonsäuresynthese erkannte, **KOLBEsche Nitrilsynthese** genannt wird. Sie beruht auf einer Alkylierung des Cyanid-Ions mit den üblichen Alkylierungsmitteln (meistens läßt man die Alkylhalogenide auf Natriumcyanid einwirken), wobei infolge der Tautomerie der Blausäure stets in mehr oder weniger großer Ausbeute auch die Isonitrile (**I**, Kap. 10, I, 3) als Nebenprodukt entstehen:

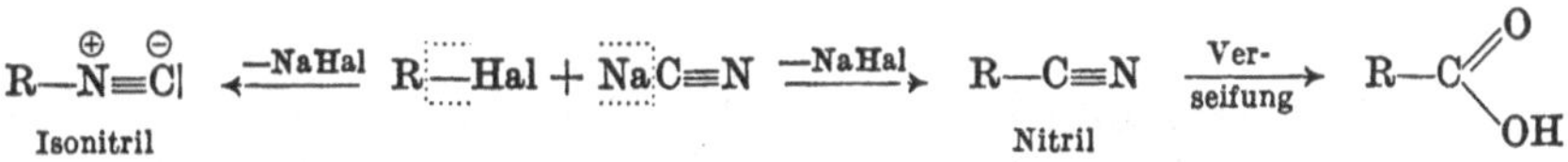

Aus den Nitrilen sind dann die Carbonsäuren mit Hilfe der üblichen Spaltungsreaktionen (S. 364 f.) leicht zugänglich.

Diese einfache und sehr elegante Methode, die Kohlenstoffkette um ein C-Atom zu verlängern, hat einige interessante Abänderungen erfahren, die auch praktische Bedeutung erlangt haben. So ist es z. B. P. KURTZ (1943) gelungen, die relativ teuren Alkylhalogenide wenigstens in der Allylreihe durch die billigeren Allyl-alkohole zu ersetzen und diese bei 80° in Gegenwart von Kupfer(I)-chlorid mit freier Blausäure zu den Nitrilen umzusetzen (Gleichung formulieren!). Ferner ist es trotz der Reaktionsträgheit des aromatisch gebundenen Halogens in einigen Fällen möglich, eine der KOLBEschen Nitrilsynthese analoge Arylierung des Cyanid-Ions (z. B. durch Erhitzen von Natriumcyanid mit Arylhalogeniden in Gegenwart von Kupferpulver auf 200—250°, vgl. S. 174) durchzuführen. Weiterhin liegen in der aromatischen Reihe in der leichten Substituierbarkeit der Diazogruppe nach T. SANDMEYER (**I**, Kap. 6, III, 1b) und in dem der Phenolschmelze analogen Ersatz der Sulfo- durch die Nitrilgruppe beim Verschmelzen der sulfonsauren Salze mit Natriumcyanid (**I**, Kap. 7, II, 1) zwei weitere wertvolle Verfahren vor, die Nitrilgruppe in den Benzolkern einzuführen.

Auf dem gleichen Prinzip wie die KOLBEsche Nitrilsynthese beruht die auf S. 98, 115 und 189 beschriebene Carbonylierungsreaktion[1]), bei der wieder die teuren Alkylhalogenide und Alkalicyanide durch die wesentlich billigeren Sauerstoffverbindungen gleicher Oxydationsstufe, d. h. durch Alkohole (bzw. ein Gemisch von Olefin und Wasser) und Kohlenoxyd ersetzt sind. Wie wir dort gesehen haben, kann man diese elegante Methode bei entsprechender Variation der Ausgangsmaterialien auch zur direkten Synthese der wichtigsten Säurederivate verwenden.

Eine weitere synthetische Methode, bei der ebenfalls die Kohlenstoffkette um nur ein C-Atom verlängert wird, jedoch die Oxydationsstufen der Reaktionsteilnehmer gegenüber der KOLBEschen Synthese um jeweils eine Stufe verschoben sind, beruht auf der Einwirkung metallorganischer Verbindungen auf Kohlendioxyd (Näheres vgl. S. 407 u. **I**, Kap. 9, I):

[1]) Zusammenfassungen: W. REPPE u. Mitarbb.: A. **582**, 38, 72 (1953).

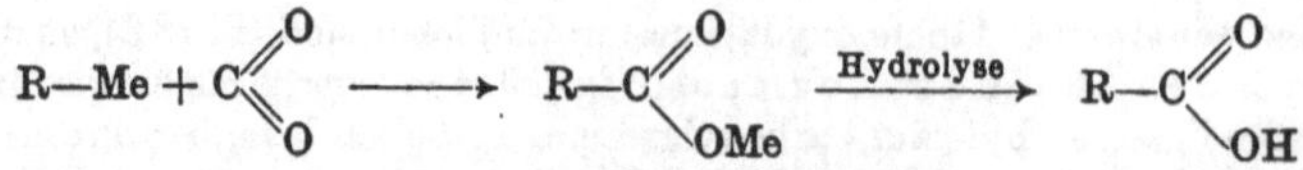

Auch diese Reaktion kann man in der **aromatischen Reihe** in etwas abgeänderter Form durchführen, indem man statt der Grignard-Verbindungen die viel billigeren **aromatischen Kohlenwasserstoffe** verwendet, und diese mit Phosgen oder anderen **Kohlensäurederivaten** unter den Bedingungen der Friedel-Craftsschen Reaktion (S. 135, 282) umsetzt. Man erreicht auf diese Weise wiederum den Vorteil der **direkten Synthese von Carbonsäurederivaten**, wie die folgende Übersicht zeigt:

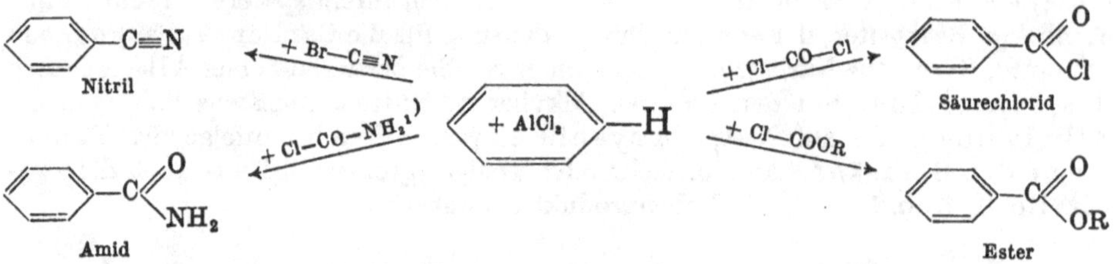

Ferner ist es auch möglich, in einfachen Carbonsäuren den **organischen Molekülteil** durch die üblichen synthetischen Methoden zu vergrößern und auf diese Weise zu weiteren Carbonsäuren zu gelangen. Die bekanntesten hierher gehörenden Synthesen sind die Perkinsche **Zimtsäuresynthese** (S. 388) und die auf der **Alkylierung des Acetessigesters und Malonesters** beruhenden Synthesen (S. 482, 522), auf die wir im einzelnen erst später eingehen werden.

Schließlich sei auf zwei **moderne Verfahren** zur synthetischen Gewinnung von Carbonsäuren hingewiesen:

Einmal gelang es F. Arndt und H. Eistert (1935), den organischen Rest einer Carbonsäure durch **Einschieben einer Methylengruppe** zwischen den Carboxykohlenstoff und das α-C-Atom des Alkylrestes der ursprünglichen Säure zu verlängern. Diese eigenartige Synthese geht von den **Säurechloriden** aus, die mit **Diazomethan** ein **Diazoketon** bilden, in dem das neu eintretende C-Atom (in den Formeln fett gedruckt) zunächst die Kohlenstoffkette **über das ursprüngliche Carboxyl-C-Atom hinaus** verlängert. Bei der Einwirkung von **Wasser** auf die Diazoketone in **schwach alkalischem Medium** wird dann der Stickstoff abgespalten, und das Molekül stabilisiert sich unter **Wanderung des Alkylrestes** an die neu gebildete Methylengruppe, wodurch deren Einbau in das Innere der Kette vollendet wird (Näheres vgl. II, Kap. III, 3a):

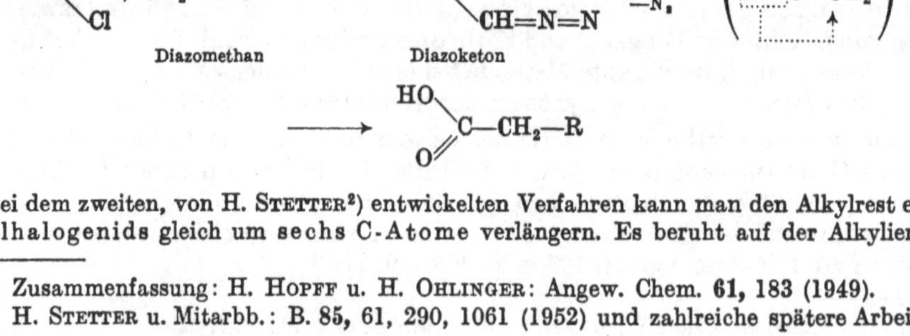

Bei dem zweiten, von H. Stetter[2]) entwickelten Verfahren kann man den Alkylrest eines **Alkylhalogenids gleich um sechs C-Atome verlängern**. Es beruht auf der Alkylierung

---

[1]) Zusammenfassung: H. Hopff u. H. Ohlinger: Angew. Chem. **61**, 183 (1949).

[2]) H. Stetter u. Mitarbb.: B. **85**, 61, 290, 1061 (1952) und zahlreiche spätere Arbeiten.

des Dihydro-resorcins (als 1,3-Diketon, vgl. S. 450) an der zwischen den Carbonylgruppen stehenden Methylengruppe zu der Zwischenverbindung I, die dann wie alle 1,3-Diketone alkalisch zerlegt werden kann. Die hierbei entstehende Ketocarbonsäure II braucht nur noch an der Ketogruppe reduziert zu werden (nach KISHNER-WOLFF, S. 277), um zu der eigentlichen, keine andere Sauerstoff-Funktion mehr im Molekül enthaltenden Carbonsäure III mit mindestens sechs C-Atomen in unverzweigter Kette zu gelangen:

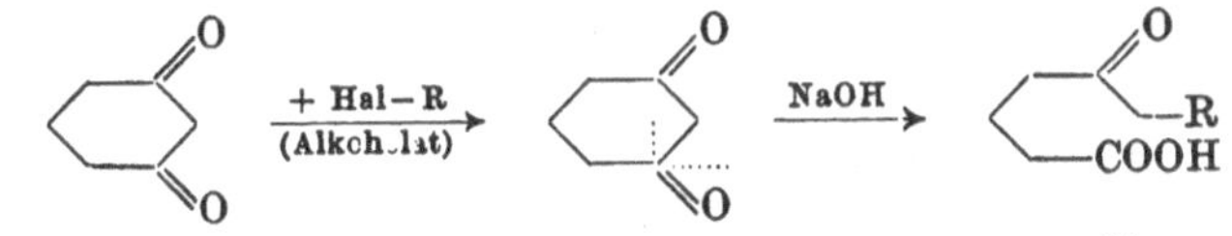

Dihydro-resorcin I II

$$\xrightarrow[\text{Kishner-Wolff}]{\text{Reduktion nach}} R{-}CH_2{-}CH_2{-}CH_2{-}CH_2{-}CH_2{-}COOH \qquad \text{III}$$

Die letzten beiden Stufen kann man zu einer einzigen Reaktionsphase vereinen, wenn man die Spaltung des Diketons I in Gegenwart von Hydrazin vornimmt.

Zu 4. Die einfachsten, zu Carbonsäuren führenden **Abbaureaktionen** beruhen auf der oxydativen Spaltung einer in einer unverzweigten Kette befindlichen C—C- oder C=C-Bindung, da die hierbei neu entstehenden primären C-Atome unter den Reaktionsbedingungen meistens bis zur höchstmöglichen Oxydationsstufe weiter oxydiert werden, man also in einem Reaktionsgang zum Ziel gelangt. Die wichtigsten der hierher gehörenden Verfahren haben wir bereits kennengelernt, nämlich 1. die Paraffinoxydation (S. 78), 2. die oxydative Ketonspaltung (S. 277), die allerdings in der Praxis nur selten (vgl. z. B. Trimethylessigsäure, S. 386) zur Carbonsäuregewinnung dient, sondern hauptsächlich zur Konstitutionsaufklärung der Ketone verwandt wird, und 3. den oxydativen Abbau aromatischer Seitenketten (S. 137), der stets zwischen dem α- und β-ständigen C-Atom einsetzt, also jede Seitenkette (einschließlich der Methylgruppe, s. oben) in die Carboxylgruppe überführt.

Außer durch oxydative kann man auch durch hydrolytische Aufspaltung einer C—C-Bindung zu Carbonsäuren gelangen, wenn die zu spaltende Bindung von einem Carbonyl-C-Atom ausgeht. Die bekannteste Reaktion dieser Art ist die alkalische Spaltung der 1,3-Diketone (z. B. im Verlauf der beschriebenen STETTERschen Carbonsäuresynthese) und die Säurespaltung der β-Ketocarbonsäureester (S. 522) sowie die Ameisensäurebildung bei der Chloroformdarstellung aus Chloral, bzw. die analoge Bildung von Carbonsäuren bei Verwendung chlorierter Methylketone (S. 166):

$$R{-}\overset{\displaystyle O}{\overset{\|}{C}}{-}CCl_3 + H\,ONa \longrightarrow R{-}\overset{\displaystyle O}{\overset{\|}{C}}{-}ONa + HCCl_3$$

Besonders die letzte Reaktion findet zuweilen praktische Anwendung zur schonenden Einführung einer Carboxylgruppe in oxydationsempfindliche Substanzen, z. B. zur Zimtsäuredarstellung (S. 397).

Physikalische Eigenschaften. Von allen bisher beschriebenen Funktionen besitzt die Carboxylgruppe die stärkste siedepunkterhöhende Wirkung, so daß die Carbonsäuren zu den ausgesprochen hochsiedenden Substanzen gehören. Auch die Schmelzpunkte der n-Carbonsäuren liegen relativ hoch und zeigen den bei den Paraffinen bereits beschriebenen oscillierenden Anstieg mit der Zahl der C-Atome in verstärktem Ausmaß, so daß hier beim Übergang von einer geradzahligen zur nächst höheren ungeradzahligen Carbonsäure sogar jeweils eine Schmelzpunktssenkung eintritt (vgl. Abb. 10 ausgezogene Kurve).

Tabelle 15

Physikalische Konstanten der gesättigten Carbonsäuren

Trivialnamen Genf. Nomenklatur Rationelle Namen[1]	Formel	Sdp.	Smp.	Diff.	D/T flüssig	Diss. Konst. $\times 10^{-5}$	p_K [2]
Ameisensäure Methansäure	$HCOOH$	101°	8,4°		1,226/18°	17,65	3,75
				+8°			
Essigsäure Äthansäure Methancarbonsäure	CH_3COOH	118	16,6		1,049/20	1,76	4,75
				—36			
Propionsäure Propansäure Äthancarbonsäure	$CH_3—CH_2—COOH$	141	—20		0,999/15	1,32	4,88
				+15			
Buttersäure n-Butansäure Propan-1-carbons.	$CH_3—(CH_2)_2—COOH$	153	— 5		0,960/19	1,54	4,81
				—30			
Valeriansäure n-Pentansäure n-Butan-1-carbons.	$CH_3—(CH_2)_3—COOH$	187	—35		0,940/19	1,60	4,80
				+31			
Capronsäure n-Hexansäure	$CH_3—(CH_2)_4—COOH$	205	— 4		0,930/20	1,46	4,84
				— 6			
Önanthsäure n-Heptansäure	$CH_3—(CH_2)_5—COOH$	222	—10		0,922/14	1,46	4,84
				+26			
Caprylsäure n-Octansäure	$CH_3—(CH_2)_6—COOH$	238	+ 16		0,917/20	—	—
				— 4			
Pelargonsäure n-Nonansäure	$CH_3—(CH_2)_7—COOH$	254	12		0,901/20	—	—
				+19			
Caprinsäure n-Decansäure	$CH_3—(CH_2)_8—COOH$	268	31		0,893/32	—	—
				— 1			
— n-Undecansäure	$CH_3—(CH_2)_9—COOH$	212/100 mm	30		0,891/30	—	—
				+14			
Laurinsäure n-Dodecansäure	$CH_3—(CH_2)_{10}—COOH$	225/100 mm	44		0,877/45	—	—
				— 3			
— n-Tridecansäure	$CH_3—(CH_2)_{11}—COOH$	239/100 mm	41		—	—	—
				+13			
Myristinsäure n-Tetradecansäure	$CH_3—(CH_2)_{12}—COOH$	251/100 mm	54		0,862/54	—	—
				— 2			
— n-Pentadecansäure	$CH_3—(CH_2)_{13}—COOH$	262/100 mm	52		—	—	—
				+11			
Palmitinsäure n-Hexadecansäure	$CH_3—(CH_2)_{14}—COOH$	272/100 mm	63		0,854/64	—	—
				— 1			
Margarinsäure n-Heptadecansäure	$CH_3—(CH_2)_{15}—COOH$	281/100 mm	62		0,836/91	—	—
				+ 9			
Stearinsäure n-Octadecansäure	$CH_3—(CH_2)_{16}—COOH$	291/100 mm	71		0,848/70	—	—
				— 2			
— n-Nonadecansäure	$CH_3—(CH_2)_{17}—COOH$	300/100 mm	69		—	—	—
				+ 6			
Arachinsäure n-Eikosansäure	$CH_3—(CH_2)_{18}—COOH$	328/100 mm	75		—	—	—

Anmerkungen nebenstehend.

Weiterhin ist für die Schmelzpunktskurve charakteristisch, daß anfangs der Schmelzpunkt mit steigender Molekülgroße sinkt, bis etwa von der Valeriansäure ab der Einfluß der Carboxylgruppe soweit abgeschirmt ist, daß der normale Anstieg mit der Kettenlänge beginnt. Dieser ansteigende Teil der Schmelzpunktskurve weist eine eigenartige Parallelität mit den Schmelzpunkten der n-Paraffine doppelter Kohlenstoffzahl auf (Abb. 10, gestrichelte Kurve), die bei den geradzahligen Carbonsäuren um etwa 5^0 und bei den ungeradzahligen um etwa $10—15^0$ über denen der Carbonsäuren liegen. Wie wir später sehen werden, ist diese Parallelität nicht zufälliger Natur, sondern hängt eng mit der Neigung der Carbonsäuren zur Bildung von Doppelmolekülen zusammen (II, Kap. 6, III, 1 b β).

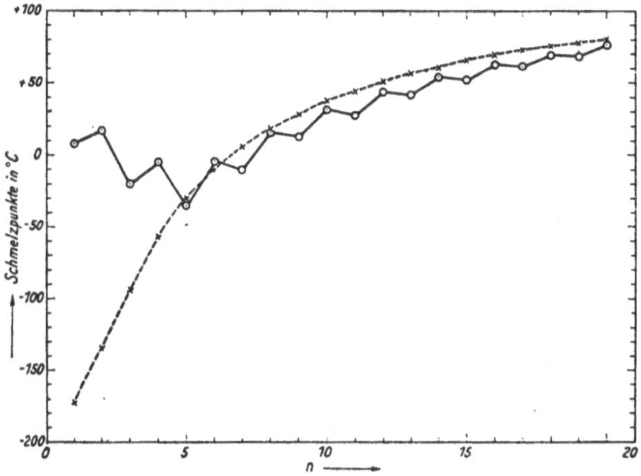

Abb. 10

Schmelzpunktsvergleich von n-Carbonsäuren und n-Paraffinen

o—o—o Schmelzpunkte der gesättigten normalen Carbonsäuren in Abhängigkeit von der Zahl der C-Atome (n)

x----x----x Schmelzpunkte der normalen Paraffine doppelter Kettenlänge ($C_{2n}H_{4n+2}$) in Abhängigkeit von n

Der Geruch der Carbonsäuren ist ausgesprochen unangenehm. Die reinen niederen Säuren riechen stets unerträglich stechend, und erst in größerer Verdünnung erscheint der charakteristische Säuregeruch, wie z. B. der säuerliche Geruch der Essigsäure oder der schweißartige Geruch der Buttersäure. Mit steigendem Molekulargewicht nimmt die Intensität und meistens auch der unangenehme Charakter des Geruchs zu (vgl. z. B. Essigsäure → Buttersäure), um erst bei den oberhalb 250^0 siedenden Säuren infolge der geringeren Flüchtigkeit vollkommen zu verschwinden.

Hinsichtlich der **Löslichkeitseigenschaften** stehen die Carbonsäuren den Alkoholen nahe, d. h. die Carboxylgruppe ist stark hydrophil, und infolgedessen sind die niederen Glieder der Reihe bis zur Buttersäure (bei den

[1]) Nur bis zur Valeriansäure angegeben.

[2]) Als p_K-*Werte* bezeichnet man in Analogie zu den p_H-Werten die negativen Logarithmen der Dissoziationskonstanten (und auch anderer Gleichgewichtskonstanten chemischer Reaktionen). Sie bieten neben dem Fortfall der umständlichen Angabe der Zehnerpotenzen insbesondere den weiteren Vorteil der bequemeren Berechnung der maximalen Nutzarbeit chemischer Reaktionen (vgl. II, Kap. 4, I, 3), da diese stets dem Logarithmus der Gleichgewichtskonstante, in unserem Falle also p_K, proportional verläuft.

Alkoholen nur bis zum Propylalkohol) noch mit Wasser mischbar. Doch können bereits die Propionsäure und besonders die Buttersäure mit Calciumchlorid und ähnlichen leicht löslichen Salzen ausgesalzen werden. Bei den höheren Carbonsäuren verliert sich die Wasserlöslichkeit schließlich ganz. In organischen Lösungsmitteln sättigen sich die assoziierenden Kräfte der Carboxylgruppen bei der erwähnten Bildung von Doppelmolekülen gegenseitig vollständig ab, so daß die trockenen Säuren keine lipophoben Eigenschaften mehr aufweisen und stets unbegrenzt löslich sind.

Als Carbonylverbindungen zeigen die Carbonsäuren eine ähnliche Absorptionsbande im nahen Ultraviolett und eine ähnliche charakteristische Ramanlinie wie die Aldehyde und Ketone. Doch wird in ersterem Falle infolge des Einflusses der Hydroxylgruppe eine deutliche Verschiebung der Lage dieser Absorptionsbande nach den kürzeren Wellenlängen hin beobachtet (vgl. **II**, Abb. 45), so daß man die Carboxyl- und Oxoverbindungen getrennt nachweisen kann.

Die **chemischen Umsetzungen der Carbonsäuren** sind ebenfalls sehr vielseitig, da einerseits die Carboxylgruppe als zusammengesetzte Funktion mehrere reaktionsfähige Stellen enthält, andererseits auch hier eine gewisse Aktivierung des Restmoleküls erfolgt. Lediglich Oxydationsreaktionen gegenüber sind sie infolge ihrer mangelnden Dehydrierbarkeit wesentlich beständiger als die Alkohole und Aldehyde. Sie übertreffen in dieser Beziehung selbst die ebenfalls nicht mehr dehydrierbaren Ketone (S. 277). Im einzelnen unterscheiden wir die folgenden sechs Reaktionsgruppen: 1. die Umsetzungen des Hydroxylwasserstoffs, 2. den Austausch der gesamten Hydroxylgruppe gegen andere negative Reste, 3. die Reaktionen der Carbonylgruppe, 4. die Reaktionen der α-ständigen Methylengruppe, 5. Reduktionsreaktionen und 6. Abbaureaktionen.

Zu 1. Die wichtigste **Eigenschaft des Hydroxylwasserstoffs** ist seine Acidität, die, von wenigen Ausnahmen abgesehen, die Acidität aller anderen C-Hydroxylverbindungen übertrifft (bez. der Ursachen dieser Acidität vgl. **II**, Kap. 3, III, 2). Die Carbonsäuren sind daher, wie schon der Name sagt, ausgesprochene, wenn auch immer noch schwache Säuren, die Carbonate zersetzen und in Abwesenheit ihrer Salze sogar Kongopapier blau färben. Dementsprechend sind ihre Alkalisalze in wäßriger Lösung im allgemeinen nur noch wenig hydrolytisch gespalten und reagieren nahezu neutral.

Die Dissoziationskonstante sinkt mit steigender Kettenlänge etwas ab und nähert sich rasch einem konstanten Endwert von etwa $1{,}35 \cdot 10^{-5}$ (bzw. $p_K = 4{,}87$, vgl. Tabelle 15), aus dem sich für eine $^1/_{10}$ normale Lösung eine etwa 0,2%ige (für Ameisensäure 3%ige) Dissoziation errechnet. Die Acidität kann durch negative (bzw. genauer positivierende, vgl. **II**, Kap. 3, I, 3b) Substitution des organischen Restes wesentlich gesteigert werden (vgl. Tabelle 22 und 25, S. 389, 474), so daß einige der substituierten Carbonsäuren (wie z. B. die Trichloressigsäure, vgl. Tabelle 22) bereits zu den starken Säuren zählen.

Von den Reaktionen des Hydroxylwasserstoffs ist vor allem die Salzbildung (S. 339) sowie die ebenfalls auf den sauren Charakter zurückzuführende Veresterung mit Diazomethan:

$$R{-}C\begin{matrix}\diagup\!\!\!\!{}^{O} \\ \diagdown OH\end{matrix} + CH_2{=}\overset{\oplus}{N}{=}\overset{\ominus}{N} \longrightarrow R{-}C\begin{matrix}\diagup\!\!\!\!{}^{O} \\ \diagdown O{-}CH_3\end{matrix} + N_2$$

und anderen aliphatischen Diazoverbindungen hervorzuheben (Näheres vgl. **I**, Kap. 6, III, 1a).

Ferner kann man auf dem Umweg über die Salze den Wasserstoff auch mit Hilfe der üblichen Alkylierungs- und Acylierungsmittel unter Bildung der Ester (S. 340) und Säureanhydride (S. 346) ersetzen (Gleichungen formulieren!).

Zu 2. Die **Substitution der Hydroxylgruppe** durch andere negative Reste geht erheblich schneller vor sich als bei den Alkoholen, weil sie, ähnlich wie die Substitution des Aldehyd- und Ketonsauerstoffs, über eine intermediäre Addition an die Carbonylgruppe erfolgt:

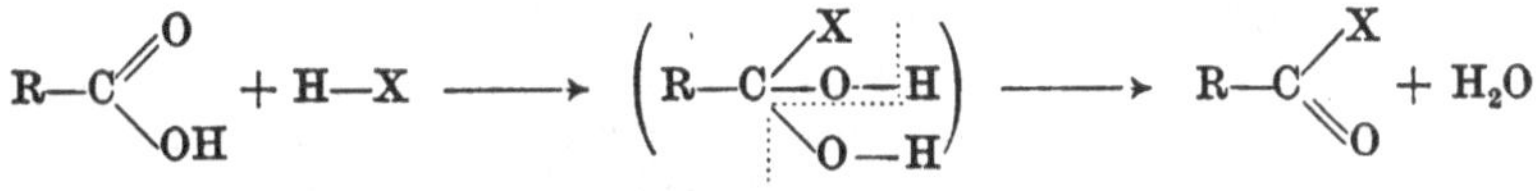

Sie stellt daher eine der wichtigsten Möglichkeiten zur Gewinnung der auf S. 332f. beschriebenen Carbonsäurederivate dar und findet vor allem für die folgenden Reaktionen Anwendung:

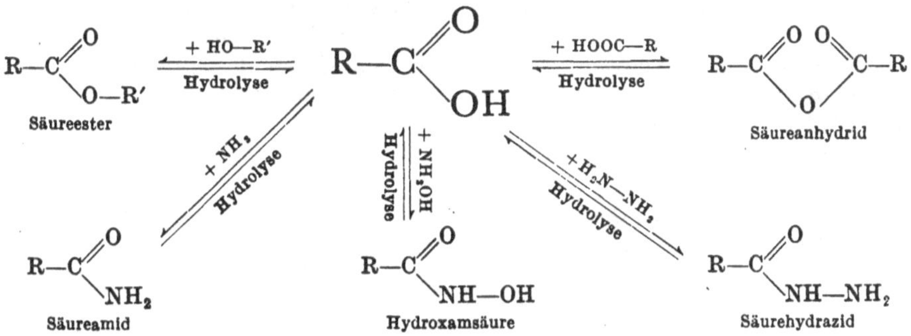

Bei allen diesen Bildungsweisen handelt es sich um Gleichgewichtsreaktionen, so daß man sie auch rückwärts zur Spaltung der Säurederivate verwenden kann. In einigen Fällen liegt das Gleichgewicht für die Gewinnung des Säurederivates sehr ungünstig. Infolgedessen muß man z. B. die Darstellung der Säureanhydride durch direkte Wasserabspaltung aus zwei Carbonsäuremolekülen unter extremen Bedingungen durchführen (vgl. S. 347), und die Gewinnung der Säurehalogenide oder der Thiocarbonsäuren ist auf diesem Wege überhaupt nicht möglich, sondern erfordert schärfere Reagenzien, wie z. B. die Phosphorhalogenide oder Phosphorpentasulfid. Dagegen läßt sich die Rückreaktion auch bei diesen Derivaten in analoger Weise durch einfache Hydrolyse mit Wasser, gegebenenfalls unter Zusatz eines Katalysators, durchführen.

Zu 3. Auch die **Carbonylgruppe** wird durch die benachbarte Hydroxylgruppe in ihrer Reaktionsfähigkeit stark beeinflußt, jedoch im Gegensatz zu dieser in ihrer Aktivität geschwächt, so daß die meisten der bei den Oxoverbindungen beschriebenen Carbonylreaktionen fortfallen. Vor allem ist der ungesättigte Charakter der C=O-Doppelbindung fast völlig verschwunden, und es kann nicht einmal in wasserstoffhaltigen Lösungsmitteln die Bildung irgendwelcher Additionsprodukte, wie etwa bei der Einwirkung von Wasser die der hydratartigen Orthocarbonsäuren $R\text{—}C(OH)_3$, nachgewiesen werden. Lediglich bei den wenigen in **II**, Kap. 4, II, 4b angeführten Beispielen ist die Anlagerung wasserstoffhaltiger und salzartiger Verbindungen an die Carboxyl-C=O-Doppelbindung in nachweisbarem Umfang gelungen.

Trotzdem muß man auch im Normalfall mit einer geringfügigen Bildung derartiger Anlagerungsverbindungen rechnen, denn nur über sie als Zwischenprodukte wird die leichte Substituierbarkeit der Hydroxylgruppe verständlich. Auch zeigt die allgemeine Existenzfähigkeit hydroxylgruppenfreier Orthocarbonsäurederivate (vgl. z. B. S. 338, 351, 371, 373 u. a.) die grundsätzliche Möglichkeit der Anwesenheit von drei einwertig negativen Resten an einem C-Atom an.

Infolge dieser mangelnden Neigung zur Bildung stabiler Anlagerungsverbindungen tritt die Carbonylgruppe in dem Reaktionsbild der Carbonsäuren äußerlich kaum in Erscheinung, und es sind keine Umsetzungen von ihr allein bekannt. Doch ist sie, wie wir gesehen haben, durch die Ermöglichung der Substitution der Hydroxylgruppe maßgebend an dem gesamten Verhalten der Carboxylgruppe beteiligt und als die eigentliche Ursache ihrer Reaktionsfähigkeit anzusehen.

Zu 4. Der **Einfluß der Carboxylgruppe auf die** benachbarte **Methylengruppe** ist ähnlich dem der Carbonylgruppe in den Oxoverbindungen, doch ebenfalls erheblich abgeschwächt. Infolgedessen lassen sich die Carbonsäuren in α-Stellung zwar noch leichter halogenieren als die Paraffine, aber die Reaktion bedarf (neben der Belichtung) bereits der Katalyse durch Jod, Schwefel oder roten Phosphor und ist in ihrer Geschwindigkeit mit der Seitenkettenchlorierung des Toluols zu vergleichen. Genau wie dort werden auch nacheinander die verschiedenen Wasserstoffatome ersetzt:

$$\underset{\text{Essigsäure}}{CH_3\text{—}COOH} \xrightarrow[\text{roter Phosphor}]{+\,Cl_2} \underset{\text{Chloressigsäure}}{ClCH_2\text{—}COOH} \xrightarrow[\text{roter Phosphor}]{+\,Cl_2} \underset{\text{Dichloressigsäure}}{Cl_2CH\text{—}COOH}$$

$$\xrightarrow[\text{roter Phosphor}]{+\,Cl_2} \underset{\text{Trichloressigsäure}}{Cl_3C\text{—}COOH}$$

Weiterhin geht die aktive Methylengruppe der Carbonsäuren keine Kondensationsreaktionen mehr ein, und auch eine Angreifbarkeit durch Oxydationsmittel, wie z. B. Chromtrioxyd oder Selendioxyd (I, Kap. 12, I, 1c), wurde bisher nicht beobachtet. Erst beim Übergang zu den Säurederivaten, speziell den Säurechloriden (S. 334f.), Säureanhydriden (S. 336), Estern (S. 340) und Säurenitrilen (S. 362), wird die Methylengruppe wieder aktiver und u. a. zu den dort beschriebenen Kondensationsreaktionen befähigt

Diese erhöhte Reaktionsfähigkeit der Säurederivate läßt sich zuweilen auch zur katalytischen Beschleunigung der Substitution der Carbonsäuren selbst verwenden, wie am Beispiel der Essigsäurechlorierung in Gegenwart von rotem Phosphor gezeigt sei: Bei dieser Reaktion ist weder der Phosphor noch das aus ihm in dem chlorierenden Medium entstehende Phosphortrichlorid der eigentliche Katalysator, sondern erst das aus diesem und Essigsäure gebildete Acetylchlorid, das viel leichter chloriert wird als die Essigsäure selbst und anschließend unter Übertragung der Säurechloridgruppe im Rahmen einer „Umchlorierungsreaktion“ immer wieder neue Essigsäuremoleküle aktiviert, so daß man mit einer geringen Menge Acetylchlorid die gesamte Essigsäure umsetzen kann:

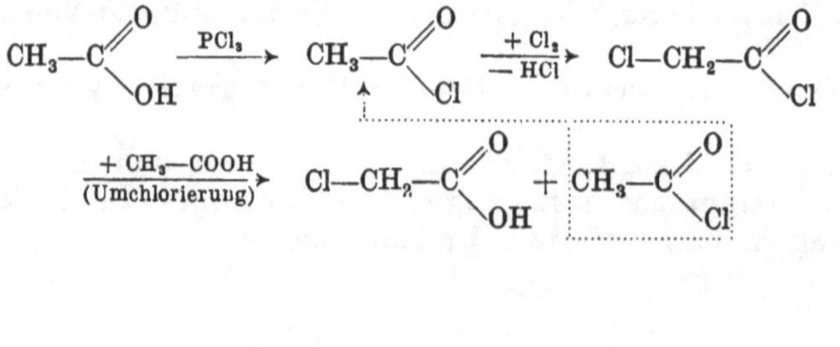

Bei Zusatz von einem Äquivalent roten Phosphors liegt keine Katalyse mehr vor, und der ganze Ansatz geht in Chloracetylchlorid — bzw. bei Verwendung von Brom in Bromacetylbromid — über (Gleichungen formulieren!). In dieser Form wird das Verfahren hauptsächlich zur Darstellung der für die Ketengewinnung (S. 304) benötigten α-Halogenfettsäurehalogenide verwandt.

Zu 5. Die geringe Additionsneigung der Carboxylgruppe wirkt sich auch erschwerend auf ihre **Reduzierbarkeit** aus. Insbesondere den normalen Reduktionsmitteln gegenüber sind die Carbonsäuren so reaktionsträge, daß sie weder von nascierendem noch von katalytischem Wasserstoff bei Temperaturen unter 200° angegriffen werden. Man kann infolgedessen Zinkstaub und Eisessig als präparatives Reduktionsmittel verwenden, ohne eine Reduktion der Essigsäure selbst befürchten zu müssen. Erst in neuerer Zeit ist es gelungen, in dem besonders aktiven Lithium-aluminium-hydrid ($LiAlH_4$, vgl. **I**, Kap. 12, II, 1b) ein Reduktionsmittel zu finden, das die Carbonsäuren und Carbonsäureester auch in der Kälte zum Alkohol zu reduzieren vermag[1]).

Bei höheren Temperaturen findet dagegen relativ leicht eine Reduktion statt, die je nach den Bedingungen zu verschiedenen Produkten führt. Katalytisch erregter Wasserstoff reagiert bei 3—400°, Wasserstoffdrucken von 2—300 Atmosphären — nach O. SCHMIDT (1931) genügt auch Atmosphärendruck — und Verwendung von Kupfer-, Zink- oder Nickelchromitkatalysatoren direkt bis zur Alkoholstufe (und unter etwas energischeren Bedingungen auch bis zum Kohlenwasserstoff), während die auf S. 244 beschriebene Reduktion mit Zink oder Ameisensäure bei 300° (bzw. 350°) infolge des anderen Reaktionsmechanismus auf der Aldehydstufe stehen bleibt.

Etwas leichter sind dagegen einige Säurederivate, insbesondere die Ester, die Säurechloride und auch die Nitrile (Näheres vgl. S. 245), zu reduzieren.

Zu 6. Infolge der dreifachen negativen Substitution des Carboxyl-C-Atoms ist die von ihm ausgehende C—C-Bindung wesentlich labiler als die entsprechende Bindung in den Oxoverbindungen und erleidet daher auch ohne Oxydation des α-ständigen C-Atoms leicht eine Aufspaltung, die meistens ohne Änderung der Gesamtoxydationsstufe, also formal wie eine Hydrolyse, verläuft und in zwei Richtungen erfolgen kann:

a) Der Wasserstoff tritt an den organischen Rest und die Hydroxylgruppe an den Carboxylkohlenstoff, d. h. es wird Kohlensäure abgespalten. Diese Reaktion haben wir in der **Decarboxylierung** der Carbonsäuren (S. 71) bereits kennengelernt. Sie wird meistens durch thermische Zersetzung der carbonsauren Salze mit überschüssigem Alkali durchgeführt, dürfte in diesem Falle also tatsächlich als eine durch Alkali aktivierte Hydrolyse aufzufassen sein:

$$R{-}C\begin{matrix}{/\!\!/}O\\ \backslash ONa\end{matrix} + NaO{-}H \longrightarrow R{-}H + Na_2CO_3$$

Daneben beobachtet man in β-Ketocarbonsäuren und ähnlich konstituierten Säuren (vgl. S. 523 u. **I**, Kap. 6, IV, 2) aber auch eine direkte CO_2-Abspaltung, die ohne Wasser, also nicht auf dem Wege einer Hydrolyse

[1]) R. F. NYSTROM u. W. G. BROWN: Am. Soc. **69**, 2548 (1947).

vor sich geht und wahrscheinlich durch die Bildungstendenz des energiearmen Kohlendioxydmoleküls eingeleitet wird:

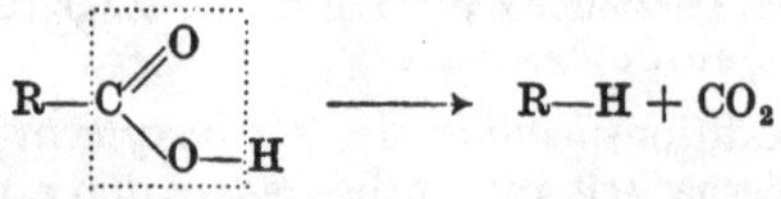

Die für die Decarboxylierung einfacher Carbonsäuren wichtigere Abspaltung der Carboxylgruppe durch Destillation der Salze mit überschüssigem Alkali führt im allgemeinen nur bei der Essigsäure und den aromatischen Carbonsäuren zum Ziel, da die meisten aliphatischen Carbonsäuren leicht Nebenreaktionen eingehen, von denen vor allem die unter ähnlichen Bedingungen erfolgende Ketonbildung (Kalksalzdestillation, S. 273f) hervorgehoben werden muß. Sie unterscheidet sich von der Decarboxylierung lediglich darin, daß sie kein überschüssiges Alkali zur Abspaltung auch des zweiten Carboxylkohlenstoffs als Carbonat-Ion erfordert, und wird auch durch das überschüssige Alkali nicht vollständig zurückgedrängt:

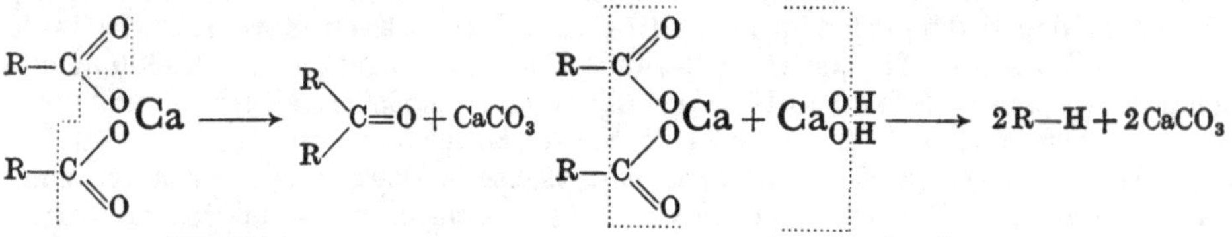

Ketonbildung Decarboxylierung

b) Die Hydroxylgruppe tritt an den organischen Rest, während der Carboxylkohlenstoff, ohne daß er direkt Wasserstoff aufnimmt, zum Kohlenoxyd, d. h. zur Oxydationsstufe der Ameisensäure reduziert wird. Diese **Kohlenoxydspaltung** der Carbonsäuren, die hinsichtlich der Oxydationsstufen der Spaltprodukte auf eine Umkehrung der Carbonylierungsreaktion hinauskommt, findet zuweilen in stark saurem und wasserabspaltend wirkendem Reaktionsmedium, insbesondere in Gegenwart von konzentrierter Schwefelsäure statt (bez. des Mechanismus vgl. S. 355):

Sie kann bei den einfachen Carbonsäuren nur in Ausnahmefällen durchgeführt werden (z. B. bei der Trimethylessigsäure), geht aber bei allen am α-C-Atom oxydierten Carbonsäuren, also den α-Hydroxy- (S. 496), sowie besonders den α-Oxo-carbonsäuren (S. 516) und der Oxalsäure (S. 478) sehr leicht vor sich und hat hier auch praktische Bedeutung erlangt.

Wesentlich schwerer ist es dagegen, einen **oxydativen Abbau der Carboxylgruppe** durchzuführen. Denn die meisten Carbonsäuren erweisen sich im Gegensatz zu den Ketonen, die wesentlich aktivere α-ständige Methylengruppen enthalten (vgl. S. 278, 328), als gegen jede weitere Oxydation außerordentlich beständig, so daß man z. B. Essigsäure durch Kochen über Chromtrioxyd stabilisieren kann, bzw. Eisessig-Chromtrioxyd als Oxydationsmittel verwendet, ohne eine Oxydation des Eisessigs selbst befürchten zu müssen. Lediglich eine Gruppe von Reaktionen ist bekannt, bei denen infolge des besonderen Mechanismus eine oxydative Abspaltung des Carboxylkohlenstoffs unter Einführung einer Aminogruppe (bzw. eines Halogenatoms) in den organischen Rest stattfindet. Es sind dies die Säureabbaumethoden von A.W. HOFMANN (S. 361), TH. CURTIUS (S. 370), W. LOSSEN (S. 370) und H. HUNSDIEKER. In den ersten drei Fällen geht man von einem stickstoffhaltigen Säurederivat aus, in dem der Stickstoff die Oxydationsstufe des Hydroxylamins (—1) aufweist, und von dem die beiden entgegengesetzt geladenen Substituenten des Stickstoffs (bzw. der bereits vorgebildete elementare Stickstoff der Azidogruppe) gemeinsam abgespalten werden, so daß jeweils das gleiche unbeständige Rumpfmolekül (III) entsteht. Dieses stabilisiert sich dann unter Erniedrigung der Oxydationsstufe des Stickstoffs um zwei Einheiten und Erhöhung der Oxydationsstufe des Carboxyl- und des α-ständigen C-Atoms um je eine Einheit zum Isocyansäureester, bei dessen Bildung die oxydative Spaltung der C—C-Bindung bereits stattgefunden hat, wie die nachfolgende Hydrolyse zum primären Amin und CO_2 beweist (Näheres über den Reaktionsmechanismus vgl. II, Kap. 4, III, 3b u. 4bβ):

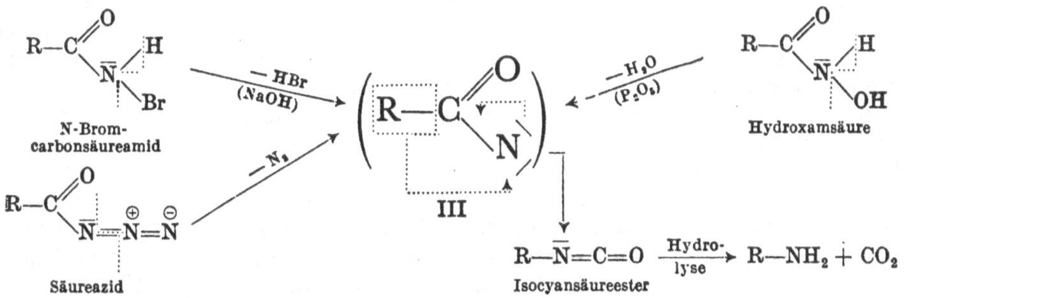

Bei der **HUNSDIECKER-Reaktion**[1]) werden die Silbersalze der Carbonsäuren mit elementarem Brom als Oxydationsmittel umgesetzt. Vermutlich entsteht zunächst im Rahmen einer normalen doppelten Umsetzung Silberbromid und das gemischte Anhydrid von Carbonsäure und unterbromiger Säure (IV), welch letzteres dann in Kohlendioxyd und das um ein C-Atom ärmere Alkylbromid zerfällt (vermutlich nach einem radikalischen Mechanismus)[2]):

$$R{-}CO{-}O\,Ag + Br{-}Br \xrightarrow{-AgBr} \underset{IV}{R{-}CO{-}O{-}Br} \longrightarrow R{-}Br + CO_2$$

Möglicherweise ist die große Bildungstendenz der Silberhalogenide die auslösende Ursache der Reaktion, doch ist sie unter gewissen Umständen auch mit den Natriumsalzen durchführbar[3]).

Eine geringfügige Aktivierung erleidet schließlich auch die Bindung zwischen den zur Carboxylgruppe α- und β-ständigen C-Atomen der aliphatischen Carbonsäuren, die infolge der Konjugationsstellung zur C=O-Doppelbindung eine gewisse Neigung zum Übergang in eine C=C-Doppelbindung aufweist. Negative Substituenten am α- und besonders solche am β-Kohlenstoff werden daher leicht unter Bildung der entsprechenden ungesättigten Carbonsäuren abgespalten (vgl. auch S. 387), die dann mit Hilfe der üblichen Reaktionen, z. B. über die Ozonide, oxydativ abgebaut werden können:

---

1) Zusammenfassung: R. G. JOHNSON: Chem. Rev. **1956**, 219.
2) M. HEINTZELER: A. **569**, 102 (1950).
3) J. D. BERMAN u. CH. C. PRICE: Am. Soc. **79**, 5474 (1957).

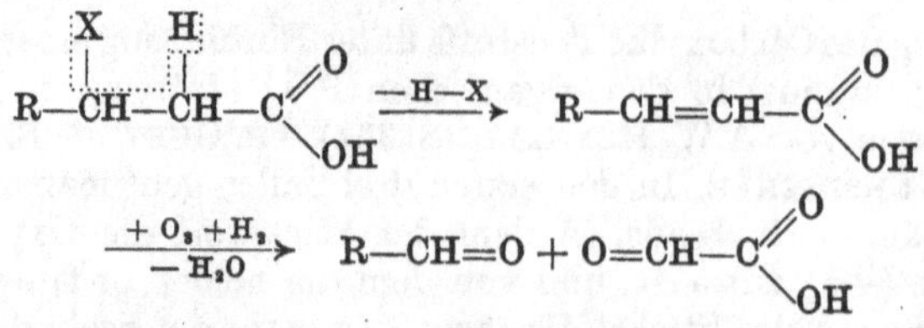

Auch der biochemische Fettsäureabbau erfolgt auf einem ähnlichen Wege. Nur wird hier die Doppelbindung durch enzymatische Dehydrierung des Fettsäuremoleküls zwischen dem α- und β-ständigen C-Atom erzeugt (Näheres vgl. III, Kap. 8, III, 3a).

2. Die Derivate der Carbonsäuren

a) Allgemeines

Zur Gruppe der Carbonsäurederivate rechnet man in Analogie zu den Verhältnissen in der Oxoreihe alle Verbindungen mit oxydativ dreiwertigem Kohlenstoff, d. h. alle Substanzen, in denen der Carboxylwasserstoff durch positive, bzw. eines oder auch alle beide O-Atome durch negative Atome oder Atomgruppen ersetzt sind. Sie zeigen ebenfalls unabhängig von ihrer speziellen Zusammensetzung eine Reihe gemeinsamer charakteristischer Eigenschaften und können insbesondere wieder auf nur wenige, immer wiederkehrende Verbindungstypen zurückgeführt werden, von denen vor allem die folgenden fünf hervorzuheben sind:

1. die **Salze**, in denen lediglich der Hydroxylwasserstoff oder auch der an einem anderen Heteroatom befindliche Wasserstoff (z. B. der NH_2-Wasserstoff der Säureamide oder der —SH-Wasserstoff der Thiocarbonsäuren) durch Metall ersetzt ist. Bei ihrer Bildung findet also am Carboxylkohlenstoff selbst keine Veränderung statt.

2. Verbindungen vom **Säureamidtypus**. Sie enthalten, wie die Carboxylgruppe selbst, einen doppelt und einen einfach gebundenen negativen Substituenten am Carboxylkohlenstoff, von denen zumindest der letztere am Hetero-Atom noch Wasserstoff trägt, so daß beide Substituenten lediglich durch Protonenwanderung, die sich bereits im Rahmen einer Tautomerie vollzieht (II, Kap. 5, II, 2), ihre Rolle vertauschen können. Als Beispiele seien die Carbonsäureamide und -imide angeführt:

Carbonsäureamide Carbonsäureimide

Infolgedessen sind alle Carbonsäurederivate, in denen nur der Carbonylsauerstoff durch einen doppelt gebundenen Rest ersetzt ist, wie z. B. die Säureimide, mit denjenigen Carbonsäurederivaten tautomer, in denen unter Erhaltung der Carbonylgruppe nur die OH-Gruppe substituiert ist (in unserm Beispiel die Säureamide). Das bedeutet aber, da man einer allgemeinen Gepflogenheit entsprechend in allen derartigen Tautomeriegemischen die die intakte Carbonylgruppe enthaltenden Formen als „Normalform" auffaßt, von der sich die die Hydroxylgruppe enthaltenden Formen erst sekundär ableiten, daß keine selbständigen Säurederivate existieren, die nur durch Substitution des Carbonylsauerstoffs unter Erhaltung der Hydroxylgruppe entstanden sind.

3. Verbindungen vom **Estertypus**. Sie enthalten ebenfalls einen einfach und einen doppelt gebundenen Substituenten am Carbonylkohlenstoff, von denen ersterer jedoch keinen Wasserstoff mehr trägt. Hier ist daher die beschrie-

bene Tautomerie nicht möglich, so daß Verbindungen wie die N-Alkyl-imino-äther $\mathrm{R{-}C}\begin{array}{l}\diagup\!\!\!\!\diagup \mathrm{NR'}\\ \diagdown \mathrm{O{-}R'}\end{array}$ und die N,N-Dialkyl-säureamide $\mathrm{R{-}C}\begin{array}{l}\diagup\!\!\!\!\diagup \mathrm{O}\\ \diagdown \mathrm{NR'_2}\end{array}$ verschiedene, nicht mehr im Tautomeriegleichgewicht befindliche Substanzen darstellen. Von diesem Typus sind infolgedessen auch stabile Säurederivate bekannt, in denen der Carbonylsauerstoff substituiert ist (z. B. die erwähnten Iminoäther).

4. Verbindungen vom **Nitriltypus**, in denen alle drei Valenzen des Carboxylkohlenstoffs an ein Hetero-Atom gebunden sind. Sie sind naturgemäß nur auf die Derivate der wenigen negativen Elemente beschränkt, die eine stabile dreifache Bindung eingehen können, vornehmlich also auf die Nitrile selbst.

5. Orthocarbonsäurederivate, in denen die drei Valenzen des Carboxyl-C-Atoms an drei verschiedene Substituenten gebunden sind. Sie zerfallen an sich wieder in zwei Untergruppen: a) die den Halbacetalen entsprechenden, noch wasserstoffhaltigen Additionsverbindungen vom *Orthocarbonsäuretypus* $\mathrm{R{-}C}\begin{array}{l}\diagup \mathrm{OH}\\ -\mathrm{X}\\ \diagdown \mathrm{X'}\end{array}$ die aber, wie wir gesehen haben, instabil sind und, von den in **II**, Kap. 4, II, 4b beschriebenen Ausnahmen abgesehen, nur im Verlauf einer Reaktion kurzzeitig gebildet werden, und b) die den Acetalen entsprechenden, durchaus beständigen, wasserstofffreien Derivate vom *Orthocarbonsäure-estertypus* $\mathrm{R{-}C}\begin{array}{l}\diagup \mathrm{X}\\ -\mathrm{X'}\\ \diagdown \mathrm{X''}\end{array}$. Letztere sind vor allem durch ihre Instabilität gegen Säuren sowie das Fehlen sämtlicher Carbonylreaktionen ausgezeichnet.

Für die **Benennung der Säurederivate** liegen, abgesehen von einigen Trivialnamen (z. B. Hydroxamsäuren), zwei Möglichkeiten vor: Entweder man geht von dem Säurenamen aus, den man der Gruppenbezeichnung des betreffenden Derivats voranstellt (z. B. *Essigsäurechlorid*, *Benzoesäureäthylester*, *zimtsaures Natrium*), oder aber man führt wieder Radikale ein, die namentlich bei den einfachen Säuren zu viel kürzeren Namen führen (z. B. *Acetylchlorid*, *Äthylbenzoat*, *Natrium-cinnamat*) und daher häufig Anwendung finden. Als Grundlage der Radikalnamen dienen bei den häufiger vorkommenden Carbonsäuren nicht die üblichen Säurenamen selbst, sondern die Wortstämme der in der Pharmazie gebräuchlichen alten lateinischen Namen, an den dann die für den jeweiligen Rest charakteristische Endsilbe gehängt wird. Auf diese Weise erhält man für die Carbonsäuren und ihre Derivate häufig völlig verschiedene Ausdrücke, wie im einzelnen aus Tabelle 16 zu entnehmen ist.

Tabelle 16
Die Trivialnamen einiger Carbonsäuren und ihrer Derivate

Säure	Salz	Acylrest	Säure	Salz	Acylrest
Ameisensäure	Formiat	Formyl	Benzoesäure	Benzoat	Benzoyl
Essigsäure	Acetat	Acetyl	Zimtsäure	Cinnamat	Cinnamoyl
Buttersäure	Butyrat	Butyryl	Milchsäure	Lactat	Lactyl
Valeriansäure	Valerat	Valeryl	Weinsäure	Tartrat	Tartryl
Laurinsäure	Laurat	Lauryl	Brenztraubensäure	Pyruvat	Pyruvyl
Palmitinsäure	Palmitat	Palmityl	Bernsteinsäure	Succinat	Succinyl
Stearinsäure	Stearat	Stearyl	Korksäure	Suberat	Suberyl

Bei den meisten anderen Säuren werden dagegen die Radikalnamen von den normalen Carbonsäurenamen durch Ersatz der Endung *-säure* durch die jeweilige charakteristische Radikalendung abgeleitet (z. B. *Pelargonsäure* → *Pelargonyl*, *Caprinsäure* → *Caprinat* usw.).

Im einzelnen unterscheidet man drei verschiedene Typen von Säureresten:

1. die in den Salzen und Estern auftretende Gruppe $R{-}C\begin{smallmatrix}{/\!\!/O}\\{\backslash O{-}}\end{smallmatrix}$. Sie wird, der allgemeinen Nomenklatur der Salze entsprechend, durch die Endung *-at* und Stellung des Säureradikalnamens an das Wortende (im Gegensatz zur sonst üblichen Bezeichnungsweise in der organischen Chemie) gekennzeichnet (z. B. *Natriumformiat*, *Äthylacetat* usw.);

2. die Gruppe $R{-}C\begin{smallmatrix}{/\!\!/O}\\{\backslash O}\end{smallmatrix}$. Sie stellt den bei weitem wichtigsten Säurerest dar und hat daher die allgemein für die Benennung von Radikalen gebräuchliche Endung *-yl* erhalten, die man häufig zur Vereinfachung auch fortläßt. Der Radikalname wird hier wieder in der üblichen Weise dem Namen der substituierten Verbindung, bzw. der Gruppenbezeichnung des betreffenden Säurederivats, vorangestellt (z. B. *Form(yl)amid*, *Acet(yl)anhydrid*, *Benz(oyl)hydrazid* usw.). Als Sammelbezeichnung für einen beliebigen Säurerest dieses Typus hat man den Ausdruck *Acyl-* eingeführt, der dem Alkyl- der aliphatischen und dem Aryl- der aromatischen Reihe entsprechend angewandt wird;

3. die Gruppe $R{-}C\!\!\begin{smallmatrix}/\\-\\\backslash\end{smallmatrix}$, für die die Endung *-o* in Gebrauch ist (z. B. *Acetonitril*, *Benzotrichlorid* usw.).

Die Einteilung der Carbonsäurederivate geschieht in gleicher Weise wie bei den Oxoverbindungen nach den in ihnen enthaltenen Heteroatomen in die Halogen-, Sauerstoff-, Stickstoff- und Schwefelderivate.

b) Die Halogenderivate der Carbonsäuren

Man unterscheidet zwei Reihen von Halogenderivaten der Carbonsäuren: die *Säurehalogenide*, in denen lediglich die Hydroxylgruppe, und die *gem-Trihalogenide*, in denen der gesamte Sauerstoff der Carboxylgruppe durch Halogen ersetzt ist. Bei weitem am wichtigsten sind:

α) Die Carbonsäurehalogenide,

von denen wiederum fast ausschließlich die Säurechloride praktische Bedeutung erlangt haben, so daß wir uns im wesentlichen auf deren Beschreibung beschränken können. Sie besitzen die allgemeine Konstitutionsformel $R{-}C\begin{smallmatrix}{/\!\!/O}\\{\backslash Cl}\end{smallmatrix}$ und werden im Sinne der obigen Ausführung entweder als *Säurechloride* (z. B. *Zimtsäurechlorid*) oder als *Acylchloride* (*Acetylchlorid*) bezeichnet.

Man muß hier (und entsprechend auch bei anderen Carbonsäurederivaten) streng unterscheiden zwischen den Carbonsäurechloriden und den Chlorcarbonsäuren. Steht die Funktionsbezeichnung nach dem Namen der Säure bzw. ihres Radikals, wie bei den

Säurechloriden, so liegt immer ein Säurederivat vor. Steht sie dagegen davor, wie bei den Chlorcarbonsäuren, so handelt es sich um eine neue Carbonsäure, die durch Substitution der ersten Säure im organischen Molekülrest entstanden ist und ihrerseits wieder Säurederivate bilden kann. So stammen z. B. von der Essigsäure einerseits das Säurederivat Acetylchlorid, andererseits die neue Carbonsäure Chloressigsäure ab. Von letzteren kann dann sekundär ein eigenes Säurechlorid, das Chloracetylchlorid, abgeleitet werden:

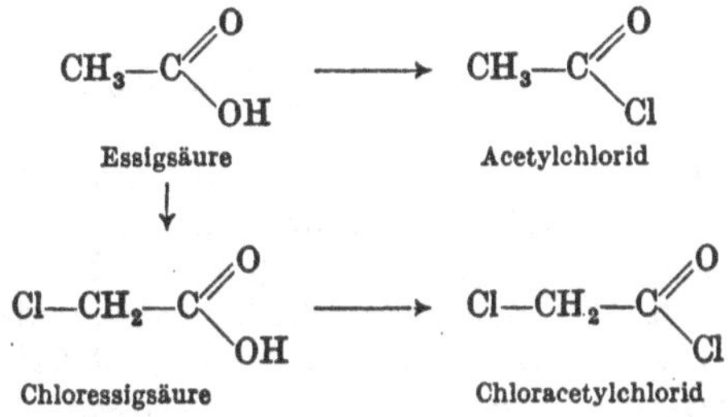

Die Säurehalogenide kommen infolge ihrer Reaktionsfähigkeit nicht natürlich vor. Man ist daher zu ihrer **Darstellung** auf synthetische Verfahren angewiesen, die sich in zwei Gruppen einteilen lassen: 1. die Überführung der Carbonsäuren in ihre Halogenide und 2. die direkte Synthese der CO—Cl-Gruppe.

Zu 1. Die Halogenierung der Carboxylgruppe ist die bei weitem wichtigste Methode und kann im Gegensatz zur Darstellung der Alkylhalogenide aus den Alkoholen (S. 154f.) nicht mehr mit den Halogenwasserstoffsäuren selbst durchgeführt werden, sondern erfordert stärkere Halogenierungsmittel, von denen vor allem Phosphortri- und -pentachlorid (für die Darstellung der Säurebromide und -jodide entsprechend PBr_3 und PJ_3, bzw. ein Gemisch von rotem Phosphor mit elementarem Brom oder Jod) sowie Thionylchlorid Verwendung finden. Daneben sind in der Technik häufig auch schwächere Chlorierungsmittel wie Phosphoroxychlorid, Sulfurylchlorid oder Phosgen (S. 404) in Gebrauch, die man jeweils zweckmäßiger auf die carbonsauren Salze einwirken läßt. Die Reaktion verläuft formal im gleichen Sinn wie die Alkoholhalogenierung (S. 154f.), dürfte aber ebenfalls unter Mitbeteiligung der Carbonylgruppe vor sich gehen, etwa im Sinne folgender Gleichungen:

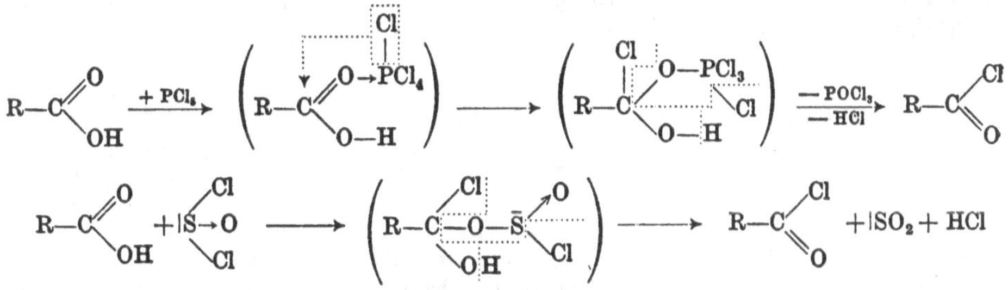

Am vorteilhaftesten ist die Anwendung von Thionylchlorid, das nur gasförmige Nebenprodukte liefert und daher namentlich zur Darstellung hochsiedender Säurechloride dient. Träge verlaufende Chlorierungen kann man durch Zusatz von Zinkchlorid beschleunigen. Phosphorpentachlorid reagiert sehr heftig, doch tritt das infolge seines ungünstigen Siedepunktes (105°) zuweilen schwer abtrennbare Phosphoroxychlorid als weiteres Reaktionsprodukt auf. Phosphortrichlorid wird meistens für die

Darstellung tiefsiedender Säurechloride verwandt, da es bei der Chlorierung in die nicht flüchtige phosphorige Säure übergeht (Gleichung formulieren!).

Die Darstellung der nur selten benötigten Säurejodide und Säurefluoride geschieht meistens nicht direkt von den Carbonsäuren, sondern sekundär von den Säurechloriden aus, indem man in diesen das Chlor nach den gleichen Methoden substituiert, die wir bereits bei den Alkylhalogeniden für den Halogenaustausch kennengelernt haben (vgl. S. 155, 170):

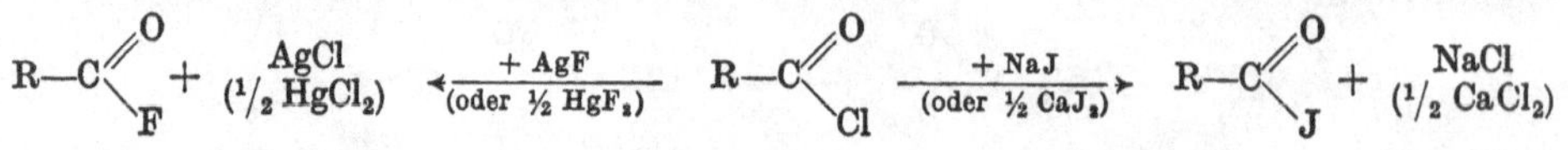

Zu 2. Von den verschiedenen Möglichkeiten der direkten **Synthese der Säurechloridgruppe** hat vor allem die auf S. 98 beschriebene Carbonylierungsreaktion, d. h. speziell die Anlagerung von Kohlenoxyd und Halogenwasserstoff an ein Olefin (Gleichung formulieren!), praktische Bedeutung erlangt. Auch die direkte Anlagerung von Alkylhalogeniden an Kohlenoxyd ist mit Hilfe eines Kontaktverfahrens gelungen, erfordert aber die für eine organische Reaktion außerordentlich hohe Reaktionstemperatur von 700—900°.

Alle anderen Reaktionen dieser Gruppe sind dagegen nur von sekundärem Interesse und ebenfalls bereits beschrieben. Die wichtigsten von ihnen sind die Anlagerung von Halogenwasserstoff an Ketene (S. 305), die Einwirkung von Phosgen auf aromatische Kohlenwasserstoffe nach FRIEDEL-CRAFTS (S. 322) und die Einwirkung von Chlor auf trockene Aldehyde (S. 255), die allerdings wegen der unter den gleichen Bedingungen erfolgenden Substitution der α-ständigen Methylengruppe nur in der aromatischen Reihe eine beschränkte Anwendung gefunden hat.

Eigenschaften. Die Säurehalogenide sind farblose, ziemlich tief siedende und auch tief schmelzende Substanzen, die bereits durch die Luftfeuchtigkeit hydrolytisch gespalten werden, so daß sie an der Luft rauchen und nach längerem Stehen stets mehr oder weniger stark durch die Carbonsäuren verunreinigt sind. Sie üben auf die Augen und Atmungsorgane eine unerträgliche Reizwirkung aus, haben jedoch infolge ihrer Unbeständigkeit gegenüber der Luftfeuchtigkeit keine Verwendung als Tränengas gefunden. Die aliphatischen Glieder der Reihe sind wasserlöslich, werden aber sofort nach der Auflösung unter starker Wärmetönung stürmisch zersetzt, während die reaktionsträgeren und praktisch wasserunlöslichen aromatischen Säurechloride kurzzeitig in wäßriger Suspension haltbar sind und auch umgesetzt werden können (vgl. auch S. 395 u. II, Kap. 7, IV, 2).

Tabelle 17

Physikalische Konstanten einiger Carbonsäurehalogenide

Name	Sdp.	Smp.	D/T	Name	Sdp.	Smp.	D/T
Acetylfluorid	21°	<—60°	1,002/15°	Propionylchlorid	78°	— 94°	1,08/0°
Acetylchlorid	51	—112	1,104/20	Butyrylchlorid	101	— 89	1,03/20
Acetylbromid	77	— 97	1,663/15	n-Valerylchlorid	127	—110	1,02/15
Acetyljodid	108	—	1,980/17	Benzoylchlorid	197	— 1	1,219/15

Die chemischen Umsetzungen der Säurechloride[1] lassen sich wieder in mehrere Reaktionsgruppen unterteilen, und zwar 1. die Substitutionsreaktionen des Chlors,

[1] Zusammenfassung: N. O. V. SONNTAG: Chem. Rev. 52, 237 (1953).

2. die Reaktionen der Carbonylgruppe, und 3. die Reaktionen der der Carbonylgruppe benachbarten aktiven Methylengruppe.

Zu 1. Das Halogenatom der Säurehalogenide ist in ähnlicher Weise wie das der Alkylhalogenide zu Austauschreaktionen befähigt, die hier jedoch wesentlich leichter vor sich gehen, da die Substitution über eine intermediäre Addition an die Carbonylgruppe erfolgen kann:

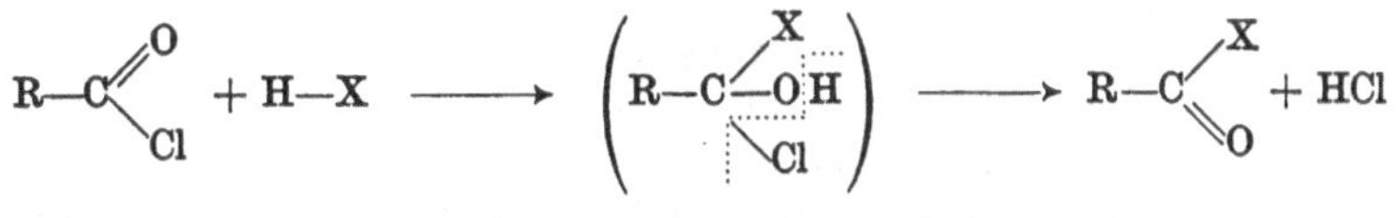

Die Reaktion kommt praktisch auf eine der Alkylierungsreaktion analog verlaufende Übertragung des Acylrestes auf andere Moleküle hinaus und wird daher allgemein als *Acylierungsreaktion* (Näheres vgl. S. 355) bezeichnet. Die Säurehalogenide sind danach typische *Acylierungsmittel* und finden eine vielseitige Anwendung zur Darstellung anderer Säurederivate sowie bei Einwirkung von Reduktionsmitteln (S. 245), metallorganischen Verbindungen (S. 246, 273), oder von Benzol und Aluminiumchlorid nach Friedel-Crafts (S. 283), auch von Aldehyden und Ketonen. Die praktisch wichtigsten dieser Acylierungsreaktionen sind in der folgenden Übersicht zusammengestellt:

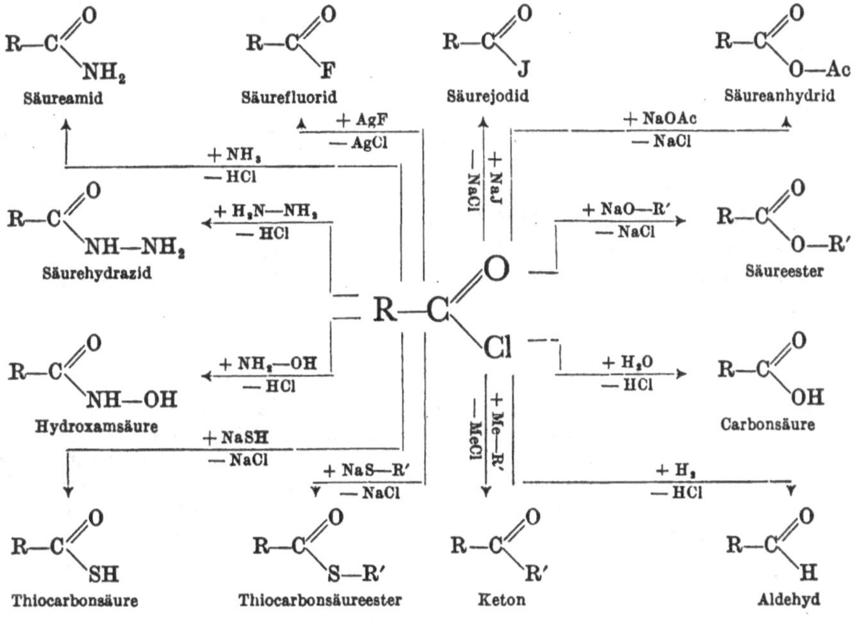

Die Reaktionen der Säurechloride erfordern, von der Friedel-Craftsschen Synthese abgesehen, im allgemeinen keine Katalyse oder sonstige Aktivierung, werden aber häufig in basischem Medium — z. B. in Natronlauge suspendiert nach Schotten-Baumann (nur bei den reaktionsträgeren aromatischen Säurechloriden durchführbar, vgl. S. 395) oder in Pyridin nach Einhorn — zur Bindung der entstehenden Salzsäure durchgeführt.

Die Carbonsäurehalogenide kann man als gemischte Anhydride der Halogenwasserstoffsäuren und Carbonsäuren auffassen. Als solche können sie nicht nur acylierend, sondern auch chlorierend wirken:

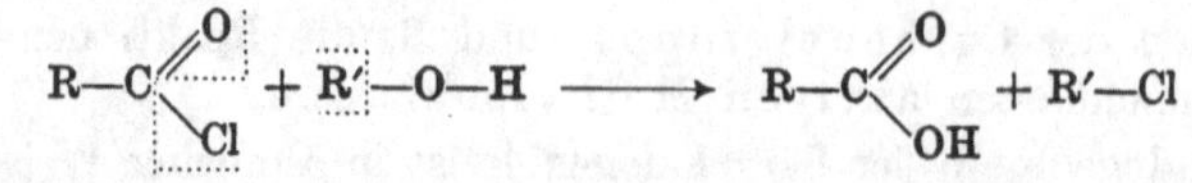

Wenn diese Möglichkeit auch im allgemeinen hinter der Acylierungsreaktion zurücktritt, so muß man mit ihr als störender Ausweichreaktion zuweilen doch rechnen. In Spezialfällen, wie z. B. zur Chlorierung von Triarylcarbinolen (S. 159), findet sie sogar praktische Anwendung.

Zu 2. Die Carbonylgruppe der Säurehalogenide ist wesentlich aktiver als die der Carbonsäuren und in erster Linie für den raschen Verlauf der Acylierungsreaktionen verantwortlich. Ferner ist auf ihre gesteigerte Aktivität die Möglichkeit der Reduktion der Säurechloride bei niederer Temperatur (vgl. z. B. S. 245) zurückzuführen, da diese auf einer Anlagerung des nascierenden Wasserstoffs an die C=O-Doppelbindung beruht:

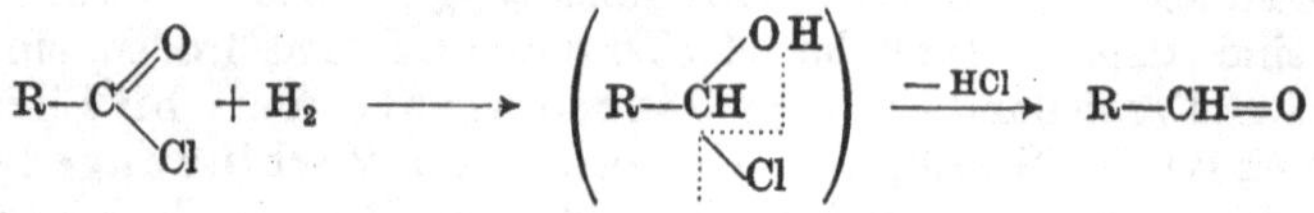

Die Carbonylgruppe tritt jedoch infolge der sekundären Abspaltungsreaktionen selbst bei so speziellen Carbonylreaktionen, wie der eben angeführten Reduktion oder der Umsetzung mit metallorganischen Verbindungen zu Ketonen (S. 273, Gleichung formulieren!), ebensowenig in der summarischen Gesamtgleichung in Erscheinung wie bei den Carbonsäuren, so daß wir Umsetzungen der Carbonylgruppe allein auch hier nicht kennen.

Zu 3. Die gesteigerte Aktivität der Carbonylgruppe macht sich weiterhin in einer gegenüber den Carbonsäuren verstärkten **Aktivierung der α-ständigen Methylengruppe** bemerkbar, wie u. a. aus der auf S. 328 beschriebenen leichteren Halogenierbarkeit der Säurehalogenide hervorgeht. Doch vermag die Methylengruppe trotz dieser eindeutigen Aktivierung keine der Aldolkondensation analoge Kondensationsreaktion einzugehen, weil die Säurechloridgruppe auf die meist basischen Kondensationsmittel (z. B. Natriumalkoholat) acylierend einwirkt und diese dadurch zerstört.

β) Die geminalen Trihalogenverbindungen

Die auf S. 166f. bereits beschriebenen gem-Trihalogenverbindungen stellen gleichzeitig die Orthocarbonsäurehalogenide dar, worauf u. a. auch ihre Namen (z. B. Chloroform, Benzotrichlorid) hindeuten. Sie zeigen als Orthocarbonsäurederivate keine Carbonylreaktionen mehr und sind dementsprechend reaktionsträge, so daß ihre nahen Beziehungen zu den Carbonsäuren nur wenig in Erscheinung treten und sie im allgemeinen zu den Halogenverbindungen gerechnet werden. An dieser Stelle sei lediglich auf zwei spezielle Reaktionen hingewiesen, durch die sie mit der Carbonsäurereihe verknüpft sind:

1. die hydrolytische Abspaltung des Halogens zu den freien Carbonsäuren. Die Reaktion kann im Gegensatz zur Hydrolyse der Alkylhalogenide und der gem-Dihalogenverbindungen außer durch Alkali auch durch 97%ige Schwefelsäure, ja zuweilen bereits durch Kochen mit Wasser bewirkt werden, so daß man sie unter Schonung der in alkalischem Medium leicht spaltbaren C—CCl_3-Bindung durchführen kann. Sie hat auch praktische Bedeutung erlangt, z. B. zur Darstellung von Dichloressigsäure durch partielle Hydrolyse von Pentachloräthan oder von Glyoxylsäure durch Hydrolyse von Chloral:

$$Cl_2CH{-}CCl_3 \xrightarrow[100°]{+H_2O} Cl_2CH{-}COOH; \qquad O{=}CH{-}CCl_3 \xrightarrow[(H_2SO_4)]{+H_2O} O{=}CH{-}COOH$$

2. die bereits beschriebene Alkoholyse der gem-Trihalogenverbindungen zu den Orthocarbonsäureestern, die bei der Einwirkung von Natriumalkoholat erfolgt (S. 167).

c) Die Sauerstoffderivate der Carbonsäuren

α) Die Salze

Die Metallderivate der Carbonsäuren sind im allgemeinen ionogen aufgebaut und im Gegensatz zu den leicht hydrolysierenden Alkoholaten und sonstigen Metallderivaten organischer Verbindungen echte Salze, die infolge der relativ großen Dissoziationskonstanten der Carbonsäuren nur wenig zur Hydrolyse neigen. Ihre **Darstellung** erfolgt meistens nach „anorganischen" Methoden, z. B. durch Neutralisation der wäßrigen Lösungen der freien Carbonsäuren oder auch durch direkten Umsatz der Carbonsäuren mit den basischen Metallhydroxyden (bzw. bei den Schwermetallen mit den Oxyden). Doch sind daneben auch typisch „organische" Bildungsweisen bekannt, von denen die wichtigste die Seifenherstellung durch alkalische Fetthydrolyse ist (**III**, Kap. 6, I, 1), die der ganzen Gruppe der hydrolytischen Spaltungsreaktionen den Namen *Verseifung* gegeben hat.

Die Salze der niederen Carbonsäuren unterscheiden sich in ihrem **physikalischen Verhalten** nicht wesentlich von den Salzen anorganischer Säuren. Insbesondere sind sie wie diese typisch hydrophile und lipophobe Substanzen, die sich in Wasser, Alkoholen, Essigsäure und Pyridin, nicht aber mehr in Äther, Benzol und ähnlichen hydrophoben organischen Lösungsmitteln auflösen. Ferner sind sie wie die anorganischen Salze innerhalb des Beständigkeitsbereiches organischer Verbindungen nicht destillierbar, d. h. sie erleiden stets weit vor Erreichung des eigentlichen Siedepunktes (auch im Vakuum) die unten beschriebenen thermischen Zersetzungsreaktionen.

Bei den Salzen der höheren Carbonsäuren tritt der Einfluß des organischen Molekülteiles auf die Löslichkeitseigenschaften bereits stärker in Erscheinung. Die wäßrigen Lösungen der Alkalisalze zeigen infolgedessen das in **II**, Kap. 6, II, 2 näher beschriebene typisch kolloidale Verhalten der Seifenlösungen, und die Salze der Erdalkalimetalle sind in Wasser bereits völlig unlöslich, so daß sie beim Zusatz von Calcium- oder Magnesium-Ionen zu den Lösungen der Alkalimetallseifen im Rahmen einer normalen Ionenreaktion ausfallen. Hartes, d. h. calcium- oder magnesiumhaltiges Wasser ist daher zum Waschen ungeeignet und muß, um Seifenverluste zu vermeiden, zuvor enthärtet werden.

Auch die häufig nicht mehr vollständig dissoziierten Schwermetallsalze der höheren Carbonsäuren sind durchweg in Wasser unlöslich, zeigen aber auf der andern Seite bereits eine gewisse Löslichkeit bzw. Emulgierbarkeit in organischen Lösungsmitteln. Man verwendet sie daher häufig als Schwermetallkatalysatoren in lipophilen Reaktionsmedien, z. B. bei der Paraffinoxydation (S. 78). Ebenso ist die lipophile Natur der Schwermetallseifen von pharmazeutischem Interesse, weil man mit ihrer Hilfe die physiologisch aktiven Schwermetall-Ionen an die Lipoidteilchen des Organismus heranbringen kann. Sie spielen daher seit jeher eine wichtige Rolle in der Pharmazie, z. B. die Bleiseifen im Bleipflaster oder die Zinkseifen in der Zinksalbe.

Auch von den **chemischen Umsetzungen** der carbonsauren Salze zählen einige ihrer ganzen Natur nach noch zur anorganischen Chemie. Dies ist insbesondere bei allen Ionenreaktionen der Fall, z. B. bei der Fällung der Oxalsäure als Calciumoxalat. Aber auch die Bestimmung der Dissoziationskonstanten der Carbonsäuren und die der mit ihnen eng zusammenhängenden Hydrolysenkonstanten der Salze werden hauptsächlich in der anorganischen Chemie behandelt. So werden z. B. die Essigsäure und ihr Aluminium- oder Eisensalz seit jeher als typische Lehrbeispiele für schwache Säuren und hydrolysierende Salze angeführt.

Neben diesen Ionenreaktionen zeigen die carbonsauren Salze aber auch eine Reihe von Umsetzungen, an denen das organische Anion allein beteiligt ist, und in denen es als Ionenmolekül wie jedes andere organische Molekül reagiert. Mit diesen Reaktionen wollen wir uns hier in erster Linie beschäftigen.

Eine **erhöhte Reaktionsfähigkeit** gegenüber den freien Säuren zeigen die **Carboxylat-Ionen** bei allen auf ihrer größeren Basizität beruhenden Reaktionen. Sie können infolgedessen leichter als die Säuren alkyliert und acyliert werden, so daß man zur Darstellung der Ester und Säureanhydride häufig von den carbonsauren Salzen ausgeht und diese mit den üblichen Alkylierungs- und Acylierungsmitteln umsetzt (S. 341, 347).

Das Kation beteiligt sich an diesen Reaktionen im allgemeinen nicht und kann daher in der Reaktionsgleichung fortgelassen werden. Lediglich in den Fällen, in denen es eine besondere Affinität zu der Säurekomponente des Alkylierungs- bzw. Acylierungsmittels aufweist, wie z. B. bei der häufig angewandten Aktivierung der Wirkung der Alkyl- und Acylhalogenide durch Verwendung der Silbersalze der Carbonsäuren, muß man natürlich auch die Silberhalogenidbildung mit berücksichtigen.

Eine **Abschwächung der Reaktionsfähigkeit** gegenüber den Carbonsäuren beobachtet man dagegen bei allen Carbonylreaktionen, und es ist z. B. der Sauerstoff des Carboxylat-Ions, abgesehen von der Säurechloridbildung bei der Einwirkung von Phosphoroxychlorid und Sulfurylchlorid, einer Substitution durch andere negative Reste nicht mehr zugänglich. Ebensowenig findet eine Aktivierung der α-ständigen Methylgruppe statt. Die Salze können daher weder eine Kondensationsreaktion eingehen noch in α-Stellung halogeniert werden.

An **neuartigen Reaktionen** begegnen wir lediglich der auf S. 329 bereits erwähnten Labilisierung der Bindung des Carboxylkohlenstoffs an den organischen Molekülrest, die bei Temperaturen um 300° sowohl im Sinne einer Ketonbildung (Kalksalzdestillation, S. 273f.) als auch im Sinne einer Decarboxylierung (Destillation mit überschüssigem Alkali, S. 71, 329) aufgespalten werden kann.

β) Die Carbonsäureester

Die Carbonsäureester schließen sich in ihren Eigenschaften eng an die auf S. 208f. beschriebenen Ester der anorganischen Säuren an und stellen den wichtigsten Typus der acylierend wirkenden Ester dar, bei deren Spaltung fast ausschließlich nur der Säurerest in Reaktion tritt. Wir können uns daher hier im wesentlichen auf ihre Beschreibung als Carbonsäurederivate beschränken.

Vorkommen. Abgesehen von den niederen Gliedern der Reihe sind die Carbonsäureester sehr wichtige Naturstoffe. Bereits die Ester der mittleren Carbonsäuren (C_4 bis etwa C_{10}) treten als Duft- und Aromastoffe in Früchten, im Wein und auch in einigen ätherischen Ölen auf. Doch werden sie an Bedeutung weit übertroffen von den Glycerinestern (allgemein *Glyceride* genannt) der unverzweigten Carbonsäuren mit 16 und 18 C-Atomen, die den Hauptbestandteil der als Nahrungs- und Reservestoffe dienenden Fette und Öle (III, Kap. 6, I, 1) bilden. Noch höhere Carbonsäuren mit bis zu 34 C-Atomen treten in den natürlichen Wachsen (III, Kap. 6, I, 3) auf, und im Kork (III, Kap. 6, I, 4) liegt schließlich ein hochmolekulares Veresterungsprodukt von im einzelnen zum großen Teil noch unbekannten Hydroxycarbonsäuren vor.

Die **Darstellung der Carbonsäureester** geschieht grundsätzlich nach den gleichen Verfahren wie die der Ester anorganischer Säuren:

1. durch **Anlagerung von Carbonsäuren an mehrfache Kohlenstoff-Kohlenstoff-Bindungen.** Die Methode spielt zwar bei der geringen Acidität der Carbonsäuren für die Gewinnung der Ester gesättigter Carbonsäuren nur eine untergeordnete Rolle (vgl. S. 95), hat aber für die Gewinnung der Enolester (S. 115, 228) und der Esteracetale (S. 293) eine gewisse praktische Bedeutung erlangt:

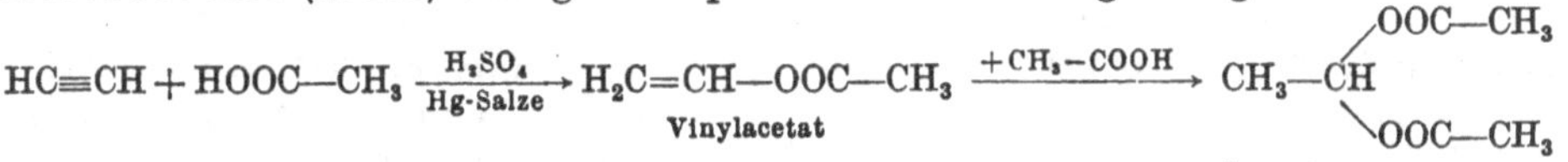

Vinylacetat — Äthyliden-acetat

2. durch direkte **Wasserabspaltung aus Carbonsäuren und Alkohol:**

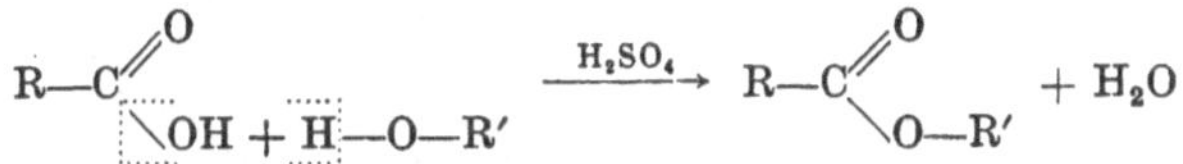

Die Reaktion muß — von wenigen Ausnahmen, wie z. B. der Veresterung der Oxalsäure (S. 480) abgesehen — bei Temperaturen unter 100° stets durch Katalysatoren (meistens Salz- oder Schwefelsäure) beschleunigt werden. Auch mit Zinkchlorid, Bortrifluorid und ähnlich wirkenden Komplexbildnern kann man die Veresterung bewirken. Betreffs des Mechanismus dieser Katalyse vgl. II, Kap. 3, I, 4.

In Gegenwart von Silicium-tetrachlorid findet ebenfalls eine Veresterung statt, die in diesem Fall über die Orthokieselsäure-ester als Zwischenprodukte verläuft. Letztere können daher auch direkt als Veresterungsmittel verwandt werden[1]):

$$4\,R\text{—}OH + SiCl_4 \xrightarrow{-4\,HCl} Si(OR)_4 \xrightarrow[-\,Si(OH)_4]{+\,4\,HO\text{—}Ac} 4\,R\text{—}O\text{—}Ac$$

3. durch **Alkylierung von Carbonsäuren** bzw. carbonsauren Salzen, die man entweder in der in I, Kap. 6, III, 1a beschriebenen Weise durch Umsetzen der freien Carbonsäuren mit Diazoparaffinen oder durch Alkylierung der carbonsauren Salze mit den üblichen Alkylierungsmitteln (speziell wieder der Silbersalze mit den Alkylhalogeniden, vgl. S. 340) bewirkt:

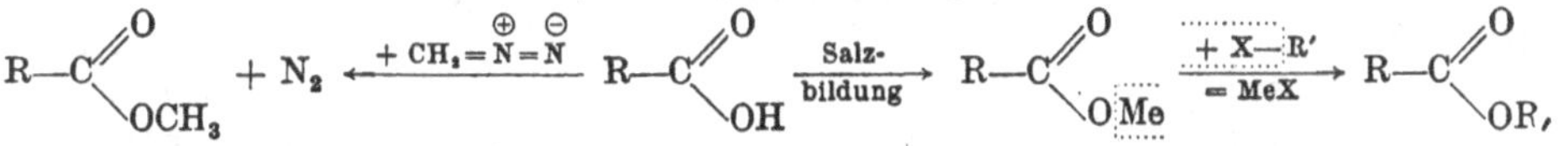

4. durch **Acylierung von Alkoholen,** die meistens durch direkte Einwirkung der Säurechloride oder -anhydride auf die Alkohole geschieht, aber auch durch Anlagerung der Alkohole an Ketene (S. 305) vorgenommen werden kann:

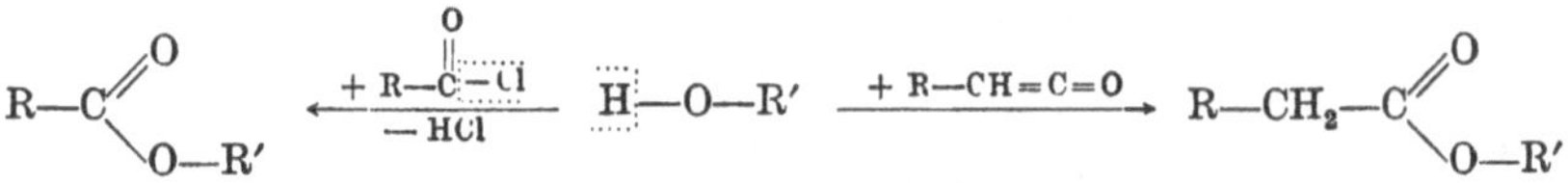

Die Säurechloride reagieren mit den Alkoholen bereits ohne Katalysatoren (S. 337) unter Chlorwasserstoffentwicklung, werden aber zur Vermeidung störender Einflüsse häufig auch in alkalischem Medium (z. B. in Pyridinlösung, vgl. S. 337) angewandt. Die Säureanhydride bedürfen dagegen stets der Katalyse (S. 349).

---

1) G. SUMRELL u. G. E. HAM: Am. Soc. 78, 5573 (1956).

5. Eine spezielle Bildungsweise für Carbonsäureester, deren Alkohol- und Säurekomponente das gleiche Kohlenstoffgerüst enthalten, liegt schließlich in der auf S. 255 beschriebenen **Disproportionierung von Aldehyden** in Gegenwart von Aluminiumalkoholaten vor. Sie dient in der Technik hauptsächlich zur Darstellung von Essigsäure-äthylester.

Physikalische Eigenschaften. Die Ester sieden und schmelzen infolge des Fehlens des assoziierenden Carboxyl-Wasserstoffs um etwa 80° tiefer als die Carbonsäuren und etwa gleich hoch wie die Aldehyde und Ketone gleicher Kohlenstoffzahl. Ebenso ist, ähnlich wie bei den Oxoverbindungen, der Siedepunkt nahezu unabhängig von der Lage der —CO—O-Gruppe innerhalb der Kette, d. h. Ester niederer Carbonsäuren mit höheren Alkoholen sieden nahezu gleich hoch wie die isomeren Ester höherer Carbonsäuren mit niederen Alkoholen, wie im einzelnen aus Tabelle 18 zu entnehmen ist.

Tabelle 18
Physikalische Konstanten einiger Ester

Name	Sdp.	Smp.	D/T	Name	Sdp.	Smp.	D/T
Methylformiat	32°	—100°	1,003/0°	Äthylbutyrat	120°	—93°	0,879/20°
Methylacetat	57	— 98	0,924/20	Äthylvalerat	145	—91	0,878/15
Äthylformiat	54	— 81	0,923/10	Äthylcapronat	167	—68	0,873/19
Methylpropionat	80	— 88	0,917/18	Äthylönanthat	187	—	0,872/15
Äthylacetat	77	— 83	0,901/20	Äthylcaprylat	208	—45	0,873/16
Propylformiat	81	— 93	0,906/20	Äthylpelargonat	222	—44	0,870/15
Methylbutyrat	103	—	0,898/20	Äthylcaprinat	244	—	0,859/28
Äthylpropionat	99	— 74	0,894/15	Äthylbenzoat	213	—34	1,051/15
Propylacetat	102	— 93	0,891/18	Benzylacetat	215	—52	1,057/16
Butylformiat	107	— 92	0,889/20				

Auch hinsichtlich der **Lösungseigenschaften** sind die Ester am ehesten mit den Oxoverbindungen zu vergleichen. Doch ist die Löslichkeit in Wasser trotz der stärkeren Belastung des Moleküls mit Sauerstoffatomen infolge des Fehlens der Hydratbildung merklich geringer, und es sind z. B. bei Zimmertemperatur keine Carbonsäureester mit Wasser mischbar. Die niederen Glieder der Reihe, insbesondere Äthylacetat, dienen vielfach als Lösungsmittel.

Das chemische Verhalten der Carbonsäureester wird wie das der Ester anorganischer Säuren in erster Linie durch den Säurerest diktiert, der an den folgenden drei Gruppen von Reaktionen ausschließlich beteiligt ist: 1. den unter Erhaltung der Oxydationsstufe verlaufenden solvolytischen Spaltungsreaktionen, 2. den sonstigen Reaktionen der Carbonylgruppe und 3. den Reaktionen der zum Carbonylkohlenstoff α-ständigen Methylengruppe. Neben diesen wichtigsten Umsetzungen sind 4. nur wenige Fälle bekannt, in denen auch eine Beteiligung der alkoholischen Komponente an den Reaktionen der Estergruppe beobachtet wird.

Zu 1. Wie wir bereits auf S. 206f. gesehen haben, erleiden die Carbonsäureester infolge der Anwesenheit eines doppelt gebundenen O-Atoms in der Estergruppe bei allen **solvolytischen Spaltungsreaktionen** eine acylierende Spaltung, d. h. sie übertragen den Acylrest im Rahmen einer normalen Acylierungsreaktion auf das spaltende Agens. Infolgedessen führen die verschiedenen Möglichkeiten der Esterspaltung (von der Hydrolyse abgesehen) niemals zu den freien Carbonsäuren, sondern stets zu Säurederivaten und den freien Alkoholen:

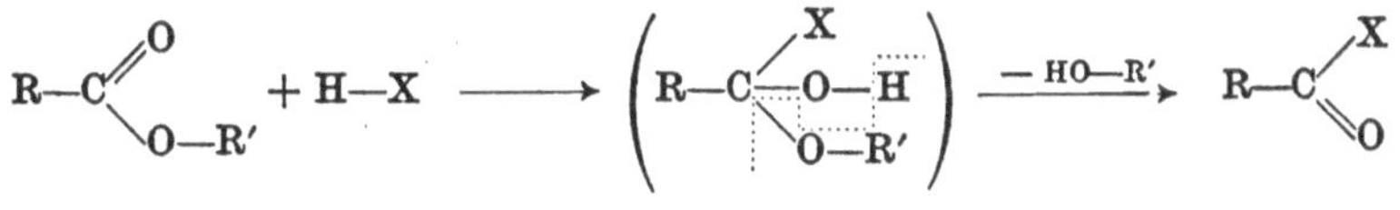

Die gebräuchlichsten solvolytischen Spaltungsreaktionen sind:

a) die Hydrolyse. Sie verläuft ohne Katalysator nur sehr langsam, so daß die Ester bei normaler Temperatur wasserbeständig sind. In kochendem Wasser tritt dagegen bereits eine langsame Spaltung ein, und mit überhitztem Wasserdampf geht die Reaktion so schnell vor sich, daß auf diesem Wege sogar eine technische Fettspaltung möglich ist. In Gegenwart geringer Wassermengen verläuft die Hydrolyse nicht vollständig und es stellt sich ein Gleichgewicht ein.

Als Katalysatoren bzw. Aktivierungsmittel für die Esterhydrolyse verwendet man sowohl starke Alkalien als auch Mineralsäuren. Die wichtigere alkalische Esterspaltung führt infolge der gleichzeitig stattfindenden Neutralisation der in Freiheit gesetzten Säure direkt zu den Salzen:

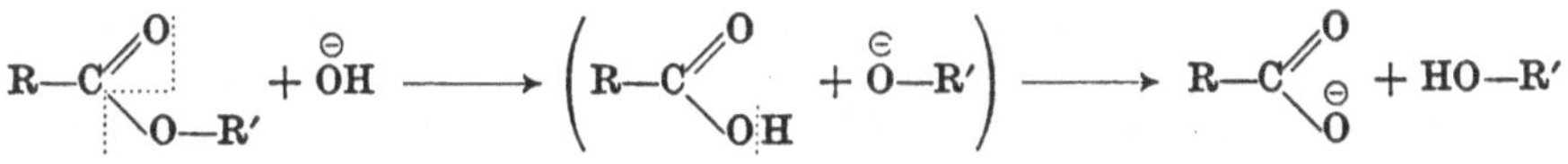

und stellt daher die „Verseifungsreaktion" im engeren Sinne dar.

Sie ist wegen der Mitbeteiligung des spaltenden Agens an der Reaktion kein rein katalytischer Vorgang (vgl. S. 41), was u. a. auch darin zum Ausdruck kommt, daß mindestens molare Mengen des Alkalis benötigt werden, und daß das Gleichgewicht infolge der zusätzlich frei werdenden Neutralisationswärme gegenüber der eigentlichen Hydrolyse praktisch vollständig zugunsten der Hydrolysenprodukte verschoben ist. Es tritt daher stets eine vollständige Spaltung ein, und eine Rückreaktion ist auch in wasserfreiem Medium nicht möglich.

Bei der sauren Esterspaltung wird dagegen das die Reaktion beschleunigende OH_3^+-Ion immer wieder regeneriert, so daß hier eine echte Katalyse vorliegt. Die Reaktion stellt die Rückreaktion der auf S. 341 beschriebenen Esterbildung aus Säuren und Alkoholen dar und verläuft daher über die gleichen Zwischenprodukte (Gleichung formulieren!). Die Geschwindigkeit der sauren Esterhydrolyse ist wesentlich geringer als die der alkalischen Verseifung und liegt aus den in II, Kap. 4, II, 2aα diskutierten Gründen etwa in der Mitte zwischen der der Acetale und Äther, so daß man meistens bei höheren Temperaturen und hohen Säurekonzentrationen arbeiten muß.

Als saure Spaltungsmittel dienen insbesondere Salz- oder Schwefelsäure, daneben in der Technik auch aromatische Sulfosäuren, wie z. B. die bei der Saccharinfabrikation als Nebenprodukt anfallende p-Toluolsulfonsäure (I, Kap. 7, II, 1). Ein weiteres beliebtes technisches Spaltungsmittel ist TWITCHELLS Reagens, ein bei der gemeinsamen Sulfonierung von Rizinusöl und aromatischen Kohlenwasserstoffen entstehendes Sulfonsäuregemisch, das den Vorteil der gleichzeitigen Emulgierung der meist wasserunlöslichen Ester bietet.

b) die Umesterung. Sie ist eine der Umacetalisierung analoge Reaktion, die man ebenfalls sowohl zur Verdrängung der alkoholischen Esterkomponente durch einen überschüssigen anderen Alkohol als auch zur Verdrängung der sauren Komponente durch eine überschüssige andere Säure verwenden kann:

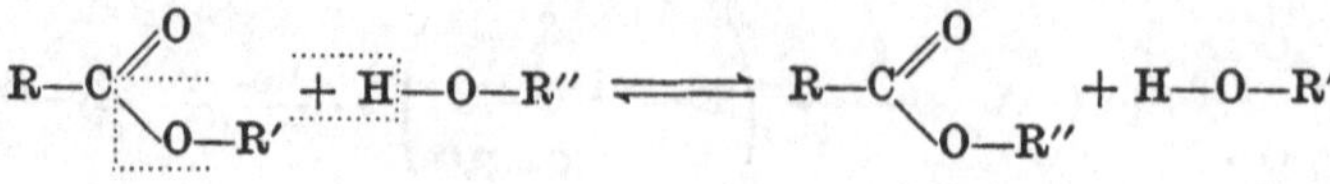

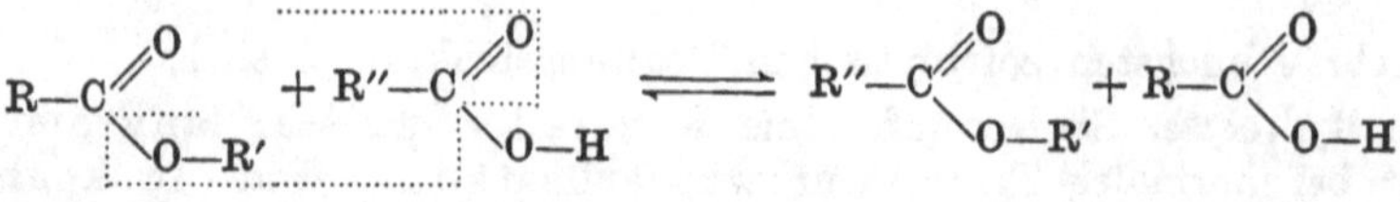

Die Reaktion dient jedoch im Gegensatz zur Umacetalisierung kaum zum Aufbau höherer Ester, da die hierbei in Freiheit gesetzten niederen Alkohole (bzw. im zweiten Falle die in Freiheit gesetzten Säuren) infolge ihrer gegenüber dem gebildeten Ester relativ hohen Siedepunkte nur schlecht aus dem Reaktionsgemisch entfernt werden können. Man verwendet sie vielmehr in erster Linie zum Esterabbau, d. h. zur Gewinnung der alkoholischen Komponente der Ester höherer Alkohole durch Bindung der Säure an einen als Reaktionsmedium verwandten und daher im Überschuß vorhandenen niederen Alkohol (meistens Methyl- oder Äthylalkohol). Die Umesterung verläuft als echte Alkoholyse nach einem ähnlichen Mechanismus wie die Hydrolyse und muß daher wie diese bei Temperaturen unter 100° durch starke Alkalien (in diesem Falle die Alkalimetallalkoholate) oder starke Säuren beschleunigt werden.

Im Gegensatz zur Hydrolyse ist bei der Umesterung auch die alkalische Spaltung ein rein katalytisch verlaufender Vorgang, da das Reaktionsprodukt nicht den wieder in Freiheit gesetzten Katalysator neutralisieren kann, so daß dieser sofort erneut in Reaktion tritt:

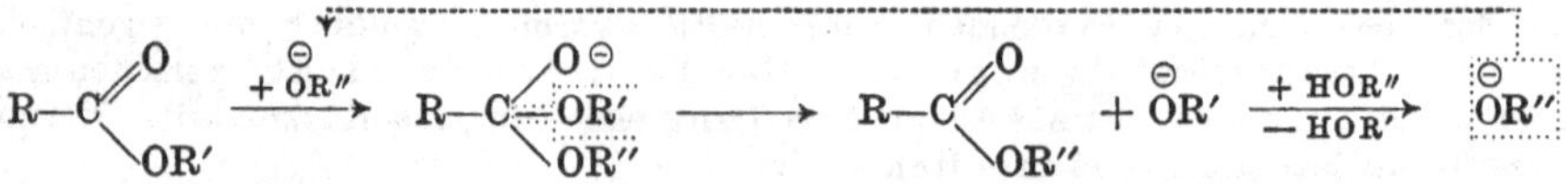

Man benötigt infolgedessen weit weniger als die stöchiometrische Menge des Alkoholates und ist in Spezialfällen, z. B. zur Gewinnung alkaliempfindlicher Zucker aus ihren Estern, schon mit $^1/_{100}$ der molaren Menge ausgekommen. Die saure Umesterung verläuft dagegen wie die saure Hydrolyse, mit der sie hinsichtlich des Reaktionsmechanismus weitgehend übereinstimmt, wesentlich langsamer und erfordert schärfere Bedingungen, wie z. B. Kochen der mit Chlorwasserstoff gesättigten alkoholischen Lösung des *Esters*.

c) **die Aminolyse.** Als basische Reagenzien vermögen auch Ammoniak und organische Amine spaltend auf Ester einzuwirken, wobei neben dem Alkohol die entsprechenden Säureamide entstehen:

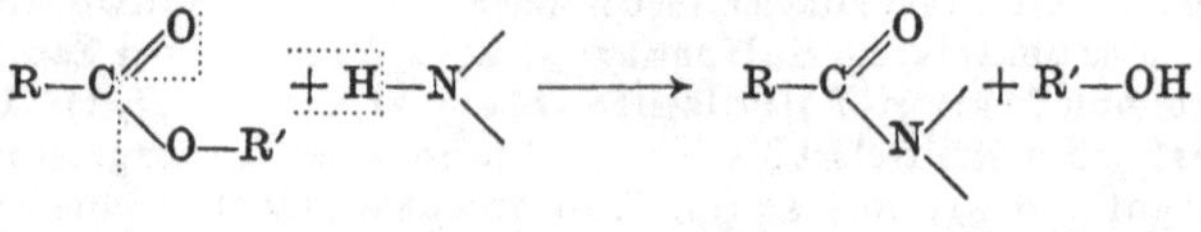

Die Reaktion hat sowohl zur Darstellung der Säureamide (S. 357) als auch zur Esterspaltung, d. h. zur Gewinnung der freien alkoholischen Komponente des Esters, praktische Anwendung gefunden.

Zu 2. Die Estercarbonylgruppe steht hinsichtlich ihrer Reaktionsfähigkeit etwa in der Mitte zwischen der Carboxyl- und der Oxo-carbonylgruppe. So läßt sich z. B. zwar niemals die Bildung einer Additionsverbindung vom Orthocarbonsäuretypus (auch nicht in Lösung) nachweisen, doch ist die Estercarbonylgruppe anderen Addenden (wie z. B. nascierendem Wasserstoff) gegenüber wesentlich reaktionsfähiger als die Carboxylgruppe, so daß man sie mit Natrium-Alkohol oder noch besser mit Lithium-aluminiumhydrid schon bei Temperaturen unter 100° reduzieren kann. Ebenso lagert sie ohne Schwierigkeit metallorganische Verbindungen an. In beiden Fällen wird die Stufe der Oxoverbindungen leicht überschritten, und es entstehen unter Abspaltung der alkoholischen Komponente aus den intermediär gebildeten Primärprodukten vom Acetaltypus in einem Reaktionsgang die primären bzw. tertiären Alkohole:

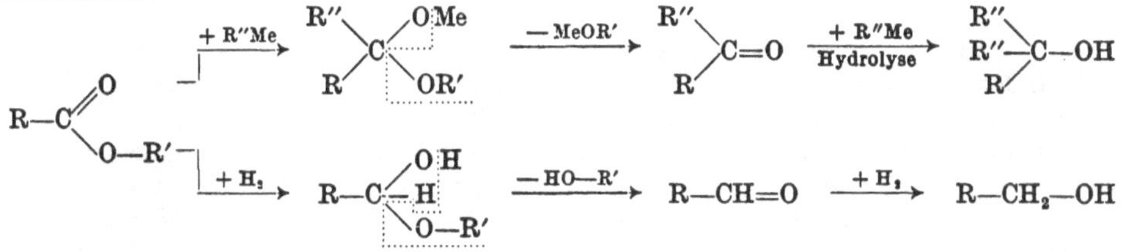

Auch hier werden also durch die Sekundärreaktionen die Umsetzungen der Carbonylgruppe weitgehend verschleiert und sind nicht mehr in der summarischen Reaktionsgleichung zu erkennen.

Die katalytische Hydrierung bereitet ähnliche Schwierigkeiten wie die Hydrierung der Carbonsäuren (S. 184, 329) und erfordert bei Verwendung von Kupfer- oder Zinkchromitkatalysatoren ebenfalls Temperaturen oberhalb 250° und hohe Wasserstoffdrucke.

Zu 3. Auch die **Aktivität der α-ständigen Methylengruppe** steht etwa in der Mitte zwischen der der Carbonsäuren und der der Oxoverbindungen. Sie kommt vor allem in der leichten Halogenierbarkeit und der Neigung der Ester zu Kondensationsreaktionen zum Ausdruck. Dagegen tritt mit salpetriger Säure oder Selendioxyd keine Reaktion ein.

Von den Kondensationsreaktionen ist bei weitem am wichtigsten die bereits auf S. 246 und 274 kurz gestreifte **Ester-** oder (nach ihrem Entdecker) **Claisenkondensation,** die ähnlich wie die Aldol- und Crotonaldehydkondensation basische Kondensationsmittel benötigt und reversibel verläuft. Sie führt, ohne daß auch hier wieder die Mitbeteiligung der Carbonylgruppe in der summarischen Reaktionsgleichung zum Ausdruck kommt, bei der Kondensation von zwei Estermolekülen zu β-Ketocarbonsäureestern (S. 520), kann aber auch zwischen der Estergruppe und der aktiven Methylengruppe einer Oxoverbindung unter Bildung einer 1,3-Dioxoverbindung durchgeführt werden:

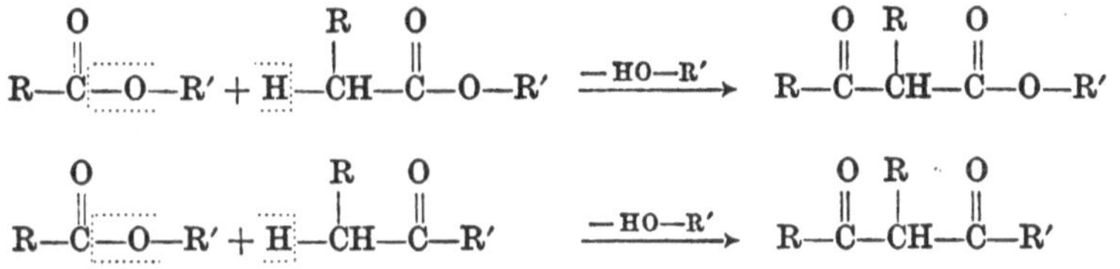

Der glatte Verlauf der zweiten Reaktion wird insbesondere dadurch ermöglicht, daß infolge der etwas geringer aktivierenden Wirkung der Estercarbonylgruppe und des Unvermögens der Ketocarbonylgruppe, unter den Bedingungen der Esterkondensation in Reaktion zu treten (**I,** Kap. 12, III, 2e), bei gleichzeitiger Anwesenheit von Estern und Oxoverbindungen nur die Carbonylgruppe des Esters mit der aktiveren Methylengruppe der Ketone reagiert und weder eine Reaktion zwischen zwei Estermolekülen noch zwischen der Carbonylgruppe des Ketons und einer der anwesenden aktiven Methylengruppen beobachtet wird.

Die Esterkondensation ist eine der wichtigsten synthetischen Reaktionen der organischen Chemie und in zahlreichen Varianten bekannt. Sie soll daher, ebenso wie ihr Reaktionsmechanismus, der wesentlich komplizierter ist, als aus den angeführten summarischen Reaktionsgleichungen hervorgeht, erst in I, Kap. 12, III, 2e eingehend behandelt werden.

Zu 4. Eine Beteiligung der alkoholischen Komponente an den Umsetzungen der —CO—O—R-Gruppe ist nur unter Lösung der O—R-Bindung[1]) möglich und findet vor allem bei den folgenden drei Reaktionen statt:

a) bei der in Gegenwart von konzentrierter Jodwasserstoffsäure (oder auch anderen konzentrierten Mineralsäuren) eintretenden **Acidolyse.** Sie sollte an sich zwar ebenfalls zu einer acylierenden Spaltung, d.h. zur Bildung des Acyljodids und des freien Alkohols führen. Die Reaktion unterbleibt jedoch wegen der ungünstigen Lage des Gleichgewichts, denn die Säurehalogenide wirken umgekehrt auf die Alkohole veresternd ein (vgl. S. 341). Dagegen findet eine Spaltung der Alkyl-Sauerstoff-Bindung statt, die wie die der Alkohole und Äther gegen Jodwasserstoff instabil ist, so daß wir letzten Endes im Gegensatz zu den normalen Spaltungsreaktionen eine ausschließlich alkylierende Spaltung der Ester beobachten:

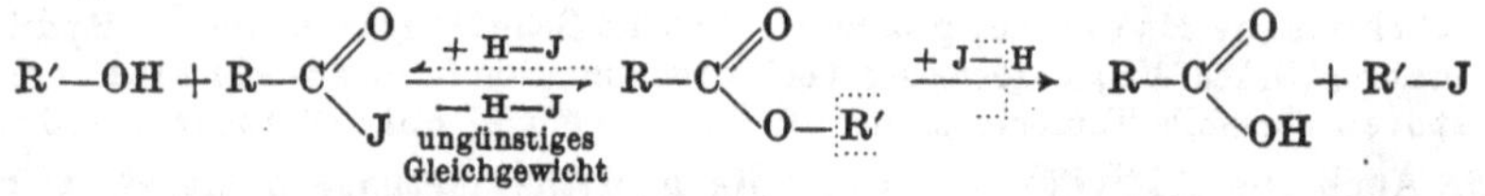

Die Carbonsäureester sind daher der ZEISELschen Alkoxylbestimmung (S. 219) zugänglich.

b) bei der **Abspaltung der freien Carbonsäuren** unter Übergang der alkoholischen Komponente in Olefine (vgl. S. 88):

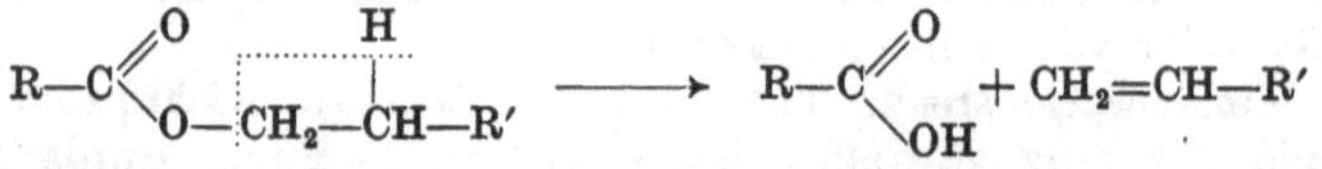

Sie erfolgt bei der schwachen Acidität der Carbonsäuren erst bei höherer Temperatur und dient zuweilen zur präparativen Darstellung von Olefinen, wenn man die Einwirkung von Mineralsäuren vermeiden will.

c) bei der **hydrierenden Spaltung der R—O-Bindung,** die man in dem Spezialfall der Carbonsäureester des Benzhydrols und Triphenylcarbinols wie bei den entsprechenden Äthern (S. 222) mit katalytischem Wasserstoff durchführen kann (Gleichungen formulieren!).

γ) Die Carbonsäure-anhydride

Unter *Carbonsäureanhydriden* im engeren Sinne versteht man in der organischen Chemie die Wasserabspaltungsprodukte aus zwei Carbonsäuremolekülen, in denen zwei Acylreste durch ein Brückensauerstoffatom miteinander verbunden sind:

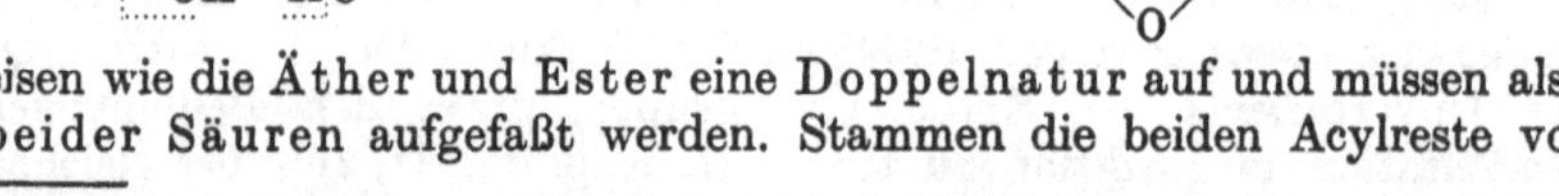

Sie weisen wie die Äther und Ester eine Doppelnatur auf und müssen als Derivate beider Säuren aufgefaßt werden. Stammen die beiden Acylreste von der

[1]) Zusammenfassung der verschiedenen Möglichkeiten: A. G. DAVIES u. J. KENYON: Quart. Rev. 9, 203 (1955).

gleichen Säure ab, so spricht man von *symmetrischen Anhydriden* oder dem *Anhydrid* der betreffenden Säure schlechthin, sind die Acylreste dagegen verschieden, so liegen *gemischte Anhydride* vor.

Zur Darstellung der Säureanhydride sind drei verschiedene Verfahren in Gebrauch: 1. die direkte Wasserabspaltung aus zwei Carbonsäuremolekülen, 2. die Acylierung einer Carbonsäure bzw. ihrer Salze und 3. die Umanhydrisierung.

Zu 1. Die Wasserabspaltung aus zwei Carbonsäuremolekülen stellt den scheinbar einfachsten Weg zur Säureanhydridgewinnung dar, ist aber bei weitem am schwierigsten durchzuführen und gelingt bei den üblichen organischen Arbeitstemperaturen nur in schlechter Ausbeute bei der Einwirkung von Phosphorpentoxyd auf die freien Carbonsäuren (Gleichung formulieren!).

Eine Ausnahme machen lediglich einige Dicarbonsäuren (S. 478), bei denen die beiden Carboxylgruppen unter Ringschluß miteinander reagieren können. Hier erfolgt die Anhydridbildung infolge der Bevorzugung von Ringschlußreaktionen (Näheres vgl. S. 443) bereits ohne Phosphorpentoxyd bei Temperaturen um 200° unter Abdestillation des gebildeten Wassers:

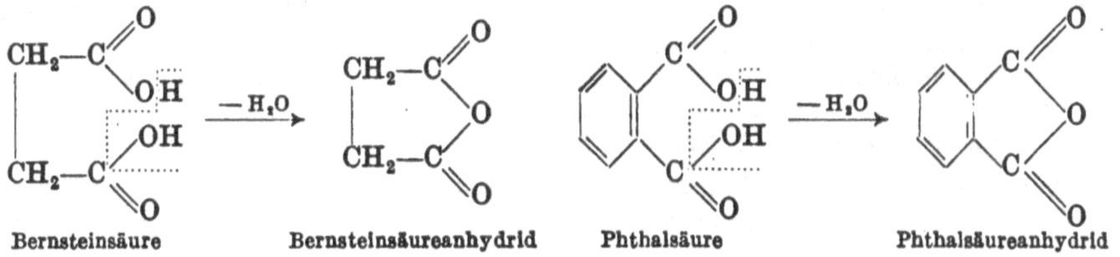

Erst in neuerer Zeit ist es gelungen, mit Hilfe eines Kontaktverfahrens eine derartige direkte Anhydrisierung auch von den Monocarbonsäuren aus durchzuführen. Die Reaktionstemperatur liegt für eine organische Reaktion allerdings außerordentlich hoch (700°), so daß man bei der Wahl des Gefäßmaterials und auch der Kontaktsubstanzen sehr vorsichtig sein muß, um jede Katalyse von Nebenreaktionen auszuschließen. Am besten haben sich Gefäße aus V2A-Stahl und Vanadiumkatalysatoren bewährt. Das Verfahren dient in der Technik hauptsächlich zur Essigsäureanhydridgewinnung.

Zu 2. Die Acylierung von Carbonsäuren geschieht am besten durch Umsetzung der Säurechloride mit den Salzen der betreffenden Carbonsäuren (s. oben):

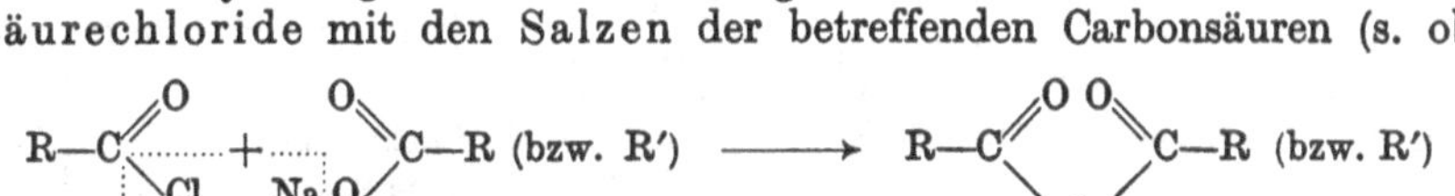

Es ist das präparativ wichtigste Verfahren zur Gewinnung der Säureanhydride und insbesondere zur Darstellung gemischter Anhydride geeignet.

Zur Herstellung symmetrischer Anhydride führt man in der Technik meistens die Bildung des Säurechlorids und -anhydrids in einer Stufe durch, indem man die carbonsauren Salze zusammen mit einem halben Äquivalent des Chlorierungsmittels (vor allem Phosgen oder Sulfurylchlorid) erhitzt:

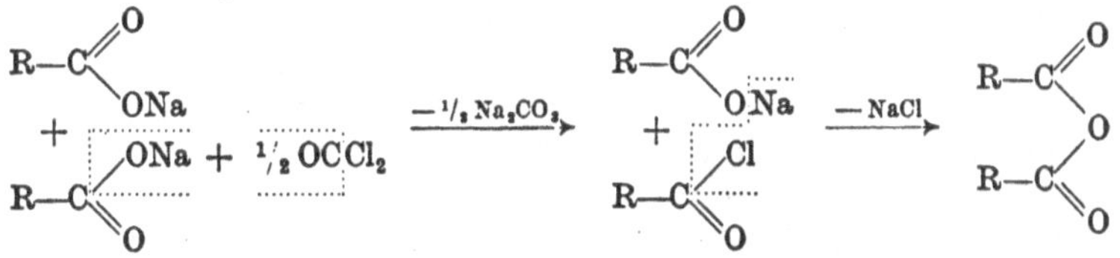

Im Falle der technischen Herstellung von Essigsäureanhydrid führt man die Acetylierung des Eisessigs auch durch Einleiten von Keten (S. 305) durch.

Zu 3. Die Umanhydrisierung ist ein der Umacetalisierung und Umesterung analoger Vorgang, bei dem in zwei hintereinander erfolgenden Reaktionsstufen beide Acylreste ausgetauscht werden:

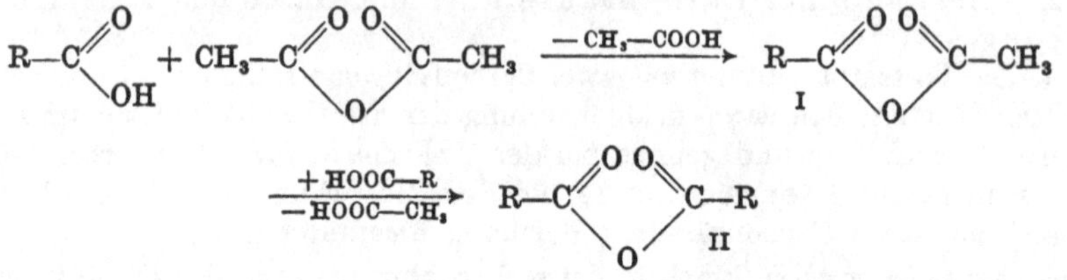

Die Reaktion geht bei höherer Temperatur bereits ohne Katalysator vor sich, wird aber meistens zusätzlich durch Schwefelsäure oder auch wasserfreies Magnesiumperchlorat beschleunigt. Die Umanhydrisierung findet im Gegensatz zur Umesterung in erster Linie zur Synthese der Anhydride höherer Carbonsäuren Anwendung, da bei dem meist als Anhydrisierungsmittel dienenden Acetanhydrid die in Freiheit gesetzte Essigsäure den niedrigsten Siedepunkt aller Reaktionsteilnehmer aufweist und sich infolgedessen leicht aus dem Reaktionsgemisch entfernen läßt. Je nach den Reaktionsbedingungen kann man hierbei sowohl die symmetrischen Anhydride der höheren Carbonsäuren (II) als auch ihre gemischten Anhydride mit Essigsäure (I) erhalten.

Eigenschaften. Die Siedepunkte der Säureanhydride liegen in Anbetracht des Fehlens von assoziierendem Wasserstoff außerordentlich hoch. Sie nähern sich bei den niederen Gliedern der Reihe denen der Carbonsäuren gleicher Kohlenstoffzahl und nehmen im allgemeinen eine Mittelstellung zwischen denen der Carbonsäuren und Oxoverbindungen gleicher Kohlenstoffzahl ein. Die Schmelzpunkte sind ähnlich niedrig wie bei den Estern und Äthern und entsprechen bei den Anhydriden der höheren Carbonsäuren etwa den Schmelzpunkten der Paraffine gleicher Kettenlänge.

Tabelle 19
Physikalische Konstanten einiger Carbonsäureanhydride

Anhydrid aus	Sdp.	Smp.	D/T (flüssig)	Anhydrid aus	Smp.	D/T (flüssig)
Ameisensäure-Essigsäure	> 100° Zers.	—	—	Caprylsäure	—1°	0,901/18°
Essigsäure	139	—73°	1,082/20°	Caprinsäure	24	0,860/70
Propionsäure	169	—45	1,012/20	Laurinsäure	42	0,855/70
Buttersäure	198	—75	0,978/16	Palmitinsäure	63	0,847/70
Valeriansäure	228	—56	—	Stearinsäure	71	0,837/82
Capronsäure	243 Zers.	—41	0,924/15	Benzoesäure	43	—

In ihren **Löslichkeitseigenschaften** ähneln die Säureanhydride den Carbonsäureestern, finden jedoch infolge ihrer Unbeständigkeit keine Verwendung als Lösungsmittel, sondern allenfalls als Reaktionsmedium bei Reaktionen, an denen sie selbst beteiligt sind (vgl. I, Kap. 6, IV, 1 u. a.). Ihr Geruch ist bei den flüchtigen niederen Gliedern der Reihe ähnlich dem der Carbonsäuren und unerträglich stechend.

Die chemischen Reaktionen der Säureanhydride kann man unterteilen in: 1. die sich an der Anhydridgruppe und 2. die sich an der α-ständigen Methylengruppe abspielenden Umsetzungen:

Zu 1. Die Anhydridgruppe ist in ihrem chemischen Verhalten der Säurechloridgruppe sehr ähnlich und wirkt wie diese acylierend auf basische Verbindungen jeder Art ein:

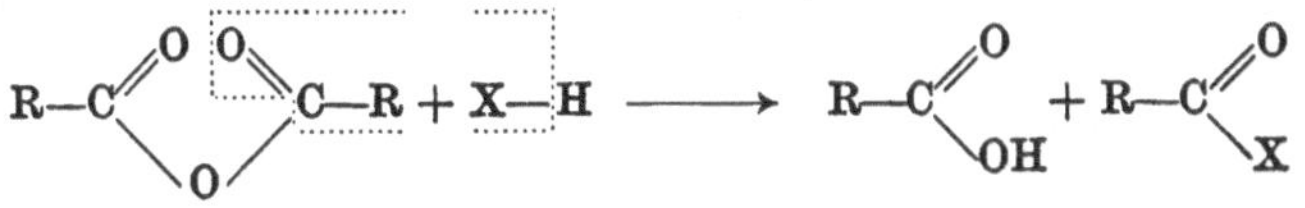

Bei dieser Reaktion zeigen die Säureanhydride eine wesentlich geringere Aktivität als die Säurechloride, so daß sie nur noch mit stark basischen Verbindungen wie Ammoniak, Alkoholat, Hydroxyl-Ion usw. spontan reagieren, während zur Acylierung von Alkoholen und zur Hydrolyse mit Wasser bereits Katalysatoren erforderlich sind.

Beispielsweise wird Essigsäureanhydrid in wäßriger Lösung nur sehr langsam hydrolysiert, so daß sein Geruch selbst nach Tagen noch zu erkennen ist, während nach Zusatz nur eines Tropfens konzentrierter Schwefelsäure nahezu explosionsartige Umsetzung erfolgt. Ebenso sind sekundäre Alkohole, wie z. B. die Kohlenhydrate, ohne Katalysatoren auch gegen kochendes Essigsäureanhydrid praktisch stabil. Sie werden jedoch in Gegenwart von Schwefelsäure, Zinkchlorid und auch basischen Katalysatoren, wie Pyridin oder Natriumacetat, unter Selbsterwärmung acetyliert. Bezüglich des Mechanismus der sauren Katalyse vgl. S. 350f.

Die Säureanhydride bieten als Acylierungsmittel gegenüber den Säurechloriden den Vorteil, daß nur eine schwache Säure in Freiheit gesetzt wird, so daß bei leicht hydrolysierbaren Verbindungen (z. B. bei Acetylierung der säurelabilen Polysaccharide) kein basisches Reagens (z. B. Pyridin) zur Bindung dieser Säure zugesetzt werden muß. Doch steht diesem Vorteil der Nachteil gegenüber, daß immer nur einer der beiden Acylreste des Anhydrids auf die zu acylierende Verbindung übertragen wird, man also stets die Hälfte der organischen Substanz verliert. Vom Essigsäure- und neuerdings auch Propionsäureanhydrid abgesehen haben die Carbonsäureanhydride daher nur eine beschränkte Anwendung gefunden.

Zu 2. Die Reaktionsfähigkeit der aktiven Methylengruppe der Säureanhydride ist etwas größer als die der Ester, so daß sich die Anhydride ohne Schwierigkeiten chlorieren, nitrieren und sulfonieren lassen. Da die hierbei entstehenden Reaktionsprodukte ähnlich leicht wie die entsprechenden Oxoverbindungen (S. 256) eine hydrolytische Abspaltung der substituierten Methylen- (bzw. Methyl-) gruppe erleiden, kann man auch vom Essigsäureanhydrid ausgehend zu den polysubstituierten Methanen gelangen (vgl. I, Kap. 6, IV, 1 u. Kap. 7, II, 1):

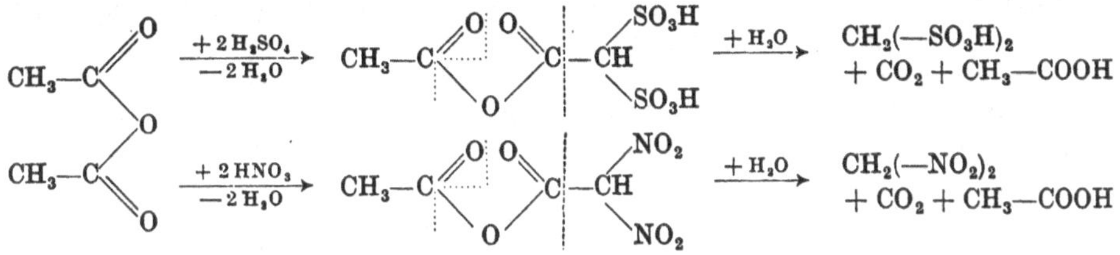

Infolge der leichten Sulfonierbarkeit der Säureanhydride wird die Schwefelsäure bei ihrer Verwendung als Katalysator für Acetylierungsreaktionen leicht unter Bildung der bedeutend schwächer katalytisch wirkenden Sulfoessigsäure (bzw. ihres Anhydrids: CH_3—CO—O—OC—CH_2—SO_3H) verbraucht (Gleichung formulieren!). Man kann daher derartige Acylierungen nur bei Temperaturen unter 50° durchführen.

Weiterhin ist die aktive Methylengruppe der Säureanhydride zu **Kondensationsreaktionen** befähigt, die allerdings wegen der acylierenden Wirkung des Anhydrids nicht mehr in alkoholat-alkalischem Medium, sondern nur noch mit Natriumacetat oder tertiären Aminen als Kondensationsmittel durchgeführt werden können. Das wichtigste hierher gehörende Verfahren ist die PERKINsche Zimtsäuresynthese (S. 388).

δ) Die Carbonsäurederivate des Hydroperoxyds

Als eine spezielle Gruppe der gemischten Anhydride mit anorganischen Säuren kann man die Peroxyderivate der Carbonsäuren ansehen, von denen zwei Reihen von Verbindungen bekannt sind: 1. die durch einseitige Acylierung des Hydroperoxyds entstehenden *Percarbonsäuren* (R—CO—O—O—H) und 2. die beiderseits substituierten *Diacylperoxyde* (R—CO—O—O—OC—R).

Zu 1. Den **Percarbonsäuren**[1]) sind wir bereits bei der Autoxydation der Aldehyde (S. 253) begegnet, bei der sie als erstes Einwirkungsprodukt des elementaren Sauerstoffs entstehen. Zu ihrer präparativen Darstellung geht man meistens von den Diacylperoxyden aus, die auf Natriumalkoholat als Acylierungsmittel einwirken und einen Acylrest abspalten:

Die Percarbonsäuren stellen eine den Carbonsäuren ähnliche, in Wasser leicht lösliche Klasse von Verbindungen dar, die wie die meisten organischen Derivate des Hydroperoxyds sehr unbeständig, z. T. sogar explosiv sind. Ihre Acidität ist, obgleich sie sich von dem gegenüber Wasser stärker sauren Hydroperoxyd ableiten, wesentlich geringer als die der Carbonsäuren, weil sich der Hydroxylsauerstoff hier nicht an der in **II**, Kap. 3, III, 2 beschriebenen Mesomerie der Carboxylgruppe beteiligen kann. In der Praxis dienen die Percarbonsäuren insbesondere als Oxydationsmittel, die zu einer Reihe von speziellen Oxydationsreaktionen, z. B. zur Herstellung von Olefinoxyden befähigt sind (S. 93, 444).

Zu 2. Die in Wasser schwer löslichen, esterartigen **Diacylperoxyde** (häufig auch einfach als *Acylperoxyde* bezeichnet) entstehen bei der Acylierung von Hydroperoxyd mit Säurechloriden in alkalischem Medium:

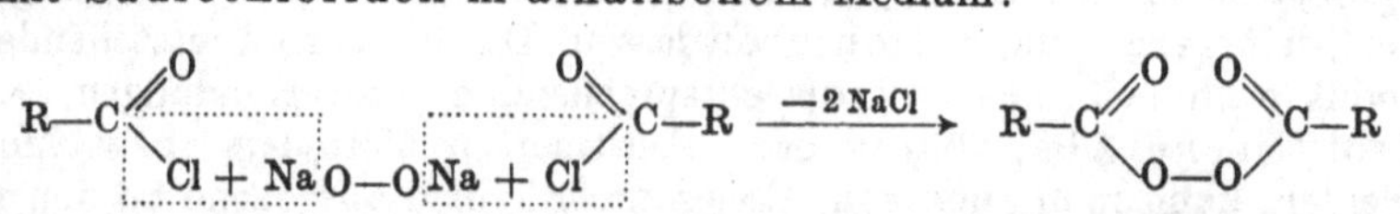

Sie sind wesentlich stabiler als die einfachen Per-säuren. Insbesondere ist bei den Derivaten der höher molekularen Säuren die Explosionsneigung stark (wenn auch nicht vollständig) zurückgegangen, so daß sie zu den am leichtesten zu handhabenden organischen Peroxyverbindungen gehören. Sie haben daher eine vielseitige präparative und technische Anwendung gefunden. Vor allem wird technisch ihre starke Neigung zum Zerfall in zwei freie Sauerstoff-Radikale[2]):

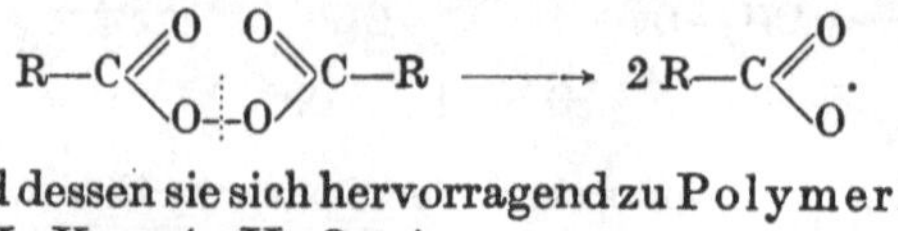

ausgewertet, auf Grund dessen sie sich hervorragend zu Polymerisationsbeschleunigern eignen (vgl. **II**, Kap. 4, II, 3aγ).

[1]) Zusammenfassung: D. SWERN: Chem. Rev. **45**, 1 (1949).
[2]) Zusammenfassung: J. E. LEFFLER: Chem. Rev. **45**, 385 (1949).

ε) Die Orthocarbonsäureester

Die wichtigsten *Orthocarbonsäurederivate* sind die Ester $R'-C(O-R)_3$, die sich von den normalen Estern durch „Acetalisierung“ der Carbonylgruppe ableiten. Sie kommen wegen ihrer leichten Hydrolysierbarkeit nicht natürlich vor und sind reine Kunstprodukte. Ihre **Darstellung** geschieht nach vier verschiedenen Verfahren, die sämtlich den entsprechenden Acetalbildungsreaktionen analog verlaufen:

1. durch **„Acetalisierung“ der Estercarbonylgruppe** (Gleichung formulieren!). Sie ist direkt nicht möglich, da das Reaktionsgleichgewicht in noch viel stärkerem Maße als bei der Ketalisierung (S. 290) zugunsten der Hydrolysenprodukte verschoben ist. Erst wenn man den Carbonylsauerstoff durch die leichter zu substituierende Imidogruppe (=NH) ersetzt, geht auf einem der Acetalisierung analogen Wege die Bildung der Orthocarbonsäureester vonstatten. Sie wird praktisch meistens durch Umsetzung der aus Nitrilen, Alkohol und Chlorwasserstoff gebildeten salzsauren Iminoäther (S. 367) mit zwei weiteren Alkoholmolekülen vorgenommen und führt, wenn man in dieser zweiten Reaktionsphase einen anderen Alkohol verwendet als zur Darstellung des Imidoäthers, zu den gemischten Orthocarbonsäureestern:

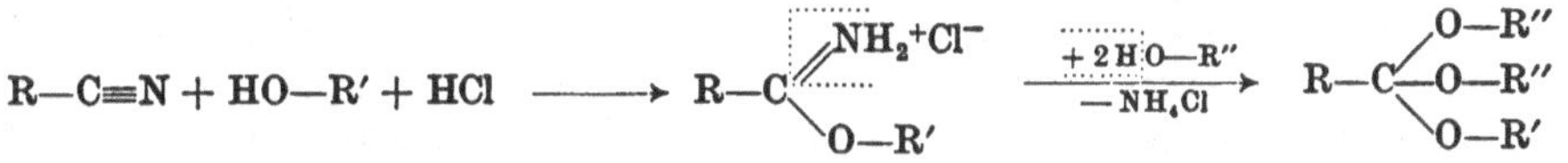

Nitril Salzsaurer Iminoäther

Als Katalysator genügt bereits die bei der Alkoholyse des salzsauren Iminoäthers in Spuren in Freiheit gesetzte Salzsäure.

2. durch **Umesterung**, die ausschließlich im Sinne einer Verdrängung der alkoholischen Komponente durch einen anderen Alkohol Anwendung findet:

Die Reaktion wird ebenfalls durch geringe Mengen von Mineralsäuren oder Zinkchlorid katalysiert und dient im Gegensatz zur Umesterung der normalen Ester (S. 343) auch zur Synthese der Orthoester höherer Alkohole, da infolge deren Molekülgröße der in Freiheit gesetzte niedere Alkohol wieder den tiefsten Siedepunkt aller Reaktionsteilnehmer aufweist und infolgedessen leicht abgetrennt werden kann.

Geht man bei dieser Reaktion von den Ortho-thiocarbonsäureestern (Ersatz von O—R′ durch S—R′ in obiger Formel) aus, so kann man aus diesen die niedrig siedenden Mercaptane auch mit Hilfe der niederen Alkohole verdrängen, so daß sich zusammen mit der auf S. 373 beschriebenen Synthese der Ortho-thiocarbonsäureester aus normalen Estern und Mercaptanen die nunmehr wohl einfachste Orthocarbonsäureestersynthese ergibt[1]).

3. durch die bereits beschriebene Umsetzung der **gem-Trihalogenverbindungen mit Natriumalkoholat** (S. 167).

---

[1]) W. E. Mochel u. Mitarbb.: Am. Soc. **70**, 2268 (1948).

4. durch **Synthese der Orthocarbonsäureestergruppe** aus Orthokohlensäureestern (S. 409) und metallorganischen Verbindungen:

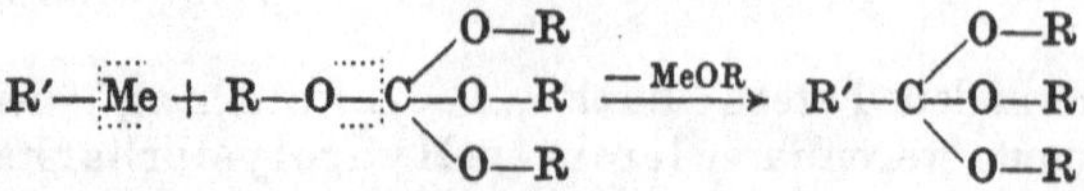

Die Orthocarbonsäureester sind den normalen Estern und Acetalen sehr ähnliche, angenehm riechende Flüssigkeiten. **Ihr chemisches Verhalten** ist einerseits durch das Fehlen der Carbonylgruppe, andererseits durch die Häufung der Alkoxygruppen an einem C-Atom bedingt. Infolge des Fehlens der Carbonylgruppe gehören sie zu den wenigen alkalibeständigen Säurederivaten. Doch ist diese Stabilität gegen basische Reagenzien nicht absolut, und man kann sie z. B. mit Ammoniak zu den Amidinen (S. 368) oder auch mit metallorganischen Verbindungen zu Acetalen (S. 246, 273) umsetzen:

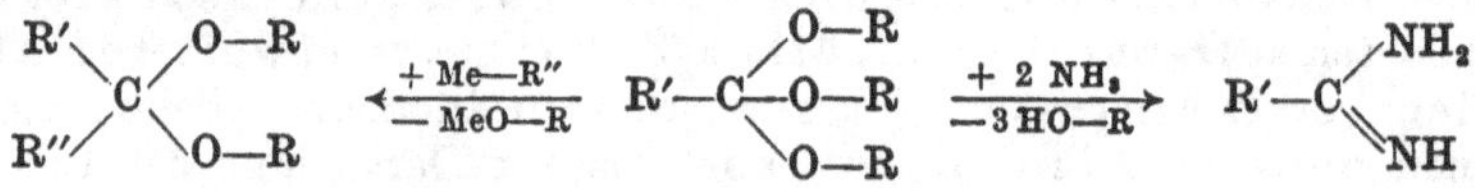

Amidin

Die Häufung der Alkoxylgruppen an einem C-Atom führt zu einer gegenüber den Acetalen nochmals gesteigerten Hydrolysierbarkeit durch Säuren. Sie erfolgt hier bereits durch Spuren von Mineralsäuren mit nahezu unmeßbar großer Geschwindigkeit (k_{25° für 1 n Salzsäure und Minuten als Zeiteinheit $\approx 10^6$), führt jedoch zunächst nur zu den in erster Näherung säurestabilen normalen Estern, die, wie wir gesehen haben (S. 343), erst unter viel schärferen Reaktionsbedingungen weiter gespalten werden. Die totale Hydrolyse der Orthocarbonsäureester ist also eine Zweistufenreaktion:

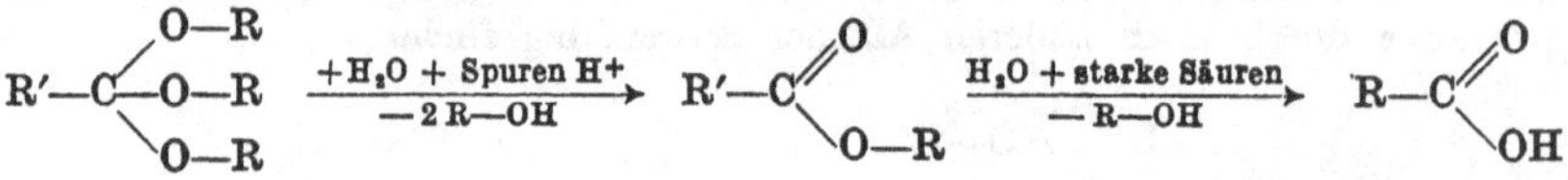

Die gegenüber den Acetalen gesteigerte Spaltungsneigung kommt auch in der bereits beschriebenen Eignung der Orthocarbonsäureester zu Acetalisierungsmitteln zum Ausdruck (S. 290). Diese Reaktion stellt gleichzeitig ihr wichtigstes Anwendungsgebiet dar.

Trotz ihrer großen Säureempfindlichkeit vermögen sich die Orthocarbonsäureester nicht mit trockenem Chlorwasserstoff zu Verbindungen des Typus I, in denen ein Teil der OR-Gruppen durch Chloratome ersetzt ist, oder gar zu geminalen Trichlorparaffinen umzusetzen. Man erhält statt dessen schon in der Kälte ein Gemisch des normalen Carbonsäureesters mit je einem Mol des aus den abgespaltenen OR-Gruppen entstandenen Alkohols und Alkylchlorids. Die Reaktion ist am besten über das partielle Chlorierungsprodukt I zu erklären, das wegen der relativ großen Bildungstendenz des normalen Esters sofort ein Mol Alkylchlorid abspaltet:

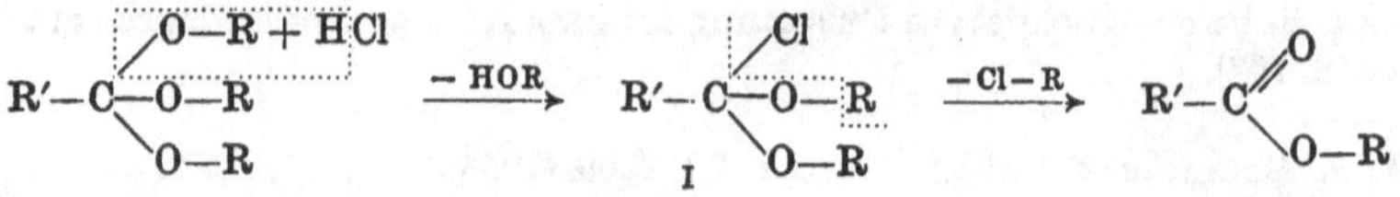

I

ζ) Die Oxoniumsalze der Carbonsäurereihe

Ähnlich wie die Alkohole zeigen auch die Carbonsäuren auf Grund der einsamen Elektronenpaare ihrer O-Atome eine gewisse Basizität, die in ihrer Tendenz, mit starken Säuren Oxoniumsalze zu bilden, zum Ausdruck kommt. So leitet z. B. eine Lösung von konzentrierter Schwefelsäure in Eisessig den elektrischen Strom, was nach BRÖNSTEDT auf die Bildung von „Acidium-Ionen" zurückzuführen ist, die als *Säurederivate* vom *Amidtypus* zwischen den folgenden beiden Formeln tautomer sind:

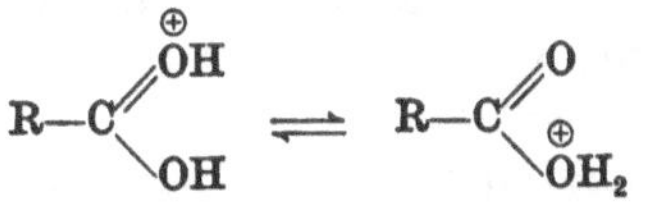

Diese wasserstoffhaltigen Acidiumsalze, die mit den Anionen komplexer Halogenosäuren auch in Substanz dargestellt werden können[1]), werden nach den jeweiligen Anionen der Carbonsäuren benannt (z. B. *Acet-acidiumsalze*). Sie sind bisher ohne praktische Bedeutung geblieben.

Interessanter sind ihre **Carboxoniumsalze** genannten Wasserabspaltungsprodukte, in denen alle drei Valenzen des Oniumsauerstoffs an den Carboxylkohlenstoff gebunden sind:

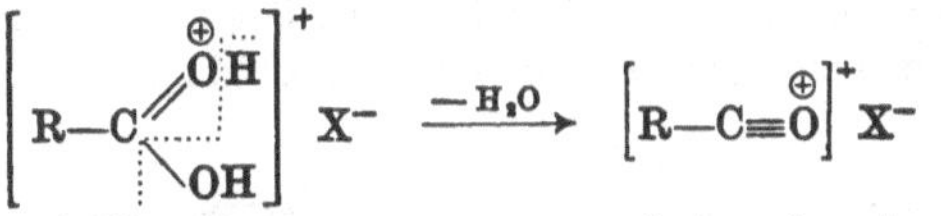

Acidiumsalz Carboxoniumsalz

Der Existenzbereich derartiger Carboxoniumsalze ist allerdings sehr eingeschränkt, denn sie stellen, wie eine nähere Betrachtung zeigt, ihrer ganzen Natur nach die Dissoziationsprodukte der normalen Carbonsäurederivate R—CO—X dar, deren primär entstehende Carbeniumkationen (I) sich sofort durch eine mesomere Elektronenverschiebung zu den wesentlich energieärmeren Carboxonium-Ionen (II) stabilisieren:

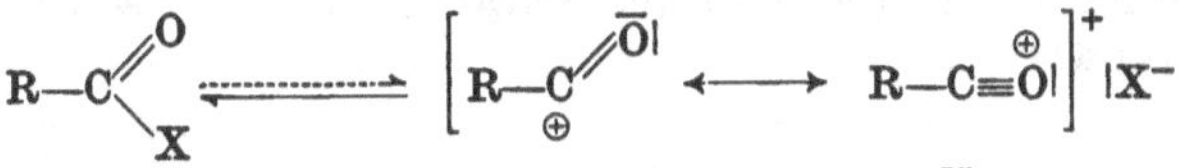

I II

Man muß daher aus der Tatsache, daß selbst die Carbonsäureanhydride, -chloride und sonstigen Derivate starker Säuren keine erkennbare Tendenz zur Dissoziation in Ionen zeigen, schließen, daß das „Dissoziationsgleichgewicht" der meisten Säurederivate vollständig zugunsten der nicht dissoziierten Verbindungen verschoben ist. M. a. W., die Tendenz des Carboxonium-Ions zur Anlagerung basischer Reagenzien an die äußerst aktive $-\mathrm{C}\equiv\overset{\oplus}{\mathrm{O}}$-Dreifachbindung ist so groß, daß auch die nur sehr schwach basischen Anionen der starken Mineralsäuren noch vollständig angelagert werden.

Auch hier können sich infolgedessen erst die Anionen der noch stärkeren komplexen Halogenosäuren, die keinerlei Basizität und damit auch keinerlei Tendenz zur Bildung nicht dissoziierter Derivate mehr aufweisen, wie z. B. das Fluorborat-Ion, nicht mehr an das Carboxonium-Ion anlagern und stabile Carboxoniumsalze bilden. So kann man z. B. nach F. Seel[2]) das Acetyl-fluor-

---

[1]) F. KLAGES u. E. ZANGE: Angew. Chem. **68**, 704 (1956).

[2]) F. SEEL: Z. anorg. allg. Chem. **250**, 331 (1942).

borat durch Umsetzung von Acetylfluorid und Borfluorid gewinnen, wobei das letztere dem Acetylfluorid das Fluor mit seinem Bindungselektronenpaar (d. h. als Fluor-Ion) unter Bildung beider Salz-Ionen entreißt:

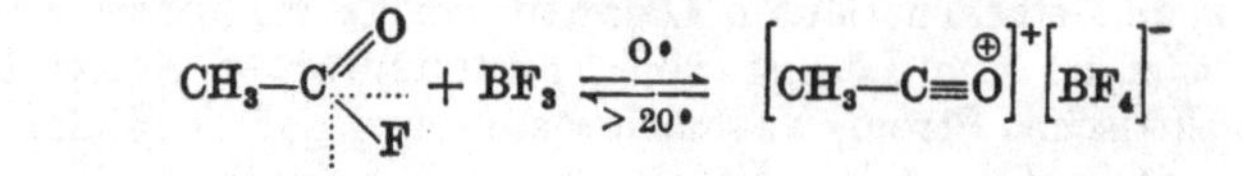

Die Reaktion ist trotz der großen Bildungstendenz des Fluoborat-Ions ein reversibler Vorgang, der bei Atmosphärendruck nur unterhalb 0° in der gewünschten Richtung verläuft, während oberhalb + 20° bereits der rückwärtige Zerfall in die Komponenten überwiegt.

Die Carboxoniumsalze sind danach ziemlich unbeständige und zersetzliche Verbindungen. Ihre Salznatur gibt sich in der starken Leitfähigkeitserhöhung ihrer Schwefeldioxydlösungen sowie auch in einigen Ionenreaktionen zu erkennen. Doch ist deren Zahl infolge der Unbeständigkeit der Carboxonium-Ionen gegenüber den meisten Anionen ebenfalls sehr beschränkt, und man beobachtet im allgemeinen beim Zugeben eines anderen Salzes die in Umkehrung der oben angeführten Dissoziationsreaktion erfolgende Assoziation der Carboxonium-Ionen mit den Anionen des hinzugefügten Salzes, d. h. eine Acylierung dieses Anions zum Säurederivat R—CO—X. So erhält man z. B. beim Zusatz von Kaliumchlorid zur Schwefeldioxydlösung des Acetylfluoborates sofort das nicht dissoziierte Acetylchlorid und Kaliumfluoborat:

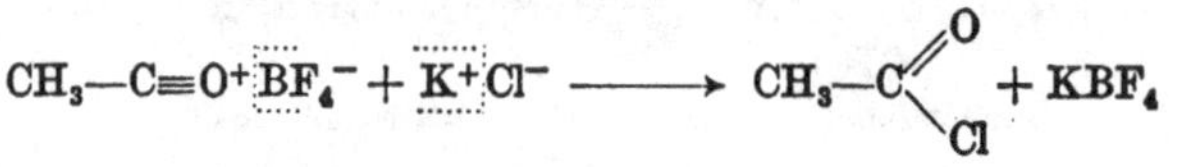

Die Carboxoniumsalze sind infolge dieser Anlagerungsneigung der $C\equiv\overset{\oplus}{O}$-Dreifachbindung die stärksten Acylierungsmittel, die wir kennen. Sie reagieren außer mit den genannten Anionen auch mit einer Reihe von Neutralverbindungen, wie z. B. Wasser, Ammoniak, Essigsäure usw., spontan unter Bildung der betreffenden Säurederivate (Gleichungen formulieren!), und selbst Äther werden acylierend gespalten:

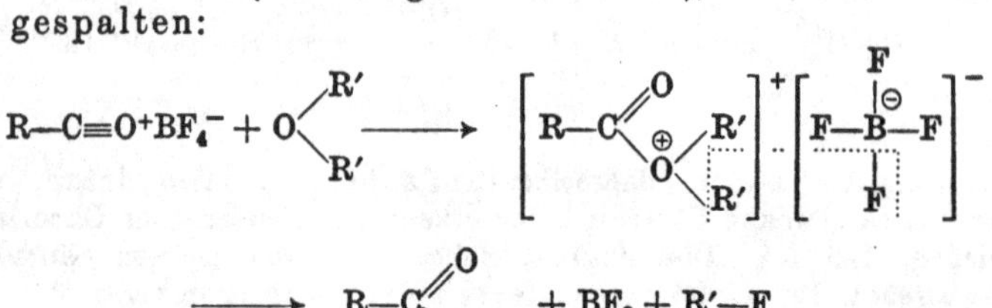

Das praktisch wichtigste Anwendungsgebiet der Carboxoniumsalze stellt die ebenfalls im Sinne einer Acylierungsreaktion verlaufende FRIEDEL-CRAFTSsche Synthese aromatischer Ketone (S. 282) dar, bei der man ihre intermediäre Bildung aus dem Säurechlorid und Aluminiumchlorid annehmen muß:

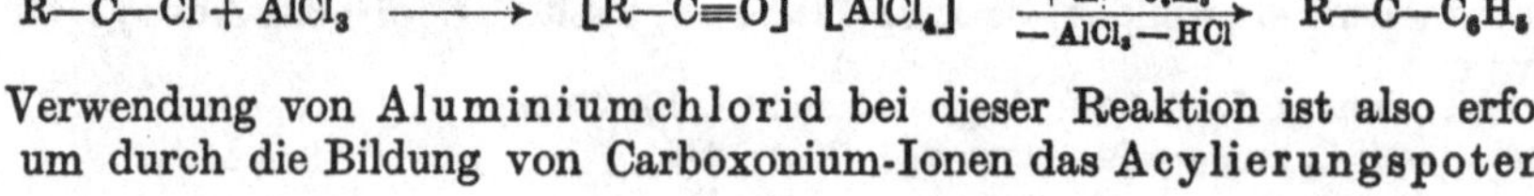

Die Verwendung von Aluminiumchlorid bei dieser Reaktion ist also erforderlich, um durch die Bildung von Carboxonium-Ionen das Acylierungspotential der Carbonsäurechloride derart zu *steigern*, daß auch der *reaktionsträge Benzolkern* angegriffen wird.

Eine andere Reaktion, bei der die intermediäre Bildung derartiger Carboxoniumsalze vielleicht eine Rolle spielt, ist die oben beschriebene *Kohlenoxydspaltung der Carbonsäuren*. Es ist gut denkbar, daß hier in dem *stark sauren* und *wasserabspaltend wirkenden* Reaktionsmedium (konzentrierte Schwefelsäure) zunächst die *Carboxoniumsalze* entstehen, die das Kohlenoxydmolekül bereits *vorgebildet* enthalten und daher seine Abspaltung verständlich erscheinen lassen, wie im folgenden am Beispiel der Zersetzung einer *Hydroxycarbonsäure* gezeigt sei:

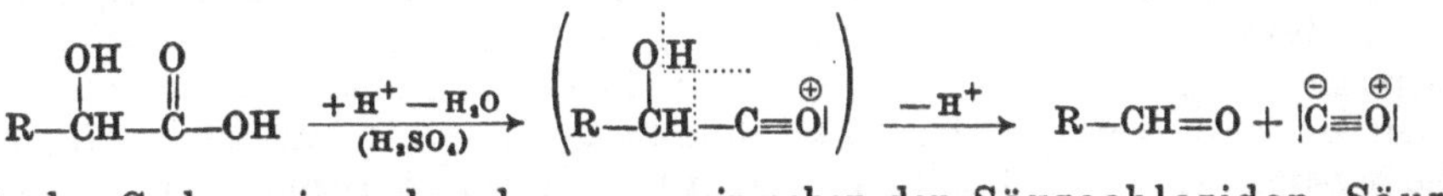

In den Carboxoniumsalzen begegnen wir neben den *Säurechloriden*, *Säureanhydriden* und *Carbonsäureestern* bereits der vierten Gruppe von Verbindungen, die als *Acylierungsmittel* Verwendung finden. Ein Vergleich der Acylierungstendenz dieser verschiedenen Säurederivate zeigt, daß die **Acylierungsreaktion**, abgesehen von dem *Mechanismus* des Reaktionsverlaufes, in mancher Beziehung mit der *Alkylierungsreaktion* (S. 157f.) und damit ebenfalls mit der *Säuren-Basen-Beziehung* verglichen werden kann. Insbesondere hängt die Tendenz zur Abspaltung eines *Protons* (Acidität), eines *Alkylrestes* (Alkylierungstendenz) und eines *Acylrestes* (Acylierungstendenz) in annähernd *gleicher Weise* von der Natur des mit diesen Atomgruppen verbundenen *negativen Restes* X ab, und wir können daher die meisten der auf S. 205 für die Alkylierungsreaktion aufgestellten Regeln auch auf die *Acylierungsreaktion* übertragen:

a) Die *Acylierungstendenz* des Acylierungsmittels R—CO—X läuft in erster Näherung der *Acidität der Säure* H—X parallel. Dementsprechend stufen sich die gebräuchlichen Acylierungsmittel hinsichtlich ihrer Wirksamkeit etwa folgendermaßen ab:

Carboxonium-Ion (d. h. Säurechlorid + $AlCl_3$) > Säurechlorid > Säureanhydrid > Säureester > Säureamid > Carboxylat-Ion

b) Die *Acylierungstendenz* der verschiedenen Acylierungsmittel kann man in ähnlicher Weise durch *Komplexbildung mit starken Säuren oder Metallhalogeniden* steigern wie die Alkylierungstendenz der Alkylierungsmittel, weil sich die mit dem Acylrest verbundene negative Gruppe X in diesen Komplexen von einer *stärkeren Säure* ableitet als im *ursprünglichen Säurederivat*. Im einzelnen ist die katalytische Wirkung bei den verschiedenen Acylierungsmitteln auf die Bildung etwa der *folgenden Komplexe* zurückzuführen:

Acylierungsmittel	zugehörige Säure H—X	Komplexbildner	acylierend wirkender Komplex	zugehörige komplexe Säure
R—CO—Cl	H—Cl	$AlCl_3$	$[R—CO]^+[AlCl_4]^-$	$H^+[AlCl_4]^-$
R—CO—O—CO—R	H—O—CO—R	H_2SO_4	H |⊕ R—CO—O—CO—R	⊕ H_2O—CO—R
R—CO—O—CO—R	H—O—CO—R	$ZnCl_2$	$ZnCl_2$ ↑ R—CO—O—CO—R	$ZnCl_2$ ↑ H—O—CO—R
R—CO—O—R	H—O—R	BF_3	BF_3 ↑ R—CO—O—R	BF_3 ↑ HO—R
R—CO—NH_2	H—NH_2	HCl	R—CO—NH_3^+	NH_4^+

c) Die Übertragung des Acylrestes kann ebenfalls nur auf basische Verbindungen, die ein einsames Elektronenpaar besitzen, erfolgen und geht um so leichter vor sich, je stärker basisch die zu acylierende Substanz ist. Man wählt daher wie bei der Alkylierung als Reaktionspartner nach Möglichkeit nicht die zu substituierende Wasserstoffverbindung, sondern deren Metallsalze, d. h. deren stärker basisches Anion.

d) Die stickstoffhaltigen Carbonsäurederivate

Die Gruppe der Stickstoffderivate der Carbonsäuren ist die bei weitem reichhaltigste, weil einerseits sowohl eines als auch alle beide Sauerstoffatome der Carboxylgruppe durch ein oder mehrere N-Atome ersetzt werden können, andererseits sich wie in der Oxoreihe von den verschiedenen Ammoniakderivaten sekundär weitere Derivate ableiten, in denen der am Stickstoff befindliche Wasserstoff ebenfalls substituiert ist. Doch überragen hier im Gegensatz zur Oxoreihe die Ammoniakderivate die Derivate aller anderen Stickstoffverbindungen bei weitem an Bedeutung.

α) Die Carbonsäureamide

Unter *Carbonsäureamiden* versteht man in Analogie zu den anorganischen Säureamiden alle Verbindungen, in denen die Hydroxylgruppe der Carbonsäuren durch die NH_2-Gruppe oder substituierte NH_2-Gruppen ersetzt ist, also außer den *Säureamide* schlechthin genannten einfachen Ammoniakderivaten auch die als *Mono-* oder *Dialkyl-* (bzw. *Aryl-)amide* bezeichneten, am Stickstoff alkylierten (bzw. arylierten) Säureamide, sowie diejenige Verbindungen, die mehrere Acylreste am gleichen N-Atom enthalten und *sekundäre* oder *tertiäre Säureamide* genannt werden:

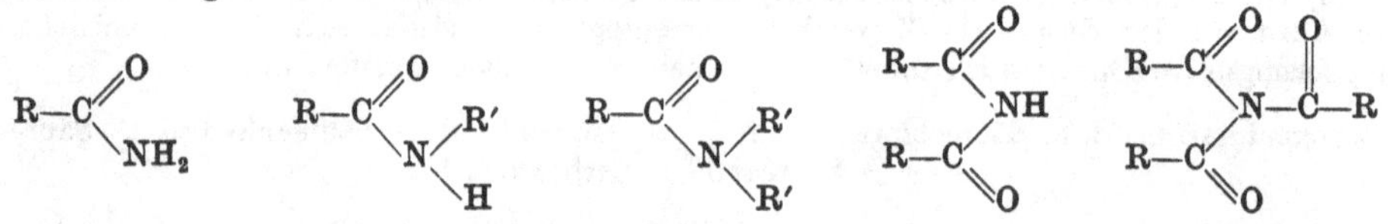

primäres Säureamid — Monoalkyl-säureamid — Dialkyl-säureamid — sekundäres Säureamid — tertiäres Säureamid

Vorkommen. Die nicht substituierten *Amide* einfacher Carbonsäuren kommen nicht natürlich vor. Doch begegnet man der Säureamidgruppierung ziemlich häufig in der belebten Natur, und zwar sowohl in der Form der Amidierungsprodukte komplizierter Säuren mit Ammoniak (R—CO—NH_2) als auch in Form der Acylierungsprodukte komplizierter Amine mit einfachen Carbonsäuren, insbesondere mit Essigsäure (R—NH—CO—CH_3). Noch wichtiger ist die amidartige Verknüpfung von α-Aminocarbonsäuren zu hochmolekularen Verbindungen, die wir später als das charakteristische Aufbauprinzip der Eiweißstoffe (III, Kap. 7, I, 1a) kennenlernen werden.

Die Darstellung der Säureamide geschieht nach zwei verschiedenen Methoden: 1. durch Acylierung von Ammoniak oder Aminen und 2. durch Anlagerung von Wasser oder ähnlichen Hydroxylverbindungen an Nitrile. Ihnen schließt sich als spezielle Bildungsweise für Monoalkylsäureamide 3. die oben beschriebene Beckmannsche Umlagerung (S. 303) der Ketoxime an.

Zu 1. Die Acylierung des Ammoniaks und der Amine geht bei deren basischer Natur sehr leicht vor sich und kann außer mit den typischen Acylierungsmitteln

(*Säurechloriden, Säureanhydriden* und *Ketenen*) auch mit den Estern und sogar mit den freien Carbonsäuren durchgeführt werden. Im einzelnen ist zu diesen Methoden zu bemerken:

Die Acylierung mit Säurechloriden und -anhydriden erfordert zur Bindung der als weiteres Reaktionsprodukt entstehenden freien Säure ein zweites Mol Ammoniak bzw. Amin:

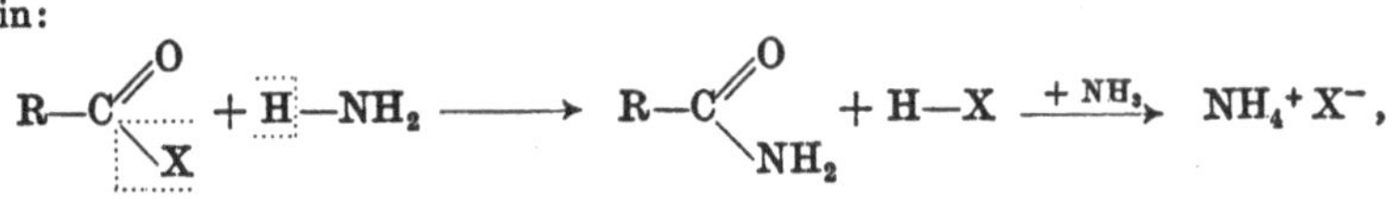

so daß man, um bei wertvollen Aminen eine vollständige Acylierung zu erreichen, dem Ansatz zuweilen basische Substanzen (Alkali- oder Erdalkalimetallhydroxyde, -alkoholate, -carbonate und selbst -acetate) zufügt, die die an die Säure gebundenen Amine wieder in Freiheit setzen. Dies ist natürlich bei Verwendung von Ketenen und Carbonsäureestern als Acylierungsmittel (Gleichungen formulieren!), die beide mit dem basischen Ammoniak spontan reagieren, nicht mehr erforderlich. Doch geht in letzterem Falle die Reaktion bereits erheblich langsamer vor sich. Die Acylierung von Ammoniak oder Aminen mit Carbonsäureestern dient gleichzeitig als präparative Methode zur Esterspaltung (S. 344).

Wesentlich schwieriger gestaltet sich dagegen die Säureamidbildung durch direkte Wasserabspaltung aus Carbonsäuren und Ammoniak (bzw. Aminen), d. h. bei Verwendung der Carbonsäuren selbst als Acylierungsmittel, da hier das Proton viel schneller von der Säure zum Aminstickstoff unter Bildung der Salze wandert als der relativ schwerbewegliche Acylrest. Die Bildung der Säureamide ist daher lediglich bei Temperaturen oberhalb 100° möglich, bei denen das Salz z. T. bereits wieder in die neutralen Verbindungen zerfällt, so daß dauernd Säure- und Ammoniakmoleküle nebeneinander im Gleichgewichtsgemisch vorkommen, und nun neben dem wechselseitigen Protonenaustausch von Zeit zu Zeit auch einmal ein Acylrest von der Carbonsäure zum Amin übertreten kann. Da diese Acylwanderung unter den Reaktionsbedingungen irreversibel verläuft, läßt sich trotz ihres prozentual nur geringen Anteils bei längerem Erhitzen das gesamte carbonsaure Ammoniumsalz unter Abdestillation des gebildeten Wassers in das Säureamid überführen:

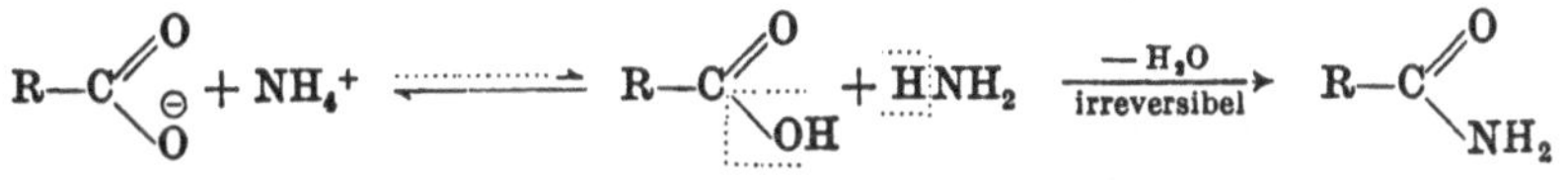

Zu 2. Die Wasseranlagerung an Nitrile, die zuweilen auch als eine „partielle Hydrolyse" bezeichnet wird, weil zwei von den drei Kohlenstoff-Stickstoff-Bindungen der Nitrilgruppe „hydrolytisch aufgespalten" werden, führt primär stets zu den Säureimiden, die sich dann als Verbindungen vom Säureamidtypus in die tautomeren Säureamide umlagern:

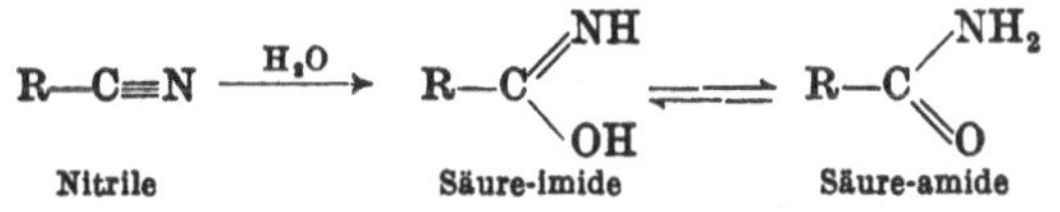

Die Reaktion wird sowohl durch Säuren als auch durch Alkalien katalysiert (vgl. S. 363f.), muß aber sehr vorsichtig durchgeführt werden, damit die Stufe der Säureamide nicht überschritten wird und unter vollständiger Hydrolyse die carbonsauren Amoniumsalze entstehen (Gleichung formulieren!).

Lagert man statt Wasser andere polare Verbindungen an die Nitrilgruppe an, so werden im allgemeinen die unter γ) beschriebenen Säureimidderivate gebildet. Lediglich in den bei der Addition von Carbonsäuren oder von Carbonsäureanhydriden entstehenden säureanhydridartigen Produkten I und II ist der am Sauerstoff befindliche Acylrest so reaktionsfähig, daß er sofort unter Bildung der sekundären und tertiären Säureamide, für die diese Reaktion gleichzeitig die wichtigste Darstellungsweise ist, an den basischen Stickstoff wandert (innermolekulare Acylierung):

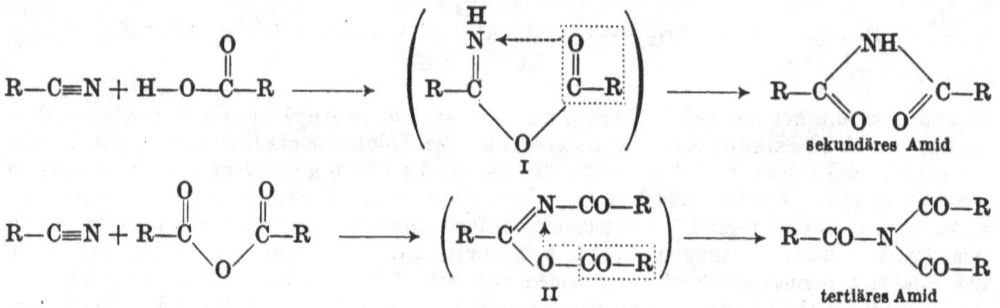

Eigenschaften. Die Säureamidgruppe weist außerordentlich starke Assoziationskräfte auf und zeigt die stärkste siede- und auch schmelzpunktserhöhende Wirkung aller nicht ionisierten organischen Funktionen überhaupt. Infolgedessen sieden sämtliche Säureamide oberhalb 200° und sind mit Ausnahme des Anfangsgliedes der Reihe bei normaler Temperatur fest. Da weiterhin die Assoziationskräfte durch die Paraffinreste stark abgeschwächt werden, beobachten wir beim Übergang vom Acetamid zum Propionamid erstmals sogar eine Siedepunktssenkung bei steigender Molekülgröße, so daß die Aufstellung bestimmter Siede- und Schmelzpunktsregeln nicht möglich ist.

Tabelle 20

Physikalische Konstanten einiger Säureamide

Name	Sdp.	Smp.	D/T	Name	Sdp.	Smp.	D/T
Formamid	220°	2,2°	1,128/25° fl.	Capronamid	—	101°	0,999 fest
Acetamid	221	82	1,159 fest	Önanthamid	255°	96	0,849/112° fl.
Propionamid	213	79	1,042 „	Benzamid	—	128	1,341
Butyramid	216	116	1,032 „				
Valeramid	—	106	1,023 „				

Die **Löslichkeitseigenschaften** der Säureamide weichen insofern etwas von denen der Carbonsäuren ab, als die an sich ebenfalls hydrophilen Carbonamidgruppen ihre Assoziationskräfte nicht paarweise unter Bildung von Doppelmolekülen absättigen können (II, Kap. 6, II, 1). Die Säureamide sind infolgedessen zwar ähnlich wasserlöslich[1]) wie die Carbonsäuren, jedoch als erste Verbindungsklasse, die wir kennenlernen, ausgesprochen lipophob, so daß man die niederen Glieder der Reihe nur noch in Alkoholen und Pyridin, nicht aber mehr in den typisch organischen Lösungsmitteln (Äther, Chloroform, Kohlenwasserstoffen) auflösen kann.

In ihrem **chemischen Verhalten** zeichnen sich die Säureamide gegenüber den Carbonsäuren, Estern und Anhydriden insbesondere durch eine nochmalige we-

[1]) Die Mischbarkeit mit Wasser bei normaler Temperatur fällt hier allerdings infolge des hohen Schmelzpunktes fort, da nur flüssige Phasen gegenseitig unbegrenzt löslich sein können.

sentliche Schwächung der Aktivität der Carbonylgruppe aus. Trotzdem zeigen sie infolge der Reaktionsfähigkeit der NH_2-Gruppe eine ganze Reihe von z. T. neuartigen Reaktionen, die man folgendermaßen unterteilen kann: 1. die Reaktionen des Amidwasserstoffs, 2. die Spaltungsreaktionen, 3. die Wasserabspaltung zu Nitrilen (Näheres vgl. S. 362), 4. die Reaktionen der Carbonylgruppe und 5. sonstige sich ausschließlich am Stickstoff abspielende Reaktionen.

Zu 1. Die wichtigste **Reaktion des Amidwasserstoffs** ist die durch ihn bedingte Tautomerie der Säureamide und -imide, durch die beide Substanzklassen als Prototyp der Derivate vom Säureamidtypus zu einer Verbindungsgruppe verschmelzen:

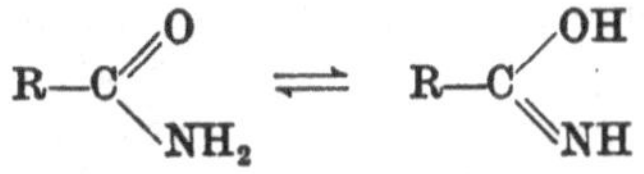

Säureamid Säureimid

Das Tautomeriegleichgewicht ist aus den in **II**, Kap. 5, II, 2 (ab 3. Aufl.) diskutierten Gründen fast vollständig zugunsten der Säureamidform verschoben.

Ferner besitzt der Amidwasserstoff eine gewisse Acidität, die auf die aciditätssteigernde Wirkung der Acylgruppe auf die H-Atome des Ammoniaks zurückzuführen ist und etwa die Acidität des Wassers erreicht (ähnlich wie auch die Acidität des Wassers durch Einführung der Acylgruppe auf die der Carbonsäuren erhöht wird). Umgekehrt wird durch die gleiche Wirkung der Acylgruppe die Basizität der NH_2-Gruppe herabgesetzt, und zwar ebenfalls etwa auf die Stufe des Wassers. Die Säureamide sind infolgedessen gegenüber Wasser nahezu neutral reagierende amphotere Substanzen, die sowohl mit starken Säuren als auch mit starken Basen leicht hydrolysierende Salze (etwa in der Art der Alkoholate) bilden.

Lediglich einige Schwermetallsalze, insbesondere die Quecksilbersalze, sind bei der großen Neigung der Schwermetalle zur Bildung stabiler Me—N-Bindungen gegen Wasser beständig und fallen unlöslich aus.

Zu 2. Die Hydrolyse und sonstige **solvolytische Spaltungsreaktionen** verlaufen auch bei den Säureamiden über eine intermediäre Anlagerung des spaltenden Agens an die Carbonyldoppelbindung:

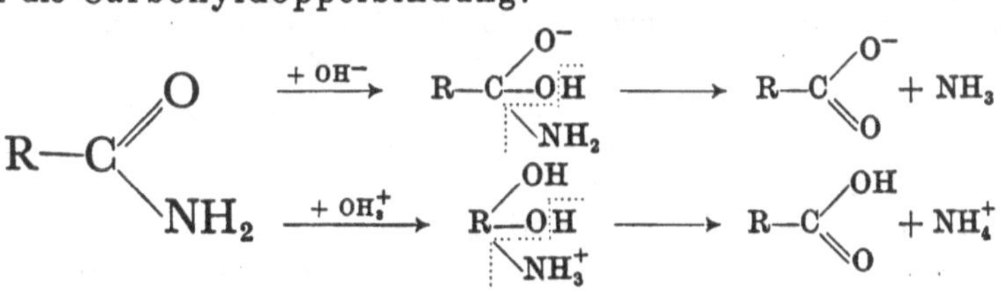

Sie gehören daher ebenfalls zu den Acylierungsreaktionen (S. 355), lassen sich aber infolge der erwähnten Reaktionsträgheit der Carbonylgruppe ohne Aktivierung nur schwierig durchführen, so daß z. B. Acetamid auch bei längerem Kochen mit Wasser nur in Spuren verseift wird.

Als Spaltungsmittel verwendet man sowohl starke Alkalien als auch starke Säuren, die sich beide an der Reaktion beteiligen (erstere bilden mit den in Freiheit gesetzten Säuren, letztere mit dem in Freiheit gesetzten Ammoniak Salze) und daher das Reaktionsgleichgewicht in dem gewünschten Sinne verschieben. Doch geht auch in ihrer Gegenwart die Hydrolyse nur relativ langsam vor sich, und es muß selbst bei Verwendung konzentrierter Säuren oder Alkalien zur Erzielung eines vollständigen Umsatzes längere Zeit gekocht werden.

Zu 4. Die **Carbonylgruppe** der Carbonsäureamide ist noch reaktionsträger als die der Carbonsäuren, so daß sie nur noch einigen Reduktionsreaktionen zugänglich ist. Von ihnen haben insbesondere die katalytische Hydrierung über Nickel- oder Kupferchromit-Katalysatoren bei 250° und 2—300 Atmosphären Wasserstoffdruck[1]) sowie in neuerer Zeit auch die bereits in der Kälte durchführbare Reduktion mit Lithium-aluminium-hydrid und anderen komplexen Hydriden[2]) praktische Bedeutung erlangt. In beiden Fällen entstehen in direkter Reaktion die primären Amine:

$$R—CO—NH_2 \xrightarrow{+2H_2} R—CH_2—NH_2 + H_2O$$

Zu 5. Die Carbonsäureamide ähneln als primäre Ammoniakderivate naturgemäß in mancher Beziehung den primären Aminen (I, Kap. 6, I, 1cα), mit denen sie die NH_2-Gruppe gemeinsam haben. Sie vermögen daher eine Reihe ähnlicher Reaktionen einzugehen, von denen wir die Salzbildung mit starken Säuren bereits kennengelernt haben. Weiterhin können sie, wenn auch wesentlich schwieriger als die Amine selbst, am Stickstoff alkyliert und acyliert werden. An dieser Stelle interessieren uns vor allem zwei weitere typische **Stickstoffreaktionen,** die nicht mehr zur Carbonsäurechemie im engeren Sinne gehören:

a) die bei der **Einwirkung von salpetriger Säure** erfolgende Abspaltung von elementarem Stickstoff unter Regeneration der freien Carbonsäuren. Sie verläuft wahrscheinlich, ähnlich wie bei den primären aliphatischen Aminen (I, Kap. 6, 1a), über eine unter den Reaktionsbedingungen unbeständige Diazoverbindung als Zwischenprodukt:

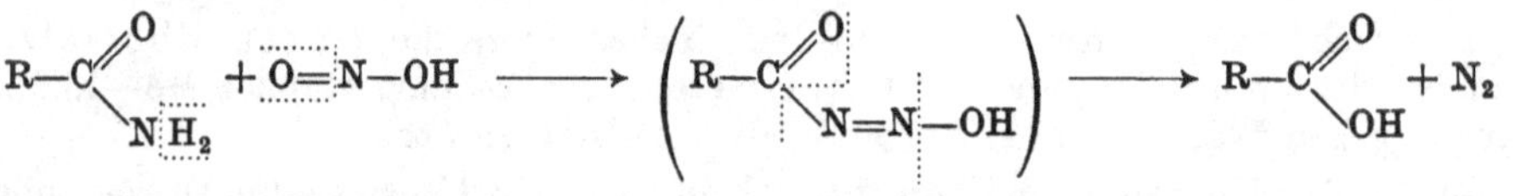

Das Verfahren findet unter der Bezeichnung „Reaktion von Bouveault" praktische Anwendung als milde Spaltungsreaktion für Säureamide, wenn es nur auf die Isolierung der Carbonsäurekomponente ankommt. Ferner kann man es nach van Slyke zum quantitativen Nachweis von NH_2-Gruppen verwenden (sog. van-Slyke-Stickstoff).

b) Die Carbonsäureamide bilden als Ammoniakderivate, die am Stickstoff noch Wasserstoff enthalten, mit den unterhalogenigen Säuren **N-Halogenverbindungen** (I, Kap. 6, I, 1bε), von denen vor allem die N-Monohalogen-carbonsäureamide eine gewisse Bedeutung erlangt haben.

Zunächst zeigen sie, wie alle Halogenverbindungen der typisch negativen Elemente, eine gewisse Tendenz, das Halogen wieder gegen Wasserstoff auszutauschen, und wirken infolgedessen auf andere organische Verbindungen in ähnlicher Weise halogenierend ein wie die freien Halogene selbst. Sie dienen daher zuweilen als milde Halogenierungsmittel (z. B. N-Bromacetamid und N-Brom-succinimid, S. 151):

$$H—R + Br—NH—CO—CH_3 \longrightarrow R—Br + H_2N—CO—CH_3$$

Noch wichtiger ist die mit konzentriertem Alkali erfolgende Abspaltung von Halogenwasserstoffsäure. Sie führt in der bereits auf S. 331 beschriebenen

[1]) Vgl. u. a.: A. Guyer u. Mitarbb.: Helv. 38, 1649 (1955).

[2]) Zusammenfassung (u. a.): H. Hörmann: Angew. Chem. 68, 601 (1956).

Weise zu dem instabilen, eine Elektronenlücke am Stickstoff aufweisenden Zwischenprodukt III, das sich sofort unter Bildung des Isocyansäureesters bzw. nach dessen Verseifung in dem alkalischen Reaktionsmedium, von Alkalicarbonat und dem um ein C-Atom ärmeren primären Amin, stabilisiert (vgl. auch **II**, Kap. 4, III, 4bβ):

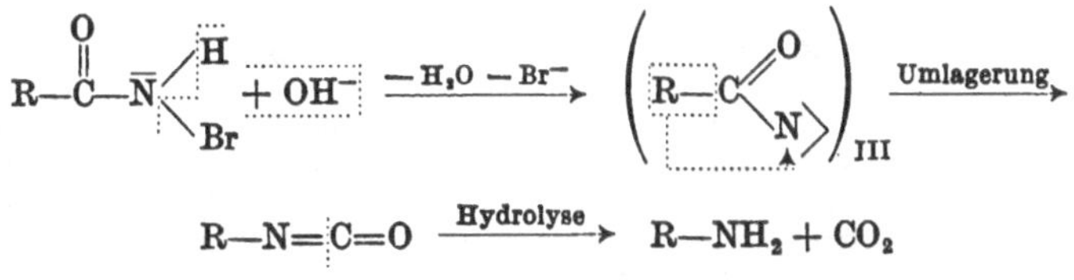

Die trotz des komplizierten Mechanismus recht glatt verlaufende Reaktion wurde von A. W. HOFMANN entdeckt und ihm zu Ehren *Hofmannscher Abbau* genannt. Sie hat bei der leichten Zugänglichkeit vieler Carbonsäuren praktische Bedeutung für die Darstellung primärer Amine erlangt.

Die **sekundären und tertiären Säureamide** (bezüglich der Darstellung vgl. S. 358) zeichnen sich gegenüber den primären Verbindungen durch eine gesteigerte Reaktionsfähigkeit aus. Bereits in den Diacylamiden wird die Acidität des am Stickstoff befindlichen Wasserstoffs merklich erhöht, so daß er auch gegenüber Wasser deutlich sauer reagiert und die Bildung wasserbeständiger Metallsalze möglich ist. Die Triacylamide besitzen zwar keinen Wasserstoff am Stickstoff mehr, doch macht sich hier die acidifizierende Wirkung der drei Acylreste in einer Steigerung der Acylierungstendenz, die annähernd auf die des Essigsäureanhydrids ansteigt, bemerkbar. Die Basizität des Stickstoffs tritt dagegen in beiden Verbindungsklassen fast völlig zurück. Eine größere Bedeutung, etwa als Acylierungsmittel, haben die sekundären und tertiären Säureamide neben den leichter zugänglichen Sauerstoff- und Halogenderivaten der Carbonsäuren nicht erlangt. Eine Ausnahme bilden lediglich die aus 1,4- und 1,5-Dicarbonsäuren mit Ammoniak besonders leicht entstehenden cyclischen sekundären Säureamide, die fälschlicherweise allgemein als Säure-imide bezeichnet werden (vgl. **I**, Kap. 6, I):

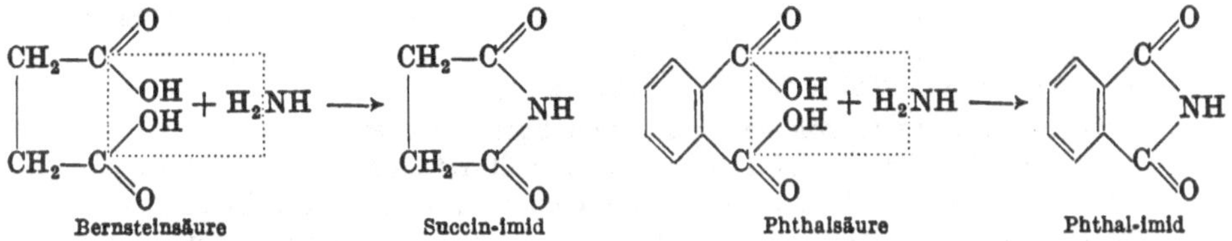

Bernsteinsäure — Succin-imid — Phthalsäure — Phthal-imid

Sie sind wie die normalen sekundären Amide zur Bildung beständiger Metallsalze befähigt, die vielfach präparative Anwendung finden. Z. B. stellt Phthalimid-kalium ein beliebtes Ausgangsmaterial zur Gewinnung primärer Amine dar (**I**, Kap. 6, I, 1cα).

Von den sich sekundär von den Säureamiden ableitenden Derivaten seien vor allem die **N-Dialkylamide** $R'—CO—NR_2$ hervorgehoben, die meistens durch Acylierung von Dialkylaminen gewonnen werden (Gleichung formulieren!) und infolge des Fehlens des Amidwasserstoffs in einigen Punkten charakteristische Abweichungen von den nicht substituierten Säureamiden zeigen. So sieden die Dimethylverbindungen etwas tiefer als die Säureamide gleicher Kohlenstoffzahl und sind als Verbindungen vom Estertypus nicht mehr zur Tautomerie mit einer Imidoverbindung befähigt. Sie dienen daher vielfach bei vergleichenden Untersuchungen als Beispiele für Verbindungen, die mit Sicherheit Amidstruktur aufweisen[1]). Ferner ist es möglich, in ihnen den Carboxylsauerstoff mittels Phosphorpentachlorid durch zwei Chloratome unter Bildung der Säureamidchloride zu ersetzen:

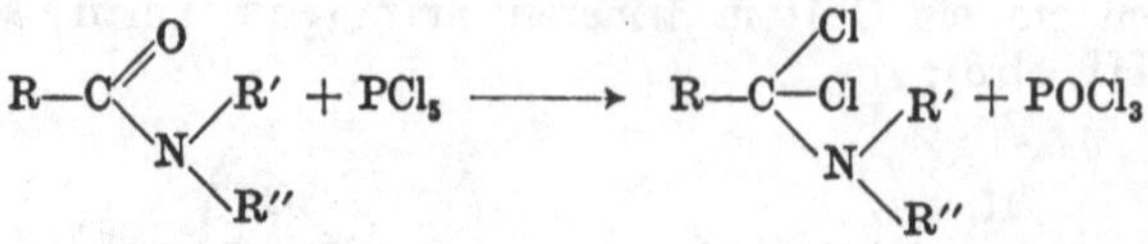

Noch um einen Substituenten am Stickstoff reicher sind die **Carbonamidiumsalze** des Typus IV. Sie sind wie die Oxoniumsalze der Carbonsäurereihe (S. 353) nur mit den Anionen komplexer Halogensäuren existenzfähig und können durch Acylierung von Trialkylaminen mit Acylhalogeniden in Gegenwart von Komplexbildnern (z. B. von $SbCl_5$-)' gewonnen werden[2]):

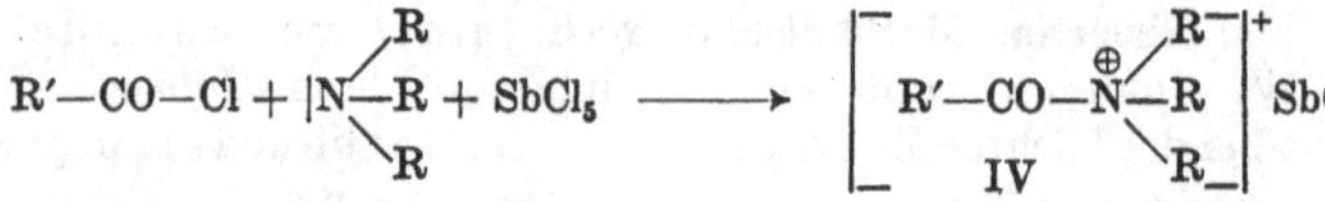

Die Carbonamidiumsalze sind im Gegensatz zu den ziemlich reaktionsträgen Carbonamiden ziemlich unbeständig und weisen insbesondere eine ungewöhnlich große Acylierungstendenz auf. Diese ist auf das Fehlen der normalen Carbonamidmesomerie zurückzuführen, worauf in **II**, Kap. 3, III, 2 (ab 3. Aufl.) näher eingegangen wird.

β) Die Carbonsäurenitrile

In den Nitrilen ist der gesamte Sauerstoff der Carboxylgruppe durch ein dreifach gebundenes N-Atom ersetzt. Sie enthalten also die Cyangruppe (—C≡N) und können daher nicht nur als Carbonsäure-, sondern auch als Blausäurederivate, und zwar als deren Ester bzw. Alkylierungsprodukte, aufgefaßt werden.

Diese Doppelnatur kommt u. a. bereits in der **Nomenklatur** zum Ausdruck. So wird z. B. das Nitril der Essigsäure nicht nur *Acetonitril*, sondern als Alkylierungsprodukt der Blausäure auch *Methylcyanid* genannt. Ähnlich bezeichnen die Ausdrücke *Propionitril* und *Äthylcyanid*, *Butyronitril* und *Propylcyanid* usw. jeweils die gleiche Substanz. Man beachte, daß beide Bezeichnungsarten von Grundverbindungen verschiedener Kohlenstoffzahl ausgehen und daß die Alkylcyanide ein C-Atom mehr in ununterbrochener Kette enthalten als der Name des Alkylrestes angibt.

Die Säurenitrile sind, von wenigen Ausnahmen abgesehen (z. B. Amygdalin **III**, Kap. 4, III, 5), Kunstprodukte. Zu ihrer **Darstellung**[3]) dienen drei grundsätzlich verschiedene Methoden: 1. die Gewinnung von den Carbonsäuren ausgehend durch Wasserabspaltung aus den Ammoniumsalzen oder Säureamiden, 2. die Gewinnung von der Blausäure ausgehend mit Hilfe der bereits beschriebenen Kolbeschen Nitrilsynthese und ihrer Varianten (S. 321 u. **I**, Kap. 12, III, 1a) und 3. die Gewinnung von den Aldehyden ausgehend mit Hilfe der ebenfalls bereits beschriebenen Wasserabspaltung aus den Aldoximen (S. 302).

Zu 1. Die Wasserabspaltung aus den Säureamiden gelingt ohne Schwierigkeiten durch mäßiges Erhitzen der Säureamide mit Phosphorpentoxyd oder Phos-

[1]) Allerdings sind die Unterschiede zwischen einheitlichen Amiden und einheitlichen Imiden infolge der in **II**, Kap. 3, III, 2 beschriebenen Mesomerie zwischen beiden Strukturen nur gering (vgl. auch **II**, Kap. 5, II, 2).

[2]) F. Klages u. E. Zange: A. **607**, 35 (1957),

[3]) Zusammenfassung: D. T. Mowry: Chem. Rev. **42**, 189 (1948); vgl. auch P. Kurtz: A. **572**, 23 (1951).

phorpentachlorid, wobei letzteres wahrscheinlich intermediär die unter den Reaktionsbedingungen unbeständigen Säureamid- und -imidchloride bildet:

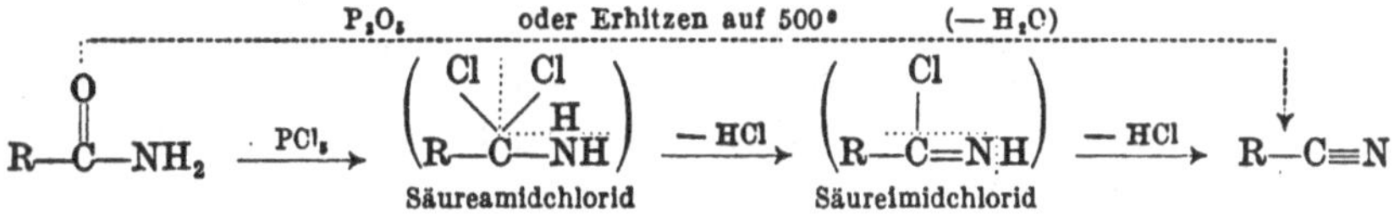

Da die Säureamide selbst durch Wasserentzug aus den Ammoniumsalzen dargestellt werden, kann man auch von diesen direkt ausgehen, was sich im allgemeinen allerdings wegen des Mehrverbrauchs an den teuren Phosphorverbindungen nicht lohnt. Technisch wird die Wasserabspaltung bei 500° durch Leiten eines Gemisches der Carbonsäure- (bzw. Ester-) und Ammoniakdämpfe über Dehydratisierungskatalysatoren (ThO_2 usw.) durchgeführt.

Eigenschaften. Die Nitrile sind tief schmelzende, nicht unangenehm riechende Flüssigkeiten, die in Anbetracht der Tatsache, daß sie keinen assoziierenden Wasserstoff enthalten, außerordentlich hoch sieden.

Tabelle 21
Die physikalischen Konstanten einiger Säurenitrile

Name	Sdp.	Smp.	D/T	Name	Sdp.	Smp.	D/T
Formonitril (Blausäure)	25°	— 13°	0,697/18°	Valeronitril	141°	—96°	0,801/18°
				Capronitril	164	—79	0,809/20
Acetonitril (Methylcyanid)	82	— 45	0,783/20	Önanthonitril	183	—64	0,815/20
				Caprylonitril	199	—	0,820/13
Propionitril	97	— 92	0,802/0	Benzonitril	191	—13	1,005/20
Butyronitril	117	—113	0,794/20	Benzylcyanid	233	—25	1,016/20

Als siedepunktserhöhendem Effekt begegnen wir hier wiederum dem elektrischen Dipolmoment der Moleküle (Näheres vgl. II. Kap. 2, I, 7), das infolge der dreifachen polaren Bindung bei den Nitrilen recht hoch ist. Es bedingt auch einige andere charakteristische Nitrileigenschaften, von denen vor allem auf die ziemlich hohe Dielektrizitätskonstante und ein erstaunliches Lösungsvermögen für Elektrolyte hingewiesen sei. Ferner sind die niederen Glieder der Reihe mit Wasser mischbar.

Die Nitrile sind wesentlich reaktionsfähiger als die Säureamide und zeigen als wichtigste neuartige Reaktionen: 1. die Umsetzungen der dreifachen C≡N-Bindung, 2. die Reaktionen der α-ständigen Methylengruppe und 3. die Nitriliumsalzbildung und ähnliche Reaktionen, die sich am Stickstoff abspielen.

Zu 1. Die C≡N-Bindung zeigt als polare Mehrfachbindung eine große Ähnlichkeit mit der Carbonyl-Doppelbindung und ist wie diese insbesondere zur Addition basischer Verbindungen sowie von katalytischem und nascierendem Wasserstoff (I, Kap. 12, II, 1) befähigt. Infolge ihrer Mittelstellung zwischen der reaktionsfreudigen C≡C-Dreifachbindung und der fast reaktionslosen N≡N-Dreifachbindung ist ihre Aktivität jedoch im allgemeinen bereits ziemlich gering, und es werden z. B. — ähnlich wie bei den SCHIFFschen Basen (S. 300) — Wasser, Alkohole und selbst Ammoniak ohne Katalysatoren nicht zu hydratartigen Verbindungen angelagert. Erst stark basische Reagenzien, wie z. B. metallorganische Verbindungen oder starke Alkalien bei längerem Kochen, reagieren in normaler Weise unter Bildung von Ketiminen oder Säureamiden:

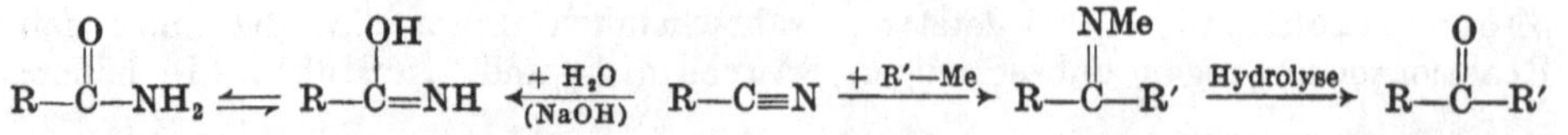

Von besonderem Interesse ist die Reaktion der Nitrilgruppe mit **starken Säuren**, da diese zunächst ein Proton an das ungebundene Elektronenpaar des Stickstoffs unter Bildung von Nitrilium-Ionen (Näheres vgl. S. 366) anlagern und dadurch die dreifache Bindung **stark aktivieren** (vgl. **II**, Kap. 3, II, 2b):

$$R{-}C{\equiv}N| + H{-}X \longrightarrow [R{-}C{\equiv}\overset{\oplus}{N}{-}H]^{+}X^{-}$$

Die Nitrilium-Ionen sind den auf S. 353f. beschriebenen **Carboxonium-Ionen** analog gebaut und zeigen auch ein **ähnliches Verhalten**. Insbesondere besitzen sie ebenfalls eine große Neigung, **basische Verbindungen** aller Art an die durch die **positive Aufladung** des Stickstoffs **stark aktivierte** dreifache Bindung zu addieren. Die meisten Verbindungen werden **irreversibel angelagert**, wie z. B. Chlorwasserstoff zu den **Hydrochloriden der Imidchloride** (vgl. S. 367), **Wasser** zu den **Säureamiden**, **Alkohole** zu den **Säureimidoäthern** (s. unten) und **Ammoniak** zu den **Amidinen**. **Starke Säuren** wirken also als **Katalysatoren** für die Anlagerung dieser Verbindungen:

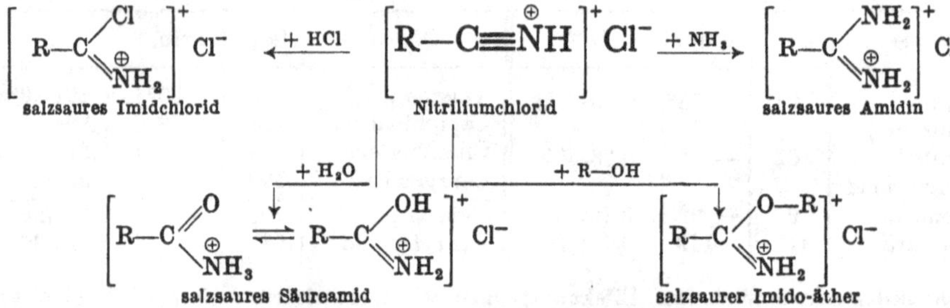

Durch weitere Umsetzungen dieser Sekundärprodukte mit dem Reaktionsmedium kann man häufig in dem **gleichen Reaktionsgang** eine **vollständige Abspaltung** des Nitrilstickstoffs erreichen. So entstehen z. B. beim längeren Kochen von Nitrilen mit **wäßriger Salzsäure** über die **Säureamide** die **freien Carbonsäuren** und mit **alkoholischer Salzsäure** über die **Imidoäther** die **Orthocarbonsäureester** (S. 351), jeweils neben **Salmiak**. Eine **Alkoholyse** der Nitrile zu den **normalen Estern** ist dagegen ohne Zusatz von mindestens einem Mol **Wasser** nicht möglich, da bei der Esterbildung gleichzeitig **Hydrolyse** und **Alkoholyse** der C≡N-Dreifachbindung erfolgt:

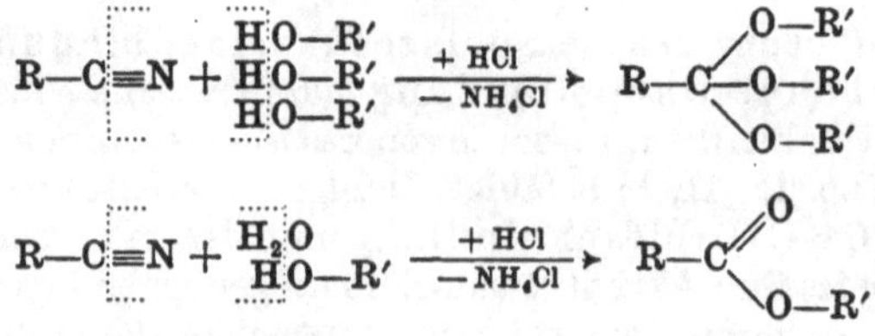

Schließlich zeigt die Nitrilgruppe auch eine gewisse Neigung zur Polymerisation, die sich allerdings wegen der meist leichter erfolgenden Addition der Katalysatoren an die dreifache Bindung nicht immer in der gewohnten Weise durchführen läßt. So ist z. B. eine der Benzol- (S. 116) oder Paraldehydbildung (S. 252) analog verlaufende Trimerisation in Gegenwart von konzentrierter Schwefelsäure nur in der aromatischen Reihe mög-

lich und führt hier in normaler Weise zu Triazinderivaten (I, Kap. 11, II, 3bα), z. B. vom Benzonitril ausgehend zum *Kyaphenin*:

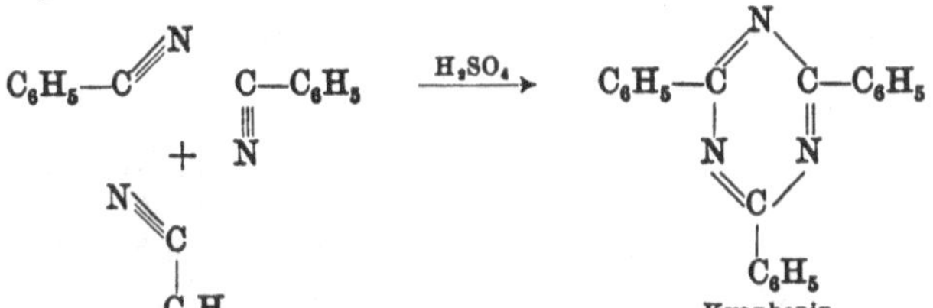

Kyaphenin

In der aliphatischen Reihe tritt dagegen bei der Einwirkung von konzentrierter Schwefelsäure Säureamidbildung (s. oben) ein. Dafür findet hier in alkalischem Medium, z. B. in Gegenwart von Natrium oder Natriumalkoholat, eine Trimerisation statt, die aber einen andersartigen Verlauf nimmt und zu einem Pyrimidinderivat führt, das *Kyanalkin* bzw. bei Verwendung von Acetonitril speziell Kyanmethin, genannt wird. Es ist anzunehmen, daß hierbei in dem alkalischen Reaktionsmedium primär zwei Acetonitrilmoleküle in der unter 2 (s. unten) beschriebenen Weise zu der III analog konstituierten Verbindung I kondensieren, die ihrerseits dann das dritte Acetonitrilmolekül unter Ringschluß zu dem eigentlichen *Kyanmethin* anlagert:

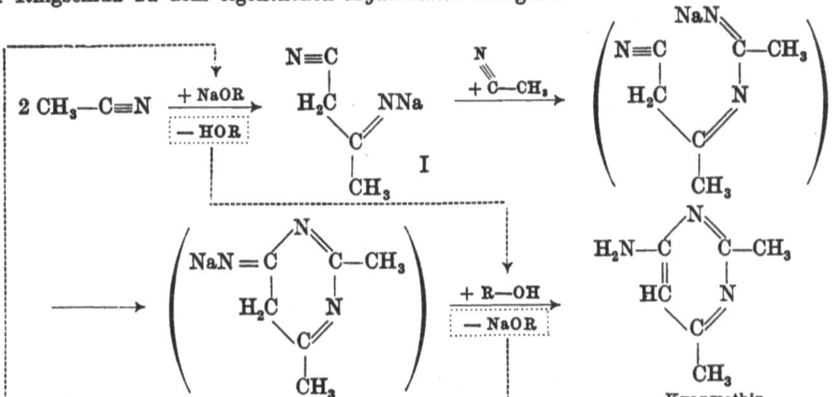

Kyanmethin

Zu 2. Die dreifache C≡N-Bindung übt auf die nachbarständige Methylengruppe eine ähnlich aktivierende Wirkung aus wie die Carbonylgruppe der Ester. Die Nitrile sind infolgedessen ebenfalls zu einer der Claisenkondensation analogen **Kondensationsreaktion** befähigt, die aber, ähnlich wie die Aldolkondensation (S. 258), ohne Substanzverlust im Sinne einer Dimerisierung zu den Ketiminen der Nitrile von β-Ketocarbonsäuren (IV) vor sich geht. Als Kondensationsmittel verwendet man Natriumamid oder besser die Metallderivate sekundärer Amine, die das Metall intermediär gegen ein H-Atom der aktiven Methylengruppe austauschen. Erst die hierbei entstehende metallorganische Verbindung (II) lagert sich dann an das zweite Nitrilmolekül an:

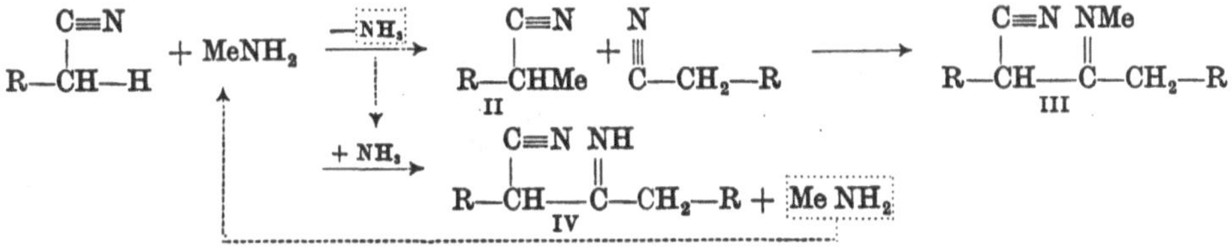

Ihr wichtigstes Anwendungsgebiet hat die Methode zur Darstellung cyclischer Ketone großer Ringweite gefunden (vgl. **I, Kap. 6, I, 2g**).

Auch mit C=O- und N=O-Doppelbindungen vermag die durch die C≡N-Gruppe aktivierte Methylengruppe zu reagieren, wie das Beispiel der Acyloinkondensation (S. 259) oder das der Phenylnitromethanbildung (**I**, Kap. 6, IV, 1) zeigt.

Zu 3. Wie schon auf S. 364 kurz angedeutet, besitzt der Nitrilstickstoff noch ein ungebundenes Elektronenpaar und ist deshalb zur Bildung von Oniumsalzen befähigt, die den Namen **Nitriliumsalze** erhalten haben. Die Basizität der Nitrile ist jedoch sehr gering, so daß nur mit sehr starken Säuren Salzbildung eintritt. Aber auch hier treten Komplikationen ein. Die Erstdarstellung echter Nitriliumsalze ist deshalb erst relativ spät gelungen[1]). Sie erfolgt am besten (in Analogie zu der der Carboxoniumsalze aus den Säurechloriden, vgl. S. 353) durch Einwirkenlassen von Komplexbildnern auf die N-alkylierten Carbonsäure-imidchloride:

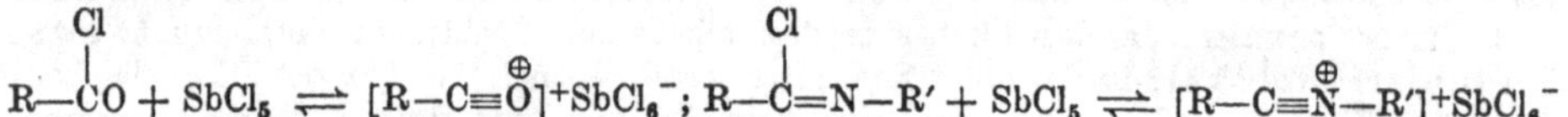

Carbonsäurechlorid — Carboxoniumsalz — N-Alkyl-carbonsäure-imidchlorid — N-Alkyl-nitriliumsalz

Ähnlich wie die einfachen Carboxoniumhalogenide nicht existenzfähig sind, weil sie sofort zu den Säurehalogeniden assoziieren, können auch die einfachen Nitriliumhalogenide nicht existieren, sondern assoziieren sofort zu den Carbonsäure-imidhalogeniden, die wie die Säurechloride destillierbare organische Substanzen darstellen und nicht in Spuren in die Ionen dissoziieren:

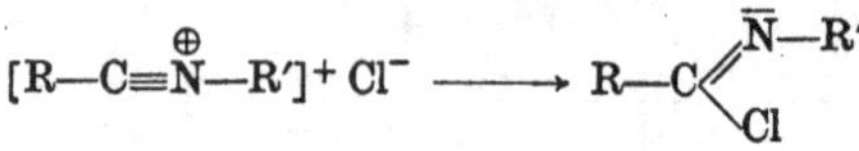

Diese Assoziationstendenz der Nitrilium-Ionen macht sich bei den echten Salzen mit komplexen Anionen in einer außerordentlich starken Neigung zur Anlagerung auch starker Säuren zu den Salzen der entsprechenden Imidoverbindungen bemerkbar:

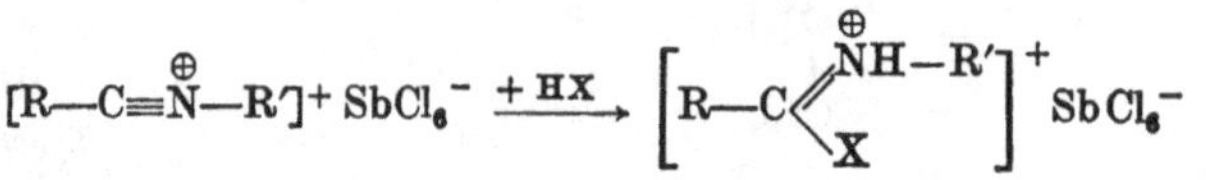

Außer zur Salzbildung ist der Nitrilstickstoff in gleicher Weise zur **semipolaren Bindung von Sauerstoff** befähigt wie der Stickstoff der tertiären Amine (**I**, Kap. 6, II, 2) oder der der salpetrigen Säure. Die Darstellung derartiger **Nitriloxyde** ist allerdings nicht durch direkte Oxydation von Nitrilen möglich, sondern erfolgt auf einem Umweg durch Abspaltung von **Chlorwasserstoff** aus **Hydroxamsäurechloriden** (S. 371) oder von **salpetriger Säure** aus **Nitrolsäuren** (**I**, Kap. 6, IV, 2):

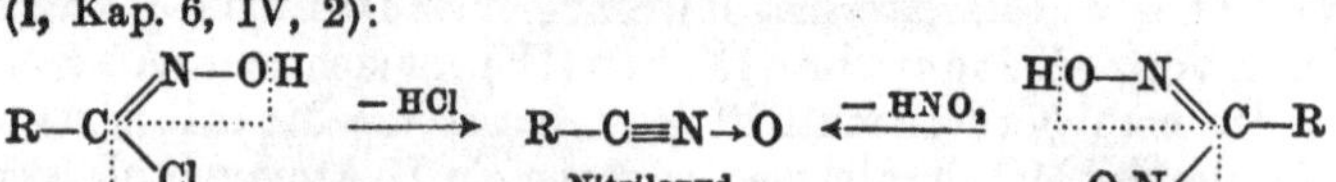

Nitriloxyd

Die Nitriloxyde sind sehr **unbeständige** Substanzen, die leicht zu **Furoxan**derivaten (**I**, Kap. 11, III, 2c) dimerisieren.

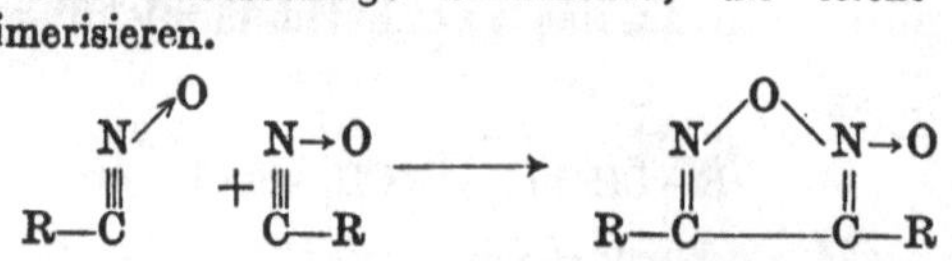

Dialkyl-furoxan

---

1) F. KLAGES u. W. GRILL: A. **594**, 21 (1955); H. MEERWEIN u. Mitarbb.: B. **89**, 224 (1956).

γ) Die Carbonsäure-imide und ihre Derivate

Unter *Säure-imiden* versteht man alle Säurederivate, die doppelt gebundenen Stickstoff, also die Imidogruppe (=N—H), am Carboxylkohlenstoff enthalten. Wie wir oben gesehen haben, stellen sie keine selbständigen Verbindungen dar, sondern verschmelzen mit den tautomeren Säureamiden zu einer Verbindungsklasse. Dagegen sind ihre Derivate vom Estertypus, in denen der Hydroxylwasserstoff oder die ganze Hydroxylgruppe substituiert ist, im allgemeinen beständig, müssen also als eine gesonderte Klasse von Säurederivaten angesehen werden. Die wichtigsten dieser selbständigen Säureimidderivate sind: 1. die Carbonsäure-imidchloride, 2. die Imino-äther und 3. die Amidine.

Zu 1. Die normalen **Carbonsäure-imidchloride** sind nicht beständig, weil sie unter den Bildungsbedingungen (Addition von HCl am Nitrile) sofort ein zweites Mol Chlorwasserstoff unter Bildung ihrer chlorwasserstoffsauren Salze, die man meistens kurz *Nitril-dihydrochloride* nennt, anlagern. In der Praxis wirken die Nitrile infolgedessen wie zweisäurige Basen, die ohne erkennbare Zwischenstufe gleich zwei Mol Säure addieren und auch von diesen Anlagerungsprodukten aus unmittelbar wieder zurückgebildet werden:

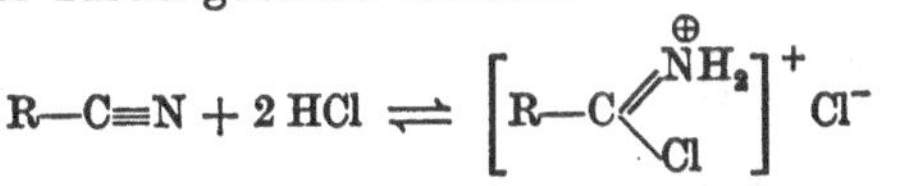

Nitril-dihydrochlorid

Erst wenn der Wasserstoff am Stickstoff durch schwerer bewegliche organische Reste ersetzt wird, kommt man zu stabilen Verbindungen. Derartige **N-Alkyl-** (oder **N-Acyl-**)**imidchloride** stellt man (in Analogie zu den Carbonsäurechloriden) durch Umsetzen der N-substituierten Säureamide mit Phosphorpentachlorid dar:

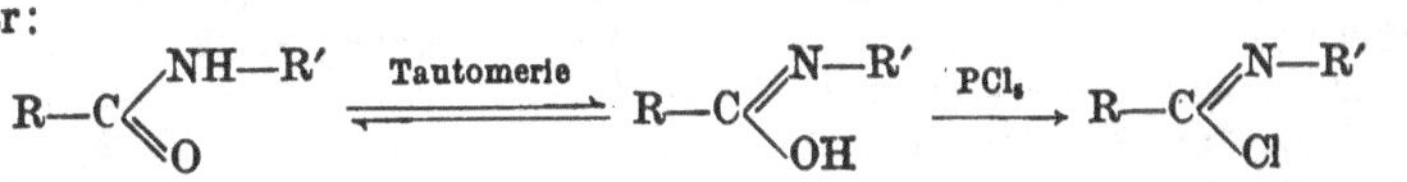

N-Alkyl-carbonsäure-amid N-Alkyl-carbonsäure-imidchlorid

Sie können nicht nur hinsichtlich ihrer Bildungsweise, sondern auch ihrem ganzen Verhalten nach mit den Carbonsäurechloriden verglichen werden. Insbesondere sind sie wie diese befähigt, den Acylimidorest auf andere Moleküle im Sinne einer Acylierungsreaktion zu übertragen, so daß beispielsweise mit Ammoniak die Amidine und mit Alkoholen die Imino-äther entstehen (Gleichungen formulieren!).

Zu 2. In den **Imino-äthern** ist der Hydroxylwasserstoff der Säureimidgruppe durch einen Alkylrest substituiert $\left(-C{\genfrac{}{}{0pt}{}{\nearrow NH}{\searrow OR}}\right)$. Sie sollten als Säurederivate daher zweckmäßiger *Imido-ester* genannt werden. Zu ihrer Darstellung geht man am besten von den Nitrilen aus und führt sie in der auf S. 364 beschriebenen Weise durch Behandeln mit alkoholischer Salzsäure über die Imidchloride (bzw. Nitriliumchloride) in die salzsauren Salze der Iminoäther über.

Wie diese Salzbildung zeigt, ist der Stickstoff der Iminoäther im Gegensatz zum Säureamid- und Nitrilstickstoff ausgesprochen basisch und zur Bildung stabiler Salze mit starken Säuren befähigt. Diese Salze, insbesondere die bei der Darstellung anfallenden Hydrochloride, sind im allgemeinen beständiger als die meist öligen freien Iminoäther und dienen daher zu deren Isolierung und Aufbewahrung. Auch anderweitig sind die Iminoäther sehr **reaktionsfähige** Verbindungen, die in **saurem Medium**, ähnlich wie die SCHIFFschen **Basen**, zur Substitution der **Imidogruppe**, in **basischem Medium**, ähnlich wie die **Ester**, zur Substitution der **Alkoxygruppe** neigen. So gehen sie z. B. beim Kochen ihrer **salzsauren Salze** mit **Alkohol** in die **Orthocarbonsäureester** (S. 351) und beim Behandeln mit **Ammoniak** in die **Amidine** über:

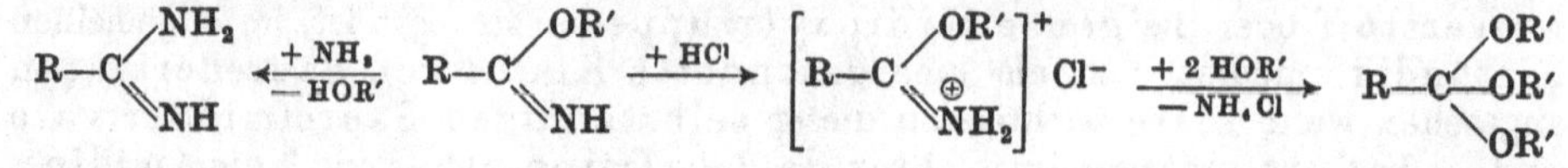

Beide Reaktionen stellen gleichzeitig das wichtigste Anwendungsgebiet der Iminoäther dar.

Zu 3. In den **Amidinen** (aus *Amido-imin*) ist schließlich die **Hydroxylgruppe** der **Säureimide** durch einen NH_2-**Rest** ersetzt, so daß sie, trotz der Möglichkeit des Austausches der Doppelbindung zwischen beiden Substituenten im Rahmen einer Tautomerie, nur in **einer Form** existieren können:

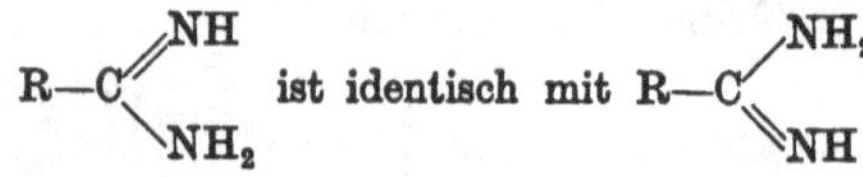

Sie entstehen beim Behandeln der **Orthocarbonsäureester** oder **Nitrile** (letztere in Gegenwart von **Aluminiumchlorid**[1]) oder **Chlorwasserstoff**) mit **Ammoniak**, werden aber besser aus den leichter zu handhabenden **salzsauren Iminoäthern** in der oben beschriebenen Weise dargestellt.

Die Amidine sind **starke einsäurige Basen**, die zu den **stärkst basischen Stickstoffverbindungen** überhaupt gehören (z. B. beträgt der p_k-Wert von Acetamidin nur 1,7; vgl. Tabelle 27, I. Kap. 6, I, 1 a) und u. a. auch mit **salpetriger Säure beständige Salze** bilden. Auf die Ursache dieser starken Basizität (II, Kap. 3, III, 2) sowie auf die hauptsächliche Verwendung der Amidine zum **Aufbau von Heterocyclen** (I, Kap. 11, III, 1 d) werden wir später noch näher eingehen.

δ) Die Hydrazinderivate der Carbonsäuren

Die **Hydrazinderivate** der Carbonsäuren entsprechen in jeder Beziehung den Ammoniakderivaten und leiten sich von ihnen durch Ersatz der $-NH_2$- (bzw. der $=NH$-)Gruppe durch den *Hydrazido-* ($-NH-NH_2$) bzw. *Hydrazonrest* ($=N-NH_2$) ab. Die wichtigsten Derivate sind die **Carbonsäurehydrazide**, die den **Carbonsäure-amiden** analog konstituiert sind und in ähnlicher Weise durch **Acylierung von Hydrazin** dargestellt werden können.

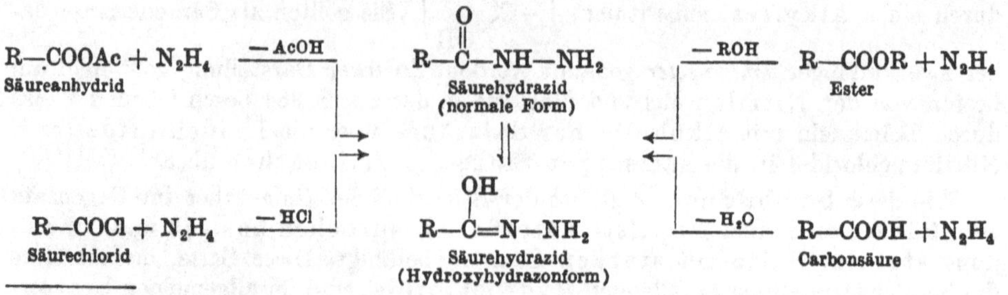

[1]) P. OXLEY u. Mitarbb.: Soc. **1946**, 147; **1947**, 1110.

Die Säurehydrazide zeigen ähnliche physikalische und chemische Eigenschaften wie die Amide. Z. B. werden sie ebenfalls durch starke Säuren oder Basen gespalten und sind als Derivate vom Säureamidtypus in gleicher Weise tautomer mit einer „*Hydroxyhydrazonform*“, von der sich jedoch keine interessanten Derivate ableiten. Abweichend von den Säureamiden bilden sie mit starken Säuren wasserbeständige Salze (formulieren!), da das nicht an den Acylrest gebundene N-Atom des Hydrazinsystems noch basisch reagiert. Erst die beiderseits substituierten Diacylhydrazine (Ac—NH—NH—Ac) verhalten sich gegenüber Wasser neutral. Auch mit salpetriger Säure reagieren die Hydrazide anders als die Amide. Sie entwickeln keinen elementaren Stickstoff mehr, sondern gehen in einer im einzelnen undurchsichtigen Reaktion in die Säureazide über:

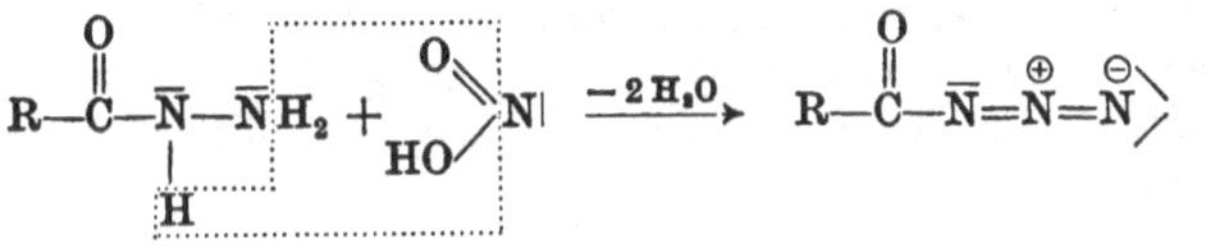

Von den zahlreichen im Hydrazinrest substituierten sekundären Derivaten der Säurehydrazide seien lediglich die N'-Phenylhydrazide (R—CO—NH—NH—C_6H_5) hervorgehoben, die wegen ihrer guten Kristallisationseigenschaften zuweilen zur Identifizierung von Carbonsäuren Anwendung finden.

Eine weitere Gruppe von Hydrazinderivaten der Carbonsäuren sind die den Amidinen entsprechenden und in ihrem ganzen Verhalten (z. B. starke Basizität) auch sehr ähnlichen **Amidrazone**, die in analoger Weise durch Einwirkung von Hydrazin auf die Iminoäther gewonnen werden:

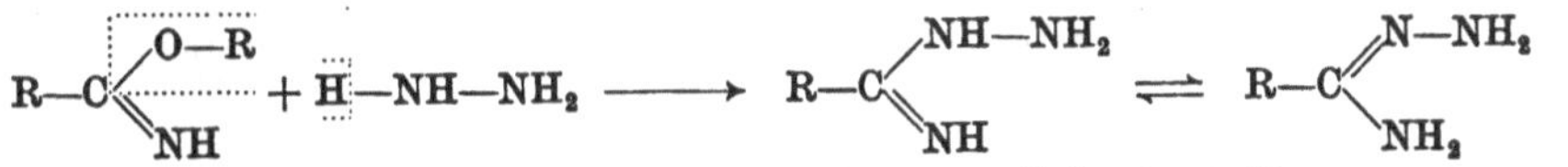

Carbonsäure-amidrazon

Imidrazon-Form Amidrazon-Form

Sie sind wegen der unsymmetrischen Substitution des Carboxyl-C-Atoms im Gegensatz zu den Amidinen tautomer zwischen einer *Imidohydrazid-* und einer *Amidohydrazonform* und finden wie die Amidine selbst hauptsächlich Verwendung zur Synthese heterocyclischer Verbindungen (vgl. I, Kap. 11, III, 1 d).

Weitere interessante Hydrazinderivate der Carbonsäuren sind die **Formazane**, die gleichzeitig eine Hydrazido- und eine Azogruppe am Carboxylkohlenstoff gebunden enthalten und als Azokörper farbig sind[1]). Ihre wichtigste Reaktion ist die in I, Kap. 11, III, 1 d ε beschriebene dehydrierende Cyclisierung zu Tetrazoliumsalzen. Bei der Reduktion gehen sie in Verbindungen mit zwei Hydrazinresten am Carboxylkohlenstoff über[2]), die in Analogie zu den Amidinen **Hydrazidine** genannt werden:

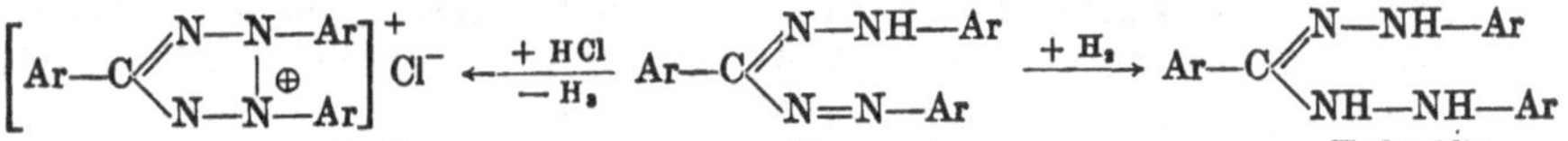

Tetrazolium-chlorid Formazan Hydrazidin

ε) Die Carbonsäure-azide

In den *Säureaziden* ist die Hydroxylgruppe der Carbonsäuren durch den N_3-Rest substituiert. Sie stellen also die gemischten Anhydride der Carbonsäuren mit der Stickstoffwasserstoffsäure dar und können daher auch durch Acylierung von Natriumazid gewonnen werden:

[1]) Zusammenfassung: W. Ried: Angew. Chem. **64**, 391 (1952).

[2]) D. Jerchel u. Mitarbb.: A. **568**, 185; **574**, 85 (1950/51).

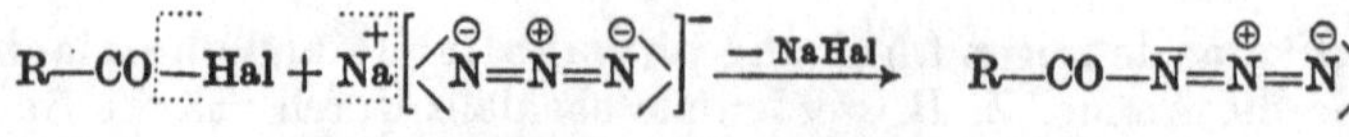

Doch zieht man meistens die oben beschriebene Synthese der Azidogruppe aus den Säurehydraziden mittels salpetriger Säure vor.

Die Säureazide sind als Derivate vom Estertypus nicht mehr zur Tautomerie befähigt und neigen, wie die Stickstoffwasserstoffsäure selbst, zu schweren Explosionen, so daß man mit ihnen im allgemeinen nur in Lösung arbeitet.

Führt man die Zersetzung vorsichtig durch, z. B. durch gelindes Erwärmen der Säureazidlösung in indifferenten Lösungsmitteln, so findet nach Th. Curtius eine Abspaltung von Stickstoff unter Bildung des gleichen unbeständigen Zwischenproduktes (I) statt, das wir bereits beim Hofmannschen Säureabbau (S. 361) kennengelernt haben, und das sich in gleicher Weise zu dem hier isolierbaren Isocyansäureester (II) umlagert (Curtiusscher Abbau, vgl. S. 331). Die Methode findet zuweilen präparative Anwendung zur Isocyansäureesterdarstellung:

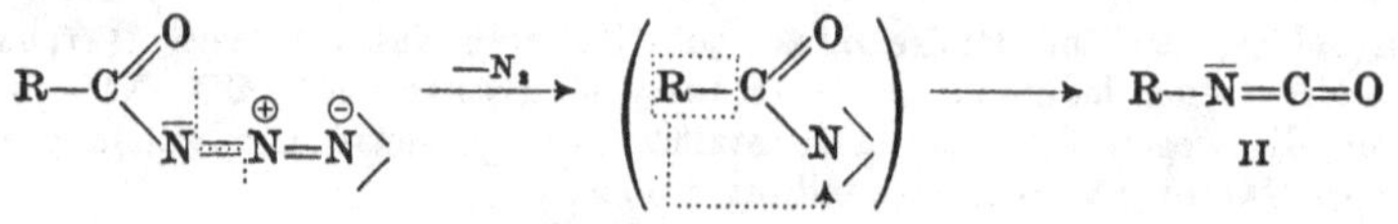

Eine für die Praxis wichtige Variation hat dieses Verfahren in der direkten Umsetzung der freien Carbonsäuren mit Stickstoffwasserstoffsäure, also unter Umgehung der Säureazidstufe, erfahren. Die Reaktion erfordert konzentrierte Schwefelsäure oder Zinntetrachlorid als Katalysator und führt, wie der Hofmannsche Abbau, gleich weiter zu den Hydrolysenprodukten der Isocyansäureester (vgl. auch II, Kap. 4, III, 3b):

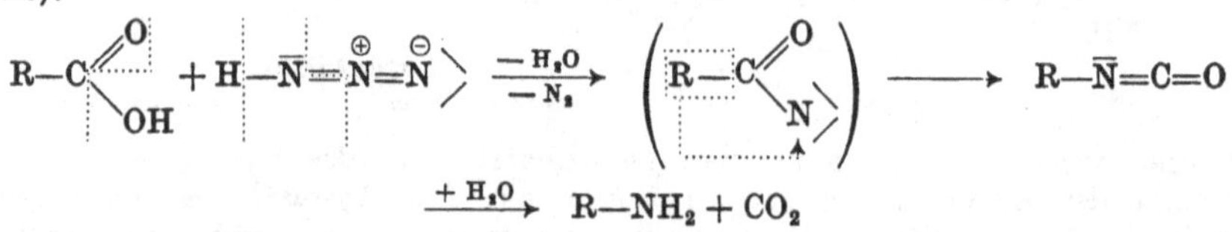

ζ) Die Hydroxylaminderivate der Carbonsäuren

Die den Säureamiden und Hydraziden entsprechenden Hydroxylaminderivate der Carbonsäuren werden wegen ihres sauren Charakters **Hydroxamsäuren** (aus *Hydroxyl-am*id) genannt und durch Acylierung des Hydroxylamins mit Säurechloriden, -anhydriden, -estern und selbst -amiden gewonnen (Gleichungen formulieren!). Eine weitere Bildungsweise haben wir oben in der Reaktion von Angeli-Rimini kennengelernt (S. 259). Die Hydroxamsäuren sind als Hydroxylaminderivate schwach saure Verbindungen, die mit Schwermetall-Ionen, insbesondere mit Eisen(III)-Ionen, charakteristische tief farbige Salze bilden, denen wahrscheinlich die Struktur eines cyclischen innermolekularen Komplexsalzes zukommt.

Eine weitere wichtige Reaktion ist die nach ihrem Entdecker als Lossenscher Abbau bezeichnete Überführung in Isocyansäureester, die bei der Behandlung mit Phosphorpentoxyd, Thionylchlorid und ähnlichen wasserabspaltend wirkenden Reagenzien erfolgt und wahrscheinlich ebenfalls über das beim Hofmannschen und Curtiusschen Abbau beschriebene instabile Zwischenprodukt I führt (vgl. S. 331):

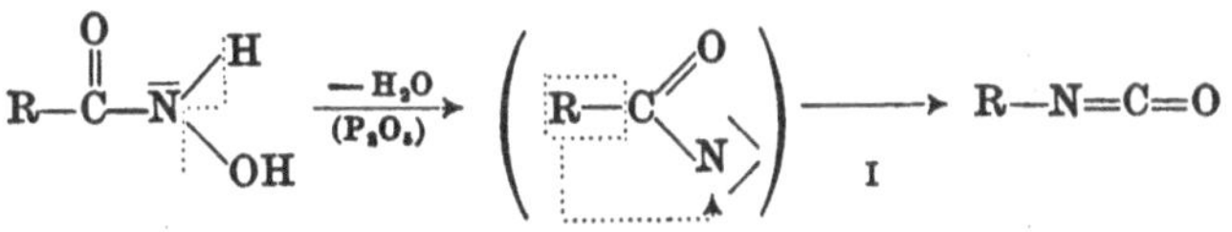

Von den Hydroxamsäuren leiten sich eine Reihe **sekundärer Derivate** ab. Zunächst einmal sind sie als Verbindungen vom Säureamidtypus tautomer mit den eine Oximgruppe enthaltenden **Hydroximsäuren**:

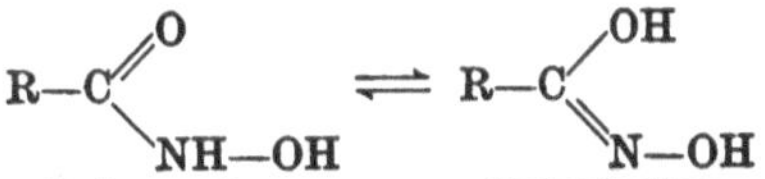

Hydroxamsäure Hydroximsäure

Ersetzt man in diesen die C-Hydroxylgruppe durch Chlor, so kommt man zu imidchloridartigen Verbindungen, die allgemein **Hydroxamsäurechloride** 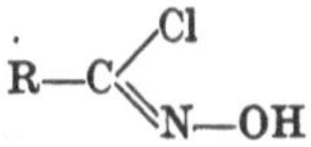, streng genommen Hydroximsäurechloride, genannt werden und durch Chlorierung von Aldoximen leicht zugänglich sind:

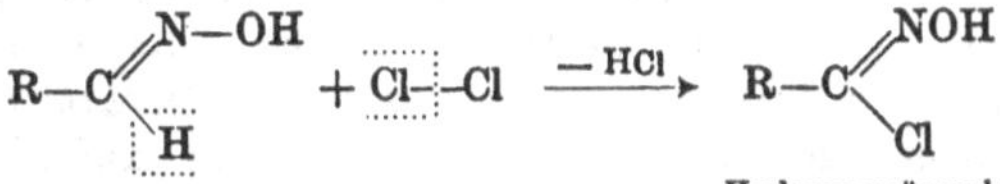

Hydroxamsäurechlorid

Sie verhalten sich ebenfalls wie echte Säurechloride und können den Hydroximsäurerest in andere Moleküle unter Bildung weiterer Hydroxim- bzw. Hydroxamsäurederivate einführen, wie im einzelnen aus folgendem Formelbild zu entnehmen ist:

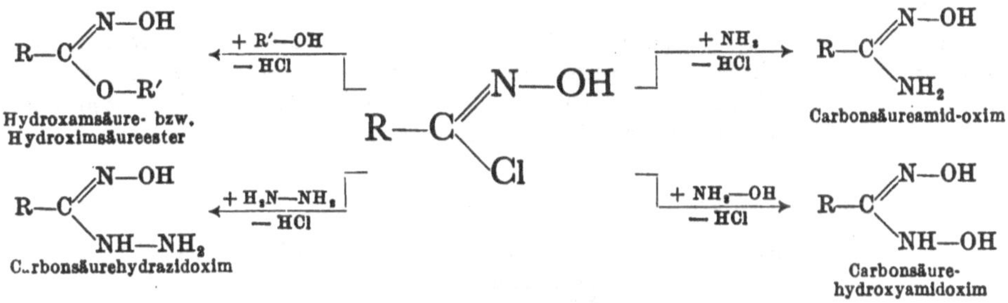

Einige dieser Hydroxamsäurederivate finden wieder Anwendung zum Aufbau heterocyclischer Ringsysteme (vgl. z. B. I, Kap. 11, III). Die **Hydroximsäureester** sind als nicht zur Tautomerie befähigte Oximverbindungen in zwei geometrisch isomeren Formen existenzfähig, die ebenfalls als *syn*- und *anti*-Formen (formulieren!) bezeichnet werden.

η) Stickstoffderivate der Ortho-carbonsäuren

Die **Säureamidchloride** sind die wichtigsten Stickstoffderivate vom Orthoestertypus und durch eine starke Tendenz zur Abspaltung des Halogens unter Regenerierung einer polaren Mehrfachbindung ausgezeichnet. Diese Halogenabspaltung kann aber nur mit den am Stickstoff befindlichen Alkylresten im Sinne der folgenden Gleichung vor sich gehen, so daß wir hier eine einfache Möglichkeit besitzen, die sonst sehr schwer zu spaltende Alkylstickstoffbindung zu trennen. Sie hat als v. BRAUNscher Abbau sekundärer Amine auch praktische Anwendung gefunden (vgl. I, Kap. 6, I, 1a):

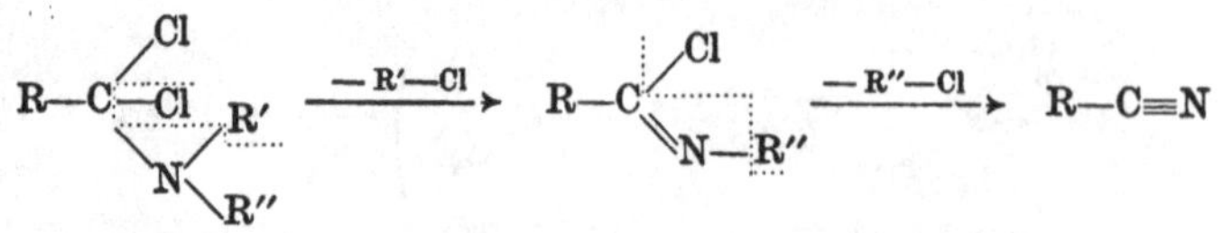

Orthocarbonsäurederivate mit drei N-Atomen am Carboxylkohlenstoff spielen nur noch eine untergeordnete Rolle. Als eines der wenigen bekannten Beispiele sei das bei der Einwirkung von Anilin auf Ortho-ameisensäureester unter Überschreitung der Stufe des Amidins (vgl. S. 368) entstehende **Triphenyl-triamino-methan**[1]) angeführt:

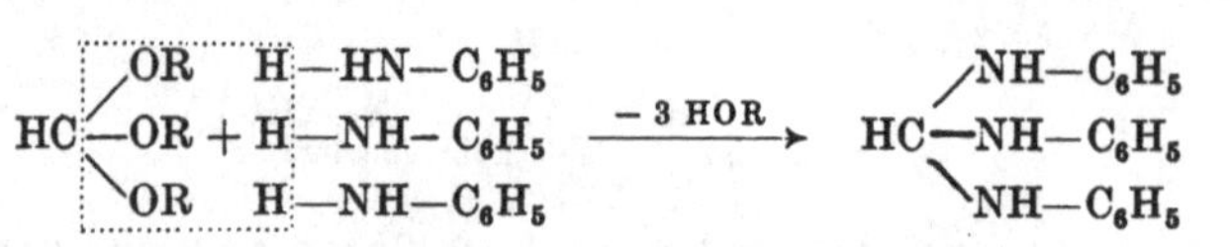

Triphenyl-triamino-methan

e) Die Schwefelderivate der Carbonsäuren

Die Schwefelderivate der Carbonsäuren leiten sich ausschließlich vom Schwefelwasserstoff ab und zeigen, wie in der Oxoreihe, formal den gleichen Aufbau wie die Sauerstoffverbindungen. Sie werden daher im allgemeinen als deren *Thioderivate* bezeichnet (*Thiocarbonsäuren, Thiocarbonsäureamid* usw.). Ihre praktische Bedeutung ist nur gering, so daß wir uns auf die Anführung nur weniger Beispiele beschränken können.

Man unterscheidet zwei Reihen von Thiocarbonsäuren: 1. die *Monothiocarbonsäuren* und ihre Derivate, in denen nur ein, und 2. die *Dithiocarbonsäuren* und ihre Derivate, in denen alle beide O-Atome der Carboxylgruppe durch Schwefel ersetzt sind.

Zu 1. Die **Monothiocarbonsäuren** stellt man durch direkte Schwefelung der Carbonsäuren mittels Phosphorpentasulfid oder am besten durch Einwirkung von Acylierungsmitteln auf die Alkalihydrosulfide sowie auch auf Schwefelwasserstoff in Gegenwart tertiärer Amine dar:

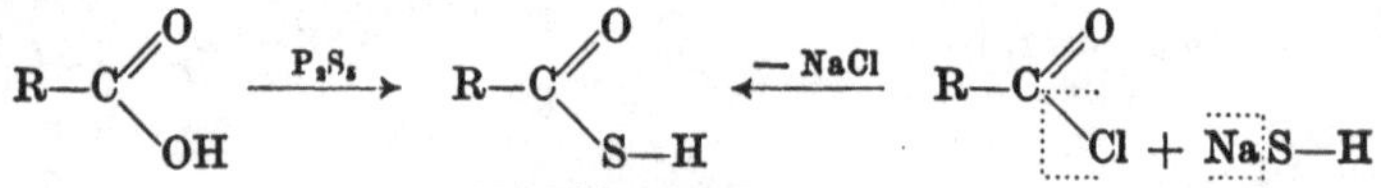

Monothiocarbonsäure
(Hydrosulfidform)

Sie sind unangenehm riechende Flüssigkeiten, die infolge der relativ geringen Neigung des Schwefels zur Ausbildung von Doppelbindungen (vgl. auch **II**, Kap. 3, II, 2c) stets als „*Hydrosulfidverbindungen*" (R—C(=O)—SH) reagieren und keinerlei Anzeichen einer Tautomerie mit der „*Oxysulfidform*" (R—C(=S)—OH) erkennen lassen. Ihre Säurestärke ist etwas größer als die der zugehörigen Carbonsäuren ($p_{K\,(\text{Thioessigsäure})} = 3{,}34$; $p_{K\,(\text{Essigsäure})} = 4{,}75$), und ihre Schwermetallsalze sind infolge der Ausbildung fester Me—S-Bindungen unlöslich.

---

[1]) C. D. Lewis u. Mitarbb.: J. Org. Chem. **12**, 303 (1947).

Von den Monothiocarbonsäuren sind eine Reihe von Derivaten bekannt. So können z. B. die Thio(l)carbonsäureester in einfacher Weise durch Acylierung von Natrium-mercaptiden (I, Kap. 7, I, 1) gewonnen werden:

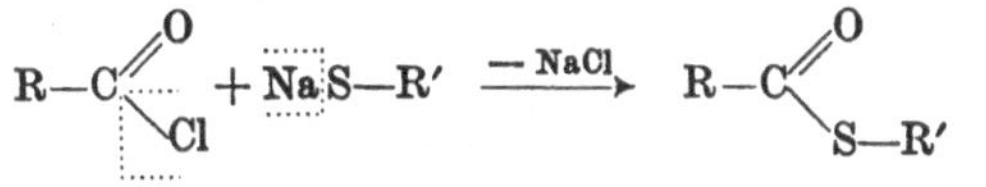

Obgleich sich die Thiocarbonsäureester nur von den sehr schwach sauren Mercaptanen ableiten, sind sie gute Acylierungsmittel, die auch praktische Anwendung finden (z. B. bei einigen Peptidsynthesen, vgl. **III**, Kap. 7, I, 2dγ). Ferner beruht das aktive Prinzip der als biochemische Acylierungsmittel dienenden Coenzym-A-Derivate der Carbonsäuren (vgl. **III**, Kap. 8, II, 2) auf einer derartigen Thiocarbonestergruppierung. Bzgl. der theoretischen Deutung der relativ hohen Acylierungswirkung vgl. **II**, Kap. 3, III, 2 (ab 3. Aufl.).

Weitere Derivate, in denen auch der Carbonylsauerstoff substituiert ist, sind die Thiocarbonsäurechloride und die (nur in der Imidform auftretenden) Thiocarbonsäureamide, die jedoch bisher ohne praktische Bedeutung geblieben sind:

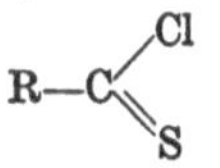

Thiocarbonsäurechlorid

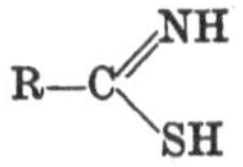

Thiocarbonsäureamid (Imidform)

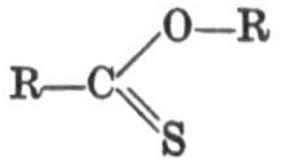

Thioncarbonsäureester

Auch von der Oxysulfidform sind Ester bekannt, die im Gegensatz zu den oben beschriebenen Thio(l)carbonsäureestern **Thioncarbonsäureester** genannt werden.

Zu 2. Die **Dithiocarbonsäuren** erhält man durch Einwirkung metallorganischer Verbindungen auf Schwefelkohlenstoff, also in voller Analogie zur Carbonsäuresynthese aus Kohlendioxyd und GRIGNARD-Verbindungen (S. 321):

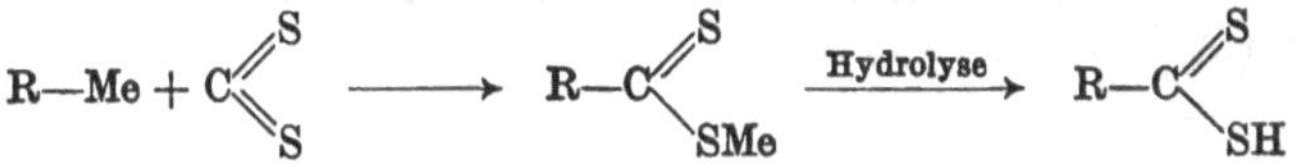

Sie geben ebenfalls in Wasser schwer lösliche (jedoch ätherlösliche) Schwermetallsalze und werden mit Alkylierungsmitteln in ihre Ester übergeführt (Gleichungen formulieren!). Weitere interessante Derivate und gleichzeitig die schwefelreichsten Carbonsäurederivate überhaupt sind die **Orthothiocarbonsäureester,** die in Analogie zu den Sauerstoff-Orthoestern durch Einwirkung von geminalen Trihalogenverbindungen auf Alkalimetall-mercaptide dargestellt werden können, technisch jedoch billiger aus den normalen Estern und Mercaptanen in Gegenwart von Chlorwasserstoff gewonnen werden, so daß sie heute ihrerseits wieder als Ausgangsmaterial für die Synthese der Sauerstoff-Orthoester Verwendung finden (vgl. S. 351). Ferner dienen sie — ebenfalls in Analogie zu den Sauerstoff-Orthoestern — als Mercaptalisierungsmittel für Oxoverbindungen:

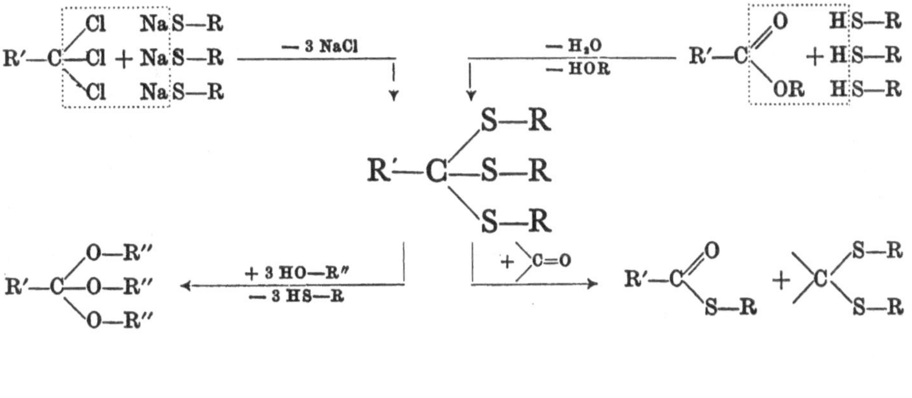

Im übrigen ist die Zahl der Dithiocarbonsäurederivate beschränkt, da alle durch Ersatz eines Schwefelatoms durch andere Heteroatome erhaltenen Verbindungen bereits zur Reihe der Monothiocarbonsäurederivate zählen.

3. Einzelne Carbonsäuren

Die **Einteilung** der Carbonsäuren geschieht ähnlich wie die der Hydroxy-, Oxo- und Halogenverbindungen nach der Natur des die Carboxylgruppe substituierenden Restes R in die gesättigten, ungesättigten, aromatischen und Halogencarbonsäuren. Daneben werden die unverzweigten gesättigten und ungesättigten aliphatischen Carbonsäuren auf Grund ihres wichtigsten Vorkommens in den natürlichen Fetten auch unter dem Begriff der *Fettsäuren* zusammengefaßt und haben damit der ganzen Gruppe der aliphatischen Verbindungen den Namen gegeben (vgl. S. 61).

a) Die gesättigten Carbonsäuren

Die gesättigten Carbonsäuren leiten sich von den um ein C-Atom ärmeren Paraffinen durch Substitution eines H-Atoms durch die Carboxylgruppe ab und werden daher zusammenfassend auch als *Paraffincarbonsäuren* bezeichnet. Sie kommen in großer Zahl in der belebten Natur vor, doch beobachtet man insbesondere bei den höheren Fettsäuren mit wenigen Ausnahmen nur unverzweigte Säuren mit einer geraden Anzahl von C-Atomen, weil der biochemische Fettsäureauf- und auch -abbau stets über die C_2-Bruchstücke verläuft (Näheres vgl. **III**, Kap. 8, III, 3).

α) Die Ameisensäure und ihre Derivate

Die *Ameisensäure* (*Methansäure, Acidum formicum*) H—COOH wurde bereits im Jahre 1670 von Wray im Gift der Ameisen entdeckt und ist auch im Brennnesselgift enthalten sowie in geringerer Konzentration ziemlich weit im Pflanzen- und Tierreich verbreitet. Sie nimmt als Anfangsglied der Reihe eine ähnliche Sonderstellung ein wie der Formaldehyd. Schon ihre **Darstellung** erfolgt nach verschiedenen Spezialverfahren. Am wichtigsten ist die Anlagerung von Natronlauge an Kohlenoxyd, das den Ketenen in mancher Beziehung entsprechende innermolekulare Anhydrid der Ameisensäure (vgl. auch **I**, Kap. 10, I, 2):

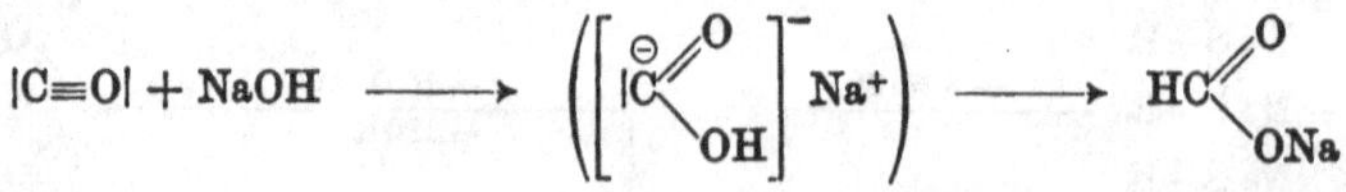

Die Reaktion geht bei 120—150° unter 6—8 Atmosphären Druck fast genau so rasch vor sich wie die Absorption von Kohlendioxyd in Natronlauge bei normaler Temperatur und wird technisch in großem Maßstab durchgeführt. Weitere spezielle Bildungsweisen sind die katalytische Hydrierung von Natriumbicarbonat, die bei 170° und 60—70 Atmosphären Wasserstoffdruck in Gegenwart von Palladium als Katalysator erfolgt, und die thermische Zersetzung von Oxalsäure unter CO_2-Abspaltung:

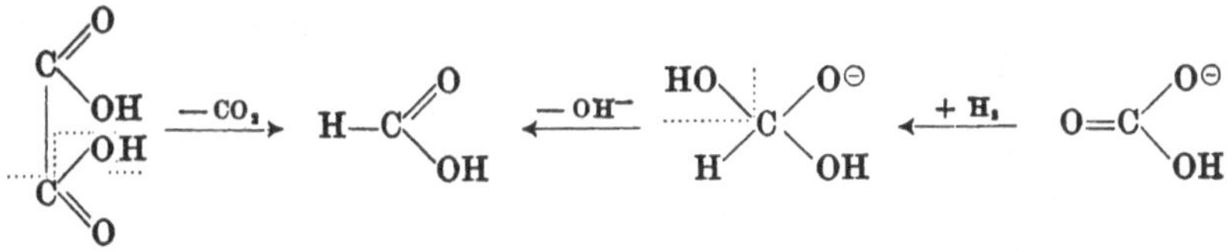

Besonders das letzte Verfahren dient präparativ häufig zur *Ameisensäuregewinnung* und geschieht zweckmäßig in Gegenwart von Glycerin, das stabilisierend auf die gebildete Ameisensäure einwirkt. Diese im wesentlichen katalytische Wirkung des Glycerins beruht wahrscheinlich auf der intermediären Bildung eines sauren Glycerin-mono-oxalsäureesters (I), der schon unter 100° Kohlendioxyd unter Bildung des gegenüber der Ameisensäure selbst stabileren Glycerin-mono-ameisenesters (II) abspaltet, aus dem die Ameisensäure schließlich durch die überschüssige Oxalsäure im Rahmen einer Umesterungsreaktion verdrängt wird:

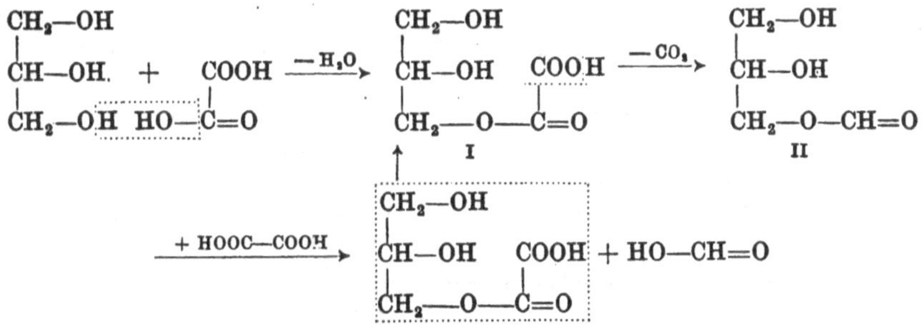

Doch darf die Reaktionstemperatur 100° nicht wesentlich übersteigen, da sonst der neutrale Glycerin-oxalsäureester entsteht, der sich dann, wie wir auf S. 196 gesehen haben, unter Bildung von Allylalkohol zersetzt.

Auch nach einigen der oben angeführten allgemeinen Darstellungsverfahren kann die Ameisensäure gewonnen werden, so z. B. durch Verseifung ihres Nitrils, der Blausäure (S. 381), oder durch Oxydation von Formaldehyd mit alkalischer Hydroperoxydlösung (S. 264). Doch kommt beiden Methoden wegen der Möglichkeit von Neben- oder Sekundärreaktionen nur die Bedeutung einer Bildungsweise zu. Ebenso ist die Anlagerung von Kaliumhydrid an Kohlendioxyd:

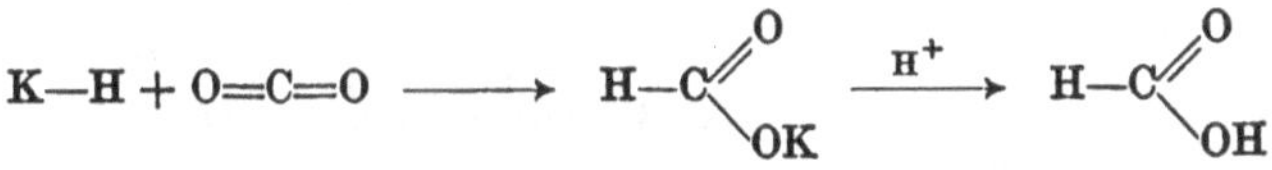

für die Ameisensäuregewinnung nur von theoretischem Interesse als Analogon zur allgemeinen Carbonsäuresynthese aus Kohlendioxyd und metallorganischen Verbindungen. (S. 321). Denn gerade diese Reaktion zeigt wieder einmal die nahen Beziehungen zwischen Kohlenstoff und Wasserstoff, die selbst in so extremen Bindungzuständen, wie in ihren Alkalimetallverbindungen, vollkommen gleichartig reagieren.

Die Ameisensäure ist eine unerträglich stechend riechende, stark hygroskopische Flüssigkeit, die sich mit Wasser in jedem Verhältnis mischt und von diesem wegen der ungünstigen Lage ihres Siedepunktes (100,6°) nicht durch fraktionierte Destillation abgetrennt werden kann. Die Gewinnung der wasserfreien Säure ist daher nur auf Umwegen möglich und geschieht meistens durch vorsichtige Zersetzung der Alkalisalze mit konzentrierter Schwefelsäure in Ameisensäure selbst als Verdünnungsmittel (um die unten beschriebene CO-Spaltung zu vermeiden) oder für präparative Zwecke zuweilen auch von Bleiformiat mit Schwefelwasserstoff.

Das chemische Verhalten der Ameisensäure wird vor allem durch ihre nahen Beziehungen zu den beiden wesentlich energieärmeren Oxyden des Kohlenstoffs, nämlich 1. dem Kohlendioxyd und 2. dem Kohlenoxyd gekennzeichnet. In beide kann sie relativ leicht durch Wasserstoff- bzw. Wasserabspaltung übergeführt werden.

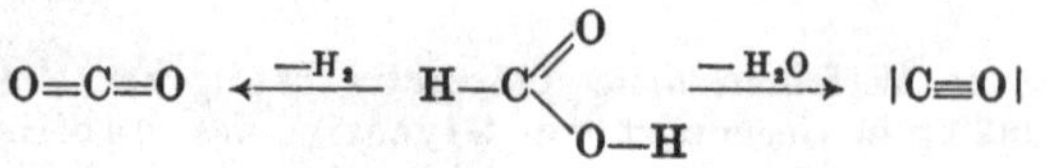

Sie ist infolgedessen im Gegensatz zu den übrigen gesättigten Carbonsäuren eine relativ leicht zersetzliche und reaktionsfähige Substanz.

Zu 1. Als Reduktionsprodukt des **Kohlendioxyds** enthält die Ameisensäure als einzige Carbonsäure am Carbonyl-C-Atom noch Wasserstoff, d. h. eine echte Aldehydgruppierung 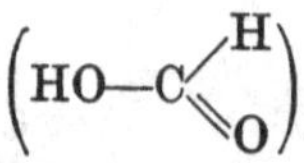. Sie kann daher wie ein Aldehyd (bzw. Aldehydhydrat) durch Dehydrierung weiter oxydiert werden und reagiert z. B. auch mit so typischen Aldehydreagenzien wie mit ammoniakalischer Silberoxydlösung. Ein weiteres, speziell für die Dehydrierung von Ameisensäure geeignetes Reagens ist Quecksilber(II)-chlorid, das zu unlöslichem Kalomel reduziert wird und dadurch eine quantitative Bestimmung der Ameisensäure ermöglicht.

Infolge der Bildung des sehr stabilen Kohlendioxyds ist die Ameisensäure sogar ein starkes Reduktionsmittel, wie u. a. aus der ziemlich leicht erfolgenden Disproportionierung hervorgeht, die bei der Kalksalzdestillation (von Calciumformiat) zu Formaldehyd und $CaCO_3$ (S. 273 Anm.) und bei der Reaktion von Ameisensäure mit Formaldehyd und Ammoniak zu primärem Amin und CO_2 (S. 263 u. I, Kap. 6, I, 1 a) führt. Ferner vermag die Ameisensäure infolge dieser starken Reduktionskraft als einzige Verbindung der organischen Chemie in Gegenwart geeigneter Katalysatoren (z. B. von fein verteiltem Palladium auf Bariumsulfat) bereits bei Zimmertemperatur elementaren Wasserstoff abzuspalten, wobei sie vollständig in gasförmige Produkte (H_2 und CO_2) zerfällt. In analoger Weise spaltet auch Natriumformiat (unter gleichzeitiger Anlagerung von einem Mol Wasser) spontan elementaren Wasserstoff unter Bildung von Natriumbicarbonat ab:

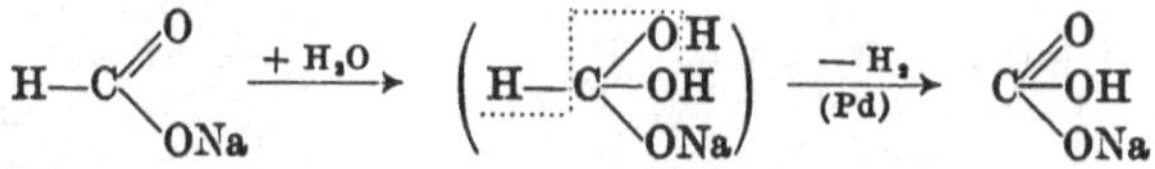

Die zweite Reaktion stellt die Umkehrreaktion der oben beschriebenen Ameisensäuregewinnung durch Hydrierung von Natriumbicarbonat dar, die hauptsächlich deshalb bei erhöhtem Wasserstoffdruck durchgeführt werden muß, um das Reaktionsgleichgewicht zugunsten der Formiatgewinnung zu verschieben.

Außer bei der Dehydrierung der Ameisensäure und ihrer Salze zum Kohlendioxyd beobachtet man auch beim Erhitzen der Alkaliformiate auf Temperaturen oberhalb 400° eine Wasserstoffabspaltung, die jedoch bereits auf halbem Wege stehen bleibt und unter Entwicklung von nur $^1/_2$ H_2-Molekül pro Formiatmolekül zu einem radikalartigen Zwischenprodukt führt, das sich sofort zum entsprechenden Oxalat dimerisiert:

Zu 2. Das **Kohlenoxyd** als zweites Oxyd des Kohlenstoffs ist nicht nur formal, sondern auch seinem ganzen chemischen Verhalten nach als echtes innermolekulares Ameisensäure-anhydrid aufzufassen und steht zur freien Ameisensäure in einer ähnlichen Beziehung wie Phosphortrioxyd zur diphosphorigen Säure[1]) (II) oder Schwefeldioxyd zur H—SO_3H-Form der schwefligen Säure (I), die beide ebenfalls bei der Wasseraufnahme das Proton und das Hydroxyl-Ion unter Aufrichtung einer Mehrfachbindung an das gleiche Atom anlagern:

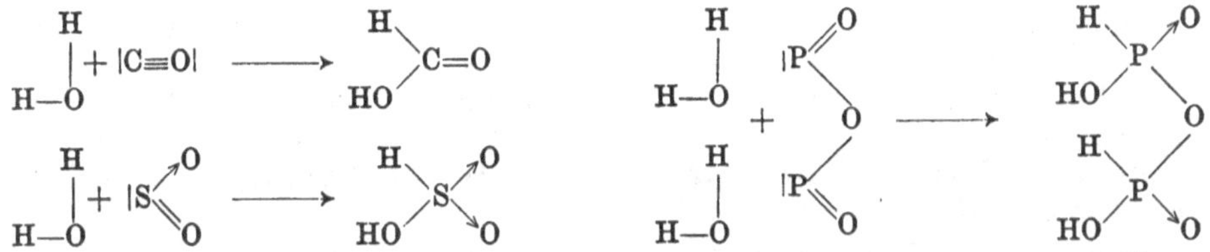

I II

Diese Parallelität, insbesondere zwischen SO_2 und CO einerseits und schwefliger Säure bzw. Ameisensäure andererseits, erstreckt sich auch auf die Beständigkeitsverhältnisse der Säuren und Salze: Ähnlich wie die freie schweflige Säure sehr leicht unter Wasserabspaltung in das stabile Schwefeldioxyd übergeht, zeigt auch die freie Ameisensäure eine gewisse Labilität und zerfällt beim Behandeln mit wasserabspaltend wirkenden Mitteln, wie z. B. konzentrierter Schwefelsäure oder Phosphorpentoxyd, spontan in Kohlenoxyd und Wasser. Umgekehrt werden in alkalischem Medium, wenn die Neutralisationswärme als zusätzliche Wärmetönung auftritt, sowohl Schwefeldioxyd als auch Kohlenoxyd unter Bildung stabiler Salze absorbiert.

Die gleiche Neigung zur Abspaltung von Kohlenoxyd oder der Bildung aus Kohlenoxyd durch einfache Anlagerung einer Verbindung H—X zeigen auch zahlreiche Ameisensäurederivate vom Typus H—CO—X. Hierbei beobachtet man in Analogie zum Verhalten der Ameisensäure bzw. ihrer Salze die allgemeine Regel, daß die Tendenz zur Kohlenoxydabspaltung mit der Acidität der Verbindung H—X und die Tendenz zur Anlagerungsreaktion mit der Basizität des Anions X (also umgekehrt proportional der Acidität von H—X) zunimmt. So sind z. B. die gemischten Ameisensäureanhydride mit starken Säuren (z. B. Formylchlorid) bei normaler Temperatur nicht mehr existenzfähig, während die Salze, Formamid und selbst noch die Ester ohne Schwierigkeit durch Anlagerung von Natronlauge, Ammoniak oder Alkoholen an Kohlenoxyd dargestellt werden können (s. unten).

Physiologisch besitzt die Ameisensäure eine deutliche **Giftwirkung**, insbesondere gegenüber Kleinlebewesen. Ameisensäure dient daher vielfach als Antiseptikum, z. B. zur Nahrungsmittelkonservierung. In konzentriertem Zustand ruft sie auf der Haut Blasenbildung hervor (Ameisenbiß). Ferner ist die Giftwirkung des Methylalkohols nach neueren Anschauungen hauptsächlich darauf zurückzuführen, daß er im Organismus zu Ameisensäure oxydiert wird, die sich nach seinem Genuß noch tagelang im Blut nachweisen läßt.

---

[1]) Ihre Bildung ist hier etwas vereinfacht wiedergegeben, da Phosphortrioxyd in Wirklichkeit infolge der Nichtexistenz von P=O-Doppelbindungen eine tetramere, dem Urotropin (S. 299) verwandte Struktur aufweist (vgl. anorg. Lehrbücher) und infolgedessen bei der Hydratisierung statt der Aufrichtung von Doppelbindungen jeweils die Lösung einfacher Phosphor-Sauerstoff-Bindungen stattfindet.

Die Ameisensäure findet, seitdem sie durch die Kohlenoxydhydratisierung leicht zugänglich geworden ist, in der Technik eine vielfache **Anwendung** und hat z. T. bereits die Essigsäure verdrängt. Häufige Anwendungsgebiete sind die Gerberei (zum Entkalken von Leder) und die Textilfärberei (zur Herstellung saurer Bäder und Beizen). Ferner dient sie in der beschriebenen Weise als Zwischenprodukt für die Oxalsäuregewinnung.

Die **Derivate der Ameisensäure** zeigen infolge der erwähnten Beziehungen zum Kohlenoxyd ebenfalls in vielen Punkten eine Ausnahmestellung gegenüber den normalen Carbonsäurederivaten. Vor allem sind **Ameisensäurechlorid, -bromid** und **-jodid** als Derivate starker Säuren bei Zimmertemperatur nicht mehr existenzfähig, und man erhält bei Versuchen zu ihrer Darstellung stets nur ein Gemisch von Kohlenoxyd und der betreffenden Halogenwasserstoffsäure. Auch die Kohlenoxydspaltung der Ameisensäure beim Zusatz von konzentrierter Schwefelsäure dürfte auf der Zersetzung des intermediär gebildeten gemischten Schwefelsäure-ameisensäure-anhydrids beruhen (Gleichung formulieren!).

Bei wesentlich tieferer Temperatur scheint dagegen Formylchlorid beständiger zu sein. K. B. Krauskopf und G. K. Rollefson (1934) gelang seine Darstellung durch photochemische Chlorierung von Formaldehyd:

$$H_2C{=}O + Cl_2 \longrightarrow H{-}CO{-}Cl + HCl$$

Doch war es nicht möglich, die Verbindung von beigemengtem Formaldehyd zu befreien. Sie ist bei —180° längere Zeit haltbar, beginnt aber bereits bei —80° sich langsam zu zersetzen und zerfällt bei Zimmertemperatur unmeßbar rasch in CO und HCl. Auch eine Additionsverbindung von Formylchlorid an Aluminiumchlorid und Kupfer(I)-chlorid konnte hergestellt werden. Die Annahme einer intermediären Bildung von Formylchlorid bei der Synthese von Gattermann-Koch (S. 269) ist also durchaus berechtigt.

Ebensowenig wie die Ameisensäurehalogenide ist das symmetrische Ameisensäureanhydrid bei Zimmertemperatur bekannt. Die stärksten Säuren, von denen sich stabile Ameisensäurederivate ableiten, sind vielmehr die Fluorwasserstoffsäure und die Essigsäure. Besonders das gemischte **Ameisensäure-essigsäureanhydrid** hat eine gewisse praktische Bedeutung erlangt, da es aus Ameisensäure und Essigsäureanhydrid leicht zugänglich ist, und bei Acylierungsreaktionen im allgemeinen den Formylrest auf andere Moleküle überträgt, also an Stelle des symmetrischen Ameisensäureanhydrids als Formylierungsmittel verwandt werden kann:

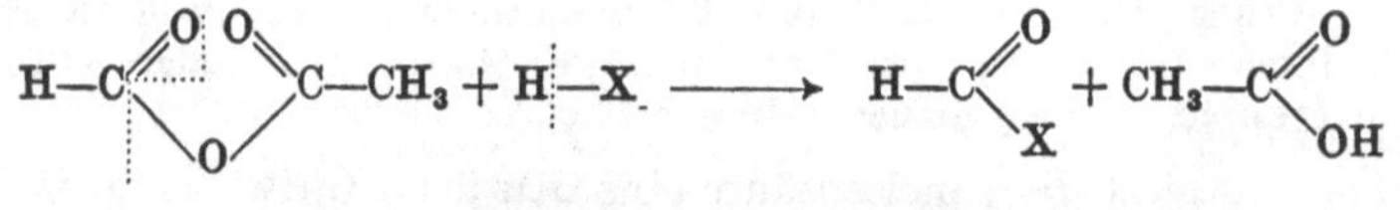

Erst die **Ester** verhalten sich annähernd wie normale Carbonsäurederivate und zeigen nicht nur keinerlei Neigung zur Kohlenoxydabspaltung mehr, sondern können umgekehrt sogar durch Anlagerung von Alkoholen an Kohlenoxyd dargestellt werden. Doch muß diese Reaktion durch basische Katalysatoren (insbesondere Natriumalkoholat) beschleunigt werden:

Diese Ameisensäureesterbildung steht zu der oben beschriebenen Natriumformiatdarstellung in einem ähnlichen Verhältnis wie die alkalische Umesterung zur alkalischen Esterhydrolyse (vgl. S. 344). Stets ist es die starke Basizität der Hydroxyl- bzw. Alkoxyl-Ionen, die die Reaktion in Gang bringt, aber nur bei der Esterbildung wird jeweils das Alkoholat-Ion regeneriert, so daß die Reaktion echt katalytisch verläuft, während bei der Verwendung von Natronlauge in beiden Fällen das Hydroxyl-Ion durch die entstehende freie Säure neutralisiert wird. Es beteiligt sich also an der Reaktion, so daß Gleichgewichtsverschiebungen eintreten und man mindestens molare Mengen des spaltenden Agens benötigt.

Die Ameisensäureester werden gegenüber den normalen Carbonsäureestern auffallend leicht durch Säuren hydrolysiert. Sie finden praktische Anwendung zur Einführung von Aldehydgruppen in andere Moleküle, die man sowohl durch Einwirkung von GRIGNARDverbindungen (S. 246), als auch auf dem Wege der Esterkondensation (S. 246) vornehmen kann.

Methylformiat H—CO—O—CH_3 ist als Anfangsglied der Esterreihe von Interesse und dient zuweilen als Lösungsmittel. Seine Darstellung geschieht durch Absorption von Kohlenoxyd in Natriummethylatlösung oberhalb 100°. Bei der Chlorierung geht es unter Substitution sämtlicher H-Atome in den Kampfstoff Perchlorameisensäuremethylester (Perstoff, S. 406) über.

Ortho-ameisensäure-methyl- und äthylester $HC(OR)_3$ sind die wichtigsten Orthocarbonsäureester überhaupt und werden in der üblichen Weise aus Chloroform und Natriumalkoholat sowie durch Alkoholyse des Ameisensäurenitrils[1]) (d. h. der Blausäure) oder auch der Formiminoäther gewonnen (Gleichungen formulieren!). Sie finden hauptsächlich präparative Anwendung als Acetalisierungsmittel (vgl. S. 290).

Formamid stellt man aus Ameisensäure und Ammoniak bei höherer Temperatur oder neuerdings auch direkt durch Anlagerung von Ammoniak an Kohlenoxyd dar. Doch reicht die Basizität des Ammoniaks noch nicht aus, um bei erträglichen Temperaturen spontan mit dem Kohlenoxyd in Reaktion zu treten. Man führt die Anlagerung daher in Methylalkohol als Lösungsmittel und mit Bariumoxyd als Katalysator durch, d. h. es findet wahrscheinlich mit dem zunächst entstehenden Bariumalkoholat Esterbildung statt, und erst dieser Ester tritt dann sekundär mit dem Ammoniak in Reaktion (Gleichung formulieren!). Formamid dient zuweilen als Lösungsmittel zur kryoskopischen Molekulargewichtsbestimmung schwer löslicher, hydrophiler Substanzen, wie z. B. makromolekularer Kohlenhydrate, sowie neuerdings auch als Reaktionsmedium.

Das wichtigste Ameisensäurederivat ist ohne Zweifel die **Blausäure,** die an allgemeiner Bedeutung sogar die Ameisensäure selbst übertrifft. Sie gehört dem Grenzgebiet zwischen organischer und anorganischer Chemie an und zeigt dementsprechend sowohl typisch anorganische Eigenschaften (z. B. die Mehrzahl der Darstellungsverfahren, sämtliche Ionenreaktionen einschließlich der Neigung der Ionen zur Komplexbildung, das charakteristische Verhalten der C≡N-Gruppe als Pseudohalogen usw.) als auch rein organische Umsetzungen, wie z. B. die Überführbarkeit in andere Ameisensäurederivate, den Einbau in Heterocyclen (**I,** Kap. 11, III, 1d) usw. An dieser Stelle wollen wir uns im wesentlichen auf ihre Beschreibung als organische Verbindung beschränken.

Die Blausäure tritt trotz ihrer Giftigkeit in einigen Pflanzen als sekundäres Spaltprodukt der Blausäureglykoside (**III,** Kap. 4, III, 5) in freiem Zustand auf. Am bekanntesten ist ihr Vorkommen in den bitteren Mandeln sowie in den Samen von *Pangium edule*, in denen sie bis zu 0,1 bzw. 0,36% enthalten ist. Ferner gehört sie zu den wenigen organischen Verbindungen, die in Sternatmosphären nachgewiesen wurden.

---

[1]) Vgl. z. B.: J. G. ERICKSON: J. Org. Chem. **20**, 1573 (1955).

Ihre **Gewinnung** erfolgt im allgemeinen nach „anorganischen Methoden", z. B. durch Einwirkung von Schwefelsäure auf Blutlaugensalz, das seinerseits in undurchsichtiger Reaktion beim Verglühen stickstoffhaltiger organischer Substanzen (z. B. von Blut) mit Eisen und Pottasche entsteht, oder neuerdings auch Natriumcyanid. Ebenso ist ihre wichtigste Darstellungsweise — durch Synthese des Natriumcyanids aus Ammoniak, Natriummetall und Kohle bei 800^0 über Natriumamid und Natriumcyanamid (S. 414) als Zwischenprodukte — im wesentlichen anorganischer Natur:

$$2\,Na + 2\,NH_3 \xrightarrow{-H_2} 2\,NaNH_2 \xrightarrow[-2\,H_2]{+C} NaN{=}C{=}NNa \xrightarrow{+C} 2\,NaC{\equiv}N$$

Für den Organiker interessanter ist bereits ihre Bildungstendenz bei hoher Temperatur. So tritt Blausäure stets bei der Steinkohlengasgewinnung als thermisches Zersetzungsprodukt der stickstoffhaltigen Bestandteile der natürlichen Kohle auf (vgl. III, Kap. 1, I, 2) und wird auch technisch auf diesem Wege als Nebenprodukt der Gasfabrikation gewonnen. Ferner kann sie bei sehr hohen Temperaturen aus den Elementen synthetisiert werden, wenn man einen Kohlelichtbogen in einer stickstoff- und wasserstoffhaltigen Atmosphäre brennen läßt.

Eine typisch organische Bildungsreaktion ist die Wasserabspaltung aus Formamid, die man mit der Formamidbildung selbst verknüpfen kann, indem man z. B. Kohlenoxyd und Ammoniak bei Temperaturen oberhalb 400^0 über Dehydratisierungskatalysatoren leitet:

$$|C{\equiv}O| + NH_3 \xrightarrow{500^0} \left(H{-}C\begin{matrix}{}^{\nearrow O}\\{}_{\searrow NH_2}\end{matrix}\right) \xrightarrow{-H_2O} H{-}C{\equiv}N$$

Eine weitere rein organische Darstellungsweise, die auch praktische Bedeutung erlangt hat, beruht auf der thermischen Zersetzung von Trimethylamin, das aus dem Betain (I, Kap. 6, I, 4dα) der Melasseschlempe leicht zugänglich ist und beim Leiten der Dämpfe durch Schamotteretorten bei 800—1000^0 in auffallend glatter Reaktion in Blausäure und zwei Moleküle Methan zerfällt:

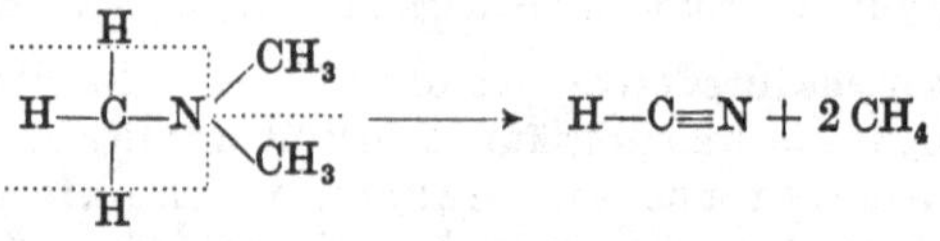

Die Blausäure ist eine bei 26^0 siedende, stark endotherme Substanz (Bildungswärme = + 31 kcal/mol) und zeigt dementsprechend in Analogie zum Acetylen die erwähnte Bildungstendenz bei hohen und höchsten Temperaturen. Bei normaler Temperatur erleidet sie dagegen ziemlich leicht Zersetzung und ist nur in ganz reinem Zustand längere Zeit haltbar. Flüssige Blausäure kann jedoch durch Zusatz von Arsentrichlorid oder anderen flüssigen Halbmetallchloriden stabilisiert werden. Hinsichtlich ihrer **chemischen Umsetzungen** verhält sie sich von allen Ameisensäurederivaten entschieden am selbständigsten und zeigt die folgenden drei Gruppen von Reaktionen, die sie jedesmal zu einer anderen einfachen Verbindung in nahe Beziehung bringen: 1. ihre Reaktionen als Ameisensäurederivat, 2. ihre Reaktionen als Cyanwasserstoffsäure und 3. die von der Blausäure aus möglichen synthetischen Reaktionen, die sie zum großen Teil mit dem Acetylen gemeinsam hat (vgl. S. 120f.).

Zu 1. Die wichtigsten von der Blausäure aus zugänglichen Ameisensäurederivate sind die im Rahmen normaler **Nitrilreaktionen** entstehenden Iminoäther, Orthoester und Amidin-Derivate, die auch praktisch auf diesem Wege gewonnen werden (Gleichungen formulieren!).

Schwieriger ist dagegen die Hydrolyse zur Ameisensäure selbst durchzuführen, da die sonst für die Nitrilverseifung gebräuchlichen Reagenzien Nebenreaktionen eingehen. So reagiert z. B. konzentrierte Schwefelsäure gleich weiter zum Kohlenoxyd, und mit Alkalien entsteht das weitgehend hydrolysenbeständige Cyan-Ion, das sich kaum mehr wie ein Ameisensäurederivat verhält (s. unten). Am glattesten gelingt die Blausäureverseifung mit konzentrierter Salzsäure, doch tritt auch bereits bei längerem Stehen der wäßrigen Lösung unter gleichzeitiger Abscheidung von braunen Verharzungsprodukten eine teilweise Ameisensäurebildung ein.

Zu 2. Obwohl sich die Blausäure auf Grund dieser Reaktionen eindeutig als Ameisensäurederivat erweist, wird sie durch diese Zuordnung ebensowenig erschöpfend charakterisiert, wie etwa die Ketene durch ihre Zuordnung zur Oxoreihe (S. 305). Das wichtigste Charakteristikum der Blausäure, das der ganzen Verbindung ihren eigenartigen selbständigen Stempel aufdrückt, ist vielmehr in ihren nahen **Beziehungen zum Cyan-Ion** zu sehen, d. h. in ihrer Säurenatur und in den Reaktionen ihrer Salze.

Das Cyan-Ion hat nämlich eine, von der Ameisensäure völlig abweichende, mit dem Kohlenoxyd und dem Stickstoffmolekül identische Elektronenanordnung (vgl. auch **I,** Kap. 10, I, 1), d. h. es ist mit diesen Gasen isoster[1]) und unterscheidet sich von ihnen, ähnlich wie isotope Atome, nur im Gewicht und der Ladung je eines Atomkernes:

$$\underset{\text{Kohlenoxyd}}{|\overset{\ominus}{C}\equiv\overset{\oplus}{O}|} \qquad \underset{\text{Cyan-ion}}{|\overset{\ominus}{C}\equiv N|} \qquad \underset{\text{Stickstoff}}{|N\equiv N|}$$

Das Cyan-Ion lehnt sich infolgedessen, vom Aggregatzustand abgesehen, in seinem Verhalten eng an diese beiden Verbindungen an und zeichnet sich vor allem durch eine ähnlich große Bildungstendenz und Stabilität aus, die zu den folgenden Reaktionen der Blausäure Anlaß gibt.

a) Die Säurenatur. Die Bildungstendenz des Cyan-Ions bewirkt eine leichte Abspaltbarkeit des Wasserstoffs als Proton. Infolgedessen ist der Blausäurewasserstoff trotz seiner Bindung an Kohlenstoff und im Gegensatz zu dem C—H-Wasserstoff aller anderen Ameisensäurederivate ziemlich stark sauer, so daß die Blausäure sogar gegenüber Wasser als eine, allerdings sehr schwache Säure auftritt. Die Dissoziationskonstante entspricht mit einem p_K-Wert von 9,32 etwa der der Phenole, d. h. die Salze der Blausäure werden durch Wasser teilweise hydrolysiert und bereits durch Kohlensäure wieder zerlegt.

b) Die Nitril-Isonitril-Tautomerie. Das Cyan-Ion enthält nicht nur am Kohlenstoff, sondern auch am Stickstoff ein ungebundenes Elektronenpaar, das ebenfalls zur Aufnahme des Protons im Rahmen des Dissoziationsgleichgewichtes befähigt ist. Die normale *Nitrilform* der Blausäure ist daher über das beiden Formen gemeinsame Cyan-Ion mit einer *Isonitrilform* (bezüglich: Isonitrile vgl. **I,** Kap. 10, I, 3) tautomer:

$$\underset{\text{Nitrilform}}{H—C\equiv N|} \rightleftharpoons \underset{\substack{\text{dissoziierte Form}\\ \text{(der Blausäure)}}}{H^{+} + [\,|\overset{\ominus}{C}\equiv N|\,]^{-}} \rightleftharpoons \underset{\text{Isonitrilform}}{|\overset{\ominus}{C}\equiv\overset{\oplus}{N}—H}$$

[1]) Bezüglich der Definition des Begriffes Isosterie vgl. anorg. Lehrbücher.

Die Bestimmung der **Lage des Tautomerie-Gleichgewichts** bereitete früher große Schwierigkeiten. Doch konnte auf Grund des RAMANspektrums sowie der mangelnden Befähigung der Blausäure zur Bildung von den Isonitrilkomplexen analogen Komplexverbindungen das nahezu ausschließliche Vorliegen der Nitrilform sehr wahrscheinlich gemacht werden.

c) In den **Salzen der Blausäure** sind infolge der Stabilität des Cyan-Ions sämtliche normalen Reaktionen der Nitrilgruppe unterdrückt, da diese, ähnlich wie die Anlagerungsreaktionen des Benzols, erst nach Aufhebung des besonders energiearmen Bindungszustandes stattfinden können. Die cyanwasserstoffsauren Salze besitzen daher nicht mehr den Charakter von Ameisensäurederivaten, und man kann z. B. das Cyan-Ion erst durch längeres Kochen mit konzentrierten Alkalien hydrolytisch aufspalten. Dagegen zeigt es ein dem Kohlenoxyd ähnliches Verhalten. Insbesondere geben alle Schwermetalle, die zur Metallcarbonylbildung oder anderweitig zur komplexen Bindung von Kohlenoxyd befähigt sind, mit dem Cyan-Ion ebenfalls sehr stabile Durchdringungskomplexe, wie im einzelnen aus anorganischen Lehrbüchern zu ersehen ist.

Zu 3. Blausäure kann einerseits durch Substitution des H-Atoms (meistens über die Alkalimetallcyanide), andererseits durch Anlagerungsreaktionen — und zwar sowohl als Addend vom Typus H—X an andere ungesättigte Systeme als auch als anlagernde Komponente auf Grund der in ihr enthaltenen C≡N-Dreifachbindung — eine Reihe von **synthetischen Reaktionen** eingehen, die sie neben dem Acetylen (vgl. Tafel I, S. 128) und Kohlenoxyd (vgl. Tafel II, I, Kap. 10, I, 2) zu einem dritten großen Einfallstor in die aliphatische Chemie machen. Die wichtigsten der im einzelnen an anderer Stelle beschriebenen Reaktionen sind in dem folgenden Formelbild zusammengestellt.

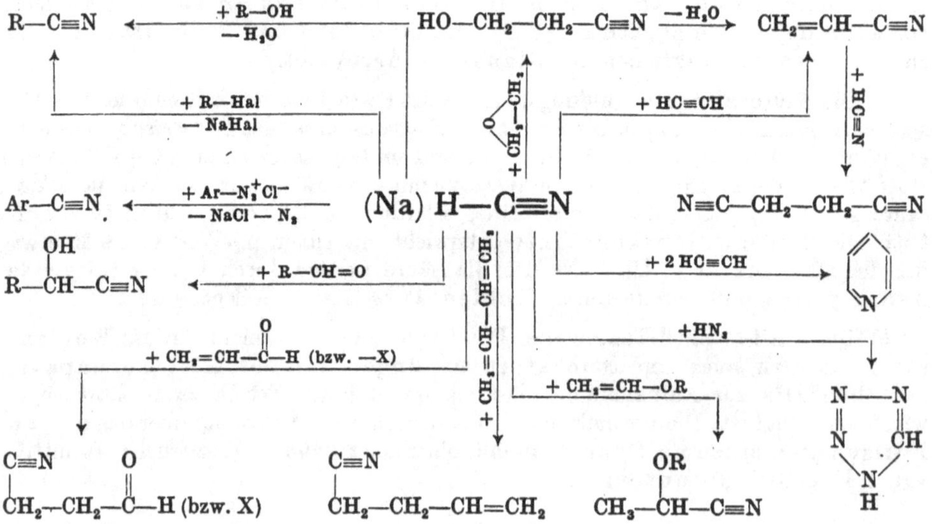

Infolge ihrer Fähigkeit, bei Anlagerungsreaktionen sowohl als addierende Verbindung als auch als Addend aufzutreten, ist die Blausäure auch zur Polymerisation befähigt. Von den zahlreichen möglichen Polymerisaten wurde bisher nur das an Al_2O_3-Kontakten entstehende Tetramerisierungsprodukt im Sinne des nebenstehend formulierten Diamino-maleinsäuredinitrils aufgeklärt[1]).

$$\begin{array}{l} H_2N{-}C{-}C{\equiv}N \\ \quad\;\; \| \\ H_2N{-}C{-}C{\equiv}N \end{array}$$

Diamino-maleinsäure-dinitril

Die Blausäure (bzw. genauer das Cyan-Ion) ist physiologisch stark aktiv und unter den einfachen organischen Verbindungen eines der stärksten Gifte. Die **Giftwirkung** beruht auf der Bildung stabiler Eisencyankomplexe, durch die das Eisen aus den weniger stabilen Komplexen der Oxydationsfermente (III, Kap. 8, II) verdrängt wird. Die Blausäure hemmt also die im Körper vor sich gehenden Oxydationsreaktionen, so daß der Tod trotz Sauerstoffzufuhr von außen durch innere Erstickung eintritt.

β) Die Essigsäure und ihre Derivate

Die **Essigsäure** (*acidum aceticum*) CH_3—COOH, ist wohl die am längsten bekannte Säure überhaupt und tritt in der Natur als Endprodukt zahlreicher enzymatischer Oxydationsprozesse ziemlich häufig, doch wegen ihres sauren Charakters niemals in größerer Konzentration auf. Auch ihren Derivaten, vor allem in Form von N- und O-Acetylverbindungen, begegnet man des öfteren. Schließlich stellt sie ein wichtiges Zwischenprodukt des biochemischen Kohlenhydrat-, Eiweiß- und Fettsäureabbaus dar (vgl. **III**, Kap. 8, III).

Ihre **Gewinnung** geschah früher ausschließlich durch biochemische Oxydation von Äthylalkohol, auf welchem Weg auch heute noch der Speiseessig (*Weinessig*) hergestellt wird. Daneben diente lange Zeit der Holzessig als wichtigste natürliche Quelle. Er enthält etwa 10% Essigsäure, die aus ihm entweder durch Neutralisation mit Kalk über das Calciumsalz (*Graukalk*) oder durch Extraktion mit Essigester und anschließende fraktionierte Destillation isoliert werden kann.

Die moderne großtechnische Essigsäureerzeugung geht einerseits vom Acetylen, andererseits vom Kohlenoxyd aus. Ersteres wird in Acetaldehyd umgewandelt (S. 144), der mit Luftsauerstoff bei Normaltemperatur über Mangan(II)-oxyd- bzw. -acetat-Katalysatoren weiteroxydiert wird. Im zweiten Fall setzt man ein Mol Kohlenoxyd mit einem Mol (ebenfalls aus Kohlenoxyd erhältlichem) Methanol nach dem auf S. 189 beschriebenen Carbonylierungsverfahren um.

Essigsäure ist eine der Ameisensäure sehr ähnliche, ebenfalls unerträglich stechend riechende Flüssigkeit, die in reinem Zustand bereits bei 16,5° zu eisähnlichen Kristallen erstarrt und daher *Eisessig* genannt wird. Sie ist mit Wasser mischbar und zeigt bei einem molekularen Mischungsverhältnis von 1:1 sowohl ein Dichte- als auch ein Viskositätsmaximum, ohne daß man hieraus jedoch auf das Vorliegen einer hydratartigen Additionsverbindung schließen darf.

In ihrem **chemischen Verhalten** gilt die *Essigsäure* häufig als der Typus der *Carbonsäure* schlechthin, so daß die oben angeführten allgemeinen Reaktionen kaum ergänzt zu werden brauchen. Als wichtigster Unterschied gegenüber der Ameisensäure sei nochmals auf die außerordentliche Beständigkeit gegen Oxydationsmittel hingewiesen (vgl. S. 326, 330).

Technisch findet Essigsäure als billigste und am leichtesten zugängliche organische Säure eine vielseitige **Anwendung**, vor allem als Ausgangsmaterial zur Darstellung ihrer Derivate, als Lösungsmittel und als Reaktionsmedium, sowie

---

[1]) H. Bredereck u. Mitarbb.: A. **600**, 81, 87, 95 (1956).

über ihre Derivate auch zu zahlreichen Synthesen (z. B. zur Gewinnung von Acetylcellulose [III, Kap. 4, IV, 2a] und Aceton [S. 280] oder für die PERKINsche Zimtsäuresynthese [S. 388]). Die verdünnte Essigsäure dient als wichtiges Nahrungs- und Genußmittel (Speiseessig).

Derivate. Die Salze der Essigsäure besitzen vielfach anorganischen Charakter und werden daher z. T. bereits in anorganischen Lehrbüchern behandelt. Für den Organiker von Interesse sind 1. die wasserfreien Alkalimetallacetate wegen ihres katalytischen Einflusses auf zahlreiche Reaktionen des Essigsäureanhydrids (Acetylierungen, PERKINsche Zimtsäuresynthese usw.), 2. das als *Graukalk* bezeichnete Calciumsalz als Zwischenprodukt für die Essigsäuregewinnung aus dem Holzessig und als Ausgangsmaterial für die Darstellung des Acetons (S. 280), sowie schließlich 3. die in der Wärme bereits hydrolysierenden Salze der dreiwertigen Metalle für die Herstellung der Metallbeizen in der Textilfärberei (III, Kap. 2, I, 4). **Aluminiumacetat** dient ferner unter der Bezeichnung *essigsaure Tonerde* in der Pharmazie als Antiseptikum und Adstringens.

Essigsäureanhydrid (*Acetanhydrid*) $CH_3—CO—O—CO—CH_3$ ist als wichtigstes Derivat der Essigsäure ebenfalls ein technisches Großprodukt. Seine Herstellung geschieht hauptsächlich durch direkte Wasserabspaltung aus zwei Molekülen Essigsäure nach dem auf S. 347 beschriebenen Kontaktverfahren, doch sind daneben auch zahlreiche andere Methoden, wie z. B. die Anlagerung von Eisessig an Keten (S. 307) oder die Umsetzung von Natriumacetat mit Chlorierungsmitteln (S. 347) in Gebrauch. Interessant ist auch seine Bildung bei der thermischen Zersetzung des durch Anlagerung von Essigsäure an Acetylen erhaltenen Esteracetals (S. 293), da man hier die Bildung von Acetaldehyd und die Anhydrisierung von Essigsäure vorteilhaft miteinander verknüpfen kann:

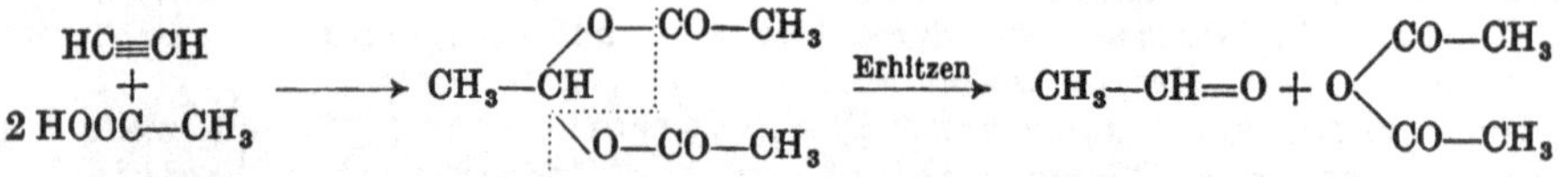

Essigsäureanhydrid dient in erster Linie als Acetylierungsmittel, und zwar mengenmäßig überwiegend in der Kunstfaserindustrie zur Gewinnung von Acetylcellulose (Acetatseide und Acetatzellwolle). Daneben findet es auch Anwendung als Ausgangsmaterial für synthetische Reaktionen (z. B. für die Zimtsäuresynthese, S. 388) sowie als wasserbindendes Reaktionsmedium (z. B. für Nitrierungen, I, Kap. 6, IV, 1).

Essigsäure-äthylester $CH_3—CO—O—C_2H_5$, meist kurz *Essigester* genannt, ist der wichtigste Ester der Essigsäure. Er wurde früher durch direkte Veresterung von Alkohol und Essigsäure gewonnen, doch zieht man heute die bequemere Dismutation von Acetaldehyd nach dem Aluminiumalkoholatverfahren (S. 255) vor. Er besitzt einen starken, angenehm fruchtartigen Geruch und dient infolge seiner ausgezeichneten Lösungseigenschaften häufig als Lösungsmittel. Auch als Ausgangsmaterial für synthetische Reaktionen (Acetessigestersynthese, GRIGNARD-Reaktionen usw.) wird er vielfach benötigt.

Vinylacetat $CH_3—CO—O—CH=CH_2$, der einfachste Enolester, wird durch Anlagerung eines Mols Essigsäure an Acetylen in Gegenwart von Quecksilbersalzen erhalten und dient wegen seiner Polymerisationsneigung als Ausgangsmaterial für die Herstellung von Kunststoffen.

Isobutylacetat und das als **Amylacetat** bezeichnete Veresterungsprodukt des Gärungsamylalkohols (S. 195) mit Essigsäure zeigen einen dem Essigester sehr ähnlichen, doch intensiveren Geruch und finden daher in der Riechstoffindustrie Anwendung. Ferner werden sie wegen ihres höheren Siedepunktes häufig in der Pharmazie und kosmetischen Industrie als wenig flüchtige Lösungsmittel verwandt. Eine Amylacetatflamme von 1 cm Breite und 4 cm Höhe diente früher als Einheit der Lichtstärke (HEFNER-Kerze).

Die übrigen Derivate der Essigsäure haben über die beschriebenen allgemeinen Eigenschaften hinaus kein spezielles Interesse gefunden. Acetonitril dient zuweilen als keinen aktiven Wasserstoff enthaltendes Lösungsmittel für Elektrolyte.

γ) Die höheren gesättigten Carbonsäuren

Propionsäure $CH_3—CH_2—COOH$, das nächsthöhere Homologe der Essigsäure, wird neuerdings auch technisch mit Hilfe der auf S. 98 beschriebenen Carbonylierungsreaktion aus Äthylen, Kohlenoxyd und Wasser gewonnen. Sie hat eine beschränkte Anwendung zur Darstellung von Cellulose-propionat gefunden, das in Analogie zur Celluloseacetatgewinnung durch Propionylierung von Cellulose mit Propionsäureanhydrid hergestellt wird.

In der **Buttersäure** $CH_3—(CH_2)_2—COOH$, begegnen wir der ersten in natürlichen Fetten (vor allem in der Kuhbutter) auftretenden Carbonsäure. Sie kommt auch in freiem Zustand ziemlich häufig in der Natur vor, z. B. als Stoffwechselprodukt im menschlichen und tierischen Schweiß, als Schreckmittel im Drüsensekret einiger Laufkäfer, sowie als Fettspaltungsprodukt in ranziger Butter, deren Geruch sie jedoch nur z. T. bedingt (vgl. S. 281). Ihre Darstellung geschieht entweder aus Kohlenhydraten auf biochemischem Wege mit Hilfe eines speziellen Gärungsverfahrens (Buttersäuregärung) oder vom leicht zugänglichen Butyraldehyd (S. 265) ausgehend, in Analogie zur Essigsäuregewinnung aus Acetaldehyd, durch Oxydation mit Luftsauerstoff in Gegenwart manganhaltiger Katalysatoren. Auch n-Butylalkohol wird zuweilen als Ausgangsmaterial für diese Reaktion verwandt.

Buttersäure ist eine in konzentriertem Zustand stechend und nicht besonders unangenehm riechende Substanz. Bei größerer Verdünnung wird sie jedoch außerordentlich geruchsintensiv und zeigt den bekannten unangenehmen und infolge ihrer geringen Flüchtigkeit lange anhaftenden Schweißgeruch. Sie ist mit Wasser noch mischbar, wird jedoch bereits sehr leicht ausgesalzen. Ihre wäßrigen Lösungen zeigen infolge der außerordentlich niedrigen Oberflächenspannung ein ähnliches Schaumbildungsvermögen wie Seifenlösungen (vgl. **II**, Kap. 6, II, 2). Technisch wird Buttersäure in der Gerberei zum Entkalken von Leder sowie zur Überführung in ihre Derivate verwandt.

Buttersäureanhydrid wird am besten durch Umanhydrisierung von Buttersäure mit Acetanhydrid dargestellt und dient als Butyrylierungsmittel.

Verschiedene **Buttersäureester** finden wegen ihres, im Gegensatz zu dem der freien Säuren, angenehm fruchtartigen Geruchs Anwendung in der Riechstoffindustrie, z. B. der Äthyl- und Isobutylester zur Erzeugung eines künstlichen Ananasaromas.

Isobuttersäure wird durch Oxydation von Isobutylalkohol gewonnen und kommt frei im Johannisbrot vor, ist aber ohne praktische Bedeutung geblieben.

Die sich von den verschiedenen Pentanen ableitenden Säuren heißen **Valeriansäuren** und sind alle vier bekannt:

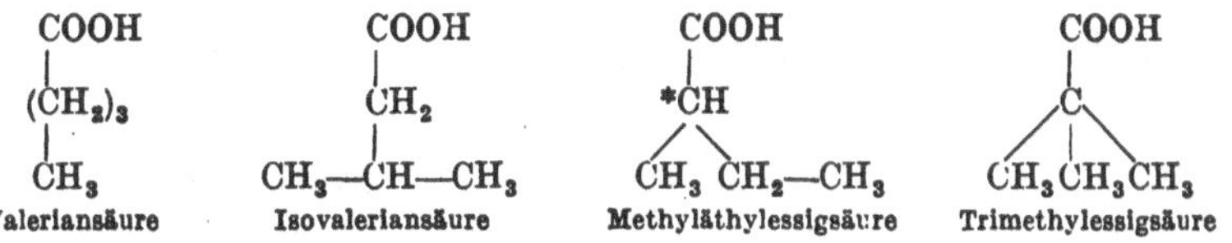

n-Valeriansäure Isovaleriansäure Methyläthylessigsäure Trimethylessigsäure

n-Valeriansäure hat, abgesehen von vereinzelten Vorkommen in der Natur, keine praktische Bedeutung erlangt.

Am wichtigsten ist die **Isovaleriansäure**, die frei in der Baldrianwurzel vorkommt und aus ihr durch Wasserdampfdestillation isoliert werden kann. Auch einige ihrer Ester sind Naturprodukte und in verschiedenen ätherischen Ölen enthalten. Sie steht genetisch dem inaktiven Gärungsamylalkohol (S. 195) und damit dem Leucin (**III**, Kap. 7, I, 1) nahe und wird, ähnlich wie ersterer vom optisch aktiven Gärungsamylalkohol, stets von geringen Mengen der optisch aktiven **Methyläthylessigsäure** begleitet.

Trimethylessigsäure kommt nicht natürlich vor, kann aber durch oxydativen Abbau von Pinakolin (S. 280, Gleichung formulieren!) leicht gewonnen werden. Sie ist von theoretischem Interesse als einfachste Carbonsäure mit einem dem Carboxylkohlenstoff benachbarten quartären C-Atom. So besitzt sie z. B. keine aktive Methylengruppe mehr und siedet infolge der abschirmenden Wirkung des tertiären Alkylrestes um 23° tiefer als die n-Valeriansäure (187°).

Die **mittleren geradzahligen Carbonsäuren** mit 6—12 C-Atomen und einer unverzweigten Kette kommen sämtlich als Glycerinester (meistens kurz Glyceride genannt) in natürlichen Fetten und Ölen sowie auch als Ester einfacher Alkohole in Duftstoffen (z. B. im Wein) vor. Doch hat keine von ihnen eine besondere Bedeutung erlangt. Die auffallende Ähnlichkeit der Namen der Capron-(C_6), Capryl-(C_8) und Caprinsäure (C_{10}) ist auf ihre gemeinsame Entdeckung in der Ziegenbutter (lat. *capra*) von M.-E. Chevreul zurückzuführen. Von den **ungeradzahligen Carbonsäuren** dieser Gruppe treten nur die Önanth-(C_7) und Pelargonsäure (C_9) vereinzelt als Ester in flüchtigen Ölen auf.

Die wichtigsten höheren gesättigten Fettsäuren sind die **Myristin-**, **Palmitin-** und **Stearinsäure** mit 14 bzw. 16 bzw. 18 C-Atomen in unverzweigter Kette. Sie bilden den Hauptbestandteil der Fettsäuren aller kristallisierenden (harten) Fette (vgl. **III**, Kap. 6, I, 1) und sind in Form ihrer Ester mit den Wachsalkoholen auch am Aufbau der Wachse maßgebend beteiligt. Für ihre Konstitutionsbestimmung war vor allem der Nachweis erforderlich, daß in ihnen eine unverzweigte Kette vorliegt. Er wurde erstmals von F. Krafft erbracht, der die Stearinsäure auf dem folgenden Wege systematisch um je ein Kohlenstoffatom über die Margarin- und Palmitinsäure bis zur bereits synthetisierten Caprinsäure abgebaut hat, eine Reaktionsfolge, die nur mit einer unverzweigten Carbonsäure durchführbar ist, da andernfalls nach Erreichung der Verzweigungsstelle bei der oxydativen Ketonspaltung keine neue Carbonsäure mehr entstehen würde:

$$\underset{\text{Stearinsäure}}{CH_3{-}(CH_2)_{16}{-}COOH} \xrightarrow[\text{Kalksalz-destillation}]{+\,HOOC{-}CH_3} \underset{\text{Methyl-heptadecyl-keton}}{CH_3{-}(CH_2)_{16}{-}CO{-}CH_3} \xrightarrow[-\,CH_3{-}COOH]{\text{oxydat. Spalt.}} \underset{\text{Margarinsäure}}{CH_3{-}(CH_2)_{15}{-}COOH}$$

$$\xrightarrow[\text{Kalksalz-destillation}]{+\,HOOC{-}CH_3} \underset{\text{Methyl-hexadecyl-keton}}{CH_3{-}(CH_2)_{15}{-}CO{-}CH_3} \xrightarrow[-\,CH_3{-}COOH]{\text{oxydat. Spalt.}} \underset{\text{Palmitinsäure}}{CH_3{-}(CH_2)_{14}{-}COOH} \text{ usw.}$$

Ein anderer Weg geht von der Ölsäure aus, die einerseits zur Stearinsäure hydrierbar ist, andererseits durch Ozonabbau in die Pelargon- und Azelainsäure zerlegt wird, deren beider Konstitution ebenfalls bereits durch Synthese sichergestellt wurde:

$$\underset{\text{Ölsäure}}{CH_3{-}(CH_2)_7{-}CH{=}CH{-}(CH_2)_7{-}COOH} \xrightarrow{+\,H_2} \underset{\text{Stearinsäure}}{CH_3{-}(CH_2)_{16}{-}COOH}$$

$$\xrightarrow[\text{spaltung}]{\text{Ozon-}} \underset{\text{Pelargonsäure}}{CH_3{-}(CH_2)_7{-}COOH} + \underset{\text{Azelainsäure}}{HOOC{-}(CH_2)_7{-}COOH}$$

Beide Beweisführungen sind schließlich durch die auf S. 393 beschriebene Stearinsäuresynthese bestätigt worden.

Die **Margarinsäure** (C_{17}) ist trotz des Trivialnamens ein reines Kunstprodukt und hat nichts mit der „Margarine" zu tun. Der Name diente ursprünglich zur Bezeichnung eines als einheitlich angesehenen Gemisches von Palmitin- und Stearinsäure und wurde erst später auf die synthetisierte Verbindung gleicher Zusammensetzung übertragen.

Auch von den jenseits der Stearinsäure stehenden **höheren gesättigten Carbonsäuren** treten nur die unverzweigten Verbindungen mit einer überwiegend (wahrscheinlich sogar ausschließlich) geraden Anzahl von C-Atomen natürlich auf. Sie kommen nur noch selten als Glyceride in den Fetten, sondern hauptsächlich an die Wachsalkohole gebunden in den Wachsestern vor (III, Kap. 6, I, 3). Die höchste bekannte natürliche Fettsäure ist die in dem Wachs der Blattlaus *Psylla almi* enthaltene **Psyllastearylsäure** mit „33" C-Atomen in unverzweigter Kette. Auch sie besteht wahrscheinlich nur aus einem Gemisch der benachbarten geradzahligen Fettsäuren mit 32 bzw. 34 C-Atomen.

b) Die ungesättigten Carbonsäuren

Ungesättigten Carbonsäuren begegnet man häufig in der Natur. Sie sind vor allem am Aufbau der nicht kristallisierenden Fette (Öle) maßgebend beteiligt. Von den einfachen ungesättigten Säuren sind, wie in der Oxoreihe, die Verbindungen mit α,β-ständiger Doppelbindung von besonderem Interesse, da sie einerseits synthetisch leicht zugänglich, andererseits infolge der Konjugation von olefinischer und Carbonyldoppelbindung durch eine gesteigerte Reaktionsfähigkeit ausgezeichnet sind.

Für die **Darstellung der ungesättigten Säuren** kommen, abgesehen von der häufig durchgeführten Isolierung aus Naturprodukten, vor allem drei Möglichkeiten in Betracht: 1. die nachträgliche Einführung der olefinischen Doppelbindung in das Carbonsäuremolekül, 2. die Einführung der Carboxylgruppe in ein Olefinmolekül und 3. synthetische Methoden.

Zu 1. Die Einführung der Doppelbindung geschieht meistens durch Abspaltung von Wasser oder Halogenwasserstoff aus den Hydroxy- bzw. Halogencarbonsäuren mit Hilfe der üblichen Methoden:

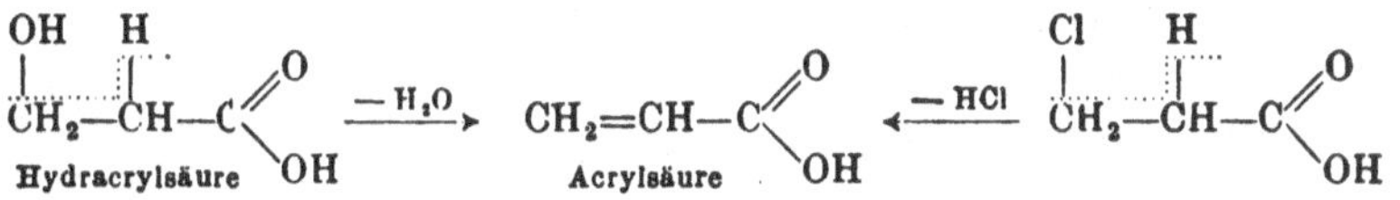

Die Reaktion geht in Analogie zur Oxoreihe besonders leicht bei den β-substituierten Carbonsäuren unter Bildung der α,β-ungesättigten Säuren vor sich und kann hier im allgemeinen bereits durch Erwärmen bzw. durch trockene Destillation erreicht werden. Auch aus den α-substituierten Verbindungen werden ausschließlich die α,β-ungesättigten Säuren erhalten (S. 497, Gleichung formulieren!), und erst bei größerem Abstand der abzuspaltenden Gruppe vom Carboxylkohlenstoff entstehen andere ungesättigte Säuren. Doch besteht auch hier z. T. die Möglichkeit einer nachträglichen „Wanderung" der Doppelbindung in die α,β-Stellung (vgl. z. B. S. 390).

Zu 2. Die Überführung ungesättigter Verbindungen in Carbonsäuren unter Schonung der Doppelbindung ist bei der Empfindlichkeit des olefinischen Bindungssystems nur schwer durchzuführen und hat daher lediglich eine beschränkte Anwendung gefunden. Als Beispiel sei die Oxydation des Acroleins zur Acrylsäure mittels ammoniakalischer Silberoxydlösung angeführt:

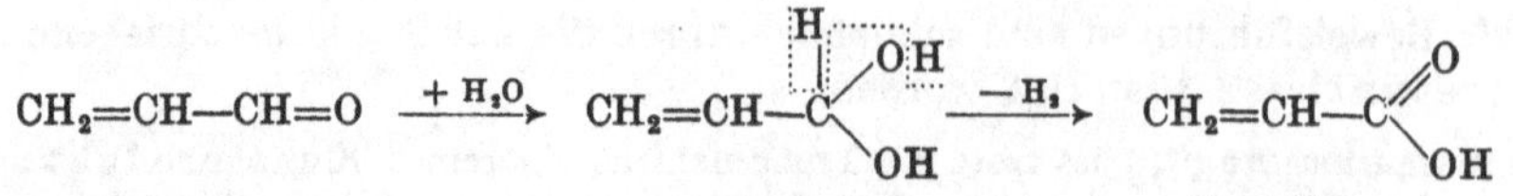

Acrylsäure

Zu 3. Die wichtigste **synthetische Methode** ist die schon mehrfach erwähnte PERKINsche Zimtsäuresynthese, die auf der Kondensation der Carbonylgruppe eines tertiären Aldehyds mit der aktiven Methylengruppe des Acetanhydrids beruht und in letzterem als wasserbindendem Reaktionsmedium unter Überspringung der Aldolstufe (analog der Crotonaldehydkondensation, S. 258) in einem Reaktionsgang zur ungesättigten Säure führt:

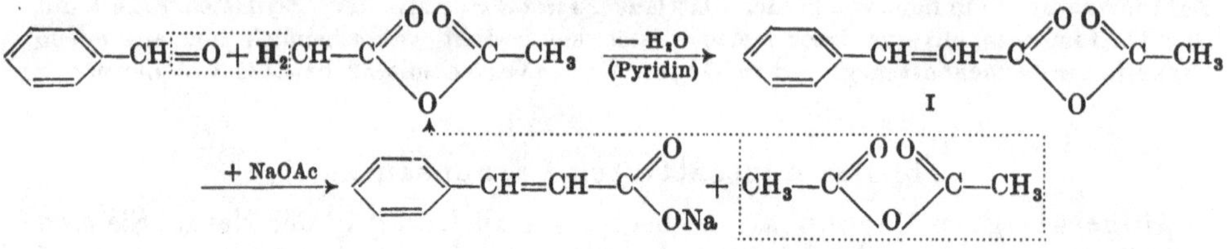

Als Kondensationsmittel dient meistens Natriumacetat, das in dem angegebenen Sinn durch Spaltung des primär entstehenden gemischten Säureanhydrids (I) in die Reaktion eingreift. Weiterhin eignen sich als zusätzliche Katalysatoren Pyridin und andere tertiäre Basen, die häufig auch bereits ohne Natriumacetat (hier allerdings nur bis zur Stufe des gemischten Säureanhydrides) die Kondensation bewirken. Der Aldehyd muß stets tertiär sein, damit die an sich leichter eintretende Aldolkondensation zwischen zwei Aldehydmolekülen ausgeschlossen wird. Die Methode ist daher praktisch auf die Verwendung aromatischer Aldehyde beschränkt.

Zur Vermeidung dieser Schwierigkeiten geht KNOEVENAGL in einem zweiten Verfahren vom Malonester oder auch der freien Malonsäure aus, deren aktive Methylengruppen die der Aldehyde an Reaktionsfähigkeit übertreffen, so daß die Reaktion auch bei Verwendung der primären und sekundären aliphatischen Aldehyde in der gewünschten Richtung verläuft. Die Reaktion stellt einen Spezialfall der Crotonaldehydkondensation (S. 258) dar, und man verwendet daher ebenfalls Piperidin als Kondensationsmittel oder arbeitet in Pyridin als Reaktionsmedium:

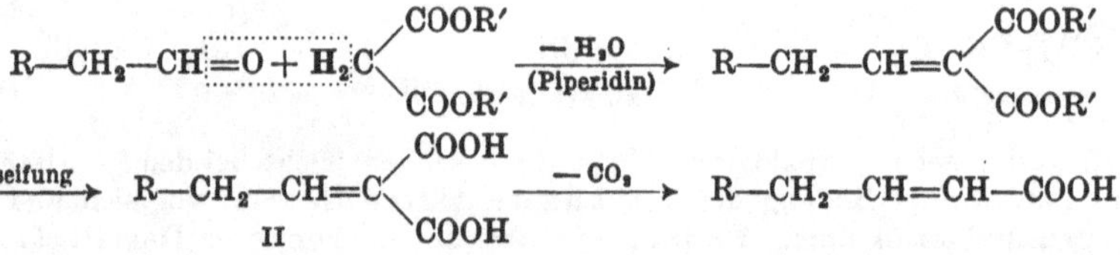

Im Falle der Verwendung des Malonesters bereitet die nachträgliche Decarboxylierung der zunächst entstehenden 1,3-Dicarbonsäure (II) keine Schwierigkeiten (vgl. S. 482). Bei Verwendung der freien Malonsäure (III) erfolgt sie meistens sogar mit der Kondensation in einem Reaktionsgang, so daß man direkt zu der gewünschten ungesättigten Monocarbonsäure (IV) gelangt:

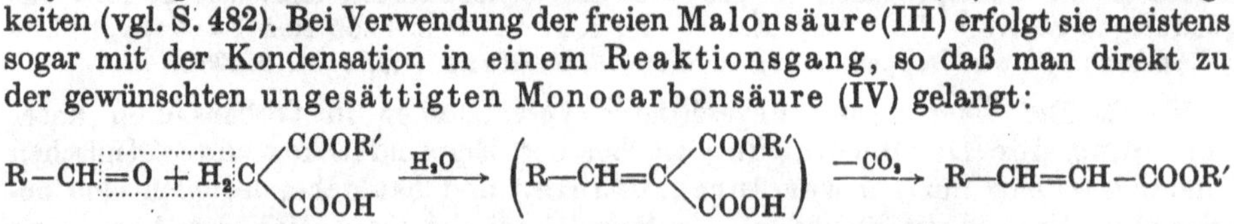

III (für R′=H) V (für R=Äthyl) — unbeständig — IV (für R′=H) VI (für R′=Äthyl)

Die gleiche Reaktion führt schließlich bei Kondensation mit den Halbestern der Malonsäure (V) direkt zu dem betreffenden Ester der ungesättigten Säure[1]) (VI).

Ein weiteres, nicht auf einer Kondensationsreaktion beruhendes Darstellungsverfahren für α,β-ungesättigte Carbonsäuren, das gleichzeitig für die Gewinnung ihrer wichtigsten Derivate geeignet ist, haben wir auf S. 116 in der Carbonylierung von Acetylenen kennengelernt[2]).

In ihrem **physikalischen Verhalten** sind die ungesättigten Carbonsäuren den gesättigten Verbindungen sehr ähnlich. Eine Ausnahme machen nur die Schmelzpunkte der cis-Säuren, die, wie die der cis-Olefine (S. 90), wesentlich tiefer liegen (auch bei den Derivaten) als die der sich annähernd normal verhaltenden trans-Verbindungen. Die elektrolytische Dissoziationskonstante wird durch den positivierenden Einfluß (II, Kap. 3, I, 3) der Doppelbindung auf etwa den 2—4fachen Wert der der gleich konstituierten gesättigten Säure erhöht, und zwar eigenartigerweise bei den cis-Verbindungen wesentlich stärker als bei den trans-Verbindungen, wie im einzelnen aus Tabelle 22 zu entnehmen ist:

Tabelle 22

Die Dissoziationskonstanten (K_S) und die p_K-Werte einiger ungesättigter, aromatischer und Halogen-carbonsäuren

	$K_S \cdot 10^5$	p_K		$K_S \cdot 10^5$	p_K
Propionsäure (z. Vergl.)	1,32	4,88	Buttersäure (z. Vergl.)	1,54	4,85
Acrylsäure	5,6	4,25	α-Chlorpropionsäure	150	2,83
trans-Crotonsäure	2,0	4,70	β-Chlorpropionsäure	10	3,98
cis-Crotonsäure	4,2	4,38	γ-Chlorbuttersäure	3,0	4,52
Benzoesäure	6,5	4,19	δ-Chlorvaleriansäure	2,0	4,70
o-Toluylsäure	12,2	3,91	Benzoesäure (z. Vergl.)	6,5	4,19
m-Toluylsäure	5,3	4,28	o-Chlorbenzoesäure	120	2,92
p-Toluylsäure	4,3	4,37	m-Chlorbenzoesäure	15	3,83
Zimtsäure	3,8	4,42	p-Chlorbenzoesäure	10	4,00
Phenyl-propiolsäure	590	2,23	o-Brombenzoesäure	150	2,83
Chloressigsäure	140	2,85	m-Brombenzoesäure	14	3,84
Dichloressigsäure	3300	1,40	o-Jodbenzoesäure	140	2,84
Trichloressigsäure	20000	0,70	m-Jodbenzoesäure	16	3,80

Die **chemische Reaktionsfähigkeit der ungesättigten Carbonsäuren** hängt von dem gegenseitigen Abstand der charakteristischen Funktionen ab. Am interessantesten sind die α,β-ungesättigten Säuren, in denen in Analogie zu den α,β-ungesättigten Oxoverbindungen (S. 266, 281) die Aktivität der C=C-Doppelbindung durch die Konjugation mit der Carbonylgruppe wesentlich gesteigert wird. Insbesondere sind sie wieder nucleophilen Additionsreaktionen zugänglich, so daß sie z. B. durch nascierenden Wasserstoff zu den gesättigten Carbonsäuren reduziert werden können. Ferner weisen sie, falls die Doppelbindung endständig ist, eine starke Polymerisationsneigung auf.

Bei der Anlagerung polarer Wasserstoffverbindungen gilt wieder die allgemeine Regel, daß der negative Addend stets an das β-ständige C-Atom tritt, sich also möglichst weit entfernt von der Carboxylgruppe anordnet, was auf eine primäre 1,4-Addition und nachträgliche Umlagerung der zunächst entstehenden enolartigen Verbindungen hindeutet:

---

[1]) A. Galat: Am. Soc. **68**, 376 (1946).
[2]) W. Reppe: A. **582**, 1 (1953).

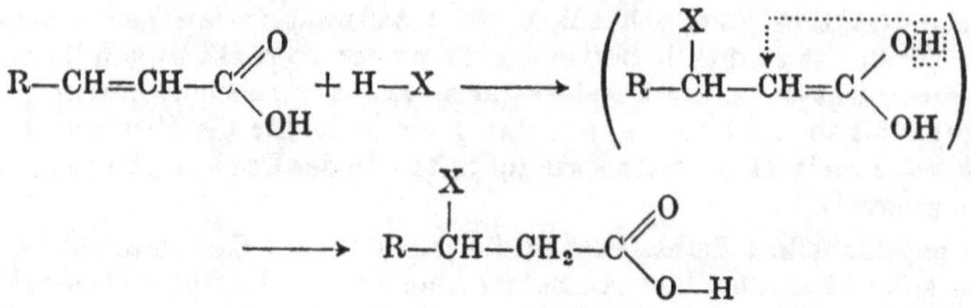

Die wichtigsten dieser Anlagerungsreaktionen sind die Addition von Halogenwasserstoffen zu den β-Halogencarbonsäuren (S. 400), die Addition von Wasser zu den β-Hydroxycarbonsäuren (S. 500 f.) und die auch hier nur in Ausnahmefällen mögliche Addition von Ammoniak zu den β-Aminocarbonsäuren (**I**, Kap. 6, I, 4 d β).

Eine interessante neuartige Reaktion beobachtet man beim Schmelzen der Alkalisalze der α,β-ungesättigten Säuren mit überschüssigem Alkalihydroxyd an der Luft. Hierbei findet — wahrscheinlich auf dem Umweg über eine Anlagerung des Natriumhydroxyds an die olefinische Doppelbindung, Oxydation des entstehenden Alkoholats der β-Hydroxycarbonsäure VII zur β-Ketocarbonsäure VIII und deren „Säurespaltung" (S. 522) — eine oxydierende Hydrolyse der C=C-Doppelbindung unter Bildung von Essigsäure und der um zwei C-Atome ärmeren gesättigten Carbonsäure statt:

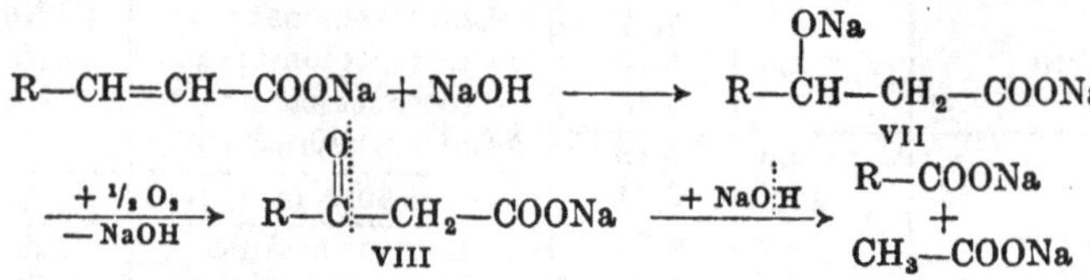

Steht die C=C-Doppelbindung in β,γ-Stellung, so verhält sie sich als isolierte Doppelbindung allen Anlagerungsreaktionen gegenüber normal. Dagegen zeigt sie eine starke Neigung zur Wanderung in die α,β-Stellung, die vor allem bei der Einwirkung von Alkalien sehr leicht eintritt und nach R. P. Linstead zu einem stark zugunsten der α,β-ungesättigten Säure verschobenen Gleichgewicht führt. Die Reaktion stellt einen Spezialfall der Dreikohlenstofftautomerie dar (Näheres vgl. **II**, Kap. 5, II, 4). Erst wenn die Doppelbindung noch weiter von der Carboxylgruppe entfernt ist, werden die ungesättigten Carbonsäuren stabiler, ohne daß jedoch die Neigung zur Wanderung der Doppelbindung in die Konjugationsstellung zur Carboxylgruppe (insbesondere unter den Bedingungen der Alkalischmelze, bei der nahezu alle ungesättigten Carbonsäuren die beschriebene Essigsäureabspaltung erleiden) völlig verschwindet.

Diese Tendenz zur Wanderung der Doppelbindung hat sich als sehr erschwerend für die Konstitutionsbestimmung der ungesättigten Säuren erwiesen, da sie bei den meisten Spaltungsreaktionen (z. B. bei der erwähnten Alkalischmelze an der Luft) als Nebenreaktion beobachtet wird und dadurch die Ermittlung der Lage der Doppelbindung aus den Spaltprodukten unmöglich macht. Lediglich die Ozonmethode liefert im allgemeinen, aber auch nicht immer, eindeutige Resultate.

Einzelverbindungen: **Acrylsäure** (Äthylencarbonsäure, Propensäure) $CH_2{=}CH{-}COOH$, die einfachste ungesättigte Carbonsäure, ist ein technisches Großprodukt und wird mit Hilfe der Kolbeschen Nitrilsynthese aus Äthylen über das Äthylenchlorhydrin (S. 198), sowie neuerdings auch mit Hilfe der

Carbonylierungsreaktion direkt aus Acetylen, Kohlenoxyd und Wasser (S. 116) gewonnen:

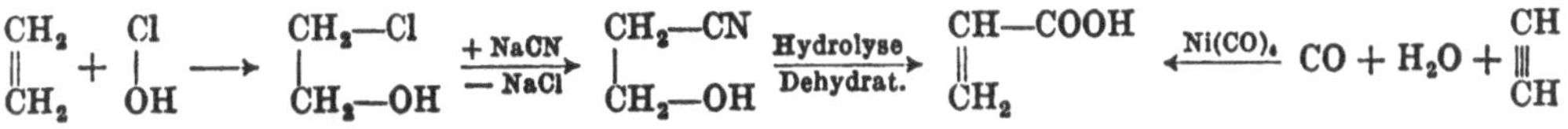

Präparativ zieht man meistens die Oxydation von Allylalkohol vor, dessen C=C-Doppelbindung jedoch durch intermediäre Anlagerung und Wiederabspaltung von Brom geschützt werden muß:

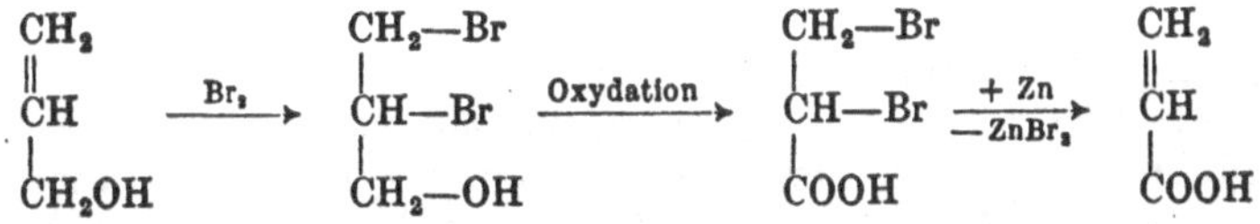

Acrylsäure ist eine stechend riechende, mit Wasser mischbare, sehr unbeständige Flüssigkeit, die, ähnlich wie Acrolein, nur durch Verwendung von Inhibitoren (S. 267) vor der Polymerisation geschützt werden kann. Sie findet Verwendung in der Kunststoffindustrie sowie zur Darstellung ihrer Derivate.

Die **Acrylsäureester** können mit Hilfe der Carbonylierungsreaktion ohne den Umweg über die freie Säure direkt aus Acetylen, Kohlenoxyd und den betreffenden Alkoholen gewonnen werden (vgl. S. 116). Sie polymerisieren ähnlich leicht wie die Acrylsäure selbst und finden daher ebenfalls in der Kunststoffindustrie Anwendung. Insbesondere der polymere Acrylsäuremethylester spielte eine Zeitlang als Vorläufer des Plexiglases (s. unten) eine gewisse Rolle.

Acrylsäurenitril[1]) entsteht aus dem bei der ersten der angeführten Acrylsäuresynthesen als Zwischenprodukt auftretenden β-Hydroxy-propionäurenitril durch Wasserabspaltung (bei der Destillation), wird aber neuerdings noch einfacher durch direkte Synthese aus Blausäure und Acetylen (S. 117) oder Äthylen-oxyd gewonnen. Es dient vor allem als Ausgangsmaterial zur Herstellung der Orlonfaser[2]) und zur Mischpolymerisation mit Butadien (als Bestandteil verschiedener Bunasorten).

Von der n-Buttersäure leiten sich die folgenden drei ungesättigten Carbonsäuren ab:

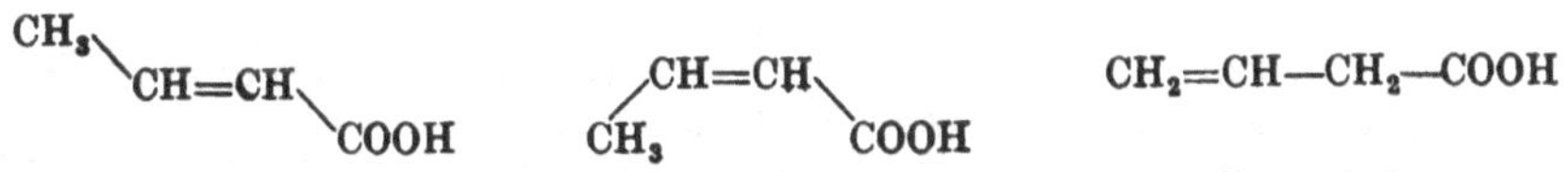

normale oder trans-Crotonsäure — Iso- oder cis-Crotonsäure — Vinylessigsäure

Von ihnen hat nur die meistens als **Crotonsäure** schlechthin bezeichnete trans-Crotonsäure praktische Bedeutung erlangt, da sich sowohl die Vinylessigsäure infolge ihrer β,γ-ständigen Doppelbindung als auch die als cis-Verbindung labilere Isocrotonsäure sehr leicht in sie umlagern (letztere z. B. bereits beim Erhitzen auf 100°). Die Crotonsäure hat ihren Namen auf Grund ihres Vorkommens im Crotonöl erhalten, wird aber praktisch meistens synthetisch, z. B. aus Acetaldehyd über den Crotonaldehyd dargestellt (Gleichung formulieren!).

Methacrylsäure ist eine der Crotonsäure isomere, sich von der Isobuttersäure ableitende ungesättigte Carbonsäure, die vom Aceton ausgehend durch Cyanhydrinsynthese gewonnen wird:

---

[1]) Zusammenfassung: O. BAYER: Angew. Chem. **61**, 229 (1949).

[2]) Zusammenfassung: H. REIN: Angew. Chem. **61**, 241 (1949).

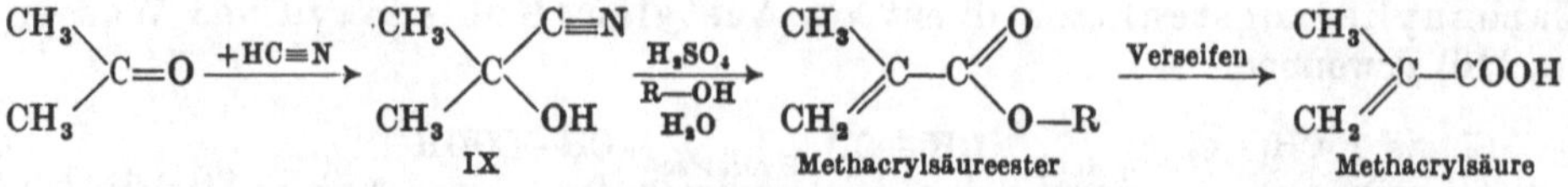

Sie besitzt eine **endständige** olefinische Doppelbindung und vermag daher (ebenso wie ihre Derivate) zu hochmolekularen Verbindungen zu **polymerisieren**. Von besonderer Bedeutung ist der **Methacrylsäuremethylester,** der direkt aus dem oben formulierten Cyanhydrin (IX) gewonnen wird. Sein Polymerisationsprodukt ist unter dem Namen Plexiglas bekannt geworden. Ein Gemisch verschiedener Ester tritt im Öl der römischen Kamille natürlich auf.

Angelika- und **Tiglinsäure** CH_3—CH=C(CH_3)—COOH[1]) leiten sich von der Methyläthylessigsäure ab und stehen im Verhältnis der Cis-trans-Isomerie zueinander. Erstere hat ihren Namen auf Grund des Auftretens ihrer Ester in einigen ätherischen Ölen (Angelikaöl, römisches Kamillenöl usw.) erhalten.

Die wichtigste der **höheren ungesättigten Carbonsäuren** ist die sich von der Stearinsäure ableitende **Ölsäure,** die die häufigste Fettsäure überhaupt darstellt und sich, wie der Name sagt, besonders in den fetten Ölen anreichert, in denen sie bis zu 85% des Gesamtfettsäuregehaltes ausmacht. Die Doppelbindung befindet sich genau in der Mitte der Kette zwischen C_9 und C_{10}, wie u. a. die auf S. 386 angeführte Ozonspaltung beweist, und zeigt cis-Konfiguration. Letzteres geht insbesondere aus dem tiefen Schmelzpunkt der Säure selbst (14°) und auch ihrer Glyceride (daher sind die Öle bei normaler Temperatur flüssig) hervor, sowie aus der in Gegenwart von nitrosen Gasen oder salpetriger Säure freiwillig erfolgenden Umlagerung in die stabilere, aber nicht natürlich vorkommende **Elaidinsäure,** die als trans-Verbindung ähnlich hoch schmilzt (51°) wie die Stearinsäure (69°) und zu etwa 70% im Gleichgewichtsgemisch vorhanden ist:

Auch die sich von der Elaidinsäure ableitenden synthetischen Fette sind im Gegensatz zu den Glyceriden der Ölsäure fest.

Von den Reaktionen der Ölsäure hat vor allem die leichte Hydrierbarkeit der olefinischen Doppelbindung praktische Bedeutung erlangt, da sie die Grundlage der Fetthärtung (**III**, Kap. 6, I, 1) darstellt. Bei der Alkalischmelze wandert die Doppelbindung durch die ganze Kette in die α,β-Stellung, und es findet die angeführte Essigsäureabspaltung unter Bildung von Palmitinsäure statt (Gleichung formulieren!). Im übrigen verhält sich die Doppelbindung normal und läßt sich über das Bromaddukt in die C≡C—Dreifachbindung der Stearolsäure überführen (vgl. S. 394).

Auch von der Palmitinsäure leitet sich eine natürliche ungesättigte Fettsäure ab, die **Palmitölsäue** (C_{16}) genannt wird. In ihr befindet sich die Doppelbindung in der gleichen Entfernung von der Carboxylgruppe wie in der eigentlichen Ölsäure, also wieder zwischen C_9 und C_{10}, von der Carboxylgruppe aus gerechnet. Auch die Palmitölsäure besitzt cis-Konfiguration und schmilzt daher wie die Ölsäure sehr niedrig bzw. bildet bei

[1]) Zusammenfassung: R. E. Buckles u. Mitautoren: Chem. Rev. **1955,** 659.

Zimmertemperatur flüssige Glyceride. Sie kommt in den fetten Ölen von Seetieren vor und wird daher zuweilen auch *Zoomarinsäure* genannt.

Als Beispiele für einige ungesättigte Carbonsäuren mit mehr als 18 C-Atomen seien die **Erucasäure** (C_{22}), die zu der nicht natürlichen **Brassidinsäure** im gleichen Verhältnis der Cis-trans-Isomerie steht wie die Öl- zur Elaidinsäure, sowie die um noch zwei C-Atome reichere, ebenfalls in einer cis- und einer trans-Form auftretende **Nervonsäure** (C_{24}) genannt. Letztere wurde erstmals aus Gehirnsubstanz isoliert und hat deshalb ihren Namen erhalten. In allen vier Verbindungen steht die Doppelbindung in gleichem Abstand vom Paraffinende der Kette wie in der Ölsäure, also im Gegensatz zur Zoomarinsäure und Ölsäure weiter von der Carboxylgruppe entfernt.

Neben den Verbindungen mit einer Doppelbindung haben auch die **mehrfach ungesättigten Carbonsäuren** ein vielseitiges Interesse gefunden, da sie einerseits z. T. ebenfalls als natürliche Fettsäuren auftreten, andererseits vielfach synthetisch dargestellt werden können. So hat z. B. R. KUHN (1930) alle auf S. 266 angeführten ungesättigten Aldehyde mit Hilfe der Malonestermethode (S. 388) in die um zwei C-Atome und eine Doppelbindung reicheren poly-ungesättigten Carbonsäuren mit einer fortlaufenden Kette konjugierter Doppelbindungen übergeführt. Als höchste Säure dieser Reihe wurde hierbei aus dem Hexadeca-hepta-enal über die **Heptadeca-octaen-dicarbonsäure**, sowie deren Hydrierung und partielle Decarboxylierung, die Stearinsäure gewonnen (1937), die auf diese Weise erstmals synthetisch dargestellt werden konnte:

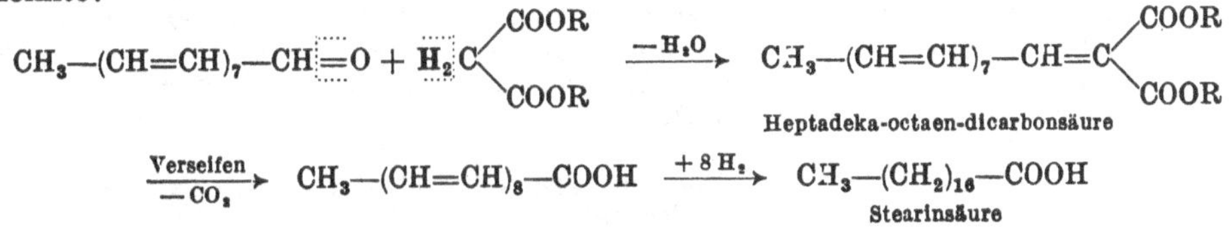

Heptadeka-octaen-dicarbonsäure

Stearinsäure

Die in den fetten Ölen natürlich auftretenden mehrfach ungesättigten Carbonsäuren leiten sich hauptsächlich von der Ölsäure durch Einführung weiterer Doppelbindungen zwischen die ursprüngliche Doppelbindung und das Paraffinende des Moleküls ab. Am bekanntesten sind:

die **Linolsäure**

$$CH_3-CH_2-CH_2-CH_2-CH_2-CH{=}CH-CH_2-CH{=}CH-(CH_2)_7-COOH$$

die **Linolensäure**

$$CH_3-CH_2-CH{=}CH-CH_2-CH{=}CH-CH_2-CH{=}CH-(CH_2)_7-COOH$$

und die **Eläostearinsäure**

$$CH_3-CH_2-CH_2-CH_2-CH{=}CH-CH{=}CH-CH{=}CH-(CH_2)_7-COOH,$$

von denen die ersten beiden im Leinöl (Name), die dritte im japanischen Holzöl in Form ihrer Glyceride enthalten sind. Auf ihre Bedeutung für die charakteristischen Eigenschaften der trocknenden Öle werden wir später noch zu sprechen kommen (**III**, Kap. 6, I, 1).

Acetylen-carbonsäuren. Carbonsäuren mit einer dreifachen C≡C-Bindung im Molekül treten gegenüber den Olefincarbonsäuren an Bedeutung zurück. Sie werden allgemein durch die Endung *-olsäuren* gekennzeichnet und entweder durch Einführung der Carboxylgruppe in das bereits die dreifache Bindung enthaltende Molekül, z. B. durch Einwirkung von Kohlendioxyd oder Chlorameisensäureester auf Natriumacetylenide:

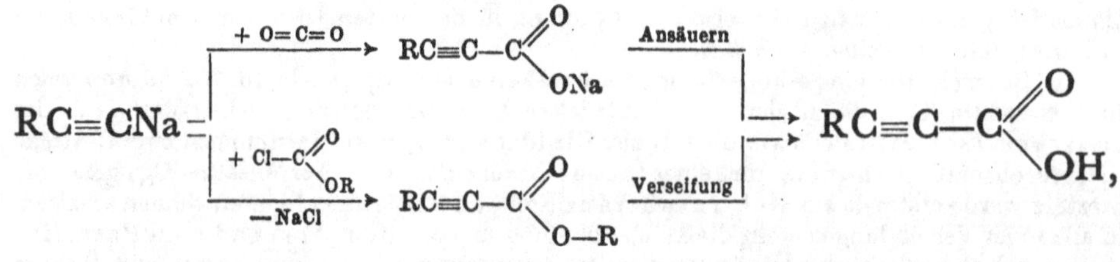

oder durch Einführung der **dreifachen Bindung** in Carbonsäuren, z. B. durch Bromaddition an Olefincarbonsäuren und anschließende zweimalige Bromwasserstoffabspaltung (Gleichung formulieren!), dargestellt. Die Acetylencarbonsäuren sind stärker sauer als die Olefincarbonsäuren und zeigen im allgemeinen die Reaktionen der Acetylen- und Carboxylgruppe nebeneinander. Als einzige neuartige Umsetzung beobachtet man bei den α, β-ungesättigten Säuren eine sehr leicht erfolgende CO_2-Abspaltung unter Regeneration des *Acetylens*, die besonders glatt bei den Silbersalzen vor sich geht, da hierbei die Silberacetylenidgruppierung entsteht:

$$R—C≡C—COO\,Ag \longrightarrow R—C≡C—Ag + CO_2$$

Propiolsäure, das einfachste Glied der Reihe, wird präparativ durch Oxydation von Propargylalkohol gewonnen[1]). Sie besitzt neben dem Carboxylwasserstoff noch ein Acetylen-H-Atom und kann infolgedessen zwei Reihen von Metallderivaten bilden: 1. die mit Alkalien entstehenden ionogenen carboxylsauren Salze und 2. die mit Schwermetallen infolge der Ausbildung von Atombindungen sofort unlöslich ausfallenden Schwermetallacetylenide:

$$Ag—C≡C—COOH \xleftarrow[-H^+]{+Ag^+} \underset{\text{Propiolsäure}}{H—C≡C—COOH} \xrightarrow[-H_2O]{+NaOH} H—C≡C—COONa$$

Tetrolsäure $CH_3—C≡C—COOH$ und **Heptin-1-carbonsäure-1** $CH_3—(CH_2)_4—C≡C—COOH$ bilden wohlriechende *Ester*, die in der Riechstoffindustrie als künstliches Veilchenaroma Verwendung finden.

Stearolsäure $CH_3—(CH_2)_7—C≡C—(CH_2)_7—COOH$ kann aus Ölsäure durch Addition von Brom und zweimalige Abspaltung von Bromwasserstoff dargestellt werden. Auffallenderweise findet bei dieser Reaktion die Bildung der dreifachen Bindung statt, während im allgemeinen die eines Systems konjugierter Doppelbindungen bevorzugt wird (S. 106).

c) Die aromatischen Carbonsäuren

Auch aromatische Carbonsäuren und kompliziertere Verbindungen mit aromatisch gebundener Carboxylgruppe kommen zahlreich in der Natur vor bzw. spielen in der Technik eine wichtige Rolle. Doch hat die ganze Gruppe bei weitem nicht die Bedeutung der aliphatischen Carbonsäuren erlangt. Ihre **Darstellung** und auch die direkte Synthese ihrer Derivate erfolgt in der Hauptsache nach den im allgemeinen Teil beschriebenen Verfahren, von denen sich insbesondere die Oxydation von Seitenketten des Benzolkerns, die verschiedenen Möglichkeiten der Einführung der Nitrilgruppe und die verschiedenen Möglichkeiten der FRIEDEL-CRAFTSschen Synthese bei Verwendung von Kohlensäurederivaten als Acylierungskomponente (S. 322) bewährt haben. Ihnen schließt sich als weitere, nur in der aromatischen Reihe gebräuchliche Darstellungsweise,

---

[1]) V. WOLF: B. 86, 735 (1953).

die der Wurtz-Fittigschen Synthese analog verlaufende Kondensation aromatischer Halogenverbindungen mit Chlorameisensäureestern (S. 405) mittels Natriums an:

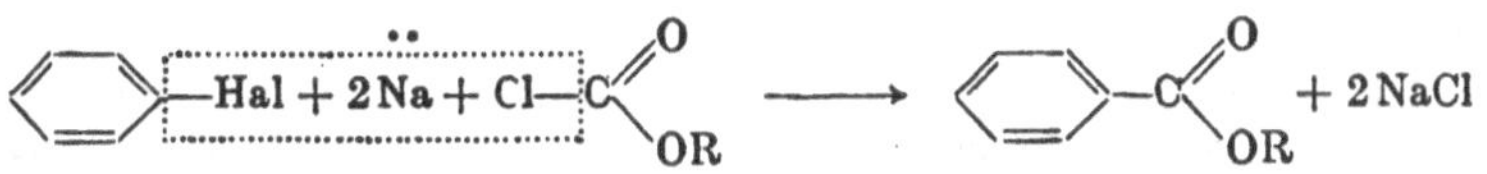

Die aromatischen Carbonsäuren sind durchwegs gut kristallisierende, in Wasser nur noch schwer lösliche Verbindungen, deren Acidität infolge des Einflusses des positivierenden Arylrestes gegenüber der der ungesättigten Carbonsäuren nochmals auf etwa das Doppelte gesteigert ist (vgl. Tabelle 22, S. 389).

In ihren **chemischen Eigenschaften** weichen sie nicht wesentlich von den aliphatischen Carbonsäuren ab, doch fallen, ähnlich wie in der Oxoreihe, infolge der tertiären Natur des Arylrestes alle durch die aktive Methylengruppe bedingten Reaktionen fort.

Benzoesäure C_6H_5—COOH, die einfachste aromatische Carbonsäure ist in ähnlicher Weise der Prototyp der aromatischen Carbonsäuren wie die Essigsäure der der aliphatischen Carbonsäuren. Sie kommt verschiedentlich in der Natur vor, z. B. als Ester des Coniferylalkohols (**III**, Kap. 6, II, 1) im Benzoeharz, aus dem sie bereits Ende des 16. Jahrhunderts von dem französischen Arzt Blaise de Viginère durch Sublimation gewonnen werden konnte und dem sie und damit sekundär die gesamten Benzolverbindungen ihren Namen verdanken. Weiterhin tritt sie als Benzylester im Gemisch mit dem Benzylester der Zimtsäure (s. u.) im *Cinnamein*, dem Hauptbestandteil des Perubalsams (60—70%, auch zu 7% im Tolubalsam enthalten), natürlich auf.

Ihre praktische Darstellung erfolgt nach einem der oben beschriebenen Verfahren, z. B. durch Oxydation von Toluol, Benzylalkohol oder Benzaldehyd, sowie vom Benzol ausgehend über die Benzolsulfonsäure und das Benzonitril (vgl. **I**, Kap. 7, II, 1). Daneben war früher auch die Verseifung des durch Chlorierung von Toluol leicht erhältlichen Benzotrichlorids (S. 168) in Gebrauch.

Benzoesäure ist eine in charakteristischen Nadeln kristallisierende, bereits bei 100° (insbesondere mit Wasserdampf) sublimierende Substanz, die bei normaler Temperatur nur wenig, jedoch oberhalb des Schmelzpunktes (unter Wasser 96°) ziemlich stark in Wasser löslich ist. Auf den lebenden Organismus wirkt sie giftig und wird daher von den Säugetieren an Glykokoll gebunden als Hippursäure (**I**, Kap. 6, I, 4dα) im Harn, von den Vögeln an Ornithin gebunden als feste Ornithursäure (**III**, Kap. 7, I, 1) ausgeschieden. Kleinlebewesen gegenüber zeigt sie antiseptische Eigenschaften.

Benzoesäure dient in der Technik als Ausgangsmaterial für die Darstellung ihrer Derivate und auch für Farbstoffsynthesen. Ferner findet sie wegen ihres antiseptischen Verhaltens Anwendung in der Nahrungsmittelindustrie als Konservierungsmittel.

Benzoylchlorid C_6H_5—CO—Cl wird präparativ durch Chlorierung von *Benzoesäure* mit PCl_5 oder $SOCl_2$, technisch meistens direkt aus Benzol und Phosgen nach Friedel-Crafts oder durch Chlorierung von Benzaldehyd (S. 255) gewonnen (Gleichungen formulieren!). Es ist das wichtigste aromatische Acylierungsmittel und infolge der in **II**, Kap. 7, IV, 2 näher erörterten Mesomerieverhältnisse bereits deutlich reaktionsträger als aliphatische Säurechloride. So wird es z. B., was z. T. wohl auch auf seine mangelnde Benetzungsfähigkeit durch Wasser zurückzuführen ist, von Wasser und selbst von Natronlauge nur langsam angegriffen, so daß man es nach C. Schotten und E. Baumann (1886) in Natronlauge suspendiert zu Benzoylierungsreaktionen verwenden kann (S. 337). In der Wärme reagiert es im Gegensatz zu den Säureanhydriden mit Alkoholen und Phenolen auch ohne weitere Katalyse unter Salzsäureentwicklung (Gleichung formulieren!).

Benzoesäureanhydrid kann nach den üblichen Methoden, z. B. aus Benzoylchlorid und Natriumbenzoat oder durch Kochen von Benzoesäure mit Essigsäureanhydrid (Gleichungen formulieren!), leicht dargestellt werden, hat aber nicht entfernt die präparative Bedeutung des Essigsäureanhydrids erlangt. Bemerkenswert ist seine auffallende Beständigkeit gegenüber Wasser, durch das es, wiederum infolge der schlechten Benetzbarkeit, erst nach längerem Kochen zersetzt wird.

Benzoylperoxyd und **Benzopersäure** sind die am leichtesten zugänglichen, nur noch wenig explosiblen Peroxyverbindungen (S. 350) und werden daher vielfach als Peroxyreagenzien, z. B. als Polymerisationskatalysatoren (S. 100) oder zur Darstellung von Olefinoxyden (S. 93) verwandt.

Die drei isomeren **Toluylsäuren** sind alle bekannt:

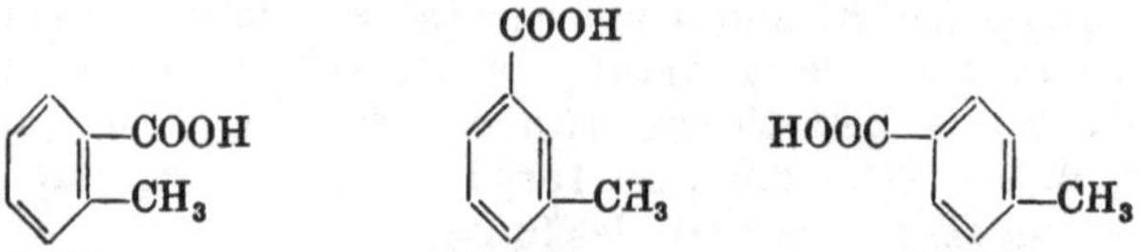

o-Toluylsäure m-Toluylsäure p-Toluylsäure

und können durch vorsichtige partielle Oxydation der entsprechenden Xylole oder aus den Toluidinen über die Nitrile nach T. Sandmeyer dargestellt werden (Gleichungen formulieren!). Die elektrolytische Dissoziationskonstante der o-Toluylsäure (Tabelle 22, S. 389) ist wesentlich größer als die der m- und p-Verbindung und findet ihr aliphatisches Analogon in der ebenfalls unerwartet hohen Acidität der cis-Crotonsäure.

Phenylessigsäure C_6H_5—CH_2—COOH wird aus Benzylchlorid mit Hilfe der Kolbeschen Nitrilsynthese gewonnen (Gleichung formulieren!). Die aktive Methylengruppe ist, ähnlich wie beim Desoxybenzoin, infolge der gleichzeitigen Aktivierung von beiden Seiten besonders reaktionsfähig und eignet sich, namentlich bei Verwendung der Ester, gut zu Kondensationsreaktionen.

Hydratropasäure C_6H_5—$CH(CH_3)$—COOH (*α-Phenylpropionsäure*) ist als Hydrierungsprodukt der Atropasäure (S. 397), die wiederum durch Wasserabspaltung aus der als Säurekomponente der Tropa-alkaloide (III, Kap. 7, III, 4a) fungierenden Tropasäure (S. 500) entsteht, von einem gewissen Interesse und hat auf Grund dieser Beziehung ihren Namen erhalten.

In der **Zimtsäure** C_6H_5—CH=CH—COOH (*β-Phenylacrylsäure*) liegt die einfachste ungesättigte aromatische Carbonsäure vor. Sie tritt vielfach in Form ihrer Ester in tropischen Wundbalsamen auf, z. B. mit Benzylalkohol verestert zusammen mit dem Benzoesäurebenzylester (S. 395) im Cinnamein[1]) des Peru- und Tolubalsams oder mit Zimtalkohol verestert im Storax. Ihre Gewinnung aus den Naturprodukten ist möglich, doch wird sie präparativ und technisch besser synthetisch dargestellt, und zwar entweder mit Hilfe der Perkinschen Zimtsäuresynthese (S. 388), die man in diesem Fall auch in Form einer Crotonaldehydkondensation zwischen Benzaldehyd und Essigester durchführen kann (formulieren!), oder durch Chlorierung des Benzalacetons

---

[1]) Vom Cinnamein leitet sich der pharmazeutische Name der Zimtsäure, *Acidum cinnamylicum*, sowie die Radikalnamen *Cinnamyl*, *Cinnamyliden* und *Cinnamoyl* ab.

(S. 284) und anschließende Chloroformspaltung, da bei dieser Reaktion die Doppelbindung nicht angegriffen wird (vgl. S. 323):

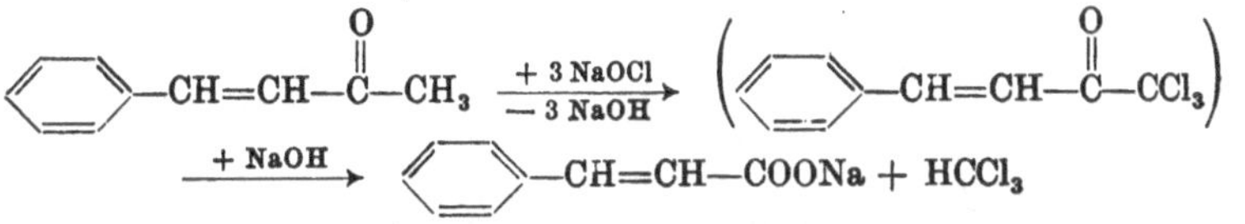

Von den Reaktionen der Zimtsäure ist vor allem ihre auffallend leicht erfolgende Decarboxylierung zu Styrol (S. 142) zu erwähnen, die bereits bei der Destillation stattfindet und auch unter biologischen Bedingungen vor sich zu gehen scheint, wie aus der Vergesellschaftung von Zimtsäure und Styrol im Storax geschlossen werden kann. Als α,β-ungesättigte Säure wird Zimtsäure weiterhin durch nascierenden Wasserstoff (z. B. Natriumamalgam-Wasser) an der C=C-Bindung hydriert und neigt, obgleich die Doppelbindung nicht endständig ist, infolge der zusätzlichen Aktivierung durch den Benzolkern zur Dimerisierung, die bereits bei Belichtung stattfindet und in der bekannten Weise (S. 99) zu den sich vom Cyclobutan ableitenden verschiedenen stereoisomeren Truxillsäuren (I, Kap. 11, I, 2b) führt:

Da diese in der Natur vielfach ebenfalls mit Zimtsäure vergesellschaftet vorkommen, ist anzunehmen, daß auch die natürlichen Truxillsäuren aus Zimtsäure entstanden sind.

Die Zimtsäure tritt als Äthylenderivat in zwei geometrisch isomeren Formen auf, von denen der normalen, bei 135—36° schmelzenden Form die trans-Konfiguration zukommt (bezüglich Konfigurationsbeweis vgl. II, Kap. 7, II, 4). Sie kann durch Ultraviolettbestrahlung in die energiereichere und daher labile cis-Form (*Isozimtsäure*) umgelagert werden, von der wiederum drei verschiedene Kristallmodifikationen bekannt sind, und zwar: 1. die von C. Liebermann dargestellte *Allozimtsäure* vom Schmelzpunkt 68°, 2. die ebenfalls von Liebermann aufgefundene *Isozimtsäure* vom Schmelzpunkt 58° und 3. die von E. Erlenmeyer entdeckte *Isozimtsäure* vom Schmelzpunkt 48°.

Daß es sich bei diesen Substanzen tatsächlich um keine isomeren Verbindungen handelt, sondern nur um verschiedene Modifikationen des gleichen Stoffes, wird vor allem durch die Tatsache bewiesen, daß alle drei Modifikationen nach Belieben durch Impfung aus der gleichen Schmelze gewonnen werden können.

Zimtsäure dient in der Technik hauptsächlich zur Darstellung ihrer *Ester*, die in der Riechstoffindustrie benötigt werden. Auch in der Pharmazie finden sie und einige der von ihr abgeleiteten Verbindungen eine beschränkte Anwendung, z. B. zur Tuberkulosebekämpfung.

Die oben bereits kurz erwähnte **Atropasäure** $CH_2=C(C_6H_5)—COOH$ ist die der Zimtsäure isomere α-Phenylacrylsäure. Sie ist wegen ihrer Beziehungen zur Tropa- und Hydratropasäure von Interesse.

Als Beispiel einer aromatischen Acetylencarbonsäure sei lediglich die **Phenylpropiolsäure** $C_6H_5—C\equiv C—COOH$ angeführt, die in der üblichen Weise aus Zimtsäure durch Bromanlagerung und zweimalige Bromwasserstoffabspaltung gewonnen werden kann (Gleichung formulieren!). Sie zeigt noch die den Acetylenderivaten eigene Neigung zur Bildung cyclischer Polymerisationsprodukte, wofür die Dimerisierung des *Esters* zu einem *Naphthalinderivat* als Beispiel angeführt sei:

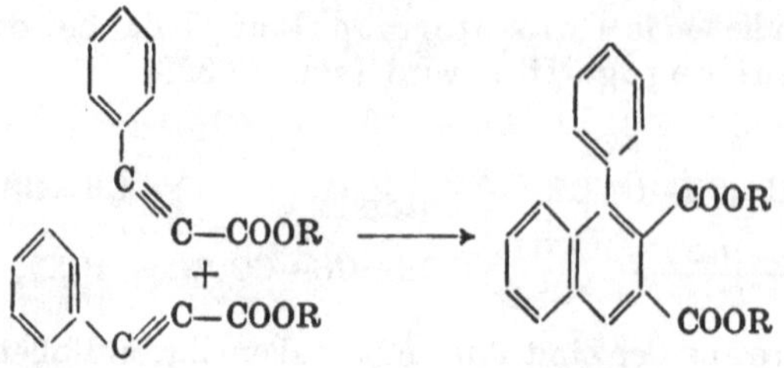

d) Die Halogencarbonsäuren

Die *Halogencarbonsäuren* kommen, wie die meisten organischen Halogenverbindungen, nicht in der belebten Natur vor, sondern müssen künstlich dargestellt werden, wofür vor allem zwei Methoden gebräuchlich sind: 1. die Einführung von Halogen in das Carbonsäuremolekül und 2. die Einführung der Carboxylgruppe in eine Halogenverbindung.

Zu 1. Durch Wahl geeigneter **Halogenierungsmethoden** hat man in beschränktem Umfang die Möglichkeit der Festlegung des Ortes des Halogeneintritts in der Hand. So führt die Halogenierung der aliphatischen Carbonsäuren stets ausschließlich zu den α-Halogenfettsäuren (aktive Methylengruppe, vgl. S. 152, 328) und die der aromatischen Carbonsäuren überwiegend zu den m-halogenierten Verbindungen, da die Carboxylgruppe ein Substituent 2. Ordnung ist. Weiterhin erhält man bei der Anlagerung von Halogenwasserstoff an α,β-ungesättigte Säuren stets die β-Halogencarbonsäuren (S. 400).

Die Lenkung des Halogens in andere Stellen des Moleküls bereitet dagegen größere Schwierigkeiten und geschieht in der aliphatischen Reihe am besten durch Substitution einer Hydroxylgruppe, z. B. durch Behandeln einer Hydroxycarbonsäure oder eines ihrer Derivate mit PCl_5, in der aromatischen Reihe nach T. Sandmeyer über die Diazoverbindungen (S. 172).

Zu 2. Die wichtigste hierhergehörende Reaktion ist die **Seitenkettenoxydation aromatischer Halogenverbindungen.** Z. B. gelangt man durch Oxydation des bei der Kernchlorierung von Toluol entstehenden o- oder p-Chlortoluols (die Methylgruppe ist ein Substituent 1. Ordnung) ohne Schwierigkeit zur o- und p-Chlorbenzoesäure, so daß zusammen mit dem unter 1 genannten Verfahren die Möglichkeit zur Darstellung aller drei Chlorbenzoesäuren gegeben ist.

Die *Halogencarbonsäuren* weisen in ihren **physikalischen Eigenschaften** keine wesentlichen Unterschiede gegenüber den normalen Carbonsäuren auf. Chemisch wirkt sich die Einführung des Halogens vor allem in einer starken Aciditätssteigerung gegenüber den nicht substituierten Säuren aus, die die bei den ungesättigten und aromatischen Carbonsäuren beobachtete Aciditätssteigerung um das Mehrfache übertrifft. Der Einfluß des Halogens ist, wie erwartet, in der α- und auch o-Stellung am größten und nimmt mit der Zahl der Halogenatome zu, so daß die Trichloressigsäure bereits zu den starken und die Trifluoressigsäure sogar zu den sehr starken Säuren gezählt werden muß. Ferner wirkt Brom und auch Jod etwas stärker acidifizierend als Chlor (Einzelheiten vgl. Tabelle 22, S. 389).

Im übrigen zeigen alle Halogencarbonsäuren die normalen Reaktionen beider Funktionen nebeneinander, und man kann in ihnen z. B. sowohl die Carboxylgruppe in der üblichen Weise verestern oder in andere Säurederivate überführen als auch das Halogenatom substituieren oder als Halogenwasserstoff herausspalten. An speziellen Reaktionen wurde beobachtet: 1. eine starke physiologische Reizwirkung der α-Halogenfettsäuren und ihrer

Derivate, die sie mit den α-Halogen-Oxoverbindungen (S. 284), sowie mit den Allyl- und Benzylhalogeniden (S. 159) gemeinsam haben, und die wahrscheinlich wieder auf die Wechselwirkung des Halogens mit dem ungesättigten Bindungssystem zurückzuführen ist. 2. die bereits beschriebene (S. 387) leichte Abspaltbarkeit von Halogenwasserstoff aus den β-Halogenfettsäuren unter Bildung einer zur Carbonyl-Doppelbindung konjugierten C=C-Doppelbindung, durch die die β-Halogencarbonsäuren zu ausgesprochen unbeständigen Substanzen werden.

Monochloressigsäure $Cl—CH_2—COOH$ läßt sich in einfacher Weise durch Chlorierung von Essigsäure darstellen (vgl. S. 328) und dient vor allem zur Einführung des Essigsäurerestes ($—CH_2—COOH$) in andere Moleküle, kann aber auch in normaler Weise in ihre Säurederivate übergeführt werden, wie aus dem folgenden Formelbild hervorgeht:

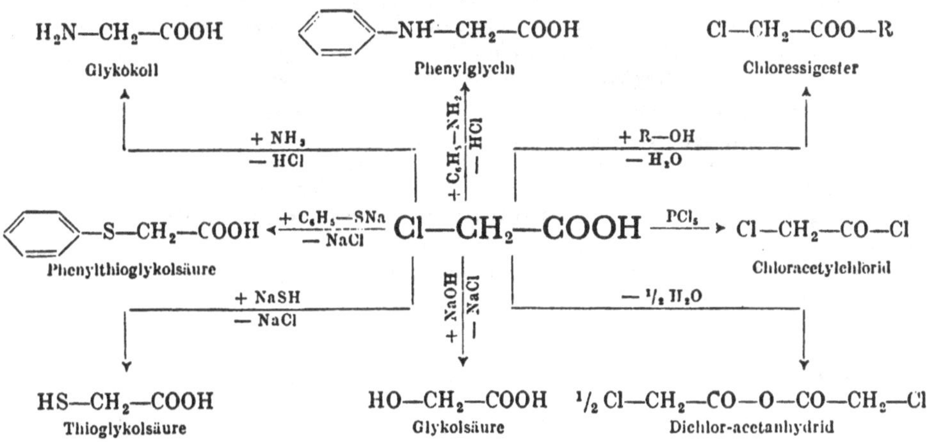

Sie ist daher ein wichtiges technisches Zwischenprodukt, vor allem für die Indigo- und Thioindigosynthese (**II**, Kap. 2, V). Ihre physiologische Aktivität äußert sich in einer starken Ätzwirkung auf die Haut.

Chloressigester $Cl—CH_2—COO—C_2H_5$ und besonders **Bromessigester** zeigen als flüchtige Verbindungen eine starke Reizwirkung auf die Augen und in geringerem Maße auch auf die Atmungsorgane. Sie wurden daher im ersten Weltkrieg zeitweise als Tränengas verwandt. **Jodessigester** kann aus dem Chloressigester in der üblichen Weise durch Umsetzen mit Kaliumjodid gewonnen werden (S. 155) und diente im ersten Weltkrieg auf alliierter Seite ebenfalls als Kampfstoff. Er ist aber viel zersetzlicher als die Chlor- und Bromverbindung und hat sich daher nicht bewährt.

Dichlor- und Dibromessigsäure $Hal_2CH—COOH$ entstehen bei der weiteren Halogenierung der Monohalogenessigsäuren und gehören zu den wenigen aliphatischen, durch Halogenierung von Wasserstoffverbindungen zugänglichen gem-Dihalogeniden (S. 152). Sie finden daher Anwendung zur Herstellung der entsprechenden Aldehydoverbindung, der Glyoxylsäure (S. 517):

Trichloressigsäure $Cl_3C—COOH$, das Endprodukt der Essigsäurechlorierung, wirkt noch stärker ätzend als die Monochloressigsäure und dient daher zuweilen in der Medizin als Hautätzmittel. Bei der Einwirkung von Alkali zerfällt sie in Analogie zum Chloral (S. 257) in Chloroform und Alkalicarbonat (Gleichung formulieren!).

Die **Trifluor-essigsäure** ist mit Hilfe der auf S. 170 beschriebenen Fluorierungsmethoden organischer Verbindungen zu einer leicht zugänglichen Substanz geworden, die wegen ihrer, durch die stark polarisierende Wirkung der CF_3-Gruppe (F-Effekt, vgl. II, Kap. 3, I, 3b) bedingten extremen Eigenschaften eine zunehmende praktische Bedeutung erlangt hat. Beispielsweise ist sie die bei weitem stärkste Carbonsäure, die wir kennen, und übertrifft selbst die Salzsäure an Acidität (der genaue p_K-Wert ist noch nicht bekannt). Weiterhin sind ihre säureamidartigen Derivate auffallend leicht hydrolysierbar, so daß der Trifluoracetatrest als „Aminoschutzgruppe“ für Peptidsynthesen Verwendung finden kann (vgl. III, Kap. 7, I, 2dβ). Ähnlich zeigt Trifluoressigsäure-anhydrid eine besondere Aktivität, auf Grund deren es als wasserabspaltend wirkendes Agens für zahlreiche Reaktionen dient[1]), und Trifluor-peressigsäure zeichnet sich durch eine erhöhte Oxydationswirkung aus[2]) (vgl. z. B. S. 93, 435).

Die **höheren α-Monohalogenfettsäuren** zeigen infolge der Besetzung des α-ständigen C-Atoms mit vier verschiedenen Resten optische Aktivität und dienen häufig als Vergleichssubstanzen bei Konfigurationsbestimmungen (vgl. II, Kap. 7, II, 2d). Im übrigen sind sie zu den gleichen Umsetzungen befähigt wie die Monochloressigsäure.

β-Halogenfettsäuren entstehen bei der Anlagerung von Halogenwasserstoffsäuren an α,β-ungesättigte Carbonsäuren (S. 390). Sie sind infolge der β-Stellung des Halogens zur Carbonylgruppe sehr labil, lassen sich aber bei vorsichtigem Arbeiten mit Silberoxyd in die β-Lactone (S. 503) und mit Ammoniak in die β-Aminocarbonsäuren (I, Kap. 6, I, 4dβ) überführen (Gleichungen formulieren!).

γ- und δ-Halogencarbonsäuren sowie auch aromatische Halogencarbonsäuren sind, von der auf S. 503 beschriebenen Überführbarkeit der aliphatischen Verbindungen in die Lactone abgesehen, ohne Bedeutung geblieben.

---

[1]) Zusammenfassung: J. M. TEDDER: Chem. Rev. **1955**, 787.
[2]) W. D. EMMONS u. A. F. FERRIS: Am. Soc. **75**, 4623 (1953).

IV. Die Kohlensäurederivate

1. Allgemeines

Geht man mit dem Oxydationswert des Kohlenstoffs nochmals um eine Stufe hinauf, so kommt man zum Kohlendioxyd als der einfachsten Verbindung mit oxydativ vierwertigem Kohlenstoff. In ihm nimmt der Sauerstoff sämtliche Valenzen des Kohlenstoffs in Anspruch, so daß dieser keine Möglichkeit mehr zur Verknüpfung mit einem organischen Molekülrest hat, d. h. die Vielzahl der Verbindungsklassen der Hydroxy- und Oxoreihe, die beim oxydativ dreiwertigen Kohlenstoff bereits auf die eine Klasse der Carbonsäuren zurückgegangen war, geht hier nochmals zurück auf nur eine einzige Verbindung, eben das Kohlendioxyd. Dagegen leiten sich vom Kohlendioxyd als Grundverbindung sekundär wieder eine Reihe von Derivaten ab, in denen der Sauerstoff mehr oder weniger vollständig durch andere negative Reste ersetzt ist, und die allgemein als *Kohlensäurederivate* bezeichnet werden. Ihre Zahl ist infolge der Zweibasigkeit der Kohlensäure und der dadurch bedingten Kombinationsmöglichkeiten sehr groß, und es zeigt sich eine zunächst verwirrende Fülle von untereinander nahe verwandten und durch zahlreiche Übergänge miteinander verknüpften Verbindungen.

Auch die Chemie der Kohlensäurederivate wird wesentlich dadurch vereinfacht, daß sich die meisten Verbindungen auf nur wenige stets wiederkehrende Verbindungstypen zurückführen lassen, die jeweils zu gleichartigen Reaktionen befähigt sind. Die wichtigsten dieser Verbindungstypen sind: 1. die Verbindungen vom Kohlendioxydtypus, 2. die Verbindungen vom Isocyansäuretypus und 3. die Verbindungen vom Carbamidsäuretypus. Sie stehen in besonders enger Beziehung zueinander, und die Übergänge zwischen ihnen beherrschen den größten Teil der Chemie der Kohlensäurederivate. Ihnen schließen sich 4. in den Verbindungen vom Halogencyantypus, 5. in den Verbindungen vom Estertypus und 6. in den Orthokohlensäurederivaten weitere interessante Verbindungen an, die jedoch ihrem ganzen Verhalten nach etwas abseits von den ersten drei Gruppen stehen.

Zu 1. und 2. Die Verbindungen vom **Kohlendioxyd-** und **Isocyansäuretypus** besitzen zwei kumulierte polare Doppelbindungen. Sie sind infolgedessen ziemlich stark ungesättigt und zeigen eine mehr oder weniger große Tendenz zur Anlagerung polarer Wasserstoffverbindungen (H—X) und beim Vorliegen einer C=NH-Gruppe auch zu Polymerisationsreaktionen. In ersterem Falle gehen sie in der unten näher beschriebenen Weise in Verbindungen vom Carbamidsäuretypus mit nur einer Doppelbindung über.

Die Verbindungen vom Isocyansäuretypus unterscheiden sich von den kohlendioxydartigen Verbindungen lediglich durch die Anwesenheit von Wasserstoff an einem der doppelt gebundenen Heteroatome (meistens eine =NH-Gruppe), der das Molekül zu folgender Tautomerie befähigt:

$$|Y{=}C{=}\overline{N}H \rightleftharpoons H{-}\overline{Y}{-}C{\equiv}N|$$

Zu 3. Die Verbindungen vom **Carbamidsäuretypus** enthalten am C-Atom einen doppelt und zwei einfach gebundene polare Substituenten, von denen mindestens einer noch wasserstoffhaltig ist. Sie sind infolgedessen zu einer ähnlichen Tautomerie befähigt, wie die Verbindungen vom Carbonsäureamid-typus (S. 332):

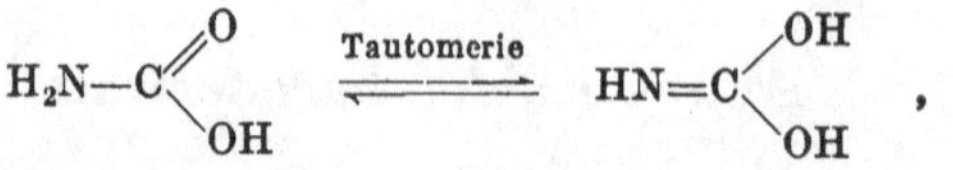

Carbamidsäure Imidokohlensäure

und zeigen, ebenfalls in Analogie zu den Carbonsäurederivaten, keinerlei Tendenz zu Anlagerungsreaktionen an die polare Doppelbindung mehr. Dagegen können sie, wie wir gesehen haben, selbst durch Anlagerung einer H—X-Verbindung aus den Kohlensäurederivaten vom Kohlendioxyd- oder Isocyansäuretypus entstehen und gehen durch Abspaltungsreaktionen leicht wieder in diese Verbindungen über:

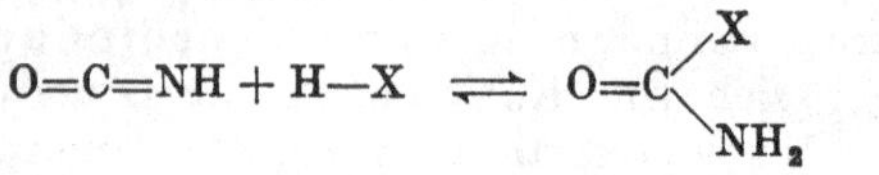

Isocyansäure Carbamidsäurederivat

Auf diesem Wechselspiel zwischen Verbindungen vom Isocyansäure- (bzw. Kohlendioxyd-) und Carbamidsäuretypus beruhen die wichtigsten Bildungsweisen und Umsetzungen nahezu aller stickstoff- und schwefelhaltigen Kohlensäurederivate. Hierbei beobachtet man die allgemeine Regel, daß mit zunehmender Basizität der Substituenten die Stabilität der Verbindungen vom Carbamidsäuretypus zunimmt (z. B. in der Reihe $O{=}C(OH)_2 \rightarrow O{=}C(NH_2)_2 \rightarrow HN{=}C(NH_2)_2$) und die der Verbindungen vom Isocyansäuretypus abnimmt (z. B. in der Reihe $O{=}C{=}O \rightarrow O{=}C{=}NH$). Insbesondere alle hydroxylhaltigen Verbindungen vom Carbamidsäuretypus sind, da sie neben der Hydroxylgruppe noch einen zweiten einwertig negativen Rest am gleichen C-Atom enthalten, in ähnlicher Weise nicht isolierbar, wie die Derivate der Oxoverbindungen vom Hydrattypus (vgl. S. 285).

Zu 4. Die Verbindungen vom **Halogencyantypus** besitzen die allgemeine Formel $N{\equiv}C{-}X$ und sind an der Gruppe X ebenfalls wasserstofffrei. Sie sind infolgedessen nicht mehr zur Tautomerie mit einer Isocyansäureform befähigt und zeichnen sich auf Grund der dreifachen $C{\equiv}N$-Bindung durch eine starke Tendenz zu Anlagerungs- und zuweilen auch Polymerisationsreaktionen aus.

Zu 5. Die Kohlensäurederivate vom **Estertypus** (R—O—CO—O—R) tragen wie die Verbindungen vom Carbonsäureestertypus (S. 332) keinen Wasserstoff an den Heteroatomen mehr und sind infolgedessen ebenfalls nicht mehr zur Tautomerie befähigt. Vor allem aber können sie nicht mehr durch Anlagerungsreaktionen dargestellt werden und auch nicht durch Abspaltungsreaktionen in andere Kohlensäurederivate übergehen. Vielmehr sind sowohl ihre Bildung als auch ihre weiteren Umsetzungen nur auf dem Wege einer Substitution möglich, so daß sie nicht ohne weiteres in das Wechselspiel der ersten drei Verbindungsklassen eingreifen können.

Zu 6. Von den **Orthokohlensäurederivaten** sind auch hier nur die Verbindungen vom Estertypus beständig, die, ähnlich wie die Orthocarbonsäureester, nur durch Substitutionsreaktionen aus anderen Kohlensäurederivaten dargestellt und auch in diese übergeführt werden können. Sie stehen ebenfalls etwas abseits von der Chemie der übrigen Kohlensäurederivate.

Die **Nomenklatur** der Kohlensäurederivate ist nicht so systematisch ausgebildet wie die der Carbonsäurederivate. Insbesondere haben viele Verbindungen Trivialnamen erhalten, wie z. B. der Harnstoff, das Guanidin, die Rhodanwasserstoffsäure, das Phosgen usw., oder werden zu engeren Familien zusammengefaßt, wie z. B. die Carbamidsäure- oder die Cyansäurederivate. Lediglich die Bezeichnung *Carb-* (auch *Carbyl-* oder *Carbo-*) für den zweiwertigen Kohlensäurerest $>C{=}O$ ist allgemein gebräuchlich.

Die **Einteilung** der Kohlensäurederivate geschieht wie die der Derivate der Oxoverbindungen und der Carbonsäurederivate nach den in ihnen enthaltenen Heteroatomen in die Halogen-, Sauerstoff-, Stickstoff- und Schwefelderivate der Kohlensäure.

2. Die Halogenderivate der Kohlensäure

Je nach dem Halogenierungsgrad unterscheiden wir drei Reihen von Halogenderivaten der Kohlensäure: 1. die als *Phosgene* bezeichneten normalen Kohlensäure- oder Carbylhalogenide, 2. die als *Halogenkohlensäuren* oder *Halogenameisensäuren* bezeichneten Halbchloride der Kohlensäure und 3. die sich von der Orthokohlensäure ableitenden *Kohlenstofftetrahalogenide.*

a) Die Phosgene

Bei weitem am wichtigsten sind die normalen Kohlensäurehalogenide und von diesen wieder die Chlorverbindung, das **Phosgen** schlechthin. Seine unerwünschte Bildung bei der Verbrennung oder feuchten Autoxydation von Chloroform (und auch anderen chlorhaltigen Verbindungen) haben wir bereits kennengelernt (S. 168). Doch eignet sich diese Reaktion nicht zu seiner **Darstellung**, die immer noch auf dem gleichen Wege geschieht, auf dem das Phosgen im Jahre 1811 von Davy entdeckt worden ist: Durch Anlagerung von Chlor an Kohlenoxyd. Nur aktiviert man diese Reaktion heute nicht mehr photokatalytisch durch Sonnenlicht[1]) oder Ultraviolett-Bestrahlung, sondern verwendet nach Paterno Aktivkohle bei 100—125° als Katalysator:

$$|C{\equiv}O| + Cl_2 \xrightarrow[\text{Aktivkohle}]{\text{U. V. Bestrahlung}} \begin{matrix} Cl \\ Cl \end{matrix}\!\!>C{=}O\ .$$

Die Reaktion führt zu einem Gleichgewicht, dessen Lage unterhalb 200° fast völlig auf der Seite des Phosgens liegt, bei 500° jedoch bereits zu 67% und bei 800° praktisch vollständig zugunsten der Zerfallsprodukte verschoben ist. Durch Ultraviolett-Bestrahlung wird Phosgen auch bei normaler Temperatur zu einem geringen Bruchteil aufgespalten, doch findet hier natürlich unter dem aktivierenden Einfluß der gleichen Strahlung sofort wieder Reassoziation der Spaltprodukte statt.

Phosgen ist ein farbloses Gas von erstickendem, zum Husten reizenden Geruch, das eine beträchtliche Löslichkeit in organischen Lösungsmitteln aufweist und sich bereits bei 8° (bzw. bei normaler Temperatur unter geringem Druck) kondensieren läßt. In seinen **chemischen Reaktionen** steht es den Carbonsäurechloriden nahe und dient wie diese hauptsächlich als Acylierungsmittel, d. h. zur Einführung des Carbylrestes in andere Moleküle, wobei man in den meisten Fällen, je nach den Reaktionsbedingungen, sowohl ein als auch alle beide Halogenatome austauschen kann:

---

[1]) Von dieser Bildungsweise leitet sich auch der Name *Phosgen* (griech. φῶς = das Licht und γεννᾶν = erzeugen) ab, den Davy seinerzeit wegen der aktiven Mitbeteiligung des Lichtes an dieser Reaktion vorschlug.

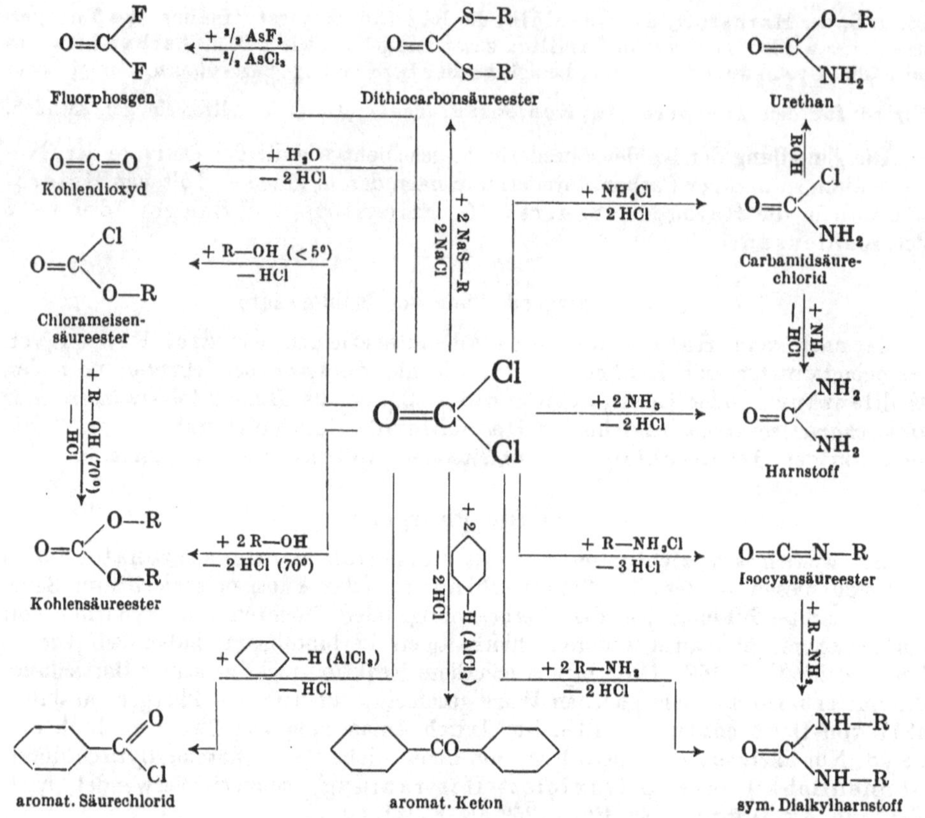

Im einzelnen ist zu diesen Reaktionen zu bemerken: Die **Hydrolyse** erfolgt, wie bei den aliphatischen Carbonsäurechloriden, bei der Berührung mit **flüssigem Wasser** ziemlich rasch, doch tritt mit dem **Wasserdampf** der Luft **keine** Bildung von Salzsäurenebeln mehr ein. Die **Alkoholyse** ist eine **Zweistufenreaktion**, die einen genügenden Geschwindigkeitsunterschied zwischen der Substitution des **ersten** und des **zweiten** Chloratoms aufweist, um sie auch präparativ auf der Stufe der **Chlorameisensäureester** abbrechen zu können (S. 405, 407). Die Reaktion mit **Ammoniak** oder **Aminen** führt normalerweise zu den verschiedenen **Harnstoffen** und nur bei Verwendung der **reaktionsträgeren** Hydrochloride zu dem noch halogenhaltigen **Carbamidsäurechlorid** bzw. den **Isocyansäureestern**. Bezüglich der Verwendung des Phosgens zur Synthese von Friedel-Crafts vgl. S. 322.

Ähnlich wie die Carbonsäurechloride kann auch Phosgen neben der **acylierenden** eine **chlorierende** Wirkung ausüben und dient daher häufig in der Technik als billiges **Chlorierungsmittel**, z. B. zur Darstellung von **Carbonsäurechloriden** (S. 355):

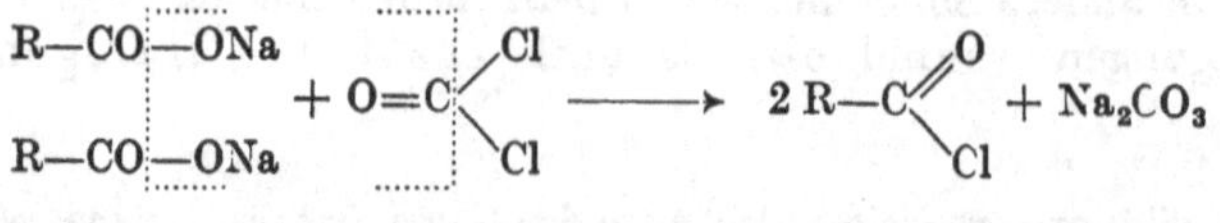

Die Reaktion kann man auch als eine der **Umanhydrisierung** analoge **Umchlorierung** auffassen.

Phosgen ist ein außerordentlich starkes **Atemgift**, dessen Wirkung in erster Linie darauf beruht, daß es in der Lunge zu Salzsäure hydrolysiert. Im Gegensatz zu dem relativ ungefährlichen Chlorwasserstoffgas, das infolge seiner Wasserlöslichkeit schon in den oberen Luftwegen restlos absorbiert wird, kann die Salzsäure also auf dem Umweg über das Phosgen bis in die Lunge selbst gelangen und dort ihre Reizwirkung auf die Lungenbläschen ausüben. Die Gefährlichkeit liegt insbesondere darin, daß sich das Phosgen bei längerem Einatmen in der Lunge anreichert und seine Wirkung dort erst nach 10—12 Stunden das Maximum erreicht, man also bei längerem Aufenthalt in einer nur schwach zum Husten reizenden Atmosphäre (bis zu 5 mg/cbm Luft) die tödliche Dosis aufnehmen kann, ohne es zu bemerken. Bei hohen Konzentrationen wirkt dagegen der starke Hustenreiz warnend, so daß hier, z. B. wenn man beim Undichtwerden einer Schlauchleitung einmal kurzzeitig eine größere Menge Phosgen einatmet, trotz der starken Reizwirkung weniger Gefahr besteht. Phosgen war infolge dieser Eigenschaften der gefährlichste Kampfstoff des ersten Weltkriegs und hat die meisten Todesopfer des Gaskampfes gefordert.

Bromphosgen $O{=}CBr_2$ und **Jodphosgen** $O{=}CJ_2$ entstehen in analoger Weise aus Kohlenoxyd und elementarem Brom oder Jod bei Belichtung, haben aber neben dem Phosgen ebensowenig eine praktische Bedeutung erlangt, wie die Carbonsäurebromide und -jodide neben den Säurechloriden. **Fluorphosgen** $O{=}CF_2$ siedet bei —84°, also 63° tiefer als Formaldehyd. Der Ersatz von Wasserstoff durch Fluor wirkt hier also besonders stark siedepunktsenkend (vgl. auch S. 171, Anm. 2).

b) Die Chlorameisensäurederivate

Das Halbchlorid der Kohlensäure Cl—CO—OH wird allgemein *Chlorameisensäure* oder (weniger exakt) *Chlorkohlensäure* genannt, da es sich von der Ameisensäure durch Ersatz des letzten am Kohlenstoff befindlichen H-Atoms, von der Kohlensäure durch Ersatz einer Hydroxylgruppe durch Chlor ableitet. Es ist als hydroxylhaltige Verbindung vom Carbamidsäuretypus nicht existenzfähig und zerfällt daher bei der Bildung, z. B. aus Phosgen und Wasser, sofort in CO_2 und HCl:

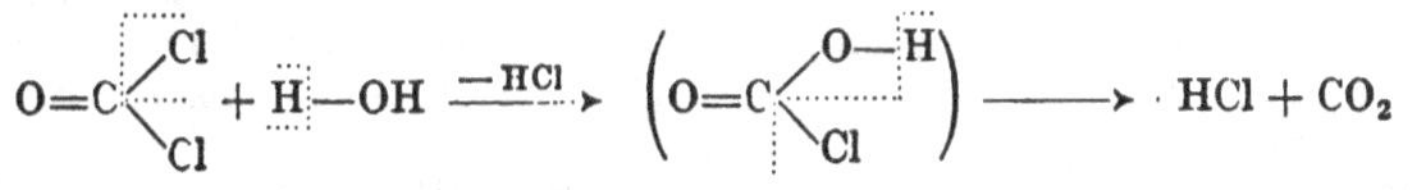

Chlorameisensäure

Dagegen sind einige beständige Derivate bekannt, von denen besonders die Ester eine praktische Bedeutung erlangt haben. Sie werden meistens durch partielle Alkoholyse des Phosgens (s. oben) gewonnen, die man zur Schonung des zweiten Chloratoms unterhalb +5° durchführen muß, entstehen aber auch bei der nachträglichen Chlorierung von Ameisensäureestern:

$$Cl{-}CO{-}Cl + H{-}O{-}R \xrightarrow{-HCl} Cl{-}CO{-}O{-}R \xleftarrow{-HCl} Cl{-}Cl + H{-}CO{-}OR$$

Als Verbindungen vom Estertypus sind die Chlorameisensäureester nicht mehr zur Abspaltung von Kohlendioxyd befähigt und infolgedessen ziemlich beständige Flüssigkeiten, die phosgenartig riechen und auch eine ähnliche Reiz- und Giftwirkung auf die Atmungsorgane ausüben wie Phosgen selbst. Chemisch verhalten sie sich wie typische Carbonsäurechloride und dienen zur Einführung des —CO—OR-Restes in andere Moleküle. Z. B. entstehen mit Ammoniak Urethane und mit Alkoholen neutrale Kohlensäureester. In letzterem Fall bietet das Verfahren den Vorteil, daß man bei Verwendung geeigneter Alkohole auch gemischte Ester herstellen kann:

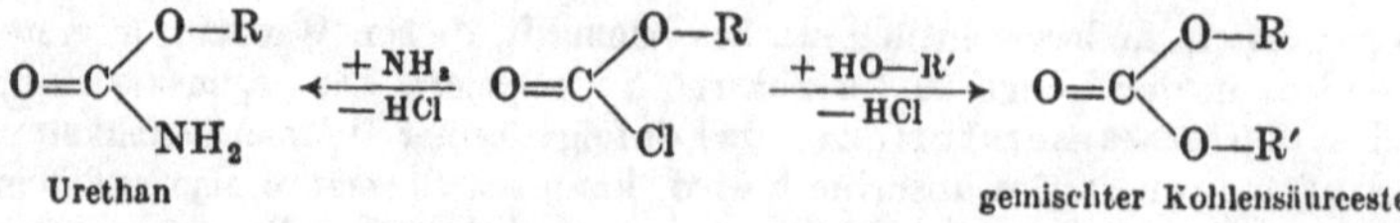

Perchlorameisensäuremethylester Cl—CO—O—CCl_3 ist der vollständig chlorierte Methylester der Chlorameisensäure und wird durch Chlorierung des Chlorameisensäuremethylesters oder des Ameisensäuremethylesters (S. 379) gewonnen (Gleichung formulieren!). Er hat die Zusammensetzung eines verdoppelten Phosgenmoleküls und zerfällt, da beide C-Atome oxydativ vierwertig sind, auch ziemlich leicht, z. B. beim Überhitzen, in zwei Moleküle Phosgen:

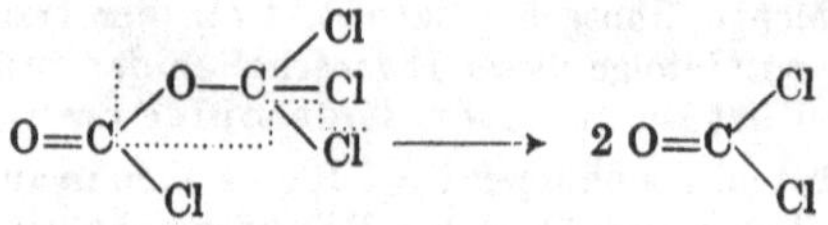

Perchlor-ameisensäuremethylester

Seine physiologische Wirkung ist der des Phosgens sehr ähnlich, und er diente daher unter dem Decknamen *Perstoff* im ersten Weltkrieg als Kampfstoff.

Auch einige stickstoffhaltige Derivate der Chlorameisensäure sind bekannt wie z. B. ihr „Amid", das Carbamidsäurechlorid (Cl—CO—NH_2, S. 417), oder ihr „Nitril", das Chlorcyan (Cl—C≡N, S. 412), die aber beide, wie schon aus dem Namen hervorgeht, zur Gruppe der stickstoffhaltigen Kohlensäurederivate gerechnet werden.

c) Die Kohlenstofftetrahalogenide[1]

Die Tetrahalogenkohlenstoffe zählen ebensowenig zu den eigentlichen Kohlensäurederivaten, wie wir die gem-Di- und -Trihalogenide zu den Derivaten der Oxoverbindungen und Carbonsäuren gerechnet haben (vgl. S. 165, 166). An dieser Stelle interessieren uns lediglich die wenigen Reaktionen, durch die sie mit den übrigen Kohlensäurederivaten verknüpft sind. Es ist dies vor allem die Hydrolyse zu Kohlendioxyd. Sie geht infolge der Schwerlöslichkeit des Tetrachlorkohlenstoffs in Wasser selbst bei längerem Kochen mit Natronlauge nur langsam vor sich und wird am besten mit Wasserdampf bei Rotglut durchgeführt. Tetrachlorkohlenstoff ist also eine für ein „Säurechlorid" außerordentlich reaktionsträge Verbindung, was hauptsächlich auf seine Natur als Orthokohlensäurederivat (Fehlen der C=O-Doppelbindung) zurückzuführen ist (vgl. auch II, Kap. 4, II, 2 aα).

3. Die Sauerstoffderivate der Kohlensäure

Die Sauerstoffderivate der Kohlensäure sind im Gegensatz zu den sauerstoffhaltigen Carbonsäurederivaten nur von untergeordneter Bedeutung, da sie infolge der leichten CO_2-Abspaltung vielfach unbeständig sind — z. B. kennt man keine gemischten Anhydride der Kohlensäure mit Carbonsäuren — und die meisten der von ihnen aus zugänglichen Verbindungen auf anderem Wege leichter dargestellt werden können.

a) Kohlendioxyd und Kohlensäure

Das Kohlendioxyd, sowie vor allem die Kohlensäure und ihre Salze, sind im wesentlichen anorganische Verbindungen und werden daher hauptsächlich in anorganischen Lehrbüchern behandelt Für den Organiker von Interesse sind lediglich ihre Additions- und Abspaltungsreaktionen, die sich im wesentlichen in Übereinstimmung mit

[1]) Vgl. auch S. 168.

den bei anderen Carbonylverbindungen und deren Hydraten beobachteten Verhältnissen vollziehen.

So geht z. B. die Aktivität der Carbonylgruppe, die bereits beim Übergang von den Oxoverbindungen zu den Carbonsäuren stark abgenommen hat (S. 327), beim Übergang zum oxydativ vierwertigen Kohlenstoff womöglich nochmals zurück, so daß die Kohlensäure und ihre Salze keinerlei Additionsreaktionen mehr erkennen lassen. Dagegen ist im Kohlendioxyd infolge der Kumulierung der Doppelbindungen noch eine schwache Additionsneigung für polare Verbindungen vorhanden, die entsprechend der auf S. 402 angeführten Regel in der Reihenfolge HCl → H_2O → NH_3 → NaOH (bzw. NaOR) → RMe, d. h. mit wachsender Basizität von X, zu Additionsprodukten zunehmender Stabilität angelagert werden.

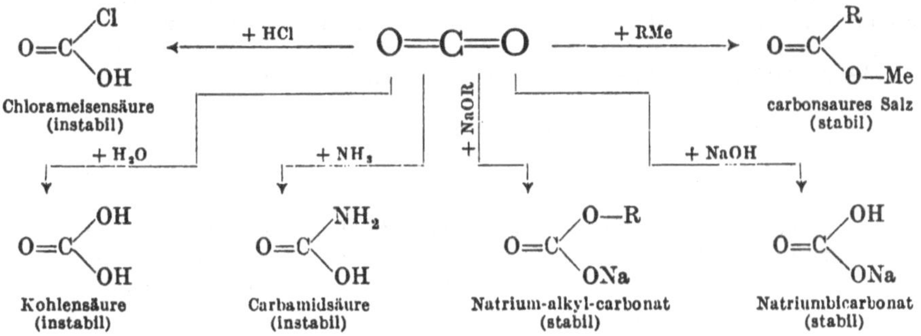

Das Kohlendioxyd muß also hinsichtlich der Aktivität der ersten Doppelbindung zwischen die Oxoverbindungen und Carbonsäuren eingereiht werden.

b) Die Kohlensäurehalbester

Die sauren Halbester der Kohlensäure (I) sind als hydroxylhaltige Derivate vom Carbamidsäuretypus ebensowenig existenzfähig wie die freie Kohlensäure selbst und werden erst durch Einführung basischer Substituenten, d. h. durch Bildung ihrer Salze oder Amide (der Urethane, S. 418) stabilisiert.

Die Salze entstehen bei der Addition von Kohlendioxyd an Alkoholate oder Phenolate und dienen zuweilen als Zwischenprodukte für andere Reaktionen, z. B. für die Kolbesche Salicylsäuresynthese (S. 512). Die beim Ansäuern zunächst in Freiheit gesetzten Halbester zerfallen sofort wieder rückwärts in Kohlendioxyd und Alkohol:

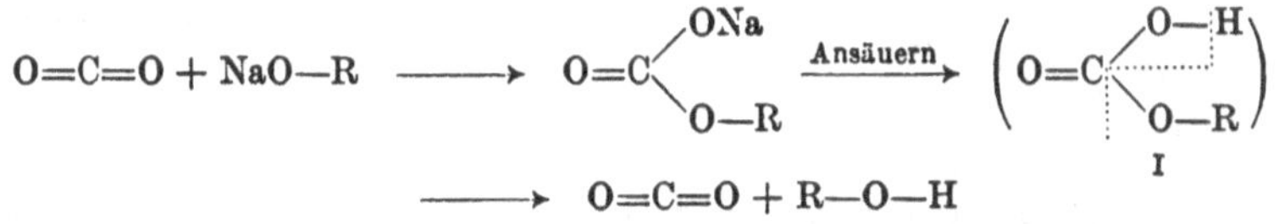

c) Die neutralen Kohlensäureester

Erst die neutralen Kohlensäureester können als Verbindungen vom Estertypus keine CO_2-Abspaltung mehr erleiden und sind durchaus beständige Flüssigkeiten von angenehmem, esterartigem Geruch. Sie werden am besten in der oben angeführten Weise aus Phosgen (S. 404) und Alkoholen dargestellt. Da man hierbei zur Einführung des zweiten Alkylrestes auf höhere Temperaturen erhitzen bzw. Natriumalkoholat oder Pyridin als Kondensationsmittel verwenden muß, dient die Methode auch zur Darstellung gemischter Ester mit zwei verschiedenen Alkylresten (Gleichung formulieren!). Doch kann man diese auch direkt aus den bei dieser Reaktion intermediär entstehenden Chlorameisensäureestern gewinnen (S. 405). Die Kohlensäureester zeigen alle normalen Esterreaktionen, wie saure und alkalische Hydrolyse, saure und alkalische Umesterung, sowie die Bildung von Urethanen und Harnstoffen bei der Einwirkung von Ammoniak (Gleichungen formulieren!). Auch zur Esterkondensation mit aktiven Methylengruppen sind sie befähigt:

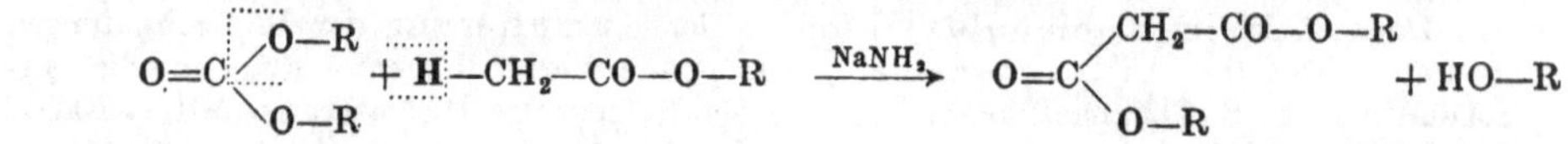

Trotz dieser Umsatzmöglichkeiten ist das Anwendungsgebiet der Kohlensäureester ziemlich beschränkt, da alle aus ihnen herstellbaren Verbindungen anderweitig leichter zugänglich sind. Eine gewisse präparative Bedeutung (z. B. in der Zuckerindustrie) haben lediglich die aus Phosgen und Polyhydroxyverbindungen in Pyridin als Reaktionsmedium entstehenden cyclischen Kohlensäureester:

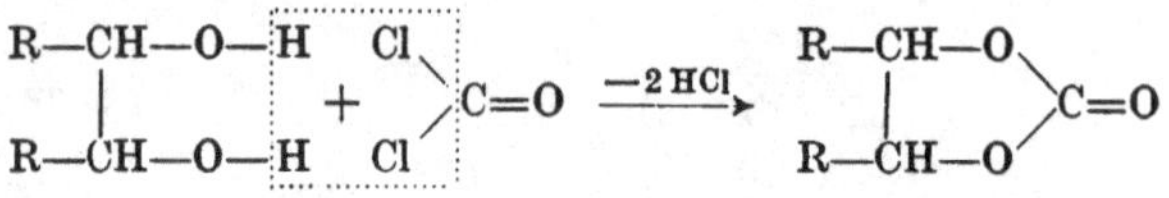

Daneben dienen in der Technik neuerdings einige durch Polykondensation von Phosgen mit entsprechenden Dihydroxyverbindungen (oder auch durch Umesterung einfacher Kohlensäureester mit diesen Dihydroxyverbindungen) erhältlichen Polycarbonate des Typus I als Kunststoffe[1]):

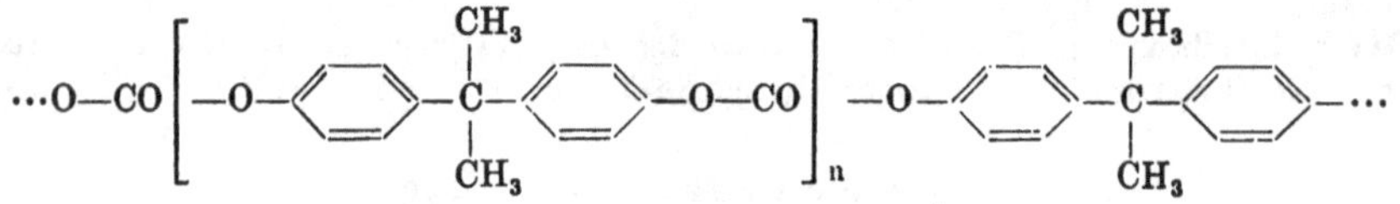

I

d) Die Orthokohlensäureester

Die Orthokohlensäureester können mit Hilfe ähnlicher Reaktionen gewonnen werden, wie die Orthocarbonsäureester, z. B. durch Alkoholyse von Chlorpikrin (I, Kap. 6, IV, 2) mit Natriumalkoholat oder aus den salzsauren Imidokohlensäureestern durch Kochen mit Alkoholen (S. 419):

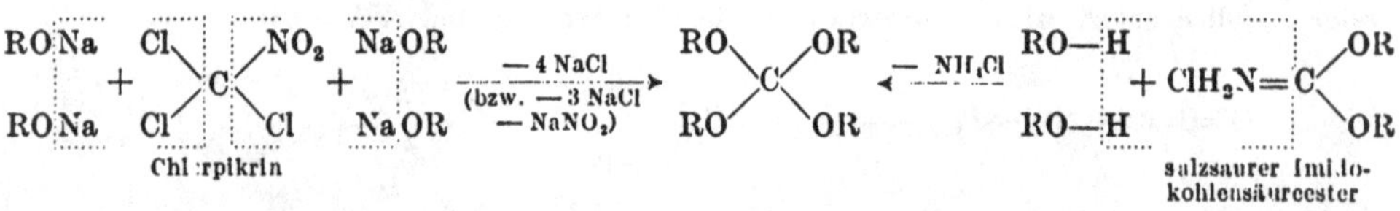

Auch in ihrem physikalischen und chemischen Verhalten schließen sie sich eng an die Orthocarbonsäureester an und stellen das Endglied der Reihe:

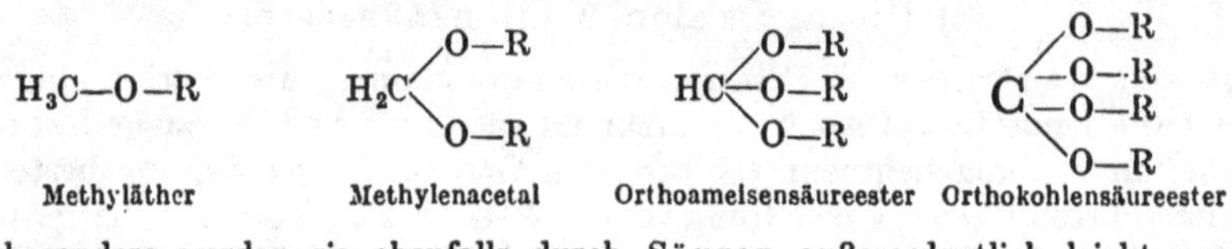

dar. Insbesondere werden sie ebenfalls durch Säuren außerordentlich leicht gespalten, wobei allerdings gegenüber den Orthocarbonsäureestern keine Geschwindigkeitssteigerung mehr beobachtet wird, und sind gegen wäßriges Alkali ziemlich beständig.

---

[1]) Zusammenfassung: H. SCHNELL: Angew. Chem. 68, 633 (1956).

Ferner tritt in analoger Weise mit Ammoniak und metallorganischen Verbindungen Reaktion ein, die hierzum Guanidin, dem „Amidin" der Kohlensäure (S. 424) und den Orthocarbonsäureestern (S. 352) führt:

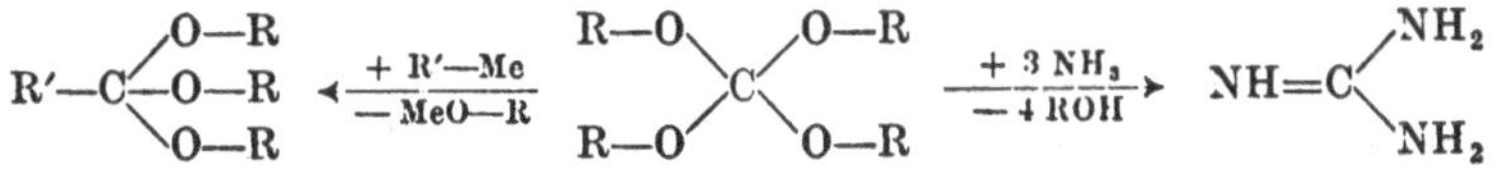

4. Die Stickstoffderivate der Kohlensäure

Stickstoffhaltige Derivate der Kohlensäure sind in großer Zahl bekannt, so daß wir uns hier auf die Beschreibung nur der wichtigsten Vertreter beschränken müssen. Sie bestehen überwiegend aus Verbindungen vom Isocyansäure- und Carbamidsäuretypus, die durch zahlreiche Anlagerungs- und Abspaltungsreaktionen besonders eng miteinander verknüpft sind. Zur besseren Übersicht werden sie meistens zu engeren Familien zusammengefaßt, von denen wir uns hier insbesondere mit a) der Cyansäure und ihren Derivaten, b) dem Cyanamid und seinen Derivaten, c) der Carbamidsäure und ihren Derivaten, d) dem Harnstoff und seinen Derivaten, e) dem Guanidin und f) den Hydrazin- und Hydroxylaminderivaten der Kohlensäure befassen müssen.

a) Die Cyansäure und ihre Derivate

Ersetzt man im Kohlendioxyd eines der Sauerstoffatome durch die Imidogruppe, so kommt man zum *Carbimid* oder der *Isocyansäure*, die über das beiden Formen gemeinsame (zwischen den angeführten Grenzstrukturen mesomere) Anion mit der Cyansäure tautomer ist:

$$\underset{\substack{\text{Carbimid}\\=\text{Isocyansäure}}}{O{=}C{=}NH} \rightleftarrows H^+ + \Big[\underset{\text{Carbimidform}}{O{=}C{=}\overset{\ominus}{N}} \longleftrightarrow \underset{\text{Cyansäureform}}{\overset{\ominus}{O}{-}C{\equiv}N}\Big]^- \rightleftarrows \underset{\text{Cyansäure}}{HO{-}C{\equiv}N}$$

des Cyanat-Ions

und meistens infolge ihrer sauren Natur als *Cyansäure* schlechthin bezeichnet wird, obgleich die freie Säure, wie das Raman-Spektrum zeigt, im wesentlichen aus der Carbimid- (bzw. Isocyansäure-)form besteht.

Die Darstellung der **freien Säure** hat große Schwierigkeiten bereitet und ist bisher nur durch vorsichtige thermische Depolymerisation der trimeren Cyanursäure im Kohlendioxydstrom und Kondensation der Dämpfe in einem Kältebad gelungen. Die freie Säure ist eine bei normaler Temperatur gasförmige Verbindung, deren Dämpfe auf die Augen und Atmungsorgane eine starke Reizwirkung ausüben, und die als Flüssigkeit auf der Haut Blasen zieht. Chemisch zeigt sie als Prototyp der Verbindungen vom Isocyansäuretypus einen stark ungesättigten Charakter, der sich vor allem in einer außerordentlich starken Polymerisationsneigung äußert. Sie ist daher in flüssigem Zustand nur bei tiefer Temperatur existenzfähig und lagert sich bereits dicht oberhalb 0° nahezu explosionsartig in das hochmolekulare Cyamelid (neben wenig Cyanursäure) um:

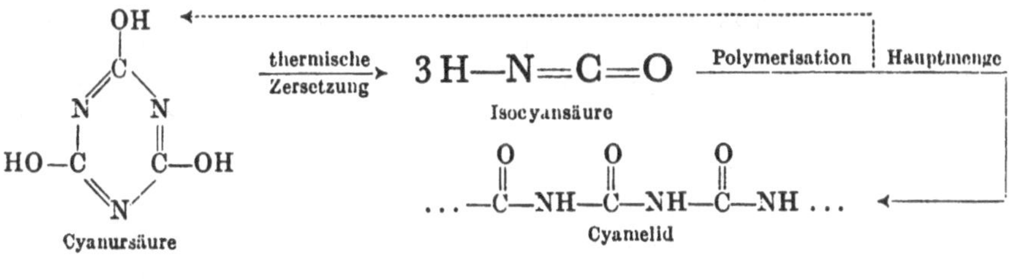

Geht man nicht von der **wasserfreien** Säure aus, sondern setzt sie in **Lösung** oder im Augenblick ihrer Bildung aus den Salzen um, so kann man auch andere Anlagerungsreaktionen durchführen, die ausschließlich unter Absättigung der **C=N-Doppelbindung** erfolgen. So entsteht z. B. beim Ansäuern einer **wäßrigen Lösung** der Salze die unbeständige **Carbamidsäure** (S. 417), die sofort weiter in **Kohlendioxyd** und **Ammoniak** zerfällt, d. h. es tritt **Hydrolyse** ein, während die Anlagerungsprodukte von **Alkoholen**, die **Urethane** (S. 418), und die der **Halogenwasserstoffsäuren**, die **Carbamidsäurehalogenide**, infolge der Abwesenheit von Hydroxylgruppen bereits **stabil** sind. Bei der Anlagerung von **Ammoniak** oder **Hydrazin** schließlich, die man am besten durch **trockenes Erhitzen** des **Ammonium**-[1]) bzw. **Hydraziniumcyanats** bewerkstelligt, erhält man **Harnstoff** (S. 419) und **Semicarbazid** (S. 425):

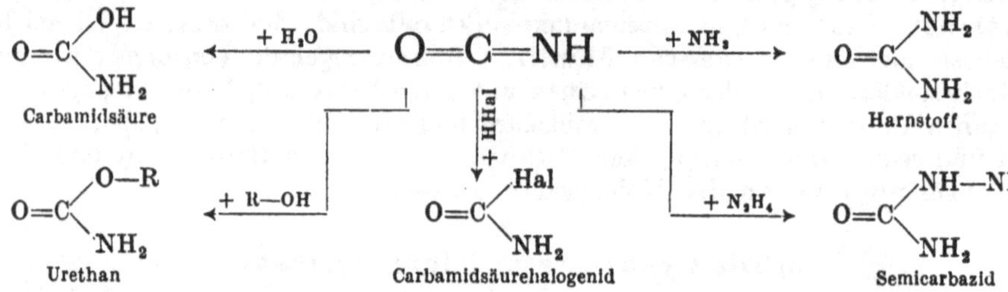

Derivate. Die am leichtesten zugänglichen Cyansäurederivate, die als Einfallstor für die gesamte Gruppe der Cyansäureverbindungen dienen, sind die Salze, die man am besten durch **Oxydation der Alkalicyanide**, z. B. durch Verschmelzen mit **Kaliumbichromat** darstellt:

$$NaC{\equiv}N \xrightarrow{K_2Cr_2O_7} NaO{-}C{\equiv}N$$

Das Cyanat-Ion ist im Gegensatz zur Cyansäure selbst **auffallend stabil** und weder zur **Polymerisation** noch zu **Additionsreaktionen** befähigt. Die Alkalisalze dienen infolgedessen allgemein zur **Isolierung** und **Aufbewahrung** der Säure. Von **speziellen Reaktionen** der Salze sei nur auf die **Alkylierbarkeit** zu den **Isocyansäureestern** hingewiesen:

$$R{-}Hal + Na\,N{=}C{=}O \longrightarrow R{-}N{=}C{=}O + NaHal$$

Von der Cyansäure sind **zwei Reihen** von **Estern** zu erwarten: 1. die sich von der **Cyansäureform** ableitenden normalen *Cyansäureester* (R—O—C≡N) und 2. die allgemein als *Isocyansäureester* bezeichneten **Alkylderivate** der **Carbimidform** (R—N=C=O).

---

[1]) Bei der **Stabilität** des **Cyanat-Ions** gegen Anlagerungsreaktionen ist anzunehmen, daß das **Ammonium-** und **Hydraziniumcyanat** sich nicht direkt umlagern, sondern sich als **Salze schwacher Säuren** mit **schwachen Basen** zunächst in Umkehrung der Dissoziationsreaktion zu einem geringen Anteil in die **freie Säure** und **freie Base** zurückverwandeln, und daß erst diese dann zu der Anlagerungsreaktion befähigt sind:

Die eigentlichen **Cyansäureester** konnten bisher nicht dargestellt werden, da bei allen Reaktionen, die zu ihrer Bildung führen, z. B. der Umsetzung von *Chlorcyan* mit *Natriumalkoholat*, sofort die trimeren *Cyanursäureester* entstehen (vgl. auch S. 413):

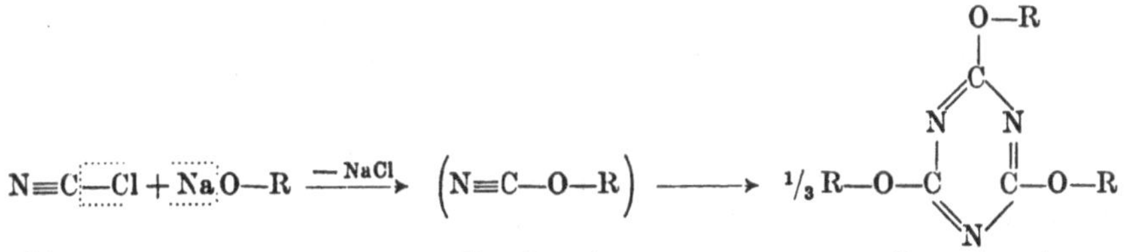

Chlorcyan Cyansäureester Cyanursäureester

Doch ist es prinzipiell nicht ausgeschlossen, daß die monomeren Ester, ähnlich wie die freie Cyansäure selbst, bei tiefen Temperaturen existenzfähig sind.

Die **Isocyansäureester**[1]) sind dagegen relativ stabile, wenn auch immer noch sehr reaktionsfähige Verbindungen. Die Methoden zu ihrer Gewinnung haben wir bereits kennengelernt. Sie geschieht entweder durch Alkylierung von Alkalicyanaten (s. oben) oder durch Einwirkung von Phosgen auf die Hydrochloride primärer Amine (über die Carbamidsäurechloride als Zwischenprodukte, vgl. S. 404). Auch der Säureabbau nach Curtius (S. 370) oder Lossen (S. 370) dient zuweilen zu ihrer präparativen Darstellung. Bzgl. moderner technischer Gewinnungsmethoden vgl. [2]).

Die Isocyansäureester sind niedrig siedende Flüssigkeiten (z. B. siedet C_2H_5—N=C=O bei 60°), deren Dämpfe wie die der freien Säure auf die Augen- und Atmungsorgane eine starke Reizwirkung ausüben. Auch in ihrem chemischen Verhalten ähneln sie der freien Cyansäure, zeigen jedoch eine etwas geringere Neigung zur Polymerisation, die ebenfalls zu trimeren Verbindungen, den Isocyanursäureestern (S. 413) führt. Bei der Anlagerung von Alkoholen, Ammoniak oder Aminen entstehen auch hier, ausschließlich unter Absättigung der C=N-Doppelbindung, gut kristallisierende, am Stickstoff substituierte Urethane bzw. Harnstoffderivate (formulieren!), die oft zur Charakterisierung und Identifizierung nicht kristallisierender Alkohole oder Amine dienen. Technisch hat vor allem die „Polyaddition" zweiwertiger Alkohole (bzw. Amine) an Di-isocyansäureester zu makromolekularen Kunststoffen (Polyurethane und Polyharnstoffe) Interesse gefunden (Näheres vgl. III, Kap. 7, I, 3bγ).

Mit Wasser tritt über ein (wiederum unbeständiges) Carbamidsäurederivat rasch Zerfall in Kohlendioxyd und primäres Amin ein, d. h. es findet Hydrolyse statt:

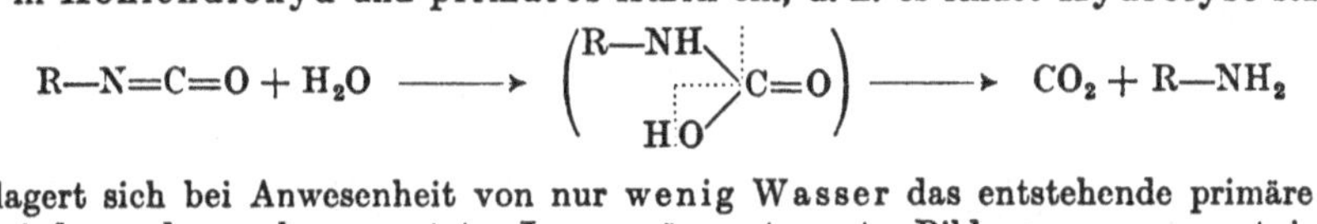

Doch lagert sich bei Anwesenheit von nur wenig Wasser das entstehende primäre Amin sofort wieder an den noch unzersetzten Isocyansäureester unter Bildung von symmetrischem Dialkyl- (bzw. Diaryl-)harnstoff an (Gleichung formulieren!). Die Isocyansäureester scheiden infolgedessen bereits beim Zutritt geringer Feuchtigkeitsmengen, z. B. beim Stehen an feuchter Luft) die gut kristallisierenden symmetrischen disubstituierten Harnstoffe ab.

Diese hydrolytische Spaltung stellt neben der oben angeführten Bildung aus Phosgen und primären Aminen den wichtigsten Strukturbeweis für

[1]) Zusammenfassung: J. H. Saunders u. R. J. Slocombe: Chem. Rev. **43**, 203 (1948).
[2]) W. Siefken: A. **562**, 75 (1949).

die Isocyansäureester dar und zeigt gleichzeitig, da eine normale „Esterverseifung“ unter Bildung eines Alkohols und der freien Isocyansäure gar nicht möglich ist, daß es sich bei ihnen streng genommen nicht um Säureester im engeren Sinne, sondern um Alkylimide der Kohlensäure handelt. Der Name *Isocyansäureester* ist also irreführend und sollte zweckmäßig durch die rationelle Bezeichnung *Alkylcarbimide* ersetzt werden.

Phenylisocyanat (*Phenylcarbimid*) $C_6H_5—N=C=O$ ist der wichtigste aromatische Isocyansäureester und besitzt keine Polymerisationsneigung mehr. Es kann aus Phosgen und salzsaurem Anilin oder durch Abbau von Benzazid nach CURTIUS gewonnen werden und dient in der angegebenen Weise als Reagens zur Charakterisierung von Alkoholen und organischen Aminen.

Stabile Derivate der Cyansäureform stellen die drei **Halogencyane** dar, die sowohl als Cyansäurehalogenide als auch als Nitrile der Chlorameisensäure (S. 406) aufgefaßt werden können. Ihre Gewinnung erfolgt von der Blausäure oder ihren Salzen aus durch Einwirkung der elementaren Halogene:

$$N{\equiv}C—H(Na) + Hal—Hal \xrightarrow{-H(Na)Hal} N{\equiv}C—Hal$$

Halogencyan

Chlorcyan und **Bromcyan** sind relativ tief siedende Flüssigkeiten (Sdp. 61 bzw. 127°), deren Dämpfe auf die Augen und Atmungsorgane eine starke Reizwirkung ausüben, so daß sie im ersten Weltkrieg eine zeitweilige Verwendung als Kampfstoffe gefunden haben. Chemisch zeigen sie eine noch größere Reaktionsfähigkeit als die Isocyansäureester, da außer den üblichen Anlagerungs- und Polymerisationsreaktionen auch eine Substitution des Halogens möglich ist.

Eine reine Anlagerungsreaktion wird bei der Einwirkung tertiärer Amine beobachtet, die unter Bildung (nicht beständiger) quartärer Ammoniumsalze addiert werden. Da diese nach J. v. BRAUN bei der sofort eintretenden Zersetzung in glatter Reaktion in je ein Mol Alkylhalogenid (bzw. Olefin und Halogenwasserstoff) und Dialkylcyanamid zerfallen, hat das Verfahren präparative Bedeutung zum Abbau tertiärer Amine erlangt (vgl. I, Kap. 6, I, 1a):

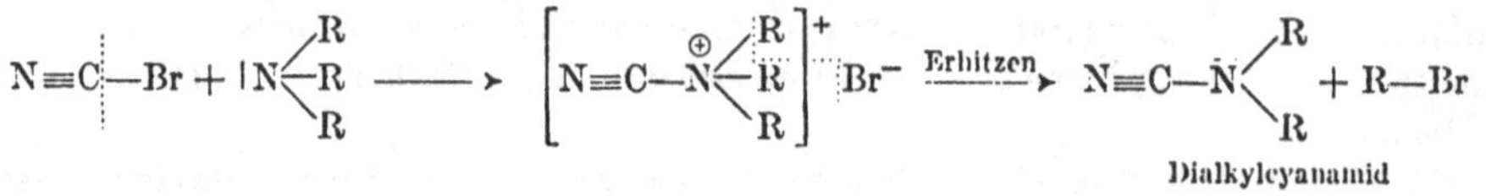

Dialkylcyanamid

Ammoniak, primäre und sekundäre Amine werden zunächst in gleicher Weise zum Ammoniumsalz angelagert, doch findet anschließend sofort Halogenwasserstoffabspaltung statt, d. h. man erhält unter Substitution des Halogens in einem Reaktionsgang die Cyanamidderivate. Bei der Einwirkung von Alkoholen tritt schließlich infolge der Aktivierung der Cyangruppe durch die freigesetzte Säure (S. 364) gleichzeitig Addition und Substitution ein, und es entstehen die halogenwasserstoffsauren Salze der Imidokohlensäureester:

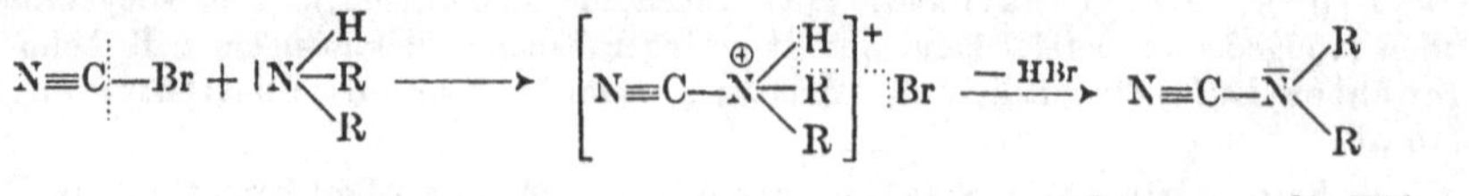

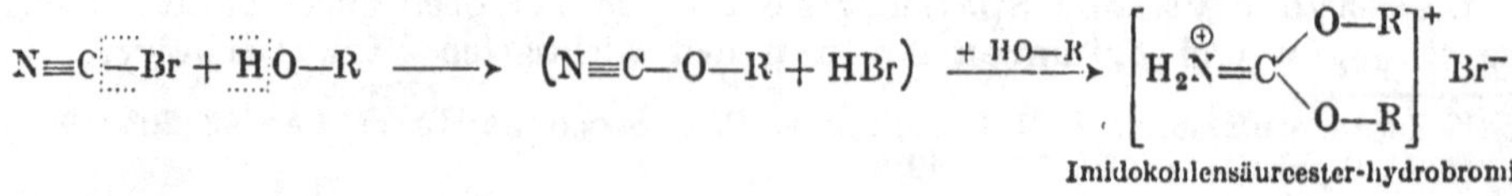

Imidokohlensäureester-hydrobromid

Die Polymerisation der Halogencyane geht etwas schwerer vor sich als die der Cyansäure oder Cyansäureester und erfordert Mineralsäuren oder auch Aluminiumchlorid als Katalysatoren. Als Reaktionsprodukte entstehen in Analogie zur Polymerisation der Cyansäureester die trimeren Cyanursäurehalogenide (s. u.).

Cyanursäure. Die bei der Trimerisierung der *Cyansäure* und ihrer Derivate entstehenden Verbindungen der Cyanursäurereihe sind Triazinderivate und gehören daher streng genommen zu den heterocyclischen Verbindungen (Kap. **I**, 11, II, 3bα). Sie sollen jedoch wegen ihrer nahen Beziehungen zur Cyansäurereihe bereits an dieser Stelle behandelt werden. Die Trimerisation der Cyansäure selbst kann sowohl von der Carbimidform (analog der Trimerisierung Schiffscher Basen, S.300) als auch von der Cyansäureform (analog der Trimerisation des Acetylens zum Benzol, S. 116) aus erfolgen und führt ebenfalls zu einem tautomeren Gemisch zweier Säuren, die je nachdem, ob sie sich von der Cyan- oder Isocyansäure ableiten, als Cyanur- oder Isocyanursäure bezeichnet werden (vgl. das Formelbild auf S. 415).

Praktisch geht man zur Darstellung der Cyanursäure allerdings nicht von der Cyansäure selbst aus, da diese bei der Polymerisation zum größten Teil in das hochmolekulare Cyamelid übergeht (S. 409), sondern vom Harnstoff, der beim raschen Erhitzen auf 190° unter Ammoniakabspaltung eine cyclische Kondensation erleidet (vgl. S. 421).

Cyanursäure ist eine weiße, kristallisierte Substanz, die sich beim Erwärmen ohne zu schmelzen zersetzt und in wäßriger Lösung ziemlich stark sauer reagiert. Sie geht bei der Alkylierung des Silbersalzes in der Kälte in die am Sauerstoff substituierten Cyanursäureester über, die sich in der Wärme unter innermolekularer Alkylierung des Stickstoffs in die stabileren Isocyanursäureester umlagern, so daß man diese bei der Alkylierung des Silbersalzes in der Wärme sofort erhält.

Derivate der Cyanursäure sind von beiden tautomeren Formen bekannt. Die **normalen Ester** können außer durch Alkylierung der freien Säuren auch aus den Halogencyanen über die monomeren Cyansäureester (S. 411) sowie direkt aus den Cyanursäurehalogeniden durch Einwirkung von Natriumalkoholat gewonnen werden und verhalten sich wie echte Ester, d. h. sie erleiden acylierende Spaltung und gehen mit Ammoniak in Melamin über, bzw. bilden bei der Hydrolyse Cyanursäure zurück. Alle Reaktionen sowie auch die erwähnte Umlagerung in die Isocyanursäureester stehen im besten Einklang mit der angenommenen Struktur. Die **Isocyanursäureester** entstehen dagegen durch Trimerisation der Isocyansäureester und zerfallen wie diese bei der Hydrolyse in Kohlendioxyd und primäres Amin, so daß auch ihre Konstitution eindeutig bewiesen ist.

Die **Cyanursäurehalogenide** leiten sich naturgemäß nur von der Cyanursäureform ab und werden ausschließlich durch Trimerisation der Halogencyane gewonnen. Sie verhalten sich wie echte Säurechloride und gehen bei der vorsichtigen Hydrolyse in Cyanursäure, mit Ammoniak in Melamin und mit Natriumalkoholat in die Cyanursäureester über.

Melamin, das Amid der Cyanursäure, ist eine starke einsäurige Base und liegt wie die Cyanursäure selbst in zwei tautomeren Formen vor, die jedoch keinen besonderen Namen erhalten haben, und von denen die aromatische Triamino-triazinform I im Gleichgewicht überwiegt[1]). Seine Darstellung geschieht in der beschriebenen Weise durch Aminolyse der Cyanursäureester oder -halogenide sowie auch durch Trimerisation von Cyanamid (s. u.), zu dem es in der gleichen Beziehung steht wie alle anderen Cyanursäurederivate zu den monomeren Cyansäureverbindungen. Die vorsichtige Hydrolyse führt in einer Dreistufenreaktion über das Ammelin und Ammelid zur Cyanur-

[1]) M. J. S. Dewar u. L. Paoloni: Trans. Farad. Soc. **53**, 261 (1957).

säure zurück. Auch hier stehen also alle Reaktionen in Einklang mit der angenommenen Struktur.

Vom Melamin leiten sich ähnliche Formaldehydpolykondensationskunststoffe ab wie vom Harnstoff (S. 422), die unter dem Namen **Melaminharze** in den Handel kommen.

In dem nebenstehenden Formelbild sind alle diese Übergänge und Beziehungen zwischen den verschiedenen Cyan-, Isocyan-, Cyanur- und Isocyanursäurederivaten nochmals übersichtlich zusammengestellt, wobei lediglich auf die Wiedergabe der Tautomerieverhältnisse des Ammelids und Ammelins verzichtet wurde.

b) Das Carbo-diimid oder Cyanamid

Ersetzt man im Kohlendioxyd auch das zweite O-Atom durch eine =NH-Gruppe, so kommt man zum Diimid der Kohlensäure, dem *Carbo-diimid*, das in ähnlicher Weise mit dem Cyansäureamid tautomer ist, wie das Carbimid mit der Cyansäure, und meistens kurz *Cyanamid* genannt wird:

$$\underset{\text{Carbodiimid}}{HN{=}C{=}NH} \rightleftharpoons \underset{\text{Cyanamid}}{N{\equiv}C{-}NH_2}$$

Darstellung. Als Verbindung vom Isocyansäuretypus kann Carbodiimid aus anderen Kohlensäurederivaten durch Abspaltungsreaktionen gewonnen werden, z. B. durch Abspaltung von Schwefelwasserstoff aus Thioharnstoff (S. 432) mittels Quecksilberoxyds:

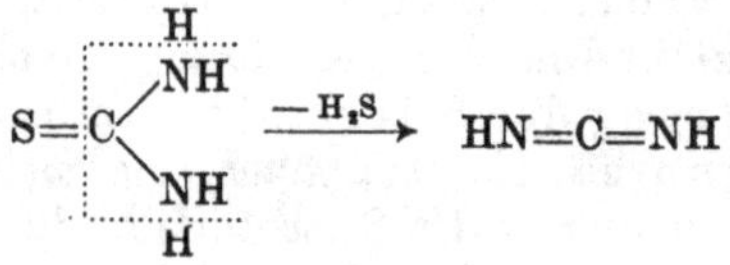

In der Praxis geht man jedoch auf anderem Wege vor und „verbrennt" das eine C-Atom des Calciumcarbids in einer der Oxydation zum Calciumcarbonat analogen Reaktion in einer Stickstoffatmosphäre bei 800—1000° zum Kalkstickstoff, dem Calciumsalz des Cyanamids (Näheres vgl. anorg. Lehrbücher):

$$CaC_2 + N_2 \longrightarrow Ca^{++}\left[\overset{\ominus}{N}{=}C{=}\overset{\ominus}{N}\right]^{--} + C\ ,$$

oder man setzt, wie bereits auf S. 380 erwähnt, den elementaren Kohlenstoff in einer der Wassergasbildung ähnlichen Reaktion mit Natriumamid zu Natriumcyanamid und elementarem Wasserstoff um:

$$NaNH_2 + C + H_2NNa \longrightarrow NaN{=}C{=}NNa + 2\,H_2$$

Besonders das Kalkstickstoffverfahren wird technisch im großen durchgeführt und stellt ein wichtiges Einfallstor zur Gewinnung anderer stickstoffhaltiger Kohlensäurederivate, vor allem des Harnstoffs, dar. Ferner liegt in ihm, da der Harnstoff seinerseits bei der Hydrolyse in CO_2 und Ammoniak übergeht, eine technische Möglichkeit zur indirekten Stickstoffhydrierung vor, die vor der Einführung des HABER-BOSCH-Verfahrens kurzzeitig in Deutschland auch praktische Anwendung zur Ammoniaksynthese gefunden hat.

Die Gewinnung des freien Cyanamids ist bei seiner nur schwach sauren Natur bereits durch Einleiten von Kohlendioxyd in die wäßrige Lösung von Kalkstickstoff (unter Ausfällung von $CaCO_3$) möglich, doch setzt man zur Darstellung der wasserfreien Verbindung besser das Natriumsalz mit der für die Bildung von Glaubersalz berechneten Menge Schwefelsäure und Wasser um und extrahiert das Reaktionsprodukt mit organischen Lösungsmitteln.

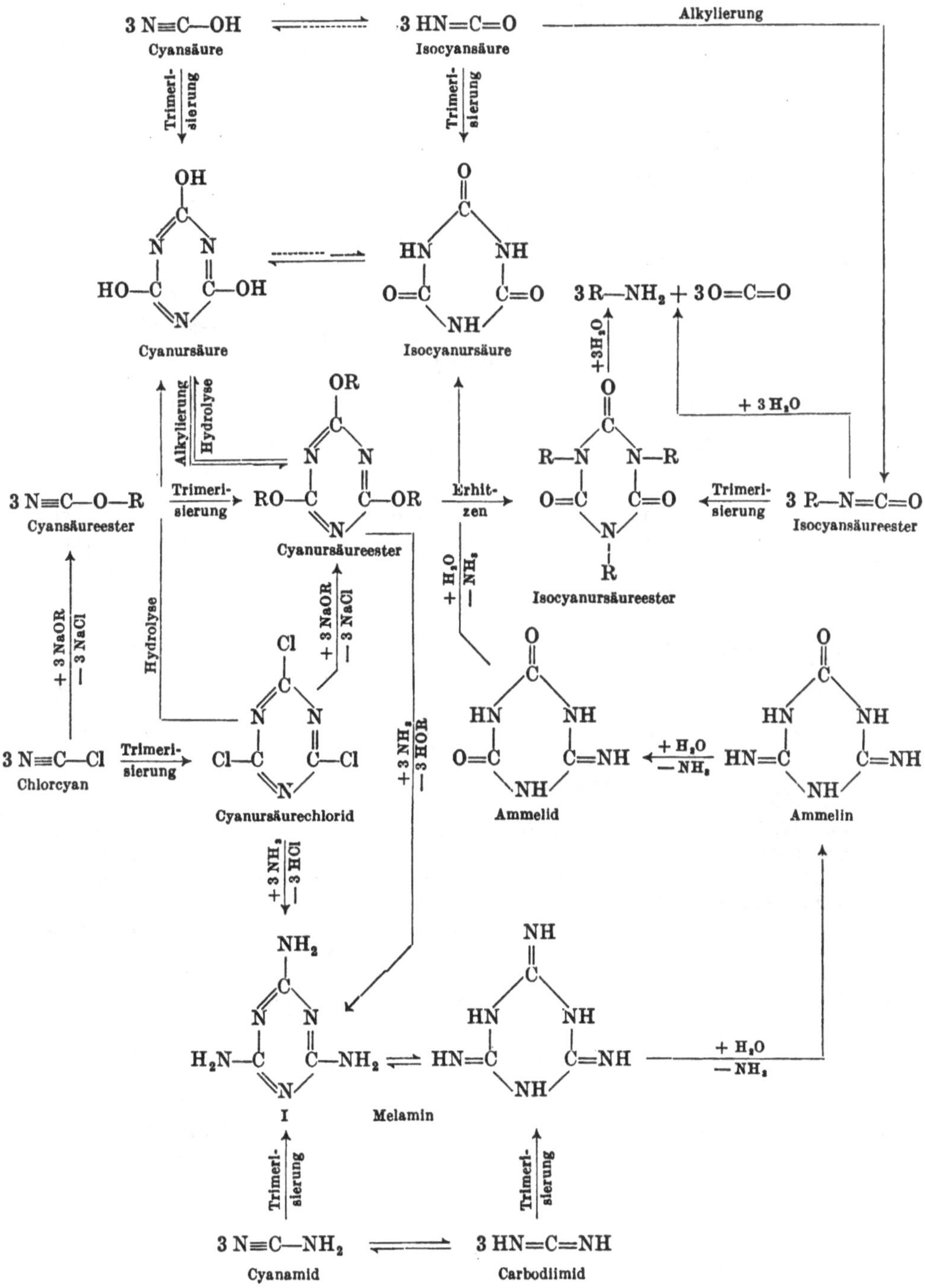
3 N≡C—OH
Cyansäure
3 HN=C=O
Isocyansäure
Alkylierung
Trimerisierung
Cyanursäure
Isocyanursäure
3 R—NH2 + 3 O=C=O
+3H2O
+ 3 H2O
Alkylierung
Hydrolyse
3 N≡C—O—R
Cyansäureester
Trimerisierung
Cyanursäureester
Erhitzen
Isocyanursäureester
3 R—N=C=O
Isocyansäureester
+ 3 NaOR
− 3 NaCl
+ H2O
− NH3
Ammelid
Ammelin
+ 3 NH3
− 3 HOR
3 N≡C—Cl
Chlorcyan
Cyanursäurechlorid
+ 3 NH3
− 3 HCl
Melamin
I
3 N≡C—NH2
Cyanamid
3 HN=C=NH
Carbodiimid

Cyanamid bildet in Wasser sehr leicht, in Alkohol und Äther mäßig lösliche hygroskopische Kristalle (Smp. 44°) und ist im Vakuum unzersetzt destillierbar (Sdp. 140°/19mm). In seinem **chemischen Verhalten** ähnelt es der Cyansäure, ist jedoch als ihr Amid eine wesentlich schwächere Säure und zeichnet sich durch eine größere Reaktionsträgheit und Stabilität aus. So ist es z. B. in neutraler oder schwach saurer Lösung vollkommen beständig und kann selbst mit Wasserdampf destilliert bzw. mit Wasser unter Druck auf 120—130° erhitzt werden, ohne daß Reaktion eintritt. In Gegenwart von verdünnten Mineralsäuren oder Alkalien findet jedoch sehr leicht Dimerisierung zum *Dicyandiamid* statt, das bei höherer Temperatur ein drittes Molekül Cyanamid unter Bildung von *Melamin* anlagern kann:

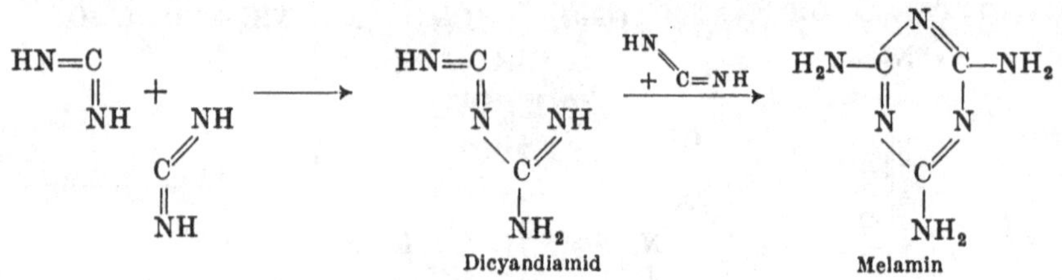

Weiterhin kennen wir eine Reihe von Additionsreaktionen, von denen vor allem die folgenden vier Möglichkeiten eine praktische Bedeutung erlangt haben:

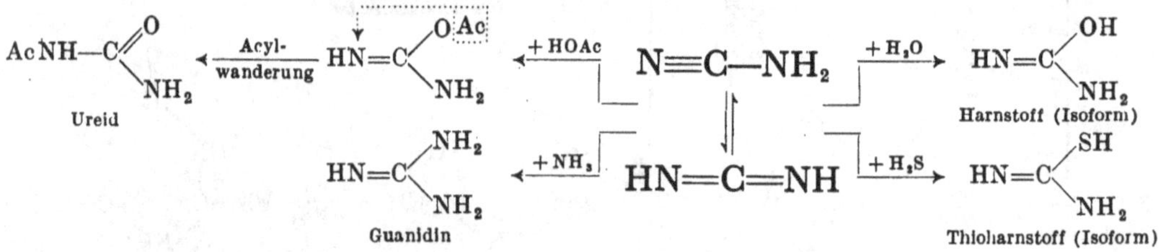

Am wichtigsten ist die Harnstoffbildung, die man technisch durch Erwärmen der aus Kalkstickstoff, Wasser und CO_2 erhaltenen wäßrigen Cyanamidlösung mit Schwefelsäure auf 70° durchführt, wobei durch zusätzliche Katalysatoren, wie Mangandioxyd oder andere schwerlösliche Metalloxyde (bzw. Hydroxyde), die Dimerisierung des Cyanamids verhindert werden kann. Die analog verlaufende Anlagerung von Schwefelwasserstoff zu Thioharnstoff geschieht am besten durch trockenes Erhitzen des Cyanamids mit Ammoniumsulfid, während die Ammoniakanlagerung bereits bei normaler Temperatur spontan erfolgt. Die bei der Einwirkung von Carbonsäuren eintretende Ureidbildung stellt schließlich einen Spezialfall der auf S. 358 beschriebenen Darstellung sekundärer Säureamide durch Anlagerung von Carbonsäuren an Nitrile dar.

Die wichtigsten **Derivate des Cyanamids** sind die oben beschriebenen Salze, von denen vor allem der **Kalkstickstoff** ($Ca^{++}[N{=}C{=}N]^{--}$), der als künstlicher Stickstoffdünger[1]) sowie als Zwischenprodukt für die Harnstoffgewinnung Verwendung findet, ein technisches Großprodukt darstellt.

[1]) Die düngende Wirkung des Kalkstickstoffs beruht auf seiner langsamen Zersetzung durch die Kohlensäure der Luft zu Calciumcarbonat und Cyanamid sowie dessen weiterer Hydrolyse zu Harnstoff, der schließlich in Kohlendioxyd und Ammoniak übergeht (vgl. S. 419). Kalkstickstoff kann also an Stelle des Harnstoffs als Düngemittel verwandt werden und bewirkt gleichzeitig eine zusätzliche Kalkdüngung.

In Form der **Dialkylderivate** können die beiden tautomeren Formen des Cyanamids in der üblichen Weise stabilisiert werden, und zwar erhält man in eindeutiger, ihre Konstitution beweisender Reaktion die *Dialkylcyanamide* (I) aus den Halogencyanen und Dialkylaminen sowie die *Dialkylcarbodiimide* (II) aus den symmetrisch disubstituierten Harnstoffen durch Wasserentzug mittels Thionylchlorids:

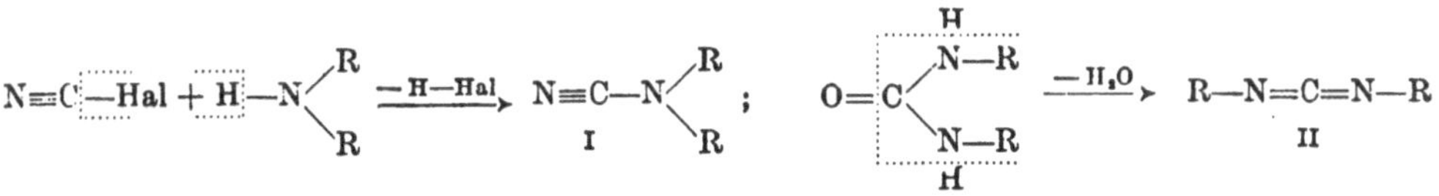

Auch aus den analog konstituierten Thioharnstoffen können die Carbodiimide durch oxydative Herausspaltung von Schwefelwasserstoff mit Natriumhypochlorit gewonnen werden[1]).

Die Dialkyl- und auch Diarylcarbodiimide[2]) bilden mit Carbonsäuren gut kristallisierende Ureide und finden daher neuerdings präparative Anwendung zur Identifizierung und Isolierung schlecht kristallisierender Fettsäuren.

c) Die Carbamidsäure und ihre Derivate

Die *Carbamidsäure* (fälschlich auch *Carbaminsäure* genannt, vgl. **I**, Kap. 6, I allgem.) ist das Halbamid der Kohlensäure und als Säureamid tautomer mit einer Imidoform, der *Imidokohlensäure*. Sie entsteht sowohl bei der Addition von Ammoniak an Kohlendioxyd als auch der von Wasser an Cyansäure:

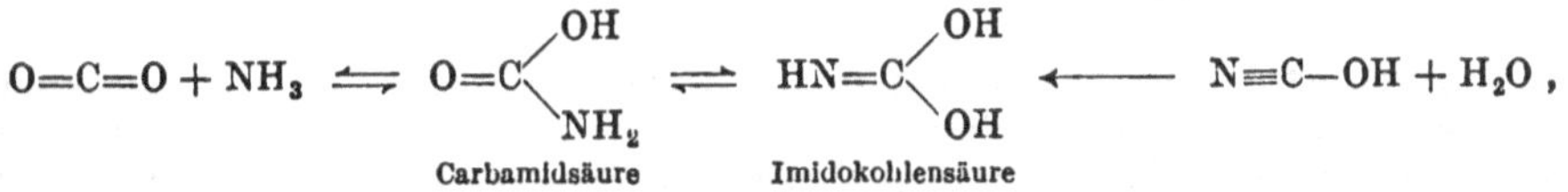

ist jedoch als hydroxylhaltige Verbindung vom „Carbamidsäuretypus" nur in Form der Salze beständig und zerfällt bei Versuchen zu ihrer Isolierung wieder rückwärts in CO_2 und Ammoniak. Dagegen sind eine Reihe von Derivaten bekannt, die sich von beiden tautomeren Formen ableiten.

Von den Salzen ist das Ammoniumcarbamidat (I) das wichtigste. Es bildet sich über die Carbamidsäure bei der Addition von zwei Mol Ammoniak an Kohlendioxyd:

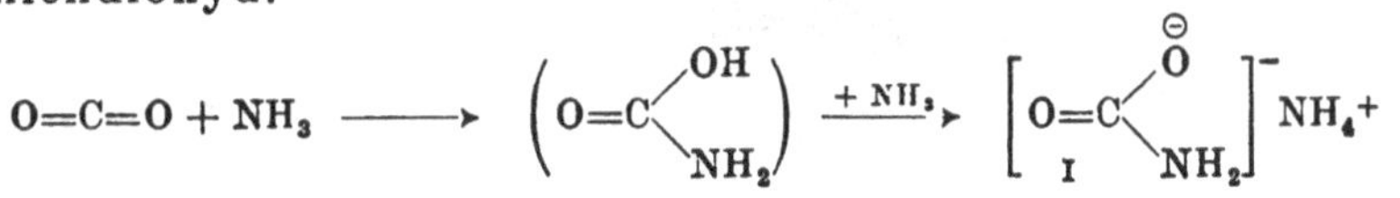

und spielt eine Rolle als Zwischenprodukt bei der Harnstoffsynthese (S. 420).

Carbamidsäurechlorid haben wir bereits als Amid der Chlorameisensäure kennengelernt (S. 406). Es entsteht bei der Einwirkung von Phosgen auf Ammoniak[3]) bei höherer Temperatur (etwa 400°) und setzt sich als echtes Säurechlorid mit Alkoholaten zu Urethanen (s. u.) oder mit Ammoniak zum Harnstoff um. Es ist die erste stabile Verbindung vom Carbamidsäuretypus, der wir begegnen, erleidet aber immer noch leicht Halogenwasserstoffabspaltung unter Bildung von Cyan- bzw. Cyanursäure:

---

[1]) E. Schmidt u. Mitarbb.: A. **571**, 83 (1951).

[2]) Zusammenfassung über Carbodiimide: H. G. Khorana: Chem. Rev. **53**, 145 (1953).

[3]) H. Hopff u. H. Ohlinger: Angew. Chem. **61**, 183 (1949).

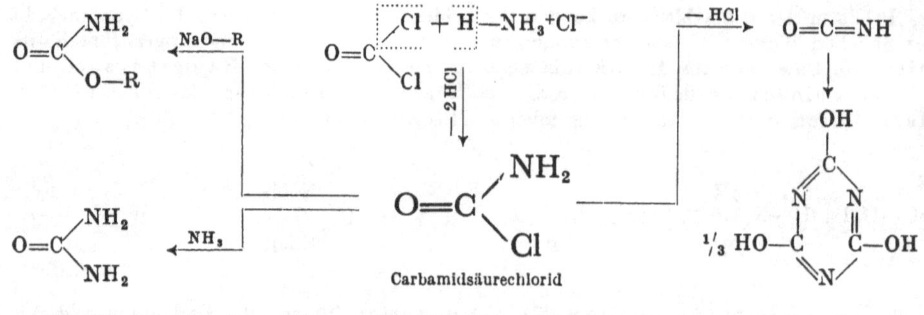

Carbamidsäurechlorid

Die **N-Alkylcarbamidsäurechloride** R—NH—CO—Cl gehen bei der Halogenwasserstoffabspaltung in analoger Weise in die Isocyansäureester über (Gleichung formulieren!).

Die wichtigsten Carbamidsäurederivate sind die **Ester**, die infolge ihrer Säureamidnatur ebenfalls in zwei tautomeren Formen auftreten, und zwar 1. den neutralen Estern der einbasigen Carbamidsäure (I) und 2. den sauren Halbestern der zweibasigen Imido-Kohlensäure (II). Ihnen schließen sich als 3. Gruppe die nicht mehr zur Tautomerie befähigten neutralen Ester der Imido-Kohlensäure (III) an:

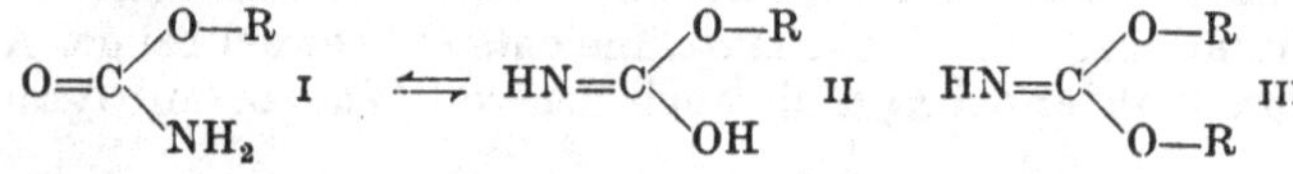

Die **Carbamidsäureester** (bzw. ein Gemisch aus I und II) werden hauptsächlich durch Erhitzen von Harnstoff mit den betreffenden Alkoholen gewonnen und haben auf Grund dieser Beziehung den Namen **Urethane** erhalten (vgl. S. 419, Anm. 2). Sie entstehen aber auch aus Chlorameisensäureestern und Ammoniak (S. 405), aus Carbamidsäurechlorid und Alkohol sowie schließlich auch durch Anlagerung von Alkoholen an die freie Cyansäure in statu nascendi (S. 410):

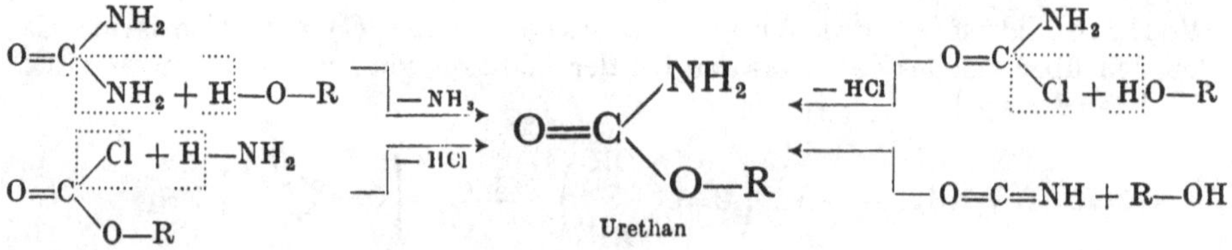

Urethan

Die Urethane enthalten eine Carbonsäureamidgruppe und sind infolgedessen gut kristallisierende, ziemlich hoch siedende Substanzen. Sie zeigen vielfach hypnotische Eigenschaften und dienen daher zuweilen in der Pharmazie als Schlafmittel. Die wichtigsten dieser Hypnotika sind das *Voluntal* genannte Urethan des Trichloräthanols sowie die Ester zweier Amylalkohole:

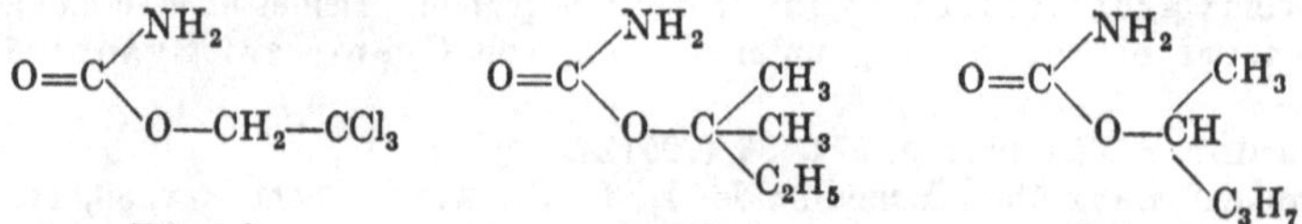

Voluntal   Aponal   Hedonal

Da die bei der Hydrolyse der Estergruppe entstehende Carbamidsäure sofort weiter in Kohlendioxyd und Ammoniak zerfällt, zeichnen sich die Urethane durch eine auffallend leichte Spaltung der C—N-Bindung aus. Sie werden daher häufig als Ausgangsprodukte für die Gewinnung komplizierter Stickstoffverbindungen, bei deren Darstellung eine intermediäre Blockierung eines am Stickstoff befindlichen H-Atoms durch einen leicht wieder abspaltbaren Substituenten erforderlich ist, verwandt. So ging z. B. die erste Synthese des Diazomethans vom N-Nitroso-methylurethan $C_2H_5—O—CO—N(CH_3)—N{=}O$ aus (I, Kap. 6, III, 1a).

Von den am Stickstoff substituierten Urethanen haben die bei der Anlagerung von Alkoholen an Phenylisocyanat entstehenden *N-Phenyl-urethane* eine gewisse Bedeutung als gut kristallisierende Alkoholderivate erlangt. Weiterhin spielen die mehrere Urethangruppen im Molekül enthaltenden, bereits auf S. 411 kurz gestreiften Polyurethane eine wichtige Rolle als eiweißähnliche synthetische Kunststoffe (vgl. III, Kap. 7, I, 3bγ).

Phenyläthylurethan $C_6H_5—NH—CO—OC_2H_5$ dient unter der Bezeichnung *Euphorin* in der Pharmazie als Antipyretikum.

Die Salze der neutralen **Imidokohlensäureester** gewinnt man aus den Halogencyanen und zwei Molekülen Alkohol. Hierbei entstehen intermediär die Cyansäureester, die in überschüssigem Alkohol als Reaktionsmedium nicht trimerisieren, sondern unter der Einwirkung der entstehenden Säure ein zweites Alkoholmolekül an die Nitrilgruppe anlagern (S. 412). Die Imoniumsalze der Imidokohlensäureester entsprechen in ihrem ganzen Verhalten den Salzen der Iminoäther der Carbonsäuren (S. 367) und gehen z. B. mit Ammoniak in Guanidin (S. 424) sowie mit Alkoholen in Orthokohlensäureester (S. 408) über:

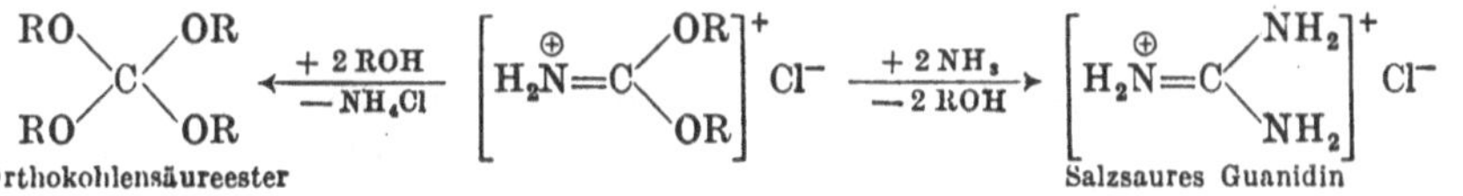

Orthokohlensäureester Salzsaures Guanidin

d) Der Harnstoff und seine Derivate

Ersetzt man auch die zweite Hydroxylgruppe der Kohlensäure durch einen NH_2-Rest, so kommt man zum neutralen Carbamid, dem *Harnstoff*, der ebenfalls in zwei tautomeren Formen auftritt:

Harnstoff Isoharnstoff

Er ist ein wichtiges Naturprodukt und stellt die Endstufe des Stickstoff- bzw. Eiweiß-Stoffwechsels im Organismus der Säugetiere[1]) dar, die ihn, wie der Name sagt, im Harn abscheiden (beim Menschen 25—40g täglich). Ferner kommt er in einigen Pflanzen vor und dient als natürliche Stickstoffquelle für den Aufbau pflanzlichen Eiweißes, worauf u. a. auch das Auftreten von Ureasen[2]) — einer Gruppe von Enzymen, die die Hydrolyse des Harnstoffs zu Kohlendioxyd und Ammoniak bewirken und daher auch für die Verwendung des Harnstoffs als Düngemittel von großer Bedeutung sind — in einigen Kleinlebewesen des Ackerbodens hindeutet.

---

[1]) Vögel, Reptilien und Insekten, die nicht urinieren, scheiden ihre stickstoffhaltigen Stoffwechselprodukte in Form von festen Purinderivaten (vgl. III, Kap. 7, II) mit den Exkrementen ab.

[2]) Der in den Namen zahlreicher Harnstoffderivate enthaltene Wortstamm „*ur*" (z. B. in Urease, Ureid, Urethan, Biuret usw.) leitet sich von lat. *urina* = Urin, Harn ab.

Der Harnstoff ist ferner von einem gewissen historischen Interesse für die Entwicklung unserer Vorstellungen vom Wesen der organischen Chemie. Er wurde im Jahre 1773 von W. F. ROUÈLLE im menschlichen Harn entdeckt und galt früher als „typisch organische" Substanz, deren Bildung nur im lebenden Organismus möglich sei. Seine Synthese aus dem seinerzeit als „anorganisch" angesehenen Ammoniumcyanat durch F. WÖHLER im Jahre 1828, war daher von entscheidender Bedeutung für die Widerlegung der Hypothese der vis vitalis und gilt allgemein als Wendepunkt in der Geschichte der organischen Chemie (Näheres vgl. II, Kap. 1, I).

Die Gewinnung des Harnstoffs geschieht heute ausschließlich auf künstlichem Wege aus anderen Kohlensäurederivaten, und zwar kann er sowohl durch Additionsreaktionen aus Verbindungen vom Isocyansäuretypus als auch durch Substitutionsreaktionen aus Verbindungen vom Estertypus gewonnen werden. Eine praktische Bedeutung haben die folgenden vier Methoden erlangt:

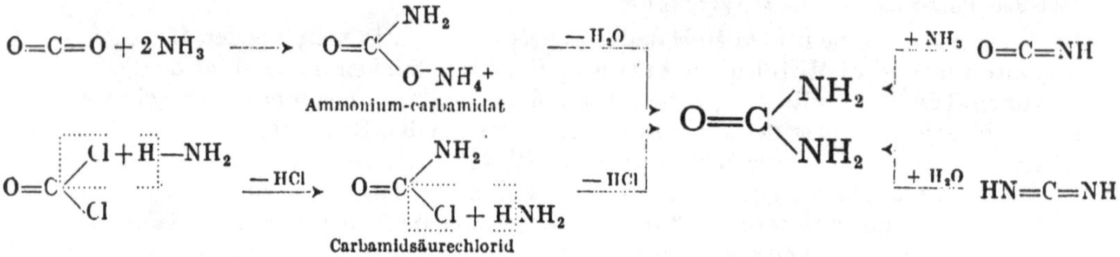

Das bei weitem wichtigste Verfahren ist die Harnstoffsynthese aus Kohlendioxyd und Ammoniak, die man bei 150° und 5—100 Atmosphären Druck in geschmolzenem Harnstoff (unter Zusatz von etwas Wasser) als Reaktionsmedium durchführt. Sie beruht auf einer primären Addition des Ammoniaks an das Kohlendioxyd unter Bildung von carbamidsaurem Ammonium (S. 417), das sekundär eine ähnliche Wasserabspaltung zum Harnstoff erleidet, wie wir sie bei der Bildung der Carbonsäureamide aus den Ammoniumsalzen der Carbonsäuren (S. 357) kennengelernt haben.

Die Addition von Ammoniak an Cyansäure (vgl. auch S. 410) geschieht meistens durch trockenes Erhitzen eines äquimolekularen Gemenges von Kaliumcyanat und Ammoniumsulfat und stellt die historische WÖHLERsche Harnstoffsynthese dar. Sie findet heute nur noch Anwendung zur Gewinnung von Harnstoffderivaten, die man beim Ersatz des Ammoniumsulfats durch die Salze primärer oder sekundärer Amine (vgl. z. B. die Semicarbazidbildung, S. 425) sowie durch Anlagerung der freien Amine an die Isocyansäureester (z. B. Phenyl-isocyanat, S. 412) erhält:

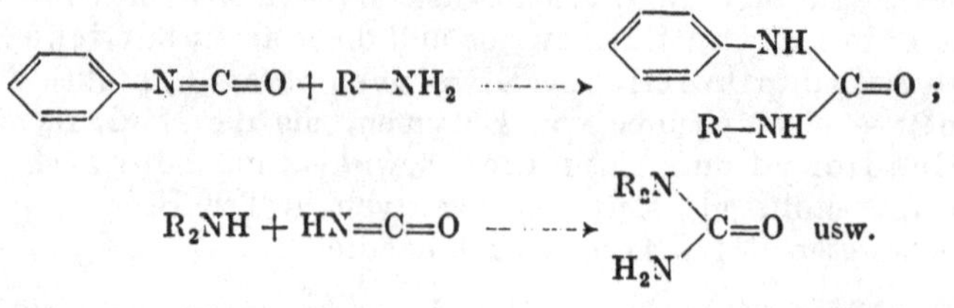

Auch die Umsetzung von Phosgen oder Carbamidsäurechlorid mit Ammoniak oder Aminen (Gleichungen formulieren!) findet praktisch ausschließlich zur Darstellung von Harnstoffderivaten Anwendung.

Bezüglich der Anlagerung von Wasser an Cyanamid vgl. S. 416.

Harnstoff ist als typisches Säureamid eine gut kristallisierende (Smp. 135°), jedoch nicht mehr destillierbare Verbindung, die in Wasser leicht, in Alkohol mittel und in den typisch lipophilen organischen Lösungsmitteln nicht löslich ist. Auch in seinen chemischen Reaktionen verhält sich der Harnstoff den Carbonsäureamiden sehr ähnlich. Insbesondere reagiert er ebenfalls gegenüber Wasser nahezu neutral und bildet sowohl mit starken Säuren als auch mit Schwermetallen Salze, von denen erstere, da Harnstoff mit einem basischen p_K-Wert von 13,83 etwas basischer ist als Wasser, merklich hydrolysenbeständiger sind als die Salze der Carbonsäureamide und in Gegenwart eines Säureüberschusses auch aus wäßriger Lösung umkristallisiert werden können.

Eine präparative Bedeutung erlangt haben insbesondere das Nitrat und das Oxalat, in denen der Harnstoff als einsäurige Base fungiert, und die sich infolge ihrer Schwerlöslichkeit zu seiner Isolierung aus wäßriger Lösung eignen. Ein charakteristisches Schwermetallderivat ist das mit Quecksilber(II)-nitrat ausfallende *basische Harnstoff-Quecksilbernitrat* der Zusammensetzung: HO—Hg—NH—CO—NH—Hg—NO_3.

Weiterhin wird Harnstoff als normales Säureamid durch Kochen mit konzentrierten Säuren oder Alkalien hydrolysiert. Mit salpetriger Säure reagieren beide NH_2-Gruppen unter Abspaltung von elementarem Stickstoff und Kohlendioxydentwicklung (Gleichung formulieren!). Besonders die letzte Reaktion hat wegen der ausschließlichen Bildung gasförmiger Reaktionsprodukte (neben Wasser) praktische Bedeutung zur Zerstörung von salpetriger Säure erlangt. So dient z. B. ein Zusatz von Harnstoffnitrat zur Zurückdrängung der hauptsächlich durch den Gehalt an nitrosen Gasen ausgelösten Oxydationsreaktionen der Salpetersäure (z. B. S. 210, vgl. auch anorg. Lehrbücher) sowie zur Stabilisierung von Sprengstoffen.

Von den speziellen Reaktionen des Harnstoffs ist vor allem die thermische Zersetzung von Interesse. Bei längerem Erwärmen auf 150—160° spalten zwei Moleküle Harnstoff ein Molekül Ammoniak ab und gehen in *Biuret* über. Die Reaktion beruht wahrscheinlich auf einer intermediären Bildung von Cyansäure, die sich sofort an ein zweites Harnstoffmolekül anlagert. Bei raschem Erhitzen auf höhere Temperaturen werden in prinzipiell gleicher Weise drei Moleküle Ammoniak aus drei Molekülen Harnstoff abgespalten, und es entsteht unter cyclischer Kondensation *Cyanursäure* (S. 413) die präparativ ausschließlich auf diesem Wege gewonnen wird:

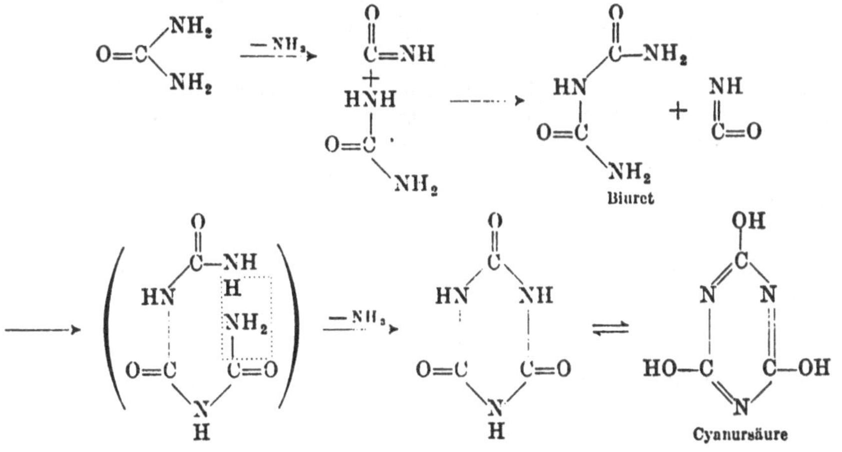

Von technischem Interesse ist schließlich noch die bereits auf S. 264 kurz gestreifte Möglichkeit der Verknüpfung zweier Amidogruppen durch Formaldehyd. Sie führt beim Harnstoff infolge der Anwesenheit von zwei reaktionsfähigen $—NH_2$-Gruppen im Molekül, die nach verschiedenen Seiten kondensieren können, zu einer Verknüpfung einer großen Anzahl von Molekülen zu hochmolekularen Stoffen, die unter der Bezeichnung **Harnstoff-Formaldehyd-Kondensate** (*Aminoplaste, Pollopas* usw.) als wertvolle Kunststoffe Verwendung finden (vgl. auch **III**, Kap. 3, III, 1b).

Harnstoff ist heute ein technisches Großprodukt und findet in erster Linie Verwendung als stickstoffhaltiges Düngemittel. Weitere große Mengen benötigt die Kunststoffindustrie, während seine chemisch interessante Anwendung zur Synthese pharmazeutisch wichtiger Harnstoffderivate mengenmäßig kaum ins Gewicht fällt.

Vom Harnstoff als Verbindung vom Carbamidsäuretypus sind zwei Reihen von **Derivaten** bekannt, von denen die wichtigeren, am Stickstoff substituierten Verbindungen noch zur Tautomerie befähigt sind. Sie zeigen häufig physiologische Aktivität und haben daher auch pharmazeutische Bedeutung erlangt. Doch leiten sich diese pharmazeutisch wichtigen Harnstoffderivate fast ausschließlich von Dicarbonsäuren oder komplizierteren aromatischen Aminoverbindungen ab, so daß sie erst später besprochen werden können.

Die **symmetrischen Dialkyl- und Diarylharnstoffe** stellt man am besten aus Phosgen und den entsprechenden aliphatischen oder aromatischen primären Aminen dar (s. oben). Die einfachen Derivate sind ohne Bedeutung geblieben. Ein pharmazeutisch wichtiger symmetrischer Diarylharnstoff ist das *Germanin* (vgl. **I**, Kap. 11, II, 1b).

Unsymmetrisch substituierte Harnstoffe erhält man mit Hilfe der WÖHLERschen Harnstoffsynthese (s. oben) sowie in der aromatischen Reihe auch durch direkte Kondensation von Harnstoff und aromatischen Aminen, die man am besten durch Kochen mit Salzsäure bewirkt:

$$H_2N—CO\boxed{—NH_2 + HCl + H}—NH—Ar \longrightarrow H_2N—CO—NH—Ar + NH_4Cl$$

Auch hier haben die einfachen Derivate, abgesehen von der erwähnten Eignung zur Charakterisierung organischer Amine, keinerlei Bedeutung erlangt. Physiologisch interessante Verbindungen dieser Reihe sind die Süßstoffe *Dulcin* (vgl. auch **I**, Kap. 6, I, 4b) und *Suosan*[1]):

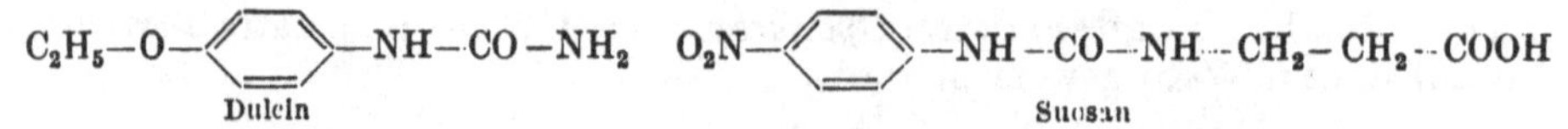

Dulcin Suosan

Die am Stickstoff acylierten Harnstoffe, d. h. die gemischten sekundären Amide der Carbamidsäure mit anderen Säuren, insbesondere Carbonsäuren, werden **Ureide** genannt. Ihre Darstellung geschieht entweder in Analogie zu der Gewinnung anderer sekundärer Amide (S. 358) durch die oben bereits erwähnte Anlagerung von Carbonsäuren an Cyanamid (S. 416) und seine Derivate oder durch gemeinsames Erhitzen von Harnstoff mit der betreffenden Carbonsäure:

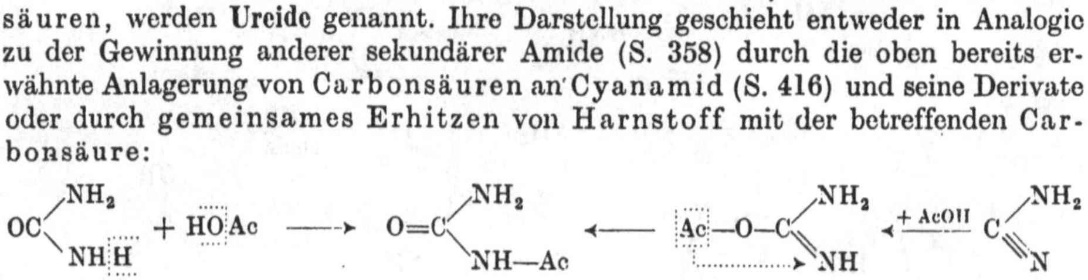

Ureid

Auf die Eignung der substituierten Carbonsäure-ureide zu Identifizierungszwecken wurde bereits hingewiesen (S. 417). Von den einfachen Ureiden hat insbe-

---

1) S. PETERSEN u. E. MÜLLER : B. 81, 31 (1948).

sondere das **Biuret**[1]), das Ureid der Carbamidsäure, spezielles Interesse gefunden, da es mit Kupfer-II-Salzen in alkalischer Lösung ein intensiv violettes Komplexsalz bildet, dem wahrscheinlich die folgende bicyclische Konstitution zukommt:

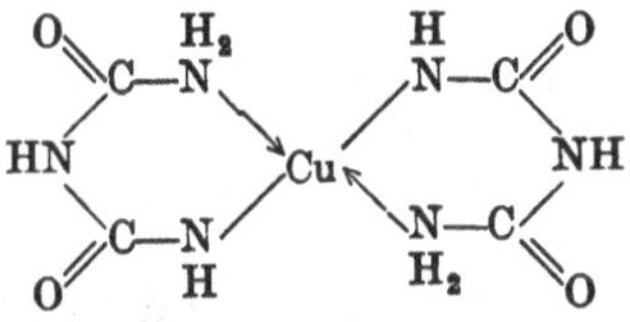

Das Auftreten der Biuretfärbung beim Kochen von eiweißhaltigen Stoffen mit einer sehr verdünnten Kupfersulfatlösung in konzentrierter Natronlauge dient unter der Bezeichnung *Biuretreaktion* zum Nachweis von Eiweiß.

Ersetzt man im Biuret eine der endständigen NH_2-Gruppen durch eine OH-Gruppe, so kommt man zum Ureid der Kohlensäure, dem **Allophan:** $H_2N—CO—NH—COOH$. Es ist als N-Carbonsäure ebensowenig existenzfähig wie die Carbamidsäure, hat aber als Muttersubstanz verschiedener Derivate[2]) ein gewisses Interesse gefunden.

Die Ureide einiger α-Bromfettsäuren dienen als Schlafmittel. Am bekanntesten sind:

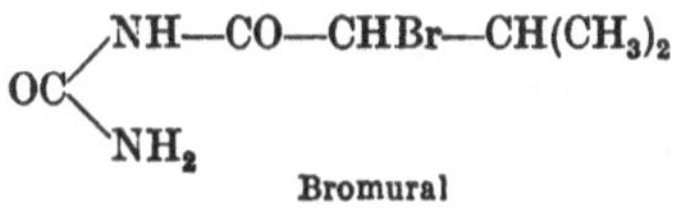

Bromural

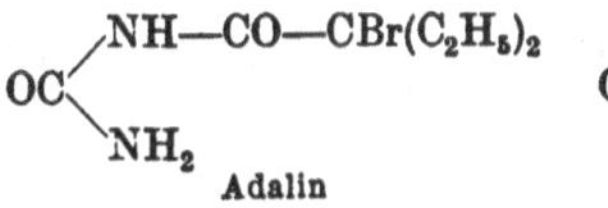

Adalin

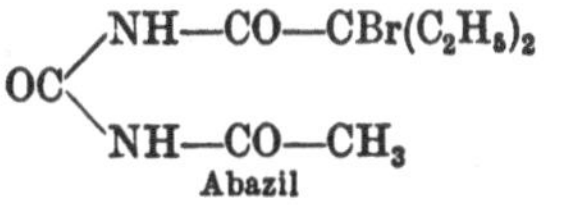

Abazil

Wesentlich wichtiger als die Ureide der Monocarbonsäuren sind die auf S. 480, 483 usw. beschriebenen cyclischen Di-ureide einiger Dicarbonsäuren, die sowohl als Abbauprodukte der Purinverbindungen (III Kap, 7, II, 1) als auch als Muttersubstanzen der Schlafmittel der Veronalreihe (S. 484) allgemeines Interesse gefunden haben.

Nitrosomethylharnstoff $H_2N—CO—N(CH_3)—NO$, der als Ureid des Methylharnstoffs mit salpetriger Säure aufgefaßt werden kann, entsteht bei der Einwirkung von salpetriger Säure auf Monomethylharnstoff (eigenartigerweise unter Intaktlassung der NH_2-Gruppe) und dient als Ausgangsmaterial für die präparative Darstellung von Diazomethan (I, Kap. 6, III, 1a). Auch der bei der Einwirkung von Nitriersäure (Salpeter-Schwefelsäure, I, Kap. 6, IV, 1) auf Harnstoff entstehende **„Nitroharnstoff"** $H_2N—CO—NH—NO_2$ (s. auch S. 425) ist ein derartiges anorganisches Ureid.

Derivate des Isoharnstoffs sind nur in Form der nicht mehr zur Tautomerie befähigten O-Alkyläther (bzw. besser -ester) bekannt. Man erhält ihre salzsauren Salze in Analogie zur Bildung der Carbonsäure-iminoäther (S. 367) durch Einwirkung von Alkoholen und Salzsäure auf Cyanamid:

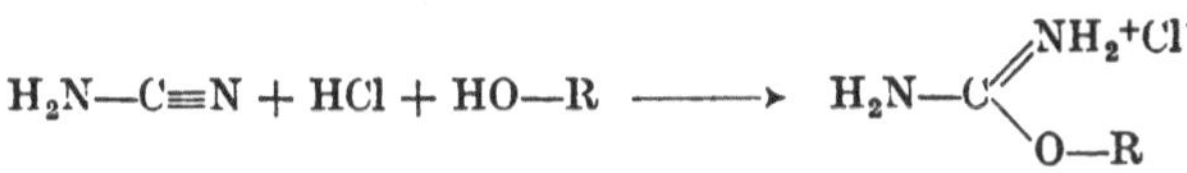

Sie sind als Amidine der „Alkoxyameisensäure" ziemlich starke, einsäurige Basen, haben jedoch keine praktische Bedeutung erlangt.

[1]) Zusammenfassung über Biuret und verwandte Verbindungen: F. Kurzer: Chem. Rev. **1956**, 95.

[2]) Vgl. z. B. die Zusammenfassung über Allophanester: H. W. Blohm u. E. I. Becker: Chem. Rev. **51**, 471 (1952).

e) Das Guanidin

Ersetzt man schließlich alle drei Sauerstoffatome der Kohlensäure durch stickstoffhaltige Reste, so kommt man zum *Guanidin* $HN{=}C(NH_2)_2$, der als Amidin der Carbamidsäure aufgefaßt werden kann. Es tritt in gebundener Form als integrierender Bestandteil des Eiweißbausteins Arginin (**III**, Kap. 7, I, 1) sowie in einigen Purinderivaten ziemlich häufig, jedoch stets nur in geringer Menge, natürlich auf und wurde auch aus einem Naturprodukt, dem im Guano enthaltenen Guanin (**III**, Kap. 7, II, 2), erstmals isoliert (A. Strecker). Seine **Darstellung** geschieht jedoch meistens synthetisch, und zwar hauptsächlich durch Anlagerung von Ammoniak an Carbodiimid, eine Reaktion, die bereits beim einfachen Zusammengeben der Komponenten (S. 416) bzw. bei der Umsetzung von Kalkstickstoff mit Ammoniumnitrat erfolgt. Auch die Guanidin-rhodanid-Bildung bei der thermischen Zersetzung von Ammoniumrhodanid oberhalb 180°, die in mehreren Stufen vor sich geht, beruht letzten Endes auf einer Anlagerung von Ammoniak an Carbodiimid:

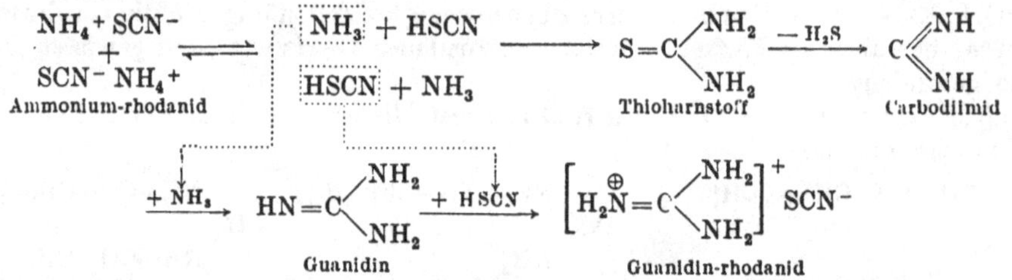

Weitere Bildungsweisen haben wir in der Umsetzung von Orthokohlensäureestern (S. 409) oder Imidokohlensäureestern (S. 419) mit Ammoniak bereits kennengelernt.

Eigenschaften. Guanidin ist als Amidin der Kohlensäure eine sehr starke einsäurige Base ($p_K = 0{,}5$, vgl. Tabelle 27, I, Kap. 6, I, 1a), die hinsichtlich ihrer Basizität bereits den Ätzalkalien (bzw. dem Hydroxyl-Ion) nahesteht[1]) und z. B. mit der Kohlensäure der Luft unter Bildung des leicht löslichen, nicht mehr zur CO_2-Abgabe neigenden Carbonates zerfließt. Schwer löslich sind das Nitrat und das Pikrat, die beide zu seiner Charakterisierung und auch Identifizierung dienen. Mit starken Säuren und Basen tritt Hydrolyse zu Ammoniak und Kohlendioxyd ein, die bei Verwendung von Barytwasser auf der Stufe des Harnstoffs unterbrochen werden kann (Gleichung formulieren!).

Durch Anlagerung organischer Amine an Carbodiimid erhält man die **Alkyl-** und auch **Aryl-derivate des Guanidins**, von denen das mit Dekamethylen-diamin entstehende **Dekamethylendiguanidin:**

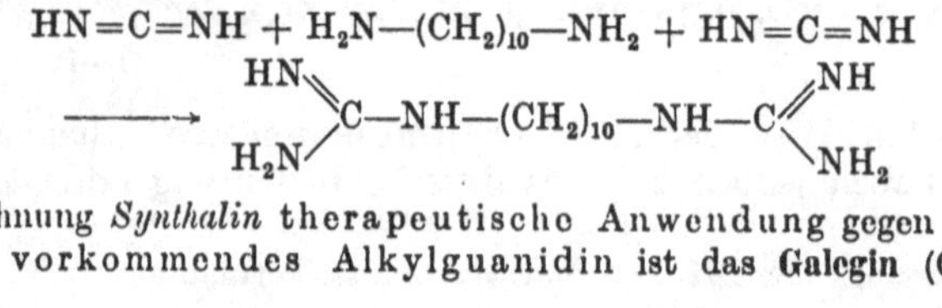

unter der Bezeichnung *Synthalin* therapeutische Anwendung gegen Diabetes findet. Ein natürlich vorkommendes Alkylguanidin ist das **Galegin** $(CH_3)_2C{=}CH{-}CH_2{-}N{=}C(NH_2)_2$.

[1]) Bzgl. der Ursache dieser starken Basizität vgl. **II**, Kap. 3, III, 2.

f) Die Hydrazin- und Hydroxylaminderivate der Kohlensäure

Das wichtigste Hydrazinderivat der Kohlensäure ist das **Semicarbazid**[1], das in Analogie zur WÖHLERschen Harnstoffsynthese beim Erhitzen von cyansaurem Hydrazin erhalten wird (vgl. S. 420). Von allgemeinem Interesse ist weiterhin seine Gewinnung aus Nitroharnstoff (S. 423) durch Reduktion mit Natriumamalgam, da diese Reaktion gleichzeitig eine Synthese des Hydrazinsystems darstellt:

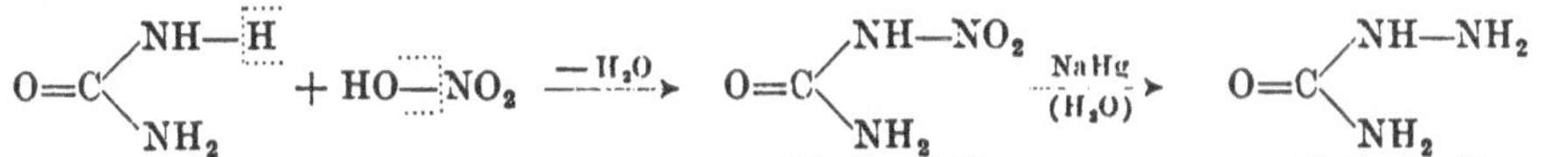

Nitroharnstoff Semicarbazid

Semicarbazid ist in seinen physikalischen und Löslichkeitseigenschaften dem Harnstoff sehr ähnlich, zerfließt jedoch bereits an feuchter Luft und neigt etwas zur Zersetzung. Infolge der Säurehydrazidgruppierung reagiert der nicht acylierte Stickstoff noch basisch, und es entstehen mit starken Säuren hydrolysenbeständige Salze, von denen insbesondere das Hydrochlorid zur Aufbewahrung und Stabilisierung des Semicarbazids dient. Seine wichtigste Verwendung findet es als Reagens zur Identifizierung und Charakterisierung der Aldehyde und Ketone (vgl. S. 301).

Die **Derivate des Semicarbazids** erhält man in analoger Weise wie die Harnstoffderivate durch Anlagerung organischer Hydrazinderivate an Cyansäure oder Isocyansäureester. Sie zeigen ebenfalls eine hervorragende Kristallisationsfähigkeit und dienen daher vielfach zur Identifizierung und Charakterisierung der substituierten Hydrazine.

Neben dem Semicarbazid als dem Amid der Hydrazinmonocarbonsäure sind auch einige Derivate der **Hydrazin-dicarbonsäure** (HOOC–NH–NH–COOH) bekannt. So entsteht z. B. das Diamid durch eine doppelte WÖHLERsche Harnstoffsynthese aus einem Molekül Hydrazin und zwei Molekülen Cyansäure, und der als Vorstufe für die Darstellung von Azodicarbonsäureester (I, Kap. 6, III, 2b) benötigte *Hydrazin-dicarbonsäureester* bei der Einwirkung von zwei Molekülen Chlorameisensäureester auf Hydrazin:

$$O{=}C{=}NH + H_2N{-}NH_2 + HN{=}C{=}O \longrightarrow \underset{\text{Hydrazo-dicarbonsäure-diamid}}{H_2NOC{-}NH{-}NH{-}CONH_2}$$

$$ROOC{-}Cl + H{-}NH{-}NH{-}H + Cl{-}COOR \longrightarrow \underset{\text{Hydrazo-dicarbonsäure-ester}}{ROOC{-}NH{-}NH{-}COOR}$$

Als stickstoffreichstes Kohlensäurederivat und eine der stickstoffreichsten organischen Verbindungen überhaupt hat schließlich das **Aminoguanidin** eine gewisse Bedeutung zur Synthese heterocyclischer Verbindungen (I, Kap. 11, III, 1dε) erlangt. Seine Gewinnung erfolgt, in Analogie zur Semicarbazidbildung aus Nitroharnstoff, durch „Nitrierung" von Guanidin zum Nitroguanidin[2]) und dessen Reduktion mit Natriumamalgam. Die Reaktion stellt also ebenfalls eine Synthese des Hydrazinsystems dar und ist auch von historischem Interesse als eines der ersten brauchbaren Verfahren zur Gewinnung des freien Hydrazins selbst (J. THIELE 1892):

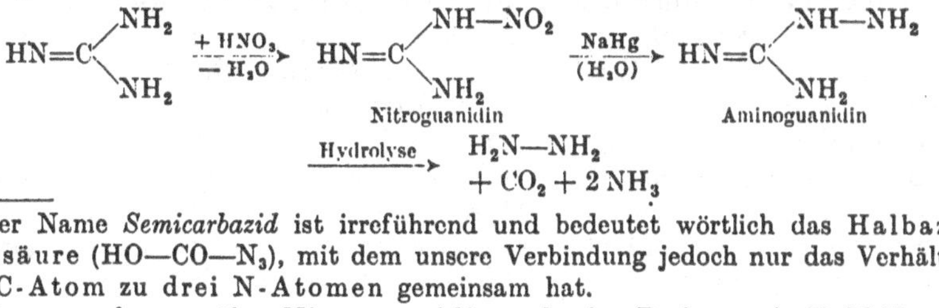

Nitroguanidin Aminoguanidin

[1]) Der Name *Semicarbazid* ist irreführend und bedeutet wörtlich das Halbazid der Kohlensäure (HO—CO—N_3), mit dem unsere Verbindung jedoch nur das Verhältnis von einem C-Atom zu drei N-Atomen gemeinsam hat.

[2]) Zusammenfassung über Nitroguanidin und seine Derivate: A. F. MCKAY: Chem. Rev. **51**, 301 (1952).

Von den zahlreichen **Hydroxylaminderivaten der Kohlensäure** sei nur das, in Analogie zur Bildung der Imidokohlensäureester (S. 419), bei der Einwirkung von zwei Molekülen Hydroxylamin auf Bromcyan über das nicht isolierte Hydroxy-cyanamid entstehende Dihydroxy-guanidin-hydrobromid angeführt:

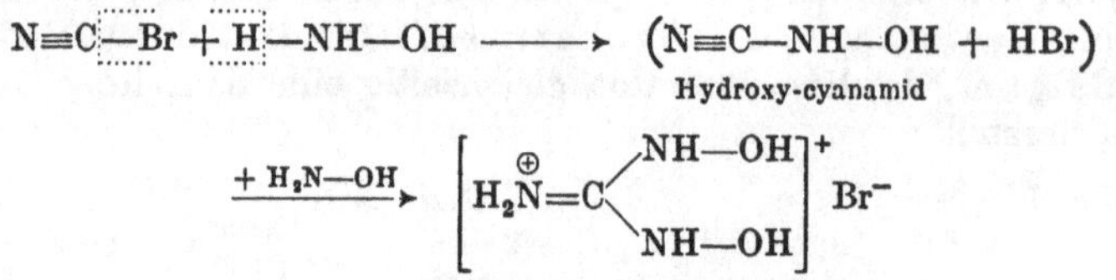

Hydroxy-cyanamid

Dihydroxy-guanidin-hydrobromid

Die freie Base enthält zwei Hydroxylaminogruppen im Molekül und ist infolgedessen sehr unbeständig. Z. B. erfolgt bei der Einwirkung von Alkali Wasserabspaltung aus zwei Dihydroxyguanidinmolekülen unter Bildung des ebenfalls sehr unbeständigen Dihydroxydiamidins der Azodicarbonsäure (I):

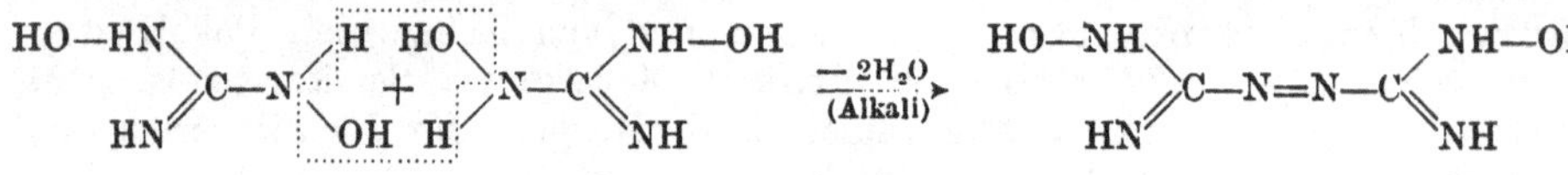

I

5. Die Schwefelderivate der Kohlensäure

Ähnlich wie in den Abkömmlingen der Oxoverbindungen und Carbonsäuren kann man auch in den Kohlensäurederivaten den Sauerstoff durch Schwefel ersetzen, ohne daß der Verbindungscharakter wesentlich verändert wird. Ja, die Ähnlichkeit zwischen beiden Reihen ist hier sogar besonders groß, und die schwefelhaltigen Kohlensäurederivate zeigen, abgesehen von einer etwas größeren Beständigkeit bzw. Reaktionsträgheit, häufig bis ins einzelne die gleichen Reaktionen wie die Sauerstoffverbindungen. Doch werden darüber hinaus auch hier stets einige spezielle Schwefelreaktionen beobachtet, so vor allem die Neigung der —SH-Gruppe zum Übergang in eine Disulfidbrücke (—S—S—) und zur Bildung schwer löslicher, z.T. charakteristisch farbiger Schwermetallsalze.

Soweit keine Trivialnamen vorliegen, werden infolge dieser nahen Beziehungen zwischen den Sauerstoff- und Schwefelverbindungen die letzteren allgemein als die *Thioderivate* der ersteren bezeichnet, wobei man häufig sogar die dort üblichen Trivialnamen beibehält (z. B. *Harnstoff* → *Thioharnstoff*).

a) Der Schwefelkohlenstoff

Ersetzt man die O-Atome des Kohlendioxyds durch Schwefel, so kommt man zum *Schwefelkohlenstoff* als dem einfachsten schwefelhaltigen Kohlensäurederivat. Er gehört wie das Kohlendioxyd dem Grenzgebiet zwischen organischer und anorganischer Chemie an. Insbesondere ist seine wichtigste Darstellungsweise, die „Verbrennung" von Kohle bei 800—1000° in einer Schwefelatmosphäre, ihrer ganzen Natur nach eine rein anorganische Reaktion.

Schwefelkohlenstoff ist eine bei 46° siedende, stark lichtbrechende Flüssigkeit mit typisch lipophilen Löslichkeitseigenschaften. Seine Dämpfe sind sehr giftig und außerordentlich leicht entzündlich, so daß bei seiner Handhabung Vorsicht geboten ist. Die **chemischen Umsetzungen** lassen sich in zwei Gruppen einteilen: 1. die Anlagerungsreaktionen, bei denen er sich dem Kohlendioxyd analog verhält und 2. die auf die spezielle Reaktionsfähigkeit des Schwefels zurückzuführenden Oxydations- und Halogenierungsreaktionen.

Zu 1. Ähnlich wie Kohlendioxyd vermag Schwefelkohlenstoff basische Verbindungen, wie z. B. Ammoniak oder Amine, salzartige Metallsulfide, Natriumhydroxyd oder -alkoholat und metallorganische Verbindungen (nicht aber Wasser[1]) und Alkohole) unter Bildung der unten beschriebenen Verbindungen vom Carbamidsäuretypus zu addieren:

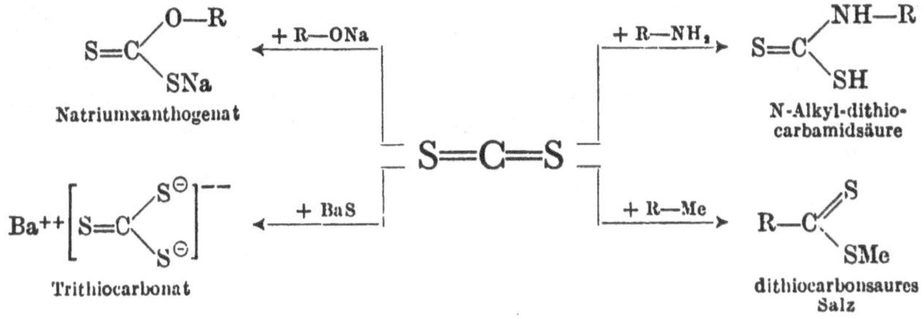

Zu 2. Mit Luftsauerstoff und anderen Oxydations- oder auch Halogenierungsmitteln tritt gleichzeitig Oxydation (bzw. Halogenierung) des Kohlenstoffs und des Schwefels ein unter Ausbildung der jeweils höchst möglichen Oxydations- (bzw. Halogenierungs-)stufen. So entstehen z. B. bei der Verbrennung mit Luftsauerstoff Schwefeldioxyd und Kohlendioxyd nebeneinander, bei der Chlorierung mit Chlor Tetrachlorkohlenstoff und Dischwefeldichlorid (S_2Cl_2), sowie schließlich bei der Einwirkung von S_2Cl_2 Tetrachlorkohlenstoff und elementarer Schwefel (vgl. auch S. 169):

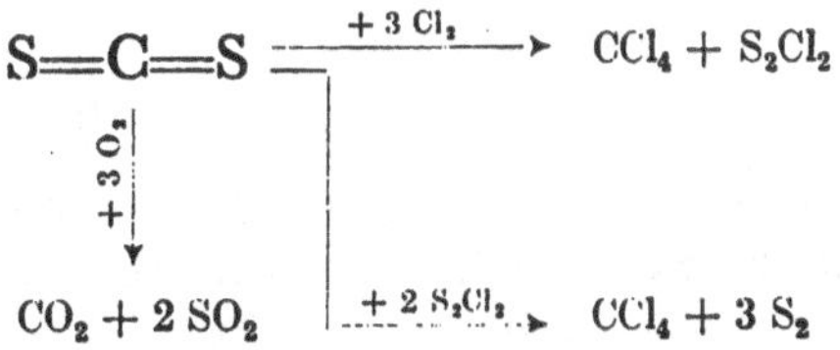

Schwefelkohlenstoff wird technisch in großem Maßstab hergestellt und findet Verwendung als lipophiles Lösungsmittel und Reaktionsmedium (z. B. für die FRIEDEL-CRAFTSsche Reaktion) sowie als Ausgangsmaterial für die Gewinnung von Tetrachlorkohlenstoff und von schwefelhaltigen Kohlensäurederivaten, insbesondere zur Bereitung von Cellulosexanthogenat in der Kunstfaserindustrie (Hauptmenge). Ferner dient er sowohl in freiem Zustand als auch in der Form einiger Derivate (vgl. z. B. S. 433) als Schädlingsbekämpfungsmittel.

b) Das Kohlenoxysulfid

Eine Mittelstellung zwischen Kohlendioxyd und Schwefelkohlenstoff nimmt das *Kohlenoxysulfid* ein, das, ebenfalls in Analogie zu einer *Kohlendioxyd*bildungsreaktion, durch „Verbrennung" von Kohlenoxyd in einer Schwefelatmosphäre bei Rotglut dargestellt wird. Weitere wichtige Bildungsweisen liegen in der partiellen Verseifung anderer Kohlensäurederivate vor, so z. B.

[1]) Mit Wasser tritt erst oberhalb 150° Hydrolyse zu Kohlendioxyd und Schwefelwasserstoff ein. Sie erfolgt wahrscheinlich über die Dithiokohlensäure als intermediäres Anlagerungsprodukt (Gleichung formulieren!).

in der hydrolytischen Abspaltung nur eines S-Atoms des Schwefelkohlenstoffs durch Erhitzen mit Wasser unter Druck oder in der Abspaltung der =NH-Gruppe der Rhodanwasserstoffsäure (bzw. der =N—R-Gruppe der Senföle) mittels konzentrierter Schwefelsäure:

$$S{=}C{=}S + H_2O \xrightarrow[150^\circ]{-H_2S} \mathbf{S{=}C{=}O} \xleftarrow[(H_2SO_4)]{-NH_3} S{=}C{=}NH + H_2O$$

Kohlenoxysulfid ist ein sich bei —50° kondensierendes, narkotisch wirkendes Gas, das ebenfalls an der Luft zu CO_2 und SO_2 verbrennt. Polaren Verbindungen gegenüber ist es infolge des Vorhandenseins einer Carbonylgruppe etwas reaktionsfähiger als Schwefelkohlenstoff und wird durch Wasser bereits bei normaler Temperatur langsam verseift. Basische Reagenzien lagern sich auch hier zu stabilen Additionsverbindungen an, von denen an dieser Stelle lediglich die mit Alkoholaten entstehenden Estersalze der Monothiokohlensäure angeführt seien:

$$O{=}C{=}S + NaO{-}R \longrightarrow O{=}C\begin{matrix}\diagup O{-}R \\ \diagdown SNa\end{matrix}$$

c) Die Rhodanwasserstoff- oder Thiocyansäure

Ersetzt man den Sauerstoff der Cyansäure durch Schwefel, so kommt man zu der allgemein als *Rhodanwasserstoffsäure* bezeichneten *Thiocyansäure*, die von allen Schwefelderivaten der Kohlensäure die größte Ähnlichkeit mit der entsprechenden Sauerstoffverbindung aufweist. So erfolgt bereits die Darstellung der Salze in analoger Weise durch Anlagerung von Schwefel an geschmolzenes Natrium- oder Kaliumcyanid, und die freie Säure zeigt ebenfalls Tautomerie zwischen einer *Thiocarbimid-* und einer *Thiocyansäureform*:

$$NaC{\equiv}N + S \longrightarrow NaS{-}C{\equiv}N \xrightarrow{\text{ansäuern}} \underset{\text{Thiocyansäure-Form}}{H{-}S{-}C{\equiv}N} \;\underset{\text{Rhodanwasserstoff}}{\rightleftharpoons}\; \underset{\text{Thio-carbimid-Form}}{S{=}C{=}N{-}H}$$

Doch herrscht hier wie bei den Thiocarbonsäuren (S. 372) und im Gegensatz zur Cyansäure (S. 409) die keine C=S-Doppelbindung im Molekül enthaltende Thiocyansäureform im Gleichgewicht vor (vgl. auch **III**, Kap. 3, II, 2c).

Die **freie Rhodanwasserstoffsäure** wurde erstmals von L. Birkenbach (1940) durch vorsichtige Zersetzung von Kaliumrhodanid mit Kaliumbisulfat bei tiefer Temperatur erhalten. Sie ist eine bei — 110° schmelzende, bei normaler Temperatur gasförmige (Kondensationstemperatur +5°) Substanz, die sich als noch unbeständiger als die freie Cyansäure erweist und in flüssigem Zustand bereits zwischen —90 und —80° zu einem bei +3° schmelzenden Polymerisat erstarrt, das oberhalb des Schmelzpunktes eine noch weitergehende Polymerisation erleidet. In verdünnter wäßriger Lösung (Konz. < 5%) ist die Säure dagegen beständig und zeigt — ähnlich wie auch Thioessigsäure (S. 372) und Schwefelwasserstoff gegenüber den entsprechenden Sauerstoffverbindungen — eine wesentlich größere Acidität als *Cyansäure*, so daß sie zu den starken Säuren zählt.

Die **Anlagerungsreaktionen** erfolgen in prinzipiell gleicher Weise wie bei der Cyansäure, benötigen jedoch, da die im Gleichgewicht vorherrschende Thiocyansäureform nur die relativ reaktionsträge Nitrilgruppe enthält, etwas schärfere Bedingungen. So tritt z. B. eine Reaktion mit Wasser erst beim Erwärmen mit mäßig konzentrierter Schwefelsäure ein und führt sofort über die primär entstehende labile Thiocarbamidsäure weiter zum Kohlenoxysulfid. Ebenso wird Ammoniak in einer der Wöhlerschen Harnstoffsynthese analogen Reaktion erst beim Erwärmen des Rhodanammoniums auf die Schmelztemperatur

(160—170°) und nur bis zu einem etwa 30% Thioharnstoff enthaltenden Gleichgewichtsgemisch addiert:

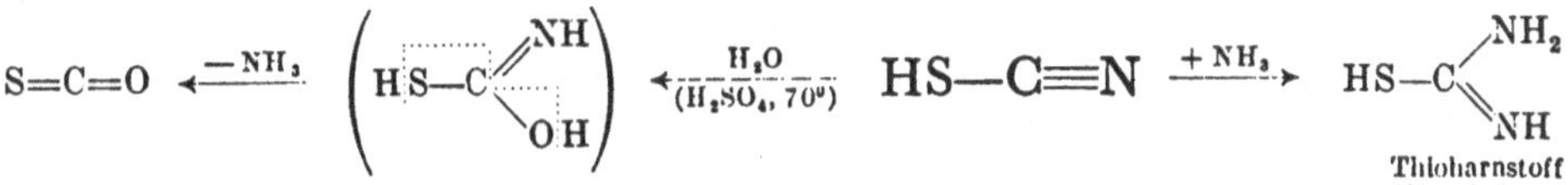

Thiocarbamidsäure — Thioharnstoff (Pseudoform)

Der spezielle Charakter als Schwefelverbindung kommt vor allem in den Ionenreaktionen der Rhodanwasserstoffsäure sowie in der Tendenz zum Übergang in das freie Rhodan und in den Reaktionen des freien Rhodans selbst zum Ausdruck. In all diesen Fällen tritt die —SH-Gruppe (oder das $—S^-$-Ion) in Reaktion und zeigt infolge der Aktivierung durch die Cyangruppe eine dem Jodwasserstoff bzw. Jod-Ion sehr ähnliche Reaktionsfähigkeit, so daß man die Rhodangruppe allgemein zu den *Pseudohalogenen* rechnet (vgl. anorg. Lehrbücher).

So beruht die Darstellung des **freien Rhodans** (auch *Dirhodan* genannt) im Prinzip zwar auf der Bildung einer Disulfidbrücke durch Oxydation einer —SH-Verbindung, erfolgt vielfach jedoch, ähnlich wie die Bildung von elementarem Jod, bereits bei der Entladung von Rhodan-Ionen, z. B. bei der Elektrolyse von Kaliumrhodanid oder bei der Umsetzung von Silberrhodanid mit freien Halogenen[1]), sowie schließlich auch durch Zusammengeben von Rhodan- und Kupfer(II)-Ionen:

$$2\,[S{-}C{\equiv}N]^- \xrightarrow{-2\ominus} 2\;\cdot S{-}C{\equiv}N$$
$$2\,Ag^+[S{-}C{\equiv}N]^- + Hal_2 \xrightarrow{-2\,AgHal} 2\;\cdot S{-}C{\equiv}N$$
$$2\,Cu^{++}[S{-}C{\equiv}N]^-_2 \xrightarrow{-2\,Cu^+[S-C\equiv N]^-} 2\;\cdot S{-}C{\equiv}N$$
$$\longrightarrow N{\equiv}C{-}S{-}S{-}C{\equiv}N$$

Freies Rhodan

Das freie Rhodan ist eine unangenehm riechende, sehr zersetzliche gelbe Flüssigkeit (Smp. —3°), die in organischen Lösungsmitteln gut löslich und auch einige Zeit haltbar ist. Seine Reaktionsfähigkeit ist vor allem auf die Aktivierung der S—S-Bindung durch die beiden N≡C-Gruppen zurückzuführen und erreicht die der elementaren Halogene. Insbesondere kann man das freie Rhodan unter gewissen Umständen an Doppelbindungen anlagern, oder in Analogie zur Halogenierungsreaktion eine Rhodanierung der besonders reaktionsfähigen Phenole und aromatischen Amine durchführen:

Mit Wasser reagiert das freie Rhodan sogar wesentlich leichter als die Halogene, so daß es in wäßriger Lösung nur sehr kurze Zeit haltbar ist und sofort weiter umgesetzt werden muß. Die nicht in allen Einzelheiten aufgeklärte Zersetzungsreaktion mit Wasser führt primär zu einer, der Bildung der unterhalogenigen Säuren aus den elementaren Halogenen analogen, Hydrolyse des Rhodans, doch zerfällt die hierbei gebildete *„unterrhodanige Säure"* (I) sofort weiter in Blausäure, Schwefelsäure und andere Sekundärprodukte:

$$N{\equiv}C{-}S{-}S{-}C{\equiv}N + HOH \longrightarrow \underset{I}{N{\equiv}C{-}SOH} + H{-}S{-}C{\equiv}N$$

$$\xrightarrow[O_2]{H_2O} H_2SO_4 + HC{\equiv}N + \text{Sekundärprodukte}$$

[1]) F. SEEL u. E. MÜLLER: B. 88, 1747 (1955).

Das **Rhodan-Ion** bildet mit Schwermetall-Ionen nicht ionisierte, wasserunlösliche Verbindungen. Insbesondere die farblosen Rhodanide der einwertigen Schwermetalle (Kupfergruppe) zeigen wieder eine große Ähnlichkeit mit den entsprechenden Halogenverbindungen. Zum speziellen Nachweis des Rhodan-Ions eignet sich vor allem das mit Eisen(III)-Ionen entstehende blutrote **Eisen(III)-rhodanid,** das mit Äther ausgeschüttelt werden kann und auf Grund seiner charakteristischen Farbe der Rhodanwasserstoffsäure den Namen gegeben hat (von griech. ῥόδον = die Rose).

Von den übrigen **Derivaten der Rhodanwasserstoffsäure** haben lediglich die Ester größere Bedeutung erlangt, die im Gegensatz zu den Cyansäureestern von beiden tautomeren Formen bekannt sind:

Die **normalen Rhodanwasserstoffsäureester** werden Alkyl- bzw. Arylrhodanide genannt und entstehen bei der Alkylierung und Arylierung (nach T. SANDMEYER, vgl. **I,** Kap. 6, III, 1b) der rhodanwasserstoffsauren Salze oder auch aus Bromcyan und Natrium-mercaptid:

$$N{\equiv}C{-}Br + Na{-}S{-}R(Ar) \xrightarrow{-NaBr} N{\equiv}C{-}S{-}R(Ar) \xleftarrow{-NaHal} N{\equiv}C{-}S{-}Na + Hal{-}R(Ar)$$

Die zweite Reaktion stellt gleichzeitig einen wichtigen Konstitutionsbeweis dar.

Die normalen Rhodanwasserstoffsäureester sind etwas beständiger als die Cyansäureester, zeigen aber immer noch eine gewisse Labilität und erleiden in Gegenwart von Säuren eine analoge Trimerisation zu den *Trithiocyanursäureestern* (Gleichung formulieren!). Eine weitere interessante Zersetzungsreaktion ist die bei höherer Temperatur erfolgende Umlagerung zu den Isorhodanwasserstoffsäureestern, die auf einer (bei der sonstigen Stabilität der S—R-Bindung [vgl. **I,** Kap. 7, I, 1] erstaunlichen) innermolekularen Wanderung des Alkylrestes vom Schwefel zum Stickstoff beruht:

$$N{\equiv}C{-}S{-}R \xrightarrow[\text{irreversibel}]{\text{Erhitzen}} R{-}N{=}C{=}S$$

und besonders bei der Allylverbindung infolge der hier möglichen Allyl-Umlagerung (**II,** Kap. 5, III, 1) sehr leicht, d. h. bereits bei der Destillation, vor sich geht.

Die bei der erwähnten Rhodanierung von Phenolen und Aminen entstehenden aromatischen Rhodanwasserstoffsäureester (Hydroxy- und Amino-arylrhodanide) haben sich z. T. als sehr wirksame Insektengifte erwiesen und dienen daher zur Schädlingsbekämpfung[1]). Ihre technische Gewinnung erfolgt nach verschiedenen Verfahren.

Die **Iso-rhodanwasserstoffsäure-ester** treten sowohl in freiem Zustand als auch in Form der Senfölglykoside an Kohlenhydrate und Schwefelsäure gebunden (**II,** Kap. 4, III, 5) im Senfsamen und anderen Pflanzen auf. Sie bedingen u. a. den scharfen Geruch des Senfes, des Meerrettichs sowie z. T. auch der Zwiebel und werden allgemein **Senföle** genannt. Für ihre Darstellung kommen, abgesehen von der erwähnten Umlagerung der normalen Rhodanwasserstoffsäureester, vor allem zwei Reaktionen in Betracht, die gleichzeitig für ihre Konstitution beweisend sind: 1. die Anlagerung primärer Amine an Schwefelkohlenstoff zu den Alkyldithiocarbamidsäuren, die beim Erhitzen ihrer Schwermetallsalze die Schwermetallsulfide unter Bildung der Senföle abspalten, und 2. die Anlagerung von Schwefel an Isonitrile, die der Bildung von Rhodankalium durch Anlagerung von Schwefel an Kaliumcyanid entspricht:

$$R{-}\overset{\oplus}{N}{\equiv}\overset{\ominus}{C}| + S \longrightarrow R{-}\overline{N}{=}C{=}S \xleftarrow[-MeSH]{\text{Salzbild.}} R{-}\underset{H}{\overline{N}}{-}C{\overset{S}{\underset{SH}{\lessgtr}}} \longleftarrow R{-}\overline{N}H_2 + C{\overset{S}{\underset{S}{\lessgtr}}}$$

[1]) Zusammenfassung: TH. WAGNER-JAUREGG: Angew. Chem. **60,** 306 (1948).

Die Senföle sind stechend riechende Flüssigkeiten, von ziemlich hohem Siedepunkt (Methylsenföl: 119°, Äthylsenföl: 131°). Sie zeigen ein ähnliches, jedoch deutlich geringeres Reaktionsvermögen als die Isocyansäureester. Z. B. werden keine Polymerisationsreaktionen mehr beobachtet. Doch entstehen bei der Anlagerung von Ammoniak oder Aminen in analoger Reaktion die substituierten Thioharnstoffe und bei der Anlagerung von Alkoholen die am Stickstoff substituierten Thio-urethane (s. unten):

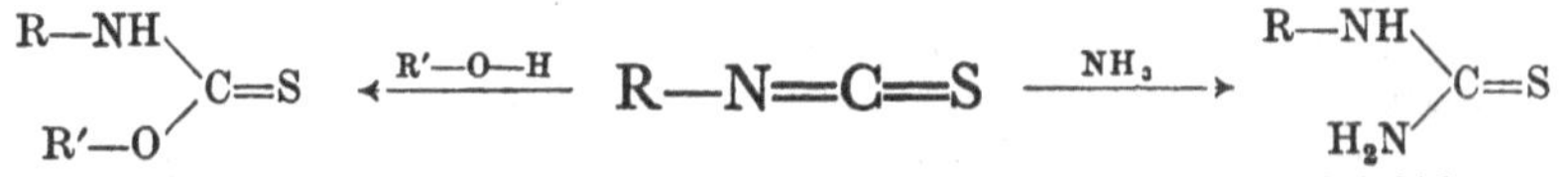

N-Alkyl-thiourethan N-Alkyl-thioharnstoff

Von Interesse sind weiterhin die hydrolytischen Spaltungsreaktionen, die man je nach den Reaktionsbedingungen so lenken kann, daß entweder partielle Hydrolyse, und zwar sowohl der C=S- als auch der C=N-Doppelbindung, oder totale Hydrolyse eintritt:

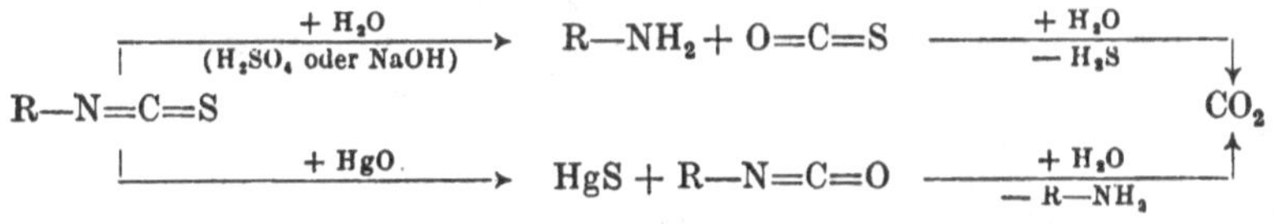

Stets aber bleibt der Alkylrest an den Stickstoff gebunden, d. h. auch hier liegen keine echten Ester, sondern, ähnlich wie in den Isocyansäureestern (S. 412), nur Säureimidderivate der Monothiokohlensäure (bzw. der Kohlensäure selbst) vor.

Allylsenföl $CH_2{=}CH{-}CH_2{-}NCS$, das wichtigste der natürlichen *Senföle*, ist als Abbauprodukt des Senfölglykosids *Sinigrin* (**III**, Kap. 3, III, 5) neben diesem im Samen des schwarzen Senfes, im Meerrettich und anderen Pflanzen enthalten. Als Beispiele weiterer natürlicher Senföle seien das um eine Methylgruppe reichere *Crotylsenföl* $CH_3{-}CH{=}CH{-}CH_2{-}NCS$, das sich vom Phenyläthylalkohol ableitende *Phenyläthylsenföl* $C_6H_5{-}CH_2{-}CH_2{-}NCS$ und das eine Sulfongruppe im Alkylrest enthaltende *Cheirolin* $CH_3{-}SO_2{-}(CH_2)_3{-}NCS$ erwähnt.

Phenylsenföl, das wichtigste aromatische Senföl, wird in der angegebenen Weise aus Anilin und Schwefelkohlenstoff über die N-Phenyldithiocarbamidsäure oder aus Diphenylthioharnstoff durch Abspaltung von einem Molekül Anilin mittels Salzsäure gewonnen (Gleichungen formulieren!). Es dient in ähnlicher Weise wie das Phenylisocyanat zur Darstellung charakteristischer Derivate von Alkoholen und Aminen.

d) Die Monothiokohlensäure und ihre Derivate

Die freie **Monothiokohlensäure** $HO{-}CO{-}SH \rightleftharpoons HO{-}CS{-}OH$ ist als hydroxylhaltige Verbindung vom Carbamidsäuretypus nicht existenzfähig, und auch ihre Salze sind für den Organiker ohne Interesse geblieben. Die Salze des am Sauerstoff substituierten Halbesters ($R{-}O{-}CO{-}SH$) entstehen bei der oben erwähnten Anlagerung von Natriumalkoholat an Kohlenoxysulfid (S. 428), und auch ihren Esteramiden, den **Thio-urethanen** ($R{-}O{-}CS{-}NH_2$), sind wir in den Anlagerungsprodukten von Alkoholen an Senföle (s. o.) bereits begegnet. Sie enthalten als einzige Verbindungsgruppe der organischen Chemie die drei mehrwertigen Heteroatome O, N und S an dem gleichen C-Atom.

Das wichtigste Derivat der Monothiokohlensäure ist ihr Diamid, der **Thioharnstoff,** der in Analogie zum Harnstoff in zwei tautomeren Formen auftritt, von denen jedoch infolge der relativ geringen Bildungstendenz der C=S-Doppelbindung die Iso- oder, wie man hier allgemein sagt, Pseudoform im Gleichgewichtsgemisch überwiegt:

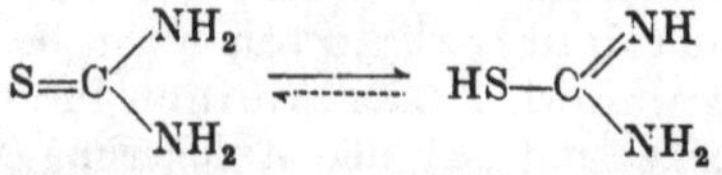

Thioharnstoff Pseudo-thioharnstoff

Seine Darstellung erfolgt in Analogie zur Harnstoffsynthese entweder durch Anlagerung von Ammoniak an Rhodanwasserstoffsäure (S. 428) oder durch Anlagerung von Schwefelwasserstoff an Cyanamid (S. 416, Gleichungen formulieren!). Auch in seinen Reaktionen ähnelt er dem Harnstoff und bildet wie dieser mit starken Säuren wasserbeständige Salze und unlösliche Schwermetallderivate, die aber bereits nicht-ionogene Metall-Schwefel-Bindungen enthalten dürften.

An speziellen Reaktionen der SH-Gruppe des Pseudothioharnstoffs beobachtet man außer der erwähnten Ausfällung von Schwermetallderivaten und der ebenfalls bereits beschriebenen H_2S-Abspaltung zu Cyanamid (S. 414) vor allem die bei der Einwirkung von Permanganat stattfindende Oxydation zum *Di-pseudothioharnstoff* und die Alkylierbarkeit des Schwefels zu den *S-Alkyl-pseudothioharnstoffen*:

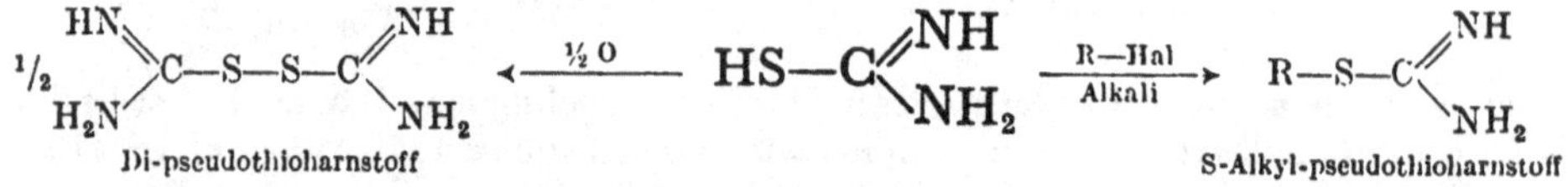

Di-pseudothioharnstoff S-Alkyl-pseudothioharnstoff

Von den **Derivaten des Thioharnstoffs** haben insbesondere wieder die bei der Anlagerung organischer Amine an Rhodanwasserstoffsäure oder Phenylsenföl entstehenden unsymmetrisch substituierten Thio- (bzw. Pseudothio-)harnstoffe Interesse als charakteristische Aminderivate gefunden. Ferner dienen zahlreiche kompliziertere Thioharnstoffderivate als wichtige Pharmazeutika[1]) (u. a. z. B. als Rattengift).

Thiosemicarbazid $NH_2—CS—NH—NH_2$ entsteht in Analogie zur Semicarbazidbildung beim Erwärmen von rhodanwasserstoffsaurem Hydrazin (Gleichung formulieren!).

Dithizon $C_6H_5—NH—N=C(SH)—N=N—C_6H_5$ ist ein wichtiges Thiosemicarbazidderivat, das in der analytischen Chemie als Schwermetallreagens Bedeutung gewonnen hat. Von pharmazeutischem Interesse ist das sich ebenfalls vom Thiosemicarbazid ableitende Antituberkulosemittel **Conteben**:

$$CH_3-CO-NH-p\text{-}C_6H_4-CH=N-NH-CS-NH_2$$

Conteben

e) Die Dithiokohlensäure und ihre Derivate

Auch die **Dithiokohlensäure** HO—CS—SH ⇌ HS—CO—SH ist als hydroxylhaltige Verbindung vom Carbamidsäuretypus unbeständig und nur in Form ihrer Derivate bekannt. Von ihnen haben vor allem die — sich von den am Sauerstoff alkylierten Halbestern der unsymmetrischen Form, den sog. **Xanthogensäuren** (R—O—CS—SH), sekundär ableitenden — Xanthogensäurederivate eine größere praktische Bedeutung erlangt. Ihre Darstellung erfolgt ausschließlich über die Alkalimetall-xanthogenate, die bei der Anlagerung von Alkoholaten an Schwefelkohlenstoff entstehen:

---

[1]) Zusammenfassungen: A. Schöberl: Angew. Chem. **67**, 417 (1955); D. C. Schroeder: Chem. Rev. **1955**, 181.

Natrium-äthyl-xanthogenat

Die **Alkalimetallxanthogenate** zeichnen sich insbesondere durch ihre große Wasserlöslichkeit aus, die durch die ionogene Salzgruppierung bedingt ist. Durch Xanthogenatbildung vermag man daher auch an sich schwer lösliche Alkohole in Wasser in Lösung zu bringen. Das praktisch wichtigste Anwendungsbeispiel ist das Cellulosexanthogenat, das sich im Gegensatz zur Cellulose selbst in Wasser (bzw. zur Zurückdrängung der Hydrolyse in Natronlauge, s. u.) spielend auflöst und daher die Grundlage des Viskoseverfahrens in der Kunstseiden- und Zellwollindustrie darstellt (vgl. **III**, Kap. 4, IV, 2a).

Die **Schwermetallxanthogenate** sind dagegen als Schwermetall-Schwefel-Verbindungen unlöslich und z. T. intensiv farbig. Insbesondere die gelben Kupfer(I)-Salze sind sehr charakteristisch und haben der ganzen Gruppe den Namen gegeben (von griech. ξανθός = goldgelb).

Die den Xanthogenaten zugrunde liegenden **freien Xanthogensäuren** (I) sind infolge des Fehlens einer OH-Gruppe existenzfähig und fallen beim Ansäuern der Xanthogenatlösungen in Form von Ölen aus. Sie zerfallen aber, besonders in Gegenwart von Wasser, sehr leicht wieder rückwärts in Alkohol und Schwefelkohlenstoff bzw. unter Mitbeteiligung von Wasser auch weiter in Alkohol, Schwefelwasserstoff und Kohlenoxysulfid:

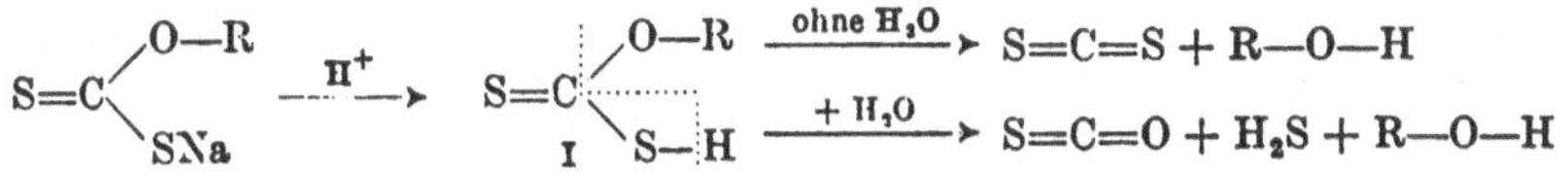

Man kann daher im allgemeinen bereits durch Ansäuern der Xanthogenatlösung den zugrunde liegenden Alkohol regenerieren, was ebenfalls für die Anwendbarkeit der Cellulosexanthogenate in der Kunstfaserindustrie von großer praktischer Bedeutung ist.

Die Acidität der Xanthogensäuren ist sehr gering, so daß die Alkalixanthogenate in wäßriger Lösung zur Hydrolyse neigen und nur in stark alkalischem Medium beständig sind. Auf dieser leichten Hydrolysierbarkeit beruht u. a. auch die Möglichkeit der Verwendung der Xanthogenate zur Bekämpfung von Pflanzenschädlingen (z. B. der Reblaus). Der als eigentliches Insektengift wirkende Schwefelkohlenstoff würde nämlich bei direkter Anwendung zu rasch verdunsten. Man behandelt die Pflanzen daher mit den Xanthogenaten, die durch den Wasserdampf (und auch die Kohlensäure) der Luft in geringem Umfang in die freien Xanthogensäuren und durch deren sekundären Zerfall auch in Schwefelkohlenstoff übergeführt werden, so daß die Giftwirkung längere Zeit anhält.

Gegen Alkali ist die Xanthogensäuregruppierung dagegen auffallend stabil, und es tritt auch in konzentriert alkalischer Lösung keine hydrolytische Abspaltung der R—O-Gruppe ein. Dieser mehr äther- bzw. orthoesterartige Charakter der R—O-Gruppe ist in erster Linie auf die wesentlich geringere Reaktionsfähigkeit der C=S-Doppelbindung zurückzuführen, die die Funktion der Carbonylgruppe in den Säureestern nur unvollkommen zu übernehmen vermag (vgl. auch **II**, Kap. 3, II, 2c).

Als spezielle Reaktion der SH-Gruppe beobachten wir auch hier wieder die Neigung der Xanthogenate zur Ausbildung einer Disulfidbrücke, die in Analogie zur Bildung von freiem Rhodan bereits bei der Entladung von Xanthogenat-Ionen, z. B. beim Erwärmen einer Kupfer(II)-Ionen enthaltenden Xanthogenatlösung, stattfindet:

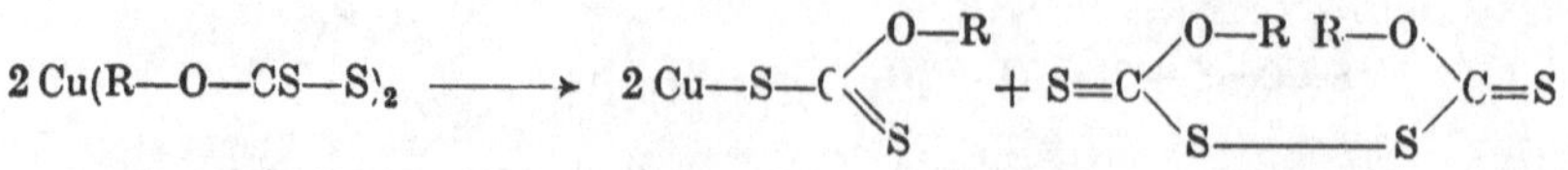

Dixanthogen

Die hierbei entstehenden *Dixanthogene* sind als Kohlensäurederivate vom Estertypus wesentlich beständiger als die Xanthogensäuren und in organischen Lösungsmitteln löslich.

Von den sonstigen **Derivaten der Xanthogensäuren** seien die bei der Einwirkung von Alkylierungsmitteln entstehenden Ester erwähnt, die die neutralen Dialkylester der unsymmetrischen Dithiokohlensäure darstellen und daher zwei verschiedenartig gebundene Alkylgruppen enthalten. Sie zerfallen nach L. Tschugaeff beim Erhitzen in Mercaptan, das dem alkoholischen Rest entsprechende Olefin und Kohlenoxysulfid:

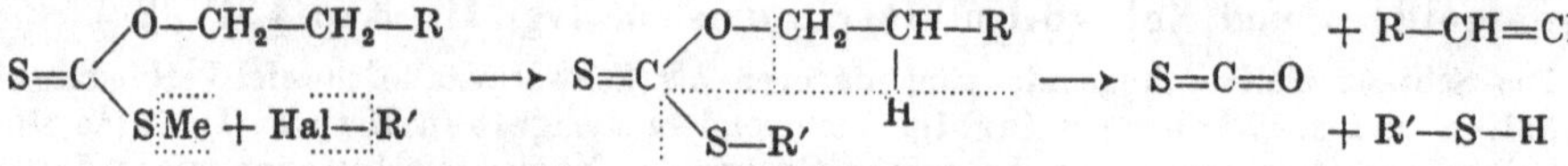

Die Reaktion hat sowohl für die Darstellung von Olefinen (S. 88) als auch für die Mercaptangewinnung (I, Kap. 7, I, 1) praktische Bedeutung erlangt.

Als weiteres Derivat der Dithiokohlensäure sei schließlich noch die **Dithiocarbamidsäure** erwähnt, deren N-Alkylderivaten wir oben als Zwischenprodukten bei der Senfölsynthese aus Schwefelkohlenstoff und primären Aminen begegnet sind (S. 430).

f) Die Trithiokohlensäure und ihre Derivate

Die schwefelreichsten Kohlensäurederivate leiten sich schließlich von der **Trithiokohlensäure** ab, deren Salze, die Trithiocarbonate, bei der Addition der salzartigen neutralen Metallsulfide an Schwefelkohlenstoff entstehen. Durch vorsichtige Zersetzung dieser Salze mit starken Säuren erhält man die freie Trithiokohlensäure in Form eines stechend riechenden, im Vakuum zwischen 20 und 30° unter Zersetzung siedenden roten Öls, das, ähnlich wie die freien Xanthogensäuren, leicht wieder rückwärts in Schwefelkohlenstoff und Schwefelwasserstoff zerfällt:

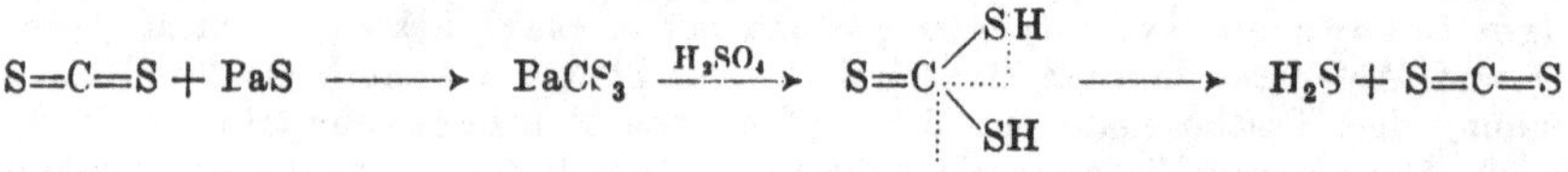

Durch Alkylierung der Salze kommt man zu den normalen Estern (R—S—CS—S—R), die sich als sehr beständig erweisen und infolge des Fehlens einer Carbonylgruppe nur schwer verseifbar sind.

Die höchste Sulfurierungsstufe des Kohlenstoffs wird schließlich in der **Tetrathioorthokohlensäure** erreicht, deren Ester durch Einwirkung von Natriummercaptiden auf Tetrachlorkohlenstoff dargestellt werden können und als Verbindungen vom Estertypus relativ beständig sind. Sie werden wie die sauerstoffhaltigen Orthokohlensäureester sehr leicht durch Säuren aufgespalten und wirken wie die Orthothiocarbonsäureester auf Oxoverbindungen mercaptalisierend ein, finden jedoch wegen der Übertragbarkeit nur der Hälfte der R—S-Gruppen keine praktische Anwendung in diesem Sinne:

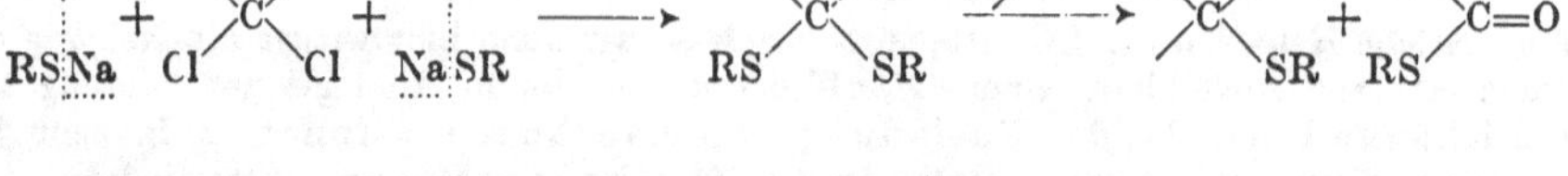

5. Kapitel:

Verbindungen mit mehreren Sauerstoff-Funktionen im Molekül

Stehen mehrere Sauerstoff-Funktionen an verschiedenen C-Atomen, so ist ihre gegenseitige Beeinflussung nur noch gering, und sie lassen ihre charakteristischen Reaktionen nebeneinander erkennen. Man spricht daher nicht mehr von einer neuen Sauerstoff-Funktion, wie etwa bei der eine Carbonyl- und eine Hydroxylgruppe am gleichen C-Atom enthaltenden Carboxylgruppe, sondern von Verbindungen mit mehreren Sauerstoff-Funktionen im Molekül, die auf Grund der verschiedenen Kombinationsmöglichkeiten unterteilt werden in: 1. Polyhydroxy-Verbindungen, 2. Hydroxy-oxo-Verbindungen, 3. Poly-oxo-Verbindungen, 4. Poly-carbonsäuren, 5. Hydroxy-carbonsäuren, 6. Oxo-carbonsäuren und schließlich 7. Hydroxy-oxo-carbonsäuren.

Alle diese Verbindungsklassen sind von großer allgemeiner Bedeutung, da einerseits ihnen wichtige Naturstoffe, insbesondere die gesamte Kohlenhydratgruppe, angehören andererseits sie neben den bereits bekannten Reaktionen der einzelnen Funktionen eine Reihe neuartiger Umsetzungen zeigen, an denen sich mehrere Sauerstoff-Funktionen beteiligen, und die u. U. zu völlig neuartigen Verbindungen führen, wie etwa zu den cyclischen Äthern und Lactonen.

I. Die Polyhydroxy-Verbindungen

1. Die mehrwertigen oder Poly-alkohole

Verbindungen mit mehreren alkoholischen OH-Gruppen im Molekül werden mehrwertige oder Polyalkohole genannt. Sie enthalten maximal eine Hydroxylgruppe pro C-Atom und sind in zahlreichen Varianten bekannt, von denen uns hier in erster Linie die den Kohlenhydraten nahestehenden Polyalkohole, in denen an jedem C-Atom eine Hydroxylgruppe steht, interessieren, da ihnen wichtige Naturstoffe angehören.

Ihre **Benennung** erfolgt in den meisten Fällen durch Trivialnamen, die bei den höheren Gliedern der Reihe die von der Kohlenhydratchemie übernommene Endung *-it* führen. Die Genfer Nomenklatur verwendet die gleiche Endung *-ol* wie für die einfachen Alkohole und gibt die Zahl der Hydroxylgruppen in der üblichen Weise durch Einschieben eines griechischen Zahlwortes an (z. B. *Äthandiol* und *Propantriol* für *Glykol* und *Glycerin*).

Die **Darstellung** der Polyalkohole geschieht nach ähnlichen Methoden wie die der einfachen Alkohole, doch sind keine allgemein für die ganze Reihe gültigen Verfahren bekannt.

An speziellen Methoden für die Darstellung von 1,2-Glykolen mit nachbarständigen Hydroxylgruppen ist vor allem die moderne Oxydation von Olefinen mit Trifluor-peressigsäure (S. 400) zu erwähnen[1]). Auch die 1,3-Diole sind relativ leicht zugänglich, z. B.

[1]) W. D. Emmons u. Mitarbb.: Am. Soc. 76, 3472 (1954).

durch Reduktion der bei der Esterkondensation entstehenden β-Ketocarbonsäureester mit Lithium-aluminiumhydrid[1]) oder auch der bei der Aldolkondensation anfallenden Aldole (z. B. bei der Butadiensynthese, S. 109).

In ihrem **physikalischen Verhalten** weichen die Polyalkohole infolge der Häufung der stark assoziierenden Hydroxylgruppen bereits weitgehend von den einfachen Alkoholen ab. Insbesondere steigen die Schmelz- und Siedepunkte außerordentlich rasch mit der Molekülgröße (bzw. der Zahl der OH-Gruppen) an, und auch der ölige Charakter der niederen Glieder der Reihe ist ohne Zweifel auf die starken Assoziationskräfte zurückzuführen.

Tabelle 23

Die physikalischen Konstanten einiger Polyalkohole

	Formel	Sdp.	Smp.	D/T
Glykol	$CH_2OH—CH_2OH$	197°	—11°	1,113/20°
Glycerin	$CH_2OH—CHOH—CH_2OH$	290	20	1,260/20
Erythrit	$CH_2OH—(CHOH)_2—CH_2OH$	330	120	1,451/fest
Pentaerythrit	$C(CH_2OH)_4$	—	253	—
Mannit	$CH_2OH—(CHOH)_4—CH_2OH$	290/3 mm	166	1,489/fest
Trimethylenglykol	$HO-(CH_2)_3—OH$	214	—	1,060/20
Tetramethylenglykol	$HO—(CH_2)_4—OH$	230	16	1,020/20
Pentamethylenglykol	$HO—(CH_2)_5—OH$	239	—	0,994/18
Pinakon	$HO—C(CH_3)_2—C(CH_3)_2—OH$	174	35—38	0,967/15

Hinsichtlich der **Löslichkeitseigenschaften** beobachtet man gegenüber den einfachen Alkoholen vor allem eine starke Zunahme des lipophoben Charakters. So ist z. B. bereits Glykol nicht mehr in Äther löslich, und vom Erythrit ab geht sogar die Löslichkeit in Alkohol stark zurück. Nur in Wasser selbst tritt, von den makromolekularen Polysacchariden (III, Kap. 4, IV, 1) abgesehen, keine starke Löslichkeitsabnahme mit zunehmendem Molekulargewicht ein.

Die **chemischen Umsetzungen** der Polyalkohole sind denen der einfachen Alkohole sehr ähnlich, und wir können die Hydroxylgruppen in gleicher Weise veräthern, verestern, in die Alkoholate überführen oder gegen andere negative Reste austauschen. Auch Oxydationsreaktionen lassen sich wie bei den einwertigen Alkoholen durchführen, doch muß man hier besonders vorsichtig arbeiten, um bei der Labilität der Polycarbonylverbindungen definierte Reaktionsprodukte zu erhalten (vgl. z. B. S. 454, 462). Bei all diesen Reaktionen setzen sich ohne besondere Vorsichtsmaßregeln alle Hydroxylgruppen gleichzeitig um, doch ist es häufig auch möglich, einzelne Hydroxylgruppen getrennt von den anderen zur Reaktion zu bringen.

Die Ausarbeitung von Methoden zur Beschränkung der Reaktion auf einzelne, vorher bestimmbare Hydroxylgruppen ist eine der wichtigsten Aufgaben der Chemie der Polyalkohole. Als charakteristisches Beispiel sei die Chlorierung des Glykols angeführt: Bei der Sättigung mit Chlorwasserstoffgas wird nur eine der beiden Oxygruppen substituiert, während die Einführung des zweiten Chloratoms bereits stärkere Chlorierungsmittel, wie z. B. Phosphorpentachlorid oder Eisessig-Chlorwasserstoff, erfordert:

$$\underset{\text{Äthylenglykol}}{HO—CH_2—CH_2—OH} \xrightarrow{H—Cl} \underset{\text{Äthylenchlorhydrin}}{HO—CH_2—CH_2—Cl} \xrightarrow{PCl_5} \underset{\text{Äthylenchlorid}}{Cl—CH_2—CH_2—Cl}$$

[1]) E. BUCHTA u. H. BAYER: A. 573, 227 (1951).

Eine weitere Reaktion, der nur primäre Hydroxylgruppen zugänglich sind, haben wir bereits in der Tritylierung von Alkoholen mit Tritylchlorid-Pyridin (S. 222) kennengelernt. Auch die Dehydrierung der Carbinolgruppen kann man so lenken, daß entweder nur die primären oder nur die sekundären Hydroxylgruppen angegriffen werden (vgl. S. 454). All diese Verfahren sind von besonderer Bedeutung für die Chemie der Kohlenhydrate und sollen daher auch dort erst ausführlich behandelt werden (**III**, Kap. 4. I, 3 e).

An neuartigen Reaktionen ist vor allem die Neigung der Polyalkohole hervorzuheben, unter gleichzeitiger Reaktion von zwei Hydroxylgruppen mit zweiwertigen Atomgruppen **cyclische Verbindungen** auszubilden. So entstehen z. B. bei der Einwirkung von Aceton oder anderen Oxoverbindungen auf 1, 2-Diole (bzw. bei deren Abwesenheit auch auf 1, 3-Diole) in Gegenwart von Spuren von Mineralsäuren als Katalysatoren cyclische, einen 5- (bzw. 6-)Ring enthaltende Acetale, die besonders in der Kohlenhydratchemie eine größere praktische Bedeutung erlangt haben (**III**, Kap. 4, I, 3d):

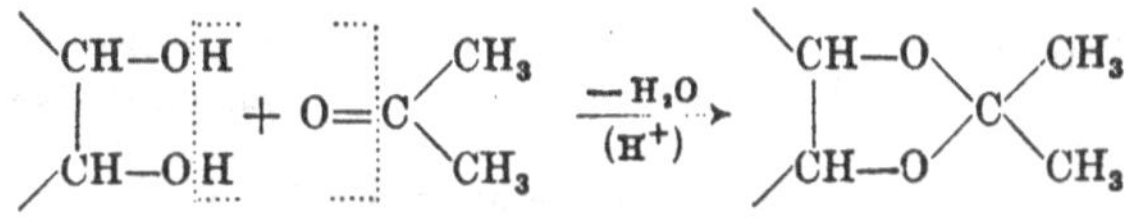

Als Kondensationsmittel verwendet man hierbei häufig auch wasserfreies Zinkchlorid, Kupfer(II)-sulfat oder ähnliche Schwermetallsalze starker Säuren, die infolge Komplexbildung oder geringfügiger Alkoholyse die als Katalysator benötigte Säure liefern und gleichzeitig das bei der Reaktion entstehende Wasser binden.

Eine weitere wichtige Reaktion dieser Art liegt in der Bildung **cyclischer Komplexverbindungen** der Polyalkohole vor. Besonders mit Schwermetall-Ionen (Cu^{++}, Co^{+++}, Ni^{++}, Zn^{++} usw.) werden häufig bereits beim bloßen Zusammengeben der Komponenten in alkalischer Lösung sehr stabile, z. T. stark farbige Komplexsalze gebildet, von denen vor allem die tiefblauen Kupfer(II)-Verbindungen eine größere Bedeutung erlangt haben. Ihnen kommt nach W. Traube die folgende, den komplexen Aluminiumalkoholaten (S. 202) verwandte Struktur zu:

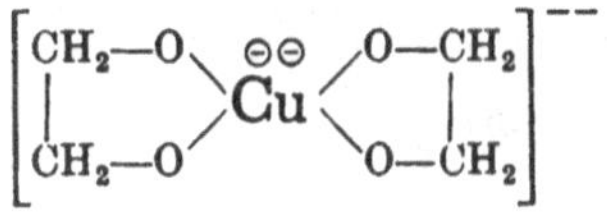

Danach steht das oxydativ zweiwertige Kupfer mit vier O-Atomen in alkoholatartiger Bindung, so daß ein zweiwertig negativer Komplex entsteht, der im elektrischen Feld zur Anode wandert.

Diese komplexen Anionen bilden mit den in Lösung vorhandenen Kationen Komplexsalze, die u. U. isoliert werden können. So entstehen in Natron- oder Kalilauge die häufig schwerlöslichen Alkalisalze (formulieren!) und in Kupferoxyd-Ammoniaklösung (vgl. anorg. Lehrbücher) die interessanten Kupfer(II)-Salze mit dem Tetrammin-kupfer-Ion als Kation, die also Kupfer sowohl im Anion als auch im Kation komplex gebunden enthalten:

Die Bedeutung dieser Komplexsalze liegt einerseits in der Möglichkeit, Kupferoxyd in alkalischem Medium aufzulösen, die z. B. bei der Herstellung der Fehlingschen Lösung (vgl. S. 509) ihre bekannteste Anwendung findet, andererseits in der starken Erhöhung der Wasserlöslichkeit des Polyalkohols durch den Einbau in den ionogenen Komplex, von der u. a. bei der Gewinnung von Kupferseide (**III**, Kap. 4, IV, 2a) Gebrauch gemacht wird.

In ähnlicher Weise entstehen bei der Veresterung mit Borsäure bicyclische komplexe Säuren (II), weil der zunächst entstehende neutrale Ester I in Analogie zur Bildung der auf S. 213 beschriebenen Tetra-alkoxyborsäuren sofort die restliche OH-Gruppe des zweiten Alkoholmoleküls zum Komplex an das Boratom anlagert:

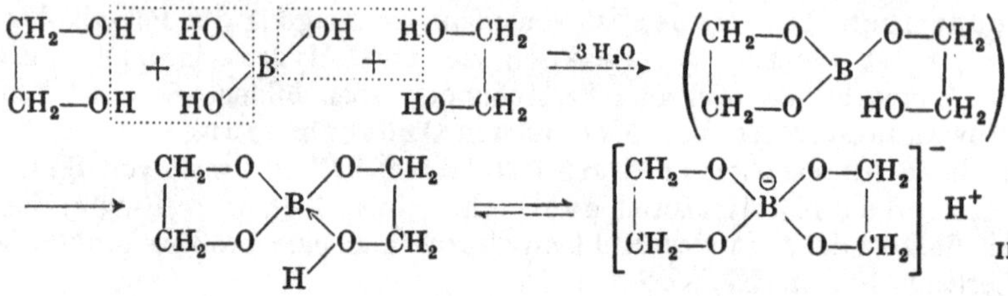

I, II

Ihre Bildung erfolgt besonders leicht bei cyclischen Polyalkoholen mit cis-ständigen Hydroxylgruppen, in denen also die OH-Gruppen gerade eine für die Bildung cyclischer Komplexe besonders günstige Stellung einnehmen. Sie findet hier bereits in wäßriger Lösung beim bloßen Zusammengehen der Komponenten statt, so daß man aus der Erhöhung der elektrischen Leitfähigkeit einer Borsäurelösung beim Zusatz eines cyclischen Polyalkohols auf die cis-Stellung der Hydroxylgruppen schließen kann (Näheres vgl. **II**, Kap. 7, II, 4a).

Schließlich findet eine intermediäre Bildung derartiger cyclischer Glykolderivate bei zwei weiteren wichtigen Reaktionen der Polyalkohole statt, auf die jedoch erst später näher eingegangen werden kann. Es sind dies einerseits die bereits kurz gestreifte **Bleitetraacetat-** und **Perjodsäurespaltung** der Glykole (Näheres vgl. **I**, Kap. 12, IV, 1b), andererseits die in **II**, Kap. 5, III, 3 ausführlich behandelte **Acylwanderung** partiell veresterter Polyalkohole. In beiden Fällen ist der intermediär erfolgende Ringschluß die Ursache, daß diese Reaktionen auf 1,2- und in einigen Ausnahmefällen auch 1,3-Diole beschränkt bleiben.

Einzelverbindungen. *Äthylenglykol*, meistens kurz **Glykol** genannt, ist der einfachste zweiwertige Alkohol. Es kommt nicht natürlich vor und kann vom Äthylen ausgehend auf drei verschiedenen Wegen erhalten werden:

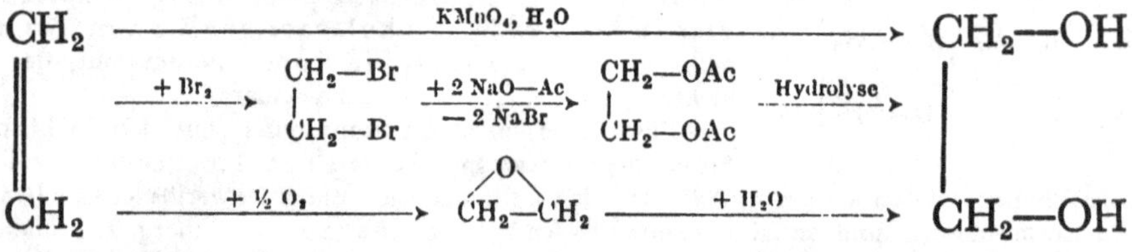

Die direkte Oxydation mit Kaliumpermanganat kommt wegen der leicht erfolgenden Sekundärreaktionen nur als Bildungsweise in Betracht. Dagegen hat der scheinbare Umweg über das Äthylenbromid und das Glykolacetat wegen des Fortfalls jeglicher Nebenreaktionen (vgl. S. 183) präparative Bedeutung erlangt, während schließlich der dritte Weg für die relativ schwierig auszuführende Oxydation des Äthylens zum Äthylenoxyd (S. 445) umfangreiche Apparaturen erfordert und daher bei der Billigkeit der Ausgangsprodukte das gegebene technische Verfahren darstellt.

Glykol ist eine ölige, farblose Flüssigkeit von brennendem, in verdünnter Lösung süßem (daher der Name, von griech. γλυκύς = süß) Geschmack, die mit Wasser und den niederen Alkoholen mischbar ist und sich in Äther und einigen anderen hydrophoben Lösungsmitteln nicht mehr löst. Von seinen speziellen Reaktionen ist außer den bereits im allgemeinen Teil beschriebenen Umsetzungen vor allem das Verhalten gegenüber konzentrierter Schwefelsäure zu erwähnen, mit der Glykol je nach den Mengenverhältnissen zwei verschiedene Reaktionsprodukte liefert: Bei Zusatz von nur wenig Säure entsteht bei längerem Kochen als normales Verätherungsprodukt unter Verätherung beider Hydroxylgruppen ein aus zwei Glykolmolekülen bestehender cyclischer Äther, das Dioxan (S. 447), während viel konzentrierte Schwefelsäure eine Wasserabspaltung zum „Vinylalkohol" bewirkt, der sich als Enol (S. 226) sofort in Acetaldehyd als das eigentliche Reaktionsprodukt umlagert:

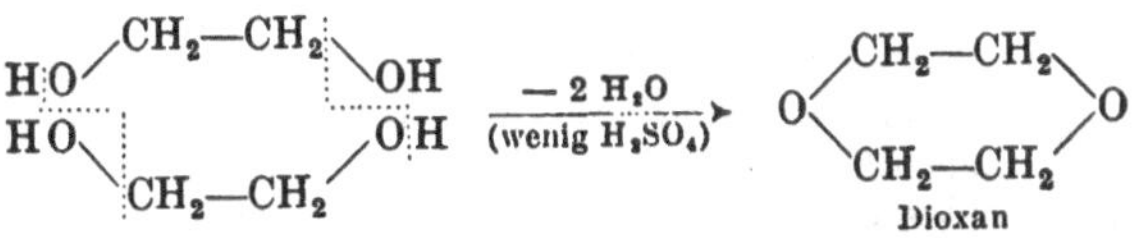

Dioxan

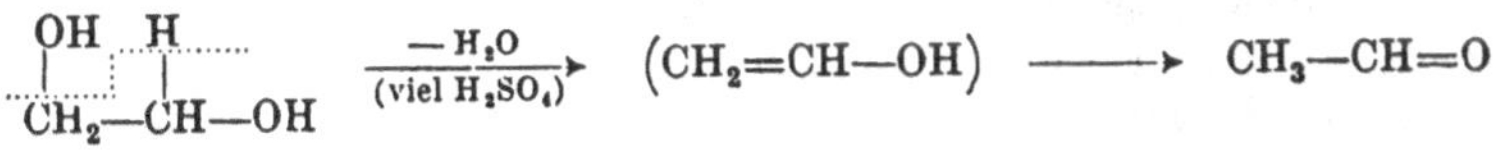

Da diese Acetaldehydbildung auch bei der Dioxangewinnung nicht vollständig ausgeschlossen werden kann, und der Acetaldehyd unter den Reaktionsbedingungen mit dem überschüssigen Glykol zum cyclischen Acetal, dem *Äthyliden-glykol* zusammentritt, ist das käufliche Dioxan stets mehr oder weniger stark durch dieses Acetal verunreinigt.

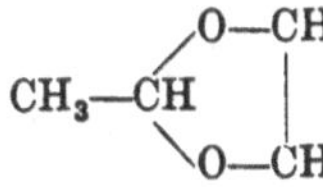

Äthyliden-glykol

Glykol dient in der chemischen Industrie als Ausgangsmaterial für zahlreiche Synthesen, wird aber neuerdings immer mehr durch das billigere Äthylenoxyd (S. 445) verdrängt. Seine wichtigste Anwendung findet es auf Grund seines hohen Siedepunktes und seines unter 0° liegenden Schmelzpunktes als Kühlflüssigkeit für Flugzeugmotoren sowie unter der Bezeichnung Glysantin als Gefrierschutzmittel für Autokühler, wofür es sich infolge seiner neutralen Reaktion (Korrosionsschutz) in Vereinigung mit dem hohen Siedepunkt (geringer Verdampfungsverlust) und niederen Molekulargewicht (große Gefrierpunktssenkung) besonders gut eignet. Von seinen Derivaten hat der Salpetersäureester (*Glykolnitrat, Nitroglykol*) eine beschränkte Anwendung als Zusatz zu Nitroglycerin erlangt, um dessen Schmelzpunkt herabzusetzen.

Die **höheren zweiwertigen Alkohole** werden, soweit es sich um einfache Homologe des Glykols handelt, ebenfalls Glykole genannt. Insbesondere für die Paraffin-diole mit zwei endständigen Hydroxylgruppen $HO-(CH_2)_n-OH$ hat sich in Analogie zur Benennung der entsprechenden Halogenverbindungen (S. 164) allgemein die Bezeichnung *Tri-*, *Tetra-*, *Pentamethylenglykol* usw. eingebürgert. Ihre Eigenschaften nähern sich mit wachsender Kettenlänge (Überwiegen des Paraffinteils) wieder denen der einwertigen Alkohole.

1,3-Propan-diol, *Trimethylenglykol* $HO-(CH_2)_3-OH$ entsteht unter anderem bei der partiellen Gärung von Glycerin, ist aber ohne Bedeutung geblieben. Dagegen haben **1,3-Butan-diol** $HO-(CH_2)_2-CH(OH)-CH_3$ und **1,4-Butan-diol** (Tetramethylenglykol) $HO-(CH_2)_4-OH$ neuerdings technisches Interesse als Zwischenprodukte für die Bunagewinnung (vgl. Tafel I, S. 128) gefunden. Ersteres entsteht hierbei als Reduktionsprodukt des Acetaldols (S. 458), letzteres als Reduktionsprodukt des bei der Anlagerung von zwei Molekülen Formaldehyd an Acetylen entstehenden Butin-diols (Tafel I, S. 128). Tetramethylenglykol dient weiterhin als Ausgangsmaterial für die Darstellung des technisch wichtigen Lösungsmittels Tetrahydrofuran (S. 447) sowie für die Darstellung von Butyrolacton (S. 506).

Einer anderen Gruppe von höheren Homologen des Glykols sind wir in den **Pinakonen** (S. 277) bereits früher begegnet. Sie sind als dimolekulare Reduktionsprodukte der Ketone leicht zugänglich und erleiden beim Behandeln mit konzentrierter Schwefelsäure die interessante Pinakolinumlagerung, bei der unter Wasserabspaltung und Wanderung eines Alkylrestes die *Pinakoline*, Ketone mit einem tertiären Alkylrest (S. 280), entstehen:

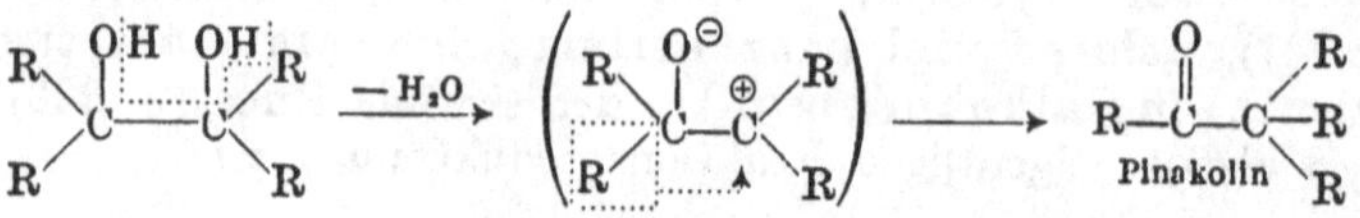

Die Reaktion entspricht formal der Abspaltung von Wasser aus dem einfachen Glykol zum Acetaldehyd (s. oben), nur daß hier, da infolge der tertiären Natur beider Carbinol-C-Atome kein abspaltbarer Wasserstoff am Kohlenstoff mehr vorhanden ist, ein Alkylrest seinen Platz austauschen muß, um die Bildung der Carbonyldoppelbindung zu ermöglichen (Näheres bzgl. des Mechanismus vgl. **II**, Kap. 4, III, 4bδ).

Das aus Aceton entstehende einfache Pinakon HO—C$(CH_3)_2$—C$(CH_3)_2$—OH bildet mit Wasser ein sehr charakteristisches Hydrat (bzgl. dessen Struktur vgl. auch **III**, Kap. 5, II, 1b), das wegen seiner tafelförmigen Kristalle der ganzen Gruppe der Pinakone den Namen gegeben hat (von griech. πίναξ = die Tafel). Die Bezeichnung *Pinakon* ist jedoch insofern irreführend, als sie eine Ketonstruktur vortäuscht, und sollte daher exakter durch den Ausdruck „*Pinakol*" ersetzt werden, wie es z. B. in den angelsächsischen Ländern der Fall ist.

Glycerin *(Propantriol)*, $CH_2(OH)-CH(OH)-CH_2OH$ ist der am längsten bekannte und auch heute noch bei weitem wichtigste Polyalkohol. Es ist als alkoholische Komponente sämtlicher natürlicher Fette und fetten Öle (daher der frühere Name „*Ölsüß*") sowie der Phosphatide (**III**, Kap. 6, I, 1 u. 2) maßgebend am Aufbau unserer Nahrungsmittel beteiligt und wurde auch als Fettspaltungsprodukt im Jahre 1779 von K. W. Scheele bei der Herstellung von Bleipflaster entdeckt. Ferner tritt es bei der alkoholischen Gärung als Zwischenprodukt des Kohlenhydratabbaus auf (vgl. **III**, Kap. 8, III, 2cα) und ist in geringer Menge im Blut enthalten.

Seine wichtigste Darstellungsweise beruht immer noch auf der Fettspaltung, in deren Verlauf es insbesondere bei der Seifenfabrikation als Nebenprodukt anfällt. Doch reichen die so gewonnenen Mengen bei dem gesteigerten Glycerinbedarf der neueren Zeit nicht mehr aus, so daß daneben auch ein synthetisches Verfahren entwickelt wurde, das von dem in den Crackgasen reichlich vorhandenen Propylen ausgehend über das Allylchlorid (vgl. S. 158) und das α,α'-Dichlorhydrin zum Glycerin führt:

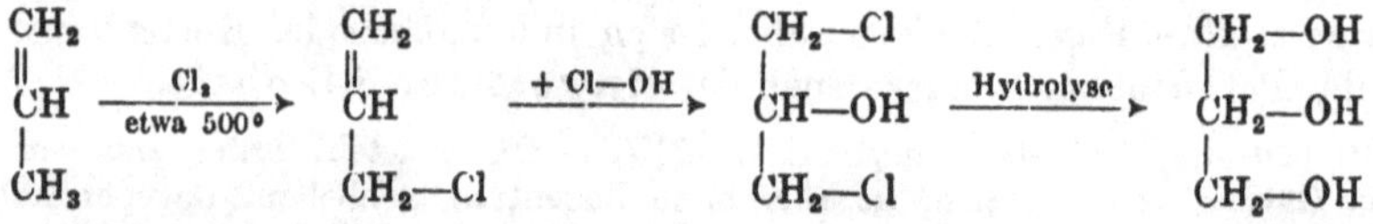

Auf ähnlichem Wege haben Friedel und Silva bereits im Jahre 1873 eine die Konstitution beweisende Totalsynthese des Glycerins durchgeführt:

$$\text{Propylen} \xrightarrow[\text{Raumtemp.}]{Cl_2} \text{Propylenchlorid} \xrightarrow{JCl} \text{1,2,3-Trichlorpropan} \xrightarrow{\text{Hydrolyse}} \text{Glycerin}$$

Schließlich ist Glycerin auch auf biochemischem Wege durch entsprechende Lenkung der alkoholischen Gärung (Glyceringärung, vgl. **III**, Kap. 8, III, 2cα) dargestellt worden. Doch bietet diese Möglichkeit heute nur mehr historisches Interesse. Das Verfahren diente vor der Einführung der angeführten Synthese bei Fettknappheit, z. B. in Deutschland während des ersten Weltkrieges, zur Steigerung der Glyceringewinnung.

Glycerin ist eine sirupöse Flüssigkeit[1]) von bereits ausgesprochen süßem Geschmack (Name!). Es schließt sich in seinen physikalischen und chemischen Eigenschaften eng an das Glykol an und erleidet selbst bei so speziellen Reaktionen, wie bei der Einwirkung von Schwefelsäure (oder Kaliumbisulfat bei höherer Temperatur) eine ganz analoge Wasserabspaltung, die hier unter Verlust von zwei Molekülen Wasser zum Acrolein führt (vgl. S. 266). Die Zahl der partiell substituierten Derivate ist infolge der zahlreichen Kombinationsmöglichkeiten wesentlich größer als beim Glykol, zumal das mittlere C-Atom bei unsymmetrischer Substitution des Moleküls asymmetrisch wird, so daß optische Antipoden entstehen:

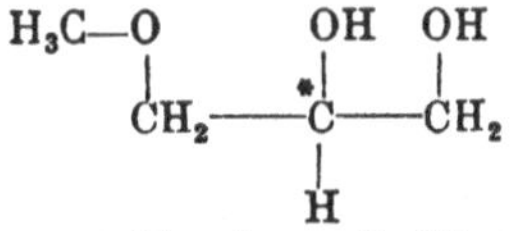
D-Glycerin-α-methyläther

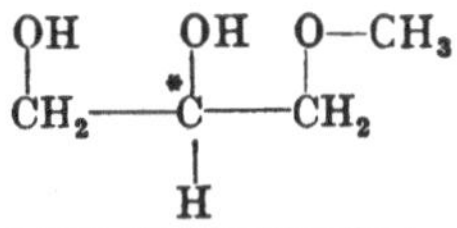
L-Glycerin-α-methyläther

Als natürliches Abbauprodukt der Kohlenhydrate wird Glycerin vom Körper ohne Schädigung vertragen und vollständig umgesetzt, d. h. als Nahrungsmittel verwertet.

Glycerin hat eine vielseitige **Anwendung** gefunden und dient vor allem in der Sprengstoffindustrie zur Herstellung von Nitroglycerin, in der Kunststoffindustrie zur Gewinnung der Glyptale (S. 493) und in der chemischen Industrie als Ausgangsmaterial für einige Synthesen (z. B. von Acrolein, S. 266; Chinolin, I Kap. 11, II, 2c usw.). Ferner findet Glycerin, ähnlich wie Glykol, eine vielfache Anwendung auf Grund seiner ausgezeichneten physikalischen Eigenschaften. Insbesondere dient es als einzige ölige, in Wasser lösliche und nicht eintrocknende Flüssigkeit zum Füllen von Gasuhren, als Bremsflüssigkeit in Rohrrücklaufgeschützen, als Weichmachungsmittel für Cellulosekunststoffe, zum Anreiben von Druckerschwärze sowie in der Pharmazie und Kosmetik als Salbengrundlage. Auch als Gefrierschutzmittel für Autokühler hat es Anwendung gefunden, wird hier aber in neuerer Zeit durch das wirksamere Glykol (kleineres Molekulargewicht) verdrängt, wie überhaupt die frühere, auf der Bildung bei der Fettspaltung beruhende Monopolstellung des Glycerins als des einzigen leicht zugänglichen Polyalkohols durch die moderne Synthese anderer mehrwertiger Alkohole (vor allem von Glykol und Pentaerythrit) mehr und mehr erschüttert wird.

Die wichtigsten **Derivate des Glycerins** sind seine Fettsäureester, die den Hauptbestandteil der natürlichen Fette und fetten Öle darstellen und erst später (**III**, Kap. 6, I, 1 u. 2) näher behandelt werden. Daneben sind aber auch einige Derivate anorganischer Säuren von allgemeinem Interesse.

So kennt man z. B. als „Ester" der Chlorwasserstoffsäure vier verschiedene **Chlorhydrine**:

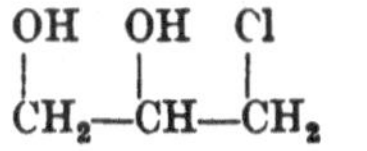
Glycerin-α-chlorhydrin

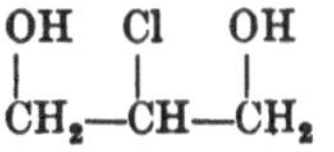
Glycerin-β-chlorhydrin

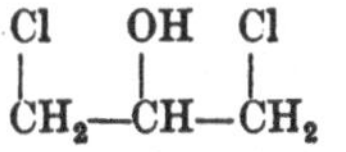
Glycerin-α,α'-dichlorhydrin

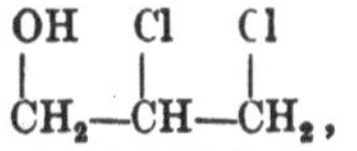
Glycerin-α,β-dichlorhydrin

von denen die beiden Monochlorverbindungen, ähnlich wie Glykolchlorhydrin, beim Erhitzen einer gesättigten Lösung von Chlorwasserstoff in Glycerin nebeneinander

[1]) Glycerin läßt sich, ähnlich wie konzentrierte Schwefelsäure, trotz seines relativ hohen Schmelzpunktes (22°) nur schwierig zur Kristallisation bringen, da es einerseits infolge der starken Hygroskopizität stets wasserhaltig ist, andererseits die Kristalle bei seiner öligen Beschaffenheit nur sehr langsam wachsen. Käufliches Glycerin bleibt daher oberhalb 0° im allgemeinen flüssig.

entstehen und die Dichlorhydrine nahezu unter den gleichen Bedingungen, lediglich nach weiterem Zusatz von nur 2% Eisessig dargestellt werden können. Das reine α,α'-Dichlorhydrin erhält man außerdem durch Addition von HOCl an Allylchlorid (s. technische Glycerinsynthese) und das reine α,β-Dichlorhydrin durch Addition von Chlor an Allylalkohol (Gleichung formulieren!). Beim Behandeln mit Natronlauge gehen schließlich beide Mono- und beide Dichlorhydrine jeweils in den gleichen cyclischen Äther, das Glycid bzw. das Epichlorhydrin (S. 445), über:

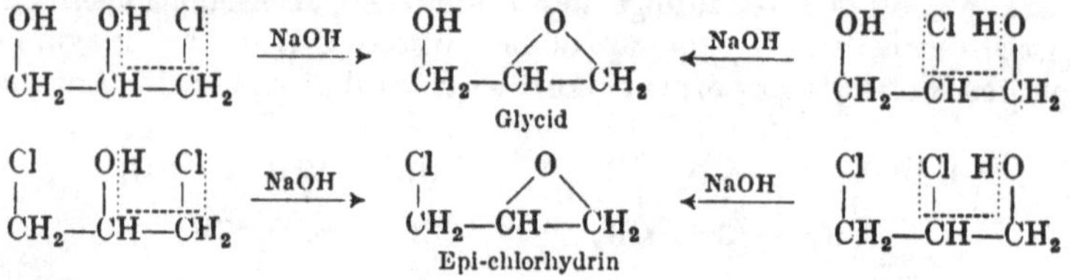

Das technisch wichtigste Glycerinderivat ist das *Glycerin-trinitrat* $CH_2(ONO_2)-CH(ONO_2)-CH_2-ONO_2$, kurz **Nitroglycerin** genannt. Es entsteht durch „Nitrieren" von Glycerin, d. h. durch Verestern mit einer Salpetersäure-Schwefelsäuremischung (Nitriersäure, vgl. **I**, Kap. 6, IV, 1), wobei die Schwefelsäure im wesentlichen das entstehende Reaktionswasser bindet. Nitroglycerin ist eine ölige, in Wasser unlösliche Flüssigkeit (Smp. 13°), die durch Stoß oder Überhitzung leicht zur Detonation gebracht werden kann und daher sehr gefährlich handzuhaben ist. Seine allgemeine Verwendung als Sprengstoff wurde erst dadurch ermöglicht, daß man es nach A. NOBEL von Kieselgur aufsaugen läßt und so in eine feste Form bringt. Der auf diese Weise entstandene Sprengstoff hat den Namen **Dynamit** erhalten. Er ist stoßunempfindlich und detoniert nur bei Initialzündung.

Weitere, vom Nitroglycerin abgeleitete Sprengstoffe sind die *Sprenggelatine*, eine gelatineartige Aufquellung von Nitrocellulose (7%) in Nitroglycerin, sowie der *Gelatinedynamit*, eine Mischung von gelatiniertem Nitroglycerin mit Natrium- oder Ammoniumnitrat.

Die **höheren Polyalkohole** mit einer unverzweigten Kohlenstoffkette werden allgemein nach den Zuckern gleicher Kohlenstoffzahl benannt und durch die Endung *-it* gekennzeichnet. Infolgedessen heißen die vierwertigen Alkohole *Erythrite*. Sie sollen, wie auch die höheren Zuckeralkohole, erst im Zusammenhang mit den Kohlenhydraten behandelt werden (**III**, Kap. 4, I, 5a).

Von den höheren Polyalkoholen mit einer verzweigten Kohlenstoffkette sind in neuerer Zeit einige Vertreter synthetisiert worden und haben eine zunehmende Verwendung in der Technik gefunden. Der wichtigste von ihnen ist der aus Formaldehyd und Acetaldehyd beim Behandeln mit Kalkwasser entstehende **Penta-erythrit**[1]) (II) (d. h. der „Erythrit mit fünf C-Atomen"), bei dessen Bildung (vgl. S. 263) lediglich die Herkunft der für die zweite Reaktionsstufe benötigten Reduktionsäquivalente im einzelnen noch ungeklärt ist. Wahrscheinlich findet eine Reduktion des primär entstandenen Trihydroxymethyl-acetaldehyds (I) durch überschüssigen Formaldehyd statt:

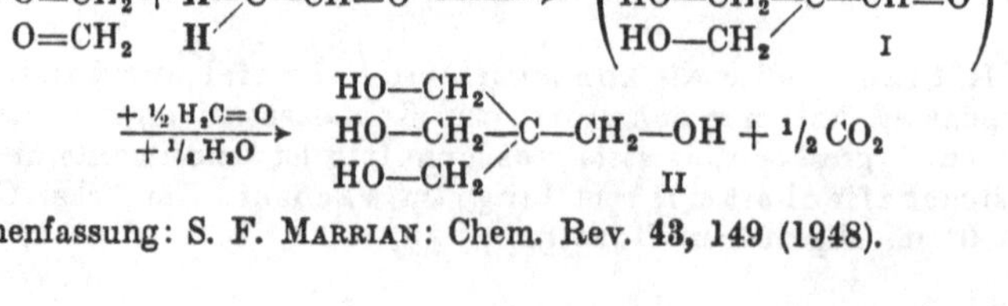

[1]) Zusammenfassung: S. F. MARRIAN: Chem. Rev. **43**, 149 (1948).

Penta-erythrit schmilzt infolge seiner hochsymmetrischen Struktur um mehr als 130° höher als der normale Erythrit (vgl. Tabelle 23, S. 436) und dient vor allem in der Sprengstoffindustrie zur Herstellung des sehr brisanten Sprengstoffs **Tetranitro-penta-erythrit**, der auch unter den Decknamen *Nitropenta, Penta, Pentrit* u. a. bekannt ist. Ferner findet Penta-erythrit in der Kunststoffindustrie zunehmende Anwendung.

Ein hochmolekularer Polyalkohol liegt im **Polyvinylalkohol** vor, der infolge der Nichtexistenz des einfachen Vinylalkohols (S. 226) nicht durch dessen Polymerisation sondern nur indirekt, durch Verseifung seines Acetylesters, des Polyvinylacetats, gewonnen werden kann (vgl. auch **III**, Kap. 3, III, 3). Polyvinylalkohol ist auf Grund seiner Polyalkoholnatur wasserlöslich und am ehesten mit den Polysacchariden vom Stärke- und Dextrintypus (**III**, Kap. 4, III, 2b) vergleichbar[1]). Er dient wie diese als wasserlöslicher Klebstoff. Auch das **Polyvinylacetat** sowie verschiedene andere Ester und Äther des Polyvinylalkohols, die sämtlich durch Polymerisation der auf S. 115, 228 beschriebenen Vinylverbindungen gewonnen werden, sind wichtige, jedoch bereits nicht mehr wasserlösliche lipophile Kunststoffe.

2. Die cyclischen Äther

In den mehrwertigen Alkoholen kann man die Hydroxylgruppen nicht nur mit anderen Alkoholen, sondern auch untereinander veräthern, wobei Verbindungen mit ringförmiger Anordnung der Atome, die *cyclischen Äther*, entstehen. In ihnen begegnen wir zum erstenmal einer Klasse von cyclischen Verbindungen, deren Eigenschaften jedoch erst später zusammenfassend behandelt werden sollen (**I**, Kap. 11). Hier sei für das Verständnis der wichtigsten Gesetzmäßigkeiten nur kurz vorweg genommen, daß im allgemeinen die Beständigkeit des Ringsystems und in noch höherem Grad seine Bildungstendenz außerordentlich stark von der Ringweite abhängen. Insbesondere die Bildungstendenz fünf- und in etwas schwächerem Ausmaß auch die sechsgliedriger Ringe ist stets außerordentlich groß und übertrifft die Tendenz zum bimolekularen Zusammenschluß der gleichen Funktionen zu einer offenen Kette bei weitem. Die Neigung zur Ringbildung nimmt aber sowohl beim Übergang zu kleineren Ringen infolge der hier erforderlichen starken Valenzabbiegung (Ringspannung, vgl. **II**, Kap. 7, IV, 1) als auch beim Übergang zu großer Ringweite infolge des hier erschwerten „Sichfindens“ der Molekülenden rasch ab. Ferner beobachtet man bei kleiner Ringweite infolge des „gespannten“ Zustandes stets eine wesentliche Erhöhung der Reaktionsfähigkeit.

Für die **Darstellung der cyclischen Äther** sind vor allem zwei allgemeingültige Methoden gebräuchlich, die wir z. T. bereits kennengelernt haben: 1. die Behandlung von Halogenalkoholen mit Alkali (S. 198) und 2. die innermolekulare Verätherung der OH-Gruppen von Polymethylenglykolen (S. 439) mittels Schwefelsäure:

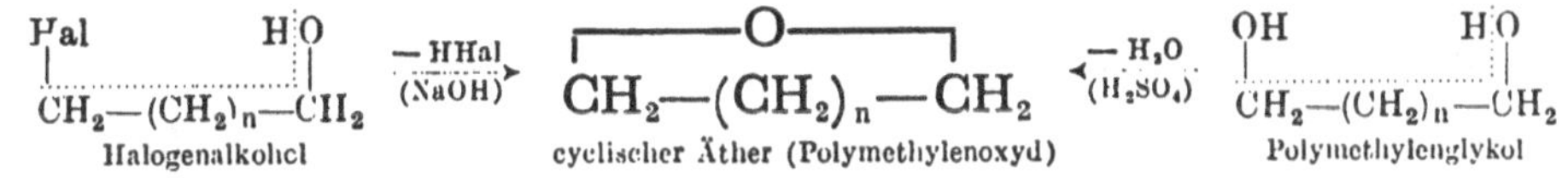

Während man mit Hilfe der ersten Methode alle Ringweiten von drei bis zu acht Ringatomen synthetisieren kann, ist das zweite Verfahren auf die Bildung vier bis sechsgliedriger Ringe beschränkt, da bei der Verätherung mit Schwefelsäure einerseits 1,2-Glykole nicht in das monomere Olefinoxyd, sondern in dimolekulare Dioxanderivate mit einem Sechsring übergehen (S. 439), andererseits die höheren Polymethylenglykole unter Bildung hochmolekularer Äther verharzen.

1) Vgl. z. B.: H. Neukom: Helv. **32**, 1233 (1949).

Die **physikalischen Eigenschaften** der cyclischen Äther sind denen der normalen Äther sehr ähnlich, nur ist infolge des höheren Dipolmomentes sowohl der Siedepunkt als auch das allgemeine Lösungsvermögen gegenüber den kettenförmigen Äthern gleicher Kohlenstoffzahl merklich erhöht (z. B. sind alle cyclischen Äther bis zum Tetrahydrofuran mit Wasser mischbar), so daß sie z. T. technisch wichtige Lösungsmittel darstellen.

Tabelle 24

Vergleich der physikalischen Konstanten cyclischer und normaler Äther

Cyclische Äther	Sdp.	Smp.	D/T	Norm. Äther gleicher Kohlenstoffzahl	Sdp.	Smp.	D/T
Äthylenoxyd	11°	—113°	0,890/6°	Dimethyläther	—24°	—139°	—
Trimethylenoxyd	48	—	0,893/25	Methyläthyläther	+ 7	—	0,726/0°
Tetramethylenoxyd	65	—	0,888/21	Diäthyläther	35	—116	0,719/15
Dioxan	101	+ 11	1,033/20	Glykoldimethyläther	83	—	0,873/20

Das **chemische Verhalten** der cyclischen Äther hängt sehr stark von der Ringweite ab, so daß wir die verschiedenen Ringsysteme gesondert besprechen müssen.

1. Die einen Dreiring enthaltenden Äther haben wir in den **Olefinoxyden**, auch *Epoxyde* genannt, bereits mehrfach kennengelernt (S. 93, 198 u. a.). Sie entstehen einerseits bei der beschriebenen Einwirkung von Alkalien auf 1,2-Halogenhydrine, andererseits direkt aus Olefinen durch Einwirkung von Benzopersäure (S. 93) oder später auch Acetopersäure in Eisessig[1]) sowie durch katalytische Oxydation mit Luftsauerstoff und sind insbesondere durch die zuletzt genannte Reaktion eine technisch leicht zugängliche Verbindungsklasse geworden. Die Olefinoxyde werden infolge der starken Spannung des Dreirings sehr leicht aufgespalten, so daß sie — fast wie eine Carbonylgruppe, jedoch irreversibel — eine große Zahl von polaren Verbindungen unter Ringöffnung anzulagern vermögen. Hierdurch werden eine Reihe wichtiger Synthesen ermöglicht, die in dem folgenden Formelbild zusammengestellt sind:

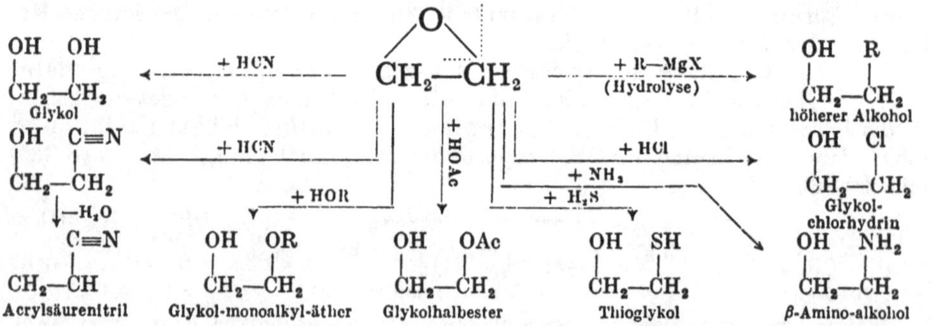

Besonders wertvoll ist die Umsetzung mit GRIGNARDverbindungen als synthetische Reaktion, da sie eine Verlängerung des Alkylrestes des GRIGNARDkörpers gleich um zwei C-Atome gestattet[2]).

[1]) TH. W. FINDLEY u. Mitarbb.: Am. Soc. 67, 412 (1945).

[2]) Zusammenfassung: N. G. GAYLORD u. E. I. BECKER: Chem. Rev. 49, 413 (1950).

Eine dieser GRIGNARDreaktion analog verlaufende Synthese beobachtet man bei der Einwirkung von aromatischen Verbindungen in Gegenwart von Aluminiumchlorid. Hier wird ebenfalls unter Sprengung einer der beiden C—O-Bindungen eine neue C—C-Bindung aufgebaut, so daß man die Reaktion zur großen Gruppe der FRIEDEL-CRAFTS-Synthesen rechnen kann[1]):

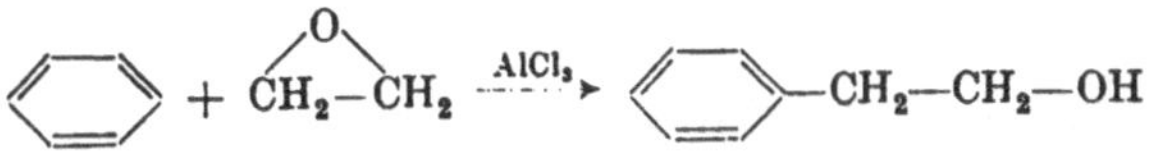

Läßt man die auf diese Weise erhaltenen Verbindungen auf ein zweites Mol des Olefinoxyds einwirken (in der Technik verwendet man meistens von vornherein überschüssiges Olefinoxyd und führt beide Reaktionen in einer Stufe durch), so erhält man bimolekulare Verbindungen des folgenden Typus, die vielfach auch technische Bedeutung erlangt haben:

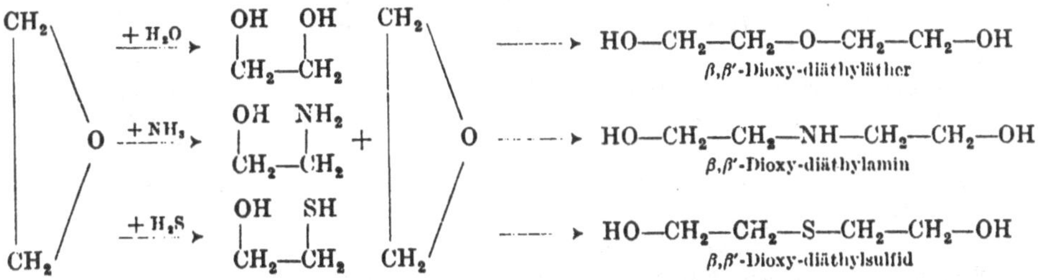

Eine weitere interessante Umsetzung der Olefinoxyde ist die unter der katalytischen Wirkung von Zinkchlorid erfolgende direkte Anlagerung an Oxo-verbindungen unter Ringerweiterung zu cyclischen Acetalen, die hier also im Gegensatz zur normalen Acetalisierungsreaktion ohne Abspaltung von Wasser gebildet werden:

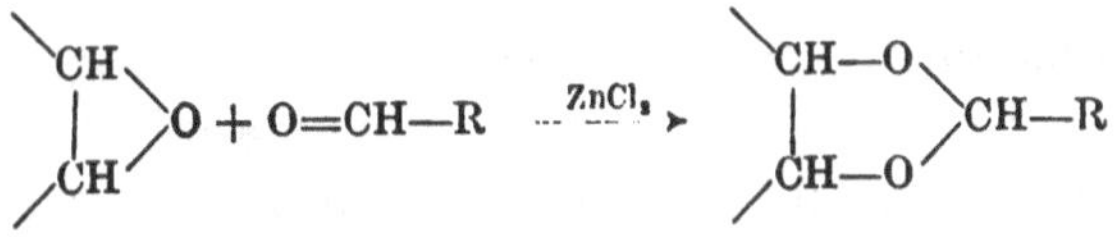

Äthylenoxyd, die wichtigste Verbindung der Reihe, wird technisch im großen durch Oxydation von Äthylen mit Luftsauerstoff unter Druck über Silberkatalysatoren bei 200—500° gewonnen und hat, da man es mit Hilfe der angegebenen Reaktionen viel leichter in die verschiedenen Glykolderivate überführen kann, als deren Darstellung vom Glykol oder seinem Chlorhydrin aus möglich ist, die praktische Verwendung dieser Verbindungen stark zurückgedrängt.

Das aus den Glycerindichlorhydrinen (S. 442) gewonnene **Epichlorhydrin** (I) vermag sowohl als Olefinoxyd als auch als Alkylhalogenid in Reaktion zu treten und dient daher präparativ zuweilen zur Synthese von Glycerinderivaten mit verschiedenartiger Besetzung der Hydroxylgruppen. In ähnlicher Weise kann man vom **Glycid** (II) aus partiell substituierte Glycerinderivate herstellen:

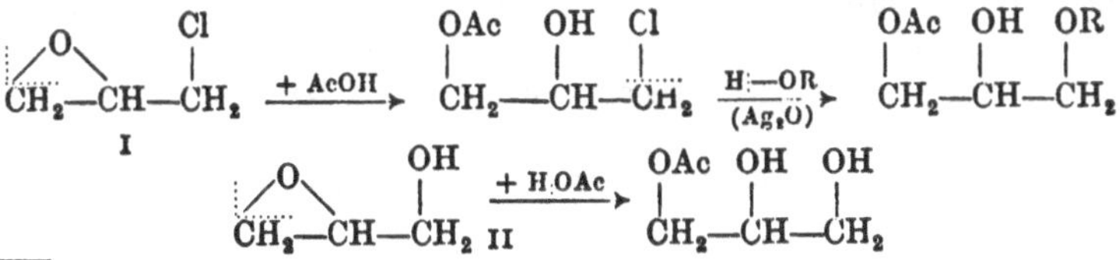

[1]) H. HOPFF u. K. KOULEN: B. 85, 897 (1952).

Im Gegensatz zu diesen einfachen Olefinoxyden, deren Struktur nicht in Zweifel gezogen werden kann, spalten zahlreiche unsymmetrisch substituierte Olefinoxyde, die an einem der Ring-C-Atome stark polare Gruppen enthalten, wie z. B. die auf S. 507 beschriebenen Glycidsäuren 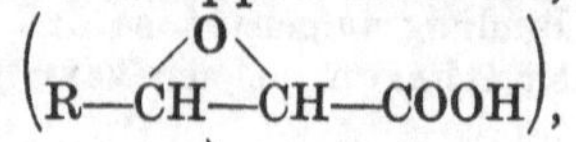, die Oxyde α,β-ungesättigter Ketone 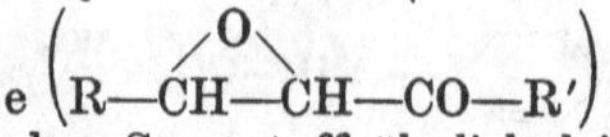 oder auch die Oxyde einiger Carotinoidfarbstoffe, den Sauerstoff ähnlich leicht wieder ab wie die Aminoxyde (I, Kap. 6, II, 2) und andere Verbindungen mit semipolar gebundenem Sauerstoff. So setzt z. B. Glycidsäure aus Jodwasserstoff quantitativ Jod in Freiheit.

Diese eigenartige Oxydationsreaktion gab in neuerer Zeit Anlaß zu einer erneuten **Diskussion der Olefinoxydstruktur.** Am weitesten ging A. D. WALSH[1]), der direkt eine den Aminoxyden (I) analoge Struktur (II) vorschlägt, bei der das „π"-Elektronenpaar der ursprünglichen C=C-Doppelbindung, ohne einem der C-Atome bevorzugt anzugehören, eine Art semipolare Bindung zum Sauerstoff herstellt. P. KARRER[2]) lehnt diesen Vorschlag jedoch mit dem Hinweis ab, daß nur asymmetrisch substituierte Olefinoxyde oxydierend wirken, und befürwortet aus diesem Grunde die durch ionogene Spaltung einer der beiden Ring-C—O-Bindungen entstandene Zwitterionenstruktur III, die wir auf S. 93 bereits als Primärstufe der Olefinoxydbildung durch Sauerstoffanlagerung an Olefine kennengelernt haben, und die aus der normalen Olefinoxydstruktur IV lediglich durch Elektronenwanderung hervorgeht, mit ihr also mesomer sein muß:

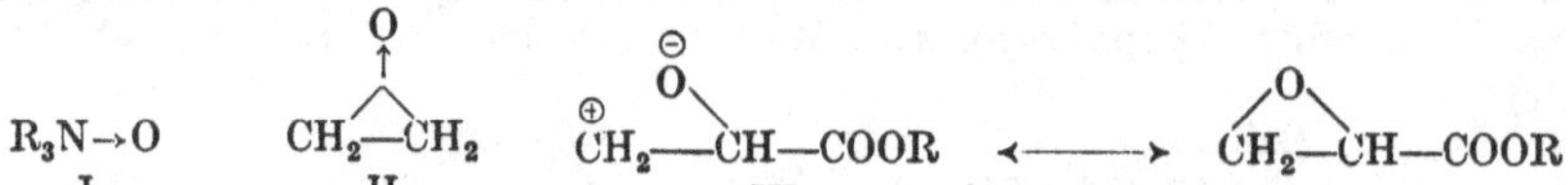

I II III Glycidsäureester IV

Danach kann man sich die Verhältnisse etwa folgendermaßen vorstellen: Das bei der Primärreaktion der Olefinoxydbildung entstehende, den Aminoxyden strukturell weitgehend entsprechende und daher oxydierend wirkende Zwitterion III stabilisiert sich durch mesomere Elektronenverschiebung zu IV. An dieser Mesomerie ist die Struktur III normalerweise so wenig beteiligt, daß die Neigung zu Oxydationsreaktionen vollständig verschwindet. Nur im Falle einer unsymmetrischen Substitution, z. B. infolge der in **II**, Kap. 3, I, 3 beschriebenen F- und auch A-Effekte der COOR-Gruppe der Glycidsäureester, wird die Struktur III etwas stärker begünstigt und macht sich durch die beschriebenen Oxydationsreaktionen bemerkbar, ohne daß man aber bereits im ruhenden Molekül von einer vollständigen Lösung des Sauerstoffs vom Kohlenstoff sprechen kann.

2. Cyclische Äther mit einem **viergliedrigen Ring** sind infolge der geringeren Ringspannung bereits erheblich beständiger als die Olefinoxyde, werden aber immer noch durch metallorganische Verbindungen aufgespalten. Auch die saure Hydrolyse verläuft wesentlich rascher als beim Diäthyläther.

3. Die cyclischen Äther mit **fünf- und höhergliedrigen Ringen** verhalten sich schließlich chemisch wie normale Äther. Der wichtigste von ihnen ist das einen Fünfring enthaltende

[1]) Nature **159**, 165, 712 (1947).

[2]) Helv. **28**, 474 (1945); **30**, 1780 (1947).

Tetramethylenoxyd, das wegen seiner nahen Beziehungen zum Furan (I, Kap. 11, III, 2a) allgemein **Tetrahydrofuran** genannt wird und infolge seines gegenüber dem Diäthyläther gesteigerten Lösungsvermögens (s. oben) als wichtiges technisches Lösungsmittel dient. Die Dämpfe wirken giftig. Seine Gewinnung geschieht durch Behandeln des aus Acetylen und Formaldehyd leicht zugänglichen Tetramethylenglykols (S. 439) mit konzentrierter Schwefelsäure. In der Technik dient es außer als Lösungsmittel auch als Ausgangsmaterial für synthetische Reaktionen, z. B. für Carbonylierungen[1]).

4. Als Beispiel eines **sechsgliedrigen cyclischen Äthers** sei das bei der Verätherung von Glykol (S. 439) entstehende **Dioxan** (aus *Diox*yäthan-*an*hydrid) genannt. Es zeigt ebenfalls ein gegenüber Äther gesteigertes Lösungsvermögen und ist mit Wasser mischbar. Da es ferner zufällig ungefähr bei 100° siedet und die Dichte 1 aufweist, kann es in Mischung mit Wasser weder durch Dichte- noch durch Siedepunktsmessung nachgewiesen werden. Doch läßt es sich dank seines höheren Molekulargewichts leicht durch fraktionierte Destillation vom Wasser trennen und kann als Äther auch ausgesalzen und über Natrium getrocknet werden. Seine wichtigste Anwendung findet es als Lösungsmittel für Cellulosederivate, vornehmlich für Celluloseäther und Nitrocelluloselacke. Seine Dämpfe sind ebenfalls giftig.

3. Die En-diole

Von den Verbindungen mit mehreren enolischen Hydroxylgruppen im Molekül haben nur die als *En-diole* bezeichneten 1,2-Dihydroxyolefine mit der Gruppierung HO—C=C—OH allgemeine Bedeutung erlangt. Sie sind ähnlich unbeständig wie die einfachen Enole und lagern sich im allgemeinen in analoger Weise ohne Einstellung eines Tautomeriegleichgewichtes in die entsprechenden Hydroxyoxoverbindungen um:

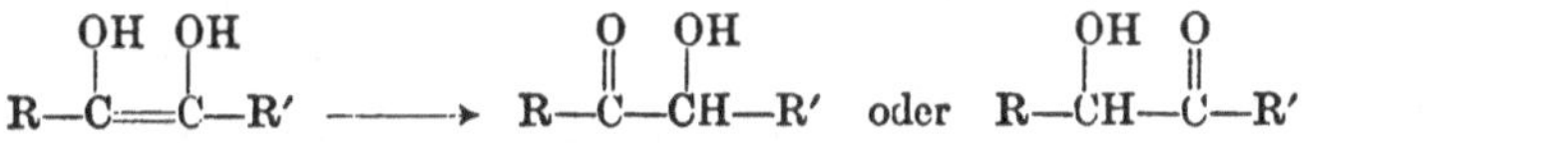

Die Endiolgruppierung ist daher ebenfalls nur dann existenzfähig, wenn die Ausbildung der enolischen Doppelbindung durch Konjugation mit anderen Doppelbindungen und darüber hinaus häufig auch noch durch Salzbildung der Hydroxylgruppen begünstigt wird, d. h. wir treffen auch sie nur in komplizierten organischen Verbindungen an, die im einzelnen erst später besprochen werden sollen (vgl. z. B. S. 528 u. III, Kap. 8, I).

An **neuartigen Reaktionen** müssen vor allem zwei hervorgehoben werden: 1. die starke Aciditätssteigerung der Hydroxylgruppe gegenüber den einfachen Enolen, die die Endiole zur Bildung von in wäßriger Lösung nahezu neutral reagierenden Metallsalzen befähigt, sie also hinsichtlich der Säurestärke etwa den Carbonsäuren gleichstellt, und 2. das ungewöhnlich starke Reduktionsvermögen der Endiole, durch das sie, insbesondere in alkalischer Lösung, zu den gegenüber Luftsauerstoff und auch anderen Oxydationsmitteln empfindlichsten organischen Substanzen gehören (z. B. sind ihre Salzlösungen im allgemeinen nur unter Stickstoff haltbar). Die Oxydation geht immer auf dem Wege einer Dehydrierung vor sich und führt (in Analogie zu der sehr nahe verwandten Chinonbildung aus Hydrochinon, S. 309), primär stets zu einer 1,2-Dicarbonylverbindung, die aber meistens ebenfalls sehr labil ist und sofort weiter oxydiert wird:

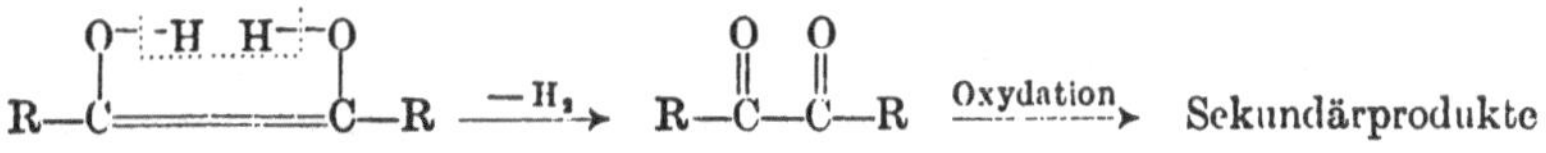

[1]) W. Reppe u. Mitarbb.: A. 582, 87 (1953).

Das **Dihydroxy-äthylen** genannte Anfangsglied der Reihe ist nicht existenzfähig. Man kann jedoch seinen cyclischen Kohlensäureester aus Glykol-carbonat durch Dehydrierung mit Chlor gewinnen[1]):

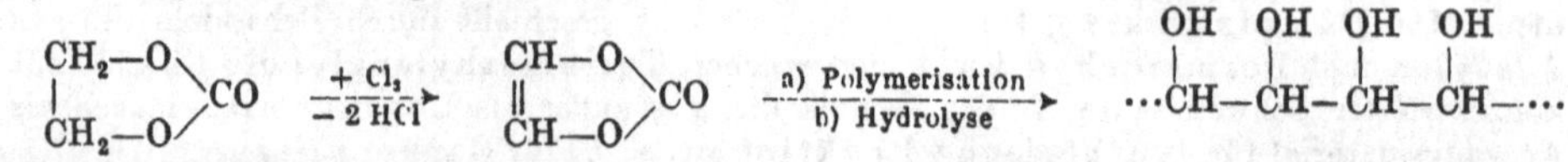

Glykolcarbonat Dihydroxy-äthylen-carbonat I

Die Doppelbindung des Dihydroxy-äthylen-carbonats ist noch zur Polymerisation befähigt. Das Polymerisat liefert nach Verseifung der Estergruppen eine Polyhydroxy-Verbindung (I), die wesentlich hydroxylreicher ist als Polyvinylalkohol (S. 443) und die Zusammensetzung eines Kohlenhydrats $[C(H_2O)]_x$ aufweist.

Als Beispiel eines einfachen, keine anderen Sauerstoff-Funktionen im Molekül enthaltenden Endiols sei das **Stilbendiol** angeführt, dessen Mono-alkalisalze infolge der Konjugation der enolischen Doppelbindung mit beiden Benzolkernen im Rahmen eines Tautomeriegleichgewichts bei der Einwirkung von Alkalilauge auf Benzoin gebildet werden:

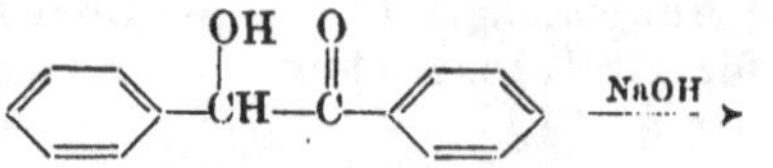

Benzoin (keine erkennbare Tautomerie mit der Endiolform)

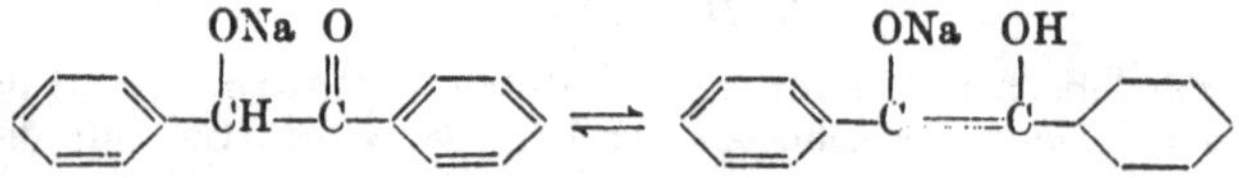

tautomere Formen des Natriumsalzes

Benzoin ist daher in alkalischer Lösung außerordentlich oxydationsempfindlich und geht leicht in Benzil (S. 464) über. In wasserfreiem Zustand kann auch die ebenfalls sehr luftempfindliche und mit Wasser sofort hydrolysierende Dikaliumverbindung, das **Stilben-diol-kalium**, in Form eines gelben, unter Stickstoff durchaus beständigen Salzes dargestellt werden.

Ein weiteres, etwas komplizierteres Endiol werden wir auf S. 473 im Redukton kennenlernen.

4. Die mehrwertigen oder Poly-phenole

Verbindungen mit mehreren Hydroxygruppen im Benzolkern werden *Polyphenole* genannt. Sie zeigen, abgesehen von ihrem Phenolcharakter, keine interessanten gemeinsamen Eigenschaften, so daß wir uns direkt mit den Einzelverbindungen befassen können.

Die drei **Dihydroxybenzole** haben Trivialnamen erhalten:

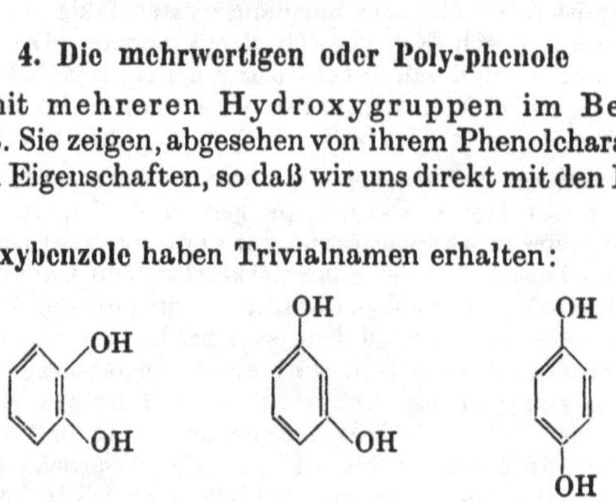

Brenzcatechin Sdp. 240° Smp. 105° — Resorcin Sdp. 218° Smp. 110° — Hydrochinon Sdp. 290° Smp. 170°

Sie sind den einfachen Phenolen sehr ähnliche Substanzen, zeigen aber diesen gegenüber eine nochmals merklich gesteigerte Reaktionsfähigkeit des Benzolkerns.

[1]) M. S. Newman u. R. W. Addor: Am. Soc. 75, 1263 (1953).

Insbesondere beobachtet man in alkalischer Lösung häufig bereits eine ausgesprochene Sauerstoffempfindlichkeit.

Brenzcatechin entsteht durch trockene Destillation (Brenzreaktion) von Protocatechusäure (S. 514) und zahlreichen Catechu-Arten, woher es seinen Namen erhalten hat. Praktisch stellt man es durch Alkalischmelze von o-Chlorphenol oder o,p-Phenol-disulfonsäure nach den auf S. 229f. beschriebenen Verfahren her. In letzterem Falle wird in der Alkalischmelze nur eine der Sulfogruppen unter Substitution durch eine OH-Gruppe abgespalten und die entstehende Brenzcatechin-4-sulfonsäure anschließend in saurem Medium unter Ersatz der zweiten Sulfogruppe durch Wasserstoff (vgl. I, Kap. 7, II, 1) weiter hydrolysiert, so daß die Einführung der dritten Hydroxylgruppe vermieden wird. An speziellen Reaktionen zeigt das Brenzcatechin über die allgemeinen Phenolreaktionen hinaus vor allem eine durch die o-Stellung der Hydroxylgruppen begünstigte Tendenz zur Bildung cyclischer Derivate (hauptsächlich von cyclischen Komplexverbindungen), durch die es von anderen Polyphenolen unterschieden werden kann. Insbesondere das mit Eisen(III)-chlorid in schwach alkalischer Lösung entstehende rote Komplexsalz (in saurer Lösung beobachtet man eine Grünfärbung), dem nach R. F. Weinland die nebenstehende Konstitution zukommt, wird häufig zu seiner Identifizierung herangezogen, und auch mit Borsäure tritt eine eindeutige Leitfähigkeitssteigerung ein. Ein weiteres charakteristisches Schwermetallderivat ist das schwerlösliche Bleisalz, das zuweilen zu seiner Abscheidung aus Phenolgemischen dient. In alkalischer Lösung ist Brenzcatechin dank seiner Endiolgruppierung sehr leicht oxydabel und wird außer durch Luftsauerstoff auch durch ammoniakalische Silberoxydlösung oder durch Fehlingsche Lösung angegriffen, wobei das primär entstehende o-Benzochinon (Gleichung formulieren!) sofort unter starker Verfärbung weiter reagiert. Auf dieser leichten Oxydierbarkeit beruht die wichtigste praktische Verwendung des Brenzcatechins als fotografischer Entwickler.

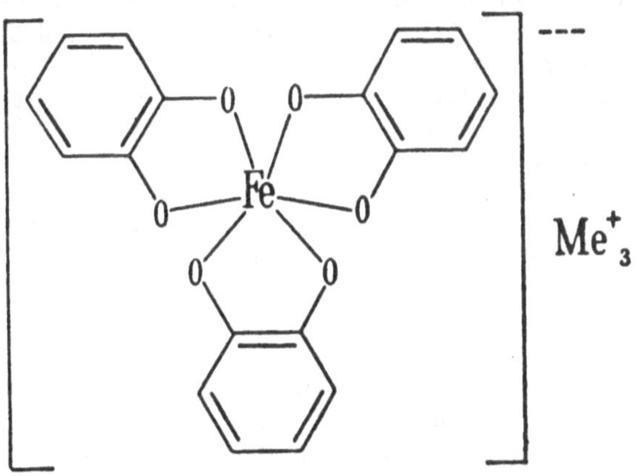

Nach Lumière zeigen nur diejenigen Polyphenole und Aminophenole (I, Kap. 6, I, 4b), die Eigenschaften eines **fotografischen Entwicklers**, die zu chinoiden Verbindungen dehydriert werden können, m-Disubstituierte Phenole, wie Resorcin, oder durch Alkyl-gruppen blockierte Verbindungen, wie die Phenoläther, eignen sich daher nicht zu diesem Zweck. Die wichtigsten der gebräuchlichen Entwickler neben Brenzcatechin sind: Hydrochinon, Pyrogallol (S. 451), p-Aminophenol (*Rodinal*) und N-Monomethyl-p-aminophenol (*Metol*). Sie kommen direkt in Form ihrer alkalischen Lösungen, denen zur Stabilisierung gegen Luftsauerstoff etwas Natriumsulfit zugesetzt wird, in den Handel.

Brenzcatechin-monomethyläther HO—C_6H_4(o)—OCH_3 ist als Muttersubstanz und auch Abbauprodukt zahlreicher Naturstoffe (vgl. III, Kap. 6, II, 1) von Interesse und hat auf Grund einer derartigen Beziehung den Trivialnamen **Guajakol** erhalten. Technisch wird es durch partielle Methylierung von Brenzcatechin gewonnen. Es dient als Ausgangsmaterial für die Herstellung einiger Pharmazeutika — z. B. des *Benzosol* genannten Benzoesäureesters — und von Vanillin (III, Kap. 6, II, 1).

Auch *Brenzcatechin-dimethyläther* oder **Veratrol** $CH_3O—C_6H_4(o)—OCH_3$ ist als Muttersubstanz bzw. Abbauprodukt einiger der in III, Kap. 6, II beschriebenen Naturstoffe von Bedeutung.

Das Natriumsalz der Brenzcatechin-3,5-disulfonsäure hat in Form des nebenstehend formulierten Antimonkomplexes unter dem Namen **Fuadin** pharmazeutische Anwendung gegen die in Ägypten weit verbreitete *Bilharziose* gefunden.

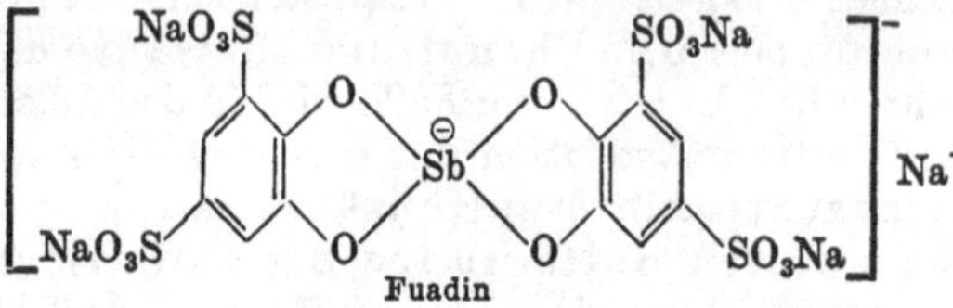

Fuadin

Resorcin ist kein Naturprodukt und kann durch Alkalischmelze aus allen drei Benzoldisulfonsäuren erhalten werden, da diese sich bei höherer Temperatur ineinander umlagern und in dem entstehenden Gleichgewichtsgemisch die m-Verbindung überwiegt. Es zeigt infolge der m-Stellung der Hydroxylgruppen keine Neigung zur Bildung cyclischer Derivate kleiner Ringweite mehr (vgl. I, Kap. 11, II, 1f) und ist auch etwas oxydationsbeständiger als Brenzcatechin oder Hydrochinon, da es in kein Chinon übergeführt werden kann. Dagegen ist das aromatische System in anderer Weise labilisiert, denn das Resorcin ist, ähnlich (wenn auch in schwächerem Ausmaß) wie das unten beschriebene Phloroglucin, zur Tautomerie mit der nicht mehr aromatischen Diketoform, dem 3,5-Diketocyclohexen, befähigt. Infolgedessen setzt es z. B. (wie ein ungesättigtes Keton und im Gegensatz zu anderen Phenolen) der Reduktion mit nascierendem Wasserstoff keinerlei Widerstand mehr entgegen und lagert ihn unter Zerstörung des aromatischen Bindungssystems zum Dihydroresorcin an. Letzteres stellt bereits eine normale 1,3-Diketoverbindung dar und erleidet als solche bei der Einwirkung von Bariumhydroxyd die übliche Spaltung (S. 470) zur δ-Ketocapronsäure:

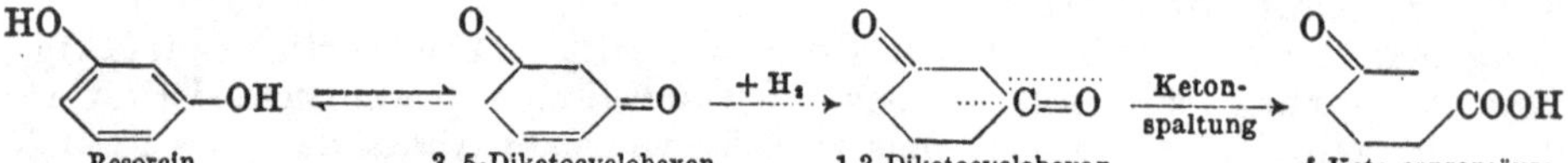

Resorcin — 3, 5-Diketocyclohexen — 1,3-Diketocyclohexan = Dihydroresorcin — δ-Keto-capronsäure

Insbesondere von der letzteren Reaktion wird bei der auf S. 323 beschriebenen Synthese langkettiger Carbonsäuren Gebrauch gemacht.

Eine weitere über die Diketoverbindung verlaufende Reaktion liegt in der beim Resorcin besonders leicht und reversibel erfolgenden Substitution der Hydroxyl- durch die Aminogruppe vor. Sie geht bereits beim Erwärmen mit wäßriger Ammoniaklösung (bzw. die Rückreaktion beim Kochen mit Salzsäure) vor sich und beruht wahrscheinlich auf einer intermediären Bildung des Diketimins (vgl. auch I, Kap. 6, I, 3a):

Resorcin dient in der Technik als Farbstoffkomponente (z. B. für die Darstellung von Fluorescein, III, Kap. 2, III, 2a) und als Ausgangsmaterial für die Styphninsäuregewinnung (I, Kap. 6, IV, 3). Auch in der Pharmazie wird es zuweilen als Hautätzmittel verwandt.

Hydrochinon kommt an Glucose gebunden als *Arbutin* in zahlreichen Pflanzen vor, wird aber praktisch ausschließlich auf künstlichem Wege, meist durch Reduktion von Chinon hergestellt. Seine hervorstechendste Eigenschaft ist die bereits auf S. 309 beschriebene Oxydierbarkeit zum Chinon, die auch hier besonders leicht in alkalischer Lösung vor sich geht und daher seine wichtigste Verwendung als fotografischer Entwickler (s. oben) gestattet.

Die drei **Trihydroxybenzole** führen ebenfalls Trivialnamen:

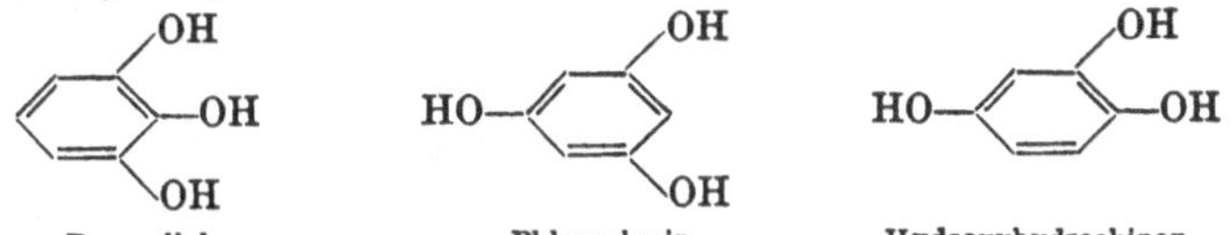

Pyrogallol Sdp. 309° Smp. 134° — Phloroglucin Smp. 218° — Hydroxyhydrochinon Smp. 141°

Pyrogallol wurde erstmals im Jahre 1786 von K. W. Scheele durch Erhitzen von Gallussäure (S. 515) dargestellt (Name!) und wird auch heute noch auf dem gleichen Wege technisch gewonnen:

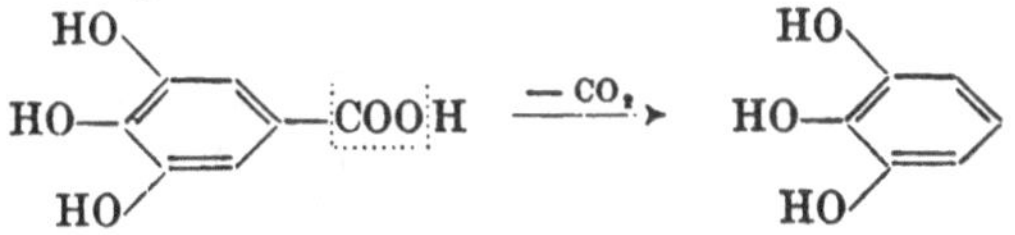

Chemisch zeichnet es sich vor allem durch sein gegenüber Brenzcatechin und Hydrochinon nochmals gesteigertes Reduktionsvermögen aus. Es ist das am stärksten reduzierende Polyphenol überhaupt. Seine Lösungen in Natronlauge vermögen z. B. Luftsauerstoff in kurzer Zeit unter starker Verfärbung quantitativ zu absorbieren, wovon in der Gasanalyse praktischer Gebrauch gemacht wird. Ferner dient Pyrogallol ebenfalls als fotografischer Entwickler. Definierte Oxydationsprodukte konnten bisher nicht erhalten werden.

Phloroglucin ist das wichtigste Trihydroxybenzol. Es tritt nur in Form einiger komplizierter Derivate natürlich auf, so daß man zu seiner Darstellung auf synthetische Verfahren angewiesen ist. Hierfür eignet sich vor allem die Alkalischmelze der verschiedenen Benzoltrisulfonsäuren, die sich in Analogie zur entsprechenden Resorcindarstellung unter den Reaktionsbedingungen im Rahmen eines Gleichgewichtes überwiegend in die ausschließlich m-ständige Gruppen enthaltende sym-Benzoltrisulfonsäure (I) umlagern. Daneben ist auch die bereits beim Kochen mit Wasser erfolgende Hydrolyse von 1,3,5-Triaminobenzol-trihydrochlorid (II, vgl. I, Kap. 6, I, 3a) gebräuchlich, die auch hier über eine tautomere Schiffsche Base (III) verläuft:

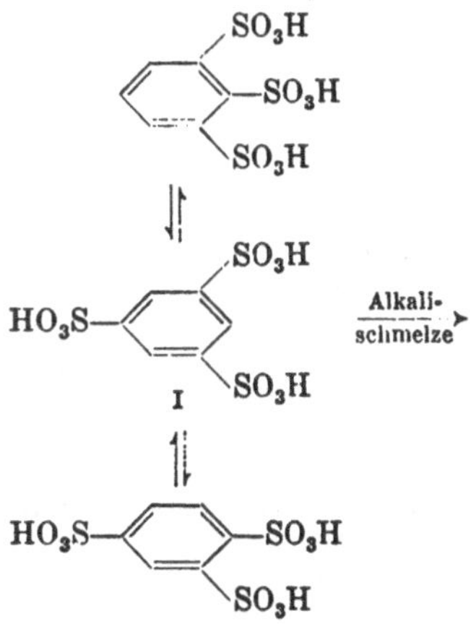

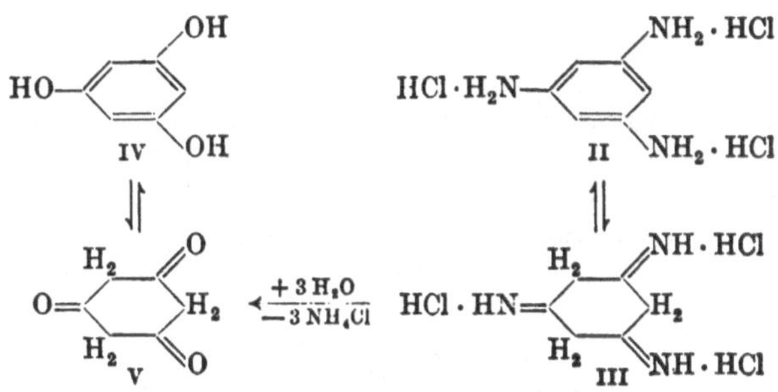

Wie bereits das zweite Darstellungsverfahren zeigt, ist Phloroglucin eine typisch **tautomere Substanz**, die sowohl als **dreiwertiges Phenol** (IV) als auch als **Cyclohexan-trion-1,3,5** (V) zu reagieren vermag. Infolge der bei dieser Tautomerie unter **dreifacher** Abgabe von jeweils etwa **16,5 kcal** (vgl. **II**, Kap. 5, II, 3) erfolgenden **Ketisierung** von gleichzeitig **drei phenolischen OH-Gruppen** ist die Tendenz zur Ausbildung der **Ketoform** bereits wesentlich **stärker** ausgeprägt als beim **Resorcin**. Das Phloroglucin zeigt infolgedessen im Gegensatz zum Resorcin **überwiegend Ketoncharakter**. So enthält es z. B. wie die **1,3-Diketone** (S. 468) zwischen den Ketogruppen **stark aktivierte Methylengruppen**, die nach Überführung in das **Alkalisalz** mit Alkylierungsmitteln bis zur **Hexaalkylverbindung** (VI) substituiert werden können. Ferner erleiden Phloroglucin und alle seine am Kohlenstoff substituierten Derivate bei der Einwirkung **starker Alkalien** die für 1,3-Diketone charakteristische „**Säurespaltung**" (S. 470), die hier zu **drei Molekülen Essigsäure** (bzw. substituierter Essigsäure) führt:

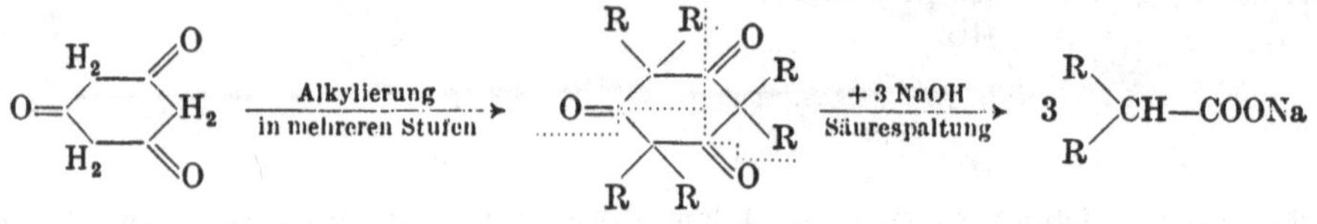

VI

Die Reaktion ist von praktischer Bedeutung für die Konstitutionsbestimmung der **natürlichen Phloroglucinderivate** (z. B. **III**, Kap. 2, VIII, 4 u. 5).

Weiterhin erfolgt wie beim Resorcin der Austausch der **OH**- gegen die **NH_2-Gruppen** (in Umkehrung der oben beschriebenen Darstellungsweise) bereits beim Erhitzen mit **wäßriger Ammoniaklösung**, was auch hier nur über die **Ketoform** und **Ketiminoverbindung** als Zwischenprodukt möglich erscheint (Gleichung formulieren!), und schließlich liegt in dem bei der Einwirkung von **Hydroxylamin** auf **Phloroglucin** entstehenden **Trioxim** (formulieren!) ein Derivat vor, das **nur in der Ketoform** beständig ist.

Der **Phenolcharakter** des Phloroglucins tritt demgegenüber etwas in den Hintergrund. Eine eindeutige Reaktion der Phenolform findet nur bei der Einwirkung von **Diazomethan**, die zum **Phloroglucintrimethyläther** führt, statt:

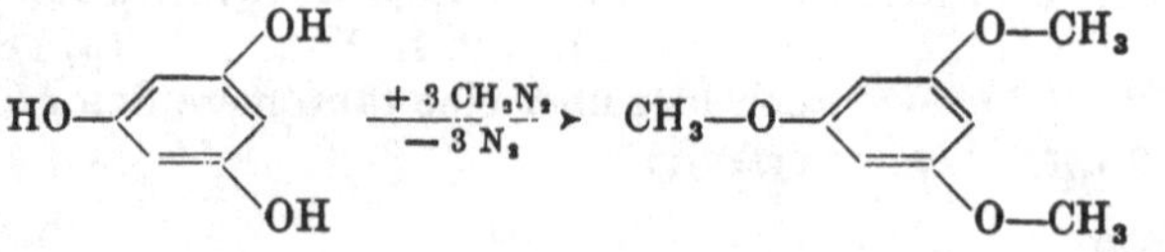

Hydroxyhydrochinon hat eine nur geringe Bedeutung erlangt. Es kommt in Form einiger Derivate natürlich vor und kann in **undurchsichtiger** Reaktion durch **Alkalischmelze** von **Hydrochinon**, sowie in Form seiner **Acetate** durch Behandlung von **Chinon** mit **Essigsäureanhydrid** und **Schwefelsäure** gewonnen werden.

Auch die isomeren **Tetrahydroxybenzole** (formulieren!) und das **Pentahydroxybenzol** sind bekannt, aber ebenfalls ohne Bedeutung geblieben. Größeres Interesse beansprucht erst wieder das Endglied der Reihe, das

Hexahydroxybenzol. Es entsteht in **undurchsichtiger** Reaktion in Form seines Kaliumsalzes (*Kohlenoxydkalium*, vgl. anorg. Lehrbücher) bei der Einwirkung von **Kohlenoxyd** auf erhitztes **Kalium** und kann aus ihm durch Ansäuern in Freiheit gesetzt werden:

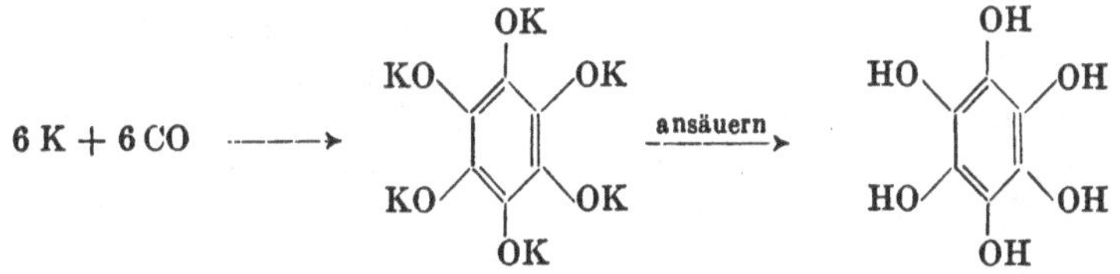

Kohlenoxydkalium Hexahydroxybenzol

Eine bequemere Darstellungsweise geht nach B. Homolka (1921) vom Glyoxal aus, das sich, ebenfalls in undurchsichtiger Reaktion, in Gegenwart von schwachen Alkalien, wie etwa Soda, unter gleichzeitiger Oxydation zum Tetrahydroxychinon polymerisiert. Dieses kann dann leicht durch Behandeln mit Acetylchlorid und Zinkstaub zum *Hexahydroxybenzolhexaacetat* reduziert und acetyliert werden:

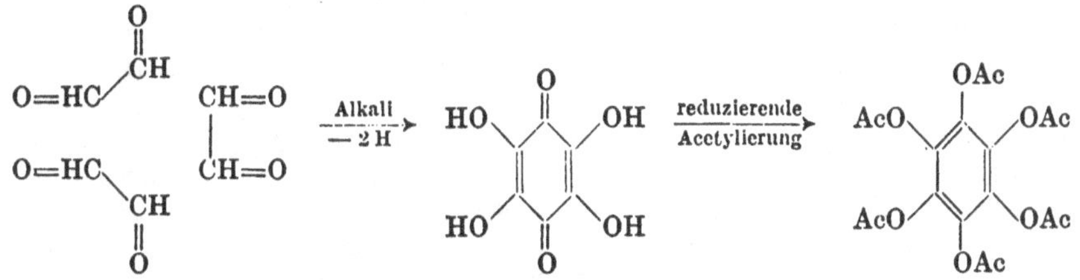

Schließlich gelangt man auch durch Reduktion des Trichinoyls (I, Kap. 11, I, 2d) zum Hexahydroxybenzol.

Hexahydroxybenzol ist eine durchaus beständige, gut kristallisierende Substanz, die infolge der starken Assoziationskräfte der sechs benachbarten Hydroxylgruppen in kaltem Wasser schwerlöslich ist. Chemisch steht sie dem Pyrogallol nahe und reduziert z. B. Silber-Ionen bereits in neutraler Lösung. Ferner kann sie infolge der Labilität des aromatischen Bindungssystems (Phloroglucingruppierung) relativ leicht zum Inosit (III, Kap. 4, II, 5) hydriert werden (Gleichung formulieren!).

II. Die Hydroxy-oxo-Verbindungen

Von den verschiedenen möglichen *Hydroxy-oxo-Verbindungen*, also Substanzen, die neben einer oder mehreren OH-Gruppen auch eine oder mehrere Carbonylgruppen im Molekül enthalten, haben nur die aliphatischen Aldehyd- und Ketonalkohole, denen insbesondere die große Gruppe der Kohlenhydrate (vgl. **III**, Kap. 4) angehört, sowie einige Phenolaldehyde und Phenolketone allgemeine Bedeutung erlangt, während die Kombination der enolischen Hydroxylgruppe oder der Ketengruppierung mit anderen Sauerstoff-Funktionen nur selten vorkommt und kein neuartiges Verhalten zeigt. Die aromatischen Hydroxychinone schließlich haben lediglich als Farbstoffe Interesse gefunden und werden daher erst mit diesen zusammen in **III**, Kap. 2, IV behandelt.

1. Die Aldehyd- und Keton-alkohole

Die **Benennung** der aliphatischen Hydroxy-oxo-Verbindungen geschieht meistens durch Trivialnamen. Eine halbrationelle Bezeichnungsart der niederen Aldehyd-alkohole (auch *Hydroxy-aldehyde* genannt) geht von den Namen derjenigen Polyalkohole aus, von denen sie sich durch Oxydation einer primären OH-Gruppe ableiten (z. B. *Glykol-aldehyd*, *Glycerin-aldehyd* usw.), während man die Ketoverbindungen meistens nach den keine OH-Gruppe im Molekül enthaltenden gesättigten Ketonen gleicher Kohlenstoffzahl benennt (z. B. *Dihydroxy-aceton*).

Zur **Darstellung** der Hydroxyoxoverbindungen dienen ausschließlich bereits bekannte Verfahren, von denen vor allem die folgenden drei Methoden gebräuchlich sind: 1. die Einführung der Carbonylgruppe in das bereits die alkoholische(n) Hydroxylgruppe(n) enthaltende Molekül, 2. die Einführung der alkoholischen Hydroxylgruppe(n) in eine Carbonylverbindung und 3. synthetische Methoden.

Zu 1. Die nachträgliche **Einführung der Carbonylgruppe** geschieht am besten durch vorsichtige Oxydation eines Polyalkohols, wobei meistens die verschiedenen möglichen Hydroxyaldehyde und Hydroxyketone nebeneinander entstehen, wie es z. B. bei Verwendung von Luftsauerstoff in Gegenwart von Platinschwarz oder von Salpetersäure als Oxydationsmittel der Fall ist:

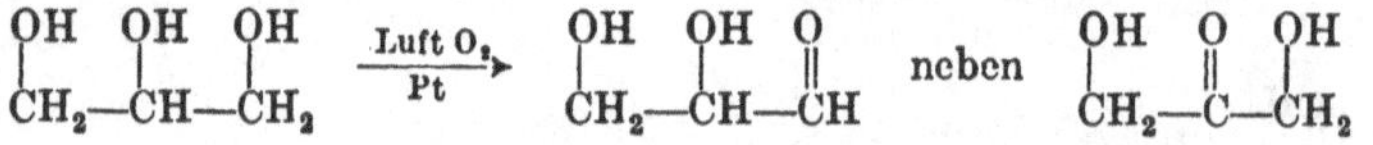

In einigen Fällen kann man aber auch durch entsprechende Wahl des Oxydationsmittels die Reaktion nach Belieben in Richtung einer überwiegenden Aldehyd- oder Ketonbildung lenken. So werden z. B. durch Hydroperoxyd in Gegenwart von Eisen-(II)-Ionen in erster Linie primäre Hydroxylgruppen unter Bildung von Hydroxyaldehyden dehydriert, während mit Brom in Sodalösung hauptsächlich die Hydroxyketone entstehen. Ein weiteres Verfahren, das sogar ausschließlich zu den Ketonalkoholen führt, beruht auf der biochemischen Oxydation mit Luftsauerstoff in Gegenwart von Sorbosebakterien, die ein speziell die sekundären Hydroxylgruppen angreifendes Enzym (vgl. auch **III**, Kap. 4, II, 1d) enthalten.

Zu 2. Die nachträgliche **Einführung** der alkoholischen **Hydroxylgruppe** in eine Carbonylverbindung gelingt entweder durch vorsichtige Reduktion von Dicarbonylverbindungen oder durch hydrolytische Abspaltung des Halogens in den α-Halogenaldehyden und -ketonen (S. 270, 284):

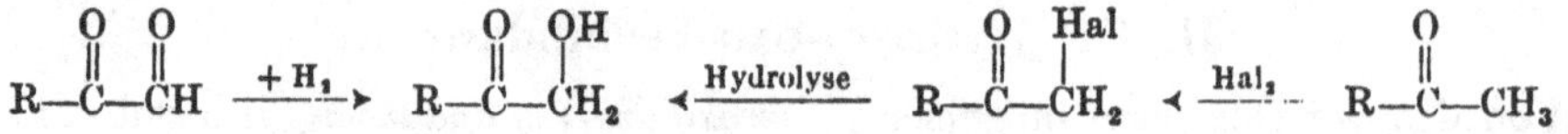

Zu 3. Die wichtigste zu Hydroxyoxoverbindungen führende **synthetische Reaktion** ist die Aldolkondensation (S. 258). Aber auch bei der Acyloinkondensation (S. 259) und der alkalischen Formaldehydpolymerisation (S. 261) entstehen Hydroxyoxoverbindungen.

Die Hydroxyoxoverbindungen sind in ihrem **physikalischen Verhalten** den Polyalkoholen ähnlich, zeigen jedoch infolge der unten beschriebenen Tautomeriemöglichkeiten häufig eine geringere Kristallisationsneigung. Lediglich die niederen Glieder der Reihe, die bevorzugt in der dimolekularen Lactolidform (s. u.) auftreten, kristallisieren gut und schmelzen gegenüber den Polyalkoholen ungewöhnlich hoch (z. B. Glykolaldehyd Smp. 96—97°, Glycerinaldehyd Smp. 138° und Dioxyaceton Smp. 80°).

Chemisch lassen sich die **Reaktionen** der Hydroxy- und Oxogruppe im allgemeinen getrennt durchführen, d. h. man kann die Verbindungen sowohl als Alkohole verestern oder veräthern als auch als Carbonylverbindungen mit Natriumbisulfit, Phenylhydrazin usw. umsetzen (Gleichungen formulieren!) bzw., soweit es sich um Hydroxyaldehyde handelt, mit typischen Aldehydreagentien (FEHLINGscher Lösung, ammoniakalischer Silberoxydlösung usw.) dehydrieren. Daneben sind aber auch drei Gruppen von neuartigen Reaktionen bekannt: 1. die

Osazonbildung, 2. die Oxo-cyclo-Tautomerie und 3. die Umsetzung mit Alkalien.

Zu 1. Während bei der Einwirkung von Phenylhydrazin in der Kälte im wesentlichen nur die normale Phenylhydrazonbildung stattfindet, beobachtet man in der Wärme einen eigenartigen Oxydationsprozeß, bei dem das (im Überschuß angewandte) Phenylhydrazin selbst als Oxydationsmittel (nicht wie üblich als Reduktionsmittel!) wirkt und unter Zerfall in Anilin und Ammoniak die der Carbonylgruppe benachbarte Hydroxylgruppe ebenfalls zur Oxogruppe dehydriert. Letztere geht schließlich mit einem dritten Mol Phenylhydrazin in eine zweite Phenylhydrazongruppe über, so daß als End-Produkt der Reaktion die intensiv gelben Diphenylhydrazone von 1,2-Dioxoverbindungen (vgl. S. 461f.) entstehen, für die EMIL FISCHER den Gruppennamen **Phenylosazone** (meistens kurz *Osazone* genannt) vorgeschlagen hat:

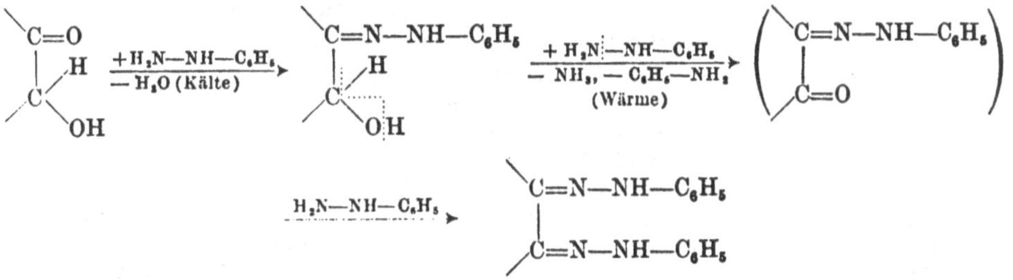

Zur Osazonbildung ist immer nur eine der Oxogruppe benachbarte OH-Gruppe befähigt, wahrscheinlich weil die Reaktion über eine ringförmige Verbindung als Zwischenprodukt verläuft. Die Oxydation weiterer benachbarter Hydroxylgruppen, etwa unter Bildung der Triphenylhydrazone von Trioxoverbindungen, wurde niemals beobachtet, wahrscheinlich weil die Osazone bereits unlöslich aus dem Reaktionsgemisch ausfallen und sich dadurch der weiteren Einwirkung des Phenylhydrazins entziehen.

Auf dieser Unlöslichkeit beruht auch die wichtigste praktische Anwendung der Osazone zur Isolierung und Charakterisierung der Hydroxyoxoverbindungen, speziell der Kohlenhydrate. Allerdings macht sich hierbei häufig der Umstand störend bemerkbar, daß, von symmetrischen Verbindungen abgesehen, jedes Osazon prinzipiell aus zwei verschiedenen Hydroxyoxoverbindungen[1]) hervorgegangen sein kann, in denen die Hydroxy- und Oxogruppen miteinander vertauscht sind:

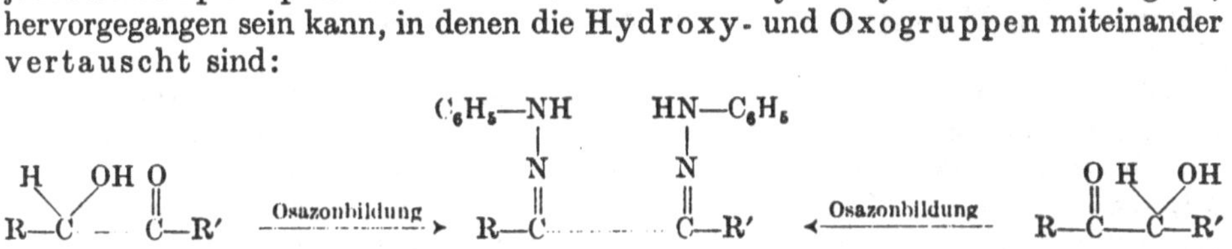

Aus der Bildung eines bestimmten Osazons kann daher niemals auf das Vorliegen einer bestimmten Hydroxyoxoverbindung geschlossen werden, wohl aber umgekehrt aus der Tatsache, daß zwei verschiedene Hydroxyoxoverbindungen das gleiche Osazon bilden, darauf, daß es sich (sofern keine Diastereomerie vorliegt, die die Verhältnisse nochmals kompliziert, vgl. III, Kap. 4, I, 4a u. 8b) um derartige Verbindungen mit vertauschten Gruppen handelt.

[1]) Bei Mitberücksichtigung der Stereo-isomerie-Möglichkeiten sogar bis zu vier Hydroxy-oxo-Verbindungen.

Zu 2. Die Oxo-cyclo-Tautomerie. Wie wir auf S. 288 gesehen haben, lagern sich Alkohole an Carbonylverbindungen unter Bildung von Halbacetalen an. Die gleiche Reaktion ist naturgemäß auch zwischen einer OH- und einer Oxogruppe des gleichen Moleküls möglich, wobei ein cyclisches Halbacetal (*Cycloacetalform*, II) entsteht, das mit der ursprünglichen Hydroxyoxoverbindung (*Aldo-*, *Keto-* oder *Oxoform*, I) in einem ähnlichen Gleichgewicht steht wie ein normales Halbacetal mit seinen Bildungskomponenten:

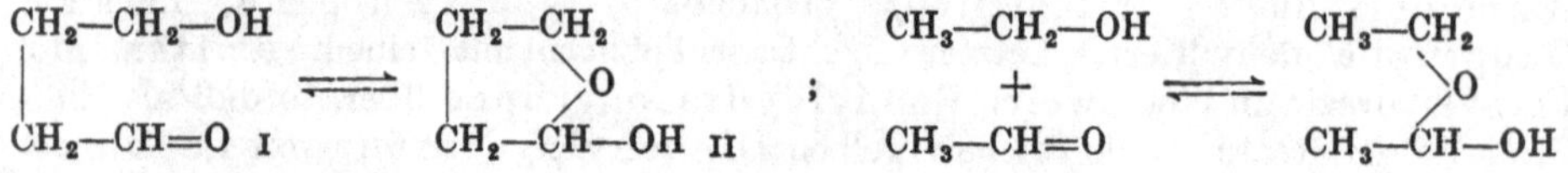

Da Hydroxyverbindungen und ihre Halbacetale im allgemeinen nicht getrennt isoliert werden können, führt diese Gleichgewichtseinstellung hier zu einer neuen Tautomerie, die Oxo-cyclo-Tautomerie genannt wird (vgl. auch **II**, Kap. 5 III, 2) und insbesondere für die Kohlenhydrate charakteristisch ist.

Die Lage des Tautomeriegleichgewichts hängt in ähnlicher Weise von der Ringweite ab wie die Bildungstendenz cyclischer Äther (S. 443). Am beständigsten sind hier jedoch nicht die (allerdings nur wenig labileren) fünf- sondern die sechsgliedrigen Ringe, die aus den 1,5-Hydroxyoxoverbindungen wesentlich leichter entstehen als die normalen linearen Halbacetale. Infolgedessen liegt bei ihnen und auch noch bei den fünfgliedrigen Ringen das Gleichgewicht auch in wäßriger Lösung fast völlig auf der Seite der Cycloacetalform, so daß sie z. B. keine Bisulfitadditionsverbindung mehr geben und auch fuchsinschweflige Säure nicht mehr färben. Bei anderen Ringweiten geht die Bildungstendenz der Cycloacetalform stark zurück, um schließlich bei benachbarter Hydroxyl- und Carbonylgruppe ganz zu verschwinden.

Hier ist dagegen eine andere Reaktion möglich, der wir in analoger Weise bei der Verätherung des Glykols zum Dioxan (S. 439) bereits begegnet sind: die Bildung eines Sechsringes durch gegenseitige Absättigung von zwei Molekülen der Hydroxyoxoverbindung:

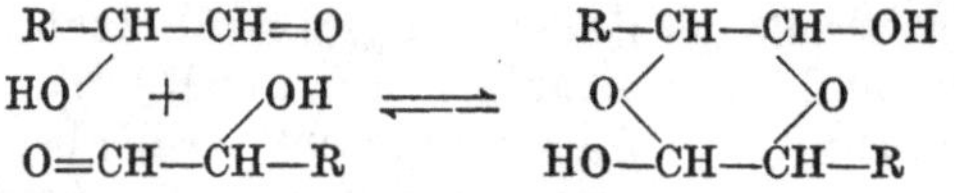

Lactolid

Die hierbei entstehenden dimolekularen **Lactolide** stehen ebenfalls mit der monomeren Verbindung im Gleichgewicht, jedoch naturgemäß nicht mehr im Tautomerieverhältnis.

Die wichtigste Reaktion der Cycloacetalform und auch der dimolekularen Lactolide stellt die Acetalisierbarkeit der neu entstandenen Hydroxylgruppe(n) dar, die sich als echte Halbacetalgruppe(n) schon in Gegenwart verdünnter Mineralsäuren mit Alkoholen „veräthern" (streng genommen acetalisieren) lassen und auch mit Carbonsäuren verestert werden können:

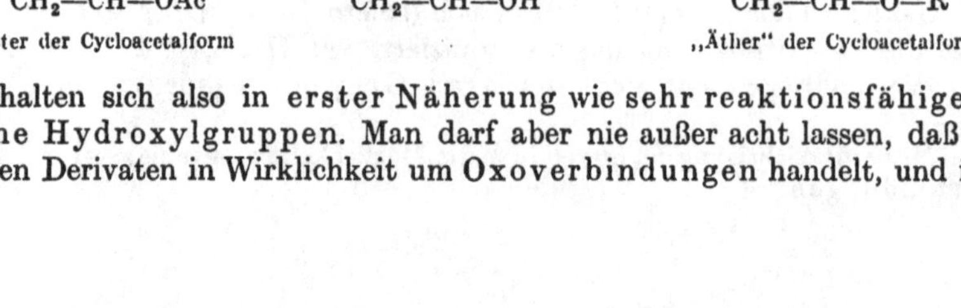

Ester der Cycloacetalform „Äther" der Cycloacetalform

Sie verhalten sich also in erster Näherung wie sehr reaktionsfähige alkoholische Hydroxylgruppen. Man darf aber nie außer acht lassen, daß es sich bei diesen Derivaten in Wirklichkeit um Oxoverbindungen handelt, und infolgedessen die „Äther“ und auch Ester als echte Acetale gegen Säuren instabil sind (vgl. auch **III**, Kap. 4, I, 3e u. 4c).

Zu 3. Die Hydroxyoxoverbindungen sind gegenüber Alkalien wesentlich unbeständiger als die einfachen Aldehyde und Ketone. Die Zahl der Umsatzmöglichkeiten ist außerordentlich groß, so daß es nur schwer möglich ist, definierte Reaktionsprodukte zu erhalten. Die wichtigsten der beobachteten Reaktionen sind:

a) die **Enolisierung.** Sie tritt bei der Einwirkung starker Alkalien in der Kälte ein und führt, im Rahmen eines im allgemeinen stark zugunsten der Carbonylform verschobenen Gleichgewichts, zu den Salzen der Endiole. Da diese sich in verschiedener Weise in die Carbonylverbindungen zurückverwandeln können, beobachtet man eine „Wanderung der Carbonylgruppe“ innerhalb der Kette, wie am Beispiel des Übergangs der Natriumverbindung des Dihydroxyacetons in die Natriumverbindungen der beiden stereoisomeren Formen des Glycerinaldehyds gezeigt sei:

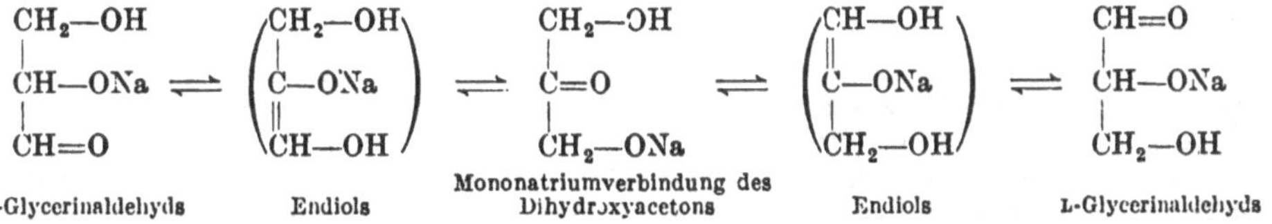

b) Infolge der **Oxydationsempfindlichkeit** der Endiole sind die Hydroxyoxoverbindungen in alkalischer Lösung autoxydabel und können auch anderweitig leicht oxydiert werden. Insbesondere aus diesem Grunde zeigen die Hydroxyketone (im Gegensatz zu den einfachen Ketonen) das gleiche Reduktionsvermögen wie die isomeren Hydroxyaldehyde und können z. B. ebenfalls durch FEHLINGsche Lösung angegriffen werden (vgl. **III**, Kap. 4, I, 6b). Dieses gleichartige Verhalten beruht zum Teil auch auf der unter a) beschriebenen Möglichkeit der gegenseitigen Umwandlung beider Verbindungen ineinander durch „Wanderung der C=O-Gruppe“,

c) Schließlich werden bei längerem Kochen von Hydroxyoxoverbindungen mit sehr schwachen Alkalien ($NaHCO_3$, $CaCO_3$ usw.) häufig **Disproportionierungsreaktionen** beobachtet, bei denen eine aldehydische Carbonylgruppe, die aus Hydroxyketonen auch durch Wanderung der C=O-Gruppe an das Kettenende entstehen kann, unter Verschwinden einer alkoholischen Hydroxylgruppe zur Carboxylgruppe oxydiert wird. Die Reaktion läßt sich am einfachsten wieder über die intermediäre Bildung von Enolen (bzw. exakter Enolaten) deuten, wie am Beispiel der Isomerisierung des Glycerinaldehyds und Dihydroxyacetons zur Milchsäure (vgl. auch S. 463) gezeigt sei:

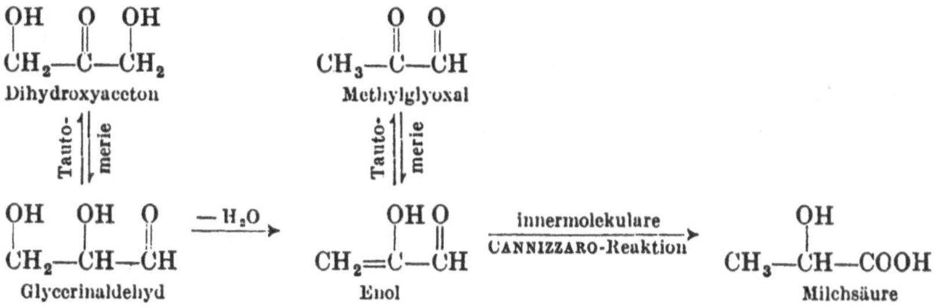

Einzelverbindungen. Glykolaldehyd $HO—CH_2—CH=O$, das einfachste Glied der Reihe, kann aus Glykol und Hydroperoxyd in Gegenwart von Fe(II)-Salzen oder durch Ozonabbau von Allylalkohol gewonnen werden. Präparativ am einfachsten ist die **zweifache Decarboxylierung** von **Dihydroxy-maleinsäure** (I) durch trockene Destillation:

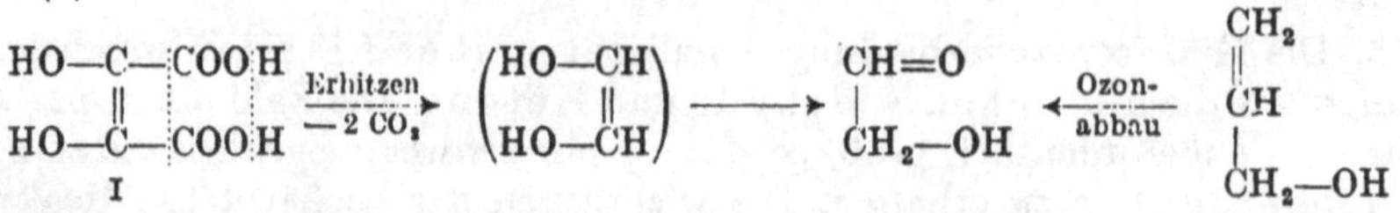

Eine weitere interessante **Bildungsweise** haben wir in der alkalischen Polymerisation des **Formaldehyds** kennengelernt (S. 261).

Glykolaldehyd ist der Zusammensetzung nach der **einfachste Zucker** (vgl. III, Kap. 4, I, 1), doch fehlt ihm als **1,2-Hydroxyoxoverbindung** die für die Kohlenhydrate charakteristische Möglichkeit der **Oxo-cyclo-Tautomerie**, weshalb er noch **nicht** zu den eigentlichen Kohlenhydraten gerechnet wird. Er schmeckt jedoch bereits **süß** und liegt normalerweise im **dimeren Zustand** als **Lactolid** vor, das erst in wäßriger Lösung langsam zum **monomeren Aldehyd** bzw. dessen **Hydrat** depolymerisiert.

Als Beispiel eines **1,3-Hydroxyaldehyds** sei das bereits mehrfach erwähnte **Acetaldol** CH_3—CH(OH)—CH_2—CH=O angeführt. Es entsteht bei der **Aldolkondensation des Acetaldehyds** (S. 258) und ist ein wichtiges technisches Zwischenprodukt, insbesondere für die **Bunagewinnung** (vgl. Tafel I, S. 128). Chemisch zeichnet es sich gegenüber dem Glykolaldehyd vor allem durch die leichte **Abspaltbarkeit von Wasser** unter Bildung von **Crotonaldehyd** (S. 268) aus, die bereits bei 130° oder in Gegenwart von **organischen Basen** erfolgt und durch die **β-Stellung** des negativen Substituenten zur **Carbonylgruppe** bedingt ist (vgl. S. 258). Weiterhin kann Acetaldol, analog der Lactolidbildung des Glykolaldehyds, ein **cyclisches Dimerisationsprodukt** (III) bilden, das aber nicht den erwarteten **Achtring** enthält, sondern einen **Sechsring**, da die bei der Bildung des Zwischenproduktes (II) **neu entstehende halbacetalartige Hydroxylgruppe** sich infolge ihrer **günstigeren Stellung** leichter an die zweite Carbonylgruppe anlagert als die **alkoholische Hydroxylgruppe**:

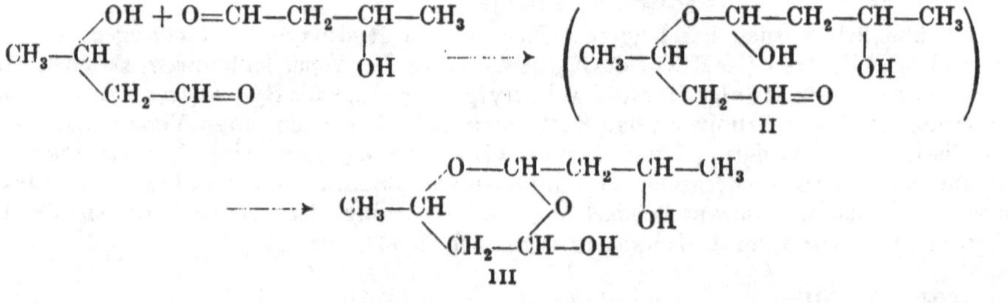

Von den sonstigen Reaktionen des Acetaldols hat lediglich die **katalytische Hydrierung** der Carbonylgruppe zum **1,3-Butandiol**, die über **Kupferchromitkatalysatoren** unter **hohen Wasserstoffdrucken** bei etwa 130° stattfindet, größere Bedeutung als **Teilreaktion der Bunasynthese** erlangt.

Acetol ist der **einfachste Ketonalkohol** und wird aus **Monochloraceton** durch hydrolytische Abspaltung des Chlors oder aus **Propylenglykol** durch Oxydation mit **Luftsauerstoff** in Gegenwart von **Sorbosebakterien** dargestellt:

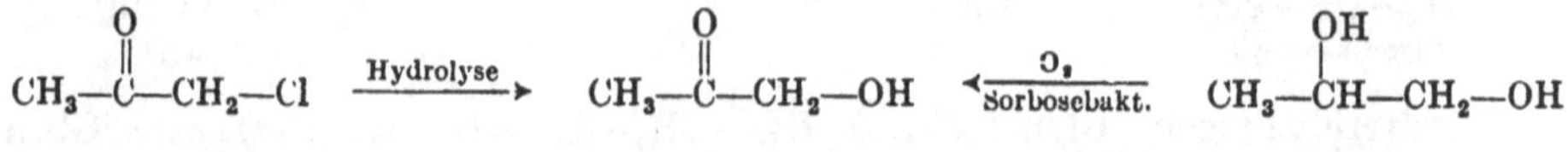

Es zeigt im wesentlichen die gleichen Reaktionen wie **Glykolaldehyd**, insbesondere tritt mit Fehlingscher **Lösung** ebenfalls **Oxydation** ein (s. o.).

Die beiden stereoisomeren (s. u.) **Glycerinaldehyde** HO—CH_2—$\overset{*}{C}$H(OH)—CH=O und **Dihydroxyaceton** HO—CH_2—CO—CH_2—OH haben wiederum die Zusammensetzung eines Zuckers, und ihre Mischung wird deswegen zuweilen mit dem für einen Zucker charakteristischen Namen Glycerose bezeichnet. Aber auch hier liegen noch keine echten Kohlenhydrate vor, da sie ebenfalls nicht zur Oxo-cyclo-Tautomerie befähigt sind. Die drei Verbindungen gehen relativ leicht ineinander über, namentlich in alkalischer Lösung (s. o.) oder beim Behandeln mit Pyridin, sind aber einzeln isolierbare Substanzen. Wie leicht einzusehen, bilden sie mit aromatischen Hydrazinderivaten die gleichen Osazone, von denen besonders das schwer lösliche 2,4-Dinitrophenylosazon (formulieren!) für ihre Isolierung, Identifizierung und ihren analytischen Nachweis von Bedeutung ist.

Die reinen Verbindungen haben nur wenig Interesse gefunden. Der reine Glycerinaldehyd kann durch Oxydation von Glycerin mit Hydroperoxyd in Gegenwart von Fe(II)-Salzen gewonnen werden. Er enthält ein asymmetrisches C-Atom und ist daher in optische Antipoden aufspaltbar. Doch erleiden die aktiven Formen leicht Raccemisierung, die wahrscheinlich im Sinne der auf S. 457 wiedergegebenen Formulierung über das Endiol als Zwischenprodukt verläuft, das somit die gemeinsame Zwischenverbindung aller drei sich vom Glycerin ableitenden Hydroxyoxoverbindungen darstellt.

Reines Dihydroxyaceton erhält man durch Oxydation von Glycerin mit Luftsauerstoff in Gegenwart von Sorbosebakterien.

Die Mischung aller drei Verbindungen, die oben erwähnte Glycerose, ensteht bei vielen Oxydationsreaktionen des Glycerins, z. B. mit Luftsauerstoff in Gegenwart von Platinschwarz, mit Salpetersäure, sowie auch bei der alkalischen Kondensation von Formaldehyd (S. 261). Ferner tritt sie bzw. die Mischung ihrer Phosphorsäureester als wichtigstes Zwischenprodukt beim biochemischen Auf- und Abbau der Kohlenhydrate auf, und auch in vitro kann man ihre intermediäre Bildung beim alkalischen Abbau von Kohlenhydraten nachweisen (III, Kap. 4, I, 6b).

Bezüglich der eigentlichen Kohlenhydrate vgl. III, Kap. 4.

Von den aromatisch substituierten Ketonalkoholen sei als wichtigster Vertreter das **Benzoin** angeführt, das wir bereits als Reaktionsprodukt der Acyloinkondensation (S. 259) kennengelernt haben. Es bildet als echte Hydroxyoxoverbindung ein Phenylosazon und geht mit Alkalien in das sehr instabile Stilbendiol (S. 448) über. Eine Neigung zur Dimerisierung unter Bildung des Lactolids ist hier nicht mehr festzustellen.

2. Die Phenolaldehyde und Phenolketone

Die *aromatischen Hydroxyoxoverbindungen* stehen an allgemeiner Bedeutung hinter den Aldehyd- und Ketonalkoholen zurück, da sie keine interessanten Reaktionen zeigen, insbesondere nicht zur Osazonbildung und in den meisten Fällen auch nicht zur Oxo-cyclo-Tautomerie befähigt sind. Auch gehört ihnen keine biochemisch wichtige Verbindungsklasse von der Bedeutung der Kohlenhydrate an.

Als spezielle **Darstellungsweise für Phenolaldehyde** kommt vor allem die Einführung der Aldehydgruppe in Phenole in Betracht, die bei der leichten Substituierbarkeit des Phenolkerns wesentlich leichter vor sich geht als die normale Benzolsubstitution. So tritt, wie wir bereits gesehen haben, nach REIMER-TIEMANN die Aldehydbildung bereits bei der Einwirkung von Chloroform und Alkali auf Phenole ein (vgl. S. 234), also im Sinne einer einfachen Alkylierungsreaktion. Ferner kann man nach L. GATTERMANN mit Hilfe von Blausäure und Chlorwasserstoff (über das unbeständige Form-imidchlorid) eine der FRIE-

DEL-CRAFTSschen Synthese analoge Reaktion auch ohne Aluminiumchlorid oder ähnliche Kondensationsmittel durchführen. Durch Verwendung von Zinkcyanid, das mit Chlorwasserstoff intermediär Blausäure (bzw. Form-imidchlorid) und das katalytisch wirkende Zinkchlorid bildet, wird die Reaktion jedoch wesentlich erleichtert:

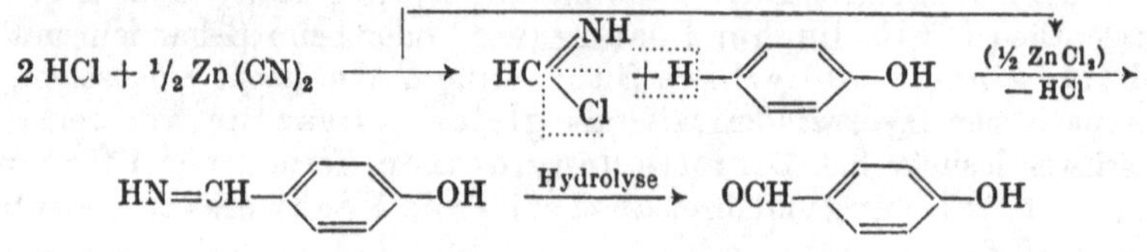

Ähnlich leicht läßt sich eine Ketogruppe in den Phenolkern einführen. Hierzu setzt man entweder das Phenol nach K. HOESCH in einer der GATTERMANNschen Phenolaldehydsynthese analogen Reaktion mit einem Säurenitril und Chlorwasserstoff in Gegenwart von Zinkchlorid um (formulieren!), oder aber man lagert nach K. FRIES Phenolcarbonsäureester mit Hilfe von Aluminiumchlorid und ähnlichen Komplexbildnern in die isomeren Hydroxyketone um (FRIESsche Verschiebung, vgl. S. 234).

Die **physikalischen Eigenschaften** der Phenolaldehyde und -ketone hängen von dem gegenseitigen Abstand der Hydroxyl- und Carbonylgruppe ab, da diese ihre Assoziationskräfte bei o-Stellung gegenseitig absättigen können (Näheres vgl. II, Kap. 6, III, 1bγ). Infolgedessen sieden und schmelzen alle o-Verbindungen der Reihe ungewöhnlich tief, während bei den m- und besonders bei den p-Verbindungen die Assoziation zwischenmolekular erfolgt, so daß sie hohe Siede- und Schmelzpunkte aufweisen.

In ihren chemischen Eigenschaften zeigen die Phenolcarbonylverbindungen keine Besonderheiten.

Salicylaldehyd, *o-Hydroxybenzaldehyd* 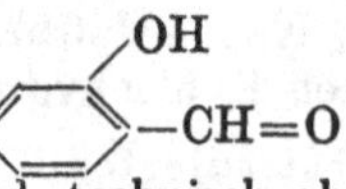 ist nach der Synthese von REIMER-TIEMANN leicht zugänglich, wird technisch aber besser durch Oxydation von o-Kresol mit Braunstein-Schwefelsäure gewonnen, wobei man zur Schonung der phenolischen Hydroxylgruppe vom Benzolsulfonsäureester des o-Kresols ausgeht. Der Siedepunkt liegt infolge der o-Stellung der beiden Funktionen mit 197° nur wenig über dem des Benzaldehyds. Salicylaldehyd dient in der Technik als Ausgangsmaterial für die Synthese von Cumarin (S. 514) und einigen Farbstoffen.

p-Hydroxybenzaldehyd 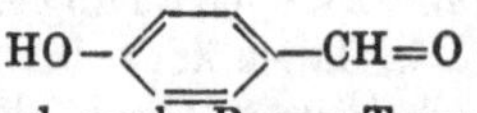 entsteht als Nebenprodukt bei der Darstellung von Salicylaldehyd nach REIMER-TIEMANN. Er ist als p-Verbindung im Gegensatz zum Salicylaldehyd (Smp. 1,6°) bei normaler Temperatur kristallisiert (Smp. 116°) und nicht mehr mit Wasserdampf flüchtig.

o-Hydroxyacetophenon stellt in Analogie zum Salicylaldehyd ein bei 218° siedendes Öl dar, während die entsprechende p-Verbindung nur im Hochvakuum unzersetzt destilliert werden kann (Sdp. 148°/3 mm) und bei 108° schmilzt. Im übrigen sind beide Verbindungen und auch andere einfache Phenolketone ohne allgemeine Bedeutung geblieben.

Bezüglich natürlicher Phenolaldehyde und -ketone vgl. III, Kap. 6, II.

III. Die Poly-oxo-Verbindungen

Von den Verbindungen mit mehreren Oxogruppen im Molekül haben nur die aliphatischen Vertreter größere Bedeutung erlangt. Sie zeigen in Abhängigkeit von dem gegenseitigen Abstand der Oxogruppen ein sehr verschiedenartiges Verhalten und werden dementsprechend unterteilt in 1. die 1,2- oder α-Dioxoverbindungen, 2. die 1,3- oder β-Dioxoverbindungen, 3. die 1,4- oder γ-Dioxoverbindungen und 4. sonstige Polyoxoverbindungen.

1. Die 1,2- oder α-Dioxoverbindungen

Verbindungen mit zwei α-ständigen Oxogruppen kommen nur selten natürlich vor. Ihre **Darstellung** erfolgt entweder von den 1,2-Hydroxyoxoverbindungen ausgehend durch vorsichtige Dehydrierung der Hydroxylgruppe (z. B. auf dem Umweg über die Osazone, die ja die normalen Dihydrazone der α-Dioxoverbindungen darstellen). oder von den Mono-oxoverbindungen aus durch Oxydation der α-ständigen Methylengruppe mit Selendioxyd sowie auch mit salpetriger Säure oder ihren Estern zur Carbonylgruppe (vgl. S. 257f.):

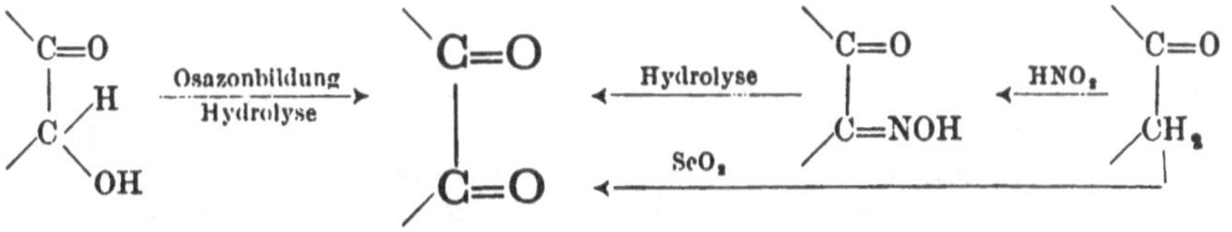

Eine interessante synthetische Bildungsweise von 1,2-Diketonen liegt nach H. H. Inhoffen u. Mitarbb.[1] in der thermischen Zersetzung von Diacyl-azoverbindungen des Typus I vor:

$$R-\overset{\overset{\displaystyle O}{\|}}{C}-N=N-\overset{\overset{\displaystyle O}{\|}}{C}-R \xrightarrow[\text{(über CuO)}]{90°} R-\overset{\overset{\displaystyle O}{\|}}{C}-\overset{\overset{\displaystyle O}{\|}}{C}-R + N_2$$

Die 1,2-Dioxoverbindungen werden auf Grund ihrer nahen Beziehungen zu den Osazonen auch *Osone* genannt und sind im Gegensatz zu den vorbesprochenen Verbindungsklassen relativ tief siedende, gelbe bis grüne Substanzen. Sie gehören zu den wenigen einfach gebauten farbigen Sauerstoffverbindungen. Ihre Farbeigenschaften sind ohne Zweifel auf die eigenartige Konjugation der Carbonyldoppelbindungen zurückzuführen. Auch ihre Derivate mit dem gleichen System konjugierter Doppelbindungen, wie z. B. die Osazone (S. 455), sind farbig.

In ihrem **chemischen Verhalten** ähneln die Dioxo- den Monooxoverbindungen und lassen sich wie diese in zahlreiche Derivate überführen. So entstehen z. B. mit $NaHSO_3$ die Di-bisulfitverbindungen, mit Hydroxylamin die Mono- und Dioxime und mit Phenylhydrazin die Osazone, die im Gegensatz zur Osazonbildung aus den Oxyoxoverbindungen hier bereits in der Kälte ausfallen, da die Dicarbonylverbindungen zu ihrer Bildung nicht mehr oxydiert zu werden brauchen.

Daneben kennt man drei Gruppen von neuartigen Reaktionen: 1. die Neigung zur Bildung cyclischer Derivate, 2. die durch die Labilisierung der OC—CO-Bindung ermöglichten Spaltungsreaktionen und 3. die innermolekulare Dismutation der Carbonylgruppe.

[1]) B. 81, 507 (1948).

Zu 1. Die Bildung **cyclischer Dicarbonylderivate** tritt in Übereinstimmung mit den auf S. 443 angeführten Regeln auch hier stets dann bevorzugt ein, wenn bei der Reaktion fünf- oder sechsgliedrige Ringe entstehen. Die mit den Carbonylgruppen unter Austritt von Wasser in Reaktion tretenden aktiven Gruppen müssen also durch ein oder zwei C-Atome voneinander getrennt sein, wie es z. B. bei der besonders leicht erfolgenden Kondensation von Glyoxal mit Methylendiamin (bzw. einem Gemisch von Formaldehyd und Ammoniak) zum Glyoxalin (**I**, Kap. 11, III, 1 dγ) oder mit o-Phenylendiamin zum Chinoxalin (**I**, Kap. 11, II, 3 aγ) der Fall ist:

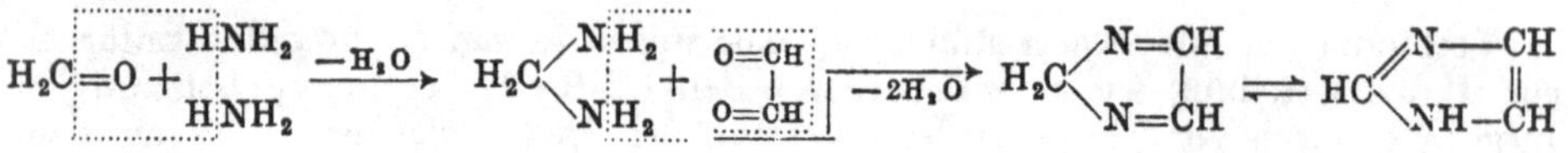

Glyoxalin (= Imidazol)

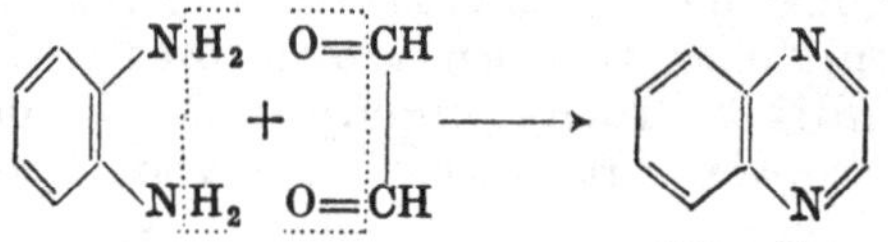

Chinoxalin

Weiterhin neigen die wasserstoffhaltigen Derivate der 1,2-Dicarbonylverbindungen, insbesondere die Dioxime, zur Bildung stabiler Komplexverbindungen mit Schwermetall-Ionen, da hier der Fünfring bereits durch ein Metallatom geschlossen werden kann. Die wichtigste dieser Komplexverbindungen ist das rote Nickel-dimethylglyoxim, das in Anbetracht der besonderen Neigung der Schwermetalle zur Ausbildung nicht-ionogener Metall-Stickstoff-Bindungen wahrscheinlich im Sinne der nebenstehenden Formel konstituiert ist. Es leitet sich also nicht von der normalen Hydroxylamin- (C=N—OH), sondern von der Aminoxydform (C=NH→O) der Oxime (vgl. I, Kap. 6, II, 1) ab.

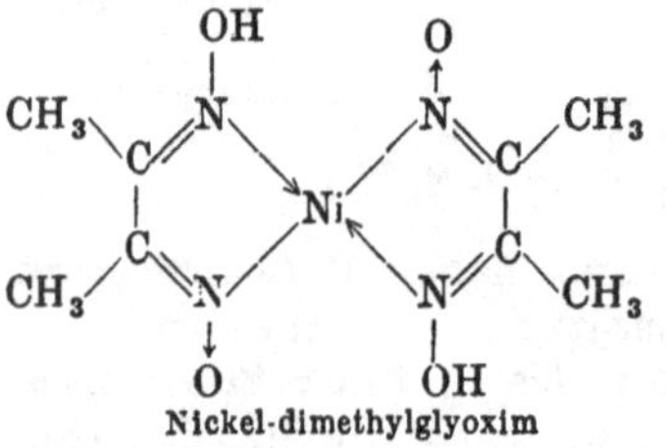

Nickel-dimethylglyoxim

Zu 2. Die Besetzung zweier nachbarständiger C-Atome mit negativen Elementen wirkt sich auch hier in einer weitgehenden Labilisierung der sie verbindenden C—C-Bindung aus. Die **Spaltung** führt man jedoch im Gegensatz zur Chloroformbildung (S. 166) am besten oxydativ — z. B. mit Hydroperoxyd in Gegenwart von Fe(II)-Salzen — unter Bildung von zwei Carboxylgruppen durch, da bei der Einwirkung von starken Alkalien statt der erwarteten Hydrolyse Nebenreaktionen eintreten.

Der Mechanismus der Oxydationsreaktion dürfte wahrscheinlich dem der Endiol-oxydation (S. 447) entsprechen, d. h. das Oxydationsmittel greift nicht direkt die C—C-Bindung an, sondern wirkt primär nur dehydrierend auf das Dihydrat der Dioxoverbindung (I) ein, und erst das radikalartige Dehydrierungsprodukt (II) stabilisiert sich dann unter Lösung der C—C-Bindung und Ausbildung von zwei Carboxylgruppen:

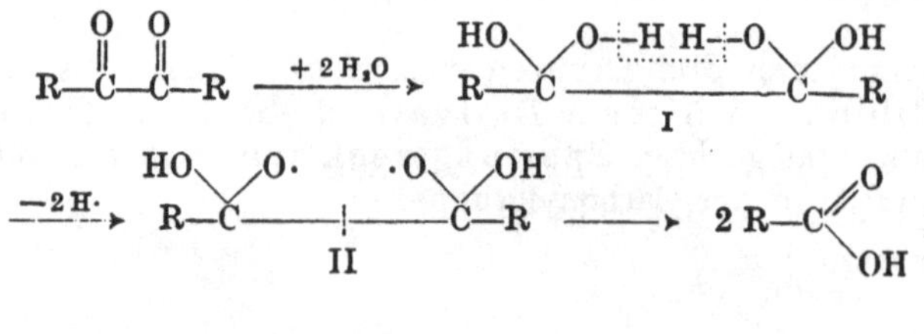

Zu 3. Eine der erwähnten Nebenreaktionen ist die in alkalischer Lösung leicht erfolgende **„innermolekulare" Disproportionierung** der beiden Carbonylgruppen nach CANNIZZARO, wobei α-Hydroxycarbonsäuren entstehen. Die Reaktion ist naturgemäß an das Vorhandensein wenigstens einer Aldehydgruppe gebunden und verläuft wahrscheinlich nicht wirklich innermolekular, sondern zwischen zwei Molekülen der Dicarbonylverbindung über ein cyclisches Dimerisationsprodukt (IV) der Monoadditionsverbindung des Hydroxyl-Ions (III) als Zwischenverbindung:

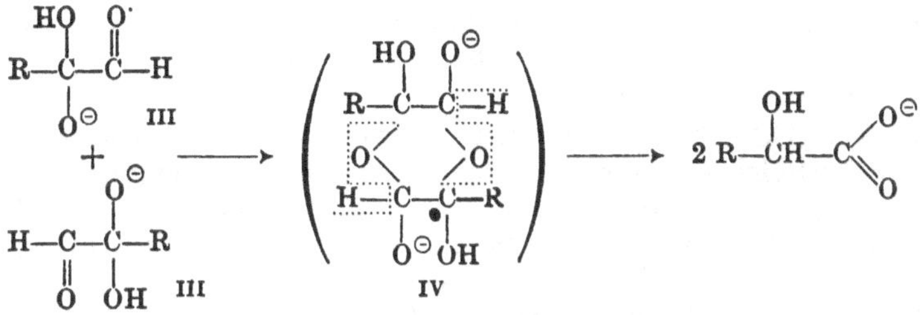

Einzelverbindungen. Glyoxal O=CH—CH=O ist der einfachste Dialdehyd und kann 1. aus Benzol durch Ozonabbau (S. 136), 2. durch vorsichtige Oxydation von Alkohol oder Acetaldehyd mit Selendioxyd oder Salpetersäure (wobei in letzterem Falle wahrscheinlich die intermediär auftretende salpetrige Säure das eigentliche aktive Agens darstellt, vgl. S. 257), sowie 3. durch Verseifung von Acetylentetrachlorid mit 65%iger Schwefelsäure erhalten werden:

$$Cl_2CH{-}CHCl_2 \xrightarrow[\text{lyse}]{\text{Hydro-}} O{=}CH{-}CH{=}O \xleftarrow[\text{dation}]{\text{Oxy-}} H_3CH{-}CH{=}O$$

Glyoxal ist eine bei 51° siedende, stechend riechende Substanz, die in flüssigem und gasförmigem Zustand grün ist und bei 15° zu gelben, bei tiefer Temperatur sogar farblosen Kristallen erstarrt. Die Aldehydgruppen zeigen eine sehr starke Polymerisationsneigung (insbesondere in Gegenwart von Spuren von Wasser), so daß die monomere Verbindung nur durch thermische Zersetzung des hochmolekularen Polyglyoxals über Phosphorpentoxyd für kurze Zeit dargestellt werden kann. Doch ist das Polyglyoxal in wäßriger Lösung zu den normalen Reaktionen der monomeren Verbindung befähigt und läßt sich z.B. wie dieses in die Bisulfitadditionsverbindung überführen oder erleidet mit Hydroperoxyd oxydative Aufspaltung zu zwei Molekülen Ameisensäure. Ferner tritt mit Alkalien Disproportionierung zu Glykolsäure ein (formulieren!).

Methylglyoxal CH_3—CO—CH=O wird präparativ durch Einwirkung von Alkylnitrit oder Selendioxyd auf Aceton, sowie durch vorsichtige Dehydrierung von Acetol gewonnen (Gleichungen formulieren!) und steht in naher Beziehung zum Glycerinaldehyd und Dioxyaceton, aus denen es, wie bereits auf S. 457 formuliert, bei längerem Kochen in schwach alkalischer Lösung in irreversibler Reaktion entsteht. Es tritt daher beim alkalischen Abbau der Kohlenhydrate in geringen Mengen als Nebenprodukt der Glycerose auf und kann, da es im Gegensatz zu dieser mit Wasserdampf flüchtig ist, durch Wasserdampfdestillation leicht nachgewiesen werden. Im allgemeinen verändert es sich jedoch in dem schwach alkalischen Medium sofort weiter und erleidet innermolekulare

Disproportionierung zur Milchsäure (Gleichung s. S. 463!), so daß die Methylglyoxalbildung als die eigentliche Ursache der Überführbarkeit der Glycerose und auch zahlreicher Kohlenhydrate in Milchsäure (vgl. **III**, Kap. 4, I, 6b) angesehen werden muß.

Auf Grund dieser Beziehungen glaubte man lange Zeit, Methylglyoxal sei das primäre C_3-Spaltstück der Kohlenhydrate, und zwar sowohl beim alkalischen als auch beim biochemischen Abbau. Diese namentlich im älteren Schrifttum häufig anzutreffende Anschauung hat sich aber als irrig erwiesen, und man kann heute mit Sicherheit annehmen, daß Glycerinaldehyd und Dihydroxyaceton die primären Spaltprodukte der Hexosen darstellen und biochemisch auch mit diesen im reversiblen Gleichgewicht stehen, während das Methylglyoxal nur ein künstliches, in alkalischem Medium entstehendes Sekundärprodukt ist.

Diacetyl $CH_3—CO—CO—CH_3$ ist das einfachste 1,2-Diketon und kann in Analogie zur Methylglyoxalbildung durch Behandlung von Methyläthylketon mit salpetriger Säure oder Selendioxyd (Gleichung formulieren!) erhalten werden, da dessen aktive Methylengruppe leichter als die aktive Methylgruppe angegriffen wird (S. 278), Es ist eine gelbe, bei 88° siedende Flüssigkeit von angenehmen Geruch, die verschiedentlich in ätherischen Ölen vorkommt und den Hauptgeruchsträger der Butter darstellt.

Sein wichtigstes Derivat ist das auf S. 462 in Form seines Nickelderivats formulierte Dioxim, das als *Dimethylglyoxaldioxim* kurz **Dimethylglyoxim** genannt wird und in der analytischen Chemie insbesondere zur Bestimmung von Nickel Verwendung findet.

Als Vertreter eines aromatischen 1,2-Diketons sei das schon mehrfach erwähnte **Benzil** $C_6H_5—CO—CO—C_6H_5$ genannt, das man durch Oxydation von Benzoin mit Salpetersäure erhält. Es ist eine gelbe, bei 95° schmelzende Substanz, die als aromatisches Keton wesentlich beständiger ist als die aliphatischen Glieder der Reihe. Seine interessanteste Reaktion ist die beim Behandeln mit konzentrierten Alkalilaugen erfolgende, der Pinakolinumlagerung (S. 440) verwandte *Benzilsäureumlagerung*, bei der die durch das Fehlen einer Aldehydgruppe verhinderte Disproportionierung der Oxogruppen durch Wanderung eines Arylrestes ermöglicht wird:

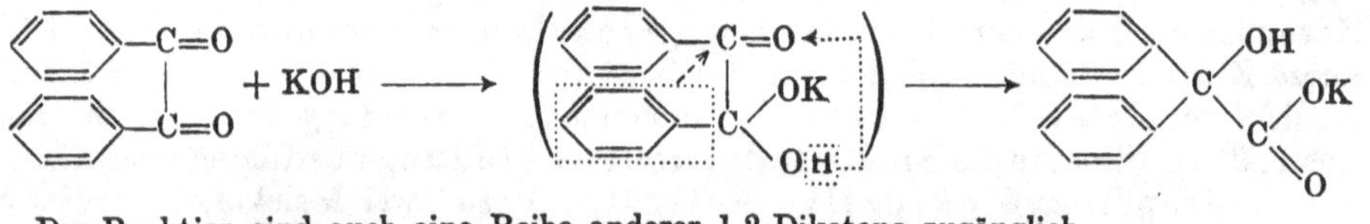

Der Reaktion sind auch eine Reihe anderer 1,2-Diketone zugänglich.

Bezüglich des Reaktionsmechanismus vgl. **II**, Kap. 4, III, 4 b γ.

Die verschiedenen Oxime des Benzils zeigen sehr interessante Stereoisomerie-Erscheinungen (vgl. **II**, Kap. 7, V, 1 a).

2. Die 1,3- oder β-Dioxoverbindungen

Auch die Verbindungen mit β-ständigen Carbonylgruppen kommen im allgemeinen nicht natürlich vor. Die **Darstellung** der wichtigeren Diketoverbindungen ist nach mehreren Verfahren möglich und geschieht meistens durch Kondensation der einwertigen Gruppe X eines Carbonsäurederivates mit der aktiven Methylengruppe eines Ketons, die man entweder als Esterkondensation mit Natriumamid und anderen basischen Kondensationsmitteln (**I**, Kap. 12,

III, 2e) oder aber neuerdings auch von den Säureanhydriden ausgehend mit Bortrifluorid als Katalysator[1]) durchgeführt:

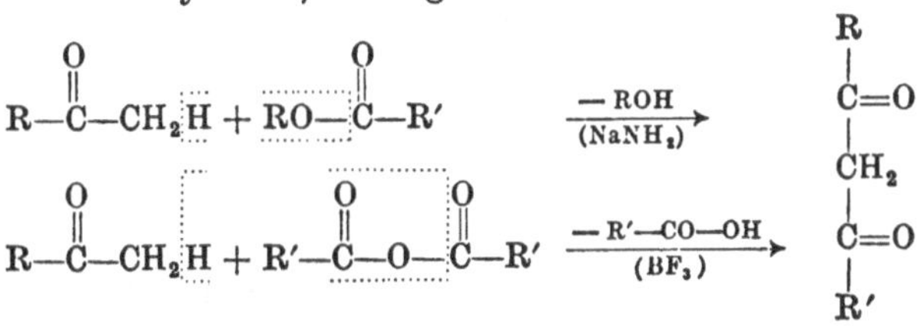

Schließlich kann man auch durch Acylierung des Natrium-acetessigesters (I) und nachträgliche „Ketonspaltung" der erhaltenen Diketocarbonsäureester (II) zum Ziel gelangen (Näheres vgl. S. 522f.):

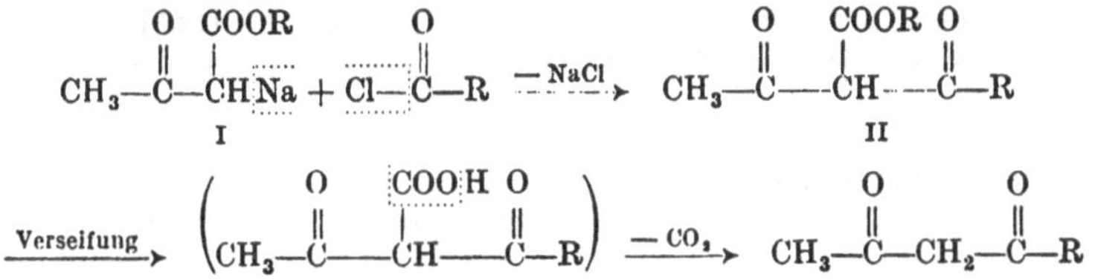

Zur Gewinnung der etwas labileren 1,3-Keto-aldehyde eignet sich von diesen drei Methoden nur die Esterkondensation, und zwar in der auf S. 246 bereits kurz gestreiften Variante unter Verwendung von Ameisensäureestern als Carbonsäurekomponente (Gleichung formulieren!).

Die 1,3-Dioxoverbindungen weichen hinsichtlich ihrer physikalischen Eigenschaften und in zahlreichen **chemischen Reaktionen** nicht nennenswert von den einfachen Oxoverbindungen ab. So sind sie z. B. nicht mehr farbig und geben alle normalen Carbonylreaktionen. Daneben lassen sie aber auch eine Reihe neuartiger, durch die gegenseitige Stellung der Carbonylgruppen bedingter Reaktionen erkennen: 1. die Bildung cyclischer Derivate, 2. die Keto-Enol-Tautomerie und 3. die Umsetzungen der durch die beiden benachbarten Carbonylgruppen besonders stark aktivierten mittelständigen Methylengruppe.

Zu 1. Die Bildung **cyclischer Derivate** erfolgt in gleicher Weise wie bei den α-Dioxoverbindungen durch Einwirkung von Carbonylreagentien, die zwei kondensierende Gruppen im Molekül enthalten. Nur muß hier zur Ausbildung fünf- und sechsgliedriger Ringe der Abstand der kondensierenden Gruppen etwas geringer sein, so daß die β-Dicarbonylverbindungen insbesondere zur Kondensation mit Hydrazin zu Pyrazolderivaten geeignet sind:

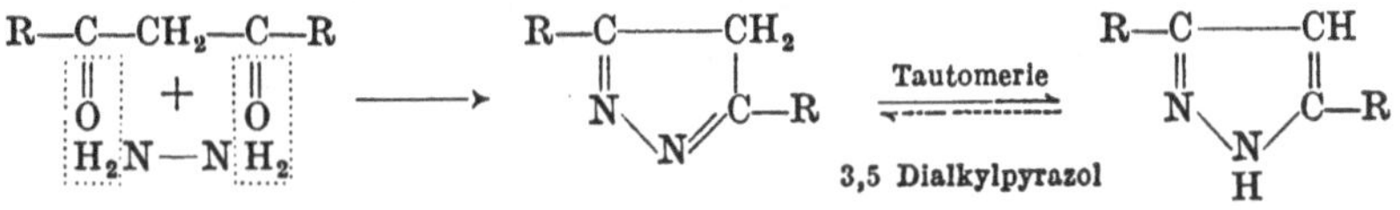

Zu 2. Während sich die einfachen Oxoverbindungen wegen zu ungünstiger Lage des Reaktionsgleichgewichtes nicht in erkennbarem Ausmaß in die

[1]) Vgl. z. B.: H. MEERWEIN u. D. VOSSEN: J. pr. Chem. [2] **141**, 149 (1934); C. R. HAUSER u. Mitarbb.: Am. Soc. **66**, 345; **67**, 284 (1944/45).

Enole umlagern, entsteht bei der Enolisierung einer der Carbonylgruppen der 1,3-Dioxoverbindungen ein System konjugierter Doppelbindungen, mit sehr interessanten Mesomerieverhältnissen. Die beim Zustandekommen dieser Mesomerie freiwerdende Mesomerie-energie reicht aus, um das Enol neben der Dicarbonylverbindung existenzfähig zu machen (Näheres vgl. **II**, Kap. 5, II, 3). Doch können die Dioxoverbindungen und die zugehörigen Enole infolge der leichten gegenseitigen Umwandelbarkeit von Enolen und Oxoverbindungen ineinander im allgemeinen nicht mehr getrennt werden. Wir beobachten daher einen neuen Tautomeriefall, der **Keto-Enol-Tautomerie**[1]) genannt wird, und nennen dementsprechend die Dioxoverbindung die *Oxo-*, oder wie man allgemein sagt, *Ketoform*[2]) und die enolisierte Verbindung die *Enolform* ein und derselben Substanz.

Wie die folgende Zusammenstellung zeigt, wird die **Lage des Tautomeriegleichgewichtes** in hohem Maße von dem jeweiligen Lösungsmittel beeinflußt, und zwar nimmt eigenartigerweise die Enolisationstendenz mit dem lipophilen Charakter des Lösungsmittels zu.

Lösungsmittelabhängigkeit des Keto-Enol-Gleichgewichtes von

	Acetylaceton	und	Acetessigester
in Wasser	19% Enol		0,4% Enol
in Chloroform	79% „		8,2% „
ohne Lösungsmittel	80% „		7,5% „
in Benzol	85% „		18,0% „
in Hexan	92% „		48,0% „

Die auffallende Begünstigung der Ketoform in wäßriger Lösung ist wahrscheinlich auf die schwach exotherme Hydratisierung der Carbonylgruppen zurückzuführen, die bei der Enolisierung rückgängig gemacht werden muß, so daß die Hydratisierungsenergie als zusätzlicher Energieeffekt bei der Ketisierung auftritt. Die Enolform dagegen sättigt die Assoziationskräfte der OH-Gruppe durch innermolekulare Wasserstoffbrückenbildung (Chelatbildung, vgl. **II**, Kap. 6, III, 3bγ) ab. Hier tritt infolgedessen kein zusätzlicher Solvatationseffekt in wäßriger Lösung ein, und die Auflösung in lipophilen Solventien wird nicht behindert.

Abgesehen von diesen für alle Verbindungen der Reihe gleichartigen Lösungsmitteleinflüssen hängt die Lage des Gleichgewichtes in erster Linie von der Konstitution der Dioxoverbindung ab, und zwar herrscht, wie wir im einzelnen in **II**, Kap. 5, II, 3 diskutieren werden, die Enolform in der erwarteten Weise um so mehr im Gleichgewicht vor, je größer der die Enolform stabilisierende Energieeffekt ist. Eine besonders große Enolisierungstendenz zeigt ferner die Aldehydgruppe, so daß alle β-Keto-aldehyde bereits in neutraler Lösung aus der nahezu reinen Enolform bestehen und im Gegensatz zu den einfachen Aldehyden gegen schwache Alkalien beständig sind. Die β-Ketoaldehyde werden daher häufig auch direkt als *Hydroxymethylen-ketone* (R—CO—CH=CH—OH) bezeichnet.

---

[1]) Die eingehende Diskussion der mit der Keto-Enol-Tautomerie zusammenhängenden theoretischen Probleme erfolgt in **II**, Kap. 5, II, 3.

[2]) Der Begriff der Keto-Enol-Tautomerie wurde am Acetessigester entwickelt (S. 520f.), und man bezeichnet die Oxoform daher meistens als die *Keto-form* schlechthin, unabhängig davon, ob es sich wirklich um eine Ketogruppe, um eine Aldehydgruppe oder gar um die Carbonylgruppe eines Säurederivates handelt.

Die Gleichgewichtseinstellung (Näheres über den Mechanismus vgl. II, Kap. 5, II, 3) erfolgt nur in neutraler Lösung oder in indifferenten Medien so langsam, daß man u. U. eine Trennung[1]) oder zumindest eine quantitative Bestimmung der beiden tautomeren Formen nebeneinander vornehmen kann. In alkalischer oder saurer Lösung geht die gegenseitige Umwandlung dagegen stets ziemlich, z. T. sogar unmeßbar rasch vor sich. Infolgedessen werden die reinen tautomeren Formen häufig bereits durch den Alkaligehalt des Glases in das Tautomeriegemisch zurückverwandelt und können nur in Quarzgefäßen gewonnen und aufbewahrt werden.

Auf Grund dieser Keto-Enol-Tautomerie zeigen die 1,3-Dioxoverbindungen außer den bisher beschriebenen Carbonylreaktionen auch die typischen Umsetzungen eines Enols. Es sind dies, abgesehen von der unter 3 beschriebenen, von beiden Formen aus möglichen Salzbildung, insbesondere die bereits auf S. 227 beschriebene charakteristische Farbreaktion mit Fe(III)-Ionen und die äußerst rasch erfolgende Addition von elementarem Brom. Diese führt in der ebenfalls bereits auf S. 227 beschriebenen Weise infolge nachträglicher HBr-Abspaltung direkt zur bromsubstituierten Ketoform und gestattet es nach K. H. Meyer, den Enolgehalt eines Tautomeriegemisches direkt mit Bromwasser zu titrieren.

Eine weitere spezielle Reaktion der Enolform der 1,3-Dioxoverbindungen beobachtet man in ihrer Neigung zur Bildung cyclischer Komplexe mit mehrwertigen Metallen, die bei der gegenseitigen Stellung der O-Atome zu einem sechsgliedrigen Ring führt. In diesen Komplexen wird jeweils der Hydroxylwasserstoff durch das Metall substituiert und der Carbonylsauerstoff komplex gebunden, so daß die Koordinationszahl des Metalls stets doppelt so hoch ist wie seine oxydative Wertigkeit. Besonders charakteristisch sind die häufig zur Isolierung verwandten schwer löslichen Kupfer(II)-Verbindungen mit zwei und die meistens intensiv farbigen[2]) Eisen(III)-Komplexe mit drei spiranartig[3]) von dem Zentralatom ausgehenden Ringsystemen:

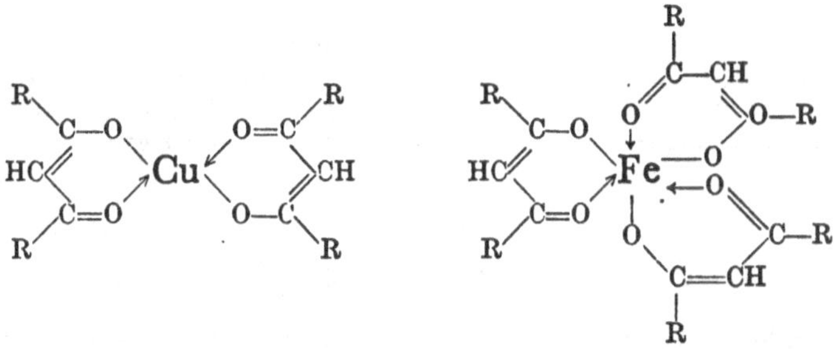

In diesen Komplexverbindungen liegen keine normalen Salze mehr vor, sondern es dürfte unter Ausbildung eines geschlossen konjugierten cyclischen Elektronensystems auch die eigentliche „Salzbindung" nichtionogener Natur sein. Denn nur in diesem Falle können die beiden O-Atome lediglich durch eine Elektronenverschiebung ihren Bindungszustand vertauschen. Wir beobachten daher in jedem Ring eine Mesomerie zwischen den folgenden beiden Grenzstrukturen:

[1]) Z. B. durch fraktionierte Kristallisation oder insbesondere durch fraktionierte Vakuumdestillation, wobei aus den in II, Kap. 5, II, 3 angeführten Gründen die Enolform tiefer siedet.

[2]) Bzgl. der Beziehungen zwischen der Farbe dieser Komplexe und der Konstitution der zugehörigen β-Dicarbonylverbindungen vgl. H. Henecka: B. 81, 179 (1948).

[3]) Bezüglich der Definition des Spiranbegriffes vgl. I, Kap. 11, I, 3c.

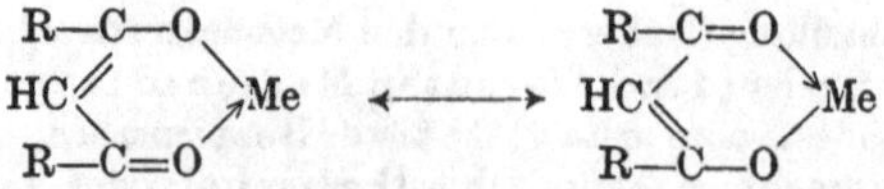

und damit eine mittlere, besonders energiearme Elektronenanordnung. Für eine derartige Struktur spricht einerseits das Auftreten der für Spirane charakteristischen Molekularasymmetrie (vgl. II, Kap. 7, I, dα) bei entsprechend konstituierten Beryllium- und Kupferkomplexen — die nur bei Annahme des ausschließlichen Vorliegens echter, zu keinem Platzaustausch mehr befähigter Atombindungen am Zentralatom verständlich ist — andererseits die Destillierbarkeit zahlreicher dieser Komplexe. (Vgl. auch II, Kap. 3, I, 4b.)

Zu 3. Die Reaktionsfähigkeit der zwischen den beiden Carbonylgruppen eingeschlossenen **Methylengruppe** ist durch die beiderseitige Aktivierung derart gesteigert, daß man außer den üblichen Umsetzungen (Kondensation, Substitution, Oxydation mit Selendioxyd usw., vgl. S. 256 f.) noch einige grundsätzlich neuartige Reaktionen beobachtet: a) eine deutlich gesteigerte Acidität, b) die Alkylierbarkeit und Acylierbarkeit des mittelständigen C-Atoms und c) die leichte hydrolytische Spaltung einer der beiden CH_2—CO-Bindungen.

Zu a) Während die aktive Methylengruppe der Mono-oxoverbindungen gegenüber Wasser noch nicht sauer reagiert, vermag die aktive Methylengruppe der Ketoform der 1,3-Dioxoverbindungen ein Proton bereits so leicht abzugeben, daß sie zur Bildung nur noch schwach hydrolysierender Alkalisalze befähigt ist, die allgemein *Enolate* genannt werden. Sie entstehen infolge der **sauren Natur des Methylenwasserstoffs** bereits beim Auflösen des Diketons in Natronlauge und werden zur Isolierung meistens durch Zugabe von Natriumalkoholat zu einer alkoholischen Lösung der Dioxoverbindung in kristallisierter Form ausgefällt.

Wie schon der Name Enolat sagt, hielt man es früher für selbstverständlich, daß derartige wasserbeständige Salze sauerstoffhaltiger Verbindungen sich nur von einer Hydroxylverbindung, d. h. der (ohnehin sauren, vgl. S. 227) Enolform der Dioxoverbindungen, ableiten können, also erst nach Umwandlung der Keto- in die Enolform entstanden seien:

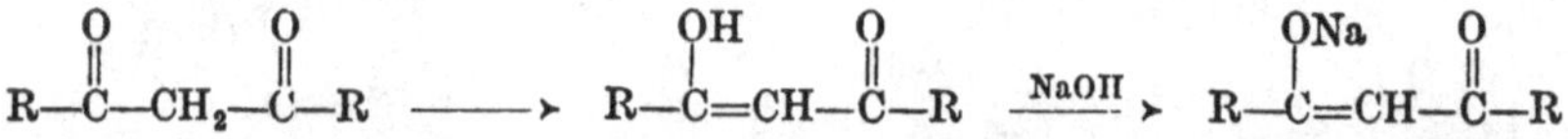

Diese Auffassung hat sich aber als irrig erwiesen, und man nimmt heute allgemein an, daß auch die Ketoform ihr Proton direkt an das OH-Ion abzugeben vermag, und daß das hierbei entstehende Anion zwischen der Keton- (I) und Enolstruktur (II) mesomer ist, d. h. eine mittlere Elektronenstruktur annimmt und bei der Wiederanlagerung des Protons nicht nur die Enolform, sondern auch die Ketoform direkt zurückzubilden vermag (Näheres vgl. II, Kap. 5, II, 3):

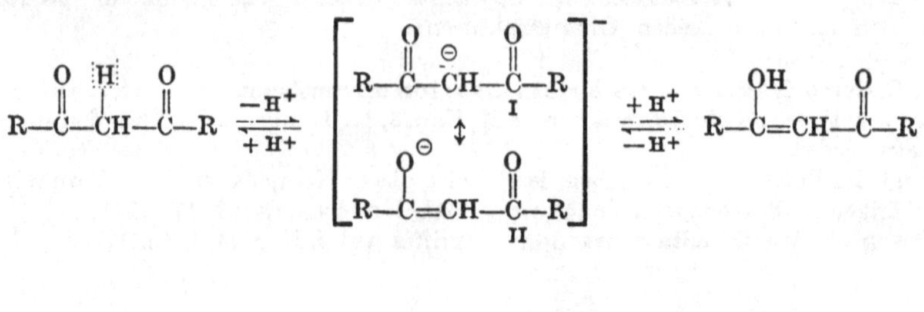

Die Enolat-Ionen gehören daher beiden tautomeren Formen gemeinsam an, und die Alkalisalze zeigen infolgedessen neben den Enolatreaktionen auch eine Reihe von Umsetzungen, in denen sie wie echte Salze der Ketoform, d. h. wie metallorganische Verbindungen reagieren. Dies ist insbesondere bei den unter b) beschriebenen Alkylierungs- und Acylierungsreaktionen der Fall, bei deren Formulierung zur Vereinfachung die Mesomeriemöglichkeit der Natriumverbindungen fortgelassen wurde.

Zu b) In der **Alkylierung** und **Acylierung der aktiven Methylengruppe** der 1,3-Dioxoverbindungen lernen wir eine wichtige neue Methode zum Aufbau von C—C-Bindungen kennen, die in ähnlicher Weise auch von den 1,3-Ketocarbonsäureestern (S. 523) und 1,3-Dicarbonsäureestern (speziell dem Malonester, S. 482) aus möglich ist. Sie läßt sich allgemein durch Einwirkung von Alkylierungs- bzw. Acylierungsmitteln auf die „Enolate" der genannten Verbindungen bewerkstelligen, da diese unter den Reaktionsbedingungen stets in der Grenzstruktur I (s. o.) reagieren und daher direkt am Methylenkohlenstoff substituiert werden:

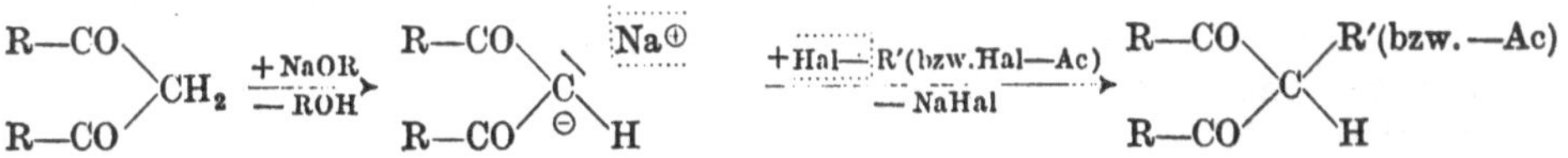

Dem gleichen Reaktionsmechanismus sind wir auf S. 227 bereits bei der C-Alkylierung der Enole begegnet.

Ein interessanter Spezialfall dieser Reaktion liegt in der bei der Einwirkung von elementarem Jod auf die Natriumsalze der 1,3-Dioxoverbindungen erfolgenden Verknüpfung zweier Diketonmoleküle zu einem Tetraketon vor:

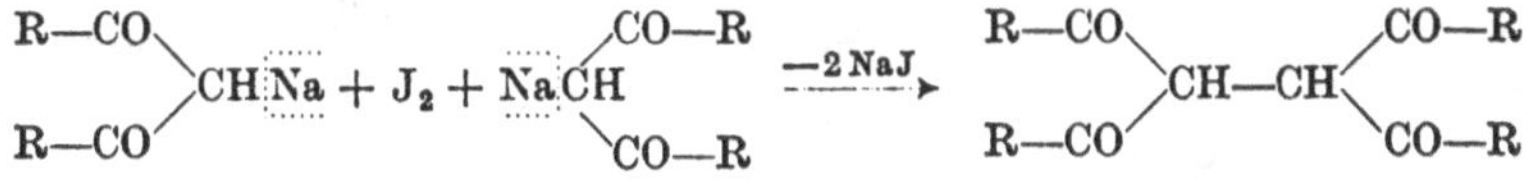

Die Reaktion kann als eine Art Wurtzsche Synthese mit vertauschten Oxydationsstufen betrachtet werden, denn normalerweise wird Halogen durch zugesetztes Metall, hier umgekehrt Metall durch zugesetztes Halogen herausgespalten. Die Methode hat insbesondere in der Malonester- (S. 484) und Acetessigesterreihe (S. 471) synthetische Bedeutung erlangt.

Im Gegensatz zu dieser C-Substitution bereitet eigenartigerweise die direkte Alkylierung und auch Acylierung des Sauerstoffs der Enolform erheblich größere Schwierigkeiten, obwohl man annehmen muß, daß in den Metallderivaten der 1,3-Diketone die Enolstruktur überwiegt. Insbesondere die O-Alkylierung der Enolate ist mit den üblichen Alkylierungsmitteln überhaupt nicht möglich, sondern gelingt nur durch Verätherung der freien Enole mit Diazomethan und anderen aliphatischen Diazoverbindungen (vgl. I. Kap. 6, III, 1 a). Die O-Acylierung kann demgegenüber zwar mit Säurechloriden und -anhydriden in normaler Weise durchgeführt werden, jedoch ebenfalls nur, wenn man das freie Enol (in Pyridin als Reaktionsmedium) umsetzt:

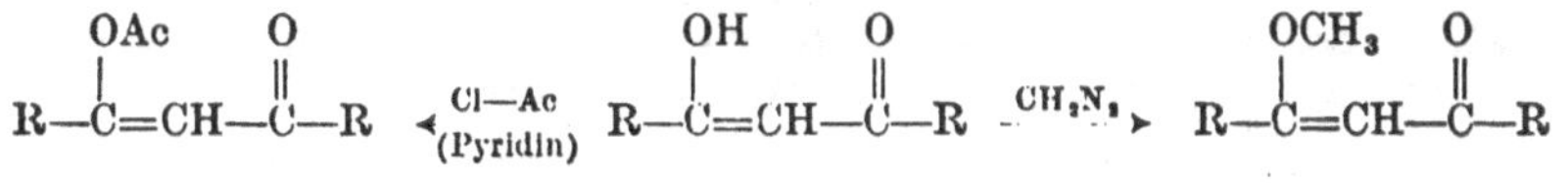

Zu c) Ähnlich wie der Wasserstoff wird auch der an der aktiven Methylengruppe befindliche **Kohlenstoff aktiviert** und relativ leicht als Carbenium-Ion herausgespalten. Eine der beiden R—CO-Gruppen kann infolgedessen beim Kochen mit Alkalilaugen hydrolytisch abgespalten werden, wobei — gewissermaßen in Umkehr der Bildung durch eine Esterkondensation — je ein Mol einer Carbonsäure (bzw. eines carbonsauren Salzes) und eines einfachen Ketons entstehen:

$$R—CO—CH_2—CO—R' + NaO—H \longrightarrow R—CO—CH_3 + NaOOC—R'$$

In dieser leichten hydrolytischen Abspaltbarkeit einer der Carbonylgruppen begegnen wir wieder der schon mehrfach erwähnten Regel, daß Häufung der negativen (bzw. positivierenden) Substituenten an einem C-Atom die von diesem Atom ausgehenden C—C-Bindungen labilisiert und zur hydrolytischen Abspaltung einer R—CO-Gruppe als Carbonsäure befähigt (vgl. z. B. die Chloroformspaltung der trihalogenierten Ketone, S. 166). Der Einfluß der hier erstmals in größerer Zahl vorhandenen R—CO-Gruppen ist jedoch viel stärker als der der Halogenatome, so daß schon beim Vorhandensein von zwei Carbonylgruppen im Molekül eine alkalische Spaltung möglich ist. Noch leichter, d. h. bereits bei längerem Einwirken von kalter Natronlauge hydrolysieren die Triacylmethane $(R—CO—)_3CH$, und die Tetra-acylmethane $(R—CO—)_4C$ sind schließlich bereits derart labil, daß sie bisher überhaupt noch nicht dargestellt werden konnten.

Die Kombination der beschriebenen Synthese der 1,3-Diketone mit ihrer Alkylierung und anschließenden hydrolytischen Aufspaltung ist von großer praktischer Bedeutung für die Möglichkeit der Verlängerung der Alkylreste einfacher Ketone: Um an einem einfachen Keton eine Alkylierung der aktiven Methylengruppe vornehmen zu können, ist es nur erforderlich, deren Aktivität durch Einführung eines Acylrestes zur 1,3-Diketoverbindung zu steigern und nach der Alkylierung die eingeführte R—CO-Gruppe wieder hydrolytisch abzuspalten:

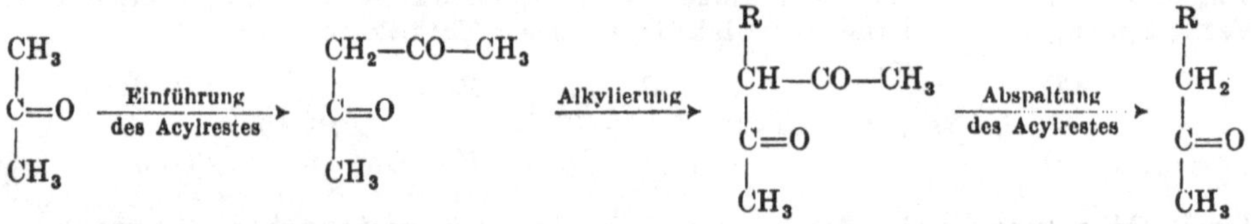

Bei cyclischen 1,3-Diketonen bleibt bei der entsprechenden Spaltung der einen CH_2—CO-Bindung die abgespaltene Gruppe als Carboxylgruppe im Molekül, und man erhält eine 1,5-Ketocarbonsäure:

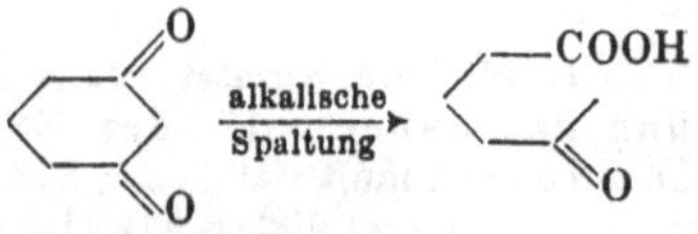

Bei der STETTERschen Synthese langkettiger Carbonsäuren (s. S. 322) wurde von dieser Möglichkeit praktischer Gebrauch gemacht.

Einzelverbindungen: Malon-dialdehyd $OCH—CH_2—CHO$, das Anfangsglied der Reihe, liegt in festem Zustand vollständig in enolisierter Form, d. h. als *β-Hydroxy-acrolein*: $HO-CH=CH-CH=O$, vor. Er wird nach R. HÜTTEL[1]) durch Verseifen seines Monoenoläther-acetals, des *β-Äthoxy-acrolein-acetals* gewonnen und neigt stark zur Polymerisation, so daß er keine praktische Anwendung gefunden hat.

Der um ein C-Atom reichere **Acetessigsäure-aldehyd** $CH_3-CO-CH_2-CHO$ kann in Form seines Natrium-enolats aus Aceton und Ameisensäureestern gewonnen werden (L. CLAISEN 1888). Er erleidet leicht eine cyclische Kondensation von drei Molekülen

[1]) B. 74, 1825 (1941).

zum trimeren *Triacetyl-benzol* und hat deshalb selbst keine Bedeutung erlangt. Doch sind zahlreiche seiner Derivate von praktischem Interesse[1]).

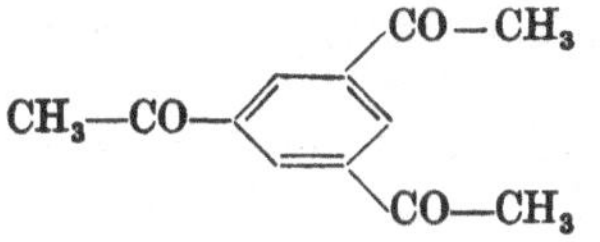

Triacetyl-benzol

Acetylaceton $CH_3-CO-CH_2-CO-CH_3$, das einfachste 1,3-Diketon, entsteht bei der Esterkondensation aus Essigester und Aceton (vgl. S. 345). Die flüssige Verbindung besteht zu mehr als 80% aus der Enolform und findet in dem angegebenen Sinne hauptsächlich präparative Anwendung zur Synthese von Methylketonen.

Benzoylaceton $C_6H_5-CO-CH_2-CO-CH_3$ kann als Beispiel eines aromatischen Diketons dieser Reihe sowohl aus Acetophenon und Essigester als auch aus Aceton und Benzoesäureester dargestellt werden (Gleichungen formulieren!). Es geht durch weitere Benzoylierung seiner Natriumverbindung in ein Triacylmethan, das **Acetyl-dibenzoyl-methan,** auch Dibenzoylaceton genannt, $(C_6H_5-CO-)_2CH-CO-CH_3$ über, das als erste Verbindung dieser Art sowohl in der Keto- (Smp. 107—110°) als auch in der Enolform (Smp. 101—102°) kristallisiert erhalten werden konnte (vgl. II, Kap. 1, III). Die gegenseitige Umwandlung beider Formen geht auch in alkalischem Medium nur sehr langsam vor sich (vgl. II, Kap. 5, II, 3), so daß die Ketoform erst nach längerem Schütteln in Natronlauge aufgelöst werden kann. Die Enolform geht dagegen momentan in Lösung und ist auch an ihrer Eisen(III)-chlorid-Reaktion eindeutig zu erkennen.

Im **Benzoyl-acetyl-aceton** (*Benzoyldiacetylmethan*) liegt ein anderes Triacylmethan vor, dessen Enolisationstendenz bereits so groß ist, daß hier die Ketoform im Gleichgewicht nicht mehr nachgewiesen werden kann. Ähnlich existiert auch **Formylacetylaceton** nur in der Enolform $HO-CH=C(-CO-CH_3)_2$. Es ist stärker sauer als Essigsäure ($p_K = 4{,}66$) und kann ohne weiteres mit Natronlauge titriert werden.

3. Die 1,4- oder γ-Dioxoverbindungen

Stehen die beiden Carbonylgruppen in 1,4-Stellung, so ist ihre gegenseitige Beeinflussung nur noch gering, so daß die Verbindungen an Bedeutung zurücktreten. Ihre **Darstellung** ist nach verschiedenen Verfahren möglich. Allgemein anwendbar ist z. B. die soeben beschriebene Ketonsynthese durch Alkylierung und anschließende hydrolytische Spaltung von 1,3-Diketonen, wenn man ein α-Halogenketon (I) als Alkylierungsmittel auf die Natriumverbindung des Acetylacetons einwirken läßt. Eine andere Möglichkeit besteht in der Decarboxylierung der bei dem Zusammenschluß zweier Ketocarbonsäureestermoleküle (II) (im Sinne der auf S. 469 beschriebenen Synthese mit vertauschten Oxydationsstufen) erhaltenen Diacylbernsteinsäuren (III):

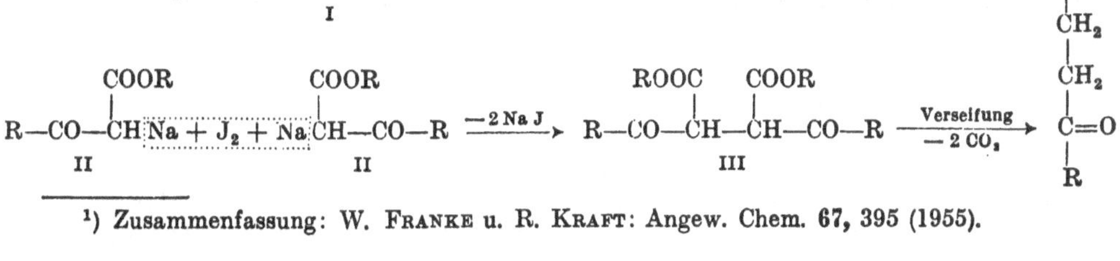

[1]) Zusammenfassung: W. Franke u. R. Kraft: Angew. Chem. **67**, 395 (1955).

Die γ-Dicarbonylverbindungen unterscheiden sich in ihrem physikalischen Verhalten und den meisten ihrer Umsetzungen nicht mehr wesentlich von den einfachen Oxoverbindungen. An **neuartigen Reaktionen** beobachtet man lediglich eine starke Tendenz zur Bildung cyclischer Derivate, bei der nunmehr die beiden Carbonylgruppen infolge ihres größeren Abstandes bereits durch ein Hetero-Atom zum Ring geschlossen werden können. Hierbei entstehen infolge gleichzeitiger Wasserabspaltung sofort die ungesättigten Bindungssysteme der in I, Kap. 11, III beschriebenen fünfgliedrigen Heterocyclen:

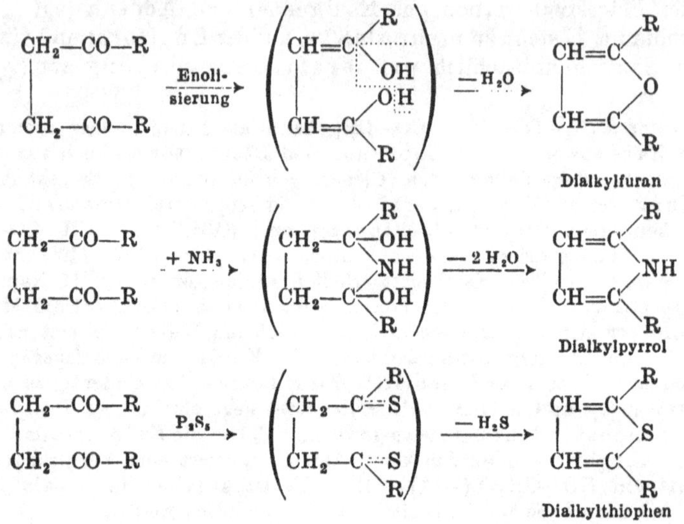

Dialkylfuran
Dialkylpyrrol
Dialkylthiophen

Succin-dialdehyd OCH—CH_2—CH_2—CHO, auch *Bernsteinsäuredialdehyd* genannt, wird präparativ durch Ozonspaltung von Diallyl (S. 111) oder durch Reduktion von Bernsteinsäuredichlorid gewonnen und meistens über das Dioxim gereinigt. Er liefert bei der Cyclisierung die nicht substituierten heterocyclischen Grundverbindungen selbst (Gleichungen formulieren!).

Acetonyl-aceton CH_3—CO—CH_2—CH_2—CO—CH_3, das einfachste Keton der Reihe, kann in der beschriebenen Weise aus Acetylaceton und Chloraceton oder durch Zusammenschluß von zwei Acetessigester-Molekülen dargestellt werden (Gleichungen formulieren!). Er liefert bei der Cyclisierung die α,α'-Dimethylheterocyclen.

4. Sonstige Polyoxo-Verbindungen

Stehen die beiden Carbonylgruppen schließlich noch weiter voneinander entfernt oder sind sie beide in der m- oder p-Stellung an denselben aromatischen Kern gebunden, so hört auch die Möglichkeit der Ringbildung auf, und die Verbindungen geben über die allgemeinen Carbonylreaktionen hinaus keine speziellen Umsetzungen mehr. So kann man z. B. von den drei isomeren Benzol-dialdehyden:

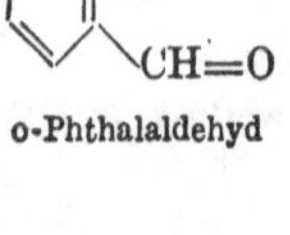
o-Phthalaldehyd

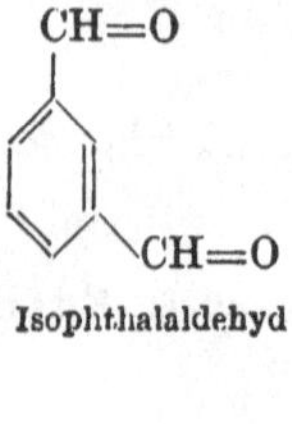
Isophthalaldehyd

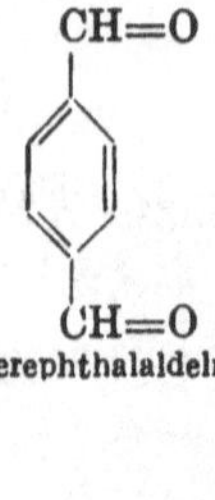
Terephthalaldehyd

nur den o-Phthalaldehyd als γ-Dioxoverbindung in cyclische Derivate überführen, bzw. mit Alkalilaugen durch eine innermolekulare CANNIZZARO-Reaktion in das Phthalid umwandeln:

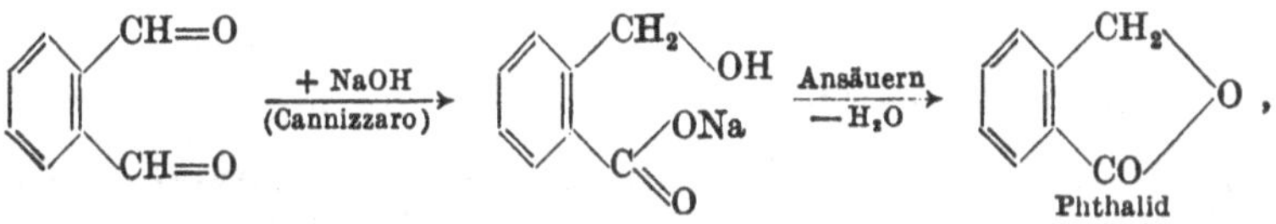

während der Iso- und Terephthalaldehyd dieser Reaktion nicht zugänglich sind. Terephthalaldehyd kristallisiert aus Wasser in Form des Dihydrates aus.

Eine interessante Dioxo-hydroxyverbindung ist der **Hydroxymalondialdehyd** OCH–CHOH–CHO, der ausschließlich in der Enolform HO–CH=C(OH)–CH)=O auftritt und daher das einfachste beständige Endiol darstellt. Er entsteht bei der Behandlung von Dihydroxyaceton mit Natronlauge neben anderen Produkten und ist daher auch in den alkalischen Abbauprodukten der Kohlenhydrate enthalten. Als Endiol reagiert er stark sauer und kann z. B. als Bleisalz gefällt werden. Ferner ist er in alkalischer Lösung außerordentlich oxydationsempfindlich und die eigentliche Ursache der stark reduzierenden Eigenschaften der Kohlenhydratlösungen in starken Alkalilaugen (vgl. III, Kap. 4, I, 6b). Er hat auf Grund dieser Eigenschaften den Trivialnamen *Redukton* erhalten.

IV. Die Poly-Carbonsäuren

Verbindungen mit mehreren Carboxylgruppen im Molekül kommen zahlreich in der Natur vor und werden vielfach als Abbauprodukte bei der Konstitutionsaufklärung anderer Naturstoffe erhalten. Sie stellen infolgedessen eine sehr wichtige Körperklasse dar, die jedoch im Gegensatz zu den bisher besprochenen Verbindungsgruppen weniger wegen ihrer allgemeinen Eigenschaften, sondern hauptsächlich wegen der Bedeutung der Einzelverbindungen von Interesse ist. Besonders bei der noch sehr wenig systematisch erforschten Gruppe der drei- und höherwertigen Carbonsäuren ist dies der Fall.

1. Darstellung und allgemeine Eigenschaften

Die **Benennung** der Polycarbonsäuren erfolgt fast ausschließlich durch Trivialnamen. Lediglich bei den gesättigten Dicarbonsäuren und sehr symmetrisch gebauten höheren Polycarbonsäuren ist zuweilen auch eine rationelle Bezeichnungsweise üblich, die nach den gleichen Regeln wie bei den Monocarbonsäuren erfolgt. So heißt die Malonsäure z. B. rationell Propandisäure oder Methandicarbonsäure.

Die **Gewinnung** der Polycarbonsäuren geschieht in den meisten Fällen nach speziellen Methoden, doch sind auch einige der bei den Monocarbonsäuren beschriebenen Verfahren allgemein anwendbar, wenn man von den entsprechenden polysubstituierten Verbindungen ausgeht. So führt z. B. die Oxydation der Dialdehyde und Polymethylenglykole (S. 439) als Endprodukt immer zu den Dicarbonsäuren (Gleichungen formulieren!), und auch die KOLBEsche Nitrilsynthese (S. 321) leistet bei Verwendung von Polyhalogenverbindungen als Ausgangsmaterial vielfach wertvolle Dienste. Vor allem von den ω, ω'-Dihalogenparaffinen aus findet die Reaktion häufig zum Aufbau der um zwei C-Atome reicheren Dicarbonsäuren Anwendung (Gleichung formulieren!).

Umgekehrt führen auch Abbaureaktionen zuweilen zum Ziel. Insbesondere bei der oxydativen Spaltung cyclischer Ketone und anderer cyclischer Verbindungen erhält man jeweils Dicarbonsäuren, da die bei der Ringöffnung neu entstehenden Carboxylgruppen in diesem Fall im gleichen Molekül verbleiben:

Das Verfahren dient im allgemeinen nur zur Konstitutionsaufklärung von Naturstoffen, hat aber im Falle der Adipin- (S. 486) und Phthalsäuregewinnung (S. 492) auch praktische Bedeutung als Darstellungsmethode gefunden. Eine weitere, jedoch ausschließlich zum Zwecke der Konstitutionsermittlung dienende Bildungsweise von Dicarbonsäuren haben wir auf S. 386 im Ozonabbau ungesättigter Monocarbonsäuren kennengelernt.

Eigenschaften: Infolge der Häufung der Carboxylgruppen sind die Polycarbonsäuren nicht mehr destillierbare, gut kristallisierende Verbindungen, die mit Ausnahme der höheren Glieder der Reihe in Wasser und Alkohol leicht und in organischen Lösungsmitteln mäßig schwer löslich sind.

Tabelle 25

Die physikalischen Konstanten einiger Dicarbonsäuren

	Rationelle Namen	Smp.	K_1	$K_2 . 10^6$	p_{K_1}	p_{K_2}
Oxalsäure	Äthan-disäure	189,5°	$5{,}9 \cdot 10^{-2}$	64	1,23	4,19
Malonsäure	Methan-dicarbonsäure	136	$1{,}4 \cdot 10^{-3}$	4,4	2,85	5,36
Bernsteinsäure	Äthan-dicarbonsäure	185	$6{,}4 \cdot 10^{-5}$	4,5	4,19	5,35
Glutarsäure	Propan-dicarbonsäure	98	$4{,}4 \cdot 10^{-5}$	5,3	4,36	5,28
Adipinsäure	Butan-dicarbonsäure	151	$3{,}9 \cdot 10^{-5}$	5,3	4,41	5,28
Pimelinsäure	Pentan-dicarbonsäure	105	$3{,}3 \cdot 10^{-5}$	4,9	4,48	5,31
Korksäure	Hexan-dicarbonsäure	140	$3{,}1 \cdot 10^{-5}$	4,7	4,51	5,33
Azelainsäure	Heptan-dicarbonsäure	107	$2{,}8 \cdot 10^{-5}$	4,6	4,55	5,34
Sebacinsäure	Oktan-dicarbonsäure	134	$2{,}8 \cdot 10^{-5}$	4,6	4,55	5,34
Maleinsäure	cis-Äthylen-dicarbonsäure	130	$1{,}4 \cdot 10^{-2}$	0,9	1,85	6,05
Fumarsäure	trans-Äthylen-dicarbonsäure	287	$9{,}5 \cdot 10^{-4}$	48	3,02	4,32
—	Acetylen-dicarbonsäure	179	$1{,}85 \cdot 10^{-2}$	40	1,73	4,40
Phthalsäure	o-Benzol-dicarbonsäure	191	$1{,}0 \cdot 10^{-3}$	4,7	3,00	5,33
Isophthalsäure	m-Benzol-dicarbonsäure	349	$2{,}9 \cdot 10^{-4}$	2,5	3,54	4,60
Terephthalsäure	p-Benzol-dicarbonsäure	>300	$3{,}1 \cdot 10^{-4}$	15	3,51	4,82

Die Schmelzpunktskurve der Dicarbonsäuren (Abb. 11, ausgezogene Kurve) zeigt die gleichen interessanten Unregelmäßigkeiten wie die der Monocarbonsäuren, jedoch in einem diesen gegenüber nochmals gesteigerten Ausmaß. Insbesondere liegen die Schmelzpunkte der Oxal- und Bernsteinsäure wesentlich höher als die aller anderen Dicarbonsäuren, und es wird auch keinerlei Annäherung an die Paraffinschmelzpunkte beobachtet. In den Schmelzpunktsdifferenzen zwischen den Säuren mit einer geraden und einer ungeraden Anzahl von C-Atomen kommt ein sehr großer Unterschied der Gitterkräfte zum Ausdruck, der sich auch in den Löslichkeitsverhältnissen bemerkbar machen muß, Infolgedessen zeigt die Löslichkeitskurve in Wasser (in Abb. 11 gestrichelt) oder Äther ein der Schmelzpunktskurve entgegengesetztes Verhalten.

Hinsichtlich ihrer **chemischen Eigenschaften** zeigen die Polycarbonsäuren in erster Linie alle normalen Carboxylreaktionen. Insbesondere lassen sie sich

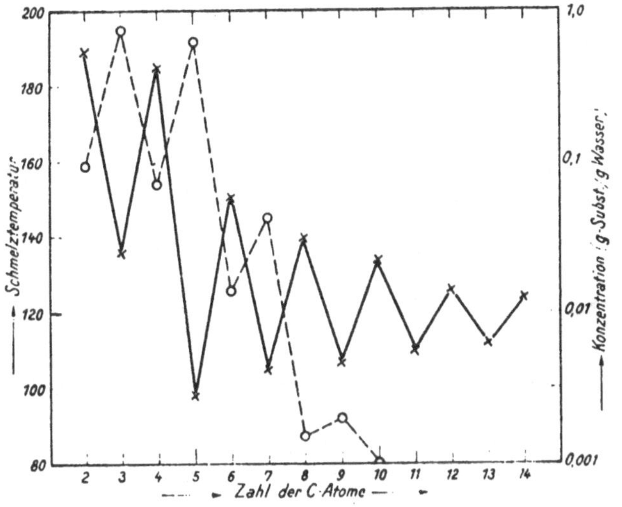

x······x······x Schmelztemperaturen
o— — —o— — —o Wasserlöslichkeit (in logarithmischem Maßstab)

Abb. 11

Schmelztemperaturen und Wasserlöslichkeit der gesättigten unverzweigten Dicarbonsäuren in Abhängigkeit von der Kettenlänge

wie die Monocarbonsäuren in die verschiedenen Säurederivate überführen sowie mit Hilfe dieser Säurederivate zu Kondensations- und anderen synthetischen Reaktionen verwenden. Daneben beobachtet man aber auch zwei Gruppen von neuartigen Reaktionen, die allgemeines Interesse beanspruchen: 1. die gegenseitige Beeinflussung der elektrolytischen Dissoziationskonstanten der Carboxylgruppen und 2. eine Reihe von unter Ringschluß verlaufenden Reaktionen.

Zu 1. Die elektrolytische Dissoziation einer n-basigen Säure erfolgt bekanntlich in n voneinander unabhängigen Reaktionsstufen, denen jeweils eine besondere Gleichgewichtskonstante zukommt (vgl. anorg. Lehrbücher). Hinsichtlich des gegenseitigen Verhältnisses dieser Gleichgewichtskonstanten läßt nun die Reihe der gesättigten Dicarbonsäuren sehr interessante Gesetzmäßigkeiten erkennen.

Zunächst einmal konnte R. Wegscheider (1902) zeigen, daß auch ohne jede gegenseitige Beeinflussung der beiden Carboxylgruppen die erste und zweite Dissoziationskonstante (K_1 und K_2) einer Dicarbonsäure verschiedene Werte annehmen, und zwar sollte K_1 jeweils doppelt so groß und K_2 nur halb so groß sein wie die Dissoziationskonstante einer Monocarbonsäure (K_0). Dies folgt in einfacher Weise aus dem Massenwirkungsgesetz: Bezeichnet man mit C_x die molare Konzentration der Verbindung X (bzw. der Gruppe —X), so erhält man für die erste und zweite Dissoziationskonstante einer Dicarbonsäure die Ausdrücke:

$$K_1 = \frac{C_{\mathrm{HOOC\cdots COO^-}} \times C_{\mathrm{H^+}}}{C_{\mathrm{HOOC\cdots COOH}}} \quad (1) \quad \text{und} \quad K_2 = \frac{C_{\mathrm{^-OOC\cdots COO^-}} \times C_{\mathrm{H^+}}}{C_{\mathrm{HOOC\cdots COO^-}}} \quad (2)$$

Andererseits ist K_0 für Monocarbonsäuren definitionsgemäß gleich:

$$K_0 = \frac{C_{\mathrm{—COO^-}} \times C_{\mathrm{H^+}}}{C_{\mathrm{—COOH}}} \quad (3)$$

und strebt mit zunehmender Kettenlänge dem Grenzwert $1{,}4 \times 10^{-5}$ (vgl. Tabelle 15, S. 324) zu. Gleichung 3 sollte aber auch für Dicarbonsäuren gelten, wenn deren Carboxylgruppen sich nicht gegenseitig beeinflussen und die gleiche Acidität zeigen wie in einer Monocarbonsäure. Nur muß man in diesem Fall die molare Konzentration der undissoziierten Dicarbonsäure in Gleichung 1 ($C_{HOOC\cdots COOH}$) und die des Dicarboxylat-Ions in Gleichung 2 ($C_{-OOC\cdots COO^-}$) durch die doppelt so großen Äquivalentkonzentrationen, d. h. die Konzentration der Carboxylgruppen (C_{-COOH}) bzw. der Carboxylat-Ionen (C_{-COO^-}) ersetzen, während für das saure Anion HOOC ... COO⁻ jeweils die Mol- und Äquivalentzahl gleich bleibt. Führt man diese Rechnung durch, so erhält man durch Kombination der Gleichungen 1 bis 3 für K_1 und K_2 die folgenden Werte:

$$K_1 = \frac{C_{HOOC\cdots COO^-} \times C_{H^+}}{C_{HOOC\cdots COOH}} = \frac{C_{-COO^-} \times C_{H^+}}{{}^1/_2\, C_{-COOH}} = 2\,K_0 \quad (4)$$

$$\text{und } K_2 = \frac{C_{-OOC\cdots COO^-} \times C_{H^+}}{C_{HOOC\cdots COO^-}} = \frac{{}^1/_2\, C_{-COO^-} \times C_{H^+}}{C_{-COOH}} = {}^1/_2\, K_0 \quad (5)$$

Wie Abbildung 12 zeigt, sind Gleichung 4 und 5 bei größerer Kettenlänge tatsächlich annähernd erfüllt, insbesondere die p_{K_1}-Werte streben genau dem

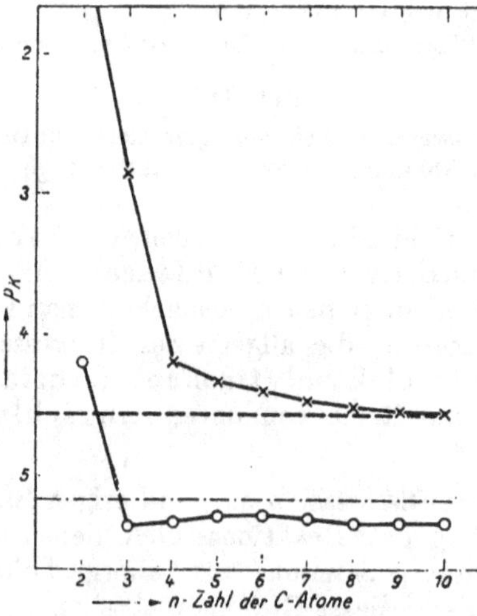

×——×——× p_{K_1}-Werte der gesättigten n-Dicarbonsäuren
o——o——o p_{K_2}-Werte der gesättigten n-Dicarbonsäuren
– – – – – p_{K_1} (berechnet) $= -\log (2\,K_0) = 4{,}55$
–·–·–·– p_{K_2} (berechnet) $= -\log ({}^1/_2\,K_0) = 5{,}15$
$K_0 = \lim K$ für gesättigte Monocarbonsäuren $1{,}4 \cdot 10^{-5}$

Abb. 12
Vergleich der Dissoziationskonstanten gesättigter Mono- und Dicarbonsäuren

berechneten Grenzwert zu, während die p_{K_2}-Werte auch im günstigsten Falle um etwa 20% darüber liegen. Danach üben also die beiden Carboxylgruppen von der Bernsteinsäure ab keinen wesentlichen Einfluß mehr aufeinander aus und zeigen praktisch die gleiche Acidität wie in den Monocarbonsäuren. Erst bei größerer gegenseitiger Annäherung beobachtet man stärkere Abweichungen, auf deren Deutung wir in II, Kap. 3, I, 3 noch zurückkommen werden.

Zu 2. Die Polycarbonsäuren sind in gleicher Weise zu **Ringschlußreaktionen** befähigt, wie andere Verbindungen mit mehreren Sauerstoff-Funktionen im Molekül, und man beobachtet auch hier wieder die bevorzugte Bildung fünf- und sechsgliedriger Ringe. Infolgedessen neigen nur die Oxalsäure und die Malonsäure zur Bildung stabiler cyclischer Komplexsalze (z. B. von I). Ferner vermögen bei Kondensationsreaktionen die Carboxylgruppen der Oxal- und der Malonsäure nur mit getrennten Gruppen eines Moleküls in Reaktion zu treten (z. B. zu II). Von der Bernsteinsäure ab ist bereits ein kondensierender Ringschluß durch ein Heteroatom (z. B. zu III) möglich, und bei den höheren Säuren werden schließlich sogar Reaktionen wie die innermolekulare Esterkondensation oder die Ketonbildung durch Kalksalzdestillation bevorzugt, bei denen eines der C-Atome außerhalb des Ringes verbleibt bzw. abgespalten wird:

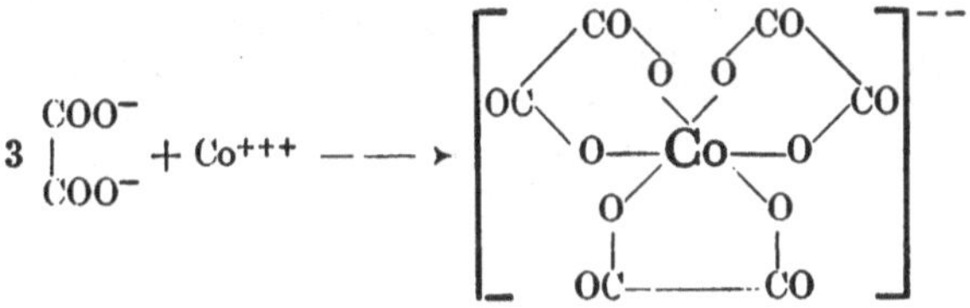

I

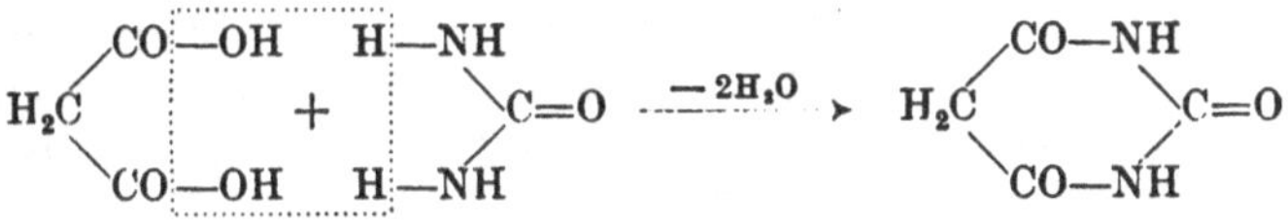

II

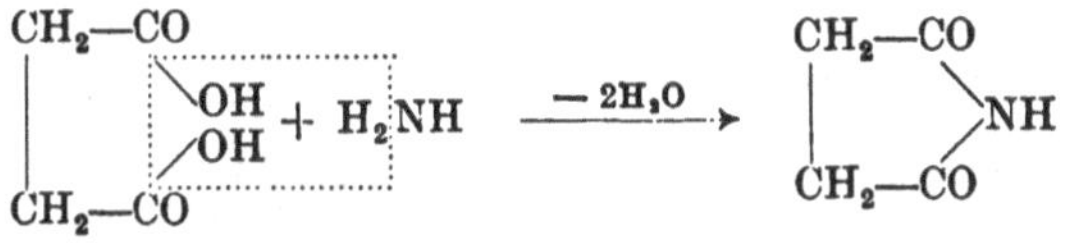

III

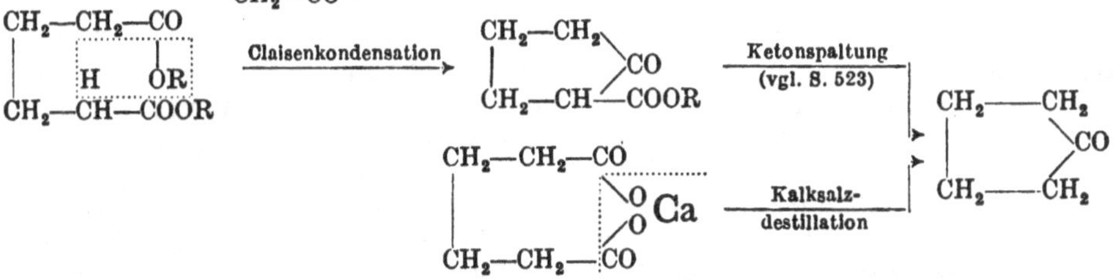

Die Bildung fünfgliedriger Ringe erfolgt auch hier oft schon unter Bedingungen, unter denen der Zusammenschluß von zwei Einzelmolekülen noch nicht möglich ist. So kann man z. B. Bernsteinsäure und Phthalsäure bereits durch Erhitzen auf Temperaturen von 200—250° in ihre Anhydride umwandeln (vgl. S. 347), und die Bildung fünfgliedriger cyclischer Ketone aus 1,6-Dicarbonsäuren wird derart erleichtert, daß sie nicht mehr ausschließlich auf dem Wege der Kalksalzdestillation sondern bereits beim Behandeln mit Essigsäureanhydrid gelingt:

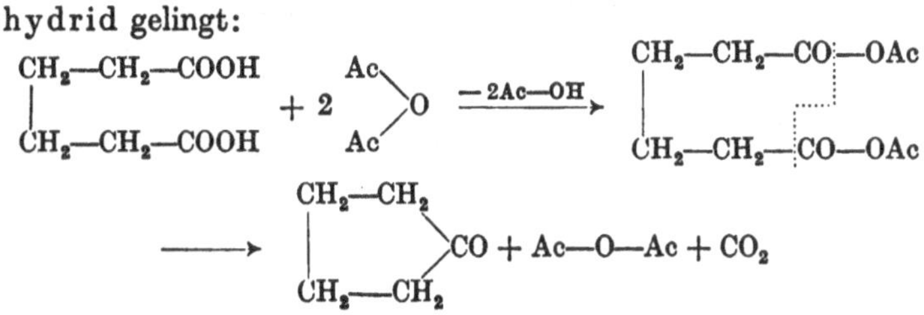

Da Essigsäureanhydrid andererseits auch einige Dicarbonsäuren in normaler Weise unter Umanhydrisierung in cyclische Anhydride umwandelt, kann man aus dem Verhalten einer Dicarbonsäure gegen Essigsäureanhydrid gewisse Rückschlüsse auf den gegenseitigen Abstand der Carboxylgruppen ziehen, die sich nach G. Blanc zu der folgenden Regel zusammenfassen lassen: Stehen die Carboxyl-C-Atome in 1,7-Stellung oder noch weiter voneinander entfernt, so werden keine cyclischen Verbindungen mehr gebildet, sondern es findet zwischenmolekulare Anhydrisierung zu hochmolekularen Kettenmolekülen statt. Die 1,6-Dicarbonsäuren erleiden den beschriebenen Abbau zu cyclischen Ketonen, während 1,5-, 1,4- und unter gewissen Umständen auch noch 1,3-Dicarbonsäuren (S. 484) in cyclische Anhydride übergehen. Diese Regel dient häufig bei Konstitutionsermittlungen zur Entscheidung der Frage, ob die bei der Öffnung eines Ringsystems erhaltene Dicarbonsäure einem Fünf- oder einem Sechsring entstammt. Sie ist jedoch nicht allgemein gültig, denn die beschriebene Bildung cyclischer Ketone aus 1,6-Dicarbonsäuren ist nur dann möglich, wenn diese in α-Stellung zu mindestens einer der Carbonylgruppen noch eine unsubstituierte CH_2-Gruppe enthalten. Das Auftreten eines cyclischen Anhydrids läßt also außer 1,5-Dicarbonsäuren auch eine 1,6-Dicarbonsäure zu, die in α-Stellung zu beiden Carboxylgruppen Molekülverzweigungen aufweist. Die Nichtkenntnis dieser Einschränkung des Gültigkeitsbereiches der Blancschen Regel hat seinerzeit bei der Konstitutionsermittlung der Gallensäuren (**III**, Kap. 5, III, 1) zu folgenschweren Irrtümern geführt.

Im Gegensatz zur Einwirkung von Essigsäureanhydrid ist der Reaktionsverlauf bei der Cyclisierung der Dicarbonsäuren durch Kalksalzdestillation am wenigsten von der Ringweite der entstehenden Verbindungen abhängig und findet daher vielfach präparative Anwendung zur Synthese cyclischer Ketone sehr unterschiedlicher Ringweite (vgl. z. B. **I**, Kap. 11, I, 2g).

2. Die gesättigten Dicarbonsäuren

Oxalsäure HOOC—COOH kommt in Form ihrer Salze verschiedentlich in der Natur vor, z. B. als saures Kaliumsalz $KH_3(C_2O_4)_2 \cdot 2\,H_2O$ (*Kleesalz*) im Sauerklee (*Oxalis*) oder als Calciumoxalat, das sich zuweilen auch in den Blasensteinen abscheidet (*Oxalatstein*), im Harn. Ihre **Darstellung** kann nach verschiedenen Methoden erfolgen, von denen die meisten jedoch nur als Bildungsmöglichkeiten von Interesse sind. So stellt z. B. ihre Bildung beim Verseifen von Dicyan sowie bei der Oxydation des Glykols und aller Zwischenoxydationsprodukte gleichzeitig einen wichtigen Konstitutionsbeweis dar. Eine weitere interessante Bildungsweise beobachtet man bei der Einwirkung von Natrium auf Kohlendioxyd bei höherer Temperatur, die in Analogie zur Pinakonbildung (S. 277) unter Addition von nur einem Metallatom pro CO_2-Molekül zu einer Verknüpfung der hierbei entstehenden Carboxylgruppen führt:

$$\begin{array}{c} CO_2 \quad Na \\ + \\ CO_2 \quad Na \end{array} \longrightarrow \begin{array}{l} COONa \\ | \\ COONa \end{array}$$

In der Technik wurde Oxalsäure früher vielfach nach einem empirisch gefundenen Verfahren durch Erhitzen von cellulosehaltigen Stoffen, insbesondere von Sägespänen, mit Alkalilaugen auf Temperaturen um 200° gewonnen. Der Reaktionsverlauf im einzelnen ist noch völlig ungeklärt. Heute bevorzugt man die bereits auf S. 376 beschriebene dehydrierende Verknüpfung zweier Carboxylgruppen (im Gegensatz zu der bei der Einwirkung von Natrium auf CO_2 erfolgenden reduzierenden Verknüpfung) durch thermische Zersetzung von Alkali- oder Erdalkalimetallformiaten:

$$\begin{array}{l} H\text{—}COONa \\ \\ H\text{—}COONa \end{array} \xrightarrow{-H_2} \begin{array}{l} COONa \\ | \\ COONa \end{array}$$

Oxalsäure ist eine ziemlich starke Säure, deren Acidität etwa der des Bisulfat-Ions entspricht, so daß sie bereits den starken Mineralsäuren nahesteht. Sie schmilzt für eine Carbonsäure außerordentlich hoch (189,5°) und kristallisiert mit zwei Molekülen Wasser, das aber nicht, wie man zeitweise annahm, in Analogie zum Chloralhydrat unter Bildung der Di-orthosäure (formulieren!) gebunden wird, sondern normales Kristallwasser darstellt.

Hinsichtlich ihres **chemischen Verhaltens** steht auch die Oxalsäure noch auf der Grenze zwischen organischer und anorganischer Chemie, und zwar nimmt sie zwischen Kohlen- und Ameisensäure eine ähnliche Mittelstellung ein, wie die Unterdischwefelsäure zwischen der Schwefel- und schwefligen Säure, die unterdischweflige Säure zwischen der schwefligen und unterschwefligen Säure sowie auch die Unterdiphosphorsäure zwischen der Phosphorsäure und phosphorigen Säure:

HO—COOH	HOOC—COOH	H—COOH
HO—SO_3H	HO_3S—SO_3H	H—SO_3H
HO—SO_2H	HO_2S—SO_2H	H—SO_2H
HO—PO_3H_2	H_2O_3P—PO_3H_2	H—PO_3H_2

Einige typisch anorganische Reaktionen sind die Calciumoxalatfällung und der Einbau der Oxalsäure bzw. des Oxalat-Ions in Komplexe, der insbesondere vom Standpunkt der Stereochemie aus von allgemeinem Interesse ist (vgl. **II**, Kap. 7, V, 4).

Der organische Charakter der Oxalsäure kommt unter anderem in der durch die Belastung der C-Atome mit negativen Substituenten verursachten Labilität der C—C-Bindung zum Ausdruck, die, wie zu erwarten, die der 1,2-Dioxo-Verbindungen (S. 462) noch übertrifft. Infolgedessen zerfällt die Oxalsäure bereits beim trockenen Erhitzen oder bei der Einwirkung konzentrierter Schwefelsäure unter Erhaltung der Gesamtoxydationsstufe in Wasser, Kohlenoxyd und Kohlendioxyd. Die Reaktion kann sowohl über eine primäre Decarboxylierung (S. 330) zur Ameisensäure als auch im Sinne einer Kohlenoxydspaltung (S. 516) einer Oxocarbonsäure formuliert werden:

$$CO_2 + H_2O \longleftarrow HO{-}COOH \xleftarrow{-CO} HO|OC{-}|COO|H \xrightarrow{-CO_2} H{-}COOH \xrightarrow{H_2SO_4} H_2O + CO$$

Neben dieser unter Erhaltung der Gesamtoxydationsstufe verlaufenden Spaltung läßt sich die C—C-Bindung auch oxydativ unter Bildung von zwei Molekülen CO_2 aufsprengen. Insbesondere wird die Oxalsäure als 1,2-Dihydroxyverbindung ebenfalls durch Hydroperoxyd in Gegenwart von Eisen(II)-Ionen angegriffen. Sie stellt infolge der großen Bildungstendenz des Kohlendioxyds sogar ein besonders starkes Reduktionsmittel dar und findet als solches praktische Anwendung in der Manganometrie (vgl. anorg. Lehrbücher).

Oxalsäure dient in der Färberei für die Herstellung von Beizen, sowie insbesondere in der anorganischen Chemie als Fällungsmittel für seltene Erden und die Erdalkalimetalle (vgl. anorg. Lehrbücher). Ferner eignet sie sich wegen ihrer guten Kristallisierbarkeit als Titersubstanz für die Maßanalyse. Bezüglich weiterer Anwendungen als Reduktionsmittel vgl. z. B. die Darstellung von Allylalkohol aus Glycerin (S. 196).

Oxalsäure bildet als zweibasige Säure zwei Reihen von **Derivaten**, von denen im allgemeinen nur die neutralen Verbindungen von Interesse sind.

Oxalylchlorid ClCO—COCl ist im Gegensatz zum Ameisensäurechlorid eine durchaus beständige, bei 63,5° siedende Substanz, die ohne Schwierigkeit aus Oxalsäure und Phosphorpentachlorid dargestellt werden kann und wie ein normales Säurechlorid zur Einführung des Oxalsäurerestes Verwendung findet. Immerhin läßt es eine erste

Annäherung an die instabile Natur des Ameisensäurechlorids in seinem Verhalten gegenüber Wasser erkennen, das nur in Form von Dampf eine normale Hydrolyse zu Oxalsäure und HCl bewirkt, bei der Einwirkung in flüssigem Zustand aber sofort zu vollständigem Molekülzerfall in CO, CO_2 und HCl führt (Gleichungen formulieren!). Ferner kann man Oxalylchlorid zuweilen auch in gleicher Weise wie Phosgen zur Einführung einer ClOC-Gruppe verwenden:

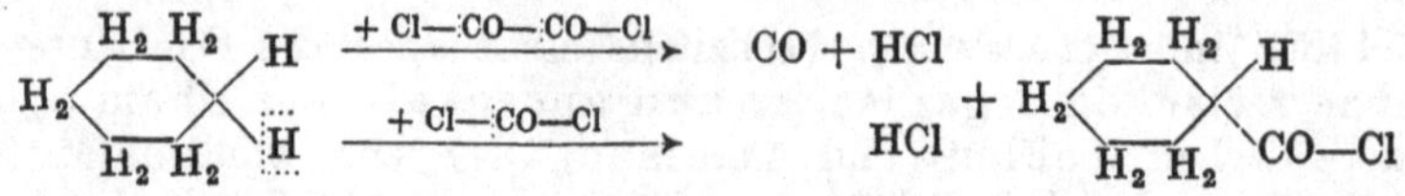

Anhydride der Oxalsäure sind eigenartigerweise nicht bekannt, und zwar weder dimolekulare cyclische reine Oxalsäureanhydride vom Dioxantypus (formulieren!) noch gemischte Anhydride mit anderen Carbonsäuren, da bei allen Anhydrisierungsversuchen sofort Zerfall in CO und CO_2 eintritt.

Zur Darstellung der Oxalsäureester ist infolge der großen Acidität der Säure nicht mehr die Anwesenheit von Mineralsäuren als Katalysator erforderlich. Ein spezielles Interesse hatte zeitweilig der **Oxalsäure-dimethylester** gefunden, der im Gegensatz zu anderen Estern niederer Alkohole auffallenderweise fest ist (Smp. 54°) und daher als leicht darstellbares Derivat des Methylalkohols zu dessen Reinigung diente.

Die Amide der Oxalsäure werden **Oxamid** $H_2NOC—CONH_2$ und **Oxamidsäure** $HOOC—CONH_2$ genannt. Sie lassen sich in der üblichen Weise durch Umsetzen von Oxalylchlorid, Oxalester oder Oxalsäure selbst mit Ammoniak gewinnen (Gleichungen formulieren!).

Ein weiteres interessantes Säureamid ist das cyclische Diureid der Oxalsäure, die **Parabansäure,** die aus Harnstoff und Oxalylchlorid sowie auch aus Oxamid und Phosgen gewonnen werden kann:

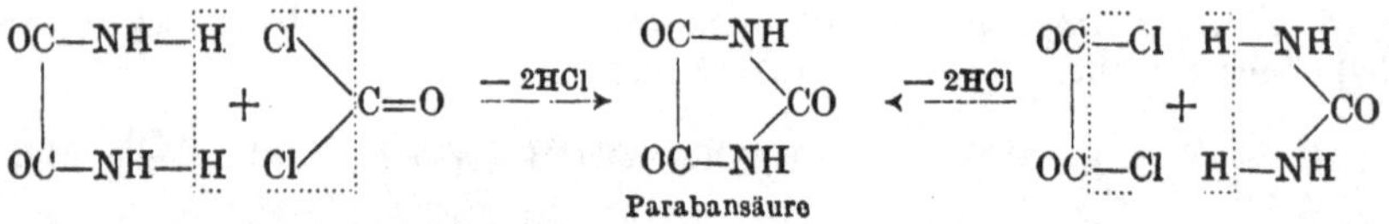

Parabansäure

und ein wichtiges Abbauprodukt der Harnsäure (III, Kap. 7, II, 1) darstellt. Von ihren Reaktionen ist vor allem die mit Alkalien eintretende partielle Hydrolyse zum Monoureid der Oxalsäure, der **Oxalursäure** $HOOC—CO—NH—CO—NH_2$ und die partielle elektrolytische Reduktion zu dem cyclischen Ureid des Glycins, dem *Hydantoin* (vgl. I, Kap. 6, I, 4 dα) von Interesse.

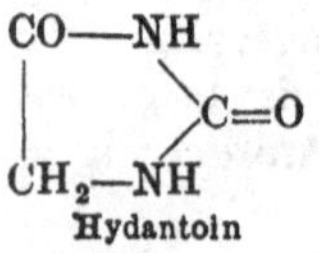

Hydantoin

Das eigenartigste Oxalsäurederivat ist ohne Zweifel das **Dicyan** (im älteren Schrifttum häufig auch *freies Cyan* oder *Cyan* schlechthin genannt), das als Dinitril zur Oxalsäure in einem ähnlichen Verhältnis steht wie die Blausäure zur Ameisensäure. So gibt es sich zwar auf Grund seiner Bildung durch Wasserabspaltung aus Oxamid, sowie seiner Überführbarkeit in Oxalsäure[1]) und verschiedene Oxalsäurederivate im Verlauf von normalen Nitrilreaktionen:

---

[1]) Die Hydrolyse des Dicyans zur Oxalsäure wurde bereits im Jahre 1824 von F. Wöhler durchgeführt und war — in Verbindung mit der unten beschriebenen Dicyanbildung aus Quecksilbercyanid — die erste, in ihrer Bedeutung allerdings noch nicht voll erkannte Synthese einer organischen Verbindung aus einer anorganischen Substanz.

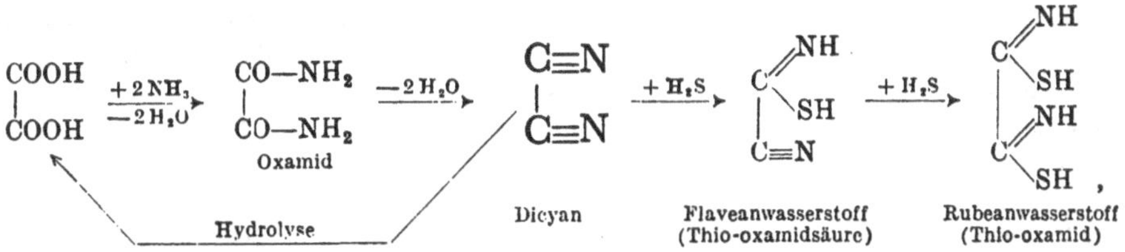

ohne Zweifel als echtes Nitril zu erkennen. Doch wird es durch diese Reaktionen ebensowenig erschöpfend beschrieben, wie die Blausäure als Nitril der Ameisensäure, und steht bei einer anderen Gruppe von Reaktionen, die auch hier durch die Bildungstendenz des Cyan-Ions bedingt sind, der Cyanwasserstoffsäure und ihren Salzen nahe. Hierbei verhält sich das Dicyan, ähnlich wie das freie Rhodan (S. 429), in erster Näherung wie ein elementares Halogen und trägt somit wesentlich dazu bei, daß man die Cyangruppe auf Grund der Gesamtheit ihrer Reaktionen als *Pseudohalogen* bezeichnet (vgl. anorg. Lehrbücher).

Die wichtigsten der zu dieser zweiten Gruppe gehörenden Reaktionen sind:

1. die Bildung von Dicyan bei der thermischen Zersetzung von Quecksilbercyanid, die bereits im Jahre 1815 von GAY-LUSSAC durchgeführt wurde und auch heute noch als Darstellungsverfahren dient. Ihr nahe verwandt ist die der Abscheidung von elementarem Jod analoge Dicyanbildung bei der Einwirkung von Kupfer(II)-Salzen auf Cyan-Ionen:

$$Hg(C{\equiv}N)_2 \xrightarrow[\text{Erhitzen}]{-\text{Hg}} N{\equiv}C{-}C{\equiv}N \xleftarrow{-2\,\text{CuCN}} 2\,Cu^{++} + 4\,C{\equiv}N^-$$

2. die der Bildung von Hypohalogeniten analoge Hydrolyse der C—C-Bindung bei der Einwirkung von Alkalilaugen, die zu einem Gemisch der Alkalicyanide und Alkalicyanate führt:

$$N{\equiv}C{-}\vdots C{\equiv}N \xrightarrow{\text{NaOH}} NaC{\equiv}N + NaO{-}C{\equiv}N$$

3. die „Verbrennung“ von Alkalimetall in einer Atmosphäre von Dicyan unter Feuererscheinung:

$$N{\equiv}C{-}C{\equiv}N + 2\,Na \longrightarrow 2\,NaC{\equiv}N$$

4. die bereits mit schwefliger Säure durchführbare reduzierende Spaltung der C—C-Bindung unter Bildung von Blausäure und die in Umkehrung dieser Reaktion erfolgende, mit der Oxydation der Halogenwasserstoffe zu den freien Halogenen vergleichbare direkte Oxydation von Blausäure zu Dicyan mittels Luftsauerstoffs bei 80—100° in Gegenwart von wäßrigen Kupfer(II)-salzlösungen (P. KURTZ 1944):

$$N{\equiv}C{-}C{\equiv}N \underset{-\,H_2\,(\text{Luft-}O_2)}{\overset{+\,H_2}{\rightleftharpoons}} 2\,HC{\equiv}N$$

5. der gegenüber anderen Nitrilen (Tab. 21, S. 363) auffallend niedrige Siedepunkt von −21° und die für eine organische Verbindung ungewöhnlich große Thermostabilität des Dicyans.

Dicyan ist ein farbloses, stark endothermes[1]) und infolge seiner leichten Reduzierbarkeit zur Blausäure sehr giftiges Gas von stechendem

[1]) Die Bildungswärme aus den Elementen beträgt +73 kcal/Mol. Die Verbindung ist also mit einer Bildungswärme von +36,5 kcal pro Cyangruppe noch stärker endotherm als Blausäure mit nur +31 kcal/Mol (vgl. S. 380).

Geruch, das mit sehr heißer Flamme verbrennt und bei niederer Temperatur ausgesprochen instabil ist. So verharzt es z. B. ähnlich wie Blausäure in wässeriger Lösung zu einem braunen Zersetzungsprodukt, das *Azulmsäure* genannt wird, und polymerisiert bei 400⁰ zu dem hochmolekularen *Paracyan*. Erst bei sehr hohen Temperaturen wird es stabil und entsteht daher beim Brennen eines Lichtbogens in einer Stickstoffatmosphäre. Auch in Hochofengasen tritt es zuweilen auf und gehört ebenfalls zu den wenigen organischen Verbindungen, die in Sternatmosphären und Kometenschweifen nachgewiesen wurden.

Malonsäure $HOOC—CH_2—COOH$, die einfachste 1,1-Paraffindicarbonsäure, kommt vereinzelt in der Natur vor (z. B. im Rübensaft) und wurde erstmals beim oxydativen Abbau der Äpfelsäure (S. 507) erhalten (Name! von lat. *malus* = der Apfel). Praktisch wird sie mit Hilfe der KOLBEschen Nitrilsynthese aus chloressigsaurem Natrium und Natriumcyanid dargestellt:

$$NaOOC—CH_2—Cl + NaC{\equiv}N \xrightarrow{-NaCl} \underset{\text{cyanessigsaures Natrium}}{NaOOC—CH_2—C{\equiv}N} \xrightarrow{\text{Hydrolyse}} HOOC—CH_2—COOH$$

Von ihren speziellen Reaktionen muß vor allem die relativ leicht (beim Erhitzen über den Schmelzpunkt) erfolgende Decarboxylierung unter Bildung von Essigsäure hervorgehoben werden:

$$HOOC—CH_2—COOH \xrightarrow{150^\circ} HOOC—CH_3 + CO_2$$

Die Reaktion ist, ähnlich wie die hydrolytische Spaltung der 1,3-Diketone, auf die gleichzeitige Anwesenheit von zwei positivierenden Substituenten an einem C-Atom zurückzuführen (vgl. S. 470) und findet in gleicher Weise bei allen substituierten Malonsäuren statt.

Eine weitere, allerdings nur auf die Malonsäure selbst beschränkte Reaktion haben wir oben in der mit P_2O_5 erfolgenden Bildung von Kohlensuboxyd (S. 308) kennen gelernt.

Die wichtigsten **Derivate der Malonsäure** sind ihre Ester, speziell der Diäthylester, der allgemein als **Malonester** schlechthin bezeichnet und aus dem oben beschriebenen cyanessigsauren Natrium meistens direkt durch saure Alkoholyse (Gleichung formulieren!) gewonnen wird. In ihm ist die mittelständige Methylengruppe in ähnlicher Weise durch die beiden benachbarten Estergruppen aktiviert, wie die der 1,3-Diketone durch die beiden Ketogruppen (S. 468). Abgesehen von den normalen Kondensationsreaktionen kann man daher den Malonester ebenfalls in eine wasserbeständige Natriumverbindung überführen, deren Anion in gleicher Weise zwischen einer „Keto"- und einer „Enolform" mesomer ist:

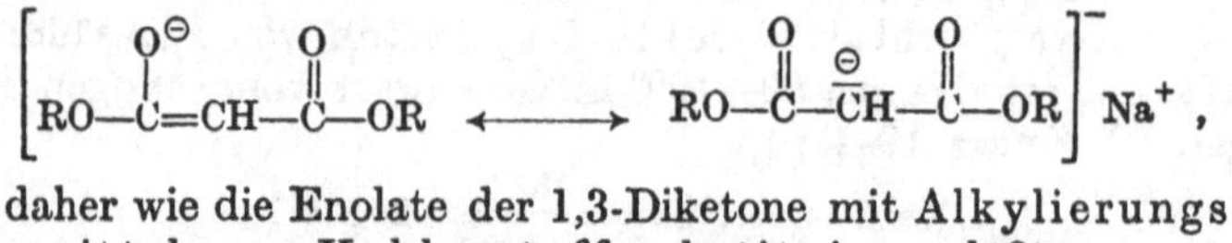

und die sich daher wie die Enolate der 1,3-Diketone mit Alkylierungs- und auch Acylierungsmitteln am Kohlenstoff substituieren läßt:

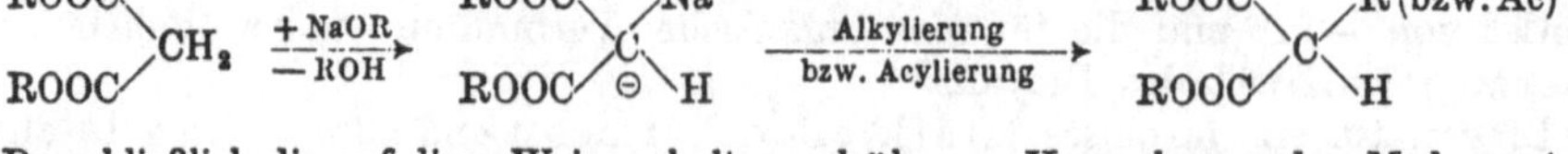

Da schließlich die auf diese Weise erhaltenen höheren Homologen des Malonesters nach Verseifung der Estergruppen leicht decarboxyliert werden können, spielt letzten Endes der Malonester in der Carbonsäurereihe die gleiche Rolle, wie das Acetylaceton in der Ketonreihe: Um von der Essigsäure ausgehend zu höheren Fettsäuren zu gelangen, wird die Methylgruppe durch Einführung einer zweiten Carboxylgruppe sowie auch durch deren Veresterung aktiviert, dann alkyliert, und schließlich wird die zweite Carboxylgruppe wieder herausgespalten:

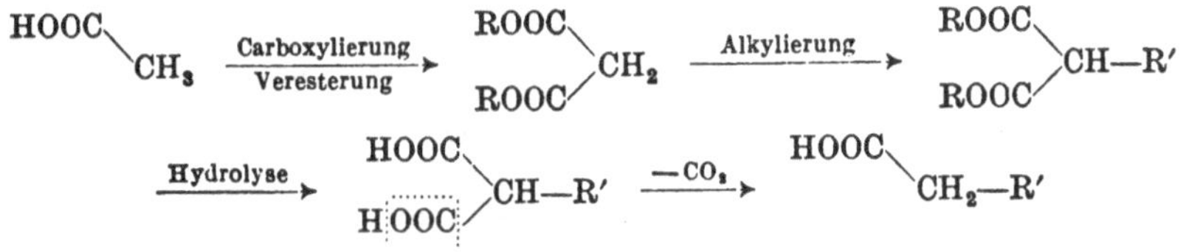

Wir werden später im Acetessigester noch eine dritte Substanz dieser Art kennenlernen, die sowohl zur Keton- als auch zur Säuresynthese geeignet ist (S. 523).

Von den übrigen Derivaten der Malonsäure ist lediglich das cyclische Diureid, die **Barbitursäure** von allgemeinem Interesse. Sie tritt ebenfalls als Abbauprodukt der Harnsäure auf und liegt infolge der Möglichkeit der Ausbildung eines aromatischen Bindungssystems überwiegend in der tautomeren Imidform vor:

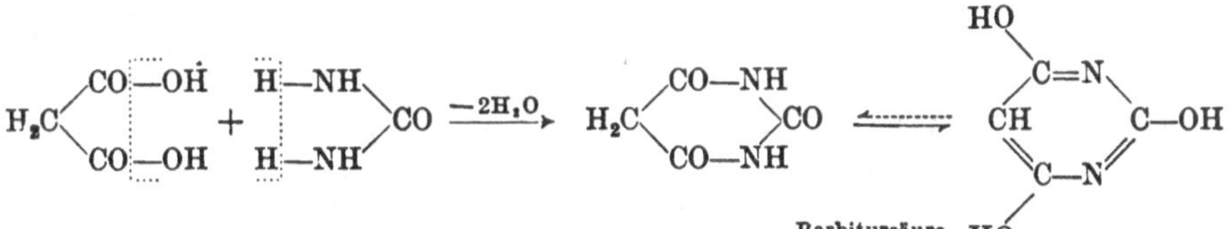

Barbitursäure

Amidform Imidform

Die Imidform ist, offenbar infolge ihres Phenolcharakters, stärker sauer als Essigsäure ($p_{K\,(sauer)} = 4{,}02$), während die in Form der unten beschriebenen Dialkylderivate vom Veronaltypus stabilisierte Amidform eigenartigerweise gegenüber Wasser nicht nur keinen Säurecharakter mehr zeigt, sondern sogar ausgesprochen basisch reagiert ($p_{K\,(basisch)}$ des Veronals = 7,95; vgl. Tabelle 27, I, Kap. 6, 1, 1 a).

In der Barbitursäure ist die Methingruppe (der Imidform) — wahrscheinlich infolge ihrer o- bzw. p-Stellung zu drei „phenolischen" OH-Gruppen — sehr reaktionsfähig und kann u. a. nitriert oder nitrosiert werden. Durch Reduktion beider Substitutionsprodukte gelangt man zu dem für die Harnsäuresynthese (**III**, Kap. 7, II, 1) wichtigen Uramil (I):

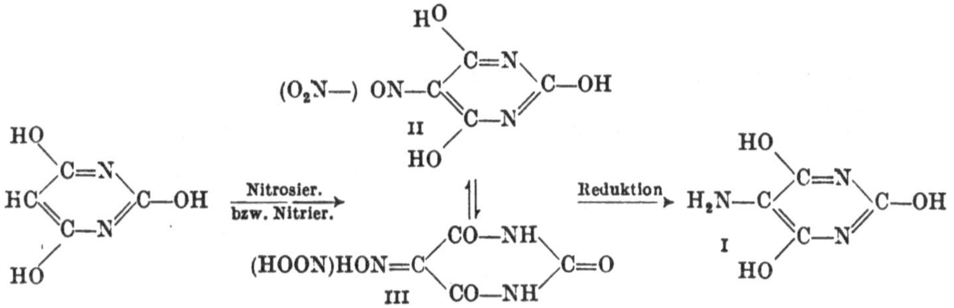

Das Nitrosoderivat (II) liegt überwiegend in der tautomeren Isonitrosoform (III) vor und wird *Violursäure* genannt. Es dient als Ausgangsmaterial für die Alloxangewinnung (S. 520).

Die Ureide der an der Methylengruppe di-alkylierten Malonsäuren können die tautomere aromatische Form nicht mehr bilden. Sie besitzen starke hypnotische Eigenschaften und dienen daher vielfach als Schlafmittel. Die pharmazeutisch wichtigsten Verbindungen dieser Reihe sind:

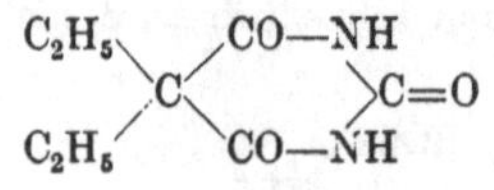
Veronal = Diäthylbarbitursäure

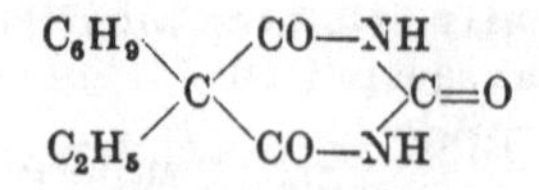
Phanodorm = Äthylcyclohexenyl-barbitursäure

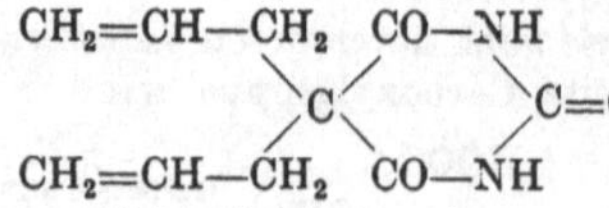
Dial = Diallybarbitursäure

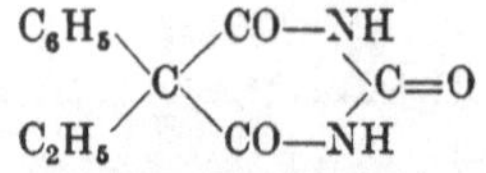
Luminal = Phenyl-äthyl-barbitursäure

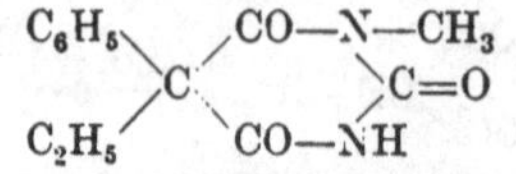
Prominal = N-Methyl-luminal

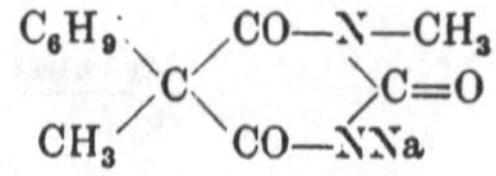
Evipan[1])

Die höheren Carbonsäuren der Malonsäurereihe treten hinter dieser an Bedeutung zurück. Ihre Darstellung erfolgt fast ausschließlich durch Alkylierung der aktiven Methylengruppe des Malonesters, und sie dienen daher vielfach als Zwischenprodukte bei der Synthese anderer Carbonsäuren mit Hilfe der Malonestermethode. Abweichend von der Malonsäure selbst können sie infolge der Substitution der Methylengruppe nicht mehr zum Kohlensuboxyd entwässert werden (S. 308) und lassen sich daher durch Essigsäureanhydrid in cyclische Säureanhydride mit einem viergliedrigen Ring überführen (Gleichung formulieren!).

Die einfachste 1,4-Dicarbonsäure ist die **Bernsteinsäure** HOOC—CH_2—CH_2—COOH. Sie kommt vielfach in der Natur vor, z. B. mineralisch in einigen Braunkohlearten und im Bernstein, aus dem sie von Libavius und Croll bereits um die Wende des 17. Jahrhunderts durch Destillation erhalten wurde, und dem sie ihren Namen verdankt. Auch in zahlreichen Pflanzen wurde sie beobachtet. Vor allem aber ist sie ein wichtiges biochemisches Zwischenprodukt beim Abbau der Essigsäure (vgl. **III**, Kap. 8, III).

Zu ihrer technischen Gewinnung dient entweder die biochemische Reduktion von Äpfel- oder Weinsäure im Verlauf von Spaltpilzgärungen (vgl. **III**, Kap. 8, III) oder die Synthese aus Acetylen und Formaldehyd über Butin- und Butandiol (Tafel I, S. 128, 129), sowie aus Äthylen über das Äthylenchlorid mit Hilfe einer doppelten Kolbeschen Nitrilsynthese:

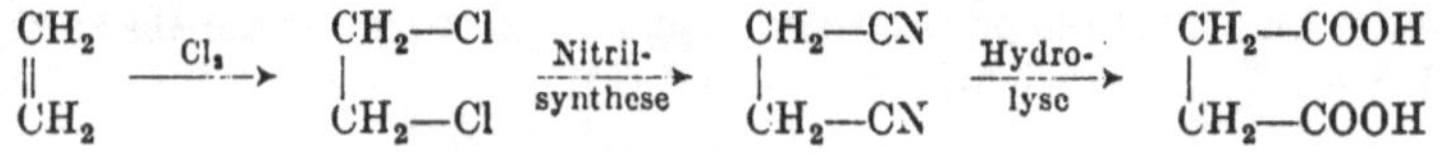

Eine weitere interessante Synthese geht vom Natrium-malonester aus, der, ähnlich wie die Enolate der 1,3-Diketone (S. 469), bei der Einwirkung von Jod eine Wurtzsche Synthese mit vertauschten Oxydationsstufen erleidet und nach Verseifung und Decarboxylierung des dimeren Reaktionsproduktes leicht in Bernsteinsäure übergeht:

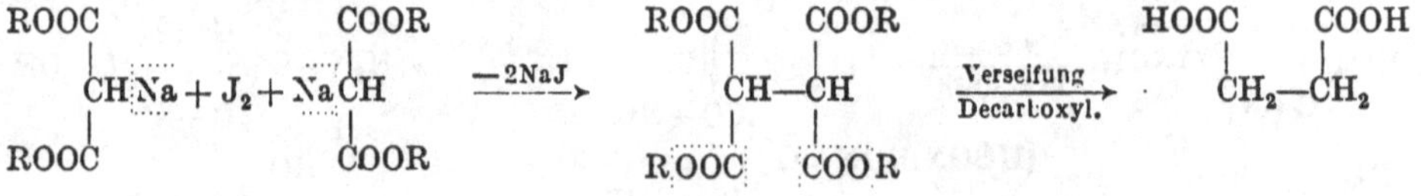

Bernsteinsäure ist eine hochschmelzende und, wie das mineralische Vorkommen beweist, sehr beständige Substanz. Chemisch zeichnet sie sich vor allem durch eine Reihe von Ringschlußreaktionen aus, bei denen der Ring jeweils nur ein Hetero-Atom geschlossen wird (s. oben). Durch nachträgliche Reduktion der hierbei entstehenden cyclischen Säure-Derivate kommt man

[1]) N-Methyl-C-cyclohexenyl-C-methyl-barbitursaures Natrium.

nicht nur zum Butyrolacton (S. 506), Pyrrolidon (I, Kap. 6, 4 d β) usw., sondern auch zu den in I, Kap. 11, III beschriebenen fünfgliedrigen heterocyclischen Grundverbindungen Pyrrol, Furan und Thiophen, von denen letzteres im Falle der Reaktion mit dem gleichzeitig reduzierend wirkenden Schwefelphosphor auch direkt erhalten werden kann:

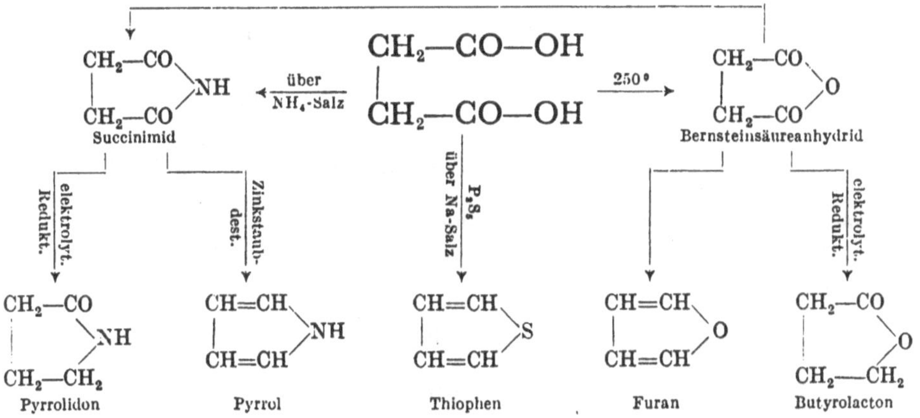

Im **Bernsteinsäureanhydrid** begegnen wir dem ersten cyclischen Säureanhydrid. Es läßt sich wie alle Säureanhydride zu Acylierungsreaktionen verwenden, wobei jedoch stets die in Freiheit gesetzte Carboxylgruppe des Anhydrids im Molekül verbleibt, so daß in direkter Reaktion nur die sauren Derivate der Bernsteinsäure gewonnen werden können:

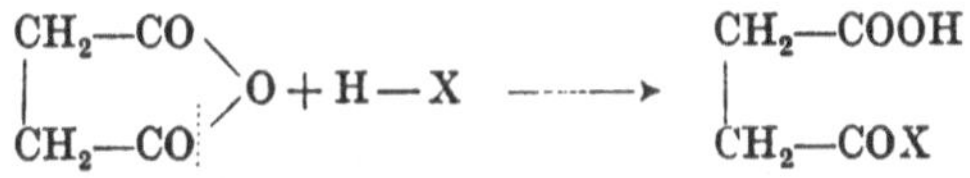

Succinimid ist das am leichtesten zugängliche aliphatische sekundäre Carbonsäureamid (vgl. S. 361) und als solches zur Bildung beständiger Metallsalze befähigt. Das schwer lösliche Quecksilbersalz findet zuweilen therapeutische Anwendung als Quecksilberpräparat.

Bernsteinsäuredinitril wird neuerdings nicht mehr über die freie Bernsteinsäure sondern direkt durch Anlagerung von einem Molekül Blausäure an Acrylsäurenitril (bzw. zwei Molekülen Blausäure an Acetylen) gewonnen (vgl. Tafel I, S. 128, 129). Es dient in der Technik als Ausgangsmaterial für die Herstellung von Tetramethylendiamin (I, Kap. 6, I, 1 c), das seinerseits als Kondensationskomponente für die Herstellung von Polyamidkunststoffen Verwendung findet (III, Kap. 7, I, 3).

Glutarsäure HOOC—$(CH_2)_3$—COOH kommt vereinzelt in der Natur vor, z. B. neben der Malonsäure im Rübensaft, und kann ebenfalls durch eine zweifache Nitrilsynthese (formulieren!) oder durch eine zweifache Malonestersynthese gewonnen werden:

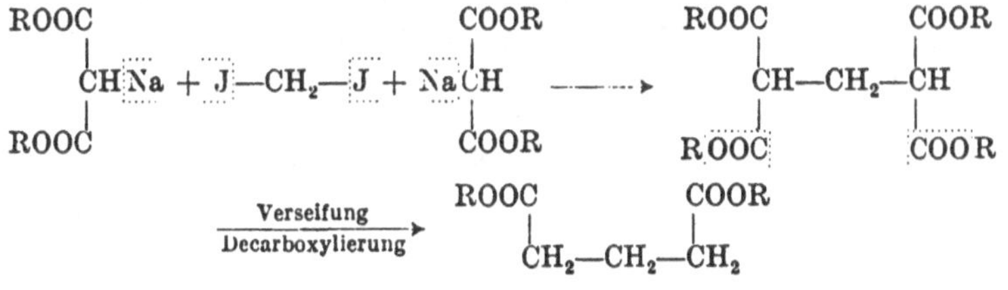

Auch die **Adipinsäure** $HOOC-(CH_2)_4-COOH$ ist ein Naturprodukt, hat aber in erster Linie technische Bedeutung erlangt, da sie infolge der Kette von sechs C-Atomen als einzige aliphatische Dicarbonsäure aus aromatischen Verbindungen gewonnen werden kann. Ihre Darstellung erfolgte früher hauptsächlich durch oxydative Ringöffnung des durch Hydrierung von Phenol leicht zugänglichen Cyclohexanons:

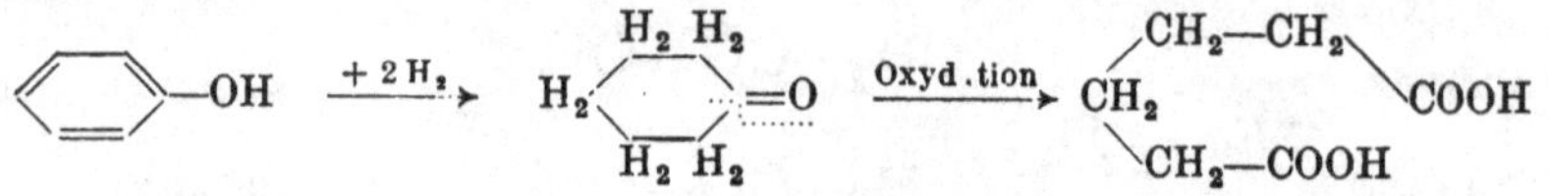

Daneben stellt man sie heute aber auch schon mit Hilfe einer Totalsynthese aus Acetylen und Kohlenoxyd über das auf S. 447 bereits angeführte Tetrahydrofuran als Zwischenprodukt[1]) her. Das Verfahren ist sehr billig, da (einschließlich der beiden Formaldehyd-C-Atome) vier der sechs C-Atome aus Kohlenoxyd und nur zwei aus dem relativ teuren Acetylen stammen:

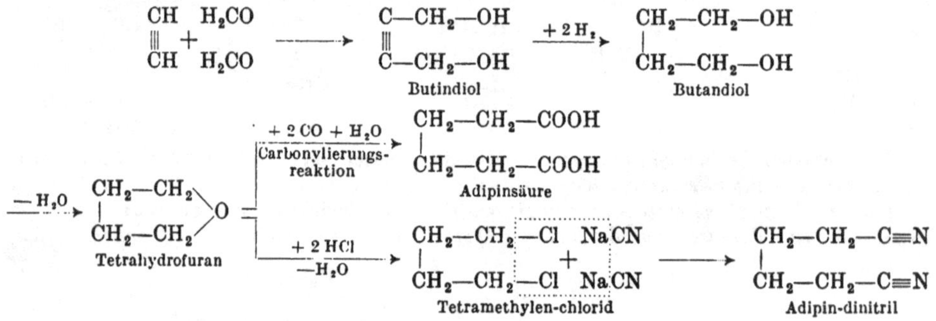

Das Verfahren kann durch entsprechende Variation der zweiten Teilreaktion auch zur direkten Synthese des wichtigsten Adipinsäurederivates, des für die Gewinnung von Hexamethylen-diamin (I, Kap. 6, I, 1 c δ) als Zwischenprodukt benötigten *Adipin-dinitrils* verwandt werden.

Als theoretisch interessante Bildungsreaktion sei weiterhin die Adipinsäurebildung bei der Elektrolyse von Bernsteinsäurehalbestern angeführt, in deren Verlauf sie auf Grund einer KOLBEschen Paraffinsynthese (S. 69) entsteht:

$$ROOC-CH_2-CH_2-COO^- \xrightarrow{-\ominus} (ROOC-CH_2-CH_2 \vdots COO\cdot)$$
$$\longrightarrow CO_2 + {}^1/_2\, ROOC-CH_2-CH_2-CH_2-CH_2-COOR$$

Schließlich hat man auch versucht, die Adipinsäure in Analogie zur Glutarsäure aus Äthylenchlorid mit Hilfe einer zweifachen Malonestersynthese aufzubauen (Gleichung formulieren!) Die Reaktion führt jedoch nicht zum Ziel, weil Äthylenchlorid nur noch mit einem Mol Malonester unter Bildung eines Cyclopropanderivates reagiert (Näheres vgl. I, Kap. 11, I, 1).

Adipinsäure ist eine sehr beständige Verbindung, die als einzige der einfachen Dicarbonsäuren bei der Einwirkung von Essigsäureanhydrid in das um ein C-Atom ärmere cyclische Keton übergeht (BLANCsche Regel, S. 478). Sie findet als Ersatz für Weinsäure in der Backpulverindustrie Anwendung und wird neuerdings in großen Mengen in der Kunststoffindustrie zur Herstellung von Polyamidkunststoffen (III, Kap. 7, I, 3bγ) benötigt.

---

[1]) Bzgl. der Carbonylierung von Tetrahydrofuran vgl. W. REPPE u. Mitarbb.: A. **582**, 87 (1953).

Die in Tab. 25 (S. 474) angeführten höheren gesättigten Dicarbonsäuren kommen zuweilen natürlich vor, haben jedoch im allgemeinen nur spezielles Interesse als Abbauprodukte von Naturstoffen gefunden. So erhält man z. B. beim oxydativen Abbau von Ricinusöl die **Pimelinsäure**, von Kork die **Korksäure** und von Ölsäure (Ozonabbau, vgl. S. 386) die **Azelainsäure.** Als höchste bis jetzt bekannte Verbindung der Reihe wurde die im Kork natürlich vorkommende **Eikosandicarbonsäure** mit 22 C-Atomen in unverzweigter Kette aufgefunden.

3. Die gesättigten Polycarbonsäuren

Verbindungen mit mehr als zwei Carboxylgruppen im Molekül enthalten bereits eine verzweigte Kohlenstoffkette. Sie haben bei weitem nicht die Bedeutung der Di- oder gar Monocarbonsäuren erlangt und sind nur als Einzelverbindungen von Interesse.

In der **Methan-tricarbonsäure** liegt die einfachste Tricarbonsäure vor. Sie ist infolge der gegenüber der Malonsäure nochmals gesteigerten Zahl der an einem C-Atom befindlichen positivierenden Reste bereits derart labilisiert, daß sie in freiem Zustand nicht mehr existenzfähig ist und bei Versuchen zu ihrer Darstellung sofort unter Abspaltung von CO_2 in Malonsäure übergeht. Dagegen ist ihr Äthylester eine durchaus beständige, aus Natrium-malonester und Chlorameisensäureester sehr leicht zugängliche Verbindung:

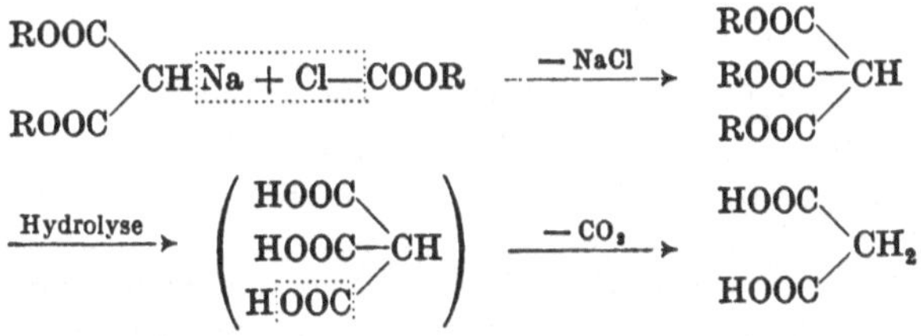

Die Methingruppe des Methantricarbonsäureesters zeigt, ähnlich wie die der Triacylmethane, gegenüber der Methylengruppe des Malonesters eine nochmals gesteigerte Aktivität. Z. B. reagiert der Wasserstoff trotz der Bindung an den Kohlenstoff bereits so stark sauer, daß der Ester in Bicarbonatlösung unter CO_2-Entwicklung löslich ist. Doch stellt man die Natriumverbindung meistens in alkoholischem Medium durch Ausfällen mit Natriumalkoholat her und kann sie dann in gleicher Weise wie beim Malonester mit den üblichen Alkylierungs- und Acylierungsmitteln am Kohlenstoff substituieren. Bei der nochmaligen Einwirkung von Chlorameisensäureester entsteht hierbei der **Methan-tetracarbonsäureester** $C(COOR)_4$ (Gleichung formulieren!), der als solcher durchaus beständig ist und infolge des Fehlens von Wasserstoff am Zentralatom auch keine sauren Eigenschaften mehr aufweist. Erst die bei der Verseifung entstehende freie Methan-tetracarbonsäure ist labil und zerfällt im Moment der Entstehung sofort unter Abgabe von zwei Molekülen CO_2 in Malonsäure, da sie als Endglied der Reihe:

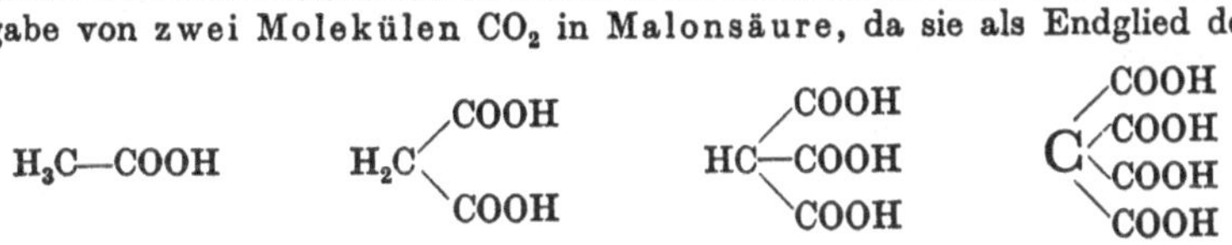

Essigsäure — Malonsäure — Methan-tricarbonsäure — Methan-tetracarbonsäure

naturgemäß noch weniger existenzfähig ist als die Methantricarbonsäure.

Ein weiteres beständiges Derivat der Methan-tricarbonsäure ist das Trinitril $HC(CN)_3$, das in Analogie zum Chloroform den Namen **Cyanoform** erhalten hat und aus Brommalonsäure-dinitril und Kaliumcyanid leicht synthetisiert werden kann[1]) (Gleichung

[1]) E. Cox u. A. Fontaine: Bull. Soc. chim. France **1954**, 948.

formulieren!). In ihm ist der Wasserstoff durch die gegenüber der COOR-Gruppe nochmals verstärkt positivierend wirkenden Cyanreste bereits derart stark acidifiziert, daß die Verbindung zu den sehr starken Säuren zählt und in Wasser vollständig ionisiert ist. Dementsprechend zeigt ihr Kaliumsalz $KC(CN)_3$ in wäßriger Lösung noch keinerlei Hydrolysenneigung.

Tricarballylsäure, die einfachste Tricarbonsäure, deren Carboxylgruppen sich an verschiedenen C-Atomen befinden, kann aus dem durch Bromaddition an Allylbromid leicht zugänglichen 1, 2, 3-Tribrompropan durch eine dreifache Kolbesche Nitrilsynthese gewonnen werden:

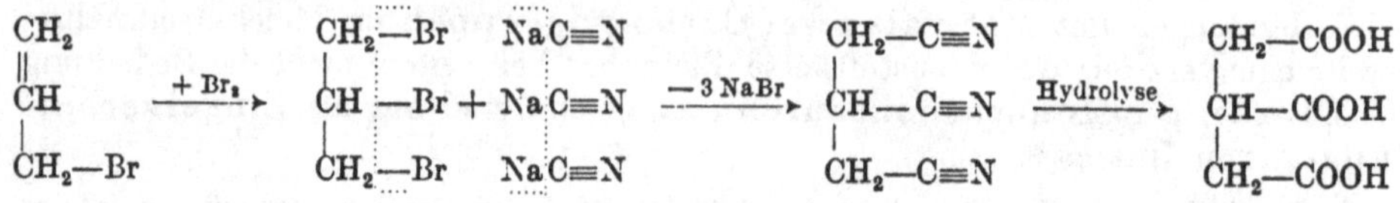

Sie ist wegen ihrer nahen Beziehungen zur Citronensäure (S. 511) von Bedeutung.

Als Beispiele einiger beständiger **Tetracarbonsäuren** seien die bei den auf S. 484 f. beschriebenen Synthesen der Bernstein- und Glutarsäure aus Malonester als Zwischenprodukt auftretenden Äthan- und Propan-tetracarbonsäuren genannt.

4. Die ungesättigten Polycarbonsäuren

Die einfachsten ungesättigten Dicarbonsäuren sind die **Malein-** und die **Fumarsäure**. Sie zeigen die gleiche Zusammensetzung, und man muß ihnen auch die gleiche Struktur zuerteilen, da sie beide durch Abspaltung von einem Mol Wasser aus Äpfelsäure (S. 507) entstehen und rückwärts durch Wasseranlagerung wieder in Äpfelsäure übergeführt werden können. Sie müssen also im Verhältnis der cis-trans-Isomerie zueinander stehen und bilden infolge ihrer leichten Darstellung und Handhabung seit jeher das klassische Untersuchungsobjekt der Erscheinungen der Äthylen-Isomerie. Ihre Konfigurationsbestimmung erwies sich als sehr einfach, denn nur die Maleinsäure ist zur Bildung eines cyclischen Anhydrids befähigt, ihr muß also die cis-Konfiguration zukommen. Ferner entsteht sie als cis-Verbindung bei der Ringöffnung cyclischer Verbindungen, wie z. B. von Benzol (vgl. S. 136) oder auch Chinon (S. 316) stets ausschließlich, wenn man die Reaktion unter Bedingungen durchführt, unter denen eine gegenseitige Umwandlung beider Säuren noch nicht möglich ist:

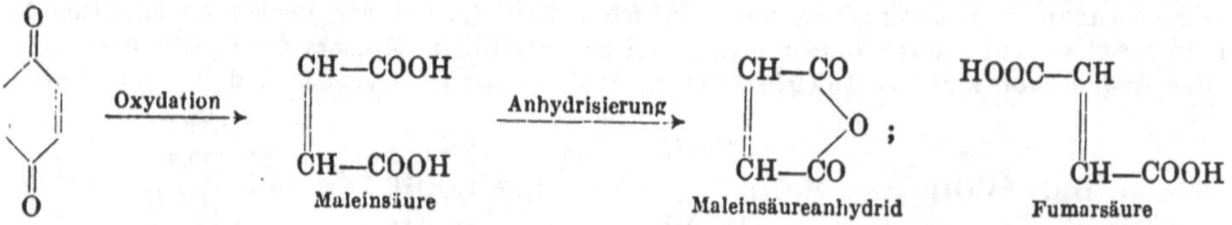

Von allgemeinem Interesse sind weiterhin die Stabilitätsverhältnisse und die Möglichkeiten der Umwandlung beider Säuren ineinander. Die Fumarsäure ist als trans-Verbindung infolge des größeren Abstandes der sich gegenseitig abstoßenden Carboxylgruppen eindeutig beständiger und entsteht daher aus der Maleinsäure beim Erhitzen über den Schmelzpunkt, bei UV-Bestrahlung oder bei chemischer Aktivierung (z. B. durch Spuren von HNO_2, Jod, $HgCl_2$, K_2S_2O-, organischen Aminen sowie bei der Umlagerung der Ester auch durch metallisches Kalium) freiwillig in exothermer Reaktion mit einer Wärmetönung von —6 kcal/Mol. Eine direkte Umwandlung der Fumar- in die Maleinsäure ist dagegen nicht möglich. Sie gelingt nur auf dem Umweg über das Maleinsäureanhydrid, indem man bei Temperaturen um 300° die im Gleichgewichtsgemisch in Spuren vorhandene Maleinsäure anhydrisiert und als Anhydrid durch Destillation entfernt. Wir beobachten also zwischen den beiden Säuren die folgenden Übergangsmöglichkeiten:

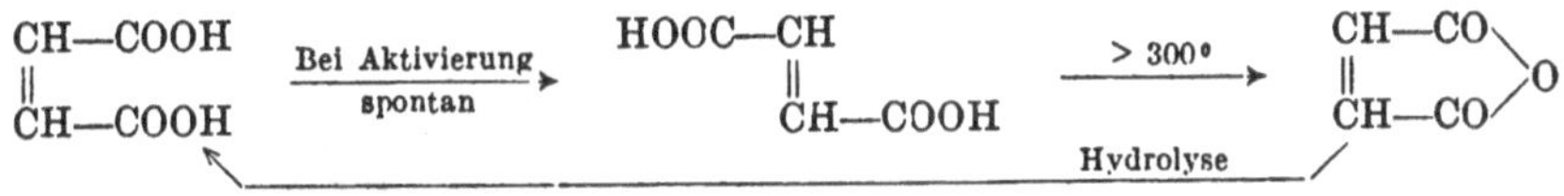

Dementsprechend entsteht bei der Wasserabspaltung aus Äpfelsäure bei etwa 150° überwiegend die stabilere Fumarsäure, während bei raschem Erhitzen auf höhere Temperatur sofort unter Abspaltung eines zweiten Wassermoleküls Maleinsäureanhydrid gebildet wird, das bei normaler Temperatur leicht in Maleinsäure überführbar ist.

Auch die übrigen physikalischen und physikalisch-chemischen Eigenschaften beider Säuren, wie etwa die Schmelzpunkte und die elektrolytischen Dissoziationskonstanten, zeigen die für äthylenisomere Verbindungen erwarteten Unterschiede, worauf später noch näher eingegangen wird (II, Kap. 7, II, 4).

Die C=C-Doppelbindung besitzt in beiden Säuren im wesentlichen die gleiche Reaktionsfähigkeit wie in den einfachen α,β-ungesättigten Olefincarbonsäuren und ist insbesondere ebenfalls durch nascierenden Wasserstoff reduzierbar (vgl. S. 389). Lediglich Brom wird bereits merklich schwerer addiert, und es werden infolge der Mittelstellung der Doppelbindung keine Polymerisationsreaktionen mehr beobachtet.

Maleinsäure kommt nicht natürlich vor und hat ihren Namen, wie die Malonsäure, auf Grund ihrer genetischen Beziehungen zur Äpfelsäure erhalten. Technisch wird sie meistens durch Oxydation von Benzol oder Crotonsäure mit Luftsauerstoff über Vanadinpentoxyd-Katalysatoren gewonnen. Sie fällt hierbei in Form ihres wichtigsten Derivates, des **Maleinsäureanhydrids** an, das eine dem Chinon ähnliche Konstitution aufweist und sich wie dieses hervorragend als philodiene Komponente für die Diels-Aldersche Diensynthese eignet:

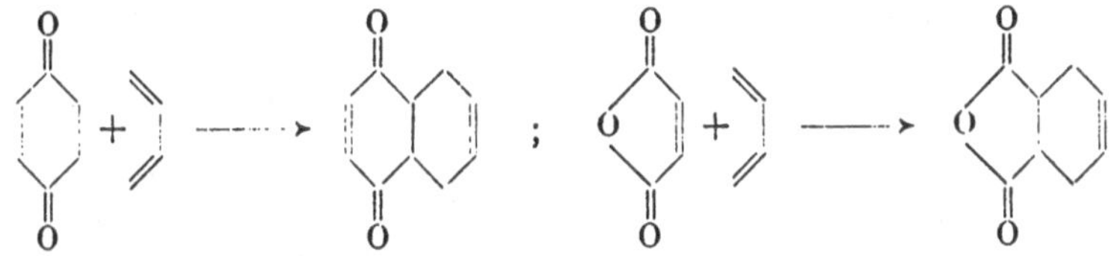

Tetrahydro-naphthochinon Tetrahydro-phthalsäureanhydrid

Fumarsäure tritt vereinzelt natürlich auf, z. B. im Erdrauch (*Fumaria officinalis*) und hat auf Grund dieses Vorkommens ihren Namen erhalten. Ferner stellt sie ein wichtiges Zwischenprodukt beim biochemischen Essigsäure- und Bernsteinsäureabbau dar (vgl. III, Kap. 8, III, 2dβ). Sie kann in dieser Eigenschaft nicht durch Maleinsäure ersetzt werden.

Die nächsthöheren Homologen der Malein- und Fumarsäure sind die **Citracon-** und **Mesaconsäure**, die ebenfalls im Verhältnis der cis-trans-Isomerie zueinander stehen, und zu denen die **Itaconsäure** stellungsisomer ist. Alle drei Säuren hängen genetisch eng mit der Citronensäure (S. 511) zusammen, aus der sie über die wichtigste ungesättigte Tricarbonsäure, die im Eisenhut (*aconitum napellus*) natürlich vorkommende **Aconitsäure** gebildet werden:

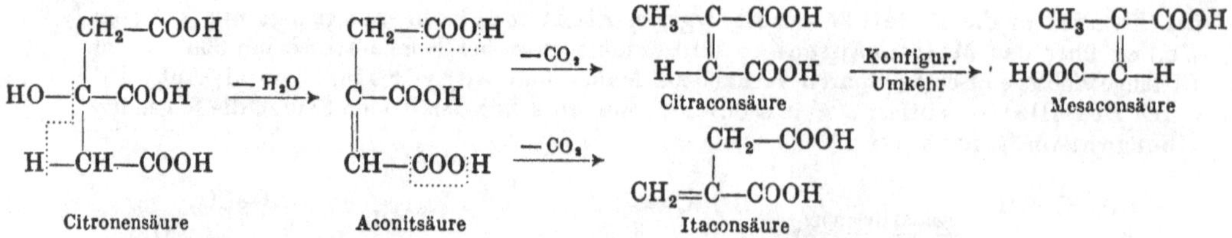

In der **Muconsäure** liegt eine ungesättigte Dicarbonsäure mit zwei konjugierten C=C-Doppelbindungen vor. Sie entsteht in analoger Weise wie die Maleinsäure aus aromatischen Verbindungen durch oxydative Ringöffnung (vgl. S. 137). Von den drei möglichen geometrisch isomeren Formen konnte bisher nur die stabile trans,trans-Verbindung und die auch hier labilere cis,cis-Verbindung[1]) gewonnen werden, während die cis,trans-Muconsäure nur in einigen Derivaten beschrieben wurde:

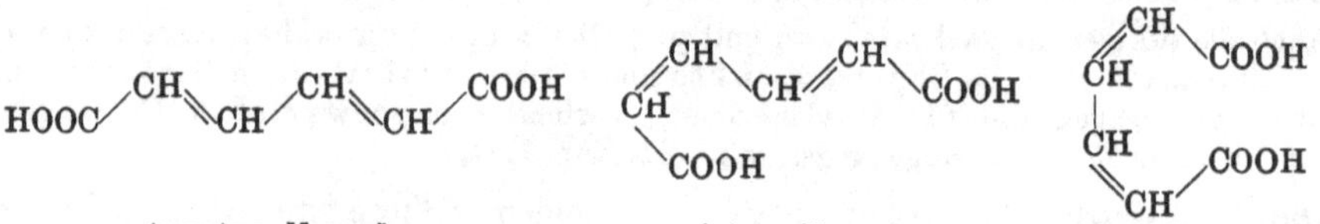

trans,trans-Muconsäure Smp. 298° Zers. — cis,trans-Muconsäure (unbekannt) — cis,cis-Muconsäure Smp. 187°

Die einfachste Dicarbonsäure der Alkinreihe ist die **Acetylen-dicarbonsäure.** Sie kann durch Abspaltung von zwei Molekülen Bromwasserstoff aus α,α'-Dibrombernsteinsäure dargestellt werden:

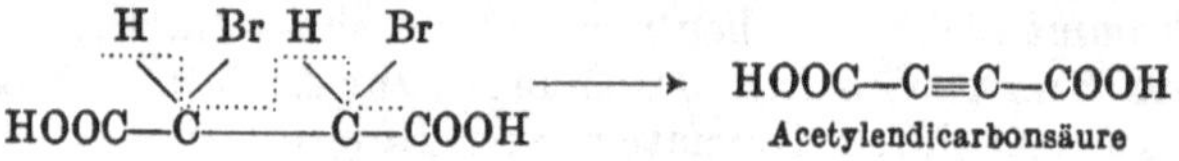

Acetylen-dicarbonsäure ist eine bei 179° schmelzende, relativ beständige Verbindung, die infolge der Aktivierung der Carboxylgruppen durch die dreifache Bindung bereits zu den starken Säuren (vgl. Tabelle 25, S. 474) zählt. Sie kann noch leichter als Propiolsäure decarboxyliert werden, am besten durch Erhitzen des sauren Kalisalzes, wobei propiolsaures Kalium entsteht:

$$KOOC{-}C{\equiv}C{-}COOH \xrightarrow{-CO_2} KOOC{-}C{\equiv}C{-}H$$

Von ihren Derivaten hat vor allem der Diäthylester allgemeine Bedeutung erlangt, da er in gleicher Weise wie Acetylen (S. 116f. u. I, Kap. 6, III, 1 a u. 3 c) zur Anlagerung anderer ungesättigter Verbindungen unter Ringschluß befähigt ist und daher zuweilen zur Synthese der Carbonsäureester cyclischer Verbindungen dient. So entsteht z. B. bei der Trimerisierung der Hexaäthylester der auf S. 495 beschriebenen Mellit(h)säure:

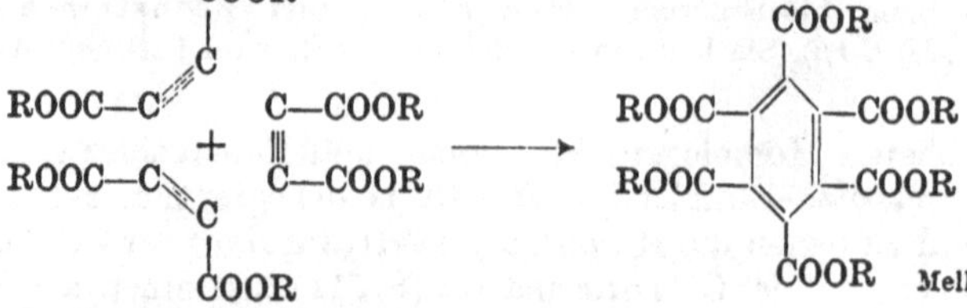

Mellit(h)säureester

---

[1]) Vgl. z. B.: P. Karrer u. Mitarbb.: Helv. **31**, 1210 (1948).

Das **Acetylendicarbonsäure-dinitril** N≡C—C≡C—C≡N mit drei konjugierten Dreifachbindungen geht bei der Verbrennung vollständig in Kohlenoxyd und elementaren Stickstoff über, also in Verbindungen, die bis 6000° K noch nicht nennenswert thermisch dissoziieren. Infolgedessen kann die gesamte Verbrennungswärme, die wegen der stark endothermen Natur des Dinitrils — die Bildungswärme aus den Elementen beträgt + 149 kcal/Mol — relativ hoch ist, ausschließlich zur Erwärmung der Verbrennungsgase ausgenützt werden, und man beobachtet die höchsten bisher bekannten Verbrennungstemperaturen[1]). Sie betragen bei Arbeiten mit reinem Sauerstoff bei 40 Atm. Druck 5750° K, bzw. bei Arbeiten mit Ozon unter sonst gleichen Bedingungen sogar 6100° K.

Eine eigenartige Methode zur Darstellung höherer **Polyacetylen-dicarbonsäuren** hat A. v. Baeyer beschrieben. Aus der Kupferverbindung des propiolsauren Kaliums (I) kann man durch schwache Oxydationsmittel, z.B. mit Kalium-eisen(III)-cyanid, das Kupfer herausspalten. Hierbei treten (wieder im Sinn einer Wurtzschen Synthese mit vertauschten Oxydationsstufen, vgl. S. 469) die beiden Acetylenreste zum Dikaliumsalz der Diacetylendicarbonsäure (II) zusammen. Das Monokaliumsalz dieser Verbindung (III) erleidet wie das Monokaliumsalz der Acetylendicarbonsäure sehr leicht Decarboxylierung zum *diacetylen-monocarbonsauren Kalium*, dessen Kupferverbindung (IV) die oxydative Herausspaltung des Kupfer(I)-oxyds, in diesem Fall unter Bildung des Dikaliumsalzes der *Tetra-acetylendicarbonsäure* (V), nochmals erleiden kann:

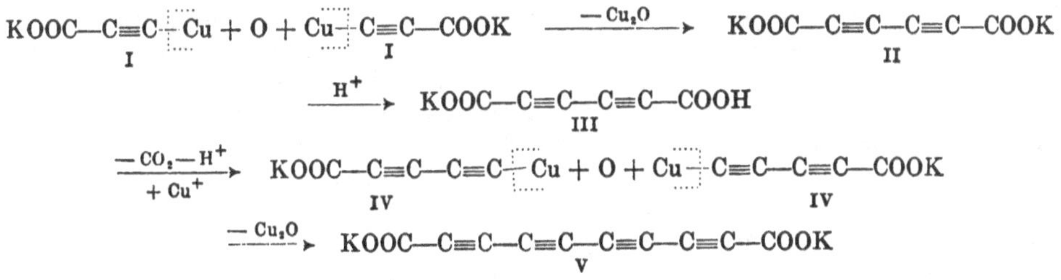

Alle Verbindungen dieser Reihe sind, wie zu erwarten, sehr unbeständig und verharzen bereits beim Stehen am Tageslicht.

5. Die aromatischen Polycarbonsäuren

Die drei isomeren Benzoldicarbonsäuren sind bekannt und haben Trivialnamen erhalten:

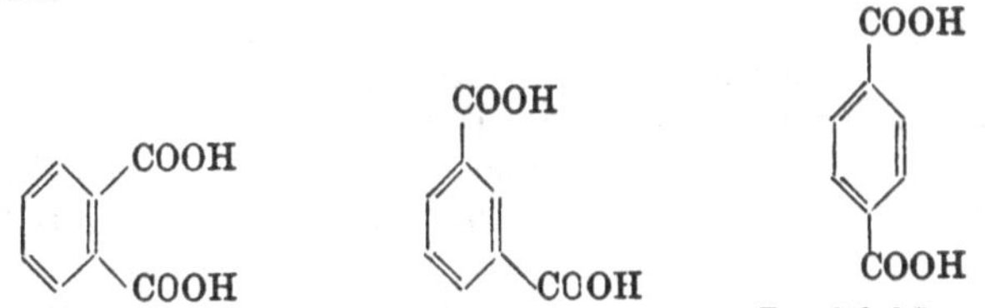

Phthalsäure Smp.[2]) 231° — Isophthalsäure Smp. 349° — Terephthalsäure Smp. 300°

Die wichtigste von ihnen ist die **Phthalsäure**, die der ganzen Gruppe den Namen gegeben hat. Sie wurde erstmals im Jahre 1836 von A. Laurent durch Oxydation des bei der Anlagerung von zwei Molekülen Chlor an Naphthalin (Name!) entstehenden Naphthalin-tetrachlorids mit Salpetersäure erhalten:

---

[1]) A. D. Kirschenbaum u. A. V. Grosse: Am. Soc. 78, 2020 (1956).

[2]) Im geschlossenen Rohr. Andernfalls schmilzt die Substanz bereits zwischen 190 und 200° unter Wasserabspaltung und Anhydridbildung.

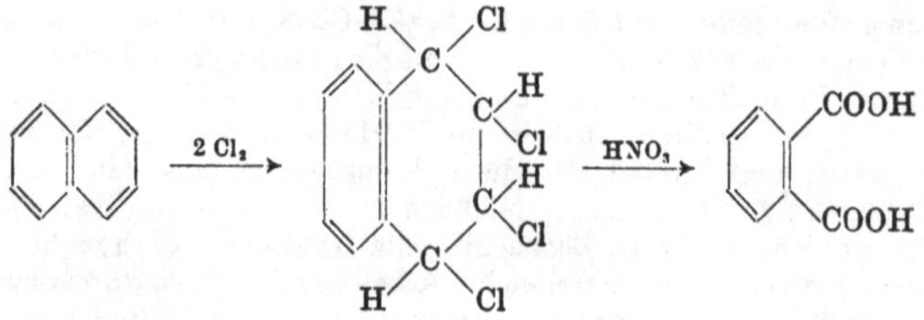

und wird auch heute noch grundsätzlich auf dem gleichen Wege durch oxydativen Abbau von Naphthalin gewonnen. Die Reaktion stellt gleichzeitig einen wichtigen Beweis für die o-Stellung der Carboxylgruppen dar. Als Oxydationsmittel verwendet man entweder rauchende Schwefelsäure (bzw. SO_3) in Gegenwart von Quecksilbersulfat oder noch besser direkt Luftsauerstoff über Vanadin- oder Molybdänoxyd-Kontakten bei 400—500°. Die Phthalsäure entsteht bei beiden Verfahren in Form ihres Anhydrids.

Phthalsäure ist eine leicht kristallisierende, gegen Oxydationsmittel und andere chemische Einflüsse sehr widerstandsfähige Substanz, die infolge der o-Stellung der Carboxylgruppen etwas stärker sauer ist als die m- und p-Verbindung (vgl. Tabelle 25, S. 474), und die sich als 1,4-Dicarbonsäure vor allem durch ihre Tendenz zu Ringschlußreaktionen auszeichnet. Insbesondere geht sie beim Erhitzen über den Schmelzpunkt sehr leicht in das cyclische Anhydrid über. Phthalsäure findet, namentlich in Form ihres Anhydrids, eine vielfache technische Anwendung zur Synthese von Farbstoffen, z. B. der nach ihr benannten Phthaleine (**III**, Kap. 2, III, 2a) und Phthalocyanine (**III**, Kap. 2, VII, 5), sowie zur Gewinnung von Anthranilsäure (**I**, Kap. 6, I, 4dγ) und zahlreichen Anthrachinonderivaten (**III**, Kap. 2, IV, 2). Ferner dient sie in der Kunststoffindustrie zur Herstellung der Glyptale und von Weichmachungsmitteln (s. u.).

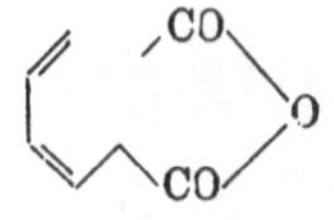

Ihr wichtigstes Derivat ist das **Phthalsäureanhydrid**, das, wie erwähnt, bereits beim Erhitzen der Phthalsäure über ihren Schmelzpunkt entsteht und daher als Primärprodukt bei der Phthalsäuregewinnung nach den oben beschriebenen Kontaktverfahren erhalten wird. Es kann als Säureanhydrid ohne weitere Umwandlung in andere Säurederivate zur Einführung des Phthalsäurerestes bei der Friedel-Craftsschen Reaktion verwandt werden und dient infolgedessen als Ausgangsmaterial für zahlreiche Synthesen in der Farbstoffindustrie (s. o.). Mit Alkoholen geht es, ähnlich wie Bernsteinsäureanhydrid in saure Ester über (Gleichungen formulieren!), die zuweilen zur Abtrennung der Alkohole aus Gemischen mit neutralen Verbindungen verwandt werden. Beim Einleiten von Ammoniakgas in der Hitze erhält man über die Stufe des Halbamids hinaus sofort das als

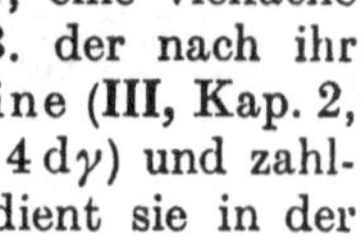

Phthalimid bezeichnete cyclische sekundäre Säureamid der Phthalsäure, das auch im großen auf diesem Wege gewonnen wird. Es dient in der Technik hauptsächlich als Ausgangsmaterial zur Gewinnung von Anthranilsäure (I. Kap. 6, I. 4dγ) und bildet infolge der Acidität der sekundären Säureamidgruppe bei der Einwirkung alkoholischer Kalilauge ein sehr stabiles Kaliumsalz (**Phthalimid-kalium**), das hauptsächlich präparative Bedeutung, z. B. zur Darstellung primärer Amine nach S. Gabriel (**I**, Kap. 6, I, 1cα), erlangt hat.

Phthalylchlorid (I), das sekundäre Säurechlorid der Phthalsäure, erhält man in normaler Weise durch Behandeln von Phthalsäure oder Phthalsäureanhydrid mit Chlorierungsmitteln, z. B. mit Thionylchlorid. Es isomerisiert sich ziemlich leicht in umkehrbarer Reaktion zum unsymmetrischen Dichlorphthalid[1]) (II), so daß man schon fast von einer Tautomerie sprechen kann:

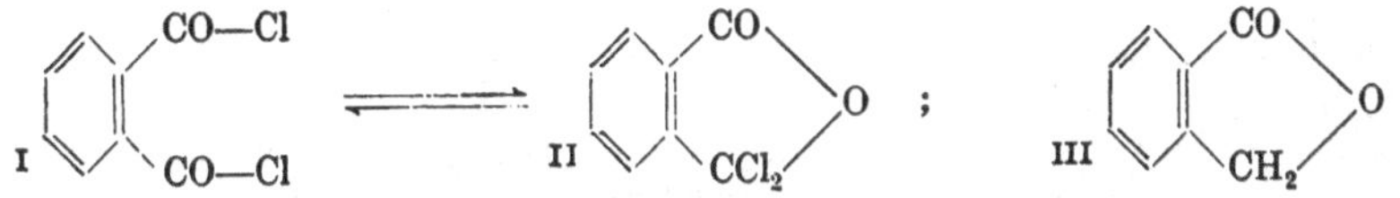

Der Übergang zwischen den beiden in reinem Zustand durchaus beständigen Verbindungen wird in erster Linie durch saure Reagenzien bewirkt. So lagert sich z. B. Dichlorphthalid in Gegenwart von Chlorwasserstoff langsam in das stabilere Phthalylchlorid um, während Aluminiumchlorid, das mit der Phthalidform einen stabilen Komplex bildet, die Rückreaktion bewirkt. Infolgedessen führen alle in Gegenwart von Aluminiumchlorid verlaufenden Reaktionen, z. B. die Kondensation mit Benzol nach Friedel-Crafts, von beiden Verbindungen aus zu Derivaten der Phthalidform, während umgekehrt bei Veresterung mit Alkoholen, die unter H—Cl-Entwicklung vor sich geht, aus beiden Formen die normalen Phthalsäureester entstehen:

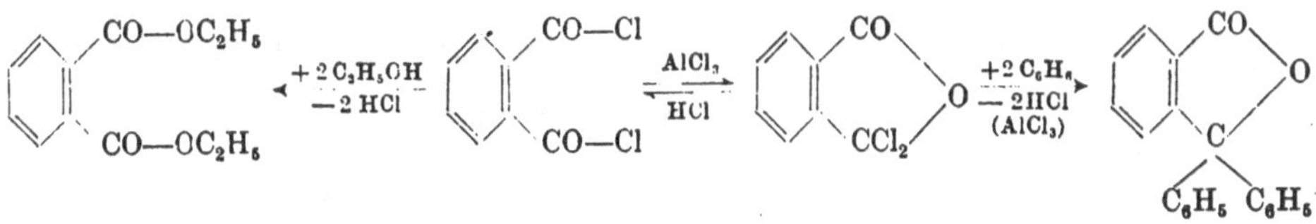

Bei der Einwirkung von Ammoniak erhält man aus beiden Molekülformen, ohne daß eine gegenseitige Umwandlung erfolgt, die gleiche Cyan-benzoesäure als Reaktionsprodukt, die wahrscheinlich auf den folgenden Wegen entsteht:

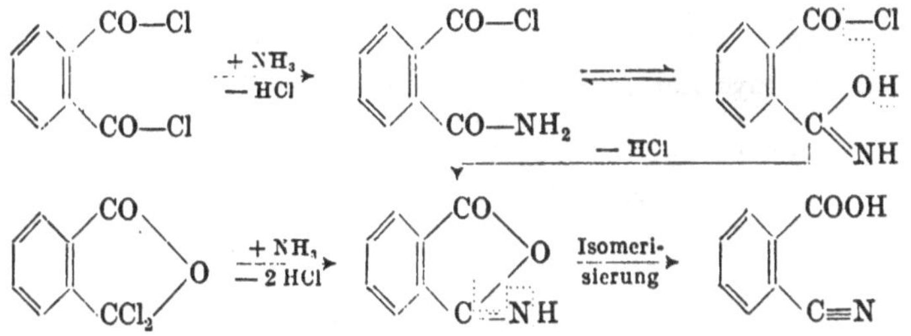

Die meist flüssigen **Phthalsäureester** der niederen Alkohole dienen wegen ihres hohen Siedepunktes und ihrer hervorragenden Löslichkeitseigenschaften vielfach in der Kunststoffindustrie als Weichmachungsmittel, **Dimethylphthalat** daneben auch als Insect-Repellent[2]). Bei der Einwirkung von Glycerin und anderen Poly-alkoholen auf Phthalsäureanhydrid erfolgt wegen zu großer Ringweite der zu erwartenden cyclischen Ester (formulieren!) zwischenmolekulare Veresterung zu hochmolekularen Verbindungen, die unter der Bezeichnung *Glyptale* (aus *Gly*cerin-*Phthal*säureester) wertvolle Kunststoffe darstellen (vgl. auch **III,** Kap, 3, III, 1b).

Phthalsäuredinitril wird technisch durch Wasserabspaltung aus dem neutralen Ammoniumphthalat gewonnen (Gleichung formulieren!) und dient insbesondere zur Herstellung der Phthalocyaninfarbstoffe (**III,** Kap. 2, VII, 5).

---

[1]) Phthalid (III) ist das bereits auf S. 473 erwähnte, bei der Disproportionierung von o-Phthalaldehyd entstehende Lacton der o-Hydroxymethyl-benzoesäure.

[2]) Zusammenfassung über Insect-Repellents: G. E. Utzinger: Angew. Chem, **63,** 430 (1951).

Isophthalsäure und **Terephthalsäure** stellt man am besten durch Oxydation von m- bzw. p-Xylol oder, vom m- bzw. p-Toluidin ausgehend, durch Einführung der Nitrilgruppe nach SANDMEYER (I, Kap. 6, III, 1 b) und anschließende Oxydation der Methylgruppe dar (Gleichungen formulieren!). Für Terephthalsäure besteht eine weitere wichtige Darstellungsmöglichkeit in der unter Wanderung einer Carboxylgruppe erfolgenden Umlagerung von Kalium-phthalat (und den Kaliumsalzen anderer Carbonsäuren) in Kalium-terephthalat, die in Gegenwart von Zink- oder Cadmiumoxyd bei etwa 400° durchführbar wird[1]). Beide Säuren sind nicht mehr zur Bildung cyclischer Derivate befähigt und zeichnen sich infolge der zwischenmolekularen Absättigung der Assoziationskräfte der Carboxylgruppen durch eine ungewöhnlich hohe Stabilität des kristallisierten Zustandes aus, die insbesondere in der oberhalb 300° ohne vorheriges Schmelzen erfolgenden Sublimation der Terephthalsäure zum Ausdruck kommt.

Terephthalsäure bildet mit zweiwertigen Alkoholen wie Äthylen-glykol makromolekulare Ester, die sich wegen ihrer gestreckten Molekülgestalt gut zur Herstellung synthetischer Fasern (*Terylenfaser*) eignen:

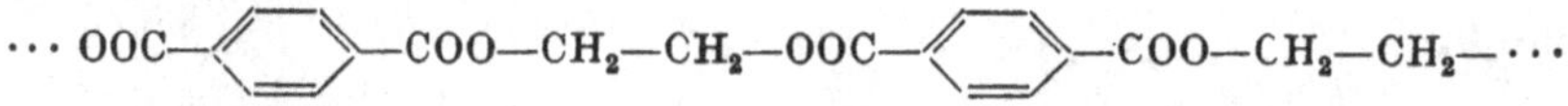

Terylen

Die drei isomeren Benzoltricarbonsäuren führen ebenfalls Trivialnamen:

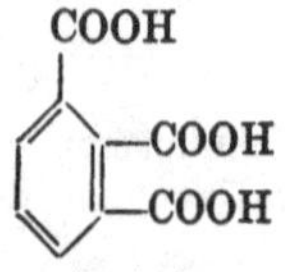

Hemimellit(h)säure
Smp. 190°
unter Anhydridbildung

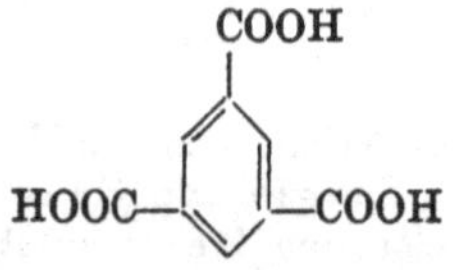

Trimesinsäure
Smp. 345—350°

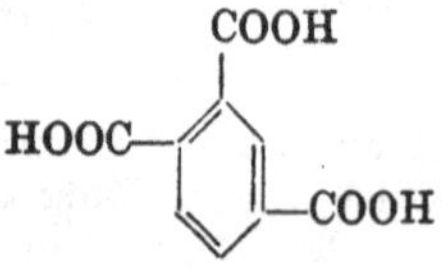

Trimellit(h)säure
Smp. 224—225°
unter Anhydridbildung

Sie können durch Oxydation der drei Trimethylbenzole, Hemimellit(h)säure daneben auch durch oxydativen Abbau von Acenaphthen (I, Kap. 11, II, 1 f) gewonnen werden. Letztere Reaktion stellt gleichzeitig einen Konstitutionsbeweis dar:

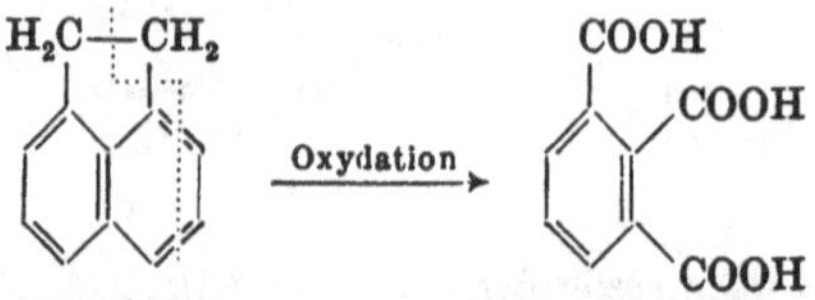

Acenaphthen

Trimesinsäure ist nicht zur Anhydridbildung befähigt und schmilzt daher ebenfalls sehr hoch Eine praktische Bedeutung haben die drei Säuren ebensowenig erlangt wie die drei isomeren Benzoltetracarbonsäuren:

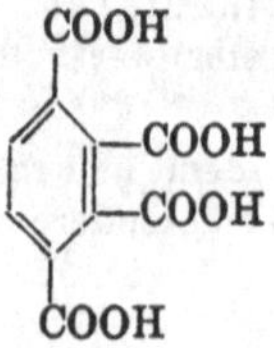

Mellophansäure
Smp. 240°

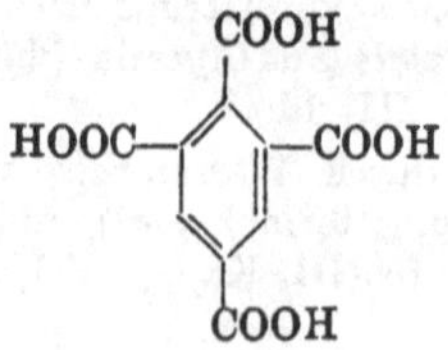

Prehnitsäure
Smp. 239—250°

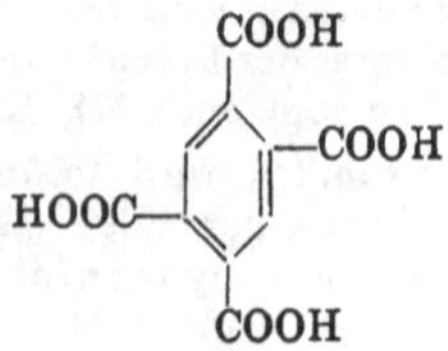

Pyromellit(h)säure
Smp. 265—268°

---

[1]) Zusammenfassung: B. RAECKE: Angew. Chem. **70**, 1 (1958).

In der **Mellit(h)säure** liegt schließlich die höchste Benzolpolycarbonsäure vor. Man erhält ihre Ester recht glatt durch die erwähnte Trimerisation der Acetylendicarbonsäureester (S. 490), doch stellt man die Säure selbst meistens durch Aboxydation der Seitenketten von Hexaalkylbenzolen dar. Insbesondere ihre Bildung beim oxydativen Abbau des Graphits mit Salpetersäure in Gegenwart von Vanadinsalzen als Katalysatoren hat sich zu ihrer Darstellung bewährt.

Hierbei bleibt, wie die nebenstehende schematische Skizze zeigt, in der die Kohlenstoffgerüste der herausgeschnittenen Mellithsäuremoleküle durch Fettdruck und die nicht in Mellithsäure überführbaren C-Atome des Graphits durch einen Kreis gekennzeichnet sind, auch unter den günstigsten Verhältnissen nur jeder siebente Benzolring erhalten. Doch enthält die Mellithsäure trotzdem $^6/_7$ aller ursprünglichen C-Atome, so daß die Reaktion gleichzeitig als Beweis für die aromatische Struktur des Graphits angesehen werden kann.

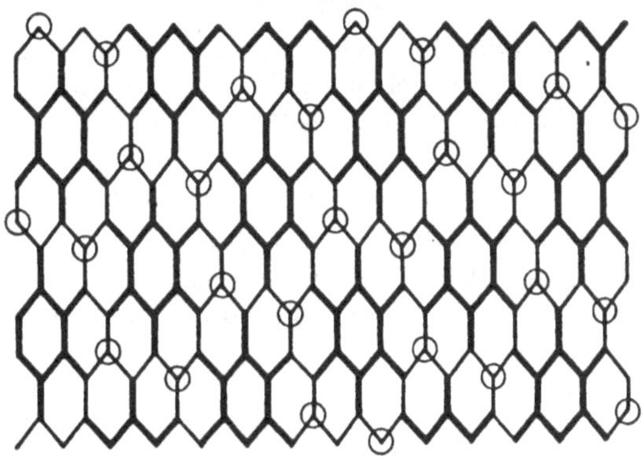

Mellithsäure ist eine in Wasser leicht lösliche, gut kristallisierende Substanz, die sich bei höherer Temperatur unter Decarboxylierung zweier p-ständiger COOH-Gruppen und Anhydrisierung der restlichen Carboxylgruppen zum *Pyromellithsäureanhydrid* (formulieren!) zersetzt. Ferner kann man sie durch Behandeln mit Acetylchlorid in das interessante **Mellithsäuretrianhydrid** überführen:

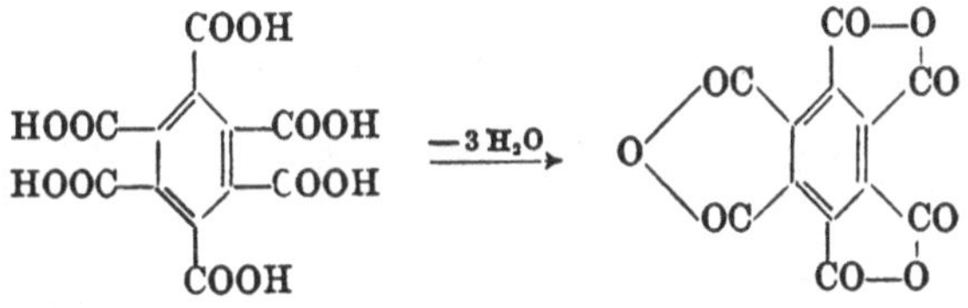

Mellithsäureanhydrid $C_{12}O_9$

Es ist ähnlich wie das noch kohlenstoffreichere Kohlensuboxyd (S. 308) nur aus Kohlenstoff und Sauerstoff aufgebaut, weist also ebenfalls die formale Zusammensetzung eines „Kohlensuboxyds“ auf. Doch handelt es sich auch hier um kein echtes Kohlenstoffoxyd, da nicht alle C-Atome gleichartig und ausschließlich an Sauerstoff gebunden sind.

Von den sonstigen Derivaten der Mellithsäure ist vor allem das wasserhaltige Aluminiumsalz $C_{12}O_{12}Al_2 \cdot 18\,H_2O$ von Interesse. Es kommt in verschiedenen Kohlenlagern mineralisch vor und hat auf Grund seines auffallend süßen Geschmacks den Namen *Honigstein* erhalten, von dem sich sekundär wieder die Bezeichnung *Mellithsäure* (von griech. μέλι = der Honig und λίθος = der Stein) ableitet. Das Salz enthält als wasserfreie Verbindung keinen Wasserstoff mehr im Molekül, kann also formal als Salz einer „Unterkohlensäure“ aufgefaßt werden.

V. Die Hydroxycarbonsäuren

Eine weitere wichtige Substanzklasse stellen die Verbindungen dar, die neben einer oder mehreren Carboxylgruppen eine oder mehrere OH-Gruppen im Molekül enthalten. Sie sind insbesondere in der belebten Natur häufig anzutreffen und spielen auch bei biochemischen Umsetzungen eine bedeutende Rolle als Zwischenprodukte (vgl. **III**, Kap. 8, III). Sie lassen sich wie die vorbesprochenen Verbindungsklassen in eine (wichtigere) aliphatische und eine aromatische Reihe (*Phenolcarbonsäuren*) unterteilen.

1. Die aliphatischen Hydroxycarbonsäuren

Die charakteristischen Eigenschaften der aliphatischen Hydroxycarbonsäuren hängen wieder in hohem Maße von dem gegenseitigen Abstand und auch der Zahl der Sauerstoff-Funktionen ab, so daß ihre weitere Unterteilung gegeben ist.

a) Die 1,2- oder α-Monohydroxy-monocarbonsäuren

Der Gruppe der *1, 2-* oder *α-Hydroxycarbonsäuren* gehören die wichtigsten Naturstoffe dieser Reihe an, doch erfolgt ihre **Darstellung** meistens synthetisch nach einem der folgenden drei grundsätzlich bereits bekannten Verfahren:

1. durch hydrolytische Abspaltung des Halogenatoms aus einer α-Halogenfettsäure:

$$R{-}\underset{}{\overset{\displaystyle Cl}{\overset{|}{C}}}H{-}COOH \xrightarrow[(Na_2CO_3,\,CaCO_3\text{ u. a.})]{H_2O} R{-}\overset{\displaystyle OH}{\overset{|}{C}}H{-}COOH$$

2. aus den um ein C-Atom ärmeren Aldehyden mit Hilfe der Cyanhydrinsynthese (S. 249):

$$R{-}CH{=}O + H{-}C{\equiv}N \longrightarrow R{-}\overset{\displaystyle OH}{\overset{|}{C}}H{-}C{\equiv}N \xrightarrow{\text{Hydrolyse}} R{-}\overset{\displaystyle OH}{\overset{|}{C}}H{-}COOH$$

3. durch Eliminierung der Aminogruppe einer Aminocarbonsäure mittels salpetriger Säure (Näheres vgl. **I**, Kap. 6, I, 1a):

$$R{-}\overset{\displaystyle NH_2 + O{=}N{-}OH}{\overset{|}{C}}H{-}COOH \xrightarrow[-N_2]{-H_2O} R{-}\overset{\displaystyle OH}{\overset{|}{C}}H{-}COOH$$

Die einfachen aliphatischen Hydroxycarbonsäuren sind, ähnlich wie das Glycerin (vgl. S. 441 Anm. 1), trotz ihres oberhalb Zimmertemperatur liegenden Schmelzpunktes meist sirupöse, schlecht kristallisierende Flüssigkeiten, deren Siedepunkte infolge der Anwesenheit von zwei assoziierenden Hydroxylgruppen im Molekül ungewöhnlich hoch liegen, so daß sie bei ihrer geringen Thermostabilität (s. unten) nicht mehr unzersetzt destilliert werden können. Ihre Reindarstellung bereitet infolgedessen zuweilen erhebliche Schwierigkeiten. Die Säurestärke wird, ähnlich wie bei den α-Halogencarbonsäuren (vgl. Tabelle 22, S. 389), durch die negative Substitution des α-ständigen C-Atoms gegenüber den gesättigten Fettsäuren etwas erhöht und liegt mit einem p_K-Wert von 3,13 für Milchsäure etwa in der Mitte zwischen beiden Verbindungsgruppen.

Hinsichtlich ihrer **chemischen Eigenschaften** zeigen sie zunächst einmal die normalen Umsetzungen der Carboxyl- und der alkoholischen Hydroxylgruppe nebeneinander, und man kann sie z. B. sowohl an der alkoholischen Hydroxylgruppe mit Säuren als auch an der Carboxylgruppe mit Alkoholen verestern. Daneben beobachtet man die folgenden speziellen Reaktionen:

1. Bei höherer Temperatur tritt, ähnlich wie bei der Dioxanbildung (S. 439), leicht zweimalige Wasserabspaltung zwischen zwei Säuremolekülen unter Bildung von cyclischen Estern, den sog. **Lactiden**, ein:

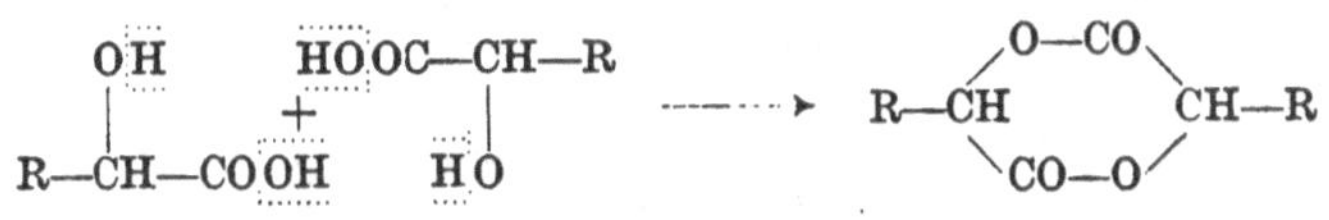

Auch eine lineare Veresterung mehrerer α-Hydroxycarbonsäuremoleküle in der gleichen Art, wie wir sie später als charakteristisches Aufbauprinzip der Proteine kennenlernen werden, ist möglich. In diesem Fall spricht man von **Estolidbildung**:

$$HO{-}\overset{R}{\overset{|}{C}}H\left[{-}COOH + HO{-}\overset{R}{\overset{|}{C}}H\right]_n{-}COOH \xrightarrow{-n\,H_2O} HO{-}\overset{R}{\overset{|}{C}}H\left[{-}CO{-}O{-}\overset{R}{\overset{|}{C}}H\right]_n{-}COOH$$

Dagegen hat man eine innermolekulare Wasserabspaltung unter Bildung der dem Äthylenoxyd entsprechenden α-Lactone (vgl. S. 504) bisher nicht beobachtet, und es findet bei allen Versuchen zu ihrer Verwirklichung eine lactid- oder estolidartige Veresterung unter Bildung di- oder hochmolekularer Produkte statt. Lediglich in wenigen Ausnahmefällen kann man eine innermolekulare Wasserabspaltung erreichen, die aber stets zu einer α,β-ungesättigten Carbonsäure führt. Letztere bildet bei der Wasseranlagerung jedoch nicht wieder die α-Hydroxycarbonsäure zurück, sondern es erfolgt „1,4-Anlagerung" zur β-Hydroxycarbonsäure (vgl. z. B. die Tropasäure, S. 500):

$$R{-}CH_2{-}\overset{OH}{\overset{|}{C}}H{-}COOH \xrightarrow{-H_2O} R{-}CH{=}CH{-}COOH \xrightarrow{+H_2O} R{-}\overset{OH}{\overset{|}{C}}H{-}CH_2{-}COOH$$

2. Wie in den 1,2-Dioxoverbindungen und der Oxalsäure ist auch in den α-Hydroxycarbonsäuren die Bindung zwischen den beiden mit Sauerstoff beladenen C-Atomen merklich labilisiert. Die wichtigste Spaltungsreaktion ist die bei der Einwirkung von konzentrierter Schwefelsäure hier besonders leicht erfolgende Kohlenoxydspaltung, die zumindest in diesem Falle im Sinne einer echten Hydrolyse zu verlaufen scheint, denn sie geht in der Wärme auch mit verdünnter Schwefelsäure vor sich, wobei die intermediär entstehende Ameisensäure erhalten bleibt:

$$R{-}\overset{OH}{\overset{|}{C}}H{-}COOH \begin{array}{l} \xrightarrow[H_2SO_4]{\text{Konzentrierte}} R{-}CH{=}O + C{\equiv}O + H_2O \\ \xrightarrow[H_2SO_4]{\text{Verdünnte}} R{-}CH{=}O + H{-}COOH \end{array}$$

Weiterhin kann die Spaltung der C—C-Bindung auch oxydativ erfolgen. Insbesondere von Hydroperoxyd in Gegenwart von Eisen(II)-Ionen werden die α-Hydroxycarbonsäuren als α,β-Dihydroxyverbindungen leicht angegriffen und gehen in CO_2 und die um ein C-Atom ärmeren Aldehyde über (Gleichung formulieren!). Eine ähnliche Spaltung gelingt mit Hilfe des HOFMANNschen Säureamidabbaues, der hier insofern einen interessanten Verlauf nimmt, als der zunächst entstehende Isocyansäureester (I) als Aldehydderivat vom Hydrattypus (S. 285) sofort in Aldehyd und freie Cyansäure (bzw. in dem alkalischen Reaktionsmedium in das beständigere Alkalicyanat) zerfällt. Letzteres kann nach R. A. WEERMANN mit Hydrazinsulfat in das leicht erkennbare, auf S. 425 bereits erwähnte Hydrazindicarbonsäurediamid übergeführt werden und damit indirekt zum Nachweis von α-Hydroxycarbonsäuren dienen:

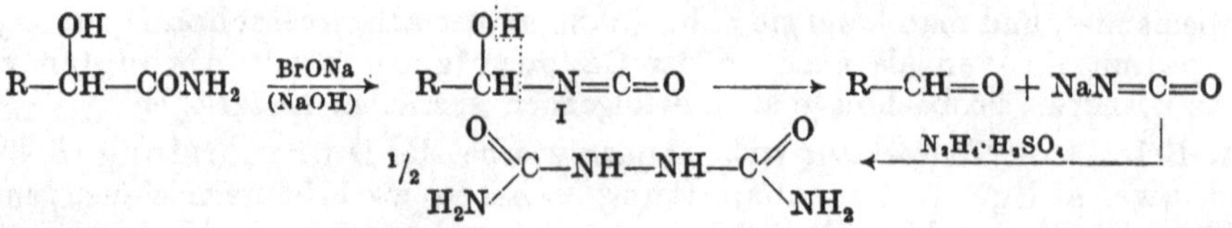

Einzelverbindungen: **Glykolsäure** HO—CH_2—COOH, das Anfangsglied der Reihe, tritt verschiedentlich, z. B. in unreifen Weintrauben, natürlich auf. Sie wird durch Verseifung von Monochloressigsäure mit Natriumcarbonat gewonnen, entsteht aber auch bei der vorsichtigen Oxydation von Glykol oder Glykolaldehyd und findet eine beschränkte Anwendung in der Zeugdruckerei.

Die **Milchsäure** (*acidum lacticum*, von lat. *lac, lactis* = die Milch) oder α-Hydroxypropionsäure CH_3—CHOH—COOH hat den Namen auf Grund ihres Auftetens in der sauren Milch erhalten. Sie ist die wichtigste Verbindung der Reihe, nach der sekundär zahlreiche weitere Verbindungsklassen, wie z. B. die Lactate (vgl. Tabelle 16, S. 333) die Lactone (S. 501f.), die Lactide (s. o.), die Lactame (**I**, Kap. 6, I, 4dβ) und auch die nur indirekt von ihr abgeleiteten Lactolide (S. 456) benannt werden. Sie tritt außer beim Sauerwerden der Milch auch bei anderen sauren Gärungsvorgängen auf, z. B. im Sauerkraut und im sauren Silofutter. Ferner entsteht sie als wichtiges intermediäres Stoffwechselprodukt beim anaeroben Abbau der Kohlenhydrate im Muskel (*Fleischmilchsäure*, s. u.).

Ihre technische Darstellung erfolgt ausschließlich durch Vergärung von Kohlenhydraten (vgl. **III**, Kap. 8, III, 2cβ), aus denen sie infolge der gleichen durchschnittlichen Oxydationsstufe der C-Atome ohne Zuführung von Oxydations- oder Reduktionsäquivalenten entsteht. Die analog verlaufende Milchsäurebildung in vitro durch Kochen von Kohlenhydraten mit schwachen Alkalien haben wir beim Glycerinaldehyd und Methylglyoxal bereits kennengelernt (vgl. S. 457/464).

Zur präparativen Milchsäuregewinnung eignet sich auch die Hydrolyse der α-Halogen-propionsäuren oder die Cyanhydrinsynthese vom Acetaldehyd aus (Gleichungen formulieren!).

Die Milchsäure besitzt ein asymmetrisches C-Atom und existiert dementsprechend in zwei optischen Antipoden, der rechtsdrehenden L(+)-*Milchsäure* und der linksdrehenden D(—)-*Milchsäure*, die allgemein durch die folgenden Formeln wiedergegeben werden:

D(—)-Milchsäure L(+)-Milchsäure

Die im Muskel auftretende *Fleischmilchsäure* ist die L(+)-Milchsäure, während die *Gärungsmilchsäure* in den meisten Fällen in Form des racemischen Gemisches beider Antipoden anfällt, offenbar weil die letzte Phase der Bildungsreaktion, die Hydrierung der inaktiven Brenztraubensäure, in diesem Fall symmetrisch verläuft, so daß beide Antipoden die gleiche Bildungswahrscheinlichkeit haben.

Die racemische D,L-*Milchsäure* ist ein bei $+18^0$ schmelzender fester Körper, doch ist es aus den angeführten Gründen sehr schwierig, sie zur Kristallisation zu bringen. Im allgemeinen liegt sie als hygroskopische Flüssigkeit vor, die bereits vor der vollständigen Entwässerung chemisch gebundenes Wasser unter Bildung einer estolidartigen dimolekularen Estersäure, der *Lactylmilchsäure*

$$HO-CH(CH_3)-CO-O-CH(CH_3)-COOH,$$

abgibt. Diese geht dann bei 180—250° in das oben erwähnte Lactid (formulieren!) über.

Milchsäure ist ein wichtiges technisches Produkt und dient u. a. in der Gerberei zum Entkalken von Leder, in der Färberei als Reduktionsmittel sowie wegen ihrer leichten Verdaulichkeit in der Nahrungsmittelindustrie zum Bereiten von Limonaden, Essenzen usw. Auch ihre Salze finden zuweilen Verwendung, so die Alkalimetall-lactate infolge der sirupösen Konsistenz ihrer Lösungen als Glycerinersatz (*Perglycerin*), das Calcium- und Magnesiumlactat in der Pharmazie als vom Organismus leicht aufnehmbare Kalk- und Magnesiumpräparate, sowie schließlich das schwer lösliche und gut kristallisierende Zinklactat zur quantitativen Milchsäurebestimmung.

Mandelsäure C_6H_5—CHOH—COOH, die einfachste aromatische Hydroxycarbonsäure, tritt ebenfalls in zwei optischen Antipoden auf, die beide in Form der Blausäureglykoside (III, Kap. 4, III, 5) natürlich vorkommen. Die wichtigere *D(—)-Mandelsäure* ist in Form ihres Nitrils u. a. in bitteren Mandeln als der wesentliche Bestandteil des bekannten Glykosids *Amygdalin* enthalten und kann aus diesem durch Kochen mit Salzsäure unter Verseifung sowohl der glykosidischen Bindung als auch der Nitrilgruppe in Freiheit gesetzt werden:

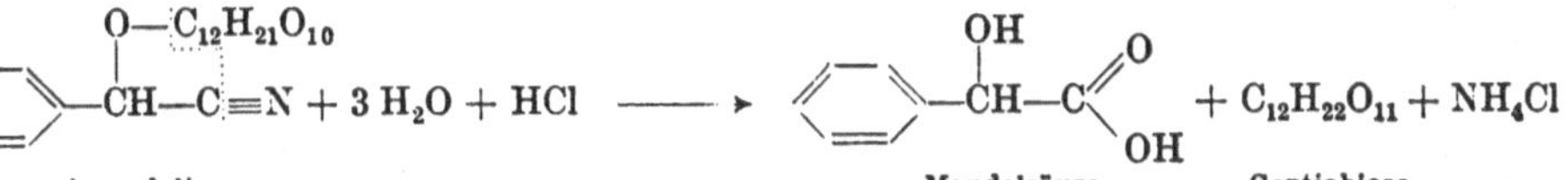

Amygdalin — Mandelsäure — Gentiobiose

Die präparative Gewinnung erfolgt ebenfalls über das Nitril durch Cyanhydrinsynthese vom Benzaldehyd aus (Gleichung formulieren!), führt jedoch naturgemäß nur zur inaktiven Säure.

Mandelsäure hat wegen ihrer guten Kristallisierbarkeit vielfach zum Studium der optischen Aktivität, insbesondere der Spaltbarkeit von Racematen gedient (vgl. **II**, Kap. 7, II, 1 b).

Atrolactinsäure wird in Analogie zur Mandelsäure vom Acetophenon aus durch Cyanhydrinsynthese erhalten. Sie gehört zu den wenigen α-Hydroxycarbonsäuren, die mit wasserentziehenden Mitteln keine Lactidbildung, sondern Wasserabspaltung zur α,β-ungesättigten Carbonsäure, in unserem Falle der Atropasäure (S. 397), erleiden:

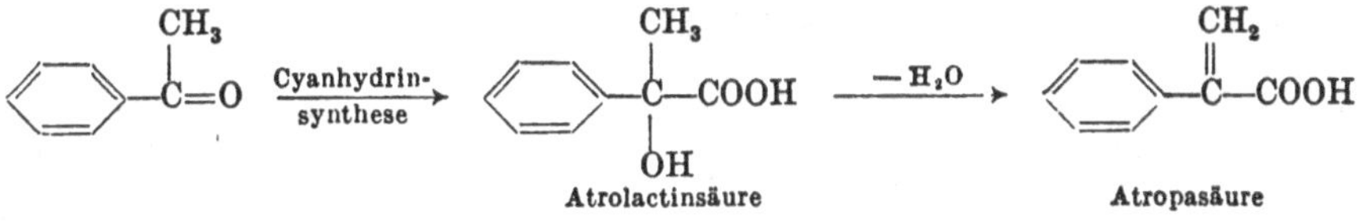

Atrolactinsäure — Atropasäure

Die besonders leichte Wasserabspaltung ist hier wahrscheinlich auf die Konjugation der entstehenden ungesättigten Bindung sowohl mit der Carboxylgruppe als auch mit dem Benzolkern zurückzuführen. Physiologisch wirkt die Atrolactinsäure in den Tropeinen (**III**, Kap. 7, III, 4aγ) ähnlich wie die isomere Tropasäure.

Benzilsäure $(C_6H_5)_2COH$—COOH, die optisch inaktive Diphenylglykolsäure, haben wir bereits als Reaktionsprodukt der Benzilsäureumlagerung (S. 464) kennengelernt. Sie hat über diese Reaktion hinaus keine allgemeine Bedeutung erlangt.

b) Die 1,3- oder β-Monohydroxy-monocarbonsäuren

Die β-Hydroxycarbonsäuren kommen trotz ihrer Labilität ebenfalls noch häufig natürlich vor. Insbesondere stellen sie wichtige Zwischenprodukte beim biochemischen Fettsäureabbau dar (III, Kap. 8, III). Ihre Gewinnung erfolgt fast ausschließlich auf synthetischem Wege nach einem der folgenden Verfahren:

1. durch Anlagerung von Wasser an α,β-ungesättigte Carbonsäuren:

$$\mathrm{R{-}CH{=}CH{-}COOH} \xrightarrow{+H_2O} \mathrm{R{-}\underset{}{\overset{OH}{\overset{|}{C}}}H{-}CH_2{-}COOH}$$

Die Reaktion geht infolge der Konjugation der olefinischen mit der Carboxyldoppelbindung wesentlich leichter vor sich als die normale Wasseranlagerung an Olefine (vgl. S. 95f.) und findet häufig bereits bei der Einwirkung von Natronlauge statt, so daß man die β-Hydroxysäuren zuweilen direkt als Hydrate der ungesättigten Carbonsäuren bezeichnet (z. B. Hydracrylsäure).

2. mit Hilfe der Kolbeschen Nitrilsynthese aus den durch Anlagerung von unterhalogenigen Säuren an Olefine erhaltenen Halogenhydrinen:

$$\begin{matrix}\mathrm{CH_2}\\ \|\\ \mathrm{CH_2}\end{matrix} + \begin{matrix}\mathrm{Cl}\\ |\\ \mathrm{OH}\end{matrix} \longrightarrow \begin{matrix}\mathrm{CH_2{-}Cl}\\ |\\ \mathrm{CH_2{-}OH}\end{matrix} \xrightarrow[-NaCl]{+NaCN} \begin{matrix}\mathrm{CH_2{-}C{\equiv}N}\\ |\\ \mathrm{CH_2{-}OH}\end{matrix} \xrightarrow{\text{Hydrolyse}} \begin{matrix}\mathrm{CH_2{-}COOH}\\ |\\ \mathrm{CH_2{-}OH}\end{matrix}$$

3. aus den um zwei C-Atome ärmeren Aldehyden oder Ketonen nach der in Analogie zu den Grignardreaktionen (I, Kap. 9, I) verlaufenden Synthese von Reformatzky (vgl. I, Kap. 12, III, 1b):

$$\mathrm{R{-}CH{=}O} + \mathrm{Zn} + \mathrm{Cl{-}CH_2{-}COOH} \longrightarrow \mathrm{R{-}\overset{OZnCl}{\overset{|}{C}}H{-}CH_2{-}COOH} \xrightarrow{\text{Hydrolyse}} \mathrm{R{-}\overset{OH}{\overset{|}{C}}H{-}CH_2{-}COOH}$$

Die β-Hydroxyfettsäuren sind in ihrem physikalischen Verhalten den α-Verbindungen sehr ähnlich, zeichnen sich aber diesen gegenüber durch eine sehr leicht, meistens bereits beim bloßen Erhitzen, erfolgende Wasserabspaltung zu den α,β-ungesättigten Carbonsäuren aus. Die Reaktion stellt die Umkehr der unter 1 beschriebenen Bildungsreaktion dar und bringt beide Verbindungsklassen in nahe Beziehungen zueinander. Verbunden mit der ungünstigen gegenseitigen Stellung der Carboxyl- und Hydroxylgruppe bewirkt sie ferner, daß beide in den β-Hydroxycarbonsäuren weder innermolekular unter Bildung eines Lactons (s. u.) noch zwischenmolekular unter Bildung lactid- oder estolidartiger Verbindungen miteinander verestert werden können. Lediglich eine auf indirektem Wege erfolgende Lactonbildung ist bisher gelungen (vgl. S. 503).

Hydracrylsäure $HO-CH_2-CH_2-COOH$ ist als *β-Hydroxypropionsäure* mit der Milchsäure isomer und entsteht bei der Wasseranlagerung an Acrylsäure in Gegenwart von Natronlauge. Sie kommt nicht natürlich vor und hat auch sonst keine Bedeutung erlangt.

Sämtliche höheren aliphatischen β-Hydroxyfettsäuren mit einer geraden Anzahl von C-Atomen (bis C_{18}) treten nach F. Knoop als Zwischenprodukte beim biochemischen Abbau der Stearinsäure und anderer natürlicher Fettsäuren auf (vgl. III, Kap. 8, III, 3a). Sie sind jedoch bis auf die links drehende *β-Hydroxybuttersäure* $CH_3-CHOH-CH_2-COOH$, die bei Störung des Stoffwechsels (z. B. *Diabetes mellitus*) im Harn beobachtet wird, nicht im einzelnen nachgewiesen worden.

Tropasäure ist die wichtigste Säurekomponente des Alkaloids Atropin (III, Kap. 7, III, 4aα). Sie hat ihrerseits der durch Wasserabspaltung aus ihr hervorgehenden Atropasäure (S. 397), deren Hydrierungsprodukt, der Hydratropasäure (S. 396), sowie schließlich auch der ersten Hälfte der Bezeichnung *Atro*-lactinsäure (s. o.) den Namen gegeben. Ihre Synthese ist u. a. aus Acetophenon über die Atrolactinsäure mit Hilfe der auf S. 497 beschriebenen verschiedenartig verlaufenden Abspaltung und Wiederanlagerung von Wasser gelungen:

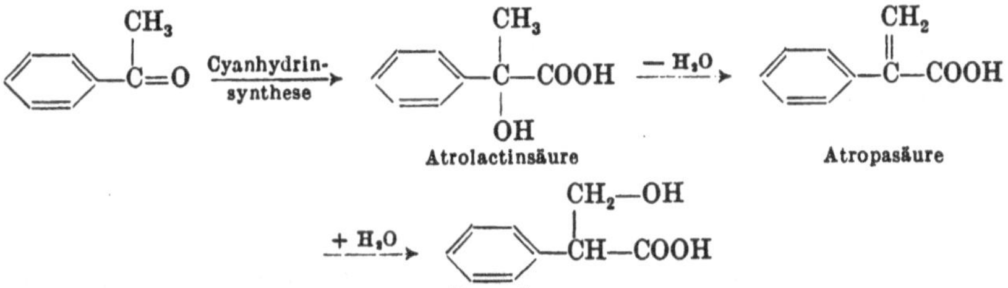

Atrolactinsäure Atropasäure Tropasäure

c) Monohydroxy-monocarbonsäuren mit größerem Abstand zwischen Hydroxyl- und Carboxylgruppe

Stehen die Hydroxyl- und Carboxylgruppe in γ- oder δ-Stellung zueinander, so erfolgt wieder sehr leicht Ringschluß, der hier unter Wasserabspaltung zur Bildung monomolekularer cyclischer Ester führt, die Lactone heißen und unter d) beschrieben werden. Diese Lactonbildung tritt bei den γ- und δ-Hydroxycarbonsäuren auch in wässeriger Lösung derart leicht ein, daß die freien Säuren fast überhaupt nicht isolierbar sind und bisher nur in wenigen Ausnahmefällen rein dargestellt werden konnten. Ihre Behandlung soll daher erst später im Zusammenhang mit den Lactonen erfolgen.

Bei noch größerem Abstand der Hydroxyl- und Carboxylgruppe voneinander nimmt die Neigung zur Lactonbildung wieder ab. Die freien Hydroxycarbonsäuren zeigen hier infolgedessen hauptsächlich die normalen Reaktionen der Carboxyl- und Hydroxylgruppe nebeneinander. Insbesondere gehen sie bei Versuchen zu einer innermolekularen Veresterung nur noch zu einem sehr geringen Bruchteil in die Lactone über, während die Hauptmenge unter zwischenmolekularer Veresterung estolidartige hochmolekulare Kettenmoleküle bildet (Gleichung formulieren!).

Ricinolsäure. $CH_3—(CH_2)_5—CHOH—CH_2—CH{=}CH—(CH_2)_7—COOH$ ist eine der wenigen als Glycerid in Fetten natürlich vorkommenden Hydroxycarbonsäuren und zu etwa 80% in dem aus Ricinusöl gewonnenen Fettsäuregemisch enthalten. Sie ist biochemisch wahrscheinlich aus Linolsäure (S. 393) durch enzymatische Wasseranlagerung entstanden. Ricinolsäure hat, meistens direkt in Form des Ricinusöls, eine vielseitige technische Anwendung erfahren, da sie mit konzentrierter Schwefelsäure unter Veresterung der Hydroxylgruppe, bzw. Anlagerung der Schwefelsäure an die Doppelbindung, in höhere Estersäuren der Schwefelsäure übergeht, deren Alkalisalze seifenähnlichen Aufbau zeigen und unter der Bezeichnung **Türkischrotöl** als wichtiges Netz- und Emulgierungsmittel in der Textilindustrie und Färberei dienen. Auch die freien Estersäuren vermögen in wässeriger Lösung Fette zu emulgieren und werden daher, vermischt mit aromatischen Sulfonsäuren, unter der Bezeichnung **„Twitchells Reagens"** als saures Fettspaltungsmittel verwandt (vgl. III, Kap. 6, I, 1).

d) Die Lactone

Die wichtigsten der sich von den Hydroxycarbonsäuren ableitenden Derivate sind die schon mehrfach erwähnten Lactone. Sie stellen die den cyclischen Äthern und Säureanhydriden entsprechenden cyclischen Ester dar und lassen die bei der Bildung cyclischer Verbindungen beobachteten Gesetzmäßigkeiten besonders deutlich erkennen.

Ihre **Benennung** geschieht im allgemeinen nach den gesättigten Carbonsäuren gleicher Kohlenstoffzahl, indem man die Gruppenbezeichnung *-lacton* an den Wortstamm des Radikalnamens anhängt:

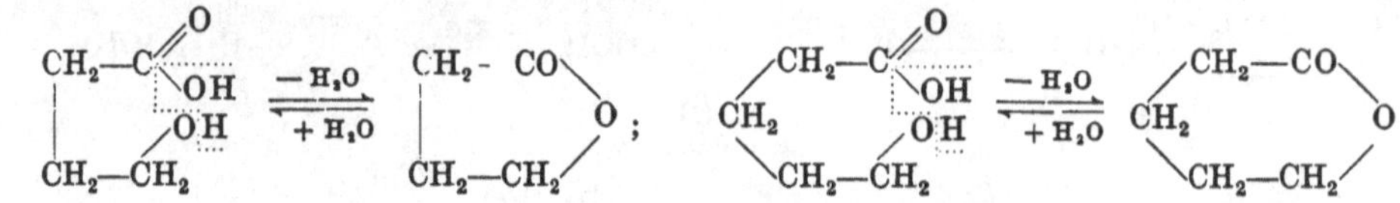

γ-Hydroxybuttersäure Butyrolacton δ-Hydroxyvaleriansäure Valerolacton

Die Ringweite wird meistens durch Vorsetzen des gleichen griechischen Buchstabens gekennzeichnet, der zur Charakterisierung der zugehörigen Hydroxycarbonsäure dient. Butyrolacton ist also ein γ- und Valerolacton ein δ-Lacton.

Die niederen Lactone kommen nicht natürlich vor und auch von den höheren Gliedern der Reihe wurden bisher nur einige wenige Verbindungen mit ungewöhnlich großer Ringweite als pflanzliche Duftstoffe aufgefunden. Dagegen beobachtet man bei komplizierteren Naturstoffen, die auch andere Funktionen im Molekül enthalten, wie z. B. bei der Ascorbinsäure (**III**, Kap. 8, I), des öfteren eine Lactongruppierung.

Für die **Darstellung** der Lactone sind sechs verschiedene Methoden gebräuchlich: 1. die direkte Veresterung der beiden Sauerstoff-Funktionen, 2. die Lactonbildung auf dem Wege einer Umesterung, 3. die Abspaltung von Halogenwasserstoff aus den entsprechenden Halogenfettsäuren, 4. die innermolekulare Anlagerung der Carboxylgruppe ungesättigter Carbonsäuren an die C=C-Doppelbindung, 5. die Oxydation cyclischer Ketone mit Sulfomonopersäure und schließlich 6. die Carbonylierung cyclischer Äther.

Zu 1. Die innermolekulare Veresterung der Carboxyl- und der alkoholischen Hydroxylgruppe einer Hydroxycarbonsäure führt, wie jede Veresterung, zu einem Gleichgewicht, dessen Einstellung in der üblichen Weise durch Mineralsäuren oder Zinkchlorid und ähnliche Komplexbildner beschleunigt werden kann. Da die Bildung fünf- und sechsgliedriger Ringe auch hier wesentlich leichter erfolgt als die lineare Verknüpfung beider Funktionen, eignet sich die Reaktion insbesondere zum Aufbau von γ- und δ-Lactonen, die in dem Gleichgewichtsgemisch auch in wäßriger Lösung soweit vorherrschen, daß die freien Hydroxycarbonsäuren nur noch unter großen Schwierigkeiten rein dargestellt werden können.

Bei allen anderen Hydroxycarbonsäuren geht die Lactonbildung dagegen wesentlich schwerer vor sich als die bimolekulare lineare Veresterung, und die Gleichgewichtseinstellung führt auch in Abwesenheit von Wasser nicht mehr zu nennenswerten Lactonkonzentrationen. Erst unter schärferen Reaktionsbedingungen, wie z. B. bei der trockenen Destillation der Hydroxycarbonsäuren, wobei die in Spuren entstehenden Lactone aus dem Gleichgewichtsgemisch herausdestilliert werden, oder mit Hilfe von Thionylchlorid als Kondensationsmittel, das das entstehende Wasser sofort unter Bildung gasförmiger Reaktionsprodukte (formulieren!) zerstört, kann man die Methode auch auf die Gewinnung von ε-Lactonen (mit einem siebengliedrigen Ring), nicht aber auf die von β- oder hochgliedrigen Lactonen, ausdehnen.

Zu 2. Zur Darstellung hochgliedriger Lactone ist es häufig wesentlich bequemer, die Wasserabspaltung zunächst einmal zwischenmolekular unter Bildung hochmolekularer Estolide vorzunehmen, und diese wasserfreien

Verbindungen dann zu den Lactonen **umzuestern**. Allerdings ist in diesem Fall das Gleichgewicht der Umesterungsreaktion sehr zugunsten der makromolekularen Produkte verschoben. Doch gelingt es nach W. H. CAROTHERS bei geeigneter Versuchsanordnung, z. B. durch Einwirkung von Zinkchlorid bei 270° im Hochvakuum, das in Spuren entstehende Lacton aus dem Gleichgewichtsgemisch herauszudestillieren:

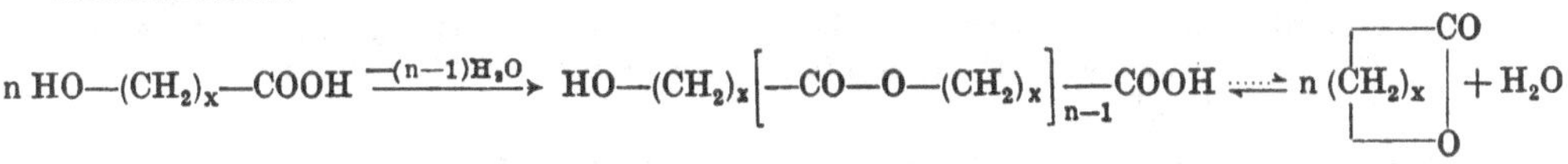

Für die γ- und δ-Lactone ist die Darstellung durch eine Umesterungsreaktion nur als unbeabsichtigte Bildungsweise von Interesse, da die normalen Veresterungsprodukte der Hydroxyl- und auch der Carboxylgruppe der γ- und δ-Hydroxycarbonsäuren — infolge der Bevorzugung der Bildung fünf- und sechsgliedriger Ringe gegenüber der linearen Verknüpfung zweier Moleküle — unter der Einwirkung von Veresterungskatalysatoren sofort zu den Lactonen umgeestert werden:

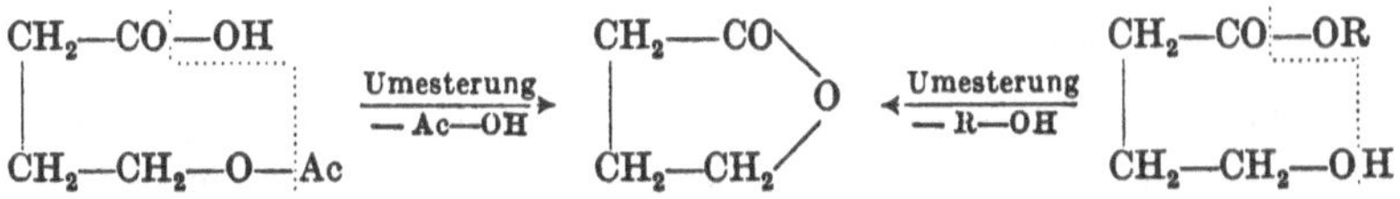

Die γ- und δ-Hydroxycarbonsäureester sind infolgedessen ziemlich instabile Substanzen und können nur unter Schwierigkeiten dargestellt werden.

Zu 3. und **4.** Die Lactonbildung aus den **Halogenfettsäuren** geschieht bei den γ- und δ-Halogencarbonsäuren am besten durch trockene Destillation, während die empfindlicheren β-Halogenfettsäuren bei der Destillation Halogenwasserstoff abspalten und nur mittels Silberoxyds, also im Sinne einer innermolekularen Alkylierung der Carboxylgruppe, in die β-Lactone übergeführt werden können (S. 400):

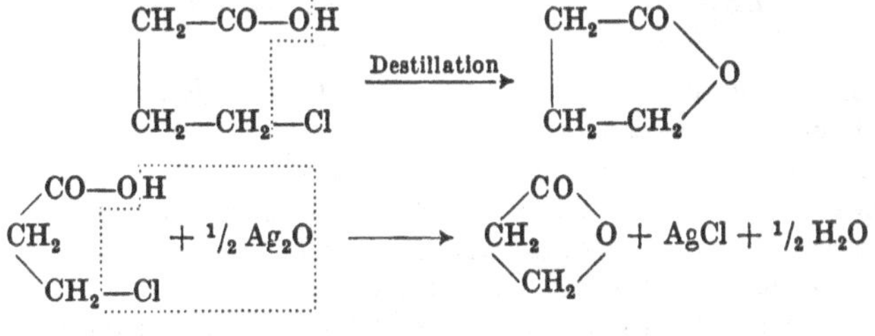

Auch die Bildung hochgliedriger Lactone führt man besser bei tiefer Temperatur mit Pottasche als Enthalogenierungsmittel durch[1]).

Im erstgenannten Fall der trockenen Destillation von γ- und δ-Halogen-fettsäuren verläuft die Reaktion vielleicht über ungesättigte Carbonsäuren als Zwischenprodukte, da diese beim Erhitzen auch allein unter Anlagerung der Carboxylgruppe an die Doppelbindung in das Lacton übergehen können (Gleichung formulieren!).

Zu 5. Eine im Gegensatz zur Dicarbonsäurebildung aus cyclischen Ketonen (z. B. S. 474) unter Aufnahme von nur einem O-Atom erfolgende Sprengung der Kohlenstoffkette cyclischer Ketoverbindungen tritt bei der Einwirkung von **Sulfomonopersäure** ein und führt unter Ringerweiterung zu einem Lacton:

[1]) H. HUNDSDIECKER u. H. ERLBACH: B. 80, 129 (1947).

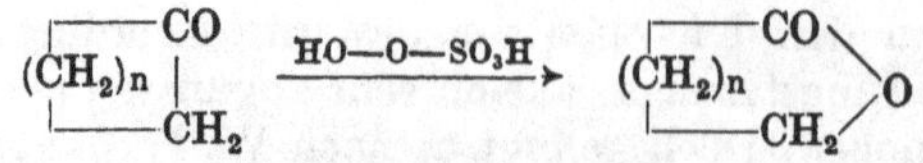

Die im einzelnen noch ungeklärte Reaktion verläuft recht glatt und im Gegensatz zu allen anderen Methoden unabhängig von der Ringweite des entstehenden Lactons, da die Sauerstoffbrücke zwischen zwei vorher bereits miteinander verbundenen C-Atomen geschlagen wird. Das Verfahren ist daher besonders für die Darstellung von Lactonen mit großer Ringweite geeignet für deren Bildung das Gleichgewicht durch direkten Ringschluß zu ungünstig liegt.

Zu 6. Die Carbonylierung cyclischer Äther, die wir auf S. 486 bereits als Methode zur Gewinnung von Dicarbonsäuren kennengelernt haben, führt in der ersten Reaktionsstufe u. U. auch zur Bildung eines Lactons mit einer um ein C-Atom größeren Ringweite[1]). So entsteht beispielsweise aus Tetrahydrofuran das δ-Valero-lacton:

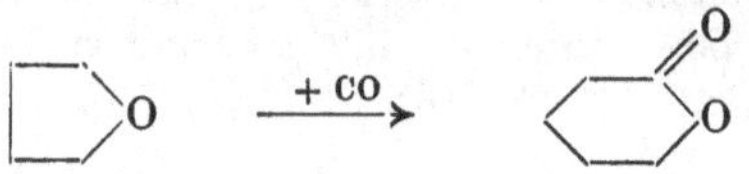

Tetrahydrofuran δ-Valerolacton

Die **physikalischen Eigenschaften** der Lactone schließen sich im allgemeinen eng an die der normalen Ester an. Doch zeigen sie infolge des von den normalen Estern abweichenden sterischen Aufbaus (Näheres vgl. **II**, Kap. 7, VI, 4) ein erhöhtes Dipolmoment und sieden daher unerwartet hoch (z. B. Butyrolacton: Sdp. 205° gegenüber Essigester: Sdp. 77°). Ferner sind sie im Gegensatz zu den normalen Estern vielfach mit Wasser mischbar.

Das **chemische Verhalten** der Lactone hängt in erster Linie von der Ringweite ab und kann daher nicht mehr gemeinsam behandelt werden.

Die einen Dreiring enthaltenden, also den Olefinoxyden entsprechenden **α-Lactone**

R—CH—CO (über O verbrückt) konnten bisher nicht dargestellt werden. Man erhält an ihrer Stelle stets die Lactide oder Estolide (S. 497).

Auch für die **β-Lactone** mit einem viergliedrigen Ringsystem liegen die Bildungsbedingungen noch sehr ungünstig, zumal die zu ihrer Darstellung geeigneten β-substituierten Fettsäuren sehr leicht die Verbindung H—X zu den α,β-ungesättigten Säuren abspalten (S. 387 u. a.). Ihre Darstellung gelang bisher lediglich aus den β-Halogenfettsäuren mittels Silberoxyds (s. o.).

Die β-Lactone sind infolge der Spannung des Ringsystems noch sehr unbeständige Substanzen. Sie erleiden insbesondere in wäßriger oder alkoholischer Lösung in Gegenwart von Veresterungskatalysatoren eine irreversible Aufspaltung (bzw. Umesterung) zu den β-Hydroxycarbonsäuren (bzw. deren Alkylestern), da hier infolge der ungünstigen Lage des Veresterungsgleichgewichtes die Lactonbildungsreaktion hinter der linearen Versterung zweier Moleküle praktisch vollständig zurücktritt.

Interessant ist weiterhin die relativ leicht erfolgende Aufspaltung der „O-Alkylbindung" (zum β-ständigen C-Atom), die u. a. schon mit wäßriger Kochsalzlösung unter Rückbildung der β-Halogen-fettsäuren erfolgt[2]).

---

[1]) W. Reppe u. Mitarbb.: A. **582**, 93 (1953).

[2]) T. L. Gresham u. Mitarbb.: Am. Soc. **70**, 999 (1948); bzgl. weiterer Umsetzungen vgl. auch ebenda S. 998–1006.

Die γ- und **δ-Lactone** sind die bei weitem stabilsten Vertreter der Reihe, deren Darstellung nicht nur keine Schwierigkeiten bereitet, sondern häufig sogar, wie die Unbeständigkeit der γ- und δ-Hydroxycarbonsäuren sowie ihrer Ester zeigt, kaum verhindert werden kann. In ihrem chemischen Verhalten ähneln sie den normalen Estern und können wie diese durch verschiedene Esterspaltungsreaktionen zu den Carboxylderivaten der γ- und δ-Hydroxycarbonsäuren aufgespalten werden. Diese Ringöffnung führt jedoch nur dann zu stabilen Reaktionsprodukten, wenn sie mit basischen Spaltungsmitteln, also Ammoniak oder Natronlauge erfolgt, da nur die Säureamide und Salze mit der alkoholischen Hydroxylgruppe keine Lactone zurückzubilden vermögen:

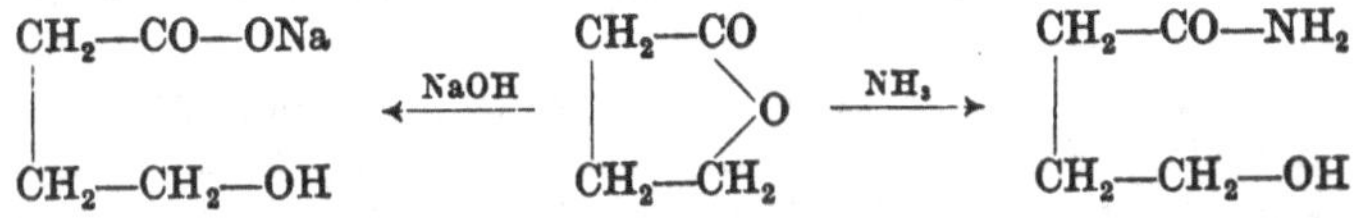

Die beim Ansäuern eines derartigen alkalischen Spaltungsansatzes in Freiheit gesetzte γ- oder δ-Hydroxycarbonsäure bildet im Gegensatz zu den Hydrolysenprodukten eines normalen Esters auch in wäßriger Lösung langsam die Lactone zurück. Man erhält daher (im Gegensatz zu den normalen Estern) bei Rücktitration der zur Lactonspaltung verbrauchten Natronlauge nur bei unmittelbarer Titration ohne vorheriges Ansäuern richtige Werte, nach Zugabe eines Säureüberschusses und erneuter Einstellung des Gleichgewichts dagegen stets einen wesentlich zu niedrigen Säurewert, so daß man auf Grund dieses unterschiedlichen Verhaltens scharf zwischen Lactonen und normalen Estern unterscheiden bzw. beide Verbindungen nebeneinander bestimmen kann.

Gegenüber der vollständigen Öffnung des Lactonringes bei der Einwirkung basischer Reagenzien führt die Hydrolyse in verdünnter wäßriger Lösung nur zu einem Gleichgewicht, das unabhängig von der Konzentration (vgl. **II**, Kap. 4, I, 3) bei den γ-Lactonen im allgemeinen etwa 20% freie Säure und 80% Lacton, bei den etwas labileren δ-Lactonen 40% Säure und 60% Lacton enthält. Infolge des ausgesprochenen Beständigkeitsmaxismums fünfgliedriger Ringe erfolgt die Spaltung und auch Bildung der γ-Lactone etwa hundertmal langsamer als die der δ-Lactone (vgl. **II**, Kap. 4, I, 3). Man kann daher aus der Spaltungsgeschwindigkeit eines Lactons häufig auch auf seine Ringweite schließen.

Eine Ablösung des Brückensauerstoffs vom Alkyl-C-Atom ist insbesondere auf zwei Wegen gelungen. Einmal werden die γ- und δ-Lactone durch konzentrierte Halogenwasserstoffsäuren acidolytisch unter Rückbildung der γ- und δ-Halogenfettsäuren gespalten, und zum anderen tritt mit Ammoniak bei etwa 200°, wahrscheinlich über die Hydroxycarbonsäureamide als Zwischenprodukte, ein vollständiger Ersatz des Brückensauerstoffs durch die NH-Gruppe unter Lactambildung (I) (vgl. **I**, Kap. 6, I, 4 dβ) ein:

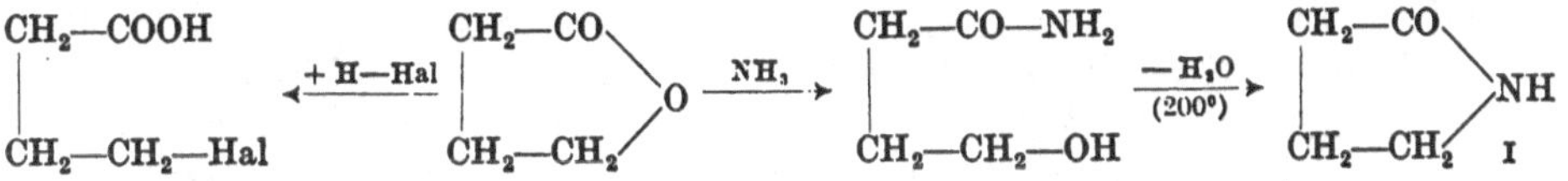

I

Eine dritte Möglichkeit hat H. PLIENINGER[1]) in der bei 160° erfolgenden Ringspaltung mit Alkalimercaptiden beobachtet, bei der eigenartigerweise ebenfalls die „O-Alkyl-Bindung“ (unter Thioätherbildung) gesprengt wird:

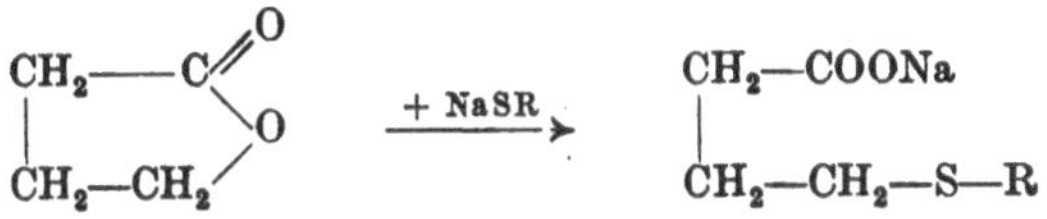

[1]) B. 83, 265 (1950).

Butyrolacton, das einfachste γ-Lacton, wurde früher relativ umständlich durch partielle Reduktion von Bernsteinsäureanhydrid gewonnen. Heute zieht man technisch die von W. Reppe[1]) aufgefundene unsymmetrische zweifache Dehydrierung von Butandiol-1,4 über Kupferkatalysatoren bei 200° vor, bei der der primär vermutlich entstehende Succindialdehyd sofort im Sinne einer Tischtschenko-Reaktion (S. 255) innermolekular zu Butyrolacton disproportioniert:

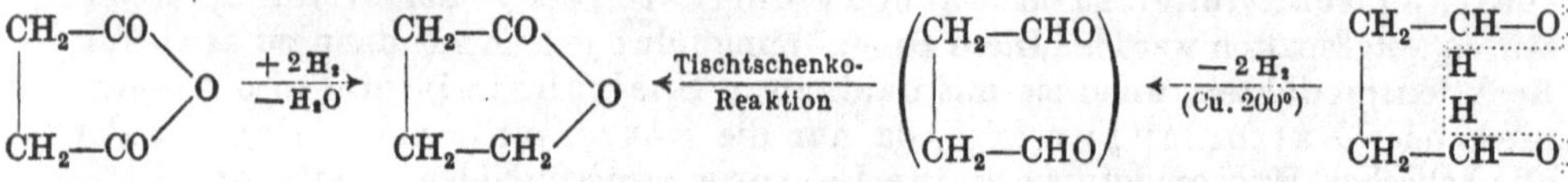

Butyrolacton hat eine beschränkte Anwendung als hochsiedendes Lösungsmittel und als Absorptionsmittel für Acetylen gefunden.

Bei den **höhergliedrigen Lactonen** liegt das Bildungsgleichgewicht wieder so ungünstig, daß sie nur nach der 2., 3. und 5. der angegebenen Methoden dargestellt werden können (vgl. S. 502f.). Die Instabilität der Lactongruppierung gegenüber anderweitigen Veresterungsmöglichkeiten kommt hier außer in der irreversiblen Hydrolyse zur Hydroxycarbonsäure vor allem auch in der Tendenz zur Umesterung zu hochmolekularen Estoliden mit zwischenmolekularen Esterbrücken zum Ausdruck, die in Umkehr der unter 2 beschriebenen Bildungsweise ebenfalls bei der Einwirkung von Zinkchlorid bei hohen Temperaturen erfolgt (Gleichung formulieren!), wenn das Lacton nicht abzudestillieren vermag.

Einige Lactone mit 14 bis 16 Ringgliedern kommen natürlich vor und stellen die Hauptgeruchsträger des pflanzlichen Moschus dar. Die wichtigsten dieser Verbindungen sind der als **Ambrettolid** bezeichnete Duftstoff des Moschuskörneröls und das im Angelikawurzelöl enthaltene Lacton der *ω-Oxypentadecansäure,* das auch synthetisch gewonnen wird und den Namen **Exaltolid** erhalten hat:

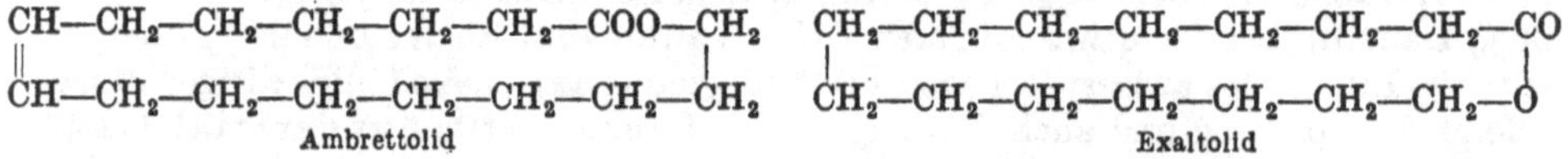

Ambrettolid   Exaltolid

e) Die Polyhydroxy-polycarbonsäuren

Verbindungen mit mehreren Hydroxy- oder Carboxylgruppen im Molekül bieten gegenüber den vorbesprochenen Monohydroxy-monocarbonsäuren hinsichtlich ihrer allgemeinen Eigenschaften nicht viel Neues. Doch gehören ihnen eine Reihe wichtiger Naturstoffe an.

Glycerinsäure HO—CH_2—CHOH—COOH ist ein Zwischenprodukt der alkoholischen Gärung (III, Kap. 8, III), wird jedoch meistens in vitro durch Oxydation von Glycerin oder Glycerinaldehyd mit Salpetersäure dargestellt. Das mittlere C-Atom ist wie bei der Milchsäure asymmetrisch, und es sind infolgedessen zwei optische Antipoden bekannt, von denen die D(—)-Form natürlich auftritt. Die β-ständige Hydroxylgruppe ist auch hier leicht abspaltbar unter Bildung des (instabilen) Enols der Brenztraubensäure (I). Glycerinsäure geht daher bei hoher Temperatur, z. B. bei der trockenen Destillation über Kaliumbisulfat, in Brenztraubensäure (II) über:

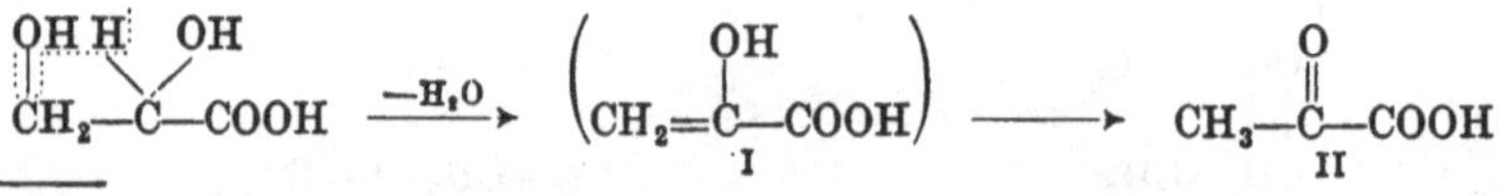

[1]) Experentia **5**, 102 (1949).

Ein interessantes Derivat der Glycerinsäure ist die sich vom Glycid (S. 442) ableitende **Glycidsäure,** die man durch Einwirkung von Alkali auf das bei der Anlagerung von unterchloriger Säure an Acrylsäure entstehende Gemisch von β-Chlormilchsäure (III) und α-Chlorhydracrylsäure (IV) darstellen kann:

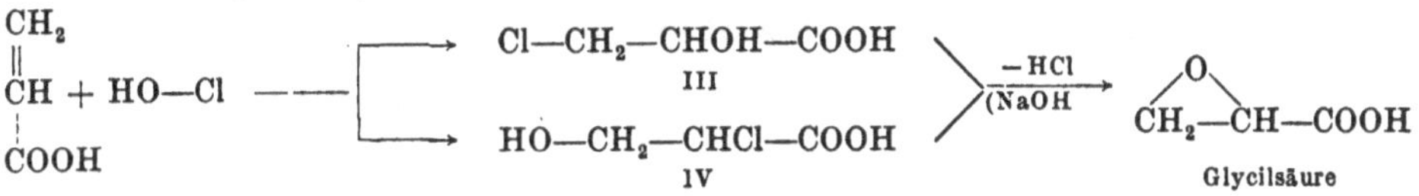

Von ihr leiten sich eine Reihe homologer Verbindungen ab, die allgemein als *Glycidsäuren* bezeichnet werden, und für die eine wichtige allgemeine Darstellungsweise in der Einwirkung von Alkali auf das Gemisch eines Aldehyds und eines α-Halogenfettsäureesters vorliegt. Die Reaktion beruht wahrscheinlich auf der Kombination einer Aldolkondensation (S. 258) mit der normalen Synthese des Äthylenoxydringes (S. 444):

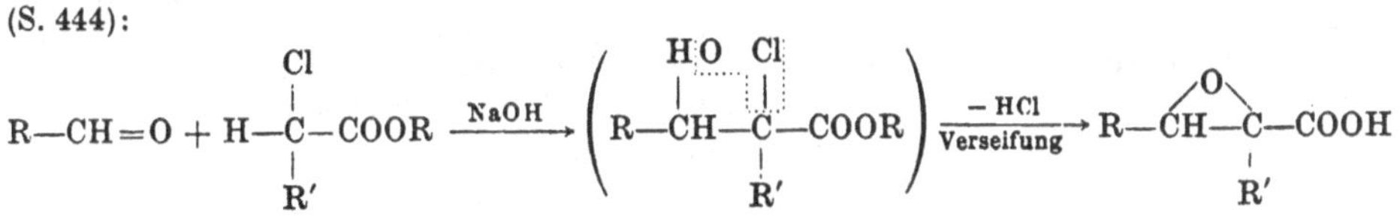

Die freien Glycidsäuren erleiden beim Erhitzen eine charakteristische Spaltung in CO_2 und den nächst niederen Aldehyd. Hierbei dürfte intermediär die Enolcarbonsäure V entstehen, da infolge der Labilität des am β-C-Atom befindlichen Substituenten der Äthylenoxydring stets zwischen dem Sauerstoff und dem β-C-Atom unter Ausbildung einer enolischen Hydroxylgruppe geöffnet wird. Diese erste Reaktionsstufe ist direkt mit der Wasserabspaltung aus β-Hydroxycarbonsäuren zu vergleichen:

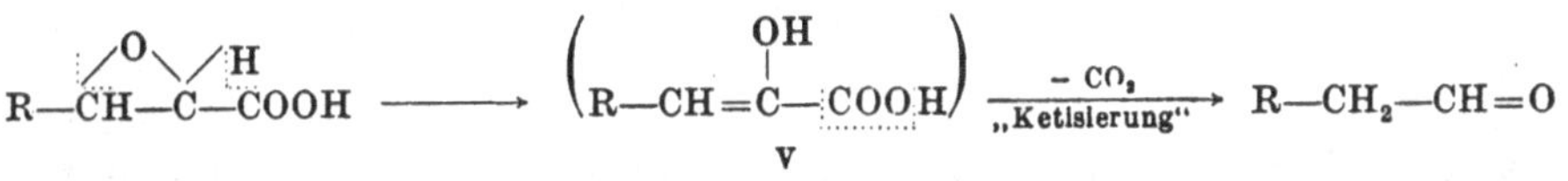

Die Kombination dieser Reaktion mit der oben beschriebenen Glycidsäurebildung aus einem um zwei C-Atome ärmeren Aldehyd und Chloressigester (also in obiger Formel für R' = H) bedeutet praktisch die Überführung eines Aldehyds in den um eine CH_2-Gruppe reicheren homologen Aldehyd durch Einschieben einer Methylengruppe zwischen die Aldehydgruppe und den ursprünglichen Alkylrest.

Bezüglich der oxydierenden Wirkung der Glycidsäuren vgl. S. 446.

In der **Tartronsäure** HOOC—CHOH—COOH ist auch die zweite primäre Hydroxylgruppe des Glycerins zur Carboxylgruppe oxydiert. Sie entsteht neben der Glycerinsäure bei der Oxydation des Glycerins mit Salpetersäure als Nebenprodukt und ist wegen ihres symmetrischen Aufbaues inaktiv. Von größerem Interesse ist lediglich ihr cyclisches Diureid, der meistens als **Dialursäure** bezeichnete *Tartronylharnstoff*, den man im allgemeinen besser vom Alloxan (S. 520) aus durch Reduktion gewinnt:

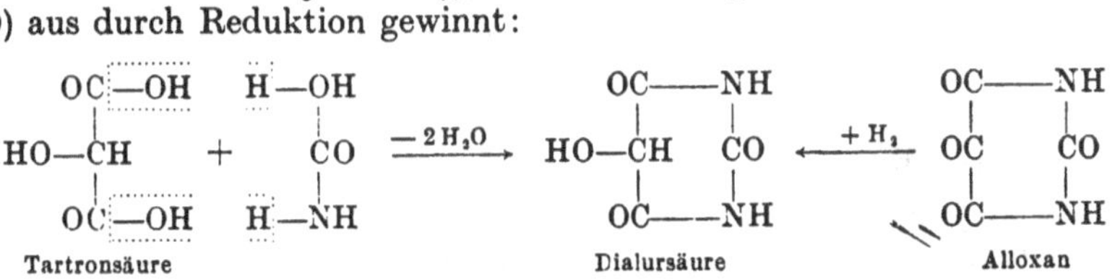

Die **Apfelsäure** HOOC—CHOH—CH_2—COOH hat wieder ein asymmetrisches C-Atom und ist daher optisch aktiv. Sie tritt in der L(—)-Form in unreifen

Früchten, insbesondere in sauren Äpfeln (Name!), in Vogel- sowie auch in Berberitzenbeeren auf. Ferner stellt sie im biochemischen Stoffwechsel neben der Bernsteinsäure und Fumarsäure ein wichtiges Zwischenprodukt des oxydativen Abbaues der Essigsäure dar, wobei sie als *β-Hydroxycarbonsäure* durch Wasseranlagerung an Fumarsäure entsteht (vgl. **III**, Kap. 8, III, 2dβ):

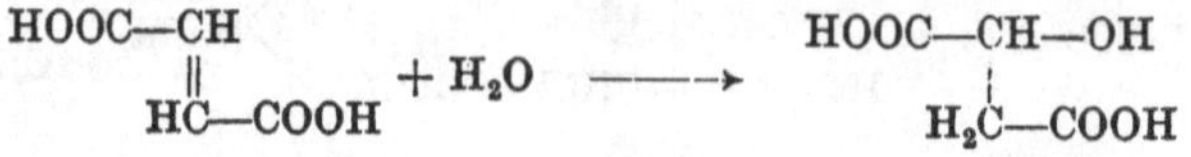

Die Reaktion wird auch technisch durch Erhitzen von Fumarsäure mit Wasser unter Druck durchgeführt, doch entsteht in diesem Fall naturgemäß nur ein racemisches Gemisch der beiden Antipoden.

Die technische Gewinnung der reinen L-Form geschieht im allgemeinen aus Naturprodukten, insbesondere aus Vogel- und Berberitzenbeeren. Eine präparativ wichtige Bildungsweise beruht auf der hydrolytischen Abspaltung des Halogens aus den Monohalogenbernsteinsäuren (formulieren!). Die Reaktion hat vor allem in Hinblick auf die Probleme der WALDENschen Umkehr (II, Kap. 7, III, 3) theoretisches Interesse gefunden.

Die Äpfelsäure ist gleichzeitig eine α- und eine β-Hydroxycarbonsäure. Insbesondere ihr Charakter als β-Hydroxysäure kommt in zahlreichen Reaktionen, wie z. B. in ihren nahen Beziehungen zur Fumar- und Maleinsäure (vgl. S. 488) sowie in der Möglichkeit der Bildung eines unbeständigen β-Lactons zum Ausdruck. Wegen ihrer leichten Verdaulichkeit findet sie eine beschränkte Anwendung in der Nahrungsmittelindustrie und Pharmazie.

D-(+)-Äpfelsäure kann nur künstlich gewonnen werden, z. B. durch Spaltung des Racemates oder durch WALDENsche Umkehr aus der L-Form.

In der Gruppe der *Dihydroxybernsteinsäuren* oder **Weinsäuren** HOOC—CHOH—CHOH—COOH liegen ebenfalls wichtige Naturstoffe vor, die in erster Linie theoretisches Interesse gefunden haben, da sie wegen ihrer guten Kristallisierbarkeit seit jeher das klassische Untersuchungsobjekt der optischen Aktivität darstellen. Sie haben infolgedessen auch vielen Stereoisomerieerscheinungen, wie z. B. den *Racematen*[1]), den Namen gegeben. Wir begegnen in ihnen den ersten Verbindungen mit mehreren Asymmetriezentren im Molekül und beobachten daher neben dem Auftreten optischer Antipoden erstmals auch die Erscheinung der Diastereomerie.

Die Verhältnisse werden hier jedoch gegenüber den grundsätzlichen Erörterungen auf S. 15 dadurch noch etwas kompliziert, daß die beiden Molekülhälften der Weinsäure gleich konstituiert sind, also A = B wird. Infolgedessen geht das Antipodenpaar +A —B und —A +B in die miteinander identischen Verbindungen +A —A und —A +A über, und es fällt eine Isomeriemöglichkeit fort (Näheres vgl. **II**, Kap. 7, I, 1b). Wir kennen daher nur noch die folgenden drei stereoisomeren Weinsäuren:

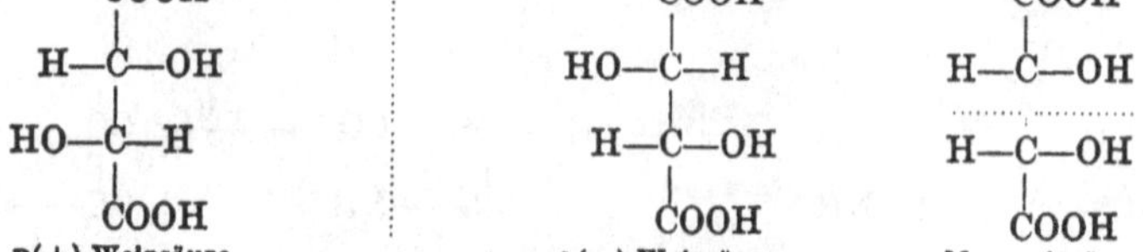

D(+)-Weinsäure L(—)-Weinsäure Mesoweinsäure

---

[1]) Der Name *Racemat* stammt von L. PASTEUR und leitet sich von *acide racemique*, dem französischen Namen für die Traubensäure ab

Von diesen sind die D- und die L-*Weinsäure* normale Antipoden, da sie sich, wie durch die dünn punktierte Symmetrielinie zwischen den Formeln angedeutet ist, wie Bild und Spiegelbild verhalten. Die *Mesoweinsäure* ist dagegen optisch inaktiv, denn ihre beiden asymmetrischen C-Atome sind entgegengesetzt konfiguriert (sie können z. B. in den Projektionsformeln [vgl. S. 14] durch Drehung in der Papierebene nicht zur Deckung gebracht werden), so daß sich ihre Wirkung kompensiert. Dadurch wird das Molekül als Ganzes wieder symmetrisch, was ebenfalls bereits in der Formel (dünn punktierte Symmetrielinie) zum Ausdruck kommt (vgl. auch **II**, Kap. 7, I, 1b).

Die drei Weinsäuren können in vier verschiedenen Formen kristallisieren, da außer den einheitlichen Verbindungen auch das racemische Gemisch der beiden aktiven Weinsäuren in einer besonderen Kristallform kristallisiert. Dieses Weinsäureracemat (vgl. S. 13) verhält sich als Mischkristallisat (vgl. **II**, Kap. 6, III, 2) in mancher Beziehung wie eine selbständige Verbindung und hat deshalb einen eigenen Namen (*Traubensäure*) erhalten.

Von den allgemeinen Reaktionen der vier Weinsäuren ist vor allem ihre Neigung zur Komplexbildung mit Schwermetall-Ionen hervorzuheben, die auf ihrer Natur als Polyhydroxyverbindungen beruht. Besonders die mit Kupfer(II)-Ionen in alkalischem Medium entstehende tiefblaue Lösung hat unter der Bezeichnung FEHLINGsche Lösung eine wichtige Anwendung als Aldehyd-Reagens (S. 253) gefunden. Sie enthält das Kupfer alkoholatartig im Anion gebunden, ohne daß man jedoch genauere Angaben über ihre Konstitution machen kann. Einem unter bestimmten Bedingungen auskristallisierenden Salz der Zusammensetzung $C_4H_2O_6CuNa_2 \cdot 2\,H_2O$ kommt wahrscheinlich die Konstitution VI zu.

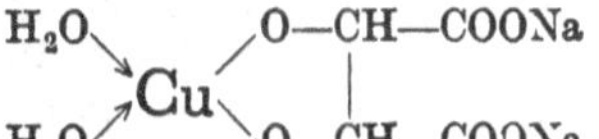

VI

Sind die Hydroxylgruppen nicht durch Komplexbildung geschützt, so erweisen sich die Weinsäuren in alkalischer Lösung als sehr oxydationsempfindlich und werden weitgehend abgebaut, da die primär durch Dehydrierung entstehende *Dihydroxymaleinsäure* (S. 528) als Endiol ebenfalls sehr labil ist und sofort weiter oxydiert wird:

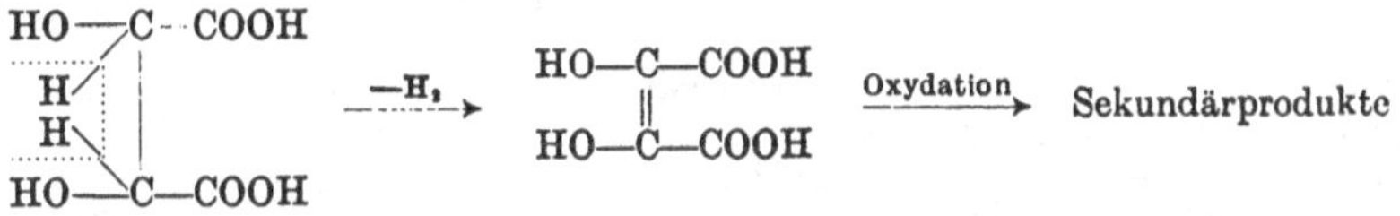

Ferner tritt bei längerem Kochen sämtlicher Weinsäuren mit starken Alkalien Konfigurationsumkehr der asymmetrischen C-Atome ein (vgl. auch **II**, Kap. 7, III, 1). Hierbei stellt sich, ganz gleich von welcher Säure man ausgeht, ein Gleichgewicht ein, in dem die D- und L-konfigurierten C-Atome in gleicher Zahl vorhanden sind. Es entsteht also ein optisch inaktives Säuregemisch, das nur die Traubensäure (d. h. eine gleiche Anzahl von Molekülen der D- und L-Weinsäure) und die Mesoweinsäure enthalten kann.

D-Weinsäure, auch *Weinsteinsäure* genannt, tritt als einzige der vier Weinsäuren natürlich auf und ist in vielen Früchten, insbesondere in Weintrauben und damit auch im Wein (Name!), enthalten. Sie wurde bereits im 18. Jahrhundert von K. W. SCHEELE als das saure Prinzip des Weinsteins (*cremor tartari*, daher der Name *Tartrat*, vgl. Tabelle 16, S. 333) entdeckt und wird auch noch heute praktisch ausschließlich aus diesem hergestellt.

Weinstein ist das saure Kaliumsalz der D-Weinsäure, das sich infolge seiner Schwerlöslichkeit (insbesondere in verdünntem Alkohol) bei der Weinbereitung am Boden der

Fässer abscheidet. Er wird zur Weinsäuregewinnung mit Salzsäure zersetzt, und die freie Säure über das ebenfalls schwer lösliche Calciumsalz gereinigt.

D-Weinsäure ist eine typisch hydrophile Substanz, die nur in Wasser und Alkohol löslich ist, jedoch auffallenderweise ohne Kristallwasser kristallisiert. Sie besitzt einen stark sauren, in großer Verdünnung angenehm erfrischenden Geschmack, dem sie ihre wichtigste Verwendung in der Nahrungsmittelindustrie zur Herstellung von Limonaden, Fruchtbonbons usw. verdankt. Ferner dient sie, sowie auch der schwächer saure Weinstein, als wichtigste Säurekomponente für die Backpulverbereitung.

Von ihren Salzen hat außer dem schwer löslichen und daher zu ihrem Nachweis geeigneten *Weinstein* vor allem das beim Kochen von Weinstein mit Antimon(III)-oxyd entstehende *Kalium-antimonyl-tartrat* KOOC—CHOH—CHOH—COOSbO, der altbekannte **Brechweinstein,** praktische Bedeutung erlangt. Das *neutrale Kaliumsalz,* ist im Gegensatz zum Weinstein leicht löslich, tritt jedoch in der Praxis hinter dem hervorragend kristallisierenden, nach seinem Entdecker als **Seignettesalz** bezeichneten *Kalium-natriumtartrat* zurück.

L-Weinsäure ist als optischer Antipode der natürlichen Weinsäure nur künstlich darstellbar, z. B. durch Spaltung der racemischen Traubensäure in ihre optisch aktiven Komponenten (vgl. z. B. **II,** Kap. 7, II, 1a) oder aus der D-Weinsäure durch WALDENsche Umkehr. Sie hat keine größere Bedeutung erlangt.

Die racemische **Traubensäure** wurde ebenfalls sehr frühzeitig als Nebenprodukt der Weinsäureherstellung entdeckt, bei welcher sie infolge teilweiser Racemisierung der D-Weinsäure entsteht. Weiterhin stellt man sie durch Oxydation von Fumarsäure mit Hilfe einer sterisch einheitlich verlaufenden Anlagerungsreaktion (vgl. **II,** Kap. 7, III, 4) dar:

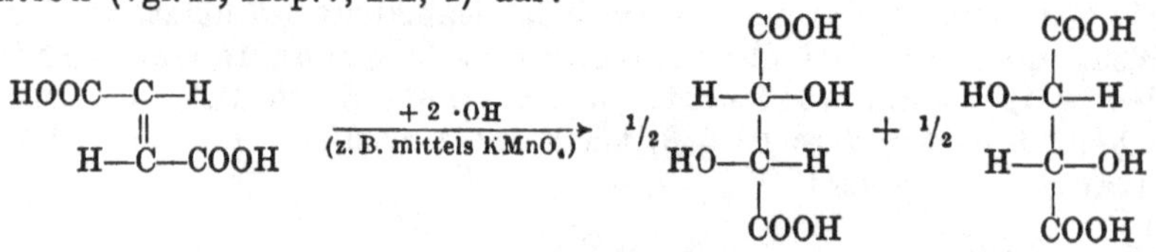

Nur von theoretischem Interesse ist schließlich ihre Bildung im Gemisch mit der Mesoweinsäure bei allen symmetrisch verlaufenden Darstellungsverfahren (z. B. bei der Synthese aus Glyoxal mit Hilfe der Cyanhydrinmethode; Gleichung formulieren!), sowie auch bei der oben beschriebenen Racemisierung der anderen Weinsäuren mit starken Alkalien, also Reaktionen, bei denen die Bildungswahrscheinlichkeit der verschiedenen stereoisomeren Formen gleich groß ist.

Obgleich die Traubensäure aus den gleichen Molekülen besteht wie die D- und die L-Weinsäure, die lediglich in ein anderes Kristallgitter eingebaut sind, zeigt sie ein von den beiden Antipoden vielfach abweichendes Verhalten. So kristallisiert sie z. B. mit einem Molekül Kristallwasser, schmilzt um 34° höher (bei 204°) als die reinen Antipoden und zeigt auch eine geringere Wasserlöslichkeit. Sie besitzt danach offensichtlich ein stabileres Kristallgitter (vgl. **II,** Kap. 6, III, 2b). Erst in flüssiger Phase, z. B. in Lösung oder in Form ihrer flüssigen Derivate, wenn der Einfluß des besonderen Kristallgitters verschwindet, sind, abgesehen von der optischen Aktivität selbst, keine Unterschiede gegenüber den reinen optischen Antipoden mehr zu erkennen.

Auch die **Mesoweinsäure** hat nur theoretisches Interesse gefunden. Sie entsteht im Gegensatz zur Traubensäure überwiegend bei der Oxydation von Maleinsäure, die ebenfalls einen sterisch einheitlichen Verlauf nimmt:

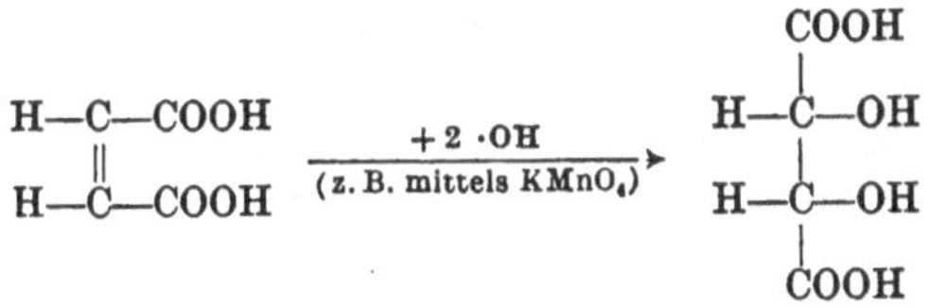

Ihre Darstellung erfolgt jedoch meistens gemeinsam mit der der Traubensäure bei der erwähnten Racemisierung der Weinsäure, da sich die beiden inaktiven Weinsäuren infolge der erheblich größeren Wasserlöslichkeit des sauren Kaliumsalzes der Mesoverbindung leicht trennen lassen.

Mesoweinsäure schmilzt bei 140°, also um 64° tiefer als Traubensäure, und unterscheidet sich von dieser, da bereits die Moleküle symmetrisch sind, insbesondere dadurch, daß sie nicht in optische Antipoden aufgespalten werden kann. Ferner zeigen alle Mesoweinsäurederivate auch in flüssigem Zustand ein von den Derivaten der optisch aktiven Weinsäuren abweichendes Verhalten, da sie zu diesen im Verhältnis der Diastereomerie stehen.

Eine ebenfalls sehr verbreitete Fruchtsäure ist schließlich die dreibasige Citronensäure, die als freie Säure zu 6—7% in unreifen Zitronen, aber auch in zahlreichen anderen Früchten wie z. B. in Johannisbeeren, Heidelbeeren, Ananas usw., enthalten ist. Außerdem spielt sie eine wichtige Rolle als Zwischenprodukt beim biochemischen Kohlenhydratabbau (vgl. **III**, Kap. 8, III, 2dβ) und kann infolgedessen durch oxydative Vergärung von Kohlenhydraten mit Schimmelpilzen, wie z. B. mit *aspergillus niger* oder *citromyces* (= „Citronensäurebildendes Mycel") erhalten werden.

Ihre technische Gewinnung geschieht immer noch überwiegend aus unreifen Citronen über das in der Hitze schwer lösliche Calciumsalz. Doch ist daneben in steigendem Maß auch die erwähnte biochemische Darstellung gebräuchlich, wobei bis zu 50% der eingesetzten Kohlenhydrate in Citronensäure übergeführt werden.

Citronensäure besitzt trotz ihres komplizierten Aufbaues kein Asymmetriezentrum. Ihre Konstitution ergibt sich einerseits auf Grund ihrer Überführbarkeit in Aconit- (VII) und Tricarballylsäure (VIII):

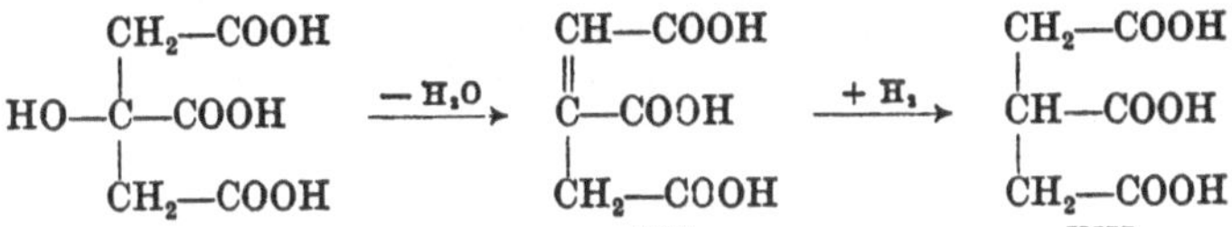

VII VIII

andererseits auf Grund der Totalsynthese aus Aceton:

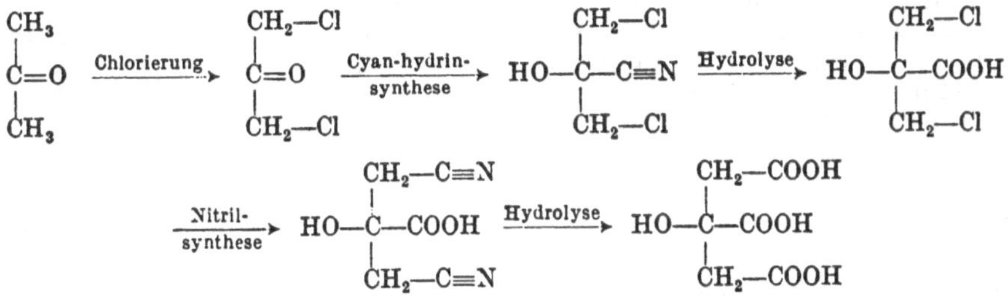

Die freie Säure kristallisiert wasserfrei (Smp. 153°) und mit einem Mol Kristallwasser. Beim Erhitzen mit mäßig konzentrierter Schwefelsäure geht sie unter dehydratisierender Abspaltung der zu zwei Carboxylgruppen β-ständigen Hydroxylgruppe in Aconitsäure über (s. oben), während sie mit stark konzentrierter Schwefelsäure als α-Hydroxycarbonsäure die Kohlenoxydspaltung erleidet, wobei unter Eliminierung der mittleren Carboxylgruppe die wichtige Acetondicarbonsäure (S. 525) entsteht:

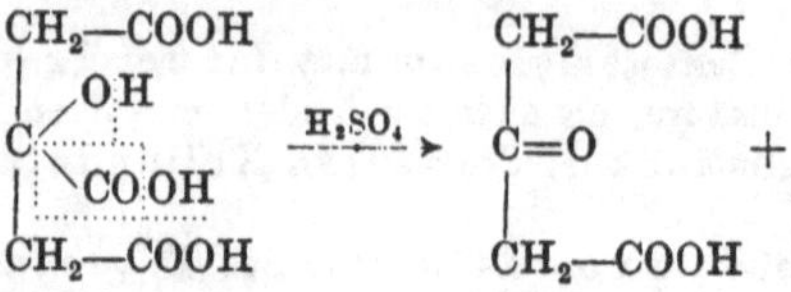

Citronensäure dient wegen ihres gegenüber der Weinsäure noch ausgeprägter erfrischenden Geschmacks vor allem in der Genußmittelindustrie zur Herstellung von Limonaden und sauren Drops sowie als Essigersatz. Ferner findet sie eine beschränkte Anwendung im Druckereigewerbe.

Weiteren aliphatischen Polyhydroxy-polycarbonsäuren werden wir bei den Kohlenhydraten (III, Kap. 4, I, 5c—e) begegnen.

2. Die aromatischen Hydroxycarbonsäuren (Phenolcarbonsäuren)

Phenolcarbonsäuren kommen ebenfalls in großer Zahl natürlich vor, insbesondere leiten sich von ihnen wichtige Gerbstoffe (III, Kap. 6, II, 3) ab. Alles in allem haben sie aber bei weitem nicht die biochemische Bedeutung der aliphatischen Hydroxycarbonsäuren erlangt, sondern sind nur als Nebenprodukte des Stoffwechsels zu betrachten.

Darstellung. Die meisten Phenolcarbonsäuren werden aus Naturstoffen gewonnen. Eine wichtige allgemeine Bildungsweise liegt in der Kolbeschen Salicylsäuresynthese vor. Sie beruht auf der Einführung einer Carboxylgruppe in den Phenolkern durch Erhitzen von Natrium-phenolat in einem Kohlendioxydstrom auf 180—200°, stellt also in gewissem Sinn die Umkehrung der Decarboxylierungsreaktion dar.

Der Mechanismus dieser Synthese ist immer noch umstritten, denn gegen die früher allgemein anerkannte und auch naheliegende Vorstellung, daß sich zunächst phenylkohlensaures Natrium (I) bildet, das dann sekundär eine Art Friesscher Verschiebung erleidet:

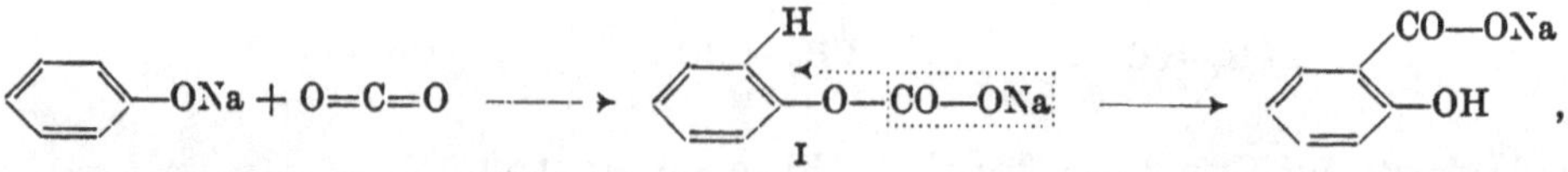

I ,

läßt sich das schwerwiegende Argument anführen, daß phenylkohlensaures Natrium bereits bei 130° rückwärts in Kohlendioxyd und Natriumphenolat zerfällt. Trotzdem ist es nicht ausgeschlossen, daß es auch bei höherer Temperatur in geringen Mengen entsteht, und daß es in dem Maße, in dem es sich irreversibel in Natriumsalicylat umlagert, laufend im Rahmen eines Gleichgewichts nachgebildet wird. Daneben wird aber auch die Auffassung vertreten, daß echte metallorganische Verbindungen mit Natrium in o-Stellung zur OH-Gruppe intermediär auftreten[1]).

Die Reaktion hat einige interessante Varianten erfahren. Vor allem kann man nach R. Schmitt (1885) durch Anwendung von Kohlensäure unter Druck die Synthese bereits bei 150° und unter erheblicher Ausbeuteverbesserung durchführen. Geht

---

[1]) H. Gilman u. Mitarbb.: J. org. Chem. 10, 374 (1945).

man hierbei vom Kalium- statt vom Natriumphenolat aus, so erfolgt der Eintritt der Carboxylgruppe eigenartigerweise nicht mehr in o- sondern in p-Stellung. Polyphenole lassen sich schließlich derart leicht carboxylieren, daß man die Reaktion in wässeriger Lösung durch Erhitzen des Phenols mit Kalium- oder Ammoniumbicarbonat durchführen kann.

Die Phenolcarbonsäuren sind gut kristallisierende Verbindungen, die im allgemeinen die Reaktionen der Carboxyl- und der phenolischen Hydroxylgruppe nebeneinander zeigen. Insbesondere sind sie als Phenole ebenfalls zur Bildung farbiger Komplexe mit Eisen(III)-Ionen befähigt, die jedoch im Gegensatz zu denen der Phenole selbst auch in alkalischer Lösung beständig sind. Bei den Polyphenolcarbonsäuren fallen diese Komplexe in Form unlöslicher, stark farbiger Niederschläge aus, die die Grundlage der Eisengallustinte (S. 515) bilden.

Eine **spezielle Reaktion** der Phenolcarbonsäuren liegt in der leichten Decarboxylierung unter Rückbildung von Phenolen vor (Regel von Angeli, vgl. **II**, Kap. 3, III, 2). Sie erfolgt bei allen o- oder p-substituierten Säuren bereits beim bloßen Erhitzen und zwar, wie die Beispiele der Darstellung von Brenzcatechin (S. 449) und Pyrogallol (S. 451) zeigen, in Umkehrung der Bildungsreaktion mit um so größerer Leichtigkeit, je mehr OH-Gruppen der aromatische Kern enthält.

Salicylsäure *(o-Oxybenzoesäure)* 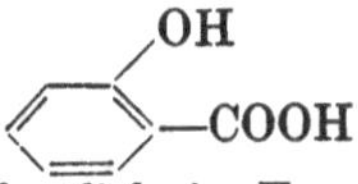 ist die wichtigste Monophenolcarbonsäure und kommt verschiedentlich in Form der freien Säure oder ihrer Derivate natürlich vor. Sie wird nach dem Salicin, dem Phenolglykosid des aus ihr durch Reduktion der Carboxylgruppe entstehenden Phenolalkohols Saligenin (**III**, Kap. 4, III, 5) benannt. Ihre Darstellung erfolgt ausschließlich nach der Methode von Kolbe (bzw. R. Schmitt) durch Carboxylierung von Natrium-phenolat.

Salicylsäure ist als o-Verbindung infolge innermolekularer Absättigung der Assoziationskräfte der phenolischen Hydroxylgruppe (Näheres vgl. **II**, Kap. 6, III, 1 bγ) auffallend flüchtig und kann daher (ähnlich wie Benzoesäure) bei vorsichtigem Erhitzen noch unterhalb der Decarboxylierungstemperatur von etwa 200° sublimiert werden (i. V. ab 75°). Von ihren speziellen Reaktionen seien die für den Nachweis der o-Stellung der Carboxyl- und OH-Gruppe wichtige Bildung eines komplexen bicyclischen Borsäurederivates, der **Borsalicylsäure** (bez. des sterischen Verhaltens vgl. auch **II**, Kap. 7, V, 2) sowie die Reduktion in alkalischem Medium erwähnt, die nach Einhorn überraschenderweise[1]) unter Ringöffnung zur Pimelinsäure führt. Die Reaktion wird sofort verständlich, wenn man bedenkt, daß als Zwischenverbindung — ähnlich wie Cyclohexanon bei der Reduktion von Phenol (S. 486) — Cyclohexanon-o-carbonsäure (I) entsteht, die in dem alkalischen Medium als β-Ketocarbonsäure sofort die Säurespaltung (S. 522) erleidet:

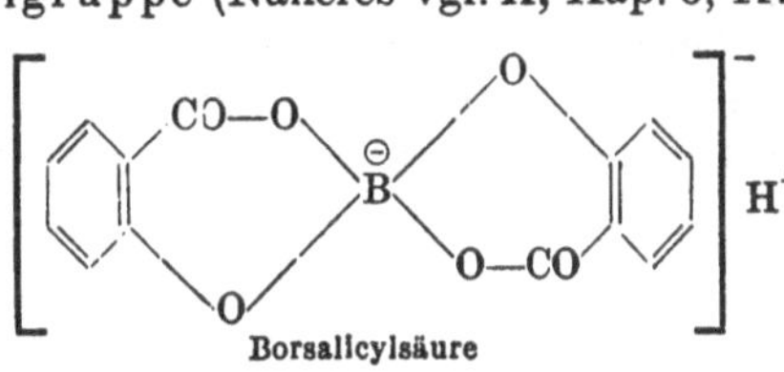
Borsalicylsäure

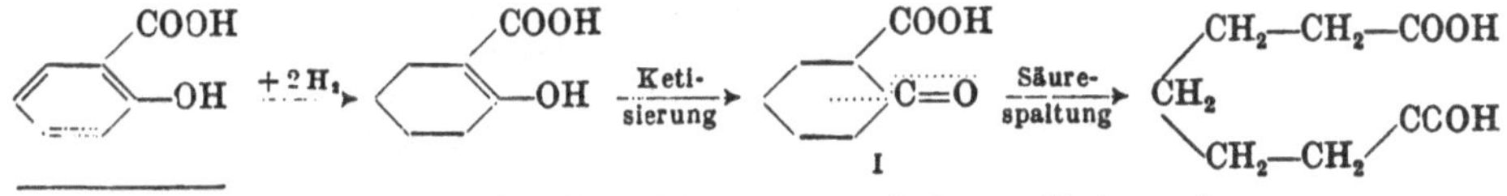

[1]) Im allgemeinen kann der Benzolring nur oxydativ geöffnet werden.

Salicylsäure hat eine vielseitige Anwendung gefunden. Infolge der Kombination der Benzoesäure- und Phenolgruppierung zeigt sie vorzügliche antiseptische Eigenschaften und dient daher zur Konservierung von Nahrungsmitteln. Ferner wird sie in der chemischen Industrie auf Azofarbstoffe und die unten beschriebenen Salicylsäurederivate verarbeitet.

Von der Salicylsäure sind zwei Reihen von **Derivaten** bekannt. Die wichtigste, sich von der Salicylsäure als Phenol ableitende Verbindung ist die *Acetyl-salicylsäure* $CH_3—CO—O—C_6H_4—COOH$, die unter dem Decknamen **Aspirin** als Antipyretikum und Antineuralgikum Verwendung findet. Von den an der Carboxylgruppe substituierten Derivaten hat insbesondere der

Salicylsäure-methylester praktische Bedeutung erlangt. Er kommt im Gaultheriaöl (Wintergrünöl) natürlich vor und ist ein wichtiger Duftstoff. Er wird ferner als Phenolglykosid der Primverose (**III**, Kap. 4, III, 3 b) in verschiedenen Pflanzen, u. a. ebenfalls im Wintergrün, beobachtet. Von seinen Eigenschaften ist wieder die durch die o-Stellung der Substituenten bedingte auffallend niedrige Siedetemperatur (229°) hervorzuheben.

Salicylsäure-phenylester $HO—C_6H_4—COO—C_6H_5$ entsteht beim Zusammenschmelzen von Phenol, Salicylsäure und Phosphoroxychlorid. Er dient unter der Bezeichnung *Salol* ebenfalls als Antiseptikum und findet wegen seiner antineuralgischen Eigenschaften auch in der Pharmazie eine beschränkte Anwendung.

m-Hydroxybenzoesäure wird durch Alkalischmelze aus m-Sulfobenzoesäure dargestellt und findet technische Verwendung als Farbstoffkomponente.

p-Hydroxybenzoesäure entsteht, wie erwähnt, unter den Bedingungen der Kolbeschen Salicylsäuresynthese bei Verwendung von Kaliumphenolat als Ausgangsmaterial. Sie schmilzt (215°) als p-Verbindung um 60° höher als Salicylsäure und ist nicht mehr flüchtig. Wegen ihrer baktericiden Eigenschaften hat sie eine beschränkte Anwendung als Antiseptikum gefunden. Ihr Methyläther hat wegen seiner nahen Beziehungen zum Anisaldehyd (**III**, Kap. 6, II, 1) den Trivialnamen *Anissäure* erhalten.

o-Hydroxyzimtsäure wird mit Hilfe der Perkinschen Zimtsäuresynthese aus Salicylaldehyd und Essigsäureanhydrid gewonnen (Gleichung formulieren!). Sie tritt in zwei geometrisch isomeren Formen, der *Cumar-* und der *Cumarinsäure* auf, von denen letztere infolge der cis-Konfiguration nur in Form der Salze isoliert werden kann, da die freie Säure sofort in das beständigere δ-Lacton, das *Cumarin* (vgl. auch **I**, Kap. 11, II, 4) übergeht.

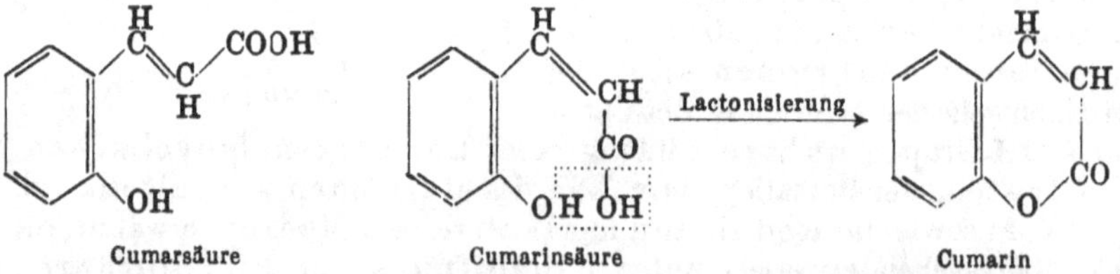

Cumarin[1] ist das duftende Prinzip des Waldmeisters. Das synthetische Produkt findet daher vielfache Anwendung in der Nahrungs- und Genußmittelindustrie, insbesondere als Zusatz zu Limonaden und Essenzen.

Vom Brenzcatechin leiten sich zwei Monocarbonsäuren (formulieren!) ab, von denen nur die auf S. 449 bereits erwähnte **Protocatechusäure** (*3,4-Dihydroxybenzoesäure*) eine gewisse Bedeutung erlangt hat, da sie in Form einiger Derivate natürlich vorkommt bzw. als Abbauprodukt natürlicher Phenolverbindungen erhalten wird (vgl. **III**, Kap. 6, II). Ihre Darstellung erfolgt entweder durch Carboxylierung von Brenzcatechin mit

---

[1]) Zusammenfassung: S. M. Sethna: Chem. Rev. **36**, 1 (1945).

Ammoniumcarbonatlösung im Autoklaven bei 140° (siehe oben) oder durch Chlorierung von p-Hydroxybenzoesäure und anschließende hydrolytische Abspaltung des in o-Stellung zur Hydroxyl- und m-Stellung zur Carboxylgruppe eingetretenen Chlors (Konstitutionsbeweis!):

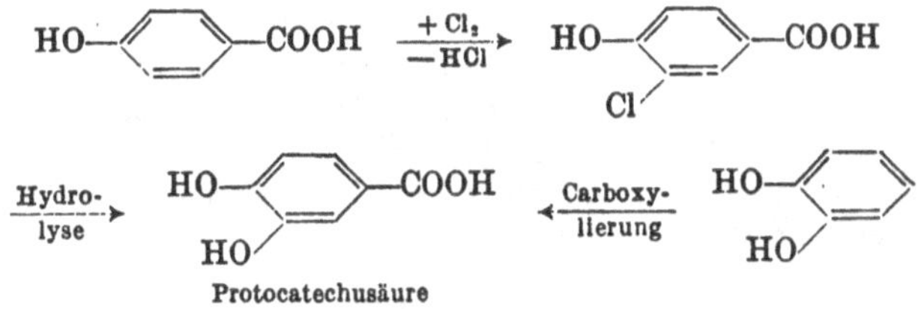

Auch vom Pyrogallol (S. 451) leiten sich zwei Carbonsäuren ab, von denen ausschließlich die symmetrische **Gallussäure** (*3,4,5-Trihydroxybenzoesäure*) praktische Bedeutung erlangt hat. Sie stellt als phenolische Komponente zahlreicher Gerbstoffe der Tanninreihe (vgl. **III**, Kap. 6, II, 3aα) ein wichtiges Naturprodukt dar, kommt aber auch in freiem Zustand, bzw. glykosidisch gebunden, in zahlreichen Galläpfeln vor (Name!). Ihre Gewinnung geschieht durch enzymatische (mittels Schimmelpilzen, z. B. *Penicillium glaucum*), alkalische (Erhitzen mit Kalk unter Druck) oder saure (Kochen mit verdünnten Mineralsäuren) Hydrolyse von Tannin. Doch kann sie auch synthetisch erhalten werden, z. B. durch Carboxylieren von Pyrogallol mit Natrium- oder Ammoniumcarbonatlösung (S. 513), wobei sie allerdings nur in geringer Ausbeute neben der überwiegend entstehenden isomeren **Pyrogallolsäure** (*2,3,4-Trihydroxybenzoesäure*) gebildet wird, sowie mit Hilfe der folgenden beiden die Konstitution beweisenden[1]) Methoden:

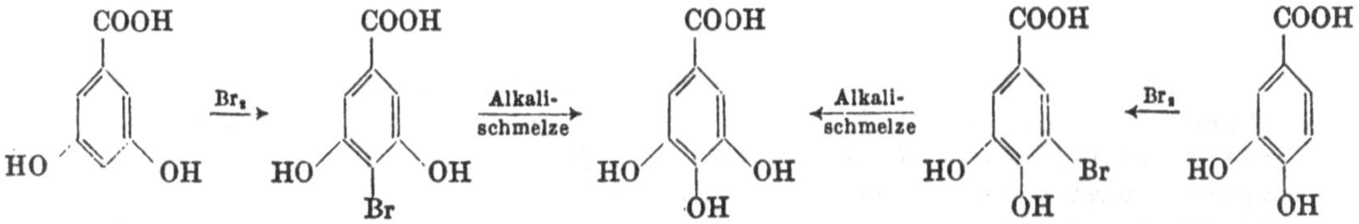

Von ihren Reaktionen haben wir die Decarboxylierung zum Pyrogallol (S. 451) bereits kennengelernt. Weiterhin sind von ihr aus zahlreiche Synthesen in der Gerbstoffreihe möglich (vgl. **III**, Kap. 6, II, 2 u. 3). Gold- und Silber-Ionen gegenüber wirkt sie als Reduktionsmittel und setzt die Metalle in Freiheit.

Gallussäure ist ein wichtiges technisches Produkt und dient als Ausgangsmaterial für die Herstellung von Pyrogallol, als Farbstoffkomponente sowie vor allem als Grundlage der Tintenfabrikation.

Das Wesen der **Eisengallustinte** beruht auf der oben bereits erwähnten Fällbarkeit der Gallussäure als unlöslicher, tief schwarzer Eisen(III)-Komplex. Die Tinte selbst besteht aus einer nahezu farblosen, schwach schwefelsauren Lösung von Eisen(II)-sulfat und Gallussäure, die zur Kenntlichmachung der Schriftzüge einen Farbstoff (meistens Indigo) und als Schutzkolloid Gummi-Arabikum oder neuerdings auch Kunststoffe wie Polyvinylalkohol (S. 443) enthält. Auf dem Papier wird die Säure durch die Mineralbestandteile neutralisiert, woraufhin die Oxydation des zweiwertigen Eisens zur dreiwertigen Stufe bereits durch den Luftsauerstoff erfolgt.

---

[1]) Da Gallussäure aus beiden Dihydroxybenzoesäuren durch Einführung einer dritten Hydroxylgruppe entsteht, kann sie nur die angeführte Konstitution besitzen.

VI. Die Oxocarbonsäuren

Die unter der Bezeichnung *Oxocarbonsäuren* zusammengefaßten *Aldehyd-* und *Ketocarbonsäuren* spielen nur in der aliphatischen Reihe eine größere Rolle, stellen hier aber infolge ihrer nahen biochemischen Beziehungen zu den Hydroxycarbonsäuren, sowie der von ihnen und auch von ihren Derivaten aus möglichen synthetischen Reaktionen eine wichtige Körperklasse dar. Sie zeigen, wie fast alle Verbindungen dieser Reihe, in Abhängigkeit von dem gegenseitigen Abstand der Sauerstoff-Funktionen ein sehr verschiedenartiges Verhalten und werden dementsprechend unterteilt.

1. Die 1,2- oder α-Oxocarbonsäuren

Die *α-Oxocarbonsäuren* treten wegen ihrer Labilität nicht in größeren Mengen frei in der Natur auf, stellen aber gerade infolge ihrer Reaktionsfähigkeit wichtige biochemische Zwischenprodukte, insbesondere des Eiweiß- und Kohlenhydratstoffwechsels (vgl. **III**, Kap. 8, III), dar. Ihre **Gewinnung** geschieht meistens nach speziellen Methoden. Allgemein anwendbar ist lediglich die hydrolytische Abspaltung des Halogens aus den durch Halogenierung von Fettsäuren leicht zugänglichen α,α-Dihalogenfettsäuren (z. B. durch Kochen mit Sodalösung) sowie die Acylierung von Natriumcyanid im Sinne der Kolbeschen Nitrilsynthese (S. 321) mit anschließender Verseifung des zunächst entstehenden Acylcyanids (I):

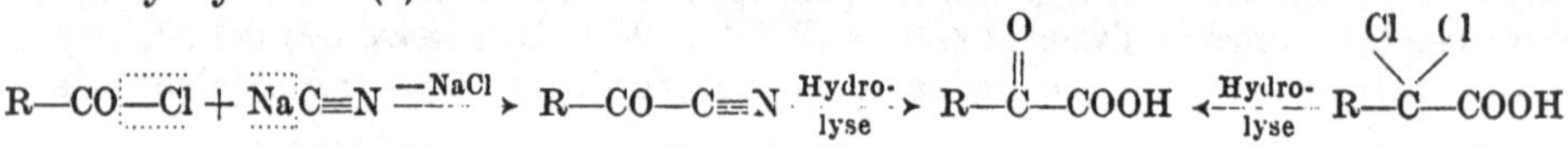

I

Die einfachen α-Oxocarbonsäuren sind schlecht kristallisierende, sirupöse Verbindungen, die, ähnlich wie Chloral, infolge der Nachbarstellung der stark positivierenden Carboxylgruppe ein beständiges kristallisiertes Hydrat der Oxogruppe (formulieren!) bilden können. Sie zeigen im allgemeinen die Reaktionen der Carboxyl- und Oxogruppe nebeneinander, wobei mit Alkoholen in Gegenwart von Mineralsäuren meistens die Carboxylgruppe verestert wird, ehe Acetalisierung der Carbonylgruppe eintritt, während umgekehrt Ammoniak und primäre Amine nach der Salzbildung zunächst mit der Carbonylgruppe unter Bildung Schiffscher Basen in Reaktion treten, so daß die Darstellung der Säureamide nur auf Umwegen möglich ist.

Von den **speziellen Reaktionen** ist insbesondere die außergewöhnlich große Labilität der CO—COOH-Bindung hervorzuheben, die noch leichter als die der Oxalsäure und der α-Dioxoverbindungen aufgespalten werden kann. Besonders wichtige Spaltungsreaktionen sind: 1. die oxydative Spaltung mit Hydroperoxyd in Gegenwart von Fe(II)-Ionen oder mit ammoniakalischer Silberoxydlösung, 2. die mit konzentrierter Schwefelsäure eintretende Kohlenoxydspaltung und 3. die beim Erhitzen mit Aminoverbindungen (**III**, Kap. 8, II) und auch biochemisch leicht eintretende Decarboxylierung:

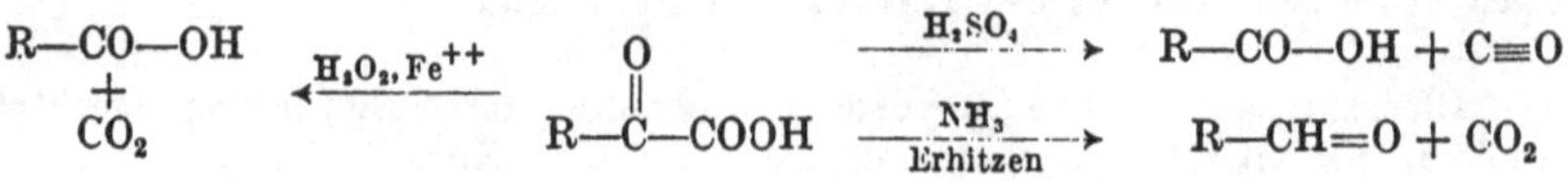

Von den **Derivaten der 1,2-Oxocarbonsäuren** sind vor allem die oben als Zwischenverbindungen der Bildungsreaktion angeführten Nitrile (I) von allgemeinem Interesse, weil sie nicht nur wie normale Nitrile zu reagieren vermögen, sondern wegen der Bildungstendenz der Cyan-Ionen auch zur Übertragung des Acylrestes auf basische Reagenzien befähigt sind, d. h. sich wie Carbonsäurederivate des Typus R–CO–X verhalten[1]). Da sich außerdem Carbonyl- und Nitrilgruppe gegenseitig aktivieren, sind sie sehr reaktionsfähige, labile Substanzen, die nicht immer zu den gewünschten Produkten umgesetzt werden können. Beispielsweise lassen sie sich nur in stark saurem Medium an der Nitrilgruppe zu den freien Carbonsäuren verseifen, während in alkalischer, neutraler und z. T. sogar in schwach saurer Lösung in Gegenwart von Wasser Hydrolyse der C—C-Bindung zu Cyan-Ionen und der um ein C-Atom ärmeren Carbonsäure eintritt:

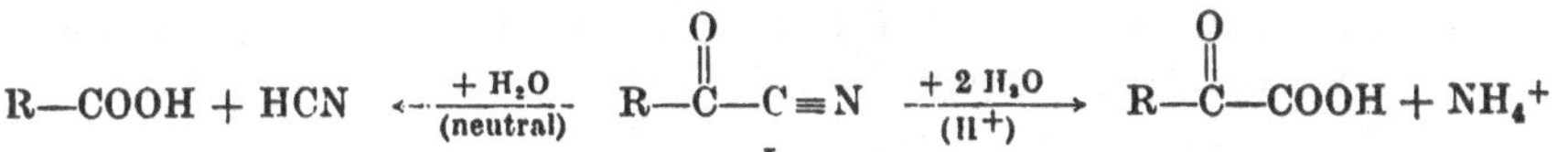

I

Ähnlich werden sie durch Alkohole zu Carbonsäureestern und Blausäure aufgespalten.

Auch andere Derivate der 1,2-Oxocarbonsäuren sind labil und daher schwierig oder überhaupt nicht darzustellen. So führen z. B. alle Versuche, die Säurechloride zu gewinnen, zur Bildung der um ein C-Atom ärmeren Acylchloride unter Abspaltung von Kohlenoxyd (P. Carré u. P. Jullien, 1936):

$$R{-}CO{-}COOH \xrightarrow{PCl_5} \underset{\text{instabil}}{\left(R{-}CO{-}CO{-}Cl\right)} \longrightarrow R{-}CO{-}Cl + CO$$

Die Reaktion kann mit dem auf S. 480 beschriebenen intermediären Zerfall des Oxalylchlorids in Phosgen und Kohlenoxyd verglichen werden. Weiterhin können die Ester der 1,2-Oxocarbonsäuren nicht durch direkte Veresterung der freien Säuren gewonnen werden, sondern nur indirekt durch Dehydrierung der zugehörigen 1,2-Hydroxy-carbonsäureester (z. B. mit Bleitetraacetat[2]).

Glyoxylsäure, OCH—COOH, die einfachste Aldehydcarbonsäure, ist wahrscheinlich als eine der biochemischen Vorstufen des Glycins (I, Kap. 6, I, 4dα) anzusehen und tritt in unreifen Früchten zuweilen in größeren Mengen natürlich auf. Doch geht sie im Verlaufe der Reifung wieder in andere Verbindungen über. Ihre Konstitution ergibt sich eindeutig auf Grund ihrer Bildung bei der hydrolytischen Halogenabspaltung aus Dibromessigsäure oder Chloral, sowie bei der Perjodsäure- oder Bleitetraacetatspaltung von Weinsäure:

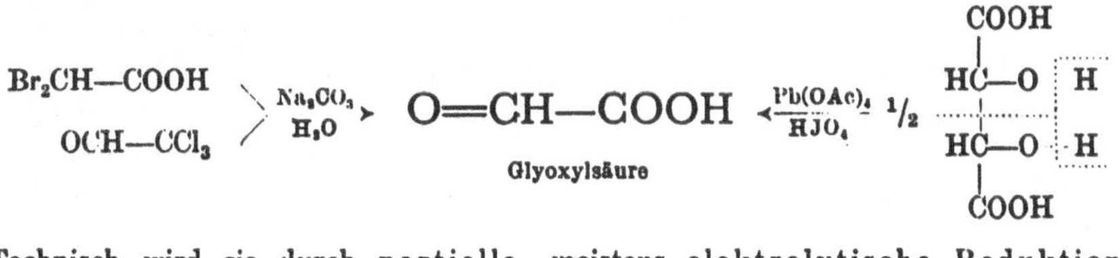

Technisch wird sie durch partielle, meistens elektrolytische Reduktion von Oxalsäure hergestellt.

---

[1]) Zusammenfassung: J. Thesing u. D. Witzel: Angew. Chem. 68, 425 (1956).
[2]) E. Baer u. M. Kates: Am. Soc. 67, 1482 (1945).

Glyoxylsäure ist nur sehr schwer wasserfrei darzustellen und bildet einen farblosen Sirup, der mit Wasser sofort in das kristallisierende Hydrat übergeht. Über die angeführten allgemeinen Reaktionen hinaus ist vor allem ihr Verhalten gegenüber Natronlauge von Interesse, die infolge des Fehlens einer aktiven Methylengruppe in glatter Reaktion eine Disproportionierung nach CANNIZZARO unter Bildung von Glykolsäure und Oxalsäure (Gleichung formulieren!) bewirkt.

In der **Brenztraubensäure** CH_3—CO—COOH liegt die einfachste Ketocarbonsäure vor. Sie tritt infolge ihrer großen Reaktionsfähigkeit nicht in größeren Mengen natürlich auf, ist aber ein wichtiges Stoffwechselzwischenprodukt, das bei zahlreichen Gärungsvorgängen, beim oxydativen Abbau der Kohlenhydrate, sowie schließlich auch beim biochemischen Auf- und Abbau der Eiweißaminosäuren eine bedeutende Rolle spielt (Näheres vgl. III, Kap. 8, III). Ihre Darstellung erfolgt immer noch nach dem gleichen Verfahren, nach dem sie vor über 100 Jahren von J. J. BERZELIUS entdeckt wurde, und dem sie sowie auch ihre Salze, die *Pyruvate* (vgl. Tab. 16, S. 333), den Namen verdanken: durch trockene Destillation (Brenzreaktion) von Wein-[1]) oder Traubensäure, die man zweckmäßig mit Kaliumbisulfat als wasserbindendem Reaktionsmedium durchführt. Der Reaktionsmechanismus beruht wahrscheinlich auf einer primären Abspaltung von Wasser aus der Traubensäure (als β-Hydroxycarbonsäure) und anschließender Decarboxylierung der hierbei entstehenden Oxalessigsäure (als β-Ketocarbonsäure, vgl. S. 525).

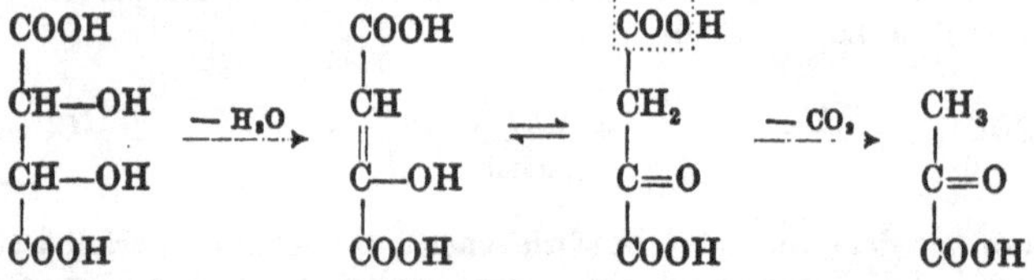

Die erste der beiden Teilreaktionen findet auch bei der auf S. 506 beschriebenen Brenzung von Glycerinsäure zur Brenztraubensäure statt.

Synthesen der Brenztraubensäure sind verschiedentlich durchgeführt worden, haben aber keine praktische Bedeutung erlangt. Für ihre Konstitution beweisend und daher von einem gewissen theoretischen Interesse sind die folgenden beiden Reaktionen:

$$CH_3{-}CO{-}Cl + NaCN \xrightarrow[\text{Verseifung}]{\text{Nitrilsynthese}} CH_3{-}CO{-}COOH \xleftarrow{\text{Hydrolyse}} CH_3{-}CCl_2{-}COOH,$$

von denen jedoch die Acetylierung von Natriumcyanid nur mit schlechter Ausbeute zum Ziel führt.

Brenztraubensäure ist eine destillierbare (Sdp. 165°), mit Wasser mischbare, sirupöse Flüssigkeit (Smp. 13,6°), die bereits zu den mittelstarken Säuren zählt. Ihre Dissoziationskonstante liegt mit einem p_k-Wert von 2,25 in ähnlicher Weise zwischen denen der Propionsäure und der α,α-Dichlorpropionsäure wie die der Milchsäure zwischen denen der Propionsäure und ihres Monochlorderivats (vgl. Tab. 22, S. 389). Sie zeigt über die angeführten Reaktionen

[1]) Obgleich man die Brenztraubensäure meistens durch Brenzung von Weinsäure gewinnt, hat sich der Name Brenztraubensäure allgemein eingebürgert, und zwar hauptsächlich aus dem Grunde, weil man mit dem Namen *Brenzweinsäure* ein Nebenprodukt der Brenzreaktion, die in undurchsichtiger Reaktion aus der Brenztraubensäure sekundär entstehende *Methylbernsteinsäure* HOOC—CH_2—$CH(CH_3)$—COOH, bezeichnet.

hinaus keine Besonderheiten und findet eine beschränkte Anwendung in der synthetischen Chemie, z. B. zur Darstellung von Atophan (**I**, Kap. 11, II, 2c).

Höhere α-Ketocarbonsäuren sind in großer Zahl bekannt und werden beim Auf- und Abbau der natürlichen Aminosäuren als Zwischenprodukte angenommen (**III**, Kap. 8, III, 4b), ohne jedoch in allen Fällen auch tatsächlich nachgewiesen zu sein. Sie haben als Einzelverbindungen keine Bedeutung erlangt.

Mesoxalsäure HOOC—CO—COOH stellt das vollständig oxydierte Propan dar und ist als Glied der Reihe

$$CO_2,\quad HOOC{-}COOH,\quad HOOC{-}CO{-}COOH,\quad HOOC{-}CO{-}CO{-}COOH \text{ usw.}$$

von einem gewissen theoretischen Interesse. Man stellt sie am besten über den Ester dar, z. B. durch Oxydation von Malonester mit Selendioxyd oder durch Verseifung von Dibrommalonester:

$$ROOC{-}CH_2{-}COOR \xrightarrow{SeO_2} \underset{\text{Mesoxalester}}{ROOC{-}CO{-}COOR} \xleftarrow{\text{Hydrolyse}} ROOC{-}CBr_2{-}COOR$$

Wie zu erwarten, ist die Säure noch unbeständiger als Oxalsäure und erleidet bereits beim Kochen mit Wasser Decarboxylierung unter Bildung von Glyoxylsäure. Eine ähnliche Spaltung, die jedoch unter Bildung von Oxalsäure und Ameisensäure, d. h. unter Vertauschung der Oxydationsstufen verläuft, findet beim Erhitzen mit Kaliumhydroxyd auf 150⁰ statt.

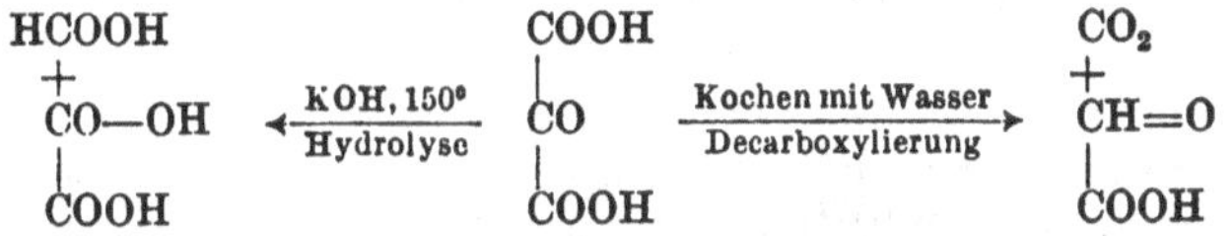

Mesoxalsäure bildet wegen der beiderseitigen Substitution der Ketogruppe durch negative Reste (vgl. S. 288) ein sehr beständiges Hydrat (Smp. 121°), das infolge der Labilität der freien Säure nicht mehr entwässert werden kann. Dies gelingt nur bei den wesentlich stabileren Estern, die in der wasserfreien Form infolge der Konjugation der drei Carbonylgruppen (RO—CO—CO—CO—OR) grüngelb sind (ähnlich wie die 1,2-Dioxoverbindungen, S. 461). Die ebenfalls beständigen Esterhydrate sind dagegen, wie auch das Hydrat der freien Säure, wegen der Aufhebung des konjugierten Systems farblos, wodurch indirekt die Bindung des Wassers als Ketonhydratwasser bewiesen wird. Als weitere Folge der Hydratbildung sind die Ester der niederen Alkohole sehr leicht in Wasser löslich, doch bei dem hohen Schmelzpunkt der Hydrate nicht mehr mit ihm mischbar (vgl. S. 358, Anm.).

Das bekannteste Derivat der Mesoxalsäure ist ihr cyclisches Diureid, das **Alloxan**, das ein wichtiges Abbauprodukt der Harnsäure (**III**, Kap. 7, II, 1) und anderer Purinderivate darstellt. Es entsteht in normaler Reaktion beim Zusammenschmelzen von Mesoxalsäure und Harnstoff und kann durch Behandeln mit Alkalien wieder rückwärts in die Komponenten zerlegt werden:

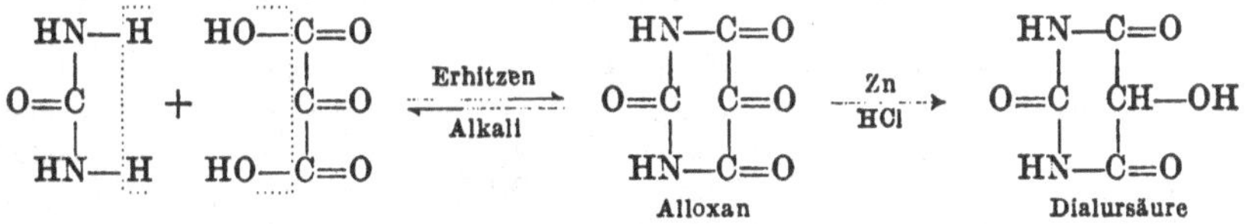

Alloxan Dialursäure

Alloxan bildet ebenfalls ein sehr beständiges Hydrat, das erst bei etwa 200⁰ im Vakuum in die auch hier gelbe wasserfreie Verbindung übergeht. Im übrigen zeigt es alle normalen Ketonreaktionen und kann z. B. mittels Zinks und Salzsäure zum zugehörigen sekundären Alkohol, der *Dialursäure* (S. 507), reduziert sowie in Ketonderivate übergeführt werden. Von letzteren haben wir das Oxim als Isonitrosoderivat der Barbitursäure bereits unter dem Namen *Violursäure* kennengelernt (S. 483). Es wird praktisch meistens auch von der Barbitursäure aus dargestellt und dient auf diesem Wege als wichtiges Ausgangsmaterial für die Gewinnung des Alloxans selbst.

2. Die 1,3- oder β-Oxocarbonsäuren

Steht die Oxogruppe in β-Stellung zur Carboxylgruppe, so kommen wir zu einer Reihe von Verbindungen, die mit den 1,3-Diketonen und der Malonsäure nahe verwandt sind, und sich letzterer gegenüber durch eine nochmals gesteigerte Tendenz zur Abspaltung der Carboxylgruppe auszeichnen. Die freien Säuren sind daher äußerst zersetzliche Substanzen und spielen nur eine untergeordnete Rolle. Dagegen sind ihre Derivate, wie z. B. die Ester, Salze, Amide und Nitrile, durchaus beständig. Insbesondere die ersteren haben sowohl theoretisch als auch praktisch eine große Bedeutung erlangt. Wir werden uns daher im folgenden in erster Linie mit den **β-Ketocarbonsäureestern** als den wichtigsten Verbindungen dieser Reihe befassen.

β-Ketocarbonsäureester kommen nicht natürlich vor. Dagegen sind die freien Säuren bzw. ihre Salze in dem nahezu neutralen Reaktionsmedium der Lebewesen leidlich beständig und spielen hier infolge ihrer großen Reaktionsfähigkeit eine wichtige Rolle als Zwischenverbindungen. Insbesondere treten sie beim Fettsäureabbau als Dehydrierungsprodukte der β-Hydroxyfettsäuren auf und werden neuerdings auch als Ausgangsstoffe für verschiedene biochemische Synthesen angesehen (III, Kap. 8, III, 3).

Die **Darstellung** der β-Oxocarbonsäureester schließt sich eng an die der nahe verwandten β-Diketone an, nur daß man bei den Kondensationsreaktionen an Stelle des Ketons als Methylenkomponente einen Carbonsäureester verwendet. Am gebräuchlichsten ist die Esterkondensation zwischen zwei Carbonsäureestermolekülen nach L. Claisen mit Natrium[1]) als Kondensationsmittel (vgl. auch S. 345):

$$\mathrm{R{-}CO{-}OR'' + H{-}\underset{}{\overset{\displaystyle R'}{\overset{|}{C}}}H{-}COOR''} \xrightarrow[-\,\mathrm{R''OH}]{\mathrm{Na\,(bzw.\,NaOR)}} \mathrm{R{-}CO{-}\overset{\displaystyle R'}{\overset{|}{C}}H{-}COOR''}\ ,$$

die bei Verwendung von Ameisensäureestern als Esterkomponente (R = H) zu den Aldehydcarbonsäuren führt (S. 246). Doch kann man auch hier die Esterkomponente durch ein Säureanhydrid ersetzen und mit Borfluorid als Kondensationsmittel arbeiten. Ferner läßt sich die Kondensationsreaktion vollständig umgehen, wenn man die den einfachen Carbonsäureestern entsprechenden Ketene dimerisiert (vgl. S. 306) und dann die Diketene mit Alkoholen zu den Estern umsetzt[2]).

Die β-Ketocarbonsäureester sind bis etwa 200° beständige, im Vakuum destillierbare Flüssigkeiten von esterartigem Geruch, die neben den normalen Reaktionen

---

[1]) Die Verwendung von metallischem Natrium (statt Natriumalkoholats) als Kondensationsmittel, das mit Spuren des im Ester stets vorhandenen Alkohols erst sekundär das eigentlich aktive Natriumalkoholat bildet, ist erforderlich, um die Alkoholkonzentration (die Claisen-Kondensation ist ein reversibler Vorgang, vgl. S. 522 u. I, Kap. 12, III, 2e) möglichst zurückzudrängen.

[2]) Bzgl. weiterer moderner Darstellungsmethoden für β-Ketocarbonsäureester vgl. B. Riegel u. W. M. Lilienfeld: Am. Soc. 67, 1273 (1945); M. Viscontini u. Mitarbb.: Helv. 35, 1342, 2280 (1952).

beider Funktionen — z. B. der Bildung von Phenylhydrazonen der Ketogruppe (formulieren!) — die folgenden vier Gruppen von speziellen Reaktionen geben, die denen der nahe verwandten 1,3-Diketone und 1,3-Dicarbonsäuren sehr ähnlich sind: 1. Ringschlußreaktionen, 2. die Keto-Enol-Tautomerie, 3. Substitutionsreaktionen der aktiven Methylengruppe und 4. Spaltungsreaktionen.

Zu 1. β-Ketocarbonsäureester vermögen wie die β-Diketone (S. 465) nur mit Reagenzien, die zwei aktive Gruppen im Molekül enthalten, zu cyclischen Verbindungen zu kondensieren. Am leichtesten gelingt der **Ringschluß** mit den typischen Ketonreagenzien Phenylhydrazin und Hydroxylamin. Er verläuft hier über das normale Ketonderivat (I bzw. II) als Zwischenprodukt und hat insbesondere für die technische Gewinnung der N-Phenylpyrazolonderivate (I, Kap. 11, III, 1 dβ) große Bedeutung erlangt:

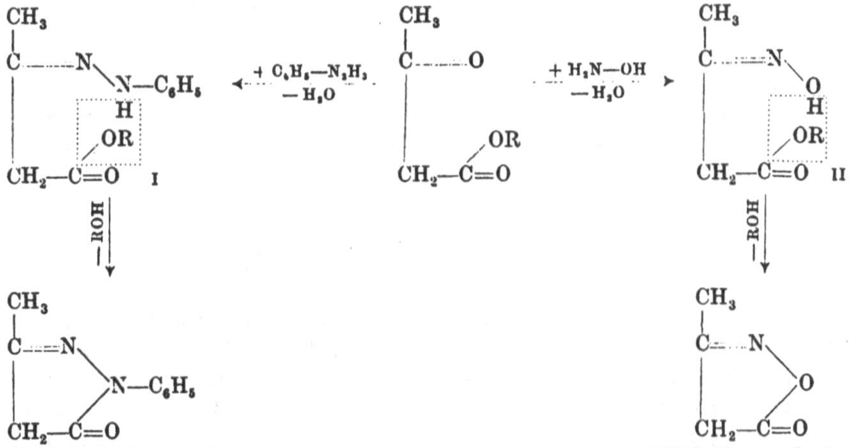

1-Phenyl-3-methyl-pyrazolon-5 3-Methyl-iso-oxazolon-5

Mit Kohlensäurederivaten erhält man in entsprechender Weise stickstoffhaltige Sechsringe:

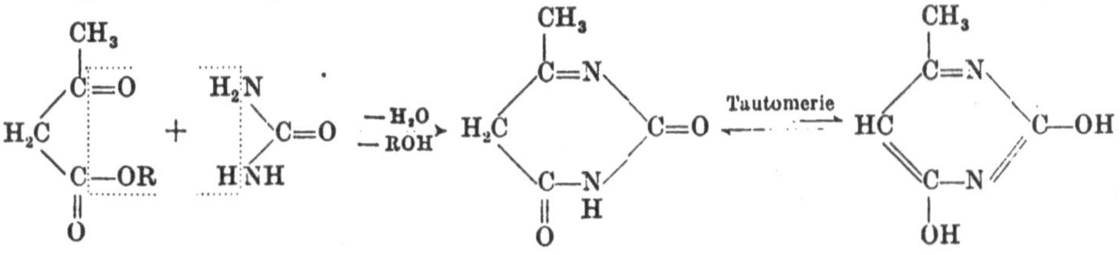

Methyl-dihydroxy-pyrimidin

Zu 2. Die 1,3-Ketocarbonsäureester sind in gleicher Weise wie die 1,3-Diketone zur **Keto-Enol-Tautomerie** befähigt, und es gelten auch im wesentlichen die gleichen Gesetzmäßigkeiten (vgl. S. 466f.). Da die Estergruppe eine wesentlich geringere Enolisierungsneigung zeigt als der Ketonsauerstoff (**II**, Kap. 5, II, 3), findet die Enolisierung ausschließlich durch Aufrichtung der Ketocarbonyldoppelbindung (R—C(OH)=CH—COOR) unter Ausbildung einer zur Estercarbonylgruppe konjugierten C=C-Doppelbindung statt. Wie wir auf S. 466 gesehen haben, ist die Enolisierungstendenz etwas geringer als bei den 1,3-

Diketonen, so daß hier im allgemeinen die *Ketoform* im Gleichgewichtsgemisch überwiegt. Doch beobachtet man im übrigen bei beiden Verbindungsklassen die *gleiche Lösungsmittelabhängigkeit* der Gleichgewichtslage, sowie annähernd die *gleichen Möglichkeiten zur Isolierung* bzw. zum *Nachweis* der desmotropen Formen. Insbesondere kann die Enolform ebenfalls durch *Bromtitration* quantitativ bestimmt werden.

Zu 3. **Die mittelständige Methylengruppe** weist eine *ähnliche Reaktionsfähigkeit* auf wie die der *β-Diketone* und die des *Malonesters*. Man kann die *β-Ketocarbonsäureester* daher ebenfalls in eine *Natriumverbindung* überführen und diese mit den üblichen *Alkylierungs-* bzw. *Acylierungsmitteln* am *Kohlenstoff* substituieren:

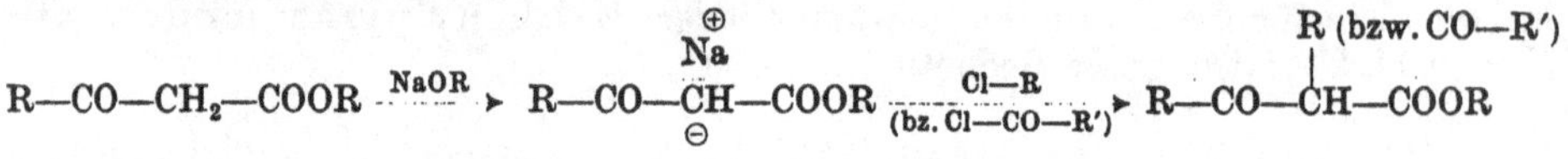

Die Reaktion hat für den *synthetischen* Aufbau von *Ketonen* und *Carbonsäuren* eine ähnliche Bedeutung erlangt, wie die vom *Acetylaceton* und *Malonester* ausgehenden Synthesen, und genau wie dort ist auch hier eine direkte Substitution des *Enolwasserstoffs* nur mit *Diazomethan* oder mit Acylierungsmitteln in *Pyridin* als Reaktionsmedium (vgl. S. 469 f.) möglich:

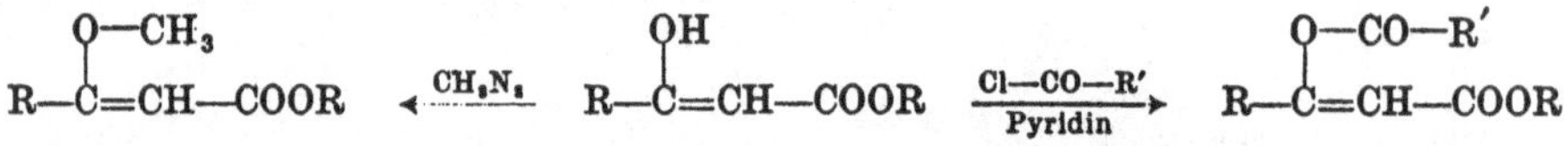

Zu 4. Schließlich verläuft auch die *hydrolytische* Abspaltung der an der aktiven Methylengruppe befindlichen Acyl- und *Carbäthoxyradikale* in *gleicher Weise* wie die der Acylreste des *Acetylacetons*, nur daß hier infolge des unsymmetrischen Aufbaues *zwei Spaltungsmöglichkeiten* gegeben sind:

a) Die *Abspaltung der Ketogruppe*. Sie geht bei der Einwirkung *konzentrierter Alkalilauge* auf *β*-Ketocarbonsäureester vor sich und führt unter gleichzeitiger Verseifung der *Estergruppe* stets zu *zwei Carbonsäuremolekülen*, weshalb sie allgemein als **Säurespaltung** bezeichnet wird:

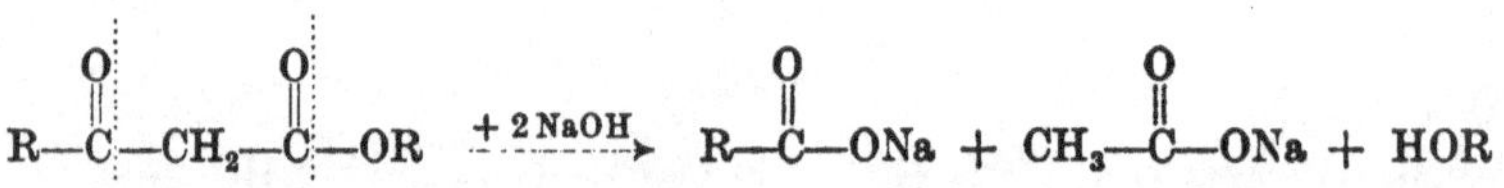

Die Reaktion stellt hinsichtlich der *Oxydationsstufen* der Reaktionsprodukte die *Rückreaktion* der *Bildungsreaktion* dar, und man kann sie, wenn die Spaltung in *alkoholischem Medium* mit überschüssigem *Natriumalkoholat* als Katalysator geschieht, auch tatsächlich im Sinn einer *echten* Umkehrreaktion der Esterkondensation, d. h. unter Bildung von zwei Molekülen *Carbonsäureester* durchführen (Gleichung formulieren!). Die Synthese der *β*-Ketocarbonsäureester muß daher möglichst unter *Alkoholausschluß* (vgl. S. 520 Anmerkung) vorgenommen werden.

b) Die *Abspaltung der Carbäthoxygruppe* ist, wie auch die Decarboxylierung des *Malonesters*, nur von der *freien Säure* aus möglich. Sie findet daher stets dann statt, wenn wir die Estergruppe *schonend verseifen*, so daß die oben beschriebene Säurespaltung noch *nicht eintreten* kann, also bei der Behandlung der Ester mit *schwachen Alkalien* oder mit *Mineralsäuren*. Die in Freiheit gesetzten *β-Ketocarbonsäuren* erleiden unter diesen Bedingungen *sofort* Decarboxylierung (s. u.) unter Bildung der um ein C-Atom ärmeren Ketone, so daß man hier von einer **Ketonspaltung** spricht:

$$R{-}CO{-}CH_2{-}CO{-}OR \xrightarrow[\text{schwache Alkalien}]{\text{Mineralsäuren oder}} (R{-}CO{-}CH_2{-}COOH) \xrightarrow{-CO_2} R{-}CO{-}CH_3$$

Die β-Ketocarbonsäureester weisen auf Grund dieser Spaltungsreaktionen eine Doppelnatur auf. Einerseits stellen sie, in Analogie zur Auffassung des Malonsäureesters als eines carbäthoxylierten Essigsäureesters (S. 482), acylierte Monocarbonsäureester dar, deren Acylgruppe man, gegebenenfalls nach Substitution der Methylengruppe, mit Hilfe der Säurespaltung wieder entfernen kann. Andererseits fungieren sie in Analogie zu den β-Diketonen als Ketonderivate (S. 470), d. h. sie stellen Ketocarbonsäureester dar, die (eventuell wiederum nach Substitution der aktiven Methylengruppe) durch Decarboxylierung in die unsubstituierten Ketone zurückverwandelt werden können. Während man also von den 1,3-Diketonen aus nur die höheren Ketone und vom Malonester aus nur die höheren Carbonsäuren synthetisieren kann, sind infolge dieser Doppelnatur von den 1,3-Ketocarbonsäureestern aus beide Verbindungsgruppen darstellbar, wie die folgende Übersicht der von den drei Verbindungen aus möglichen Synthesen zeigt:

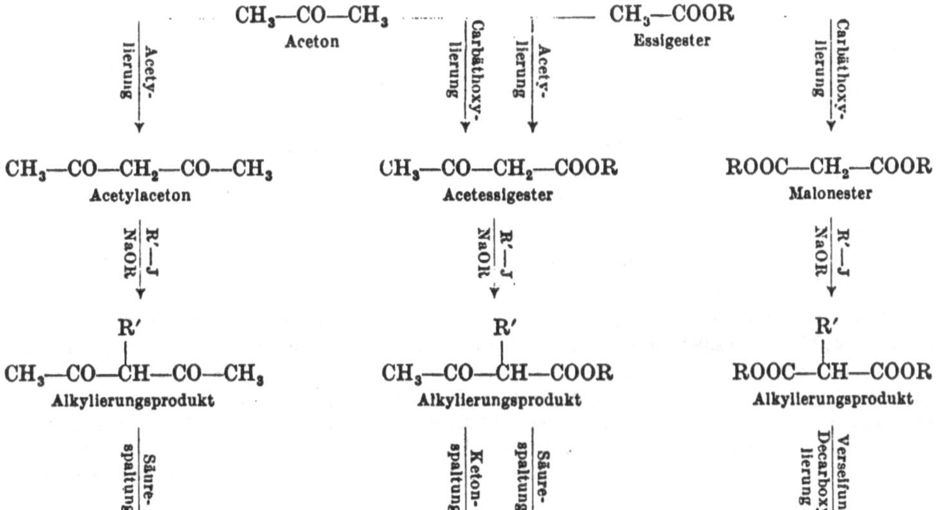

Die **freien β-Ketocarbonsäuren** können durch vorsichtige Hydrolyse des Esters mit sehr verdünnter Natronlauge und anschließendes Ausäthern der angesäuerten Lösung in Form gut kristallisierender Substanzen erhalten werden. Sie sind wesentlich unbeständiger als Malonsäure und zerfallen auch in kristallisiertem Zustand häufig bereits in der Kälte unter Kohlendioxydabgabe. Ebenso werden sie in wässeriger Lösung sowohl durch Säuren als auch durch Basen (insbesondere durch tertiäre Amine) sehr rasch zersetzt und sind nur in nahezu neutralem Medium (in dem Gebiet um p_H 6) längere Zeit haltbar. Innerhalb des Beständigkeitsbereiches vermag die aktive Methylengruppe eine Reihe von Kondensationsreaktionen mit Oxoverbindungen einzugehen, die selbst in sehr verdünnter Lösung mit überraschend guter Ausbeute verlaufen und nach C. Schöpf (1932) die Synthese auch komplizierter Naturstoffe ermöglichen (Näheres vgl. **III**, Kap. 7, III, 1 cα).

Von den Derivaten der β-Ketocarbonsäuren müssen vor allem die in **III**, Kap. 8, III, 3 erwähnten Thioester mit Coenzym A hervorgehoben werden, die in der Biochemie für alle von den β-Ketocarbonsäuren ausgehenden Synthesen und Spaltungsreaktionen eine ähnliche Rolle spielen wie die normalen Ester in der präparativen organischen Chemie.

Einzelverbindungen. Malonsäurehalbaldehyd OCH—CH_2—COOH, das Anfangsglied der Reihe, hat nur untergeordnete Bedeutung erlangt. Seine Ester können aus Ameisensäure- und Essigestern durch Esterkondensation dargestellt werden (Gleichung formulieren!).

Acetessigester CH_3—CO—CH_2—COOR gilt seit jeher als Prototyp der gesamten Gruppe der 1,3-Dicarbonylverbindungen. Insbesondere sind an ihm die Esterkondensation, die Keto-Enol-Tautomerie, die Reaktionen der aktiven Methylengruppe und auch die verschiedenen Spaltungsreaktionen erstmals näher untersucht worden. Seine Darstellung geschieht meistens vom Essigester aus durch CLAISENkondensation, doch gewinnt man ihn technisch auch aus dem durch Dimerisation von Keten leicht zugänglichen Diketen (I) (S. 307) durch Anlagerung von Äthylalkohol:

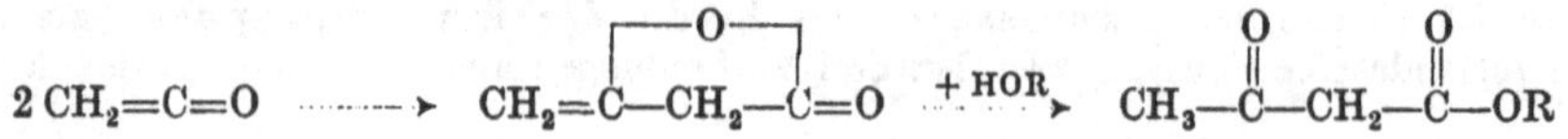

I

Die flüssige Verbindung enthält auf Grund der an ihr erstmals durchgeführten Bromtitration im Gleichgewicht etwa 92,5% der Keto- und 7,5% der Enolform (vgl. S. 466). Die Trennung bzw. Anreicherung der **reinen desmotropen Formen** gelingt durch fraktionierte Vakuumdestillation, durch Abscheiden der Ketoform bei —78° als fester Körper, sowie auch durch Freisetzen der Enolform durch rasches Neutralisieren der Natriumverbindung. Die Gleichgewichtseinstellung wird auch hier durch den Alkaligehalt des Glases stark beschleunigt, so daß die reinen desmotropen Formen nur in Quarzgefäßen dargestellt und aufbewahrt werden können.

Acetessigester dient in der Technik hauptsächlich zur Synthese von Pyrazolderivaten (I, Kap. 11, III, 1 d β) sowie präparativ über die Substitution der Methylengruppe zur Synthese von Carbonsäuren und Ketonen. Er wird aber in letzterem Falle immer mehr durch Malonester bzw. Acetylaceton verdrängt, da diese infolge ihres symmetrischen Aufbaues nur eine Spaltungsart erleiden können und daher einheitlichere Reaktionsprodukte liefern. Bei der Ketonspaltung fungiert er als Acetonderivat (*Aceton-monocarbonsäureester*) und rückt damit in nahe Beziehung zu dem unten beschriebenen Aceton-dicarbonsäureester.

Von weiteren Derivaten der Acetessigsäure hat das **Acetacetanilid** eine gewisse praktische Bedeutung als Kupplungskomponente für Azofarbstoffe erlangt (vgl. z. B. III, Kap. 2, VI, 1 u. 2).

Die **freie Acetessigsäure** kann auf dem oben beschriebenen Wege als sehr labile Verbindung gewonnen werden. Sie ist ein natürliches Stoffwechselprodukt, das beim biochemischen Fettsäureabbau als Dehydrierungsprodukt der β-Hydroxybuttersäure (S. 500) auftritt und bei Störung des Fettstoffwechsels (*Diabetes mellitus*) zusammen mit dieser und dem aus ihr durch Decarboxylierung hervorgehenden Aceton im Harn abgeschieden wird:

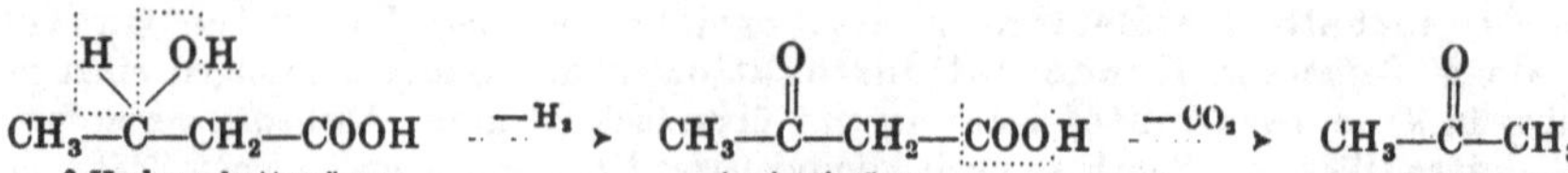

β-Hydroxybuttersäure — Acetessigsäure — Aceton

Die drei Verbindungen werden wegen dieses genetischen Zusammenhangs häufig auch zusammenfassend als „*Acetonkörper*“ oder „*Ketonkörper*“ bezeichnet

Im **Benzoylessigester** C_6H_5—CO—CH_2—COOR (*Acetophenon-carbonsäureester*) liegt der einfachste aromatische β-Ketocarbonsäureester vor. Er entsteht bei der Kondensation von Benzoesäureester und Essigester und findet zur Synthese aromatischer Ketone Anwendung.

Die **Oxalessigsäure** HOOC—CO—CH_2—COOH enthält gleichzeitig eine α- und eine β-Ketocarbonsäuregruppierung und ist daher sehr labil. Sie stellt eine wichtige biochemische Zwischenverbindung dar, die sich im Rahmen des Citronensäurecyclus hinter die Äpfelsäure einreiht, aber von der Zelle auch durch Carboxylierung von Brenztraubensäure synthetisiert werden kann (vgl. III, Kap. 8, III, 2dβ). Die freie Säure spaltet als β-Ketocarbonsäure vor allem die zur Oxogruppe β-ständige Carboxylgruppe sehr leicht ab und geht daher sowohl *in vitro*, z. B. bei der Brenzreaktion der Weinsäure (S. 518), als auch beim biochemischen Abbau in Brenztraubensäure über:

$$H\,OOC—CH_2—CO—COOH \dashrightarrow CH_3—CO—COOH + CO_2$$

Die freie Säure tritt infolge der Konjugation der enolischen Doppelbindung mit beiden Carboxylgruppen überwiegend in der Enolform auf. Ursprünglich nahm man sogar an, daß diese Enolform so beständig sei, daß sie in je einer stabilen cis- (= Hydroxy-maleinsäure-) und trans- (= Hydroxy-fumarsäure-)Form auftreten könne. Diese Hypothese konnte von W. GRUBER[1]) jedoch auf Grund der Infrarotspektren der vermeintlichen Stereoisomeren widerlegt werden.

Das wichtigste Derivat der Oxalessigsäure ist der allgemein als **Oxalessigester** bezeichnete Diäthylester. Er wird durch Esterkondensation aus Oxal- und Essigester gewonnen (Gleichung formulieren!) und liegt ebenfalls überwiegend, jedoch nicht ausschließlich in der Enolform (80%) vor. Oxalessigester ist zu allen normalen Reaktionen der β-Ketocarbonsäureester befähigt. Insbesondere läßt er sich ebenfalls an der aktiven Methylengruppe substituieren, liefert mit Phenylhydrazin einen N-Phenyl-pyrazoloncarbonsäureester (formulieren!) und geht bei der Ketonspaltung in Brenztraubensäure und CO_2, bzw. bei der Säurespaltung in Oxalsäure und Essigsäure über (Gleichungen formulieren!). Er findet daher vielfache präparative Anwendung zu Synthesen aller Art.

Aceton-dicarbonsäure HOOC—CH_2—CO—CH_2—COOH ist eine Ketodicarbonsäure, die zweimal die Acetessigsäuregruppierung und damit zwei reaktionsfähige Methylengruppen im Molekül enthält. Man gewinnt sie am besten aus Citronensäure durch Kohlenoxydspaltung (S. 512). Die freie Säure ist etwas beständiger als Acetessigsäure und kann aus Essigester umkristallisiert werden (Smp. 135° u. Zers.).

Ihr wichtigstes Derivat ist wiederum der Diäthylester, kurz **Acetondicarbonsäureester** genannt, der ebenfalls synthetisch, über das bei der doppelten Nitrilsynthese aus Dichloraceton entstehende Dinitril, erhalten wird. Er hat infolge der Anwesenheit von zwei aktiven Methylengruppen zu zahlreichen Synthesen cyclischer Naturstoffe, insbesondere in der Alkaloidreihe, Verwendung gefunden.

3. Sonstige Ketocarbonsäuren

Die 1,4- (oder γ-) und 1,5- (oder δ-)-*Ketocarbonsäuren* sind nur von geringem Interesse, da sie weder eine gegenseitige Beeinflussung der Sauerstoff-Funktionen erkennen lassen, noch ihnen wichtige Naturstoffe angehören. Eine **allgemeine Darstellungsweise** liegt in den soeben beschriebenen Keton- bzw. Carbonsäuresynthesen vor, indem man entweder 1,3-Diketone mit α-, oder β-Halogenfettsäureestern alkyliert, d. h. den carboxylhaltigen Rest in das Ketonmolekül

[1]) Biochem. Z. 328, 245 (1956).

einführt, oder aber den Malonester mit α- bzw. β-Halogenacetalen umsetzt, also den carbonylhaltigen Rest in das Säuremolekül einführt:

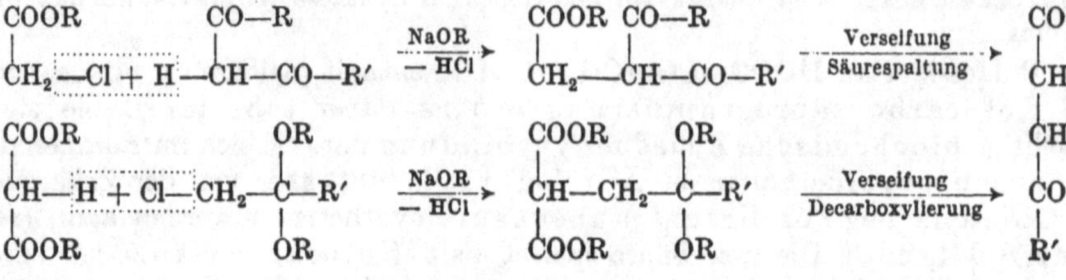

In beiden Fällen kann man natürlich ebensogut vom Acetessigester ausgehen und anschließend eine Keton- bzw. Säurespaltung vornehmen (Gleichungen formulieren!).

Die γ- und δ-Oxocarbonsäuren lassen keine Labilisierung der Carboxylgruppe mehr erkennen, so daß die niederen Glieder der Reihe bei Atmosphärendruck unzersetzt destilliert werden können. Neben den normalen Umsetzungen der Keto- und Carboxylgruppe begegnet man als einziger neuartigen Reaktion einer der Oxo-cyclo-Tautomerie der 1,4- und 1,5-Hydroxyoxoverbindungen (S. 456) analogen Tautomerieerscheinung. Sie beruht auf der Tendenz der Carboxylgruppe zur reversiblen Anlagerung an die Oxogruppe unter Bildung von cyclischen Hydroxy-lactonen, die bei längerem Erhitzen auf höhere Temperatur ein Molekül Wasser abspalten und in Enol-lactone übergehen:

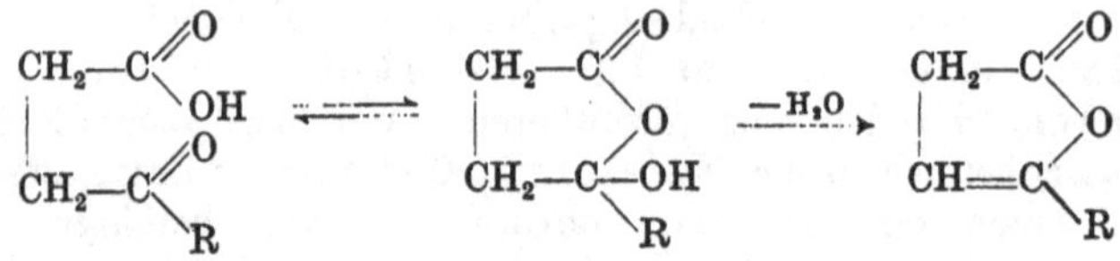

Die Enol-lactone sind im allgemeinen beständig, erleiden aber zuweilen Verschiebung der Doppelbindung unter Bildung der normalen Lactone α,β-ungesättigter Hydroxyfettsäuren:

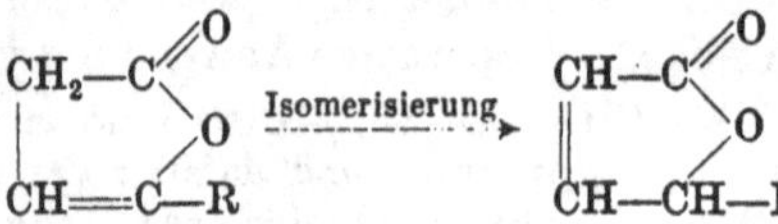

Lävulinsäure (*γ-Keto-valeriansäure*) $CH_3—CO—CH_2—CH_2—COOH$ ist die einfachste γ-Ketocarbonsäure. Sie entsteht beim Kochen von Hexosen mit konzentrierter Salzsäure über ω-Hydroxymethyl-furfurol als Zwischenprodukt (Näheres über den Reaktionsmechanismus vgl. I, Kap. 11, III, 2a) und hat auf Grund dieser Reaktion ihren Namen erhalten (von *Lävulose* = *Fructose*). Sie geht mit Brom in die gut kristallisierende β,δ-Dibromverbindung (formulieren!) über und dient infolge dieser leichten Identifizierungsmöglichkeit zum Nachweis von Zuckern. Bei raschem Erhitzen auf 250° kann sie fast unzersetzt destilliert werden, während bei längerem Erhitzen dicht unterhalb der Destillationstemperatur das tiefer siedende Enol-Lacton aus dem Gleichgewichtsgemisch abdestilliert.

Ein kompliziertes Triketocarbonsäurederivat ist die durch Abspaltung von zwei Molekülen Alkohol aus zwei Molekülen Acetessigester unter Ringschluß entstehende **Dehydracetsäure.** Sie tritt bei der Acetessigestersynthese als Nebenprodukt auf, da nicht nur der Essigester, sondern auch der gebildete Acetessigester Esterkondensation erleiden kann. Hierbei greift die kondensierende Estergruppe des einen Acetessigestermoleküls in die mittlere (als die reaktionsfähigste) Methylengruppe des zweiten Acetessigestermoleküls ein, und man erhält einen (hier in der Enolform wiedergegebenen) Triketo-carbonsäureester, der infolge der δ-Stellung der enolischen Hydroxy- zur Estergruppe sofort „Umesterung“ zu dem als *Dehydracetsäure* bezeichneten Enol-Lacton erleidet:

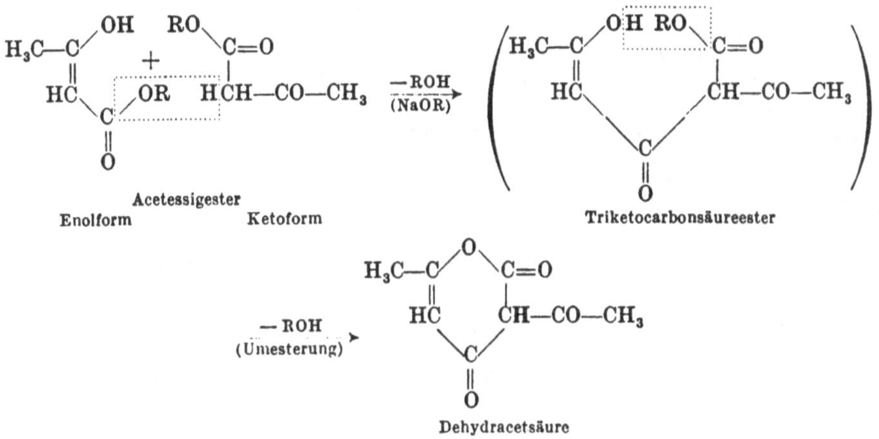

Die Dehydracetsäure besitzt also keine freie Carboxylgruppe. Ihre Säurenatur beruht vielmehr darauf, daß sie als β,β'-Diketocarbonsäureester (ähnlich wie die Triacylmethane, S. 471) infolge Aktivierung des (fett gedruckten) Methinwasserstoffs durch drei β-ständige Carbonylgruppen praktisch vollständig in Form eines Gemisches der drei möglichen Enolformen (formulieren!) vorliegt. Öffnet man den Lactonring, z. B. durch Kochen mit Mineralsäuren, so ist die entstehende freie Triketocarbonsäure naturgemäß ebensowenig existenzfähig wie die Methantricarbonsäure und zerfällt sofort unter Decarboxylierung in ein 1,3,5-Triketon (Diacetylaceton), das, wahrscheinlich wieder über eine Enolform, sofort Ringschluß zum Dimethylpyron (I, Kap. 11, II, 4) erleidet:

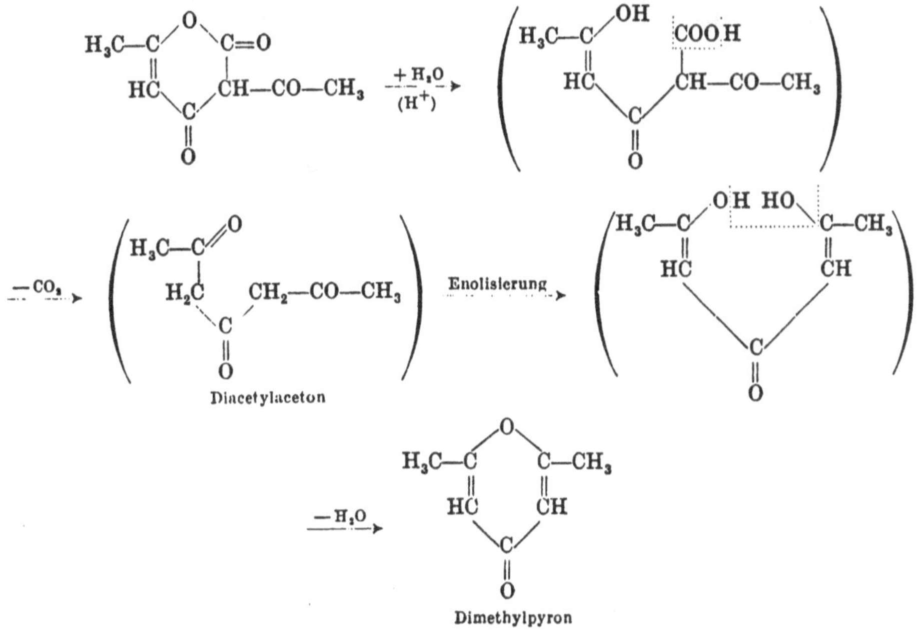

VII. Die Hydroxy-oxo-carbonsäuren

Der Gruppe der Hydroxy-oxo-carbonsäuren gehören wichtige Naturstoffe an, wie z. B. die Uronsäuren der Kohlenhydratreihe (III, Kap. 4, I, 5d) und die Ascorbinsäure (III, Kap. 8, I, 3g). Die einfachen Verbindungen sind dagegen nur von geringem Interesse und zeigen auch keine neuartigen Reaktionen, so daß sich ihre eingehende Besprechung an dieser Stelle erübrigt.

Lediglich die Säuren mit 2,3-ständiger Hydroxy- und Oxogruppe haben eine gewisse Bedeutung erlangt, da sie infolge der Konjugation der bei der Enolisierung entstehenden Doppelbindung mit der Carboxylgruppe zur Endiolbildung neigen, sich von ihnen also die einfachsten beständigen Endiole (S. 447) ableiten. Da diese in gleicher Weise aus den 2-Hydroxy-3-ketocarbonsäuren (II) und den 2-Keto-3-hydroxycarbonsäuren (I) entstehen, lagern sich beide Verbindungen über die Endiole (III) leicht ineinander um und können nicht getrennt isoliert werden:

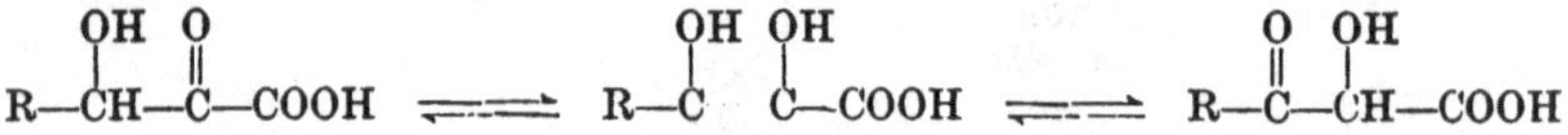

I III II

Als wichtigstes Beispiel einer derartigen Verbindung sei die *Hydroxy-oxo-bernsteinsäure* HOOC—CHOH—CO—COOH angeführt, die man am besten durch vorsichtige Dehydrierung von Weinsäure mit Hydroperoxyd in Gegenwart von Fe(II)-Ionen gewinnt (S. 509). Sie ist vollständig enolisiert und tritt infolgedessen in einer cis- und einer trans-Form, der

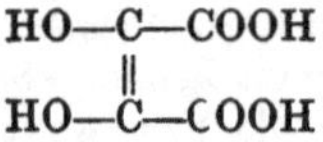

Dihydroxy-maleinsäure

und der

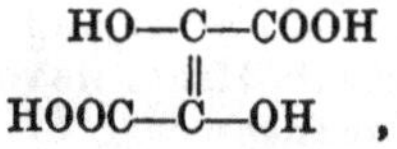

Dihydroxyfumarsäure

auf, von denen normalerweise die Dihydroxymaleinsäure-Form anfällt. Beide Formen weisen als Endiole eine außergewöhnliche Oxydationsempfindlichkeit auf und werden daher in alkalischer Lösung schon durch Luftsauerstoff abgebaut.

Autorenregister

Autorennamen in Verbindung mit einem Sachbegriff wie „HOFMANNscher Abbau" oder „BREDTsche Regel" befinden sich im Sachregister

Sachregister

Die Seitenzahlen von Verbindungen, die lediglich in Tabellen oder Formelbildern angeführt sind, wurden durch einen *, die wichtigsten Abhandlungsstellen eines Gegenstandes durch Fettdruck hervorgehoben.

Kolibri 360 GmbH
Ferdinand-Jühlke-Straße 7
99095 Erfurt, Deutschland
produktsicherheit@kolibri360.de